Standardized List of Quality Supervision and Inspection of Power Project

光伏发电工程
质量监督检查标准化清单

电力工程质量监督总站　主编

2016 年版

中国电力出版社
CHINA ELECTRIC POWER PRESS

内 容 提 要

本书为《光伏发电工程质量监督检查标准化清单》，共有 5 部分，第 1 部分是首次监督检查；第 2 部分是光伏发电单元组，包括地基处理监督检查、光伏电池板安装前监督检查、光伏发电单元启动前监督检查；第 3 部分是独立蓄能工程，包括地基处理监督检查、蓄能电池组安装前监督检查、蓄能设施投运前监督检查；第 4 部分是升压站工程，包括地基处理监督检查、主体结构施工前监督检查、建筑工程交付使用前监督检查、升压站受电前监督检查；第 5 部分是商业运行前监督检查。附录列出了检查依据文件中的相关表格。

本书可供光伏发电工程质量监督检查相关专业技术人员使用。

图书在版编目(CIP)数据

光伏发电工程质量监督检查标准化清单/电力工程质量监督总站主编. —北京：中国电力出版社，2017.2（2022.9重印）

ISBN 978-7-5198-0106-9

Ⅰ.①光…　Ⅱ.①电…　Ⅲ.①太阳能光伏发电-工程质量监督　Ⅳ.①TM615

中国版本图书馆 CIP 数据核字（2016）第 296024 号

光伏发电工程质量监督检查标准化清单

中国电力出版社出版、发行　　　　　　　　　三河市万龙印装有限公司印刷　　　　　　　　　各地新华书店经售

（北京市东城区北京站西街 19 号　100005　http://www.cepp.sgcc.com.cn）

2017 年 2 月第一版　　　　　　　　　　　　　2022 年 9 月北京第二次印刷

787 毫米×1092 毫米　横 16 开本　69.5 印张　　　1718 千字　　　　　　　　　　　　定价 280.00 元

电力工程质量监督总站
关于印发《光伏发电工程质量监督检查标准化清单》的通知

质监〔2016〕51 号

各中心站：

　　为进一步规范电力工程现场质量监督检查工作，提高工作效率，按照国家能源局要求，依据《光伏发电工程质量监督检查大纲》，电力工程质量监督总站组织编制了《光伏发电工程质量监督检查标准化清单》，现印发给你们，请遵照执行。

　　附件：光伏发电工程质量监督检查标准化清单

电力工程质量监督总站

2016 年 12 月 13 日

编 委 会

主　　编　张天文

副主编　丁瑞明

委　　员　许　平　李仲秋　黄维东　周德福　谢　珉　孙东海　梅志农　尚正寿

　　　　　　颜宏文　廖立明　韩传高　梁敬宇　张　宁

审　　核　罗　勇　白洪海　李　真　罗　凌　李　辉　杜　洋

编 审 人 员 名 单

编 制 人 员

质量行为部分

建 设 单 位	李玉时	杨金国	高 忠	唐永卫
	季晓强	张 燕	章杞龙	
勘察设计单位	李玉时	杨金国	高 忠	唐永卫
	季晓强	张 燕	章杞龙	
监 理 单 位	李海峰	于民波	尹 东	许志建
施 工 单 位	巩 磊	刘明晨	秦玉磊	仰文林
	李 洋			
调 试 单 位	单 波	李仲秋	孙贤猛	韩义成
生产运行单位	李玉时	杨金国	高 忠	唐永卫
	季晓强	张 燕	章杞龙	
检 测 单 位	王 伟	刘 宁	韩鹏凯	陈新刚

实体质量和监督检测部分

土 建 专 业	王莉丽	张 雪	谭建国	韩 伟
	徐耀明	赵大勇	秦松鹤	梁敬宇
	刘 明	张首刚	付红军	蔡泽文
	李春荣	贺德荣	徐国胜	郑文忠
	葛家栋	方振雄	吴广华	陈少雄
	朱前亮	刘顺刚		
电气及其他专业	胡 伟	刘伟良	刘海峰	何智强
	晏桂林	谢阿萌	魏 劼	杜一明
	文 斌	张建明	窦建民	陈桂英
	谢小军	李 阳		

审 核 人 员

质量行为部分

  许 平 蒋 雁 郝志刚 范巧燕

  骞淑玲 唐胜辉

实体质量和监督检测部分

  土 建 专 业 周庆和 叶柏金 巩天真 熊 非

        徐耀明 赵大勇

  电气及其他专业 陈发宇 浮习新 廖光洪 戴 光

为有效落实《光伏发电工程质量监督检查大纲》(以下简称《大纲》)的要求,实现监督检查工作电子化和数据集成化,电力工程质量监督总站组织编制了本册《光伏发电工程质量监督检查标准化清单》(以下简称《标准化清单》)。

本《标准化清单》以《大纲》为基本依据,以国家标准规范为根本依据,采用统一组织、分工负责、专业编制、集中审核的方式,由电力工程质量监督总站组织相关质监中心站集合电力建设行业优秀专家共同编制完成。

本《标准化清单》的适用范围与《大纲》的适用范围相同。

一、《标准化清单》的主要内容

本《标准化清单》由正文和附录两部分组成,正文按照《大纲》的内容结构划分为首次、光伏发电单元组、独立蓄能工程、升压站工程和商业运行前四个部分。光伏发电单元组部分分为地基处理、光伏电池板安装前和光伏发电单元启动前三个节点,独立蓄能工程部分分为地基处理、蓄能电池组安装前和蓄能设施投运前三个节点,升压站工程部分分为地基处理、主体结构施工前、建筑工程交付使用前和升压站受电前四个节点。每个节点均包括质量行为、实体质量和监督检测三项内容。附录中根据标准或文件名称分类,并按实际表号排序汇总了依据文件中的各相关表格。每项表格内容均由依据文件名、表号表名和表格正文三部分组成。

本《标准化清单》对应《大纲》中的各条款,分别编制了"检查依据"和"检查要点",具体如下:

"检查依据"中原文摘录了与《大纲》条款对应的国家、行业标准或文件,其中包括了相关要求和执行标准两方面的内容,便于监检人员在现场检查时能够快速、有针对性地查询。每个依据文件名均用加重字体表示,以便于识别。

"检查要点"中明确了《大纲》各条款检查的最基本检查对象、检查要素及相应的检查标准,细化了《大纲》各条款的执行点,增强了《大纲》的可操作性。检查要点的表达逻辑一般是:查看检查对象中的(另起一行)一个或若干检查点(冒号后边)应达到的标准。

二、《标准化清单》的编制原则

(一)依据可靠全面

按照依法依规的原则,《大纲》所有检查条款都以国家有关法律、法规、标准或管理文件的要求为依据。相关标准或文件的取定原则如下：

依据有效：依据标准或文件须是国家或行业发布的最新有效版本。

排序规范：一个《大纲》条款对应有多个标准或文件依据时，按照国家法律法规-政府部门规章-国家标准-电力行业标准-其他行业标准的等级顺序列出，同等级的不同标准或文件按时间最近优先的顺序排列。

简明完整：一段文字中不必要的文字用省略号（……）代替，只保留与《大纲》条款及应达到的有关标准相关的文字内容。

重叠不省：各依据标准或文件内容有重叠的部分不省略，保证内容查阅时的独立完整性。

相同不略：多个《大纲》条款依据相同的标准或文件，即使内容相同，也同时列出。

表格另建：依据标准或文件中的表格另建附表。

（二）检查要点统一

监督检查的深度保持在一个基本水平以上，不因检查人员专业技术水平、实际工作经验等差异影响检查的效果。采取的具体原则如下：

要点明确：检查要点是证明《大纲》条款得到落实的最基本点和工程施工中经常出现问题或危及安全、质量的最重要点。

对象规范：检查对象名称与国家规定名称相符。国家无规定时，与行业惯用名称一致。无行业惯用名称时，按照合理原则确定检查对象的名称。

标准具体：检查执行的合格标准直接可衡量、操作性强。

三、使用说明

本《标准化清单》是在明确《大纲》各条款的依据标准或文件、细化《大纲》各条款基本执行要点的基础上形成的表格式标准化文件，既是电力工程现场监督检查的执行基准，又是相关应用软件的运行基础，它是应用软件的数据库支持文件，其内容会根据使用过程中发现的问题定期在应用软件中完善更新。

本《标准化清单》"检查依据"中的标准或文件为 2016 年 6 月底前的有效版本，如依据标准或文件即时发生更新时，检查人员可按照更新的标准或文件执行，并将更新内容反馈给电力工程质量监督总站，总站收集后将对《标准化清单》进行集中定期更新。

本《标准化清单》的"检查要点"是《大纲》各条款落实的基本要点，须在监督检查时全部执行，但这些检查要点并不意味着涵盖了所有的检查点。检查人员在现场检查时可根据实际情况和相关的标准或文件相应增加检查要点。

目录

第 1 部分

首次监督检查

条款号	大纲条款	检 查 依 据	检查要点
4 责任主体质量行为的监督检查			
4.1 建设单位质量行为的监督检查			
4.1.1	工程项目经国家行政主管部门审批，并到国家能源监管部门备案，接入系统方案已经落实	**1.《国务院关于投资体制改革的决定》国发〔2004〕20号** 二、转变政府管理职能，确立企业的投资主体地位 （一）改革项目审批制度……对于企业不使用政府投资建设的项目，一律不再实行审批，区别不同情况实行核准制和备案制。其中，政府仅对重大项目和限制类项目从维护社会公共利益角度进行核准，其他项目无论规模大小，均改为备案制…… **2.《国务院关于发布政府核准的投资项目目录（2014年本）的通知》国发〔2014〕53号** 二、能源 电网工程：跨境、跨省（区、市）±500千伏及以上直流项目，跨境、跨省（区、市）500千伏、750千伏、1000千伏交流项目，由国务院投资主管部门核准，其中±800千伏及以上直流项目和1000千伏交流项目报国务院备案；其余项目由地方政府核准，其中±800千伏及以上直流项目和1000千伏交流项目应按照国家制定的规划核准。 **3.《政府核准投资项目管理办法》国家发展和改革委员会令〔2014〕第11号** 第二条 实行核准制的投资项目……核准机关，是指《核准目录》中规定具有项目核准权限的行政机关。《核准目录》所称国务院投资主管部门是指国家发展和改革委员会；《核准目录》规定由省级政府、地方政府核准的项目，其具体项目核准机关由省级政府确定。 第二十条 对于同意核准的项目，项目核准机关应当出具项目核准文件并依法将核准决定向社会公开……属于国务院核准权限的项目，由国家发展和改革委员会根据国务院的意见出具项目核准文件或者不予核准决定书。 第二十五条 项目核准文件自印发之日起有效期2年。在有效期内未开工建设的，项目单位应当在有效期届满前的30个工作日之前向原项目核准机关申请延期，原项目核准机关应当在有效期届满前作出是否准予延期的决定。在有效期内未开工建设也未按照规定向原项目核准机关申请延期的，原项目核准文件自动失效。 第二十六条 取得项目核准文件的项目，有下列情形之一的，项目单位应当及时以书面形式向原项目核准机关提出调整申请。原项目核准机关应当根据项目具体情况，出具书面确认意见或者要求其重新办理核准手续。 （一）建设地点发生变更的； （二）建设规模、建设内容发生较大变化的； （三）项目变更可能对经济、社会、环境等产生重大不利影响的； （四）需要对项目核准文件所规定的内容进行调整的其他情形。 **4.《关于印发电力建设工程备案管理规定的通知》电监资质〔2012〕69号** 第二条 本规定适用于发电、电网企业依法取得审批或核准的电力建设工程的备案工作。电力建设	1. 查阅该项目的核准批复文件 发文单位：政府主管部门 内容：核准规模与本项目一致 时效性：项目开工在核准文件规定的有效时间内 项目备案：已在能源监管部门备案 2. 查阅该项目的接入系统方案及批复文件 发文单位：电力主管部门 核准规模：与本项目规模一致 时效性：项目开工在批复文件规定的有效时间内

条款号	大纲条款	检查依据	检查要点
4.1.1	工程项目经国家行政主管部门审批，并到国家能源监管部门备案，接入系统方案已经落实	工程包括发电建设工程、电网建设工程的新建、扩建、改建、拆除等活动。 第三条　电力工程建设（管理）单位是电力建设工程备案的责任主体，具体负责向电力监管机构备案并对备案内容的真实性负责。 第四条　电力建设工程实行属地备案原则，在电力工程建设地电力监管机构备案。跨省、跨区的电力建设工程按建设地点分别在所在地电力监管机构备案。 **5.《输变电工程项目质量管理规程》DL/T 1362—2014** 5.1.5　建设单位应按照国家现行法律的规定组织办理工程建设合法性文件	
4.1.2	工程项目按规定完成招投标并签订合同	**1.《中华人民共和国招标投标法》中华人民共和国主席令〔2000〕第 21 号** 第三条　在中华人民共和国境内进行下列工程建设项目包括项目的勘察、设计、施工、监理以及与工程建设有关的重要设备、材料等的采购，必须进行招标： 　　（一）大型基础设施、公用事业等关系社会公共利益、公众安全的项目； 　　（二）全部或者部分使用国有资金投资或者国家融资的项目； 第四条　任何单位和个人不得将依法必须进行招标的项目化整为零或者以其他任何方式规避招标。 第十条　招标分为公开招标和邀请招标。 第四十五条　中标人确定后，招标人应当向中标人发出中标通知书…… 第四十六条　招标人和中标人应当自中标通知书发出之日起三十日内，按照招标文件和中标人的投标文件订立书面合同。招标人和中标人不得再行订立背离合同实质性内容的其他协议。 **2.《中华人民共和国建筑法》中华人民共和国主席令〔2011〕第 46 号** 第十五条　建筑工程的发包单位与承包单位应当依法订立书面合同…… 第二十条　建筑工程实行公开招标的，发包单位应当依照法定程序和方式，发布招标公告，提供……招标文件。 第二十二条　建筑工程实行招标发包的，发包单位应当将建筑工程发包给依法中标的承包单位…… **3.《建设工程质量管理条例》中华人民共和国国务院令〔2000〕第 279 号** 第八条　建设单位应当依法对工程建设项目的勘察、设计、施工、监理以及与工程建设有关的重要设备、材料等的采购进行招标。 **4.《中华人民共和国招标投标法实施条例》中华人民共和国国务院令〔2011〕第 613 号** 第七条　按照国家有关规定需要履行项目审批、核准手续的依法必须进行招标的项目，其招标范围、招标方式、招标组织形式应当报项目审批、核准部门审批、核准。项目审批、核准部门应当及时将审批、核准确定的招标范围、招标方式、招标组织形式通报有关行政监督部门。	1. 查阅中标通知书 　内容：与合同签订单位一致 　时效性：在有效期内签订合同 2. 查阅与勘察、设计、监理、施工单位或与EPC总承包签订的承包合同 　签字：法定代表人或授权人已签字 　盖章：单位已盖章

条款号	大纲条款	检 查 依 据	检查要点
4.1.2	工程项目按规定完成招投标并签订合同	第八条　国有资金占控股或者主导地位的依法必须进行招标的项目，应当公开招标…… 第五十七条　招标人和中标人应当依照招标投标法和本条例的规定签订书面合同，合同的标的、价款、质量、履行期限等主要条款应当与招标文件和中标人的投标文件的内容一致。招标人和中标人不得再行订立背离合同实质性内容的其他协议。 **5.《工程建设项目招标代理机构资格认定办法》建设部令〔2007〕第154号** 第四条　从事工程招标代理业务的机构，应当依法取得国务院建设主管部门或者省、市、自治区、直辖市人民政府建设主管部门认定的工程招标代理机构资格，并在其资格许可的范围内从事相应的工程招标代理业务。 **6.《建设工程项目管理规范》GB/T 50326—2006** 7.1.2　合同管理应包括合同的订立、实施、控制和综合评价等工作。 **7.《输变电工程项目质量管理规程》DL/T 1362—2014** 5.1.1　建设单位应按照国家现行法律的规定，采用招标方式选择有质量保证能力和相应资质的输变电工程项目的勘察、设计、施工、监理单位以及重要设备、材料供应单位	
4.1.3	项目管理组织机构已建立，人员已到位	**《建设工程项目管理规范》GB/T 50326—2006** 5.1.1　项目管理组织的建立应遵循下列原则： 　　1　组织结构科学合理。 　　2　有明确的管理目标和责任制度。 　　3　组织成员具备相应的职业资格。 　　4　保持相对稳定，并根据实际需要进行调整。 10.1.1　组织应遵照《建设工程质量管理条例》和《质量管理体系 GB/T 19000》族标准的要求，建立持续改进质量管理体系，设立专职管理部门或专职人员	1. 查阅组织机构成立文件 　内容：已设立质量管理组织机构，质量管理岗位职责已明确，人员配备满足工程需要 2. 查阅相关质量文件 　签字人：与岗位设置人员相符
4.1.4	质量管理制度已制订	**《建设工程项目管理规范》GB/T 50326—2006** 5.2.6　项目经理部所制定的规章制度，应报上一级组织管理层批准。 14.1.1　组织应建立并持续改进项目资源管理体系，完善管理制度、确定管理责任、规范管理程序	查阅质量管理制度 　内容：与管理模式相适应 　审批：编、审、批手续齐全

条款号	大纲条款	检 查 依 据	检查要点
4.1.5	监理规划、施工组织总设计已审批	**1.《建设工程监理规范》GB/T 50319—2013** 5.2.1　监理规划应在签订建设工程监理合同及收到工程设计文件后编制，在召开第一次工地会议前报送建设单位。 **2.《建筑工程施工质量评价标准》GB/T 50375—2006** 4.2.1　施工现场质量保证条件应符合下列检查标准： 　　3　施工组织设计、施工方案编制审批手续齐全…… **3.《建筑施工组织设计规范》GB/T 50502—2009** 3.0.5　施工组织设计的编制和审批应符合下列规定： 　　1　施工组织设计应由项目负责人主持编制，可根据需要分阶段编制和审批。 　　2　施工组织总设计应由总承包单位技术负责人审批；单位工程施工组织设计应由施工单位技术负责人或技术负责人授权的技术人员审批，施工方案应由项目技术负责人审批；重点、难点分部（分项）工程和专项工程施工方案应由施工单位技术部门组织相关专家评审，施工单位技术负责人批准。 **4.《电力建设工程监理规范》DL/T 5434—2009** 6.1.1　监理规划应在签订委托监理合同及收到设计文件后，由总监理工程师主持、专业监理工程师参加编制，经监理单位技术负责人批准，报送建设单位。 8.0.4　工程开工前，总监理工程师应组织专业监理工程师审查承包单位报送的施工组织设计，提出审查意见，并经总监理工程师审核、签认后报送建设单位。 8.0.5　对机组容量大、电压等级高、新能源电力建设工程，施工组织设计宜由监理单位组织审查，总监理工程师签发，报建设单位	1. 查阅监理规划的审批文件 　时间：第一次工地例会前 　签字：建设单位责任人已签字 2. 查阅施工组织总设计的审批文件 　时间：开工前 　签字：建设单位责任人已签字
4.1.6	工程采用的专业标准清单已审批	**1.《关于实施电力建设项目法人责任制的规定》电建〔1997〕79 号** 第十八条　公司应遵守国家有关电力建设和生产的法律和法规，自觉执行电力行业颁布的法规和标准、定额…… **2.《光伏发电工程验收规范》GB/T 50796—2012** 3.0.1　工程验收依据应包括下列内容： 　　1　国家现行有关法律、法规、规章和技术标准	查阅法律法规和标准规范清单 　签字：责任人已签字 　盖章：单位已盖章
4.1.7	工程建设标准强制性条文已制定实施计划和措施	**1.《中华人民共和国标准化法实施条例》中华人民共和国国务院令〔1990〕第 53 号** 第二十三条　从事科研、生产、经营的单位和个人，必须严格执行强制性标准。 **2.《建设工程质量管理条例》中华人民共和国国务院令〔2000〕第 279 号** 第十条　…… 　　建设单位不得明示或者暗示设计单位或者施工单位违反工程建设强制性标准，降低建设工程质量。	查阅强制性条文实施计划和措施 　内容：条文识别齐全，依据标准有效 　签字：相关责任人已签字 　时间：工程开工前

条款号	大纲条款	检 查 依 据	检查要点
4.1.7	工程建设标准强制性条文已制定实施计划和措施	**3.《实施工程建设强制性标准监督规定》建设部令〔2000〕第81号** 第二条　在中华人民共和国境内从事新建、扩建、改建等工程建设活动，必须执行工程建设强制性标准。 第六条　……工程质量监督机构应当对工程建设施工、监理、验收等阶段执行强制性标准的情况实施监督。 第十条　强制性标准监督检查的内容包括： 　（一）有关工程技术人员是否熟悉、掌握强制性标准； 　（二）工程项目的规划、勘察、设计、施工、验收等是否符合强制性标准的规定； 　（三）工程项目采用的材料、设备是否符合强制性标准的规定； 　（四）工程项目的安全、质量是否符合强制性标准的规定； 　（五）工程中采用的导则、指南、手册、计算机软件的内容是否符合强制性标准的规定。 **4.《输变电工程项目质量管理规程》DL/T 1362—2014** 4.4　输变电工程项目建设过程中，参建单位应遵循现行国家和行业标准，严格执行工程设计和施工标准中的强制性条文…… 6.2.1　……质量管理策划内容应包括但不限于： 　b）质量管理文件，包括引用的标准清单、设计质量策划、强制性条文实施计划、设计技术组织措施、达标投产（创优）实施细则等	
4.1.8	施工图会检已组织完成	**1.《关于实施电力建设项目法人责任制的规定》电建〔1997〕79号** 第十条　…… 　（五）……组织施工图及施工组织设计会审。 **2.《建设工程监理规范》GB/T 50319—2013** 6.1.2　监理人员应熟悉工程设计文件，并应参加建设单位主持的图纸会审和设计交底会议，总监理工程师应参与会议纪要会签。 **3.《建设工程项目管理规范》GB/T 50326—2006** 8.3.3　项目技术负责人应主持对图纸审核，并应形成会审记录。 **4.《光伏发电站施工规范》GB 50794—2012** 3.0.1　开工前应具备下列条件： 　4.开工所必需的施工图应通过会审，设计交底应完成…… **5.《输变电工程项目质量管理规程》DL/T 1362—2014** 5.3.2　建设单位应在变电站单位工程和输电线路分部工程开工前组织设计交底和施工图会检	1. 查阅工程设计交底记录 　签字：责任人已签字 　日期：工程开工前 2. 查阅已开工单位工程施工图会检记录 　签字：责任人已签字 　日期：工程开工前

续表

条款号	大纲条款	检 查 依 据	检查要点
4.1.9	工程项目开工文件已下达	**1.《中华人民共和国建筑法》中华人民共和国主席令〔2011〕第46号** 第七条　建筑工程开工前，建设单位应当按照国家有关规定向工程所在地县级以上人民政府建设行政主管部门申请领取施工许可证…… 　　按照国务院规定的权限和程序批准开工报告的建筑工程，不再领取施工许可证。 **2.《建设工程监理规范》GB/T 50319—2013** 3.0.7　总监理工程师应组织专业监理工程师审查施工单位报送的开工报审表及相关资料，同时具备以下条件的，由总监理工程师签署审查意见，报建设单位批准后，总监理工程师签发开工令…… **3.《光伏发电站施工规范》GB 50794—2012** 3.0.1　开工前应具备下列条件： 　　1.在工程开始施工之前，建设单位应取得相关的施工许可文件。 　　2.施工单位应具备水通、电通、路通、电信通及场地平整的条件。 　　3.施工单位的资质、特殊作业人员资质、施工机械、施工材料、计量器具等应报监理单位或建设单位审查完毕。 　　4.开工所必需的施工图应通过会审；设计交底应完成；施工组织设计及重大施工方案应已审批；项目划分及质量评定标准应确立。 　　5.施工单位根据施工总平面布置图要求布置施工临建设施应完毕。 　　6.工程定位测量基准应确立	查阅工程开工批准文件 内容：有同意开工的肯定性意见 签字：相关责任人已签字 时间：工程开工前
4.1.10	按合同约定，工期计划已制定	**1.《电力建设工程施工合同范本》电建〔1996〕202号** 第九条　进度计划 　1　甲方在缔结合同后3天内向乙方提供初步设计文件、施工图纸、施工组织设计大纲及"供应材料、设计计划""提供土建工程计划"等资料，乙方据以按电力建设工程施工技术管理的有关规定和《协议条款》的约定编制……"施工综合进度计划"，在开工前如约提交甲方代表。 **2.《建设工程项目管理规范》GB/T 50326—2006** 9.2.1　组织应依据合同文件、项目管理规划文件、资源条件与外部约束条件编制项目进度计划。 **3.《建设工程监理规范》GB/T 50319—2013** 6.4.1　项目监理机构应审查施工单位报审的施工总进度计划和阶段性施工进度计划，提出审查意见，由总监理工程师审核后报建设单位。 **4.《电力建设工程监理规范》DL/T 5434—2009** 9.2.1　项目监理机构应协助建设单位编制总体工程施工里程碑进度计划。 9.2.2　总监理工程师应组织审查……施工进度计划和调试进度计划	查阅总进度计划、合同工期的相关文件 内容：工期计划与合同工期相符 签字：编、审、批已签字

条款号	大纲条款	检 查 依 据	检查要点
4.1.11	采用的新技术、新工艺、新流程、新装备、新材料已批准	**1.《中华人民共和国建筑法》中华人民共和国主席令〔2011〕第46号** 第四条　国家扶持建筑业的发展，支持建筑科学技术研究，提高房屋建筑设计水平，鼓励节约能源和保护环境，提倡采用先进技术、先进设备、先进工艺、新型建筑材料和现代管理方式。 **2.《建设工程质量管理条例》中华人民共和国国务院令〔2000〕第279号** 第六条　国家鼓励采用先进的科学技术和管理方法，提高建设工程质量。 **3.《实施工程建设强制性标准监督规定》建设部令〔2000〕第81号** 第五条　工程建设中拟采用的新技术、新工艺、新材料，不符合现行强制性标准规定的，应当由拟采用单位提请建设单位组织专题技术论证，报批准标准的建设行政主管部门或者国务院有关主管部门审定。 **4.《电力工程地基处理技术规程》DL/T 5024—2005** 条文说明 5.0.8　……当采用当地缺乏经验的地基处理方法或引进和应用新技术、新工艺、新方法时，须通过原体试验验证其适用性。 **5.《电力建设施工技术规范　第1部分：土建结构工程》DL 5190.1—2012** 3.0.4　采用新技术、新工艺、新材料、新设备时，应经过技术鉴定或具有允许使用的证明。施工前应编制单独的施工措施及操作规程	查阅新技术、新工艺、新流程、新装备、新材料论证文件 内容：同意采用等肯定性意见 签字：专家组和批准人已签字
4.2　勘察单位质量行为的监督检查			
4.2.1	企业资质与合同约定的业务范围相符，项目负责人已经明确，专业人员具有相应资格	**1.《中华人民共和国建筑法》中华人民共和国主席令〔2011〕第46号** 第十三条　从事建筑活动的建筑施工企业、勘察单位、设计单位……经资质审查合格，取得相应等级的资质证书后，方可在其资质等级许可的范围内从事建筑活动。 第十四条　从事建筑活动的专业技术人员，应当依法取得相应的执业资格证书，并在执业资格证书许可的范围内从事建筑活动。 **2.《建设工程质量管理条例》中华人民共和国国务院令〔2000〕第279号** 第十八条　从事建设工程勘察、设计的单位应当依法取得相应等级的资质证书，并在其资质等级许可的范围内承揽工程。 　　禁止勘察、设计单位超越其资质等级许可的范围或者以其他勘察、设计单位的名义承揽工程。禁止勘察、设计单位允许其他单位或者个人以本单位的名义承揽工程。 第十九条　…… 　　注册建筑师、注册结构工程师等注册执业人员应当在设计文件上签字，对设计文件负责。 **3.《建设工程勘察设计管理条例》中华人民共和国国务院令〔2015〕第662号** 第八条　建设工程勘察、设计单位应当在其资质等级许可的范围内承揽建设工程勘察、设计业务。 　　禁止建设工程勘察、设计单位超越其资质等级许可的范围或者以其他建设工程勘察、设计单位	1. 查阅勘察资质证书 发证单位：政府主管部门 有效期：当前有效 2. 查阅勘察设计合同 内容：勘察设计范围和工作内容，与资质等级相符 3. 查阅项目负责人执业资格证书 发证单位：政府主管部门 有效期：当前有效

条款号	大纲条款	检 查 依 据	检 查 要 点
4.2.1	企业资质与合同约定的业务范围相符,项目负责人已经明确,专业人员具有相应资格	的名义承揽建设工程勘察、设计业务。禁止建设工程勘察、设计单位允许其他单位或者个人以本单位的名义承揽建设工程勘察、设计业务。 第九条 国家对从事建设工程勘察、设计活动的专业技术人员,实行执业资格注册管理制度。 　未经注册的建设工程勘察、设计人员,不得以注册执业人员的名义从事建设工程勘察、设计活动。 **4.《建设工程勘察设计资质管理规定》建设部令〔2007〕第 160 号** 第三条 从事建设工程勘察、工程设计活动的企业……取得建设工程勘察、工程设计资质证书后,方可在资质许可的范围内从事建设工程勘察、工程设计活动。 **5.《工程勘察资质标准》建市〔2013〕9 号** 三、承担业务范围 　(一)工程勘察综合甲级资质 　承担各类建设工程项目的岩土工程、水文地质勘察、工程测量业务(海洋工程勘察除外),其规模不受限制(岩土工程勘察丙级项目除外)。 　(二)工程勘察专业资质 　1. 甲级 　承担本专业资质范围内各类建设工程项目的工程勘察业务,其规模不受限制。 　2. 乙级 　承担本专业资质范围内各类建设工程项目乙级及以下规模的工程勘察业务。 　3. 丙级 　承担本专业资质范围内各类建设工程项目丙级规模的工程勘察业务。 附件3:工程勘察项目规模划分表 **6.《建设工程项目管理规范》GB/T 50326—2006** 6.2.1 项目经理应由法定代表人任命,并根据法定代表人授权的范围、期限和内容,履行管理职责,并对项目实施全过程、全面的管理。 6.2.2 大中型项目的项目经理必须取得工程建设类相应专业注册执业证书。 6.2.5 在项目运行正常的情况下,组织不应随意撤换项目经理。特殊原因需要撤换项目经理时,应进行审计并按有关合同规定报告相关方	4. 查阅专业人员执业资格证书 　发证单位:政府主管部门 　有效期:当前有效
4.2.2	勘察文件完整	**1.《建设工程质量管理条例》中华人民共和国国务院令〔2000〕第 279 号** 第二十条 勘察单位提供的地质、测量、水文等勘察成果必须真实、准确。 **2.《建设工程勘察设计管理条例》中华人民共和国国务院令〔2015〕第 662 号** 第二十六条 编制建设工程勘察文件,应当真实、准确,满足建设工程规划、选址、设计、岩土治理和施工的需要	查阅勘察报告 内容:地质、测量、水文等相关内容齐全、完整 签字:勘探、校核、批准相关人员已签字

条款号	大纲条款	检 查 依 据	检查要点
4.2.3	按规定参加工程质量验收并签证	**1.《建筑工程施工质量验收统一标准》GB 50300—2013** 6.0.3 分部工程应由总监理工程师组织施工单位项目负责人和项目技术负责人等进行验收。 勘察、设计单位项目负责人和施工单位技术、质量部门负责人应参加地基与基础分部工程的验收。 6.0.6 建设单位收到工程竣工报告后，应由建设单位项目负责人组织监理、施工、设计、勘察等单位项目负责人进行单位工程验收。 **2.《光伏发电工程验收规范》GB/T 50796—2012** 3.0.8 工程验收中相关单位职责应符合下列要求： 　　2 勘察、设计单位职责应包括： 　　　1）对土建工程与地基工程有关的施工记录校验	1. 查阅项目质量验收范围划分表 　内容：勘察单位参加验收的项目已确定 2. 查阅勘察人员应参加验收项目的验收记录 　签字：勘察单位责任人已签字
4.2.4	工程建设标准强制性条文落实到位	**1.《建设工程质量管理条例》中华人民共和国国务院令〔2000〕第 279 号** 第十九条 勘察、设计单位必须按照工程建设强制性标准进行勘察、设计，并对其勘察、设计的质量负责。 　注册建筑师、注册结构工程师等注册执业人员应当在设计文件上签字，对设计文件负责。 **2.《建设工程勘察设计管理条例》中华人民共和国国务院令〔2015〕第 662 号** 第五条 ……建设工程勘察、设计单位必须依法进行建设工程勘察、设计，严格执行工程建设强制性标准，并对建设工程勘察、设计的质量负责。 **3.《实施工程建设强制性标准监督规定》建设部令〔2000〕第 81 号** 第二条 在中华人民共和国境内从事新建、扩建、改建等工程建设活动，必须执行工程建设强制性标准	1. 查阅勘察文件 　内容：与强条有关的内容已落实 　签字：编、审、批责任人已签字 2. 查阅强制性条文实施计划（强制性条文清单）和本阶段执行记录 　内容：与实施计划相符 　签字：相关单位审批人已签字

4.3　设计单位质量行为的监督检查

条款号	大纲条款	检 查 依 据	检查要点
4.3.1	企业资质与合同约定的业务范围相符，项目负责人已经明确，专业人员具有相应资格	**1.《中华人民共和国建筑法》中华人民共和国主席令〔2011〕第 46 号** 第十三条 从事建筑活动的建筑施工企业、勘察单位、设计单位……经资质审查合格，取得相应等级的资质证书后，方可在其资质等级许可的范围内从事建筑活动。 第十四条 从事建筑活动的专业技术人员，应当依法取得相应的执业资格证书，并在执业资格证书许可的范围内从事建筑活动。 **2.《建设工程质量管理条例》中华人民共和国国务院令〔2000〕第 279 号** 第十八条 从事建设工程勘察、设计的单位应当依法取得相应等级的资质证书，并在其资质等级许可的范围内承揽工程。 　禁止勘察、设计单位超越其资质等级许可的范围或者以其他勘察、设计单位的名义承揽工程。禁	1. 查阅设计资质证书 　发证单位：政府主管部门 　有效期：当前有效 2. 查阅设计合同 　内容：设计范围和工作内容，与资质等级相符

条款号	大纲条款	检 查 依 据	检查要点
4.3.1	企业资质与合同约定的业务范围相符，项目负责人已经明确，专业人员具有相应资格	止勘察、设计单位允许其他单位或者个人以本单位的名义承揽工程。 第十九条　…… 　注册建筑师、注册结构工程师等注册执业人员应当在设计文件上签字，对设计文件负责。 **3.《建设工程勘察设计管理条例》中华人民共和国国务院令〔2015〕第 662 号** 第八条　建设工程勘察、设计单位应当在其资质等级许可的范围内承揽建设工程勘察、设计业务。 　禁止建设工程勘察、设计单位超越其资质等级许可的范围或者以其他建设工程勘察、设计单位的名义承揽建设工程勘察、设计业务。禁止建设工程勘察、设计单位允许其他单位或者个人以本单位的名义承揽建设工程勘察、设计业务。 第九条　国家对从事建设工程勘察、设计活动的专业技术人员，实行执业资格注册管理制度。 　未经注册的建设工程勘察、设计人员，不得以注册执业人员的名义从事建设工程勘察、设计活动。 **4.《建设工程勘察设计资质管理规定》建设部令〔2007〕第 160 号** 第三条　从事建设工程勘察、工程设计活动的企业……取得建设工程勘察、工程设计资质证书后，方可在资质许可的范围内从事建设工程勘察、工程设计活动。 **5.《工程设计资质标准》建市〔2007〕86 号** 三、承担业务范围 　工程设计综合甲级资质承担各行业建设工程项目的设计业务，其规模不受限制…… 　工程设计行业资质 　甲级：承担本行业建设工程项目主体工程及其配套工程的设计业务，其规模不受限制。 　乙级：承担本行业中、小型建设工程项目的主体工程及其配套工程的设计业务。 　丙级：承担本行业小型建设项目的工程设计业务。 附件 3-4：电力行业建设项目设计规模划分表 **6.《建设工程项目管理规范》GB/T 50326—2006** 6.2.1　项目经理应由法定代表人任命，并根据法定代表人授权的范围、期限和内容，履行管理职责，并对项目实施全过程、全面的管理。 6.2.2　大中型项目的项目经理必须取得工程建设类相应专业注册执业资格证书。 6.2.5　在项目运行正常的情况下，组织不应随意撤换项目经理。特殊原因需要撤换项目经理时，应进行审计并按有关合同规定报告相关方。 **7.《建设项目工程总承包管理规范》GB/T 50358—2005** 4.4.2　根据工程总承包合同范围和工程总承包企业的有关规定，项目部可在项目经理以下设置控制经理、设计经理、采购经理、施工经理、试运行经理、财务经理、进度控制工程师、质量工程师、合同管理工程师、费用估算师、费用控制工程师、设备材料控制工程师、安全工程师、信息管理工程师等管理岗位。 6.1.1　工程总承包项目的设计必须由具备相应设计资质和能力的企业承担	3. 查阅项目负责人执业资格证书 　发证单位：政府主管部门 　有效期：当前有效 4. 查阅专业人员执业资格证书 　发证单位：政府主管部门 　有效期：当前有效 5. 查阅 EPC 项目部组织机构及管理制度 　内容：设计、施工、采购、试运行经理等职责明确，项目经理已授权

续表

条款号	大纲条款	检 查 依 据	检查要点

4.3.2	设计交底、设计更改、现场服务等管理文件齐全	**1.《建设工程勘察设计管理条例》中华人民共和国国务院令〔2015〕第662号**
		第三十条 建设工程勘察、设计单位应当在建设工程施工前，向施工单位和监理单位说明建设工程勘察、设计意图，解释建设工程勘察、设计文件。
		  建设工程勘察、设计单位应当及时解决施工中出现的勘察、设计问题。
		2.《建设项目工程总承包管理规范》GB/T 50358—2005
		6.3.8 在施工前，设计组应进行设计交底，说明设计意图，解释设计文件，明确设计要求。
		3.《电力勘测设计驻工地代表制度》DLGJ 159.8—2001
		2.0.1 工代的工地现场服务是电力工程设计的阶段之一，为了有效地贯彻勘测设计意图，实施设计单位通过工代为施工、安装、调试、投运提供及时周到的服务，促进工程顺利竣工投产，特制定本制度。
		  c）工地代表应按 DL/T 5210 及时参加建筑、安装工程中分部、单位（子单位）工程的验收
			1. 查阅设计交底、设计更改控制文件
			  内容：符合规程规定
			  审批：责任人已签字
			
			2. 查阅现场工代服务管理文件
			  内容：符合规程规定
			  审批：责任人已签字

4.3.3	设计图纸交付进度能保证连续施工	**1.《中华人民共和国合同法》中华人民共和国主席令〔1999〕第15号**
		第二百七十四条 勘察、设计合同的内容包括提交有关基础资料和文件（包括概预算）的期限、质量要求、费用以及其他协作条件等条款。
		第二百八十条 勘察、设计的质量不符合要求或者未按照期限提交勘察、设计文件拖延工期，造成发包人损失的，勘察人、设计人应当继续完善勘察、设计，减收或者免收勘察、设计费并赔偿损失。
		2.《建设项目工程总承包管理规范》GB/T 50358—2005
		6.4.1 设计经理应组织检查设计计划的执行情况，分析进度偏差，制定有效措施。设计进度的主要控制点应包括：
		1 设计各专业间的条件关系及进度。
		2 初步设计或基础工程设计完成和提交时间。
		4 进度关键线路上的设计文件提交时间。
		5 施工图设计或详细工程设计完成和提交时间。
		6 设计工作结束时间
			1. 查阅设计单位的施工图出图计划
			  内容：交付时间满足进度计划要求
			  签字：责任人已签字
			
			2. 查阅建设单位的设计文件接收记录
			  内容：接收时间与出图计划一致
			  签字：责任人已签字

条款号	大纲条款	检 查 依 据	检查要点
4.3.4	设计交底已完成，交底文件齐全；设计更改手续齐全	**1.《建设工程质量管理条例》中华人民共和国国务院令〔2000〕第 279 号** 第二十三条　设计单位应当就审查合格的施工图设计文件向施工单位作出详细说明。 **2.《建设工程勘察设计管理条例》中华人民共和国国务院令〔2015〕第 662 号** 第二十八条　建设单位、施工单位、监理单位不得修改建设工程勘察、设计文件；确需修改建设工程勘察、设计文件的，应当由原建设工程勘察、设计单位修改。经原建设工程勘察、设计单位书面同意，建设单位也可以委托其他具有相应资质的建设工程勘察、设计单位修改。修改单位对修改的勘察、设计文件承担相应责任。 　　施工单位、监理单位发现建设工程勘察、设计文件不符合工程建设强制性标准、合同约定的质量要求的，应当报告建设单位，建设单位有权要求建设工程勘察、设计单位对建设工程勘察、设计文件进行补充、修改。 　　建设工程勘察、设计文件内容需要作重大修改的，建设单位应当报经原审批机关批准后，方可修改。 第三十条　建设工程勘察、设计单位应当在建设工程施工前，向施工单位和监理单位说明建设工程勘察、设计意图，解释建设工程勘察、设计文件。 **3.《建设项目工程总承包管理规范》GB/T 50358—2005** 6.3.8　在施工前，设计组应进行设计交底，说明设计意图，解释设计文件，明确设计要求。 6.4.2　……设计质量的控制点主要包括： 　　7　设计变更的控制。 **4.《电力建设工程施工技术管理导则》国电电源〔2002〕896 号** 10.03　设计变更审批手续： 　　a）小型设计变更。由工地提出设计变更申请单或工程洽商（联系）单，经项目部技术管理部门审核，由现场设计、建设（监理）单位代表签字同意后生效。 　　b）一般设计变更。由工地提出设计变更申请单，经项目部技术管理部门审签后，送交建设（监理）单位审核。经设计单位同意后，由设计单位签发设计变更通知书并经建设（监理）单位会签后生效。 　　c）重大设计变更。由项目部总工程师组织研究、论证后，提交建设单位组织设计、施工、监理单位进一步论证、审核，决定后由设计单位修改设计图纸并出具设计变更通知书，还应附有工程预算变更单，经建设、监理、施工单位会签后生效。 **5.《电力勘测设计驻工地代表制度》DLGJ 159.8—2001** 5.0.2　进行设计更改 　　1　因原设计错误或考虑不周需进行的一般设计更改，由专业工代填写"设计变更通知单"，说明更改原因和更改内容，经工代组长签署后发至施工单位实施。"设计变更通知单"的格式见附录 A	1. 查阅设计交底会议纪要 　　交底人：由原设计人进行交底 　　交底内容：包括设计交底的范围、设计意图、施工中应重点关注的问题 　　交底时间：按该卷册图施工前 　　签字：交底人、被交底人已签字 2. 查阅设计变更通知单和设计工程联系单 　　编制签字：设计单位（EPC）各级责任人已签字 　　审核签字：相关单位责任人已签字 　　时间：在变更内容实施前

条款号	大纲条款	检 查 依 据	检 查 要 点
4.3.5	按规定参加工程质量验收签证	**1.《建筑工程施工质量验收统一标准》GB 50300—2013** 6.0.3 分部工程应由总监理工程师组织施工单位项目负责人和项目技术负责人等进行验收。 　　勘察、设计单位项目负责人和施工单位技术、质量部门负责人应参加地基与基础分部工程的验收。 　　设计单位项目负责人和施工单位技术、质量部门负责人应参加主体结构、节能分部工程的验收。 6.0.6 建设单位收到工程竣工报告后，应由建设单位项目负责人组织监理、施工、设计、勘察等单位项目负责人进行单位工程验收。 **2.《光伏发电工程验收规范》GB/T 50796—2012** 3.0.8 工程验收中相关单位职责应符合下列要求： 　2 勘察、设计单位职责应包括： 　　1）对土建工程与地基工程有关的施工记录校验。 **3.《电力建设施工质量验收及评价规程 第1部分：土建工程》DL/T 5210.1—2012** 3.0.12 工程质量验收的程序、组织和记录应符合下列规定： 　3 分部（子分部）工程质量验收应由总监理工程师（建设单位项目负责人）组织施工单位项目负责人和技术、质量负责人等进行验收；地基与基础、主体结构分部工程的勘测、设计单位工程项目负责人和施工单位技术、质量部门负责人也应参加相关分部工程验收。 　4 ……建设单位收到工程验收申请报告后，应由建设单位（项目）负责人组织施工（含分包单位）、设计、监理等单位（项目）负责人进行单位（子单位）工程验收……	1. 查阅项目质量验收范围划分表 　内容：设计单位（EPC）参加验收的项目已确定 2. 查阅设计人员应参加验收项目的验收记录 　签字：设计单位（EPC）责任人已签字
4.3.6	工程建设强制性条文在设计过程中已落实	**1.《建设工程质量管理条例》中华人民共和国国务院令〔2000〕第279号** 第十九条 勘察、设计单位必须按照工程建设强制性标准进行勘察、设计，并对其勘察、设计的质量负责。 　　注册建筑师、注册结构工程师等注册执业人员应当在设计文件上签字，对设计文件负责。 **2.《建设工程勘察设计管理条例》中华人民共和国国务院令〔2015〕第662号** 第五条 ……建设工程勘察、设计单位必须依法进行建设工程勘察、设计，严格执行工程建设强制性标准，并对建设工程勘察、设计的质量负责。 **3.《实施工程建设强制性标准监督规定》建设部令〔2000〕第81号** 第二条 在中华人民共和国境内从事新建、扩建、改建等工程建设活动，必须执行工程建设强制性标准。 第十条 强制性标准监督检查的内容包括： 　　（一）有关工程技术人员是否熟悉、掌握强制性标准； 　　（二）工程项目的规划、勘察、设计、施工、验收等是否符合强制性标准的规定； 　　（三）工程项目采用的材料、设备是否符合强制性标准的规定； 　　（四）工程项目的安全、质量是否符合强制性标准的规定；	1. 查阅设计文件 　内容：与强制性条文有关的内容已落实 　签字：编、审、批责任人已签字 2. 查阅强制性条文实施计划（强制性条文清单）和本阶段执行记录 　内容：与实施计划相符 　签字：相关单位责任人已签字

条款号	大纲条款	检 查 依 据	检查要点
4.3.6	工程建设强制性条文在设计过程中已落实	（五）工程中采用的导则、指南、手册、计算机软件的内容是否符合强制性标准的规定。 **4.《输变电工程项目质量管理规程》DL/T 1362—2014** 4.4 输变电工程项目建设过程中，参建单位应遵循现行国家和行业标准，严格执行工程设计和施工标准中的强制性条文…… 6.2.1 ……质量管理策划内容应包括但不限于： 　　b）质量管理文件，包括引用的标准清单、设计质量策划、强制性条文实施计划、设计技术组织措施、达标投产（创优）实施细则等	
4.4　监理单位质量行为的监督检查			
4.4.1	企业资质与合同约定的业务范围相符	**1.《中华人民共和国建筑法》中华人民共和国主席令〔2011〕第46号** 第十三条　从事建筑活动的……和工程监理单位，按照其拥有的注册资本、专业技术人员、技术装备和已完成的建筑工程业绩等资质条件，划分为不同的资质等级，经资质审查合格，取得相应等级的资质证书后，方可在其资质等级许可的范围内从事建筑活动。 第三十四条　工程监理单位应当在其资质等级许可范围内，承担工程监理业务。 　　…… 工程监理单位不得转让工程监理业务。 **2.《建设工程质量管理条例》中华人民共和国国务院令〔2000〕第279号** 第三十四条　工程监理单位应当依法取得相应等级的资质证书，并在其资质等级许可的范围内承担工程监理业务。 禁止工程监理单位超越本单位资质等级许可的范围或者以其他工程监理单位的名义承担工程监理业务；禁止工程监理单位允许其他单位或者个人以本单位的名义承担工程监理业务。 **3.《工程监理企业资质管理规定》建设部令〔2007〕第158号** 第三条　从事建设工程监理活动的企业，应当按照本规定取得工程监理企业资质，并在工程监理企业资质证书（以下简称资质证书）许可的范围内从事工程监理活动。 第八条　工程监理企业资质相应许可的业务范围如下： （一）综合资质 可以承担所有专业工程类别建设工程项目的工程监理业务。 （二）专业资质 　　1.专业甲级资质 可承担相应专业工程类别建设工程项目的工程监理业务。 　　2.专业乙级资质 可承担相应专业工程类别二级以下（含二级）建设工程项目的工程监理业务。	1.查阅企业资质证书 　发证单位：政府主管部门 　有效期：当前有效 2.查阅监理合同 　监理范围和工作内容：与资质等级相符

续表

条款号	大纲条款	检 查 依 据	检查要点
4.4.1	企业资质与合同约定的业务范围相符	3. 专业丙级资质 可承担相应专业工程类别三级建设工程项目的工程监理业务（见附表2）。 …… 工程监理企业可以开展相应类别建设工程的项目管理、技术咨询等业务	
4.4.2	监理人员持证上岗，人员配备满足工程管理需要；总监理工程师经本企业法定代表人授权，变更须报建设单位批准	**1.《中华人民共和国建筑法》中华人民共和国主席令〔2011〕第46号** 第十四条　从事建筑活动的专业技术人员，应当依法取得相应的职业资格证书，并在执业资格证书许可的范围内从事建筑活动。 **2.《建设工程质量管理条例》中华人民共和国国务院令〔2000〕第279号** 第三十七条　工程监理单位应当选派具备相应资格的总监理工程师和监理工程师进驻施工现场…… **3.《建设工程监理规范》GB/T 50319—2013** 2.0.6　总监理工程师 　　由工程监理单位法定代表人书面任命，负责履行建设工程监理合同、主持项目监理机构工作的注册监理工程师。 2.0.7　总监理工程师代表 　　经工程监理单位法定代表人同意，由总监理工程师书面授权，代表总监理工程师行使其部分职责和权力，具有工程类注册执业资格或具有中级及以上专业技术职称、3年及以上工程实践经验并经监理业务培训的人员。 2.0.8　专业监理工程师 　　由总监理工程师授权，负责实施某一专业或某一岗位的监理工作，有相应监理文件签发权，具有工程类注册执业资格或具有中级及以上专业技术职称、2年及以上工程实践经验并经监理业务培训的人员。 2.0.9　监理员 　　从事具体监理工作，具有中专及以上学历并经过监理业务培训的人员。 3.1.2　项目监理机构的监理人员应由总监理工程师、专业监理工程师和监理员组成，且专业配套、数量应满足建设工程监理工作需要，必要时可设总监理工程师代表。 3.1.3　……应及时将项目监理机构的组织形式、人员构成及对总监理工程师的任命书面通知建设单位。 3.1.4　工程监理单位调换总监理工程师时，应征得建设单位书面同意；调换专业监理工程师时，总监理工程师应书面通知建设单位	1. 查阅监理大纲（规划）中的监理人员进场计划 　人员数量及专业：已明确 2. 查阅监理项目部成立文件、总监授权委托书、总监变更通知及报审文件 　被授权人：与当前工程总监理工程师一致 3. 查阅现场监理人员名单 　专业：与工程阶段和监理规划相符 　数量：满足监理工作需要 4. 查阅总监理工程师注册执业资格、其他监理人员技术资格证书及报审文件 　发证单位：住房和城乡建设部等 　有效期：当前有效

条款号	大纲条款	检 查 依 据	检查要点
4.4.3	监理质量管理文件已编制	**1.《建设工程监理规范》GB/T 50319—2013** 2.0.10 监理规划 项目监理机构全面开展建设工程监理工作的指导性文件。 2.0.11 监理实施细则 针对某一专业或某一方面建设工程监理工作的操作性文件。 4.1.1 监理规划应结合工程实际情况，明确项目监理机构的工作目标，确定具体的监理工作制度、内容、程序、方法和措施。 4.1.2 监理实施细则应符合监理规划的要求，并应具有可操作性。 4.2.1 监理规划可在签订建设工程监理合同及收到工程设计文件后由总监理工程师组织编制，并应在召开第一次工地会议前报送建设单位。 4.2.4 在实施建设工程监理过程中，实际情况或条件发生变化而需要调整监理规划时，应由总监理工程师组织专业监理工程师修改，并应经工程监理单位技术负责人批准后报建设单位。 4.3.2 监理实施细则应在相应工程施工开始前由专业监理工程师编制，并应报总监理工程师审批。 4.3.5 在实施建设工程监理过程中，监理实施细则可根据实际情况进行补充、修改，并应经总监理工程师批准后实施。 **2.《电力建设工程监理规范》DL/T 5434—2009** 3.0.9 监理规划 用来指导项目监理机构全面开展监理工作的指导性文件。 3.0.10 监理实施细则 针对工程项目中某一专业或某一方面监理工作的操作性文件。 6.1.1 监理规划应在签订委托监理合同及收到设计文件后，由总监理工程师主持、专业监理工程师参加编制，经监理单位技术负责人批准，报送建设单位。 6.1.5 在监理工作实施过程中，如实际情况或条件发生重大变化，需要调整监理规划时，应由总监理工程师组织专业监理工程师进行修改，并经监理单位技术负责人批准后报送建设单位。 6.2.1 监理实施细则应由专业监理工程师进行编制，经总监理工程师批准实施。 6.2.2 项目监理机构应按工程进度在各专业工程开工前编制监理实施细则，监理实施细则应结合电力建设工程的专业特点，具有可操作性	1. 查阅监理规划及报审表 编审批：总监编写、监理单位技术负责人批准、建设单位审批 内容：完整、具有针对性 签字：相关责任人已签字 2. 查阅专业监理实施细则及报审表 编审批：专业监理工程师编写、总监代表或副总监审核、总监批准 内容：完整、具有针对性 签字：相关责任人已签字
4.4.4	检测仪器和工具配备满足监理工作需要	**1.《中华人民共和国计量法》中华人民共和国主席令〔2015〕第26号** 第九条 ……未按照规定申请计量检定、计量检定不合格或者超过计量检定周期的计量器具，不得使用…… **2.《建设工程监理规范》GB/T 50319—2013** 3.3.2 工程监理单位宜按建设工程监理合同约定，配备满足监理工作需要的检测设备和工器具。	1. 查阅监理项目部检测仪器和工具配置台账 仪器和工具配置：与监理设施配置计划相符，满足监理工作需要

条款号	大纲条款	检 查 依 据	检查要点
4.4.4	检测仪器和工具配备满足监理工作需要	**3.《电力建设工程监理规范》DL/T 5434—2009** 5.3.1 项目监理机构应根据工程项目类别、规模、技术复杂程度、工程项目所在地的环境条件，按委托监理合同的约定，配备满足监理工作需要的常规检测设备和工具	2. 查看检测仪器 　标识：贴有合格标签，且在有效期内 3. 查阅检测仪器检定证书及报审文件 　有效期：当前有效
4.4.5	已组织编制施工质量验收项目划分表，设定工程质量控制点	**1.《建设工程监理规范》GB/T 50319—2013** 5.2.11 项目监理机构应根据工程特点和施工单位报送的施工组织设计，确定旁站的关键部位、关键工序，安排监理人员进行旁站，并应及时记录旁站情况。 **2.《光伏发电站施工规范》GB 50794—2012** 3.0.1 开工前应具备下列条件： 　　4 ……项目划分及质量评定标准应确定。 **3.《电力建设施工质量验收及评价规程 第1部分：土建工程》DL/T 5210.1—2012** 4.0.8 ……工程开工前，应由承建工程的施工单位按工程具体情况编制项目划分表……划分表应报监理单位审核，建设单位批准…… **4.《电力建设工程监理规范》DL/T 5434—2009** 9.1.2 项目监理机构应审查承包单位编制的质量计划和工程质量验收及评定项目划分表，提出监理意见，报建设单位批准后监督实施	查阅施工质量验收项目划分表及报审表 　划分表内容：符合规程规定且已明确了质量控制点 　报审表签字：相关单位责任人已签字
4.4.6	本工程应执行的工程建设标准强制性条文已确认	**1.《建设工程质量管理条例》中华人民共和国国务院令〔2000〕第 279 号** 第二条 凡在中华人民共和国境内从事建设工程的新建、扩建、改建等有关活动及实施对建设工程质量监督管理的，必须遵守本条例。本条例所称建设工程，是指土木工程、建筑工程、线路管道和设备安装工程及装修工程。 第三条 建设单位、勘察单位、设计单位、施工单位、工程监理单位依法对建设工程质量负责。 第十条 …… 　　建设单位不得明示或者暗示设计单位或者施工单位违反工程建设强制性标准，降低建设工程质量。 **2.《实施工程建设强制性标准监督规定》建设部令〔2000〕第 81 号** 第二条 在中华人民共和国境内从事新建、扩建、改建等工程建设活动，必须执行工程建设强制性标准。 第三条 本规定所称工程强制性标准是指直接涉及工程质量、安全、卫生及环境保护等方面的工程建设标准强制性条文。	查阅各参建单位工程建设强制性条文实施计划及其报审表 　实施计划的编、审、批：参建单位相关人员已签字 　审核意见：同意执行 　签字：监理工程师已签字

条款号	大纲条款	检 查 依 据	检查要点
4.4.6	本工程应执行的工程建设标准强制性条文已确认	第六条 ……工程质量监督机构应当对工程建设施工、监理、验收等阶段执行强制性标准的情况实施监督。 **3.《工程建设标准强制性条文 房屋建筑部分（2013年版）》（全文）** **4.《工程建设标准强制性条文 电力工程部分（2011年版）》（全文）**	
4.4.7	按规程规定，对施工现场质量管理进行检查	**1.《建筑工程施工质量验收统一标准》GB 50300—2013** 3.0.1 施工现场应具有健全的质量管理体系、相应施工技术标准、施工质量检验制度和综合施工质量水平评定考核制度。施工现场质量管理可按本标准附录A的要求进行检查记录。 附录A 施工现场质量管理检查记录 **2.《电力建设施工质量验收及评价规程 第1部分：土建工程》DL/T 5210.1—2012** 3.0.14 施工现场质量管理检查记录应由施工单位按表3.0.14填写，由总监理工程师（建设单位项目负责人）进行检查，并做出检查结论。 表3.0.14 施工现场质量管理检查记录	查阅施工现场质量管理检查记录 内容：符合规程规定 结论：有肯定性结论 签字：责任人已签字
4.4.8	按规定完成各项报审文件的审核、批准	**1.《建设工程监理规范》GB/T 50319—2013** 5.1.6 项目监理机构应审查施工单位报审的施工组织设计，符合要求时，应由总监理工程师签认后报建设单位。项目监理机构应要求施工单位按已批准的施工组织设计组织施工。施工组织设计需要调整时，项目监理机构应按程序重新审查。 5.2.1 工程开工前，项目监理机构应审查施工单位现场的质量管理组织机构、管理制度及专职管理人员和特种作业人员的资格。 5.2.2 总监理工程师应组织专业监理工程师审查施工单位报审的施工方案，并应符合要求后予以签认。 5.2.4 专业监理工程师应审查施工单位报送的新材料、新工艺、新技术、新设备的质量认证材料和相关验收标准的适用性，必要时，应要求施工单位组织专题论证，审查合格后报总监理工程师签认。 5.2.5 专业监理工程师应检查、复核施工单位报送的施工控制测量成果及保护措施，签署意见。专业监理工程师应对施工单位在施工过程中报送的施工测量放线成果进行查验。 5.2.7 专业监理工程师应检查施工单位为本工程提供服务的试验室。 5.2.9 项目监理机构应审查施工单位报送的用于工程的材料、构配件、设备的质量证明文件…… 5.2.10 专业监理工程师应审查施工单位定期提交影响工程质量的计量设备的检查和检定报告。 5.2.16 对需要返工处理或加固补强的质量缺陷，项目监理机构应要求施工单位报送经设计等相关单位认可的处理方案，并应对质量缺陷的处理过程进行跟踪检查，同时应对处理结果进行验收。 5.2.17 对需要返工处理或加固补强的质量事故，项目监理机构应要求施工单位报送质量事故调查报告和经设计等相关单位认可的处理方案，并应对质量事故的处理过程进行跟踪检查，同时应对处理结果进行验收。	查阅施工单位的体系文件、施工方案、原材料质量证明文件等报审文件 结论：有肯定性结论 签字：监理工程师已签字

条款号	大纲条款	检 查 依 据	检查要点
4.4.8	按规定完成各项报审文件的审核、批准	**2.《电力建设工程监理规范》DL/T 5434—2009** 5.2.4 专业监理工程师应履行以下职责: 　　4 审查承包单位提交的涉及本专业的计划、方案、申请、变更,审查本专业设计文件,并向总监理工程师提出报告。 7.2.1 文件审查。项目监理机构依据国家及行业有关法律、法规、规章、标准、规范和承包合同,对承包单位报审的工程文件进行审查,并签署监理意见。 8.0.4 工程开工前,总监理工程师应组织专业监理工程师审查承包单位报送的施工组织设计,提出审查意见,并经总监理工程师审核、签认后报建设单位。 9.1.1 在施工过程中,承包单位对已批准的施工组织设计、施工方案进行调整、补充或变动,应报专业监理工程师审核、总监理工程师签认。 9.1.2 项目监理机构应审查承包单位编制的质量计划和工程质量验收及评定项目划分表,提出监理意见,报建设单位批准后监督实施。 9.1.3 专业监理工程师应要求承包单位报送重点部位、关键工序的施工工艺方案和工程质量保证措施,审核同意后签认。 9.1.4 承包单位采用新材料、新工艺、新技术、新设备,应组织专题论证,并向项目监理机构报送相应的施工工艺措施和证明材料,项目监理机构审核同意后签认。 9.1.7 项目监理机构应对承包单位报送的拟进场工程材料、半成品和构配件的质量证明文件进行审核,并按有关规定进行抽样验收。对有复试要求的,经监理人员现场见证取样后送检,复试报告应报送项目监理机构查验	
4.4.9	进场材料、构配件复试项目的见证取样、验收工作开展正常	**1.《建设工程质量管理条例》中华人民共和国国务院令〔2000〕第 279 号** 第三十七条 …… 　　未经监理工程师签字,建筑材料、建筑构配件和设备不得在工程上使用或者安装,施工单位不得进行下一道工序的施工…… **2.《房屋建筑工程和市政基础设施工程实行见证取样和送检的规定》建建〔2000〕211 号** 第五条 涉及结构安全的试块、试件和材料见证取样和送检的比例不得低于有关技术标准中规定应取样数量的 30%。 第六条 下列试块、试件和材料必须实施见证取样和送检: 　　(一)用于承重结构的混凝土试块; 　　(二)用于承重墙体的砌筑砂浆试块; 　　(三)用于承重结构的钢筋及连接接头试件;	1. 查阅工程材料/设备/构配件报审表 　　结论:有肯定性结论 　　签字:监理工程师已签字 2. 查阅监理单位见证取样台账 　　内容:与检测计划相符 　　签字:相关见证人已签字

条款号	大纲条款	检查依据	检查要点
4.4.9	进场材料、构配件复试项目的见证取样、验收工作开展正常	（四）用于承重墙的砖和混凝土小型砌块； （五）用于拌制混凝土和砌筑砂浆的水泥； （六）用于承重结构的混凝土中使用的掺加剂； （七）地下、屋面、厕浴间使用的防水材料； （八）国家规定必须实行见证取样和送检的其他试块、试件和材料。 **3.《建筑工程施工质量验收统一标准》GB 50300—2013** 3.0.2 建筑工程应按下列规定进行施工质量控制： 　　1　建筑工程采用的主要材料、半成品、成品、建筑构配件、器具和设备应进行现场验收。凡涉及安全、节能、环境保护和主要使用功能的重要材料、产品，应按各专业工程施工规范、验收规范和设计文件等规定进行复验，并应经监理工程师检查认可。 **4.《建设工程监理规范》GB/T 50319—2013** 5.2.9 项目监理机构应审查施工单位报送的用于工程的材料、构配件、设备的质量证明文件，并应按有关规定、建设工程监理合同约定，对用于工程的材料进行见证取样，平行检验。 　　项目监理机构对已进场经检验不合格的工程材料、构配件、设备，应要求施工单位限期将其撤出施工现场。 **5.《光伏发电站施工规范》GB 50794—2012** 3.0.1 开工前应具备下列条件： 　　3　施工单位的资质、特殊作业人员资格、施工机械、施工材料、计量器具等应报监理单位或建设单位审查完毕。 **6.《电力建设工程监理规范》DL/T 5434—2009** 7.2.3 见证取样。对规定的需取样送试验室检验的原材料和样品，经监理人员对取样进行见证、封样、签认。 9.1.6 项目监理机构应审核承包单位报送的主要工程材料、半成品、构配件生产厂商的资质，符合后予以签认。 9.1.7 项目监理机构应对承包单位报送的拟进场工程材料、半成品和构配件的质量证明文件进行审核，并按有关规定进行抽样验收。对有复试要求的，经监理人员现场见证取样后送检，复试报告应报送项目监理机构查验…… 9.1.8 项目监理机构应参与主要设备开箱验收，对开箱验收中发现的设备质量缺陷，督促相关单位处理。 **7.《电力建设土建工程施工技术检验规范》DL/T 5710—2014** 4.5.1 施工单位应在工程施工前按单位工程编制检测计划，报监理单位审查，并经建设单位批准后，在监理单位监督下组织实施。当设现场试验室时，施工检测试验计划尚应经现场试验室核查。	

条款号	大纲条款	检 查 依 据	检查要点
4.4.9	进场材料、构配件复试项目的见证取样、验收工作开展正常	4.7.2　施工现场施工单位、监理单位、检测试验单位应分别建立试验台账，并及时按要求在试验台账中做好试样的登记工作。试验台账应包括混凝土原材料试验台账、钢筋试验台账、钢筋接头试验台账、混凝土试验台账、砂浆试验台账、回填土试验台账、混凝土配合比试验台账和需要建立的其他试验台账	

4.5　施工单位质量行为的监督检查

条款号	大纲条款	检 查 依 据	检查要点
4.5.1	企业资质与合同约定的业务范围相符	**1.《中华人民共和国建筑法》中华人民共和国主席令〔2011〕第46号** 第十三条　从事建筑活动的建筑施工企业、勘察单位、设计单位……经资质审查合格，取得相应等级的资质证书后，方可在其资质等级许可的范围内从事建筑活动。 **2.《建设工程质量管理条例》中华人民共和国国务院令〔2000〕第279号** 第二十五条　施工单位应当依法取得相应等级的资质证书，并在其资质等级许可的范围内承揽工程。 **3.《建筑业企业资质管理规定》住房和城乡建设部令〔2015〕第22号** 第三条　企业应当按照其拥有的资产、主要人员、已完成的工程业绩和技术装备等条件申请建筑业企业资质，经审查合格，取得建筑业企业资质证书后，方可在资质许可的范围内从事建筑施工活动。 **4.《承装（修、试）电力设施许可证管理办法》国家电监会令〔2009〕28号** 第四条　在中华人民共和国境内从事承装、承修、承试电力设施活动的，应当按照本办法的规定取得许可证。除电监会另有规定外，任何单位或者个人未取得许可证，不得从事承装、承修、承试电力设施活动。 　　本办法所称承装、承修、承试电力设施，是指对输电、供电、受电电力设施的安装、维修和试验。 第二十八条　承装（修、试）电力设施单位在颁发许可证的派出机构辖区以外承揽工程的，应当自工程开工之日起十日内，向工程所在地派出机构报告，依法接受其监督检查。 **5.《光伏发电站施工规范》GB 50794—2012** 3.0.1　开工前应具备下列条件： 　　3　施工单位的资质、特殊作业人员资格、施工机械、施工材料、计量器具等应报监理单位或建设单位审查完毕	1. 查阅企业资质证书 　发证单位：政府主管部门 　有效期：当前有效 　业务范围：涵盖合同约定的业务 2. 查阅承装（修、试）电力设施许可证 　发证单位：国家能源局及派出机构 　有效期：当前有效 　业务范围：涵盖合同约定的业务 3. 查阅跨区作业报告文件 　发证单位：工程所在地能源局派出机构
4.5.2	项目经理资格符合要求并经本企业法定代表人授权。变更须报建设单位批准	**1.《中华人民共和国建筑法》中华人民共和国主席令〔2011〕第46号** 第十四条　从事建筑活动的专业技术人员，应当依法取得相应的执业资格证书，并在执业资格证书许可的范围内从事建筑活动。 **2.《注册建造师管理规定》建设部令〔2006〕第153号** 第三条　本规定所称注册建造师，是指通过考核认定或考试合格取得中华人民共和国建造师资格证书（以下简称资格证书），并按照本规定注册，取得中华人民共和国建造师注册证书（以下简称注册证书）和执业印章，担任施工单位项目负责人及从事相关活动的专业技术人员。	1. 查阅项目经理资格证书 　发证单位：政府主管部门 　有效期：当前有效 　等级：满足项目要求 　注册单位：与承包单位一致

续表

条款号	大纲条款	检 查 依 据	检 查 要 点
4.5.2	项目经理资格符合要求并经本企业法定代表人授权。变更须报建设单位批准	未取得注册证书和执业印章的，不得担任大中型建设工程项目的施工单位项目负责人，不得以注册建造师的名义从事相关活动。 **3.《建筑施工企业主要负责人、项目负责人和专职安全生产管理人员安全生产管理规定》住房和城乡建设部令〔2014〕第 17 号** 第二条　在中华人民共和国境内从事房屋建筑和市政基础设施工程施工活动的建筑施工企业的"安管人员"，参加安全生产考核，履行安全生产责任，以及对其实施安全生产监督管理，应当符合本规定。 第三条　……项目负责人，是指取得相应注册执业资格，由企业法定代表人授权，负责具体工程项目管理的人员…… **4.《注册建造师执业工程规模标准》建市〔2007〕171 号** 附件：《注册建造师执业工程规模标准》（试行） 表：注册建造师执业工程规模标准（电力工程） **5.《建设工程项目管理规范》GB/T 50326—2006** 6.2.1　项目经理应由法定代表人任命，并根据法定代表人授权的范围、期限和内容，履行管理职责…… 6.2.2　大中型项目的项目经理必须取得工程建设类相应专业注册执业资格证书	2. 查阅项目经理安全生产考核合格证书 　　发证单位：政府主管部门 　　有效期：当前有效 3. 查阅施工单位法定代表人对项目经理的授权文件及变更文件 　　变更文件：经建设单位批准 　　被授权人：与当前工程项目经理一致
4.5.3	项目部组织机构健全，专业人员配置合理	**1.《中华人民共和国建筑法》中华人民共和国主席令〔2011〕第 46 号** 第十四条　从事建筑活动的专业技术人员，应当依法取得相应的执业资格证书，并在执业资格证书许可的范围内从事建筑活动。 **2.《建设工程质量管理条例》中华人民共和国国务院令〔2000〕第 279 号** 第二十六条　施工单位对建设工程的施工质量负责。 　　施工单位应当建立质量责任制，确定工程项目的项目经理、技术负责人和施工管理负责人…… **3.《建设工程项目管理规范》GB/T 50326—2006** 5.2.5　项目经理部的组织机构应根据项目的规模、结构、复杂程度、专业特点、人员素质和地域范围确定。 **4.《建设项目工程总承包管理规范》GB/T 50358—2005** 4.4.2　根据工程总承包合同范围和工程总承包企业的有关规定，项目部可在项目经理以下设置控制经理、设计经理、采购经理、施工经理、试运行经理……管理岗位	查阅总包及施工单位项目部成立文件 　　岗位设置：包括项目经理、技术负责人、质量员等 　　EPC 模式：包括设计、采购、施工、试运行经理等

条款号	大纲条款	检 查 依 据	检查要点
4.5.4	质量检查及特殊工种人员持证上岗	**1.《特种作业人员安全技术培训考核管理办法》国家安全生产监督管理总局令〔2010〕第30号** 第五条　特种作业人员必须经专门的安全技术培训并考核合格，取得《中华人民共和国特种作业操作证》（以下简称特种作业操作证）后，方可上岗作业。 **2.《建筑施工特种作业人员管理规定》建质〔2008〕75号** 第四条　建筑施工特种作业人员必须经建设主管部门考核合格，取得建筑施工特种作业人员操作资格证书，方可上岗从事相应作业。 **3.《工程建设施工企业质量管理规范》GB/T 50430—2007** 5.2.2　施工企业应按照岗位任职条件配备相应的人员……质量检查人员、特种作业人员应按照国家法律法规的要求持证上岗。 **4.《光伏发电站施工规范》GB 50794—2012** 3.0.1　开工前应具备下列条件： 　　3　施工单位的资质、特殊作业人员资格、施工机械、施工材料、计量器具等应报监理单位或建设单位审查完毕	1. 查阅总包及施工单位各专业质检员资格证书 　专业类别：包括土建、电气等 　发证单位：政府主管部门等 　有效期：当前有效 2. 查阅特殊工种人员台账 　内容：包括姓名、工种类别、证书编号、发证单位、有效期等 3. 查阅特殊工种人员资格证书 　发证单位：政府主管部门 　有效期：当前有效，与台账一致
4.5.5	专业施工组织设计已审批	**1.《建筑工程施工质量评价标准》GB/T 50375—2006** 4.2.1　施工现场质量保证条件应符合下列检查标准： 　　3　施工组织设计、施工方案编制审批手续齐全…… **2.《工程建设施工企业质量管理规范》GB/T 50430—2007** 10.3.2　施工企业应确定施工设计所需的评审、验证和确认活动，明确其程序和要求。 **3.《建筑施工组织设计规范》GB/T 50502—2009** 3.0.5　施工组织设计的编制和审批应符合下列规定： 　　1　施工组织设计应由项目负责人主持编制，可根据需要分阶段编制和审批。 　　2　施工组织总设计应由总承包单位技术负责人审批；单位工程施工组织设计应由施工单位技术负责人或技术负责人授权的技术人员审批，施工方案应由项目技术负责人审批；重点、难点分部（分项）工程和专项工程施工方案应由施工单位技术部门组织相关专家评审，施工单位技术负责人批准。	1. 查阅工程项目专业施工组织设计 　审批：相关责任人已签字 　时间：专业工程开工前

条款号	大纲条款	检 查 依 据	检查要点
4.5.5	专业施工组织设计已审批	**4. 《光伏发电站施工规范》GB 50794—2012** 3.0.1　开工前应具备下列条件： 　　4　……施工组织设计及重大施工方案应已审批……	2. 查阅专业施工组织设计报审表 　审批意见：同意实施等肯定性意见 　签字：总包及施工、监理、建设单位相关责任人已签字 　盖章：总包及施工、监理、建设单位已盖章
4.5.6	施工方案和作业指导书已审批，技术交底已完成	**1. 《建筑工程施工质量评价标准》GB/T 50375—2006** 4.2.1　施工现场质量保证条件应符合下列检查标准： 　　3　施工组织设计、施工方案编制审批手续齐全…… **2. 《建筑施工组织设计规范》GB/T 50502—2009** 3.0.5　施工组织设计的编制和审批应符合下列规定： 　　2　……施工方案应由项目技术负责人审批；重点、难点分部（分项）工程和专项工程施工方案应由施工单位技术部门组织相关专家评审，施工单位技术负责人批准。 　　3　由专业承包单位施工的分部（分项）工程或专项工程的施工方案，应由专业承包单位技术负责人或技术负责人授权的技术人员审批；有总承包单位时，应由总承包单位项目技术负责人核准备案。 　　4　规模较大的分部（分项）工程和专项工程的施工方案应按单位工程施工组织设计进行编制和审批。 6.4.1　施工准备应包括下列内容： 　　1　技术准备：包括施工所需技术资料的准备、图纸深化和技术交底的要求、试验检验和测试工作计划、样板制作计划以及与相关单位的技术交接计划…… **3. 《光伏发电站施工规范》GB 50794—2012** 3.0.1　开工前应具备下列条件： 　　4　……设计交底应完成…… **4. 《电力建设工程施工技术管理导则》国电电源〔2002〕896 号** 8.1.5　技术交底必须有交底记录。交底人和被交底人要履行全员签字手续	1. 查阅施工方案和作业指导书 　审批：相关责任人已签字 　时间：施工前 2. 查阅施工方案和作业指导书报审表 　审批意见：同意实施等肯定性意见 　签字：总包及施工、监理单位相关责任人已签字 　盖章：总包及施工、监理单位已盖章 3. 查阅技术交底记录 　内容：与方案或作业指导书相符 　时间：施工前 　签字：交底人和被交底人已签字

条款号	大纲条款	检 查 依 据	检查要点
4.5.7	重大施工方案或特殊措施经专项评审	**1. 《危险性较大的分部分项工程安全管理办法》建质〔2009〕87 号** 第五条 施工单位应当在危险性较大的分部分项工程施工前编制专项方案；对于超过一定规模的危险性较大的分部分项工程，施工单位应当组织专家对专项方案进行论证。 第八条 专项方案应当由施工单位技术部门组织本单位施工技术、安全、质量等部门的专业技术人员进行审核。经审核合格的，由施工单位技术负责人签字。实行施工总承包的，专项方案应当由总承包单位技术负责人及相关专业承包单位技术负责人签字。 　　不需专家论证的专项方案，经施工单位审核合格后报监理单位，由项目总监理工程师审核签字。 第九条 超过一定规模的危险性较大的分部分项工程专项方案应当由施工单位组织召开专家论证会。实行施工总承包的，由施工总承包单位组织召开专家论证会。 第十条 专家组成员应当由 5 名及以上符合相关专业要求的专家组成。 　　本项目参建各方的人员不得以专家身份参加专家论证会。 第十一条 ……专项方案经论证后，专家组应当提交论证报告，对论证的内容提出明确的意见，并在论证报告上签字。该报告作为专项方案修改完善的指导意见。 第十二条 施工单位应当根据论证报告修改完善专项方案，并经施工单位技术负责人、项目总监理工程师、建设单位项目负责人签字后，方可组织实施。 　　实行施工总承包的，应当由施工总承包单位、相关专业承包单位技术负责人签字。 **2. 《建筑工程施工质量评价标准》GB/T 50375—2006** 4.2.1 施工现场质量保证条件应符合下列检查标准： 　　3 施工组织设计、施工方案编制审批手续齐全…… **3. 《光伏发电站施工规范》GB 50794—2012** 3.0.1 开工前应具备下列条件： 　　4 ……重大施工方案应已审批……	查阅重大方案或特殊专项措施（需专家论证的专项方案）的评审报告 　内容：对论证的内容提出明确的意见 　评审专家资格：非本项目参建单位人员 　签字：专家已签字
4.5.8	计量工器具经检定合格，且在有效期内	**1. 《中华人民共和国计量法》中华人民共和国主席令〔2015〕第 26 号** 第九条 ……未按照规定申请计量检定、计量检定不合格或者超过计量检定周期的计量器具，不得使用。 **2. 《中华人民共和国依法管理的计量器具目录（型式批准部分)》国家质检总局公告〔2005〕第 145 号** 　1. 测距仪：光电测距仪、超声波测距仪、手持式激光测距仪； 　2. 经纬仪：光学经纬仪、电子经纬仪； 　3. 全站仪：全站型电子速测仪； 　4. 水准仪：水准仪；	1. 查阅计量工器具台账 　内容：包括计量工器具名称、出厂合格证编号、检定日期、有效期、在用状态等 　检定有效期：在用期间有效

条款号	大纲条款	检 查 依 据	检查要点
4.5.8	计量工器具经检定合格，且在有效期内	5. 测地型 GPS 接收机：测地型 GPS 接收机。 **3.《电力建设施工技术规范 第1部分：土建结构工程》DL 5190.1—2012** 3.0.5 在质量检查、验收中使用的计量器具和检测设备，应经计量检定合格后方可使用；承担材料和设备检测的单位，应具备相应的资质。 **4.《电力工程施工测量技术规范》DL/T 5445—2010** 4.0.3 施工测量所使用的仪器和相关设备应定期检定，并在检定的有效期内使用…… **5.《建筑工程检测试验技术管理规范》JGJ 190—2010** 5.2.2 施工现场配置的仪器、设备应建立管理台账，按有关规定进行计量检定或校准，并保持状态完好	2. 查阅计量工器具检定报告 　有效期：在用期间有效，与台账一致 3. 查看计量工器具 　实物：张贴合格标签，与检定报告一致
4.5.9	检测试验项目计划已审批	**1.《房屋建筑和市政基础设施工程质量检测技术管理规范》GB 50618—2011** 3.0.12 施工单位应根据工程施工质量验收规范和检测标准的要求编制检测计划，并应做好检测取样、试件制作、养护和送检等工作。 **2.《电力建设土建工程施工技术检验规范》DL/T 5710—2014** 4.5.1 施工单位应在工程施工前按单位工程编制施工检测试验计划，报监理单位审查，并经建设单位批准后，在监理单位监督下组织实施。当设现场试验室时，施工检测试验计划尚应经现场试验室核查。 4.5.2 施工检测试验计划应按检测试验项目分别编制，并应包括如下内容： 　1 检测试验项目名称； 　2 检测试验参数； 　3 检测试验试样规格； 　4 代表批次； 　5 抽检频次和取样规则； 　6 工程部位； 　7 计划检测试验时间。 **3.《建筑工程检测试验技术管理规范》JGJ 190—2010** 3.0.1 建筑工程施工现场检测试验技术管理应按以下程序进行： 　1 制订检测试验计划； 5.3.1 施工检测试验计划应在工程施工前由施工项目技术负责人组织有关人员编制，并应报送监理单位进行审查和监督实施	1. 查阅工程检测试验项目计划 　签字：相关责任人已签字 　编审批时间：施工前 2. 查阅工程检测试验项目计划报审表 　审批意见：同意实施等肯定性意见 　签字：总包及施工、监理单位相关责任人已签字 　盖章：总包及施工、监理单位已盖章

条款号	大纲条款	检 查 依 据	检查要点
4.5.10	单位工程开工报告已审批	**《工程建设施工企业质量管理规范》GB/T 50430—2007** 10.4.2 ……施工企业应确认项目施工已具备开工条件，按规定提出开工申请，经批准后方可开工	查阅单位工程开工报告 申请时间：开工前 审批意见：同意开工等肯定性意见 签字：总包及施工、监理、建设单位相关责任人已签字 盖章：总包及施工、监理、建设单位已盖章
4.5.11	专业绿色施工措施已制定	**1. 《建筑工程绿色施工评价标准》GB/T 50640—2010** 3.0.2 绿色施工项目应符合以下规定： 　3 施工组织设计及施工方案应有专门的绿色施工章节，绿色施工目标明确，内容应涵盖"四节一环保"要求。 **2. 《建筑工程绿色施工规范》GB/T 50905—2014** 3.1.1 建设单位应履行下列职责： 　1 在编制工程概算和招标文件时，应明确绿色施工的要求…… 　2 应向施工单位提供建设工程绿色施工的设计文件、产品要求等相关资料…… 4.0.2 施工单位应编制包含绿色施工管理和技术要求的工程绿色施工组织设计、绿色施工方案或绿色施工专项方案，并经审批通过后实施。 **3. 《电力建设施工技术规范 第1部分：土建结构工程》DL 5190.1—2012** 3.0.12 施工单位应建立绿色施工管理体系和管理制度，实施目标管理，施工前应在施工组织设计和施工方案中明确绿色施工的内容和方法	查阅绿色施工措施 审批：相关责任人已签字 审批时间：施工前
4.5.12	工程建设标准强制性条文实施计划已制定	**1. 《建设工程质量管理条例》中华人民共和国国务院令〔2000〕第279号** 第二条 凡在中华人民共和国境内从事建设工程的新建、扩建、改建等有关活动及实施对建设工程质量监督管理的，必须遵守本条例。本条例所称建设工程，是指土木工程、建筑工程、线路管道和设备安装工程及装修工程。 第三条 建设单位、勘察单位、设计单位、施工单位、工程监理单位依法对建设工程质量负责。 第十条 …… 　建设单位不得明示或者暗示设计单位或者施工单位违反工程建设强制性标准，降低建设工程质量。	查阅强制性条文执行计划 内容：条文识别齐全，依据标准有效 签字：相关责任人已签字 时间：施工前

续表

条款号	大纲条款	检 查 依 据	检查要点
4.5.12	工程建设标准强制性条文实施计划已制定	**2.《实施工程建设强制性标准监督规定》建设部令〔2000〕第81号** 第二条　在中华人民共和国境内从事新建、扩建、改建等工程建设活动，必须执行工程建设强制性标准。 第三条　本规定所称工程建设强制性标准是指直接涉及工程质量、安全、卫生及环境保护等方面的工程建设标准强制性条文。 　　国家工程建设标准强制性条文由国务院建设行政主管部门会同国务院有关行政主管部门确定。 第六条　……工程质量监督机构应当对工程建设施工、监理、验收等阶段执行强制性标准的情况实施监督。 **3.《工程建设标准强制性条文　房屋建筑部分（2013年版）》（全文）** **4.《工程建设标准强制性条文　电力工程部分（2011年版）》（全文）**	
4.5.13	按批准的验收项目划分表完成质量检验	**1.《光伏发电站施工规范》GB 50794—2012** 3.0.1　开工前应具备以下条件： 　　4　……项目划分及质量评定标准应确定。 **2.《电气装置安装工程 质量检验及评定规程 第1部分：通则》DL/T 5161.1—2002** 1.0.3　电气装置安装工程应根据工程情况，由施工单位按本通则第2章和第3章，编制所承担工程的质量检验评定范围。监理单位应对各施工单位编制的工程质量检验评定范围进行核查、汇总，经建设单位确认后执行。 1.0.6　各级质检人员，应严格执行电气装置安装工程施工及验收规范，相关国家标准、行业标准和本系列标准，对工程质量进行检查、验收和评定。 **3.《电力建设施工质量验收及评价规程 第1部分：土建工程》DL/T 5210.1—2012** 2.0.3　验收 　　建筑工程在施工单位自行质量检查评定的基础上，参与建设活动的有关单位共同对检验批，分项、分部、单位工程进行复检，并根据相关标准以书面形式对工程质量与否做出确认	1. 查阅项目质量验收划分表 　内容：与工程实际相符，符合规范要求 　意见：有肯定性结论 　签字：总包及施工、监理、建设单位相关责任人已签字 　审批时间：工程开工前 2. 查阅质量验收内容 　内容：与批准的划分表一致 　签字：总包及施工、监理、建设单位相关责任人已签字 　时间：与工程进度同步

续表

条款号	大纲条款	检 查 依 据	检查要点
4.5.14	无违规转包或者违法分包工程的行为	**1.《中华人民共和国建筑法》中华人民共和国主席令〔2011〕第46号** 第二十八条 禁止承包单位将其承包的全部建筑工程转包给他人，禁止承包单位将其承包的全部建筑工程肢解以后以分包的名义转包给他人。 第二十九条 建筑工程总承包单位可以将承包工程中的部分工程发包给具有相应资质条件的分包单位，但是，除总承包合同约定的分包外，必须经建设单位认可。施工总承包的，建筑工程主体结构的施工必须由总承包单位自行完成。 …… 禁止总承包单位将工程分包给不具备相应资质条件的单位。禁止分包单位将其承包的工程再分包。 **2.《建筑工程施工转包违法分包等违法行为认定查处管理办法（试行）》建市〔2014〕118号** 第七条 存在下列情形之一的，属于转包： （一）施工单位将其承包的全部工程转给其他单位或个人施工的； （二）施工总承包单位或专业承包单位将其承包的全部工程肢解以后，以分包的名义分别转给其他单位或个人施工的； （三）施工总承包单位或专业承包单位未在施工现场设立项目管理机构或未派驻项目负责人、技术负责人、质量管理负责人、安全管理负责人等主要管理人员，不履行管理义务，未对该工程的施工活动进行组织管理的； （四）施工总承包单位或专业承包单位不履行管理义务，只向实际施工单位收取费用，主要建筑材料、构配件及工程设备的采购由其他单位或个人实施的； （五）劳务分包单位承包的范围是施工总承包单位或专业承包单位承包的全部工程，劳务分包单位计取的是除上缴给施工总承包单位或专业承包单位"管理费"之外的全部工程价款的； （六）施工总承包单位或专业承包单位通过采取合作、联营、个人承包等形式或名义，直接或变相的将其承包的全部工程转给其他单位或个人施工的； （七）法律法规规定的其他转包行为。 第九条 存在下列情形之一的，属于违法分包： （一）施工单位将工程分包给个人的； （二）施工单位将工程分包给不具备相应资质或安全生产许可的单位的； （三）施工合同中没有约定，又未经建设单位认可，施工单位将其承包的部分工程交由其他单位施工的； （四）施工总承包单位将房屋建筑工程的主体结构的施工分包给其他单位的，钢结构工程除外； （五）专业分包单位将其承包的专业工程中非劳务作业部分再分包的； （六）劳务分包单位将其承包的劳务再分包的；	1. 查阅工程分包申请报审表 　审批意见：同意分包等肯定性意见 　签字：总包及施工、监理、建设单位相关责任人已签字 　盖章：总包及施工、监理、建设单位已盖章 2. 查阅工程分包商资质 　业务范围：涵盖所分包的项目 　发证单位：政府主管部门 　有效期：当前有效

条款号	大纲条款	检 查 依 据	检查要点
4.5.14	无违规转包或者违法分包工程的行为	（七）劳务分包单位除计取劳务作业费用外，还计取主要建筑材料款、周转材料款和大中型施工机械设备费用的； （八）法律法规规定的其他违法分包行为	
4.6 检测试验机构质量行为的监督检查			
4.6.1	检测试验机构已经监理审核，并通过能力认定，其现场派出机构（现场试验室）满足规定条件，并已报质量监督机构备案	**1.《建设工程质量检测管理办法》建设部令〔2005〕第141号** 第四条 ……检测机构未取得相应的资质证书，不得承揽本办法规定的质量检测业务。 第八条 检测机构资质证书有效期为3年。资质证书有效期满需要延期的，检测机构应当在资质证书有效期满30个工作日前申请办理延期手续。 **2.《检验检测机构资质认定管理办法》国家质量监督检验检疫总局令〔2015〕第163号** 第二条 …… 资质认定包括检验检测机构计量认证。 第三条 检验检测机构从事下列活动，应当取得资质认定： （四）为社会经济、公益活动出具具有证明作用的数据、结果的； （五）其他法律法规规定应当取得资质认定的。 **3.《建设工程监理规范》GB/T 50319—2013** 5.2.7 专业监理工程师应检查施工单位为工程提供服务的试验室。 **4.《房屋建筑和市政基础设施工程质量检测技术管理规范》GB 50618—2011** 3.0.2 建设工程质量检测机构（以下简称检测机构）应取得建设主管部门颁发的相应资质证书。 3.0.3 检测机构必须在技术能力和资质规定范围内开展检测工作。 **5.《电力建设土建工程施工技术检验规范》DL/T 5710—2014** 3.0.4 承担电力建设土建工程检测试验任务的检测试验单位应取得计量认证证书和相应的资质等级证书。当设置现场试验室时，检测试验单位及由其派出的现场试验室应取得电力工程质量监督机构认定的资质等级证书。 3.0.5 检测试验单位及由其派出的现场试验室必须在其资质规定和技术能力范围内开展检测试验工作。 4.5.1 施工单位应在工程施工前按单位工程编制施工检测试验计划，报监理单位审查，并经建设单位批准后，在监理单位监督下组织实施。当设现场试验室时，施工检测试验计划尚应经现场试验室核查。 **6.《建筑工程检测试验技术管理规范》JGJ 190—2010** 5.2.4 单位工程建筑面积超过10000 m^2 或者造价超过1000万人民币时，可设立现场试验站。 表5.2.4 现场试验站基本条件	1. 查阅检测机构资质证书 　发证单位：国家认证认可监督管理委员会（国家级）或地方质量技术监督部门或各直属出入境检验检疫机构（省市级）及电力质监机构 2. 查看现场试验室 　资质文件：派出机构相关文件 　人员配置：与工作任务相符 　试验仪器：满足检测范围要求 　场所：有固定场所且面积、环境、温湿度满足规范要求 3. 查阅检测机构的申请报备文件 　报备时间：工程开工前

条款号	大纲条款	检 查 依 据	检查要点
4.6.1	检测试验机构已经监理审核，并通过能力认定，其现场派出机构（现场试验室）满足规定条件，并已报质量监督机构备案	**7.《电力工程检测试验机构能力认定管理办法（试行）》质监〔2015〕20号** 第四条　电力工程检测试验机构是指依据国家规定取得相应资质，从事电力工程检测试验工作，为保障电力工程建设质量提供检测验证数据和结果的单位。 第七条　同时根据工程建设规模、技术规范和质量验收规程对检测机构在检测人员、仪器设备、执行标准和环境条件等方面的要求，相应的将承担工程检测试验业务的检测机构划分为A级和B级两个等级。 第九条　承担建设建模200MW及以上发电工程和330kV及以上变电站（换流站）工程检测试验任务的检测机构，必须符合B级及以上等级标准要求。不同规模电力工程项目所对应要求的检测机构能力等级详见附件5。 第二十八条　检测机构不得将所承担检测试验工作转包或违规分包给其他检测试验单位。因特殊技术要求，需要外委的检测试验项目应委托给具有相应资质的检测试验单位，并根据合同要求，制定外委计划进行跟踪管理。检测机构对外委的检测试验项目的检测试验结论负连带责任。 第三十条　根据工程建设需要和质量验收规程要求，检测机构在承担电力工程项目的检测试验任务时，应当设立现场试验室。检测机构对所设立现场试验室的一切行为负责。 第三十一条　现场试验室在开展工作前，须通过负责本项目的质监机构组织的能力认定。对符合条件的，质监机构应予以书面确认。 第三十五条　检测机构的《业务等级确认证明》有效期为四年，有效期满后，需重新进行确认。 附件1-3　土建检测试验机构现场试验室要求 附件2-3　金属检测试验机构现场试验室要求	
4.6.2	检测人员资格符合规定，持证上岗	**1.《建设工程质量检测管理办法》建设部令〔2005〕第141号** 第十六条　检测人员不得同时受聘于两个或者两个以上的检测机构。检测机构和检测人员不得推荐或者监制建筑材料、构配件和设备。 **2.《检验检测机构资质认定管理办法》国家质量监督检验检疫总局令〔2015〕第163号** 第三十二条　检验检测机构及其人员应当对其在检验检测活动中所知悉的国家秘密、商业秘密和技术秘密负有保密义务，并制定实施相应的保密措施。 **3.《房屋建筑和市政基础设施工程质量检测技术管理规范》GB 50618—2011** 4.1.5　检测操作人员应经技术培训、通过建设主管部门或委托有关机构的考核，方可从事检测工作。 5.3.6　检测前应确认检测人员的岗位资格，检测操作人员应熟识相应的检测操作规程和检测设备使用、维护技术手册等。 **4.《电力建设土建工程施工技术检验规范》DL/T 5710—2014** 4.2.2　每个室内检测试验项目持有岗位证书的操作人员不得少于2人；每个现场检测试验项目持有岗位证书的操作人员不得少于3人。	1. 查阅检测人员登记台账 专业类别和数量：满足检测项目需求 2. 查阅检测人员资格证书 资格证颁发单位：各级政府和电力行业主管部门 资格证：当前有效

条款号	大纲条款	检 查 依 据	检查要点
4.6.2	检测人员资格符合规定，持证上岗	4.2.3　检测试验单位技术负责人、质量负责人及授权签字人应具有工程类专业中级及其以上技术职称，掌握相关领域知识，具有规定的工作经历、检测试验工作经验和工作年限。 4.2.4　检测试验人员应经技术培训、通过行业主管部门或委托有关机构考核合格后持证上岗。 4.2.6　检测试验单位应有人员学习、培训、考核记录	
4.6.3	检测试验仪器、设备检定合格，且在有效期内	**1.《房屋建筑和市政基础设施工程质量检测技术管理规范》GB 50618—2011** 4.2.14　检测机构的所有设备均应标有统一的标识，在用的检测设备均应标有校准或检测有效期的状态标识。 **2.《电力建设土建工程施工技术检验规范》DL/T 5710—2014** 4.3.1　检测试验仪器应符合国家现行有关技术标准的规定及合同中的相关条款，满足检测试验工作要求。 4.3.2　在用仪器设备有出厂合格证、检定或校准合格证，应保持完好状态，并在检定或校准周期内使用。 4.3.3　检测试验单位应指定仪器设备检定或校准计划，按规定进行检定或校准，检定或校准的周期应符合国家有关规定及技术标准的规定。 4.3.4　检测试验单位应建立仪器设备管理台账和档案，记录仪器设备技术条件及使用过程的有关信息。 4.3.5　检测试验仪器设备（包含标准物质）应设置明显的标识表明其状态。 4.3.6　检测试验单位应建立仪器设备管理责任制，并做好使用、维护保养、维修记录。 4.3.7　大型、复杂、精密的检测试验设备应编制使用操作规程。 4.3.8　仪器设备布置应分类、分区，便于操作，符合有关技术、安全规程规定。 **3.《建筑工程检测试验技术管理规范》JGJ 190—2010** 5.2.3　施工现场试验环境及设施应满足检测试验工作的要求	1. 查阅检测仪器、设备登记台账 　数量、种类：满足检测需求 　检定周期：当前有效 　检定结论：合格 2. 查看检测仪器、设备检验标识 　检定周期：与台账一致
4.6.4	检测试验依据正确、有效，检测试验报告及时、规范	**1.《检验检测机构资质认定管理办法》国家质量监督检验检疫总局令〔2015〕第163号** 第十三条　…… 　检验检测机构资质认定标志……式样如下：CMA标志。 第二十五条　检验检测机构应当在资质认定证书规定的检验检测能力范围内，依据相关标准或者技术规范规定的程序和要求，出具检验检测数据、结果。 　检验检测机构出具检验检测数据、结果时，应当注明检验检测依据，并使用符合资质认定基本规范、评审准则规定的用语进行表述。 　检验检测机构对其出具的检验检测数据、结果负责，并承担相应法律责任。 第二十八条　检验检测机构向社会出具具有证明作用的检验检测数据、结果的，应当在其检验检测报告上加盖检验检测专用章，并标注资质认定标志。	查阅检测试验报告 　检测依据：有效的标准规范、合同及技术文件 　检测结论：明确 　签章：检测操作人、审核人、批准人（授权签字人）已签字，已加盖检测机构公章或检测专用章（多页检测报告加盖骑缝章），并标注相应的资质认定标志

续表

条款号	大纲条款	检 查 依 据	检查要点
4.6.4	检测试验依据正确、有效，检测试验报告及时、规范	**2.《建设工程质量检测管理办法》建设部令〔2005〕第141号** 第十四条　检测机构完成检测业务后，应当及时出具检测报告。检测报告经检测人员签字、检测机构法定代表人或者其授权的签字人签署，并加盖检测机构公章或者检测专用章后方可生效。检测报告经建设单位或者工程监理单位确认后，由施工单位归档。见证取样检测的检测报告中应当注明见证人单位及姓名。 **3.《房屋建筑和市政基础设施工程质量检测技术管理规范》GB 50618—2011** 4.1.3　……检测报告批准人、检测报告审核人应经检测机构技术负责人授权…… 5.5.1　检测项目的检测周期应对外公示，检测工作完成后，应及时出具检测报告。 5.5.4　检测报告至少应由检测操作人签字、检测报告审核人签字、检测报告批准人签发，并加盖检测专用章，多页检测报告还应加盖骑缝章。 5.5.6　检测报告结论应符合下列规定： 　　1　材料的试验报告结论应按相关材料、质量标准给出明确的判定； 　　2　当仅有材料试验方法而无质量标准时，材料的试验报告结论应按设计要求或委托方要求给出明确的判定； 　　3　现场工程实体的检测报告结论应根据设计及鉴定委托要求给出明确的判定。 **4.《电力建设土建工程施工技术检验规范》DL/T 5710—2014** 4.8.2　检测试验前应确认检测试验方法标准，并严格按照经确认的检测试验方法标准和检测试验方案进行。 4.8.3　检测试验操作应由不少于2名持证检测人员进行。 4.8.4　检测试验出现异常情况时，应按检测试验异常情况处理预案正确处理。 4.8.5　检测试验原始记录应在检测试验操作过程中及时真实记录，统一项目采用统一的格式。 4.8.6　检测试验原始记录笔误需要更正时，应由原记录人进行杠改，并在杠改处由原记录人签名或加盖印章。 4.8.7　自动采集的原始数据当因检测试验设备故障导致原始数据异常时，应予以记录，并应有检测试验人员做出书面说明，由检测试验单位技术负责人批准，方可进行更改。 4.8.8　检测试验工作完成后应在规定时间内及时出具检测试验报告，并保证数据和结果精确、客观、真实。检测试验报告的交付时间和检测周期应予以明示，特殊检测试验报告的交付时间和检测周期应在委托时约定。 4.8.9　检测试验报告编号应连续，不得空号、重号。 4.8.10　检测试验报告至少应由检测试验人、审核人、批准人（授权签字人）不少于三级人员的签名，并加盖检测试验报告专用章及计量认证章，多页检测试验报告应加盖骑缝章。 4.8.11　检测试验报告宜采用统一的格式，内容应齐全且符合国家现行有关标准的规定和委托要求。	时间：在检测机构规定时间内出具

条款号	大纲条款	检 查 依 据	检查要点
4.6.4	检测试验依据正确、有效，检测试验报告及时、规范	4.8.12 检测试验报告结论应符合下列规定： 　　1 材料的试验报告结论应按相关的材料、质量标准给出明确的判断； 　　2 当仅有材料试验方法而无质量标准时，材料的试验报告结论应按设计规定或委托方要求给出明确的判断； 　　3 现场工程实体的检测报告结论应根据设计及鉴定委托要求给出明确的判断。 4.8.13 委托单位应及时获取检测试验报告，核查报告内容，按要求报送监理单位确认，并在试验台账中登记检测试验报告内容。 4.8.14 检测试验单位严禁出具虚假检测试验报告。 4.8.15 检测试验单位严禁抽撤、替换或修改检测试验结果不合格的报告。 **5.《电力工程检测试验机构能力认定管理办法（试行）》质监〔2015〕20号** 第十三条 检测机构及由其派出的现场试验室必须按照认定的能力等级、专业类别和业务范围，承担检测试验任务，并按照标准规定出具相应的检测试验报告，未通过能力认定的检测机构或超出规定能力等级范围出具的检测数据、试验报告无效。 第三十二条 检测机构应当……及时出具检测试验报告。 **6.《电力建设工程施工技术管理导则》国电电源〔2002〕896号** 9.1.2 检验的内容、方法和标准应按国家和行业颁发的有关技术规程、规定和标准；按制造厂技术条件及说明书的要求执行。进口的设备和材料按供货合同中的规定或标准执行。 9.2.3 试验室应及时、准确、科学、公正地对检测对象的规定技术条件进行检验，出具试验报告或检定证书……	
4.6.5	现场标准养护室条件符合要求	**《普通混凝土力学性能试验方法标准》GB/T 50081—2002** 5.2.1 试件成型后应立即用不透水的薄膜覆盖表面。 5.2.2 采用标准养护的试件，应在温度为（20±5）℃的环境中静置一昼夜至二昼夜，然后编号、拆模。拆模后应立即放入温度为（20±2）℃，相对湿度为95%以上的标准养护室中养护，或在温度为（20±2）℃的不流动的 $Ca(OH)_2$ 饱和溶液中养护。标准养护室内的试件应放在支架上，彼此间隔10mm～20mm，并试件表面应保持潮湿，并不得被水直接冲淋。 5.2.3 同条件养护试件的拆模时间可与实际构件的拆模时间相同，拆模后，试件仍需要保持同条件养护。 5.2.4 标准养护龄期为28d（从搅拌加水开始计时）	查看现场标准养护室 场所：有固定场所 装置：已配备恒温、控湿装置和温、湿度计，试件支架齐全 设备：满足检测工作，仪器检定校准在有效期内

条款号	大纲条款	检 查 依 据	检查要点
5	施工现场条件监督检查		
5.0.1	测量定位控制桩成果资料齐全、有效，桩位设置规范、保护措施符合要求	**1.《建设工程质量管理条例》中华人民共和国国务院令〔2000〕第279号** 第九条 建设单位必须向有关的勘察、设计、施工、工程监理等单位提供与建设工程有关的原始资料。 　　原始资料必须真实、准确、齐全。 **2.《工程测量规范》GB 50026—2007** 8.1.4 场区控制网，应充分利用勘察阶段的已有平面和高程控制网。原有平面控制网的边长，应投影到测区的主施工高程面上，并进行复测检查。精度满足施工要求时，可作为场区控制网使用。否则，应重新建立场区控制网。 8.2.2 场区平面控制网，应根据工程规模和工程需要分级布设。对于建筑场地大于 $1km^2$ 的工程项目或重要工业区，应建立一级或一级以上精度等级的平面控制；对于场地面积小于 $1km^2$ 的工程项目或一般性建筑区，可建立二级精度的平面控制网。 　　场区平面控制网相对于勘察阶段控制点的定位精度，不应大于5cm。 8.2.10 大中型施工项目场区的高程测量精度，不应低于三等水准。 8.3.3 建筑物施工平面控制网的建立，应符合下列规定： 　　2 主要的控制网点和主要设备中心线端点，应埋设固定标桩。 　　3 控制网轴线起始点的定位误差，不应大于2cm；两建筑物（厂房）间有联动关系时，不应大于1cm，定位点不得少于3个。 **3.《电力建设施工技术规范 第1部分：土建结构工程》DL 5190.1—2012** 11.1.2 施工测量的坐标系统，应与工程设计所采用的坐标系统一致，如不一致，在施工测量前，应确定两个坐标之间的换算关系。 11.1.3 施工单位进入施工现场后，建设单位（或委托方）应移交有关厂区测量的原始资料；施工单位对提供的原始资料进行认真校核，确认满足施工放线精度要求后，方可接受使用。 11.1.4 对厂区布置的施工测量控制点，应定期对其稳定性进行检测，同时要求对施工测量控制点进行有效的防护，防止机械或车辆碰撞。 **4.《电力工程施工测量技术规范》DL/T 5445—2010** 5.1.1 施工测量准备工作应包括搜集资料与验证，施工测量方案的编制，测量仪器、量具的日常检验校正与维护等内容。 5.2.1 施工测量前应根据任务要求，搜集和分析有关施工资料，宜包括下列内容： 　　2 工程勘测设计阶段布设的平面和高程控制网成果，或临近施工区周围的国家或地方控制点成果资料。 5.2.2 施工测量前应对已有控制点成果进行检查验证，确认其精度等级及坐标、高程系统情况。	1. 查阅建设单位与施工单位的测量定位控制桩成果资料移交签收记录 　签字：建设、监理、施工单位责任人已签字 　盖章：建设、监理、施工单位已盖章 2. 查阅建设单位移交的测量定位控制桩成果资料 　成果数据：含坐标及高程 　成果系统：坐标及高程系统与设计图纸保持一致，如不一致，应确定两个坐标系之间的换算关系 　成果精度：满足设计要求和规范的规定 　签字盖章：测绘单位已签字盖章 3. 查看测量定位控制桩桩位及保护 　数量：至少有三个固定埋设的控制桩 　保护措施：测量定位控制桩保护有效，标识明显

续表

条款号	大纲条款	检 查 依 据	检查要点
5.0.1	测量定位控制桩成果资料齐全、有效，桩位设置规范、保护措施符合要求	6.1.3　坐标系统宜采用满足勘测设计要求的国家或地方坐标系……亦可采用建筑坐标系统。采用建筑坐标系统时，应提供建筑坐标系统与国家（地方）坐标系统的换算关系…… 6.1.4　在满足测区内投影长度变形不大于 25mm/km 的要求下，施工平面控制网的坐标系统可作下列选择： 　　1　采用高斯投影 3°带、1.5°带或任意带，投影面为主施工面（设计零米高程）。 　　2　在已有平面控制网的地区，可沿用原有的坐标系统。 　　3　厂区内可采用建筑坐标系统。 8.1.5　施工控制点……埋设深度……一般应至坚实的原状土中 1m 以下……厂区施工控制点应砌井并加护栏保护……均应有醒目的保护装置…… 8.3.3　厂区平面控制网的等级和精度，应符合下列规定： 　　1　厂区施工首级平面控制网等级不宜低于一级。 　　2　当原有控制网作为厂区控制网时，应进行复测检查。 8.3.9　导线网竣工后，应按与施测相同的精度实地复测检查，检测数量不应少于总量的 1/3，且不少于 3 个，复测时应检查网点间角度及边长与理论值的偏差，一级导线的偏差满足表 8.3.9 的规定时，方能提供给委托单位。 8.3.14　厂区平面控制测量结束后，应向业主或监理现场交桩，并按事先约定的份数准备好桩位移交书，在验收通过后，由相关人员签字、单位加盖公章后各自保存。 8.4.1　厂区高程控制网应采用水准测量的方法建立。高程测量的精度，不宜低于三等水准	
5.0.2	测量定位控制桩复测报告齐全、完整；施工测量控制网已建立、报告齐全，桩位设置规范、保护措施符合要求	**1.《中华人民共和国测绘法》中华人民共和国主席令〔2002〕第 75 号** 第二十五条　从事测绘活动的专业技术人员应当具备相应的执业资格条件…… 第二十六条　测绘人员进行测绘活动时，应当持有测绘作业证件。 **2.《建设工程监理规范》GB/T 50319—2013** 5.2.5　专业监理工程师应检查、复核施工单位报送的施工控制测量成果及保护措施，签署意见。 　　　施工控制测量及保护成果的检查、复核，应包括下列内容： 　　1　施工测量人员的资格证书及测量设备检定证书。 　　2　施工平面控制网、高程控制网和临时水准点的测量成果及控制桩的保护措施。 **3.《工程测量规范》GB 50026—2007** 1.0.5　对工程中所引用的测量成果资料，应进行检核。 8.1.4　场区控制网，应充分利用勘察阶段的已有平面和高程控制网。原有平面控制网的边长，应投影到测区的主施工高程面上，并进行复测检查。精度满足施工要求时，可作为场区控制网使用。否则，应重新建立场区控制网。	1. 查阅测量定位控制桩复测报告 　测量人员资格：满足规定 　仪器：在用期间计量检定有效，仪器精度满足要求 　成果精度：满足设计要求和规范规定 　结论：明确 　签字：复测单位责任人已签字 　报验：建设、监理、施工单位已签字盖章

续表

条款号	大纲条款	检 查 依 据	检查要点
5.0.2	测量定位控制桩复测报告齐全、完整；施工测量控制网已建立、报告齐全，桩位设置规范、保护措施符合要求	8.2.2　场区平面控制网，应根据工程规模和工程需要分级布设。对于建筑场地大于1km²的工程项目或重要工业区，应建立一级或一级以上精度等级的平面控制网；对于场地面积小于1km²的工程项目或一般性建筑区，可建立二级精度的平面控制网。 　　场区平面控制网相对于勘察阶段控制点的定位精度，不应大于5cm。 8.2.10　大中型施工项目场区的高程测量精度，不应低于三等水准。 8.3.3　建筑物施工平面控制网的建立，应符合下列规定： 　　2　主要的控制网点和主要设备中心线端点，应埋设固定标桩。 　　3　控制网轴线起始点的定位误差，不应大于2cm；两建筑物（厂房）间有联动关系时，不应大于1cm，定位点不得少于3个。 **4.《电力建设施工技术规范　第1部分：土建结构工程》DL 5190.1—2012** 11.1.3　施工单位进入施工现场后，建设单位（或委托方）应移交有关厂区测量的原始资料；施工单位对提供的原始资料进行认真校核，确认满足施工放线精度要求后，方可接受使用。 11.1.4　对厂区布置的施工测量控制点，应定期对其稳定性进行检测，同时要求对施工测量控制点进行有效的防护，防止机械或车辆碰撞。 11.5.1　厂区控制网或建筑方格网使用前应进行复查和测试，测试完毕应进行验收。验收时应提供以下资料： 　　4　控制网及建筑方格网成果表； 　　6　测量技术报告。 **5.《电力工程施工测量技术规范》DL/T 5445—2010** 4.0.3　施工测量所使用的仪器和相关设备应定期检定，并在检定的有效期内使用。测量使用的软件，应通过检定或验证。 4.0.5　施工测量作业中所引用的成果资料应进行检核。 5.1.1　施工测量准备工作应包括搜集资料与验证，施工测量方案的编制，测量仪器、量具的日常检验校正与维护等内容。 5.2.2　施工测量前应对已有控制点成果进行检查验证，确认其精度等级及坐标、高程系统情况。 5.2.4　施工放样测量前应对坐标与高程系统、建筑轴线关系、设计图纸中有关数据和几何尺寸、各部位高程数据进行检核，确认无误后，方可作为放样的依据。 6.1.2　施工平面控制网的精度等级分为四等和一、二级，应根据工程规模、控制网的用途和精度要求合理选择精度等级。在满足本规程精度指标的前提下，可越等级布设或同等级扩展。 6.1.5　施工平面控制网应从勘察设计阶段的控制网点引测，其点位误差不应大于5cm。当起算点精度不能符合要求时，宜选择一个点的坐标和一个方位作为起算数据。 6.1.8　施工平面控制测量完成后，宜提交下列资料：	2. 查阅施工测量平面控制网、高程控制网报告 　测量人员资格：满足规定 　仪器：在用期间计量检定有效，仪器精度满足要求 　精度：满足设计要求和规范规定 　结论：明确 　签字盖章：施工单位已签字盖章 　报验：建设、监理、施工单位已签字盖章 3. 查看测量定位控制桩桩位 　数量：布置合理，满足施工要求 　保护措施：测量定位控制桩保护有效，标识明显

条款号	大纲条款	检　查　依　据	检查要点
5.0.2	测量定位控制桩复测报告齐全、完整；施工测量控制网已建立、报告齐全，桩位设置规范、保护措施符合要求	1　平面控制网图及技术设计书； 2　平面控制成果资料； 3　仪器检定证书复印件； 4　施测单位测绘资质证书复印件； 5　施测人员资格证书复印件； 6　测量技术报告。 8.1.5　施工控制点……埋设深度……一般应至坚实的原状土中 1m 以下……厂区施工控制网点应砌井并加护栏保护……均应有醒目的保护装置…… 8.3.3　厂区平面控制网的等级和精度，应符合下列规定： 1　厂区施工首级平面控制网等级不宜低于一级。 2　当原有控制网作为厂区控制网时，应进行复测检查。 8.3.9　导线网竣工后，应按与施测相同的精度实地复测检查，检测数量不应少于总量的 1/3，且不少于 3 个，复测时应检查网点间角度及边长与理论值的偏差，一级导线的偏差满足表 8.3.9 的规定时，方能提供给委托单位。 8.3.10　当采用卫星定位作为厂区平面控制网时，其技术要求除应符合本规程第 6.3 节有关规定外，还应满足下列要求： 　　5　卫星定位平面控制网竣工后，应采用相应等级的常规仪器按与对应等级导线网相同的精度实地复测检查，检测数量不应少于总量的 1/3，且不少于 3 个，偏差满足表 8.3.9 的规定时，方能提供给委托单位。 8.3.14　厂区平面控制测量结束后，应向业主或监理现场交桩，并按事先约定的份数准备好桩位移交书，在验收通过后，由相关人员签字、单位加盖公章后各自保存。 8.4.1　厂区高程控制网应采用水准测量的方法建立。高程测量的精度，不宜低于三等水准。 8.4.2　高程起算点宜利用勘测设计阶段已有高程等级点，使用前必须进行检校，校测高差与理论高差之差小于测设等级限差的 1.5 倍时，可作为厂区高程控制测量的起始依据，并宜选择其中一个或两个条件较好且稳定的点作为起算点。高程控制首级网宜与邻近国家等级水准点或城市等级水准点联测，其联测精度不宜低于首级网的等级精度要求。 8.4.5　厂区高程控制点应采取保护措施…… **6.《电力建设工程监理规范》DL/T 5434—2009** 8.0.7　项目监理机构应督促承包单位对建设单位提供的基准点进行复测，并审批承包单位控制网或加密控制网的布设、保护、复测和原状地形图测绘的方案。监理工程师对承包单位实测过程进行监督和复核，并主持厂（站）区控制网的检查验收工作……	

条款号	大纲条款	检 查 依 据	检查要点
5.0.3	升压站主要建（构）筑物和光伏组件支架基础定位放线记录齐全、有效	**1.《建设工程监理规范》GB/T 50319—2013** 5.2.5 专业监理工程师应检查、复核施工单位报送的施工控制测量成果及保护措施，签署意见。 　　施工控制测量及保护成果的检查、复核，应包括下列内容： 　　1 施工测量人员的资格证书及测量设备检定证书； 　　2 施工平面控制网、高程控制网和临时水准点的测量成果及控制桩的保护措施。 **2.《工程测量规范》GB 50026—2007** 8.3.3 建筑物施工平面控制网的建立，应符合下列规定： 　　2 主要的控制网点和主要设备中心线端点，应埋设固定标桩。 　　3 控制网轴线起始点的定位误差，不应大于2cm；两建筑物（厂房）间有联动关系时，不应大于1cm，定位点不得少于3个。 8.3.11 建筑物施工放样，应符合下列要求： 　　3 施工下层的轴线投测，宜使用2″级激光经纬仪或激光铅直仪进行…… **3.《电力建设施工技术规范　第1部分：土建结构工程》DL 5190.1—2012** 11.1.4 对厂区布置的施工测量控制点，应定期对其稳定性进行检测，同时要求对施工测量控制点进行有效的防护，防止机械或车辆碰撞。 11.3.1 厂区及建（构）筑物的定位 　　5 建（构）筑物控制桩的测设应符合下列要求： 　　1）根据建（构）筑物的主轴线布设控制桩。 　　2）控制桩的数量，应根据具体工程而定，一般主厂房宜采用对面布设，其控制桩不应少于12个，其他主要建（构）筑物不应少于4个。 　　3）控制桩的位置，不得布设在铁路、公路、地下设施及施工机械行走的范围内；距建（构）筑物土方开挖的上开口线不宜小于5m。 　　4）主厂房及建（构）筑物的控制桩宜采用钢管桩或混凝土桩，埋设深度应超过冻土层。 11.3.2 建（构）筑物的基础放线及结构安装 　　2 建（构）筑物和设备基础的轴线在放线前，应对控制桩进行复查。 　　5 主要建（构）筑物和主要设备基础的轴线放线，其精度应符合二级导线的精度要求，其他应符合图根导线的精度要求。 11.5.1 厂区控制网或建筑方格网使用前应进行复查和测试，测试完毕应进行验收。验收时应提供以下资料： 　　4 控制网及建筑方格网成果表； 　　6 测量技术报告。 **4.《电力建设施工质量验收及评价规程 第1部分：土建工程》DL/T 5210.1—2012** 5.2 施工测量	1. 查阅升压站已开工建（构）筑物定位放线记录 　控制点数量：布置合理，满足施工要求 　签字：测量、复核、技术负责人已签字 2. 查阅光伏区已开工光伏组件支架基础定位放线记录 　控制点数量：布置合理，满足施工要求 　签字：测量、复核、技术负责人已签字

条款号	大纲条款	检 查 依 据	检查要点
5.0.3	升压站主要建（构）筑物和光伏组件支架基础定位放线记录齐全、有效	5.2.1 单位工程定位放线： 1 适用范围：本条适用于各单位工程（各建、构筑物和主要设备基础）。 2 检查数量：全数检查。 3 质量标准和检验方法：见表5.2.1。 **5.《电力工程施工测量技术规范》DL/T 5445—2010** 4.0.3 施工测量所使用的仪器和相关设备应定期检定，并在检定的有效期内使用。测量所使用的软件，应通过检定或验证。 8.6.4 建（构）筑物基础施工放样的允许偏差，不应超过表8.6.4的规定。 8.6.5 用于桩基和沉井施工放样的平面和高程控制点，应布设在桩基和沉井施工影响范围之外。 8.6.6 桩基轴线的定位偏差应≤10mm，沉井中线测设和施工过程中的投点误差应≤5mm；高程测量的偏差值应≤5mm。并应以同样精度进行检查验收测量。 8.6.7 基坑开挖应进行平面位置和高程的跟踪测量，测量偏差值平面位置应≤50mm，高程应≤20mm；基础垫层模板轴线和高程测量的偏差值应≤10mm。 8.6.9 基础轴线投测、主轴线内控基准点的设置、建筑物主轴线的竖向投测、施工层标高的竖向传递、施工层的放线与抄平、大型预制构件的定位等是施工放样测量的主要工作，应符合下列规定： 1 建筑物的基础垫层轴线、承台轴线和柱头线，宜使用轴线控制桩直接放线。放线后，应检查主要轴线的坐标值和全部轴线的相互关系，检测的坐标偏差值应≤10mm，轴线间距偏差值应≤5mm。 2 预埋地脚螺栓轴线间偏差应控制在2mm以内，螺栓高程偏差应控制在0mm～+10mm以内，放线前宜在地面上按建筑物施工控制网要求对所有螺栓轴线做控制桩。 3 建筑物的平台或结构层轴线，通过偏轴线从地面向下层或上层结构投点时，应正、倒镜分别投点取平均值。位于同一垂面的柱头线，亦可用仪器正、倒镜直接向上传递。 4 放平台线时，应分段架设仪器向前延伸放线，分段安置仪器后，应检测两端方向点的夹角，角度值应满足180°±10″。 5 预埋件和牛腿高程放样的偏差值应控制在−10mm～0mm以内，轴线偏差应≤10mm。 6 高层结构采用带弯管的经纬仪或激光垂准仪竖向轴线传递时，应沿180°两个方向投点或检查；投测到上部结构的轴线点，在使用前应检测相邻点之间的距离，偏差值应≤5mm。 7 汽机基座螺栓定位，应以长轴线为基线，调整短轴线，使其正交满足90°±10″。 8 用钢卷尺量距时，应使用拉力计，加相同条件下同电磁波测距边长的拉力。 9 每个建筑物的施工高程点，应不少于2个。主厂房等建筑物的高程逐层向上传递时，使用的钢卷尺应加比长的拉力，同时考虑自重的影响，应从2处或3处传递。传递的高程点间的差值应不大于3mm，取平均值作为该层的施工高程。	

条款号	大纲条款	检 查 依 据	检查要点
5.0.3	升压站主要建（构）筑物和光伏组件支架基础定位放线记录齐全、有效	8.6.10 外业工作完成后，应及时进行外业复核和内业资料的检查。 **6.《电力建设工程监理规范》DL/T 5434—2009** 8.0.7 项目监理机构应督促承包单位对建设单位提供的基准点进行复测，并审批承包单位控制网或加密控制网的布设、保护、复测和原状地形图测绘的方案。监理工程师对承包单位实测过程进行监督和复核，并主持厂（站）区控制网的检查验收工作……	
5.0.4	地基验槽符合要求，已完成的桩基或地基处理工程验收合格	**1.《建筑工程施工质量验收统一标准》GB 50300—2013** 3.0.6 建筑工程施工质量应按下列要求进行验收： 　　5 隐蔽工程在隐蔽前应由施工单位通知监理单位进行验收，并应形成验收文件，验收合格后方可继续施工。 **2.《建筑地基基础设计规范》GB 50007—2011** 10.2.13 人工挖孔桩终孔时，应进行桩端持力层检验。单柱单桩的大直径嵌岩桩，应视岩性检验孔底下 3 倍桩身直径或 5m 深度范围内有无土洞、溶洞、破碎带或软弱夹层等不良地质条件。 10.2.14 施工完成后的工程桩应进行桩身完整性和竖向承载力检验。承受水平力较大的桩应进行水平承载力检验，抗拔桩应进行抗拔承载力检验。 **3.《电力建设施工质量验收及评价规程　第 1 部分：土建工程》DL/T 5210.1—2012** 3.0.10 工程施工质量检查、验收在施工单位自行检查的基础上进行；隐蔽工程在隐蔽前应由施工单位通知有关单位进行验收，并应形成验收文件…… 附录 E：主要隐藏工程项目一览表 　1　地基与基础 　1)　土方工程地基验槽。 **4.《建筑地基处理技术规范》JGJ 79—2012** 3.0.12 地基处理施工中应有专人负责质量控制和监测，并做好施工记录；当出现异常情况时，必须及时会同有关部门妥善解决。施工结束后应按国家有关规定进行工程质量检验和验收。 4.4.2 换填垫层的施工质量检验应分层进行，并应在每层的压实系数符合设计要求后铺填上层。 4.4.4 竣工验收应采用静荷载试验检验垫层承载力，且每个单体工程不宜少于 3 个点；对于大型工程应按单体工程数量或工程划分的面积确定检验点数。 5.4.2 预压地基竣工验收检验应符合下列规定： 　　1 排水竖井处理深度范围内和竖井底面以下受压土层，经预压所完成的竖向变形和平均固结度应满足设计要求；	1. 查阅地基验槽隐蔽验收记录 　数量：与已完工程相符 　结论：符合要求 　签字盖章：各责任单位已签字、盖章 2. 查阅已完成的桩基或地基处理检测报告 　试验方法：符合技术方案要求 　检测比例：符合标准规定 　承载力及桩身完整性：符合设计要求 　结论：符合要求 　签字：授权人已签字 　盖章：已加盖 CMA 章及检测专用章

条款号	大纲条款	检查依据	检查要点
5.0.4	地基验槽符合要求，已完成的桩基或地基处理工程验收合格	2 应对预压的地基土进行原位试验和室内土工试验。 5.4.4 预压处理后的地基承载力应按本规范附录A确定。检验数量按每个处理分区不应少于3点进行检测。 6.2.5 压实地基的施工质量检验应分层进行。每完成一道工序，应按设计要求进行验收，未经验收或验收不合格时，不得进行下一道工序施工。 6.3.13 强夯处理后的地基竣工验收，承载力检验应根据静载荷试验、其他原位测试和室内土工试验等方法综合确定。强夯置换后的地基竣工验收，除应采用单墩静载荷试验进行承载力检验外，尚应采用动力触探等查明置换墩着底情况及密度随深度的变化情况。 6.3.14 夯实地基的质量检验应符合下列规定： 3 强夯地基均匀性检验，可采用动力触探试验或标准贯入试验、静力触探试验等原位测试，以及室内土工试验。检验点的数量，可根据场地复杂程度和建筑物的重要性确定，对于简单场地上的一般建筑物，按每400㎡不少于1个检测点，且不少于3点；对于复杂场地或重要建筑地基，每300㎡不少于1个检测点，且不少于3点。强夯置换地基，可采用超重型或重型动力触探试验等方法，检查置换墩着底情况及承载力与密度随深度的变化，检验数量不应少于墩点数的3%，且不少于3点。 4 强夯地基承载力检验的数量，应根据场地复杂程度和建筑物的重要性确定，对于简单场地上的一般建筑物，每个建筑地基载荷试验检验点不应少于3点；对于复杂场地或重要建筑地基应增加检验点数。检测结果的评价，应考虑夯点和夯间位置的差异。强夯置换地基单墩载荷试验数量不应少于墩点数的1%，且不少于3点；对饱和粉土地基，当处理后墩间土能形成2.0m以上厚度的硬层时，其地基承载力可通过现场单墩复合地基静载荷试验确定，检验数量不应少于墩点数的1%，且每个建筑载荷试验检验点不应少于3点。 7.9.11 多桩型复合地基的质量检验应符合下列规定： 1 竣工验收时，多桩型复合地基承载力检验，应采用多桩复合地基静载荷试验和单桩静载荷试验，检验数量不得少于总桩数的1%； 2 多桩复合地基载荷板静载试验，对每个单体工程检验数量不得少于3点； 3 增加体施工质量检验，对散体材料增强体的检验数量不应少于其总桩数的2%，对具有黏结强度的增强体，完整性检验数量不应少于其总桩数的10%。 8.4.4 注浆加固处理后地基的承载力应进行静载荷试验检验。 8.4.5 静载荷试验应按附录A的规定进行，每个单体建筑的检验数量不应少于3点。 9.5.4 微型桩的竖向承载力检验应采用静载荷试验，检验桩数不得少于总桩数的1%，且不得少于3根。 10.1.1 地基处理工程的验收检验应在分析工程的岩土工程勘察报告、地基基础设计及地基处理设计资料，了解施工工艺中出现异常情况等后，根据地基处理的目的，制定检验方案，选择检验方法。当采用一种检验方法的检测结果具有不确定性时，应采用其他检验方法进行验证。	3. 查阅已完成的桩基或地基处理质量验收记录 桩基的桩位偏差、标高偏差、垂直度等：符合规范规定 地基处理质量验收记录的数量（含分层）：与已完工程相符 签字：验收人员已签字 结论：合格

条款号	大纲条款	检 查 依 据	检查要点
5.0.4	地基验槽符合要求，已完成的桩基或地基处理工程验收合格	10.1.2　检验数量应根据场地复杂程度、建筑物的重要性以及地基处理施工技术的可靠性确定，并满足处理地基的评价要求。在满足本规范各种处理地基的检验数量，检验结果不满足设计要求时，应分析原因，提出处理措施。对重要的部位，应增加检验数量。 10.1.4　工程验收承载力检验时，静载荷试验最大加载量不应小于设计要求的承载力特征值的2倍。 10.1.5　换填垫层和压实地基的静载荷试验的压板面积不应小于1.0m²；强夯地基或强夯置换地基静载荷试验的压板面积不宜小于2.0m²。 10.2.7　处理地基上的建筑物应在施工期间及使用期间进行沉降观测，直到沉降达到稳定为止。 **5.《建筑桩基技术规范》JGJ 94—2008** 9.1.1　桩基工程应进行桩位、桩长、桩径、桩身质量和单桩承载力的检验。 9.4.2　工程桩应进行承载力和桩身质量检验	
5.0.5	深基坑开挖边坡坡度符合施工方案要求	**1.《危险性较大的分部分项工程安全管理办法》建质〔2009〕87号** 第五条　施工单位应当在危险性较大的分部分项工程施工前编制专项方案；对于超过一定规模的危险性较大的分部分项工程，施工单位应当组织专家对专项方案进行论证。超过一定规模的危险性较大的分部分项工程范围见附件二。 第六条　建筑工程实行施工总承包的，专项方案应当由施工总承包单位组织编制。其中，起重机械安装拆卸工程、深基坑工程、附着式升降脚手架等专业工程实行分包的，其专项方案可由专业承包单位组织编制。 第七条　专项方案编制应当包括以下内容： （一）工程概况：危险性较大的分部分项工程概况、施工平面布置、施工要求和技术保证条件。 （二）编制依据：相关法律、法规、规范性文件、标准、规范及图纸（国标图集）、施工组织设计等。 （三）施工计划：包括施工进度计划、材料与设备计划。 （四）施工工艺技术：技术参数、工艺流程、施工方法、检查验收等。 （五）施工安全保证措施：组织保障、技术措施、应急预案、监测监控等。 （六）劳动力计划：专职安全生产管理人员、特种作业人员等。 （七）计算书及相关图纸。 第八条　专项方案应当由施工单位技术部门组织本单位施工技术、安全、质量等部门的专业技术人员进行审核。经审核合格的，由施工单位技术负责人签字。实行施工总承包的，专项方案应当由总承包单位技术负责人及相关专业承包单位技术负责人签字。 　　不需专家论证的专项方案，经施工单位审核合格后报监理单位，由项目总监理工程师审核签字。 第九条　超过一定规模的危险性较大的分部分项工程专项方案应当由施工单位组织召开专家论证会。实行施工总承包的，由施工总承包单位组织召开专家论证会。	1.查看深基坑施工现场 　支护与放坡：与设计要求和施工方案相符 　基坑周边荷载：未超过设计要求 　变形监测（设计有要求时）：观测点布置合理、保护良好；现场无明显的裂缝与沉降 2.查阅深基坑开挖面上方的锚杆、土钉、支撑检验报告 　检验项目、试验方法、代表部位、数量和试验结果：符合规范规定 　签字：授权人已签字 　盖章：已加盖CMA章及检测专用章

条款号	大纲条款	检查依据	检查要点
5.0.5	深基坑开挖边坡坡度符合施工方案要求	下列人员应当参加专家论证会： （一）专家组成员； （二）建设单位项目负责人或技术负责人； （三）监理单位项目总监理工程师及相关人员； （四）施工单位分管安全的负责人、技术负责人、项目负责人、项目技术负责人、专项方案编制人员、项目专职安全生产管理人员； （五）勘察、设计单位项目技术负责人及相关人员。 第十条 专家组成员应当由5名及以上符合相关专业要求的专家组成。 本项目参建各方的人员不得以专家身份参加专家论证会。 第十一条 专家论证的主要内容： （一）专项方案内容是否完整、可行； （二）专项方案计算书和验算依据是否符合有关标准规范； （三）安全施工的基本条件是否满足现场实际情况。 专项方案经论证后，专家组应当提交论证报告，对论证的内容提出明确的意见，并在论证报告上签字。该报告作为专项方案修改完善的指导意见。 第十二条 施工单位应当根据论证报告修改完善专项方案，并经施工单位技术负责人、项目总监理工程师、建设单位项目负责人签字后，方可组织实施。 实行施工总承包的，应当由施工总承包单位、相关专业承包单位技术负责人签字。 第十三条 专项方案经论证后需做重大修改的，施工单位应当按照论证报告修改，并重新组织专家进行论证。 第十四条 施工单位应当严格按照专项方案组织施工，不得擅自修改、调整专项方案。 如因设计、结构、外部环境等因素发生变化确需修改的，修改后的专项方案应当按本办法第八条重新审核。对于超过一定规模的危险性较大工程的专项方案，施工单位应当重新组织专家进行论证。 第十五条 专项方案实施前，编制人员或项目技术负责人应当向现场管理人员和作业人员进行安全技术交底。 第十六条 施工单位应当指定专人对专项方案实施情况进行现场监督和按规定进行监测。发现不按照专项方案施工的，应当要求其立即整改；发现有危及人身安全紧急情况的，应当立即组织作业人员撤离危险区域。 施工单位技术负责人应当定期巡查专项方案实施情况。 第十七条 对于按规定需要验收的危险性较大的分部分项工程，施工单位、监理单位应当组织有关人员进行验收。验收合格的，经施工单位项目技术负责人及项目总监理工程师签字后，方可进入下一道工序。	3. 查阅深基坑开挖施工方案 　坡度：符合设计要求和规范规定 　签字：施工单位编审批已签字 　审批：建设、监理单位已审批 　专家论证意见：方案可行等通过性意见 4. 查阅深基坑变形观测记录（设计有要求时） 　工况：明确 　观测频次：与方案一致 　观测数据：清晰

条款号	大纲条款	检 查 依 据	检查要点
5.0.5	深基坑开挖边坡坡度符合施工方案要求	第十八条 监理单位应当将危险性较大的分部分项工程列入监理规划和监理实施细则，应当针对工程特点、周边环境和施工工艺等，制定安全监理工作流程、方法和措施。 第二十一条 专家库的专家应当具备以下基本条件： 　　（一）诚实守信、作风正派、学术严谨； 　　（二）从事专业工作 15 年以上或具有丰富的专业经验； 　　（三）具有高级专业技术职称。 附件一 危险性较大的分部分项工程范围 一、基坑支护、降水工程 　　开挖深度超过 3m（含 3m）或虽未超过 3m 但地质条件和周边环境复杂的基坑（槽）支护、降水工程。 二、土方开挖工程 　　开挖深度超过 3m（含 3m）的基坑（槽）的土方开挖工程。 三、模板工程及支撑体系 　　（一）各类工具式模板工程：包括大模板、滑模、爬模、飞模等工程。 　　（二）混凝土模板支撑工程：搭设高度 5m 及以上；搭设跨度 10m 及以上；施工总荷载 10kN/m² 及以上；集中线荷载 15kN/m² 及以上；高度大于支撑水平投影宽度且相对独立无联系构件的混凝土模板支撑工程。 　　（三）承重支撑体系：用于钢结构安装等满堂支撑体系。 **2.《建筑边坡工程技术规范》GB 50330—2013** 18.1.1 边坡工程应根据安全等级、边坡环境、工程地质和水文地质、支护结构类型和变形控制要求等条件编制施工方案，采取合理、可行、有效的措施保证施工安全。 **3.《土方与爆破工程施工及验收规范》GB 50201—2012** 4.4.1 土方开挖的坡度应符合下列规定： 　　1 永久性挖方边坡坡度应符合设计要求。当工程地质与设计资料不符，需修改边坡坡度或采取加固措施时，应由设计单位确定。 　　2 临时性挖方边坡坡度应根据工程地质和开挖边坡高度要求，结合当地同类土体的稳定坡度确定。 4.4.2 土方开挖应从上至下分层分段依次进行，随时注意控制边坡坡度，并在表面上做成一定的流水坡度。当开挖的过程中，发现土质弱于设计要求，土（岩）层外倾于（顺坡）挖方的软弱夹层，应通知设计单位调整坡度或采取加固，防止土（岩）体滑坡。 **4.《建筑基坑支护技术规程》JGJ 120—2012** 8.1.1 基坑开挖应符合下列规定：	

条款号	大纲条款	检 查 依 据	检查要点
5.0.5	深基坑开挖边坡坡度符合施工方案要求	1 当支护结构构件强度达到开挖阶段的设计要求时，方可下挖基坑；对采用预应力锚杆的支护结构，应在锚杆施加预加力后，方可下挖基坑；对土钉墙，应在土钉、喷射混凝土面层的养护时间大于2d后，方可下挖基坑。 2 应按支护结构设计规定的施工顺序和开挖深度分层开挖。 3 锚杆、土钉的施工作业面与锚杆地、土钉的高差不宜大于500mm。 4 开挖时，挖土机械不得碰撞损害锚杆、腰梁、土钉墙面、内支撑及其连接件等构件，不得损害已施工的基础桩。 5 当基坑采用降水时，应在降水后开挖地下水位以下的土方。 6 当开挖揭露的实际土层性状或地下水情况与设计依据的勘察资料明显不符，或出现异常现象、不明物体时，应停止开挖，在采取相应措施后方可继续开挖。 7 挖至坑底时，应避免扰动基底持力层的原状结构。 8.1.2 软土基坑开挖除应符合本规程第8.1.1条的规定外，尚应符合下列规定： 1 应按分层、分段、对称、均衡、适时的原则开挖； 2 当主体结构采用桩基础且基础桩已施工完成时，应根据开挖面下软土的性状，限制每层开挖厚度，不得造成基础桩偏位； 3 对采用内支撑的支护结构，宜采用局部开槽方法浇筑混凝土支撑或安装钢支撑；开挖到支撑作业面后，应及时进行支撑的施工； 4 对重力式水泥土墙，沿水泥土墙方向应分区段开挖，每一开挖区段的长度不宜大于40m。 8.1.3 当基坑开挖面上方的锚杆、土钉、支撑未达到设计要求时，严禁向下超挖土方。 8.1.4 采用锚杆或支撑的支护结构，在未达到设计规定的拆除条件时，严禁拆除锚杆或支撑。 8.1.5 基坑周边施工材料、设施或车辆荷载严禁超过设计要求的地面荷载限值。 8.2.2 安全等级为一级、二级的支护结构，在基坑开挖过程与支护结构使用期内，必须进行支护结构的水平位移监测和基坑开挖影响范围内建（构）筑物、地面的沉降监测。 8.2.23 基坑监测数据、现场巡查结果应及时整理和反馈，出现下列危险征兆时应立即报警： 1 支护结构位移达到设计规定的位移限值； 2 支护结构位移速率增长且不收敛； 3 支护结构构件的内力超过其设计值； 4 基坑周边建（构）筑物、道路、地面的沉降达到设计规定的沉降、倾斜限值，基坑周边建（构）筑物、道路、地面开裂； 5 支护结构构件出现影响整体结构安全性的损坏； 6 基坑出现局部坍塌； 7 开挖面出现隆起现象； 8 基坑出现流土、管涌现象	

条款号	大纲条款	检 查 依 据	检查要点
5.0.6	各类物料堆放及存贮管理应满足质量控制要求	**1.《混凝土结构工程施工规范》GB 50666—2011** 3.3.6 材料进场后，应按种类、规格、批次分开储存与堆放，并应标识明晰。储存与堆放条件不应影响材料品质。 7.2.11 原材料进场后，应按种类、批次分开储存与堆放，应标识明晰，并应符合下列规定： 　1 散装水泥、矿物掺合料等粉体材料，应采用散装罐分开储存；袋装水泥、矿物掺合料、外加剂等，应按品种、批次分开码堆放，并应采取防雨、防潮措施，高温季节应有防晒措施。 　2 骨料应按品种、规格分别堆放，不得混入杂物，并应保持洁净和颗粒级配均匀。骨料堆放场地的地面应做硬化处理，并采取排水、防尘和防雨等措施。 　3 液体外加剂应放置于阴凉干燥处，应防止日晒、污染、浸水，使用前应搅拌均匀；有离析、变色等现象时，应经检验合格后再使用。 **2.《工程建设施工企业质量管理规范》GB/T 50430—2007** 8.4.1 施工企业应在管理制度中明确建筑材料、构配件和设备的管理要求。 8.4.2 施工企业应对建筑材料、构配件和设备进行贮存、保管和标识，并按照规定进行检查，发现问题及时处理。 8.4.3 施工企业应明确对建筑材料、构配件和设备的搬运及防护要求。 **3.《烧结普通砖》GB 5101—2003** 8.4 贮存 产品应按品种、强度等级、质量等级分别整齐堆放，不得混杂。 **4.《普通混凝土用砂、石质量及检验方法标准》JGJ 52—2006** 4.0.5 砂或石在运输、装卸和堆放过程中，应防止颗粒离析、混入杂质，并应按产地、种类和规格分别堆放。碎石或卵石的堆料高度不宜超过 5m，对于单粒级或最大粒径不超过 20mm 的连续粒级，其堆料高度可增加到 10m	查看各类物料堆放现场 存放：已分类 标识：注明名称、规格、产地等 防护措施：采取排水、防潮、防浸水、防雨雪、防爆晒和防尘、防污染等措施
5.0.7	建筑施工原材料、半成品、成品及钢筋连接接头质量检验合格，报告齐全	**1.《混凝土结构工程施工质量验收规范》GB 50204—2015** 5.2.1 钢筋进场时，应按国家现行相关标准的规定抽取试件作屈服强度、抗拉强度、伸长率、弯曲性能和重量偏差检验，检验结果应符合国家现行相关标准的规定。 　检查数量：按进场批次和产品的抽样检验方案确定。 　检验方法：检查质量证明文件和抽样检验报告。 5.2.2 成型钢筋进场时，应抽取试件作屈服强度、抗拉强度、伸长率和重量偏差检验，检验结果应符合国家现行相关标准的规定。 对由热轧钢筋制成的成型钢筋，当有施工单位或监理单位的代表驻厂监督生产过程，并提供原材料钢筋力学性能第三方检验报告时，可仅进行重量偏差检验。	1. 查阅原材料、半成品、成品进场报审表 签字：施工单位项目经理、专业监理工程师已签字 盖章：施工、监理单位已盖章 结论：同意使用

条款号	大纲条款	检　查　依　据	检查要点
5.0.7	建筑施工原材料、半成品、成品及钢筋连接接头质量检验合格，报告齐全	检查数量：同一厂家、同一类型、同一钢筋来源的成型钢筋，不超过30t为一批，每批中每种钢筋牌号、规格均应至少抽取1个钢筋试件，总数不应少于3个。 检验方法：检查质量证明文件和抽样检验报告。 5.2.3　对按一、二、三级抗震等级设计的框架和斜撑构件（含梯段）中的纵向受力普通钢筋应采用HRB335E、HRB400E、HRB500E、HRBF335E、HRBF400E或HRBF500E钢筋，其强度和最大力下总伸长率的实测值应符合下列规定： 　1　抗拉强度实测值与屈服强度实测值的比值不应小于1.25； 　2　屈服强度实测值与屈服强度标准值的比值不应大于1.30； 　3　最大力下总伸长率不小于9％。 检查数量：按进场的批次和产品的抽样检验方案确定。 检验方法：检查抽样检验报告。 5.4.2　钢筋采用机械连接或焊接连接时，钢筋机械连接接头、焊接接头的力学性能、弯曲性能应符合国家现行相关标准的规定。接头试件应从工程实体中截取。 检查数量：按现行行业标准《钢筋机械连接技术规程》JGJ 107和《钢筋焊接及验收规程》JGJ 18的规定确定。 检验方法：检查质量证明文件和抽样检验报告。 5.4.3　钢筋采用机械连接时，螺纹接头应检验拧紧扭矩值，挤压接头应量测压痕直径，检验结果应符合现行行业标准《钢筋机械连接技术规程》JGJ 107的相关规定。 检查数量：按现行行业标准《钢筋机械连接技术规程》JGJ 107的规定确定。 检验方法：采用专用扭力扳手或专用量规检查。 7.1.5　大批量、连续生产的同一配合比混凝土，混凝土生产单位应提供基本性能试验报告。 7.2.1　水泥进场时，应对其品种、代号、强度等级、包装或散装仓号、出厂日期等进行检查，并应对水泥的强度、安定性和凝结时间进行检验，检验结果应符合现行国家标准《通用硅酸盐水泥》GB 175的相关规定。 检查数量：按同一厂家、同一品种、同一代号、同一强度等级、同一批号且连续进场的水泥，袋装不超过200t为一批，散装不超过500t为一批，每批抽样数量不应少于一次。 检验方法：检查质量证明文件和抽样检验报告。 7.2.2　混凝土外加剂进场时，应对其品种、性能、出厂日期等进行检查，并应对外加剂的相关性能指标进行检验，检验结果应符合现行国家标准《混凝土外加剂》GB 8076和《混凝土外加剂应用技术规范》GB 50119的规定。 检查数量：按同一厂家、同一品种、同一性能、同一批号且连续进场的混凝土外加剂，不超过50t为一批，每批抽样数量不应少于一次。	2. 查阅原材料、半成品、成品质量证明文件 　质量证明文件：原件或有效抄件 3. 查阅原材料、半成品、成品检验报告 　检验报告中的代表数量：与进场数据及批次相符 　检测项目：符合设计要求和规范规定 　结论：符合设计要求和规范规定 　签字：授权人已签字 　盖章：已加盖CMA章及检测专用章 4. 查阅钢筋焊接接头、机械连接接头检验报告 　检测报告中的代表数量：符合规程规定 　检测项目：符合设计要求和规范规定 　结论：符合设计要求和规范规定 　签字：授权人已签字 　盖章：已加盖CMA章及检测专用章

条款号	大纲条款	检 查 依 据	检查要点

5.0.7	建筑施工原材料、半成品、成品及钢筋连接接头质量检验合格，报告齐全	检验方法：检查质量证明文件和抽样检验报告。
		7.2.4 混凝土用矿物掺合料进场时，应对其品种、性能、出厂日期等进行检查，并应对矿物掺合料的相关性能指标进行检验，检验结果应符合国家现行有关标准的规定。
		检查数量：按同一厂家、同一品种、同一批号且连续进场的矿物掺合料，粉煤灰、石灰石粉、磷渣粉不超过 200t 为一批，粒化高炉矿渣粉和复合物掺合料不超过 500t 为一批，沸石粉不超过 120t 为一批，硅灰不超过 30t 为一批，每批抽样数量不应少于一次。
		检验方法：检查质量证明文件和抽样检验报告。
		7.2.5 混凝土原材料中的粗骨料、细骨料质量应符合现行行业标准《普通混凝土用砂、石质量及检验方法标准》JGJ 52 的规定，使用经过净化处理的海砂应符合现行行业标准《海砂混凝土应用技术规范》JGJ 206 的规定，再生混凝土骨料应符合现行国家标准《混凝土用再生粗骨料》GB/T 25177 和《混凝土和砂浆用再生细骨料》GB/T 25176 的规定。
		检查数量：按现行行业标准《普通混凝土用砂、石质量及检验方法标准》JGJ 52 的规定确定。
		检验方法：检查抽样检验报告。
		2.《混凝土结构工程施工规范》GB 50666—2011
		3.3.5 材料、半成品和成品进场时，应对其规格、型号、外观和质量证明文件进行检查，并应按现行国家标准《混凝土结构工程施工质量验收规范》GB 50204 等的有关规定进行检验。
		7.6.2 原材料进场时，应对材料外观、规格、等级、生产日期等进行检查，并应对其主要技术指标按本规范第 7.6.3 条的规定划分检验批进行抽样检验，每个检验批检验不得少于 1 次。
		经产品认证符合要求的水泥、外加剂，其检验批量可扩大一倍。在同一工程中，同一厂家、同一品种、同一规格的水泥、外加剂，连续三次进场检验均一次合格时，其后的检验批量可扩大一倍。
		7.6.3 原材料进场质量检查应符合下列规定：
		  1 应对水泥的强度、安定性及凝结时间进行检验。同一生产厂家、同一等级、同一品种、同一批号且连续进场的水泥，袋装水泥不超过 200t 为一批，散装水泥不超过 500t 为一批。
		  2 应对粗骨料的颗粒级配、含泥量、泥块含量、针片状含量指标进行检验，压碎指标可根据工程需要进行检验，应对细骨料颗粒级配、含泥量、泥块含量指标进行检验。当设计文件有要求或结构处于易发生碱骨料反应环境中时，应对骨料进行碱活性检验。抗冻等级 F100 及以上的混凝土用骨料，应进行坚固性检验。骨料不超过 $400m^3$ 或 600t 为一检验批。
		  3 应对矿物掺合料细度（比表面积）、需水量比（流动度比）、活性指数（抗压强度比）、烧失量指标进行检验。粉煤灰、矿渣粉、沸石粉不超过 200t 为一检验批，硅灰不超过 30t 为一检验批。	

条款号	大纲条款	检 查 依 据	检查要点
5.0.7	建筑施工原材料、半成品、成品及钢筋连接接头质量检验合格，报告齐全	4 应按外加剂产品标准规定对其主要匀质性指标和掺外加剂混凝土性能指标进行检验。同一品种外加剂不超过50t应为一检验批。 7.6.4 当使用中水泥质量受不利环境影响或水泥出厂超过三个月（快硬硅酸盐水泥超过一个月）时，应进行复验，并应按复验结果使用。 **3.《烧结普通砖》GB 5101—2003** 8.1 标志 　　产品出厂时，必须提供产品质量合格证。产品质量合格证主要内容包括：生产厂名、产品标记及编号、证书编号、本批产品实测技术性能和生产日期等，并由检验员和承检单位签章。 **4.《电力建设施工质量验收及评价规程 第1部分：土建工程》DL/T 5210.1—2012** 3.0.1 工程所用主要原材料、半成品、构（配）件、设备等产品，应符合设计要求和国家有关标准的规定；进入施工现场时必须按规定进行现场检验和复检，合格后方可使用。不得使用国家明令禁止和淘汰的建筑材料和建设设备。涉及结构安全的试块、试件以及有关材料，应按规定进行见证取样检测。 **5.《普通混凝土用砂、石质量及检验方法标准》JGJ 52—2006** 4.0.1 供货单位应提供砂或石的产品合格证及质量检验报告	
5.0.8	施工用水水质检验合格	**1.《混凝土结构工程施工质量验收规范》GB 50204—2015** 7.2.5 混凝土拌制及养护用水应符合现行行业标准《混凝土用水标准》JGJ 63 的规定。采用饮用水作为混凝土用水时，可不检验；采用中水、搅拌站清洗水、施工现场循环水等其他水源时，应对其成分进行检验。 　　检查数量：同一水源检查不应少于一次。 　　检验方法：检查水质检验报告。 **2.《混凝土结构工程施工规范》GB 50666—2011** 7.2.9 混凝土拌和及养护用水，应符合现行行业标准《混凝土用水标准》JGJ 63 的有关规定。 7.2.10 未经处理的海水严禁用于钢筋混凝土结构和预应力混凝土结构中的拌制和养护。 **3.《混凝土用水标准》JGJ 63—2006** 3.1.1 混凝土拌和用水水质要求应符合表 3.1.1 的规定。对于设计使用年限为 100 年的结构混凝土，氯离子含量不得超过 500mg/L；对使用钢丝或经热处理钢筋的预应力混凝土，氯离子含量不得超过 350mg/L。 3.1.2 地表水、地下水、再生水的放射性应符合现行国家标准《生活饮用水卫生标准》GB 5749 的规定。 3.1.7 未经处理的海水严禁用于钢筋混凝土和预应力混凝土。 3.1.8 在无法获得水源的情况下，海水可用于素混凝土，但不宜用于装饰混凝土。	查阅施工用水水质检验报告 检验报告中的代表数量：与进场数据及批次相符，且符合规范规定 检测项目：符合设计要求和规范规定 结论：符合设计要求和规范规定 签字：授权人已签字 盖章：已加盖 CMA 章及检测专用章

条款号	大纲条款	检 查 依 据	检查要点
5.0.8	施工用水水质检验合格	4.0.1 pH 值的检验应符合现行国家标准《水质 pH 的测定玻璃电极法》GB/T 6920 的要求。 4.0.2 不溶物的检验应符合现行国家标准《水质悬浮物的测定重量法》GB/T 11901 的要求。 4.0.3 可溶物的检验应符合现行国家标准《生活饮用水标准检验法》GB 5750 中溶解性总固体检验法的要求。 4.0.4 氯化物的检验应符合现行国家标准《水质氯化物的测定硝酸银滴定法》GB/T 11896 的要求。 4.0.5 硫酸盐的检验应符合现行国家标准《水质硫酸盐的测定重量法》GB/T 11899 的要求。 4.0.6 碱含量的检验应符合现行国家标准《水泥化学分析方法》GB/T 176 中关于氧化钾、氧化钠测定的火焰光度法的要求。 5.1.1 水质检验水样不应少于 5L	
5.0.9	有混凝土配合比设计，其试配强度、抗冻性、抗腐蚀性等指标符合要求	**1.《混凝土结构工程施工质量验收规范》GB 50204—2015** 7.3.4 首次使用的混凝土配合比应进行开盘鉴定，其原材料、强度、凝结时间、稠度等应满足设计配合比的要求。 　　检查数量：同一配合比的混凝土检查不应少于一次。 　　检验方法：检查开盘鉴定资料和强度试验报告。 7.3.6 混凝土有耐久性指标要求时，应在施工现场随机抽取试件进行耐久性检验，其检验结果应符合国家现行有关标准的规定和设计要求。 检查数量：同一配合比的混凝土，取样不应少于一次，留置试件数量应符合国家现行标准《普通混凝土长期性能和耐久性能试验方法标准》GB/T 50082 和《混凝土耐久性检验评定标准》JGJ/T 193 的规定。 　　检验方法：检查试件耐久性试验报告。 7.3.7 混凝土有抗冻要求时，应在施工现场进行混凝土含气量检验，其检验结果应符合国家现行有关标准的规定和设计要求。 　　检查数量：同一配合比的混凝土，取样不应少于一次，取样数量应符合现行国家标准《普通混凝土拌合物性能试验方法标准》GB/T 50080 的规定。 　　检验方法：检查混凝土含气量试验报告。 **2.《预拌混凝土》GB/T 14902—2012** 5.7.1 普通混凝土配合比设计应由供货方按 JGJ 55 的规定执行；轻骨料混凝土配合比设计应由供货方按 JGJ 51 的规定执行；纤维混凝土配合比设计应由供货方按 JGJ/T 221 的规定执行；重晶石混凝土配合比设计应由供货方按 GB/T 50557 的规定执行。 5.7.2 应根据工程要求对设计配合比进行施工适应性调整后确定施工配合比。 **3.《混凝土结构工程施工规范》GB 50666—2011** 7.3.1 混凝土配合比设计应经试验确定，并应符合下列规定：	1. 查阅各强度等级混凝土配合比设计报告 　试配强度：符合设计要求 　抗冻性：符合设计要求 　抗腐蚀性：符合设计要求 　签字、盖章：已签字盖章 2. 查阅各强度等级混凝土施工配合比资料 　调整后指标：符合设计配合比 　签字：责任人已签字

条款号	大纲条款	检 查 依 据	检查要点
5.0.9	有混凝土配合比设计，其试配强度、抗冻性、抗腐蚀性等指标符合要求	1　应在满足混凝土强度、耐久性和工作性要求的前提下，减少水泥和水的用量； 2　当有抗冻、抗渗、抗氯离子侵蚀和化学腐蚀等耐久性要求时，尚应符合现行国家标准《混凝土结构耐久性设计规范》GB/T 50476 的有关规定； 3　应分析环境条件对施工及工程结构的影响； 4　试配所用的原材料应与施工实际使用的原材料一致。 7.3.6　当设计文件对混凝土提出耐久性指标时，应进行相关耐久性试验验证。 7.3.9　施工配合比应经技术负责人批准。在使用过程中，应根据反馈的混凝土动态质量信息对混凝土配合比及时进行调整。 7.3.10　遇有下列情况时，应重新进行配合比设计： 1　当混凝土性能指标有变化或有其他特殊要求时； 2　当原材料品质发生显著改变时； 3　同一配合比的混凝土生产间断三个月以上时。 7.6.6　混凝土应进行抗压强度试验。有抗冻、抗渗等耐久性要求的混凝土，还应进行抗冻性、抗渗性等耐久性指标的试验。其试件留置方法和数量，应按现行国家标准《混凝土结构工程施工质量验收规范》GB 50204 的有关规定执行	
5.0.10	现场混凝土搅拌站条件符合要求；商品混凝土供应商报审技术资料齐全	**《预拌混凝土》GB/T 14902—2012** 7.1.1　混凝土搅拌站（楼）应符合 GB 10171 的规定。 7.1.2　预拌混凝土的制备应包括原材料贮存、计量、搅拌和运输。 7.2.1　各种原材料应分仓贮存，并应有明显的标识。 7.2.2　水泥应按品种、强度等级和生产厂家分别标识和贮存；应防止水泥受潮及污染，不应采取结块的水泥；水泥用于生产时的温度不宜高于 60℃；水泥出厂超过 3 个月应进行复检，合格者方可使用。 7.2.3　骨料堆场应为能排水的硬质地面，并有防尘和遮雨设施；不同品种、规格的骨料应分别贮存，避免混杂或污染。 7.2.4　外加剂应按品种和生产厂家分别标识和贮存；粉状外加剂应防止受潮结块，如有结块，应进行检验，合格者应经粉碎至全部通过 300μm 方孔筛后方可使用；液态外加剂应贮存在密闭容器内，并应防晒和防冻，如有沉淀等异常现象，应经检验合格后方可使用。 7.2.5　矿物掺合料应按品种、质量等级和产地分别标识和贮存，不与水泥等其他粉状料混杂，并应防潮、防雨。 7.2.6　纤维应按品种、规格和生产厂家分别标识和贮存。 7.3.1　原材料计量应采用电子计量设备……计量设备应具有法定计量部门签发的有效检定证书，并应定期校验。混凝土生产单位每月应至少自检一次；每一工作班开始前，应对计量设备进行零点校准。	1. 查看现场混凝土搅拌站 　骨料场地面：已硬化 　材料存放：已分类 　材料标识：注明名称、规格、产地等 　防护措施：有防潮、防雨雪、防爆晒和防尘措施 2. 查看标准养护室 　温、湿度记录仪：完好 　环境：符合标准养护条件

条款号	大纲条款	检 查 依 据	检查要点
5.0.10	现场混凝土搅拌站条件符合要求；商品混凝土供应商报审技术资料齐全	9.1.1 预拌混凝土质量检验分为出厂检验和交货检验……出厂检验的取样和试验工作应由供方承担；交货检验的取样和试验工作应由需方承担，当需方不具备试验和人员的技术资质时，供需双方可协商确定并委托有检验资质的单位承担，并应在合同中予以明确。 9.1.2 交货检验的试验结果应在试验结束后 10d 内通知供方。 9.1.3 预拌混凝土质量验收应以交货检验结果作为依据。 10.3.1 供方应按分部工程向需方提供同一配合比混凝土的出厂合格证。出厂合格证应至少包括以下内容： 　　a) 出厂合格证编号； 　　b) 合同编号； 　　c) 工程名称； 　　d) 需方； 　　e) 供方； 　　f) 供货日期； 　　g) 浇筑部位； 　　h) 混凝土标记； 　　i) 标记内容以外的技术要求； 　　k) 原材料的品种、规格、级别及检验报告编号； 　　l) 混凝土配合比编号； 　　m) 混凝土质量评定。 10.3.3 供方应随每一辆运输车向需方提供该车混凝土的发货单，发货单应至少包括以下内容： 　　s) 合同编号； 　　b) 工程名称； 　　c) 需方； 　　d) 供方； 　　e) 工程部位； 　　f) 浇筑部位； 　　g) 混凝土标记； 　　h) 本车的供货量（m³）； 　　i) 运输车号； 　　j) 交货地点； 　　k) 交货日期； 　　l) 发车时间和到达时间； 　　m) 供需（含施工方）双方交接人员签字	3. 查阅商品混凝土发货单及出厂合格证 　发货单数量：符合规范规定 　发货单签字：供货商和施工单位的交接人员已签字 　合格证：强度符合设计要求

条款号	大纲条款	检 查 依 据	检查要点
6 质量监督检测			
6.0.1	开展现场质量监督检查时，应重点对下列项目的检测试验报告进行查验，必要时可进行验证性抽样检测。对检验指标或结论有怀疑时，必须进行检测		
（1）	水泥	**1.《混凝土结构工程施工质量验收规范》GB 50204—2015** 7.2.1 水泥进场时，应对其品种、代号、强度等级、包装或散装仓号、出厂日期等进行检查，并应对水泥的强度、安定性和凝结时间进行检验，检验结果应符合现行国家标准《通用硅酸盐水泥》GB 175 的相关规定。 检查数量：按同一厂家、同一品种、同一代号、同一强度等级、同一批号且连续进场的水泥，袋装不超过 200t 为一批，散装不超过 500t 为一批，每批抽样数量不应少于一次。 检验方法：检查质量证明文件和抽样检验报告。 **2.《预拌混凝土》GB/T 14902—2012** 5.1.2 水泥进场应提供出厂检验报告等质量证明文件，并应进行检验。检验项目及检验批量应符合 GB 50164 的规定。 **3.《混凝土结构工程施工规范》GB 50666—2011** 3.3.5 材料、半成品和成品进场时，应对其规格、型号、外观和质量证明文件进行检查，并应按现行国家标准《混凝土结构工程施工质量验收规范》GB 50204 等的有关规定进行检验。 7.6.2 原材料进场时，应对材料外观、规格、等级、生产日期等进行检查，并应对其主要技术指标按本规范第 7.6.3 条的规定划分检验批进行抽样检验，每个检验批检验不得少于 1 次。 经产品认证符合要求的水泥、外加剂，其检验批量可扩大一倍。在同一工程中，同一厂家、同一品种、同一规格的水泥、外加剂，连续三次进场检验均一次合格时，其后的检验批量可扩大一倍。 7.6.3 原材料进场质量检查应符合下列规定：	1. 查阅水泥检测报告及台账 检验报告中的代表数量：与进场数据及批次相符，且符合规范规定 检测项目：符合设计要求和规范规定 结论：符合设计要求和规范规定

条款号	大纲条款	检 查 依 据	检查要点
（1）	水泥	1 应对水泥的强度、安定性及凝结时间进行检验。同一生产厂家、同一等级、同一品种、同一批号，且连续进场的水泥，袋装水泥不超过 200t 应为一批，散装水泥不超过 500t 应为一批。 7.6.4 当使用中水泥质量受不利环境影响或水泥出厂超过三个月（快硬硅酸盐水泥超过一个月）时，应进行复验，并应按复验结果使用。 **4.《大体积混凝土施工规范》GB 50496—2009** 4.2.1 配制大体积混凝土所用水泥的选择及其质量，应符合下列规定： 　　2 应选用中、低热硅酸盐水泥或低热矿渣硅酸盐水泥，大体积混凝土施工所用水泥，其 3d 的水化热不宜大于 240kJ/kg，7d 的水化热不宜大于 270kJ/kg。 4.2.2 水泥进场时应对水泥品种、强度等级、包装或散装仓号、出厂日期等进行检查，并对其强度、安定性、凝结时间、水化热等性能指标及其他必要的性能指标进行复检。 **5.《通用硅酸盐水泥》GB 175—2007** 7.3.1 硅酸盐水泥初凝结时间不小于 45min，终凝时间不大于 390min。普通硅酸盐水泥、矿渣硅酸盐水泥、火山灰质硅酸盐水泥、粉煤灰硅酸盐水泥和复合硅酸盐水泥初凝结时间不小于 45min，终凝时间不大于 600min。 7.3.2 安定性沸煮法合格。 7.3.3 强度符合表 3 的规定。 8.5 凝结时间和安定性按 GB/T 1346 进行试验。 8.6 强度按 GB/T 17671 进行试验。 9.1 取样方法按 GB 12573 进行。可连续取，亦可从 20 个以上不同部位取等量样品，总量至少 12kg。 **6.《电力建设施工质量验收及评价规程　第 1 部分：土建工程》DL/T 5210.1—2012** 3.0.1 工程所用主要原材料、半成品、构（配）件、设备等产品，应符合设计要求和国家有关标准的规定；进入施工现场时必须按规定进行现场检验和复检，合格后方可使用。不得使用国家明令禁止和淘汰的建筑材料和建设设备。涉及结构安全的试块、试件以及有关材料，应按规定进行见证取样检测。 3.0.2 ……对工程所用的水泥、钢筋等主要材料应进行跟踪管理	2. 查验水泥试样（对检验指标或结论有怀疑时重新抽测验证） 　凝结时间：符合 GB 175—2007 第 7.3.1 条要求 　安定性：符合 GB 175—2007 第 7.3.2 条要求 　强度：符合 GB 175—2007 表 3 要求 　水化热（大体积混凝土）：符合 GB 50496 的规定
（2）	钢材、钢筋及连接接头	**1.《混凝土结构工程施工质量验收规范》GB 50204—2015** 5.2.1 钢筋进场时，应按国家现行相关标准的规定抽取试件作屈服强度、抗拉强度、伸长率、弯曲性能和重量偏差检验，检验结果应符合国家现行相关标准的规定。 　　检查数量：按进场批次和产品的抽样检验方案确定。 　　检验方法：检查质量证明文件和抽样检验报告。 5.2.2 成型钢筋进场时，应抽取试件作屈服强度、抗拉强度、伸长率和重量偏差检验，检验结果应符合国家现行相关标准的规定。	1. 查阅钢材、钢筋及连接接头检测报告及台账 　内容：包括碳素结构钢、低合金高强度结构钢、热轧光圆钢筋、热轧带肋钢筋、受力钢筋（有抗震要求的结构）、

续表

条款号	大纲条款	检 查 依 据	检查要点
（2）	钢材、钢筋及连接接头	对由热轧钢筋制成的成型钢筋，当有施工单位或监理单位的代表驻厂监督生产过程，并提供原材料钢筋力学性能第三方检验报告时，可仅进行重量偏差检验。 检查数量：同一厂家、同一类型、同一钢筋来源的成型钢筋，不超过30t 为一批，每批中每种钢筋牌号、规格均应至少抽取 1 个钢筋试件，总数不应少于 3 个。 检验方法：检查质量证明文件和抽样检验报告。 5.2.3 对按一、二、三级抗震等级设计的框架和斜撑构件（含梯段）中的纵向受力普通钢筋应采用 HRB335E、HRB400E、HRB500E、HRBF335E、HRBF400E 或 HRBF500E 钢筋，其强度和最大力下总伸长率的实测值应符合下列规定： 　1　抗拉强度实测值与屈服强度实测值的比值不应小于 1.25； 　2　屈服强度实测值与屈服强度标准值的比值不应大于 1.30； 　3　最大力下总伸长率不小于 9%。 检查数量：按进场的批次和产品的抽样检验方案确定。 检验方法：检查抽样检验报告。 5.4.2 钢筋采用机械连接或焊接连接时，钢筋机械连接接头、焊接接头的力学性能、弯曲性能应符合国家现行相关标准的规定。接头试件应从工程实体中截取。 检查数量：按现行行业标准《钢筋机械连接技术规程》JGJ 107 和《钢筋焊接及验收规程》JGJ 18 的规定确定。 检验方法：检查质量证明文件和抽样检验报告。 5.4.3 钢筋采用机械连接时，螺纹接头应检验拧紧扭矩值，挤压接头应量测压痕直径，检验结果应符合现行行业标准《钢筋机械连接技术规程》JGJ 107 的相关规定。 检查数量：按现行行业标准《钢筋机械连接技术规程》JGJ 107 的规定确定。 检验方法：采用专用扭力扳手或专用量规检查。 **2.《钢筋混凝土用钢　第 1 部分：热轧光圆钢筋》GB 1499.1—2008** 6.6.2 直条钢筋实际重量与理论重量的允许偏差应符合表 4 规定。 7.3.1 钢筋力学性能及弯曲性能特征值应符合表 6 规定。 8.1　每批钢筋的检验项目、取样数量、取样方法和试验方法应符合表 7 规定。 8.4.1 测量重量偏差时，试样应从不同根钢筋上截取，数量不少于 5 支，每支试样长度不小于 500mm。 **3.《钢筋混凝土用钢　第 2 部分：热轧带肋钢筋》GB 1499.2—2007** 6.6.2 钢筋实际重量与理论重量的允许偏差应符合表 4 规定。 7.3.1 钢筋力学性能特征值应符合表 6 规定。 7.4.1 钢筋弯曲性能按表 7 规定。	钢筋焊接接头、钢筋机械连接接头等 　检验报告中的代表数量：与进场数据及批次相符，且符合规范规定 　检测项目：符合设计要求和规范规定 　结论：符合设计要求和规范规定 2. 查验碳素结构钢试件（对检验指标或结论有怀疑时重新抽测验证） 　屈服强度、抗拉强度、断后伸长率：符合 GB/T 700—2006 表 2 要求 3. 查验低合金高强度结构钢试件检测报告（对检验指标或结论有怀疑时重新抽测验证） 　屈服强度、抗拉强度、断后伸长率：符合 GB/T 1591—2008 表 6 要求 4. 查验热轧光圆钢筋试件（对检验指标或结论有怀疑时重新抽测验证） 　重量偏差：符合 GB 1499.1—2008 表 4 要求 　屈服强度、抗拉强度、断后伸长率、最大力总伸长率、弯曲性能：符合 GB 1499.1—2008 表 6 要求

条款号	大纲条款	检 查 依 据	检查要点
(2)	钢材、钢筋及连接接头	8.1 每批钢筋的检验项目、取样数量、取样方法和试验方法应符合表8规定。 8.4.1 测量重量偏差时，试样应从不同根钢筋上截取，数量不少于5支，每支试样长度不小于500mm。 　　检验方法：检查质量证明文件和抽查检验报告。 **4.《碳素结构钢》GB/T 700—2006** 5.4.1 钢材的拉伸和冲击试验结果应符合表2的规定。 6.1 每批钢材的检验项目、取样数量、取样方法和试验方法应符合表4的规定。 **5.《低合金高强度结构钢》GB/T 1591—2008** 6.4.1 拉伸试验 　　钢材拉伸试验的性能应符合表6的规定。 7 试验方法 　　钢材的检验项目、取样数量、取样方法和试验方法应符合表9的规定。 **6.《钢筋焊接及验收规程》JGJ 18—2012** 5.1.8 钢筋焊接接头力学性能试验时，应在外观检查合格后随机实测。试验方法按《钢筋焊接接头试验方法》JGJ 27执行。 5.3.1 闪光对焊接头力学性能试验时，应从每批中随机切取6个接头，其中3个做拉伸试验，3个做弯曲试验。 5.5.1 电弧焊接头的质量检验……在现浇混凝土结构中，应以300个同牌号钢筋、同型式接头作为一批……每批随机切取3个接头做拉伸试验。 5.6.1 电渣压力焊接头的质量检验……在现浇混凝土结构中，应以300个同牌号钢筋接头作为一批……每批随机切取3个接头试件做拉伸试验。 5.8.2 预埋件钢筋T形接头进行力学性能检验时，应以300件同类型预埋件作为一批……每批预埋件中随机切取3个接头做拉伸试验。 **7.《钢筋机械连接技术规程》JGJ 107—2010** 7.0.5 钢筋机械连接接头的现场检验应按验收批进行。同一施工条件下采用同一批材料的同等级、同型式、同规格接头，应以500个为一检验批进行检验和验收，不足500个也应作为一个检验批。 7.0.7 对钢筋机械连接接头的每一验收批，必须在工程结构中随机截取3个接头试件做抗拉强度试验，按设计要求的接头等级评定。 A.2.2 施工现场随机实测接头试件的抗拉强度试验应采用零到破坏的一次加载制度	5. 查验热轧带肋钢筋试件（对检验指标或结论有怀疑时重新抽测验证） 　重量偏差：符合标准GB 1499.2—2007表4要求 　屈服强度、抗拉强度、断后伸长率、最大力总伸长率：符合GB 1499.2表6要求 　弯曲性能：符合GB 1499.2—2007表7要求 6. 查验纵向受力钢筋（有抗震要求的结构）试件（对检验指标或结论有怀疑时重新抽测验证） 　抗拉强度查验抽测值与屈服强度查验抽测值的比值：符合GB 50204—2015第5.2.3条的要求 　屈服强度查验抽测值与屈服强度标准值的比值：符合GB 50204—2015第5.2.3条的要求 　最大力下总伸长率：符合GB 50204—2015第5.2.3条的要求 7. 查验钢筋焊接接头试件（对检验指标或结论有怀疑时重新抽测验证） 　抗拉强度：符合JGJ 18的要求

条款号	大纲条款	检 查 依 据	检查要点
（2）	钢材、钢筋及连接接头		8. 查验钢筋机械连接接头试件检测报告（对检验指标或结论有怀疑时重新抽测验证） 抗拉强度：符合 JGJ 107 的要求
（3）	混凝土粗细骨料	**1.《混凝土结构工程施工质量验收规范》GB 50204—2015** 7.2.4　混凝土原材料中的粗骨料、细骨料质量应符合现行行业标准《普通混凝土用砂、石质量及检验方法标准》JGJ 52 的规定，使用经过净化处理的海砂应符合现行行业标准《海砂混凝土应用技术规范》JGJ 206 的规定，再生混凝土骨料应符合现行国家标准《混凝土用再生粗骨料》GB/T 25177 和《混凝土和砂浆用再生细骨料》GB/T 25176 的规定。 　　检查数量：按现行行业标准《普通混凝土用砂、石质量及检验方法标准》JGJ 52 的规定确定。 　　检验方法：检查抽样检验报告。 **2.《预拌混凝土》GB/T 14902—2012** 5.2.2　骨料进场时应进行检验…… **3.《混凝土结构工程施工规范》GB 50666—2011** 3.3.5　材料、半成品和成品进场时，应对其规格、型号、外观和质量证明文件进行检查，并应按现行国家标准《混凝土结构工程施工质量验收规范》GB 50204 等的有关规定进行检验。 7.6.2　原材料进场时，应对材料外观、规格、等级、生产日期等进行检查，并应对其主要技术指标按本规范第 7.6.3 条的规定划分检验批进行抽样检验，每个检验批检验不得少于 1 次。 　　经产品认证符合要求的水泥、外加剂，其检验批量可扩大一倍。在同一工程中，同一厂家、同一品种、同一规格的水泥、外加剂，连续三次进场检验均一次合格时，其后的检验批量可扩大一倍。 7.6.3　原材料进场质量检查应符合下列规定： 　　2　应对粗骨料的颗粒级配、含泥量、泥块含量、针片状含量指标进行检验，压碎指标可根据工程需要进行检验，应对细骨料颗粒级配、含泥量、泥块含量指标进行检验。当设计文件有要求或结构处于易发生碱骨料反应环境中时，应对骨料进行碱活性检验。抗冻等级 F100 及以上的混凝土用骨料，应进行坚固性检验。骨料不超过 400m³ 或 600t 为一检验批。 **4.《普通混凝土用砂、石质量及检验方法标准》JGJ 52—2006** 1.0.3　对于长期处于潮湿环境的重要混凝土结构所用砂、石应进行碱活性检验。	1. 查阅混凝土粗细骨料检测报告及台账 　内容：砂、碎石或卵石等 　检验报告中的代表数量：与进场数据及批次相符，且符合规范规定 　检测项目：符合设计要求和规范规定 　结论：符合设计要求和规范规定 2. 查验砂试样（对检验指标或结论有怀疑时重新抽测验证） 　含泥量：符合 JGJ 52 表 3.1.3 规定 　泥块含量：符合 JGJ 52 表 3.1.4 规定 　石粉含量：符合 JGJ 52 表 3.1.5 规定 　氯离子含量：符合 JGJ 52—2006 第 3.1.10 条规定 　碱活性：符合 JGJ 52 要求

条款号	大纲条款	检 查 依 据	检 查 要 点
（3）	混凝土粗细骨料	3.1.3 天然砂中含泥量应符合表 3.1.3 的规定。 3.1.4 砂中泥块含量应符合表 3.1.4 的规定。 3.1.5 人工砂或混合砂中石粉含量应符合表 3.1.5 的规定。 3.1.10 钢筋混凝土和预应力混凝土用砂的氯离子含量分别不得大于 0.06％和 0.02％。 3.2.2 碎石或卵石中针、片状颗粒应符合表 3.2.2 的规定。 3.2.3 碎石或卵石中含泥量应符合表 3.2.3 的规定。 3.2.4 碎石或卵石中泥块含量应符合表 3.2.4 的规定。 3.2.5 碎石的强度可用岩石抗压强度和压碎指标表示。岩石的抗压等级应比所配制的混凝土强度至少高 20％。当混凝土强度大于或等于 C60 时，应进行岩石抗压强度检验。岩石强度首先由生产单位提供，工程中可采用压碎指标进行质量控制，岩石压碎指标宜符合表 3.2.5-1 的规定。卵石的强度可用压碎值表示。其压碎指标宜符合表 3.2.5-2 的规定。 5.1.3 对于每一单项检验项目，砂、石的每组样品取样数量应符合下列规定： 砂的含泥量、泥块含量、石粉含量及氯离子含量试验时，其最小取样质量分别为 4400g、20000g、1600g 及 2000g；对最大公称粒径为 31.5mm 的碎石或卵石，含泥量和泥块含量试验时，其最小取样质量为 40kg。 6.8 砂中含泥量试验 6.10 砂中泥块含量试验 6.11 人工砂及混合砂中石粉含量试验 6.18 氯离子含量试验 6.20 砂中的碱活性试验（快速法） 7.7 碎石或卵石中含泥量试验 7.8 碎石或卵石中泥块含量试验 7.16 碎石或卵石的碱活性试验（快速法）	3. 查验碎石或卵石试样（对检验指标或结论有怀疑时重新抽测验证） 含泥量：符合 JGJ 52—2006 表 3.2.3 的规定 泥块含量：符合 JGJ 52—2006 表 3.2.4 的规定 针、片状颗粒：符合 JGJ 52—2006 表 3.2.2 的规定 碱活性：符合标准要求 压碎指标（高强混凝土）：符合 JGJ 52 的规定
（4）	混凝土掺合料、外加剂	**1.《混凝土结构工程施工质量验收规范》GB 50204—2015** 7.2.2 混凝土外加剂进场时，应对其品种、性能、出厂日期等进行检查，并应对外加剂的相关性能指标进行检验，检验结果应符合现行国家标准《混凝土外加剂》GB 8076 和《混凝土外加剂应用技术规范》GB 50119 的规定。 　　检查数量：按同一厂家、同一品种、同一性能、同一批号且连续进场的混凝土外加剂，不超过 50t 为一批，每批抽样数量不应少于一次。 　　检验方法：检查质量证明文件和抽样检验报告。 7.2.3 混凝土用矿物掺合料进场时，应对其品种、性能、出厂日期等进行检查，并应对矿物掺合料的相关性能指标进行检验，检验结果应符合国家现行有关标准的规定。 　　检查数量：按同一厂家、同一品种、同一批号且连续进场的矿物掺合料，粉煤灰、石灰石粉、磷渣粉不超过 200t 为一批，粒化高炉矿渣粉和复合物掺合料不超过 500t 为一批，沸石粉不超过 120t	1. 查阅掺合料、外加剂检测报告及台账 内容：粉煤灰、粒化高炉矿渣粉、外加剂等 检验报告中的代表数量：与进场数据及批次相符，且符合规范规定 检测项目：符合设计要求和规范规定 结论：符合设计要求和规范规定

条款号	大纲条款	检 查 依 据	检查要点
（4）	混凝土掺合料、外加剂	为一批，硅灰不超过 30t 为一批，每批抽样数量不应少于一次。 　　检验方法：检查质量证明文件和抽样检验报告。 **2.《预拌混凝土》GB/T 14902—2012** 5.4.2　外加剂进场应提供出厂检验报告等质量证明文件，并应进行检验。检验项目及检验批量应符合 GB 50164 的规定。 5.5.2　矿物掺合料进场应提供出厂检验报告等质量证明文件，并应进行检验。检验项目及检验批量应符合 GB 50164 的规定。 **3.《混凝土外加剂》GB 8076—2008** 5.1　掺外加剂混凝土的性能应符合表 1 的要求。 6.5　混凝土拌和物性能试验方法 6.6　硬化混凝土性能试验方法 7.1.3　取样数量 　　每一批号取样量不少于 0.2t 水泥所需用的外加剂量。 **4.《用于水泥和混凝土中的粒化高炉矿渣粉》GB/T 18046—2008** 5. 技术要求 表 1 技术指标 7.1.1　矿渣粉出厂前按同级别进行编号和取样。每一编号为一取样单位。矿渣粉出厂编号按矿渣粉生产厂年生产能力规定为： 　　　60×10⁴t 以上，不超过 2000t 为一编号； 　　　30×10⁴t～60×10⁴t，不超过 1000t 为一编号； 　　　10×10⁴t～30×10⁴t，不超过 600t 为一编号； 　　　10×10⁴t 以下，不超过 200t 为一编号。 **5.《用于水泥和混凝土中的粉煤灰》GB/T 1596—2005** 6.1　拌制混凝土和砂浆用粉煤灰应符合表 1 中技术要求	2. 查验粉煤灰试样（对检验指标或结论有怀疑时重新抽测验证） 　　细度、需水量、烧失量、含水量、三氧化硫、游离氧化钙、安定性：符合 GB/T 1596—2005 表 1 的规定 3. 查验粒化高炉矿渣粉试样（对检验指标或结论有怀疑时重新抽测验证） 　　密度、比表面积、活性指数、流动度比、含水量、三氧化硫、氯离子、烧失量、玻璃体含量、放射性：符合 GB/T 18046—2008 表 1 的规定 4. 查验外加剂试样（对检验指标或结论有怀疑时重新抽测验证） 　　减水率、泌水率比、含气量、凝结时间差、1h 经时变化量、抗压强度比、收缩率比、相对耐久性：符合 GB 8076—2008 表 1 的规定

续表

条款号	大纲条款	检 查 依 据	检查要点
（5）	混凝土搅拌用水	**1.《混凝土结构工程施工质量验收规范》GB 50204—2015** 7.2.5 混凝土拌制及养护用水应符合现行行业标准《混凝土用水标准》JGJ 63 的规定。采用饮用水作为混凝土用水时，可不检验；采用中水、搅拌站清洗水、施工现场循环水等其他水源时，应对其成分进行检验。 　　检查数量：同一水源检查不应少于一次。 　　检验方法：检查水质检验报告。 **2.《混凝土结构工程施工规范》GB 50666—2011** 7.2.9 混凝土拌和及养护用水，应符合现行行业标准《混凝土用水标准》JGJ 63 的有关规定。 7.2.10 未经处理的海水严禁用于钢筋混凝土结构和预应力混凝土结构中的拌制和养护。 **3.《混凝土用水标准》JGJ 63—2006** 3.1.1 混凝土拌和用水水质要求应符合表 3.1.1 的规定。对于设计使用年限为 100 年的结构混凝土，氯离子含量不得超过 500mg/L；对使用钢丝或经热处理钢筋的预应力混凝土，氯离子含量不得超过 350mg/L。 3.1.2 地表水、地下水、再生水的放射性应符合现行国家标准《生活饮用水卫生标准》GB 5749 的规定。 3.1.7 未经处理的海水严禁用于钢筋混凝土和预应力混凝土。 3.1.8 在无法获得水源的情况下，海水可用于素混凝土，但不宜用于装饰混凝土。 4.0.1 pH 值的检验应符合现行国家标准《水质 pH 的测定 玻璃电极法》GB/T 6920 的要求。 4.0.2 不溶物的检验应符合现行国家标准《水质 悬浮物的测定 重量法》GB/T 11901 的要求。 4.0.3 可溶物的检验应符合现行国家标准《生活饮用水标准检验方法》GB 5750 中溶解性总固体检验法的要求。 4.0.4 氯化物的检验应符合现行国家标准《水质 氯化物的测定 硝酸银滴定法》GB/T 11896 的要求。 4.0.5 硫酸盐的检验应符合现行国家标准《水质 硫酸盐的测定 重量法》GB/T 11899 的要求。 4.0.6 碱含量的检验应符合现行国家标准《水泥化学分析方法》GB/T 176 中关于氧化钾、氧化钠测定的火焰光度法的要求。 5.1.1 水质检验水样不应少于 5L	1. 查阅混凝土搅拌用水检验报告及台账 　检验报告中的代表数量：与进场数据及批次相符，且符合规范规定 　检测项目：符合设计要求和规范规定 　结论：符合设计要求和规范规定 2. 查验水试样（对检验指标或结论有怀疑时重新抽测验证） 　pH 值、不溶物、可溶物、氯化物、硫酸盐、碱含量：符合 JGJ 63—2006 表 3.1.1 的规定
（6）	防水、防腐材料	**1.《弹性体改性沥青防水卷材》GB 18242—2008** 5.3 材料性能应符合表 2 要求。 6.7 可溶物含量按 GB/T 328.26 进行。 6.8 耐热性按 GB/T 328.11—2007 中 A 法进行。 6.9 低温柔性按 GB/T 328.14 进行。 6.10 不透水性按 GB/T 328.10—2007 中方法 B 进行。 6.11 拉力及延伸率按 GB/T 328.8 进行。 7.7.1.2 从单位面积质量、面积、厚度及外观合格的卷材中任取一卷进行材料性能试验。	1. 查阅防水材料检测报告及台账 　检验报告中的代表数量：与进场数据及批次相符，且符合规范规定 　检测项目：符合设计要求和规范规定 　结论：符合设计要求和规范规定

条款号	大纲条款	检 查 依 据	检查要点
（6）	防水、防腐材料	**2.《建筑防腐蚀工程施工规范》GB 50212—2014** 5　树脂类防腐蚀工程 5.1.1　本章所列树脂应包括环氧树脂、乙烯基酯树脂、不饱和聚酯树脂、呋喃树脂和酚醛树脂…… 5.2.1　液体树脂的质量应符合下列规定： 　　1　环氧树脂品种包括 EP01441-310 和 EP01451-310 双酚 A 型环氧树脂，其质量应符合现行国家标准《双酚 A 型环氧树脂》GB/T 13657 的有关规定。 　　2　乙烯基酯树脂的质量应符合现行国家标准《乙烯基酯树脂防腐蚀工程技术规范》GB/T 50590 的有关规定。 　　3　不饱和聚酯树脂品种包括双酚 A 型、二甲苯型、间苯型和邻苯型，其质量应符合现行国家标准《纤维增强塑料用液体不饱和聚酯树脂》GB/T 8237 的有关规定。 　　4　呋喃树脂的质量应符合表 5.2.1-1 的规定。 　　5　酚醛树脂的质量应符合表 5.2.1-2 的规定，其外观宜为淡黄或棕红色黏稠液体。 　　6　水玻璃类防腐蚀工程 6.1.1　本章所列的水玻璃包括钠水玻璃和钾水玻璃…… 6.2.1　钠水玻璃的质量，应符合现行国家标准《工业硅酸钠》GB/T 4209 及表 6.2.1 的规定，其外观应为无色或略带色的透明或半透明黏稠液体。 6.2.2　钾水玻璃的质量应符合表 6.2.2 的规定，其外观应为白色或灰白色黏稠液体。 　　7　聚合物水泥砂浆防腐蚀工程 7.2.1　聚合物乳液的质量应符合表 7.2.1 的规定。 　　8　块材防腐蚀工程 8.1.1　本章所列的块材包括耐酸砖、耐酸耐温砖、防腐蚀炭砖和天然石材等。 8.2.1　块材的质量指标应符合设计要求；当设计无要求时，应符合下列规定： 　　1　耐酸砖、耐酸耐温砖质量指标应符合国家现行标准《耐酸砖》GB/T 8488 和《耐酸耐温砖》JC/T 424 的有关规定。 　　2　防腐蚀炭砖的质量指标应符合现行国家标准《工业设备及管道防腐蚀工程施工规范》GB 50726 的有关规定。 　　3　天然石材应组织均匀，结构致密，无风化。不得有裂纹或不耐腐蚀的夹层，不得有缺棱掉角等现象，并应符合表 8.2.1 的规定。 　　9　喷涂型聚脲防腐蚀工程 9.2.1　喷涂型聚脲防腐蚀工程的材料技术指标应符合现行行业标准《喷涂聚脲防腐材料》HG/T 3831 的有关规定。	2. 查阅防腐材料检测报告及台账 　内容：包括树脂类、水琉璃类、聚合物水泥砂浆、块材、喷涂型聚脲、涂料类、沥青类、塑料类等防腐材料 　检验报告中的代表数量：与进场数据及批次相符，且符合规范规定 　检测项目：符合设计要求和规范规定 　结论：符合设计要求和规范规定 3. 查验防水卷材试样（对检验指标或结论有怀疑时重新抽测验证） 　品种：弹性体（SBS）改性沥青防水卷材等 　可溶物含量、耐热度、低温柔性、不透水性：符合 GB 18242—2008 表 2 的要求 4. 查验树脂类防腐材料试样（对检验指标或结论有怀疑时重新抽测验证） 　品种：环氧树脂、乙烯基酯树脂、不饱和聚酯树脂、呋喃树脂、酚醛树脂 　环氧树脂：符合《双

续表

条款号	大纲条款	检 查 依 据	检查要点
（6）	防水、防腐材料	9.2.2 喷涂型聚脲防腐蚀工程采用的辅料应符合现行行业标准《喷涂型聚脲防护材料涂装工程技术规范》HG/T 20273 的有关规定。 　　10　涂料类防腐蚀工程 10.1.1　本章所列防腐蚀涂料应包括下列品种： 　　1　环氧类涂料、聚氨酯类涂料、丙烯酸树脂类涂料、高氯化聚乙烯涂料、氯化橡胶涂料、氯磺化聚乙烯涂料、聚氯乙烯萤丹涂料、醇酸树脂涂料、氟涂料、有机硅树脂高温涂料、乙烯基酯树脂类涂料。 　　2　富锌类涂料。 　　3　树脂玻璃鳞片涂料、环氧树脂自流平涂料。 10.1.2　防腐蚀涂料的基本技术指标应符合国家有关标准的规定。 　　11　沥青类防腐蚀工程 11.2.1　道路石油沥青、建筑石油沥青应符合国家现行标准《道路石油沥青》NB/SH/T 0522、《建筑石油沥青》GB/T 494 及表 11.2.1 的规定。 　　12　塑料类防腐蚀工程 12.2.1　硬聚氯乙烯的质量应符合现行国家标准《硬质聚氯乙烯板材分类、尺寸和性能 第1部分：厚度1mm以上板材》GB/T 22789.1 的有关规定。 12.2.2　软聚氯乙烯板的质量应符合现行国家标准《工业设备及管道防腐蚀工程施工规范》GB 50726 的有关规定。 12.2.3　聚乙烯板的质量指标应符合表 12.2.3 的规定。 12.2.4　聚丙烯板的质量指标应符合表 12.2.4 的规定	酚 A 型环氧树脂》GB/T 13657 的有关规定 　　乙烯基酯树脂：符合《乙烯基酯树脂防腐蚀工程技术规范》GB/T 50590 的规定 　　不饱和聚酯树脂：符合《纤维增强塑料用液体不饱和聚酯树脂》GB/T 8237 的规定 　　呋喃树脂：符合 GB 50212—2014 表 5.2.1-1 的规定 　　酚醛树脂：符合 GB 50212—2014 表 5.2.1-2 的规定，其外观宜为淡黄或棕红色黏稠液体 5. 查验水玻璃类防腐材料试样（对检验指标或结论有怀疑时重新抽测验证） 　　品种：钠水玻璃、钾水玻璃 　　钠水玻璃：符合《工业硅酸钠》GB/T 4209 及 GB 50212—2014 表 6.2.1 的规定，其外观应为无色或略带色的透明或半透明黏稠液体 　　钾水玻璃：符合 GB 50212—2014 表 6.2.2 的规定，其外观应为白色或灰白色黏稠液体

续表

条款号	大纲条款	检 查 依 据	检查要点
（6）	防水、防腐材料		6. 查验聚合物水泥砂浆防腐材料试样（对检验指标或结论有怀疑时重新抽测验证） 聚合物乳液：符合 GB 50212—2014 表 6.2.2 的规定
			7. 查验块材防腐材料试样（对检验指标或结论有怀疑时重新抽测验证） 　品种：耐酸砖、耐酸耐温砖、防腐蚀炭砖和天然石材等 　耐酸砖、耐酸耐温砖：符合《耐酸砖》GB/T 8488 和《耐酸耐温砖》JC/T 424 的规定 　防腐蚀炭砖：符合《工业设备及管道防腐蚀工程施工规范》GB 50726 的规定 　天然石材：组织均匀，结构致密，无风化。不得有裂纹或不耐腐蚀的夹层，不得有缺棱掉角等现象，并应符合 GB 50212—2014 表 8.2.1 的规定

续表

条款号	大纲条款	检 查 依 据	检查要点
(6)	防水、防腐材料		**8.** 查验喷涂型聚脲防腐材料试样（对检验指标或结论有怀疑时重新抽测验证） 喷涂型聚脲：符合《喷涂聚脲防腐材料》HG/T 3831 的规定 喷涂型聚脲辅料：符合《喷涂型聚脲防护材料涂装工程技术规范》HG/T 20273 的规定
			9. 查验涂料类防腐材料试样（对检验指标或结论有怀疑时重新抽测验证） 品种：环氧类涂料、聚氨酯类涂料、丙烯酸树脂类涂料、高氯化聚乙烯涂料、氯化橡胶涂料、氯磺化聚乙烯涂料、聚氯乙烯萤丹涂料、醇酸树脂涂料、氟涂料、有机硅树脂高温涂料、乙烯基酯树脂类涂料、富锌类涂料、树脂玻璃鳞片涂料、环氧树脂自流平涂料 指标：符合国家有关标准的规定

条款号	大纲条款	检查依据	检查要点
(6)	防水、防腐材料		10. 查验沥青类防腐材料试样（对检验指标或结论有怀疑时重新抽测验证） 品种：道路石油沥青、建筑石油沥青 指标：符合《道路石油沥青》NB/SH/T 0522、《建筑石油沥青》GB/T 494 及 GB 50212—2014 表 11.2.1 的规定
			11. 查验塑料类防腐材料试样（对检验指标或结论有怀疑时重新抽测验证） 品种：硬聚氯乙烯板、软聚氯乙烯板、聚乙烯板、聚丙烯板 硬聚氯乙烯板：符合《硬质聚氯乙烯板材 分类、尺寸和性能 第1部分：厚度1mm以上板材》GB/T 22789.1 的规定 软聚氯乙烯板：符合《工业设备及管道防腐蚀工程施工规范》GB 50726 的规定 聚乙烯板：符合 GB 50212—2014 表 12.2.3 的规定 聚丙烯板：符合 GB 50212—2014 表 12.2.4 的规定

条款号	大纲条款	检 查 依 据	检查要点
（7）	半成品、成品	**1.《中华人民共和国建筑法》中华人民共和国主席令〔2011〕第 46 号** 第五十九条　建筑施工企业必须按照工程设计要求、施工技术标准和合同的约定，对建筑材料、建筑构配件和设备进行检验，不合格的不得使用。 **2.《建设工程质量管理条例》中华人民共和国国务院令〔2000〕第 279 号** 第二十九条　施工单位必须按照工程设计要求、施工技术标准和合同约定，对建筑材料、建筑构配件、设备和商品混凝土进行检验，检验应当有书面记录和专人签字；未经检验或者检验不合格的，不得使用。 **3.《混凝土结构工程施工规范》GB 50666—2011** 3.3.5　材料、半成品和成品进场时，应对其规格、型号、外观和质量证明文件进行检查，并应按现行国家标准《混凝土结构工程施工质量验收规范》GB 50204 等的有关规定进行检验。 **4.《电力建设施工质量验收及评价规程 第 1 部分：土建工程》DL/T 5210.1—2012** 3.0.1　工程所用主要原材料、半成品、构（配）件、设备等产品，应符合设计要求和国家有关标准的规定；进入施工现场时必须按规定进行现场检验和复检，合格后方可使用。不得使用国家明令禁止和淘汰的建筑材料和建设设备。涉及结构安全的试块、试件以及有关材料，应按规定进行见证取样检测。 3.0.2　……对工程所用的水泥、钢筋等主要材料应进行跟踪管理	1. 查阅半成品、成品检验报告 　内容：设计文件所要求的项目、参数 　检验报告中的代表数量：与进场数据及批次相符，且符合规范规定 　检测项目：符合设计要求和规范规定 　结论：符合设计要求和规范规定 2. 查验半成品、成品（对检验指标或结论有怀疑时重新抽测验证） 　检验项目：符合设计要求和规范规定的项目、参数

第 2 部分

光伏发电单元组

第1节点：地基处理监督检查

条款号	大纲条款	检 查 依 据	检查要点
4 责任主体质量行为的监督检查			
4.1 建设单位质量行为的监督检查			
4.1.1	地基处理施工方案已审批	**1.《建设工程监理规范》GB/T 50319—2013** 5.2.3 施工方案报审表应按本规范表 B.0.1 的要求填写。 **2.《建筑工程施工质量评价标准》GB/T 50375—2006** 4.2.1 施工现场质量保证条件应符合下列检查标准： 　　3 施工组织设计、施工方案编制审批手续齐全…… **3.《建筑施工组织设计规范》GB/T 50502—2009** 3.0.5 施工组织设计的编制和审批应符合下列规定： 　　2 ……施工方案应由项目技术负责人审批；重点、难点分部（分项）工程和专项工程施工方案应由施工单位技术部门组织相关专家评审，施工单位技术负责人批准。 　　3 由专业承包单位施工的分部（分项）工程或专项工程的施工方案，应由专业承包单位技术负责人或技术负责人授权的技术人员审批；有总承包单位时，应由总承包单位项目技术负责人核准备案。 　　4 规模较大的分部（分项）工程和专项工程的施工方案应按单位工程施工组织设计进行编制和审批。 **4.《光伏发电站施工规范》GB 50794—2012** 3.0.1 开工前应具备下列条件： 　　4 ……施工组织设计及重大施工方案应已审批…… **5.《电力工程地基处理技术规程》DL/T 5024—2005** 5.0.2 地基处理方案的选择，应根据工程场地岩土工程条件、建筑物的安全等级、结构类型、荷载大小、上部结构和地基基础的共同作用，以及当地地基处理经验和施工条件、建筑物使用过程中岩土环境条件的变化。经技术经济比较后，在技术可靠、满足工程设计和施工进度的要求下，选用地基处理方案或加强上部结构与地基处理相结合的方案。采用的地基处理方法应符合环境保护的要求，避免因地基处理而污染地表水和地下水；避免由于地基土的变形而损坏邻近建（构）筑物；防止振动噪声及飞灰对周围环境的不良影响。 5.0.12 地基处理的施工应有详细的施工组织设计、施工质量管理和质量保证措施。应有专人负责施工检验与质量监督，做好各项施工记录，当发现异常情况时，应及时会同有关部门研究解决。 **6.《电力建设施工技术规范 第 1 部分：土建结构工程》DL 5190.1—2012** 3.0.1 工程施工前，应按设计图纸，结合具体情况和施工组织设计的要求编制施工方案，并经批准后方可施工。 3.0.6 施工单位应当在危险性较大的分部、分项工程施工前编制专项方案；对于超过一定规模和危险性较大的深基坑工程、模板工程及支撑体系、起重吊装及安装拆卸工程、脚手架工程和拆除、爆破工程等，施工单位应当组织专家对专项方案进行论证	1. 查阅施工方案 　审批人员：符合规范规定 　编审批时间：施工前 2. 查阅施工方案报审表 　审批意见：同意实施等肯定性意见 　签字：责任人已签字 　盖章：单位已盖章

条款号	大纲条款	检 查 依 据	检查要点
4.1.2	组织完成设计交底及施工图会检	**1.《建设工程质量管理条例》中华人民共和国国务院令〔2000〕第 279 号** 第二十三条　设计单位应当就审查合格的施工图设计文件向施工单位作出详细说明。 **2.《建筑工程勘察设计管理条例》中华人民共和国国务院令〔2015〕第 662 号** 第三十条　建设工程勘察、设计单位应当在建设工程施工前，向施工单位和监理单位说明建设工程勘察、设计意图，解释建设工程勘察、设计文件。建设工程勘察、设计单位应当及时解决施工中出现的勘察、设计问题。 **3.《建设工程监理规范》GB/T 50319—2013** 6.1.2　监理人员应熟悉工程设计文件，并应参加建设单位主持的图纸会审和设计交底会议，总监理工程师应参与会议纪要会签。 **4.《建设工程项目管理规范》GB/T 50326—2006** 8.3.3　项目技术负责人应主持对图纸审核，并应形成会审记录。 **5.《光伏发电站施工规范》GB 50794—2012** 3.0.1　开工前应具备下列条件： 　　4　开工所必需的施工图应通过会审，设计交底应完成…… **6.《电力建设工程施工技术管理导则》国电电源〔2002〕896 号** 7.01　施工图纸是施工和验收的主要依据之一。为使施工人员充分领会设计意图、熟悉设计内容、正确施工，确保施工质量，必须在开工前进行图纸会检。 **7.《输变电工程项目质量管理规程》DL/T 1362—2014** 5.3.2　建设单位应在变电站单位工程和输电线路分部工程开工前组织设计交底和施工图会检	1. 查阅设计交底记录 　主持人：建设单位责任人 　交底人：设计单位责任人 　签字：交底人及被交底人已签字 　时间：施工前 2. 查阅施工图会检纪要 　签字：施工、设计、监理、建设单位责任人已签字 　时间：施工前
4.1.3	组织进行工程建设标准强制性条文实施情况的检查	**1.《中华人民共和国标准化法实施条例》中华人民共和国国务院令〔1990〕第 53 号** 第二十三条　从事科研、生产、经营的单位和个人，必须严格执行强制性标准。 **2.《建设工程质量管理条例》中华人民共和国国务院令〔2000〕第 279 号** 第十条　…… 建设单位不得明示或者暗示设计单位或者施工单位违反工程建设强制性标准，降低建设工程质量。 **3.《实施工程建设强制性标准监督规定》建设部令〔2000〕第 81 号** 第二条　在中华人民共和国境内从事新建、扩建、改建等工程建设活动，必须执行工程建设强制性标准。 第六条　……工程质量监督机构应当对工程建设施工、监理、验收等阶段执行强制性标准的情况实施监督。 第十条　强制性标准监督检查的内容包括： 　（一）有关工程技术人员是否熟悉、掌握强制性标准； 　（二）工程项目的规划、勘察、设计、施工、验收等是否符合强制性标准的规定；	查阅强制性条文实施情况检查记录 　内容：与强制性条文实施计划相符，相关资料可追溯 　签字：检查人员已签字

条款号	大纲条款	检 查 依 据	检查要点
4.1.3	组织进行工程建设标准强制性条文实施情况的检查	（三）工程项目采用的材料、设备是否符合强制性标准的规定； （四）工程项目的安全、质量是否符合强制性标准的规定； （五）工程中采用的导则、指南、手册、计算机软件的内容是否符合强制性标准的规定。 **4.《输变电工程项目质量管理规程》DL/T 1362—2014** 4.4　输变电工程项目建设过程中，参建单位应遵循现行国家和行业标准，严格执行工程设计和施工标准中的强制性条文······	
4.1.4	采用的新技术、新工艺、新流程、新装备、新材料已进行论证审批	**1.《中华人民共和国建筑法》中华人民共和国主席令〔2011〕第46号** 第四条　国家扶持建筑业的发展，支持建筑科学技术研究，提高房屋建筑设计水平，鼓励节约能源和保护环境，提倡采用先进技术、先进设备、先进工艺、新型建筑材料和现代管理方式。 **2.《建设工程质量管理条例》中华人民共和国国务院令〔2000〕第279号** 第六条　国家鼓励采用先进的科学技术和管理方法，提高建设工程质量。 **3.《实施工程建设强制性标准监督规定》建设部令〔2000〕第81号** 第五条　工程建设中拟采用的新技术、新工艺、新材料，不符合现行强制性标准规定的，应当由拟采用单位提请建设单位组织专题技术论证，报批准标准的建设行政主管部门或者国务院有关主管部门审定。 **4.《电力工程地基处理技术规程》DL/T 5024—2005** 条文说明 5.0.8　······当采用当地缺乏经验的地基处理方法或引进和应用新技术、新工艺、新方法时，须通过原体试验验证其适用性。 **5.《电力建设施工技术规范　第1部分：土建结构工程》DL 5190.1—2012** 3.0.4　采用新技术、新工艺、新材料、新设备时，应经过技术鉴定或具有允许使用的证明。施工前应编制单独的施工措施及操作规程	查阅新技术、新工艺、新流程、新装备、新材料论证文件 内容：同意采用等肯定性意见 签字：专家组和批准人已签字
4.1.5	无任意压缩合同约定工期的行为	**1.《建设工程质量管理条例》中华人民共和国国务院令〔2000〕第279号** 第十条　建设工程发包单位不得迫使承包方以低于成本的价格竞标，不得任意压缩合理工期。 **2.《电力建设安全生产监督管理办法》电监安全〔2007〕38号** 第十三条　······ 　　电力建设单位应当执行定额工期，不得压缩合同约定的工期······ **3.《建设工程项目管理规范》GB/T 50326—2006** 9.2.1　组织应依据合同文件、项目管理规划文件、资源条件与外部约束条件编制项目进度计划	查阅施工进度计划、合同工期和调整工期的相关文件 内容：有压缩工期的行为时，应有设计、监理、施工和建设单位认可的书面文件

条款号	大纲条款	检 查 依 据	检查要点
4.2　勘察单位质量行为的监督检查			
4.2.1	勘察报告已完成	**1.《建设工程质量管理条例》中华人民共和国国务院令〔2000〕第 279 号** 第二十条　勘察单位提供的地质、测量、水文等勘察成果必须真实、准确。 **2.《建设工程勘察设计管理条例》中华人民共和国国务院令〔2015〕第 662 号** 第二十六条　编制建设工程勘察文件，应当真实、准确，满足建设工程规划、选址、设计、岩土治理和施工的需要	查阅勘察报告 内容：地质、测量、水文等勘察成果齐全、完整 签字：勘探、校核、批准相关人员已签字
4.2.2	工程建设标准强制性条文落实到位	**1.《建设工程质量管理条例》中华人民共和国国务院令〔2000〕第 279 号** 第十九条　勘察、设计单位必须按照工程建设强制性标准进行勘察、设计，并对其勘察、设计的质量负责。 **2.《建设工程勘察设计管理条例》中华人民共和国国务院令〔2015〕第 662 号** 第五条　……建设工程勘察、设计单位必须依法进行建设工程勘察、设计，严格执行工程建设强制性标准，并对建设工程勘察、设计的质量负责。 **3.《实施工程建设强制性标准监督规定》建设部令〔2000〕第 81 号** 第二条　在中华人民共和国境内从事新建、扩建、改建等工程建设活动，必须执行工程建设强制性标准。 第六条　建设项目规划审查机关应当对工程建设规划阶段执行强制性标准的情况实施监督。 　　施工图设计文件审查单位应当对工程建设勘察、设计阶段执行强制性标准的情况实施监督。 第十条　强制性标准监督检查的内容包括： 　　（一）有关工程技术人员是否熟悉、掌握强制性标准； 　　（二）工程项目的规划、勘察、设计、施工、验收等是否符合强制性标准的规定； 　　（五）工程中采用的导则、指南、手册、计算机软件的内容是否符合强制性标准的规定。 **4.《输变电工程项目质量管理规程》DL/T 1362—2014** 4.4　输变电工程项目建设过程中，参建单位应遵循现行国家和行业标准，严格执行工程设计和施工标准中的强制性条文…… 6.2.1　……质量管理策划内容应包括但不限于： 　　b）质量管理文件，包括引用的标准清单、设计质量策划、强制性条文实施计划、设计技术组织措施、达标投产（创优）实施细则等	1. 查阅勘察文件 内容：与强制性条文有关的内容已落实 签字：编、审、批责任人已签字 2. 查阅强制性条文实施计划（强制性条文清单）和本阶段执行记录 内容：与实施计划相符 签字：相关单位审批人已签字

续表

条款号	大纲条款	检 查 依 据	检查要点
4.2.3	按规定参加地基处理工程的质量验收及签证	**1.《建筑工程施工质量验收统一标准》GB 50300—2013** 6.0.3 分部工程应由总监理工程师组织施工单位项目负责人和项目技术负责人等进行验收。 　　勘察、设计单位项目负责人和施工单位技术、质量部门负责人应参加地基与基础分部工程的验收。 **2.《电力建设施工质量验收及评价规程　第1部分：土建工程》DL/T 5210.1—2012** 3.0.12　工程质量验收的程序、组织和记录应符合下列规定： 　　3　分部（子分部）工程质量验收应由总监理工程师（建设单位项目负责人）组织施工单位项目负责人和技术、质量负责人等进行验收；地基与基础、主体结构分部工程的勘测、设计单位工程项目负责人和施工单位技术、质量部门负责人也应参加相关分部工程验收。 　　4　……建设单位收到工程验收申请报告后，应由建设单位（项目）负责人组织施工（含分包单位）、设计、监理等单位（项目）负责人进行单位（子单位）工程验收	查阅地基处理工程的质量验收及签证 　内容：意见明确 　签字：勘察单位责任人已签字
4.3　设计单位质量行为的监督检查			
4.3.1	设计图纸交付进度能保证连续施工	**1.《中华人民共和国合同法》中华人民共和国主席令〔1999〕第15号** 第二百七十四条　勘察、设计合同的内容包括提交有关基础资料和文件（包括概预算）的期限、质量要求、费用以及其他协作条件等条款。 第二百八十条　勘察、设计的质量不符合要求或者未按照期限提交勘察、设计文件拖延工期，造成发包人损失的，勘察人、设计人应当继续完善勘察、设计，减收或者免收勘察、设计费并赔偿损失。 **2.《建设项目工程总承包管理规范》GB/T 50358—2005** 6.4.1　设计经理应组织检查设计计划的执行情况，分析进度偏差，制定有效措施。设计进度的主要控制点应包括： 　　1　设计各专业间的条件关系及进度。 　　2　初步设计或基础工程设计完成和提交时间。 　　4　进度关键线路上的设计文件提交时间。 　　5　施工图设计或详细工程设计完成和提交时间。 　　6　设计工作结束时间	1. 查阅设计单位的施工图出图计划 　内容：交付时间满足进度计划要求 　签字：责任人已签字 2. 查阅建设单位的设计文件接收记录 　内容：接收时间与出图计划一致 　签字：责任人已签字

条款号	大纲条款	检查依据	检查要点
4.3.2	按规定进行设计交底并参加施工图会检	**1. 《建设工程质量管理条例》中华人民共和国国务院令〔2000〕第 279 号** 第二十三条　设计单位应当就审查合格的施工图设计文件向施工单位作出详细说明。 **2. 《建设工程勘察设计管理条例》中华人民共和国国务院令〔2015〕第 662 号** 第三十条　建设工程勘察、设计单位应当在建设工程施工前，向施工单位和监理单位说明建设工程勘察、设计意图，解释建设工程勘察、设计文件。 **3. 《建设工程监理规范》GB/T 50319—2013** 6.1.2　监理人员应熟悉工程设计文件，并应参加建设单位主持的图纸会审和设计交底会议，总监理工程师应参与会议纪要会签。 **4. 《光伏发电站施工规范》GB 50794—2012** 3.0.1　开工前应具备下列条件： 　　4　开工所必需的施工图应通过会审，设计交底应完成…… **5. 《建设项目工程总承包管理规范》GB/T 50358—2005** 6.3.8　在施工前，设计组应进行设计交底，说明设计意图，解释设计文件，明确设计要求	1. 查阅设计交底会议纪要 　交底人：由原设计人进行交底 　交底内容：包括设计交底的范围、设计意图、强制性条文执行及施工中应重点关注的问题 　交底时间：本卷册图施工前 　签字：交底人、被交底人已签字 2. 查阅图纸会检记录 　签字：设计、施工、监理、建设单位责任人已签字 　时间：施工前
4.3.3	设计更改、技术洽商等文件完整，手续齐全	**1. 《建设工程勘察设计管理条例》中华人民共和国国务院令〔2015〕第 662 号** 第二十八条　建设单位、施工单位、监理单位不得修改建设工程勘察、设计文件；确需修改建设工程勘察、设计文件的，应当由原建设工程勘察、设计单位修改。经原建设工程勘察、设计单位书面同意，建设单位也可以委托其他具有相应资质的建设工程勘察、设计单位修改。修改单位对修改的勘察、设计文件承担相应责任。 　　施工单位、监理单位发现建设工程勘察、设计文件不符合工程建设强制性标准、合同约定的质量要求的，应当报告建设单位，建设单位有权要求建设工程勘察、设计单位对建设工程勘察、设计文件进行补充、修改。 　　建设工程勘察、设计文件内容需要作重大修改的，建设单位应当报经原审批机关批准后，方可修改。 **2. 《建设项目工程总承包管理规范》GB/T 50358—2005** 6.4.2　……设计质量的控制点主要包括： 　　7　设计变更的控制。	查阅设计更改、技术洽商文件 　编制签字：设计单位（EPC）各级责任人已签字 　审核签字：相关单位责任人已签字 　签字时间：在变更内容实施前

条款号	大纲条款	检 查 依 据	检查要点
4.3.3	设计更改、技术洽商等文件完整，手续齐全	**3.《电力建设工程施工技术管理导则》国电电源〔2002〕896 号** 10.03　设计变更审批手续： 　　a）小型设计变更。由工地提出设计变更申请单或工程洽商（联系）单，经项目部技术管理部门审核，由现场设计、建设（监理）单位代表签字同意后生效。 　　b）一般设计变更。由工地提出设计变更申请单，经项目部技术管理部门审签后，送交建设（监理）单位审核。经设计单位同意后，由设计单位签发设计变更通知书并经建设（监理）单位会签后生效。 　　c）重大设计变更。由项目部总工程师组织研究、论证后，提交建设单位组织设计、施工、监理单位进一步论证、审核，决定后由设计单位修改设计图纸并出具设计变更通知书，还应附有工程预算变更单，经建设、监理、施工单位会签后生效。 **4.《电力勘测设计驻工地代表制度》DLGJ 159.8—2001** 5.0.2　进行设计更改 　　1　因原设计错误或考虑不周需进行的一般设计更改，由专业工代填写"设计变更通知单"，说明更改原因和更改内容，经工代组长签署后发至施工单位实施。"设计变更通知单"的格式见附录 A	
4.3.4	工程建设标准强制性条文落实到位	**1.《建设工程质量管理条例》中华人民共和国国务院令〔2000〕第 279 号** 第十九条　勘察、设计单位必须按照工程建设强制性标准进行勘察、设计，并对其勘察、设计的质量负责。 **2.《建设工程勘察设计管理条例》中华人民共和国国务院令〔2015〕第 662 号** 第五条　……建设工程勘察、设计单位必须依法进行建设工程勘察、设计，严格执行工程建设强制性标准，并对建设工程勘察、设计的质量负责。 **3.《实施工程建设强制性标准监督规定》建设部令〔2000〕第 81 号** 第二条　在中华人民共和国境内从事新建、扩建、改建等工程建设活动，必须执行工程建设强制性标准。 第六条　建设项目规划审查机关应当对工程建设规划阶段执行强制性标准的情况实施监督。 　　施工图设计文件审查单位应当对工程建设勘察、设计阶段执行强制性标准的情况实施监督。 第十条　强制性标准监督检查的内容包括： 　　（一）有关工程技术人员是否熟悉、掌握强制性标准； 　　（二）工程项目的规划、勘察、设计、施工、验收等是否符合强制性标准的规定； 　　（五）工程中采用的导则、指南、手册、计算机软件的内容是否符合强制性标准的规定。 **4.《输变电工程项目质量管理规程》DL/T 1362—2014** 6.2.1　……质量管理策划内容应包括但不限于： 　　b）质量管理文件，包括引用的标准清单、设计质量策划、强制性条文实施计划、设计技术组织措施、达标投产（创优）实施细则等	1. 查阅设计文件 　内容：与强制性条文有关的内容已落实 　签字：编、审、批责任人已签字 2. 查阅强制性条文实施计划（强制性条文清单）和本阶段执行记录 　内容：与实施计划相符 　签字：相关单位责任人已签字

条款号	大纲条款	检 查 依 据	检查要点
4.3.5	设计代表工作到位，处理设计问题及时	**1.《建设工程勘察设计管理条例》中华人民共和国国务院令〔2015〕第662号** 第三十条　……建设工程勘察、设计单位应及时解决施工中出现的勘察、设计问题。 **2.《电力勘测设计驻工地代表制度》DLGJ 159.8—2001** 2.0.1　工代的工地现场服务是电力工程设计的阶段之一，为了有效地贯彻勘测设计意图，实施设计单位通过工代为施工、安装、调试、投运提供及时周到的服务，促进工程顺利竣工投产，特制定本制度。 2.0.2　工代的任务是解释设计意图，解释施工图纸中的技术问题，收集包括设计本身在内的施工、设备材料等方面的质量信息，加强设计与施工、生产之间的配合，共同确保工程建设质量和工期，以及国家和行业标准的贯彻执行。 2.0.3　工代是设计单位派驻工地配合施工的全权代表，应能在现场积极地履行工代职责，使工程实现设计预期要求和投资效益。 5.0.6　工代记录 　　1　工代应对现场处理的问题、参加的各种会议以及决议作详细记录，填写"工代工作大事记"	1.查阅设计单位工代管理制度 　内容：包括工代任命书及设计修改、变更、材料代用等签发人资格 2.查阅设计服务记录 　内容：包括现场施工与设计要求相符情况和工代协助施工单位解决具体技术问题的情况 3.查阅设计变更通知单和工程联系单及台账 　内容：处理意见明确，收发闭环
4.3.6	按规定参加地基处理工程的质量验收及签证	**1.《建筑工程施工质量验收统一标准》GB 50300—2013** 6.0.3　分部工程应由总监理工程师组织施工单位项目负责人和项目技术负责人等进行验收。 勘察、设计单位项目负责人和施工单位技术、质量部门负责人应参加地基与基础分部工程的验收。 设计单位项目负责人和施工单位技术、质量部门负责人应参加主体结构、节能分部工程的验收。 **2.《光伏发电工程验收规范》GB/T 50796—2012** 3.0.8　工程验收中相关单位职责应符合下列要求： 　　2　勘察、设计单位职责应包括： 　　　1）对土建工程与地基工程有关的施工记录校验。 **3.《电力建设施工质量验收及评价规程　第1部分：土建工程》DL/T 5210.1—2012** 3.0.12　工程质量验收的程序、组织和记录应符合下列规定： 　　3　分部（子分部）工程质量验收应由总监理工程师（建设单位项目负责人）组织施工单位项目负责人和技术、质量负责人等进行验收；地基与基础、主体结构分部工程的勘测、设计单位工程项目负责人和施工单位技术、质量部门负责人也应参加相关分部工程验收。 　　4　……建设单位收到工程验收申请报告后，应由建设单位（项目）负责人组织施工（含分包单位）、设计、监理等单位（项目）负责人进行单位（子单位）工程验收……	查阅地基处理工程质量验收记录 　签字：设计单位（EPC）责任人已签字

条款号	大纲条款	检 查 依 据	检查要点
4.3.7	进行了本阶段工程实体质量与设计的符合性确认	**1.《光伏发电工程验收规范》GB/T 50796—2012** 3.0.8 工程验收中相关单位职责应符合下列要求： 　　2 勘察、设计单位职责应包括： 　　　3）对工程设计方案和质量负责，为工程验收提供设计总结报告。 **2.《电力勘测设计驻工地代表制度》DLGJ 159.8—2001** 5.0.3 深入现场，调查研究 　　1 工代应坚持经常深入施工现场，调查了解施工是否与设计要求相符，并协助施工单位解决施工中出现的具体技术问题，做好服务工作，促进施工单位正确执行设计规定的要求。 　　2 对于发现施工单位擅自做主，不按设计规定要求进行施工的行为，应及时指出，要求改正，如指出无效，又涉及安全、质量等原则性、技术性问题，应将问题事实与处理过程用"备忘录"的形式书面报告建设单位和施工单位，同时向设总和处领导汇报	1. 查阅地基处理分部、子分部工程质量验收记录 　签字：设计单位（EPC）项目负责人已签字 2. 查阅本阶段设计单位（EPC）汇报材料 　内容：已对本阶段工程实体质量与勘察设计的符合性进行了确认，符合性结论明确 　签字：项目设计（EPC）负责人已签字 　盖章：设计单位已盖章
4.4	**监理单位质量行为的监督检查**		
4.4.1	专业监理人员配备合理，资格证书与承担的任务相符	**1.《中华人民共和国建筑法》中华人民共和国主席令〔2011〕第 46 号** 第十四条 从事建筑活动的专业技术人员，应当依法取得相应的职业资格证书，并在执业资格证书许可的范围内从事建筑活动。 **2.《建设工程质量管理条例》中华人民共和国国务院令〔2000〕第 279 号** 第三十七条 工程监理单位应当选派具备相应资格的总监理工程师和监理工程师进驻施工现场…… **3.《建设工程监理规范》GB/T 50319—2013** 2.0.6 总监理工程师 　　由工程监理单位法定代表人书面任命，负责履行建设工程监理合同、主持项目监理机构工作的注册监理工程师。 2.0.7 总监理工程师代表 　　经工程监理单位法定代表人同意，由总监理工程师书面授权，代表总监理工程师行使其部分职责和权力，具有工程类注册执业资格或具有中级及以上专业技术职称、3 年及以上工程实践经验并经监理业务培训的人员。 2.0.8 专业监理工程师 　　由总监理工程师授权，负责实施某一专业或某一岗位的监理工作，有相应监理文件签发权，具有工程类注册执业资格或具有中级及以上专业技术职称、2 年及以上工程实践经验并经监理业务培训的人员。	1. 查阅监理大纲（规划）中的监理人员进场计划 　人员数量及专业：已明确 2. 查阅现场监理人员名单 　专业：与工程阶段和监理规划相符 　数量：满足监理工作需要 3. 查阅专业监理人员的资格证书 　专业：与所从事专业相符 　有效期：当前有效

续表

条款号	大纲条款	检 查 依 据	检查要点
4.4.1	专业监理人员配备合理，资格证书与承担的任务相符	2.0.9　监理员 从事具体监理工作，具有中专及以上学历并经过监理业务培训的人员。 3.1.2　项目监理机构的监理人员应由总监理工程师、专业监理工程师和监理员组成，且专业配套、数量应满足建设工程监理工作需要，必要时可设总监理工程师代表。 3.1.3　……应及时将项目监理机构的组织形式、人员构成及对总监理工程师的任命书面通知建设单位	
4.4.2	地基处理施工方案已审查，特殊施工技术措施已审批	**1.《建设工程安全生产管理条例》中华人民共和国国务院令〔2003〕第 393 号** 第二十六条　施工单位应当在施工组织设计中编制安全技术措施和施工现场临时用电方案，对下列达到一定规模的危险性较大的分部分项工程编制专项施工方案，并附具安全验算结果，经施工单位技术负责人、总监理工程师签字后实施，由专职安全生产管理人员进行现场监督： 　　（一）基坑支护与降水工程； 　　（二）土方开挖工程； 　　（三）模板工程； 　　（四）起重吊装工程； 　　（五）脚手架工程； 　　（六）拆除、爆破工程； 　　（七）国务院建设行政主管部门或者其他有关部门规定的其他危险性较大的工程。 　　对前款所列工程中涉及深基坑、地下暗挖工程、高大模板工程的专项施工方案，施工单位还应当组织专家进行论证、审查。 **2.《建设工程监理规范》GB/T 50319—2013** 5.2.2　总监理工程师应组织专业监理工程师审查施工单位报审的施工方案，符合要求后应予以签认。 **3.《电力工程地基处理技术规程》DL/T 5024—2005** 5.0.12　地基处理的施工应有详细的施工组织设计、施工质量管理和质量保证措施。应有专人负责施工检验与质量监督，做好各项施工记录，当发现异常情况时，应及时会同有关部门研究解决。 **4.《电力建设工程监理规范》DL/T 5434—2009** 5.2.1　总监理工程师应履行以下职责： 　　6　审查承包单位提交的开工报告、施工组织设计、方案、计划。 9.1.3　专业监理工程师应要求承包单位报送重点部位、关键工序的施工工艺方案和工程质量保证措施，审核同意后签认	1. 查阅地基处理施工方案报审文件 　审核意见：同意实施 　审批：相关单位责任人已签字 2. 查阅特殊施工技术措施、方案报审文件 　审核意见：专家意见已在施工措施方案中落实，同意实施 　审批：相关单位责任人已签字

条款号	大纲条款	检 查 依 据	检查要点
4.4.3	对进场工程原材料、半成品、构配件的质量进行检查验收	**1.《建设工程监理规范》GB/T 50319—2013** 5.2.9 项目监理机构应审查施工单位报送的用于工程的材料、构配件、设备的质量证明文件，并应按有关规定、建设工程监理合同约定，对用于工程的材料进行见证取样、平行检验。 　　项目监理机构对已进场经检验不合格的工程材料、构配件、设备，应要求施工单位限期将其撤出施工现场。 **2.《光伏发电站施工规范》GB 50794—2012** 3.0.1 开工前应具备下列条件： 　　3 施工单位的资质、特殊作业人员资格、施工机械、施工材料、计量器具等应报监理单位或建设单位审查完毕。 **3.《电力建设工程监理规范》DL/T 5434—2009** 9.1.7 项目监理机构应对承包单位报送的拟进场工程材料、半成品和构配件的质量证明文件进行审核，并按有关规定进行抽样验收。对有复试要求的，经监理人员现场见证取样后送检，复试报告应报送项目监理机构查验。	1. 查阅工程材料/设备/构配件报审表 　审查意见：同意使用 　签字：相关责任人已签字
		9.1.8 项目监理机构应参与主要设备开箱验收，对开箱验收中发现的设备质量缺陷，督促相关单位处理。 **4.《电力建设土建工程施工技术检验规范》DL/T 5710—2014** 4.5.1 施工单位应在工程施工前按单位工程编制检测计划，报监理单位审查，并经建设单位批准后，在监理单位监督下组织实施。当设现场试验室时，施工检测试验计划尚应经现场试验室核查。 4.7.2 施工现场施工单位、监理单位、检测试验单位应分别建立试验台账，并及时要求在试验台账中做好试样的登记工作。试验台账应包括混凝土原材料试验台账、钢筋试验台账、钢筋接头试验台账、混凝土试验台账、砂浆试验台账、回填土试验台账、混凝土配合比试验台账和需要建立的其他试验台账	2. 查阅监理单位见证取样台账 　内容：与检测计划相符 　签字：相关见证人已签字
4.4.4	按规定开展见证取样工作	**1.《建设工程监理规范》GB/T 50319—2013** 5.2.9 项目监理机构应审查施工单位报送的用于工程的材料、构配件、设备的质量证明文件，并应按有关规定、建设工程监理合同约定，对用于工程的材料进行见证取样、平行检验。 　　项目监理机构对已进场经检验不合格的工程材料、构配件、设备，应要求施工单位限期将其撤出施工现场。 **2.《电力建设工程监理规范》DL/T 5434—2009** 9.1.7 项目监理机构应对承包单位报送的拟进场工程材料、半成品和构配件的质量证明文件进行审核，并按有关规定进行抽样验收。对有复试要求的，经监理人员现场见证取样后送检，复试报告应报送项目监理机构查验。	查阅监理单位见证取样台账 　内容：与检测计划相符 　签字：相关见证人已签字

条款号	大纲条款	检 查 依 据	检查要点
4.4.4	按规定开展见证取样工作	**3.《电力建设土建工程施工技术检验规范》DL/T 5710—2014** 4.5.1 施工单位应在工程施工前按单位工程编制检测计划，报监理单位审查，并经建设单位批准后，在监理单位监督下组织实施。当设现场试验室时，施工检测试验计划尚应经现场试验室核查。 4.7.2 施工现场施工单位、监理单位、检测试验单位应分别建立试验台账，并及时要求在试验台账中做好试样的登记工作。试验台账应包括混凝土原材料试验台账、钢筋试验台账、钢筋接头试验台账、混凝土试验台账、砂浆试验台账、回填土试验台账、混凝土配合比试验台账和需要建立的其他试验台账	
4.4.5	地基验槽隐蔽工程验收记录签证齐全	**1.《建设工程质量管理条例》中华人民共和国国务院令〔2000〕第279号** 第三十条 施工单位必须建立、健全施工质量的检验制度，严格工序管理，作好隐蔽工程的质量检查和记录。隐蔽工程在隐蔽前，施工单位应当通知建设单位和建设工程质量监督机构。 **2.《建设工程监理规范》GB/T 50319—2013** 5.2.14 项目监理机构应对施工单位报验的隐蔽工程、检验批、分项工程和分部工程进行验收，对验收合格的应给予签认，对验收不合格的应拒绝签认，同时应要求施工单位在指定的时间内整改并重新报验。 **3.《电力建设工程监理规范》DL/T 5434—2009** 9.1.10 对承包单位报送的隐蔽工程报验申请表和自检记录，专业监理工程师应进行现场检查，符合要求予以签认后，承包单位方可隐蔽并进行下一道工序的施工	查阅地基验槽隐蔽工程验收记录 验收内容：记录完整，符合基槽实际情况 意见：符合设计及规范要求 结论：同意隐蔽 签字：建设单位、勘察单位、设计单位、监理单位、施工单位项目负责人已签字
4.4.6	按地基处理设定的工程质量控制点，完成见证、旁站监理	**1.《建设工程质量管理条例》中华人民共和国国务院令〔2000〕第279号** 第三十八条 监理工程师应当按照工程监理规范的要求，采取旁站、巡视和平行检验等形式，对建设工程实施监理。 **2.《建设工程监理规范》GB/T 50319—2013** 5.1.1 项目监理机构应根据建设工程监理合同约定，遵循动态控制原理，坚持预防为主的原则，制定和实施相应的监理措施，采用旁站、巡视和平行检验等方式对建设工程实施监理。 5.2.11 项目监理机构应根据工程特点和施工单位报送的施工组织设计，确定旁站的关键部位、关键工序，安排监理人员进行旁站，并应及时记录旁站情况。 **3.《电力建设工程监理规范》DL/T 5434—2009** 9.1.9 项目监理机构应安排监理人员对施工过程进行巡视和检查，对工程项目的关键部位、关键工序的施工过程进行旁站监理	1. 查阅施工质量验收范围划分及报审表 划分表内容：符合规程规定且已明确了质量控制点 报审表签字：相关单位责任人已签字 2. 查阅旁站计划和旁站记录 旁站计划质量控制点：符合施工质量验收范围划分表要求 旁站记录：完整 签字：监理旁站人员已签字

续表

条款号	大纲条款	检 查 依 据	检查要点
4.4.7	工程建设标准强制性条文检查到位	1. 《建设工程质量管理条例》中华人民共和国国务院令〔2000〕第 279 号 第二条　凡在中华人民共和国境内从事建设工程的新建、扩建、改建等有关活动及实施对建设工程质量监督管理的，必须遵守本条例。本条例所称建设工程，是指土木工程、建筑工程、线路管道和设备安装工程及装修工程。 第三条　建设单位、勘察单位、设计单位、施工单位、工程监理单位依法对建设工程质量负责。 第十条　…… 　　建设单位不得明示或者暗示设计单位或者施工单位违反工程建设强制性标准，降低建设工程质量。 2. 《实施工程建设强制性标准监督规定》建设部令〔2000〕第 81 号 第二条　在中华人民共和国境内从事新建、扩建、改建等工程建设活动，必须执行工程建设强制性标准。 第三条　本规定所称工程强制性标准是指直接涉及工程质量、安全、卫生及环境保护等方面的工程建设标准强制性条文。 第六条　……工程质量监督机构应当对建设施工、监理、验收等阶段执行强制性标准的情况实施监督。 3. 《工程建设标准强制性条文　房屋建筑部分（2013 年版）》（全文） 4. 《工程建设标准强制性条文　电力工程部分（2011 年版）》（全文） 5. 《国家重大建设项目文件归档要求与档案整理规范》（DA/T 28—2002） 7.8.3　归档文件应完整、成套、系统。应记述和反映建设项目的规划、设计、施工及竣工验收的全过程；真实记录和准确反映项目建设过程和竣工时的实际情况，图物相符、技术数据可靠、签字手续完备；文件质量应符合 5.5 的规定	查阅监理单位工程建设强制性条文执行检查记录 　　监理检查结果：已执行，相关资料可追溯 　　强制性条文：引用的规范条文有效 　　签字：相关责任人已签字
4.4.8	完成地基处理施工质量验收项目划分表规定的验收工作	1. 《建设工程监理规范》GB/T 50319—2013 5.2.11　项目监理机构应根据工程特点和施工单位报送的施工组织设计，确定旁站的关键部位、关键工序，安排监理人员进行旁站，并应及时记录旁站情况。 5.2.14　项目监理机构应对施工单位报验的隐蔽工程、检验批、分项工程和分部工程进行验收，对验收合格的应给予签认；对验收不合格的应拒绝签认，同时应要求施工单位在指定的时间内整改并重新报验。 2. 《电力建设施工质量验收及评价规程　第 1 部分：土建工程》DL/T 5210.1—2012 4.0.8　……工程开工前，应由承建工程的施工单位按工程具体情况编制项目划分表……划分表应报监理单位审核，建设单位批准…… 3. 《电力建设工程监理规范》DL/T 5434—2009 9.1.2　项目监理机构应审查承包单位编制的质量计划和工程质量验收及评定项目划分表，提出监理意见，报建设单位批准后监督实施	1. 查阅施工质量验收项目划分表及报审表 　　划分表内容：符合规程规定且已明确了质量控制点 　　报审表签字：相关单位责任人已签字 2. 查阅施工单位隐蔽工程验收记录、检验批质量验收记录、分项工程质量验收记录、分部

条款号	大纲条款	检 查 依 据	检查要点
4.4.8	完成地基处理施工质量验收项目划分表规定的验收工作		工程质量验收记录 内容：监理平行检验记录齐全，验收记录填写准确 验收结论：合格 签字：相关责任人已签字
4.4.9	质量问题及处理台账完整，记录齐全	**1.《建设工程监理规范》GB/T 50319—2013** 5.2.15　项目监理机构发现施工存在质量问题的，或施工单位采用不适当的施工工艺，或施工不当，造成工程质量不合格的，应及时签发监理通知单，要求施工单位整改。整改完毕后，项目监理机构应根据施工单位报送的监理通知回复单对整改情况进行复查，提出复查意见。 5.2.17　对需要返工处理或加固补强的质量事故，项目监理机构应要求施工单位报送质量事故调查报告和经设计等相关单位认可的处理方案，并应对质量事故的处理过程进行跟踪检查，同时应对处理结果进行验收。 　　项目监理机构应及时向建设单位提交质量事故书面报告，并应将完整的质量事故处理记录整理归档。 **2.《电力建设工程监理规范》DL/T 5434—2009** 9.1.12　对施工过程中出现的质量缺陷，专业监理工程师应及时下达书面通知，要求承包单位整改，并检查确认整改结果。 9.1.15　专业监理工程师应根据消缺清单对承包单位报送的消缺方案进行审核，符合要求后予以签认，并根据承包单位报送的消缺报验申请表和自检记录进行检查验收	查阅质量问题及处理记录台账 　记录要素：质量问题、发现时间、责任单位、整改要求、处理结果、完成时间 　内容：记录完整 　签字：相关责任人已签字

4.5　施工单位质量行为的监督检查

条款号	大纲条款	检 查 依 据	检查要点
4.5.1	企业资质与合同约定的业务范围相符	**1.《中华人民共和国建筑法》中华人民共和国主席令〔2011〕第 46 号** 第十三条　从事建筑活动的建筑施工企业、勘察单位、设计单位……经资质审查合格，取得相应等级的资质证书后，方可在其资质等级许可的范围内从事建筑活动。 **2.《建设工程质量管理条例》中华人民共和国国务院令〔2000〕第 279 号** 第二十五条　施工单位应当依法取得相应等级的资质证书，并在其资质等级许可的范围内承揽工程。 **3.《建筑业企业资质管理规定》住房和城乡建设部令〔2015〕第 22 号** 第三条　企业应当按照其拥有的资产、主要人员、已完成的工程业绩和技术装备等条件申请建筑业企业资质，经审查合格，取得建筑业企业资质证书后，方可在资质许可的范围内从事建筑施工活动。	1.查阅企业资质证书 　发证单位：政府主管部门 　有效期：当前有效 　业务范围：涵盖合同约定的业务

条款号	大纲条款	检 查 依 据	检查要点
4.5.1	企业资质与合同约定的业务范围相符	**4.《承装（修、试）电力设施许可证管理办法》电监会令〔2009〕28号** 第四条　在中华人民共和国境内从事承装、承修、承试电力设施活动的，应当按照本办法的规定取得许可证。除电监会另有规定外，任何单位或者个人未取得许可证，不得从事承装、承修、承试电力设施活动。 　　本办法所称承装、承修、承试电力设施，是指对输电、供电、受电电力设施的安装、维修和试验。 第二十八条　承装（修、试）电力设施单位在颁发许可证的派出机构辖区以外承揽工程的，应当自工程开工之日起十日内，向工程所在地派出机构报告，依法接受其监督检查。 **5.《光伏发电站施工规范》GB 50794—2012** 3.0.1　开工前应具备下列条件： 　　3　施工单位的资质、特殊作业人员资格、施工机械、施工材料、计量器具等应报监理单位或建设单位审查完毕	2.查阅承装（修、试）电力设施许可证 　发证单位：国家能源局及派出机构 　有效期：当前有效 　业务范围：涵盖合同约定的业务 3.查阅跨区作业报告文件 　发证单位：工程所在地能源局派出机构
4.5.2	项目经理资格符合要求并经本企业法定代表人授权。变更须报建设单位批准	**1.《中华人民共和国建筑法》中华人民共和国主席令〔2011〕第46号** 第十四条　从事建筑活动的专业技术人员，应当依法取得相应的执业资格证书，并在执业资格证书许可的范围内从事建筑活动。 **2.《注册建造师管理规定》建设部令〔2006〕第153号** 第三条　本规定所称注册建造师，是指通过考核认定或考试合格取得中华人民共和国建造师资格证书（以下简称资格证书），并按照本规定注册，取得中华人民共和国建造师注册证书（以下简称注册证书）和执业印章，担任施工单位项目负责人及从事相关活动的专业技术人员。 　　未取得注册证书和执业印章的，不得担任大中型建设工程项目的施工单位项目负责人，不得以注册建造师的名义从事相关活动。 **3.《建筑施工企业主要负责人、项目负责人和专职安全生产管理人员安全生产管理规定》住房和城乡建设部令〔2014〕第17号** 第二条　在中华人民共和国境内从事房屋建筑和市政基础设施工程施工活动的建筑施工企业的"安管人员"，参加安全生产考核，履行安全生产责任，以及对其实施安全生产监督管理，应当符合本规定。 第三条　……项目负责人，是指取得相应注册执业资格，由企业法定代表人授权，负责具体工程项目管理的人员…… **4.《注册建造师执业工程规模标准》建市〔2007〕171号** 附件：《注册建造师执业工程规模标准》（试行） 表：注册建造师执业工程规模标准（电力工程） **5.《建设工程项目管理规范》GB/T 50326—2006** 6.2.1　项目经理应由法定代表人任命，并根据法定代表人授权的范围、期限和内容，履行管理职责。 6.2.2　大中型项目的项目经理必须取得工程建设类相应专业注册执业资格证书	1.查阅项目经理资格证书 　发证单位：政府主管部门 　有效期：当前有效 　等级：满足项目要求 　注册单位：与承包单位一致 2.查阅项目经理安全生产考核合格证书 　发证单位：政府主管部门 　有效期：当前有效 3.查阅施工单位法定代表人对项目经理的授权文件及变更文件 　变更文件：经建设单位批准 　被授权人：与当前工程项目经理一致

条款号	大纲条款	检查依据	检查要点
4.5.3	项目部组织机构健全，专业人员配置合理	**1.《中华人民共和国建筑法》中华人民共和国主席令〔2011〕第 46 号** 第十四条　从事建筑活动的专业技术人员，应当依法取得相应的执业资格证书，并在执业资格证书许可的范围内从事建筑活动。 **2.《建设工程质量管理条例》中华人民共和国国务院令〔2000〕第 279 号** 第二十六条　施工单位对建设工程的施工质量负责。 　　施工单位应当建立质量责任制，确定工程项目的项目经理、技术负责人和施工管理负责人…… **3.《建设工程项目管理规范》GB/T 50326—2006** 5.2.5　项目经理部的组织机构应根据项目的规模、结构、复杂程度、专业特点、人员素质和地域范围确定。 **4.《建设项目工程总承包管理规范》GB/T 50358—2005** 4.4.2　根据工程总承包合同范围和工程总承包企业的有关规定，项目部可在项目经理以下设置控制经理、设计经理、采购经理、施工经理、试运行经理……管理岗位	查阅总包及施工单位项目部成立文件 　岗位设置：包括项目经理、技术负责人、质量员等 　EPC 模式：包括设计、采购、施工、试运行经理等
4.5.4	质量检查及特殊工种人员持证上岗	**1.《特种作业人员安全技术培训考核管理办法》国家安全生产监督管理总局令〔2010〕第 30 号** 第五条　特种作业人员必须经专门的安全技术培训并考核合格，取得《中华人民共和国特种作业操作证》（以下简称特种作业操作证）后，方可上岗作业。 **2.《建筑施工特种作业人员管理规定》建质〔2008〕75 号** 第四条　建筑施工特种作业人员必须经建设主管部门考核合格，取得建筑施工特种作业人员操作资格证书，方可上岗从事相应作业。 **3.《工程建设施工企业质量管理规范》GB/T 50430—2007** 5.2.2　施工企业应按照岗位任职条件配备相应的人员……质量检查人员、特种作业人员应按照国家法律法规的要求持证上岗。 **4.《光伏发电站施工规范》GB 50794—2012** 3.0.1　开工前应具备下列条件： 　　3　施工单位的资质、特种作业人员资格、施工机械、施工材料、计量器具等应报监理单位或建设单位审查完毕	1. 查阅总包及施工单位各专业质检员资格证书 　专业类别：包括土建、电气等 　发证单位：政府主管部门等 　有效期：当前有效 2. 查阅特殊工种人员台账 　内容：包括姓名、工种类别、证书编号、发证单位、有效期等 　证书有效期：作业期间有效 3. 查阅特殊工种人员资格证书 　发证单位：政府主管部门 　有效期：当前有效，与台账一致

条款号	大纲条款	检 查 依 据	检查要点
4.5.5	施工方案和作业指导书审批手续齐全，技术交底记录齐全；重大方案或特殊措施经专项评审	**1.《危险性较大的分部分项工程安全管理办法》建质〔2009〕87号** 第五条　施工单位应当在危险性较大的分部分项工程施工前编制专项方案；对于超过一定规模的危险性较大的分部分项工程，施工单位应当组织专家对专项方案进行论证。 第八条　专项方案应当由施工单位技术部门组织本单位施工技术、安全、质量等部门的专业技术人员进行审核。经审核合格的，由施工单位技术负责人签字。实行施工总承包的，专项方案应当由总承包单位技术负责人及相关专业承包单位技术负责人签字。 　　不需专家论证的专项方案，经施工单位审核合格后报监理单位，由项目总监理工程师审核签字。 第九条　超过一定规模的危险性较大的分部分项工程专项方案应当由施工单位组织召开专家论证会。实行施工总承包的，由施工总承包单位组织召开专家论证会。 第十条　专家组成员应当由5名及以上符合相关专业要求的专家组成。 　　本项目参建各方的人员不得以专家身份参加专家论证会。 第十一条　…… 　　专项方案经论证后，专家组应当提交论证报告，对论证的内容提出明确的意见，并在论证报告上签字。该报告作为专项方案修改完善的指导意见。 第十二条　施工单位应当根据论证报告修改完善专项方案，并经施工单位技术负责人、项目总监理工程师、建设单位项目负责人签字后，方可组织实施。 　　实行施工总承包的，应当由施工总承包单位、相关专业承包单位技术负责人签字。 **2.《建筑工程施工质量评价标准》GB/T 50375—2006** 4.2.1　施工现场质量保证条件应符合下列检查标准： 　　3　施工组织设计、施工方案编制审批手续齐全…… **3.《建筑施工组织设计规范》GB/T 50502—2009** 3.0.5　施工组织设计的编制和审批应符合下列规定： 　　2　……施工方案应由项目技术负责人审批；重点、难点分部（分项）工程和专项工程施工方案应由施工单位技术部门组织相关专家评审，施工单位技术负责人批准。 　　3　由专业承包单位施工的分部（分项）工程或专项工程的施工方案，应由专业承包单位技术负责人或技术负责人授权的技术人员审批；有总承包单位时，应由总承包单位项目技术负责人核准备案。 　　4　规模较大的分部（分项）工程和专项工程的施工方案应按单位工程施工组织设计进行编制和审批。 6.4.1　施工准备应包括下列内容： 　　1　技术准备：包括施工所需技术资料的准备、图纸深化和技术交底的要求、试验检验和测试工作计划、样板制作计划以及与相关单位的技术交接计划等；	1. 查阅施工方案和作业指导书 　审批：相关责任人已签字 　编审批时间：施工前 2. 查阅施工方案和作业指导书报审表 　审批意见：同意实施等肯定性意见 　签字：施工（总包）、监理单位相关责任人已签字 　盖章：施工（总包）、监理单位已盖章 3. 查阅技术交底记录 　内容：与方案或作业指导书相符 　时间：施工前 　签字：交底人和被交底人已签字 4. 查阅重大方案或特殊专项措施（需专家论证的专项方案）的评审报告 　内容：对论证的内容提出明确的意见 　评审专家资格：非本项目参建单位人员 　签字：专家已签字

条款号	大纲条款	检 查 依 据	检查要点
4.5.5	施工方案和作业指导书审批手续齐全，技术交底记录齐全；重大方案或特殊措施经专项评审	**4.《光伏发电站施工规范》GB 50794—2012** 3.0.1　开工前应具备下列条件： 　　……设计交底应完成，施工组织设计及重大施工方案应已审批…… **5.《电力建设工程施工技术管理导则》国电电源〔2002〕896 号** 8.1.5　技术交底必须有交底记录。交底人和被交底人要履行全员签字手续	
4.5.6	计量工器具经检定合格，且在有效期内	**1.《中华人民共和国计量法》中华人民共和国主席令〔2015〕第 26 号** 第九条　……未按照规定申请计量检定、计量检定不合格或者超过计量检定周期的计量器具，不得使用。 **2.《中华人民共和国依法管理的计量器具目录（型式批准部分）》国家质检总局公告〔2005〕第 145 号** 1. 测距仪：光电测距仪、超声波测距仪、手持式激光测距仪； 2. 经纬仪：光学经纬仪、电子经纬仪； 3. 全站仪：全站型电子速测仪； 4. 水准仪：水准仪； 5. 测地型 GPS 接收机：测地型 GPS 接收机。 **3.《电力建设施工技术规范　第 1 部分：土建结构工程》DL 5190.1—2012** 3.0.5　在质量检查、验收中使用的计量器具和检测设备，应经计量检定合格后方可使用；承担材料和设备检测的单位，应具备相应的资质。 **4.《电力工程施工测量技术规范》DL/T 5445—2010** 4.0.3　施工测量所使用的仪器和相关设备应定期检定，并在检定的有效期内使用…… **5.《建筑工程检测试验技术管理规范》JGJ 190—2010** 5.2.2　施工现场配置的仪器、设备应建立管理台账，按有关规定进行计量检定或校准，并保持状态完好	1. 查阅计量工器具台账 内容：包括计量工器具名称、出厂合格证编号、检定日期、有效期、在用状态等 检定有效期：在用期间有效 2. 查阅计量工器具检定报告 有效期：在用期间有效，与台账一致 3. 查看计量工器具实物：张贴合格标签，与检定报告一致
4.5.7	按照检测试验计划进行了见证取样和送检，台账完整	**1.《房屋建筑工程和市政基础设施工程实行见证取样和送检的规定》建建〔2000〕211 号** 第五条　涉及结构安全的试块、试件和材料见证取样和送检的比例不得低于有关技术标准中规定应取样数量的 30%。 第六条　下列试块、试件和材料必须实施见证取样和送检： 　　（一）用于承重结构的混凝土试块； 　　（二）用于承重墙体的砌筑砂浆试块； 　　（三）用于承重结构的钢筋及连接接头试件；	查阅见证取样台账 内容：取样数量、取样项目与检测试验计划相符 签字：相关责任人签字

续表

条款号	大纲条款	检 查 依 据	检查要点
4.5.7	按照检测试验计划进行了见证取样和送检，台账完整	（四）用于承重墙的砖和混凝土小型砌块； （五）用于拌制混凝土和砌筑砂浆的水泥； （六）用于承重结构的混凝土中使用的掺加剂； （七）地下、屋面、厕浴间使用的防水材料； （八）国家规定必须实行见证取样和送检的其他试块、试件和材料。 第七条 见证人员应由建设单位或该工程的监理单位具备建筑施工试验知识的专业技术人员担任，并应由建设单位或该工程的监理单位书面通知施工单位、检测单位和负责该项工程的质量监督机构。 **2.《房屋建筑和市政基础设施工程质量检测技术管理规范》GB 50618—2011** 3.0.5 对实行见证取样和见证检测的项目，不符合见证要求的，检测机构不得进行检测。 **3.《电力建设土建工程施工技术检验规范》DL/T 5710—2014** 4.7.2 施工现场施工单位、监理单位、检测试验单位应分别建立试验台账，并及时按要求在试验台账中做好试样的登记工作。试验台账应包括混凝土原材料试验台账、钢筋试验台账、钢筋接头试验台账、混凝土试验台账、砂浆试验台账、回填土试验台账、混凝土配合比试验台账和需要建立的其他试验台账。 **4.《建筑工程检测试验技术管理规范》JGJ 190—2010** 3.0.6 见证人员必须对见证取样和送检的过程进行见证，且必须确保见证取样和送检过程的真实性。 5.5.1 施工现场应按照单位工程分别建立下列试样台账： 1 钢筋试样台账； 2 钢筋连接接头试样台账； 3 混凝土试件台账； 4 砂浆试件台账； 5 需要建立的其他试样台账。 5.6.1 现场试验人员应根据施工需要及有关标准的规定，将标识后的试样送至检测单位进行检测试验。 5.8.5 见证人员应对见证取样和送检的全过程进行见证并填写见证记录。 5.8.6 检测机构接收试样时应核实见证人员及见证记录，见证人员与备案见证人员不符或见证记录无备案见证人员签字时不得接收试样	
4.5.8	主要原材料、半成品的跟踪管理台账清晰，记录完整	**1.《建设工程质量管理条例》中华人民共和国国务院令〔2000〕第279号** 第二十九条 施工单位必须按照工程设计要求、施工技术标准和合同约定，对建筑材料、建筑构配件、设备和商品混凝土进行检验，检验应当有书面记录和专人签字；未经检验或者检验不合格的，不得使用。 **2.《电力建设施工技术规范 第1部分：土建结构工程》DL 5190.1—2012** 3.0.2 工程所用主要原材料、半成品、构（配）件、设备等产品，进入施工现场时应按规定进行现场检验或复验，合格后方可使用，有见证取样检测仪要求的应符合国家现行有关标准的规定。对工程所用的水泥、钢筋等主要材料应进行跟踪管理	查阅材料跟踪管理台账内容：包括生产厂家、进场日期、品种规格、出厂合格证书编号、复试报告编号、使用部位、使用数量等 签字：相关责任人签字

续表

条款号	大纲条款	检查依据	检查要点
4.5.9	绿色施工措施已落实	**1.《建筑工程绿色施工评价标准》GB/T 50640—2010** 3.0.2　绿色施工项目应符合以下规定： 　　3　施工组织设计及施工方案应有专门的绿色施工章节，绿色施工目标明确，内容应涵盖"四节一环保"要求。 **2.《建筑工程绿色施工规范》GB/T 50905—2014** 3.1.1　建设单位应履行下列职责： 　　1　在编制工程概算和招标文件时，应明确绿色施工的要求…… 　　2　应向施工单位提供建设工程绿色施工的设计文件、产品要求等相关资料…… 4.0.2　施工单位应编制包含绿色施工管理和技术要求的工程绿色施工组织设计、绿色施工方案或绿色施工专项方案，并经审批通过后实施。 **3.《电力建设施工技术规范　第1部分：土建结构工程》DL 5190.1—2012** 3.0.12　施工单位应建立绿色施工管理体系和管理制度，实施目标管理，施工前应在施工组织设计和施工方案中明确绿色施工的内容和方法。 **4.《电力建设绿色施工示范工程管理办法（2016版）》中电建协工〔2016〕2号** 第十三条　各参建单位均应严格执行绿色施工专项方案，落实绿色施工措施，并形成专业绿色施工的实施记录	查阅专业绿色施工记录 内容：与绿色施工措施相符 签字：相关责任人已签字
4.5.10	工程建设标准强制性条文实施计划已执行	**1.《建设工程质量管理条例》中华人民共和国国务院令〔2000〕第279号** 第二条　凡在中华人民共和国境内从事建设工程的新建、扩建、改建等有关活动及实施对建设工程质量监督管理的，必须遵守本条例。本条例所称建设工程，是指土木工程、建筑工程、线路管道和设备安装工程及装修工程。 第三条　建设单位、勘察单位、设计单位、施工单位、工程监理单位依法对建设工程质量负责。 第十条　…… 　　建设单位不得明示或者暗示设计单位或者施工单位违反工程建设强制性标准，降低建设工程质量。 **2.《实施工程建设强制性标准监督规定》建设部令〔2000〕第81号** 第二条　在中华人民共和国境内从事新建、扩建、改建等工程建设活动，必须执行工程建设强制性标准。 第三条　本规定所称工程建设强制性标准是指直接涉及工程质量、安全、卫生及环境保护等方面的工程建设标准强制性条文。 　　国家工程建设标准强制性条文由国务院建设行政主管部门会同国务院有关行政主管部门确定。 第六条　……工程质量监督机构应当对工程建设施工、监理、验收等阶段执行强制性标准的情况实施监督。	查阅强制性条文执行记录 内容：与强制性条文执行计划相符，相关资料可追溯 签字：相关责任人已签字 时间：与工程进度同步

条款号	大纲条款	检 查 依 据	检查要点
4.5.10	工程建设标准强制性条文实施计划已执行	**3.《工程建设标准强制性条文　房屋建筑部分（2013 年版）》（全文）** **4.《工程建设标准强制性条文　电力工程部分（2011 年版）》（全文）** **5.《国家重大建设项目文件归档要求与档案整理规范》（DA/T 28—2002）** 7.8.3　归档文件应完整、成套、系统。应记述和反映建设项目的规划、设计、施工及竣工验收的全过程；真实记录和准确反映项目建设过程和竣工时的实际情况，图物相符、技术数据可靠、签字手续完备；文件质量应符合 5.5 的规定	
4.5.11	施工验收中发现的不符合项已整改闭环	**1.《建设工程质量管理条例》中华人民共和国国务院令〔2000〕第 279 号** 第三十二条　施工单位对施工中出现质量问题的建设工程或者竣工验收不合格的建设工程，应当负责返修。 **2.《建筑工程施工质量验收统一标准》GB 50300—2013** 5.0.6　当建筑工程施工质量不符合规定时，应按下列规定进行处理： 　　1　经返工或返修的检验批，应重新进行验收。 **3.《光伏发电站施工规范》GB 50794—2012** 5.1.　光伏发电站的施工中间交接验收应符合下列要求： 　　3　中间交接项目应通过质量验收，对不符合移交条件的项目，移交单位负责整改合格。 **4.《电力建设施工质量验收及评价规程　第 1 部分：土建工程》DL/T 5210.1—2012** 3.0.9　当工程质量不符合要求时，应按下列规定进行处理： 　　1　经返工重做或更换器具、设备的检验批，应重新进行验收。 　　2　经有资质的检测单位检测鉴定能够达到设计要求的检验批，应予以验收。 　　3　经有资质的检测单位检测鉴定达不到设计要求、但经原设计单位核算认可能够满足结构安全和使用功能的检验批，可予以验收。 　　4　经返修或加固处理的分项、分部工程，虽然改变外形尺寸但仍能满足安全使用要求，可按技术处理方案和协商文件进行验收。 3.0.10　通过返修或经过加固处理仍不能满足安全使用要求的分部工程、单位（子单位）工程，严禁验收	查阅问题记录及闭环资料 内容：不符合项记录完整，问题已闭环 签字：相关责任人已签字
4.5.12	无违规转包或者违法分包工程行为	**1.《中华人民共和国建筑法》中华人民共和国主席令〔2011〕第 46 号** 第二十八条　禁止承包单位将其承包的全部建筑工程转包给他人，禁止承包单位将其承包的全部建筑工程肢解以后以分包的名义转包给他人。 第二十九条　建筑工程总承包单位可以将承包工程中的部分工程发包给具有相应资质条件的分包单位，但是，除总承包合同约定的分包外，必须经建设单位认可。施工总承包的，建筑工程主体结构的	1. 查阅工程分包申请报审表 审批意见：同意分包等肯定性意见

续表

条款号	大纲条款	检 查 依 据	检查要点
4.5.12	无违规转包或者违法分包工程行为	施工必须由总承包单位自行完成。 …… 　　禁止总承包单位将工程分包给不具备相应资质条件的单位。禁止分包单位将其承包的工程再分包。 **2.《建筑工程施工转包违法分包等违法行为认定查处管理办法（试行）》建市〔2014〕118 号** 第七条　存在下列情形之一的，属于转包： 　　（一）施工单位将其承包的全部工程转给其他单位或个人施工的； 　　（二）施工总承包单位或专业承包单位将其承包的全部工程肢解以后，以分包的名义分别转给其他单位或个人施工的； 　　（三）施工总承包单位或专业承包单位未在施工现场设立项目管理机构或未派驻项目负责人、技术负责人、质量管理负责人、安全管理负责人等主要管理人员，不履行管理义务，未对该工程的施工活动进行组织管理的； 　　（四）施工总承包单位或专业承包单位不履行管理义务，只向实际施工单位收取费用，主要建筑材料、构配件及工程设备的采购由其他单位或个人实施的； 　　（五）劳务分包单位承包的范围是施工总承包单位或专业承包单位承包的全部工程，劳务分包单位计取的是除上缴给施工总承包单位或专业承包单位"管理费"之外的全部工程价款的； 　　（六）施工总承包单位或专业承包单位通过采取合作、联营、个人承包等形式或名义，直接或变相的将其承包的全部工程转给其他单位或个人施工的； 　　（七）法律法规规定的其他转包行为。 第九条　存在下列情形之一的，属于违法分包： 　　（一）施工单位将工程分包给个人的； 　　（二）施工单位将工程分包给不具备相应资质或安全生产许可的单位的； 　　（三）施工合同中没有约定，又未经建设单位认可，施工单位将其承包的部分工程交由其他单位施工的； 　　（四）施工总承包单位将房屋建筑工程的主体结构的施工分包给其他单位的，钢结构工程除外； 　　（五）专业分包单位将其承包的专业工程中非劳务作业部分再分包的； 　　（六）劳务分包单位将其承包的劳务再分包的； 　　（七）劳务分包单位除计取劳务作业费用外，还计取主要建筑材料款、周转材料款和大中型施工机械设备费用的； 　　（八）法律法规规定的其他违法分包行为	签字：总包及施工、监理、建设单位相关责任人已签字 盖章：总包及施工、监理、建设单位已盖章 2. 查阅工程分包商资质 　业务范围：涵盖所分包的项目 　发证单位：政府主管部门 　有效期：当前有效

续表

条款号	大纲条款	检 查 依 据	检查要点
4.6	检测试验机构质量行为的监督检查		
4.6.1	检测试验机构已经监理审核，并已报质量监督机构备案	**1.《建设工程质量检测管理办法》建设部令〔2005〕第141号** 第四条 ……检测机构未取得相应的资质证书，不得承担本办法规定的质量检测业务。 第八条 检测机构资质证书有效期为3年。资质证书有效期满需要延期的，检测机构应当在资质证书有效期满30个工作日前申请办理延期手续。 **2.《检验检测机构资质认定管理办法》国家质量监督检验检疫总局令〔2015〕第163号** 第二条 …… 　　资质认定包括检验检测机构计量认证。 第三条 检验检测机构从事下列活动，应当取得资质认定： 　　（四）为社会经济、公益活动出具具有证明作用的数据、结果的； 　　（五）其他法律法规规定应当取得资质认定的。 **3.《建设工程监理规范》GB/T 50319—2013** 5.2.7 专业监理工程师应检查施工单位为工程提供服务的试验室。 **4.《房屋建筑和市政基础设施工程质量检测技术管理规范》GB 50618—2011** 3.0.2 建设工程质量检测机构（以下简称检测机构）应取得建设主管部门颁发的相应资质证书。 3.0.3 检测机构必须在技术能力和资质规定范围内开展检测工作。 **5.《电力建设土建工程施工技术检验规范》DL/T 5710—2014** 3.0.4 承担电力建设土建工程检测试验任务的检测试验单位应取得计量认证证书和相应的资质等级证书。当设置现场试验室时，检测试验单位及由其派出的现场试验室应取得电力工程质量监督机构认定的资质等级证书。 3.0.5 检测试验单位及由其派出的现场试验室必须在其资质规定和技术能力范围内开展检测试验工作。 4.5.1 施工单位应在工程施工前按单位工程编制施工检测试验计划，报监理单位审查，并经建设单位批准后，在监理单位监督下组织实施。当设现场试验室时，施工检测试验计划尚应经现场试验室核查。 **6.《建筑工程检测试验技术管理规范》JGJ 190—2010** 5.2.4 单位工程建筑面积超过10000㎡或者造价超过1000万元人民币时，可设立现场试验站。 表5.2.4 现场试验站基本条件 **7.《电力工程检测试验机构能力认定管理办法（试行）》质监〔2015〕20号** 第四条 电力工程检测试验机构是指依据国家规定取得相应资质，从事电力工程检测试验工作，为保障电力工程建设质量提供检测验证数据和结果的单位。 第七条 同时根据工程建设规模、技术规范和质量验收规程对检测机构在检测人员、仪器设备、执行标准和环境条件等方面的要求，相应的将承担工程检测试验业务的检测机构划分为A级和B级两个等级。	1. 查阅检测机构资质证书 　发证单位：国家认证认可监督管理委员会（国家级）或地方质量技术监督部门或各直属出入境检验检疫机构（省市级）及电力质监机构 　有效期：当前有效 　证书业务范围：涵盖检测项目 2. 查看现场试验室 　资质文件：派出机构相关文件 　人员配置：与工作任务相符 　试验仪器：满足检测范围要求 　场所：有固定场所且面积、环境、温度、湿度满足规范要求 3. 查阅检测机构的申请报备文件 　报备时间：工程开工前

条款号	大纲条款	检 查 依 据	检查要点
4.6.1	检测试验机构已经监理审核，并已报质量监督机构备案	第九条　承担建设建模 200MW 及以上发电工程和 330kV 及以上变电站（换流站）工程检测试验任务的检测机构，必须符合 B 级及以上等级标准要求。不同规模电力工程项目所对应要求的检测机构能力等级详见附件 5。 第二十八条　检测机构不得将所承担检测试验工作转包或违规分包给其他检测试验单位。因特殊技术要求，需要外委的检测试验项目应委托给具有相应资质的检测试验单位，并根据合同要求，制定外委计划进行跟踪管理。检测机构对外委的检测试验项目的检测试验结论负连带责任。 第三十条　根据工程建设需要和质量验收规程要求，检测机构在承担电力工程项目的检测试验任务时，应当设立现场试验室。检测机构对所设立现场试验室的一切行为负责。 第三十一条　现场试验室在开展工作前，须通过负责本项目的质监机构组织的能力认定。对符合条件的，质监机构应予以书面确认。 第三十五条　检测机构的《业务等级确认证明》有效期为四年，有效期满后，需重新进行确认。 附件 1-3　土建检测试验机构现场试验室要求 附件 2-3　金属检测试验机构现场试验室要求	
4.6.2	检测试验人员资格符合规定，持证上岗	**1.《建设工程质量检测管理办法》建设部令〔2005〕第 141 号** 第十六条　检测人员不得同时受聘于两个或者两个以上的检测机构。检测机构和检测人员不得推荐或者监制建筑材料、构配件和设备。 **2.《检验检测机构资质认定管理办法》国家质量监督检验检疫总局令〔2015〕第 163 号** 第三十二条　检验检测机构及其人员应当对其在检验检测活动中所知悉的国家秘密、商业秘密和技术秘密负有保密义务，并制定实施相应的保密措施。 **3.《房屋建筑和市政基础设施工程质量检测技术管理规范》GB 50618—2011** 4.1.5　检测操作人员应经技术培训、通过建设主管部门或委托有关机构的考核，方可从事检测工作。 5.3.6　检测前应确认检测人员的岗位资格，检测操作人员应熟识相应的检测操作规程和检测设备使用、维护技术手册等。 **4.《电力建设土建工程施工技术检验规范》DL/T 5710—2014** 4.2.2　每个室内检测试验项目持有岗位证书的操作人员不得少于 2 人；每个现场检测试验项目持有岗位证书的操作人员不得少于 3 人。 4.2.3　检测试验单位技术负责人、质量负责人及授权签字人应具有工程类专业中级及其以上技术职称，掌握相关领域知识，具有规定的工作经历、检测试验工作经验和工作年限。 4.2.4　检测试验人员应经技术培训、通过行业主管部门或委托有关机构考核合格后持证上岗。 4.2.6　检测试验单位应有人员学习、培训、考核记录	1. 查阅检测人员登记台账 　专业类别和数量：满足检测项目需求 2. 查阅检测人员资格证书 　资格证颁发单位：各级政府和电力行业主管部门 　资格证：当前有效

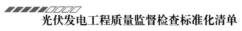

续表

条款号	大纲条款	检查依据	检查要点
4.6.3	检测试验仪器、设备检定合格，且在有效期内	**1.《房屋建筑和市政基础设施工程质量检测技术管理规范》GB 50618—2011** 4.2.14 检测机构的所有设备均应标有统一的标识，在用的检测设备均应标有校准或检测有效期的状态标识。 **2.《电力建设土建工程施工技术检验规范》DL/T 5710—2014** 4.3.1 检测试验仪器应符合国家现行有关技术标准的规定及合同中的相关条款，满足检测试验工作要求。 4.3.2 在用仪器设备有出厂合格证、检定或校准合格证，应保持完好状态，并在检定或校准周期内使用。 4.3.3 检测试验单位应指定仪器设备检定或校准计划，按规定进行检定或校准，检定或校准的周期应符合国家有关规定及技术标准的规定。 4.3.4 检测试验单位应建立仪器设备管理台账和档案，记录仪器设备技术条件及使用过程的有关信息。 4.3.5 检测试验仪器设备（包含标准物质）应设置明显的标识表明其状态。 4.3.6 检测试验单位应建立仪器设备管理责任制，并做好使用、维护保养、维修记录。 4.3.7 大型、复杂、精密的检测试验设备应编制使用操作规程。 4.3.8 仪器设备布置应分类、分区，便于操作，符合有关技术、安全规程规定。 **3.《建筑工程检测试验技术管理规范》JGJ 190—2010** 5.2.3 施工现场试验环境及设施应满足检测试验工作的要求	1. 查阅检测仪器、设备登记台账 数量、种类：满足检测需求 检定周期：当前有效 检定结论：合格 2. 查看检测仪器、设备检验标识 检定周期：与台账一致
4.6.4	地基处理检测方案经监理审核、建设单位批准	**1.《建筑地基基础工程施工质量验收规范》GB 50202—2002** 3.0.3 从事地基基础工程检测及见证试验的单位，必须具备省级以上（含省、自治区、直辖市）建设行政主管部门颁发的资质证书和计量行政主管部门颁发的计量认证合格证书。 **2.《房屋建筑和市政基础设施工程质量检测技术管理规范》GB 50618—2011** 5.1.4 检测机构对现场工程实体检测应事前编制检测方案，经技术负责人批准；对鉴定检测、危房检测，以及重大、重要检测项目和为有争议事项提供检测数据的检测方案应取得委托方的同意。 **3.《电力工程地基处理技术规程》DL/T 5024—2005** 5.0.13 地基处理施工过程中及施工结束后应进行监测和检测。对于一级建筑物、部分二级建筑物以及有特殊要求的工程项目，或对邻近建筑物有影响的地基处理工程，或地基处理效果需在土建上部结构的施工过程中，甚至在使用期间才逐步得到发挥的地基处理工作，应在工程施工期间或使用过程中，布置沉降观测和其他监测工作。地基处理的监测和检测工作应由具备岩土工程勘测、设计甲级以上资质的勘测设计单位承担。 **4.《建筑基桩检测技术规范》JGJ 106—2014** 3.2.3 应根据调查结果和确定的检测目的，选择检测方法，制定检测方案…… 3.5.4 检测报告应结论准确，用词规范。	查阅地基处理检测方案报审资料 编审批人员：经检测机构审核批准 报审：检测方案取得建设单位同意实施

条款号	大纲条款	检查依据	检查要点
4.6.4	地基处理检测方案经监理审核、建设单位批准	3.5.5　检测报告应包含以下内容： 　　1　委托方名称，工程名称、地点，建设、勘察、设计、监理和施工单位，基础、结构型式，层数，设计要求，检测目的，检测依据，检测数量，检测日期； 　　2　地质条件描述； 　　3　受检桩的桩号、桩位和相关施工记录； 　　4　检测方法，检测仪器设备，检测过程叙述； 　　5　受检桩的检测数据，实测与计算分析曲线、表格和汇总结果； 　　6　与检测内容相应的检测结论。 3.6　检测机构和检测人员 3.6.1　检测机构应通过计量认证，并具有基桩检测的资质。 3.6.2　检测人员应经过培训合格，并具有相应的资质。 **5.《建筑工程检测试验技术管理规范》JGJ 190—2010** 3.0.7　检测方法应符合国家现行相关标准的规定。当国家现行标准未规定检测方法时，检测机构应制定相应的检测方案并经相关各方认可，必要时应进论证或验证	
4.6.5	检测试验依据正确、有效，质量检测报告和地基处理检测报告及时、规范	**1.《检验检测机构资质认定管理办法》国家质量监督检验检疫总局令〔2015〕第163号** 第十三条　…… 　　检验检测机构资质认定标志……式样如下：CMA标志。 第二十五条　检验检测机构应当在资质认定证书规定的检验检测能力范围内，依据相关标准或者技术规范规定的程序和要求，出具检验检测数据、结果。 　　检验检测机构出具检验检测数据、结果时，应当注明检验检测依据，并使用符合资质认定基本规范、评审准则规定的用语进行表述。 　　检验检测机构对其出具的检验检测数据、结果负责，并承担相应法律责任。 第二十八条　检验检测机构向社会出具具有证明作用的检验检测数据、结果的，应当在其检验检测报告上加盖检验检测专用章，并标注资质认定标志。 **2.《建设工程质量检测管理办法》建设部令〔2005〕第141号** 第十四条　检测机构完成检测业务后，应当及时出具检测报告。检测报告经检测人员签字、检测机构法定代表人或者其授权的签字人签署，并加盖检测机构公章或者检测专用章后方可生效。检测报告经建设单位或者工程监理单位确认后，由施工单位归档。 　　见证取样检测的检测报告中应当注明见证人单位及姓名。 **3.《房屋建筑和市政基础设施工程质量检测技术管理规范》GB 50618—2011** 4.1.3　……检测报告批准人、检测报告审核人应经检测机构技术负责人授权……	查阅检测试验报告 检测依据：有效的标准规范、合同及技术文件 检测结论：明确 签章：检测操作人、审核人、批准人（授权签字人）已签字，已加盖检测机构公章或检测专用章（多页检测报告加盖骑缝章），并标注相应的资质认定标志 时间：在检测机构规定时间内出具

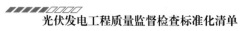

续表

条款号	大纲条款	检 查 依 据	检查要点
4.6.5	检测试验依据正确、有效，质量检测报告和地基处理检测报告及时、规范	5.5.1　检测项目的检测周期应对外公示，检测工作完成后，应及时出具检测报告。 5.5.4　检测报告至少应由检测操作人签字、检测报告审核人签字、检测报告批准人签发，并加盖检测专用章，多页检测报告还应加盖骑缝章。 5.5.6　检测报告结论应符合下列规定： 　　1　材料的试验报告结论应按相关材料、质量标准给出明确的判定； 　　2　当仅有材料试验方法而无质量标准时，材料的试验报告结论应按设计要求或委托方要求给出明确的判定； 　　3　现场工程实体的检测报告结论应根据设计及鉴定委托要求给出明确的判定。 **4.《电力建设土建工程施工技术检验规范》DL/T 5710—2014** 4.8.2　检测试验前应确认检测试验方法标准，并严格按照经确认的检测试验方法标准和检测试验方案进行。 4.8.3　检测试验操作应由不少于2名持证检测人员进行。 4.8.4　检测试验出现异常情况时，应按检测试验异常情况处理预案正确处理。 4.8.5　检测试验原始记录应在检测试验操作过程中及时真实记录，统一项目采用统一的格式。 4.8.6　检测试验原始记录笔误需要更正时，应由原记录人进行杠改，并在杠改处由原记录人签名或加盖印章。 4.8.7　自动采集的原始数据当因检测试验设备故障导致原始数据异常时，应予以记录，并应有检测试验人员做出书面说明，由检测试验单位技术负责人批准，方可进行更改。 4.8.8　检测试验工作完成后应在规定时间内及时出具检测试验报告，并保证数据和结果精确、客观、真实。检测试验报告的交付时间和检测周期应予以明示，特殊检测试验报告的交付时间和检测周期应在委托时约定。 4.8.9　检测试验报告编号应连续，不得空号、重号。 4.8.10　检测试验报告至少应由检测试验人、审核人、批准人（授权签字人）不少于三级人员的签名，并加盖检测试验报告专用章及计量认证章，多页检测试验报告应加盖骑缝章。 4.8.11　检测试验报告宜采用统一的格式，内容应齐全且符合国家现行有关标准的规定和委托要求。 4.8.12　检测试验报告结论应符合下列规定： 　　1　材料的试验报告结论应按相关的材料、质量标准给出明确的判断； 　　2　当仅有材料试验方法而无质量标准时，材料的试验报告结论应按设计规定或委托方要求给出明确的判断； 　　3　现场工程实体的检测报告结论应根据设计及鉴定委托要求给出明确的判断。 4.8.13　委托单位应及时获取检测试验报告，核查报告内容，按要求报送监理单位确认，并在试验台账中登记检测试验报告内容。	

条款号	大纲条款	检 查 依 据	检查要点
4.6.5	检测试验依据正确、有效，质量检测报告和地基处理检测报告及时、规范	4.8.14　检测试验单位严禁出具虚假检测试验报告。 4.8.15　检测试验单位严禁抽撤、替换或修改检测试验结果不合格的报告。 **5.《电力工程检测试验机构能力认定管理办法（试行）》质监〔2015〕20 号** 第十三条　检测机构及由其派出的现场试验室必须按照认定的能力等级、专业类别和业务范围，承担检测试验任务，并按照标准规定出具相应的检测试验报告，未通过能力认定的检测机构或超出规定能力等级范围出具的检测数据、试验报告无效。 第三十二条　检测机构应当……及时出具检测试验报告	
5　工程实体质量的监督检查			
5.1　换填垫层地基的监督检查			
5.1.1	换填技术方案、施工方案齐全，已审批	**1.《建筑地基基础工程施工质量验收规范》GB 50202—2002** 4.1.4　地基加固工程，应在正式施工前进行试验段施工，论证设定的施工参数及加固效果。为验证加固效果所进行的载荷试验，其施加载荷应不低于设计载荷的 2 倍。 **2.《电力工程地基处理技术规程》DL/T 5024—2005** 5.0.5　地基处理工作的规划和实施，可按下列顺序进行： 　　3　结合电力工程初步设计阶段的岩土工程勘测，实施必要的地基处理原体试验，以获得必要的设计参数和合理的施工方案。 5.0.12　地基处理的施工应有详细的施工组织设计、施工质量管理和质量保证措施。应有专人负责施工检验与质量监督，做好各项施工记录，当发现异常情况时，应及时会同有关部门研究解决。 **3.《建筑地基处理技术规范》JGJ 79—2012** 4.3.1　垫层施工应根据不同的换填材料选择施工机械。 4.3.2　垫层的施工方法、分层铺填厚度、每层压实遍数宜通过现场试验确定。 4.4.1　对粉质黏土、灰土、砂石、粉煤灰垫层的施工质量可选用环刀取样、静力触探、轻型动力触探或标准贯入度试验等方法进行检验；对碎石、矿渣垫层的施工质量可采用重型动力触探试验等进行检验。压实系数可采用灌砂法、灌水法或其他方法进行检验。 4.4.2　换填垫层的施工质量检验应分层进行，并应在每层的压实系数符合设计要求后铺填上层	1. 查阅设计单位的换填地基技术方案 　审批：手续齐全 　内容：技术参数明确 2. 查阅施工方案报审表 　审核：监理单位相关责任人已签字 　批准：建设单位相关责任人已签字 3. 查阅施工方案 　编、审、批：施工单位相关责任人已签字 　施工步骤和工艺参数：符合规范规定，与技术方案相符

续表

条款号	大纲条款	检 查 依 据	检查要点
5.1.2	地基验槽符合设计要求，钎探记录齐全，验收签字盖章齐全	**1.《建筑地基基础工程施工质量验收规范》GB 50202—2002** A.1.1　所有建（构）筑物均应进行施工验槽。 A.2.6　基槽检验应填写验槽记录或检验报告。 **2.《建筑地基基础设计规范》GB 50007—2011** 10.2.1　基槽（坑）开挖后，应进行基槽（坑）检验。当发现地质条件与勘察报告和设计文件不一致或遇到异常情况时，应结合地质条件提出处理意见。 **3.《建筑施工组织设计规范》GB/T 50502—2009** 3.0.5　施工组织设计的编制和审批应符合下列规定： 　　4　规模较大的分部（分项）工程和专项工程的施工方案应按单位工程施工组织设计进行编制和审批	1. 查阅基槽（坑）检验（隐蔽验收）记录 　结论：基槽（坑）地质条件与勘察报告和设计文件一致 　签章：建设、勘测、设计、监理和施工单位责任人已签字且加盖公章 2. 查阅钎探（或袖珍贯入仪等简易检验）记录 　布点、深度、锤击数、贯入度：符合规定、真实、详实 　记录签证：记录人、监理旁站见证、设计（勘察）审核签字齐全
5.1.3	砂、石、粉质黏土、灰土、矿渣、粉煤灰、土工合成材料等换填垫层材料性能符合设计要求，质量证明文件齐全	**1.《建筑地基基础设计规范》GB 50007—2011** 6.3.6　压实填土的填料，应符合下列规定： 　　1　级配良好的砂或碎石土；以卵石、砾石、块石或岩石碎屑作填料时，分层压实时其最大粒径不宜大于200mm，分层夯实时其最大粒径不宜大于400mm。 　　3　以粉质黏土、粉土作填料时，其含水量宜为最优含水量，可采用击实试验确定。 **2.《建筑地基基础工程施工质量验收规范》GB 50202—2002** 4.4.1　施工前应对土工合成材料的物理性能（单位面积的质量、厚度、比重）、强度、延伸率以及土、砂石料等做检验。土工合成材料以100m² 为一批，每批应抽查5%。 **3.《电力建设施工质量验收及评价规程　第1部分：土建工程》DL/T 5210.1—2012** 3.0.1　涉及结构安全的试块、试件以及有关材料，应按规定进行见证取样检测。 **4.《建筑地基处理技术规范》JGJ 79—2012** 4.2.1　垫层材料的选用应符合下列要求： 　　1　砂石。宜选用碎石、卵石、角砾、圆砾、砾砂、粗砂、中砂或石屑，并应级配良好，不含植物残体、垃圾等杂质。当使用粉细砂或石粉时，应掺入不少于总重量30%的碎石或卵石。砂石的最大粒径不宜大于50mm。对湿陷性黄土或膨胀土地基，不得选用砂石等透水性材料。	1. 查阅施工单位换填材料跟踪管理台账 　砂、石、粉质黏土、灰土、矿渣、粉煤灰、土工合成材料等换填垫层材料性能：符合设计要求 2. 查阅换填垫层材料合格证、检测报告和试验委托单 　合格证：原件或有效抄件 　报告检测结果：合格

条款号	大纲条款	检查依据	检查要点
5.1.3	砂、石、粉质黏土、灰土、矿渣、粉煤灰、土工合成材料等换填垫层材料性能符合设计要求，质量证明文件齐全	2　粉质黏土。土料中有机质含量不得超过 5％，且不得含有冻土或膨胀土。当含有碎石时，其最大粒径不宜大于 50mm。用于湿陷性黄土或膨胀土地基的粉质黏土垫层，土料中不得夹有砖、瓦或石块等。 3　灰土。体积配合比宜为 2∶8 或 3∶7。石灰宜选用新鲜的消石灰，其最大粒径不得大于 5mm。土料宜选用粉质黏土，不宜使用块状黏土，且不得含有松软杂质，土料应过筛且最大粒径不得大于 15mm。 4　粉煤灰。选用的粉煤灰应满足相关标准对腐蚀性和放射性的要求。粉煤灰垫层上宜覆土 0.3m～0.5m。粉煤灰垫层中采用掺加剂时，应通过试验确定其性能及适用条件。粉煤灰垫层中的金属构件、管网应采取防腐措施。大量填筑粉煤灰时，应经场地地下水和土壤环境的不良影响评价合格后，方可使用。 5　矿渣。宜选用分级矿渣、混合矿渣及原状矿渣等高炉重矿渣。矿渣的松散重度不应小于 11kN/m³，有机质及含泥总量不得超过 5％。垫层设计、施工前应对所选用的矿渣进行试验，确认性能稳定并满足腐蚀性和放射性安全的要求。对易受酸、碱影响的基础或地下管网不得采用矿渣垫层。大量填筑矿渣时，应经场地地下水和土壤环境的不良影响评价合格后，方可使用。 7　土工合成材料加筋垫层所选用土工合成材料的品种与性能及填料……通过设计计算并进行现场试验后确定。土工合成材料应采用抗拉强度较高、耐久性好、抗腐蚀的土工带、土工格栅、土工格室、土工垫或土工织物等土工合成材料。垫层填料宜用碎石、角砾、砾砂、粗砂、中砂等材料，且不宜含氯化钙、碳酸钠、硫化物等化学物质。当工程要求垫层具有排水功能时，垫层材料应具有良好的透水性。在软土地基上使用加筋垫层时，应保证建筑物稳定并满足允许变形的要求	报告签章：已加盖 CMA 章和检测专用章；授权人已签字 委托单签字：见证取样人员已签字且已附资格证书编号 代表数量：与进场数量相符
5.1.4	换填土料按规范规定进行击实试验检测、土易溶盐分析试验检测、消石灰化学分析试验检测、土颗粒分析试验检测及设计有要求时的腐蚀性或放射性试验检测合格，报告结论明确	1.《建筑地基基础设计规范》GB 50007—2011 6.3.8　压实填土的最大干密度和最优含水量，应采用击实试验确定。 2.《建筑地基处理技术规范》JGJ 79—2012 4.2.1　垫层材料的选用应符合下列要求： 4）粉煤灰。选用的粉煤灰应满足相关标准对腐蚀性和放射性的要求。 5）矿渣。……垫层设计、施工前应对所选用的矿渣进行试验，确认性能稳定并满足腐蚀性和放射性安全的要求	查阅换填土料击实试验、土易溶盐分析试验、消石灰化学分析试验、土颗粒分析试验和设计要求的粉煤灰、矿渣等腐蚀性或放射性材料试验检测报告 结论：检测结果合格 盖章：已加盖 CMA 章和检测专用章 签字：授权人已签字

条款号	大纲条款	检 查 依 据	检查要点
5.1.5	换填已进行分层压实试验，压实系数符合设计要求	**1.《建筑地基基础设计规范》GB 50007—2011** 6.3.7　压实填土的质量以压实系数控制，并应根据结构类型、压实填土所在部位按表6.3.7确定。 **2.《建筑地基基础工程施工质量验收规范》GB 50202—2002** 6.3.3　填筑施工过程中应检查排水措施，每层填筑厚度、含水量控制、压实程度、填筑厚度及压实遍数应根据土质、压实系数及所用机具确定。如无试验依据，应符合表6.3.3的规定。 **3.《电力工程地基处理技术规程》DL/T 5024—2005** 6.1.12　垫层的质量检验必须分层进行。跟踪检验每层的压实系数，及时控制每层、每片的质量指标。 **4.《电力建设施工质量验收及评价规程　第1部分：土建工程》DL/T 5210.1—2012** 3.0.1　涉及结构安全的试块、试件以及有关材料，应按规定进行见证取样检测。 5.3.2　土方回填工程 　　2）压实系数：场地平整每层100m²～400m²取1组；单独基坑每20m²～50m²取1组，且不得少于1组。 **5.《建筑地基处理技术规范》JGJ 79—2012** 4.4.2　换填垫层的施工质量检验应分层进行，并应在每层的压实系数符合设计要求后铺填上层	1. 查阅施工单位检测计划、试验台账 　检测计划检验数量：符合设计要求和规范规定 　试验台账检验数量：不少于检测计划检验数量 2. 查阅回填土压实系数检测报告和试验委托单 　报告检测结果：符合设计要求 　报告签章：已加盖CMA章和检测专用章、授权人已签字 　委托单签字：见证取样人员已签字且已附资格证书编号
5.1.6	地基承载力检测数量符合标准规定，检测报告结论满足设计要求	**1.《建筑地基基础工程施工质量验收规范》GB 50202—2002** 4.1.5　对灰土地基、砂和砂石地基、土工合成材料地基、粉煤灰地基、强夯地基、注浆地基、预压地基，其竣工后的结果（地基强度或承载力）必须达到设计要求的标准。 **2.《电力工程地基处理技术规程》DL/T 5024—2005** 6.5.4　压实施工的粉煤灰或粉煤灰素土、粉煤灰土垫层的设计与施工要求，可参照素土、灰土或砂砾石垫层的有关规定。其地基承载力值应通过试验确定（包括浸水试验条件）。对掺入水泥砂浆胶结的粉煤灰水泥砂浆或粉煤灰混凝土，应采用浇注法施工，并按有关设计施工标准执行。其承载力等指标应由试件强度确定。 **3.《建筑地基处理技术规范》JGJ 79—2012** 4.4.4　竣工验收应采用静荷载试验检验垫层承载力，且每个单体工程不宜少于3个点；对于大型工程应按单体工程的数量或工程划分的面积确定检验点数。 10.1.4　工程验收承载力检验时，静荷载试验最大加载量不应小于设计要求的承载力特征值的2倍	查阅地基承载力检测报告 　结论：符合设计要求 　检验数量：符合设计和规范规定 　盖章：已加盖CMA章和检测专用章 　签字：授权人已签字

条款号	大纲条款	检 查 依 据	检查要点
5.1.7	施工参数符合设计要求，施工记录齐全	**1.《建筑工程施工质量验收统一标准》GB 50300—2013** 3.0.3　建筑工程的施工质量控制应符合下列规定： 　　1　建筑工程采用的主要材料、半成品、建筑构配件、器具和设备应进行进场检验。凡涉及安全、节能、环境保护和主要使用功能的重要材料、产品，应按各专业工程施工规范、验收规范和设计文件等规定进行复验，并应经监理工程师检查认可。 　　2　各施工工序应按技术标准进行质量控制，每道工序完成后经单位自检符合规定后，才能进行下道工序施工。各专业工种之间的相关工序应进行交接检验，并记录。 　　3　对于监理单位提出检查要求的重要工序，应经监理工程师检查认可，才能进行下道工序施工。 **2.《建筑地基基础设计规范》GB 50007—2011** 6.3.6　压实填土的填料，应符合下列规定： 　　1　级配良好的砂土或碎石土；以卵石、砾石、块石或岩石碎屑作填料时，分层压实时其最大粒径不宜大于 200mm，分层夯实时其最大粒径不宜大于 400mm。 　　3　以粉质黏土、粉土作填料时，其含水量宜为最优含水量，可采用击实试验确定。 6.3.8　压实填土的最大干密度和最优含水量，应采用击实试验确定。 **3.《电力工程地基处理技术规程》DL/T 5024—2005** 5.0.12　地基处理的施工应有详细的施工组织设计、施工质量管理和质量保证措施。应有专人负责施工检验与质量监督，做好各项施工记录。 6.1.6　垫层材料的物理力学性质指标可通过试验取得，垫层的承载力宜通过现场载荷试验确定。 6.2.3　素土垫层的物理力学性质参数，宜通过现场试验取得。在有经验的地区，也可按室内试验和地区经验取用。 **4.《建筑地基处理技术规范》JGJ 79—2012** 3.0.12　地基处理施工中应有专人负责质量控制和监测，并做好各项施工记录	1. 查阅施工方案 　质量控制参数：符合技术方案要求 2. 查阅施工记录 　内容：包括原材料、分层铺填厚度、施工机械、压实遍数、压实系数等 　记录数量：与验收记录相符
5.1.8	施工质量的检验项目、方法、数量符合标准规定，检验结果满足设计要求，质量验收记录齐全	**1.《建筑地基基础工程施工质量验收规范》GB 50202—2002** 4.1.2　砂、石子、水泥、钢材、石灰、粉煤灰等原材料的质量、检验项目、批量和检验方法应符合国家现行标准的规定。 4.1.3　地基施工结束，宜在一个间歇期后，进行质量验收，间歇期由设计确定。 4.1.5　对灰土地基、砂和砂石地基、土工合成材料地基、粉煤灰地基、强夯地基、注浆地基、预压地基，其竣工后的结果（地基强度或承载力）必须达到设计要求的标准。检验数量，每单位工程不应少于 3 点，1000m² 以上工程，每 100m² 至少应有 1 点，3000m² 以上工程，每 300m² 至少应有 1 点。每一独立基础下至少应有 1 点，基槽每 20 延米应有 1 点。 4.4.1　施工前应对土工合成材料的物理性能（单位面积的质量、厚度、比重）、强度、延伸率以及土、砂石料等做检验。土工合成材料以 100m² 为一批，每批应抽查 5%。	1. 查阅质量检测试验记录及试验报告 　检验、试验项目：压实系数、配合比等符合规范规定 　检验方法（环刀法、灌砂法等）：符合规范规定 　检验、试验报告数量、抽样布点图：符合规范规定

续表

条款号	大纲条款	检 查 依 据	检查要点
5.1.8	施工质量的检验项目、方法、数量符合标准规定，检验结果满足设计要求，质量验收记录齐全	8.0.1　分项工程、分部（子分部）工程质量的验收，均应在施工单位自检合格的基础上进行。施工单位确认自检合格后提出工程验收申请，工程验收时应提供下列技术文件和记录： 　　1　原材料的质量合格证和质量鉴定文件； 　　3　施工记录及隐蔽工程验收文件； 　　4　检测试验及见证取样文件； 　　5　其他必须提供的文件或记录。 **2.《电力工程地基处理技术规程》DL/T 5024—2005** 6.1.12　垫层的质量检验必须分层进行。跟踪检验每层的压实系数，及时控制每层、每片的质量指标。 6.2.5　素土垫层施工时，应遵循下列规定： 　　1　当回填料中含有粒径不大于50mm的粗颗粒时，应尽可能使其均匀分布； 　　2　回填料的含水量宜控制在最优含水量 W_{op}（100±2）％范围内； 　　3　素土垫层整个施工期间，应防雨、防冻、防曝晒，直至移交或进行上部基础施工。 　　注：回填碾压指标，应用压实系数 λ_c（土的控制干密度与最大干密度 $\rho_{d,max}$ 的比值）控制。其取值标准根据结构物类型和荷载大小确定，一般为0.95～0.97，最低不得小于0.94。 6.2.6　对每一施工完成的分层进行干重度检验时，取样深度应在该层顶面下2/3层厚处，并应用切削法取得环刀试件，要具有代表性，确保每层夯实或碾压的质量指标。 6.2.7　素土垫层施工完成后，可采用探井取样或静载荷试验等原位测试手段进行检验。 **3.《电力建设施工质量验收及评价规程　第1部分：土建工程》DL/T 5210.1—2012** 5.3.2　土方回填工程 　　2）压实系数：场地平整每层100m²～400m²取1组；单独基坑每20m²～50m²取1组，且不得少于1组。 **4.《建筑地基处理技术规范》JGJ 79—2012** 4.2.1　垫层材料的选用应符合下列要求： 　　4）粉煤灰。选用的粉煤灰应满足相关标准对腐蚀性和放射性的要求。 　　5）矿渣。……垫层设计、施工前应对所选用的矿渣进行试验，确认性能稳定并满足腐蚀性和放射性安全的要求。 4.3　施工 4.3.1　垫层施工应根据不同的换填材料选择施工机械。 4.3.2　垫层的施工方法、分层铺填厚度、每层压实遍数宜通过现场试验确定。 4.4.1　对粉质黏土、灰土、砂石、粉煤灰垫层的施工质量可选用环刀取样、静力触探、轻型动力触探或标准贯入度试验等方法进行检验；对碎石、矿渣垫层的施工质量可采用重型动力触探试验等进行检验。压实系数可采用灌砂法、灌水法或其他方法进行检验。	试验数据、结论：试验数据完整准确，结论明确 试验、见证签章：各责任人签字无遗漏 2.查阅质量验收记录 　内容：包括检验批、分项工程验收记录及隐蔽工程验收文件等 　数量：与项目质量验收范围划分表相符

续表

条款号	大纲条款	检 查 依 据	检查要点
5.1.8	施工质量的检验项目、方法、数量符合标准规定，检验结果满足设计要求，质量验收记录齐全	4.4.2 换填垫层的施工质量检验应分层进行，并应在每层的压实系数符合设计要求后铺填上层。 4.4.3 采用环刀法检验垫层的施工质量时，取样点应选择位于每层垫层厚度的 2/3 深度处。检验点数量，条形基础下垫层每 10m～20m 不应少于 1 个点，独立基础、单个基础下垫层不应少于 1 个点，其他基础下垫层每 50m² ～100m² 不应少于 1 个点。采用标准贯入试验或动力触探法检验垫层的施工质量时，每分层平面上检验点的间距不应大于 4m	

5.2 预压地基的监督检查

条款号	大纲条款	检 查 依 据	检查要点
5.2.1	设计前已通过现场试验或试验性施工，确定了设计参数和施工工艺参数	**《电力工程地基处理技术规程》DL／T 5024—2005** 5.0.5 地基处理工作的规划和实施，可按下列顺序进行： 　　3 结合电力工程初步设计阶段的岩土工程勘测，实施必要的地基处理原体试验，以获得必要的设计参数和合理的施工方案。 7.1.2 采用预压法加固软土地基，应调查软土层的厚度与分布、透水层的位置及地下水泾流条件，进行室内物理力学试验，测定软土层的固结系数、前期固结压力、抗剪强度、强度增长率等指标。 7.1.4 重要工程应预先在现场进行原体试验，加固过程中应进行地面沉降、土体分层沉降、土体测向位移、孔隙水压力、地下水位等项目的动态观测。在试验的不同阶段（如预压前、预压过程中和预压后），采用现场十字板剪刀试验、静力触探和土工试验等勘测手段对被加固土体进行效果检验	1. 查阅预压地基原体试验记录 　试验项目：软土层的固结系数、前期固结压力、抗剪强度、强度增长率等指标，含重要工程的试验性施工动态观测记录等，资料齐全，数据完整 2. 查阅设计前现场试验或试验性施工、检测报告 　设计参数和施工工艺参数：已确定
5.2.2	预压地基技术方案、施工方案齐全，已审批	**1. 《建筑地基基础工程施工质量验收规范》GB 50202—2002** 4.1.4 地基加固工程，应在正式施工前进行试验段施工，论证设定的施工参数及加固效果。为验证加固效果所进行的载荷试验，其施加载荷应不低于设计载荷的 2 倍。 **2. 《电力工程地基处理技术规程》DL／T 5024—2005** 5.0.5 地基处理工作的规划和实施，可按下列顺序进行： 　　3 结合电力工程初步设计阶段的岩土工程勘测，实施必要的地基处理原体试验，以获得必要的设计参数和合理的施工方案。 7.1.8 预压加固软土地基的设计应包括以下内容：	1. 查阅预压地基技术方案 　审批：手续齐全 　内容：预压方法、加固范围、预压荷重大小、荷载分级加载速率和预压时间等工艺参数明确

条款号	大纲条款	检 查 依 据	检查要点
5.2.2	预压地基技术方案、施工方案齐全，已审批	1 选择竖向排水体，确定其直径、计算间距、深度、排列方式和布置范围； 2 确定水平排水体系的结构、材料及其规格要求； 3 确定预压方法、加固范围、预压荷重大小、荷载分级加载速率和预压时间； 4 计算地基固结度、强度增长、沉降变形及预压过程中的地基抗滑稳定性	2. 查阅施工方案 　编、审、批：施工单位相关责任人已签字 　施工步骤和工艺参数：与技术方案相符
5.2.3	所用土、砂、石、塑料排水板等原材料性能指标符合标准规定	**1.《电力建设施工质量验收及评价规程 第 1 部分：土建工程》DL/T 5210.1—2012** 3.0.1 涉及结构安全的试块、试件以及有关材料，应按规定进行见证取样检测。 **2.《建筑地基处理技术规范》JGJ 79—2012** 5.4.1 施工过程中，质量检验和监测应包括下列内容： 　1 对塑料排水带应进行纵向通水量、复合体抗拉强度、滤膜抗拉强度、滤膜渗透系数和等效孔径等性能指标现场随机抽样测试； 　2 对不同来源的砂井和砂垫层砂料，应取样进行颗粒分析和渗透性试验。 **3.《普通混凝土用砂、石质量及检验方法标准》JGJ 52—2006** 4.0.1 供货单位应提供砂或石的产品合格证及质量检验报告。 　使用单位应按砂或石的同产地同规格分批验收。采用大型工具（如火车、货船或汽车）运输的，应以 400m³ 或 600t 为一验收批；采用小型工具（如拖拉机等）运输的，应以 200m³ 或 300t 为一验收批。不足上述量者，应按一验收批进行验收。 4.0.2 当砂或石的质量比较稳定、进料量又较大时，可以 1000t 为一验收批	1. 查阅塑料排水板等原材料进场验收记录 　内容：包括出厂合格证（出厂试验报告）、材料进场时间、批次、数量、规格 　性能指标：符合规范规定 2. 查阅材料跟踪管理台账 　内容：包括土、砂、石、塑料排水板等材料合格证、复试报告、使用情况、检验数量等符合规定 3. 查阅砂、石、塑料排水板等材料试验检测报告和试验委托单 　报告检测结果：合格 　报告签章：已加盖 CMA 章和检测专用章、授权人已签字 　委托单签字：见证取样人员已签字且已附资格证书编号

条款号	大纲条款	检　查　依　据	检查要点
5.2.4	原位十字板剪切试验、室内土工试验、地基强度或承载力等试验合格，报告结论明确	**1.《电力建设施工质量验收及评价规程　第1部分：土建工程》DL/T 5210.1—2012** 3.0.1　涉及结构安全的试块、试件以及有关材料，应按规定进行见证取样检测。 **2.《建筑地基处理技术规范》JGJ 79—2012** 5.4.2　预压地基竣工验收检验应符合下列规定： 　2　应对预压的地基土进行原位试验和室内土工试验。 5.4.3　原位试验可采用十字板剪切试验或静力触探，检验深度不应小于设计处理深度。原位试验和室内土工试验，应在卸载3d～5d后进行。检验数量按每个处理分区不少于6点进行检测，对于堆载斜坡处应增加检验数量。 5.4.4　预压处理后的地基承载力应按规范确定。检验数量按每个处理分区不应少于3点进行检测	1. 查阅施工单位检测检验计划 　检验数量：符合设计和规范规定 2. 查阅原位十字板剪切试验、室内土工试验、地基承载力检测报告和试验委托单 　报告检测结果：合格 　报告签章：已加盖CMA章和检测专用章、授权人已签字 　委托单签字：见证取样人员已签字且已附资格证书编号
5.2.5	真空预压、堆载预压、真空和堆载联合预压工艺与设计及施工方案一致	**1.《电力工程地基处理技术规程》DL/T 5024—2005** 7.1.8　预压加固软土地基的设计应包括以下内容： 　1　选择竖向排水体，确定其直径、计算间距、深度、排列方式和布置范围； 　2　确定水平排水体系的结构、材料及其规格要求； 　3　确定预压方法、加固范围、预压荷重大小、荷载分级加载速率和预压时间； 　4　计算地基固结度、强度增长、沉降变形及预压过程中的地基抗滑稳定性。 7.1.9　竖向排水体的平面布置形式可采用等边三角形或正方形排列。每根竖向排水体的等效圆直径 d_e 与竖向排水体的间距 s 的关系见式（7.1.9-1）、式（7.1.9-2）。 7.1.10　竖向排水体的布置应根据"细而密"的原则，其直径和间距应根据地基土的固结特性、要求达到的平均固结度和场地交使用的工期要求等因素计算确定。普通砂井直径可取200mm～500mm，间距按井径比 n（砂井等效影响圆直径 d_e 与砂井直径 d_w 之比，即 $n=d_e/d_w$）为6～8选用。袋装砂井直径可取70mm～120mm，间距可按井径比15～22选用。塑料排水板的当量换算直径可按式（7.1.10）计算，井径比可采用15～22。 7.1.11　竖向排水体的设置深度应根据软土层分布、建筑物对地基稳定性和变形的要求确定。对于以地基稳定性控制的建筑物，竖向排水体的深度应超过最危险滑动面2m～3m。 7.2.6　对堆载预压工程，应根据观测和勘测资料，综合分析地基土经堆载预压处理后的加固效果。	查阅施工记录、施工方案及设计文件 　竖向排水体系，包括直径、计算间距、深度、排列方式和布置范围；水平排水体系，包括结构、材料及其规格；加固范围、荷载分级、加载速率和预压时间等；预压工艺与设计及施工方案一致

条款号	大纲条款	检 查 依 据	检查要点
5.2.5	真空预压、堆载预压、真空和堆载联合预压工艺与设计及施工方案一致	当堆载预压达到下列标准时方可进行卸荷： 　　1　对主要以沉降控制的建筑物，当地基经预压后消除的变形量满足设计要求，且软土层的平均固结度达到 80％以上时； 　　2　对主要以地基承载力或抗滑稳定性控制的建筑物，在地基土经预压后增长的强度满足设计要求时。 　7.3.10　对真空预压后的地基，应进行现场十字板剪切试验、静力触探试验和载荷试验，以检验地基的加固效果。 　7.4.2　土石坝、煤场、堆料场、油罐等构筑物地基的排水固结设计，应根据最终荷载和地基土的变形特点，可在场地不同位置设置不同密度和深度的竖向排水体。在工程施工前应设计好加荷过程和加荷速率，计算地基的最终沉降量，预留基础高度，做好地下结构物适应地基土变形的设计。 **2.《建筑地基处理技术规范》JGJ 79—2012** 　5.2.29　当设计地基预压荷载大于 80kPa，且进行真空预压处理地基不能满足设计要求时可采用真空和堆载联合预压地基处理。 　5.2.30　堆载体的坡肩线宜与真空预压边线一致。 　5.2.31　对于一般软黏土，上部堆载施工宜在真空预压膜下真空度稳定地达到 6.7kPa（650mmHg）且抽真空时间不少于 10d 后进行。对于高含水量的淤泥类土，上部堆载施工宜在真空预压膜下真空度稳定地达到 86.7kPa（650mmHg）且抽真空 20d～30d 后可进行。 　5.2.32　当堆载较大时，真空和堆载联合预压应采用分级加载，分级系数应根据地基土稳定计算确定。分级加载时，应待前期预压荷载下地基的承载力增长满足下一级荷载下地基的稳定性要求时，方可增加堆载。 　5.2.33　真空和堆载联合预压时地基固结度和地基承载力增长可按本规范第 5.2.7 条、第 5.2.8 条和第 5.2.11 条计算。 　5.3.2　砂井的灌砂量，应按井孔的体积和砂在中密状态时的干密度计算，实际灌砂量不得小于计算值的 95％。 　5.3.5　塑料排水带需接长时，应采用滤膜内芯带平搭接的连接方法，搭接长度宜大于 200mm。 　5.3.7　塑料排水带和袋装砂井施工时，平面井距偏差不应大于井径。 　5.3.8　塑料排水带和袋装砂井砂袋埋入砂垫层中的长度不应小于 500mm。 　5.3.9　堆载预压加载过程中，应满足地基承载力和稳定控制要求，并应进行竖向变形、水平位移及孔隙水压力的监测，堆载预压加速率应满足下列要求： 　　1　竖井地基最大竖向变形量不应超过 15mm/d； 　　2　天然地基最大竖向变形量不应超过 10mm/d； 　　3　堆载预压边缘处水平位移不应超过 5mm/d； 　　4　根据上述观测资料综合分析、判断地基的承载力和稳定性。 　5.3.14　采用真空和堆载联合预压时，应先抽真空，当真空压力达到设计要求并稳定后，再进行堆载，并继续抽真空。	

条款号	大纲条款	检 查 依 据	检查要点
5.2.5	真空预压、堆载预压、真空和堆载联合预压工艺与设计及施工方案一致	5.3.18　堆载加载过程中，应满足地基稳定性设计要求，对竖向变形、边缘水平位移及孔隙水压力的监测应满足下列要求： 　　1　地基向加固区外的侧移速率不应大于 5mm/d； 　　2　地基竖向变形速率不应大于 10mm/d； 　　3　根据上述观察资料综合分析、判断地基的稳定性。 5.3.19　真空和堆载联合预压除满足本规范第 5.3.14 条～第 5.3.18 条规定外，尚应符合本规范第 5.3 节"Ⅰ堆载预压"和"Ⅱ真空预压"的规定	
5.2.6	施工参数符合设计要求，施工记录齐全	**1.《电力工程地基处理技术规程》DL/T 5024—2005** 5.0.12　地基处理的施工应有详细的施工组织设计、施工质量管理和质量保证措施。应有专人负责施工检验与质量监督，做好各项施工记录。 **2.《建筑地基处理技术规范》JGJ 79—2012** 3.0.12　地基处理施工中应有专人负责质量控制和监测，并做好各项施工记录；当出现异常情况时，必须及时会同有关部门妥善解决。施工结束后应按国家有关规定进行工程质量检验和验收。 5.4.1　施工过程中，质量检验和监测应包括下列内容： 　　1　对塑料排水带应进行纵向通水量、复合体抗拉强度、滤膜抗拉强度、滤膜渗透系数和等效孔径等性能指标现场随机抽样测试； 　　2　对不同来源的砂井和砂垫层砂料，应取样进行颗粒分析和渗透性试验。 5.4.2　预压地基竣工验收检验应符合下列规定： 　　1　排水竖井处理深度范围内和竖井底面以下受压土层，经预压所完成的竖向变形和平均固结度应满足设计要求。 　　2　应对预压的地基土进行原位试验和室内土工试验。 5.4.3　原位试验可采用十字板剪切试验或静力触探，检验深度不应小于设计处理深度。原位试验和室内土工试验，应在卸载 3d～5d 后进行。检验数量按每个处理分区不少于 6 点进行检测，对于堆载斜坡处应增加检验数量	1. 查阅施工方案 　质量控制参数：符合技术方案要求 2. 查阅施工记录 　内容：包括通水量、渗透性等，符合设计要求 　记录数量：与验收记录相符
5.2.7	地基承载力检测数量符合标准规定，检测报告结论满足设计要求	**1.《建筑地基基础工程施工质量验收规范》GB 50202—2002** 4.1.5　对灰土地基、砂和砂石地基、土工合成材料地基、粉煤灰地基、强夯地基、注浆地基、预压地基，其竣工后的结果（地基强度或承载力）必须达到设计要求的标准。检验数量，每单位工程不应少于 3 点，1000m² 以上工程，每 100m² 至少应有 1 点，3000m² 以上工程，每 300m² 至少应有 1 点。每一独立基础下至少应有 1 点，基槽每 20 延米应有 1 点。 **2.《建筑地基处理技术规范》JGJ 79—2012** 5.4.4　预压处理后的地基承载力应按本规范附录 A 确定。检验数量按每个处理分区不应少于 3 点进行检测	查阅地基承载力检测报告 　结论：符合设计要求 　检验数量：符合设计和规范要求 　盖章：已加盖 CMA 章和检测专用章 　签字：授权人已签字

条款号	大纲条款	检 查 依 据	检查要点
5.2.8	施工质量的检验项目、方法、数量符合标准规定，检验结果满足设计要求，质量验收记录齐全	**1.《建筑地基基础工程施工质量验收规范》GB 50202—2002** 4.1.2 砂、石子、水泥、钢材、石灰、粉煤灰等原材料的质量、检验项目、批量和检验方法应符合国家现行标准的规定。 4.1.3 地基施工结束，宜在一个间歇期后，进行质量验收，间歇期由设计确定。 4.1.5 对灰土地基、砂和砂石地基、土工合成材料地基、粉煤灰地基、强夯地基、注浆地基、预压地基，其竣工后的结果（地基强度或承载力）必须达到设计要求的标准。检验数量，每单位工程不应少于3点，1000㎡以上工程，每100㎡至少应有1点，3000㎡以上工程，每300㎡至少应有1点。每一独立基础下至少应有1点，基槽每20延米应有1点。 8.0.1 分项工程、分部（子分部）工程质量的验收，均应在施工单位自检合格的基础上进行。施工单位确认自检合格后提出工程验收申请，工程验收时应提供下列技术文件和记录： 　1 原材料的质量合格证和质量鉴定文件； 　3 施工记录及隐蔽工程验收文件； 　4 检测试验及见证取样文件； 　5 其他必须提供的文件或记录。 **2.《建筑地基处理技术规范》JGJ 79—2012** 5.4.2 预压地基竣工验收检验应符合下列规定： 　2 应对预压的地基土进行原位试验和室内土工试验。 5.4.3 原位试验可采用十字板剪切试验或静力触探，检验深度不应小于设计处理深度。原位试验和室内土工试验，应在卸载3d～5d后进行。检验数量按每个处理分区不少于6点进行检测，对于堆载斜坡处应增加检验数量。 5.4.4 预压处理后的地基承载力应按本规范附录A确定。检验数量按每个处理分区不应少于3点进行检测	1. 查阅检测报告 　检验项目：地基强度或地基承载力符合设计要求 　检验方法：包括十字板剪切强度或标准贯入、静力触探试验，静荷载试验等符合规范规定 　检验数量：符合规范规定和设计要求 2. 查阅质量验收记录 　内容：包括检验批、分项工程验收记录及隐蔽工程验收文件等 　数量：与项目质量验收范围划分表相符
5.3 压实地基的监督检查			
5.3.1	现场试验性施工，确定了碾压机械、碾压分层厚度、碾压遍数、碾压范围和有效加固深度等施工参数和压实地基施工方法	**1.《建筑地基基础工程施工质量验收规范》GB 50202—2002** 4.1.4 地基加固工程，应在正式施工前进行试验段施工，论证设定的施工参数及加固效果。为验证加固效果所进行的载荷试验，其施加载荷应不低于设计载荷的2倍。 **2.《建筑地基处理技术规范》JGJ 79—2012** 4.1.3 对于工程量较大的换填垫层，应按所选用的施工机械、换填材料及场地的土质条件进行现场试验，确定换填垫层压实效果和施工质量控制标准。 6.2.1 压实地基处理应符合下列规定： 　2 压实地基的设计和施工方法的选择，应根据建筑物体型、结构与荷载特点、场地土层条件、变形要求及填料等因素确定。对大型、重要或场地地层条件复杂的工程，在正式施工前，应通过现场试验确定地基处理效果。	查阅试验性施工的检测报告（含击实试验报告和压实试验报告） 碾压分层厚度、碾压遍数、碾压范围和有效加固深度等施工参数和施工方法：已确定

条款号	大纲条款	检 查 依 据	检查要点
5.3.1	现场试验性施工，确定了碾压机械、碾压分层厚度、碾压遍数、碾压范围和有效加固深度等施工参数和压实地基施工方法	6.2.2 压实填土地基的设计应符合下列规定： 2 碾压法和振动压实法施工时，应根据压实机械的压实性能，地基土性质、密实度、压实系数和施工含水量等，并结合现场试验确定碾压分层厚度、碾压遍数、碾压范围和有效加固深度等施工参数。初步设计可按表 6.2.2-1 选用。 4 压实填土的质量以压实系数 λ_c 控制，并应根据结构类型和压实填土所在部位按表 6.2.2-2 的要求确定。 5 压实填土的最大干密度和最优含水量，宜采用击实试验确定…… 7 压实填土的边坡坡度允许值，应根据其厚度、填料性质等因素，按照填土自身稳定性、填土下原地基的稳定性的验算结果确定，初步设计时可按表 6.2.2-3 的数值确定。 6.2.3 压实填土地基的施工应符合下列规定： 1 应根据使用要求、邻近结构类型和地质条件确定允许加载量和范围，并按设计要求均衡分步施加，避免大量快速集中填土。 2 填料前，应清除填土层地面以下的耕土、植被或软弱土层等。 3 压实填土施工过程中，应采取防雨、防冻措施，防止填料（粉质黏土、粉土）受雨水淋湿或冻结。 4 基槽内压实时，应先压实基槽两边，再压实中间。 5 冲击碾压法施工的冲击碾压宽度不宜小于 6m，工作面较窄时，需设置转弯车道，冲压最短直线距离不宜小于 100m，冲压边角及转弯区域应采用其他措施压实；施工时，地下水位应降低到碾压面以下 1.5m。 6 性质不同的填料，应采取水平分层、分段填筑，并分层压实；同一水平层，应采用同一填料，不得混合填筑；填方分段施工时，接头部位如不能交替填筑，应按 1∶1 坡度分层留台阶；如能交替填筑，则应分层相互交替搭接，搭接长度不小于 2m；压实填土的施工缝，各层应错开搭接，在施工缝的搭接处，应适当增加压实遍数；边角及转弯区域应采取其他措施压实，以达到设计标准。 7 压实地基施工场地附近有对振动和噪声环境控制要求时，应合理安排施工工序和时间，减少噪声与振动对环境的影响，或采取挖减振沟等减振和隔振措施，并进行振动和噪声监测。 8 施工过程中，应避免扰动填土下卧的淤泥或淤泥质土层。压实填土施工结束检验合格后，应及时进行基础施工	
5.3.2	压实地基技术方案、施工方案齐全，已审批	**1.《建筑地基基础工程施工质量验收规范》GB 50202—2002** 4.1.4 地基加固工程，应在正式施工前进行试验段施工，论证设定的施工参数及加固效果。为验证加固效果所进行的载荷试验，其施加载荷应不低于设计载荷的 2 倍。 **2.《电力工程地基处理技术规程》DL/T 5024—2005** 5.0.12 地基处理的施工应有详细的施工组织设计、施工质量管理和质量保证措施。应有专人负责施工检验与质量监督，做好各项施工记录，当发现异常情况时，应及时会同有关部门研究解决	1. 查阅预压地基技术方案 　论证参数：数据充分、可靠，载荷试验记录齐全 　审批：审批人已签字

条款号	大纲条款	检 查 依 据	检查要点
5.3.2	压实地基技术方案、施工方案齐全，已审批		2. 查阅施工方案 编、审、批：施工单位相关责任人已签字 施工步骤和工艺参数：与技术方案相符
5.3.3	施工参数符合设计要求，施工记录齐全	**1.《建筑地基基础设计规范》GB 50007—2011** 6.3.6 压实土的填料，应符合下列规定： 　1 级配良好的砂土或碎石土；以卵石、砾石、块石或岩石碎屑作填料时，分层压实时其最大粒径不宜大于 200mm，分层夯实时其最大粒径不宜大于 400mm。 　3 以粉质黏土、粉土作填料时，其含水量宜为最优含水量，可采用击实试验确定。 6.3.8 压实填土的最大干密度和最优含水量，应采用击实试验确定。 **2.《电力建设施工质量验收及评价规程　第 1 部分：土建工程》DL/T 5210.1—2012** 3.0.1 涉及结构安全的试块、试件以及有关材料，应按规定进行见证取样检测。 18.3.1 地基及桩基工程质量记录应评价的内容包括： 　1 材料、预制桩合格证（出厂试验报告），进场验收记录及水泥、钢筋复验报告。 **3.《电力工程地基处理技术规程》DL/T 5024—2005** 5.0.12 地基处理的施工应有详细的施工组织设计、施工质量管理和质量保证措施。应有专人负责施工检验与质量监督，做好各项施工记录。 **4.《建筑地基处理技术规范》JGJ 79—2012** 3.0.12 地基处理施工中应有专人负责质量控制和监测，并做好各项施工记录；当出现异常情况时，必须及时会同有关部门妥善解决。施工结束后应按国家有关规定进行工程质量检验和验收	1. 查阅施工方案 质量控制参数：符合技术方案要求 2. 查阅施工记录 内容：包括施工过程控制记录及隐蔽工程验收文件 记录数量：与验收记录相符
5.3.4	压实土性能指标满足设计要求	**《建筑地基处理技术规范》JGJ 79—2012** 6.2.1 压实地基应符合下列规定： 　3 以压实填土作为建筑地基持力层时，应根据建筑结构类型、填料性能和现场条件等，对拟压实的填土提出质量要求。未经检验，且不符合质量要求的压实填土，不得作为建筑地基持力层。 6.2.2 压实填土地基的设计应符合下列规定： 　2 碾压法和振动压实法施工时，应根据压实机械的压实性能，地基土性质、密实度、压实系数和施工含水量等，并结合现场试验确定碾压分层厚度、碾压遍数、碾压范围和有效加固深度等施工参数。初步设计可按表 6.2.2-1 选用。 　4 压实填土的质量以压实系数 λ_c 控制，并应根据结构类型和压实填土所在部位按表 6.2.2-2 的要求确定。	查阅压实土性能检测报告 击实报告：土质性能符合设计要求，最大干密度和最优含水率已确定 压实系数：符合设计要求 盖章：已加盖 CMA 章和检测专用章 签字：授权人已签字

条款号	大纲条款	检 查 依 据	检查要点
5.3.4	压实土性能指标满足设计要求	5　压实填土的最大干密度和最优含水量，宜采用击实试验确定…… 7　压实填土的边坡坡度允许值，应根据其厚度、填料性质等因素，按照填土自身稳定性、填土下原地基的稳定性的验算结果确定，初步设计时可按表6.2.2-3的数值确定。 9　压实填土地基承载力特征值，应根据现场静载荷试验确定，或可通过动力触探、静力触探等试验，并结合静载荷试验结果确定；其下卧层顶面的承载力应满足本规范式（4.2.2-1）、式（4.2.2-2）和式（4.2.2-3）的要求	
5.3.5	地基承载力检测数量符合标准规定，检测报告结论满足设计要求	**1.《建筑地基基础工程施工质量验收规范》GB 50202—2002** 4.1.5　对灰土地基、砂和砂石地基、土工合成材料地基、粉煤灰地基、强夯地基、注浆地基、预压地基，其竣工后的结果（地基强度或承载力）必须达到设计要求的标准。检验数量，每单位工程不应少于3点，1000m²以上工程，每100m²至少应有1点，3000m²以上工程，每300m²至少应有1点。每一独立基础下至少应有1点，基槽每20延米应有1点。 **2.《电力工程地基处理技术规程》DL/T 5024—2005** 6.5.4　压实施工的粉煤灰或粉煤灰素土、粉煤灰灰土垫层的设计与施工要求，可参照素土、灰土或砂砾石垫层的有关规定。其地基承载力值应通过试验确定（包括浸水试验条件）。对掺入水泥砂浆胶结的粉煤灰水泥砂浆或粉煤灰混凝土，应采用浇注法施工，并按有关设计施工标准执行。其承载力等指标应由试件强度确定。 **3.《建筑地基处理技术规范》JGJ 79—2012** 4.4.4　竣工验收应采用静荷载试验检验垫层承载力，且每个单体工程不宜少于3个点；对于大型工程应按单体工程的数量或工程划分的面积确定检验点数。 10.1.4　工程验收承载力检验时，静荷载试验最大加载量不应小于设计要求的承载力特征值的2倍	查阅地基承载力检测报告 检验数量：符合设计和规范规定 地基承载力特征值：符合设计要求 盖章：已加盖CMA章和检测专用章 签字：授权人已签字
5.3.6	施工质量的检验项目、方法、数量符合标准规定，检验结果满足设计要求，质量验收记录齐全	**1.《建筑地基基础工程施工质量验收规范》GB 50202—2002** 4.1.2　砂、石子、水泥、钢材、石灰、粉煤灰等原材料的质量、检验项目、批量和检验方法应符合国家现行标准的规定。 4.1.3　地基施工结束，宜在一个间歇期后，进行质量验收，间歇期由设计确定。 4.1.5　对灰土地基、砂和砂石地基、土工合成材料地基、粉煤灰地基、强夯地基、注浆地基、预压地基，其竣工后的结果（地基强度或承载力）必须达到设计要求的标准。检验数量，每单位工程不应少于3点，1000m²以上工程，每100m²至少应有1点，3000m²以上工程，每300m²至少应有1点。每一独立基础下至少应有1点，基槽每20延米应有1点。 8.0.1　分项工程、分部（子分部）工程质量的验收，均应在施工单位自检合格的基础上进行。施工单位确认自检合格后提出工程验收申请，工程验收时应提供下列技术文件和记录： 　　1　原材料的质量合格证和质量鉴定文件；	1. 查阅质量检验记录 检验项目：压实系数、最大干密度和最优含水量或压缩模量等符合设计和规范规定 检验方法：采用分层取样、动力触探、静力触探、标准贯入等试验符合规范规定 检验数量：符合规范规定和设计要求

续表

条款号	大纲条款	检 查 依 据	检查要点
5.3.6	施工质量的检验项目、方法、数量符合标准规定，检验结果满足设计要求，质量验收记录齐全	3 施工记录及隐蔽工程验收文件； 4 检测试验及见证取样文件； 5 其他必须提供的文件或记录。 **2.《电力建设施工质量验收及评价规程 第1部分：土建工程》DL／T 5210.1—2012** 3.0.1 涉及结构安全的试块、试件以及有关材料，应按规定进行见证取样检测。 18.3.1 地基及桩基工程质量记录应评价的内容包括： 　　1 材料、预制桩合格证（出厂试验报告）、进场验收记录及水泥、钢筋复验报告。 **3.《电力工程地基处理技术规程》DL／T 5024—2005** 5.0.12 地基处理的施工应有详细的施工组织设计、施工质量管理和质量保证措施。应有专人负责施工检验与质量监督，做好各项施工记录。 **4.《建筑地基处理技术规范》JGJ 79—2012** 3.0.12 地基处理施工中应有专人负责质量控制和监测，并做好各项施工记录；当出现异常情况时，必须及时会同有关部门妥善解决。施工结束后应按国家有关规定进行工程质量检验和验收。 6.2.4 压实填土地基的质量检验应符合下列规定： 　　1 在施工过程中，应分层取样检验土的干密度和含水量；每 $50m^2 \sim 100m^2$ 面积内应设不少于 1 个检测点，每一个独立基础下，检测点不少于 1 个，条形基础每 20 延米设检测点不少于 1 个点，压实系数不得低于本规范表 6.2.2-2 的规定；采用灌水法或灌砂法检测的碎石土干密度不得低于 $2.0t/m^3$。 　　2 有地区经验时，可采用动力触探、静力触探、标准贯入等原位试验，并结合干密度试验的对比结果进行质量检验。 　　3 冲击碾压法施工宜分层进行变形量、压实系数等土的物理学指标监测和检测。 　　4 地基承载力验收检验，可通过静载荷试验并结合动力触探、静力触探、标准贯入等试验结果综合判定。每个单位工程静载荷试验不应少于 3 点，大型工程可按单体工程的数量或面积确定检验点数。 6.2.5 压实地基的施工质量检验应分层进行。每完成一道工序，应按设计要求进行验收，未经验收或验收不合格时，不得进行下一道工序施工	2. 查阅质量验收记录 内容：包括检验批、分项工程验收记录及隐蔽工程验收文件等，真实有效 数量：符合现场实际，与项目质量验收范围划分表相符
5.4 夯实地基的监督检查			
5.4.1	设计前已通过现场试验或试验性施工，确定了设计参数和施工工艺参数	**1.《电力工程地基处理技术规程》DL／T 5024—2005** 5.0.5 地基处理工作的规划和实施，可按下列顺序进行： 　　3 结合电力工程初步设计阶段的岩土工程勘测，实施必要的地基处理原体试验，以获得必要的设计参数和合理的施工方案。 8.1.3 强夯设计中应在施工现场有代表性的场地上选取一个或几个试验区进行原体试验，试验区规模	1. 查阅现场试夯方案 试夯方案：已编制、内容完整 试夯场地检测：记录齐全

条款号	大纲条款	检 查 依 据	检查要点
5.4.1	设计前已通过现场试验或试验性施工，确定了设计参数和施工工艺参数	应根据建筑物场地复杂程度、建设规模及建筑物类型确定。根据地基条件、工程要求确定强夯的设计参数，包括：夯击能级、施工起吊设备；设计夯击工艺、夯锤参数、单点锤击数、夯点布置形式与间距、夯击遍数及相邻夯击遍数的间歇时间、地面平均夯沉量和必要的特殊辅助措施；确定原体试验效果的检测方法和检测工作量。还应对主要工艺进行必要的方案组合，通过效果测试和环境影响评价，提出一种或几种合理的方案。 　　在强夯有成熟经验的地区，当地基条件相同（或相近）时，可不进行专门原体试验，直接采用成功的工艺。但在正式（大面积）施工之前应先进行试夯，验证施工工艺和强夯设计参数在进行原体试验施工时，进行分析评价的主要内容应包括： 　　1　观测、记录、分析每个夯点的每击夯沉量、累计夯沉量（即夯坑深度）、夯坑体积、地面隆起量、相邻夯坑的侧挤情况、夯后地面整平压实后平均下沉量。绘制夯点的夯击次数 N 与夯沉量 s 关系曲线，进行隆起、侧挤计算，确定饱和夯击能和最佳夯击能。 　　2　观测孔隙水压力变化。当孔隙水压力超过自重有效压力，局部隆起和侧挤的体积大于夯点夯沉的体积时，应停止夯击，并观测孔隙水压力消散情况，分析确定间歇时间。 　　3　宜进行强夯振动观测，绘制单点夯击数与地面震动加速度关系曲线、震动速度曲线、分析饱和夯击能、振动衰减和隔振措施的效果。 　　4　有条件的还可进行挤压应力观测和深层水平位移观测。 　　5　在原体试验施工结束一个月（砂土、碎石土为 1 周～2 周）后，应在各方案试验片内夯点和夯点间沿深度每米取试样进行室内土工试验，并进行原位测试。 **2.《建筑地基处理技术规范》JGJ 79—2012** 6.3.1　夯实地基处理应符合下列规定： 　　1　强夯和强夯置换施工前，应在施工现场有代表性的场地选取一个或几个试验区，进行试夯或试验性施工。每个试验区面积不宜小于 20m×20m，试验区数量应根据建筑场地复杂程度、建筑规模及建筑类型确定。 6.3.2　强夯置换处理地基，必须通过现场试验确定其适用性和处理效果。 6.3.3　强夯处理地基的设计应符合下列规定： 　　1　强夯的有效加固深度，应根据现场试夯或地区经验确定。在缺少试验资料或经验时，可按表 6.3.3-1 进行预估。 　　2　夯点的夯击次数，应根据现场试夯的夯击次数和夯沉量关系曲线确定，并应同时满足表 6.3.3-2。 　　3　夯击遍数应根据地基土的性质确定，可采用点夯（2～4）遍，对于渗透性较差的细颗粒土，应适当增加夯击遍数；最后以低能量满夯 2 遍，满夯可采用轻锤或低落距锤多次夯击，锤印搭接。	2. 查看试验阶段静载试验报告 　　静载试验过程记录：完整、齐全 　　地基承载力：已确定 3. 查阅试夯报告 　　夯击次数与夯沉量曲线：已绘制 　　夯击时间间隔：符合地基土的性质和规范要求 　　设计参数和施工工艺参数：已确定

条款号	大纲条款	检 查 依 据	检查要点
5.4.1	设计前已通过现场试验或试验性施工，确定了设计参数和施工工艺参数	4 两遍夯击之间，应有一定的时间间隔，间隔时间取决于土中超静空隙水压力的消散时间。当缺少实测资料时，可根据地基土的渗透性确定，对于渗透性较差的粘性土地基，间隔时间不应少于（2～3）周；对于渗透性较好的地基可连续夯击。 5 夯击点位置可根据基础底面形状，采用等边三角形、等腰三角形或正方形布置。第一遍夯击点间距可取夯锤直径的（2.5～3.5）倍，第二遍夯击点应位于第一遍夯击点之间。以后各遍夯击点间距可适当减小。对处理深度较深或单击夯击能较大的工程，第一遍夯击点间距宜适当增大。 6 强夯处理范围应大于建筑物基础范围，每边超出基础外缘的宽度宜为基底下设计处理深度的1/2～2/3，且不应小于3m；对可液化地基，基础边缘的处理宽度，不应小于5m；对湿陷性黄土地基，应符合现行国家标准《湿陷性黄土地区建筑规范》GB 50025 的有关规定。 7 根据初步确定的强夯参数，提出强夯试验方案，进行现场试夯。应根据不同土质条件，待试夯结束一周至数周后，对试夯场地进行检测，并与夯前测试数据进行对比，检验强夯效果，确定工程采用的各项强夯参数。 8 根据基础埋深和试夯时所测得的夯沉量，确定启夯面标高、夯坑回填方式和夯后标高。 9 强夯地基承载力特征值应通过现场静载荷试验确定。 10 强夯地基变形计算，应符合现行国家标准《建筑地基基础设计规范》GB 50007 有关规定。夯后有效加固深度内土的压缩模量，应通过原位测试或土工试验确定	
5.4.2	根据不同的土质采取的强夯夯锤质量、夯锤底面形式、锤底面积、锤底静接地压力值、排气孔等施工工艺与设计（施工）方案一致	**1.《湿陷性黄土地区建筑规范》GB 50025—2004** 6.3.5 对湿陷性黄土地基进行强夯施工，夯锤的质量、落距、夯点布置、夯击次数和夯击遍数，宜与试夯选定的相同，施工中应有专人监测和记录。 夯击遍数宜为2遍～3遍。最末一遍夯击后，再以低能量（落距4m～6m）对表层松土满夯2击～3击，也可将表层松土压实或清除，在强夯土表面以上并宜设置300mm～500mm 厚的灰土垫层。 **2.《电力工程地基处理技术规程》DL/T 5024—2005** 8.1.6 一般情况下夯锤重量可选用100kN～250kN，最大可采用400kN，其底面形式宜采用圆形。锤底面积宜按土的性质确定，锤底静压力值可取30kPa～60kPa，对于细颗粒土锤底静压力宜取较小值。锤体中应均匀地设置若干个上下垂直贯通的通气孔，通气孔直径宜为200mm～300mm。夯锤应选用保持夯锤外形和重心不变的材料制作。 8.1.7 强夯夯点的布置可按三角形（等边、等腰）或正方形布置，夯点间距应按原体试验效果确定，可为夯锤底面直径的1.6倍～2.6倍。夯击点位置的布置可按建筑物轴线、轮廓线或以基础中心线对称等形式布置，并应考虑各遍点间交叉对应关系。 对满堂处理的基础或要求整片加固的场地应整片布点，其可按正三角形布点。 对条形基础、独立基础，可在基础下按正方形或梅花形布点。 当独立基础或条形基础及带承台的基础采用强夯处理时，应根据基础设计要求按专门夯锤形状布点	查阅施工方案 强夯夯锤质量、夯锤底面形式、锤底面积、锤底静接地压力值、排气孔等；夯点布置形式、遍数施工工艺：与设计方案一致

条款号	大纲条款	检查依据	检查要点
5.4.3	施工参数和步骤符合设计要求，施工记录齐全	**1.《电力工程地基处理技术规程》DL/T 5024—2005** 5.0.12　地基处理的施工应有详细的施工组织设计、施工质量管理和质量保证措施。应有专人负责施工检验与质量监督，做好各项施工记录。 8.1.2　当夯击振动对邻近建筑物、设备、仪器、施工中的砌筑工程和浇灌混凝土等产生有害影响时，应采取有效的减振措施或错开工期施工。 8.1.9　夯击遍数应根据地基土的性质确定，一般情况下应采用多遍夯击。每一遍宜为最大能级强夯，可称为主夯，宜采用较稀疏的布点形式进行；第二遍、第三遍……强夯能级逐渐减小，可称为间夯、拍夯等，其夯点插于前遍夯点之间进行。对于渗透性弱的细粒土，必要时夯击遍数可适当增加。 8.1.10　当进行多遍夯击时，每两遍夯击之间，应有一定的时间间隔。间隔时间取决于土中超孔隙水压力的消散时间。当缺少实测资料时，可根据地基土的渗透性确定，对于渗透性较差的黏性土及饱和度较大的软土地基的间隔时间，应不少于3周～4周；对于渗透性较好且饱和度较小的地基，可连续夯击。 8.1.16　强夯施工应严格按规定的强夯施工设计参数和工艺进行，并控制或做好以下工作： 　　1　起夯面整平标高允许偏差为±100mm。 　　2　夯点位置允许偏差为200mm。当夯锤落入坑内倾斜较大时，应将夯坑底填平后再夯。 　　3　夯点施工中质量控制的主要指标为：每个夯点达到要求的夯击数；要求达到的夯坑深度；最后两击的夯沉量小于原体试验确定的值。 　　4　强夯过程中不应将夯坑内的土移出坑外。当有特殊原因确需挖除部分土体或工艺设计为用基坑外土填入夯坑时，应在计算夯量中扣除或增加移动土的土量。 　　5　施工过程中应防止因降水或曝晒原因，使土的湿度偏离设计值过大。 8.1.18　施工过程中应有专人负责下列工作： 　　1　开夯前应检查夯锤重和落距，以确保单击夯击能量符合设计要求。 　　2　在每遍夯击前，应对夯点放线进行复核，夯完后检查夯坑位置，发现偏差或漏夯应及时纠正。 　　3　按设计要求检查每个夯点的夯击次数和每击的夯沉量。 　　4　施工过程中应对各项参数及施工情况进行详细记录。 8.2.1　强夯置换法适用于一般性强夯加固不能奏效（塑性指数 $I_p>10$）的、高饱和度（$S_r>80\%$）的黏性土地基上对变形控制不严的工程，在设计前必须通过现场试验确定其适用性和处理效果。 8.2.8　强夯置换的施工参数： 　　1　单击夯击能。夯锤重量与落距的乘积应大于普通强夯的加固能量，夯能不宜过小，特别要注意避免橡皮土的出现。	1. 查阅施工方案 　质量控制参数：符合技术方案要求 2. 查阅振动或变形监测方案、记录 　内容：对邻近建构筑物有可能产生不利影响时，已采取隔震或减震措施，方案符合规范要求 　变形观测记录：观测点设置符合变形观测方案要求 　振动或变形量符合规范规定 3. 查阅强夯置换夯记录文件 　内容：符合规范规定 4. 查阅施工记录 　内容：包括土壤的含水率、起夯面整平标高、夯点位置、夯击数、夯沉量等 　记录数量：与验收记录相符

条款号	大纲条款	检 查 依 据	检查要点
5.4.3	施工参数和步骤符合设计要求，施工记录齐全	2 单位面积平均夯击能。单位面积单点夯击能不宜小于1500kN·m/m²，一般软土地基加固深度能达到4m～10m时，单位面积夯击能为1500kN·m/m²～4000kN·m/m²。单位面积平均夯击能在上述范围内与地基土的加固深度成正比，对饱和度高的淤泥质土，还应考虑孔隙水消散与地面隆起的因素，来决定单位面积夯击能。 3 夯击遍数。夯击时宜采用连续夯击挤淤。根据置换形式和地基土的性质确定，可采用2遍～3遍，也可用一遍连续夯击挤淤一次性完成，最后再以低能量满夯一遍，每遍1击～2击完成。 4 夯点间距。桩式置换夯点宜布置成三角形、正方形，夯点间距一般取1.5倍～2.0倍夯锤底面直径，夯墩的计算直径可取夯锤直径的1.1倍～1.2倍；与土层的强度成正比，即土质差，间距小。整式置换的夯点间距，要求夯坑顶部夯点间的间隙处能被置换形成硬壳层。施工时应采用跳点夯。 6 夯沉量。最后两击平均夯沉量应小于50mm～80mm；单击夯击能量较大时，夯沉量应小于100mm～120mm。对墩体穿透软弱土层，累计夯沉量为设计墩长的1.5倍～2.0倍。 7 点式置换范围。每边超出基础外缘的宽度宜为基底下设计处理深度的1/2～2/3，并不宜小于3m。 **2.《建筑地基处理技术规范》JGJ 79—2012** 3.0.12 地基处理施工中应有专人负责质量控制和监测，并做好各项施工记录。 6.3.6 强夯置换处理地基的施工应符合下列规定： 1 强夯置换夯锤底面宜采用圆形，夯锤底静接地压力值宜大于80kPa。 2 强夯置换施工应按下列步骤进行： 5) 夯击并逐击记录夯坑深度；当夯坑过深，起锤困难时，应停夯，向夯坑内填料直至与坑顶齐平，记录填料数量；工序重复，直至满足设计的夯击次数及质量控制标准，完成一个墩体的夯击；当夯点周围软土挤出，影响施工时，应随时清理，并宜在夯点周围铺垫碎石后，继续施工。 6) 按照"由内而外，隔行跳打"的原则，完成全部夯点的施工。 7) 推平场地，采用低能量满夯，将场地表层松土夯实，并测量夯后场地高程。 8) 铺设垫层，分层碾压密实。 6.3.10 当强夯施工所引起的振动和侧向挤压对邻近建构筑物产生不利影响时，应设置监测点，并采取挖隔振沟等隔振或防振措施。 6.3.11 施工过程中的监测应符合下列规定： 1 开夯前，应检查夯锤质量和落距，以确保单击夯击能量符合设计要求。 2 在每一遍夯击前，应对夯点放线进行复核，夯完后检查夯坑位置，发现偏差或漏夯应及时纠正。 3 按设计要求，检查每个夯点的夯击次数、每击的夯沉量、最后两击的平均夯沉量和总夯沉量、夯点施工起止时间。对强夯置换施工，尚应检查置换深度。 4 施工过程中，应对各项施工参数及施工情况进行详细记录	

条款号	大纲条款	检 查 依 据	检查要点
5.4.4	地基承载力检测数量符合标准规定，检测报告结论满足设计要求	**1.《建筑地基基础工程施工质量验收规范》GB 50202—2002** 4.1.5　对灰土地基、砂和砂石地基、土工合成材料地基、粉煤灰地基、强夯地基、注浆地基、预压地基，其竣工后的结果（地基强度或承载力）必须达到设计要求的标准。 **2.《电力工程地基处理技术规程》DL/T 5024—2005** 8.1.20　强夯效果检测应采用原位测试与室内土工试验相结合的方法，重点查明强夯后地基土的有关物理力学指标，确定强夯有效影响深度，核实强夯地基设计参数等。 8.1.21　地基检测工作量，应根据场地复杂程度和建筑物的重要性确定。对于简单场地上的一般建筑物，每个建筑物地基的检测点不应少于 3 处；对于复杂场地或重要建筑物地基应增加检测点数。对大型处理场地，可按下列规定执行： 　　1　对黏性土、粉土、填土、湿陷性黄土，每 1000m² 采样点不少于 1 个（湿陷性黄土必须有探井取样），且在深度上每米取 1 件一级土试样，进行室内土工试验；静力触探试验点不少于 1 个。标准贯入试验、旁压试验和动力触探试验可与静力触探及室内试验对比进行。 　　2　对粗粒土、填土，每 600m² 应布置 1 个标准贯入试验或动力触探试验孔，并应通过其他有效手段测试地基土物理力学性质指标。粗粒土地基还应有一定数量的颗粒分析试验。 　　3　载荷试验点每 3000m²～6000m² 取 1 点，厂区主要建筑载荷试验点数不应少于 3 点。承压板面积不宜小于 0.5m²	查阅地基承载力检测报告 　结论：符合设计要求 　检验数量：符合规范要求 　盖章：已加盖 CMA 章和检测专用章 　签字：授权人已签字
5.4.5	施工质量的检验项目、方法、数量符合标准规定，检验结果满足设计要求，质量验收记录齐全	**1.《建筑地基基础工程施工质量验收规范》GB 50202—2002** 4.1.2　砂、石子、水泥、钢材、石灰、粉煤灰等原材料的质量、检验项目、批量和检验方法应符合国家现行标准的规定。 4.1.3　地基施工结束，宜在一个间歇期后，进行质量验收，间歇期由设计确定。 8.0.1　分项工程、分部（子分部）工程质量的验收，均应在施工单位自检合格的基础上进行。施工单位确认自检合格后提出工程验收申请，工程验收时应提供下列技术文件和记录： 　　1　原材料的质量合格证和质量鉴定文件； 　　3　施工记录及隐蔽工程验收文件； 　　4　检测试验及见证取样文件； 　　5　其他必须提供的文件或记录。 **2.《电力工程地基处理技术规程》DL/T 5024—2005** 8.2.10　强夯置换的检测方案，除按照 8.1.21 的规定外，还应注意下列事项： 　　1　测定孔隙水压力的增长与消散变化规律，通过埋设孔隙水压力计，测定土中孔隙水压力值，来确定最佳夯击数。通过测定孔隙水压力的消散率来确定夯击遍数的间隙时间。 　　2　测定记录分析每点夯沉量与坑外隆起体积，确定有效夯实系数，绘制 N-s 曲线，初步确定最佳夯击能。宜通过埋设压力盒测定挤压应力值。	1. 查阅质量检验记录 　检验项目：地基强度、承载力符合设计要求 　检验方法：原位试验和室内土工试验；用弹性波速法测定强夯效果；现场载荷试验或单墩复合地基载荷试验；动力触探等检验方法符合规范规定 　检验数量：符合设计和规范规定

条款号	大纲条款	检 查 依 据	检查要点
5.4.5	施工质量的检验项目、方法、数量符合标准规定，检验结果满足设计要求，质量验收记录齐全	3　当大面积强夯置换时，应测定强夯引起的振动对建筑物影响和确定安全距离。 4　宜用弹性波速法来测定强夯效果。 5　强夯地基承载力特征值应通过现场载荷试验确定，对点式置换强夯饱和粉土地基，可采用单墩复合地基载荷试验确定。 **3.《建筑地基处理技术规范》JGJ 79—2012** 6.3.12　夯实地基施工结束后，应根据地基土的性质及所采用的施工工艺，待土层休止期结束后，方可进行基础施工。 6.3.13　强夯处理后的地基竣工验收，承载力检验应根据静载荷试验、其他原位测试和室内土工试验等方法综合确定。强夯置换后的地基竣工验收，除应采用单墩静载荷试验进行承载力检验外，尚应采用单墩静载荷试验进行承载力检验外，尚应采用动力触探等查明置换墩着底情况及密度随深度的变化情况。 6.3.14　夯实地基的质量检验应符合下列规定： 　1　检查施工过程中的各项测试数据和施工记录，不符合设计要求时应补夯或采取其他有效措施。 　2　强夯处理后的地基承载力检验，应在施工结束后间隔一定时间进行，对于碎石土和砂土地基，间隔时间宜为（7～14）d；粉土和黏性土地基，间隔时间宜为（14～28）d；强夯置换地基，间隔时间宜为28d。 　3　强夯地基均匀性检验，可采用动力触探试验或标准贯入试验、静力触探试验等原位测试，以及室内土工试验。检验点的数量，可根据场地复杂程度和建筑物的重要性确定，对于简单场地上的一般建筑物，按每400m² 不少于1个检测点，且不少于3点；对于复杂场地或重要建筑地基，每300m²不少于1个检验点，且不少于3点。强夯置换地基，可采用超重型或重型动力触探试验等方法，检查置换墩着底情况及承载力与密度随深度的变化，检验数量不应少于墩点数的3%，且不少于3点。 　4　强夯地基承载力检验的数量，应根据场地复杂程度和建筑物的重要性确定，对于简单场地上的一般建筑，每个建筑地基载荷试验检验点不应少于3点；对于复杂场地或重要建筑地基应增加检验点数。检测结果的评价，应考虑夯点和夯间位置的差异。强夯置换地基单墩载荷试验数量不应少于墩点数的1%，且不少于3点；对饱和粉土地基，当处理后墩间土能形成2.0m以上厚度的硬层时，其地基承载力可通过现场单墩复合地基静载荷试验确定，检验数量不应少于墩点数的1%，且每个建筑载荷试验检验点不应少于3点	2. 查阅质量验收记录 　内容：包括检验批、分项工程验收记录及隐蔽工程验收文件等 　数量：与项目质量验收范围划分表相符
5.5　复合地基的监督检查			
5.5.1	设计前已通过现场试验或试验性施工，确定了设计参数和施工工艺参数	**1.《复合地基技术规范》GB/T 50783—2012** 3.0.1　复合地基设计前，应具备岩土工程勘察、上部结构及基础设计和场地环境等有关资料。 3.0.2　复合地基设计应根据上部结构对地基处理的要求、工程地质和水文地质条件、工期、地区经验和环境保护要求等，提出技术上可行的方案，经过技术经济比较，选用合理的复合地基形式。	查阅试桩检测报告或试桩报告 　设计参数、施工工艺参数：已确定

续表

条款号	大纲条款	检 查 依 据	检查要点
5.5.1	设计前已通过现场试验或试验性施工，确定了设计参数和施工工艺参数	3.0.7　复合地基设计应符合下列规定： 　1　宜根据建筑物的结构类型、荷载大小及使用要求，结合工程地质和水文地质条件、基础形式、施工条件、工期要求及环境条件进行综合分析，并进行技术经济比较，选用一种或几种可行的复合地基方案。 　2　对大型和重要工程，应对已选用的复合地基方案，在有代表性的场地上进行相应的现场试验或试验性施工，并应检验设计参数和处理效果，通过分析比较选择和优化设计方案。 7.1.4　高压旋喷桩复合地基方案确定后，应结合工程情况进行现场试验、试验性施工或根据工程经验确定施工参数及工艺。 8.1.3　对于缺乏灰土挤密法地基处理经验的地区，应在地基处理前，选择有代表性的场地进行现场试验，并应根据试验结果确定设计参数和施工工艺，再进行施工。 8.3.5　夯填施工前，应进行不少于 3 根桩的夯填试验，并应确定合理的填料数量及夯击能量。 9.1.3　夯实水泥土桩复合地基设计前，可根据工程经验，选择水泥品种、强度等级和水泥土配合比，并可初步确定夯实水泥土材料的抗压强度设计值。缺乏经验时，应预先进行配合比试验。 **2.《电力工程地基处理技术规程》DL／T 5024—2005** 5.0.5　地基处理工作的规划和实施，可按下列顺序进行： 　3　结合电力工程初步设计阶段的岩土工程勘测，实施必要的地基处理原体试验，以获得必要的设计参数和合理的施工方案。 **3.《建筑地基处理技术规范》JGJ 79—2012** 7.1.1　复合地基设计前，应在有代表性的场地上进行现场试验或试验性施工，以确定设计参数和处理效果	
5.5.2	复合地基技术方案、施工方案齐全，已审批	**1.《建筑地基基础工程施工质量验收规范》GB 50202—2002** 4.1.4　地基加固工程，应在正式施工前进行试验段施工，论证设定的施工参数及加固效果。为验证加固效果所进行的载荷试验，其加载荷应不低于设计载荷的 2 倍。 **2.《电力工程地基处理技术规程》DL／T 5024—2005** 5.0.5　地基处理工作的规划和实施，可按下列顺序进行： 　3　结合电力工程初步设计阶段的岩土工程勘测，实施必要的地基处理原体试验，以获得必要的设计参数和合理的施工方案。 5.0.12　地基处理的施工应有详细的施工组织设计、施工质量管理和质量保证措施。应有专人负责施工检验与质量监督，做好各项施工记录	1. 查阅复合地基技术方案 审批：手续齐全 内容：论证设定的施工参数及加固效果数据充分 2. 查阅施工方案报审表 审核：监理单位相关责任人已签字 批准：建设单位相关责任人已签字

条款号	大纲条款	检 查 依 据	检查要点
5.5.2	复合地基技术方案、施工方案齐全，已审批		3.查阅施工方案 编、审、批：施工单位相关责任人已签字 施工步骤和工艺参数：与技术方案相符
5.5.3	散体材料复合地基增强体密实，检测报告齐全	**1.《建筑地基基础工程施工质量验收规范》GB 50202—2002** 4.15.1 施工前应检查砂料的含泥量及有机质含量、样桩的位置等。 4.15.2 施工中检查每根砂桩的桩位、灌砂量、标高、垂直度等。 **2.《建筑地基处理技术规范》JGJ 79—2012** 7.1.2 对散体材料复合地基增强体应进行密实度检验； 7.9.11 多桩型复合地基的质量检验应符合下列规定： 3 增强体施工质量检验，对散体材料增强体的检验数量不应少于其总桩数的2%……	1.查阅材料跟踪管理台账 内容：包括砂石等材料的检验报告、使用情况、检验数量符合规范规定 2.查阅散体材料复合地基增强体的密实度检测报告 报告检测结果：密实、连续 报告签章：已加盖CMA章和检测专用章、授权人已签字 委托单签字：见证取样人员已签字且已附资格证书编号 3.查阅散体材料增强体的检验报告 数量：不少于总桩数的2% 报告结论：满足设计和规范要求

续表

条款号	大纲条款	检 查 依 据	检查要点
5.5.4	有粘结强度要求的复合地基增强体的强度及桩身完整性满足设计要求，检测报告齐全	**《建筑地基处理技术规范》JGJ 79—2012** 7.1.2 ……对有粘结强度复合地基增强体应进行强度及桩身完整性检验	查阅强度检测报告和桩身完整性检测报告 结论：符合设计及规范要求 盖章：已加盖 CMA 章和检测专用章 签字：授权人已签字
5.5.5	复合地基承载力及有设计要求的单桩承载力已通过静载荷试验，检测数量符合标准规定，承载力满足设计要求	**1.《复合地基技术规范》GB/T 50783—2012** 3.0.5 复合地基中由桩周土和桩端土提供的单桩竖向承载力和桩身承载力，均应符合设计要求。 **2.《建筑地基处理技术规范》JGJ 79—2012** 7.1.3 复合地基承载力的验收检验应采用复合地基静载荷试验，对有粘结强度的复合地基增强体尚应进行单桩静载荷试验	1. 查阅复合地基承载力的检测报告 结论：符合设计要求 检测数量：符合设计和规范规定 盖章：已加盖 CMA 章和检测专用章 签字：授权人已签字
			2. 查阅有设计要求的单桩承载力静载荷试验报告 结论：符合设计要求 检测数量：符合设计和规范规定 盖章：已加盖 CMA 章和检测专用章 签字：授权人已签字
5.5.6	复合地基增强体单桩的桩位偏差符合标准规定	**《建筑地基处理技术规范》JGJ 79—2012** 7.1.4 复合地基增强体单桩的桩位施工允许偏差：对条形基础的边桩沿轴线方向应为桩径的±1/4，沿垂直轴线方向应为桩径的±1/6，其他情况桩位的施工允许偏差应为桩径的±40%；桩身的垂直度允许偏差应为±1%	1. 查阅复合地基增强体单桩的桩位交接记录 签字：交接双方及监理已签字
			2. 查阅质量检验记录 复合地基增强体单桩的桩位偏差数值：符合规范规定

续表

条款号	大纲条款	检 查 依 据	检查要点
5.5.7	施工参数符合设计要求，施工记录齐全	**1.《电力工程地基处理技术规程》DL/T 5024—2005** 5.0.12 地基处理的施工应有详细的施工组织设计、施工质量管理和质量保证措施。应有专人负责施工检验与质量监督，做好各项施工记录。 **2.《建筑地基处理技术规范》JGJ 79—2012** 3.0.12 地基处理施工中应有专人负责质量控制和监测，并做好各项施工记录；当出现异常情况时，必须及时会同有关部门妥善解决。施工结束后应按国家有关规定进行工程质量检验和验收。 7.1.5 复合地基承载力特征值应通过复合地基静载荷试验或采用增强体静载荷试验结果和其周边土的承载力特征值结合经验确定，初步设计时，可按下列公式计算： 　1 对散体材料增强体复合地基应按（7.1.5-1）式计算； 　2 对有粘结强度增强体复合地基应按（7.1.5-2）式计算； 　3 增强体单桩竖向承载力特征值可按（7.1.5-3）式计算。 7.1.6 有粘结强度复合地基增强体桩身强度应满足式（7.1.6-1）的要求。当复合地基承载力进行基础埋深的深度修正时，增强体桩身强度应满足式（7.1.6-2）的要求。 7.1.7 复合地基变形计算应符合现行国家标准《建筑地基基础设计规范》GB 50007 的有关规定，地基变形计算深度应大于复合土层的深度。复合土层的分层与天然地基相同，各复合土层的压缩模量应等于该层天然地基压缩模量的 ζ 倍，ζ 值可按式（7.1.7）确定。 7.1.8 复合地基的沉降计算经验系数 ψ_s 可根据地区沉降观测资料统计值确定，无经验取值时，可采用表 7.1.8 的数值	1. 查阅施工方案 　质量控制参数：与技术方案一致 2. 查阅施工记录 　内容：包括质量控制参数、必要时的监测记录 　记录数量：与验收记录相符 3. 查阅质量问题台账 　内容：问题、处理结果、责任人 　处置过程记录：方案和验收资料齐全
5.5.8	施工质量的检验项目、方法、数量符合标准规定，检验结果满足设计要求，质量验收记录齐全	**1.《建筑地基基础工程施工质量验收规范》GB 50202—2002** 4.1.2 砂、石子、水泥、钢材、石灰、粉煤灰等原材料的质量、检验项目、批量和检验方法应符合国家现行标准的规定。 4.1.3 地基施工结束，宜在一个间歇期后，进行质量验收，间歇期由设计确定。 8.0.1 分项工程、分部（子分部）工程质量的验收，均应在施工单位自检合格的基础上进行。施工单位确认自检合格后提出工程验收申请，工程验收时应提供下列技术文件和记录： 　1 原材料的质量合格证和质量鉴定文件； 　3 施工记录及隐蔽工程验收文件； 　4 检测试验及见证取样文件； 　5 其他必须提供的文件或记录。 **2.《复合地基技术规范》GB/T 50783—2012** 6.4.1 深层搅拌桩施工过程中应随时检查施工记录和计量记录，并应对照规定的施工工艺对每根桩进行质量评定，应对固化剂用量、桩长、搅拌头转数、提升速度、复搅次数、复搅深度以及停浆处理方法等进行重点检查。	1. 查阅质量检验记录 　检验项目：包括复合地基承载力、有要求时的单桩承载力、散体材料桩的桩身质量、有粘结强度要求桩的桩身完整性检测符合设计要求和规范规定 　检验方法：采用静载试验、动力触探、低应变法等符合规范规定 　检验数量：符合设计和规范规定

条款号	大纲条款	检 查 依 据	检查要点
5.5.8	施工质量的检验项目、方法、数量符合标准规定，检验结果满足设计要求，质量验收记录齐全	6.4.2 深层搅拌桩的施工质量检验数量应符合设计要求，并应符合下列规定： 1 成桩7d后，应采用浅部开挖桩头，深度宜超过停浆（灰）面下0.5m，应目测检查搅拌的均匀性，并应量测成桩直径； 2 成桩28d后，应用双管单动取样器钻取芯样做抗压强度检验和桩体标准贯入检验； 3 成桩28d后，可按本规范附录A的有关规定进行单桩竖向抗压载荷试验。 6.4.3 深层搅拌桩复合地基工程验收时，应按本规范附录A的有关规定进行复合地基竖向抗压载荷试验。载荷试验应在桩体强度满足试验荷载条件，宜在成桩28d后进行。检验数量应符合设计要求。 7.2.2 旋喷桩主要用于承受竖向荷载时，其平面布置可根据上部结构和基础特点确定。独立基础下的桩数不宜少于3根。 7.4.1 高压旋喷桩施工过程中应随时检查施工记录和计量记录，并应对照规定的施工工艺对每根桩进行质量评定。 7.4.2 高压旋喷桩复合地基检测与检验可根据工程要求和当地经验采用开挖检查、取芯、标准贯入、载荷试验等方法进行检验，并应结合工程测试及观测资料综合评价加固效果。 7.4.4 高压旋喷桩复合地基工程验收时，应按本规范附录A的有关规定进行复合地基竖向抗压载荷试验。载荷试验应在桩体强度满足试验荷载条件，并宜在成桩28d后进行。检验数量应符合设计要求。 17.3.1 复合地基检测内容应根据工程特点确定，宜包括复合地基承载力、变形参数、增强体质量、桩间土和下卧土层变化等。复合地基检测内容和要求应由设计单位根据工程具体情况确定，并应符合下列规定： 1 复合地基检测应注重竖向增强体质量检验； 2 具有挤密效果的复合地基，应检测桩间土挤密效果。 17.3.3 施工人员应根据检测目的、工程特点和调查结果，选择检测方法，制订检测方案，宜采用不少于两种检测方法进行综合质量检验，并应符合先简后繁、先粗后细、先面后点的原则。 17.3.4 抽检比例、质量评定等均应以检验批为基准，同一检验批的复合地基地质条件应相近，设计参数和施工工艺应相同，应根据工程特点确定抽检比例，但每个检验批的检验数量不得小于3个。 17.3.6 复合地基检测抽检位置的确定应符合下列规定： 1 施工出现异常情况的部位； 2 设计认为重要的部位； 3 局部岩土特性复杂可能影响施工质量的部位； 4 当采用两种或两种以上检测方法时，应根据前一种方法的检测结果确定后一种方法的检测位置； 5 同一检验批的抽检位置宜均匀分布。	2. 查阅质量验收记录 内容：包括检验批、分项工程验收记录及隐蔽工程验收文件等 数量：与项目质量验收范围划分表相符

条款号	大纲条款	检 查 依 据	检查要点
5.5.8	施工质量的检验项目、方法、数量符合标准规定，检验结果满足设计要求，质量验收记录齐全	**3.《建筑地基处理技术规范》JGJ 79—2012** 7.1.9 处理后的复合地基承载力，应按本规范附录 B 的方法确定；复合地基增强体的单桩承载力，应按本规范附录 C 的方法确定。 8.0.11 试验点的数量不应少于 3 点，当满足其极差不超过平均值的 30%时，可取其平均值为复合地基承载力特征值。当极差超过平均值的 30%时，应分析离差过大的原因，需要时应增加试验数量，并结合工程具体情况确定复合地基承载力特征值。工程验收时应视建筑物结构、基础形式综合评价，对于桩数少于 5 根的独立基础或桩少于 3 排的条形基础，复合地基承载力特征值应取最低值。 9.0.11 将单桩极限承载力除以安全系数 2，为单桩承载力特征值	
5.5.9	振冲碎石桩和沉管碎石桩等符合以下要求		
（1）	原材料质量证明文件齐全	**1.《建筑地基基础工程施工质量验收规范》GB 50202—2002** 4.1.2 砂、石子、水泥、钢材、石灰、粉煤灰等原材料的质量、检验项目、批量和检验方法，应符合国家现行标准的规定。 **2.《电力建设施工技术规范 第 1 部分：土建结构工程》DL 5190.1—2012** 3.0.2 工程所用主要原材料、半成品、构（配）件、设备等产品，进入施工现场时应按规定进行现场检验或复验，合格后方可使用，有见证取样检测要求的应符合国家现行有关标准的规定。对工程所用的水泥、钢筋等主要材料应进行跟踪管理。 **3.《电力建设施工质量验收及评价规程 第 1 部分：土建工程》DL/T 5210.1—2012** 3.0.1 涉及结构安全的试块、试件以及有关材料，应按规定进行见证取样检测。 18.3.1 地基及桩基工程质量记录应评价的内容包括： 　1 材料、预制桩合格证（出厂试验报告）、进场验收记录及水泥、钢筋复验报告。 　3 施工试验： 　　1）各种地基材料的配合比试验报告。 **4.《建筑地基处理技术规范》JGJ 79—2012** 3.0.11 地基处理所采用的材料，应根据场地类别符合有关标准对耐久性设计与使用的要求	查阅碎石试验检测报告和试验委托单 报告检测结果：合格 盖章：已加盖 CMA 章和检测专用章 签字：授权人已签字 委托单签字：见证取样人员已签字且已附资格证书编号 代表数量：与进场数量相符
（2）	施工工艺与设计（施工）方案一致	**《建筑地基处理技术规范》JGJ 79—2012** 3.0.12 施工技术人员应掌握所承担工程的地基处理目的，加固原理，技术要求和质量标准等。施工中应有专人负责质量控制和监测，并做好施工记录。 7.2.1 振冲碎石桩、沉管砂石桩复合地基处理应符合下列规定：	查阅施工方案 施工工艺：与设计方案一致 施工前适用性试验：

条款号	大纲条款	检 查 依 据	检查要点
（2）	施工工艺与设计（施工）方案一致	2　对大型的、重要的或场地地层复杂的工程，以及对于处理不排水抗剪强度不小于 20kPa 的饱和黏性土和黄土地基，应在施工前通过现场试验确定其适用性。 3　不加填料振冲挤密法适用于处理黏粒含量不大于 10％的中砂、粗砂地基，在初步设计阶段宜进行现场工艺试验，确定不加填料振密的可行性，确定孔距、振密电流值、振冲水压力、振后砂层的物理学指标等施工参数；30kW 振冲器振密深度不宜超过 7m，75kW 振冲器振密深度不宜超过 15m	已完成，试验过程及试验数据真实、可靠 适用性试验：结论明确，已经设计、监理、建设单位确认
（3）	地基承载力检测数量符合标准规定，检测报告结论满足设计要求	《建筑地基基础工程施工质量验收规范》GB 50202—2002 4.1.5　对灰土地基、砂和砂石地基、土工合成材料地基、粉煤灰地基、强夯地基、注浆地基、预压地基，其竣工后的结果（地基强度或承载力）必须达到设计要求的标准	查阅地基承载力检测报告 结论：符合设计要求 检验数量：符合设计和规范要求 盖章：已加盖 CMA 章和检测专用章 签字：授权人已签字
（4）	施工参数符合设计要求，施工记录齐全	1.《电力工程地基处理技术规程》DL/T 5024—2005 5.0.12　地基处理的施工应有详细的施工组织设计、施工质量管理和质量保证措施。应有专人负责施工检验与质量监督，做好各项施工记录。 2.《建筑地基处理技术规范》JGJ 79—2012 3.0.12　地基处理施工中应有专人负责质量控制和监测，并做好各项施工记录。 7.2.2　振冲碎石桩、沉管砂石桩复合地基设计应符合下列规定： 1　地基处理范围应根据建筑物的重要性和场地条件确定，宜在基础外缘扩大（1～3）排桩。对可液化地基，在基础外缘扩大宽度不应小于基底下可液化土层厚度的 1/2，且不应小于 5m。 2　桩位布置，对大面积满堂基础和独立基础，可采用三角形、正方形、矩形布桩；对条形基础，可沿基础轴线采用单排布桩或对称轴线多排布桩。 3　桩径可根据地基土质情况、成桩方式和成桩设备等因素确定桩的平均直径可按每根桩所用填料量计算。振冲碎石桩桩径宜为 800mm～1200mm；沉管砂石桩桩径宜为 300mm～800mm。 4　桩间距应通过现场试验确定，并应符合下列规定。 1）振冲碎石桩的桩间距应根据上部结构荷载大小和场地土层情况，并结合所采用的振冲器功率大小综合考虑；30kW 振冲器布桩间距可采用 1.3m～2.0m，55kW 振冲器布桩间距可采用 1.4m～2.5m，75kW 振冲器布桩间距可采用 1.5m～3.0m；不加填料振冲挤密孔距可为 2m～3m。	1. 查阅施工方案 桩位布置，桩长、桩径、桩距，振冲桩桩体材料、振冲电流、留振时间质量控制参数：符合技术方案 2. 查阅施工记录 内容：包括桩位布置，桩长、桩径、桩距，振冲桩桩体材料、振冲电流、留振时间等 记录数量：与验收记录相符

条款号	大纲条款	检 查 依 据	检查要点
（4）	施工参数符合设计要求，施工记录齐全	2）沉管砂石桩的桩间距，不宜大于砂石桩直径的 4.5 倍；初步设计时，对松散粉土和砂土地基，应根据挤密后要求达到的孔隙比确定，可按公式 7.2.2-1、7.2.2-2、7.2.2-3 估算。 5　桩长可根据工程要求和工程地质条件，通过计算确定并应符合下列规定： 1）当相对硬土层埋深较浅时，可按相对硬层埋深确定。 2）当相对硬土层埋深较大时，应按建筑物地基变形允许值确定。 3）对按稳定性控制的工程，桩长应不小于最危险滑动面以下 2.0m 的深度。 4）对可液化的地基，桩长应按要求处理液化的深度确定。 5）桩长不宜小于 4m。 6　振冲桩桩体材料可采用含泥量不大于 5% 的碎石、卵石、矿渣或其他性能稳定的硬质材料，不宜使用风化易碎的石料。对 30kW 振冲器，填料粒径宜为 20mm～80mm；对 55kW 振冲器，填料粒径宜为 30mm～100mm；对 75kW 振冲器，填料粒径宜为 40mm～150mm。沉管桩桩体材料可用含泥量不大于 5% 的碎石、卵石、角砾、粗砂、中砂或石屑等硬质材料，最大粒径不宜大于 50mm。 7　桩顶和基础之间宜铺设厚度为 300mm～500mm 的垫层，垫层材料宜用中砂、粗砂、级配砂石和碎石等，最大粒径不宜大于 30mm，其夯填度（夯实后的厚度与虚铺厚度的比值）不应大于 0.9。 8　复合地基的承载力初步设计可按本规范（7.1.5-1）式估算，处理后桩间土承载力特征值，可按地区经验确定，如无经验时，对于一般黏性土地基，可按地区经验确定，如无经验时，对于一般黏性土地基，可取天然地基承载力特征值，松散的砂土、粉土可取原天然地基承载力特征值的（1.2～1.5）倍；复合地基桩土应力比 n，宜采用实测值确定，如无实测资料时，对于黏性土可取 2.0～4.0，对于砂土、粉土可取 1.5～3.0。 9　复合地基变形计算应符合本规范第 7.1.7 条和第 7.1.8 条的规定。 10　对处理堆载场地地基，应进行稳定性验算。 7.2.3　振冲碎石桩施工应符合下列规定： 1　振冲施工可根据设计荷载的大小、原土强度的高低、设计桩长等条件选用不同功率的振冲器。施工前应在现场进行试验，以确定水压、振密电流和留振时间等各种施工参数。 2　升降振冲器的机械可用起重机、自行井架式施工平车或其他合适的设备。施工设备应配有电流、电压和留振时间自动信号仪表。 3　振冲施工可按下列步骤进行： 1）清理平整施工场地，布置桩位。 2）施工机具就位，使振冲器对准桩位。 3）启动供水泵和振冲器，水压宜为 200kPa～600kPa，水量宜为 200L/min～400L/min，将振冲器徐徐沉入土中，造孔速度宜为 0.5m/min～2.0m/min，直至达到设计深度；记录振冲器经各深度的水压、电流和留振时间。	

续表

条款号	大纲条款	检 查 依 据	检查要点
（4）	施工参数符合设计要求，施工记录齐全	4）造孔后边提升振冲器，边冲水直至孔口，再放至孔底，重复（2～3）次扩大孔径并使孔内泥浆变稀，开始填料制桩。 5）大功率振冲器投料可不提出孔口，小功率振冲器下料困难时，可将振冲器提出孔口填料，每次填料厚度不宜大于500mm；将振冲器沉入填料中进行振密制桩，当电流达到规定的密实电流值和规定的留振时间后，将振冲器提升300mm～500mm。 6）重复以上步骤，自下而上逐段制作桩体直至孔口，记录各段深度的填料量、最终电流值和留振时间。 7）关闭振冲器和水泵。 4 施工现场应事先开设泥水排放系统，或组织好运浆车辆将泥浆运至预先安排的存放地点，应设置沉淀池，重复使用上部清水。 5 桩体施工完毕后，应将顶部预留的松散桩体挖除，铺设垫层并压实。 6 不加料振冲加密宜采用大功率振冲器，造孔速度宜为8m/min～10m/min，到达设计深度后，宜将射水量减至最小，留振至密实电流达到规定时，上提0.5m，逐段振密直至孔口，每米振密时间约1min。在粗砂中施工，如遇下沉困难，可在振冲器两侧增焊辅助水管，加大造孔水量，降低造孔水压。 7 振密孔施工顺序，宜沿直线逐点逐行进行。 7.2.4 沉管砂石桩施工应符合下列规定： 1 砂石桩施工可采用振动沉管、锤击沉管或冲击成孔等成桩法。当用于消除粉细砂及粉土液化时，宜用振动沉管成桩法。 2 施工前应进行成桩工艺和成桩挤密试验。当成桩质量不能满足设计要求时，应调整施工参数后，重新进行试验或设计。 3 振动沉管成桩法施工，应根据沉管和挤密情况，控制填砂石量、提升高度和速度、挤压次数和时间、电机的工作电流等。 4 施工中应选用能顺利出料和有效挤压桩孔内砂石料的桩尖结构。当采用活瓣桩靴时，对砂土和粉土地基宜选用尖锥形；一次性桩尖可采用混凝土锥形桩尖。 5 锤击沉管成桩法施工可采用单管法或双管法。锤击法挤密应根据锤击能量，控制分段的填砂石量和成桩的长度。 6 砂石桩桩孔内材料填量，应通过现场试验确定，估算时，可按设计桩孔体积乘以充盈系数确定，充盈系数可取1.2～1.4。 7 砂石桩的施工顺序：对砂土地基宜从外围或两侧向中间进行。 8 施工时桩位偏差不应大于套管外径的30%，套管垂直度允许偏差应为±1%。 9 砂石桩施工后，应将表层的松散层挖除或夯压密实，随后铺设并压实砂石垫层	

条款号	大纲条款	检 查 依 据	检查要点
(5)	施工质量的检验项目、方法、数量符合标准规定，检验结果满足设计要求，质量验收记录齐全	**1.《建筑地基基础工程施工质量验收规范》GB 50202—2002** 4.1.2 砂、石子、水泥、钢材、石灰、粉煤灰等原材料的质量、检验项目、批量和检验方法应符合国家现行标准的规定。 4.1.3 地基施工结束，宜在一个间歇期后，进行质量验收，间歇期由设计确定。 4.1.5 对灰土地基、砂和砂石地基、土工合成材料地基、粉煤灰地基、强夯地基、注浆地基、预压地基，其竣工后的结果（地基强度或承载力）必须达到设计要求的标准。检验数量，每单位工程不应少于3点，1000m² 以上工程，每100m² 至少应有1点，3000m² 以上工程，每300m² 至少应有1点。每一独立基础下至少应有1点，基槽每20延米应有1点。 8.0.1 分项工程、分部（子分部）工程质量的验收，均应在施工单位自检合格的基础上进行。施工单位确认自检合格后提出工程验收申请，工程验收时应提供下列技术文件和记录： 　1 原材料的质量合格证和质量鉴定文件； 　2 半成品如预制桩、钢桩、钢筋笼等产品合格证书； 　3 施工记录及隐蔽工程验收文件； 　4 检测试验及见证取样文件； 　5 其他必须提供的文件或记录。 **2.《建筑地基处理技术规范》JGJ 79—2012** 7.2.5 振冲碎石桩、沉管砂石桩复合地基的质量检验应符合下列规定： 　1 检查各项施工记录，如有遗漏或不符合要求的桩，应补桩或采取其他有效的补救措施。 　2 施工后，应间隔一定时间方可进行质量检验。对粉质黏土地基不宜少于21d，对粉土地基不宜少于14d，对砂土和杂填土地基不宜少于7d。 　3 施工质量的检验，对桩体可采用重型动力触探试验；对桩间土可采用标准贯入、静力触探、动力触探或其他原位测试等方法；对消除液化的地基检验应采用标准贯入试验。桩间土质量的检测位置应在等边三角形或正方形的中心。检验深度不应小于处理地基深度，检测数量不应少于桩孔总数的2%。 7.2.6 竣工验收时，地基承载力检验应采用复合地基静载荷试验，试验数量不应少于总桩数的1%，且每个单体建筑不应少于3点	1. 查阅质量检验记录 　检验项目：包括原材料、桩体、桩间土质量符合设计和规范要求 　检验方法：包括桩间土采用标准贯入、静力触探、动力触探或其他原位测试；对消除液化的地基检验采用标准贯入试验，符合规范规定 　施工后质量检验时间：符合地基土质对时间间隔要求 　检验数量：符合规范规定 2. 查阅质量验收记录 　内容：符合规范规定
5.5.10	水泥土搅拌桩符合以下要求		
(1)	原材料质量证明文件齐全	**1.《混凝土结构工程施工质量验收规范》GB 50204—2015** 7.2.1 水泥进场时，应对其品种、代号、强度等级、包装或散装编号、出厂日期等进行检查，并应对	1. 查阅水泥、掺合料、外加剂进场验收记录

条款号	大纲条款	检 查 依 据	检查要点
（1）	原材料质量证明文件齐全	水泥的强度、安定性和凝结时间进行检验，检验结果应符合现行国家标准《通用硅酸盐水泥》GB 175 的相关规定。 　　检查数量：按同一厂家、同一品种、同一代号、同一强度等级、同一批号且连续进场的水泥，袋装不超过 200t 为一批，散装不超过 500t 为一批，每批抽样不少于一次。 　　检验方法：检查质量证明文件和抽样检验报告。 **2.《复合地基技术规范》GB／T 50783—2012** 6.2.1　固化剂宜选用强度等级为 42.5 级及以上的水泥或其他类型的固化剂；外掺剂可根据设计要求和土质条件选用具有早强、缓凝、减水以及节省水泥等作用的材料，且应避免污染环境。 **3.《电力建设施工质量验收及评价规程　第 1 部分：土建工程》DL／T 5210.1—2012** 3.0.1　涉及结构安全的试块、试件以及有关材料，应按规定进行见证取样检测。 18.3.1　地基及桩基工程质量记录应评价的内容包括： 　　1　材料、预制桩合格证（出厂试验报告）、进场验收记录及水泥、钢筋复验报告。 　　3　施工试验： 　　　1）各种地基材料的配合比试验报告； **4.《建筑地基处理技术规范》JGJ 79—2012** 7.3.1　水泥土搅拌桩复合地基处理应符合下列规定： 　　5　增强体的水泥掺量不应小于 12%，块状加固时水泥掺量不应小于加固天然土质量的 7%；湿法的水泥浆水灰比可取 0.5~0.6。 　　6　水泥土搅拌桩复合地基宜在基础和桩之间设置褥垫层，厚度可取 200mm~300mm。褥垫层材料可选用中砂、粗砂、级配砂石等，最大粒径不宜大于 20mm。褥垫层的夯填度不应大于 0.9	内容：包括出厂合格证（出厂试验报告），材料进场时间、批次、数量、规格等相应性能指标 2. 查阅材料跟踪管理台账 　内容：包括水泥、掺合料、外加剂等材料合格证、复试报告、使用情况、检验数量 3. 查阅水泥、掺合料、外加剂试验检测报告和试验委托单 　报告检测结果：合格 　报告盖章：已加盖 CMA 章和检测专用章 　报告签字：授权人已签字 　委托单签字：见证取样人员已签字且已附资格证书编号 　代表数量：与进场数量相符
（2）	施工工艺与设计（施工）方案一致	**1.《复合地基技术规范》GB／T 50783—2012** 6.1.1　深层搅拌桩可采用喷浆搅拌法或喷粉搅拌法施工。当地基土的天然含水量小于 30% 或黄土含水量小于 25% 时不宜采用喷粉搅拌法。 6.1.4　确定处理方案前应搜集拟处理区域内详尽的岩土工程资料。 6.2.1　固化剂宜选用强度等级为 42.5 级及以上的水泥或其他类型的固化剂。固化剂掺入比应根据设计要求的固化土强度经室内配比试验确定。 6.3.1　深层搅拌桩施工现场应预先平整，应清除地上和地下的障碍物。遇有明洪、池塘及洼地时……不得回填杂填土或生活垃圾。	1. 查阅施工方案 　施工工艺：与设计方案一致

条款号	大纲条款	检 查 依 据	检查要点
（2）	施工工艺与设计（施工）方案一致	6.3.3　深层搅拌桩的喷浆（粉）量和搅拌深度应采用经国家计量部门认证的监测仪器进行自动记录。 6.3.4　搅拌头翼片的枚数、宽度与搅拌轴的垂直夹角，搅拌头的回转数，搅拌头的提升速度应相互匹配。加固深度范围内土体任何一点均应搅拌 20 次以上。 6.3.5　成桩应采用重复搅拌工艺，全桩长上下应至少重复搅拌一次。 6.3.6　深层搅拌桩施工时，停浆（灰）面应高于桩顶设计标高 300mm～500mm。在开挖基时，应将搅拌桩顶端施工质量较差的桩段用人工挖除。 6.3.8　深层搅拌桩施工应根据喷浆搅拌法和喷粉搅拌法施工设备的不同，按下列步骤进行： 　　1　深层搅拌机械就位、调平。 　　2　预搅下沉至设计加固深度。 　　3　边喷浆（粉）、边搅拌提升直至预定的停浆（灰）面。 　　4　重复搅拌下沉至设计加固深度。 　　5　根据设计要求，喷浆（粉）或仅搅拌提升直至预定的停浆（灰）面。 　　6　关闭搅拌机械。 6.3.9　喷浆搅拌法施工时，……应使搅拌提升速度与输浆速度同步，同时应根据设计要求通过工艺性成桩试验确定施工工艺。 6.3.10　喷浆搅拌法施工时，所使用的水泥应过筛，制备好的浆液不得离析，泵送应连续。 6.3.13　喷粉施工前应仔细检查搅拌机械、供粉泵、送（粉）管路、接头和阀门的密封性、可靠性。送气（粉）管路的长度不宜大于 60m。 6.3.14　搅拌头每旋转一周，其提升高度不得超过 16mm。 6.3.15　成桩过程中因故停止喷粉，应将搅拌头下沉至停灰面以下 1m 处，并应待恢复喷粉时再喷粉搅拌提升。 6.3.16　需在地基土天然含水量小于 30％土层中喷粉成桩时，应采用地面注水搅拌工艺。 **2.《建筑地基处理技术规范》JGJ 79—2012** 7.3.2　水泥土搅拌桩用于处理泥炭土、有机质土、pH 值小于 4 的酸性土、塑性指标大于 25 的黏土，或在腐蚀性环境中以及无工程经验的地区使用时，必须通过现场和室内试验确定其适用性。 7.3.5　水泥土搅拌桩施工应符合下列规定： 　　2　水泥土搅拌桩施工前，应根据设计进行工艺性试桩，数量不得少于 3 根，多轴搅拌施工不得少于 3 组。应对工艺试桩的质量进行检查，确定施工参数。 7.3.6　水泥土搅拌桩干法施工机械必须配置经国家计量部门确认的具有能瞬时检测并记录出粉体计量装置及搅拌深度自动记录仪。 **3.《深层搅拌法技术规范》DL/T 5425—2009** 6.5.9　施工记录应有专人负责，施工记录格式可参见附录 B。	2. 查阅喷浆（粉）、搅拌深度监测仪器检定报告 　　监测仪器：已经国家计量部门认证 　　性能：可瞬间自动记录喷浆（粉）量、搅拌深度

条款号	大纲条款	检 查 依 据	检查要点
(2)	施工工艺与设计（施工）方案一致	7.0.11 施工过程中应详细记录搅拌钻头每米下沉（提升）时间、注浆与停泵的时间。记录深度误差不得大于50mm，时间误差不得大于5s。 7.0.12 施工记录应及时、准确、完整、清晰	
(3)	对变形有严格要求的工程，采用钻取芯样做水泥土抗压强度检验，检验数量、检测结果符合标准规定	**1.《建筑地基基础工程施工质量验收规范》GB 50202—2002** 4.11.4 拌桩应取样进行强度检验时，对承重水泥土搅拌桩应取90d后的试件；对支护水泥土搅拌桩应取28d后的试件。 **2.《建筑地基处理技术规范》JGJ 79—2012** 7.3.7 水泥土搅拌桩复合地基质量检验应符合下列规定： 　　4 对变形有严格要求的工程，应在成桩28d后，采用双管单动取样器钻取芯样作水泥土抗压强度检验，检验数量为施工总桩数的0.5%，且不少于6点	1. 查阅取芯施工记录 内容：芯样检验数量、检测时间和结果符合设计要求和规范规定 2. 查阅水泥土抗压强度检测报告和试验委托单 报告检测结果：合格 报告签章：已加盖CMA章和检测专用章、授权人已签字 委托单签字：见证取样人员已签字且已附资格证书编号
(4)	地基承载力检测数量符合标准规定，检测报告结论满足设计要求	**1.《复合地基技术规范》GB/T 50783—2012** 3.0.5 复合地基中由桩周土和桩端土提供的单桩竖向承载力和桩身承载力，均应符合设计要求。 **2.《建筑地基处理技术规范》JGJ 79—2012** 7.3.7 水泥土搅拌桩复合地基质量检验应符合下列规定： 　　3 静载荷试验宜在成桩28d后进行。水泥土搅拌桩复合地基承载力检验应采用复合地基静载荷试验和单桩静载荷试验，验收检验数量不少于总桩数的1%，复合地基静载荷试验数量不少于3台（多轴搅拌为3组）	查阅地基承载力检测报告 结论：复合地基和单桩承载力符合设计要求 检验数量：符合设计和规范要求 盖章：已加盖CMA章和检测专用章 签字：授权人已签字
(5)	施工参数符合设计要求，施工记录齐全	**《复合地基技术规范》GB/T 50783—2012** 6.3.7 施工中应保持搅拌桩机底盘水平和导向架竖直，搅拌桩垂直度的允许偏差为1%；桩位的允许偏差为50mm；成桩直径和桩长不得小于设计值。 6.3.9 喷浆搅拌法施工前应确定灰浆泵输浆量、灰浆经输浆管到达搅拌机喷浆口的时间和起吊等施工参数，宜用流量泵控制输浆速度，注浆泵出口压力应保持在0.4MPa～0.6MPa。	1. 查阅施工方案 灰浆泵输浆量、设备提升速度、注浆泵出口压等质量控制参数：符合技术方案

条款号	大纲条款	检 查 依 据	检查要点
(5)	施工参数符合设计要求，施工记录齐全	6.3.10 喷浆搅拌法施工时拌制水泥浆液的罐数、水泥和外掺剂用量以及泵送浆液的时间等，应有专人记录。 6.3.11 搅拌机喷浆提升的速度和次数应符合施工工艺的要求，并应有专人记录。 6.3.12 当水泥浆液到达出浆口后，应喷浆搅拌 30s，应在水泥浆与桩端土充分搅拌后，再开始提升搅拌头	2. 查阅施工记录 内容：包括灰浆泵输浆量、设备提升速度、注浆泵出口压等 记录数量：与验收记录相符
(6)	施工质量的检验项目、方法、数量符合标准规定，检验结果满足设计要求，质量验收记录齐全	**1.《建筑地基基础工程施工质量验收规范》GB 50202—2002** 4.11.5 水泥土搅拌桩地基质量检验标准应符合表 4.11.5 的规定。 **2.《建筑地基处理技术规范》JGJ 79—2012** 7.3.7 水泥土搅拌桩复合地基质量检验应符合下列规定： 　2 水泥土搅拌桩的施工质量检验可采用下列方法： 　1）成桩 3d 内，采用轻型动力触探（N10）检查上部桩身的均匀性，检验数量为施工总桩数的 1%，且不少于 3 根； 　2）成桩 7d 后，采用浅部开挖桩头进行检查，开挖深度宜超过停浆（灰）面下 0.5m，检查搅拌的均匀性，量测成桩直径，检查数量不少于总桩数的 5%。 　3 静载荷试验宜在成桩 28d 后进行。水泥土搅拌桩复合地基承载力检验应采用复合地基静载荷试验和单桩静载荷试验，验收检验数量不少于总桩数的 1%，复合地基静载荷试验数量不少于 3 台（多轴搅拌为 3 组）。 　4 对变形有严格要求的工程，应在成桩 28d 后，采用双管单动取样器钻取芯样作水泥土抗压强度检验，检验数量为施工总桩数的 0.5%，且不少于 6 点。 7.3.8 基槽开挖后，应检验桩位、桩数与桩顶桩身质量，如不符合设计要求，应采取有效补强措施	1. 查阅质量检验记录 检验项目：包括水泥用量、桩底标高、桩顶标高、桩位、桩径等偏差，符合设计要求和规范规定 检验方法：包括成桩 3d 内，采用轻型动力触探（N10）；成桩 7d 后，采用浅部开挖桩头进行检查等，符合规范规定 检验数量：符合设计和规范规定 2. 查阅质量验收记录 内容：包括检验批、分项工程验收记录及隐蔽工程验收文件等，验收合格 数量：与项目质量验收范围划分表相符
5.5.11	旋喷桩复合地基符合以下要求		

续表

条款号	大纲条款	检 查 依 据	检查要点
（1）	原材料质量证明文件齐全	**1.《混凝土结构工程施工质量验收规范》GB 50204—2015** 7.2.1　水泥进场时，应对其品种、代号、强度等级、包装或散装编号、出厂日期等进行检查，并应对水泥的强度、安定性和凝结时间进行检验，检验结果应符合现行国家标准《通用硅酸盐水泥》GB 175 的相关规定。 　　检查数量：按同一厂家、同一品种、同一代号、同一强度等级、同一批号且连续进场的水泥，袋装不超过 200t 为一批，散装不超过 500t 为一批，每批抽样不少于一次。 　　检验方法：检查质量证明文件和抽样检验报告。 **2.《电力建设施工质量验收及评价规程　第 1 部分：土建工程》DL/T 5210.1—2012** 3.0.1　涉及结构安全的试块、试件以及有关材料，应按规定进行见证取样检测。 18.3.1　地基及桩基工程质量记录应评价的内容包括： 　　1　材料、预制桩合格证（出厂试验报告）、进场验收记录及水泥、钢筋复验报告。 　　3　施工试验： 　　　1）各种地基材料的配合比试验报告。 **3.《建筑地基处理技术规范》JGJ 79—2012** 7.4.6　旋喷桩复合地基宜在基础和桩顶之间设置褥垫层。褥垫层厚度宜为 150mm～300mm，褥垫层材料可选用中砂、粗砂和级配砂石等，褥垫层最大粒径不宜大于 20mm。褥垫层的夯填度不应大于 0.9。 7.4.8　旋喷桩施工应符合下列规定： 　　3　旋喷注浆，宜采用强度等级为 42.5 级的普通硅酸盐水泥，可根据需要加入适量的外加剂及掺合料。外加剂和掺合料的用量，应通过试验确定。 　　4　水泥浆液的水灰比宜为 0.8～1.2	1. 查阅水泥、掺合料、外加剂进场验收记录 　内容：包括出厂合格证（出厂试验报告）、材料进场时间、批次、数量、规格、相应性能指标 2. 查阅材料跟踪管理台账 　内容：包括水泥、掺合料、外加剂等材料的合格证、复试报告、使用情况、检验数量，可追溯 3. 查阅水泥、掺合料、外加剂试验检测报告和试验委托单 　报告检测结果：合格 　报告签章：已加盖 CMA 章和检测专用章、授权人已签字 　委托单签字：见证取样人员已签字且已附资格证书编号 　代表数量：与进场数量相符
（2）	施工工艺与设计（施工）方案一致	**1.《复合地基技术规范》GB/T 50783—2012** 7.1.4　高压旋喷桩复合地基方案确定后，应结合工程情况进行现场试验、试验性施工或根据工程经验确定施工参数及工艺。 7.3.1　施工前应根据现场环境和地下埋设物位置等情况，复核设计孔位。 7.3.3　高压旋喷水泥土桩施工应按下列步骤进行：	查阅施工方案 　施工工艺：与设计方案一致

续表

条款号	大纲条款	检查依据	检查要点
(2)	施工工艺与设计（施工）方案一致	1 高压旋喷机械就位、调平。 2 贯入喷射管至设计加固深度。 3 喷射注浆，边喷射、边提升，根据设计要求，喷射提升直至预定的停喷面。 4 拔管及冲洗，移位或关闭施工机械。 **2.《建筑地基处理技术规范》JGJ 79—2012** 7.4.8 旋喷桩施工应符合下列规定： 9 在旋喷注浆过程中出现压力骤然下降、上升或冒浆异常时，应查明原因并及时采取措施。 10 旋喷注浆完毕，应迅速拔出喷射管。为防止浆液凝固收缩影响桩顶高程，可在原孔位采用冒浆回灌或第二次注浆等措施。 11 施工中应做好废泥浆处理，及时将废泥浆运出或在现场短期堆放后作土方运出。 12 施工中应严格按照施工参数和材料用量施工，用浆量和提升速度应采用自动记录装置，并做好各项施工记录	
(3)	地基承载力检测数量符合标准规定，检测报告结论满足设计要求	**1.《复合地基技术规范》GB/T 50783—2012** 7.4.4 高压旋喷桩复合地基工程验收时，应按本规范附录A的有关规定进行复合地基竖向抗压载荷试验。载荷试验应在桩体强度满足试验荷载条件，并宜在成桩28d后进行。检验数量应符合设计要求。 **2.《建筑地基处理技术规范》JGJ 79—2012** 7.4.10 竣工验收时，旋喷桩复合地基承载力检验应采用复合地基静载荷试验和单桩静载荷试验。检验数量不得少于总桩数的1%，且每个单体工程复合地基静载荷试验的数量不得少于3根	查阅地基承载力检测报告 结论：复合地基和单桩承载力符合设计要求 检验数量：符合设计和规范要求 盖章：已加盖CMA章和检测专用章 签字：授权人已签字
(4)	施工参数符合设计要求，施工记录齐全	**1.《复合地基技术规范》GB/T 50783—2012** 7.4.1 高压旋喷桩施工过程中应随时检查施工记录和计量记录，并应对照规定的施工工艺对每根桩进行质量评定。 **2.《建筑地基处理技术规范》JGJ 79—2012** 7.4.8 旋喷桩施工应符合下列规定： 2 单管法、双管法高压水泥浆和三管法高压水的压力应大于20MPa，流量应大于30L/min，气流压力宜大0.7MPa，提升速度宜为0.1m/min～0.2m/min。 3 旋喷注浆，宜采用强度等级为42.5级的普通硅酸盐水泥，可根据需要加入适量的外加剂及掺合料。外加剂和掺合料的用量，应通过试验确定。 4 水泥浆液的水灰比宜为0.8～1.2	1. 查阅施工方案 质量控制参数：包括水灰比、灰浆泵输浆量、设备提升速度、注浆泵出口压力等，符合技术方案 2. 查阅施工记录 内容：包括水灰比、灰浆泵输浆量、设备提升速度、注浆泵出口压力等 记录数量：与验收记录相符

条款号	大纲条款	检查依据	检查要点
(5)	施工质量的检验项目、方法、数量符合标准规定、检验结果满足设计要求，质量验收记录齐全	**1.《建筑地基基础工程施工质量验收规范》GB 50202—2002** 4.10.3　施工结束后，应检验桩体强度、平均直径、桩身中心位置、桩身质量及承载力等。桩体质量及承载力检验应在施工结束后 28d 进行。 4.10.4　高压喷射注浆地基质量检验标准应符合表 4.10.4 的规定。 **2.《复合地基技术规范》GB/T 50783—2012** 7.4.2　高压旋喷桩复合地基检测与检验可根据工程要求和当地经验采用开挖检查、取芯、标准贯入、载荷试验等方法进行检验，并应结合工程测试及观测资料综合评价加固效果。 7.4.3　检验点布置应符合下列规定： 　1　有代表性的桩位。 　2　施工中出现异常情况的部位。 　3　地基情况复杂，可能对高压喷射注浆质量产生影响的部位。 7.4.4　高压旋喷桩复合地基工程验收时，应按本规范附录 A 的有关规定进行复合地基竖向抗压载荷试验。载荷试验应在桩体强度满足试验荷载条件，并宜在成桩 28d 后进行。检验数量应符合设计要求。 **3.《建筑地基处理技术规范》JGJ 79—2012** 7.4.9　旋喷桩质量检验应符合下列规定： 　3　成桩质量检验点的数量不少于施工孔数的 2%，并不应少于 6 点	1. 查阅质量检验记录 　检验项目：包括水泥用量、桩底标高、桩顶标高、桩位、桩径等，符合设计要求和规范规定 　检验方法：采用开挖检查、取芯、标准贯入法、载荷试验等，符合规范规定 　检验数量：检验数量不少于施工总桩数的 2%，并不应少于 6 点，符合规范规定 2. 查阅质量验收记录 　内容：包括检验批、分项工程验收记录及隐蔽工程验收文件等 　数量：与项目质量验收范围划分表相符
5.5.12	灰土挤密桩和土挤密桩复合地基符合以下要求		
(1)	消石灰性能指标及灰土强度等级符合设计要求	**《建筑地基处理技术规范》JGJ 79—2012** 7.5.2　灰土挤密桩、土挤密桩复合地基设计应符合下列规定： 　6　桩孔内的灰土填料，其消石灰与土的体积配合比，宜为 2∶8 或 3∶7。土料宜选用粉质黏土，土料中的有机质含量不应超过 5%，且不得含有冻土，渣土垃圾粒径不应超过 15mm。石灰可选用新鲜的消石灰或生石灰粉，粒径不应大于 5mm。消石灰的质量应合格，有效 CaO+MgO 含量不得低于 60%	1. 查阅消石灰进场验收记录 　内容：包括出厂合格证（出厂试验报告）、材料进场时间、批次、数量、规格、相应性能指标

续表

条款号	大纲条款	检 查 依 据	检查要点
(1)	消石灰性能指标及灰土强度等级符合设计要求		2. 查阅消石灰试验报告和试验委托单 报告检测结果：合格 报告签章：已加盖CMA章和检测专用章、授权人已签字 委托单签字：见证取样人员已签字且已附资格证书编号 3. 查阅灰土配合比记录 配合比：符合设计要求
(2)	施工工艺与设计（施工）方案一致	**1.《复合地基技术规范》GB/T 50783—2012** 8.1.1 灰土挤密桩复合地基适用于填土、粉土、粉质黏土、湿陷性黄土和非湿陷性黄土、黏土以及其他可进行挤密处理的地基。 8.1.2 采用灰土挤密桩处理地基时，应使地基土的含水量达到或接近最优含水量。地基土的含水量小于12％时，应先对地基土进行增湿，再进行施工。当地基土的含水量大于22％或含有不可穿越的砂砾夹层时，不宜采用。 8.1.3 对于缺乏灰土挤密法地基处理经验的地区，应在地基处理前，选择有代表性的场地进行现场试验，并应根据试验结果确定设计参数和施工工艺，再进行施工。 8.1.4 成孔挤密施工，可采用沉管、冲击、爆扩等方法。当采用预钻孔夯扩挤密时，应加强施工控制，并应确保夯扩直径达到设计要求。 8.1.5 孔内填料宜采用素土或灰土，也可采用水泥土等强度较高的填料。对非湿陷性地基，也可采用建筑垃圾、砂砾等作为填料。 8.3.1 灰土挤密桩施工应间隔分批进行，桩孔完成后应及时夯填。进行地基局部处理时，应由外向里施工。 8.3.3 填料用素土时，宜采用纯净黄土，也可选用黏土、粉质黏土等，土中不得含有有机质，不宜采用塑性指数大于17的黏土，不得使用耕土或杂填土，冬季施工时严禁使用冻土。 8.3.4 灰土挤密桩施工应预留0.5m～0.7m的松动层，冬季在零度以下施工时，宜增大预留松动层厚度。 8.3.5 夯填施工前，应进行不少于3根桩的夯填试验，并应确定合理的填料数量及夯击能量。	查阅施工方案 施工工艺：与设计方案一致

条款号	大纲条款	检 查 依 据	检查要点
（2）	施工工艺与设计（施工）方案一致	8.3.6　灰土挤密桩复合地基施工完成后，应挖除上部扰动层，基底下应设置厚度不小于 0.5m 的灰土或土垫层，湿陷性土不宜采用透水材料作垫层。 **2. 《建筑地基处理技术规范》JGJ 79—2012** 7.5.3　灰土挤密桩、土挤密桩施工应符合下列规定： 　6　铺设灰土垫层前，应按设计要求将桩顶标高以上的预留松动土层挖除或夯（压）密实； 　7　施工过程中，应有专人监督成孔及回填夯实的质量，并应做好施工记录；如发现地基土质与勘察资料不符，应立即停止施工，待查明情况或采取有效措施处理后，方可继续施工； 　8　雨期或冬期施工，应采取防雨或防冻措施，防止填料受雨水淋湿或冻结	
（3）	桩长范围内灰土或土填料的平均压实系数、处理深度内桩间土的平均挤密系数符合设计要求，抽检数量符合标准规定	《建筑地基处理技术规范》JGJ 79—2012 7.5.2　灰上挤密桩、土挤密桩复合地基设计应符合下列规定： 　7. 孔内填料应分层回填夯实，填料的平均压实系数不应低于 0.97，其中压实系数最小值不应低于 0.93。 7.5.4　灰土挤密桩、土挤密桩复合地基质量检验应符合下列规定： 　2　应随机抽样检测夯后桩长范围内灰土或土填料的平均压实系数，抽检的数量不应少于桩总数的 1%，且不得少于 9 根。对灰土桩桩身强度有怀疑时，尚应检验消石灰与土的体积配合比。 　3　应抽样检验处理深度内桩间土的平均挤密系数，检测探井数不应少于总桩数的 0.3%，且每项单体工程不得少于 3 个	1. 查阅击实试验报告，平均压实系数、平均挤密系数试验检测报告和试验委托单 　报告检测结果：合格 　报告签章：已加盖 CMA 章和检测专用章、授权人已签字 　委托单签字：见证取样人员已签字且已附资格证书编号 2. 查阅地基承载力检测报告和试验委托单 　报告检测结果：合格 　报告签章：已加盖 CMA 章和检测专用章、授权人已签字 　委托单签字：见证取样人员已签字且已附资格证书编号

条款号	大纲条款	检 查 依 据	检查要点
（4）	对消除湿陷性的工程，进行了现场浸水静载荷试验，试验结果符合标准规定	**1.《湿陷性黄土地区建筑规范》GB 50025—2004** 6.5 预浸水法 6.5.1 预浸水法宜用于处理湿陷性黄土层厚度大于 10m，自重湿陷量的计算值不小于 500mm 的场地。浸水前宜通过现场试坑浸水试验确定浸水时间、耗水量和湿陷量等。 6.5.2 采用预浸水法处理地基，应符合下列规定： 　1 浸水坑边缘至既有建筑物的距离不宜小于 50m，并应防止由于浸水影响附近建筑物和场地边坡的稳定性； 　2 浸水坑的边长不得小于湿陷性黄土层的厚度，当浸水坑的面积较大时，可分段进行浸水； 　3 浸水坑内的水头高度不宜小于 300mm，连续浸水时间以湿陷变形稳定为准，其稳定标准为最后 5d 的平均湿陷量小于 1mm/d。 6.5.3 地基预浸水结束后，在基础施工前应进行补充勘察工作，重新评定地基土的湿陷性，并应采用垫层或其他方法处理上部湿陷性黄土层。 **2.《复合地基技术规范》GB/T 50783—2012** 8.4.4 在湿陷性土地区，对特别重要的项目尚应进行现场浸水载荷试验	查阅特别重要项目的浸水载荷试验报告 　浸水试验程序：符合规范规定 　湿陷变形：已稳定且判定稳定符合规范规定 　结论：符合规范及设计要求 　盖章：已加盖 CMA 章和检测专用章 　签字：授权人已签字
（5）	地基承载力检测数量符合标准规定，检测报告结论满足设计要求	**《复合地基技术规范》GB/T 50783—2012** 8.4.3 灰土挤密桩复合地基工程验收时，应按本规范附录 A 的有关规定进行复合地基竖向抗压载荷试验。检验数量应符合设计要求	查阅地基承载力检测报告 　结论：复合地基承载力符合设计要求 　检验数量：符合设计和规范要求 　盖章：已加盖 CMA 章和检测专用章 　签字：授权人已签字
（6）	施工参数符合设计要求，施工记录齐全	**1.《复合地基技术规范》GB/T 50783—2012** 8.2.5 当挤密处理深度不超过 12m 时，不宜采用预钻孔，挤密孔的直径宜为 0.35m～0.45m。当挤密孔深度超过 12m 时，宜在下部采用预钻孔，成孔直径宜为 0.30m 以下；也可全部采用预钻孔，孔径不宜大于 0.40m，应在填料回填程中进行孔内强夯挤密，挤密后填料孔直径应达到 0.60m 以上。 8.2.9 灰土的配合比宜采用 3∶7 或 2∶8（体积比），含水量应控制在最优含量±2% 以内，石灰应为熟石灰。 8.3.2 挤密桩孔底在填料前应夯实，填料时宜分层回填夯实，其压实系数（λ_c）不应小于 0.97。 **2.《建筑地基处理技术规范》JGJ 79—2012** 7.5.3 灰土挤密桩、土挤密桩施工应符合下列规定：	1. 查阅施工方案 　灰土配合比控制参数：符合技术方案要求 2. 查阅施工记录 　内容：包括灰土配合比、桩位、孔径、孔深等质量控制参数 　记录数量：与验收记录相符

条款号	大纲条款	检 查 依 据	检查要点
（6）	施工参数符合设计要求，施工记录齐全	4　土料有机质含量不应大于 5%，且不得含有冻土和膨胀土，使用时应过 10mm～20mm 的筛，混合料含水量应满足最优含水量要求，允许偏差为 ±2%，土料和水泥应拌和均匀； 　5　成孔和孔内回填夯实应符合下列规定： 　　1）成孔和孔内回填夯实的施工顺序，当整片处理地基时，宜从里（或中间）向外隔（1～2）孔依次进行，对大型工程，可采取分段施工；当局部处理地基时，宜从外向里间隔（1～2）孔依次进行。 　　2）向孔内填料前，孔底应夯实，并应检查桩孔的直径、深度和垂直度。 　　3）桩孔的垂直度允许偏差应为 ±1%。 　　4）孔中心距允许偏差应为桩距的 ±5%。 　　5）经检验合格后，应按设计要求，向孔内分层填入筛好的素土、灰土或其他填料，并应分层夯实至设计标高	
（7）	施工质量的检验项目、方法、数量符合标准规定，检验结果满足设计要求，质量验收记录齐全	**1.《建筑地基基础工程施工质量验收规范》GB 50202—2002** 4.12.1　施工前应对土及灰土的质量、桩孔放样位置等做检查。 4.12.2　施工中应对桩孔直径、桩孔深度、夯击次数、填料的含水量等做检查。 4.12.3　施工结束后，应检验成桩的质量及地基承载力。 4.12.4　土和灰土挤密桩地基质量检验标准应符合表 4.12.4 的规定。 **2.《湿陷性黄土地区建筑规范》GB 50025—2004** 6.5.1　预浸水法宜用于处理湿陷性黄土层厚度大于 10m，自重湿陷量的计算值不小于 500mm 的场地。浸水前宜通过现场试坑浸水试验确定浸水时间、耗水量和湿陷量等。 6.5.2　采用预浸水法处理地基，应符合下列规定： 　1　浸水坑边缘至既有建筑物的距离不宜小于 50m，并应防止由于浸水影响附近建筑物和场地边坡的稳定性； 　2　浸水坑的边长不得小于湿陷性黄土层的厚度，当浸水坑的面积较大时，可分段进行浸水； 　3　浸水坑内的水头高度不宜小于 300mm，连续浸水时间以湿陷变形稳定为准，其稳定标准为最后 5d 的平均湿陷量小于 1mm/d。 6.5.3　地基预浸水结束后，在基础施工前应进行补充勘察工作，重新评定地基土的湿陷性，并应采用垫层或其他方法处理上部湿陷性黄土层。 **3.《复合地基技术规范》GB/T 50783—2012** 8.4.1　灰土挤密桩施工过程中应随时检查施工记录和计量记录，并应对照规定的施工工艺对每根桩进行质量评定。	1. 查阅质量检验记录 　检验项目：包括桩孔直径、桩孔深度、夯击次数、填料的含水量、密实度等，符合设计要求 　检验方法：量测、环刀法等符合规范规定 　检验数量：符合设计和规范规定 2. 查阅质量验收记录 　内容：包括检验批、分项工程验收记录及隐蔽工程验收文件等 　数量：与项目质量验收范围划分表相符

条款号	大纲条款	检 查 依 据	检查要点
(7)	施工质量的检验项目、方法、数量符合标准规定，检验结果满足设计要求，质量验收记录齐全	8.4.2 施工人员应及时抽样检查孔内填料的夯实质量，检查数量应由设计单位根据工程情况提出具体要求。对重要工程尚应分层取样测定挤密土及孔内填料的湿陷性及压缩性。 **4.《建筑地基处理技术规范》JGJ 79—2012** 7.5.4 灰土挤密桩、土挤密桩复合地基质量检验应符合下列规定： 1 桩孔质量检验应在成孔后及时进行，所有桩孔均需检验并作出记录，检验合格或经处理后方可进行夯填施工。 2 应随机抽样检测夯实后桩长范围内灰土或土填料的平均压实系数 λ_c，抽检的数量不应少于桩总数的1%，且不得少于3个。 3 应抽样检验处理深度内桩间土的平均挤密系数，检测探井数不应少于总桩数的0.3%，且每项单体工程不得少于3个。 4 对消除湿陷性的工程，除应检测上述内容外，尚应进行现场浸水静载荷试验，试验方法应符合现行国家标准《湿陷性黄土地区建筑规范》GB 50025 的规定。 5 承载力检验应在成桩后 14d～28d 后进行，检测数量不应少于总桩数的1%，且每项单体工程复合地基静载荷试验不应少于3点。 7.5.5 竣工验收时，灰土挤密桩、土挤密桩复合地基的承载力检验应采用复合地基静载荷试验	
5.5.13	夯实水泥土桩复合地基符合以下要求		
(1)	原材料质量证明文件齐全	**1.《混凝土结构工程施工质量验收规范》GB 50204—2015** 7.2.1 水泥进场时，应对其品种、代号、强度等级、包装或散装编号、出厂日期等进行检查，并应对水泥的强度、安定性和凝结时间进行检验，检验结果应符合现行国家标准《通用硅酸盐水泥》GB 175 的相关规定。 　　检查数量：按同一厂家、同一品种、同一代号、同一强度等级、同一批号且连续进场的水泥，袋装不超过 200t 为一批，散装不超过 500t 为一批，每批抽样不少于一次。 　　检验方法：检查质量证明文件和抽样检验报告。 **2.《复合地基技术规范》GB/T 50783—2012** 9.3.2 水泥应符合设计要求的种类及规格。 9.3.3 土料宜采用活性土、粉土、粉细砂或渣土，土料中的有机物质含量不得超过5%，不得含有冻土或膨胀土，使用前应过孔径为 10mm～20mm 的筛	1. 查阅水泥、掺合料、外加剂进场验收记录 　内容：包括出厂合格证（出厂试验报告）、复试报告、材料进场时间、批次、数量、规格、相应性能指标 2. 查阅材料跟踪管理台账 　内容：包括水泥、掺合料、外加剂等材料的合格证、复试报告、使用情况、检验数量，可追溯

条款号	大纲条款	检 查 依 据	检查要点
（2）	施工工艺与设计（施工）方案一致	**1.《复合地基技术规范》GB/T 50783—2012** 9.1.1　夯实水泥土桩复合地基适用于处理深度不超过 10m，在地下水位以上为黏性土、粉土、粉细砂、素填土、杂填土等适合成桩并能挤密的地基。 9.1.2　夯实水泥土桩可采用沉管、冲击等挤土成孔法施工，也可采用洛阳铲、螺旋钻等非挤土成孔法施工。 9.2.4　夯实水泥土桩桩径宜根据施工工具和施工方法确定，宜取 300mm～600mm，桩中心距不宜大于桩径的 5 倍。 9.2.5　夯实水泥土桩的桩顶宜铺设厚度为 100mm～300mm 的垫层，垫层材料宜选用最大粒径不大于 20mm 的中砂、粗砂、石屑、级配砂石等。 9.3.1　施工前应根据设计要求，进行工艺性试桩，数量不得少于 2 根。 9.3.4　水泥土混合料配合比应符合设计要求，含水量与最优含水量的允许偏差为 ±200，并应采取搅拌均匀的措施。当用机械搅拌时，搅拌时间不应少于 1min，当用人工搅拌时，拌和次数不应少于 3 遍。混合料拌和后应在 2h 内用于成桩。 **2.《建筑地基处理技术规范》JGJ 79—2012** 7.6.3　夯实水泥土桩施工应符合下列规定： 　1　成孔应根据设计要求、成孔设备、现场土质和周围环境等，选用钻孔、洛阳铲成孔等方法。当采用人工洛阳铲成孔工艺时，处理深度不宜大于 6.0m。 　2　桩顶设计标高以上的预留覆盖土层厚度不宜小于 0.3m。 　3　成孔和孔内回填夯实应符合下列规定： 　　1）宜选用机械成孔和夯实； 　　2）向孔内填料前，孔底应夯实；分层夯填时，夯锤落距和填料厚度应满足夯填密实度的要求； 　　3）土料有机质含量不应大于 5%，且不得含有冻土和膨胀土，混合料含水量应满足最优含水量要求，允许偏差应为 ±2%，土料和水泥应拌和均匀； 　　4）成孔经检验合格后，按设计要求，向孔内分层填入拌和好的水泥土，并应分层夯实至设计标高。 　4　铺设垫层前，应按设计要求将桩顶标高以上的预留土层挖除。垫层施工应避免扰动基底土层。 　5　施工过程中，应有专人监理成孔及回填夯实的质量，并应做好施工记录。如发现地基土质与勘察资料不符，应立即停止施工，待查明情况或采取有效措施处理后，方可继续施工。 　6　雨期或冬期施工，应采取防雨或防冻措施，防止填料受雨水淋湿或冻结	查阅施工方案 工艺性试桩：不少于 2 根，施工参数已确定 施工工艺：与设计方案一致
（3）	夯填桩体的干密度符合设计要求、抽检数量符合标准规定	**《建筑地基处理技术规范》JGJ 79—2012** 7.6.4　夯实水泥土桩复合地基质量检验应符合下列规定： 　1　成桩后，应及时抽样检验水泥土桩的质量；	1. 查阅夯填桩体的干密度试验检测报告： 　报告检测结果：合格

条款号	大纲条款	检 查 依 据	检查要点
(3)	夯填桩体的干密度符合设计要求、抽检数量符合标准规定	2　夯填桩体的干密度质量检验应随机抽样检测，抽检的数量不应少于总桩数的2％； 7.6.5　竣工验收时，夯实水泥桩复合地基承载力检验应采用单桩复合地基静载荷试验和单桩静载荷试验；对重要或大型工程，尚应进行多桩复合地基静载荷试验	报告签章：已加盖CMA章和检测专用章、授权人已签字 委托单签字：见证取样人员已签字且已附资格证书编号 2. 查阅施工单位抽检计划 检测数量：抽检数量与计划一致
(4)	地基承载力检测数量符合标准规定，检测报告结论满足设计要求	《建筑地基处理技术规范》JGJ 79—2012 7.6.4　夯实水泥土桩复合地基质量检验应符合下列规定： 　1　成桩后，应及时抽样检验水泥土桩的质量； 　3　复合地基静载荷试验和单桩静载荷试验检验数量不应少于桩总数的1％，且每项单体工程复合地基静载荷试验检验数量不应少于总桩数的2％； 7.6.5　竣工验收时，夯实水泥土桩复合地基承载力检验应采用单桩复合地基静载荷试验和单桩静载荷试验；对重要或大型工程，尚应进行多桩复合地基静载荷试验	查阅地基承载力检测报告 结论：符合设计要求 检验数量：符合设计和规范要求 盖章：已加盖CMA章和检测专用章 签字：授权人已签字
(5)	施工参数符合设计要求，施工记录齐全	《复合地基技术规范》GB／T 50783—2012 9.2.9　夯实水泥土材料的配合比应根据工程要求、土料性质、施工工艺及采用的水泥品种、强度等级，由配合比试验确定，水泥与土的体积比宜取1∶5～1∶8。 9.3.2　水泥应符合设计要求的种类及规格。 9.3.3　土料宜采用黏性土、粉土、粉细砂或渣土，土料中的有机物质含量不得超过5％，不得含有冻土或膨胀土，使用前应过孔径为10mm～20mm的筛。 9.3.4　水泥土混合料配合比应符合设计要求，含水量与最优含水量的允许偏差为±2％，并应采取搅拌均匀的措施。 　　当用机械搅拌时，搅拌时间不应少于1min，当用人工搅拌时，拌和次数不应少于3遍。混合料拌和后应在2h内用于成桩。 9.3.5　成桩宜采用桩体夯实机，宜选用梨形或锤底为盘形的夯锤，锤体直径与桩孔直径之比宜取0.7～0.8，锤体质量应大于120kg，夯锤每次提升高度，不应低于700mm。 9.3.6　夯实水泥土桩施工步骤应为成孔—分层夯实—封顶—夯实。成孔完成后，向孔内填料前孔底应	1. 查阅施工方案 水泥土配合比控制参数：符合技术方案要求 2. 查阅施工记录 内容：包括水泥土配合比、分层回填厚度、桩锤落距、桩位、孔径、孔深等质量控制参数 记录数量：与验收记录相符

条款号	大纲条款	检 查 依 据	检查要点
（5）	施工参数符合设计要求，施工记录齐全	夯实。填料频率与落锤频率应协调一致，并应均匀填料，严禁突击填料。每回填料厚度应根据夯锤质量经现场夯填试验确定，桩体的压实系数（λ_c）不应小于 0.93。 9.3.8　施工时桩顶应高出桩顶设计标高 100mm～200mm，垫层施工前应将高于设计标高的桩头凿除，桩顶面应水平、完整。 9.3.9　成孔及成桩质量监测应设专人负责，并应做好成孔、成桩记录，发现问题应及时进行处理。 9.3.10　桩顶垫层材料不得含有植物残体、垃圾等杂物，铺设厚度应均匀，铺平后应振实或夯实，夯填度不应大于 0.900	
（6）	施工质量的检验项目、方法、数量符合标准规定，检验结果满足设计要求，质量验收记录齐全	**1.《建筑地基基础工程施工质量验收规范》GB 50202—2002** 4.14.1　水泥及夯实用土料的质量应符合设计要求。 4.14.2　施工中应检查孔位、孔深、孔径、水泥和土的配比、混合料含水量等。 4.14.3　施工结束后，应对桩体质量及复合地基承载力做检验，褥垫层应检查其夯填度。 4.14.4　夯实水泥土桩的质量检验标准应符合表 4.14.4 的规定。 **2.《复合地基技术规范》GB/T 50783—2012** 9.3.7　桩位允许偏差，对满堂布桩为桩径的 0.4 倍，条基布桩为桩径的 0.25 倍，桩孔垂直度允许偏差为 1.5%；桩径的允许偏差为 ±20mm；桩孔深度不应小于设计深度。 9.4.1　夯实水泥土桩施工过程中应随时检查施工记录和计量记录，并应对照规定的施工工艺对每根桩进行质量评定。 9.4.2　桩体夯实质量的检查，应在成桩过程中随时随机抽取，检验数量应由设计单位根据工程情况提出具体要求。 　　密实度的检测可在夯实水泥土桩桩体内取样测定干密度或以轻型圆锥动力触探击数（N10）判断桩体夯实质量。 **3.《建筑地基处理技术规范》JGJ 79—2012** 7.6.4　夯实水泥土桩复合地基质量检验应符合下列规定： 　　1　成桩后，应及时抽样检验水泥土桩的质量； 　　2　夯填桩体的干密度质量检验应随机抽样检测，抽检的数量不应少于总桩数的 2%； 　　3　复合地基静载荷试验和单桩静载荷试验检验数量不应少于桩总数的 1%，且每项单体工程复合地基静载荷试验检验数量不应少于 3 点	1. 查阅质量检验记录 　检验项目：包括孔位、孔深、孔径、水泥和土的配比、混合料含水量等，符合规范规定 　检验方法：符合规范规定 　检验数量：符合设计和规范规定 2. 查阅质量验收记录 　内容：包括检验批、分项工程验收记录及隐蔽工程验收文件等 　数量：与项目质量验收范围划分表相符
5.5.14	水泥粉煤灰碎石桩复合地基符合以下要求		

条款号	大纲条款	检 查 依 据	检查要点
(1)	原材料质量证明文件齐全	**1.《建筑地基基础工程施工质量验收规范》GB 50202—2002** 4.1.2 砂、石子、水泥、钢材、石灰、粉煤灰等原材料的质量、检测项目、批量和检验方法，应符合国家现行标准的规定。 **2.《电力建设施工质量验收及评价规程 第1部分：土建工程》DL/T 5210.1—2012** 18.3.1 地基及桩基工程质量记录应评价的内容包括： 　　1 材料、预制桩合格证（出厂试验报告）、进场验收记录及水泥、钢筋复验报告。 　　3 施工试验： 　　　1）各种地基材料的配合比试验报告； **3.《混凝土结构工程施工质量验收规范》GB 50204—2015** 7.2.1 水泥进场时，应对其品种、代号、强度等级、包装或散装编号、出厂日期等进行检查，并应对水泥的强度、安定性和凝结时间进行检验，检验结果应符合现行国家标准《通用硅酸盐水泥》GB 175 的相关规定。 　　检查数量：按同一厂家、同一品种、同一代号、同一强度等级、同一批号且连续进场的水泥，袋装不超过200t 为一批，散装不超过500t 为一批，每批抽样不少于一次。 　　检验方法：检查质量证明文件和抽样检验报告	1. 查阅水泥、粉煤灰进场验收记录 　内容：包括出厂合格证（出厂试验报告）、复试报告、材料进场时间、批次、数量、规格、相应性能指标 2. 查阅施工单位材料跟踪管理台账 　内容：包括水泥、粉煤灰等材料的合格证、复试报告、使用情况、检验数量，可追溯 3. 查阅水泥、粉煤灰试验检测报告和试验委托单 　报告检测结果：合格 　报告签章：已加盖CMA 章和检测专用章、授权人已签字 　委托单签字：见证取样人员已签字且已附资格证书编号 　代表数量：与进场数量相符
(2)	施工工艺与设计（施工）方案一致	**1.《建筑地基处理技术规范》JGJ 79—2012** 7.7.1 水泥粉煤灰碎石桩复合地基适用于处理黏性土、粉土、砂土和自重固结已完成的素填土地基。对淤泥质土应按地区经验或通过现场试验确定其适用性。	查阅施工方案 施工工艺：与设计方案一致

续表

条款号	大纲条款	检 查 依 据	检查要点
（2）	施工工艺与设计（施工）方案一致	7.7.3　水泥粉煤灰碎石桩施工应符合下列规定： 1　可选用下列施工工艺： 1）长螺旋钻孔灌注成桩：适用于地下水位以上的黏性土、粉土、素填土、中等密实以上的砂土地基。 2）长螺旋钻中心灌成桩：适用于黏性土、粉土、砂土和素填土地基，对噪声或泥浆污染要求严格的场地可优先选用；穿越卵石夹层时应通过试验确定适用性。 3）振动沉管灌注成桩：适用于粉土、黏性土及素填土地基；挤土造成地面隆起量大时，应采用较大桩距施工。 4）泥浆护壁成孔灌注桩，适用于地下水位以下的黏性土、粉土、砂土、填土、碎石土及风化岩层等地基；桩长范围和桩端有承压水的土层应通过试验确定其适应性。 2　长螺旋钻中心压灌成桩施工和振动沉管灌注成桩施工应符合下列规定： 1）施工前，应按设计要求在试验室进行配合比试验；施工时，按配合比配制混合料；长螺旋钻中心压灌成桩施工的坍落度宜为 160mm～200mm，振动沉管灌注成桩施工的坍落度宜为 30mm～50mm；振动沉管灌注成桩后桩顶浮浆厚度不宜超过 200mm。 2）长螺旋钻中心压灌成桩施工钻至设计深度后，应控制提拔钻杆时间，混合料泵送量应与拔管速度相配合，不得在饱和砂土或饱和粉土层内停泵待料；沉管灌注成桩施工拔管速度宜为 1.2m/min～1.5m/min，如遇淤泥质土，拔管速度应适当减慢；当遇有松散饱和粉土、粉细砂或淤泥质土，当桩距较小时，宜采取隔桩跳打措施。 3）施工桩顶高宜高出设计桩顶标高不少于 0.5m；当施工作业面高出桩顶设计标高较大时，宜增加混凝土灌注量。 4）成桩过程中，应抽样做混合料试块，每台机械每台班不应少于一组。 3　冬期施工时，混合料入孔温度不得低于 5℃，对桩头和桩间土应采取保温措施。 4　清土和截桩时，应采用小型机械或人工剔除等措施，不得造成桩顶标高以下桩身断裂或桩间土扰动。 5　褥垫层铺设宜采用静力压实法，当基础底面下桩间土的含水量较低时，也可采用动力夯实法，夯填度不应大于 0.9。 6　泥浆护壁成孔灌注桩，应符合现行行业标准《建筑桩基技术规范》JGJ 94 的规定。 **2.《建筑桩基技术规范》JGJ 94—2008** 6.3　泥浆护壁成孔灌注桩 6.3.1　除能自行造浆的黏性土层外，均应制备泥浆。泥浆制备应选用高塑性黏土或膨润土。泥浆应根据施工机械、工艺及穿越土层情况进行配合比设计	

条款号	大纲条款	检 查 依 据	检查要点
（3）	混合料坍落度、桩数、桩位偏差、褥垫层厚度、夯填度和桩体试块抗压强度等满足设计要求	**《建筑地基处理技术规范》JGJ 79—2012** 7.7.4 水泥粉煤灰碎石桩复合地基质量检验应符合下列规定： 　1 施工质量检验应检查施工记录、混合料坍落度、桩数、桩位偏差、褥垫层厚度、夯填度和桩体试块抗压强度等	查阅质量验收记录 混合料坍落度、桩数、桩位偏差、褥垫层厚度偏差和夯填度、桩体试块抗压强度检测等：符合设计要求
（4）	施工参数符合设计要求，施工记录齐全	**《建筑地基处理技术规范》JGJ 79—2012** 3.0.12 地基处理施工中应有专人负责质量控制和监测，并做好各项施工记录…… 7.7.3 水泥粉煤灰碎石桩施工应符合下列规定： 　2 长螺旋钻中心压灌成桩施工和振动沉管灌注成桩施工应符合下列规定： 　1）施工前，应按设计要求在试验室进行配合比试验；施工时，按配合比配制混合料；长螺旋钻中心压灌成桩施工的坍落度宜为 160mm～200mm，振动沉管灌注成桩施工的坍落度宜为 30mm～50mm；振动沉管灌注成桩后桩顶浮浆厚度不宜超过 200mm。 　2）长螺旋钻中心压灌成桩施工钻至设计深度后，应控制提拔钻杆时间，混合料泵送量应与拔管速度相配合，不得在饱和砂土或饱和粉土层内停泵待料；沉管灌注成桩施工拔管速度宜为 1.2m/min～1.5m/min，如遇淤泥质土，拔管速度应适当减慢；当遇有松散饱和粉土、粉细砂或淤泥质土，当桩距较小时，宜采取隔桩跳打措施。 　3）施工桩顶标高宜高出设计桩顶标高不少于 0.5m；当施工作业面高出桩顶设计标高较大时，宜增加混凝土灌注量。 　4）成桩过程中，应抽样做混合料试块，每台机械每台班不应少于一组。 　5）褥垫层铺设宜采用静力压实法，当基础底面下桩间土的含水量较低时，也可采用动力实法夯，夯填度不应大于 0.9	1. 查阅施工方案 混合料的配合比、坍落度和提拔钻杆速度（或提拔套管速度）、成孔深度、混合料灌入量等：符合规范要求 2. 查阅施工记录 内容：包括混合料的配合比、坍落度和提拔钻杆速度（或提拔套管速度）、成孔深度、混合料灌入量等施工记录 记录数量：与验收记录相符
（5）	复合地基和单桩承载力检测数量符合标准规定，检测报告结论满足设计要求	**《建筑地基处理技术规范》JGJ 79—2012** 7.1.3 复合地基承载力的验收检验应采用复合地基静载荷试验，对有粘结强度的复合地基增强体尚应进行单桩静载荷试验。 7.7.4 水泥粉煤灰碎石桩复合地基质量检验应符合下列规定： 　2 竣工验收时，水泥粉煤灰碎石桩复合地基承载力检验应采用复合地基静载荷试验和单桩静载荷试验。 　3 承载力检验宜在施工结束 28d 后进行，其桩身强度应满足试验荷载条件；复合地基静载荷试验和单桩静载荷试验的数量不应少于总桩数的 1%，且每个单体工程的复合地基静载荷试验的试验数量不应少于 3 点	查阅复合地基和单桩承载力检测报告 检测时间、数量、方法和检测结果：符合设计要求和规范规定 盖章：已加盖 CMA 章和检测专用章 签字：授权人已签字

条款号	大纲条款	检 查 依 据	检查要点
(6)	桩身完整性检测数量符合标准规定	**《建筑地基处理技术规范》JGJ 79—2012** 7.7.4　水泥粉煤灰碎石桩复合地基质量检验应符合下列规定： 　　4　采用低应变动力试验检测桩身完整性，检查数量不低于总桩数的 10％	查阅复合地基检测报告 　结论：符合设计要求 　检验数量：符合设计和规范规定 　盖章：已加盖 CMA章和检测专用章 　签字：授权人已签字
(7)	施工质量的检验项目、方法、数量符合标准规定，检验结果满足设计要求，质量验收记录齐全	**《建筑地基基础工程施工质量验收规范》GB 50202—2002** 4.13.1　水泥、粉煤灰、砂及碎石等原材料应符合设计要求。 4.13.2　施工中应检查桩身混合料的配合比、坍落度和提拔钻杆速度（或提拔套管速度）、成孔深度、混合料灌入量等。 4.13.3　施工结束后，应对桩顶标高、桩位、桩体质量、地基承载力以及褥垫层的质量做检查。 4.13.4　水泥粉煤灰碎石桩复合地基的质量检验标准应符合表 4.13.4 的规定	1. 查阅质量检验记录 　检验项目：包括桩顶标高、桩位、桩体质量、地基承载力以及褥垫层等，符合设计要求和规范规定 　检验方法：量测、静载荷试验等，符合规范规定 　检验数量：符合设计和规范规定 2. 查阅质量验收记录 　内容：包括检验批、分项工程验收记录及隐蔽工程验收文件等 　数量：与项目质量验收范围划分表相符
5.5.15	柱锤冲扩桩复合地基符合以下要求		

条款号	大纲条款	检 查 依 据	检查要点
(1)	碎砖三合土、级配砂石、矿渣、灰土等原材料质量证明文件齐全	**1.《电力建设施工质量验收及评价规程 第1部分：土建工程》DL/T 5210.1—2012** 3.0.1 涉及结构安全的试块、试件以及有关材料，应按规定进行见证取样检测。 **2.《建筑地基处理技术规范》JGJ 79—2012** 7.8.4 柱锤冲扩桩复合地基设计应符合下列规定： 　　6 桩体材料可采用碎砖三合土、级配砂石、矿渣、灰土、水泥混合土等，当采用碎砖三合土时，其体积比可采用生石灰∶碎砖∶黏性土为1∶2∶4，当采用其他材料时，应通过试验确定其适用性和配合比	查阅石灰等试验检测报告和试验委托单 报告检测结果：合格 报告签章：已加盖CMA章和检测专用章、授权人已签字 委托单签字：见证取样人员已签字且已附资格证书编号 代表数量：与进场数量相符
(2)	施工工艺与设计（施工）方案一致	**《建筑地基处理技术规范》JGJ 79—2012** 7.8.1 柱锤冲扩桩复合地基适用于处理地下水位以上的杂填土、粉土、黏性土、素填土和黄土等地基；对地下水位以下饱和土层处理，应通过现场试验确定其适用性。 7.8.2 柱锤冲扩桩处理地基的深度不宜超过10m。 7.8.3 对大型的、重要的或场地复杂的工程，在正式施工前，应在有代表性的场地进行试验。 7.8.5 柱锤冲扩桩施工应符合下列规定： 　　1 宜采用直径300mm～500mm、长度2m～6m、质量2t～10t的柱状锤进行施工。 　　2 起重机可用起重机、多功能冲扩桩机或其他专用机具设备。 　　3 柱锤冲扩桩复合地基施工可按下列步骤进行： 　　1）清理平整施工场地，布置桩位。 　　2）施工机具就位，使柱锤对准桩位。 　　3）柱锤冲孔：根据土质及地下水情况可分别采用下列三种成孔方式： 　　①冲击成孔：将柱锤提升一定高度，自由下落冲击土层，如此反复冲击，接近设计成孔深度时，可在孔内填少量粗骨料继续冲击，直到孔底被夯密实； 　　②填料冲击成孔：成孔时出现缩颈或塌孔时，可分次填入碎砖和生石灰块，边冲击边将填料挤入孔壁及孔底，当孔底接近设计成孔深度时，夯入部分碎砖挤密桩端土； 　　③复打成孔：当塌孔严重难以成孔时，可提锤反复冲。 　　击至设计孔深，然后分次填入碎砖和生石灰块，待孔内生石灰吸水膨胀、桩间土性质有所改善后，再进行二次冲击复打成孔。 　　当采用上述方法仍难以成孔时，也可以采用套管成孔，即用柱锤边冲孔边将套管压入土中，直至桩底设计标高。	查阅施工方案 施工工艺：与设计方案一致

续表

条款号	大纲条款	检 查 依 据	检查要点
（2）	施工工艺与设计（施工）方案一致	4）成桩：用料斗或运料车将拌和好的填料分层填入桩孔夯实。当采用套管成孔时，边分层填料夯实，边将套管拔出。锤的质量、锤长、落距、分层填料量、分层夯填度、夯击次数和总填料量等，应根据试验或按当地经验确定。每个桩孔应夯填至桩顶设计标高以上至少 0.5m，其上部桩孔宜用原地基土夯封。 　　5）施工机具移位，重复上述步骤进行下一根桩施工。 　　4　成孔和填料夯实的施工顺序，宜间隔跳打。 　　7.8.6　基槽开挖后，应晾槽拍底或振动压路机碾压后，再铺设垫层并压实	
（3）	地基承载力检测数量符合标准规定，检测报告结论满足设计要求	**《建筑地基处理技术规范》JGJ 79—2012** 　　7.8.7　柱锤冲扩桩复合地基的质量检验应符合下列规定： 　　3　竣工验收时，柱锤冲扩桩复合地基承载力检验应采用复合地基静载荷试验； 　　4　承载力检验数量不应少于总桩数的 1％，且每个单体工程复合地基静载荷试验不应少于 3 点； 　　5　静载荷试验应在成桩 14d 后进行	查阅地基承载力检测报告 　　结论：复合地基承载力符合设计要求 　　检验数量：符合设计和规范要求 　　盖章：已加盖 CMA 章和检测专用章 　　签字：授权人已签字
（4）	施工参数符合设计要求，施工记录齐全	**《建筑地基处理技术规范》JGJ 79—2012** 　　3.0.12　地基处理施工中应有专人负责质量控制和监测，并做好各项施工记录…… 　　7.8.4　柱锤冲扩桩复合地基设计应符合下列规定： 　　5　桩顶部应铺设 200mm～300mm 厚砂石垫层，垫层的夯填度不应大于 0.9； 　　6　桩体材料可采用碎砖三合土、级配砂石、矿渣、灰土、水泥混合土等，当采用碎砖三合土时，其体积比可采用生石灰∶碎砖∶黏性土为 1∶2∶4，当采用其他材料时，应通过试验确定其适用性和配合比	1. 查阅施工方案 　　桩位、桩径、配合比、夯实度等质量控制参数：符合设计要求 2. 查阅施工记录 　　内容：包括碎砖三合土、级配砂石、矿渣、灰土、水泥混合土 　　记录数量：与验收记录相符

条款号	大纲条款	检 查 依 据	检查要点
(5)	施工质量的检验项目、方法、数量符合标准规定，检验结果满足设计要求，质量验收记录齐全	**《建筑地基处理技术规范》JGJ 79—2012** 7.8.7 柱锤冲扩桩复合地基的质量检验应符合下列规定： 　　1　施工过程中应随时检查施工记录及现场施工情况，并对照预定的施工工艺标准，对每根桩进行质量评定。 　　2　施工结束后 7d～14d，可采用重型动力触探或标准贯入试验对桩身及桩间土进行抽样检验，检验数量不应少于冲扩桩总数的 2%，每个单体工程桩身及桩间土总检验点数均不应少于 6 点。 　　6　基槽开挖后，应检查桩位、桩径、桩数、桩顶密实度及槽底土质情况。如发现漏桩、桩位偏差过大、桩头及槽底土质松软等质量问题，应采取补救措施	1. 查阅质量检验记录 　检验项目：包括桩位、桩径、桩数、桩顶密实度及槽底土质情况等，符合设计要求和规范规定 　检验方法：测量、静载荷试验等，符合规范规定 　检验数量：符合设计和规范规定 2. 查阅质量验收记录 　内容：包括检验批、分项工程验收记录及隐蔽工程验收文件等 　数量：与项目质量验收范围划分表相符
5.5.16	多桩型复合地基符合以下要求		
(1)	原材料质量证明文件齐全	**1. 《建筑地基基础工程施工质量验收规范》GB 50202—2002** 4.1.2　砂、石子、水泥、钢材、石灰、粉煤灰等原材料的质量、检测项目、批量和检验方法，应符合国家现行标准的规定。 **2. 《混凝土结构工程施工质量验收规范》GB 50204—2015** 7.2.1　水泥进场时，应对其品种、代号、强度等级、包装或散装编号、出厂日期等进行检查，并应对水泥的强度、安定性和凝结时间进行检验，检验结果应符合现行国家标准《通用硅酸盐水泥》GB 175 的相关规定。 　　检查数量：按同一厂家、同一品种、同一代号、同一强度等级、同一批号且连续进场的水泥，袋装不超过 200t 为一批，散装不超过 500t 为一批，每批抽样不少于一次。 　　检验方法：检查质量证明文件和抽样检验报告。	1. 查阅原材料进场验收记录 　内容：包括出厂合格证（出厂试验报告）、复试报告，材料进场时间、批次、数量、规格、相应性能指标

条款号	大纲条款	检 查 依 据	检查要点
（1）	原材料质量证明文件齐全	7.2.2　混凝土外加剂进场时，应对其品种、性能、出厂日期等进行检查，并应对外加剂的相关性能进行检验，检验结果应符合现行国家标准《混凝土外加剂》GB 8076《混凝土外加剂应用技术规范》GB 50119 等的规定。 　　检查数量：按同一厂家、同一品种、同一性能、同一批号且连续进场的混凝土外加剂，不超过50t 为一批，每批抽样数量不应少于一次。 　　检验方法：检查质量证明文件和抽样检验报告。 **3.《电力建设施工质量验收及评价规程　第 1 部分：土建工程》DL/T 5210.1—2012** 18.3.1　地基及桩基工程质量记录应评价的内容包括： 　　1　材料、预制桩合格证（出厂试验报告）、进场验收记录及水泥、钢筋复验报告。 　　3　施工试验： 　　1）各种地基材料的配合比试验报告； **4.《普通混凝土用砂、石质量及检验方法标准》JGJ 52—2006** 4.0.1　供货单位应提供砂或石的产品合格证及质量检验报告。 使用单位应按砂或石的同产地同规格分批验收。采用大型工具（如火车、货船或汽车）运输的，应以 400m³ 或 600t 为一验收批；采用小型工具（如拖拉机等）运输的，应以 200m³ 或 300t 为一验收批。不足上述量者，应按一验收批进行验收。 4.0.2　当砂或石的质量比较稳定、进料量又较大时，可以 1000t 为一验收批	2.查阅施工单位材料跟踪管理台账 　内容：包括水泥、粉煤灰等材料的合格证、复试报告、使用情况、检验数量，可追溯 3.查阅桩体材料试验检测报告和试验委托单 　报告检测结果：合格 　报告签章：已加盖CMA 章和检测专用章、授权人已签字 　委托单签字：见证取样人员已签字且已附资格证书编号 　代表数量：与进场数量相符
（2）	施工工艺与设计（施工）方案一致	**《建筑地基处理技术规范》JGJ 79—2012** 1.2.1　地基处理工程应进行施工全过程的监测。施工中，应有专人或专门机构负责监测工作，随时检查施工记录和计量记录，并按照规定的施工工艺对工序进行质量评定 7.9.1　多桩型复合地基适用于处理不同深度存在相对硬层的正常固结土，或浅层存在欠固结土、湿陷性黄土、可液化土等特殊土，以及地基承载力和变形要求较高的地基。 7.9.10　多桩型复合地基的施工应符合下列规定： 　　1　对处理可液化土层的多桩型复合地基，应先施工处理液化的增强体； 　　2　对消除或部分消除湿陷性黄土地基，应先施工处理湿陷性的增强体； 　　3　应降低或减小后施工增强体对已施工增强体的质量和承载力的影响	查阅施工方案 　增强体施工步骤和施工工艺：与设计方案一致
（3）	施工参数符合设计要求，施工记录齐全	**1.《复合地基技术规范》GB/T 50783—2012** 15.4　质量检验 15.4.1　长-短桩复合地基中长桩和短桩施工过程中应随时检查施工记录，并也对照规定的施工工艺对每根桩进行质量评定。	1.查阅施工方案 　施工参数：符合设计要求

条款号	大纲条款	检 查 依 据	检查要点
（3）	施工参数符合设计要求，施工记录齐全	**2.《建筑地基处理技术规范》JGJ 79—2012** 3.0.12 地基处理施工中应有专人负责质量控制和监测，并做好各项施工记录……	2. 查阅施工记录 内容：包括桩位、桩顶标高等 数量：与验收记录相符
（4）	复合地基和单桩承载力检测数量符合标准规定，检测报告结论满足设计要求	**《建筑地基处理技术规范》JGJ 79—2012** 7.1.3 复合地基承载力的验收检验应采用复合地基静载荷试验，对有粘结强度的复合地基增强体尚应进行单桩静载荷试验。 7.9.11 多桩型复合地基的质量检验应符合下列规定： 　1 竣工验收时，多桩型复合地基承载力检验，应采用多桩复合地基静载荷试验和单桩静载荷试验，检验数量不得少于总桩数的1%； 　2 多桩复合地基载荷板静载荷试验，对每个单体工程检验数量不得少于3点； 　3 增强体施工质量检验，对散体材料增强体的检验数量不应少于其总桩数的2%，对具有粘结强度的增强体，完整性检验数量不应少于其总桩数的10%	查阅复合地基和单桩承载力检测报告 检测时间、数量、方法和检测结果：符合设计要求和规范规定 盖章：已加盖 CMA 章和检测专用章 签字：授权人已签字
（5）	有完整性要求的多桩复合地基桩身质量检测数量标准规定，检测报告结论满足设计要求	**1.《建筑地基处理技术规范》JGJ 79—2012** 7.9.11 多桩型复合地基的质量检验应符合下列规定： 　1 竣工验收时，多桩型复合地基承载力检验，应采用多桩复合地基静载荷试验和单桩静载荷试验，检验数量不得少于总桩数的1%； 　2 多桩复合地基载荷板静载荷试验，对每个单体工程检验数量不得少于3点； 　3 增强体施工质量检验，对散体材料增强体的检验数量不应少于其总桩数的2%，对具有粘结强度的增强体，完整性检验数量不应少于其总桩数的10%。	1. 查阅单桩静载荷试验报告 单桩承载力：满足设计要求
		2.《电力工程地基处理技术规程》DL/T 5024—2005 14.1.17 为确保实际单桩竖向极限承载力标准值达到设计要求，应根据工程重要性、岩土工程条件、设计要求及工程施工情况采用单桩静载荷试验或可靠的动力测试方法进行工程桩单桩承载力检测。对于工程桩施工前未进行综合试桩的一级建筑桩基和岩土工程条件复杂、桩的施工质量可靠性低、确定单桩承载力的可靠性低、桩数多的二级建筑桩基，应采用单桩静载荷试验对工程桩单桩竖向承载力进行检测，在同一条件下的检测数量不宜小于总桩数的1%，且不应小于3根；对于工程桩施工前已进行过综合试桩的一级建筑桩基及其他所有工程桩基，应采用可靠的高应变动力测试法对工程桩单桩竖向承载力进行检测	2. 查阅多桩复合地基静载荷试验试验报告 多桩复合地基承载力：满足设计要求

续表

条款号	大纲条款	检 查 依 据	检查要点
（6）	施工质量的检验项目、方法、数量符合标准规定，检验结果符合设计要求，质量验收记录齐全	**《建筑地基处理技术规范》JGJ 79—2012** 7.9.11　多桩型复合地基的质量检验应符合下列规定： 　　1　竣工验收时，多桩型复合地基承载力检验，应采用多桩复合地基静载荷试验和单桩静载荷试验，检验数量不得少于总桩数的1%； 　　2　多桩复合地基载荷板静载荷试验，对每个单体工程检验数量不得少于3点； 　　3　增强体施工质量检验，对散体材料增强体的检验数量不应少于其总桩数的2%，对具有粘结强度的增强体，完整性检验数量不应少于其总桩数的10%	1.查阅质量检验记录 　检验项目：包括桩顶标高、桩位、桩体质量、地基承载力以及褥垫层等，符合设计要求和规范规定 　检验方法：量测、静载荷试验等，符合规范规定 　检验数量：符合规范规定 2.查阅质量验收记录 　内容：包括检验批、分项工程验收记录及隐蔽工程验收文件等 　数量：与项目质量验收范围划分表相符
5.6　**注浆地基的监督检查**			
5.6.1	设计前已通过室内浆液配比试验和现场注浆试验，确定了设计参数、施工工艺参数及选用的设备	**1.《电力工程地基处理技术规程》DL/T 5024—2005** 9.1.15　水泥浆液的水灰比应根据工程设计的需要通过试验后确定，可取1:1~1:1.5。 9.2.3　……注浆设计前宜进行室内浆液配比试验和现场注浆试验，以确定设计参数和检验施工方法及设备。 9.2.4　注浆材料可采用水泥为主的悬浊液，也可选用水泥和硅酸钠（水玻璃）的双液型混合液。在有地下水流动的情况下，应采用双液型浆液或初凝时间短的速凝配方。 **2.《建筑地基处理技术规范》JGJ 79—2012** 8.3.1　水泥为主剂的注浆施工应符合下列规定： 　　2　注浆施工时，宜采用自动流量和压力记录仪，并应及时进行数据整理分析。 　　3　注浆孔的孔径宜为70mm~110mm，垂直度允许偏差应为±1%。 　　4　花管注浆法施工可按下列步骤进行： 　　3）当采用钻孔法时，应从钻杆内注入封闭泥浆，然后插入孔径为50mm的金属花管； 　　5　压密注浆施工可按下列步骤进行：	1.查阅设计前室内浆液配比和现场注浆试验记录、试验检测报告和设计文件 　试验检测报告内容：有浆液配比和现场注浆试验结果 　设计文件内容：确定了设计参数、施工工艺参数及选用的设备

续表

条款号	大纲条款	检 查 依 据	检查要点
5.6.1	设计前已通过室内浆液配比试验和现场注浆试验，确定了设计参数、施工工艺参数及选用的设备	3）当采用钻孔法时，应从钻杆内注入封闭泥浆，然后插入孔径为 50mm 的金属注浆管； 　6　浆液黏度应为 80s，封闭泥浆 7d 后 70.7mm×70.7mm×70.7mm 立方体试块的抗压强度应为 0.3MPa～0.5MPa。 　7　浆液宜用普通硅酸盐水泥。注浆时可部分掺用粉煤灰，掺入量可为水泥重量的 20％～50％。根据工程需要，可在浆液拌制时加入速凝剂、减水剂和防析水剂。 　8　注浆用水 pH 值不得小于 4。 　9　水泥浆的水灰比可取 0.6～2.0，常用的水灰比为 1.0。 　10　注浆的流量可取（7～10）L/min，对充填型注浆，流量不宜大于 20L/min。 　11　当用花管注浆和带有活堵头的金属管注浆时，每次上拔或下钻高度宜为 0.5m。 　12　浆体应经过搅拌机充分搅拌均匀后，方可压注，注浆过程中应不停缓慢搅拌，搅拌时间应小于浆液初凝时间。浆液在泵送前应经过筛网过滤。 　13　水温不得超过 30℃～35℃，盛浆桶和注浆管路在注浆体静止状态不得暴露于阳光下，防止浆液凝固；当日平均温度低于 5℃或最低温度低于 -3℃的条件下注浆时，应采取措施防止浆液冻结。 　14　应采用跳孔间隔注浆，且先外围后中间的注浆顺序。当地下水流速较大时，应从水头高的一端开始注浆。 　15　对渗透系数相同的土层，应先注浆封顶，后由下而上进行注浆，防止浆液上冒。如上层的渗透系数随深度而增大，则应自下而上注浆。对互层地层，应先对渗透性或孔隙率大的地层进行注浆。 　16　当既有建筑地基进行注浆加固时，应对既有建筑及其邻近建筑、地下管线和地面的沉降、倾斜、位移和裂缝进行监测。并应采用多孔间隔注浆和缩短浆液凝固时间等措施，减少既有建筑基础因注浆而产生的附加沉降。 8.3.2　硅化浆液注浆施工应符合下列规定： 　1　压力灌浆溶液的施工步骤应符合下列规定： 　1）向土中打入灌注管和灌注溶液，应自基础底面标高起向下分层进行，达到设计深度后，应将管拔出，清洗干净方可继续使用； 　2）加固既有建筑物地基时，应采用沿基础侧向先外排，后内排的施工顺序； 　3）灌注溶液的压力值由小逐渐增大，最大压力不宜超过 200kPa。 　2　溶液自渗的施工步骤，应符合下列规定： 　2）将配好的硅酸钠溶液满注灌注孔，溶液面宜高出基础底面标高 0.50m，使溶液自行渗入土中； 　3）在溶液自渗过程中，每隔 2h～3h，向孔内添加一次溶液，防止孔内溶液渗干。 8.3.3　碱液注浆施工应符合下列规定： 　1　灌注孔可用洛阳铲、螺旋钻成孔或用带有尖端的钢管打入土中成孔，孔径宜为 60mm～100mm，孔中应填入粒径为 20mm～40mm 的石子到注液管下端标高处，再将内径 20mm 的注液管插入孔中，管底以上 300mm 高度内应填入粒径为 2mm～5mm 的石子，上部宜用体积比为 2∶8 灰土填入夯实。	2. 查阅选用设备档案内容：设备型号、机械性能满足现场施工要求和设计要求

条款号	大纲条款	检 查 依 据	检查要点
5.6.1	设计前已通过室内浆液配比试验和现场注浆试验，确定了设计参数、施工工艺参数及选用的设备	2　碱液可用固体烧碱或液体烧碱配制，每加固 1m³ 黄土宜用氢氧化钠溶液 35kg～45kg。碱液浓度不应低于 90g/L；双液加固时，氯化钙溶液的浓度为 50g/L～80g/L。 4　应将桶内碱液加热到 90℃ 以上方能进行灌注，灌注过程中，桶内溶液温度不应低于 80℃。 5　灌注碱液的速度，宜为（2～5）L/min。 6　碱液加固施工，应合理安排灌注顺序和控制灌注速率。宜采用隔（1～2）孔灌注，分段施工，相邻两孔灌注的间隔时间不宜少于 3d。同时灌注的两孔间距不应小于 3m。 7　当采用双液加固时，应先灌注氢氧化钠溶液，待间隔 8h～12h 后，再灌注氯化钙溶液，氯化钙溶液用量宜为氢氧化钠溶液用量的 1/2～1/4	
5.6.2	浆液、外加剂等原材料性能证明文件齐全	**1.《电力建设施工质量验收及评价规程　第 1 部分：土建工程》DL/T 5210.1—2012** 3.0.1　工程所用主要原材料、半成品、构（配）件、设备等产品，应符合设计要求和国家有关标准的规定；进入施工现场时必须按规定进行现场检验或复检，合格后方可使用。不得使用国家明令禁止和淘汰的建筑材料和建筑设备，涉及结构安全的试块、试件以及有关材料，应按规定进行见证取样检测。 18.3.1　地基及桩基工程质量记录应评价的内容包括： 　　1　材料、预制桩合格证（出厂试验报告）、进场验收记录及水泥、钢筋复验报告。 **2.《建筑地基处理技术规范》JGJ 79—2012** 8.2.1　水泥为主剂的注浆加固设计应符合下列规定： 　　1　对软弱地基土处理，可选用以水泥为主剂的浆液及水泥和水玻璃的双液型混合浆液；对有地下水流动的软弱地基，不应采用单液水泥浆液。 8.2.2　硅化浆液注浆加固设计应符合下列规定： 　　3　双液硅化注浆用的氧化钙溶液中的杂质含量不得超过 0.06%，悬浮颗粒含量不得超过 1%，溶液的 pH 值不得小于 5.5； 　　6　单液硅化法应采用浓度为 10%～15% 的硅酸钠，并掺入 2.5% 氯化钠溶液； 8.2.3　碱液注浆加固设计应符合下列规定： 　　2　当 100g 干土中可溶性和交换性钙镁离子含量大于 10mg·eq 时，可采用灌注氢氧化钠一种溶液的单液法；其他情况可采用灌注氢氧化钠和氯化钙双液灌注加固	1. 查阅水泥、粉煤灰、水玻璃、其他化学浆液等出厂合格证和进场验收记录 　内容：包括厂家资质、材料进场批次、数量、规格、相应性能指标齐全；施工单位材料跟踪管理台账与监理单位材料进场管理台账 2. 查阅水泥、粉煤灰、水玻璃、其他化学浆液等检测计划、试验台账 　内容：检测计划中水泥、粉煤灰、水玻璃、外加剂等检验数量不得少于对应原材料试验台账中的检验数量 3. 查阅水泥、粉煤灰、水玻璃、其他化学浆液、浆液配比等试验检测报告

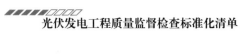
续表

条款号	大纲条款	检 查 依 据	检查要点
5.6.2	浆液、外加剂等原材料性能证明文件齐全		结论：性能指标符合设计要求和规范规定 盖章：已加盖CMA章和检测专用章 签字：授权人已签字
5.6.3	注浆地基技术方案、施工方案齐全，已审批	**1.《建筑地基基础工程施工质量验收规范》GB 50202—2002** 4.1.4　地基加固工程，应在正式施工前进行试验段施工，论证设定的施工参数及加固效果。为验证加固效果所进行的载荷试验，其施加载荷应不低于设计载荷的2倍。 4.7.1　施工前应掌握有关技术文件（注浆点位置、浆液配比、注浆施工技术参数、检测要求等）。浆液组成材料的性能应符合设计要求，注浆设备应确保正常运转。 **2.《电力建设施工技术规范　第1部分：土建结构工程》DL 5190.1—2012** 3.0.1　工程施工前，应按设计图纸，结合具体情况和施工组织设计的要求编制施工方案，并经批准后方可施工。 **3.《电力工程地基处理技术规程》DL/T 5024—2005** 5.0.12　地基处理的施工应有详细的施工组织设计、施工质量管理和质量保证措施。应有专人负责施工检验与质量监督，做好各项施工记录，当发现异常情况时，应及时会同有关部门研究解决。 **4.《建筑地基处理技术规范》JGJ 79—2012** 8.1.2　注浆加固设计前，应进行室内浆液配比试验和现场注浆试验，确定设计参数，检验施工方法和设备	1. 查阅设计单位的注浆地基技术方案 审批：手续齐全 内容：技术参数明确 2. 查阅施工方案 审批：有施工单位内部编、审、批并经监理、建设单位审批，签字盖章齐全 施工步骤和工艺参数：与技术方案相符
5.6.4	施工工艺与设计（施工）方案一致	**1.《电力工程地基处理技术规程》DL/T 5024—2005** 5.0.10　地基处理正式施工前，宜进行实验性施工，在确认施工技术条件满足总设计要求后，才能进行地基处理的正式施工。 5.0.11　地基处理时，必须对施工质量进行控制并对处理效果进行检验。 9.1.5　高压喷射注浆方案确定后，根据工程的具体需要，应进行现场试验或试验性施工，以确定施工参数及工艺。 **2.《建筑地基处理技术规范》JGJ 79—2012** 8.3.1　水泥为主剂的注浆施工应符合下列规定： 　　2　注浆施工时，宜采用自动流量和压力记录仪，并应及时进行数据整理分析。 　　3　注浆孔的孔径宜为70mm~110mm，垂直度允许偏差应为±1%。 　　4　花管注浆法施工可按下列步骤进行： 　　3）当采用钻孔法时，应从钻杆内注入封闭泥浆，然后插入孔径为50mm的金属花管；	查阅施工方案 施工工艺：与设计方案一致

条款号	大纲条款	检 查 依 据	检查要点
5.6.4	施工工艺与设计（施工）方案一致	5　压密注浆施工可按下列步骤进行： 3）当采用钻孔法时，应从钻杆内注入封闭泥浆，然后插入孔径为 50mm 的金属注浆管； 6　浆液黏度应为 80s，封闭泥浆 7d 后 70.7mm×70.7mm×70.7mm 立方体试块的抗压强度应为 0.3MPa～0.5MPa。 7　浆液宜用普通硅酸盐水泥。注浆时可部分掺用粉煤灰，掺入量可为水泥重量的 20％～50％。根据工程需要，可在浆液拌制时加入速凝剂、减水剂和防析水剂。 8　注浆用水 pH 值不得小于 4。 9　水泥浆的水灰比可取 0.6～2.0，常用的水灰比为 1.0。 10　注浆的流量可取（7～10）L/min，对充填型注浆，流量不宜大于 20L/min。 11　当用花管注浆和带有活堵头的金属管注浆时，每次上拔或下钻高度宜为 0.5m。 12　浆体应经过搅拌机充分搅拌均匀后，方可压注，注浆过程中应不停缓慢搅拌，搅拌时间应小于浆液初凝时间。浆液在泵送前应经过筛网过滤。 13　水温不得超过 30℃～35℃，盛浆桶和注浆管路在注浆体静止状态不得暴露于阳光下，防止浆液凝固；当日平均温度低于 5℃或最低温度低于 -3℃的条件下注浆时，应采取措施防止浆液冻结。 14　应采用跳孔间隔注浆，且先外围后中间的注浆顺序。当地下水流速较大时，应从水头高的一端开始注浆。 15　对渗透系数相同的土层，应先注浆封顶，后由下而上进行注浆，防止浆液上冒。如上层的渗透系数随深度而增大，则应自下而上注浆。对互层地层，应先对渗透性或孔隙率大的地层进行注浆。 16　当既有建筑地基进行注浆加固时，应对既有建筑及其邻近建筑、地下管线和地面的沉降、倾斜、位移和裂缝进行监测。并应采用多孔间隔注浆和缩短浆液凝固时间等措施，减少既有建筑基础因注浆而产生的附加沉降。 8.3.2　硅化浆液注浆施工应符合下列规定： 1　压力灌浆溶液的施工步骤应符合下列规定： 1）向土中打入灌注管和灌注溶液，应自基础底面标高起向下分层进行，达到设计深度后，应将管拔出，清洗干净方可继续使用； 2）加固既有建筑物地基时，应采用沿基础侧向先外排，后内排的施工顺序； 3）灌注溶液的压力值由小逐渐增大，最大压力不宜超过 200kPa。 2　溶液自渗的施工步骤，应符合下列规定： 2）将配好的硅酸钠溶液满注灌注孔，溶液面宜高出基础底面标高 0.50m，使溶液自行渗入土中； 3）在溶液自渗过程中，每隔 2h～3h，向孔内添加一次溶液，防止孔内溶液渗干。 8.3.3　碱液注浆施工应符合下列规定：	

条款号	大纲条款	检 查 依 据	检查要点
5.6.4	施工工艺与设计（施工）方案一致	1 灌注孔可用洛阳铲、螺旋钻成孔或用带有尖端的钢管打入土中成孔，孔径宜为60mm～100mm，孔中应填入粒径为20mm～40mm的石子到注液管下端标高处，再将内径20mm的注液管插入孔中，管底以上300mm高度内应填入粒径为2mm～5mm的石子，上部宜用体积比为2∶8灰土填入夯实。 2 碱液可用固体烧碱或液体烧碱配制，每加固1m³黄土宜用氢氧化钠溶液35kg～45kg。碱液浓度不应低于90g/L；双液加固时，氯化钙溶液的浓度为50g/L～80g/L。 4 应将桶内碱液加热到90℃以上方能进行灌注，灌注过程中，桶内溶液温度不应低于80℃。 5 灌注碱液的速度，宜为（2～5）L/min。 6 碱液加固施工，应合理安排灌注顺序和控制灌注速度。宜采用隔（1～2）孔灌注，分段施工，相邻两孔灌注的间隔时间不宜少于3d。同时灌注的两孔间距不应小于3m。 7 当采用双液加固时，应先灌注氢氧化钠溶液，待间隔8h～12h后，再灌注氯化钙溶液，氯化钙溶液用量宜为氢氧化钠溶液用量的1/2～1/4	
5.6.5	施工参数符合设计要求，施工记录齐全	**1. 《建筑工程施工质量验收统一标准》GB 50300—2013** 3.0.3 建筑工程的施工质量控制应符合下列规定： 1 建筑工程采用的主要材料、半成品、建筑构配件、器具和设备应进行进场检验。凡涉及安全、节能、环境保护和主要使用功能的重要材料、产品，应按各专业工程施工规范、验收规范和设计文件等规定进行复验，并应经监理工程师检查认可。 2 各施工工序应按技术标准进行质量控制，每道工序完成后经单位自检符合规定后，才能进行下道工序施工。各专业工种之间的相关工序应进行交接检验，并应记录。 3 对于监理单位提出检查要求的重要工序，应经监理工程师检查认可，才能进行下道工序施工。 **2. 《电力工程地基处理技术规程》DL/T 5024—2005** 9.1.12 注浆施工时，应保持注浆孔就位准确，浆管垂直。尤其是作为地下连续体结构的注浆工程，注浆孔中心就位偏差不应超过20mm，注浆管的垂直度偏差不应超过0.5%。 **3. 《建筑地基处理技术规范》JGJ 79—2012** 3.0.12 地基处理施工中应有专人负责质量控制和监测，并做好施工记录……	1. 查阅施工方案 　质量控制参数：浆液配合比、注浆压力、孔位等控制参数符合技术方案要求 2. 查阅施工记录 　内容：有孔位、浆管垂直度、浆液配合比、注浆压力等施工记录
5.6.6	注浆机械检验合格，监控表计在鉴定有效期内，鉴定证书齐全有效	**1. 《建筑地基基础工程施工质量验收规范》GB 50202—2002** 4.10 高压喷射注浆地基 4.10.1 施工前应检查水泥、外掺剂等的质量，桩位，压力表、流量表的精度和灵敏度，高压喷射设备的性能等。 4.10.2 施工中应检查施工参数（压力、水泥浆量、提升速度、旋转速度等）及施工程序。	1. 查阅注浆机械检验合格证 　合格证书：与机械对应

续表

条款号	大纲条款	检 查 依 据	检查要点
5.6.6	注浆机械检验合格，监控表计在鉴定有效期内，鉴定证书齐全有效	**2.《电力工程地基处理技术规程》DL/T 5024—2005** 9.1.16　注浆正式施工前应作实验性施工，并开挖检查桩体，认为合格后方可正式施工。每一施工台班均应详细记录注浆材料的用量，配比，水、气、浆的工作压力和设备运行情况。 9.1.20　采用旋喷桩加固已有建筑物时，施工过程中，必须对原有建筑物进行沉降观测，沉降观测精度应不低于二等水准测量。 9.2.10　静压注浆加固原有建筑物时，施工过程中，必须进行变形测量监控和土体监测。变形观测精度应不低于二等水准测量	2. 查阅监控表计检定证书 　　检定证书：在检定有效期内
5.6.7	标准贯入试验检测、动力触探、静力触探等原位测试试验检测和室内试验检测符合标准规定，加固地层的压缩性、强度、渗透性、湿陷性、均匀性等指标满足设计要求	**《建筑地基处理技术规范》JGJ 79—2012** 8.1.3　注浆加固应保证加固地基在平面和深度连成一体，满足土体渗透性、地基土的强度和变形的设计要求。 8.4.1　水泥为主剂的注浆加固质量检验应符合下列规定： 　　1　注浆检验应在注浆结束28d后进行。可选用标准贯入、轻型动力触探、静力触探或面波等方法进行加固地层均匀性检测。 　　2　按加固土体深度范围每间隔1m取样进行室内试验，测定土体压缩性、强度或渗透性。 　　3　注浆检验点不应少于注浆孔数的2%～5%。检验点合格率小于80%时，应对不合格的注浆区实施重复注浆。 8.4.2　硅酸钠注浆加固质量检验应符合下列规定： 　　1　硅酸钠溶液灌注完毕，应在7d～10d后，对加固的地基土进行检验； 　　2　应采用动力触探或其他原位测试检验加固地基的均匀性； 　　3　工程设计对土的压缩性和湿陷性有要求时，尚应在加固土的全部深度内，每隔1m取土样进行室内试验，测定其压缩性和湿陷性； 　　4　检验数量不应少于注浆孔数的2%～5%。 8.4.3　碱液加固质量检验应符合下列规定： 　　1　碱液加固施工应做好施工记录，检验碱液浓度及每孔注入量是否符合设计要求。 　　2　开挖或钻孔取样，对加固土体进行无侧限抗压强度试验和水稳性试验。取样部位应在加固土体中部，试块数不少于3个，28d龄期的无侧限抗压强度平均值不得低于设计值的90%。将试块浸泡在自来水中，无崩解。当需要查明加固土体的外形和整体性时，可对有代表性加固土体进行开挖，量测其有效加固半径和加固深度。 　　3　检验数量不应少于注浆孔数的2%～5%	1. 查阅注浆加固试验记录 　　试验时间：符合规范规定 　　间距和数量：检验点不应少于注浆孔数的2%～5% 2. 查阅加固土试验报告 　　结论：强度值、均匀性、渗透性等检测指标符合设计要求

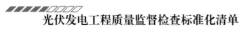

续表

条款号	大纲条款	检 查 依 据	检查要点
5.6.8	注浆加固地基承载力静载荷试验检测数量符合标准规定，检测报告结论满足设计要求	**《建筑地基处理技术规范》JGJ 79—2012** 8.4.4 注浆加固处理后地基的承载力应进行静载试验检验。 8.4.5 静载荷试验应按附录 A 的规定进行，每个单体建筑的检验数量不应少于 3 点	查阅地基承载力检测报告 内容：检测结果符合设计要求和规范规定 盖章：已加盖 CMA 章和检测专用章 签字：授权人已签字
5.6.9	施工质量的检验项目、方法、数量符合标准规定，检验结果符合设计要求，质量验收记录齐全	**1.《建筑地基基础工程施工质量验收规范》GB 50202—2002** 4.1.3 地基施工结束，宜在一个间歇期后，进行质量验收，间歇期由设计确定。 4.1.5 注浆地基竣工后的结果（地基强度或承载力）必须达到设计要求的标准。检验数量，每单位工程不应少于 3 点，1000m² 以上工程，每 100m² 至少应有 1 点，3000m² 以上工程，每 300m² 至少应有 1 点。每一独立基础下至少应有 1 点，基槽每 20 延米应有 1 点。 4.1.6 对高压喷射注浆桩复合地基其承载力检验，数量为总数的 0.5%～1%，但不应少于 3 处。有单桩强度检验要求时，数量为总数的 0.5%～1%，但不应少于 3 根。 4.1.7 复合地基中的高压喷射注浆桩至少应抽查 20%。 4.7.2 施工中应经常抽查浆液的配比及主要性能指标，注浆的顺序、注浆过程中的压力控制等。 4.7.3 施工结束后，应检查注浆体强度、承载力等。检查孔数为总量的 2%～5%，不合格率大于或等于 20% 时应进行二次注浆。检验应在注浆后 15d（砂土、黄土）或 60d（黏性土）进行。 4.7.4 注浆地基的质量检验标准应符合表 4.7.4 的规定。 4.10.4 高压喷射注浆地基质量检验标准应符合表 4.10.4 的规定。 **2.《电力工程地基处理技术规程》DL／T 5024—2005** 9.1.21 注浆体的质量检验，可采用开挖检查、钻孔取芯抗压试验、静载荷试验等方法，检验时间应在注浆结束后 28 天进行，对防渗体作压水试验。 9.1.22 检验位置应布置在荷重最大的部位、施工中有异常现象的部位、对成桩质量有疑虑的地方，并进行随机抽样检验。 　　检验桩的数量宜为施工总桩数的 0.5%～1%，且每一单项工程不少于 3 根。当应用低应变动测检验时，检验数量宜为 20%～50%，并不得少于 10 根。当采用单桩或单桩复合地基静载荷试验确定地基承载力时，单项工程不应少于 3 组。 9.2.12 为提高地基承载力和减少地基变形量的注浆加固，在注浆结束后 28d 进行检测加固效果，可采用静载荷试验、静力触探试验、旁压试验及地基土波速试验等方法	1. 查阅质量检验记录 检验项目：有孔位、注浆体质量、地基承载力质量等符合规范规定 检验方法：有标准贯入、静力触探、动力触探、开挖检查、钻孔取芯抗压试验、静载荷试验等 检验数量：符合设计和规范规定 2. 查阅质量验收记录 内容：符合规范规定

条款号	大纲条款	检 查 依 据	检查要点
5.7　微型桩加固工程的监督检查			
5.7.1	设计前已通过现场试验或试验性施工，确定了设计参数和施工工艺参数	**1.《建筑地基基础工程施工质量验收规范》GB 50202—2002** 4.1.4　地基加固工程，应在正式施工前进行试验段施工，论证设定的施工参数及加固效果。为验证加固效果所进行的载荷试验，其施加载荷应不低于设计载荷的 2 倍。 **2.《电力工程地基处理技术规程》DL/T 5024—2005** 5.0.10　地基处理正式施工前，宜进行试验性施工，在确认施工技术条件满足设计要求后，才能进行地基处理的正式施工。 14.1.7　对于一、二级建筑物的单桩抗压、抗拔、水平极限承载力标准值，宜按综合试桩结果确定，并应符合下列要求： 　　1　试验地段的选取，应能充分代表拟建建筑物场地的岩土工程条件。 　　2　在同一条件下，试桩数量不应少于 3 根。当总桩数在 50 根以内时，不应少于 2 根	查阅试桩检测报告或试桩报告 设计参数、施工工艺参数：已确定
5.7.2	微型桩加固技术方案、施工方案齐全，已审批	**1.《电力建设施工技术规范　第 1 部分：土建结构工程》DL 5190.1—2012** 3.0.1　工程施工前，应按设计图纸，结合具体情况和施工组织设计的要求编制施工方案，并经批准后方可施工。 **2.《电力工程地基处理技术规程》DL/T 5024—2005** 5.0.12　地基处理的施工应有详细的施工组织设计、施工质量管理和质量保证措施。应有专人负责施工检验与质量监督，做好各项施工记录，当发现异常情况时，应及时会同有关部门研究解决。 **3.《建筑桩基技术规范》JGJ 94—2008** 6.1.3　施工组织设计应结合工程特点，有针对性地制定相应质量管理措施，主要应包括下列内容： 　　1　施工平面图：标明桩位、编号、施工顺序、水电线路和临时设施的位置；采用泥浆护壁成孔时，应标明泥浆制备设施及其循环系统； 　　2　确定成孔机械、配套设备以及合理施工工艺的有关资料，泥浆护壁灌注桩必须有泥浆处理措施； 　　3　施工作业计划和劳动力组织计划； 　　4　机械设备、备件、工具、材料供应计划； 　　5　桩基施工时，对安全、劳动保护、防火、防雨、防台风、爆破作业、文物和环境保护等方面应按有关规定执行； 　　6　保证工程质量、安全生产和季节性施工的技术措施	1. 查阅微型桩加固技术方案 审批：手续齐全 内容：技术参数明确 2. 查阅施工方案 审批：有施工单位内部编、审、批并经监理、建设单位审批，签字盖章齐全 施工步骤和工艺参数：与技术方案相符
5.7.3	原材料质量证明文件齐全	**1.《建筑地基基础工程施工质量验收规范》GB 50202—2002** 4.1.2　砂、石子、水泥、钢材、石灰、粉煤灰等原材料的质量、检验项目、批量和检验方法，应符合国家现行标准的规定。	1. 查阅砂石、水泥、钢材出厂质量证明文件

续表

条款号	大纲条款	检 查 依 据	检查要点
5.7.3	原材料质量证明文件齐全	**2.《电力建设施工技术规范 第1部分：土建结构工程》DL 5190.1—2012** 3.0.2 工程所用主要原材料、半成品、构（配）件、设备等产品，进入施工现场时应按规定进行现场检验或复验，合格后方可使用，有见证取样检测要求的应符合国家现行有关标准的规定。对工程所用的水泥、钢筋等主要材料应进行跟踪管理。 **3.《建筑地基处理技术规范》JGJ 79—2012** 3.0.11 地基处理所采用的材料，应根据场地类别符合有关标准对耐久性设计与使用的要求	出厂合格证：包括进场批次、数量、规格、相应性能指标等内容 2. 查阅换填材料检测计划和试验台账 检测计划、检验数量：符合设计要求和规范规定 试验台账检验数量：不得少于试验计划检验数量 3. 查阅检测报告 结论：检测结果合格 盖章：已加盖 CMA 章和检测专用章 签字：授权人已签字
5.7.4	微型桩施工工艺与设计（施工）方案一致	**1.《电力工程地基处理技术规程》DL/T 5024—2005** 5.0.10 地基处理正式施工前，宜进行实验性施工，在确认施工技术条件满足总设计要求后，才能进行地基处理的正式施工。 5.0.11 地基处理时，必须对施工质量进行控制并对处理效果进行检验。 **2.《建筑地基处理技术规范》JGJ 79—2012** 10.2.1 地基处理工程应进行施工全过程的监测。施工中，应有专人或专门机构负责监测工作，随时检查施工记录和计量记录，并按照规定的施工工艺对工序进行质量评定	查阅施工方案 施工工艺：与设计方案一致
5.7.5	树根桩施工允许偏差、成孔、吊装、灌注、填充、加压、保护等符合标准规定	**《建筑地基处理技术规范》JGJ 79—2012** 9.2.3 树根桩施工应符合下列规定： 1 桩位允许偏差宜为±20mm；桩身垂直度允许偏差应为±1%。 2 钻机成孔可采用天然泥浆护壁，遇粉细砂层易塌孔时应加套管。 3 树根桩钢筋笼宜整根吊装。分节吊放时，钢筋搭接焊缝长度双面焊不得小于5倍钢筋直径，单面焊不得小于10倍钢筋直径，施工时，应缩短吊放和焊接时间；钢筋笼应采用悬挂或支撑的方法，确保灌浆或浇注混凝土时的位置和高度。在斜桩中组装钢筋笼时，应采用可靠的支撑和定位方法。	1. 查阅质量检验记录 检验项目：桩位偏差、桩身垂直度偏差、钢筋搭接焊缝长度等符合规范规定

续表

条款号	大纲条款	检 查 依 据	检查要点
5.7.5	树根桩施工允许偏差、成孔、吊装、灌注、填充、加压、保护等符合标准规定	4 灌注施工时，应采用间隔施工、间歇施工或添加速凝剂等措施，以防止相邻桩孔位移和窜孔。 5 当地下水流速较大可能导致水泥浆、砂浆或混凝土流失影响灌注质量时，应采用永久套管、护筒或其他保护措施。 6 在风化或有裂隙发育的岩层中灌注水泥浆时，为避免水泥浆向周围岩体的流失，应进行桩孔测试和预灌浆。 7 当通过水下浇注管或带孔钻杆或管状承重构件进行浇注混凝土或水泥砂浆时，水下浇注管或带孔钻杆的末端应埋入泥浆中。浇注过程应连续进行，直到顶端溢出浆体的黏稠度与注入浆体一致时为止。 8 通过临时套管灌注水泥浆时，钢筋的放置应在临时套管拔出之前完成，套管拔出过程中应每隔 2m 施加灌浆压力。采用管材作为承重构件时，可通过其底部进行灌浆	2. 查阅施工记录 内容：成孔、吊装、灌注、填充、加压、保护等符合施工方案要求
5.7.6	预制桩预制过程（包括连接件）、压桩力、接桩和截桩等符合标准规定	**1.《建筑地基基础工程施工质量验收规范》GB 50202—2002** 5.2.2 施工前应对成品桩（锚杆静压成品桩一般均由工厂制造，运至现场堆放）做外观及强度检验，接桩用焊条或半成品硫黄胶泥应有产品合格证书，或送有关部门检验，压桩用压力表、锚杆规格及质量也应进行检查。硫黄胶泥半成品应每 100kg 做一组试件（3 件）。 5.2.3 压桩过程中应检查压力、桩垂直度、接桩间歇时间、桩的连接质量及压入深度。重要工程应对电焊接桩的接头做 10% 的探伤检查。对承受反力的结构应加强观测。 5.4.1 桩在现场预制时，应对原材料、钢筋骨架（见表 5.4.1）、混凝土强度进行检查；采用工厂生产的成品桩时，桩进场后应进行外观及尺寸检查。 5.4.2 施工中应对桩体垂直度、沉桩情况、桩顶完整状况、接桩质量等进行检查，对电焊接桩，重要工程应做 10% 的焊缝探伤检查。 **2.《建筑地基处理技术规范》JGJ 79—2012** 9.3.2 预制桩桩体可采用边长为 150mm～300mm 的预制混凝土方桩，直径 300mm 的预应力混凝土管桩，断面尺寸为 100mm～300mm 的钢管桩和型钢等，施工除应满足现行行业标准《建筑桩基技术规范》JGJ 94 的规定外，尚应符合下列规定： 1 对型钢微型桩应保证压桩过程中计算桩体材料最大应力不超过材料抗压强度标准值的 90%； 3 除用于减小桩身阻力的涂层外，桩身材料以及连接件的耐久性应符合现行国家标准《工业建筑防腐蚀设计规范》GB 50046 的有关规定。 9.3.3 预制桩的单桩竖向承载力应通过单桩静载荷试验确定；无试验资料时，初步可按本规范式（7.1.5-3）估算。 **3.《建筑桩基技术规范》JGJ 94—2008** 7.3.2 接桩材料应符合下列规定：	1. 查阅质量检验记录 检验项目：桩位偏差、桩身垂直度偏差、钢筋搭接焊缝长度、压桩力、接桩和截桩等符合规范规定 2. 查阅施工记录 内容：压桩力、贯入度、接桩、截桩等符合施工方案要求

续表

条款号	大纲条款	检 查 依 据	检查要点
5.7.6	预制桩预制过程（包括连接件）、压桩力、接桩和截桩等符合标准规定	1　焊接接桩：钢板宜采用低碳钢，焊条宜采用 E43，并应符合现行行业标准要求。接头宜采用探伤检测，同一工程检测量不得少于 3 个接头。 2　法兰接桩：钢板和螺栓宜采用低碳钢	
5.7.7	注浆钢管桩水泥浆灌注的注浆方法、时间间隔、钢管连接方式、焊接质量符合标准规定	**1.《建筑地基基础工程施工质量验收规范》GB 50202—2002** 5.5.2　施工中应检查钢桩的垂直度、沉入过程、电焊连接质量、电焊后的停歇时间、桩顶锤击后的完整状况。电焊质量除常规检查外，应做 10% 的焊缝探伤检查。 **2.《建筑地基处理技术规范》JGJ 79—2012** 9.4.1　注浆钢管桩适用于淤泥质土、黏性土、粉土、砂土和人工填土等地基处理。 9.4.2　注浆钢管桩承载力的设计计算，应符合现行行业标准《建筑桩基技术规范》JGJ 94 的有关规定；当采用二次注浆工艺时，桩侧摩阻力特征取值可乘以 1.3 的系数。 9.4.3　钢管桩可采用静压或植入等方法施工。 9.4.4　水泥浆的制备应符合下列规定： 　　1　水泥浆的配合比应采用经认证的计量装置计量，材料掺量符合设计要求。 　　2　选用的搅拌机应能够保证搅拌水泥浆的均匀性；在搅拌槽和注浆泵之间应设置存储池，注浆前应进行搅拌以防止浆液离析和凝固。 9.4.5　水泥浆灌注应符合下列规定： 　　1　应缩短桩孔成孔与灌注水泥浆之间的时间间隔； 　　2　注浆时，应采取措施保证桩长范围内完全灌满水泥浆； 　　3　灌注方法应根据注浆泵和注浆系统合理选用，注浆泵与注浆孔口距离不宜大于 30m； 　　4　当采用桩身钢管进行注浆时，可通过底部一次或多次灌浆，也可将桩身钢管加工成花管进行多次灌浆； 　　5　采用花管灌浆时，可通过花管进行全长多次灌浆，也可通过花管及阀门进行分段灌浆，或通过互相交错的后注浆管进行分步灌浆。 9.4.6　注浆钢管桩钢管的连接应采用套管焊接，焊接强度与质量应满足现行国家标准《建筑地基基础工程施工质量验收规范》GB 50202 的要求。 **3.《建筑桩基技术规范》JGJ 94—2008** 3.1.3.2　对于钢管桩应进行局部压屈验算	1. 查阅质量检验记录 　检验项目：桩位偏差、桩身垂直度偏差、注浆方法、时间间隔、钢管连接方式、焊接质量、压桩力等符合规范规定 2. 查阅施工记录 　内容：压桩力、贯入度、接桩、注浆方法、时间间隔、钢管连接方式、焊接质量等符合施工方案要求

续表

条款号	大纲条款	检 查 依 据	检查要点
5.7.8	混凝土和砂浆抗压强度、钢构件防腐及钢筋保护层厚度符合标准规定	《建筑地基处理技术规范》JGJ 79—2012 9.1.4 根据环境的腐蚀性、微型桩的类型、荷载类型（受拉或受压）、钢材的品种及设计使用年限，微型桩中钢构件或钢筋的防腐构造应符合耐久性设计的要求。钢构件或预制桩钢筋保护层厚度不应小于25mm，钢管砂浆保护层厚度不应小于35mm，混凝土灌注桩钢筋保护层厚度不应小于50mm	1. 查阅质量检验记录 　检验项目：混凝土和砂浆抗压强度、钢构件防腐及钢筋保护层厚度等符合规范规定 2. 查阅检验报告 　结论：混凝土和砂浆抗压强度、钢构件防腐及钢筋保护层厚度检测结果符合设计要求
5.7.9	施工参数符合设计要求，施工记录齐全	1. 《建筑地基处理技术规范》JGJ 79—2012 9.1.5 软土地基微型桩的设计施工应符合下列规定： 　1 应选择较好的土层作为桩端持力层，进入持力层深度不宜小于5倍的桩径或边长。 　2 对不排水抗剪强度小于10kPa的土层，应进行试验性施工；并应采用护筒或永久套管包裹水泥浆、砂浆或混凝土。 　3 应采取间隔施工、控制注浆压力和速度等措施，减少微型桩施工期间的地基附加变形，控制基础不均匀沉降及总沉降量。 　4 在成孔、注浆或压桩施工过程中，应监测相邻建筑和边坡的变形。 10.2.1 地基处理工程应进行施工全过程的监测。施工中，应有专人或专门机构负责监测工作，随时检查施工记录和计量记录，并按照规定的施工工艺对工序进行质量评定。 2. 《电力工程地基处理技术规程》DL/T 5024—2005 5.0.12 地基处理的施工应有详细的施工组织设计、施工质量管理和质量保证措施。应有专人负责施工检验与质量监督，做好各项施工记录，当发现异常情况时，应及时会同有关部门研究解决	1. 查阅施工方案 　施工参数：符合设计要求 2. 查阅施工记录 　内容：包括桩位、桩顶标高等 　数量：与验收记录相符 3. 查地基附加变形观测记录 　内容：地基、相邻建筑物沉降变形记录详实 　变形、沉降量：在预控范围内
5.7.10	地基（基桩）承载力检测数量符合标准规定，检测报告结论满足设计要求	《建筑地基处理技术规范》JGJ 79—2012 9.5.4 微型桩的竖向承载力检验应采用静载试验，检验桩数不得少于总桩数的1%，且不得少于3根。 10.1.4 工程验收承载力检验时，静载荷试验最大加载量不应小于设计要求的承载力特征值的2倍。	查阅地基（基桩）承载力检测报告 　检验方法：符合规范要求 　检验数量：不少于总桩数的1%，且不得少于3根 　检验结论：符合设计要求

续表

条款号	大纲条款	检 查 依 据	检查要点
5.7.11	施工质量的检验项目、方法、数量符合标准规定，检验结果满足设计要求，质量验收记录齐全	**《建筑地基处理技术规范》JGJ 79—2012** 9.5.1 微型桩的施工验收，应提供施工过程有关参数，原材料的力学性能检验报告，试件留置数量及制作养护方法、混凝土和砂浆等抗压强度试验报告，型钢、钢管和钢筋笼制作质量检查报告。施工完成后尚应进行桩顶标高和桩位偏差等检验。 9.5.2 微型桩的桩位施工允许偏差，独立基础、条形基础的边桩沿垂直轴线方向应为±1/6桩径，沿轴线方向应为±1/4桩径，其他位置的桩应为±1/2桩径；桩身的垂直度允许偏差应为±1%。 9.5.3 桩身完整性检验宜采用低应变动力试验进行检测。检测桩数不得少于总桩数的10%，且不得少于10根。每个柱下承台的抽检桩数不应少于1根	1. 查阅微型桩施工验收记录 　检验内容：微型桩原材及进场复试报告、试件留置数量、强度试验等报告齐全 　检验数量：符合设计和规范要求 　检验结论：质量合格 2. 查阅微型桩桩位检查记录 　桩位、顶标高偏差：符合规范要求 　检验数量：符合规范要求
5.8　灌注桩工程的监督检查			
5.8.1	当需要提供设计参数和施工工艺参数时，应按试桩方案进行试桩确定	**1.《电力工程地基处理技术规程》DL/T 5024—2005** 5.0.10 地基处理正式施工前，宜进行试验性施工，在确认施工技术条件满足设计要求后，才能进行地基处理的正式施工。 5.0.12 地基处理的施工应有详细的施工组织设计、施工质量管理和质量保证措施。应有专人负责施工检验与质量监督，做好各项施工记录，当发现异常情况时，应及时会同有关部门研究解决。 14.1.7 对于一、二级建筑物的单桩抗压、抗拔、水平极限承载力标准值，宜按综合试桩结果确定，并应符合下列要求： 　1 试验地段的选取，应能充分代表拟建建筑物场地的岩土工程条件。 　2 在同一条件下，试桩数量不应少于3根。当总桩数在50根以内时，不应少于2根。 **2.《建筑桩基技术规范》JGJ 94—2008** 6.2.8 桩在施工前，宜进行试成孔	查阅试桩检测报告或试桩报告 设计参数、施工工艺参数：已确定
5.8.2	灌注桩技术方案、施工方案齐全，已审批	**1.《电力建设施工技术规范　第1部分：土建结构工程》DL 5190.1—2012** 3.0.1 工程施工前，应按设计图纸，结合具体情况和施工组织设计的要求编制施工方案，并经批准后方可施工。	1. 查阅灌注桩技术方案 　审批：手续齐全 　内容：技术参数明确

条款号	大纲条款	检 查 依 据	检查要点
5.8.2	灌注桩技术方案、施工方案齐全，已审批	**2.《电力工程地基处理技术规程》DL/T 5024—2005** 5.0.12 地基处理的施工应有详细的施工组织设计、施工质量管理和质量保证措施。应有专人负责施工检验与质量监督，做好各项施工记录，当发现异常情况时，应及时会同有关部门研究解决。 **3.《建筑桩基技术规范》JGJ 94—2008** 1.0.3 桩基的设计与施工，应综合考虑工程地质与水文地质条件、上部结构类型、使用功能、荷载特征、施工技术条件与环境；并应重视地方经验，因地制宜，注重概念设计，合理选择桩型、成桩工艺和承台形式，优化布桩，节约资源；强化施工质量控制与管理。 6.1.3 施工组织设计应结合工程特点，有针对性地制定相应质量管理措施，主要应包括下列内容： 　1 施工平面图：标明桩位、编号、施工顺序、水电线路和临时设施的位置；采用泥浆护壁成孔时，应标明泥浆制备设施及其循环系统。 　2 确定成孔机械、配套设备以及合理施工工艺的有关资料，泥浆护壁灌注桩必须有泥浆处理措施。 　3 施工作业计划和劳动力组织计划。 　4 机械设备、备件、工具、材料供应计划。 　5 桩基施工时，对安全、劳动保护、防火、防雨、防台风、爆破作业、文物和环境保护等方面应按有关规定执行。 　6 保证工程质量、安全生产和季节性施工的技术措施。 6.1.4 成桩机械必须经鉴定合格，不得使用不合格机械。 6.1.5 施工前应组织图纸会审，会审纪要连同施工图等应作为施工依据，并应列入工程档案	2. 查阅施工方案 　审批：施工单位已编、审、批、签章，监理、建设单位已审批 　施工工艺参数：与技术方案相符
5.8.3	钢筋、水泥、砂、石、掺合料及钢筋连接材料等质量证明文件齐全、现场见证取样检验报告齐全	**1.《建筑地基基础工程施工质量验收规范》GB 50202—2002** 5.6.1 施工前应对水泥、砂、石子（如现场搅拌）、钢材等原材料进行检查。 **2.《建筑地基基础设计规范》GB 50007—2011** 10.2.12 对混凝土灌注桩，应提供施工过程有关参数，包括原材料的力学性能检验报告，试件留置数量及制作养护方法、混凝土抗压强度试验报告、钢筋笼制作质量检查报告。施工完成后尚应进行桩顶标高、桩位偏差等检验。 **3.《电力工程地基处理技术规程》DL/T 5024—2005** 14.2.1 钻孔灌注桩 　10 钻孔灌注桩所用混凝土应符合下列规定： 　1) 水泥等水上不宜低于32.5级，水下不宜低于42.5级。 　3) 粗骨料宜选用5mm～35mm粒径的卵石或碎石，最大粒径不超过40mm，并要求粒组由小到大有一定的级配；卵石或碎石要质量好，强度高，针片状、棒状的含量应小于3%，微风化的应小于10%，中风化、强风化的严禁使用，含泥量应小于1%。	1. 查阅砂石、水泥、钢材出厂质量证明文件 　出厂合格证：包括进场批次、数量、规格、相应性能指标等内容 2. 查阅砂石、水泥、钢材等材料的检测计划和试验台账 　检测计划、检验数量：符合设计要求和规范规定 　试验台账检验数量：不得少于试验计划检验数量

条款号	大纲条款	检 查 依 据	检查要点
5.8.3	钢筋、水泥、砂、石、掺合料及钢筋连接材料等质量证明文件齐全、现场见证取样检验报告齐全	4）细骨料以含长石和石英颗粒为主的中、粗砂为宜，并且有机质含量应小于0.5%，云母含量应小于2%，含泥量应小于3%。 5）钻孔灌注桩用的混凝土可加入掺合料，如粉煤灰、沸石粉、火山灰等，掺入量宜根据配比试验确定。 6）可根据工程需要选用外加剂，通常有减水剂和缓凝剂（如木质素磺酸钙，掺入量0.2%～0.3%；糖蜜，掺入量0.1%～0.2%）、早强剂（如三乙醇胺等）。 **4.《建筑桩基技术规范》JGJ 94—2008** 6.2.5 钢筋笼制作、安装的质量应符合下列要求： 2 分段制作的钢筋笼，其接头宜采用焊接或机械式接头（钢筋直径大于20mm），并应遵守国家现行标准的规定	3. 查阅检测报告 结论：检测结果合格 盖章：已加盖CMA章和检测专用章 签字：授权人已签字
5.8.4	施工参数符合设计要求，施工记录齐全	**《电力工程地基处理技术规程》DL/T 5024—2005** 14.1.15 灌注桩成桩过程中，应进行成孔质量检测，包括孔径、孔斜、孔深、沉渣厚度等，成孔质量检测不得少于总桩数的10%。桩身强度满足养护要求后应采用高应变法、低应变法动力测试或钻孔抽芯法检测桩身质量，高应变检测数量不宜少于总桩数的5%，且不少于5根。采用低应变法测桩宜为总桩数的20%～30%。当单桩竖向抗压极限承载力较大、地质条件复杂、单桩承台时，应提高检测比例。 14.2.1 钻孔灌注桩 7 当钻孔灌注桩孔深达到要求后，立即进行第一次清孔。在下放钢筋笼及导管安装完毕后，灌注混凝土之前，应进行第二次清孔，清孔须满足下列要求： 1）清孔后的泥浆密度应小于1.15。 2）二次清孔沉渣允许厚度应根据上部结构变形要求和桩的性能确定。一般条件下，对于摩擦端承桩、端承摩擦桩，沉渣厚度不应大于100mm；对于作支护的纯摩擦桩，沉渣厚度应小于300mm。 3）二次清孔结束后应在30min内浇筑混凝土，若超过30min，应复测孔底沉渣厚度。若沉渣厚度超过允许厚度时，则需利用导管清除孔底沉渣至合格，方可灌注混凝土。 8 钻孔灌注桩钢筋笼的制作应符合设计图纸的要求，主筋净距应大于混凝土粗骨料粒径3倍以上；加劲箍筋宜设在主筋外侧，主筋一般不设弯钩；钢筋笼的内径应比导管接头外径大100mm以上，允许偏差见表14.2.1-3。钢筋笼上应设保护层混凝土垫块或护板，每节钢筋笼应不少于2组，每组3块，应均匀分布在同一截面上，钢筋笼单节长度大于12m，应增设1组。钢筋笼的安放应吊直扶稳，对准桩孔中心，缓慢放下。如两段钢筋笼需在孔口焊接，宜用两台焊机相对焊接，以保证钢筋笼顺直，缩短成桩时间。 11 钻孔灌注桩混凝土的浇筑应符合下列规定：	1. 查阅施工记录 内容：孔径、孔斜、孔深、沉渣厚度等内容齐全 检测数量：满足规范要求 2. 查阅各项施工参数 清孔检测记录：沉渣厚度、泥浆密度满足设计及规范要求 导管埋设：符合设计及规范要求 混凝土浇筑间隔时间：符合设计及规范要求 试件留置组数：符合设计及规范要求

条款号	大纲条款	检 查 依 据	检查要点
5.8.4	施工参数符合设计要求，施工记录齐全	2）在孔内放置导管时，导管下端距孔底以 300mm～500mm 为宜，适当加大初灌量，第一次混凝土应使埋管深度不小于 0.8m，第一盘混凝土浇筑前应加 0.1m³～0.2m³ 的水泥砂浆。正常灌注时，应随时丈量孔内混凝土面上升的位置，保持导管埋深，导管埋深宜为 2m～6m。 　4）浇注混凝土应连续进行，因故中断时间不得超过混凝土的初凝时间。一般条件下，浇注时间不宜超过 8h。 　5）混凝土的灌注量应保证充盈系数不小于 1.0，一般不宜大于 1.3。 　6）桩实际混凝土灌注高度应保证凿除桩顶浮浆后达到设计标高时的混凝土符合设计要求。 　7）桩身浇筑过程中，每根桩留取不少于 1 组（3 块）试块，按标准养护后进行抗压试验	
5.8.5	混凝土强度试验等级符合设计要求，试验报告齐全	**1.《电力建设施工质量验收及评价规程　第 1 部分：土建工程》DL/T 5210.1—2012** 5.4.27　混凝土灌注桩工程 　1　检查数量： 　3）混凝土强度试件：每浇筑 50m³ 都必须有一组试件；小于 50m³ 的桩，每根桩必须有一组试件。 　3　施工试验： 　3）混凝土强度试验报告； 　4）预制桩龄期及强度试验报告。 **2.《电力工程地基处理技术规程》DL/T 5024—2005** 14.2.1　钻孔灌注桩 　10　钻孔灌注桩所用混凝土应符合下列规定： 　1）混凝土的配合比和强度等级，应按桩身设计强度等级经配比试验确定，并留有一定强度储备（一般以 20% 为宜）；混凝土坍落度宜取 160mm～220mm，并保持混凝土的和易性	1. 查阅检测计划、试件台账 　检测计划检验数量：符合设计要求和规范规定 　试件台账检验数量：不得少于检测计划检验数量 2. 查阅混凝土抗压强度试验检测报告 　结论：检测结果合格 　盖章：已加盖 CMA 章和检测专用章 　签字：授权人已签字
5.8.6	钢筋连接接头试验合格，报告齐全	**1.《电力工程地基处理技术规程》DL/T 5024—2005** 14.2.1　钻孔灌注桩 　9　钢筋笼的焊接搭结长度应符合表 14.2.1-4 的规定，焊缝宽度不应小于 0.7d，厚度不小于 0.3d，焊条根据钢筋材质合理选用。（d 为钢筋直径） **2.《电力建设施工质量验收及评价规程　第 1 部分：土建工程》DL/T 5210.1—2012** 18.3.1　地基与桩基工程质量记录应评价的内容包括：	1. 查阅检测计划、试件台账 　检测计划检验数量：符合设计要求和规范规定

条款号	大纲条款	检 查 依 据	检查要点
5.8.6	钢筋连接接头试验合格，报告齐全	3 施工试验： 2）钢筋连接接头质量的试验报告； **3.《建筑桩基技术规范》JGJ 94—2008** 9.2.3 灌注桩施工前应进行下列检验： 2 钢筋笼制作应对钢筋规格、焊条规格、品种、焊口规格、焊缝长度、焊缝外观和质量、主筋和箍筋的制作偏差等进行检查，钢筋笼制作允许偏差应符合本规范要求	试件台账检验数量：不得少于检测计划检验数量 2.查阅钢筋焊接接头试验检测报告 结论：检测结果合格 盖章：已加盖CMA章和检测专用章 签字：授权人已签字
5.8.7	桩基础施工工艺与设计（施工）方案一致	**《建筑地基处理技术规范》JGJ 79—2012** 1.2.1 地基处理工程应进行施工全过程的监测。施工中，应有专人或专门机构负责监测工作，随时检查施工记录和计量记录，并按照规定的施工工艺对工序进行质量评定	查阅施工方案 施工工艺：与设计方案一致
5.8.8	人工挖孔桩终孔时，持力层检验记录齐全	**1.《建筑地基基础工程施工质量验收规范》GB 50202—2002** 5.6.2 施工中应对成孔、清渣、放置钢筋笼、灌注混凝土等进行全过程检查，人工挖孔桩尚应复验孔底持力层土（岩）性。嵌岩桩必须有桩端持力层的岩性报告。 **2.《建筑基桩检测技术规范》JGJ 106—2014** 3.3.7 对于端承型大直径灌注桩，当受设备或现场条件限制无法检测单桩竖向抗压承载力时，可选择下列方式之一，进行持力层核验： 1 采用钻芯法测定桩底沉渣厚度，并钻取桩端持力层岩土芯样检验桩端持力层，检测数量不应少于总桩数的10%，且不应少于10根； 2 采用深层平板载荷试验或岩基平板载荷试验……检测数量不应少于总桩数的1%，且不应少于3根。 **3.《建筑桩基技术规范》JGJ 94—2008** 9.3.2 灌注桩施工过程中应进行下列检验： 1 灌注混凝土前，应按照本规范第6章有关施工质量要求，对已成孔的中心位置、孔深、孔径垂直度、孔底沉渣厚度进行检验； 2 应对钢筋笼安放的实际位置等进行检查，并填写相应质量检测、检查记录； 3 干作业条件下成孔后应对大直径桩桩端持力层进行检验	查阅桩端持力层的岩性报告 结论：检测结果合格 盖章：已加盖CMA章和检测专用章 签字：授权人已签字

续表

条款号	大纲条款	检 查 依 据	检查要点
5.8.9	人工挖孔灌注桩、干成孔灌注桩、套管成孔灌注桩、泥浆护壁钻孔灌注桩成孔的桩径、垂直度、孔底沉渣厚度、钢筋保护层厚度及桩位的偏差符合标准规定	**1. 《电力建设施工质量验收及评价规程　第 1 部分：土建工程》DL/T 5210.1—2012** 5.4.23　螺旋钻、潜水钻、回旋钻和冲击成孔： 　　1　检查数量：全数检查； 　　2　质量标准和检验方法：见表 5.4.23。 5.4.25　人工挖大直径扩底墩成孔： 　　1　检查数量：全数检查； 　　2　质量标准和检验方法：见表 5.4.25。 **2. 《电力工程地基处理技术规程》DL/T 5024—2005** 14.1.15　灌注桩成桩过程中，应进行成孔质量检测，包括孔径、孔斜、孔深、沉渣厚度等，成孔质量检测不得少于总桩数的 10%。 **3. 《建筑桩基技术规范》JGJ 94—2008** 6.2.4　灌注桩成孔施工的允许偏差应满足表 6.2.4 的要求。 6.3.9　钻孔达到设计深度，灌注混凝土之前，孔底沉渣厚度指标应符合下列规定： 　　1　对端承型桩，不应大于 50mm； 　　2　对摩擦型桩，不应大于 100mm； 　　3　对抗拔、抗水平力桩，不应大于 200mm。 9.1.1　桩基工程应进行桩位、桩长、桩径、桩身质量和单桩承载力的检验。 9.3.2　灌注施工过程中应进行下列检验： 　　1　灌注混凝土前，应按照本规范第 6 章有关施工质量要求，对已成孔的中心位置、孔深、孔径、垂直度、孔底沉渣厚度进行检验； 　　2　应对钢筋笼安放的实际位置等进行检查，并填写相应质量检测、检查记录； 　　3　干作业条件下成孔后应对大直径桩桩端持力层进行检验	1. 查阅灌注桩成孔质量验收记录 　内容：灌注桩成孔施工偏差、孔底沉渣厚度满足规程规范要求 2. 查阅灌注桩成桩过程检查记录 　内容：孔径、孔斜、孔深、沉渣厚度等
5.8.10	工程桩承载力检测结论满足设计要求，桩身质量的检验符合标准规定，报告齐全	**1. 《建筑地基基础工程施工质量验收规范》GB 50202—2002** 5.1.5　工程桩应进行承载力检验。对于地基基础设计等级为甲级或地质条件复杂，成桩质量可靠性低的灌注桩，应采用静载荷试验的方法进行检验，检验桩数不应少于总数的 1%，且不应少于 3 根，当总桩数少于 50 根时，不应少于 2 根。 5.1.6　桩身质量应进行检验。对设计等级为甲级或地质条件复杂、成检质量可靠性低的灌注桩，抽检数量不应少于总数的 30%，且不应少于 20 根；其他桩基工程的抽检数量不应少于总数的 20%，且不应少于 10 根；对混凝土预制桩及地下水位以上且终孔后经过核验的灌注桩，检验数量不应少于总桩数的 10%，且不得少于 10 根。每个柱子承台下不得少于 1 根。	1. 查阅灌注桩单桩静载荷试验报告 　单桩静载荷试验承载力：满足设计要求，经设计、监理单位签署意见

条款号	大纲条款	检 查 依 据	检查要点
5.8.10	工程桩承载力检测结论满足设计要求，桩身质量的检验符合标准规定，报告齐全	**2.《电力工程地基处理技术规程》DL/T 5024—2005** 14.1.15 灌注桩成桩过程中，应进行成孔质量检测，包括孔径、孔斜、孔深、沉渣厚度等，成孔质量检测不得少于总桩数的10%。桩身强度满足养护要求后应采用高应变法、低应变法动力测试或钻孔抽芯法检测桩身质量，高应变检测数量不宜少于总桩数的5%，且不少于5根。采用低应变法测桩宜为总桩数的20%～30%。当单桩竖向抗压极限承载力较大、地质条件复杂、单桩承台时，应提高检测比例。 14.1.17 为确保实际单桩竖向极限承载力标准值达到设计要求，应根据工程重要性、岩土工程条件、设计要求及工程施工情况采用单桩静载荷试验或可靠的动力测试方法进行工程桩单桩承载力检测。对于工程桩施工前未进行综合试桩的一级建筑桩基和岩土工程条件复杂、桩的施工质量可靠性低、确定单桩承载力的可靠性低、桩数多的二级建筑桩基，应采用单桩静载荷试验对工程桩单桩竖向承载力进行检测，在同一条件下的检测数量不宜小于总桩数的1%，且不应小于3根；对于工程桩施工前已进行过综合试桩的一级建筑桩基及其他所有工程桩基，应采用可靠的高应变动力测试法对工程桩单桩竖向承载力进行检测。 **3.《建筑桩基技术规范》JGJ 94—2008** 9.4.3 有下列情况之一的桩基工程，应采用静荷载试验对工程桩单桩竖向承载力进行检测，检测数量应根据桩基设计等级、本工程施工前取得试验数据的可靠性因素，可按现行行业标准《建筑基桩检测技术规范》JGJ 106确定： 　1 工程施工前已进行单桩静载试验，但施工过程变更了工艺参数或施工质量出现异常时； 　2 施工前工程未按本规范第5.3.1条规定进行单桩静载试验的工程； 　3 地质条件复杂、桩的施工质量可靠性低； 　4 采用新桩型或新工艺。 **4.《建筑桩基检测技术规范》JGJ 106—2014** 4.1.2 为设计提供依据的试验桩，应加载至桩侧与桩端的岩土阻力达到极限状态；当桩的承载力由桩身强度控制时，可按设计要求的加载量进行加载。 4.1.3 工程桩验收检测时，加载量不应小于设计要求的单桩承载力特征值的2.0倍。 4.4.1 检测数据的处理应符合下列规定： 　1 确定单桩竖向抗压承载力时，应绘制竖向荷载沉降（Q-s）曲线、沉降—时间对数（s-$\lg t$）曲线；也可绘制其他辅助分析曲线； 　2 当进行桩身应变和桩身截面位移测定时，应按本规范附录A的规定，整理测试数据，绘制桩身轴力分布图，计算不同土层的桩侧阻力和桩端阻力。 4.4.2 单桩竖向抗压极限承载力应按下列方法分析确定： 　1 根据沉降随荷载变化的特征确定：对于陡降型Q-s曲线，应取其发生明显陡降的起始点对应的荷载值；	2. 查阅灌注桩桩身完整性检测报告 　结论：检测报告结果满足规范规定 3. 查阅灌注桩高应变检测工程桩承载力检测报告 　结论：承载力符合设计要求和规范规定

续表

条款号	大纲条款	检查依据	检查要点
5.8.10	工程桩承载力检测结论满足设计要求，桩身质量的检验符合标准规定，报告齐全	2　根据沉降随时间变化的特征确定：应取 s-$\lg t$ 曲线尾部出现明显向下弯曲的前一级荷载值； 3　符合本规范第 4.3.7 条第 2 款情况时，宜取前一级荷载值； 4　对于缓变型 Q-s 曲线，宜根据桩顶总沉降量，取 s 等于 40mm 对应的荷载值；对 D（D 为桩端直径）大于等于 800mm 的桩，可取 s 等于 $0.05D$ 对应的荷载值；当桩长大于 40m 时，宜考虑桩身弹性压缩；s 不满足本条第 14 款情况时，桩的竖向抗压极限承载力时，应取低值。 4.4.4　单桩竖向抗压承载力特征值应按单桩竖向抗压极限承载力的 50% 取值	
5.8.11	施工质量的检验项目、方法、数量符合标准规定，检验结果满足设计要求，质量验收记录齐全	**1.《建筑地基基础工程施工质量验收规范》GB 50202—2002** 5.1.2　桩基工程的桩位验收，除设计有规定外，应按下述要求进行： 　　1　当桩顶设计标高与施工场地标高相同时，或桩基施工结束后，有可能对桩位进行检查时，桩基工程的验收应在施工结束后进行。 　　2　当桩顶设计标高低于施工场地标高，送桩后无法对桩位进行检查时，对打入桩可在每根桩桩顶沉至场地标高时，进行中间验收，待全部桩施工结束，承台或底板开挖到设计标高后，再做最终验收。对灌注桩可对护筒位置做中间验收。 5.1.4　灌注桩的桩位偏差必须符合表 5.1.4 的规定，桩顶标高至少要比设计标高高出 0.5m，桩底清孔质量按不同的成桩工艺有不同的要求，应按本章的各节要求执行。每浇注 $50m^3$ 必须有 1 组试件，小于 $50m^3$ 的桩，每根桩必须有 1 组试件。 5.6.3　施工结束后，应检查混凝土强度，并应做桩体质量及承载力的检验。 5.6.4　混凝土灌注桩的质量检验标准应符合表 5.6.4-1、表 5.6.4-2 的规定。 **2.《电力建设施工质量验收及评价规程　第 1 部分：土建工程》DL/T 5210.1—2012** 5.4.27　混凝土灌注桩工程： 　　1　检查数量： 　　主控项目： 　　1）承载力检验：应按现行有关标准或按经专项论证的检验方案抽样检测。 　　2）桩体质量检验：对设计等级为甲级或地质条件复杂、成桩质量可靠性低的灌注桩，抽检数量不应少于总数的 30%，且不应少于 20 根；其他桩基工程的抽检数量不应少于总桩数的 10%。且不得少于 10 根。每个柱子承台下不得少于 1 根。 　　3）混凝土强度试件：每浇筑 $50m^3$ 都必须有 1 组试件；小于 $50m^3$ 的桩，每根桩必须有 1 组试件。 　　4）桩位偏差：应全数检查。 　　一般项目： 　　5）全数检查。 　　2　质量标准和检验方法：见表 5.4.27。	1. 查阅施工记录 　检验项目：桩端入岩深度、沉渣厚度等 2. 查阅质量验收记录 　检验项目：有桩顶标高、孔径、孔斜、孔深、沉渣厚度、充盈系数等 　检验方法：有测量、高应变、低应变、静载荷试验等 　检验数量：符合设计和规范规定

条款号	大纲条款	检 查 依 据	检查要点
5.8.11	施工质量的检验项目、方法、数量符合标准规定，检验结果满足设计要求，质量验收记录齐全	**3.《电力工程地基处理技术规程》DL/T 5024—2005** 14.1.13 一级、二级建筑物桩基工程在施工过程及建成后使用期间，应进行系统的沉降观测直至沉降稳定。 14.1.15 灌注桩成桩过程中，应进行成孔质量检测，包括孔径、孔斜、孔深、沉渣厚度等，成孔质量检测不得少于总桩数的10%。桩身强度满足养护要求后应采用高应变法、低应变法动力测试或钻孔抽芯法检测桩身质量，高应变检测数量不宜少于总桩数的5%，且不少于5根。采用低应变法测桩宜为总桩数的20%～30%。当单桩竖向抗压极限承载力较大、地质条件复杂、单桩承台时，应提高检测比例。 14.2.1 钻孔灌注桩 　11 钻孔灌注桩混凝土的浇注应符合下列规定： 　7) 桩身浇注过程中，每根桩留取不少于1组（3块）试块，按标准养护后进行抗压试验。 　8) 当混凝土试块强度达不到设计要求时，可从桩体中进行抽芯检验或采取其他非破损检验方法。 **4.《建筑桩基技术规范》JGJ 94—2008** 9.5.2 基桩验收应包括下列资料： 　1 岩土工程勘察报告、桩基施工图、图纸会审纪要、设计变更单及材料代用通知单等； 　2 经审定的施工组织设计、施工方案及执行中的变更单； 　3 桩位测量放线图，包括工程桩位线复核签证单； 　4 原材料的质量合格和质量鉴定书； 　5 半成品如预制桩、钢桩等产品的合格证； 　6 施工记录及隐蔽工程验收文件； 　7 成桩质量检查报告； 　8 单桩承载力检测报告； 　9 基坑挖至设计标高的基桩竣工平面图及桩顶标高图； 　10 其他必须提供的文件和记录	
5.9　预制桩工程的监督检查			
5.9.1	当需要提供设计参数和施工工艺参数时，应按试桩方案进行试桩确定	**《电力工程地基处理技术规程》DL/T 5024—2005** 5.0.8 大中型电力工程一、二级建（构）筑物的地基处理应进行原体试验。对于扩建工程，当工程条件有较大变化时，宜进行地基处理原体试验。 5.0.10 地基处理正式施工前，宜进行试验性施工，在确认施工技术条件满足设计要求后，才能进行地基处理的正式施工。 14.1.7 对于一、二级建筑物的单桩抗压、抗拔、水平极限承载力标准值，宜按综合试桩结果确定，并应符合下列要求： 　1 试验地段的选取，应能充分代表拟建建筑物场地的岩土工程条件。 　2 在同一条件下，试桩数量不应少于3根。当总桩数在50根以内时，不应少于2根	查阅试桩检测报告或试桩报告 设计参数、施工工艺参数：已确定

条款号	大纲条款	检 查 依 据	检查要点
5.9.2	预制桩工程施工组织设计、施工方案齐全，已审批	**1.《建筑施工组织设计规范》GB/T 50502—2009** 3.0.5 施工组织设计的编制和审批应符合下列规定： 1 施工组织设计应由项目负责人主持编制，可根据需要分阶段编制和审批。 2 施工组织总设计应由总承包单位技术负责人审批；单位工程施工组织设计应由施工单位技术负责人或技术负责人授权的技术人员审批，施工方案应由项目技术负责人审批；重点、难点分部（分项）工程和专项工程施工方案应由施工单位技术部门组织相关专家评审，施工单位技术负责人批准。 3 由专业承包单位施工的分部（分项）工程或专项工程的施工方案，应由专业承包单位技术负责人或技术负责人授权的技术人员审批；有总承包单位时，应由总承包单位项目技术负责人核准备案。 4 规模较大的分部（分项）工程和专项工程的施工方案应接单位工程施工组织、设计进行编制和审批。 **2.《电力建设施工技术规范 第 1 部分：土建结构工程》DL 5190.1—2012** 3.0.1 工程施工前，应按设计图纸，结合具体情况和施工组织设计的要求编制施工方案，并经批准后方可施工。 **3.《电力工程地基处理技术规程》DL/T 5024—2005** 5.0.12 地基处理的施工应有详细的施工组织设计、施工质量管理和质量保证措施。应有专人负责施工检验与质量监督，做好各项施工记录，当发现异常情况时，应及时会同有关部门研究解决。 **4.《建筑桩基技术规范》JGJ 94—2008** 1.0.3 桩基的设计与施工，应综合考虑工程地质与水文地质条件、上部结构类型、使用功能、荷载特征、施工技术条件与环境；并应重视地方经验，因地制宜，注重概念设计，合理选择桩型、成桩工艺和承台形式，优化布桩，节约资源；强化施工质量控制与管理	查阅预制桩施工组织设计、施工方案 内容：引用规范、施工方法、机械参数等 审批：施工单位编、审、批已签字，监理、建设单位已审批
5.9.3	静压桩、锤击桩施工工艺与设计（施工）方案一致	**1.《建筑地基基础工程施工质量验收规范》GB 50202—2002** 5.2.3 压桩过程中应检查压力、桩垂直度、接桩间歇时间、桩的连接质量及压入深度。重要工程应对电焊接桩的接头做 10%的探伤检查。对承受反力的结构应加强观测。 5.4.4 对长桩或总锤击数超过 500 击的锤击桩，应符合桩体强度及 28d 龄期的两项条件才能锤击。 **2.《建筑桩基技术规范》JGJ 94—2008** 7.4.5 打入桩（预制混凝土方桩、预应力混凝土空心桩、钢桩）的桩位偏差，应符合表 7.4.5 的规定。斜桩倾斜度的偏差不得大于倾斜角正切值的 15%（倾斜角系桩的纵向中心线与铅垂线间夹角）。 7.4.6 桩终止锤击的控制应符合下列规定： 1 当桩端位于一般土层时，应以控制桩端设计标高为主，贯入度为辅； 2 桩端达到坚硬、硬塑的黏性土、中密以上粉土、砂土、碎石类土及风化岩时，应以贯入度控制为主，桩端标高为辅；	查阅施工方案 施工工艺：与设计方案一致

续表

条款号	大纲条款	检 查 依 据	检查要点
5.9.3	静压桩、锤击桩施工工艺与设计（施工）方案一致	3　贯入度已达到设计要求而桩端标高未达到时，应继续锤击 3 阵，并按每阵 10 击的贯入度不应大于设计规定的数值确认，必要时，施工控制贯入度应通过试验确定。 7.5.7　最大压桩力不得小于设计的单桩竖向极限承载力标准值，必要时可由现场试验确定。 7.5.8　静力压桩施工的质量控制应符合下列规定： 　　1　第一节桩下压时垂直度偏差不应大于 0.5%； 　　2　宜将每根桩一次性连续压到底，且最后一节有效桩长不宜小于 5m； 　　3　抱压力不应大于桩身允许侧向压力的 1.1 倍。 7.5.9　终压条件应符合下列规定： 　　1　应根据现场试压桩的试验结果确定终压力标准。 　　2　终压连续复压次数应根据桩长及地质条件等因素确定。对于入土深度大于或等于 8m 的桩，复压次数可为 2～3 次；对于入土深度小于 8m 的桩，复压次数可为 3～5 次。 　　3　稳压压桩力不得小于终压力，稳定压桩的时间宜为 5s～10s	
5.9.4	施工参数符合设计要求，施工记录齐全	**1.《建筑工程施工质量验收统一标准》GB 50300—2013** 3.0.3　建筑工程的施工质量控制应符合下列规定： 　　1　建筑工程采用的主要材料、半成品、建筑构配件、器具和设备应进行进场检验。凡涉及安全、节能、环境保护和主要使用功能的重要材料、产品，应按各专业工程施工规范、验收规范和设计文件等规定进行复验，并应经监理工程师检查认可。 　　2　各施工工序应按技术标准进行质量控制，每道工序完成后经单位自检符合规定后，才能进行下道工序施工。各专业工种之间的相关工序应进行交接检验，并应记录。 　　3　对于监理单位提出检查要求的重要工序，应经监理工程师检查认可，才能进行下道工序施工。 **2.《建筑地基基础工程施工质量验收规范》GB 50202—2002** 5.3.1　施工前应检查进入现场的成品桩、接桩用电焊条等产品质量。 5.3.2　施工过程中应检查桩的贯入情况、桩顶完整状况、电焊接桩质量、桩体垂直度、电焊后的停歇时间。重要工程应对电焊接头做 10% 的焊缝探伤检查。 5.4.1　桩在现场预制时，应对原材料、钢筋骨架（见表 5.4.1）、混凝土强度进行检查；采用工厂生产的成品桩时，桩进场后应进行外观及尺寸检查。 5.4.2　施工中应对桩体垂直度、沉桩情况、桩顶完整状况、接桩质量等进行检查，对电焊接桩，重要工程应做 10% 的焊缝探伤检查。 **3.《电力工程地基处理技术规程》DL/T 5024—2005** 14.1.16　打入桩坐标控制点、高程控制点以及建筑物场地内的轴线控制点，均应设置在打桩施工影响区域之外，距离桩群的边缘一般不少于 30m。施工过程中，应对测量控制点定期核对。	1.　查阅施工方案 质量控制参数：符合技术方案要求 2.　查阅施工记录 内容：桩身垂直度、桩顶标高、接桩、贯入度、桩压力等施工记录

条款号	大纲条款	检 查 依 据	检查要点
5.9.4	施工参数符合设计要求，施工记录齐全	14.3.2　预应力高强混凝土管桩和预应力混凝土管桩 （4）PHC、PC 桩交付使用时，生产厂商应提交产品合格证、原材料（包括钢筋、水泥、砂、碎石等）的试验检验合格证明、离心混凝土试块强度报告、钢筋墩头强度报告、桩体外观质量和尺寸偏差等检验报告。 **4.《建筑桩基技术规范》JGJ 94—2008** 7.5.8　静力压桩施工的质量控制应符合下列规定： 　　1　第一节桩下压时垂直度偏差不应大于 0.5%； 　　2　宜将每根桩一次性连续压到底，且最后一节有效桩长不宜小于 5m； 　　3　抱压力不应大于桩身允许侧向压力的 1.1 倍	
5.9.5	桩体和连接材料的质量证明文件齐全	**1.《建筑地基基础工程施工质量验收规范》GB 50202—2002** 5.4.1　桩在现场预制时，应对原材料、钢筋骨架（见表 5.4.1）、混凝土强度进行检查；采用工厂生产的成品桩时，桩进场后应进行外观及尺寸检查。 **2.《工业建筑防腐蚀设计规范》GB 50046—2008** 4.9.2　桩基础的选择宜符合下列规定： 　　1　腐蚀环境下宜选用预制钢筋混凝土桩。 　　2　腐蚀性等级为中、弱时，可采用预应力混凝土管桩或混凝土灌注桩。 4.9.4　混凝土桩基础的结构设计应符合下列规定： 　　1　预制钢筋混凝土桩的混凝土强度等级不低于 C40、水灰比不应大于 0.4，腐蚀性等级为中、弱时，抗渗等级不应低于 S8；腐蚀性等级为强时，抗渗等级不应低于 S10；钢筋的混凝土保护层厚度不应小于 45mm。 　　2　预应力混凝土管桩的混凝土强度等级不低于 C60、抗渗等级不应低于 S10；钢筋的混凝土保护层厚度不应小于 35mm；桩尖宜采用闭口型。 4.9.5　混凝土桩身的防护应符合表 4.9.5 的规定。 **3.《电力建设施工质量验收及评价规程 第 1 部分：土建工程》DL/T 5210.1—2012** 18.3.1　地基及桩基工程质量记录应评价的内容包括： 　　3　施工试验： 　　1）各种地基材料的配合比试验报告； 　　2）钢筋连接接头质量的试验报告； 　　3）混凝土强度试验报告； **4.《建筑桩基技术规范》JGJ 94—2008** 7.3.2　接桩材料应符合下列规定：	1. 查阅连接材料、预制桩出厂质量证明文件或现场预制桩的原材料质量证明文件 　出厂合格证：进场批次、数量、规格、相应性能指标 　厂家资质：认证范围满足现场供货要求且在有效期内 2. 查阅材料检测计划和试验台账 　检测计划检验数量：符合设计要求和规范规定 　试验台账检验数量：不得少于检测计划检验数量

条款号	大纲条款	检 查 依 据	检查要点
5.9.5	桩体和连接材料的质量证明文件齐全	1　焊接接桩：钢板宜采用低碳钢，焊条宜采用 E43，并应符合现行行业标准要求。接头宜采用探伤检测，同一工程检测量不得少于 3 个接头。 　　2　法兰接桩：钢板和螺栓宜采用低碳钢。 　　9.1.3　对砂、石、水泥、钢材等桩体原材料质量的检测项目和方法应符合国家现行有关标准的规定。 **5.《建筑地基处理技术规范》JGJ 79—2012** 　　9.3.2　预制桩桩体可采用边长为 150mm～300mm 的预制混凝土方桩，直径 300mm 的预应力混凝土管桩，断面尺寸为 100mm～300mm 的钢管桩和型钢等，施工除应满足现行行业标准《建筑桩基技术规范》JGJ 94 的规定外，尚应符合下列规定： 　　3　除用于减小桩身阻力的涂层外，桩身材料以及连接件的耐久性应符合现行国家标准《工业建筑防腐蚀设计规范》GB 50046 的有关规定	3. 查阅预制桩材料、混凝土强度等级、抗渗等级检测报告 　结论：检测结果合格 　盖章：已加盖 CMA 章和检测专用章 　签字：授权人已签字
5.9.6	桩身混凝土强度与强度评定符合标准规定和设计要求	**1.《建筑地基基础工程施工质量验收规范》GB 50202—2002** 　　5.1.6　桩身质量应进行检验……对混凝土预制桩……检验数量不应少于总桩数的 10%，且不得少于 10 根。每个柱子承台下不得少于 1 根。 　　5.2.2 施工前应对成品桩（锚杆静压成品桩一般均由工厂制造，运至现场堆放）做外观及强度检验…… 　　5.4.1　桩在现场预制时，应对原材料、钢筋骨架（见表 5.4.1）、混凝土强度进行检查；采用工厂生产的成品桩时，桩进场后应进行外观及尺寸检查。 **2.《混凝土结构工程施工质量验收规范》GB 50204—2015** 　　7.4.1　混凝土的强度等级必须符合设计要求。用于检验混凝土强度的试件应在浇筑地点随机抽取。 　检查数量：对同一配合比混凝土，取样与试件留置应符合下列规定： 　　1　每拌制 100 盘且不超过 100m³ 时，取样不得少于一次； 　　2　每工作班拌制不足 100 盘时，取样不得少于一次； 　　3　每连续浇筑超过 1000m³ 时，每 200m³ 取样不得少于一次； 　　5　每次取样应至少留置一组试件。 　检验方法：检查施工记录及混凝土标准养护试件试验报告	1. 查阅现场预制桩混凝土试块强度试验报告 　代表数量：与实际浇筑的数量相符 　强度：符合设计要求 2. 查阅成品桩质量证明文件 　混凝土强度：满足设计要求 3. 查阅现场预制桩混凝土强度检验评定记录 　评定方法：选用正确 　数据：统计、计算准确 　签字：计算者、审核者已签字 　结论：符合设计要求
5.9.7	桩身检测、接桩接头检测合格，报告齐全	**1.《建筑地基基础工程施工质量验收规范》GB 50202—2002** 　　5.1.6　桩身质量应进行检验……对混凝土预制桩……检验数量不应少于总桩数的 10%，且不得少于 10 根。每个柱子承台下不得少于 1 根。 　　5.2.2　施工前应对成品桩（锚杆静压成品桩一般均由工厂制造，运至现场堆放）做外观及强度检验，接桩用焊条或半成品硫黄胶泥应有产品合格证书，或送有关部门检验，压桩用压力表、锚杆规格	1. 查阅成品桩桩身检测检查记录 　内容：外观（几何尺寸、表面缺陷等）检查记录

续表

条款号	大纲条款	检 查 依 据	检查要点
5.9.7	桩身检测、接桩接头检测合格，报告齐全	及质量也应进行检查。硫黄胶泥半成品应每100kg做一组试件（3件）。 5.2.3　压桩过程中应检查压力、桩垂直度、接桩间歇时间、桩的连接质量及压入深度。重要工程应对电焊接桩的接头做10%的探伤检查。对承受反力的结构应加强观测。 5.2.4　施工结束后，应做桩的承载力及桩体质量检验。 5.4.1　桩在现场预制时，应对原材料、钢筋骨架（见表5.4.1）、混凝土强度进行检查；采用工厂生产的成品桩时，桩进场后应进行外观及尺寸检查。 5.4.2　施工中应对桩体垂直度、沉桩情况、桩顶完整状况、接桩质量等进行检查，对电焊接桩，重要工程应做10%的焊缝探伤检查。 **2.《电力工程地基处理技术规程》DL/T 5024—2005** 14.1.14　打入桩在施打过程中，应采用高应变动法对基桩进行质量检测，测桩数量宜为总桩数的3%～7%，且不少于5根。如发现桩基工程有质量问题，按照发现1根桩有问题时增加2根桩检测的原则对桩基施工质量作总体评价。低应变法测桩，对于钢筋混凝土预制桩或PHC桩不应少于总桩数的20%～30%，对于钢桩，可由设计根据工程重要性和桩基施工情况确定检测比例。 15.4.16　低应变动测报告应包括下列内容： 　　1　工程名称、地点，建设、设计、监理和施工单位、委托方名称，设计要求，监测目的、监测依据，检测数量和日期。 　　2　地质条件概况； 　　3　受检桩的桩号、桩位示意图和施工简况； 　　4　检测方法、检测仪器设备和检测过程； 　　5　检测桩的实测与计算分析曲线，检测成果汇总表； 　　6　结论和建议。 **3.《建筑桩基技术规范》JGJ 94—2008** 7.3.3　采用焊接接桩……应符合下列规定： 　　（7）焊接接头的质量检查，对于同一工程探伤抽样检验不得少于3个接头	2. 查阅接桩的施工记录和焊接接头检验报告 　施工记录和检验报告：焊缝外观、接头防腐及焊接接桩的探伤检验结果符合规范规定
5.9.8	基桩承载力检测数量符合标准规定，检测报告结论满足设计要求	**1.《建筑地基基础工程施工质量验收规范》GB 50202—2002** 5.2.4　施工结束后，应做桩的承载力及桩体质量检验。 **2.《电力工程地基处理技术规程》DL/T 5024—2005** 14.1.14　打入桩在施打过程中，应采用高应变动法对基桩进行质量检测，测桩数量宜为总桩数的3%～7%，且不少于5根。如发现桩基工程有质量问题，按照发现1根桩有问题时增加2根桩检测的原则对桩基施工质量作总体评价。低应变法测桩，对于钢筋混凝土预制桩或PHC桩不应少于总桩数的20%～30%，对于钢桩，可由设计根据工程重要性和桩基施工情况确定检测比例。	1. 查阅单桩静载荷试验报告 　单桩静载荷试验承载力：满足设计要求，经设计、监理单位签署意见

续表

条款号	大纲条款	检 查 依 据	检查要点
5.9.8	基桩承载力检测数量符合标准规定，检测报告结论满足设计要求	14.1.17　为确保实际单桩竖向极限承载力标准值达到设计要求，应根据工程重要性、岩土工程条件、设计要求及工程施工情况采用单桩静载荷试验或可靠的动力测试方法进行工程桩单桩承载力检测。对于工程桩施工前未进行综合试桩的一级建筑桩基和岩土工程条件复杂、桩的施工质量可靠性低、确定单桩承载力的可靠性低、桩数多的二级建筑桩基，应采用单桩静载荷试验对工程桩单桩竖向承载力进行检测，在同一条件下的检测数量不宜小于总桩数的1％，且不应小于3根；对于工程桩施工前已进行过综合试桩的一级建筑桩基及其他所有工程桩基，应采用可靠的高应变动力测试法对工程桩单桩竖向承载力进行检测	2. 查阅桩身完整性检测报告 　结论：检测报告结果满足规范规定 3. 查阅高应变检测工程桩承载力检测报告 　结论：承载力符合设计要求和规范规定
5.9.9	施工质量的检验项目、方法、数量符合标准规定，检验结果满足设计要求，质量验收记录齐全	**1.《建筑地基基础工程施工质量验收规范》GB 50202—2002** 5.1.2　桩基工程的桩位验收，除设计有规定外，应按下述要求进行： 　　1　当桩顶设计标高与施工场地标高相同时，或桩基施工结束后，有可能对桩位进行检查时，桩基工程的验收应在施工结束后进行。 　　2　当桩顶设计标高低于施工场地标高，送桩后无法对桩位进行检查时，对打入桩可在每根桩桩顶沉至场地标高时，进行中间验收，待全部桩施工结束，承台或底板开挖到设计标高后，再做最终验收。对灌注桩可对护筒位置做中间验收。 5.1.3　打（压）入桩（预制混凝土方桩、先张法预应力管桩、钢桩）的桩位偏差，必须符合表5.1.3的规定。斜桩倾斜度的偏差不得大于倾斜角正切值的15％（倾斜角系桩的纵向中心线与铅垂线间夹角）。 **2.《电力工程地基处理技术规程》DL/T 5024—2005** 14.1.14　打入桩在施打过程中，应采用高应变动测法对基桩进行质量检测，测桩数量宜为总桩数的3％～7％，且不少于5根。如发现桩基工程有质量问题，按照发现1根桩有问题时增加2根桩检测的原则对桩基施工质量作总体评价。低应变法测桩，对于钢筋混凝土预制桩或PHC桩不应少于总桩数的20％～30％，对于钢桩，可由设计根据工程重要性和桩基施工情况确定检测比例。 **3.《建筑桩基技术规范》JGJ 94—2008** 7.4.13　施工现场应配备桩身垂直度观测仪器（长条水准尺或经纬仪）和观测人员，随时量测桩身的垂直度。 9.1.1　桩基工程应进行桩位、桩长、桩径、桩身质量和单桩承载力的检验。 9.2.1　施工前应严格对桩位进行检验。 9.5.2　基桩验应应包括下列资料： 　　1　岩土工程勘察报告、桩基施工图、图纸会审纪要、设计变更单及材料代用通知单等； 　　2　经审定的施工组织设计、施工方案及执行中的变更单； 　　3　桩位测量放线图，包括工程桩位线复核签证单	1. 查阅质量检验记录 　检验项目：桩身垂直度、桩顶标高、接桩、贯入度、桩压力等 　检验方法：测量、高应变、低应变、静载荷试验等 　检验数量：符合规范规定 2. 查阅质量验收记录 　内容：桩顶标高、桩位、桩体质量、地基承载力、接桩、贯入度、桩压力等验收记录符合规范规定

条款号	大纲条款	检 查 依 据	检查要点
5.10 基坑工程的监督检查			
5.10.1	设计前已通过现场试验或试验性施工，确定了设计参数和施工工艺参数	《电力工程地基处理技术规程》DL/T 5024—2005 5.0.5 地基处理工作的规划和实施，可按下列顺序进行： 　3 结合电力工程初步设计阶段岩土工程勘测，实施必要的地基处理原体试验，以获得必要的设计参数和合理的施工方案。 5.0.10 地基处理正式施工前，宜进行试验性施工，在确认施工技术条件满足设计要求后，才能进行地基处理的正式施工	查阅设计前现场试验或试验性施工文件 　内容：施工工艺参数与设计参数相符
5.10.2	基坑施工方案、基坑监测技术方案齐全，已审批；深基坑施工方案经专家评审，评审资料齐全	**1.《建筑地基基础工程施工质量验收规范》GB 50202—2002** 7.1.2 基坑（槽）、管沟开挖前应做好下述工作： 　1 基坑（槽）、管沟开挖前，应根据支护结构形式、挖坑、地质条件、施工方法、周围环境、工期、气候和地面荷载等资料制定施工方案、环境保护措施、监测方案，经审批后方可施工。 **2.《建筑基坑工程监测技术规范》GB 50497—2009** 3.0.1 开挖深度超过5m，或开挖深度未超过5m但现场地质情况和周围环境较复杂的基坑工程均应实施基坑工程监测。 3.0.3 基坑工程施工前，应由建设方委托具备相应资质的第三方对基坑工程实施现场监测。监测单位应编制监测方案。监测方案应经建设、设计、监理等单位认可，必要时还需与市政道路、地下管线、人防等有关部门协商一致后方可实施。 **3.《电力建设施工技术规范 第1部分：土建结构工程》DL 5190.1—2012** 8.1.4 地下结构基坑开挖及下部结构的施工方案，应根据施工区域的水文地质、工程地质、自然条件及工程的具体情况，通过分析核算与技术经济比较后确定，经批准后方可施工。 **4.《危险性较大的分部分项工程安全管理办法》建质〔2009〕87号** 附件一 危险性较大的分部分项工程范围 　一、基坑支护、降水工程 　开挖深度超过3m（含3m）或虽未超过3m但地质条件和周边环境复杂的基坑（槽）支护、降水工程	1. 查阅基坑施工方案 　施工方案编、审、批：施工单位相关责任人已签字 　报审表审核：监理单位相关责任人已签字 　报审表批准：建设单位相关责任人已签字 　施工步骤和工艺参数：与技术方案相符 　深基坑施工方案专家评审意见：已落实 2. 查阅基坑监测方案 　审批：建设、设计、监理等相关单位责任人已签字
5.10.3	施工参数符合设计要求，施工记录齐全	**1.《电力工程地基处理技术规程》DL/T 5024—2005** 5.0.12 地基处理的施工应有详细的施工组织设计、施工质量管理和质量保证措施。应有专人负责施工检验与质量监督，做好各项施工记录，当发现异常情况时，应及时会同有关部门研究解决。 **2.《建筑地基基础工程施工质量验收规范》GB 50202—2002** 7.1.7 基坑（槽）、管沟土方工程验收必须以确保支护结构安全和周围环境安全为前提。当设计有指标时，以设计要求为依据，如无设计指标时应按表7.1.7的规定执行。	1. 查阅施工方案 　质量控制参数：符合设计要求 2. 查阅施工记录文件 　内容：包括测量定位

条款号	大纲条款	检 查 依 据	检查要点
5.10.3	施工参数符合设计要求，施工记录齐全	**3.《建筑地基处理技术规范》JGJ 79—2012** 3.0.12 地基处理施工中应有专人负责质量控制和监测，并做好各项施工记录……	放线记录、基坑支护施工记录、深基坑变形监测记录等 基坑变形值：满足规范要求
5.10.4	钢筋、混凝土、锚杆、桩体、土钉、钢材等质量证明文件齐全	**1.《建筑地基基础工程施工质量验收规范》GB 50202—2002** 4.1.2 砂、石子、水泥、钢材、石灰、粉煤灰等原材料的质量、检验项目、批量和检验方法，应符合国家现行标准的规定。 5.4.1 桩在现场预制时，应对原材料、钢筋骨架、混凝土强度进行检查；采用工厂生产的成品桩时，桩进厂后应进行外观及尺寸检查。 7.4.3 施工中应对锚杆或土钉位置，钻孔直径、深度及角度，锚杆或土钉插入长度，注浆配比、压力及注浆量，喷锚墙面厚度及强度，锚杆或土钉应力等进行检查。 **2.《电力建设施工质量验收及评价规程 第1部分：土建工程》DL/T 5210.1—2012** 5.3.7 锚杆及土钉墙支护工程： 　1. 检查数量： 　主控项目： 　1）锚杆锁定力：每一典型土层中至少应有3个专门用于测试的非工作钉。 　2）锚杆土钉长度检查：至少应抽查20%。 　一般项目： 　3）砂浆强度：每批至少留置3组试件，试验3天和28天强度。 　4）混凝土强度：每喷射50m³～100m³混合料或混合料小于50m³的独立工程，不得少于1组，每组试块不得少于3个；材料或配合比变更时，应另做1组	1. 查阅钢筋、混凝土等材料进场验收记录 　内容：包括出厂合格证（出厂试验报告）、复试报告、材料进场时间、批次、数量、规格、相应性能指标 2. 查阅施工单位材料跟踪管理台账 　内容：包括钢筋、水泥等材料的合格证、复试报告、使用情况、检验数量 3. 查阅钢筋、混凝土、锚杆等试验检测报告和试验委托单 　报告检测结果：合格 　报告签章：已加盖CMA章和检测专用章、授权人已签字 　委托单签字：见证取样人员已签字且已附资格证书编号 　代表数量：与进场数量相符

条款号	大纲条款	检　查　依　据	检查要点
5.10.5	钻芯、抗拔、声波等试验合格，报告齐全	**1.《建筑地基基础工程施工质量验收规范》GB 50202—2002** 5.1.6　桩身质量应进行检验。 5.6.3　施工结束后，应检查混凝土强度（钻心取样），并应做桩体质量和承载力的检验。 **2.《复合土钉墙基坑支护技术规范》GB 50739—2011** 5.1.6　预应力锚杆抗拔承载力和杆体抗拉承载力验算应按现行行业标准《建筑基坑支护技术规程》JGJ 120 的有关规定执行。 **3.《建筑桩基技术规范》JGJ 94—2008** 5.4.6　群桩基础及其基桩的抗拔极限承载力的确定应符合下列规定： 　　1　对于设计等级为甲级和乙级建筑桩基，基桩的抗拔极限承载力应通过现场单桩上拔静载荷试验确定	查阅钻芯、抗拔、声波等检测报告 内容：包括试验检测报告和竣工验收检测报告 结论：合格 盖章：已加盖 CMA 章和检测专用章 签字：授权人已签字
5.10.6	施工工艺与设计（施工）方案一致；基坑监测实施与方案一致	**1.《建筑地基基础工程施工质量验收规范》GB 50202—2002** 7.1.3　土方开挖的顺序、方法必须与设计工况相一致，并遵循"开槽支撑，先撑后挖，分层开挖，严禁超挖"的原则。 **2.《建筑基坑工程监测技术规范》GB 50497—2009** 3.0.8　监测单位应严格实施监测方案，及时分析、处理监测数据，并将监测结果和评价及时向委托方及相关单位作信息反馈。当监测数据达到监测报警值时必须立即通报委托方及相关单位。 3.0.9　当基坑工程设计或施工有重大变更时，监测单位应及时调整监测方案。 **3.《建筑地基处理技术规范》JGJ 79—2012** 3.0.2　在选择地基处理方案时，应考虑上部结构、基础和地基的共同作用，进行多种方案的技术经济比较，选用地基处理或加强上部结构与地基处理相结合的方案。 **4.《建筑基坑支护技术规程》JGJ 120—2012** 3.1.10　基坑支护设计应满足下列主体地下结构的施工要求： 　　1　基坑侧壁与主体地下结构的净空间和地下水控制应满足主体地下结构及防水的施工要求； 　　2　采用锚杆时，锚杆的锚头及腰梁不应妨碍地下结构外墙的施工； 　　3　采用内支撑时，内支撑及腰梁的设置应便于地下结构及防水的施工	1. 查阅施工方案 施工工艺：与设计方案一致 2. 查阅基坑监测方案 内容：监测实施记录与方案一致
5.10.7	施工质量的检验项目、方法、数量符合标准规定，检验结果满足设计要求，质量验收记录齐全	**《建筑地基基础工程施工质量验收规范》GB 50202—2002** 4.1.2　砂、石子、水泥、钢材、石灰、粉煤灰等原材料质量、检验项目、批量和检验方法应符合国家现行标准的规定。 4.1.3　地基施工结束，宜在一个间歇期后，进行质量验收，间歇期由设计确定。 8.0.1　分项工程、分部（子分部）工程质量的验收，均应在施工单位自检合格的基础上进行。施工单位确认自检合格后提出工程验收申请，工程验收时应提供下列技术文件和记录：	1. 查阅质量检验记录 检验项目：包括桩孔直径、桩孔深度等偏差 检验方法：量测 检验数量：符合规范规定

条款号	大纲条款	检 查 依 据	检查要点
5.10.7	施工质量的检验项目、方法、数量符合标准规定，检验结果满足设计要求，质量验收记录齐全	1　原材料的质量合格证和质量鉴定文件； 2　半成品如预制桩、钢桩、钢筋笼等产品合格证书； 3　施工记录及隐蔽工程验收文件； 4　检测试验及见证取样文件； 5　其他必须提供的文件或记录	2.查阅质量验收记录 内容：包括检验批、分项工程验收记录及隐蔽工程验收文件等 数量：与项目质量验收范围划分表相符
5.11	**边坡工程的监督检查**		
5.11.1	设计有要求时，通过现场试验和试验性施工，确定设计参数和施工工艺参数	**《电力工程地基处理技术规程》DL/T 5024—2005** 5.0.5　地基处理工作的规划和实施，可按下列顺序进行： 　3　结合电力工程初步设计阶段岩土工程勘测，实施必要的地基处理原体试验，以获得必要的设计参数和合理的施工方案	查阅设计有要求时的现场试验或试验性施工文件 内容：施工工艺参数与设计参数相符
5.11.2	边坡处理技术方案、施工方案齐全，已审批	**1.《建筑边坡工程技术规范》GB 50330—2013** 18.1.1　边坡工程应根据安全等级、边坡环境、工程地质和水文地质、支护结构类型和变形控制要求等条件编制施工方案，采取合理、可行、有效的措施保证施工安全。 18.1.2　对土石方开挖后不稳定或欠稳定的边坡，应根据边坡的地质特征和可能发生的破坏方式等情况，采取自上而下、分段跳槽、及时支护的逆作法或部分逆作法施工。未经设计许可严禁大开挖、爆破作业。 **2.《建筑地基基础工程施工质量验收规范》GB 50202—2002** 7.1.2　基坑的支护与开挖方案，各地均有严格的规定，应按当地的要求，对方案进行申报，经批准后才能施工	1.查阅设计单位的边坡处理技术方案 审批：审批人已签字 2.查阅施工方案报审表 审核：监理单位相关责任人已签字 批准：建设单位相关责任人已签字 3.查阅施工方案 编、审、批：施工单位相关责任人已签字 施工步骤和工艺参数：与技术方案相符

条款号	大纲条款	检查依据	检查要点
5.11.3	施工工艺与设计（施工）方案一致	**《建筑地基基础工程施工质量验收规范》GB 50202—2002** 7.1.3　土方开挖的顺序、方法必须与设计工况相一致，并遵循"开槽支撑，先撑后挖，分层开挖，严禁超挖"的原则	查阅施工方案 施工工艺：与设计方案一致
5.11.4	钢筋、水泥、砂、石、外加剂等原材料质量证明文件齐全	**1. 《建筑地基基础工程施工质量验收规范》GB 50202—2002** 4.1.2　砂、石子、水泥、钢材、石灰、粉煤灰等原材料的质量、检验项目、批量和检验方法，应符合国家现行标准的规定。 **2. 《建筑地基基础设计规范》GB 50007—2011** 6.8.5　岩石锚杆的构造应符合下列规定： 　　1　岩石锚杆由锚固段和非锚固段组成。锚固段应嵌入稳定的基岩中，嵌入基岩深度应大于 40 倍锚杆筋体直径，且不得小于 3 倍锚杆的孔径。非锚固段的主筋必须进行防护处理。 　　2　作支护用的岩石锚杆，锚杆孔径不宜小于 100mm；作防护用的锚杆，其孔径可小于 100mm，但不应小于 60mm。 　　3　岩石锚杆的间距，不应小于锚杆孔径的 6 倍。 　　4　岩石锚杆与水平面的夹角宜为 15°～25°。 　　5　锚杆筋体宜采用热轧带肋钢筋，水泥砂浆强度不宜低于 25MPa，细石混凝土强度不宜低于 C25。 **3. 《建筑边坡工程技术规范》GB 50330—2013** 16.1.1　边坡支护结构的原材料质量检验应包括下列内容： 　　1　材料出厂合格证检查； 　　2　材料现场抽检； 　　3　锚杆浆体和混凝土的配合比试验，强度等级检验。 C.3.2　验收试验锚杆的数量取每种类型锚杆总数的 5%（自由段位 I、II 或 III 类岩石内时取总数的 3%），且均不少于 5 根。 **4. 《混凝土结构工程施工质量验收规范》GB 50204—2015** 5.2.1　钢筋进场时，应按国家相关标准的规定抽取试件作屈服强度、抗拉强度、伸长率、弯曲性能和重量偏差检验，检验结果应符合相关标准的规定。 　　检查数量：按进场批次和产品的抽样检验方案确定。 　　检验方法：检查质量证明文件和抽样检验报告。 7.2.1　水泥进场时，应对其品种、代号、强度等级、包装或散装编号、出厂日期等进行检查，并应对水泥的强度、安定性和凝结时间进行检验，检验结果应符合现行国家标准《通用硅酸盐水泥》GB 175 的相关规定。	1. 查阅钢筋、水泥、外加剂等材料进场验收记录 　内容：包括出厂合格证（出厂试验报告）、复试报告、材料进场时间、批次、数量、规格、相应性能指标 2. 查阅施工单位材料跟踪管理台账 　内容：包括钢筋、水泥、外加剂等材料的合格证、复试报告、使用情况、检验数量，可追溯 3. 查阅钢筋、混凝土、锚杆等试验检测报告和试验委托单 　报告检测结果：合格 　报告签章：已加盖 CMA 章和检测专用章、授权人已签字 　委托单签字：见证取样人员已签字且已附资格证编号 　代表数量：与进场数量相符

续表

条款号	大纲条款	检 查 依 据	检查要点
5.11.4	钢筋、水泥、砂、石、外加剂等原材料质量证明文件齐全	检查数量：按同一厂家、同一品种、同一代号、同一强度等级、同一批号且连续进场的水泥，袋装不超过 200t 为一批，散装不超过 500t 为一批，每批抽样不少于一次。 检验方法：检查质量证明文件和抽样检验报告。 7.2.2 混凝土外加剂进场时，应对其品种、性能、出厂日期等进行检查，并应对外加剂的相关性能进行检验，检验结果应符合现行国家标准《混凝土外加剂》GB 8076 和《混凝土外加剂应用技术规范》GB 50119 等的规定。 检查数量：按同一厂家、同一品种、同一性能、同一批号且连续进场的混凝土外加剂，不超过 50t 为一批，每批抽样数量不应少于一次。 检验方法：检查质量证明文件和抽样检验报告。 **5.《普通混凝土用砂、石质量及检验方法标准》JGJ 52—2006** 4.0.1 供货单位应提供砂或石的产品合格证及质量检验报告。 　　使用单位应按砂或石的同产地同规格分批验收。采用大型工具（如火车、货船或汽车）运输的，应以 400m³ 或 600t 为一验收批；采用小型工具（如拖拉机等）运输的，应以 200m³ 或 300t 为一验收批。不足上述量者，应按一验收批进行验收。 4.0.2 当砂或石的质量比较稳定、进料量又较大时，可以 1000t 为一验收批	
5.11.5	施工参数符合设计要求，施工记录齐全	**1.《电力工程地基处理技术规程》DL/T 5024—2005** 5.0.12 地基处理的施工应有详细的施工组织设计、施工质量管理和质量保证措施。应有专人负责施工检验与质量监督，做好各项施工记录。 **2.《建筑地基处理技术规范》JGJ 79—2012** 3.0.12 地基处理施工中应有专人负责质量控制和监测，并做好各项施工记录	1. 查阅施工方案 　施工工艺：与设计方案一致 2. 查阅施工记录文件 　内容：包括测量定位放线记录、边坡支护施工记录、边坡变形监测记录等
5.11.6	灌注排桩数量符合设计要求；喷射混凝土护壁厚度和强度的检验符合设计要求；锚孔施工、锚杆灌浆和张拉符合设计要求，资料齐全	《建筑边坡工程技术规范》GB 50330—2013 8.5.2 锚孔施工应符合下列规定： 　1 锚孔定位偏差不宜大于 20mm。 　2 锚孔偏斜度不应大于 2%。 　3 钻孔深度超过锚杆设计长度应不小 0.5m。 8.5.5 锚杆的灌浆应符合下列要求： 　1 灌浆前应清孔，排放孔内积水。 　2 注浆管宜与锚杆同时放入孔内；向水平孔或下倾孔内注浆时，注浆管出浆口应插入距孔底 100mm～300mm 处，浆液自下而上连续灌注；向上倾斜的钻孔内注浆时，应在孔口设置密封装置。	1. 查看灌注排桩数量：符合设计要求

条款号	大纲条款	检 查 依 据	检查要点
5.11.6	灌注排桩数量符合设计要求；喷射混凝土护壁厚度和强度的检验符合设计要求；锚孔施工、锚杆灌浆和张拉符合设计要求，资料齐全	3　孔口溢出浆液或排气管停止排气并满足注浆要求时，可停止注浆。 4　根据工程条件和设计要求确定灌浆方法和压力，确保钻孔灌浆饱满和浆体密实。 5　浆体强度检验用试块的数量每 30 根锚杆不应少于一组，每组试块不应少于 6 个。 8.5.6　预应力锚杆的张拉与锁定应符合下列规定： 1　锚杆张拉宜在锚固体强度大于 20MPa 并达到设计强度的 80% 后进行； 2　锚杆张拉顺序应避免相近锚杆相互影响； 3　锚杆张拉控制应力不宜超过 0.65 倍钢筋或钢绞线的强度标准值； 4　锚杆进行正式张拉之前，取 0.10 倍~0.20 倍锚杆轴向拉力值，对锚杆预张拉 1 次~2 次，使其各部位的接触紧密和杆体完全平直； 5　预应力保留值应满足设计要求；对地层及被锚固结构位移控制要求较高的工程，预应力锚杆的锁定值宜为锚杆轴向拉力特征值；对容许地层及被锚固结构产生一定变形的工程，预应力锚杆的锁定值宜为锚杆设计预应力值的 0.75 倍~0.90 倍	2. 查阅检测报告 　喷射混凝土护壁厚度和强度及灌浆浆体强度、锚杆灌浆和张拉力：符合设计要求 　盖章：已加盖 CMA 章和检测专用章 　签字：授权人已签字 　数量：与验收记录相符
5.11.7	泄水孔位置、边坡坡度、反滤层、回填土、挡土墙伸缩缝（沉降缝）位置和填塞物、边坡排水系统符合设计要求；边坡位移监测数据符合标准规定	《建筑边坡工程技术规范》GB 50330—2013 3.5.4　边坡工程应设泄水孔。 3.5.1　边坡工程应根据实际情况设置地表及内部排水系统。 10.3.5　重力式挡墙的伸缩缝间距对条石块石挡墙应采用 20m~25m，对素混凝土挡墙应采用 10m~15m，在地基性状和挡墙高度变化处应设沉降缝缝宽应采用 20mm~30mm，缝中应填塞沥青麻筋或其他有弹性的防水材料，填塞深度不应小于 150mm。在挡墙拐角处应适当加强构造措施。 10.3.6　挡墙后面的填土应优先选择透水性较强的填料当采用粘性土作填料时宜掺入适量的碎石	1. 查看泄水孔 　位置：符合设计要求 2. 查看边坡 　坡度：符合设计要求 3. 查看挡土墙伸缩缝（沉降缝） 　位置和填塞物：符合设计要求 4. 查看边坡排水系统 　地表及内部排水：符合设计要求 5. 查看边坡位移监测点 　位置和数量：符合设计要求 6. 查阅边坡位移监测记录 　变形值及速率：符合设计要求和规范规定

条款号	大纲条款	检 查 依 据	检查要点
5.11.8	施工质量的检验项目、方法、数量符合标准规定，检验结果满足设计要求，质量验收记录齐全	**《建筑地基基础工程施工质量验收规范》GB 50202—2002** 4.1.2 砂、石子、水泥、钢材、石灰、粉煤灰等原材料质量、检验项目、批量和检验方法应符合国家现行标准的规定。 4.1.3 地基施工结束，宜在一个间歇期后，进行质量验收，间歇期由设计确定	1. 查阅质量检验记录 　检验项目：包括锚杆抗拔承载力、喷浆厚度和强度、混凝土和砂浆强度等，符合设计要求和规范规定 　检验方法：包括实测和取样试验，符合规范规定 　检验数量：符合规范规定 2. 查阅质量验收记录 　内容：包括检验批、分项工程验收记录及隐蔽工程验收文件等 　数量：与项目质量验收范围划分表相符
5.12	**湿陷性黄土地基的监督检查**		
5.12.1	经处理的湿陷性黄土地基，检测其湿陷量消除指标符合设计要求	**《湿陷性黄土地区建筑规范》GB 50025—2004** 6.1.1 当地基的湿陷变形、压缩变形或承载力不能满足设计要求时，应针对不同土质条件和建筑物的类别，在地基压缩层内或湿陷性黄土层内采取处理措施，各类建筑的地基处理应符合下列要求： 　1 甲类建筑应消除地基的全部湿陷量或采用桩基础穿透全部湿陷性黄土层，或将基础设置在非湿陷性黄土层上； 　2 乙、丙类建筑应消除地基的部分湿陷量	查阅地基检测报告 　结论：湿陷变形量（湿陷系数）符合设计要求 　盖章：已加盖CMA章和检测专用章 　签字：授权人已签字
5.12.2	桩基础在非自重湿陷性黄土场地，桩端支承在压缩性较低的非湿陷性黄土层中；在自重湿陷性黄土场地，桩端支承在可靠的岩（土）层中	**1.《湿陷性黄土地区建筑规范》GB 50025—2004** 3.0.2 防止或减小建筑物地基浸水湿陷的设计措施，可分为下列三种： 　1 防止或减小建筑物地基浸水湿陷的设计措施地基处理措施：消除地基全部或部分湿陷量，或采用桩基础穿透全部湿陷性黄土层，或将基础设置在非湿陷性黄土层上。 5.7.2 在湿陷性黄土场地采用桩基础，桩端必须穿透湿陷性黄土层，并应符合下列要求： 　1 在非自重湿陷性黄土场地，桩端应支承在压缩性较低的非湿陷性黄土层中； 　2 在自重湿陷性黄土场地，桩端应支承在可靠的岩（或土）层中。 **2.《建筑桩基技术规范》JGJ 94—2008** 3.4.1 软土地基的桩基设计原则应符合下列规定：	查阅设计图纸与施工记录 　内容：桩端支撑在设计要求的持力层上

续表

条款号	大纲条款	检 查 依 据	检查要点
5.12.2	桩基础在非自重湿陷性黄土场地，桩端支承在压缩性较低的非湿陷性黄土层中；在自重湿陷性黄土场地，桩端支承在可靠的岩（土）层中	1　软土中的桩基宜选择中、低压缩性土层作为桩端持力层； 3.4.2　湿陷性黄土地区的桩基设计原则应符合下列规定： 　1　基桩应穿透湿陷性黄土层，桩端应支撑在压缩性低的黏性土、粉土、中密或密实砂土以及碎石类土层中	
5.12.3	单桩竖向承载力通过现场静载荷浸水试验，结果满足设计要求	**1.《湿陷性黄土地区建筑规范》GB 50025—2004** 5.7.4　在湿陷性黄土层厚度等于或大于10m的场地，对于采用桩基础的建筑，其单位桩竖向承载力特征值，应按本规范附录H的试验要点，在现场通过单桩竖向承载力静载荷浸水试验测定的结构确定。 **2.《建筑桩基技术规范》JGJ 94—2008** 3.4.2　湿陷性黄土地区的桩基设计原则应符合下列规定： 　2　湿陷性黄土地基中，设计等级为甲、乙级建筑桩基单桩极限承载力，宜以浸水载荷试验为主要试验依据	查阅单桩竖向承载力现场静载荷浸水试验报告 结论：承载力满足设计要求 盖章：已加盖CMA章和检测专用章 签字：授权人已签字
5.12.4	灰土、土挤密桩进行了现场静载荷浸水试验，结果满足设计要求	**1.《湿陷性黄土地区建筑规范》GB 50025—2004** 4.3.8　在现场采用试坑浸水试验确定自重湿陷量的实测值。 6.4.11　对重要或大型工程……还应进行下列测试工作综合判定： 　1　在处理深度内，分层取样测定挤密土及孔内填料的湿陷性及压缩性； 　2　在现场进行静载荷试验或其他原位测试。 **2.《建筑地基处理技术规范》JGJ 79—2012** 7.5.4　灰土挤密桩、土挤密桩复合地基质量测验应符合下列规定： 　4　对消除湿陷性工程……尚应进行现场浸水静载荷试验，试验方法应符合《建筑地基处理技术规范》GB 50025的规定	查阅灰土、土挤密桩现场静载荷浸水试验报告 试验方法：符合《湿陷性黄土地区建筑规范》GB 50025—2004的规定 结论：已按设计要求进行了现场静载荷浸水试验，承载力满足设计要求 盖章：已加盖CMA章和检测专用章 签字：授权人已签字

续表

条款号	大纲条款	检查依据	检查要点
5.12.5	填料不得选用盐渍土、膨胀土、冻土、含有机质的不良土料和粗颗粒的透水性（如砂、石）材料	《建筑地基基础工程施工质量验收规范》GB 50202—2002 4.2.1 条文说明，灰土的土料宜用黏土、粉质黏土。严禁采用冻土、膨胀土和盐渍土等活动性很强的土料	查阅施工记录 填料：未采用冻土，膨胀土和盐渍土等活动性很强的土料
5.13	**液化地基的监督检查**		
5.13.1	采用振冲或挤密碎石桩加固的地基，处理后液化等级与液化指数符合设计要求	1. 《建筑抗震设计规范》GB 50011—2010 4.3.2 地面下存在饱和砂土和饱和粉土时，除6度外，应进行液化判别；存在液化土层的地基，应根据建筑的抗震设防类别、地基的液化等级，结合具体情况采取相应的措施。 注：本条饱和土液化判别要求不含黄土、粉质黏土。 2. 《建筑桩基技术规范》JGJ 94—2008 3.4.6 对于存在液化扩展的地段，应验算桩基在土流动的侧向作用力下的稳定性	查阅地基检测报告 结论：处理后地基的液化指数符合设计要求 盖章：已加盖 CMA 章和检测专用章 签字：授权人已签字
5.13.2	桩进入液化土层以下稳定土层的长度符合标准规定	《建筑桩基技术规范》JGJ 94—2008 3.4.6 抗震设防区桩基的设计原则应符合下列规定： 　　1 桩进入液化土层以下稳定土层的长度（不包括桩尖部分）应按计算确定，桩进入液化土层以下稳定土层的长度（不包括桩尖部分）应按计算确定；对于碎石土，砾、粗、中砂，密实粉土，坚硬黏性土尚不应小于（2～3）d，对其化非岩石土尚不宜小于（4～5）d	查阅设计图纸与施工记录 桩进入液化土层以下稳定土层的长度：符合规范规定，符合设计要求
5.14	**冻土地基的监督检查**		
5.14.1	所用热棒、通风管管材、保温隔热材料，产品质量证明文件齐全，复试合格	1. 《电力建设施工质量验收及评价规程 第1部分：土建工程》DL/T 5210.1—2012 18.3.1 地基及桩基工程质量记录应评价的内容包括： 　　1 材料、预制桩合格证（出厂试验报告）、进场验收记录及水泥、钢筋复验报告。 2. 《冻土地区建筑地基基础设计规范》JGJ 118—2011 5.1.4 基础的稳定性（受冻胀力作用时）应按本规范附录C的规定进行验算。对冻胀性地基土，可采取下列减小或消除冻胀力危害的措施： 　　1 在基础外侧面，可用非冻胀性土层或隔热材料保温，其厚度与宽度宜通过热工计算确定； 7.2.4 通风空间地面应坡向外墙或排水沟，其坡度不应小于2%，并宜采用隔热材料覆盖。	1. 查阅热棒、通风管管材、保温隔热材料等材料进场验收记录 内容：包括出厂合格证（出厂试验报告）、复试报告，材料进场时间、批次、数量、规格等相应性能指标

续表

条款号	大纲条款	检 查 依 据	检查要点
5.14.1	所用热棒、通风管管材、保温隔热材料，产品质量证明文件齐全，复试合格	7.2.6　填土通风管圈梁基础应符合下列规定： 　　3　通风管宜采用内径为 300mm～500mm、壁厚不小于 50mm 的预制钢筋混凝土管，其长径比不宜大于 40。 　　6　通风管数量和填土高度应根据室内采暖温度、地面保温层热阻等参数由热工计算确定。 　　7　外墙外侧的通风管数量不得少于 2 根。 7.5.10　热棒的产冷量与建筑地点的气温冻结指数、热棒直径、热棒埋深和间距等有关，通过热工计算确定。 7.5.11　热桩、热棒基础应与地坪隔热层配合使用	2. 查阅施工单位材料跟踪管理台账 　内容：包括热棒、通风管管材、保温隔热等材料合格证、复试报告、使用情况、检验数量 3. 查阅热棒、通风管管材、保温隔热等材料试验检测报告和试验委托单 　报告检测结果：合格 　报告签章：已加盖 CMA 章和检测专用章、授权人已签字 　委托单签字：见证取样人员已签字且已附资格证书编号 　代表数量：与进场数量相符
5.14.2	热棒、通风管、保温隔热材料施工记录齐全，记录数据和实际相符	**《冻土地区建筑地基基础设计规范》JGJ 118—2011** 7.5.4　采用空心桩—热棒架空通风基础时，单根桩基础所需热棒的规格和数量，应根据建筑地段的气温冻结指数、地基多年冻土的热稳定性以及桩基的承载能力，通过热工计算确定。 7.5.5　空心桩可采用钢筋混凝土桩或钢管桩。桩的直径和桩长，应根据荷载以及热棒对地基多年冻土的降温效应，经热工计算和承载力计算确定。 7.5.8　采用填土热棒圈梁基础时，应根据房屋平面尺寸、室内平均温度、地坪热阻和地基允许流入热量选择热棒的直径和长度，设计热棒的形状，并按本规范附录 J 的规定，确定热棒的合理间距	查阅施工记录 　热棒和通风管数量及间距，保温隔热材料：符合规范规定

续表

条款号	大纲条款	检 查 依 据	检查要点

5.14.3	地温观测孔及变形监测点设置符合标准规定	**《冻土地区建筑地基基础设计规范》JGJ 118—2011**
		9.2.4 冻土地基主要监测项目和要求应符合规定：
		    1 地温场监测：包括年平均地温及持力屋范围内的地温变化状态。年平均地温观测孔应布设在建筑物的中心部位，深度应大于15m，其余温度场监测孔宜按东西和南北向断面布置，每个断面不宜少于2个，当建筑物长度或宽度大于20m时，每20m应布设一个测点，深度应大于预计最大融化深度2m～3m，或不小于2倍的上限深度，并不小于8m；地温监测点沿深度布设时，从地面起算，在10m范围内，应按0.5m间隔布设，10m以下应按1.0m间隔布设，地温监测精度应为0.1℃。
		    2 变形监测：基础的冻胀与融沉变形，包括施工和使用期间冻土地基基础的变形监测、基坑变形监测，监测点应设置在外墙上，并应在建筑物20m外空旷场地设置基准点；四个墙角（和曲面）各设一个监测点，其余每间隔20m（或间墙）布设一个监测点
			查看现场地温观测孔及变形监测点设置
			地温观测孔及变形监测点设置：符合规范规定

5.14.4	季节性冻土、多年冻土地基融沉和承载力满足设计要求	**《冻土地区建筑地基基础设计规范》JGJ 118—2011** 4.2.1 保持冻结状态的设计宜用于下列场地或地基： 3 地基最大融化深度范围内，存在融沉、强融沉、融陷性土及其夹层的地基； 6.3.6 地基承载力计算应符合现行国家标准《建筑地基基础设计规范》GB 50007 的规定，其中地基承载力特征值应采用按实测资料确定的融化土地基承载力特征值；当无实测资料时，可按该规范的相应规定确定。 9.1.4 施工完成后的工程桩应进行单桩竖向承载力检验，并应符合下列规定：多年冻土地区单桩竖向承载力检验，如按地基土逐渐融化状态或预先融化状态设计时，应在地基土处于融化状态时进行检验，检验方法应符合现行行业标准《建筑基桩检测技术规范》JGJ 106—2014 的规定。 F.0.9 同一土层参加统计的试验点不应少于3点，当试验实测值的极差不超其平均值的30%时，取此平均值作为该土层冻土地基承载力的特征值	查阅融沉和承载力检测报告 结论：地基融沉和承载力满足设计要求 盖章：已加盖CMA章和检测专用章 签字：授权人已签字
5.15 膨胀土地基的监督检查			
5.15.1	设计前已通过现场试验或试验性施工，确定了设计参数和施工工艺参数	**《电力工程地基处理技术规程》DL/T 5024—2005** 5.0.5 地基处理工作的规划和实施，可按下列顺序进行： 3 结合电力工程初步设计阶段岩土工程勘测，实施必要的地基处理原体试验，以获得必要的设计参数和合理的施工方案	查阅设计前现场试验或试验性施工文件 内容：已确定施工工艺参数与设计参数

续表

条款号	大纲条款	检 查 依 据	检查要点
5.15.2	膨胀土地基处理技术方案、施工方案齐全，已审批	**1.《膨胀土地区建筑技术规范》GB 50112—2013** 6.1.1　膨胀土地区的建筑施工，应根据设计要求、场地条件和施工季节，针对膨胀土的特性编制施工组织设计。 **2.《建筑地基基础工程施工质量验收规范》GB 50202—2002** 4.1.3　地基施工结束，宜在一个间歇期后，进行质量验收，间歇期由设计确定	1. 查阅设计单位的技术方案 　审批：审批人已签字 2. 查阅施工方案报审表 　审核：监理单位相关责任人已签字 　批准：建设单位相关责任人已签字 3. 查阅施工方案 　编、审、批：施工单位相关责任人已签字 　施工步骤和工艺参数：与技术方案相符
5.15.3	施工工艺与设计、施工方案一致	**1.《膨胀土地区建筑技术规范》GB 50112—2013** 6.1.4　堆放材料和设备的施工现场，应采取保持场地排水畅通的措施。排水流向应背离基坑（槽）。需大量浇水的材料，堆放在距基坑（槽）边缘的距离不应小于 10m。 6.1.5　回填土应分层回填夯实，不得采用灌（注）水作业。 6.2.5　灌注桩施工时，成孔过程中严禁向孔内注水。孔底虚土经清理后，应及时灌注混凝土成桩。 6.2.6　基础施工出地面后，基坑（槽）应及时分层回填，填料宜选用非膨胀土或经改良后的膨胀土，回填压实系数不应小于 0.94。 **2.《建筑地基处理技术规范》JGJ 79—2012** 3.0.2　在选择地基处理方案时，应考虑上部结构、基础和地基的共同作用，进行多种方案的技术经济比较，选用地基处理或加强上部结构与地基处理相结合的方案	查阅施工方案 　施工工艺：与设计方案一致
5.15.4	钢筋、水泥、砂石骨料、外加剂等主要原材料质量证明文件齐全	**1.《建筑地基基础工程施工质量验收规范》GB 50202—2002** 4.1.2　砂、石子、水泥、钢材、石灰、粉煤灰等原材料的质量、检测项目、批量和检验方法，应符合国家现行标准的规定。 **2.《混凝土结构工程施工质量验收规范》GB 50204—2015** 5.2.1　钢筋进场时，应按国家现行相关标准的规定抽取试件作屈服强度、抗拉强度、伸长率、弯曲性	1. 查阅钢筋、水泥、外加剂等材料进场验收记录 　内容：包括出厂合格证（出厂试验报告）、

条款号	大纲条款	检 查 依 据	检查要点
5.15.4	钢筋、水泥、砂石骨料、外加剂等主要原材料质量证明文件齐全	能和重量偏差检验，检验结果应符合相关标准规定。 　　检查数量：按进场批次和产品抽样检验方案确定。 　　检验方法：检查质量证明文件和抽样检验报告。 7.2.1　水泥进场时，应对其品种、代号、强度等级、包装或散装编号、出厂日期等进行检查，并应对水泥的强度、安定性和凝结时间进行检验，检验结果应符合现行国家标准《通用硅酸盐水泥》GB 175 的相关规定。 　　检查数量：按同一厂家、同一品种、同一代号、同一强度等级、同一批号且连续进场的水泥，袋装不超过 200t 为一批，散装不超过 500t 为一批，每批抽样不少于一次。 　　检验方法：检查质量证明文件和抽样检验报告。 7.2.2　混凝土外加剂进场时，应对其品种、性能、出厂日期等进行检查，并应对外加剂的相关性能进行检验，检验结果应符合现行国家标准《混凝土外加剂》GB 8076、《混凝土外加剂应用技术规范》GB 50119 等的规定。 　　检查数量：按同一厂家、同一品种、同一性能、同一批号且连续进场的混凝土外加剂，不超过 50t 为一批，每批抽样数量不应少于一次。 　　检验方法：检查质量证明文件和抽样检验报告。 **3.《普通混凝土用砂、石质量及检验方法标准》JGJ 52—2006** 4.0.1　供货单位应提供砂或石的产品合格证及质量检验报告。 　　使用单位应按砂或石的同产地同规格分批验收。采用大型工具（如火车、货船或汽车）运输的，应以 400m³ 或 600t 为一验收批；采用小型工具（如拖拉机等）运输的，应以 200m³ 或 300t 为一验收批。不足上述量者，应按一验收批进行验收。 4.0.2　当砂或石的质量比较稳定、进料量又较大时，可以 1000t 为一验收批	复试报告，材料进场时间、批次、数量、规格、相应性能指标 2. 查阅施工单位材料跟踪管理台账 　内容：包括钢筋、水泥、外加剂等材料的合格证明、复试报告、使用情况、检验数量 3. 查阅钢筋、水泥、外加剂等材料试验检测报告和试验委托单 　报告检测结果：合格 　报告签章：已加盖CMA章和检测专用章、授权人已签字 　委托单签字：见证取样人员已签字且已附资格证书编号 　代表数量：与进场数量相符
5.15.5	施工参数符合设计要求，施工记录齐全	**1.《膨胀土地区建筑技术规范》GB 50112—2013** 5.2.2　膨胀土地基上建筑物的基础埋置深度不应小于 1m。 5.2.16　膨胀土地基上建筑物的地基变形计算值，不应大于地基变形允许值。 5.7.2　膨胀土地基换土可采用非膨胀性土、灰土或改良土，换土厚度应通过变形计算确定。膨胀土土性改良可采用掺水泥、石灰等材料，掺比和施工工艺应通过试验确定。 6.2.6　基础施工出地面后，基坑（槽）应及时分层回填，填料宜选用非膨胀性土或经改良后的膨胀土，回填压实系数不应小于 0.94。 6.3.2　散水应在室内地面做好后立即施工。伸缩缝内的防水材料应充填密实，并应略高于散水，或做成脊背形状。	1. 查阅施工方案 　质量控制参数：符合设计要求 2. 查阅施工记录 　内容：包括埋置深度、换土厚度等质量控制参数等 　记录数量：与验收记录相符

条款号	大纲条款	检 查 依 据	检查要点
5.15.5	施工参数符合设计要求，施工记录齐全	6.3.4　水池、水沟等水工构筑物应符合防漏、防渗要求，混凝土浇筑时不宜留施工缝，必须留缝时应加止水带，也可在池壁及底板增设柔性防水层。 **2.《建筑地基处理技术规范》JGJ 79—2012** 3.0.12　地基处理施工中应有专人负责质量控制和监测，并做好各项施工记录……	
5.15.6	地基承载力检测数量符合标准规定，检测报告结论满足设计要求	**《膨胀土地区建筑技术规范》GB 50112—2013** 5.7.7　桩顶标高位于大气影响急剧层深度内的三层及三层以下的轻型建筑物，桩基础设计应符合： 　1　按承载力计算时，单桩承载力特征值可根据当地经验确定。无资料时，应通过现场载荷试验确定	查阅地基承载力检测报告 结论：符合设计要求 检验数量：符合规范要求 盖章：已加盖 CMA 章和检测专用章 签字：授权人已签字
5.15.7	施工质量的检验项目、方法、数量符合标准规定，检验结果满足设计要求，质量验收记录齐全	**《膨胀土地区建筑技术规范》GB 50112—2013** 3.0.1　膨胀土应根据土的自由膨胀率、场地的工程地质特征和建筑物破坏形态综合判定。必要时，尚应根据土的矿物成分、阳离子交换量等试验验证。进行矿物分析和化学分析时，应注重测定蒙脱石含量和阳离子交换量，蒙脱石含量和阳离子交换量与土的自由膨胀率的相关性可按本规范表 A 采用。 4.1.3　初步勘察应确定膨胀土的胀缩等级，应对场地的稳定性和地质条件作出评价，并应为确定建筑总平面布置、主要建筑物地基基础方案和预防措施，以及不良地质作用的防治提供资料和建议，同时应包括下列内容： 　2　查明场地内滑坡、地裂等不良地质作用，并评价其危害程度； 　3　预估地下水位季节性变化幅度和对地基土胀缩性、强度等性能的影响； 　4　采取原状土样进行室内基本物理力学性质试验、收缩试验、膨胀力试验和 50kPa 压力下的膨胀率试验，判定有无膨胀土及其膨胀潜势，查明场地膨胀土的物理力学性质及地基胀缩等级。 4.3.8　膨胀土的水平膨胀力可根据试验资料或当地经验确定。 5.7.1　膨胀土地基处理可采用换土、土性改良、砂石或灰土垫层等方法。 5.7.2　膨胀土地基换土可采用非膨胀性土、灰土或改良土，换土厚度应通过变形计算确定。膨胀土土性改良可采用掺合水泥石灰等材料，掺合比和施工工艺应通过试验确定。 5.7.3　平坦场地上胀缩等级为Ⅰ级、Ⅱ级的膨胀土地基宜采用砂、碎石垫层。垫层厚度不应小于 300mm。垫层宽度应大于基底宽度，两侧宜采用与垫层相同的材料回填，并应做好防、隔水处理。 5.7.4　对较均匀且胀缩等级为Ⅰ级的膨胀土地基，可采用条形基础，基础埋深较大或基底压力较小时，宜采用墩基础；对胀缩等级为Ⅲ级或设计等级为甲级的膨胀土地基，宜采用桩基础	1. 查阅质量检验记录 检验项目：包括蒙脱石含量、阳离子交换量、自由膨胀率、胀缩等级等，符合设计要求和规范规定 检验方法：实测和取样，符合规范规定 检验数量：符合规范规定 2. 查阅质量验收记录 内容：包括检验批、分项工程验收记录及隐蔽工程验收文件等 数量：与项目质量验收范围划分表相符

续表

条款号	大纲条款	检 查 依 据	检查要点
6 质量监督检测			
6.0.1	开展现场质量监督检查时，应重点对下列项目的检测试验报告和检测数量进行查验，必要时可进行验证性抽样检测。对检验指标或结论有怀疑时，必须进行检测		
(1)	砂、石、水泥、钢材、外加剂等原材料的主要技术性能	**1.《建筑地基基础工程施工质量验收规范》GB 50202—2002** 4.1.2 砂、石子、水泥、钢材、石灰、粉煤灰等原材料的质量、检验项目、批量和检验方法，应符合国家现行标准的规定。 **2.《混凝土结构工程施工质量验收规范》GB 50204—2015** 5.2.3 对按一、二、三级抗震等级设计的框架和斜撑构件（含梯段）中的纵向受力钢筋应采用 HRB335E、HRB400E、HRB500E、HRBF335E、HRBF400E 或 HRBF500E 钢筋，其强度和最大力下总伸长率的实测值应符合下列规定： 　1 抗拉强度实测值与屈服强度实测值的比值不应小于 1.25； 　2 屈服强度实测值与屈服强度标准值的比值不应大于 1.3； 　3 最大力下总伸长率不应小于 9%。 **3.《大体积混凝土施工规范》GB 50496—2009** 4.2.1 配制大体积混凝土所用水泥的选择及其质量，应符合下列规定： 　2 应选用中、低热硅酸盐水泥或低热矿渣硅酸盐水泥，大体积混凝土施工所用水泥，其 3d 的水化热不宜大于 240kJ/kg，7d 的水化热不宜大于 270kJ/kg。 4.2.2 水泥进场时应对水泥品种、强度等级、包装或散装仓号、出厂日期等进行检查，并对其强度、安定性、凝结时间、水化热等性能指标及其他必要的性能指标进行复验。 **4.《通用硅酸盐水泥》GB 175—2007** 7.3.1 硅酸盐水泥初凝结时间不小于 45min，终凝时间不大于 390min。普通硅酸盐水泥、矿渣硅酸盐水泥、火山灰质硅酸盐水泥、粉煤灰硅酸盐水泥和复合硅酸盐水泥初凝结时间不小于 45min，终凝时间不大于 600min。	1. 查阅检测报告及台账 　内容：包括砂、石、水泥、钢材、外加剂等原材料 　检测报告中代表数量：与进场批次及数量相符，且符合规范规定 　检测项目：符合设计要求及规范规定 　结论：符合设计要求及规范规定 2. 查验砂试样（对检验指标或结果有怀疑时重新抽测） 　含泥量：符合 JGJ 52—2006 表 3.1.3 的规定

条款号	大纲条款	检 查 依 据	检查要点
(1)	砂、石、水泥、钢材、外加剂等原材料的主要技术性能	7.3.2　安定性沸煮法合格。 7.3.3　强度符合表 3 的规定。 **5.《混凝土外加剂》GB 8076—2008** 5.1　掺外加剂混凝土的性能应符合表 1 的要求。 5.2　匀质性指标应符合表 2 的要求。 **6.《钢筋混凝土用钢　第 1 部分：热轧光圆钢筋》GB 1499.1—2008** 6.6.2　直条钢筋实际重量与理论重量的允许偏差应符合表 4 规定。 7.3.1　钢筋力学性能及弯曲性能特征值符合表 6 规定。 8.1　每批钢筋的检验项目、取样数量、取样方法和试验方法应符合表 7 规定。 8.4.1　测量重量偏差时，试样应从不同根钢筋上截取，数量不少于 5 支，每支试样长度不小于 500mm。 **7.《钢筋混凝土用钢　第 2 部分：热轧带肋钢筋》GB 1499.2—2007** 6.6.2　钢筋实际重量与理论重量的允许偏差应符合表 4 规定。 7.3.1　钢筋力学性能特征值应符合表 6 规定。 7.4.1　钢筋弯曲性能按表 7 规定。 8.1　每批钢筋的检验项目、取样数量、取样方法和试验方法应符合表 8 规定。 8.4.1　测量重量偏差时，试样应从不同根钢筋上截取，数量不少于 5 支，每支试样长度不小于 500mm。 **8.《钢筋焊接及验收规程》JGJ 18—2012** 5.1.8　钢筋焊接接头力学性能试验时，应在外观检查合格后随机抽取。试验方法按《钢筋焊接接头试验方法》JGJ 27 执行。 5.3.1　闪光对焊接头力学性能试验时，应从每批中随机切取 6 个接头，其中 3 个做拉伸试验，3 个做弯曲试验。 5.5.1　电弧焊接头的质量检验……在现浇混凝土结构中，应以 300 个同牌号钢筋、同型式接头作为一批……每批随机切取 3 个接头做拉伸试验。 5.6.1　电渣压力焊接头的质量检验……在现浇混凝土结构中，应以 300 个同牌号钢筋接头作为一批……每批随机切取 3 个接头试件做拉伸试验。 5.8.2　预埋件钢筋 T 形接头进行力学性能检验时，应以 300 件同类型预埋件作为一批……每批预埋件中随机切取 3 个接头做拉伸试验。 **9.《普通混凝土用砂、石质量及检验方法标准》JGJ 52—2006** 1.0.3　对于长期处于潮湿环境的重要混凝土结构所用砂、石应进行碱活性检验。 3.1.3　天然砂中含泥量应符合表 3.1.3 的规定。	泥块含量：符合 JGJ 52—2006 表 3.1.4 的规定 石粉含量：符合 JGJ 52—2006 表 3.1.5 的规定 氯离子含量：符合标准 JGJ 52—2006 第 3.1.10 条的规定 碱活性：符合标准 JGJ 52—2006 的要求 3. 查验碎石或卵石试样（对检验指标或结果有怀疑时重新抽测） 含泥量：符合 JGJ 52—2006 表 3.2.3 的规定 泥块含量：符合 JGJ 52—2006 表 3.2.4 的规定 针、片状颗粒：符合 JGJ 52—2006 表 3.2.2 的规定 碱活性：符合标准 JGJ 52—2006 的要求 压碎指标（高强混凝土）：符合 JGJ 52—2006 的规定 4. 查验水泥试样（对检验指标或结果有怀疑时重新抽测） 凝结时间：符合 GB 175—2007 第 7.3.1 条的要求

续表

条款号	大纲条款	检 查 依 据	检查要点
（1）	砂、石、水泥、钢材、外加剂等原材料的主要技术性能	3.1.4　砂中泥块含量应符合表 3.1.4 的规定。 3.1.5　人工砂或混合砂中石粉含量应符合表 3.1.5 的规定。 3.1.10　钢筋混凝土和预应力混凝土用砂的氯离子含量分别不得大于 0.06％和 0.02％。 3.2.2　碎石或卵石中针、片状颗粒应符合表 3.2.2 的规定。 3.2.3　碎石或卵石中含泥量应符合表 3.2.3 的规定。 3.2.4　碎石或卵石中泥块含量应符合表 3.2.4 的规定。 3.2.5　碎石的强度可用岩石抗压强度和压碎指标表示。岩石的抗压等级应比所配制的混凝土强度至少高 20％。当混凝土强度大于或等于 C60 时，应进行岩石抗压强度检验。岩石强度首先由生产单位提供，工程中可采用能够压碎指标进行质量控制，碎石压碎值指标宜符合表 3.2.5-1 的规定。卵石的强度可用压碎值表示。其压碎指标宜符合表 3.2.5-2 的规定。 5.1.3　对于每一单项检验项目，砂、石的每组样品取样数量应符合下列规定： 　　　砂的含泥量、泥块含量、石粉含量及氯离子含量试验时，其最小取样质量分别为 4400g、20000g、1600g 及 2000g；对最大公称粒径为 31.5mm 的碎石或乱石，含泥量和泥块含量试验时，其最小取样质量为 40kg。 **10.《水运工程混凝土质量控制标准》JTS 202-2—2011** 3.3.10　骨料应按现行行业标准《水运工程混凝土试验规程》（JTJ 270）的有关规定进行碱活性检验。海水环境严禁采用碱活性骨料；淡水环境下，当检验表明骨料具有碱活性时，混凝土的总含碱量不应大于 3.0kg/m³。 4.2.1　水运工程混凝土宜采用硅酸盐水泥、普通硅酸盐水泥、矿渣硅酸盐水泥、火山灰质硅酸盐水泥、粉煤灰硅酸盐水泥或复合硅酸盐水泥，质量应符合现行国家标准《通用硅酸盐水泥》（GB 175）的有关规定。普通硅酸盐水泥和硅酸盐水泥熟料中铝酸三钙含量宜在 6％～12％。 4.2.2　有抗冻要求的混凝土宜采用普通硅酸盐水泥或硅酸盐水泥，不宜采用火山灰质硅酸盐水泥。 4.2.3　不受冻地区海水环境的浪溅区混凝土宜采用矿渣硅酸盐水泥。 4.2.4　水运工程严禁使用烧黏土质的火山灰质硅酸盐水泥。 4.4.1　混凝土中使用的细骨料应采用质地坚固、公称粒径在 5.00mm 以下的砂，其杂质含量限值应符合表 4.4.1-1 的规定。 4.4.3　细骨料不宜采用海砂。采用海砂时，海砂中氯离子含量应符合下列规定。 4.4.3.1　浪溅区、水位变动区的钢筋混凝土，海砂中氯离子含量以胶凝材料的质量百分率计不宜超过 0.07％。当含量超过限值时，宜通过淋洗降至限值以下；淋洗确有困难时可在所拌制的混凝土中掺入适量的经论证的缓蚀剂。 4.4.3.2　预应力混凝土，海砂中氯离子含量以胶凝材料的质量百分率计不宜超过 0.03％。 4.4.4　采用特细砂、机制砂或混合砂时，应符合现行行业标准《普通混凝土用砂、石质量及检验方法	安定性：符合 GB 175—2007 第 7.3.2 条的要求 强度：符合 GB 175—2007 表 3 的要求 水化热（大体积混凝土）：符合 GB 50496 的规定 5. 查验热轧光圆钢筋试件（对检验指标或结果有怀疑时重新抽测） 重量偏差：符合标准 GB 1499.1—2008 表 4 的要求 屈服强度：符合标准 GB 1499.1—2008 表 6 的要求 抗拉强度：符合标准 GB 1499.1—2008 表 6 的要求 断后伸长率：符合标准 GB 1499.1—2008 表 6 的要求 最大力总伸长率：符合标准 GB 1499.1—2008 表 6 的要求 弯曲性能：符合标准 GB 1499.1—2008 表 6 的要求

续表

条款号	大纲条款	检 查 依 据	检查要点
(1)	砂、石、水泥、钢材、外加剂等原材料的主要技术性能	标准》（JGJ 52）中的有关规定。机制砂或混合砂中石粉含量应符合表 4.4.4 的规定。 4.5.1　粗骨料质量应符合下列规定。 4.5.1.1　配制混凝土应采用质地坚硬的碎石、卵石或碎石与卵石的混合物作为粗骨料，其强度可用岩石抗压强度或压碎指标值进行检验。在选择采石场、对粗骨料强度有严格要求或对质量有争议时，宜用岩石抗压强度作检验；常用的石料质量控制，可用压碎指标进行检验。碎石、卵石的抗压强度或压碎指标宜符合表 4.5.1-1 和表 4.5.1-2 的规定。 4.5.1.2　卵石中软弱颗粒含量应符合表 4.5.1-3 的规定。 4.5.1.3　粗骨料的其他物理性能宜符合表 4.5.1-4 的规定。 4.5.2　粗骨料的杂质含量限值应符合表 4.5.2 的规定。 4.6.1　混凝土拌和用水宜采用饮用水，不得使用影响水泥正常凝结、硬化和促使钢筋锈蚀的拌和水，并应符合表 4.6.1 中的规定。 4.6.2　钢筋混凝土和预应力混凝土均不得采用海水拌和。在缺乏淡水的地区，素混凝土允许采用海水拌和，但混凝土拌和物中总氯离子含量应符合表 3.3.9 的规定，有抗冻要求的其水胶比应降低 0.05。 4.7.1　混凝土应根据要求选用减水剂、引气剂、早强剂、防冻剂、泵送剂、缓凝剂、膨胀剂等外加剂。外加剂的品质应符合国家现行标准《混凝土外加剂》（GB 8076）、《混凝土泵送剂》（JC 473）、《砂浆和混凝土防水剂》（JC 474）、《混凝土防冻剂》（JC 475）和《混凝土膨胀剂》（JC 476）的有关规定。在所掺用的外加剂中，以胶凝材料质量百分率计的氯离子含量不宜大于 0.02%	6. 查验热轧带肋钢筋试件（对检验指标或结果有怀疑时重新抽测） 　重量偏差：符合标准 GB 1499.2—2007 表 4 的要求 　屈服强度：符合标准 GB 1499.2—2007 表 6 的要求 　抗拉强度：符合标准 GB 1499.2—2007 表 6 的要求 　断后伸长率：符合标准 GB 1499.2—2007 表 6 的要求 　最大力总伸长率：符合标准 GB 1499.2—2007 表 6 的要求 　弯曲性能：符合标准 GB 1499.2—2007 表 7 的要求 7. 查验钢筋焊接接头试件（对检验指标或结果有怀疑时重新抽测） 　抗拉强度：符合标准 JGJ 18 的要求 8. 查验纵向受力钢筋（有抗震要求的结构）试件（对检验指标或结果有怀疑时重新抽测）

续表

条款号	大纲条款	检查依据	检查要点
（1）	砂、石、水泥、钢材、外加剂等原材料的主要技术性能		抗拉强度查验抽测值与屈服强度查验抽测值的比值：符合规范 GB 50204—2015 第 5.2.3 条的要求 屈服强度查验抽测值与强度标准值的比值：符合规范 GB 50204—2015 第 5.2.3 条的要求 最大力下总伸长率：符合规范 GB 50204—2015 第 5.2.3 条的要求 9. 查验外加剂试样（对检验指标或结果有怀疑时重新抽测） 减水率：符合标准 GB 8076—2008 表 1 的要求 凝结时间：符合标准 GB 8076—2008 表 1 的要求 抗压强度比：符合标准 GB 8076—2008 表 1 的要求 氯离子含量：符合标准 GB 8076—2008 表 2 的要求 pH 值：符合标准 GB 8076—2008 表 2 的要求 总碱量：符合标准 GB 8076—2008 表 2 的要求

续表

条款号	大纲条款	检 查 依 据	检查要点
(1)	砂、石、水泥、钢材、外加剂等原材料的主要技术性能		引气剂的含气量和含气量 1h 经时变化量：符合标准 GB 8076—2008 表 1 的要求
			10. 查验砂、石、拌和用水试样（海上风电工程对检验指标或结果有怀疑时重新抽测）
			砂杂质含量：符合 JTS 202-2—2011 表 4.4.1-1 的规定
			机制砂或混合砂中石粉含量：符合 JTS 202-2—2011 表 4.4.4 的规定
			碎石、卵石的岩石抗压强度或压碎指标值：符合 JTS 202-2—2011 表 4.5.1-1 的规定
			卵石的压碎指标值：符合 JTS 202-2—2011 表 4.5.1-2 的规定
			卵石软弱颗粒的含量：符合 JTS 202-2—2011 表 4.5.1-3 的规定
			粗骨料物理性能：符合 JTS 202-2—2011 表 4.5.1-4 的规定
			粗骨料杂质含量限制：符合 JTS 202-2—2011 表 4.5.2 的规定
			拌和用水质量指标：符合 JTS 202-2—2011 表 4.6.1 的规定

条款号	大纲条款	检查依据	检查要点
(2)	垫层地基的压实系数	**1.《建筑地基基础工程施工质量验收规范》GB 50202—2002** 4.2.4 灰土地基的压实系数应符合设计要求。 4.3.4 砂和砂石地基的压实系数应符合设计要求。 4.5.4 粉煤灰地基的压实系数应符合设计要求。 **2.《电力建设施工质量验收及评价规程 第1部分：土建工程》DL/T 5210.1—2012** 5.4.1 灰土地基工程压实系数检查数量：每个独立基础下至少检查1点，基槽每10m～20m至少抽查1点，基坑每50m²～100m²抽查1处，但均不少于5处。 5.4.2 砂和砂石地基工程压实系数检查数量：每个独立基础下至少检查1点，基槽每10m～20m至少检查1点，基坑每50m²～100m²抽查1处，但均不少于5处。 5.4.4 粉煤灰地基工程压实系数检查数量：每个独立基础下至少检查1点，基槽每10m～20m至少1点，基坑每50m²～100m²抽查1处，但均不少于5处。 **3.《电力工程地基处理技术规程》DL/T 5024—2005** 6.1.12 垫层的质量检验必须分层进行。跟踪检验每层的压实系数，及时控制每层、每片的质量指标。 　　夯实或碾压回填的垫层，每一分层内采样数量可按下列要求确定： 　　1 小面积垫层，每100m²取样2处，每层不少于4处； 　　2 超过2000m²的大面积垫层，每100m²～500m²取样1处，每层不少于8处； 　　3 独立基础下的垫层，每层2～4处； 　　4 条形基础下的垫层，每50m～100m取样2处，每层不少于4处。 **4.《建筑地基处理技术规范》JGJ 79—2012** 4.2.2 换填垫层的施工质量检验应分层进行，并应在每层的压实系数符合设计要求后铺填上层。 4.4.3 采用环刀法检验垫层的施工质量时，取样点应选择位于每层垫层厚度的2/3深度处。检验点数量，条形基础下垫层每10m～20m不应少于1个点，独立柱基、单个基础下垫层不应少于1个点，其他基础下垫层每50m²～100m²不应少于1个点	1. 查阅检测报告及台账 　内容：垫层地基的压实系数 　检测报告中检测数量：符合规范规定 　结论：符合设计要求 2. 查验垫层土样（对检验指标或结果有怀疑时重新抽测） 　压实系数：符合设计要求
(3)	地基承载力	**《建筑地基基础工程施工质量验收规范》GB 50202—2002** 4.1.5 对灰土地基、砂和砂石地基、土工合成材料地基、粉煤灰地基、强夯地基、注浆地基、预压地基，其竣工后的结果（地基强度或承载力）必须达到设计要求的标准。检验数量，每单位工程不应少于3点，1000m²以上工程，每100m²至少应有1点，3000m²以上工程，每300m²至少应有1点。每一独立基础下至少应有1点，基槽每20延米应有1点。 4.1.6 对水泥土搅拌桩复合地基、高压喷射注浆桩复合地基、砂桩地基、振冲桩复合地基、土和灰土挤密桩复合地基、水泥粉煤灰碎石桩复合地基及夯实水泥土桩复合地基，其承载力检验，数量为总数的0.5%～1.0%，但不应少于3处。有单桩强度检验要求时，数量为总数的0.5%～1.0%，但不应少于3根	1. 查阅检测报告及台账 　内容：地基承载力 　检测报告中检测数量：符合设计及规范规定 　结论：符合设计要求

续表

条款号	大纲条款	检 查 依 据	检查要点
（3）	地基承载力		2. 查验地基承载力（对检验指标或结果有怀疑时重新抽测） 地基承载力：符合设计要求
（4）	桩基础工程桩的桩身偏差和完整性	**1.《建筑地基基础工程施工质量验收规范》GB 50202—2002** 5.1.3　打（压）入桩（预制混凝土方桩、先张法预应力管桩、钢桩）的桩位偏差，必须符合表 5.1.3 的规定。斜桩倾斜度的偏差不得大于倾斜角正切值的 15%（倾斜角系桩的纵向中心线与铅垂线间夹角）。 5.1.4　灌注桩的桩位偏差必须符合表 5.1.4 的规定。 5.1.6　桩身质量应进行检验。对设计等级为甲级或地基条件复杂，成桩质量可靠性低的灌注桩，抽检数量不应少于总数的 30%，且不少于 20 根；其他桩基工程的抽检数量不应少于总数的 20%，且不少于 10 根；对混凝土预制桩及地下水位以上且终孔后经过核验的灌注桩，检验数量不应少于总桩数的 10%，且不得少于 10 根。每个柱子承台下不得少于 1 根。 5.5.1　施工前应检查进入现场的成品钢桩，成品桩的质量标准应符合本规范表 5.5.4-1 的规定。 5.6.4　桩体质量检验按基桩检测技术规范（《建筑基桩检测技术规范》JGJ 106—2014）。如钻芯取样，大直径嵌岩桩应钻至桩尖下 50cm。 **2.《建筑基桩检测技术规范》JGJ 106—2014** 3.2.5　基桩检测开始时间应符合下列规定： 　　1　当采用低应变法或声波透射法检测时，受检桩混凝土强度不应低于设计强度的 70%，且不应低于 15MPa； 　　2　当采用钻芯法检测时，受检桩的混凝土龄期应达到 28d 或受检桩同条件养护试件强度应达到设计强度要求。 3.2.7　验收检测时，宜先进行桩身完整性检测，后进行承载力检测。桩身完整性检测应在基坑开挖至基底标高后进行。 3.3.3　混凝土桩的桩身完整性检测……检测数量应符合下列规定： 　　1　建筑桩基设计等级为甲级，或地基条件复杂、成桩质量可靠性较低的灌注桩工程，检测数量不应少于总桩数的 30%，且不应少于 20 根；其他桩基工程，检测数量不应少于总桩数的 20%，且不应少于 10 根。 　　2　除符合本条上款规定外，每个柱下承台检测桩数不应少于 1 根。 　　3　大直径嵌岩灌注桩或设计等级为甲级的大直径灌注桩，应在本条第 1、2 款规定的检测桩数范围内，按不少于总桩数 10% 的比例采用声波透射法或钻芯法检测	1. 查阅检测报告及验收记录 内容：桩位偏差及桩身完整性 检测报告中检测数量：符合设计及规范规定 结论：符合规范规定 2. 查验桩身偏差（对检验指标或结果有怀疑时重新抽测） 桩径：符合表 GB 50202—2002 第 5.1.4 条的规定 垂直度：符合表 GB 50202—2002 第 5.1.4 条的规定 3. 查验桩体质量（对检验指标或结果有怀疑时重新抽测） 桩身完整性：符合规范规定

续表

条款号	大纲条款	检 查 依 据	检查要点
（5）	桩身混凝土强度	**《建筑地基基础工程施工质量验收规范》GB 50202—2002** 5.1.4 ……（灌注桩）每浇筑 50m³ 必须有 1 组（混凝土）试件，小于 50m³ 的桩，每根桩必须有 1 组（混凝土）试件。 5.6.4 桩身混凝土强度符合设计要求，检查方法为试件报告或钻芯取样	1. 查阅检测报告 内容：桩身混凝土强度 检测报告中检测数量：符合设计及规范规定 结论：符合设计要求
			2. 查验混凝土试块或钻芯取样（对检验指标或结果有怀疑时重新抽测） 抗压强度：符合设计要求
（6）	单桩承载力	**1.《建筑地基基础工程施工质量验收规范》GB 50202—2002** 5.1.5 工程桩应进行承载力检验。对设计等级为甲级或地基条件复杂，成桩质量可靠性低的灌注桩，应采用静载荷试验的方法进行检验，检验桩数量不应少于总数的 1％，且不应少于 3 根，当总桩数少于 50 根时，不应少于 2 根。 5.5.3 钢管桩施工结束后应做承载力检验。 **2.《建筑桩基技术规范》JGJ 94—2008** 9.4.2 工程桩应进行承载力和桩身质量检验。 **3.《建筑基桩检测技术规范》JGJ 106—2014** 3.1.3 施工完成后的工程桩应进行单桩承载力和桩身完整性检测。 3.3.4 当符合下列条件之一时，应采用单桩竖向抗压静载试验进行承载力验收检测。检测数量不应少于同一条件下桩基分项工程总桩数的 1％，且不应少于 3 根；当总桩数小于 50 根时，检测数量不应少于 2 根。 　1 设计等级为甲级的桩基； 　2 施工前未按本规范第 3.3.1 条进行单桩静载试验的工程； 　3 施工前进行了单桩静载试验，但施工过程中变更了工艺参数或施工质量出现了异常； 　4 地基条件复杂、桩施工质量可靠性低； 　5 本地区采用的新桩型或新工艺； 　6 施工过程中产生挤土上浮或偏位的群桩。 3.3.5 ……预制桩和满足高应变法适用范围的灌注桩，可采用高应变法检测单桩竖向抗压承载力，检测数量不宜少于总桩数的 5％，且不得少于 5 根。	1. 查阅检测报告及台账 内容：单桩承载力 检测报告中检测数量：符合设计及规范规定 结论：符合设计要求
			2. 查验单桩承载力（对检验指标或结果有怀疑时重新抽测） 单桩承载力：符合设计要求

条款号	大纲条款	检查依据	检查要点
(6)	单桩承载力	**3.3.7** 对于端承型大直径灌注桩，当受设备或现场条件限制无法检测单桩竖向抗压承载力时，可选择下列方式之一，进行持力层核验： 　　1 采用钻芯法测定桩底沉渣厚度，并钻取桩端持力层岩土芯样检验桩端持力层，检测数量不应少于总桩数的 10%，且不应少于 10 根； 　　2 采用深层平板载荷试验或岩基平板载荷试验……检测数量不应少于总桩数的 1%，且不应少于 3 根。 **3.3.8** 对设计有抗拔或水平力要求的桩基工程，单桩承载力验收检测应采用单桩竖向抗拔或单桩水平静载试验…… **4.1.3** 采用单桩竖向抗压静载试验进行工程桩验收检测时，加载量不应小于设计要求的单桩承载力特征值的 2.0 倍。 **4.3.4** 为设计提供依据的单桩竖向抗压静载试验应采用慢速维持荷载法。 **4.4.4** 单桩竖向抗压承载力特征值应按单桩竖向抗压极限承载力的 50% 取值。 **5.1.4** 采用单桩竖向抗拔静载试验时，预估的最大试验荷载不得大于钢筋的设计强度。 **5.4.5** 单桩竖向抗拔承载力特征值应按单桩竖向抗拔极限承载力的 50% 取值。当工程桩不允许带裂缝工作时，应取桩身开裂的前一级荷载作为单桩竖向抗拔承载力特征值，并与按极限荷载 50% 取值确定的承载力特征值相比，取低值。 **6.4.7** 单桩水平承载力特征值的确定应符合下列规定： 　　1 当桩身不允许开裂或灌注桩的桩身配筋率小于 0.65% 时，可取水平临界荷载的 0.75 倍作为单桩水平承载力特征值。 　　2 对钢筋混凝土预制桩、钢桩和桩身配筋率不小于 0.65% 的灌注桩，可取设计桩顶标高处水平位移所对应荷载的 0.75 倍作为单桩水平承载力特征值；水平位移可按下列规定取值： 　　　1) 对水平位移敏感的建筑物取 6mm； 　　　2) 对水平位移不敏感的建筑物取 10mm。 　　3 取设计要求的水平允许位移对应的荷载作为单桩水平承载力特征值，且应满足桩身抗裂要求。 **9.2.5** 采用高应变法进行承载力检测时，锤的重量与单桩竖向抗压承载力特征值的比值不得小于 0.02。 **4.《港口工程桩基规范》JTS 167-4—2012** **4.2.1** 单桩轴向承载力除下列情况外应根据静载荷试验确定： 　　(1) 当附近工程有试桩资料，且沉桩工艺相同，地质条件相近时； 　　(2) 附属建筑物； 　　(3) 桩数较少的建筑物，并经技术论证； 　　(4) 有其他可靠的替代试验方法时。	

条款号	大纲条款	检 查 依 据	检查要点
(6)	单桩承载力	4.2.3 凡允许不做静载荷试桩的工程，可根据具体情况采用承载力经验参数法或静力触探等方法确定单桩轴向极限承载力。 4.2.13 对地质复杂的工程，或存在影响桩的轴向承载力可靠性的情况时，宜采用高应变动力试验法对单桩轴向承载力进行检测，检测应符合下列规定。 4.2.13.1 检测桩数可取总桩数的 2%～5%，且不得少于 5 根。 4.2.13.2 采用动力试验法对桩承载力进行检测时，应符合国家现行有关标准的规定	

第2节点：光伏电池板安装前监督检查

条款号	大纲条款	检查依据	检查要点
4　责任主体质量行为的监督检查			
4.1　建设单位质量行为的监督检查			
4.1.1	主体工程开工手续已审批	**1.《建设工程监理规范》GB/T 50319—2013** 3.0.7　总监理工程师应组织专业监理工程师审查施工单位报送的开工报审表及相关资料，同时具备以下条件的，由总监理工程师签署审查意见，报建设单位批准后，总监理工程师签发开工令…… **2.《光伏发电站施工规范》GB 50794—2012** 3.0.1　开工前应具备下列条件： 　　1　在工程开始施工之前，建设单位应取得相关的施工许可文件。 　　2　施工单位应具备水通、电通、路通、电信通及场地平整的条件。 　　3　施工单位的资质、特殊作业人员资质、施工机械、施工材料、计量器具等应报监理单位或建设单位审查完毕。 　　4　开工所必需的施工图应通过会审；设计交底应完成；施工组织设计及重大施工方案应已审批；项目划分及质量评定标准应确立。 　　5　施工单位根据施工总平面布置图要求布置施工临建设施应完毕。 　　6　工程定位测量基准应确立	查阅单位工程开工文件 　内容：与项目质量验收范围划分一致 　签字：责任人已签字 　盖章：施工、EPC、监理、建设单位已盖章
4.1.2	本阶段工程采用的专业标准清单已审批	**1.《关于实施电力建设项目法人责任制的规定》电建〔1997〕79号** 第十八条　公司应遵守国家有关电力建设和生产的法律和法规，自觉执行电力行业颁布的法规和标准、定额等…… **2.《光伏发电工程验收规范》GB/T 50796—2012** 3.0.1　工程验收依据应包括下列内容： 　　1　国家现行有关法律、法规、规章和技术标准	查阅法律法规和标准规范清单 　签字：责任人已签字 　盖章：单位已盖章 　时效性：动态管理、文件有效
4.1.3	组织完成设计交底和施工图会检	**1.《建设工程质量管理条例》中华人民共和国国务院令〔2000〕第279号** 第二十三条　设计单位应当就审查合格的施工图设计文件向施工单位作出详细说明。 **2.《建筑工程勘察设计管理条例》中华人民共和国国务院令〔2015〕第662号** 第三十条　建设工程勘察、设计单位应当在建设工程施工前，向施工单位和监理单位说明建设工程勘察、设计意图，解释建设工程勘察、设计文件。 　　建设工程勘察、设计单位应当及时解决施工中出现的勘察、设计问题。 **3.《建设工程监理规范》GB/T 50319—2013** 6.1.2　监理人员应熟悉工程设计文件，并应参加建设单位主持的图纸会审和设计交底会议，总监理工程师应参与会议纪要会签。	1.查阅设计交底记录 　主持人：建设单位责任人 　交底人：设计单位责任人 　签字：交底人及被交底人已签字 　时间：施工前

条款号	大纲条款	检 查 依 据	检查要点
4.1.3	组织完成设计交底和施工图会检	**4.《建设工程项目管理规范》GB/T 50326—2006** 8.3.3 项目技术负责人应主持对图纸审核，并应形成会审记录。 **5.《光伏发电站施工规范》GB 50794—2012** 3.0.1 开工前应具备下列条件： 4.开工所必需的施工图应通过会审，设计交底应完成…… **6.《电力建设工程施工技术管理导则》国电电源〔2002〕896号** 7.01 施工图纸是施工和验收的主要依据之一。为使施工人员充分领会设计意图、熟悉设计内容、正确施工，确保施工质量，必须在开工前进行图纸会检。 **7.《输变电工程项目质量管理规程》DL/T 1362—2014** 5.3.2 建设单位应在变电站单位工程和输电线路分部工程开工前组织设计交底和施工图会检	2.查阅施工图会检纪要 签字：施工、设计、监理、建设单位责任人已签字 时间：施工前
4.1.4	组织工程建设标准强制性条文实施情况的检查	**1.《中华人民共和国标准化法实施条例》中华人民共和国国务院令〔1990〕第53号** 第二十三条 从事科研、生产、经营的单位和个人，必须严格执行强制性标准。 **2.《建设工程质量管理条例》中华人民共和国国务院令〔2000〕第279号** 第十条 …… 　　建设单位不得明示或者暗示设计单位或者施工单位违反工程建设强制性标准，降低建设工程质量。 **3.《实施工程建设强制性标准监督规定》建设部令〔2000〕第81号** 第二条 在中华人民共和国境内从事新建、扩建、改建等工程建设活动，必须执行工程建设强制性标准。 第六条 ……工程质量监督机构应当对工程建设施工、监理、验收等阶段执行强制性标准的情况实施监督。 第十条 强制性标准监督检查的内容包括： 　　（一）有关工程技术人员是否熟悉、掌握强制性标准； 　　（二）工程项目的规划、勘察、设计、施工、验收等是否符合强制性标准的规定； 　　（三）工程项目采用的材料、设备是否符合强制性标准的规定； 　　（四）工程项目的安全、质量是否符合强制性标准的规定； 　　（五）工程中采用的导则、指南、手册、计算机软件的内容是否符合强制性标准的规定。 **4.《输变电工程项目质量管理规程》DL/T 1362—2014** 4.4 输变电工程项目建设过程中，参建单位应遵循现行国家和行业标准，严格执行工程设计和施工标准中的强制性条文……	查阅强制性条文实施情况检查记录 内容：与强制性条文实施计划相符 签字：检查人员已签字 相关支持性文件：可追溯

条款号	大纲条款	检 查 依 据	检查要点
4.1.5	采用的新技术、新工艺、新流程、新装备、新材料已审批	**1.《中华人民共和国建筑法》中华人民共和国主席令〔2011〕第 46 号** 第四条 国家扶持建筑业的发展,支持建筑科学技术研究,提高房屋建筑设计水平,鼓励节约能源和保护环境,提倡采用先进技术、先进设备、先进工艺、新型建筑材料和现代管理方式。 **2.《建设工程质量管理条例》中华人民共和国国务院令〔2000〕第 279 号** 第六条 国家鼓励采用先进的科学技术和管理方法,提高建设工程质量。 **3.《实施工程建设强制性标准监督规定》建设部令〔2000〕第 81 号** 第五条 工程建设中拟采用的新技术、新工艺、新材料,不符合现行强制性标准规定的,应当由拟采用单位提请建设单位组织专题技术论证,报批准标准的建设行政主管部门或者国务院有关主管部门审定。 **4.《电力建设施工技术规范 第 1 部分:土建结构工程》DL 5190.1—2012** 3.0.4 采用新技术、新工艺、新材料、新设备时,应经过技术鉴定或具有允许使用的证明。施工前应编制单独的施工措施及操作规程。 **5.《电力工程地基处理技术规程》** 条文说明 DL/T 5024—2005 5.0.8 ……当采用当地缺乏经验的地基处理方法或引进和应用新技术、新工艺、新方法时,须通过原体试验验证其适用性	查阅新技术、新工艺、新流程、新装备、新材料论证文件 意见:同意采用等肯定性意见 签字:专家组和批准人已签字
4.1.6	无任意压缩合同约定工期的行为	**1.《建设工程质量管理条例》中华人民共和国国务院令〔2000〕第 279 号** 第十条 建设工程发包单位不得迫使承包方以低于成本的价格竞标,不得任意压缩合理工期。 **2.《电力建设安全生产监督管理办法》电监安全〔2007〕38 号** 第十三条 …… 电力建设单位应当执行定额工期,不得压缩合同约定的工期…… **3.《建设工程项目管理规范》GB/T 50326—2006** 9.2.1 组织应依据合同文件、项目管理规划文件、资源条件与外部约束条件编制项目进度计划	查阅施工进度计划、合同工期和调整工期的相关文件 内容:有压缩工期的行为时,应有设计、监理、施工和建设单位认可的书面文件
4.2	**勘察设计单位质量行为的监督检查**		
4.2.1	设计图纸交付进度能保证连续施工	**1.《中华人民共和国合同法》中华人民共和国主席令〔1999〕第 15 号** 第二百七十四条 勘察、设计合同的内容包括提交有关基础资料和文件(包括概预算)的期限、质量要求、费用以及其他协作条件等条款。 第二百八十条 勘察、设计的质量不符合要求或者未按照期限提交勘察、设计文件拖延工期,造成发包人损失的,勘察人、设计人应当继续完善勘察、设计,减收或者免收勘察、设计费并赔偿损失。	1. 查阅设计单位的施工图出图计划 内容:交付时间满足进度计划要求 签字:责任人已签字

续表

条款号	大纲条款	检 查 依 据	检查要点
4.2.1	设计图纸交付进度能保证连续施工	**2.《建设项目工程总承包管理规范》GB/T 50358—2005** 6.4.1 设计经理应组织检查设计计划的执行情况，分析进度偏差，制定有效措施。设计进度的主要控制点应包括： 　1 设计各专业间的条件关系及进度。 　2 初步设计或基础工程设计完成和提交时间。 　4 进度关键线路上的设计文件提交时间。 　5 施工图设计或详细工程设计完成和提交时间。 　6 设计工作结束时间	2. 查阅建设单位的设计文件接收记录 　内容：接收时间与出图计划一致 　签字：责任人已签字
4.2.2	设计更改、技术洽商等文件完整、手续齐全	**1.《建设工程勘察设计管理条例》中华人民共和国国务院令〔2015〕第662号** 第二十八条　建设单位、施工单位、监理单位不得修改建设工程勘察、设计文件；确需修改建设工程勘察、设计文件的，应当由原建设工程勘察、设计单位修改。经原建设工程勘察、设计单位书面同意，建设单位也可以委托其他具有相应资质的建设工程勘察、设计单位修改。修改单位对修改的勘察、设计文件承担相应责任。 　　施工单位、监理单位发现建设工程勘察、设计文件不符合工程建设强制性标准、合同约定的质量要求的，应当报告建设单位，建设单位有权要求建设工程勘察、设计单位对建设工程勘察、设计文件进行补充、修改。 　　建设工程勘察、设计文件内容需要作重大修改的，建设单位应当报经原审批机关批准后，方可修改。 **2.《建设项目工程总承包管理规范》GB/T 50358—2005** 6.4.2 ……设计质量的控制点主要包括： 　7 设计变更的控制。 **3.《电力建设工程施工技术管理导则》国电电源〔2002〕896号** 10.03 设计变更审批手续： 　a) 小型设计变更。由工地提出设计变更申请单或工程洽商（联系）单，经项目部技术管理部门审核，由现场设计、建设（监理）单位代表签字同意后生效。 　b) 一般设计变更。由工地提出设计变更申请单，经项目部技术管理部门审签后，送交建设（监理）单位审核。经设计单位同意后，由设计单位签发设计变更通知书并经建设（监理）单位会签后生效。	查阅设计更改、技术洽商文件 　编制签字：设计单位（EPC）各级责任人已签字 　审核签字：相关责任人已签字 　签字时间：在变更内容实施前

续表

条款号	大纲条款	检 查 依 据	检查要点
4.2.2	设计更改、技术洽商等文件完整、手续齐全	c）重大设计变更。由项目部总工程师组织研究、论证后，提交建设单位组织设计、施工、监理单位进一步论证、审核，决定后由设计单位修改设计图纸并出具设计变更通知书，还应附有工程预算变更单，经建设、监理、施工单位会签后生效。 **4.《电力勘测设计驻工地代表制度》DLGJ 159.8—2001** 5.0.2　进行设计更改 　　1　因原设计错误或考虑不周需进行的一般设计更改，由专业工代填写"设计变更通知单"，说明更改原因和更改内容，经工代组长签署后发至施工单位实施。"设计变更通知单"的格式见附录A	
4.2.3	工程建设标准强制性条文落实到位	**1.《建设工程质量管理条例》中华人民共和国国务院令〔2000〕第 279 号** 第十九条　勘察、设计单位必须按照工程建设强制性标准进行勘察、设计，并对其勘察、设计的质量负责。 　　注册建筑师、注册结构工程师等注册执业人员应当在设计文件上签字，对设计文件负责。 **2.《建设工程勘察设计管理条例》中华人民共和国国务院令〔2015〕第 662 号** 第五条　……建设工程勘察、设计单位必须依法进行建设工程勘察、设计，严格执行工程建设强制性标准，并对建设工程勘察、设计的质量负责。 **3.《实施工程建设强制性标准监督规定》建设部令〔2000〕第 81 号** 第二条　在中华人民共和国境内从事新建、扩建、改建等工程建设活动，必须执行工程建设强制性标准。 第六条　建设项目规划审查机关应当对工程建设规划阶段执行强制性标准的情况实施监督。 　　施工图设计文件审查单位应当对工程建设勘察、设计阶段执行强制性标准的情况实施监督。 第十条　强制性标准监督检查的内容包括： 　　（一）有关工程技术人员是否熟悉、掌握强制性标准； 　　（二）工程项目的规划、勘察、设计、施工、验收等是否符合强制性标准的规定； 　　（五）工程中采用的导则、指南、手册、计算机软件的内容是否符合强制性标准的规定。 **4.《输变电工程项目质量管理规程》DL/T 1362—2014** 4.4　输变电工程项目建设过程中，参建单位应遵循现行国家和行业标准，严格执行工程设计和施工标准中的强制性条文…… 6.2.1　……质量管理策划内容应包括但不限于： b）质量管理文件，包括引用的标准清单、设计质量策划、强制性条文实施计划、设计技术组织措施、达标投产（创优）实施细则等	1. 查阅设计文件 　内容：与强制性条文有关的内容已落实 　签字：编、审、批责任人已签字 2. 查阅强制性条文实施计划（强制性条文清单）和本阶段执行记录 　内容：与实施计划相符 　签字：相关单位责任人已签字

条款号	大纲条款	检 查 依 据	检查要点
4.2.4	设计代表工作到位、处理设计问题及时	**1.《建设工程勘察设计管理条例》中华人民共和国国务院令〔2015〕第 662 号** 第三十条 ……建设工程勘察、设计单位应及时解决施工中出现的勘察、设计问题。 **2.《电力勘测设计驻工地代表制度》DLGJ 159.8—2001** 2.0.1 工代的工地现场服务是电力工程设计的阶段之一，为了有效地贯彻勘测设计意图，实施设计单位通过工代为施工、安装、调试、投运提供及时周到的服务，促进工程顺利竣工投产，特制定本制度。 2.0.2 工代的任务是解释设计意图，解释施工图纸中的技术问题，收集包括设计本身在内的施工、设备材料等方面的质量信息，加强设计与施工、生产之间的配合，共同确保工程建设质量和工期，以及国家和行业标准的贯彻执行。 2.0.3 工代是设计单位派驻工地配合施工的全权代表，应能在现场积极地履行工代职责，使工程实现设计预期要求和投资效益。 5.0.6 工代记录 1 工代应对现场处理的问题、参加的各种会议以及决议作详细记录，填写"工代工作大事记"	1. 查阅设计单位对工代的管理制度 内容：包括工代任命书及设计修改、变更、材料代用等签发人资格 2. 查阅设计服务记录 内容：包括现场施工与设计要求相符情况和工代协助施工单位解决具体技术问题的情况 3. 查阅设计变更通知单和工程联系单及台账 内容：处理意见明确，收发闭环
4.2.5	按规定参加施工主要控制网（桩）验收和地基验槽签证	**1.《建筑工程施工质量验收统一标准》GB 50300—2013** 6.0.3 分部工程应由总监理工程师组织施工单位项目负责人和项目技术负责人等进行验收。 勘察、设计单位项目负责人和施工单位技术、质量部门负责人应参加地基与基础分部工程的验收。 设计单位项目负责人和施工单位技术、质量部门负责人应参加主体结构、节能分部工程的验收。 **2.《光伏发电工程验收规范》GB/T 50796—2012** 3.0.8 工程验收中相关单位职责应符合下列要求： 2 勘察、设计单位职责应包括： 1) 对土建工程与地基工程有关的施工记录校验。 **3.《电力建设施工质量验收及评价规程 第 1 部分：土建工程》DL/T 5210.1—2012** 3.0.12 工程质量验收的程序、组织和记录应符合下列规定： 3 分部（子分部）工程质量验收应由总监理工程师（建设单位项目负责人）组织施工单位项目负责人和技术、质量负责人等进行验收；地基与基础、主体结构分部工程的勘测、设计单位工程项目负责人和施工单位技术、质量部门负责人也应参加相关分部工程验收。 4 ……建设单位收到工程验收申请报告后，应由建设单位（项目）负责人组织施工（含分包单位）、设计、监理等单位（项目）负责人进行单位（子单位）工程验收……	查阅主要控制网及地基验槽验收记录 签字：勘察、设计单位（EPC）责任人已签字

续表

条款号	大纲条款	检 查 依 据	检查要点
4.2.6	进行了本阶段工程实体质量与设计的符合性确认	**1.《光伏发电工程验收规范》GB/T 50796—2012** 3.0.8　工程验收中相关单位职责应符合下列要求： 　　2　勘察、设计单位职责应包括： 　　　3）对工程设计方案和质量负责，为工程验收提供设计总结报告。 **2.《电力勘测设计驻工地代表制度》DLGJ 159.8—2001** 5.0.3　深入现场，调查研究 　　1　工代应坚持经常深入施工现场，调查了解施工是否与设计要求相符，并协助施工单位解决施工中出现的具体技术问题，做好服务工作，促进施工单位正确执行设计规定的要求。 　　2　对于发现施工单位擅自做主，不按设计规定要求进行施工的行为，应及时指出，要求改正，如指出无效，又涉及安全、质量等原则性、技术性问题，应将问题事实与处理过程用"备忘录"的形式书面报告建设单位和施工单位，同时向设总和处领导汇报	1. 查阅地基处理分部、子分部工程质量验收记录 　签字：设计单位（EPC）项目负责人已签字 2. 查阅本阶段设计单位（EPC）汇报材料 内容：已对本阶段工程实体质量与勘察设计的符合性进行了确认，符合性结论明确 　签字：项目设计（EPC）负责人已签字 　盖章：设计单位已盖章

4.3　监理单位质量行为的监督检查

| 4.3.1 | 特殊施工技术措施已审批 | **1.《建设工程安全生产管理条例》中华人民共和国国务院令〔2003〕第 393 号**
第二十六条　施工单位应当在施工组织设计中编制安全技术措施和施工现场临时用电方案，对下列达到一定规模的危险性较大的分部分项工程编制专项施工方案，并附具安全验算结果，经施工单位技术负责人、总监理工程师签字后实施，由专职安全生产管理人员进行现场监督：
　　（一）基坑支护与降水工程；
　　（二）土方开挖工程；
　　（三）模板工程；
　　（四）起重吊装工程；
　　（五）脚手架工程；
　　（六）拆除、爆破工程；
　　（七）国务院建设行政主管部门或者其他有关部门规定的其他危险性较大的工程。
　　对前款所列工程中涉及深基坑、地下暗挖工程、高大模板工程的专项施工方案，施工单位还应当组织专家进行论证、审查。 | 查阅施工单位特殊施工技术措施报审表
　签字：监理已签字
　审核意见：肯定性结论 |

条款号	大纲条款	检 查 依 据	检查要点
4.3.1	特殊施工技术措施已审批	**2.《建设工程监理规范》GB/T 50319—2013** 5.2.2 总监理工程师应组织专业监理工程师审查施工单位报审的施工方案，符合要求后应予以签认。 **3.《电力建设工程监理规范》DL/T 5434—2009** 5.2.1 总监理工程师应履行以下职责： 　6 审查承包单位提交的开工报告、施工组织设计、方案、计划。 9.1.3 专业监理工程师应要求承包单位报送重点部位、关键工序的施工工艺方案和工程质量保证措施，审核同意后签认	
4.3.2	检测仪器和工具配置满足监理工作需要	**1.《中华人民共和国计量法》中华人民共和国主席令〔2015〕第26号** 第九条 ……未按照规定申请计量检定、计量检定不合格或者超过计量检定周期的计量器具，不得使用。 **2.《建设工程监理规范》GB/T 50319—2013** 3.3.2 工程监理单位宜按建设工程监理合同约定，配备满足监理工作需要的检测设备和工器具。 **3.《电力建设工程监理规范》DL/T 5434—2009** 5.3.1 项目监理机构应根据工程项目类别、规模、技术复杂程度、工程项目所在地的环境条件，按委托监理合同的约定，配备满足监理工作需要的常规检测设备和工具	1. 查阅监理项目部检测仪器和工具配置台账及报审资料 仪器和工具配置：与监理设施配置计划相符，满足监理工作需要 2. 查看检测仪器 标识：贴有合格标签，且在有效期内
4.3.3	已按验收规范规程，对施工现场质量管理进行了检查	**1.《建筑工程施工质量验收统一标准》GB 50300—2013** 3.0.1 施工现场应具有健全的质量管理体系、相应的施工技术标准、施工质量检验制度和综合施工质量水平评定考核制度。施工现场质量管理可按本标准附录A的要求进行检查记录。 **2.《电力建设施工质量验收及评价规程 第1部分：土建工程》DL/T 5210.1—2012** 3.0.14 施工现场质量管理检查记录应由施工单位按表3.0.14填写，由总监理工程师（建设单位项目负责人）进行检查，并做出检查结论	查阅施工现场质量管理检查记录 内容：符合规程规定 结论：有肯定性结论 签章：责任人已签字
4.3.4	进场的工程材料、构配件的质量审查工作、原材料复检的见证取样实施正常	**1.《建设工程质量管理条例》中华人民共和国国务院令〔2000〕第279号** 第三十七条 …… 　未经监理工程师签字，建筑材料、建筑构配件和设备不得在工程上使用或者安装，施工单位不得进行下一道工序的施工…… **2.《房屋建筑工程和市政基础设施工程实行见证取样和送检的规定》建建〔2000〕211号** 第五条 涉及结构安全的试块、试件和材料见证取样和送检的比例不得低于有关技术标准中规定应	1. 查阅工程材料/设备/构配件报审表 审查意见：同意使用 签字：相关责任人已签字

续表

条款号	大纲条款	检 查 依 据	检查要点
4.3.4	进场的工程材料、构配件的质量审查工作、原材料复检的见证取样实施正常	取样数量的30%。 第六条　下列试块、试件和材料必须实施见证取样和送检： （一）用于承重结构的混凝土试块； （二）用于承重墙体的砌筑砂浆试块； （三）用于承重结构的钢筋及连接接头试件； （四）用于承重墙的砖和混凝土小型砌块； （五）用于拌制混凝土和砌筑砂浆的水泥； （六）用于承重结构的混凝土中使用的掺加剂； （七）地下、屋面、厕浴间使用的防水材料； （八）国家规定必须实行见证取样和送检的其他试块、试件和材料。 **3.《建筑工程施工质量验收统一标准》GB 50300—2013** 3.0.3　建筑工程的施工质量控制应符合下列规定： 　　1　建筑工程采用的主要材料、半成品、成品、建筑构配件、器具和设备应进行现场验收。凡涉及安全、节能、环境保护和主要使用功能的重要材料、产品，应按各专业工程施工规范、验收规范和设计文件等规定进行复验，并应经监理工程师检查认可。 **4.《建设工程监理规范》GB/T 50319—2013** 5.2.9　项目监理机构应审查施工单位报送的用于工程的材料、构配件、设备的质量证明文件，并应按有关规定、建设工程监理合同约定，对用于工程的材料进行见证取样，平行检验。 　　项目监理机构对已进场经检验不合格的工程材料、构配件、设备，应要求施工单位限期将其撤出施工现场。 **5.《电力建设工程监理规范》DL/T 5434—2009** 7.2.3　见证取样。对规定的需取样送试验室检验的原材料和样品，经监理人员对取样进行见证、封样、签认。 9.1.6　项目监理机构应审核承包单位报送的主要工程材料、半成品、构配件生产厂商的资质，符合后予以签认。 9.1.7　项目监理机构应对承包单位报送的拟进场工程材料、半成品和构配件的质量证明文件进行审核，并按有关规定进行抽样验收。对有复试要求的，经监理人员现场见证取样后送检，复试报告应报送项目监理机构查验。 9.1.8　项目监理机构应参与主要设备开箱验收，对开箱验收中发现的设备质量缺陷，督促相关单位处理。	2. 查阅监理单位见证取样台账 　内容：与检测计划相符 　签字：相关见证人签字

条款号	大纲条款	检查依据	检查要点
4.3.4	进场的工程材料、构配件的质量审查工作、原材料复检的见证取样实施正常	**6.《电力建设土建工程施工技术检验规范》DL／T 5710—2014** 4.5.1 施工单位应在工程施工前按单位工程编制检测计划，报监理单位审查，并经建设单位批准后，在监理单位监督下组织实施。当设现场试验室时，施工检测试验计划尚应经现场试验室核查。 4.7.2 施工现场施工单位、监理单位、检测试验单位应分别建立试验台账，并及时按要求在试验台账中做好试样的登记工作。试验台账应包括混凝土原材料试验台账、钢筋试验台账、钢筋接头试验台账、混凝土试验台账、砂浆试验台账、回填土试验台账、混凝土配合比试验台账和需要建立的其他试验台账	
4.3.5	按设定的工程质量控制点，对质量控制点进行了检查	**1.《房屋建筑工程施工旁站监理管理办法（试行）》建市〔2002〕189 号** 第三条 监理企业在编制监理规划时，应当制定旁站监理方案，明确旁站监理的范围、内容、程序和旁站监理人员职责等。旁站监理方案应当送建设单位和施工企业各一份，并抄送工程所在地的建设行政主管部门或其委托的工程质量监督机构。 第九条 旁站监理记录是监理工程师或者总监理工程师依法行使有关签字权的重要依据。对于需要旁站监理的关键部位、关键工序施工，凡没有实施旁站监理或者没有旁站监理记录的，监理工程师或者总监理工程师不得在相应文件上签字。 **2.《建设工程监理规范》GB／T 50319—2013** 5.2.11 项目监理机构应根据工程特点和施工单位报送的施工组织设计，确定旁站的关键部位、关键工序，安排监理人员进行旁站，并应及时记录旁站情况。 　　旁站记录应按本规范表 A.0.6 的要求填写。 **3.《电力建设工程监理规范》DL／T 5434—2009** 9.1.2 项目监理机构应审查承包单位编制的质量计划和工程质量验收及评定项目划分表，提出监理意见，报建设单位批准后监督实施。 9.1.9 项目监理机构应安排监理人员对施工过程进行巡视和检查，对工程项目的关键部位、关键工序的施工过程进行旁站监理	1. 查阅施工质量验收范围划分表及报审表 　划分表内容：符合规程规定且已明确了质量控制点 　报审表签字：相关单位责任人已签字 2. 查阅旁站计划和旁站记录 　旁站计划质量控制点：符合施工质量验收范围划分表要求 　旁站记录：完整 　签字：监理旁站人员已签字
4.3.6	工程建设标准强制性条文检查到位	**1.《建设工程质量管理条例》中华人民共和国国务院令〔2000〕第 279 号** 第二条 凡在中华人民共和国境内从事建设工程的新建、扩建、改建等有关活动及实施对建设工程质量监督管理的，必须遵守本条例。本条例所称建设工程，是指土木工程、建筑工程、线路管道和设备安装工程及装修工程。 第三条 建设单位、勘察单位、设计单位、施工单位、工程监理单位依法对建设工程质量负责。 第十条　…… 　　建设单位不得明示或者暗示设计单位或者施工单位违反工程建设强制性标准，降低建设工程质量。	查阅监理单位工程建设强制性条文执行检查记录 　监理检查结果：已执行，相关资料可追溯 　强制性条文：引用的规范条文有效 　签字：相关责任人已签字

条款号	大纲条款	检 查 依 据	检查要点
4.3.6	工程建设标准强制性条文检查到位	**2.《实施工程建设强制性标准监督规定》建设部令〔2000〕第81号** 第二条　在中华人民共和国境内从事新建、扩建、改建等工程建设活动，必须执行工程建设强制性标准。 第三条　本规定所称工程强制标准是指直接涉及工程质量、安全、卫生及环境保护等方面的工程建设标准强制性条文。 第六条　……工程质量监督机构应当对工程建设施工、监理、验收等阶段执行强制性标准的情况实施监督。 **3.《工程建设标准强制性条文　房屋建筑部分（2013 年版）（全文）** **4.《工程建设标准强制性条文　电力工程部分（2011 年版）（全文）** **5.《国家重大建设项目文件归档要求与档案整理规范》DA/T 28—2002** 7.8.3　归档文件应完整、成套、系统。应记述和反映建设项目的规划、设计、施工及竣工验收的全过程；真实记录和准确反映项目建设过程和竣工时的实际情况，图物相符、技术数据可靠、签字手续完备；文件质量应符合 5.5 的规定	
4.3.7	隐蔽工程验收记录签证齐全	**1.《建设工程质量管理条例》中华人民共和国国务院令〔2000〕第279号** 第三十条　施工单位必须建立、健全施工质量的检验制度，严格工序管理，作好隐蔽工程的质量检查和记录。隐蔽工程在隐蔽前，施工单位应当通知建设单位和建设工程质量监督机构。 **2.《建设工程监理规范》GB/T 50319—2013** 5.2.14　项目监理机构应对施工单位报验的隐蔽工程、检验批、分项工程和分部工程进行验收，对验收合格的应给予签认；对验收不合格的应拒绝签认，同时应要求施工单位在指定的时间内整改并重新报验。 **3.《电力建设工程监理规范》DL/T 5434—2009** 9.1.10　对承包单位报送的隐蔽工程报验申请表和自检记录，专业监理工程师应进行现场检查，符合要求予以签认后，承包单位方可隐蔽并进行下一道工序的施工	查阅施工单位隐蔽工程验收记录 　验收结论：符合规范规定和设计要求，同意隐蔽 　签字：施工项目部技术负责人与监理工程师已签字
4.3.8	按照基础施工质量验收项目划分表完成规定的验收工作	**《建设工程监理规范》GB/T 50319—2013** 5.2.14　项目监理机构应对施工单位报验的隐蔽工程、检验批、分项工程和分部工程进行验收，对验收合格的应给予签认；对验收不合格的应拒绝签认，同时应要求施工单位在指定的时间内整改并重新报验	查阅基础工程质量验收报验表及验收资料 　内容：项目与质量验收划分表一致 　验收结论：合格 　签字：相关单位责任人已签字

条款号	大纲条款	检查依据	检查要点
4.3.9	质量问题及处理台账完整，记录齐全	**1.《建设工程监理规范》GB/T 50319—2013** 5.2.15 项目监理机构发现施工存在质量问题的，或施工单位采用不适当的施工工艺，或施工不当，造成工程质量不合格的，应及时签发监理通知单，要求施工单位整改。整改完毕后，项目监理机构应根据施工单位报送的监理通知回复单对整改情况进行复查，提出复查意见。 5.2.17 对需要返工处理或加固补强的质量事故，项目监理机构应要求施工单位报送质量事故调查报告和经设计等相关单位认可的处理方案，并应对质量事故的处理过程进行跟踪检查，同时应对处理结果进行验收。 　　项目监理机构应及时向建设单位提交质量事故书面报告，并应将完整的质量事故处理记录整理归档。 **2.《电力建设工程监理规范》DL/T 5434—2009** 9.1.12 对施工过程中出现的质量缺陷，专业监理工程师应及时下达书面通知，要求承包单位整改，并检查确认整改结果。 9.1.15 专业监理工程师应根据消缺清单对承包单位报送的消缺方案进行审核，符合要求后予以签认，并根据承包单位报送的消缺报验申请表和自检记录进行检查验收	查阅质量问题及处理记录台账 　记录要素：质量问题、发现时间、责任单位、整改要求、处理结果、完成时间 　检查内容：记录完整 　签字：相关责任人已签字
4.4　施工单位质量行为的监督检查			
4.4.1	专业施工组织设计已审批	**1.《建筑工程施工质量评价标准》GB/T 50375—2006** 4.2.1 施工现场质量保证条件应符合下列检查标准： 　　3 施工组织设计、施工方案编制审批手续齐全…… **2.《工程建设施工企业质量管理规范》GB/T 50430—2007** 10.3.2 施工企业应确定施工设计所需的评审、验证和确认活动，明确其程序和要求。 **3.《建筑施工组织设计规范》GB/T 50502—2009** 3.0.5 施工组织设计的编制和审批应符合下列规定： 　　1 施工组织设计应由项目负责人主持编制，可根据需要分阶段编制和审批。 　　2 施工组织总设计应由总承包单位技术负责人审批；单位工程施工组织设计应由施工单位技术负责人或技术负责人授权的技术人员审批，施工方案应由项目技术负责人审批；重点、难点分部（分项）工程和专项工程施工方案应由施工单位技术部门组织相关专家评审，施工单位技术负责人批准。 **4.《光伏发电站施工规范》GB 50794—2012** 3.0.1 开工前应具备下列条件： 　　4 ……设计交底应完成，施工组织设计及重大施工方案已审批……	1. 查阅工程项目专业施工组织设计 　审批：相关责任人已签字 　编审批时间：专业工程开工前 2. 查阅专业施工组织设计报审表 　审批意见：同意实施等肯定性意见 　签字：总包及施工、监理、建设单位相关责任人已签字 　盖章：总包及施工、监理、建设单位已盖章

续表

条款号	大纲条款	检 查 依 据	检查要点
4.4.2	质量检查及特殊工种人员持证上岗	**1.《特种作业人员安全技术培训考核管理办法》国家安全生产监督管理总局令〔2010〕第 30 号** 第五条 特种作业人员必须经专门的安全技术培训并考核合格，取得《中华人民共和国特种作业操作证》（以下简称特种作业操作证）后，方可上岗作业。 **2.《建筑施工特种作业人员管理规定》建质〔2008〕75 号** 第四条 建筑施工特种作业人员必须经建设主管部门考核合格，取得建筑施工特种作业人员操作资格证书，方可上岗从事相应作业。 **3.《工程建设施工企业质量管理规范》GB/T 50430—2007** 5.2.2 施工企业应按照岗位任职条件配备相应的人员……质量检查人员、特种作业人员应按照国家法律法规的要求持证上岗。 **4.《光伏发电站施工规范》GB 50794—2012** 3.0.1 开工前应具备下列条件： 　　3 施工单位的资质、特殊作业人员资格、施工机械、施工材料、计量器具等应报监理单位或建设单位审查完毕。 **5.《电力建设工程施工技术管理导则》国电电源〔2002〕896 号** 5.1.4 ……质检人员和特种施工人员均应通过培训合格后，持证上岗	1. 查阅总包及施工单位各专业质检员资格证书 　专业类别：包括土建、电气等 　发证单位：政府主管部门等 　有效期：当前有效 2. 查阅特殊工种人员台账 　内容：包括姓名、工种类别、证书编号、发证单位、有效期等 　证书有效期：作业期间有效 3. 查阅特殊工种人员资格证书 　发证单位：政府主管部门 　有效期：当前有效，与台账一致
4.4.3	施工方案和作业指导书已审批，技术交底记录齐全。重大施工方案或特殊专项措施经专项评审	**1.《危险性较大的分部分项工程安全管理办法》建质〔2009〕87 号** 第五条 施工单位应当在危险性较大的分部分项工程施工前编制专项方案；对于超过一定规模的危险性较大的分部分项工程，施工单位应当组织专家对专项方案进行论证。 第八条 专项方案应当由施工单位技术部门组织本单位施工技术、安全、质量等部门的专业技术人员进行审核。经审核合格的，由施工单位技术负责人签字。实行施工总承包的，专项方案应当由总承包单位技术负责人及相关专业承包单位技术负责人签字。 　　不需专家论证的专项方案，经施工单位审核合格后报监理单位，由项目总监理工程师审核签字。 第九条 超过一定规模的危险性较大的分部分项工程专项方案应当由施工单位组织召开专家论证会。实行施工总承包的，由施工总承包单位组织召开专家论证会。 第十条 专家组成员应当由 5 名及以上符合相关专业要求的专家组成。 　　本项目参建各方的人员不得以专家身份参加专家论证会。	1. 查阅施工方案和作业指导书 　审批：相关责任人已签字 　时间：施工前

条款号	大纲条款	检 查 依 据	检查要点
4.4.3	施工方案和作业指导书已审批，技术交底记录齐全。重大施工方案或特殊专项措施经专项评审	第十一条 ……专项方案经论证后，专家组应当提交论证报告，对论证的内容提出明确的意见，并在论证报告上签字。该报告作为专项方案修改完善的指导意见。 第十二条 施工单位应当根据论证报告修改完善专项方案，并经施工单位技术负责人、项目总监理工程师、建设单位项目负责人签字后，方可组织实施。 　　实行施工总承包的，应当由施工总承包单位、相关专业承包单位技术负责人签字。 **2.《建筑工程施工质量评价标准》GB/T 50375—2006** 4.2.1 施工现场质量保证条件应符合下列检查标准： 　　3 施工组织设计、施工方案编制审批手续齐全…… **3.《建筑施工组织设计规范》GB/T 50502—2009** 3.0.5 施工组织设计的编制和审批应符合下列规定： 　　2 ……施工方案应由项目技术负责人审批；重点、难点分部（分项）工程和专项工程施工方案应由施工单位技术部门组织相关专家评审，施工单位技术负责人批准。 　　3 由专业承包单位施工的分部（分项）工程或专项工程的施工方案，应由专业承包单位技术负责人或技术负责人授权的技术人员审批；有总承包单位时，应由总承包单位项目技术负责人核准备案。 　　4 规模较大的分部（分项）工程和专项工程的施工方案应按单位工程施工组织设计进行编制和审批。 6.4.1 施工准备应包括下列内容： 　　1 技术准备：包括施工所需技术资料的准备、图纸深化和技术交底的要求、试验检验和测试工作计划、样板制作计划以及与相关单位的技术交接计划等； **4.《光伏发电站施工规范》GB 50794—2012** 3.0.1 开工前应具备下列条件： 　　4 ……设计交底应完成，施工组织设计及重大施工方案应已审批…… **5.《电力建设工程施工技术管理导则》国电电源〔2002〕896号** 8.1.5 技术交底必须有交底记录。交底人和被交底人要履行全员签字手续	2. 查阅施工方案和作业指导书报审表 　审批意见：同意实施等肯定性意见 　签字：总包及施工、监理单位相关责任人已签字 　盖章：总包及施工、监理单位已盖章 3. 查阅技术交底记录 　内容：与方案或作业指导书相符 　时间：施工前 　签字：交底人和被交底人已签字 4. 查阅重大方案或特殊专项措施（需专家论证的专项方案）的评审报告 　内容：对论证的内容提出明确的意见 　评审专家资格：非本项目参建单位人员 　签字：专家已签字
4.4.4	计量工器具经检定合格，且在有效期内	**1.《中华人民共和国计量法》中华人民共和国主席令〔2015〕第26号** 第九条 ……未按照规定申请计量检定、计量检定不合格或者超过计量检定周期的计量器具，不得使用。 **2.《中华人民共和国依法管理的计量器具目录（型式批准部分）》国家质检总局公告〔2005〕第145号** 1. 测距仪：光电测距仪、超声波测距仪、手持式激光测距仪； 2. 经纬仪：光学经纬仪、电子经纬仪； 3. 全站仪：全站型电子速测仪；	1. 查阅计量工器具台账 　内容：包括计量工器具名称、出厂合格证编号、检定日期、有效期、在用状态等 　检定有效期：在用期间有效

条款号	大纲条款	检 查 依 据	检查要点
4.4.4	计量工器具经检定合格，且在有效期内	4. 水准仪：水准仪； 5. 测地型 GPS 接收机：测地型 GPS 接收机。 **3.《电力建设施工技术规范　第 1 部分：土建结构工程》DL 5190.1—2012** 3.0.5　在质量检查、验收中使用的计量器具和检测设备，应经计量检定合格后方可使用；承担材料和设备检测的单位，应具备相应的资质。 **4.《电力工程施工测量技术规范》DL/T 5445—2010** 4.0.3　施工测量所使用的仪器和相关设备应定期检定，并在检定的有效期内使用…… **5.《建筑工程检测试验技术管理规范》JGJ 190—2010** 5.2.2　施工现场配置的仪器、设备应建立管理台账，按有关规定进行计量检定或校准，并保持状态完好	2. 查阅计量工器具检定报告 　有效期：在用期间有效，与台账一致 3. 查看计量工器具实物：张贴合格标签，与检定报告一致
4.4.5	按照检测试验项目计划进行了取样和送检，台账完整	**1.《房屋建筑工程和市政基础设施工程实行见证取样和送检的规定》建建〔2000〕211 号** 第五条　涉及结构安全的试块、试件和材料见证取样和送检的比例不得低于有关技术标准中规定应取样数量的 30%。 第六条　下列试块、试件和材料必须实施见证取样和送检： 　　　　（一）用于承重结构的混凝土试块； 　　　　（二）用于承重墙体的砌筑砂浆试块； 　　　　（三）用于承重结构的钢筋及连接接头试件； 　　　　（四）用于承重墙的砖和混凝土小型砌块； 　　　　（五）用于拌制混凝土和砌筑砂浆的水泥； 　　　　（六）用于承重结构的混凝土中使用的掺加剂； 　　　　（七）地下、屋面、厕浴间使用的防水材料； 　　　　（八）国家规定必须实行见证取样和送检的其他试块、试件和材料。 第七条　见证人员应由建设单位或该工程的监理单位具备建筑施工试验知识的专业技术人员担任，并应由建设单位或该工程的监理单位书面通知施工单位、检测单位和负责该项工程的质量监督机构。 **2.《房屋建筑和市政基础设施工程质量检测技术管理规范》GB 50618—2011** 3.0.5　对实行见证取样和见证检测的项目，不符合见证要求的，检测机构不得进行检测。 **3.《电力建设土建工程施工技术检验规范》DL/T 5710—2014** 4.7.2　施工现场施工单位、监理单位、检测试验单位应分别建立试验台账，并及时按要求在试验账中做好试样的登记工作。试验台账应包括混凝土原材料试验台账、钢筋试验台账、钢筋接头试验台账、混凝土试验台账、砂浆试验台账、回填土试验台账、混凝土配合比试验台账和需要建立的其他试验台账。	查阅见证取样台账 　内容：取样数量、取样项目与检测试验计划相符 　签字：相关责任人签字

条款号	大纲条款	检 查 依 据	检查要点
4.4.5	按照检测试验项目计划进行了取样和送检，台账完整	**4.《建筑工程检测试验技术管理规范》JGJ 190—2010** 3.0.6 见证人员必须对见证取样和送检的过程进行见证，且必须确保见证取样和送检过程的真实性。 5.5.1 施工现场应按照单位工程分别建立下列试样台账： 　1 钢筋试样台账； 　2 钢筋连接接头试样台账； 　3 混凝土试件台账； 　4 砂浆试件台账； 　5 需要建立的其他试样台账。 5.6.1 现场试验人员应根据施工需要及有关标准的规定，将标识后的试样送至检测单位进行检测试验。 5.8.5 见证人员应对见证取样和送检的全过程进行见证并填写见证记录。 5.8.6 检测机构接收试样时应核实见证人员及见证记录，见证人员与备案见证人员不符或见证记录无备案见证人员签字时不得接收试样	
4.4.6	原材料、成品、半成品、商品混凝土的跟踪管理台账清晰，记录完整	**1.《建设工程质量管理条例》中华人民共和国国务院令〔2000〕第 279 号** 第二十九条 施工单位必须按照工程设计要求、施工技术标准和合同约定，对建筑材料、建筑构配件、设备和商品混凝土进行检验，检验应当有书面记录和专人签字；未经检验或者检验不合格的，不得使用。 **2.《电力建设施工技术规范 第 1 部分：土建结构工程》DL 5190.1—2012** 3.0.2 工程所用主要原材料、半成品、构（配）件、设备等产品，进入施工现场时应按规定进行现场检验或复验，合格后方可使用，有见证取样检测仪要求的应符合国家现行有关标准的规定。对工程所用的水泥、钢筋等主要材料应进行跟踪管理	查阅材料跟踪管理台账 　内容：要素齐全，可追溯 　签字：相关责任人签字
4.4.7	质量检验管理制度已落实	**1.《建设工程质量管理条例》中华人民共和国国务院令〔2000〕第 279 号** 第三十条 施工单位必须建立、健全施工质量的检验制度，严格工序管理，作好隐蔽工程的质量检查和记录。隐蔽工程在隐蔽前，施工单位应当通知建设单位和建设工程质量监督机构。 **2.《工程建设施工企业质量管理规范》GB/T 50430—2007** 11.2.3 项目经理部应根据策划的安排和施工质量验收标准实施检查。 11.3.1 施工企业应按规定策划并实施施工质量验收。施工企业应建立试验、检验管理制度	1. 查阅总包及施工单位质量检验管理制度 　内容：职责明确，可操作性强 　签字：相关责任人签字 2. 查阅工程签证记录、施工单位自检记录、工序交接记录等检查记录 　记录：内容完整，结论明确 　签字：相关责任人已签字

续表

条款号	大纲条款	检 查 依 据	检查要点
4.4.8	建筑专业绿色施工措施已制订、实施	**1.《建筑工程绿色施工评价标准》GB/T 50640—2010** 3.0.2　绿色施工项目应符合以下规定： 　　3　施工组织设计及施工方案应有专门的绿色施工章节，绿色施工目标明确，内容应涵盖"四节一环保"要求。 **2.《建筑工程绿色施工规范》GB/T 50905—2014** 3.1.1　建设单位应履行下列职责： 　　1　在编制工程概算和招标文件时，应明确绿色施工的要求…… 　　2　应向施工单位提供建设工程绿色施工的设计文件、产品要求等相关资料…… 4.0.2　施工单位应编制包含绿色施工管理和技术要求的工程绿色施工组织设计、绿色施工方案或绿色施工专项方案，并经审批通过后实施。 **3.《电力建设施工技术规范　第1部分：土建结构工程》DL 5190.1—2012** 3.0.12　施工单位应建立绿色施工管理体系和管理制度，实施目标管理，施工前应在施工组织设计和施工方案中明确绿色施工的内容和方法。 **4.《电力建设绿色施工示范工程管理办法（2016版）》中电建协工〔2016〕2号** 第十三条　各参建单位均应严格执行绿色施工专项方案，落实绿色施工措施，并形成专业绿色施工的实施记录	1. 查阅绿色施工措施 　审批：相关责任人已签字 　审批时间：施工前 2. 查阅专业绿色施工记录 　内容：与绿色施工措施相符 　签字：相关责任人已签字
4.4.9	工程建设标准强制性条文实施计划已执行	**1.《建设工程质量管理条例》中华人民共和国国务院令〔2000〕第279号** 第二条　凡在中华人民共和国境内从事建设工程的新建、扩建、改建等有关活动及实施对建设工程质量监督管理的，必须遵守本条例。本条例所称建设工程，是指土木工程、建筑工程、线路管道和设备安装工程及装修工程。 第三条　建设单位、勘察单位、设计单位、施工单位、工程监理单位依法对建设工程质量负责。 第十条　…… 　　建设单位不得明示或者暗示设计单位或者施工单位违反工程建设强制性标准，降低建设工程质量。 **2.《实施工程建设强制性标准监督规定》建设部令〔2000〕第81号** 第二条　在中华人民共和国境内从事新建、扩建、改建等工程建设活动，必须执行工程建设强制性标准。 第三条　本规定所称工程建设强制性标准是指直接涉及工程质量、安全、卫生及环境保护等方面的工程建设标准强制性条文。 　　国家工程建设标准强制性条文由国务院建设行政主管部门会同国务院有关行政主管部门确定。 第六条　……工程质量监督机构应当对工程建设施工、监理、验收等阶段执行强制性标准的情况实施监督。	查阅强制性条文执行记录 　内容：与强制性条文执行计划相符，相关资料可追溯 　签字：相关责任人已签字 　执行时间：与工程进度同步

条款号	大纲条款	检 查 依 据	检查要点
4.4.9	工程建设标准强制性条文实施计划已执行	**3.《工程建设标准强制性条文 房屋建筑部分（2013 年版）》（全文）** **4.《工程建设标准强制性条文 电力工程部分（2011 年版）》（全文）** **5.《国家重大建设项目文件归档要求与档案整理规范》DA/T 28—2002** 7.8.3 归档文件应完整、成套、系统。应记述和反映建设项目的规划、设计、施工及竣工验收的全过程；真实记录和准确反映项目建设过程和竣工时的实际情况，图物相符、技术数据可靠、签字手续完备；文件质量应符合 5.5 的规定	
4.4.10	无违规转包或者违法分包工程行为	**1.《中华人民共和国建筑法》中华人民共和国主席令〔2011〕第 46 号** 第二十八条 禁止承包单位将其承包的全部建筑工程转包给他人，禁止承包单位将其承包的全部建筑工程肢解以后以分包的名义转包给他人。 第二十九条 建筑工程总承包单位可以将承包工程中的部分工程发包给具有相应资质条件的分包单位，但是，除总承包合同约定的分包外，必须经建设单位认可。施工总承包的，建筑工程主体结构的施工必须由总承包单位自行完成。 …… 禁止总承包单位将工程分包给不具备相应资质条件的单位。禁止分包单位将其承包的工程再分包。 **2.《建筑工程施工转包违法分包等违法行为认定查处管理办法（试行）》建市〔2014〕118 号** 第七条 存在下列情形之一的，属于转包： （一）施工单位将其承包的全部工程转给其他单位或个人施工的； （二）施工总承包单位或专业承包单位将其承包的全部工程肢解以后，以分包的名义分别转给其他单位或个人施工的； （三）施工总承包单位或专业承包单位未在施工现场设立项目管理机构或未派驻项目负责人、技术负责人、质量管理负责人、安全管理负责人等主要管理人员，不履行管理义务，未对该工程的施工活动进行组织管理的； （四）施工总承包单位或专业承包单位不履行管理义务，只向实际施工单位收取费用，主要建筑材料、构配件及工程设备的采购由其他单位或个人实施的； （五）劳务分包单位承包的范围是施工总承包单位或专业承包单位承包的全部工程，劳务分包单位计取的是除上缴给施工总承包单位或专业承包单位"管理费"之外的全部工程价款的； （六）施工总承包单位或专业承包单位通过采取合作、联营、个人承包等形式或名义，直接或变相的将其承包的全部工程转给其他单位或个人施工的； （七）法律法规规定的其他转包行为。 第九条 存在下列情形之一的，属于违法分包： （一）施工单位将工程分包给个人的；	1. 查阅工程分包申请报审表 意见：同意分包等肯定性意见 签字：总包及施工、监理、建设单位相关责任人已签字 盖章：总包及施工、监理、建设单位已盖章 2. 查阅工程分包商资质 业务范围：涵盖所分包的项目 发证单位：政府主管部门 有效期：当前有效

条款号	大纲条款	检 查 依 据	检查要点
4.4.10	无违规转包或者违法分包工程行为	（二）施工单位将工程分包给不具备相应资质或安全生产许可的单位的； （三）施工合同中没有约定，又未经建设单位认可，施工单位将其承包的部分工程交由其他单位施工的； （四）施工总承包单位将房屋建筑工程的主体结构的施工分包给其他单位的，钢结构工程除外； （五）专业分包单位将其承包的专业工程中非劳务作业部分再分包的； （六）劳务分包单位将其承包的劳务再分包的； （七）劳务分包单位除计取劳务作业费用外，还计取主要建筑材料款、周转材料款和大中型施工机械设备费用的； （八）法律法规规定的其他违法分包行为	
4.5　检测试验机构质量行为的监督检查			
4.5.1	检测试验机构已经监理审核，并通过能力认定，其现场派出机构（现场试验室）满足规定条件，并已报质量监督机构备案	**1.《建设工程质量检测管理办法》建设部令〔2005〕第 141 号** 第四条　……检测机构未取得相应的资质证书，不得承担本办法规定的质量检测业务。 第八条　检测机构资质证书有效期为 3 年。资质证书有效期满需要延期的，检测机构应当在资质证书有效期满 30 个工作日前申请办理延期手续。 **2.《检验检测机构资质认定管理办法》国家质量监督检验检疫总局令〔2015〕第 163 号** 第二条　…… 资质认定包括检验检测机构计量认证。 第三条　检验检测机构从事下列活动，应当取得资质认定： （四）为社会经济、公益活动出具有证明作用的数据、结果的； （五）其他法律法规规定应当取得资质认定的。 **3.《建设工程监理规范》GB/T 50319—2013** 5.2.7　专业监理工程师应检查施工单位为工程提供服务的试验室。 **4.《房屋建筑和市政基础设施工程质量检测技术管理规范》GB 50618—2011** 3.0.2　建设工程质量检测机构（以下简称检测机构）应取得建设主管部门颁发的相应资质证书。 3.0.3　检测机构必须在技术能力和资质规定范围内开展检测工作。 **5.《电力建设土建工程施工技术检验规范》DL/T 5710—2014** 3.0.4　承担电力建设土建工程检测试验任务的检测试验单位应取得计量认证证书和相应的资质等级证书。当设置现场试验室时，检测试验单位及由其派出的现场试验室应取得电力工程质量监督机构认定的资质等级证书。 3.0.5　检测试验单位及由其派出的现场试验室必须在其资质规定和技术能力范围内开展检测试验工作。	1. 查阅检测机构资质证书 　发证单位：国家认证认可监督管理委员会（国家级）或地方质量技术监督部门或各直属出入境检验检疫机构（省市级）及电力质监机构 　有效期：当前有效 　证书业务范围：涵盖检测项目 2. 查看现场试验室 　资质文件：派出机构相关文件 　人员配置：与工作任务相符 　试验仪器：满足检测范围要求 　场所：有固定场所且面积、环境、温湿度满足规范要求

条款号	大纲条款	检 查 依 据	检查要点
4.5.1	检测试验机构已经监理审核，并通过能力认定，其现场派出机构（现场试验室）满足规定条件，并已报质量监督机构备案	4.5.1 施工单位应在工程施工前按单位工程编制施工检测试验计划，报监理单位审查，并经建设单位批准后，在监理单位监督下组织实施。当设现场试验室时，施工检测试验计划尚应经现场试验室核查。 **6.《建筑工程检测试验技术管理规范》JGJ 190—2010** 5.2.4 单位工程建筑面积超过10000m² 或者造价超过1000 万元人民币时，可设立现场试验站。 表5.2.4 现场试验站基本条件 **7.《电力工程检测试验机构能力认定管理办法（试行）》质监〔2015〕20 号** 第四条 电力工程检测试验机构是指依据国家规定取得相应资质，从事电力工程检测试验工作，为保障电力工程建设质量提供检测验证数据和结果的单位。 第七条 同时根据工程建设规模、技术规范和质量验收规程对检测机构在检测人员、仪器设备、执行标准和环境条件等方面的要求，相应的将承担工程检测试验业务的检测机构划分为A 级和B 级两个等级。 第九条 承担建设建模200MW 及以上发电工程和330kV 及以上变电站（换流站）工程检测试验任务的检测机构，必须符合B 级及以上等级标准要求。不同规模电力工程项目所对应要求的检测机构能力等级详见附件5。 第二十八条 检测机构不得将所承担检测试验工作转包或违规分包给其他检测试验单位。因特殊技术要求，需要外委的检测试验项目应委托给具有相应资质的检测试验单位，并根据合同要求，制定外委计划进行跟踪管理。检测机构对外委的检测试验项目的检测试验结论负连带责任。 第三十条 根据工程建设需要和质量验收规程要求，检测机构在承担电力工程项目的检测试验任务时，应当设立现场试验室。检测机构对所设立现场试验室的一切行为负责。 第三十一条 现场试验室在开展工作前，须通过负责本项目的质监机构组织的能力认定。对符合条件的，质监机构应予以书面确认。 第三十五条 检测机构的《业务等级确认证明》有效期为四年，有效期满后，需重新进行确认。 附件1-3 土建检测试验机构现场试验室要求 附件2-3 金属检测试验机构现场试验室要求	3. 查阅检测机构的申请报备文件 　报备时间：工程开工前
4.5.2	检测试验人员资格符合规定，持证上岗	**1.《建设工程质量检测管理办法》建设部令〔2005〕第141 号** 第十六条 检测人员不得同时受聘于两个或者两个以上的检测机构。检测机构和检测人员不得推荐或者监制建筑材料、构配件和设备。 **2.《检验检测机构资质认定管理办法》国家质量监督检验检疫总局令〔2015〕第163 号** 第三十二条 检验检测机构及其人员应当对其在检验检测活动中所知悉的国家秘密、商业秘密和技术秘密负有保密义务，并制定实施相应的保密措施。	1. 查阅检测人员登记台账 　专业类别和数量：满足检测项目需求

续表

条款号	大纲条款	检 查 依 据	检查要点
4.5.2	检测试验人员资格符合规定，持证上岗	**3.《房屋建筑和市政基础设施工程质量检测技术管理规范》GB 50618—2011** 4.1.5 检测操作人员应经技术培训、通过建设主管部门或委托有关机构的考核，方可从事检测工作。 5.3.6 检测前应确认检测人员的岗位资格，检测操作人员应熟识相应的检测操作规程和检测设备使用、维护技术手册等。 **4.《电力建设土建工程施工技术检验规范》DL/T 5710—2014** 4.2.2 每个室内检测试验项目持有岗位证书的操作人员不得少于 2 人；每个现场检测试验项目持有岗位证书的操作人员不得少于 3 人。 4.2.3 检测试验单位技术负责人、质量负责人及授权签字人应具有工程类专业中级及其以上技术职称，掌握相关领域知识，具有规定的工作经历、检测试验工作经验和工作年限。 4.2.4 检测试验人员应经技术培训、通过行业主管部门或委托有关机构考核合格后持证上岗。 4.2.6 检测试验单位应有人员学习、培训、考核记录	2. 查阅检测人员资格证书 资格证颁发单位：各级政府和电力行业主管部门 资格证：当前有效
4.5.3	检测仪器、设备检定合格，且在有效期内	**1.《房屋建筑和市政基础设施工程质量检测技术管理规范》GB 50618—2011** 4.2.14 检测机构的所有设备均应标有统一的标识，在用的检测设备均应标有校准或检测有效期的状态标识。 **2.《电力建设土建工程施工技术检验规范》DL/T 5710—2014** 4.3.1 检测试验仪器应符合国家现行有关技术标准的规定及合同中的相关条款，满足检测试验工作要求。 4.3.2 在用仪器设备有出厂合格证、检定或校准合格证，应保持完好状态，并在检定或校准周期内使用。 4.3.3 检测试验单位应指定仪器设备检定或校准计划，按规定进行检定或校准，检定或校准的周期应符合国家有关规定及技术标准的规定。 4.3.4 检测试验单位应建立仪器设备管理台账和档案，记录仪器设备技术条件及使用过程的有关信息。 4.3.5 检测试验仪器设备（包含标准物质）应设置明显的标识表明其状态。 4.3.6 检测试验单位应建立仪器设备管理责任制，并做好使用、维护保养、维修记录。 4.3.7 大型、复杂、精密的检测试验设备应编制使用操作规程。 4.3.8 仪器设备布置应分类、分区，便于操作，符合有关技术、安全规程规定。 **3.《建筑工程检测试验技术管理规范》JGJ 190—2010** 5.2.3 施工现场试验环境及设施应满足检测试验工作的要求	1. 查阅检测仪器、设备登记台账 数量、种类：满足检测需求 检定周期：当前有效 检定结论：合格 2. 查看检测仪器、设备检验标识 检定周期：与台账一致

条款号	大纲条款	检 查 依 据	检查要点
4.5.4	检测依据正确、有效，检测报告及时、规范	**1.《检验检测机构资质认定管理办法》国家质量监督检验检疫总局令〔2015〕第163号** 第十三条 …… 　　检验检测机构资质认定标志……式样如下：CMA标志。 第二十五条　检验检测机构应当在资质认定证书规定的检验检测能力范围内，依据相关标准或者技术规范规定的程序和要求，出具检验检测数据、结果。 　　检验检测机构出具检验检测数据、结果时，应当注明检验检测依据，并使用符合资质认定基本规范、评审准则规定的用语进行表述。 　　检验检测机构对其出具的检验检测数据、结果负责，并承担相应法律责任。 第二十八条　检验检测机构向社会出具具有证明作用的检验检测数据、结果的，应当在其检验检测报告上加盖检验检测专用章，并标注资质认定标志。 **2.《建设工程质量检测管理办法》建设部令〔2005〕第141号** 第十四条　检测机构完成检测业务后，应当及时出具检测报告。检测报告经检测人员签字、检测机构法定代表人或者其授权的签字人签署，并加盖检测机构公章或者检测专用章后方可生效。检测报告经建设单位或者工程监理单位确认后，由施工单位归档。 　　见证取样检测的检测报告中应当注明见证人单位及姓名。 **3.《房屋建筑和市政基础设施工程质量检测技术管理规范》GB 50618—2011** 4.1.3 ……检测报告批准人、检测报告审核人应经检测机构技术负责人授权…… 5.5.1 检测项目的检测周期应对外公示，检测工作完成后，应及时出具检测报告。 5.5.4 检测报告至少应由检测操作人签字、检测报告审核人签字、检测报告批准人签发，并加盖检测专用章，多页检测报告还应加盖骑缝章。 5.5.6 检测报告结论应符合下列规定： 　　1 材料的试验报告结论应按相关材料、质量标准给出明确的判定； 　　2 当仅有材料试验方法而无质量标准时，材料的试验报告结论应按设计要求或委托方要求给出明确的判定； 　　3 现场工程实体的检测报告结论应根据设计及鉴定委托要求给出明确的判定。 **4.《电力建设土建工程施工技术检验规范》DL/T 5710—2014** 4.8.2 检测试验前应确认检测试验方法标准，并严格按照经确认的检测试验方法标准和检测试验方案进行。 4.8.3 检测试验操作应由不少于2名持证检测人员进行。 4.8.4 检测试验出现异常情况时，应按检测试验异常情况处理预案正确处理。 4.8.5 检测试验原始记录应在检测试验操作过程中及时真实记录，统一项目采用统一的格式。 4.8.6 检测试验原始记录笔误需要更正时，应由原记录人进行杠改，并在杠改处由原记录人签名或加盖印章。	查阅检测试验报告 检测依据：有效的标准规范、合同及技术文件 检测结论：明确 签章：检测操作人、审核人、批准人（授权签字人）已签字，已加盖检测机构公章或检测专用章（多页检测报告加盖骑缝章），并标注相应的资质认定标志 时间：在检测机构规定时间内出具

条款号	大纲条款	检 查 依 据	检查要点
4.5.4	检测依据正确、有效，检测报告及时、规范	4.8.7　自动采集的原始数据当因检测试验设备故障导致原始数据异常时，应予以记录，并应有检测试验人员做出书面说明，由检测试验单位技术负责人批准，方可进行更改。 4.8.8　检测试验工作完成后应在规定时间内及时出具检测试验报告，并保证数据和结果精确、客观、真实。检测试验报告的交付时间和检测周期应予以明示，特殊检测试验报告的交付时间和检测周期应在委托时约定。 4.8.9　检测试验报告编号应连续，不得空号、重号。 4.8.10　检测试验报告至少应由检测试验人、审核人、批准人（授权签字人）不少于三级人员的签名，并加盖检测试验报告专用章及计量认证章，多页检测试验报告应加盖骑缝章。 4.8.11　检测试验报告宜采用统一的格式，内容应齐全且符合国家现行有关标准的规定和委托要求。 4.8.12　检测试验报告结论应符合下列规定： 　　1　材料的试验报告结论应按相关的材料、质量标准给出明确的判断； 　　2　当仅有材料试验方法而无质量标准时，材料的试验报告结论应按设计规定或委托方要求给出明确的判断； 　　3　现场工程实体的检测报告结论应根据设计及鉴定委托要求给出明确的判断。 4.8.13　委托单位应及时获取检测试验报告，核查报告内容，按要求报送监理单位确认，并在试验台账中登记检测试验报告内容。 4.8.14　检测试验单位严禁出具虚假检测试验报告。 4.8.15　检测试验单位严禁抽撤、替换或修改检测试验结果不合格的报告。 **5.《电力工程检测试验机构能力认定管理办法（试行）》质监〔2015〕20 号** 第十三条　检测机构及由其派出的现场试验室必须按照认定的能力等级、专业类别和业务范围，承担检测试验任务，并按照标准规定出具相应的检测试验报告，未通过能力认定的检测机构或超出规定能力等级范围出具的检测数据、试验报告无效。 第三十二条　检测机构应当……及时出具检测试验报告	
4.5.5	现场标准养护室条件符合要求	**《普通混凝土力学性能试验方法标准》GB/T 50081—2002** 5.2.1　试件成型后应立即用不透水的薄膜覆盖表面。 5.2.2　采用标准养护的试件，应在温度为（20±5）℃的环境中静置一昼夜至二昼夜，然后编号、拆模。拆模后应立即放入温度为（20±2）℃，相对湿度为 95% 以上的标准养护室中养护，或在温度为（20±2）℃的不流动的 $Ca(OH)_2$ 饱和溶液中养护。标准养护室内的试件应放在支架上，彼此间隔 10mm～20mm，试件表面应保持潮湿，并不得被水直接冲淋。 5.2.3　同条件养护试件的拆模时间可与实际构件的拆模时间相同，拆模后，试件仍需要保持同条件养护。 5.2.4　标准养护龄期为 28d（从搅拌加水开始计时）	查看现场标准养护室 场所：有固定场所 装置：已配备恒温、控湿装置和温、湿度计，试件支架齐全 设备：满足检测工作，仪器检定校准在有效期内

条款号	大纲条款	检 查 依 据	检查要点
5　工程实体质量的监督检查			
5.1　工程测量的监督检查			
5.1.1	测量控制方案内容齐全有效	**1.《工程测量规范》GB 50026—2007** 8.1.2　施工测量前，应收集有关测量资料，熟悉施工设计图纸，明确施工要求，制定施工测量方案。 8.1.4　场区控制网，应充分利用勘察阶段的已有平面和高程控制网。原有平面控制网的边长，应投影到测区的主施工高程面上，并进行复测检查。精度满足施工要求时，可作为场区控制网使用。否则，应重新建立场区控制网。 8.2.2　场区平面控制网，应根据工程规模和工程需要分级布设。对于建筑场地大于 1km² 的工程项目或重要工业区，应建立一级或一级以上精度等级的平面控制网；对于场地面积小于 1km² 的工程项目或一般性建筑区，可建立二级精度的平面控制网。 　　场区平面控制网相对于勘察阶段控制点的定位精度，不应大于 5cm。 8.2.10　大中型施工项目场区的高程测量精度，不应低于三等水准。 8.3.3　建筑物施工平面控制网的建立，应符合下列规定： 　　2　主要的控制网点和主要设备中心线端点，应埋设固定桩。 　　3　控制网轴线起始点的定位误差，不应大于 2cm；两建筑物（厂房）间有联动关系时，不应大于 1cm，定位点不得少于 3 个。 **2.《建设工程监理规范》GB/T 50319—2013** 5.2.2　总监理工程师应组织专业监理工程师审查施工单位报审的施工方案，符合要求后予以签认。 　　施工方案审查应包括下列基本内容： 　　1　编审程序以符合相关规定。 　　2　工程质量保证措施应符合有关标准。 5.2.5　专业监理工程师应检查、复核施工单位报送的施工控制测量成果及保护措施，签署意见。施工控制测量及保护成果的检查、复核，应包括下列内容： 　　1　施工测量人员的资格证书及测量设备鉴定证书。 　　2　施工平面控制网、高程控制网和临时水准点的测量成果及控制桩的保护措施。 **3.《火力发电厂工程测量技术规程》DL/T 5001—2014** 4.1.5　平面控制网的布设应符合下列原则： 　　4　各等级平面控制网均可作为测区首级控制。当电厂规划容量为 200MW 及以上时，变电站建设规划电压等级为 750kV 及以上时，首级控制网不应低于一级。 5.1.3　厂区首级高程控制的精度等级不应低于四等，且应布设成环形网。 5.1.5　厂区应埋设不少于 3 个永久性高程控制点。	1. 查阅测量控制方案报审表 　签字：施工、监理单位责任人已签字 　盖章：施工、监理单位已盖章 　结论：同意执行 2. 查阅测量控制方案 　审批：测绘单位责任人已签字 　编制依据：满足合同约定、设计要求和规范的规定 　内容：达到合同约定、满足设计要求和规范的规定

条款号	大纲条款	检 查 依 据	检查要点
5.1.1	测量控制方案内容齐全有效	10.1.2　施工测量前，应搜集有关测量资料，并对其进行验证；搜集并熟悉施工图纸，明确施工要求；搜集有关的地质资料，了解埋点点位地质情况；制定施工测量方案。 10.1.4　厂区平面控制网的等级和精度应符合下列规定： 　1　厂区施工首级平面控制网等级不宜低于一级。 　2　当原有控制网作为厂区控制网时，应进行复测检查，满足要求时才能使用。 10.1.9　新建发电厂区或大型变电项目场区平面控制网相对于勘测设计阶段平面控制网的定位精度不应大于 5cm。 10.1.11　厂区控制点应采取保护措施，并在施工期间每隔 3 个～6 个月复测一次，对于软土地基或有特殊要求，可对施工控制网进行复测。复测技术要求与施测技术一致。 10.3.1　厂区高程控制网应采用水准测量的方法建立。高程测量的精度不应低于三等水准。 10.3.3　高程控制点的布设与埋石应符合下列规定： 　2　……一个测区及周围应有不少于 3 个永久性的高程控制点。 **4.《电力工程施工测量技术规范》DL/T 5445—2010** 5.3.1　施工测量工作开始前，应在熟悉设计图纸、了解有关技术标准及合同文件规定的测量技术要求基础上，明确工作范围、确定任务目标、制定计划、选择合理的作业方法、编制测量实施方案。 5.3.2　施工测量方案的编制依据应包括下列内容： 　1　任务委托或合同文件资料； 　2　法律法规文件、技术标准； 　3　收集的已有相关资料； 　4　施工现场条件； 　5　人员、设备资源条件等。 5.3.3　施工测量方案的编制内容应包括下列内容： 　1　工程背景情况及任务内容与要求； 　2　项目目标； 　3　工作依据与技术标准； 　4　已有资料的可靠性分析； 　5　总体工作进度计划，人员、设备资源配置要求计划； 　6　制定施工控制网的布网方案，包括控制网形式、等级、测量方法、坐标与高程起算依据、平差计算要求、检测方法等； 　7　制定测量放样方案，包括控制点检测与加密、放样依据、放样方法、放样点精度估算、放样作业程序等内容； 　8　作业的要求、记录的规定等；	

条款号	大纲条款	检 查 依 据	检查要点
5.1.1	测量控制方案内容齐全有效	9 过程控制与质量、环境和安全保证措施； 10 资料整理与成果提交内容的要求。 5.3.4 施工测量方案应经审核批准，并报业主或建设单位、监理单位认可备案。 8.3.3 厂区平面控制网的等级和精度，应符合下列规定： 1 厂区施工首级平面控制网等级不宜低于一级。 2 当原有控制网作为厂区控制网时，应进行复测检查。 8.3.9 导线网竣工后，应按与施测相同的精度实地复测检查，检测数量不应少于总量的1/3，且不少于3个，复测时应检查网点间角度及边长与理论值的偏差，一级导线的偏差满足表8.3.9的规定时，方能提供给委托单位。 8.4.1 厂区高程控制网……高程测量的精度，不宜低于三等水准。 **5.《电力建设工程监理规范》DL/T 5434—2009** 8.0.7 项目监理机构应督促承包单位对建设单位提供的基准点进行复测，并审批承包单位控制网或加密控制网的布设、保护、复测和原状地形图测绘的方案。监理工程师对承包单位实测过程进行监督和复核，并主持厂（站）区控制网的检查验收工作。工程控制网测量报审表应符合表A.8的格式。 16.1.1 施工调试阶段的监理文件应包括下列内容： 18 工程控制网测量、线路复测报审表	
5.1.2	各建（构）筑物定位放线控制桩设置规范，保护完好	**《电力工程施工测量技术规范》DL/T 5445—2010** 8.1.5 施工控制点的标志和埋设应符合附录C.3的规定。标石的埋设深度，应根据冻土层和场地设计标高确定，一般应至坚实的原状土中1m以下、永久冻土层中。厂区施工控制网点应砌井并加护栏保护，各等级施工控制网点周围均应有醒目的保护装置，以防止车辆或机械的碰撞。 8.5.2 建筑物控制桩，点位宜选在靠近该建筑物，且土质坚实、利于长期保存、便于使用的地方；桩深埋设宜超过冻土层，建筑物控制桩和预埋件规格可参照附录C.3执行	1. 查阅方案及施工记录中现场控制桩的埋设 　埋深：符合规范的规定
			2. 查看现场控制桩的布设 　点数、位置：符合设计要求和规范的规定
			3. 查看现场控制桩的保护 　措施：符合设计要求和规范的规定

续表

条款号	大纲条款	检 查 依 据	检查要点
5.1.3	测量仪器检定有效，测量记录齐全	**1.《中华人民共和国计量法》中华人民共和国主席令〔2015〕第 26 号** 第九条　……未按照规定申请计量检定、计量检定不合格或者超过计量检定周期的计量器具，不得使用。 **2.《测绘计量管理暂行办法》国测国字〔1996〕24 号** 第十三条　……测绘单位和个体测绘业者使用的测绘计量器具，必须经周期检定合格，才能用于测绘生产，检定周期见附表规定。未经检定、检定不合格或超过检定周期的测绘计量器具，不得使用。 **3.《工程测量规范》GB 50026—2007** 1.0.4　工程测量作业所使用的仪器和相关设备，应做到及时检查校正，加强维护保养、定期检修。 **4.《电力工程施工测量技术规范》DL/T 5445—2010** 4.0.3　施工测量所使用的仪器和相关设备应定期检定，并在检定有效期内使用	1. 查阅计量仪器报审表 　签字：施工、监理单位责任人已签字 　盖章：施工、监理单位已盖章 　结论：同意使用 2. 查阅测量仪器的计量检定证书 　结果：合格 　检定周期：在有效期内 3. 查看测量仪器上的计量检定标签 　规格、型号、仪器编号：与计量检定证书一致 　有效期：与计量检定证书一致
5.1.4	沉降观测点设置符合设计要求及规范规定，观测记录完整	**《电力工程施工测量技术规范》DL/T 5445—2010** 9.1.4　变电站施工测量时，除设计明确提出要求的建（构）筑物应布设沉降观测点进行监测外，对于软土质地区站址、特高压变电站和换流站内安装有大型设备的主要建（构）筑物均应布设沉降观测点，进行变形监测。 11.7.1　沉降观测点的布设应满足下列要求： 　　1　能够全面反映建（构）筑物及地基沉降特征； 　　2　标志应稳固、明显、结构合理，不影响建（构）筑物的美观和使用； 　　3　点位应避开障碍物，便于观测和长期保存。 11.7.2　建（构）筑物沉降观测点，应按设计图纸布设，并宜符合下列规定： 　　1　重要建（构）筑物的四角、大转角及沿外墙每 10m～15m 处或每隔 2～3 根柱基上；框、排架结构主厂房的每个或部分柱基上或沿纵横轴线设点。当柱距大于 8m 时，每柱应设点。	1. 查阅沉降观测方案报审表 　签字：施工、监理单位责任人已签字 　盖章：施工、监理单位已盖章 　结论：同意执行

条款号	大纲条款	检 查 依 据	检查要点
5.1.4	沉降观测点设置符合设计要求及规范规定，观测记录完整	2 高低层建（构）筑物、新旧建（构）筑物及纵横墙等的交接处的两侧。 3 沉降缝和伸缩缝两侧、基础埋深相差悬殊处、人工地基与天然地基接壤处、不同结构的分界处。 4 对于宽度大于等于 15m 或小于 15m 而地质复杂以及膨胀土地区的建（构）筑物，应在承重内隔墙中部设内墙点，并在室内地面中心及四周设地面点。 5 临近堆置重物处、受振动有显著影响的部位及基础下的暗沟处。 8 变电容量 120MVA 及以上变压器的基础四周。 11.7.3 沉降观测的标志可根据不同的建（构）筑物结构类型和建筑材料，采用墙（柱）标志、基础标志和隐蔽式标志等形式，并应符合下列规定： 1 各类标志的立尺部位应突出、光滑、唯一，宜采用耐腐蚀的金属材料。 2 每个标志应安装保护罩，以防撞击。 3 标志的埋设位置应避开雨水管、窗台线、散热器、暖水管、电器开关等有碍设标和观测的障碍物，并应视立尺需要离开墙（柱）面和地面一定距离。 4 当应用静力水准测量方法进行沉降观测时，观测标志的形式及其埋设，应根据采用的静力水准仪的型号、结构、读数方式以及现场条件确定。标志的规格尺寸设计，应符合仪器安置的要求。 11.7.4 沉降观测的观测时间、频率及周期应按下列要求并结合实际情况确定： 1 施工期的沉降观测，应随施工进度具体情况及时进行，具体应符合下列规定： 1）基础施工完毕、建筑标高出零米后，各建（构）筑物具备安装观测点标志后即可开始观测。 2）整个施工期观测次数原则上不少于 6 次。但观测时间、次数应根据地基状况、建（构）筑物类别、结构及加荷载情况区别对待，如……变压器就位前后各观测一次等。 3）施工中遇较长时间停工，应在停工时和重开工时各观测一次，停工期间每隔 2 个月观测一次。 2 除有特殊要求外，建（构）筑物施工完毕后及试运行期间每季度观测一次，运行后可半年观测一次，直至稳定为止。 3 在观测过程中，若基础附近地面荷载突然大量增减、基础四周大量积水、长时间连续降雨等情况，均应及时增加观测次数。当建（构）筑物突然发生大量沉降、不均匀沉降、沉降量、不均匀沉降差接近或超过允许变形值或严重裂缝等异常情况时，应立即进行逐日或几天一次的连续观测。 4 建筑沉降是否进入稳定阶段，应由沉降量与时间关系曲线判定。当最后 100 天的沉降速率小于 0.01mm～0.04mm/天时可认为已进入稳定阶段。具体取值宜根据各地区地基土的压缩性能确定。 11.7.5 沉降观测的精度应按第 11.1.2 条的相关规定、根据建（构）筑物等级确定执行。 11.7.6 沉降观测的水准测量作业方法和技术要求应按本规程第 11.1、11.3 节及第 7 章的相关规定执行，当采用静力水准测量方法时，可参照相关规范执行。 11.7.7 每次观测应记载观测时间、施工进度、荷载量变化等影响沉降变化的情况内容。 11.7.8 沉降观测结束后，应根据工程需要提交有关成果资料：	2. 查阅沉降观测方案 编制依据：符合合同约定、设计要求和规范的规定 内容：包括观测的目的、精度等级、观测的方法、观测基准网的精度估算和布设、观测周期、项目预警值、使用的仪器设备等 3. 查看现场沉降观测点的布设 点数、位置：符合设计要求和规范的规定 4. 查阅沉降观测记录 表式：符合规范规定 内容：包括工程状态、测量仪器型号和状态、引测点和观测点示意图等 签字：观测人员、计算者、审核者、监理人员已签字

续表

条款号	大纲条款	检 查 依 据	检查要点
5.1.4	沉降观测点设置符合设计要求及规范规定，观测记录完整	1　工程平面位置图及基准点分布图。 2　沉降观测点位分布图。 3　沉降观测成果表。 4　沉降观测过程曲线。 5　沉降观测技术报告	
5.2　混凝土基础的监督检查			
5.2.1	钢筋、水泥、砂、石、粉煤灰、外加剂、拌和用水及焊材、焊剂等原材料性能证明文件齐全；现场见证取样检验合格，报告齐全；商品混凝土检验合格，报告齐全	**1.《混凝土结构工程施工质量验收规范》GB 50204—2015** 3.0.8　满足下列条件之一时，材料进场验收时检验批的容量可按本规范的有关规定扩大： 　　1　获得认证的产品。 　　2　来源稳定且连续三次批次的抽验检验均一次性检验合格。 　　当上述两个条件都满足时，检验批容量只扩大一次。当扩大检验批后的检验出现一次不合格情况时，应按扩大前的检验批容量重新验收，并不得再次扩大检验批容量。 5.2.1　钢筋进场时，应按国家现行相关标准的规定抽取试件作屈服强度、抗拉强度、伸长率、弯曲性能和重量偏差检验，检验结果应符合国家现行相关标准的规定。 　　检查数量：按进场批次和产品的抽样检验方案确定。 　　检验方法：检查质量证明文件和抽样检验报告。 5.2.2　成型钢筋进场时，应抽取试件制作屈服强度、抗拉强度、伸长率和重量偏差检验，检验结果应符合国家现行相关标准的规定。 　　对由热轧钢筋制成的成型钢筋，当有施工单位或监理单位的代表驻厂监督生产过程，并提供原材料钢筋力学性能第三方检验报告时，可仅进行重量偏差检验。 　　检查数量：同一厂家、同一类型、同一钢筋来源的成型钢筋，不超过30t为一批，每批中每种钢筋牌号、规格均应至少抽取1个钢筋试件，总数不应少于3个。 　　检验方法：检查质量证明文件和抽样检验报告。 5.2.3　对按一、二、三级抗震等级设计的框架和斜撑构件（含梯段）中的纵向受力普通钢筋应采用HRB335E、HRB400E、HRB500E、HRBF335E、HRBF400E或HRBF500E钢筋，其强度和最大力下总伸长率的实测值应符合下列规定： 　　1　抗拉强度实测值与屈服强度实测值的比值不应小于1.25； 　　2　屈服强度实测值与屈服强度标准值的比值不应大于1.3； 　　3　最大力下总伸长率不小于9%。 　　检查数量：按进场的批次和产品的抽样检验方案确定。 　　检验方法：检查抽样检验报告。	1. 查阅材料的进场报审表 　签字：施工单位项目经理、专业监理工程师已签字 　盖章：施工单位、监理单位已盖章 　结论：同意使用 2. 查阅钢筋、水泥、砂、石、粉煤灰、外加剂、焊材、焊剂等的材质证明及复检报告 　材质证明：原件或有效抄件 　报告内容：包括试验方法、试验项目、代表部位和数量等，数据计算正确 　报告签署：授权人已签字 　报告盖章：已加盖计量认证章和检测专用章 　报告结论：合格

续表

条款号	大纲条款	检 查 依 据	检查要点
5.2.1	钢筋、水泥、砂、石、粉煤灰、外加剂、拌和用水及焊材、焊剂等原材料性能证明文件齐全；现场见证取样检验合格，报告齐全；商品混凝土检验合格，报告齐全	5.3.4 盘卷钢筋调直后应进行力学性能和重量偏差检验。 　　检查数量：同一加工设备、同一牌号、同一规格的调直钢筋，重量不大于 30t 为一批，每批见证取样抽取 3 个试件。 　　检验方法：检查抽样检验报告。 5.5.1 钢筋安装时，受力钢筋的批、规格和数量必须符合设计要求。 　　检查数量：全数检查。 　　检验方法：观察，尺量。 6.1.2 预应力筋、锚具、夹具、连接器、成孔管道进场检验，当满足下列条件之一时，其检验批容量可扩大一倍：（新增条文） 　　1　获得认证的产品； 　　2　同一工程、同一厂家、同一牌号、同一规格的产品，连续三次进场检验均一次检验合格。 6.2.1 预应力筋进场时，应按国家现行相关标准的规定抽取试件作抗拉强度、伸长率检验，其检验结果应符合国家现行相关标准的规定。 　　检查数量：按进场的批次和产品的抽样检验方案确定。 　　检验方法：检查质量证明文件和抽样检验报告。 6.3.1 预应力筋安装时，其品种、规格、级别和数量必须符合设计要求。 　　检查数量：全数检查。 　　检验方法：观察，尺量。 6.4.2 对后张法预应力结构构件，钢绞线出现断裂或滑脱的数量不应超过同一截面钢绞线总根数的 3%，且每根断裂的钢绞线断丝不得超过一丝；对多跨双向连续板，其同一截面应按每跨计算。 　　检查数量：全数检查。 　　检验方法：观察，检查张拉记录。 7.2.1 水泥进场时，应对其品种、代号、强度等级、包装或散装仓号、出厂日期等进行检查，并应对水泥的强度、安定性和凝结时间进行检验，检验结果应符合现行国家标准《通用硅酸盐水泥》GB 175 的相关规定。 　　检查数量：按同一厂家、同一品种、同一代号、同一强度等级、同一批号且连续进场的水泥，袋装不超过 200t 为一批，散装不超过 500t 为一批，每批抽样数量不应少于一次。 　　检验方法：检查质量证明文件和抽样检验报告。 7.2.2 混凝土外加剂进场时，应对其品种、性能、出厂日期等进行检查，并应对外加剂的相关性能指标进行检验，检验结果应符合现行国家标准《混凝土外加剂》GB 8076 和《混凝土外加剂应用技术规范》GB 50119 的规定。 　　检查数量：按同一生产厂家、同一品种、同一性能、同一批号且连续进场的混凝土外加剂，不超	3. 查阅原材料跟踪管理台账 　内容：包括钢筋、水泥等主要原材的产品名称、规格、型号、等级、代表数量与进场数量相吻合，复检报告编号，使用部位等 　签字：责任人已签字 4. 查阅商品混凝土出厂发货单和合格证 　发货单内容：符合规范规定 　发货单数量：每车一份 　发货单签字：供货商和施工单位已交接签字 　合格证：强度符合设计要求

条款号	大纲条款	检 查 依 据	检查要点
5.2.1	钢筋、水泥、砂、石、粉煤灰、外加剂、拌和用水及焊材、焊剂等原材料性能证明文件齐全；现场见证取样检验合格，报告齐全；商品混凝土检验合格，报告齐全	过 50t 为一批，每批抽样数量不应少于一次。 　　检验方法：检查质量证明文件和抽样检验报告。 7.2.4　混凝土用矿物掺合料进场时，应对其品种、性能、出厂日期等进行检查，并应对矿物掺合料的相关性能指标进行检验，检验结果应符合国家现行有关标准的规定。 　　检查数量：按同一生产厂家、同一品种、同一批号且连续进场的矿物掺合料，粉煤灰、矿渣粉、磷渣粉、钢铁渣粉和复合矿物掺合料不超过 200t 为一批，沸石粉不超过 120t 为一批，硅灰不超过 30t 为一批，每批抽样数量不应少于一次。 　　检验方法：检查质量证明文件和抽样检验报告。 7.2.5　混凝土原材料中的粗骨料、细骨料质量应符合现行行业标准《普通混凝土用砂、石质量及检验方法标准》JGJ 52 的规定，使用经过净化处理的海砂应符合现行行业标准《海砂混凝土应用技术规范》JGJ 206 的规定，再生混凝土骨料应符合现行国家标准《混凝土用再生粗骨料》GB/T 25177 和《混凝土和砂浆用再生细骨料》GB/T 25176 的规定。 　　检查数量：按现行行业标准《普通混凝土用砂、石质量及检验方法标准》JGJ 52 的规定确定。 　　检验方法：检查抽样检验报告。 7.2.6　混凝土拌制及养护用水应符合现行行业标准《混凝土用水标准》JGJ 63 的规定。采用饮用水作为混凝土用水时，可不检验；采用中水、搅拌站清洗水、施工现场循环水等其他水源时，应对其成分进行检验。 　　检查数量：同一水源检查不应少于一次。 　　检验方法：检查水质检验报告。 **2.《混凝土结构工程施工规范》GB 50666—2011** 3.3.5　材料、半成品和成品进场时，应对其规格、型号、外观和质量证明文件进行检查，并应按现行国家标准《混凝土结构工程施工质量验收规范》GB 50204 等的有关规定进行检验。 5.2.2　对有抗震设防要求的结构，其纵向受力钢筋的性能应满足设计要求；当设计无具体要求时，对按一、二、三级抗震等级设计的框架和斜撑构件（含梯段）中的纵向受力钢筋应采用 HRB335E、HRB400E、HRB500E、HRBF335E、HRBF400E 或 HRBF500E 钢筋，其强度和最大力下总伸长率的实测值，应符合下列规定： 　　1　钢筋的抗拉强度实测值与屈服强度实测值的比值不应小于 1.25； 　　2　钢筋的屈服强度实测值与屈服强度标准值的比值不应大于 1.30； 　　3　钢筋的最大力下总伸长率不应小于 9%。 5.5.1　钢筋进场检查应符合下列规定： 　　1　应检查钢筋的质量证明文件。 　　2　应按国家现行有关标准的规定抽样检验屈服强度、抗拉强度、伸长率、弯曲性能及单位长度	

条款号	大纲条款	检 查 依 据	检查要点
5.2.1	钢筋、水泥、砂、石、粉煤灰、外加剂、拌和用水及焊材、焊剂等原材料性能证明文件齐全；现场见证取样检验合格，报告齐全；商品混凝土检验合格，报告齐全	重量偏差。 　　3　经产品认证符合要求的钢筋，其检验批量可扩大一倍。在同一工程中，同一厂家、同一牌号、同一规格的钢筋连续三次进场检验均合格时，其后的检验批量可扩大一倍。 　　4　钢筋的外观质量。 　　5　当无法准确判断钢筋品种、牌号时，应增加化学成分、晶粒度等检验项目。 5.5.2　成型钢筋进场时，应检查成型钢筋的质量证明文件、成型钢筋所用材料质量证明文件及检验报告并应抽样检验成型钢筋的屈服强度、抗拉强度、伸长率和重量偏差。检验批量可由合同约定，同一工程、同一原材料来源、同一组生产设备生产的成型钢筋，检验批量不宜大于30t。 5.5.3　钢筋调直后，应检查力学性能和单位长度重量偏差。但采用无延伸功能的机械设备调直的钢筋，可不进行本条规定的检查。 6.6.1　预应力工程材料进场检查应符合下列规定： 　　1　应检查规格、外观、尺寸及其质量证明文件。 　　2　应按现行国家有关标准的规定进行力学性能的抽样检验。 　　3　经产品认证符合要求的产品，其检验批量可扩大一倍。在同一工程、同一厂家、同一品种、同一规格的产品连续三次进场检验均一次检验合格时，其后的检验批量可扩大一倍。 7.6.2　原材料进场时，应对材料外观、规格、等级、生产日期等进行检查，并应对其主要技术指标按本规范第7.6.3条的规定划分检验批进行抽样检验，每个检验批检验不得少于1次。 　　经产品认证符合要求的水泥、外加剂，其检验批量可扩大一倍。在同一工程中，同一厂家、同一品种、同一规格的水泥、外加剂，连续三次进场检验均一次合格时，其后的检验批量可扩大一倍。 7.6.3　原材料进场质量检查应符合下列规定： 　　1　应对水泥的强度、安定性及凝结时间进行检验。同一生产厂家、同一等级、同一品种、同一批号且连续进场的水泥，袋装水泥不超过200t应为一批，散装水泥不超过500t应为一批。 　　2　应对粗骨料的颗粒级配、含泥量、泥块含量、针片状含量指标进行检验，压碎指标可根据工程需要进行检验，应对细骨料颗粒级配、含泥量、泥块含量指标进行检验。当设计文件有要求或结构处于易发生碱骨料反应环境中时，应对骨料进行碱活性检验。抗冻等级F100及以上的混凝土用骨料，应进行坚固性检验。骨料不超过400m³或600t为一检验批。 　　3　应对矿物掺合料细度（比表面积）、需水量比（流动度比）、活性指数（抗压强度比）、烧失量指标进行检验。粉煤灰、矿渣粉、沸石粉不超过200t应为一检验批，硅灰不超过30t应为一检验批。 　　4　应按外加剂产品标准规定对其主要匀质性指标和掺外加剂混凝土性能指标进行检验。同一品种外加剂不超过50t应为一检验批。 　　5　当采用饮用水作为混凝土用水时，可不检验。当采用中水、搅拌站清洗水或施工现场循环水等其他水源时，应对其成分进行检验。	

续表

条款号	大纲条款	检 查 依 据	检查要点
5.2.1	钢筋、水泥、砂、石、粉煤灰、外加剂、拌和用水及焊材、焊剂等原材料性能证明文件齐全；现场见证取样检验合格，报告齐全；商品混凝土检验合格，报告齐全	7.6.4　当使用中水泥质量受不利环境影响或水泥出厂超过三个月（快硬硅酸盐水泥超过一个月）时，应进行复验，并应按复验结果使用。 **3.《大体积混凝土施工规范》GB 50496—2009** 4.2.2　水泥进场时应对水泥品种、强度等级、包装或散装仓号、出厂日期等进行检查，并对其强度、安定性、凝结时间、水化热等性能指标及其他必要的性能指标进行复检。 **4.《建设工程监理规范》GB/T 50319—2013** 5.2.9　项目监理机构应审查施工单位报送的用于工程的材料、构配件、设备的质量证明文件，并应按有关规定、建设工程监理合同的约定，对用于建设工程的材料进行见证取样、平等检验。 　　项目监理机构对已进场经检验不合格的材料、构配件、设备，应要求施工单位限期将其撤出施工现场。 **5.《钢筋焊接及验收规程》JGJ 18—2012** 3.0.8　凡施焊的各种钢筋、钢板均应有质量证明书；焊条、焊丝、氧气、溶解乙炔、液化石油气、二氧化碳气体、焊剂应有产品合格证。 　　钢筋进场（厂）时，应按现行国家标准《混凝土结构工程施工质量验收规范》GB 50204 中的规定，抽取试件作力学性能检验，其质量必须符合有关标准的规定。 **6.《电力建设工程监理规范》DL/T 5434—2009** 9.1.7　项目监理机构应对承包单位报送的拟进场工程材料、半成品和构配件的质量证明文件进行审核，并按有关规定进行抽样验收。对有复试要求的，经监理人员现场见证取样后送检，复试报告应报送项目监理机构查验。 　　未经项目监理机构验收或验收不合格的工程材料、半成品和构配件，不得用于本工程，并书面通知承包单位限期撤出施工现场	
5.2.2	长期处于潮湿环境的重要混凝土结构用砂、石碱活性检验合格	**1.《混凝土结构设计规范》GB 50010—2010** 3.5.3　设计使用年限为 50 年的混凝土结构，其混凝土材料宜符合表 3.5.3 的规定。 3.5.5　一类环境中，设计使用年限为 100 年的结构应符合下列规定： 　　3　宜使用非碱活性骨料，当使用碱活性骨料时，混凝土中的最大碱含量为 3.0kg/m³。 **2.《大体积混凝土施工规范》GB 50496—2009** 4.2.3　骨料的选择除应满足国家现行标准《普通混凝土用砂、石质量及检验方法标准》JGJ 52 的有关规定外，还应符合下列规定： 　　3　应选用非碱活性的粗骨料…… **3.《清水混凝土应用技术规程》JGJ 169—2009** 3.0.4　处于潮湿环境和干湿交替环境的混凝土，应选用非碱活性骨料。	查阅砂、石碱含量检测报告 检测结果：非碱活性骨料，对混凝土中的碱含量不作限制；对于碱活性骨料，限制混凝土中的碱含量不超过 3kg/m³，或已采用能抑制碱-骨料反应的有效措施

条款号	大纲条款	检查依据	检查要点
5.2.2	长期处于潮湿环境的重要混凝土结构用砂、石碱活性检验合格	**4.《普通混凝土用砂、石质量检验方法标准》JGJ 52—2006** 1.0.3 对于长期处于潮湿环境的重要混凝土结构所用的砂石，应进行碱活性检验。 3.1.9 对于长期处于潮湿环境的重要混凝土结构用砂，应采用砂浆棒（快速法）或砂浆长度法进行骨料的碱活性检验。经上述检验判断为有潜在危害时，应控制混凝土中的碱含量不超过 $3kg/m^3$，或采用能抑制碱-骨料反应的有效措施。 3.2.8 对于长期处于潮湿环境的重要结构混凝土，其所使用的碎石或卵石，应进行碱活性检验。 　　进行碱活性检验时，首先应采用岩相法检验碱活性骨料的品种、类型和数量。当检验出骨料中含有活性二氧化硅时，应采用快速砂浆棒法和砂浆长度法进行碱活性检验；当检验出骨料中含有活性碳酸盐时，应采用岩石柱法进行碱活性检验。 　　经上述检验，当判定骨料存在潜在碱-碳酸盐反应危害时，不宜用作混凝土骨料；否则，应通过专门的混凝土试验，做最后评定。 　　当判定骨料存在潜在碱-硅反应危害时，应控制混凝土中的碱含量不超过 $3kg/m^3$，或采用能抑制碱-骨料反应的有效措施	大体积混凝土：已选用非碱活性的骨料 对于一类环境中设计年限为 100 年的结构混凝土：已选用非碱活性的骨料 清水混凝土：已选用非碱活性的骨料 签字：责任人已签字 盖章：已加盖计量认证章和检测专用章 结论：合格
5.2.3	用于配制钢筋混凝土的海砂氯离子含量检验合格	**1.《普通混凝土用砂、石质量及检验方法标准》JGJ 52—2006** 3.1.10 砂中氯离子含量应符合下列规定： 　　1 对于钢筋混凝土用砂，其氯离子含量不得大于 0.06%（以干砂的质量百分率计）； 　　2 对于预应力混凝土用砂，其氯离子含量不得大于 0.02%（以干砂的质量百分率计）。 **2.《混凝土结构工程施工质量验收规范》GB 50204—2015** 7.3.3 混凝土中氯化物和碱的总含量应符合现行国家标准《混凝土结构设计规范》GB 50010 的规定和设计的要求。 　　检查数量：同一配合比的混凝土检查不应少于一次。 　　检验方法：检查原材料试验报告和氯离子、碱的总含量计算书。 **3.《海砂混凝土应用技术规范》JGJ 206—2010** 4.1.2 海砂的质量应符合表 4.2.1 的要求，即水溶性氯离子含量（%，按质量计）≤0.03	查阅海砂复检报告 检验项目、试验方法、代表部位、数量、试验结果：符合规范规定 签字：授权人已签字 盖章：已加盖计量认证章和检测专用章 结论：水溶性氯离子含量（%，按质量计）≤0.03，符合设计要求和规范规定
5.2.4	焊接工艺、机械连接工艺试验合格；钢筋焊接接头、机械连接试件取样符合规范、试验合格，报告齐全	**1.《混凝土结构工程施工质量验收规范》GB 50204—2015** 5.4.2 钢筋采用机械连接或焊接连接时，钢筋机械连接接头、焊接接头的力学性能、弯曲性能应符合国家现行相关标准的规定。接头试件应从工程实体中截取。 　　检查数量：按现行行业标准《钢筋机械连接技术规程》JGJ 107 和《钢筋焊接及验收规程》JGJ 18 的规定确定。 　　检验方法：检查质量证明文件和抽样检验报告。	1. 查阅焊接工艺试验及质量检验报告 检验项目、试验方法、代表部位、数量、抗拉强度、弯曲试验等试验结果：符合规范规定

条款号	大纲条款	检 查 依 据	检查要点
5.2.4	焊接工艺、机械连接工艺试验合格；钢筋焊接接头、机械连接试件取样符合规范、试验合格，报告齐全	**2.《混凝土结构工程施工规范》GB 50666—2011** 5.4.3　钢筋焊接施工应符合下列规定： 　　2　在钢筋焊接施工前，参与该项工程施焊的焊工应进行现场条件下的焊接工艺试验，以试验合格后，方可进行焊接。焊接过程中，如果钢筋牌号、直径发生变更，应再次进行焊接工艺试验。工艺试验使用的材料、设备、辅料及作业条件均应与实际施工一致。 5.5.5　钢筋连接施工的质量检查应符合下列规定： 　　1　钢筋焊接和机械连接施工前均应进行工艺试验。机构连接应检查有效的型式检验报告。 　　6　应按现行行业标准《钢筋机械连接技术规程》JGJ 107、《钢筋焊接及验收规程》JGJ 18 的有关规定抽取钢筋机械连接接头、焊接接头试件作力学性能检验。 **3.《钢筋焊接及验收规程》JGJ 18—2012** 4.1.4　在钢筋工程开工正式焊接之前，参与该项施焊的焊工应进行现场条件下的焊接工艺试验，并经试验合格后，方可正式生产。试验结果应符合质量检验与验收时的要求。 **4.《钢筋机械连接技术规程》JGJ 107—2010** 6.1.2　直螺纹接头的现场加工应符合下列规定： 　　1　钢筋端部应切平或镦平后加工螺纹； 　　2　镦粗头不得有与钢筋轴线相垂直的横向裂纹； 　　3　钢筋丝头长度应满足企业标准中产品设计要求，公差为为 $0\sim2.0p$（p 为螺距）； 　　4　钢筋接头宜满足 6f 级精度要求，应用直螺纹量规检验，通规能顺利旋入并达到要求的拧紧长度，止规旋入不得超过 $3p$。抽检数量 10%，检验合格率不应小于 95%。 6.1.3　锥螺纹接头的现场加工应符合下列规定： 　　1　钢筋端部不得有影响螺纹加工的局部弯曲； 　　2　钢筋丝头长度应满足设计要求，使拧紧后的钢筋丝头不得相互接触，丝头加工长度公差为 $0.5p\sim1.5p$； 　　3　钢筋接头的锥度和螺距应使用专用锥螺纹量规检验；抽检数量 10%，检验合格率不应小于 95%。 6.2.1　直螺纹钢筋接头的安装质量应符合下列要求： 　　2　安装后应用扭力扳手校核拧紧力矩，拧紧力矩值应符合本规程表 6.2.1 的规定。 6.2.2　锥螺纹钢筋接头的安装质量应符合下列要求： 　　2　接头安装时应用扭力扳手拧紧，拧紧力矩值应符合本规定表 6.2.2 的规定。 7.0.7　对接头的每一验收批，必须在工程结构中随机截取 3 个接头试件作抗拉强度试验，按设计要求的接头等级进行评定。当 3 个接头试件的抗拉强度均符合本规程表 3.0.5 中相应等级的强度要求时，该验收批应评为合格。如有 1 个试件的抗拉强度不符合要求，应再取 6 个试件进行复检。复检中如仍有 1 个试件的抗拉强度不符合要求，则该验收批应评为不合格	签字：授权人已签字 盖章：已加盖计量认证章和检测专用章 结论：合格 2. 查阅焊接工艺试验质量检验报告统计表 试验报告数量：与连接头种类及代表数量相一致 3. 查看焊接接头及试验报告 截取方式：在工程结构中随机截取 试件数量：符合规范要求 试验结果：合格 4. 查阅机械连接工艺报告及质量检验报告统计表 检验项目、试验方法、代表部位、数量、试验结果：符合规范规定 签字：授权人已签字 盖章：已加盖计量认证章和检测专用章 结论：合格 5. 查阅机械连接工艺试验及质量检验报告统计表

条款号	大纲条款	检 查 依 据	检查要点
			试验报告数量：与连接接头种类及代表数量相一致
5.2.4	焊接工艺、机械连接工艺试验合格；钢筋焊接接头、机械连接试件取样符合规范、试验合格，报告齐全		6. 查看机械连接接头及试验报告 截取方式：在工程结构中随机截取 试件数量：符合规范要求 试验结果：合格
			7. 查阅机械连接施工记录 最小拧紧力矩值：符合规范规定 签字：施工单位班组长、质量员、技术负责人、专业监理工程师已签字
5.2.5	混凝土强度等级满足设计要求，试验报告齐全	**《混凝土结构工程施工质量验收规范》GB 50204—2015** 7.3.4 首次使用的混凝土配合比应进行开盘鉴定，其原材料、强度、凝结时间、稠度应满足设计配合比的要求。 7.4.1 结构混凝土的强度等级必须符合设计要求。用于检验混凝土强度的试件应在浇筑地点随机抽取。 　　检查数量：对同一配合比混凝土，取样与试件留置应符合下列规定： 　　1 每拌制 100 盘且不超过 100m³ 时，取样不得少于一次； 　　2 每工作班拌制不足 100 盘时，取样不得少于一次； 　　3 每连续浇筑超过 1000m³ 时，每 200m³ 取样不得少于一次； 　　4 每一楼层取样不得少于一次； 　　5 每次取样至少留置一组试件。 　　检验方法：检查施工记录及混凝土强度试验报告。 10.2.3 混凝土强度检验应采用同条件养护试块或钻取混凝土芯样的方法。采用同条件养护试块方法时应符合本规范附录 D 的规定，采用钻取混凝土芯样方法时应符合本规范附录 E 的规定	1. 查阅混凝土（标准养护及条件养护）试块强度试验报告 代表数量：与实际浇筑的数量相符 强度：符合设计要求 签字：授权人已签字 盖章：已加盖计量认证章和检测专用章 2. 查阅混凝土开盘鉴定资料 时间：在首次使用的混凝土配合比前

续表

条款号	大纲条款	检查依据	检查要点
5.2.5	混凝土强度等级满足设计要求,试验报告齐全		内容:开盘鉴定记录表项目齐全 签字:施工、监理人员已签字 3. 查阅混凝土强度检验评定记录 评定方法:选用正确 数据:统计、计算准确 签字:计算者、审核者已签字 结论:符合设计要求 4. 查看混凝土搅拌站 计量装置:在周检期内,使用正常 配合比调整:已根据气候和砂、石含水率进行调整 材料堆放:粗细骨料无混仓现象 5. 查看混凝土浇筑现场 坍落度:监理人员已按要求检测 试块制作:留置地点、方法及数量符合规范要求 养护:方法、时间符合规程要求

续表

条款号	大纲条款	检 查 依 据	检查要点
5.2.6	混凝土浇筑记录齐全，试件抽取、留置符合规范	**1.《混凝土强度检验评定标准》GB/T 50107—2010** 5.1.1 采用统计方法评定时，应符合下列规定： 　1　当连续生产的混凝土，生产条件在较长时间内能保持一致，且同一品种、同一强度等级混凝土的强度变异性保持稳定时，应按本标准第5.1.2条的规定进行评定。 　2　其他情况应按本标准第5.1.4条的规定进行评定。 **2.《混凝土结构工程施工质量验收规范》GB 50204—2015** 7.3.4 首次使用的混凝土配合比应进行开盘鉴定，其原材料、强度、凝结时间、稠度应满足设计配合比的要求。工程有要求时，尚应检查混凝土耐久性等要求。 　检查方法：检查开盘鉴定资料。 7.4.1 结构混凝土的强度等级必须符合设计要求。用于检验混凝土强度的试件应在浇筑地点随机抽取。 　检查数量：对同一配合比混凝土，取样与试件留置应符合下列规定： 　1　每拌制100盘且不超过100m³时，取样不得少于一次； 　2　每工作班拌制不足100盘时，取样不得少于一次； 　3　每连续浇筑超过1000m³时，每200m³取样不得少于一次； 　4　每一楼层取样不得少于一次； 　5　每次取样应至少留置一组试件。 　检验方法：检查施工记录及混凝土强度试验报告。 10.2.3 混凝土强度检验应采用同条件养护试块或钻取混凝土芯样的方法。采用同条件养护试块方法时应符合本规范附录D的规定，采用钻取混凝土芯样方法时应符合本规范附录E的规定	1. 查阅混凝土（标准养护及同条件养护）试块强度试验报告 　代表数量：与实际浇筑的数量相符 　强度：符合设计要求 　签字：授权人已签字 　盖章：已加盖计量认证章和检测专用章 2. 查阅混凝土开盘鉴定表等资料 　时间：首次使用混凝土配合比之前 　内容：开盘鉴定记录表项目齐全 　签字：施工、监理人员已签字 3. 查阅混凝土强度检验评定记录 　评定方法：选用正确 　数据：统计、计算准确 　签字：计算者、审核者已签字 　结论：符合设计要求 4. 查看混凝土搅拌站 　计量装置：在周检期内，使用正常 　配合比调整：已根据气候条件和砂、石含水率进行调整

续表

条款号	大纲条款	检 查 依 据	检查要点
			材料堆放：粗细骨料无混仓现象
5.2.6	混凝土浇筑记录齐全，试件抽取、留置符合规范		5. 查看混凝土浇筑现场 　试块制作：留置地点、方法及数量符合规范要求 　坍落度：监理人员按要求检测 　养护：方法、时间符合规范要求
5.2.7	混凝土结构外观质量和尺寸偏差与验收记录相符	**《混凝土结构工程施工质量验收规范》GB 50204—2015** 8.1.2　现浇结构的外观质量缺陷应由监理单位、施工单位等各方根据其对结构性能和使用功能影响的严重程度按表 8.1.2 确定。 8.2.1　现浇结构的质量不应有严重缺陷。 　　对已经出现的严重缺陷，应由施工单位提出技术处理方案，并经监理（建设）单位认可后进行处理。对裂缝、连接部位出现的严重缺陷，技术处理方案尚应经过设计单位认可，对经处理的部位应重新验收。 　　检查数量：全数检查。 　　检验方法：观察，检查处理记录。 8.2.2　现浇结构的外观质量不应有一般缺陷。 　　对已经出现的一般缺陷，应由施工单位按技术处理方案进行处理，对经处理的部位应重新验收。 　　检查数量：全数检查。 　　检验方法：观察，检查处理记录。 8.3.1　现浇结构不应有影响结构性能和使用功能的尺寸偏差；混凝土设备基础不应有影响结构性能和设备安装的尺寸偏差。 　　对超过尺寸允许偏差要求且影响结构性能、设备安装、使用功能的结构部位，应由施工单位提出技术处理方案，并经设计单位及监理（建设）单位认可后进行处理。对经处理后的部位，应重新验收。 　　检查数量：全数检查。 　　检验方法：量测，检查技术处理方案。 8.3.2　现浇结构的位置、尺寸偏差及检验方法应符合表 8.3.2 的规定	1. 查看混凝土外观 　表面质量：无严重缺陷 　位置、尺寸偏差：符合设计要求和规范规定 2. 查阅混凝土结构尺寸偏差验收记录 　尺寸偏差：符合设计要求及规范的规定 　签字：施工单位质量员、专业监理工程师已签字 　结论：合格

续表

条款号	大纲条款	检 查 依 据	检查要点
5.2.8	大体积混凝土温控计算书、测温、养护资料齐全完整	**《大体积混凝土施工规范》GB 50496—2009** 3.0.3 大体积混凝土工程施工前，宜对施工阶段大体积混凝土浇筑体的温度、温度应力及收缩应力进行试算，并确定施工阶段大体积混凝土浇筑体的温升峰值、里表温差及降温速率的控制指标，制定相应的温控技术措施。 5.5.1 大体积混凝土应进行保温保湿养护，在每次混凝土浇筑完毕后，除应按普通混凝土进行常规养护外，尚应及时按温控技术措施的要求进行保温养护，并应符合下列规定： 　　1 应专人负责保温养护工作，并应按本规范的有关规定操作，同时应做好测试记录； 　　2 保湿养护的持续时间不得少于14d，并应经常检查塑料薄膜或养护剂涂层的完整情况，保持混凝土表面湿润； 　　3 保温覆盖层的拆除应分层逐步进行，当混凝土的表面温度与环境最大温差小于20℃时，可全部拆除	1. 查阅大体积混凝土施工专项方案及报审表 　方案内部审批：施工单位技术负责人已签字 　方案内容：包括材料选用、热工计算、温控措施、保温层计算、温控监测设备和测试布置图及温度测试、温控指标等 　报审表：总监理工程师已签字 2. 查看大体积混凝土施工现场 　温控监测设备和测试布置：与方案一致 　实体质量：温控措施有效，无温度裂缝，无严重缺陷 3. 查阅大体积混凝土测温记录 　温差、温度变化曲线：数据齐全，符合规范规定 　测温结束时间：符合规范规定
5.2.9	贮水（油）池等构筑物满水试验合格，签证记录齐全	**1.《给水排水构筑物工程施工及验收规范》GB 50141—2008** 6.1.4 水处理构筑物施工完毕必须进行满水试验。消化池满水试验合格后，还应进行气密性试验。 8.1.6 施工完毕的贮水调蓄构筑物必须进行满水试验。 8.4.6 地下式构筑物水池满水试验合格后，方可进行防水层施工，并及时进行池壁外和池顶的土方回填施工。	1. 查阅水池满水试验及沉降观测记录 　时间：3次试验均在防腐工程施工以前

条款号	大纲条款	检 查 依 据	检查要点
5.2.9	贮水（油）池等构筑物满水试验合格，签证记录齐全	9.2.6 满水试验合格标准应符合下列规定： 　1 水池渗水量计算应按池壁（不含内隔墙）和池底的浸湿面积计算。 　2 钢筋混凝土结构水池渗水量不得超过2L/（m²·d）；砌体结构水池渗水量不得超过3L/（m²·d）。 **2.《电力建设施工技术规范 第9部分：水工结构工程》DL 5190.9—2012** 10.2.3 水池施工完毕后应及时进行满水试验；满水试验应符合本部分附录C的要求，并符合下列规定： 　1 混凝土已达到设计强度等级。 　2 试验用水应采用清洁水，且试验用水温度与环境温度的差不宜大于20℃。 　3 设计有防水层或防腐层的水池，应先进行满水试验，合格后施工防水层或防腐层。 　4 多格水池满水试验顺序应按设计文件规定进行。 10.2.4 水池满水试验应进行渗漏检查，渗漏水量按本部分附录C中式（C.0.5）计算，不得超过设计文件规定的防水等级渗漏标准。 10.2.5 水池满水试验时，对有沉降观测要求的应测定其沉降量，并应符合下列规定： 　1 水池缓慢充水，每2m高度或每次充水观测一次，发生不均匀沉降时应停止充水，并增加观测次数，直至稳定后再继续充水。 　2 水池满水达到设计高度后观测一次，24h后观测一次，连续观测3d，以后每15d观测一次，直至沉降稳定。 　3 放水前后再各观测一次。 10.2.6 水池地基的不均匀沉降应符合设计文件的规定，有伸缩缝的水池，缝两侧沉降差不得大于10mm	上水速度和观测次数：符合规范规定 　渗漏水量：符合规范规定 　沉降观测：符合规范规定 　签字：施工单位班组长、质量员、技术负责人、专业监理工程师已签字 2. 查看水池实物 　外观质量：无严重缺陷，无渗漏痕迹
5.2.10	杯口基础位置准确，尺寸偏差符合规范规定；预埋地脚螺栓基础，地脚螺栓位置、尺寸偏差符合规范，外露长度一致	**1.《混凝土结构工程施工质量验收规范》GB 50204—2015** 8.1.3 混凝土现浇结构外观质量、位置偏差、尺寸偏差不应有影响结构性能和使用功能的缺陷，质量验收应作出记录。 8.3.1 现浇结构不应有影响结构性能和使用功能的尺寸偏差；混凝土设备基础不应有影响结构性能和设备安装的尺寸偏差。 　对超过尺寸允许偏差要求且影响结构性能、设备安装、使用功能的结构部位，应由施工单位提出技术处理方案，并经设计单位及监理（建设）单位认可后进行处理。对经处理后的部位，应重新验收。 　检查数量：全数检查。 　检验方法：量测，检查技术处理方案。	1. 查阅混凝土结构尺寸偏差验收记录 　尺寸偏差：符合设计要求及规范的规定 　签字：施工单位质量员、专业监理工程师已签字 　结论：合格

条款号	大纲条款	检 查 依 据	检查要点
5.2.10	杯口基础位置准确，尺寸偏差符合规范规定；预埋地脚螺栓基础，地脚螺栓位置、尺寸偏差符合规范，外露长度一致	8.3.2 现浇结构混凝土设备基础拆模后的位置和尺寸偏差应符合表 8.3.2 的规定。 **2.《电力建设施工技术规范 第 1 部分：土建结构工程》DL 5190.1—2012** 4.4.21 现浇钢筋混凝土结构尺寸允许偏差应符合表 4.4.21 的规定。 **3.《电力建设施工质量验收及评价规程 第 1 部分：土建工程》DL/T 5210.1—2012** 5.10.12 现浇混凝土结构外观及尺寸偏差应符合表 5.10.12 的规定。 6.2.8 钢筋混凝土结构主厂房基础混凝土结构外观及尺寸偏差应符合表 6.2.8 的规定。 6.7.7 其他设备基础混凝土结构外观及尺寸偏差（设备基础）应符合表 6.7.7 的规定	2. 查看混凝土外观表面质量：无严重缺陷位置、尺寸偏差：符合设计要求和规范规定 3. 查看基础预埋螺栓、预埋铁件的中心位置、顶标高、中心距、垂直度等参数实测数据：符合设计要求和规范规定

5.2.11	隐蔽验收、质量验收记录符合要求，记录齐全	**1.《混凝土结构工程施工质量验收规范》GB 50204—2015**
		3.0.3 混凝土结构子分部工程的质量验收，应在钢筋、预应力、混凝土、现浇结构或装配式结构等相关分项工程验收合格的基础上，进行质量控制资料检查及观感质量验收，并应对涉及结构安全的、有代表性的部位进行结构实体检验。
		3.0.4 分项工程质量验收合格应符合下列规定：
		  1 所含检验批的质量均应验收合格。
		  2 所含检验批的质量验收记录应完整。
		3.0.5 检验批应在施工单位自检合格的基础上，由监理工程师组织施工单位项目专业质量检查员、专业工长等进行验收。
		3.0.6 检验批的质量验收包括实物检查和资料检查，并应符合下列规定：
		  1 主控项目的质量应经抽样检验合格。
		  2 一般项目的质量应经抽样检验合格；一般项目当采用计数抽样检验时，除各章有专门要求外，其在检验批范围内及某一构件的计数点中的合格点率均应达到 80% 及以上，且均不得有严重缺陷和偏差。
		  3 资料检查应包括材料、构配件和器具等的进场验收资料、重要工序施工记录、抽样检验报告、隐蔽工程验收记录、抽样检测报告等。
		  4 应具有完整的施工操作及质量检验记录。
		  对验收合格的检验批，宜作出合格标志。
		10.1.2 混凝土结构子分部工程施工质量验收合格应符合下列规定：
		  1 有关分项工程质量验收合格；
		  2 有完整的质量控制资料；
			1. 查阅混凝土工程隐蔽验收报审表签字：施工单位项目经理、专业监理工程师（建设单位专业技术负责人）已签字盖章：施工单位、监理单位已盖章结论：同意隐蔽
			
			2. 查阅混凝土工程隐蔽验收记录内容：包括预应力筋、钢筋、预埋件的牌号、规格、数量、位置、间距、连接等签字：施工单位项目质量员、项目专业技术负责人、专业监理工程师（建设单位专业技术负责人）已签字结论：同意隐蔽

续表

条款号	大纲条款	检查依据	检查要点
5.2.11	隐蔽验收、质量验收记录符合要求，记录齐全	3　观感质量验收合格； 4　结构实体检验结果符合本规范的要求。 10.1.3　当混凝土结构施工质量不符合要求时，应按下列规定进行处理： 1　经返工、返修或更换构件、部件的检验批，应重新进行验收； 2　经有资质的检测单位检测鉴定达到设计要求的检验批，应予以验收； 3　经有资质的检测单位检测鉴定达不到设计要求，但经原设计单位核算并确认仍可满足结构安全和使用功能的检验批，可予以验收； 4　经返修或加固处理能够满足结构安全使用要求的分项工程，可根据技术处理方案和协商文件进行验收。 10.2.1　对涉及混凝土结构安全的有代表性的部位应进行结构实体检验。结构实体检验应在监理工程师见证下，由施工项目技术负责人组织实施。承担结构实体检验的机构应具有法定资质。结构位置与尺寸偏差外的结构实体检验项目，应由具有相应资质的检测机构完成。 10.2.2　结构实体检验的内容应包括混凝土强度、钢筋保护层厚度以及工程合同约定的项目；必要时可检验其他项目。 10.2.3　混凝土强度检验应采用同条件养护试块或钻取混凝土芯样的方法。采用同条件养护试块方法时应符合本规范附录 D 的规定，采用钻取混凝土芯样方法时应符合本规范附录 E 的规定。 10.2.4　钢筋保护层厚度检验应符合本规范附录 F 的规定。 10.2.5　当混凝土强度被判为不合格或钢筋保护层厚度不满足要求时，应委托具有资质的检测机构按国家有关标准的规定进行检测。 **2.《建筑工程施工质量验收统一标准》GB 50300—2013** 3.0.6　建筑工程施工质量应按下列要求进行验收： 1　工程质量验收均应在施工单位自检合格的基础上进行。 2　参加工程施工质量验收的各方人员应具备相应的资格。 3　检验批的质量应按主控项目和一般项目验收。 4　对涉及结构安全、节能、环境保护和主要使用功能的试块、试件及材料，应在进场时或施工中按规定进行见证检验。 5　隐蔽工程在隐蔽前应由施工单位通知监理单位进行验收，并应形成验收文件，验收合格后方可继续施工。 6　对涉及结构安全、节能、环境保护和使用功能的重要分部工程应在验收前按规定进行抽样检验。 7　工程的观感质量应由验收人员现场检查，并应共同确认。 5.0.1　检验批质量验收合格应符合下列规定：	3. 查阅混凝土工程检验批、分项工程、分部工程验收报审表 　　签字：施工单位项目经理、专业监理工程师（建设单位专业技术负责人）已签字 　　盖章：施工单位、监理单位（建设单位）已盖章 　　结论：同意验收 4. 查阅混凝土检验批质量验收记录 　　主控项目、一般项目：与实际相符，质量经抽样检验合格，质量检查记录齐全 　　签字：施工单位项目质量员、项目专业技术负责人、专业监理工程师（建设单位专业技术负责人）已签字 　　结论：合格 5. 查阅混凝土工程分项工程质量验收记录 　　项目：所含检验批的质量验收记录完整 　　签字：施工单位项目质量员、项目专业技术负责人、专业监理工程师（建设单位专业技术负责人）已签字 　　结论：合格

条款号	大纲条款	检 查 依 据	检查要点
5.2.11	隐蔽验收、质量验收记录符合要求，记录齐全	1 主控项目的质量经抽样检验均应合格。 2 一般项目的质量经抽样检验合格。当采用计数抽样时，合格点率应符合有关专业验收规范的规定，且不得存在严重缺陷。对于计数抽样的一般项目，正常检验一次、二次抽样可按本标准附录 D 判定。 3 具有完整的施工操作依据、质量验收记录。 5.0.2 分项工程质量验收合格应符合下列规定： 1 所含检验批的质量均应验收合格。 2 所含检验批的质量验收记录应完整。 5.0.3 分部工程质量验收合格应符合下列规定： 1 所含分项工程的质量均应验收合格。 2 质量控制资料应完整。 3 有关安全、节能、环境保护和主要使用功能的抽样检验结果应符合相应规定。 4 观感质量应符合要求。 5.0.4 单位工程质量验收合格应符合下列规定： 1 所含分部工程的质量均应验收合格。 2 质量控制资料应完整。 3 所含分部工程中有关安全、节能、环境保护和主要使用功能的检验资料应完整。 4 主要使用功能的抽查结果应符合相关专业验收规范的规定。 5 观感质量应符合要求。 5.0.8 经返修或加固处理仍不能满足安全或使用要求的分部工程及单位工程，严禁验收。 6.0.1 检验批应由专业监理工程师组织施工单位项目专业质量检查员、专业工长等进行验收。 6.0.2 分项工程应由专业监理工程师组织施工单位项目专业技术负责人等进行验收。 6.0.3 分部工程应由总监理工程师组织施工单位项目负责人和项目技术负责人等进行验收。勘察、设计单位项目负责人和施工单位技术、质量部门负责人应参加地基与基础分部工程的验收。设计单位项目负责人和施工单位技术、质量部门负责人应参加主体结构、节能分部工程的验收。 6.0.4 单位工程中的分包工程完工后，分包单位应对所承包的工程项目进行自检，并应按本标准规定的程序进行验收。验收时，总包单位应派人参加。分包单位应将所分包工程的质量控制资料整理完整后，移交给总包单位。 6.0.5 单位工程完工后，施工单位应组织有关人员进行自检。总监理工程师应组织各专业监理工程师对工程质量进行竣工预验收。存在施工质量问题时，应由施工单位及时整改。整改完毕后，由施工单位向建设单位提交工程竣工报告，申请工程竣工验收。	6. 查阅混凝土结构分部（子分部）工程质量验收记录 内容：包括所含分项工程的质量控制资料、安全和使用功能的检验资料、观感质量验收资料等 签字：建设单位项目负责人、设计单位项目负责人、勘察单位项目负责人、施工单位项目经理、总监理工程师已签字 盖章：建设单位、设计单位、勘察单位、监理单位、施工单位已盖章 综合结论：合格

条款号	大纲条款	检 查 依 据	检查要点
5.2.11	隐蔽验收、质量验收记录符合要求，记录齐全	6.0.6　建设单位收到工程竣工报告后，应由建设单位项目负责人组织监理、施工、设计、勘察等单位项目负责人进行单位工程验收。 **3.《地下防水工程质量验收规范》GB 50208—2011** 3.0.9　地下防水工程的施工，应建立各道工序的自检、交接检和专职人员检查制度，并应有完整的检查记录；工程隐蔽前，应由施工单位通知有关单位进行验收，并形成隐蔽工程验收记录；未经监理单位或建设单位代表对上道工序的检查确认，不得进行下道工序的施工。 9.0.2　检验批的合格判定应符合下列规定： 　　1　主控项目的质量经抽样检验全部合格； 　　2　一般项目的质量经抽样检验 80％以上检测点合格，其余不得有影响使用功能的缺陷；对有允许偏差的检验项目，其最大偏差不得超过本规范规定允许偏差的 1.5 倍； 　　3　施工具有明确的操作依据和完整的质量检查记录。 9.0.3　分项工程质量验收合格应符合下列规定： 　　1　分项工程所含检验批的质量均应验收合格； 　　2　分项工程所含检验批的质量验收记录应完整。 9.0.4　子分部工程质量验收合格应符合下列规定： 　　1　子分部工程所含分项工程的质量均应验收合格； 　　2　质量控制资料应完整； 　　3　地下工程渗漏水检测应符合设计的防水等级标准要求； 　　4　观感质量检查应符合要求。 **4.《建设工程监理规范》GB/T 50319—2013** 5.2.4　项目监理机构应对承包单位报送的隐蔽工程、检验批、分项工程和分部工程进行验收，验收合格的给以签认。 **5.《电力建设工程监理规范》DL/T 5434—2009** 9.1.10　对承包单位报送的隐蔽工程报验申请表和自检记录，专业监理工程师应进行现场检查，符合要求予以签认后，承包单位方可隐蔽并进行下一道工序施工。 　　对未经监理人员验收或验收不合格的工序，监理人员应拒绝签认，并严禁承包单位进行下一道工序的施工。 9.1.11　专业监理工程师应对承包单位报送的分项工程质量报验资料进行审核，符合要求予以签认；总监理工程师应组织专业监理工程师对承包单位报送的分部工程和单位工程质量验评资料进行审核和现场检查，符合要求予以签认	

条款号	大纲条款	检 查 依 据	检查要点
5.2.12	基础部分防雷接地施工验收、隐蔽记录齐全，地网接地阻抗测量结果符合设计要求	**1.《电气装置安装工程接地装置施工及验收规范》GB 50169—2006** 1.0.6 接地装置的安装应配合建筑工程的施工，隐蔽部分必须在覆盖前会同有关单位做好中间检查及验收记录。 1.0.7 各种电气装置与主接地网的连接必须可靠，接地装置的焊接质量应符合本规范第 3.4.2 条的规定，接地电阻符合设计规定，扩建接地网与原接地网间应为多点连接。 3.3.5 每个电气装置的接地应以单独的接地线与接地汇流排或接地干线相连接，严禁在一个接地线中串接几个需要接地的电气装置。重要设备和设备构架应有两根与主接地网不同地点连接的连接引下线，且每根接地引下线均应符合热稳定及机械强度的要求，连接引线应便于定期进行检查测试。 3.4.1 接地体（线）的连接应采用焊接，焊接必须牢固无虚焊。接至电气设备上的接地线，应用镀锌螺栓连接；有色金属接地线不能采用焊接时，可采用螺栓连接、压接、热剂焊（放热焊接）方式连接。用螺栓连接时应设防松螺帽或防松垫片，螺栓连接处的接触面应按现行国家标准《电气装置安装工程母线装置施工及验收规范》GBJ 149 的规定处理。不同材料接地体间的连接应进行处理。 3.4.2 接地体（线）的焊接应采用搭接焊，其焊接长度必须符合下列规定： 　1 扁钢为其宽度的 2 倍（且至少 3 个棱边焊接）； 　2 圆钢为其直径的 6 倍； 　3 圆钢与扁钢连接时，其长度为圆钢直径的 6 倍； 　4 扁钢与钢管、扁钢与角钢焊接时，为了连接可靠，除应在其接触部位两侧进行焊接外，并应焊以由钢带弯成的弧形（直角形）卡子或直接由钢带本身弯成弧形（或直角形）与钢管（或角钢）焊接。 3.4.3 接地体（线）为铜与铜或铜与钢的连接工艺采用热剂焊（放热焊接）时，其熔接接头必须符合下列规定： 　1 被连接的导体必须完全包在接头里； 　2 要保证连接部位的金属完全熔化，连接牢固； 　3 热剂焊（放热焊接）接头的表面应平滑； 　4 热剂焊（放热焊接）的接头应无贯穿性气孔。 **2.《建筑电气工程施工质量验收规范》GB 50303—2002** 3.3.18 接地装置安装应按以下程序进行： 　1 建筑物基础接地体：底板钢筋敷设完成，按设计要求做接地施工，经检查确认，才能支模或浇捣混凝土； 　2 人工接地体：按设计要求位置开挖沟槽，经检查确认，才能打入接地极和敷设接地干线； 　3 接地模板：按设计位置开挖模块坑，并将地下接地干线引到模块上，经检查确认，才能相互焊接； 　4 装置隐蔽：检查验收合格，才能覆土回填。 3.3.22 防雷接地系统测试：接地装置施工完成测试应合格；避雷接闪器安装完成，整个防雷接地系统连成回路，才能系统测试	1. 查阅接地装置隐蔽验收记录 　搭接长度：符合规范规定 　接地极、接地干线焊接及防腐：符合规范规定 　埋深：符合设计要求 　回填：符合规范规定 　隐蔽验收：合格 　签字：齐全 2. 查看接地装置接地引线 　螺栓连接：可靠、螺帽朝向符合规范规定 　焊接：焊接质量符合规范规定 　扩建网与主网连接点数量：符合设计要求 　标识：清晰，符合规范规定 　验收：合格 　签字：齐全

条款号	大纲条款	检 查 依 据	检查要点
5.3　基础防腐（防水）的监督检查			
5.3.1	防腐（防水）材料性能证明文件齐全，复试报告齐全	**1.《地下防水工程质量验收规范》GB 50208—2011** 3.0.5　地下工程所使用防水材料的品种、规格、性能等必须符合现行国家或行业产品标准和设计要求。 3.0.6　防水材料必须经具备相应资质的检测单位进行抽样检验，并出具产品性能检测报告。 **2.《建筑防腐蚀工程施工质量验收规范》GB 50224—2010** 6.1.5　水玻璃类防腐蚀工程所用的钠水玻璃，钾水玻璃，氟硅酸钠，缩合磷酸铝，粉料和粗、细骨料等原材料的质量，应符合设计要求或国家现行有关标准的规定。 　　检验方法：检查产品出厂合格证、材料检测报告或现场抽样的复验报告。 7.1.4　树脂类防腐蚀工程所用的环氧树脂、乙烯基酯树脂、不饱和聚酯树脂、呋喃树脂、酚醛树脂、玻璃纤维增强材料、粉料和细骨料等原材料的质量，应符合设计要求或国家现行有关标准的规定。 　　检验方法：检查产品出厂合格证、材料检测报告或现场抽样的复验报告。 8.1.4　沥青类防腐蚀工程所用的沥青，防水卷材，高聚物改性沥青防水卷材，粉料和粗、细骨料等应符合设计要求或国家现行有关标准的规定。 　　检验方法：检查产品出厂合格证、材料检测报告或现场抽样复验报告。 9.1.4　聚合物水泥砂浆防腐工程所用的阳离子氯丁胶乳、聚丙烯酸酯乳液、环氧树脂乳液、硅酸盐水泥和细骨料等原材料质量应符合设计要求或国家现行有关标准的规定。 　　检验方法：检查产品出厂合格证、材料检测报告或现场抽样的复验报告。 10.0.4　涂料类的品种、型号、规格和性能质量应符合设计要求或国家现行有关标准的规定。 　　检验方法：检查产品出厂合格证、材料检测报告和现场抽样的复验报告	1. 查阅防腐（防水）材料的进场报审表 　签字：施工单位项目经理、专业监理工程师已签字 　盖章：施工单位、监理单位已盖章 　结论：同意使用 2. 查阅防腐（防水）材质证明 　材质证明：应为原件或有效抄件 3. 查阅防腐（防水）复检报告 　内容：包括试验方法、试验项目、数据计算等 　签字：授权人已签字 　盖章：已加盖计量认证章检测专用章 　结论：合格
5.3.2	防腐（防水）层的厚度符合设计要求，粘接牢固，表面无损伤	**1.《地下防水工程质量验收规程》GB 50208—2011** 4.1.19　防水混凝土结构厚度不应小于250mm，其允许偏差应为＋8mm，－5mm；主体结构迎水面钢筋保护层厚度不应小于50mm，其允许偏差应为±5mm。 　　检验方法：尺量检查和检查隐蔽验收记录。 4.2.12　水泥砂浆防水层的平均厚度应符合设计要求，最小厚度不得小于设计厚度的85%。 　　检验方法：用针测法检查。 4.4.8　涂料防水层的平均厚度应符合设计要求，最小厚度不得小于设计厚度的90%。 　　检验方法：用针测法检查。	查看防腐（防水）涂层质量 　厚度：符合设计要求和规范规定 　外观：粘结牢固、无漏涂、皱皮、气泡和破膜现象

条款号	大纲条款	检 查 依 据	检查要点
5.3.2	防腐（防水）层的厚度符合设计要求，粘接牢固，表面无损伤	**2.《建筑防腐蚀工程施工质量验收规范》GB 50224—2010** 5.0.6 块材结合层和灰缝应饱满密实、粘结牢固；灰缝均匀整齐、平整一致，不得有空鼓、疏松；铺砌块材不得出现通缝、重叠缝等缺陷。 检查方法：仪器、尺量和敲击法检查，必要时可采用破坏法检查。 6.2.1 水玻璃胶泥、水玻璃砂浆铺砌块材结合层的水玻璃胶泥、水玻璃砂浆应饱满密实、粘结牢固。灰缝应挤严、饱满，表面应平滑，无裂缝和气孔。 检查方法：面层检查：敲击法检查；灰缝检查：尺量检查和检查施工记录；裂缝检查：用5倍～10倍放大镜检查。 6.2.2 水玻璃胶泥、水玻璃砂浆铺砌块材面层与转角处、踢脚线、地漏、门口和设备基础应粘结牢固、灰缝平整，应无起鼓、裂缝和渗流等缺陷。 检查方法：敲击法检查和用5倍～10倍放大镜检查。 6.3.1 密实性钾水玻璃砂浆整体面层与基层应粘结牢固，应无起壳、脱层、水玻璃沉积、贯通性气泡等缺陷。 检查方法：观察检查、敲击法检查或破坏性检查。 6.3.2 密实型钾水玻璃砂浆整体面层厚度应符合设计规定。小于设计规定厚度的测点数不得大于10%，其测点厚度不得小于设计规定厚度的90%。 检查方法：检查施工记录和测厚样板。对碳钢基层上的厚度，应用磁性测厚仪检测。对混凝土基层上的厚度，应用磁性测厚检测在碳钢基层上做的测厚样板。 6.4.3 水玻璃混凝土整体面层厚度应符合设计规定。小于设计规定厚度的测点数不得大于10%，其测点厚度不得小于设计规定厚度的90%。 检查方法：检查施工记录和测厚样板。对碳钢基层上的厚度，应用磁性测厚仪检测。对混凝土基层上的厚度，应用磁性测厚检测在碳钢基层上做的测厚样板。 7.3.1 树脂胶泥、树脂砂浆铺砌块材的结合层和灰缝内的树脂胶泥或树脂砂浆应饱满密实、固化完全、粘结牢固、平面块材砌体无滑移，立面块材砌体无变形，块材和基层间无脱层，结合层厚度和灰缝宽度应符合表7.3.1的规定。 检查方法：观察检查、尺量检查和敲击法检查。树脂固化度应用白棉花球蘸丙酮擦拭方法检查。 7.3.2 树脂胶泥灌缝的深度应符合表7.3.1的规定。缝内树脂胶泥应饱满密实、固化完全，与块材应粘结牢固，表面无裂缝。 检查方法：检查施工记录，观察检查和尺量检查。 7.4.1 树脂稀胶泥、树脂砂浆、树脂玻璃鳞片胶泥整体面层的表面应固化完全，面层与基层粘结牢固，无起壳和脱层。 检查方法：树脂固化度应用白棉花球蘸丙酮擦拭方法检查。观察和敲击法检查。	

条款号	大纲条款	检 查 依 据	检查要点
5.3.2	防腐（防水）层的厚度符合设计要求，粘接牢固，表面无损伤	7.4.2　树脂稀胶泥、树脂砂浆、树脂玻璃鳞片胶泥面层厚度应符合设计规定。小于设计规定厚度的测点数不得大于 10%，其测点厚度不得小于设计规定厚度的 90%。 　　检查方法：检查施工记录和测厚样板。对碳钢基层上的厚度，应用磁性测厚仪检测。对混凝土基层上的厚度，应用磁性测厚检测在碳钢基层上做的测厚样板。 8.2.2　涂覆隔离层的层数及厚度应符合设计规定。涂覆层应结合牢固，表面应平整、光亮，无起鼓等缺陷。 　　检查方法：观察检查和检查施工记录。 8.3.1　高聚物改性沥青卷材隔离层的施工层数应符合设计规定。 　　检查方法：观察检查和检查施工记录。 8.3.2　冷铺法铺贴隔离层时，卷材粘接剂的涂刷应均匀、无漏涂，卷材应平整、压实，与底层结合应牢固，接缝应整齐，无皱折、起鼓和脱层等缺陷。 　　检查方法：观察检查、敲击法检查和检查施工记录。 8.3.3　自粘法铺贴隔离层时，卷材应压实、平整，接缝应整齐、无皱折，与底层结合应牢固，无起鼓、脱层等缺陷。 　　检查方法：观察检查、敲击法检查和检查施工记录。 8.3.4　热熔法铺贴隔离层时，卷材应压实、平整，接缝应整齐、无皱折，与底层结合应牢固，无起鼓、脱层等缺陷。 　　检查方法：观察检查、敲击法检查和检查施工记录。 8.4.1　沥青胶泥铺砌块材结合层厚度和灰缝宽度应符合表 8.4.1 的规定。 　　检查方法：检查施工记录和尺量检查。 8.4.2　结合层和灰缝内的胶泥应饱满密实，表面应平整、无沥青胶泥痕迹，粘结应牢固，灰缝表面应均匀整洁。 　　检查方法：观察检查和敲击法检查。 8.5.1　沥青砂浆和沥青混凝土整体面层铺设的冷底子油涂刷应完整均匀，沥青砂浆和沥青混凝土面层与基层结合应牢固，表面应密实、平整、光洁，应无裂缝、空鼓、脱层等缺陷，并应无接槎痕迹。 　　检查方法：观察检查、敲击法检查和检查施工记录。 9.2.1　聚合物水泥砂浆整体面层与基层应粘结牢固，无脱层和起壳等缺陷。 　　检查方法：检查施工记录和尺量检查。 9.2.2　聚合物水泥砂浆整体面层的表面应平整，无明显裂缝、脱皮、起砂和麻面等缺陷。 　　检查方法：观察检查和用 5 倍～10 倍放大镜检查。 9.2.3　聚合物水泥砂浆面层的厚度应符合设计规定。 　　检查方法：采用测厚仪或 150mm 钢板尺检查。	

条款号	大纲条款	检 查 依 据	检查要点
5.3.2	防腐（防水）层的厚度符合设计要求，粘接牢固，表面无损伤	9.3.1 聚合物水泥砂浆铺砌的块材结合层、灰缝应饱满密实，粘结牢固，不得有疏松、十字通缝和裂缝。结合层厚度和灰缝宽度应符合表 9.3.1 的规定。 　　检查方法：观察检查、尺量检查和敲击法检查。 10.0.6 涂层附着力应符合设计规定。涂层与钢铁基层的附着力：划格法不应大于 1 级，拉开法还应小于 5MPa。涂层与混凝土基层的附着力（拉开法）不应小于 1.5MPa。 　　检查方法：采用涂层附着力划格器法或附着力拉开法检查。 　　检查数量：涂层附着力测量数不应大于设计涂装构件件数的 1%，但不应少于 3 件，每件应抽查 3 点。 10.0.7 涂层的层数和厚度应符合设计规定。小于设计规定厚度的测点数不得大于 10%，其测点厚度不得小于设计规定厚度的 90%。 　　检查方法：检查施工记录和测厚样板。钢基层表面用磁性测厚仪检测。混凝土基层表面用超声波测厚仪检测，也可对同步样板进行检测。 **3.《电力建设施工技术规范 第 1 部分：土建结构工程》DL 5190.1—2012** 8.7.2 防水、防腐蚀涂层的基底表面应密实、平整、洁净，无污染、缺陷。 8.7.3 防水、防腐蚀层涂料施工时应符合以下规定： 　　1 涂料种类应符合设计要求，进场时应有产品合格证、出厂检验报告。采用新型涂料时，应进行涂料的材料性能检验和施工工艺试验，达到有关质量要求后方可施工。 　　2 基底应按设计要求处理。干基涂料的基底混凝土表面应干燥，湿固化涂料基底混凝土表面应无明显积水。 　　3 涂料应按规定的配合比和配料顺序进行配制，配料时应有防晒、防雨、防风沙等设施。 　　4 涂料施工时的环境温度应符合产品说明书的要求。涂刷环氧类涂料，环境温度不宜低于 10℃；涂刷其他种类的防水、防腐蚀涂料，环境温度不宜低于 5℃。 　　5 涂料施工现场应有防火、防毒、通风措施。 　　6 涂料可采用机械喷涂或人工涂刷，应先试涂，质量符合设计要求后方可进行大面积涂刷。 　　7 涂料施工应在涂膜表面干燥后，方可刷（喷）上一层涂料。 　　8 涂料应搅拌均匀，涂层厚度应一致，不得有漏涂、镀皮、气泡和破膜等现象。 　　9 涂层的总厚度应符合设计要求。 8.7.5 卷材防水、防腐蚀层施工应符合下列规定： 　　1 各层卷材间应紧密粘贴，不得有气泡、裂缝和脱层等现象； 　　2 所有转角部分应抹成圆角，并应采取保护卷材的措施； 　　3 粘贴卷材时，短边的搭接宽度不应小于 150mm，长边的搭接宽度不小于 100mm，相邻两幅和上下层卷材的搭接均应相互错开，并不得相互垂直粘贴。 8.7.6 在防水、防腐蚀层上进行施工操作时，应有确保防水、防腐蚀层不被损坏的可靠措施，在防水、防腐蚀层施工完后应按照设计要求立即做好保护层	

续表

条款号	大纲条款	检 查 依 据	检查要点
5.4　冬期施工的监督检查			
5.4.1	冬期施工措施和越冬保温措施内容齐全有效	**《建筑工程冬期施工规程》JGJT 104—2011** 1.0.4　凡进行冬期施工的工程项目，应编制冬期施工专项方案；对有不能适应冬期施工要求的问题应及时与设计单位研究解决。 6.1.2　混凝土工程冬期施工应按照本规程附录 A 进行混凝土热工计算。 6.9.4　养护温度的测量方法应符合下列规定： 　　1　测温孔编号，并应绘制测温孔布置图，现场应设置明显标识； 　　3　采用非加热法养护时，测温孔应设置在易散热的部位；采用加热法养护时，应分别设置在离热源不同的位置。 11.1.1　对于有采暖要求，但却不能保证正常采暖的新建工程、跨年施工的在建工程以及停建、缓工程等，在入冬前均应编制越冬维护方案	查阅冬期施工措施与越冬保温措施 　热工计算：有针对性 　受冻临界强度：依据可靠 　方法：可操作性强 　审批：施工单位的技术负责人已批准，监理单位总监理工程师已批准，有明确的意见 　签字：施工单位技术员、项目技术负责人、公司技术负责人及监理单位专业监理工程师、总工程师已签字
5.4.2	原材料预热、选用的外加剂、混凝土拌和和浇筑条件、试件抽取留置符合规定	**1.《混凝土结构工程施工规范》GB 50666—2011** 10.2.5　冬期施工混凝土搅拌前，原材料预热应符合下列规定： 　　1　宜加热拌和水，当仅加热拌合水不能满足热工计算要求时，可加热骨料；拌和水与骨料加热温度可通过热工计算确定，加热温度不应超过表 10.2.5 的规定； 　　2　水泥、外加剂、矿物掺合料不得直接加热，应置于暖棚中预热。 10.2.6　冬期施工混凝土搅拌应符合下列规定： 　　1　液体防冻剂使用前应搅拌均匀，由防冻剂溶液带来的水分应从混凝土拌合水中扣除； 　　2　蒸汽法加热骨料时，应加大对骨料含水率测试频率，并应将由骨料带入的水分从混凝土拌合水中扣除； 　　3　混凝土搅拌前应对搅拌机械进行保温或采用蒸汽进行加温，搅拌时间应比常温搅拌延长 30s～60s； 　　4　混凝土搅拌时应先投入骨料与拌合水，预拌后投入胶凝材料与外加剂。胶凝材料、引气剂或含引气组分外加剂不得与 60℃以上热水直接接触。 10.2.7　混凝土拌和物的出机温度不宜低于 10℃，入模温度不应低于 5℃；预拌混凝土或需远距离运输的混凝土，混凝土拌和物的出机温度可根据距离经热工计算确定，但不宜低于 15℃。大体积混	1. 查看冬期施工原材料预热现场 　水温：水泥未与80℃以上的水直接接触 　骨料加热：符合规程规定 2. 查阅冬期施工选用的外加剂试验报告 　检验项目：齐全 　代表部位和数量：与现场实际相符 　签字：授权人已签字 　盖章：已加盖计量认证章和检测专用章 　结论：合格

续表

条款号	大纲条款	检 查 依 据	检查要点
5.4.2	原材料预热、选用的外加剂、混凝土拌合和浇筑条件、试件抽取留置符合规定	凝土的入模温度可根据实际情况适当降低。 10.2.10 混凝土分层浇筑时，分层厚度不应小于400mm。在被上一层混凝土覆盖前，已浇筑层的温度应满足热工计算要求，且不得低于2℃。 10.2.11 采用加热方法养护现浇混凝土时，应根据加热产生的温度应力对结构的影响采取措施，并应合理安排混凝土浇筑顺序与施工缝留置位置。 10.2.12 冬期浇筑的混凝土，其受冻临界强度应符合下列规定： 　　1 当采用蓄热法、暖棚法、加热法施工时，采用硅酸盐水泥、普通硅酸盐水泥配制的混凝土，不应低于设计混凝土强度等级值的30%；采用矿渣硅酸盐水泥、粉煤灰硅酸盐水泥、火山灰质硅酸盐水泥配制的混凝土时，不应低于设计混凝土强度等级值的40%。 　　2 当室外最低气温不低于−15℃时，采用综合蓄热法、负温养护法施工的混凝土受冻临界强度不应低于4.0MPa；当室外最低气温不低于−30℃时，采用负温养护法施工的混凝土受冻临界强度不应低于5.0MPa。 　　3 强度等级等于或高于C50的混凝土，不宜低于设计混凝土强度等级值的30%。 　　4 有抗渗要求的混凝土，不宜小于设计混凝土强度等级值的50%。 　　5 有抗冻耐久性要求的混凝土，不宜低于设计混凝土强度等级值的70%。 　　6 当采用暖棚法施工的混凝土中掺入早强剂时，可按综合蓄热法受冻临界强度取值。 　　7 当施工需要提高混凝土强度等级时，应按提高后的强度等级确定受冻临界强度。 10.2.17 混凝土工程冬期施工应加强骨料含水率、防冻剂掺量检查，以及原材料、入模温度、实体温度和强度监测；应依据气温的变化，检查防冻剂掺量是否符合配合比与防冻剂说明书的规定，并应根据需要调整配合比。 10.2.19 冬期施工混凝土强度试件的留置，除应符合现行国家标准《混凝土结构工程施工质量验收规定》GB 50204 的有关规定外，尚应增加不少于2组的同条件养护试件。同条件养护试件应在解冻后进行试验。 **2. 《建筑工程冬期施工规程》JGJ／T 104—2011** 4.1.1 冬期施工所用的材料应符合下列规定： 　　1 砖、砌块在砌筑前，应清除块材表面污物和冰霜等，不得使用遭水浸和受冻后表面结冰、污染的砖或砌块； 　　2 砌筑砂浆宜采用普通硅酸盐水泥配制，不得使用无水泥拌制的砂浆； 　　3 现场拌制砂浆所用砂中不得含有直径大于10mm的冻结块和冰块； 　　4 石灰膏、电石渣膏等材料应有保温措施，遭冻结时应经融化后方可使用； 　　5 砂浆拌和水温不宜超过80℃，砂加热温度不宜超过40℃，且水泥不得与80℃以上热水直接接触；砂浆稠度宜较常温适当增大且不得二次加水调整砂浆和易性。	3. 查看混凝土拌和条件和浇筑条件 　　所用骨料：清洁、不含冰、雪、冻块及其他易冻裂物质 　　掺加含有钾、钠离子的防冻剂混凝土：未使用活性骨料或骨料未含有活性物质 　　混凝土搅拌时间：符合《建筑工程冬期施工规程》JGJ／T 104—2011表6.2.5的规定 　　浇筑前模板：冰雪与污垢已清除 4. 查看混凝土试块（含同条件试块）留置 　　数量：符合规范规定

条款号	大纲条款	检 查 依 据	检查要点
5.4.2	原材料预热、选用的外加剂、混凝土拌合和浇筑条件、试件抽取留置符合规定	4.1.3 砌体工程宜选用外加剂法进行施工,对绝缘、装饰等有特殊要求的工程,应采用其他方法。 4.1.5 砂浆试块的留置,除应按常温规定要求外,尚应增设一组与砌体同条件养护的试块,用于检验转入常温 28d 的强度。如有特殊需要,可另外增加相应龄期的同条件试块。 4.2.1 采用外加剂法配制砂浆时,可采用氯盐或亚硝酸盐等外加剂。氯盐应以氯化钠为主,当气温低于−15℃时,可与氯化钙复合使用。 4.2.2 砌筑施工,砂浆温度不应低于 5℃。 4.2.3 当设计无要求,且最低气温等于或低于−15℃时,砌体砂浆强度等级应较常温施工提高一级。 4.2.7 下列情况不得采用掺氯盐的砂浆砌筑砌体: 　　1 对装饰工程有特殊要求的建筑物; 　　2 使用环境温度大于 80％的建筑物; 　　3 配筋、钢埋件无可靠防腐处理措施的砌体; 　　4 接近高压电线的建筑物(如变电所、发电站等); 　　5 经常处于地下水位变化范围内,以及在地下未设防水层的结构。 6.1.1 冬期浇筑的混凝土,其受冻临界强度应符合下列规定: 　　1 当采用蓄热法、暖棚法、加热法施工时,采用硅酸盐水泥、普通硅酸盐水泥配制的混凝土,不应低于设计混凝土强度等级值的 30％;采用矿渣硅酸盐水泥、粉煤灰硅酸盐水泥、火山灰质硅酸盐水泥配制复合硅酸盐水泥时,不应低于设计混凝土强度等级值的 40％。 　　2 当室外最低气温不低于−15℃时,采用综合蓄热法、负温养护法施工的混凝土受冻临界强度不应低于 4.0MPa;当室外最低气温不低于−30℃时,采用负温养护法施工的混凝土受冻临界强度不应低于 5.0MPa。 　　3 强度等级等于或高于 C50 的混凝土,不宜低于设计混凝土强度等级值的 30％。 　　4 有抗渗要求的混凝土,不宜小于设计混凝土强度等级值的 50％。 　　5 有抗冻耐久性要求的混凝土,不宜低于设计混凝土强度等级值的 70％。 　　6 当采用暖棚法施工的混凝土中掺入早强剂时,可按综合蓄热法受冻临界强度取值。 　　7 当施工需要提高混凝土强度等级时,应按提高后的强度等级确定受冻临界强度。 6.1.5 冬期施工混凝土选用外加剂应符合现行国家标准《混凝土外加剂应用技术规范》GB 50119 的相关规定。非加热养护法混凝土施工,所选用的外加剂应含有引气组分或掺入引气剂,含气量宜控制在 3.0％～5.0％。 6.1.6 钢筋混凝土掺用氯盐类防冻剂时,氯盐掺量不得大于水泥质量的 1.0％。掺用氯盐的混凝土应振捣密实,且不宜采用蒸汽养护。 6.1.7 在下列情况下,不得在钢筋混凝土结构中掺用氯盐:	

条款号	大纲条款	检 查 依 据	检查要点
5.4.2	原材料预热、选用的外加剂、混凝土拌合和浇筑条件、试件抽取留置符合规定	1 排出大量蒸汽的车间、浴池、游泳馆、洗衣房和经常处于空气相对湿度大于80%的房间以及有顶盖的钢筋混凝土蓄水池等在高湿度空气环境中使用的结构； 2 处于水位升降部位的结构； 3 露天结构或经常受雨、水淋的结构； 4 有镀锌钢材或铝铁相接触的结构，和有外露钢筋、预埋件而无防护措施的结构； 5 与含有酸、碱或硫酸盐等侵蚀介质相接触的结构； 6 使用过程中经常处于环境温度为60℃以上的结构； 7 使用冷拉钢筋或冷拔低碳钢丝的结构； 8 薄壁结构，中级和重级工作制吊车梁、屋架、落锤或锻锤基础结构； 9 电解车间和直接靠近直流电源的结构； 10 直接靠近高压电源（发电站、变电所）的结构； 11 预应力混凝土结构。 6.1.8 模板外和混凝土表面覆盖的保温层，不应采用潮湿状态的材料，也不应将保温材料直接铺盖在潮湿的混凝土表面，新浇混凝土表面应铺一层塑料薄膜。 6.1.10 型钢混凝土组合结构，浇筑混凝土前应对型钢进行预热，预热温度宜大于混凝土入模温度，预热方法可按本规程第6.5节相关规定。 6.2.1 混凝土原材料加热宜采用加热水的方法。当加热水不能满足要求时，可对骨料进行加热。水、骨料加热的最高温度应符合表6.2.1的规定。 当水和骨料的温度仍不能满足热工计算要求时，可提高水温到100℃，但水泥不得与80℃以上的水直接接触。 6.2.2 水加热宜采用蒸汽加热、电加热、汽水热交换罐或其他加热方法，水箱或水池容积及水温应能满足连续施工的要求。 6.2.3 砂加热应在开盘前进行，加热应均匀。当采用保温加热料斗时，宜配备两个，交替加热使用。每个料斗容积可根据机械可装高度和侧壁厚度等要求设计，每一个斗的容量不宜小于3.5m³。 预拌混凝土用砂，应提前备足料，运至有加热设施的保温封闭料棚（室）或仓内备用。 6.2.4 水泥不得直接加热，袋装水泥使用前宜运入暖棚内存放。 6.2.5 混凝土搅拌的最短时间应符合表6.2.5的规定。 6.2.10 大体积混凝土分层浇筑时，已浇筑层的混凝土在未被上一层混凝土覆盖前，温度不应低于2℃。采用加热法养护混凝土时，养护前的混凝土温度也不得低于2℃。 6.9.7 混凝土抗压强度试件的留置除应按现行国家标准《混凝土结构工程施工质量验收规范》GB 50204的规定进行外，尚应增设不少于2组同条件养护试件	

条款号	大纲条款	检 查 依 据	检查要点
5.4.3	冬期施工的混凝土工程，养护条件、测温次数符合规范规定，记录齐全	**1.《混凝土结构工程施工规范》GB 50666—2011** 10.2.13　混凝土结构工程冬期施工养护，应符合下列规定： 　　1　当室外最低气温不低于－15℃时，对地面以下的工程或表面系数不大于5m⁻¹的结构，宜采用蓄热法养护，并应对结构易受冻部位加强保温措施；对表面系数为5m⁻¹～15m⁻¹的结构，宜采用综合蓄热法养护。采用综合蓄热法养护时，混凝土中应掺加具有减水、引气性能的早强剂或早强型外加剂。 　　2　对不易保温养护且对强度增长无具体要求的一般混凝土结构，可采用掺防冻剂的负温养护法进行养护。 　　3　当本条第1、2款不能满足施工要求时，可采用暖棚法、蒸汽加热法、电加热法等方法进行养护，但应采取降低能耗的措施。 10.2.14　混凝土浇筑后，对裸露表面应采取防风、保湿、保温措施，对边、棱角及易受冻部位应加强保温。在混凝土养护和越冬期间，不得直接对负温混凝土表面浇水养护。 10.2.15　模板和保温层的拆除除应符合本规范第4章及设计要求外，尚应符合下列规定： 　　1　混凝土强度达到受冻临界强度，且混凝土表面温度不应高于5℃； 　　2　以墙、板等薄壁结构构件，宜推迟拆模。 10.2.16　混凝土强度未达到受冻临界强度和设计时，应连续进行养护。当混凝土表面温度与环境温度之差大于20℃时，拆模后的混凝土表面应立即进行保温覆盖。 10.2.18　混凝土冬期施工期间，应按国家现行有关标准的规定对混凝土拌和水温度、外加剂溶液温度、骨料温度、混凝土出机温度、浇筑温度、入模温度，以及养护期间混凝土内部和大气温度进行测量。 **2.《建筑工程冬期施工规程》JGJ/T 104—2011** 4.1.4　施工日记中应记录大气温度、暖棚内温度、砌筑时砂浆温度、外加剂掺量等有关资料。 4.3.2　暖棚法施工时，暖棚内的最低温度不应低于5℃。 4.3.3　砌体在暖棚内的养护时间应根据暖棚内温度确定，并应符合表4.3.3的规定。 6.4.1　混凝土蒸汽养护法可采用棚罩法、蒸汽套法、热模法、内部通汽法等方式…… 6.4.2　蒸汽养护法应采低压饱和蒸汽，当工地有高压蒸汽时，应通过减压阀或过水装置后方可使用。 6.4.3　蒸汽养护的混凝土，采用普通硅酸盐水泥时最高温度不得超过80℃，采用矿渣硅酸盐水泥时可提高到85℃。但采用内部通汽法时，最高加热温度不应超过60℃。 6.4.4　整体浇筑的结构，采用蒸汽加热养护时，升温和降温速度不得超过表6.4.4规定。 6.5.3　混凝土采用电极加热法养护应符合下列规定： 　　1　电路接好应以检查合格后方可合闸送电。当结构工程量较大，需边浇筑边通电，应将钢筋接地线。电加热现场应设安全围栏。	1. 查阅冬期施工混凝土工程养护记录和测温记录 　　养护方法：与方案一致 　　测温点的布置：与方案一致 　　测温项目与测温频次：符合规程规定 　　签字：施工单位项目质量员、项目专业技术负责人、专业监理工程师（建设单位专业技术负责人）已签字 2. 查看现场养护条件和测温点的布置 　　布置：与方案一致 　　实测温度：符合规范的规定

条款号	大纲条款	检 查 依 据	检查要点
5.4.3	冬期施工的混凝土工程，养护条件、测温次数符合规范规定，记录齐全	2 棒形和弦形电极应固定，并不得与钢筋直接接触。电极与钢筋之间的距离应符合表 6.5.3 的规定；当因钢筋密度大而不能保证钢筋与电极之间的距离满足表 6.5.3 的规定时，应采取绝缘措施。 3 电极加热法应采用交流电。电极的形式、尺寸、数量及配置应能保证混凝土各部位加热均匀，且应加热到设计的混凝土强度标准值的 50%。在电极附近的辐射半径方向每隔 10mm 距离的温度差不得超过 1℃。 4 电极加热应在混凝土浇筑后立即送电，送电前混凝土表面应保温覆盖。混凝土在加热养护过程中，洒水应在断电后进行。 6.5.4 混凝土采用电热毯法养护应符合下列规定： 1 电热毯宜由四层玻璃纤维布中间夹以电阻丝制成。其几何尺寸应根据混凝土表面或模板外侧与龙骨组成的区格大小确定。电热毯的电压宜为 60V～80V，功率宜为 75W～100W。 2 布置电热毯时，在模板周边的各区格应连接布毯，中间区格可间隔布毯，并应与对面模板错开。电热毯外侧应设置岩棉板等性质的耐热保温材料。 3 电热毯养护的通电持续时间应根据气温及养护温度确定，可采取分段、间段或连续通电养护工序。 6.6.2 暖棚法施工应符合下列规定： 1 应设专人监测混凝土及暖棚内温度，暖棚内各测点温度不得低于 5℃。测温点应选择具有代表性位置进行布置，在离地面 500mm 高度处应设点，在每昼夜测温不应少于 4 次。 2 养护期间应监测暖棚内的相对湿度，混凝土不得有失水现象，否则应及时采取增湿措施或在混凝土表面洒水养护。 3 暖棚的出入口应设专人管理，并应采取防止棚内温度下降或引起风口处混凝土受冻的措施。 4 在混凝土养护期间应将烟或燃烧气体排至棚外，并应采取防止烟气中毒和防火的措施。 6.9.1 混凝土冬期施工质量检查除应符合现行标准《混凝土结构工程施工质量验收规范》GB 50204 以及国家现行有关标准规定外，尚应符合一步下列规定： 1 应检查外加剂质量及掺量；外加剂进入施工现场后应进行抽样检验，合格后方准使用； 2 应根据施工方案确定的参数检查水、骨料、外加剂溶液和混凝土出机、浇筑、起始养护时的温度； 3 应检查混凝土从入模到拆除保温层或保温模板期间的温度； 4 采用预拌混凝土质量检查应由预拌混凝土生产企业进行，并应将记录资料提供给施工单位。 6.9.2 施工期间的测温项目与频次应符合表 6.9.2 规定。 6.9.3 混凝土养护期间的温度测量应符合下列规定： 1 采用蓄热法或综合蓄热法时，在达到受冻临界强度之前应每隔 4h～6h 测量一次。 2 采用负温养护法时，在达到受冻临界强度之前应每隔 2h 测量一次。	

条款号	大纲条款	检 查 依 据	检查要点
5.4.3	冬期施工的混凝土工程，养护条件、测温次数符合规范规定，记录齐全	3　采用加热时，升温和降温阶段应每隔 1h 测量一次，恒温阶段每隔 2h 测量一次。 4　混凝土在达到受冻临界强度后，可停止测温。 5　大体积混凝土养护期间的温度测量尚应符合国家现行标准《大体积混凝土施工规范》GB 50496 的相关规定。 6.9.4　养护温度的测量方法应符合下列规定： 　　1　测温孔应编号，并应绘制测温孔布置图，现场应设置明显标识； 　　2　测温时，测温单元应采取措施与外界气温隔离；测温元件测量位置应处于结构表面下 20mm 处，留置在测温孔内的时间不应少于 3min； 　　3　采用非加热法养护时，测温孔应设置在易于散热的部位，采用加热法养护时，应分别设置在离热源不同的位置。 6.9.5　混凝土质量检查应符合下列规定： 　　1　应检查混凝土表面是否受冻、粘连、收缩裂缝，边角是否脱落，施工缝处有无受冻痕迹； 　　2　应检查同条件养护试块的养护条件是否与结构实体相一致； 　　3　按本规程附录 B 成熟度法推定混凝土强度时，应检查测温记录与计算公式要求是否相符； 　　4　采用电加热养护时，应检查供电变压器二次电压和二次电流强度，每一工作班不应少于两次。 6.9.6　模板和保温层在混凝土达到要求强度并冷却到 5℃后方可拆除。拆模时混凝土表面与环境温差大于 20℃时，混凝土表面应及时覆盖，缓慢冷却。	
5.4.4	冬期停、缓建工程，停止位置的混凝土强度符合设计和规范规定	**《建筑工程冬期施工规程》JGJ/T 104—2011** 6.9.7　混凝土抗压强度试件的留置除应按现行国家标准《混凝土结构工程施工质量验收规范》GB 50204 规定进行外，尚应增设不少于 2 组同条件养护试件。 11.3.1　冬期停、缓建工程越冬停工时的停留位置应符合下列规定： 　　1　混合结构可停留在基础上部地梁位置，楼层间的圈梁或楼板上皮标高位置； 　　2　现浇混凝土框架应停留在施工缝位置； 　　4　混凝土水池底部应按施工缝要求确定，并应设有止水设施。 11.3.2　已开挖的基坑或基槽不宜挖至设计标高，应预留 200mm～300mm 土层；越冬时，应对基坑或基槽保温维护，保温层厚度可按本规程附录 C 计算确定。 11.3.3　混凝土结构工程停、缓建时，入冬前混凝土的强度应符合下列规定：	1. 查阅冬期停、缓建工程入冬前混凝土强度评定及标高与轴线记录 　强度：符合设计要求和规范规定 　标高与轴线测量记录：内容完整准确 2. 查阅冬期停、缓建工程复工前工程标高、轴线复测记录

条款号	大纲条款	检 查 依 据	检查要点
5.4.4	冬期停、缓建工程，停止位置的混凝土强度符合设计和规范规定	1 越冬期间不承受外力的结构构件，除应符合设计要求外，尚应符合本规程第 6.1.1 条规定； 2 装配式结构构件的整浇接头，不得低于设计强度等级值的 70%； 3 预应力混凝土结构不应低于混凝土设计强度等级值的 75%； 4 升板结构应将柱帽浇筑完毕，混凝土应达到设计要求的强度等级	数据：齐全、完整 与原始记录偏差：在允许范围内或偏差超出允许偏差已提出处理方案，并取得建设、设计与监理部门的同意
			3. 查看现场 保护措施：采取的措施符合规范规定 停留位置：与方案一致，符合设计要求和规范的规定

6 质量监督检测

条款号	大纲条款	检 查 依 据	检查要点
6.0.1	开展现场质量监督检查时，应重点对下列项目的检测试验报告进行查验，必要时可进行验证性抽样检测。对检验指标或结论有怀疑时，必须进行检测		
(1)	钢筋、水泥、砂、石、拌合用水、掺合料、外加剂、混凝土、钢筋连接接头、预制混凝土构件等检测试验报告	**1.《混凝土结构工程施工质量验收规范》GB 50204—2015** 5.2.2 对有抗震要求的结构，其纵向受力钢筋的性能应满足设计要求；当设计无具体要求时，对按一、二、三级抗震等级设计的框架和斜撑构件（含梯段）中纵向受力钢筋应采用 HRB335B、HRB400E、HRB500E、HRB500E、HRBF335E、HRB400E 或 HRBF500E 钢筋，其强度和最大力下总伸长率的实测值应符合下列规定： 1 钢筋的抗拉强度实测值与屈服强度实测值的比值不应小于 1.25； 2 钢筋的屈服强度实测值与屈服强度标准值的比值不应大于 1.3； 3 钢筋的最大力下总伸长率不应小于 9%。	1. 查验抽测热轧光圆钢筋试件 重量偏差：符合标准 GB 1499.1—2008 表 4 的要求 屈服强度：符合标准 GB 1499.1—2008 表 6 的要求 抗拉强度：符合标准 GB 1499.1—2008 表 6 的要求

续表

条款号	大纲条款	检 查 依 据	检查要点
（1）	钢筋、水泥、砂、石、拌合用水、掺合料、外加剂、混凝土、钢筋连接接头、预制混凝土构件等检测试验报告	7.4.1　结构混凝土的强度等级必须符合设计要求。用于检查结构构件混凝土强度的试件，应在混凝土的浇筑地点随机抽取。 　　检查数量：对同一配合比混凝土，取样与试件留置应符合下列规定： 　　1　每拌制 100 盘且不超过 100m³ 时，取样不得少于一次； 　　2　每工作班拌制不足 100 盘时，取样不得少于一次； 　　3　连续浇筑超过 1000m³ 时，每 200m³ 取样不得少于一次； 　　4　每一楼层取样不得少于一次； 　　5　每次取样应至少留置一组试件。 9.2.1　预制构件的质量应符合本规范、国家现行相关标准的规定和设计的要求。 　　检验数量：全数检查。 　　检验方法：检查质量证明文件或质量验收记录。 9.2.2　混凝土预制构件专业企业生产的预制构件进场时，预制构件结构性能检验应符合下列规定： 　　1　梁板类简支受弯预制构件进场时应进行结构性能检验，并应符合下列规定： 　　1）结构性能检验应符合国家现行相关标准的有关规定及设计要求，检验要求和试验方法应符合本规范附录 B 的规定。 　　2）钢筋混凝土构件和允许裂缝的预应力混凝土构件应进行承载力、挠度和裂缝宽度检验…… 　　2　对其他预制构件，除设计专门要求外，进场时可不做结构性能检验。 **2.《大体积混凝土施工规范》GB 50496—2009** 4.2.1　配制大体积混凝土所用水泥的选择及其质量，应符合下列规定： 　　2　应选用中\低热硅酸盐水泥或低热矿渣硅酸盐水泥，大体积混凝土施工所用水泥，其 3d 的水化热不宜大于 240kJ/kg，7d 的水化热不宜大于 270kJ/kg。 4.2.2　水泥进场时应对水泥品种、强度等级、包装或散装仓号、出厂日期等进行检查，并对其强度、安定性、凝结时间、水化热等性能指标及其他必要的性能指标进行复验。 **3.《混凝土外加剂》GB 8076—2008** 5.1　掺外加剂混凝土的性能应符合表 1 的要求。 6.5　混凝土拌和物性能试验方法。 6.6　硬化混凝土性能试验方法。 7.1.3　取样数量 　　每一批号取样量不少于 0.2t 水泥所需用的外加剂量。 **4.《钢筋混凝土用钢　第 1 部分：热轧光圆钢筋》GB 1499.1—2008** 6.6.2　直条钢筋实际重量与理论重量的允许偏差应符合表 4 规定。	断后伸长率：符合标准 GB 1499.1—2008 表 6 的要求 　　最大力总伸长率：符合标准 GB 1499.1—2008 表 6 的要求 　　弯曲性能：符合标准 GB 1499.1—2008 表 6 的要求 2. 查验抽测热轧带肋钢筋试件 　　重量偏差：符合标准 GB 1499.2—2007 表 4 的要求 　　屈服强度：符合标准 GB 1499.2—2007 表 6 的要求 　　抗拉强度：符合标准 GB 1499.2—2007 表 6 的要求 　　断后伸长率：符合标准 GB 1499.2—2007 表 6 的要求 　　最大力总伸长率：符合标准 GB 1499.2—2007 表 6 的要求 　　弯曲性能：符合标准 GB 1499.2—2007 表 7 的要求 3. 纵向受力钢筋（有抗震要求的结构）试件 　　抗拉强度查验抽测值与屈服强度查验抽测值的比值：符合规范 GB 50204—2015 5.2.3 的要求 　　屈服强度查验抽测值与强度标准值的比值：符合规范 GB 50204—2015 5.2.3 的要求

条款号	大纲条款	检查依据	检查要点
（1）	钢筋、水泥、砂、石、拌合用水、掺合料、外加剂、混凝土、钢筋连接接头、预制混凝土构件等检测试验报告	7.3.1 钢筋力学性能及弯曲性能特征值应符合表6规定。 8.1 每批钢筋的检验项目、取样数量、取样方法和试验方法应符合表7规定。 8.4.1 测量重量偏差时，试样应从不同根钢筋上截取，数量不少于5支，每支试样长度不小于500mm。 **5. 《钢筋混凝土用钢 第2部分：热轧带肋钢筋》GB 1499.2—2007** 6.6.2 钢筋实际重量与理论重量的允许偏差应符合表4的规定。 7.3.1 钢筋力学性能特征值应符合表6的规定。 7.4.1 钢筋弯曲性能按表7的规定。 8.1 每批钢筋的检验项目、取样数量、取样方法和试验方法应符合表8的规定。 8.4.1 测量重量偏差时，试样应从不同根钢筋上截取，数量不少于5支，每支试样长度不小于500mm。 **6. 《通用硅酸盐水泥》GB 175—2007** 7.3.1 硅酸盐水泥初凝结时间不小于45min，终凝时间不大于390min。普通硅酸盐水泥、矿渣硅酸盐水泥、火山灰质硅酸盐水泥、粉煤灰硅酸盐水泥和复合硅酸盐水泥初凝时间不小于45min，终凝时间不大于600min。 7.3.2 安定性沸煮法合格。 7.3.3 强度符合表3的规定。 8.5 凝结时间和安定性按GB/T 1346进行试验。 8.6 强度按GB/T 17671进行试验。 9.1 取样方法按GB 12573进行。可连续取，亦可从20个以上不同部位取等量样品，总量至少12kg。 **7. 《用于水泥和混凝土中的粉煤灰》GB/T 1596—2005** 6.1 拌制混凝土和砂浆用粉煤灰应符合表1中技术要求。 7.1 细度按附录A进行。 7.2 需水量比按附录B进行。 7.3 烧失量、三氧化硫、游离氧化钙按GB/T 176进行。 7.4 含水量按附录C进行。 7.5 安定性的净浆试验样品按本标准3.3条制备，试验按GB/T 1346进行。 8.1.1 以连续供应的200t相同等级、相同种类的为一个编号。不足200t按一个编号论。	最大力下总伸长率：符合规范GB 50204—2015 5.2.3的要求 4. 查验抽测水泥试样 凝结时间：符合GB 175—2007 7.3.1要求 安定性：符合GB 175—2007 7.3.2要求 强度：符合GB 175—2007 表3要求 水化热（大体积混凝土）：符合GB 50496规范规定 5. 查验抽测砂试样 含泥量：符合JGJ 52—2006 表3.1.3规定 泥块含量：符合JGJ 52—2006 表3.1.4规定 石粉含量：符合JGJ 52—2006 表3.1.5规定 氯离子含量：符合标准JGJ 52—2006 3.1.10规定 碱活性：符合标准要求 6. 查验抽测碎石或卵石试样 含泥量：JGJ 52—2006符合表3.2.3规定 泥块含量：JGJ 52—2006符合表3.2.4规定

条款号	大纲条款	检 查 依 据	检查要点
（1）	钢筋、水泥、砂、石、拌合用水、掺合料、外加剂、混凝土、钢筋连接接头、预制混凝土构件等检测试验报告	8.1.2.2　取样方法按 GB 12573 进行。取样应有代表性，可连续取，也可从 10 个以上不同部位取等量样品，总量至少 3kg。 **8.《钢筋焊接及验收规程》JGJ 18—2012** 5.1.8　钢筋焊接接头力学性能试验时，应在外观检查合格后随机抽取。试验方法按《钢筋焊接接头试验方法》JGJ 27 执行。 5.3.1　闪光对焊接头力学性能试验时，应从每批中随机切取 6 个接头，其中 3 个做拉伸试验，3 个做弯曲试验。 5.5.1　电弧焊接头的质量检验，……，在现浇混凝土结构中，应以 300 个同牌号钢筋、同型式接头作为一批；……，每批随机切取 3 个接头做拉伸试验。 5.6.1　电渣压力焊接头的质量检验，……，在现浇混凝土结构中，应以 300 个同牌号钢筋接头作为一批；……，每批随机切取 3 个接头试件做拉伸试验。 5.8.2　预埋件钢筋 T 形接头进行力学性能检验时，应以 300 件同类型预埋件作为一批；……，每批预埋件中随机切取 3 个接头做拉伸试验。 **9.《钢筋机械连接技术规程》JGJ 107—2010** 7.0.5　钢筋机械连接接头的现场检验应按验收批进行。同一施工条件下采用同一批材料的同等级、同型式、同规格接头，应以 500 个为一检验批进行检验和验收，不足 500 个也应作为一个检验批。 7.0.7　对钢筋机械连接接头的每一验收批，必须在工程结构中随机截取 3 个接头试件做抗拉强度试验，按设计要求的接头等级评定。 A.2.2　施工现场随机抽取接头试件的抗拉强度试验应采用零到破坏的一次加载制度。 **10.《普通混凝土用砂、石质量及检验方法标准》JGJ 52—2006** 1.0.3　对于长期处于潮湿环境的重要混凝土结构所用砂、石应进行碱活性检验。 3.1.3　天然砂中含泥量应符合表 3.1.3 的规定。 3.1.4　砂中泥块含量应符合表 3.1.4 的规定。 3.1.5　人工砂或混合砂中石粉含量应符合表 3.1.5 的规定。 3.1.10　钢筋混凝土和预应力混凝土用砂的氯离子含量分别不得大于 0.06% 和 0.02%。 3.2.2　碎石或卵石中针、片状颗粒应符合表 3.2.2 的规定。 3.2.3　碎石或卵石中含泥量应符合表 3.2.3 的规定。 3.2.4　碎石或卵石中泥块含量应符合表 3.2.4 的规定。 3.2.5　碎石的强度可用岩石抗压强度和压碎指标表示。岩石的抗压等级应比所配制的混凝土强度至少高 20%。当混凝土强度大于或等于 C60 时，应进行岩石抗压强度检验。岩石强度首先由生产单位提供，工程中可采用能够压碎指标进行质量控制，岩石压碎值指标宜符合表 3.5.5-1 的规定。卵石的强度可用压碎值表示。其压碎指标宜符合表 3.2.5-2 的规定。	针、片状颗粒：符合 JGJ 52—2006 表 3.2.2 的规定 碱活性：符合 JGJ 52—2006 标准要求 压碎指标（高强混凝土）：符合 JGJ52—2006 规范规定 7. 查验抽测水样 pH 值：符合 JGJ 63—2006 表 3.1.1 的规定 不溶物：符合 JGJ 63—2006 表 3.1.1 的规定 可溶物：符合 JGJ 63—2006 表 3.1.1 的规定 氯化物：符合 JGJ 63—2006 表 3.1.1 的规定 硫酸盐：符合 JGJ 63—2006 表 3.1.1 的规定 碱含量：符合 JGJ 63—2006 表 3.1.1 的规定 8. 查验抽测粉煤灰试样 细度：符合 GB/T 1596—2005 表 1 中技术要求 需水量比：符合 GB/T 1596—2005 表 1 中技术要求 烧失量：符合 GB/T 1596—2005 表 1 中技术要求 三氧化硫：符合 GB/T 1596—2005 表 1 中技术要求

条款号	大纲条款	检 查 依 据	检查要点
（1）	钢筋、水泥、砂、石、拌合用水、掺合料、外加剂、混凝土、钢筋连接接头、预制混凝土构件等检测试验报告	5.1.3 对于每一单项检验项目，砂、石的每组样品取样数量应符合下列规定： 砂的含泥量、泥块含量、石粉含量及氯离子含量试验时，其最小取样质量分别为 4400g、20000g、1600g 及 2000g；对最大公称粒径为 31.5mm 的碎石或乱石，含泥量和泥块含量试验时，其最小取样质量为 40kg。 6.8 砂中含泥量试验。 6.10 砂中泥块含量试验。 6.11 人工砂及混合砂中石粉含量试验。 6.18 氯离子含量试验。 6.20 砂中的碱活性试验（快速法）。 7.7 碎石或卵石中含泥量试验。 7.8 碎石或卵石中泥块含量试验。 7.16 碎石或卵石的碱活性试验（快速法）。 **11.《混凝土用水标准》JGJ 63—2006** 3.1.1 混凝土拌和用水水质要求应符合表 3.1.1 的规定。对于设计使用年限为 100 年的结构混凝土，氯离子含量不得超过 500mg/L；对使用钢丝或经热处理钢筋的预应力混凝土，氯离子含量不得超过 350mg/L。 4.0.1 pH 值的检验应符合现行国家标准《水质 pH 的测定玻璃电极法》GB/T 6920 的要求。 4.0.2 不溶物的检验应符合现行国家标准《水质悬浮物的测定 重量法》GB/T 11901 的要求。 4.0.3 可溶物的检验应符合现行国家标准《生活饮用水标准检验法》GB 5750 中溶解性总固体检验法的要求。 4.0.4 氯化物的检验应符合现行国家标准《水质氯化物的测定 硝酸银滴定法》GB/T 11896 的要求。 4.0.5 硫酸盐的检验应符合现行国家标准《水质硫酸盐的测定 重量法》GB/T 11899 的要求。 4.0.6 碱含量的检验应符合现行国家标准《水泥化学分析方法》GB/T 176 中关于氧化钾、氧化钠测定的火焰光度法的要求。 5.1.1 水质检验水样不应少于 5L	9. 查看抽测外加剂试样 减水率：符合 GB 8076—2008 表 1 的规定 泌水率比：符合 GB 8076—2008 表 1 的规定 含气量：符合 GB 8076—2008 表 1 的规定 凝结时间差：符合 GB 8076—2008 表 1 的规定 1h 经时变化量：符合 GB 8076—2008 表 1 的规定 抗压强度比：符合 GB 8076—2008 表 1 的规定 收缩率比：符合 GB 8076—2008 表 1 的规定 相对耐久性：符合 GB 8076—2008 表 1 的规定 10. 查验抽测混凝土试块 抗压强度：符合设计要求 11. 查验抽测钢筋焊接接头试件 抗拉强度：符合 JGJ 18—2012 标准要求 12. 查验抽测钢筋机械连接接头试件 抗拉强度：符合 JGJ 107—2010 标准要求

续表

条款号	大纲条款	检 查 依 据	检查要点
（1）	钢筋、水泥、砂、石、拌合用水、掺合料、外加剂、混凝土、钢筋连接接头、预制混凝土构件等检测试验报告		13. 查验抽测预制构件 承载力：符合标准图或设计要求 挠度：符合标准图或设计要求 抗裂度：符合标准图或设计要求
（2）	防腐和防水材料性能等检测试验报告	**1.《弹性体（SBS）改性沥青防水卷材》GB 18242—2008** 5.3　材料性能应符合表 2 要求。 6.7　可溶物含量按 GB/T 328.26 进行。 6.8　耐热度按 GB/T 328.11—2007 中 A 法进行。 6.9　低温柔性按 GB/T 328.14 进行。 6.10　不透水性按 GB/T 328.10—2007 中 B 进行。 6.11　拉力及延伸率按 GB/T 328.8 进行。 7.7.1.2　从单位面积质量、面积、厚度及外观合格的卷材中任取一卷进行材料性能试验。 **2.《建筑防腐蚀工程施工质量验收规范》GB 50224—2010** 　　水玻璃类防腐蚀工程 6.2.1　水玻璃胶泥、水玻璃砂浆铺砌块材结合层的水玻璃胶泥、水玻璃砂浆应饱满密实、粘结牢固。灰缝应挤严、饱满，表面应平滑，无裂缝和气孔。结合层厚度和灰缝宽度应符合表 6.2.1 的规定。 6.3.1　密实型钾水玻璃砂浆整体面层与基层应粘结牢固，应无起壳、脱层、裂纹、水玻璃沉积、贯通性气泡等缺陷。 　　检验方法：观察检查、敲击法检查或破坏性检查。 　　树脂类防腐蚀工程 7.1.8　玻璃钢面层，块材面层，树脂稀胶泥、树脂砂浆和树脂玻璃鳞片胶泥整体面层与转角、地漏、门口、预留孔、管道出入口应结合严密、粘结牢固、接缝平整，无渗漏和空鼓。 　　检验方法：观察检查、敲击法检查和检查隐蔽工程记录。 7.2.4　玻璃钢层的厚度应符合设计规定。玻璃钢厚度小于设计规定厚度的测点数不得大于 10%，测点处实测厚度不得小于设计规定厚度的 90%。 　　检验方法：检查施工记录和仪器测厚。 7.4.1　树脂稀胶泥、树脂砂浆、树脂玻璃鳞片胶泥整体面层的表面应固化完全，面层与基层粘结牢固，无起壳和脱层。 　　检验方法：树脂固化度应用白棉花球蘸丙酮擦拭的方法检查。观察和敲击法检查。	1. 查验抽测卷材试样 可溶物含量：符合 GB 18242—2008 表 2 要求 耐 热 度：符合 GB 18242—2008 表 2 要求 低温柔性：符合 GB 18242—2008 表 2 要求 不透水性：符合 GB 18242—2008 表 2 要求 拉力及延伸率：符合 GB 18242—2008 表 2 要求 2. 查验抽测钠水玻璃制成品试样 初凝时间、终凝时间、抗压强度、抗拉强度、抗渗等级等指标符合 GB 50224—2010 表 6.1.6-1 要求 3. 查验抽测钾水玻璃制成品试样 初凝时间、终凝时间、抗压强度、抗拉强度、抗渗等级等指标符合 GB 50224—2010 表 6.1.6-2 要求

续表

条款号	大纲条款	检查依据	检查要点

（2）	防腐和防水材料性能等检测试验报告	7.4.2 树脂稀胶泥、树脂砂浆、树脂玻璃鳞片胶泥面层厚度应符合设计规定。小于设计规定厚度的测点数不得大于10％，其测点厚度不得小于设计规定厚度的90％。
		沥青类防腐蚀工程
		8.2.1 沥青玻璃布卷材隔离层冷底子油的涂刷应完整。卷材应展平压实，应无气泡、翘边、空鼓等缺陷。接缝处应粘牢。
		    检验方法：观察检查和检查施工记录。
		8.2.2 涂覆隔离层的层数及厚度应符合设计规定。涂覆层应结合牢固，表面应平整、光亮，无起鼓等缺陷。
		8.3.2 冷铺法铺贴隔离层时，卷材粘接剂的涂刷应均匀、无漏涂，卷材应平整、压实，与底层应结合牢固，接缝应整齐，无皱折、起鼓和脱层等缺陷。
		    检验方法：观察检查、敲击法检查和检查施工记录。
		8.3.3 自粘法铺贴隔离层时，卷材应压实、平整，接缝应整齐、无皱折，与底层结合应牢固，无起鼓、脱层等缺陷。
		    检验方法：观察检查、敲击法检查和检查施工记录。
		8.3.4 热熔法铺贴隔离层时，卷材应压实、平整，接缝应整齐、无皱折，与底层结合应牢固，无起鼓、脱层等缺陷。
		    检验方法：观察检查、敲击法检查和检查施工记录。
		8.5.1 沥青砂浆和沥青混凝土整体面层铺设的冷底子油涂刷应完整均匀，沥青砂浆和沥青混凝土面层与基层结合应牢固，表面应密实、平整、光洁，应无裂缝、空鼓、脱层等缺陷，并应无接槎痕迹。
		    检验方法：检查施工记录、观察检查和敲击法检查。
		聚合物水泥砂浆防腐蚀工程
		9.1.7 聚合物水泥砂浆铺抹的整体面层和铺砌的块材面层，其面层与转角、地漏、门口、预留孔、管道出入口应结合严密、粘结牢固、接缝平整，应无渗漏和空鼓等缺陷。
		9.3.1 聚合物水泥砂浆铺砌的块材结合层、灰缝应饱满密实，粘结牢固，不得有疏松、十字通缝、重叠缝和裂缝。结合层厚度和灰缝宽度符合表9.3.1的规定。
		涂料类防腐蚀工程
		10.0.6 涂层附着力应符合设计规定。涂层与钢铁基层的附着力：划格法不应大于1级，拉开法不应小于5MPa。涂层与混凝土基层的附着力（拉开法）不应小于1.5MPa。
		10.0.7 涂层的层数和厚度应符合设计规定。涂层厚度小于设计规定厚度的测点数不应大于10％，且测点处实测厚度不应小于设计规定厚度的90％。
		10.0.8 涂层表面应光滑平整、色泽一致，无气泡、透底、返锈、返粘、起皱、开裂、剥落、漏涂和误涂等缺陷
			4. 查验抽测树脂类材料制成品试样
			  抗压强度、抗拉强度、胶泥粘接强度等级等指标符合GB 50224—2010表7.1.5要求
			
			5. 查验抽测树脂玻璃鳞片胶泥制成品试样
			  粘接强度、抗渗性等指标符合GB 50224—2010表7.1.6要求
			
			6. 查验抽测沥青试样
			  针入度：符合GB 50212—2014表11.2.1要求
			  延度：符合GB 50212—2014表11.2.1要求
			  软化点：符合GB 50212—2014表11.2.1要求

条款号	大纲条款	检 查 依 据	检查要点
（3）	回填土检测试验报告	**1.《建筑地面工程施工质量验收规范》GB 50209—2010** 4.2.7　回填基土应均匀密实，压实系数应符合设计要求，设计无要求时，不应小于 0.9。 **2.《建筑地基基础工程施工质量验收规范》GB 50202—2002** 4.1.5　基土检验数量，每单位工程不应少于 3 点，1000㎡以上工程，每 100㎡至少应有 1 点，3000㎡以上工程，每 300㎡至少应有 1 点	查验抽测回填基土试样 压实系数：符合设计要求

第 3 节点：光伏发电单元启动前监督检查

条款号	大纲条款	检 查 依 据	检查要点
4 责任主体质量行为的监督检查			
4.1 建设单位质量行为的监督检查			
4.1.1	工程采用的专业标准清单已审批	**1.《关于实施电力建设项目法人责任制的规定》 电建〔1997〕79 号** 第十八条 公司应遵守国家有关电力建设和生产的法律和法规，自觉执行电力行业颁布的法规和标准、定额等，…… **2.《光伏发电工程验收规范》GB/T 50796—2012** 3 基本规定。 3.0.1 工程验收依据应包括下列内容： 1 国家现行有关法律、法规、规章和技术标准	查阅法律法规和标准规范清单 签字：责任人已签字 盖章：单位已盖章 时效性：动态管理、文件有效
4.1.2	按规定组织进行设计交底和施工图会检	**1.《建设工程质量管理条例》中华人民共和国国务院令〔2000〕第 279 号** 第二十三条 设计单位应当就审查合格的施工图设计文件向施工单位作出详细说明。 **2.《建筑工程勘察设计管理条例》中华人民共和国国务院令〔2015〕第 662 号** 第三十条 建设工程勘察、设计单位应当在建设工程施工前，向施工单位和监理单位说明建设工程勘察、设计意图，解释建设工程勘察、设计文件。建设工程勘察、设计单位应当及时解决施工中出现的勘察、设计问题。 **3.《建设工程监理规范》GB/T 50319—2013** 5.1.2 监理人员应熟悉工程设计文件，有关监理人员应参加建设单位主持的图纸会审和设计交底会议，总监理工程师应参与会议纪要会签。 **4.《建设工程项目管理规范》GB/T 50326—2006** 8.3.3 项目技术负责人应主持对图纸审核，并应形成会审记录。 **5.《光伏发电站施工规范》GB 50794—2012** 3.0.1 …… 4. 开工所必需的施工图应通过会审，设计交底应完成，…… **6.《电力建设工程施工技术管理导则》国电电源〔2002〕896 号** 7.01 施工图纸是施工和验收的主要依据之一。为使施工人员充分领会设计意图、熟悉设计内容、正确施工，确保施工质量，必须在开工前进行图纸会检。 **7.《输变电工程项目质量管理规程》DL/T 1362—2014** 5.3.2 建设单位应在变电站单位工程和输电线路分部工程开工前组织设计交底和施工图会检	1. 查阅设计交底记录 主持人：建设单位责任人 交底人：设计单位责任人 签字：交底人及被交底人已签字 时间：施工前 2. 查阅施工图会检纪要 签字：施工、设计、监理、建设单位责任人已签字 时间：施工前

续表

条款号	大纲条款	检 查 依 据	检查要点
4.1.3	按合同约定组织设备制造厂进行技术交底	《光伏发电工程验收规范》GB/T 50796—2012 3　基本规定。 3.0.8　工程验收中相关单位职责应符合下列要求： 7　设备制造单位职责应包括： 1）负责进行技术服务和指导。 2）……，处理制造单位应负责解决的问题	查阅设备制造厂的技术交底纪要 签字：交底人设备制造厂工代与被交底人建设单位、监理单位、安装单位各方参会人员已签字 时间：设备安装前
4.1.4	对工程建设标准强制性条文执行情况进行汇总	1.《中华人民共和国标准化法实施条例》中华人民共和国国务院令〔1990〕令第53号 第二十三条　从事科研、生产、经营的单位和个人，必须严格执行强制性标准。 2.《建设工程质量管理条例》中华人民共和国国务院令〔2000〕第279号 第十条　…… 建设单位不得明示或者暗示设计单位或者施工单位违反工程建设强制性标准，降低建设工程质量。 3.《实施工程建设强制性标准监督规定》中华人民共和国建设部令〔2000〕第81号 第二条　在中华人民共和国境内从事新建、扩建、改建等工程建设活动，必须执行工程建设强制性标准。 第六条　……工程质量监督机构应当对工程建设施工、监理、验收等阶段执行强制性标准的情况实施监督。 第十条　强制性标准监督检查的内容包括： （一）有关工程技术人员是否熟悉、掌握强制性标准； （二）工程项目的规划、勘察、设计、施工、验收等是否符合强制性标准的规定； （三）工程项目采用的材料、设备是否符合强制性标准的规定； （四）工程项目的安全、质量是否符合强制性标准的规定； （五）工程中采用的导则、指南、手册、计算机软件的内容是否符合强制性标准的规定。 4.《输变电工程项目质量管理规程》DL/T 1362—2014 4.4　输变电工程项目建设过程中，参建单位应遵循现行国家和行业标准，严格执行工程设计和施工标准中的强制性条文，……	查阅强制性条文执行汇总文件 内容：与强条执行记录相符，相关支持性文件可追溯 盖章：各相关责任单位已签字
4.1.5	继电保护定值单、安全保护整定值已提交调试单位	1.《光伏发电工程验收规范》GB/T 50796—2012 3.0.8　工程验收中相关单位职责应符合下列要求： 4　调试单位职责应包括： 2）系统调试前全面检查系统条件，保证安全措施符合调试方案要求。	查阅继电保护定值单、安全保护整定值交付记录 内容：交付手续齐全 时间：调试前

条款号	大纲条款	检 查 依 据	检查要点
4.1.5	继电保护定值单、安全保护整定值已提交调试单位	4.3.8 电气设备安装的验收应符合下列要求： 6 继电保护及安全自动装置的技术指标应符合现行国家标准《继电保护和安全自动装置技术规程》GB/T 14285 的有关规定。 **2.《微机继电保护装置运行管理规程》DL/T 587—2007** 10.5 对新安装的微机继电保护装置进行验收时，……，按有关规程和规定进行调试，并按定值通知单进行整定。…… **3.《110kV 及以上送变电工程启动及竣工验收规程》DL/T 782—2001** 3.4.8 建设项目法人在工程启动前三个月向电网调度部门提供相关资料和系统情况，提前两周提供实测参数。 3.4.9 电网调度部门根据建设项目法人提供的相关资料和系统情况，经过计算及时提供各种继电保护装置的整定值……；根据调试方案编制并审定启动调度方案和系统运行方式，……；审查、批准工程启动试运申请和可能影响电网安全运行的调整方案；发布操作命令，负责在整个启动调试和试运行期间的系统安全	
4.1.6	采用的新技术、新工艺、新流程、新装备、新材料已审批	**1.《中华人民共和国建筑法》中华人民共和国主席令〔2011〕第 46 号** 第四条 国家扶持建筑业的发展，支持建筑科学技术研究，提高房屋建筑设计水平，鼓励节约能源和保护环境，提倡采用先进技术、先进设备、先进工艺、新型建筑材料和现代管理方式。 **2.《建设工程质量管理条例》中华人民共和国国务院令〔2000〕第 279 号** 第六条 国家鼓励采用先进的科学技术和管理方法，提高建设工程质量。 **3.《实施工程建设强制性标准监督规定》建设部令〔2000〕第 81 号** 第五条 工程建设中拟采用的新技术、新工艺、新材料，不符合现行强制性标准规定的，应当由拟采用单位提请建设单位组织专题技术论证，报批准标准的建设行政主管部门或者国务院有关主管部门审定。 **4.《电力工程地基处理技术规程》DL/T 5024—2005** 5.0.8 ……。当采用当地缺乏经验的地基处理方法或引进和应用新技术、新工艺、新方法时，须通过原体试验验证其适用性。 **5.《电力建设施工技术规范 第 1 部分：土建结构工程》DL 5190.1—2012** 3.0.4 采用新技术、新工艺、新材料、新设备时，应经过技术鉴定或具有允许使用的证明。施工前应编制单独的施工措施及操作规程	查阅新技术、新工艺、新流程、新装备、新材料论证文件 意见：同意采用等肯定性意见 签字：专家组和批准人已签字
4.1.7	组织完成光伏发电单元、集电线路等项目的验收	**1.《建筑工程施工质量验收统一标准》GB 50300—2013** 3.0.7 建筑工程施工质量验收合格应符合下列规定： 1 符合工程勘察、设计文件的规定。 2 符合本标准和相关专业验收规范的要求。	查阅光伏发电单元、集电线路等项目的工程质量验收记录

条款号	大纲条款	检 查 依 据	检查要点
4.1.7	组织完成光伏发电单元、集电线路等项目的验收	5.0.4　单位工程质量验收合格应符合下列规定： 1　所含分部工程的质量均应验收合格。 2　质量控制资料应完整。 3　所含分部工程中有关安全、节能、环境保护和主要使用功能的检验资料应完整。 4　主要使用功能的抽查结果应符合相关专业验收规范的规定。 5　观感质量验收应符合规定。 6.0.5　单位工程完工后，施工单位应组织有关人员进行自检，总监理工程师应组织各专业监理工程师对工程质量进行竣工预验收。存在施工质量问题时，应由施工单位及时整改。 　整改完毕后，由施工单位向建设单位提交工程竣工报告，申请工程竣工验收。 6.0.6　建设单位收到工程竣工验收报告后，应由建设单位项目负责人组织监理、施工、设计、勘察等单位项目负责人进行单位工程验收。 **2.《光伏发电工程验收规范》GB/T 50796—2012** 3.0.4　当工程具备验收条件时，应及时组织验收。未经验收或验收不合格的工程不得交付使用或进行后续工程施工。验收工作应相互衔接，不应重复进行	签字：责任人已签字 盖章：责任单位已盖章 结论：明确
4.1.8	启动验收组织已建立，各专业组按职责正常开展工作	**1.《光伏发电工程验收规范》GB/T 50796—2012** 3.0.5　……；工程启动验收应由工程启动验收委员会（以下简称"启委会"）负责；…… 5.1.3　工程启动验收委员会的组成及主要职责应包括下列内容： 1　工程启动验收委员会应由建设单位组建，由建设、监理、调试、生产、设计、政府相关部门和电力主管部门等有关单位组成，施工单位、设备制造单位等参建单位应列席工程启动验收。 2　工程启动验收委员会主要职责应包括下列内容： 1）应组织建设单位、调试单位、监理单位、质量监督部门编制工程启动大纲。 2）应审议施工单位的启动准备情况，核查工程启动大纲。全面负责启动的现场指挥和具体协调工作。 3）应组织批准成立各专业验收小组，批准启动验收方案。 4）应审查验收小组的验收报告，处理启动过程中出现的问题。组织有关单位消除缺陷并进行复查。 5）应对工程启动进行总体评价，应签署符合本规范附录D要求的"工程启动验收鉴定书"。 **2.《110kV 及以上送变电工程启动及竣工验收规程》DL/T 782—2001** 3.1.1　110kV 及以上送变电工程的启动验收，一般由建设项目法人或省（直辖市、自治区）电力公司主持。 3.1.2　启委会一般由投资方、建设项目法人、省（直辖市、自治区）电力公司有关部门、运行、设计、施工、监理、调试、电网调度、质量监督等有关单位代表组成，必要时可邀请主要设备的制造厂参加。	1. 查阅启动验收委员会成立文件 内容：符合规程规定 盖章：项目法人单位已盖章 2. 查阅各专业组验收检查结果及闭环资料 内容：验收内容已包含启动范围，问题整改已闭环

条款号	大纲条款	检 查 依 据	检查要点
4.1.8	启动验收组织已建立，各专业组按职责正常开展工作	3.1.4　启委会的职责： 3.1.4.1　组织并批准成立启委会下设的工作机构。根据需要成立启动试运指挥组和工程验收检查组，在启委会领导下进行工作。 3.2.1　启动试运指挥组一般由建设、调度、调试、运行、施工安装、监理等单位组成。设组长1名，副组长2名（调度、调试单位各1名），由启委会任命。 3.2.2　启动试运指挥组的主要职责：组织有关单位编制启动调试大纲、方案，按照启委会审定的启动和系统调试方案负责工程启动、调试工作；对系统调试和试运中的安全、质量、进度全面负责。启动试运指挥组根据工作需要下设调度组、系统调试组、工程配合组，分别负责调度操作、系统调试测试、提出测试报告、在启动前和启动期间进行工程检查和安全设施装置检查、巡视抢修、现场安全等工作。启动试运指挥组在工作完成后向启动验收委员会报告，并负责出具调试报告。 3.3.1　工程验收检查组由建设、运行、设计、监理、施工、质量监督等单位组成。设组长1名，由工程建设单位出任；副组长1名，由运行单位出任，由启委会任命。 3.3.2　工程验收检查组的主要职责：核查工程质量的预检查报告，组织各专业验收检查，听取各专业验收检查组的验收检查情况汇报，审查验收检查报告，责成有关单位消除缺陷并进行复查和验收；确认工程是否符合设计和验收规范要求，是否具备试运行及系统调试条件，核查工程质量监督部门的监督报告，提出工程质量评价的意见，归口协调并监督工程移交和备品备件、专用工器具、工程资料的移交	
4.1.9	无任意压缩合同约定工期的行为	**1.《建设工程质量管理条例》中华人民共和国国务院令〔2000〕第279号** 第十条　建设工程发包单位不得迫使承包方以低于成本的价格竞标，不得任意压缩合理工期。 **2.《电力建设安全生产监督管理办法》电监安全〔2007〕38号** 第十三条　…… 　　电力建设单位应当执行定额工期，不得压缩合同约定的工期，…… **3.《建设工程项目管理规范》GB/T 50326—2006** 9.2.1　组织应依据合同文件、项目管理规划文件、资源条件与外部约束条件编制项目进度计划	查阅施工进度计划、合同工期和调整工期的相关文件 内容：有压缩工期的行为时，应有设计、监理、施工和建设单位认可的书面文件
4.1.10	各阶段质量监督检查提出的整改意见已落实闭环	**1.《电力工程质量监督实施管理程序（试行）》质监〔2012〕437号** 第十二条　阶段性监督检查 　　…… 　（四）　…… 　　项目法人单位（建设单位）接到《电力工程质量监督检查整改通知书》或《停工令》后，应在规定时间组织完成整改，经内部验收合格后，填写《电力工程质量监督检查整改回复单》（见附表7），报请质监机构复查核实。	查阅电力工程质量监督检查整改回复单 内容：整改项目全部闭环，相关资料可追溯 签字：相关单位责任人已签字 盖章：相关单位已盖章

续表

条款号	大纲条款	检 查 依 据	检查要点
4.1.10	各阶段质量监督检查提出的整改意见已落实闭环	第十六条　电力工程项目投运并网前，各阶段监督检查、专项检查和定期巡视检查提出的整改意见必须全部完成整改闭环，…… **2.《电力建设工程监理规范》DL/T 5434—2009** 10.2.18　项目监理机构应接受质量监督机构的质量监督，督促责任单位进行缺陷整改，并验收	
4.2　设计单位质量行为的监督检查			
4.2.1	技术洽商、设计更改等文件完整、手续齐全	**1.《建设工程勘察设计管理条例》中华人民共和国国务院令〔2015〕第 662 号** 第二十八条　建设单位、施工单位、监理单位不得修改建设工程勘察、设计文件；确需修改建设工程勘察、设计文件的，应当由原建设工程勘察、设计单位修改。经原建设工程勘察、设计单位书面同意，建设单位也可以委托其他具有相应资质的建设工程勘察、设计单位修改。修改单位对修改的勘察、设计文件承担相应责任。 　　施工单位、监理单位发现建设工程勘察、设计文件不符合工程建设强制性标准、合同约定的质量要求的，应当报告建设单位，建设单位有权要求建设工程勘察、设计单位对建设工程勘察、设计文件进行补充、修改。 　　建设工程勘察、设计文件内容需要作重大修改的，建设单位应当报经原审批机关批准后，方可修改。 **2.《建设项目工程总承包管理规范》GB/T 50358—2005** 6.4.2　……，设计质量的控制点主要包括： 　　7　设计变更的控制。 **3.《电力建设工程施工技术管理导则》国电电源〔2002〕896 号** 10.03　设计变更审批手续： 　　a）小型设计变更。由工地提出设计变更申请单或工程洽商（联系）单，经项目部技术管理部门审核，由现场设计、建设（监理）单位代表签字同意后生效。 　　b）一般设计变更。由工地提出设计变更申请单，经项目部技术管理部门审签后，送交建设（监理）单位审核。经设计单位同意后，由设计单位签发设计变更通知书并经建设（监理）单位会签后生效。 　　c）重大设计变更。由项目部总工程师组织研究、论证后，提交建设单位组织设计、施工、监理单位进一步论证、审核，决定后由设计单位修改设计图纸并出具设计变更通知书，还应附有工程预算变更单，经建设、监理、施工单位会签后生效。 **4.《电力勘测设计驻工地代表制度》（DLGJ 159.8—2001）** 5.0.2　进行设计更改 　　1　因原设计错误或考虑不周需进行的一般设计更改，由专业工代填写"设计变更通知单"，说明更改原因和更改内容，经工代组长签署后发至施工单位实施。"设计变更通知单"的格式见附录 A	查阅设计更改、技术洽商文件 编制签字：设计单位（EPC）各级责任人已签字 审核签字：相关单位责任人已签字 签字时间：在变更内容实施前

条款号	大纲条款	检 查 依 据	检查要点
4.2.2	设计代表工作到位、处理设计问题及时	**1.《建设工程勘察设计管理条例》中华人民共和国国务院令〔2015〕第 662 号** 第三十条 ……建设工程勘察设计单位应及时解决施工中出现的勘察设计问题。 **2.《电力勘测设计驻工地代表制度》DLGJ 159.8—2001** 2.0.1 工代的工地现场服务是电力工程设计的阶段之一，为了有效地贯彻勘测设计意图，实施设计单位通过工代为施工、安装、调试、投运提供及时周到的服务，促进工程顺利竣工投产，特制定本制度。 2.0.2 工代的任务是解释设计意图，解释施工图纸中的技术问题，收集包括设计本身在内的施工、设备材料等方面的质量信息，加强设计与施工、生产之间的配合，共同确保工程建设质量和工期，以及国家和行业标准的贯彻执行。 2.0.3 工代是设计单位派驻工地配合施工的全权代表，应能在现场积极地履行工代职责，使工程实现设计预期要求和投资效益。 5.0.6 工代记录 1 工代应对现场处理的问题、参加的各种会议以及决议作详细记录，填写"工代工作大事记"	1. 查阅设计单位对工代管理制度 内容：包括工代任命书及设计修改、变更、材料代用等签发人资格 2. 查阅设计服务记录 内容：包括现场施工与设计要求相符情况和工代协助施工单位解决具体技术问题的情况 3. 查阅设计变更通知单和工程联系单及台账 内容：处理意见明确，收发闭环
4.2.3	参加规定项目的质量验收工作	**1.《建筑工程施工质量验收统一标准》GB 50300—2013** 6.0.3 分部工程应由总监理工程师组织施工单位项目负责人和项目技术负责人等进行验收。 勘察、设计单位项目负责人和施工单位技术、质量部门负责人应参加地基与基础分部工程的验收。 设计单位项目负责人和施工单位技术、质量部门负责人应参加主体结构、节能分部工程的验收。 6.0.6 建设单位收到工程竣工报告后，应由建设单位项目负责人组织监理、施工、设计、勘察等单位项目负责人进行单位工程验收。 **2.《电力建设施工质量验收及评价规程 第 1 部分：土建工程》DL/T 5210.1—2012** 3.0.12 工程质量验收的程序、组织和记录应符合下列规定： 3 分部（子分部）工程质量验收应由总监理工程师（建设单位项目负责人）组织施工单位项目负责人和技术、质量负责人等进行验收；地基与基础、主体结构分部工程的勘测、设计单位工程项目负责人和施工单位技术、质量部门负责人也应参加相关分部工程验收。 4 ……建设单位收到工程验收申请报告后，应由建设单位（项目）负责人组织施工（含分包单位）、设计、监理等单位（项目）负责人进行单位（子单位）工程验收，…… **3.《光伏发电工程验收规范》GB/T 50796—2012** 3.0.8 工程验收中相关单位职责应符合下列要求： 2 勘察、设计单位职责应包括： 1）对土建工程与地基工程有关的施工记录校验	1. 查阅项目质量验收范围划分表 内容：勘察、设计单位（EPC）参加验收的项目已确定 2. 查阅分部工程、单位工程验收单 签字：项目设计（EPC）负责人已签字

续表

条款号	大纲条款	检 查 依 据	检查要点
4.2.4	工程建设标准强制性条文落实到位	**1.《建设工程质量管理条例》中华人民共和国国务院令〔2000〕第 279 号** 第十九条　勘察、设计单位必须按照工程建设强制性标准进行勘察、设计，并对其勘察、设计的质量负责。 **2.《建设工程勘察设计管理条例》中华人民共和国国务院令〔2015〕第 662 号** 第五条　……建设工程勘察、设计单位必须依法进行建设工程勘察、设计，严格执行工程建设强制性标准，并对建设工程勘察、设计的质量负责。 **3.《实施工程建设强制性标准监督规定》建设部令〔2000〕第 81 号** 第二条　在中华人民共和国境内从事新建、扩建、改建等工程建设活动，必须执行工程建设强制性标准。 第六条　建设项目规划审查机关应当对工程建设规划阶段执行强制性标准的情况实施监督。 　　施工图设计文件审查单位应当对工程建设勘察、设计阶段执行强制性标准的情况实施监督。 第十条　强制性标准监督检查的内容包括： 　　（一）有关工程技术人员是否熟悉、掌握强制性标准； 　　（二）工程项目的规划、勘察、设计、施工、验收等是否符合强制性标准的规定； 　　（五）工程中采用的导则、指南、手册、计算机软件的内容是否符合强制性标准的规定。 **4.《输变电工程项目质量管理规程》DL/T 1362—2014** 6.2.1　……质量管理策划内容应包括不限于： 　　b. 质量管理文件，包括引用的标准清单、设计质量策划、强制性条文实施计划、设计技术组织措施、达标投产（创优）实施细则等	1. 查阅设计文件 　内容：与强条有关的内容已落实 　签字：编、审、批责任人已签字 2. 查阅强制性条文实施计划（强制性条文清单）和本阶段执行记录 　内容：与实施计划相符 　签字：相关单位责任人已签字
4.2.5	进行了工程实体质量与设计符合性的确认	**1.《光伏发电工程验收规范》GB/T 50796—2012** 3.0.8　工程验收中相关单位职责应符合下列要求： 　　2　勘察、设计单位职责应包括： 　　3）对工程设计方案和质量负责，为工程验收提供设计总结报告。 **2.《电力勘测设计驻工地代表制度》DLGJ 159.8—2001** 5.0.3　深入现场，调查研究 　　1　工代应坚持经常深入施工现场，调查了解施工是否与设计要求相符，并协助施工单位解决施工中出现的具体技术问题，做好服务工作，促进施工单位正确执行设计规定的要求。 　　2　对于发现施工单位擅自做主，不按设计规定要求进行施工的行为，应及时指出，要求改正，如指出无效，又涉及安全、质量等原则性、技术性问题，应将问题事实与处理过程用"备忘录"的形式书面报告建设单位和施工单位，同时向设总和处领导汇报	1. 查阅地基处理分部、子分部工程质量验收记录 　签字：设计单位（EPC）项目负责人已签字 2. 查阅本阶段设计单位（EPC）汇报材料 　内容：已对本阶段工程实体质量与勘察设计的符合性进行了确认，符合性结论明确 　签字：项目设计（EPC）负责人已签字 　盖章：设计单位已盖章

条款号	大纲条款	检 查 依 据	检查要点
4.3	**监理单位质量行为的监督检查**		
4.3.1	完成监理规范规定的审核、批准工作	**1.《建筑工程施工质量验收统一标准》GB 50300—2013** 6.0.4 单位工程完工后,施工单位应组织有关人员进行自检。总监理工程师应组织各专业监理工程师对工程质量进行竣工预验收。存在施工质量问题时,应由施工单位及时整改。 **2.《建设工程监理规范》GB/T 50319—2013** 5.2.18 项目监理机构应审查施工单位提交的单位工程竣工验收报审表及竣工资料,组织工程竣工预验收。存在问题的,应要求施工单位及时整改;合格的,总监理工程师应签认单位工程竣工验收报审表。 5.2.19 工程竣工预验收合格后,项目监理机构应编写工程质量评估报告,并应经总监理工程师和工程监理单位技术负责人审核签字后报建设单位。 5.2.20 项目监理机构应参加由建设单位组织的竣工验收,对验收中提出的整改问题,应督促施工单位及时整改。工程质量符合要求的,总监理工程师应在工程竣工验收报告中签署意见。 **3.《电力建设工程监理规范》DL/T 5434—2009** 9.1.16 项目监理机构应组织工程竣工初检,对发现的缺陷督促承包单位整改,并复查	查阅施工单位单位工程验收申请表、工程竣工报验单 监理审查意见:结论明确 签字:相关责任人签字齐全
4.3.2	专业监理人员配备合理,资格证书与承担的任务相符	**1.《中华人民共和国建筑法》中华人民共和国主席令〔2011〕第46号** 第十四条 从事建筑活动的专业技术人员,应当依法取得相应的职业资格证书,并在执业资格证书许可的范围内从事建筑活动。 **2.《建设工程质量管理条例》中华人民共和国国务院令〔2000〕第279号** 第三十七条 工程监理单位应当选派具备相应资格的总监理工程师和监理工程师进驻施工现场。…… **3.《建设工程监理规范》GB/T 50319—2013** 2.0.6 总监理工程师 由工程监理单位法定代表人书面任命,负责履行建设工程监理合同、主持项目监理机构工作的注册监理工程师。 2.0.7 总监理工程师代表 经工程监理单位法定代表人同意,由总监理工程师书面授权,代表总监理工程师行使其部分职责和权力,具有工程类注册执业资格或具有中级及以上专业技术职称、3年及以上工程实践经验并经监理业务培训的人员。 2.0.8 专业监理工程师 由总监理工程师授权,负责实施某一专业或某一岗位的监理工作,有相应监理文件签发权,具有工程类注册执业资格或具有中级及以上专业技术职称、2年及以上工程实践经验并经监理业务培训的人员。 2.0.9 监理员 从事具体监理工作,具有中专及以上学历并经过监理业务培训的人员。 3.1.2 项目监理机构的监理人员应由总监理工程师、专业监理工程师和监理员组成,且专业配套、数量应满足建设工程监理工作需要,必要时可设总监理工程师代表。 3.1.3 ……应及时将项目监理机构的组织形式、人员构成、及对总监理工程师的任命书面通知建设单位	1. 查阅监理大纲(规划)中的监理人员进场计划 人员数量及专业:已明确 2. 查阅现场监理人员名单 专业:与工程阶段和监理规划相符 数量:满足监理工作需要 3. 查阅专业监理人员的资格证书 专业:与所从事专业相符 有效期:当前有效

条款号	大纲条款	检 查 依 据	检查要点
4.3.3	专业施工组织设计和调试方案已审查	**1.《建设工程监理规范》GB/T 50319—2013** 3.0.5　项目监理机构应审查施工单位报审的施工组织设计、专项施工方案，符合要求的，由总监理工程师签认后报建设单位。 　　项目监理机构应要求施工单位按照已批准的施工组织设计、专项施工方案组织施工。施工组织设计、专项施工方案需要调整的，项目监理机构应按程序重新审查。 **2.《电力建设工程监理规范》DL/T 5434—2009** 10.2.4　项目监理机构应审查承包单位报送的调试大纲、调试方案和措施，提出监理意见，报建设单位	1. 查阅专业施工组织设计报审资料 　审查意见：结论明确 　审批：责任人已签字 2. 查阅调试方案报审资料 　审查意见：结论明确 　审核：总监理工程师已签字
4.3.4	特殊施工技术措施已审批	**1.《建设工程安全生产管理条例》中华人民共和国国务院令〔2003〕第 393 号** 第二十六条　施工单位应当在施工组织设计中编制安全技术措施和施工现场临时用电方案，对下列达到一定规模的危险性较大的分部分项工程编制专项施工方案，并附具安全验算结果，经施工单位技术负责人、总监理工程师签字后实施，由专职安全生产管理人员进行现场监督： 　　（一）基坑支护与降水工程； 　　（二）土方开挖工程； 　　（三）模板工程； 　　（四）起重吊装工程； 　　（五）脚手架工程； 　　（六）拆除、爆破工程； 　　（七）国务院建设行政主管部门或者其他有关部门规定的其他危险性较大的工程。 　　对前款所列工程中涉及深基坑、地下暗挖工程、高大模板工程的专项施工方案，施工单位还应当组织专家进行论证、审查。 **2.《建设工程监理规范》GB/T 50319—2013** 5.2.2　总监理工程师应组织专业监理工程师审查施工单位报审的施工方案，符合要求后应予以签认。 **3.《电力建设工程监理规范》DL/T 5434—2009** 5.2.1　总监理工程师应履行以下职责： 　　6　审查承包单位提交的开工报告、施工组织设计、方案、计划。 9.1.3　专业监理工程师应要求承包单位报送重点部位、关键工序的施工工艺方案和工程质量保证措施，审核同意后签认	查阅施工单位特殊施工技术措施报审表 　签字：监理已签字 　审核意见：肯定性结论

条款号	大纲条款	检 查 依 据	检查要点
4.3.5	已按验收规范规程，对施工现场质量管理进行了检查	**1.《建筑工程施工质量验收统一标准》GB 50300—2013** 3.0.1 施工现场应具有健全的质量管理体系、相应施工技术标准、施工质量检验制度和综合施工质量水平评定考核制度。施工现场质量管理可按本标准附录 A 的要求进行检查记录。 **2.《电力建设施工质量验收及评价规程 第 1 部分：土建工程》DL/T 5210.1—2012** 3.0.14 施工现场质量管理检查记录应由施工单位按表 3.0.14 填写，由总监理工程师（建设单位项目负责人）进行检查，并做出检查结论	查阅施工现场质量管理检查记录 内容：符合规程规定 结论：有肯定性结论 签章：责任人已签字
4.3.6	组织或参加设备、材料的到货检查验收	**1.《建设工程监理规范》GB/T 50319—2013** 5.2.9 项目监理机构应审查施工单位报送的用于工程的材料、构配件、设备的质量证明文件，并应按有关规定、建设工程监理合同约定，对用于工程的材料进行见证取样、平行检验。 　　项目监理机构对已进场经检验不合格的工程材料、构配件、设备，应要求施工单位限期将其撤出施工现场。 **2.《电力建设工程监理规范》DL/T 5434—2009** 9.1.7 项目监理机构应对承包单位报送的拟进场工程材料、半成品和构配件的质量证明文件进行审核，并按有关规定进行抽样验收。对有复试要求的，经监理人员现场见证取样后送检，复试报告应报送项目监理机构查验。 9.1.8 项目监理机构应参与主要设备开箱验收，对开箱验收中发现的设备质量缺陷，督促相关单位处理	查阅施工单位报送的设备开箱"/"材料到货验收记录 验收记录：完整 签字：相关单位责任人已签字
4.3.7	按设定的工程质量控制点，进行了旁站监理	**1.《房屋建筑工程施工旁站监理管理办法（试行）》建市〔2002〕189 号** 第三条 监理企业在编制监理规划时，应当制定旁站监理方案，明确旁站监理的范围、内容、程序和旁站监理人员职责等。旁站监理方案应当送建设单位和施工企业各一份，并抄送工程所在地的建设行政主管部门或其委托的工程质量监督机构。 第九条 旁站监理记录是监理工程师或者总监理工程师依法行使有关签字权的重要依据。对于需要旁站监理的关键部位、关键工序施工，凡没有实施旁站监理或者没有旁站监理记录的，监理工程师或者总监理工程师不得在相应文件上签字。 **2.《建设工程监理规范》GB/T 50319—2013** 5.2.11 项目监理机构应根据工程特点和施工单位报送的施工组织设计，确定旁站的关键部位、关键工序，安排监理人员进行旁站，并应及时记录旁站情况。 **3.《电力建设工程监理规范》DL/T 5434—2009** 9.1.2 项目监理机构应审查承包单位编制的质量计划和工程质量验收及评定项目划分表，提出监理	1. 查阅施工质量验收范围划分表及报审表 划分表内容：符合规程规定且已明确了质量控制点 报审表签字：相关单位责任人已签字

续表

条款号	大纲条款	检　查　依　据	检查要点
4.3.7	按设定的工程质量控制点，进行了旁站监理	意见，报建设单位批准后监督实施。 9.1.9　项目监理机构应安排监理人员对施工过程进行巡视和检查，对工程项目的关键部位、关键工序的施工过程进行旁站监理	2. 查阅旁站计划和旁站记录 　旁站计划质量控制点：符合施工质量验收范围划分表要求 　旁站记录：完整 　签字：监理旁站人员已签字
4.3.8	工程建设标准强制性条文检查到位	1.《建设工程质量管理条例》中华人民共和国国务院令〔2000〕第 279 号 第二条　凡在中华人民共和国境内从事建设工程的新建、扩建、改建等有关活动及实施对建设工程质量监督管理的，必须遵守本条例。本条例所称建设工程，是指土木工程、建筑工程、线路管道和设备安装工程及装修工程。 第三条　建设单位、勘察单位、设计单位、施工单位、工程监理单位依法对建设工程质量负责。 第十条　…… 　建设单位不得明示或者暗示设计单位或者施工单位违反工程建设强制性标准，降低建设工程质量。 2.《实施工程建设强制性标准监督规定》中华人民共和国建设部令〔2000〕第 81 号 第二条　在中华人民共和国境内从事新建、扩建、改建等工程建设活动，必须执行工程建设强制性标准。 第三条　本规定所称工程强制性标准是指直接涉及工程质量、安全、卫生及环境保护等方面的工程建设标准强制性条文。 第六条　…… 　工程质量监督机构应当对建设施工、监理、验收等阶段执行强制性标准的情况实施监督。 3.《工程建设标准强制性条文　房屋建筑部分（2013 年版）》（全文） 4.《工程建设标准强制性条文　电力工程部分（2011 年版）》（全文） 5.《国家重大建设项目文件归档要求与档案整理规范》（DA/T 28—2002） 7.8.3　归档文件应完整、成套、系统。应记述和反映建设项目的规划、设计、施工及竣工验收的全过程；真实记录和准确反映项目建设过程和竣工时的实际情况，图物相符，技术数据可靠、签字手续完备；文件质量应符合 5.5 的规定	查阅监理单位工程建设强制性条文执行检查记录 　监理检查结果：已执行，相关资料可追溯 　强制性条文：引用的规范条文有效 　签字：相关责任人已签字
4.3.9	完成施工和调试项目的质量验收并汇总	1.《建设工程监理规范》GB/T 50319—2013 5.2.14　项目监理机构应对施工单位报验的隐蔽工程、检验批；分项工程和分部工程进行验收，对验收合格的应给予签认，对验收不合格的应拒绝签认，同时应要求施工单位在指定的时间内整改并重新报验。	查阅施工、调试项目质量验收结果汇总一览表

条款号	大纲条款	检 查 依 据	检查要点
4.3.9	完成施工和调试项目的质量验收并汇总	**2.《电力建设工程监理规范》DL/T 5434—2009** 9.1.11 专业监理工程师应对承包单位报送的分项工程质量报验资料进行审核，符合要求予以签认；总监理工程师应组织专业监理工程师对承包单位报送的分部工程和单位工程质量验评资料进行审核和现场检查，符合要求予以签认。 9.1.16 项目监理机构应组织工程竣工初检，对发现的缺陷督促承包单位整改，并复查。 10.2.16 项目监理机构应组织或参加单体、分系统和整套启动调试各阶段的质量验收、签证工作，审核调试结果	验收项目：与施工项目验收划分表相符 内容：应验收及已验收项目数量已汇总 签字：相关责任人已签字
4.3.10	质量问题及处理台账完整，记录齐全	**1.《建设工程监理规范》GB/T 50319—2013** 5.2.15 项目监理机构发现施工存在质量问题的，或施工单位采用不适当的施工工艺，或施工不当，造成工程质量不合格的，应及时签发监理通知单，要求施工单位整改。整改完毕后，项目监理机构应根据施工单位报送的监理通知回复单对整改情况进行复查，提出复查意见。 5.2.17 对需要返工处理或加固补强的质量事故，项目监理机构应要求施工单位报送质量事故调查报告和经设计等相关单位认可的处理方案，并应对质量事故的处理过程进行跟踪检查，同时应对处理结果进行验收。 　　项目监理机构应及时向建设单位提交质量事故书面报告，并应将完整的质量事故处理记录整理归档。 **2.《电力建设工程监理规范》DL/T 5434—2009** 9.1.12 对施工过程中出现的质量缺陷，专业监理工程师应及时下达书面通知，要求承包单位整改，并检查确认整改结果。 9.1.15 专业监理工程师应根据消缺清单对承包单位报送的消缺方案进行审核，符合要求后予以签认，并根据承包单位报送的消缺报验申请表和自检记录进行检查验收	查阅质量问题及处理记录台账 　记录要素：质量问题、发现时间、责任单位、整改要求、处理结果、完成时间 　检查内容：记录完整 签字：相关责任人已签字
4.4	**施工单位质量行为的监督检查**		
4.4.1	企业资质与合同约定的业务相符	**1.《中华人民共和国建筑法》中华人民共和国主席令〔2011〕第46号** 第十三条 从事建筑活动的建筑施工企业、勘察单位、设计单位……经资质审查合格，取得相应等级的资质证书后，方可在其资质等级许可的范围内从事建筑活动。 **2.《建设工程质量管理条例》中华人民共和国国务院令〔2000〕第279号** 第二十五条 施工单位应当依法取得相应等级的资质证书，并在其资质等级许可的范围内承揽工程。 **3.《建筑业企业资质管理规定》住房和城乡建设部令〔2015〕第22号** 第三条 企业应当按照其拥有的资产、主要人员、已完成的工程业绩和技术装备等条件申请建筑业企业资质，经审查合格，取得建筑业企业资质证书后，方可在资质许可的范围内从事建筑施工活动。	1. 查阅企业资质证书 发证单位：政府主管部门 有效期：当前有效 业务范围：涵盖合同约定的业务

条款号	大纲条款	检 查 依 据	检查要点
4.4.1	企业资质与合同约定的业务相符	**4.《承装（修、试）电力设施许可证管理办法》国家电监会令〔2009〕28 号** 第四条 在中华人民共和国境内从事承装、承修、承试电力设施活动的，应当按照本办法的规定取得许可证。除电监会另有规定外，任何单位或者个人未取得许可证，不得从事承装、承修、承试电力设施活动。 本办法所称承装、承修、承试电力设施，是指对输电、供电、受电电力设施的安装、维修和试验。 第二十八条 承装（修、试）电力设施单位在颁发许可证的派出机构辖区以外承揽工程的，应当自工程开工之日起十日内，向工程所在地派出机构报告，依法接受其监督检查。 **5.《光伏发电站施工规范》GB 50794—2012** 3.0.1 开工前应具备下列条件： 3 施工单位的资质、特殊作业人员资格、施工机械、施工材料、计量器具等应报监理单位或建设单位审查完毕	2. 查阅承装（修、试）电力设施许可证 发证单位：国家能源局及派出机构 有效期：当前有效 业务范围：涵盖合同约定的业务 3. 查阅跨区作业报告文件 发证单位：工程所在地能源局派出机构
4.4.2	项目部组织机构健全，专业人员配置合理	**1.《中华人民共和国建筑法》中华人民共和国主席令〔2011〕第 46 号** 第十四条 从事建筑活动的专业技术人员，应当依法取得相应的执业资格证书，并在执业资格证书许可的范围内从事建筑活动。 **2.《建设工程质量管理条例》中华人民共和国国务院令〔2000〕第 279 号** 第二十六条 施工单位对建设工程的施工质量负责。 施工单位应当建立质量责任制，确定工程项目的项目经理、技术负责人和施工管理负责人。…… **3.《建设工程项目管理规范》GB/T 50326—2006** 5.2.5 项目经理部的组织机构应根据项目的规模、结构、复杂程度、专业特点、人员素质和地域范围确定。 **4.《建设项目工程总承包管理规范》GB/T 50358—2005** 4.4.2 根据工程总承包合同范围和工程总承包企业的有关规定，项目部可在项目经理以下设置控制经理、设计经理、采购经理、施工经理、试运行经理、……等管理岗位	查阅总包及施工单位项目部成立文件 岗位设置：包括项目经理、技术负责人、质量员等 EPC 模式：包括设计、采购、施工、试运行经理等
4.4.3	项目经理资格符合要求并经本企业法定代表人授权	**1.《中华人民共和国建筑法》中华人民共和国主席令〔2011〕第 46 号** 第十四条 从事建筑活动的专业技术人员，应当依法取得相应的执业资格证书，并在执业资格证书许可的范围内从事建筑活动。 **2.《注册建造师管理规定》建设部令〔2006〕第 153 号** 第三条 本规定所称注册建造师，是指通过考核认定或考试合格取得中华人民共和国建造师资格证书（以下简称资格证书），并按照本规定注册，取得中华人民共和国建造师注册证书（以下简称注册证书）和执业印章，担任施工单位项目负责人及从事相关活动的专业技术人员。 未取得注册证书和执业印章的，不得担任大中型建设工程项目的施工单位项目负责人，不得以注册建造师的名义从事相关活动。	1. 查阅项目经理资格证书 发证单位：政府主管部门 有效期：当前有效 等级：满足项目要求 注册单位：与承包单位一致

续表

条款号	大纲条款	检 查 依 据	检查要点
4.4.3	项目经理资格符合要求并经本企业法定代表人授权	**3.《建筑施工企业主要负责人、项目负责人和专职安全生产管理人员安全生产管理规定》住房和城乡建设部令〔2014〕第 17 号** 第二条　在中华人民共和国境内从事房屋建筑和市政基础设施工程施工活动的建筑施工企业的"安管人员",参加安全生产考核,履行安全生产责任,以及对其实施安全生产监督管理,应当符合本规定。 第三条　……项目负责人,是指取得相应注册执业资格,由企业法定代表人授权,负责具体工程项目管理的人员。…… **4.《注册建造师执业工程规模标准》建市〔2007〕171 号** 附件:《注册建造师执业工程规模标准》(试行) 表:注册建造师执业工程规模标准(电力工程) **5.《建设工程项目管理规范》GB/T 50326—2006** 6.2.1　项目经理应由法定代表人任命,并根据法定代表人授权的范围、期限和内容,履行管理职责; 6.2.2　大中型项目的项目经理必须取得工程建设类相应专业注册执业资格证书	2. 查阅项目经理安全生产考核合格证书 　发证单位:政府主管部门 　有效期:当前有效 3. 查阅施工单位法定代表人对项目经理的授权文件及变更文件 　变更文件:经建设单位批准 　被授权人:与当前工程项目经理一致
4.4.4	质量检查及特殊工种人员持证上岗	**1.《特种作业人员安全技术培训考核管理办法》国家安全生产监督管理总局令〔2010〕第 30 号** 第五条　特种作业人员必须经专门的安全技术培训并考核合格,取得《中华人民共和国特种作业操作证》(以下简称特种作业操作证)后,方可上岗作业。 **2.《建筑施工特种作业人员管理规定》建质〔2008〕75 号** 第四条　建筑施工特种作业人员必须经建设主管部门考核合格,取得建筑施工特种作业人员操作资格证书,方可上岗从事相应作业。 **3.《工程建设施工企业质量管理规范》GB/T 50430—2007** 5.2.2　施工企业应按照岗位任职条件配备相应的人员。……质量检查人员、特种作业人员应按照国家法律法规的要求持证上岗。 **4.《光伏发电站施工规范》GB 50794—2012** 3.0.1　开工前应具备下列条件: 　　3　施工单位的资质、特殊作业人员资格、施工机械、施工材料、计量器具等应报监理单位或建设单位审查完毕	1. 查阅总包及施工单位各专业质检员资格证书 　专业类别:包括土建、电气等 　发证单位:政府主管部门等 　有效期:当前有效 2. 查阅特殊工种人员台账 　内容:包括姓名、工种类别、证书编号、发证单位、有效期等 　证书有效期:作业期间有效 3. 查阅特殊工种人员资格证书 　发证单位:政府主管部门 　有效期:当前有效,与台账一致

条款号	大纲条款	检 查 依 据	检查要点
4.4.5	专业施工组织设计已审批	**1.《建筑工程施工质量评价标准》GB/T 50375—2006** 4.2.1　施工现场质量保证条件应符合下列检查标准： 　　3　施工组织设计、施工方案编制审批手续齐全，…… **2.《工程建设施工企业质量管理规范》GB/T 50430—2007** 10.3.2　施工企业应确定施工设计所需的评审、验证和确认活动，明确其程序和要求。 **3.《建筑施工组织设计规范》GB/T 50502—2009** 3.0.5　施工组织设计的编制和审批应符合下列规定： 　　1　施工组织设计应由项目负责人主持编制，可根据需要分阶段编制和审批； 　　2　施工组织总设计应由总承包单位技术负责人审批；单位工程施工组织设计应由施工单位技术负责人或技术负责人授权的技术人员审批，施工方案应由项目技术负责人审批；重点、难点分部（分项）工程和专项工程施工方案应由施工单位技术部门组织相关专家评审，施工单位技术负责人批准。 **4.《光伏发电站施工规范》GB 50794—2012** 3.0.1　开工前应具备下列条件： 　　……，施工组织设计及重大施工方案应已审批	1. 查阅工程项目专业施工组织设计 　审批：相关责任人已签字 　时间：专业工程开工前 2. 查阅专业施工组织设计报审表 　审批意见：同意实施等肯定性意见 　签字：总包及施工、监理、建设单位相关责任人已签字 　盖章：总包及施工、监理、建设单位已盖章
4.4.6	施工方案和作业指导书已审批，技术交底记录齐全	**1.《建筑工程施工质量评价标准》GB/T 50375—2006** 4.2.1　施工现场质量保证条件应符合下列检查标准： 　　3　施工组织设计、施工方案编制审批手续齐全，…… **2.《建筑施工组织设计规范》GB/T 50502—2009** 3.0.5　施工组织设计的编制和审批应符合下列规定： 　　2　……施工方案应由项目技术负责人审批；重点、难点分部（分项）工程和专项工程施工方案应由施工单位技术部门组织相关专家评审，施工单位技术负责人批准； 　　3　由专业承包单位施工的分部（分项）工程或专项工程的施工方案，应由专业承包单位技术负责人或技术负责人授权的技术人员审批；有总承包单位时，应由总承包单位项目技术负责人核准备案； 　　4　规模较大的分部（分项）工程和专项工程的施工方案应按单位工程施工组织设计进行编制和审批。 6.4.1　施工准备应包括下列内容： 　　1　技术准备：包括施工所需技术资料的准备、图纸深化和技术交底的要求、试验检验和测试工作计划、样板制作计划以及与相关单位的技术交接计划等； 　　……	1. 查阅施工方案和作业指导书 　审批：相关责任人已签字 　时间：施工前 2. 查阅施工方案和作业指导书报审表 　审批意见：同意实施等肯定性意见 　签字：总包及施工、监理单位相关责任人已签字 　盖章：总包及施工、监理单位已盖章

条款号	大纲条款	检 查 依 据	检查要点
4.4.6	施工方案和作业指导书已审批，技术交底记录齐全	**3.《光伏发电站施工规范》GB 50794—2012** 3.0.1 开工前应具备下列条件： 设计交底应完成；…… **4.《电力建设工程施工技术管理导则》国电电源〔2002〕896号** 8.1.5 技术交底必须有交底记录。交底人和被交底人要履行全员签字手续	3. 查阅技术交底记录 内容：与方案或作业指导书相符 时间：施工前 签字：交底人和被交底人已签字
4.4.7	计量工器具经检定合格，且在有效期内	**1.《中华人民共和国计量法》中华人民共和国主席令〔2015〕第26号** 第九条 ……。未按照规定申请计量检定、计量检定不合格或者超过计量检定周期的计量器具，不得使用。 **2.《中华人民共和国依法管理的计量器具目录（型式批准部分）》国家质检总局公告〔2005〕第145号** 1. 测距仪：光电测距仪、超声波测距仪、手持式激光测距仪； 2. 经纬仪：光学经纬仪、电子经纬仪； 3. 全站仪：全站型电子速测仪； 4. 水准仪：水准仪； 5. 测地型GPS接收机：测地型GPS接收机。 **3.《电力建设施工技术规范 第1部分：土建结构工程》DL 5190.1—2012** 3.0.5 在质量检查、验收中使用的计量器具和检测设备，应经计量检定合格后方可使用；承担材料和设备检测的单位，应具备相应的资质。 **4.《电力工程施工测量技术规范》DL/T 5445—2010** 4.0.3 施工测量所使用的仪器和相关设备应定期检定，并在检定的有效期内使用。…… **5.《建筑工程检测试验技术管理规范》JGJ 190—2010** 5.2.2 施工现场配置的仪器、设备应建立管理台账，按有关规定进行计量检定或校准，并保持状态完好	1. 查阅计量工器具台账 内容：包括计量工器具名称、出厂合格证编号、检定日期、有效期、在用状态等 检定有效期：在用期间有效 2. 查阅计量工器具检定报告 有效期：在用期间有效，与台账相符 3. 查看计量工器具实物：张贴合格标签，与检定报告一致
4.4.8	单位工程开工报告已审批	**《工程建设施工企业质量管理规范》GB/T 50430—2007** 10.4.2 ……施工企业应确认项目施工已具备开工条件，按规定提出开工申请，经批准后方可开工	查阅单位工程开工报告 申请时间：开工前 审批意见：同意开工等肯定性意见 签字：总包及施工、监理、建设单位相关责任人已签字 盖章：总包及施工、监理、建设单位已盖章

条款号	大纲条款	检 查 依 据	检查要点
4.4.9	专业绿色施工措施已实施	**1.《建筑工程绿色施工评价标准》GB/T 50640—2010** 3.0.2　绿色施工项目应符合以下规定： 　　3　施工组织设计及施工方案应有专门的绿色施工章节、绿色施工目标明确，内容应涵盖'四节一环保'要求。 **2.《建筑工程绿色施工规范》GB/T 50905—2014** 3.1.1　建设单位应履行下列职责： 　　1　在编制工程概算和招标文件时，应明确绿色施工的要求…… 　　2　应向施工单位提供建设工程绿色施工的设计文件、产品要求等相关资料…… 4.0.2　施工单位应编制包含绿色施工管理和技术要求的工程绿色施工组织设计、绿色施工方案或绿色施工专项方案，并经审批通过后实施。 **3.《电力建设施工技术规范　第 1 部分：土建结构工程》DL 5190.1—2012** 3.0.12　施工单位应建立绿色施工管理体系和管理制度，实施目标管理，施工前应在施工组织设计和施工方案中明确绿色施工的内容和方法。 **4.《电力建设绿色施工示范管理办法（2016 版）》中电建协工〔2016〕2 号** 第十三条　各参建单位均应严格执行绿色施工专项方案，落实绿色施工措施，并形成专业绿色施工的实施记录	查阅专业绿色施工记录 　内容：与绿色施工措施相符 　签字：相关责任人已签字
4.4.10	工程建设标准强制性条文实施计划已执行	**1.《建设工程质量管理条例》中华人民共和国国务院令〔2000〕第 279 号** 第二条　凡在中华人民共和国境内从事建设工程的新建、扩建、改建等有关活动及实施对建设工程质量监督管理的，必须遵守本条例。本条例所称建设工程，是指土木工程、建筑工程、线路管道和设备安装工程及装修工程。 第三条　建设单位、勘察单位、设计单位、施工单位、工程监理单位依法对建设工程质量负责。 第十条　…… 　　建设单位不得明示或者暗示设计单位或者施工单位违反工程建设强制性标准，降低建设工程质量。 **2.《实施工程建设强制性标准监督规定》建设部令〔2000〕第 81 号** 第二条　在中华人民共和国境内从事新建、扩建、改建等工程建设活动，必须执行工程建设强制性标准。 第三条　本规定所称工程建设强制性标准是指直接涉及工程质量、安全、卫生及环境保护等方面的工程建设标准强制性条文。 　　国家工程建设标准强制性条文由国务院建设行政主管部门会同国务院有关行政主管部门确定。 第六条　…… 　　工程质量监督机构应当对工程建设施工、监理、验收等阶段执行强制性标准的情况实施监督。	查阅强制性条文执行记录 　内容：与强制性条文执行计划相符，相关资料可追溯 　签字：相关责任人已签字 　时间：与工程进度同步

条款号	大纲条款	检 查 依 据	检查要点
4.4.10	工程建设标准强制性条文实施计划已执行	**3.《工程建设标准强制性条文　房屋建筑部分（2013 年版）》（全文）** **4.《工程建设标准强制性条文　电力工程部分（2011 年版）》（全文）** **5.《国家重大建设项目文件归档要求与档案整理规范》DA/T 28—2002** 7.8.3　归档文件应完整、成套、系统。应记述和反映建设项目的规划、设计、施工及竣工验收的全过程；真实记录和准确反映项目建设过程和竣工时的实际情况，图物相符，技术数据可靠、签字手续完备；文件质量应符合 5.5 的规定	
4.4.11	无违规转包或者违法分包工程行为	**1.《中华人民共和国建筑法》中华人民共和国主席令〔2011〕第 46 号** 第二十八条　禁止承包单位将其承包的全部建筑工程转包给他人，禁止承包单位将其承包的全部建筑工程肢解以后以分包的名义转包给他人。 第二十九条　建筑工程总承包单位可以将承包工程中的部分工程发包给具有相应资质条件的分包单位，但是，除总承包合同约定的分包外，必须经建设单位认可。施工总承包的，建筑工程主体结构的施工必须由总承包单位自行完成。 …… 禁止总承包单位将工程分包给不具备相应资质条件的单位。禁止分包单位将其承包的工程再分包。 **2.《建筑工程施工转包违法分包等违法行为认定查处管理办法（试行）》建市〔2014〕118 号** 第七条　存在下列情形之一的，属于转包： 　（一）施工单位将其承包的全部工程转给其他单位或个人施工的； 　（二）施工总承包单位或专业承包单位将其承包的全部工程肢解以后，以分包的名义分别转给其他单位或个人施工的； 　（三）施工总承包单位或专业承包单位未在施工现场设立项目管理机构或未派驻项目负责人、技术负责人、质量管理负责人、安全管理负责人等主要管理人员，不履行管理义务，未对该工程的施工活动进行组织管理的； 　（四）施工总承包单位或专业承包单位不履行管理义务，只向实际施工单位收取费用，主要建筑材料、构配件及工程设备的采购由其他单位或个人实施的； 　（五）劳务分包单位承包的范围是施工总承包单位或专业承包单位承包的全部工程，劳务分包单位计取的是除上缴给施工总承包单位或专业承包单位"管理费"之外的全部工程价款的； 　（六）施工总承包单位或专业承包单位通过采取合作、联营、个人承包等形式或名义，直接或变相的将其承包的全部工程转给其他单位或个人施工的； 　（七）法律法规规定的其他转包行为。 第九条　存在下列情形之一的，属于违法分包： 　（一）施工单位将工程分包给个人的；	1. 查阅工程分包申请报审表 　意见：同意分包等肯定性意见 　签字：总包及施工、监理、建设单位责任人已签字 　盖章：总包及施工、监理、建设单位已盖章 2. 查阅工程分包商资质 　业务范围：涵盖所分包的项目 　发证单位：政府主管部门 　有效期：当前有效

条款号	大纲条款	检 查 依 据	检查要点
4.4.11	无违规转包或者违法分包工程行为	（二）施工单位将工程分包给不具备相应资质或安全生产许可的单位的； （三）施工合同中没有约定，又未经建设单位认可，施工单位将其承包的部分工程交由其他单位施工的； （四）施工总承包单位将房屋建筑工程的主体结构的施工分包给其他单位的，钢结构工程除外； （五）专业分包单位将其承包的专业工程中非劳务作业部分再分包的； （六）劳务分包单位将其承包的劳务再分包的； （七）劳务分包单位除计取劳务作业费用外，还计取主要建筑材料款、周转材料款和大中型施工机械设备费用的； （八）法律法规规定的其他违法分包行为	
4.4.12	施工、调试验收中的不符合项已整改	**1.《建设工程质量管理条例》中华人民共和国国务院令〔2000〕第 279 号** 第三十二条　施工单位对施工中出现质量问题的建设工程或者竣工验收不合格的建设工程，应当负责返修。 **2.《建筑工程施工质量验收统一标准》GB 50300—2013** 5.0.6　当建筑工程施工质量不符合规定时，应按下列规定进行处理： 　1. 经返工或返修的检验批，应重新进行验收。 　…… **3.《光伏发电工程验收规范》GB／T 50796—2012** 7.0.3　工程竣工验收条件应符合下列要求： 　1　……历次验收发现的问题和缺陷应已经整改完成。 **4.《110kV 及以上送变电工程启动及竣工验收规程》DL／T 782—2001** 4.3　每次检查中发现的问题在每个阶段中加以消缺，消缺之后要重新检查。…… 5.2.4　……（电气设备试验）验收检查发现的缺陷已经消除，……	查阅问题记录及闭环资料 　内容：不符合项记录完整，问题已闭环 　签字：相关责任人已签字
4.5　调试单位质量行为的监督检查			
4.5.1	企业资质与合同约定的业务相符	**1.《中华人民共和国建筑法》中华人民共和国主席令〔2011〕第 46 号** 第十三条　从事建筑活动的建筑施工企业、勘察单位、设计单位……经资质审查合格，取得相应等级的资质证书后，方可在其资质等级许可的范围内从事建筑活动。 **2.《建设工程质量管理条例》中华人民共和国国务院令〔2000〕第 279 号** 第二十五条　施工单位应当依法取得相应等级的资质证书，并在其资质等级许可的范围内承揽工程。 **3.《建筑业企业资质管理规定》住房和城乡建设部令〔2015〕第 22 号** 第三条　企业应当按照其拥有的资产、主要人员、已完成的工程业绩和技术装备等条件申请建筑业企业资质，经审查合格，取得建筑业企业资质证书后，方可在资质许可的范围内从事建筑施工活动。	1. 查阅企业资质证书 　发证单位：政府主管部门 　有效期：当前有效 　业务范围：涵盖合同约定的业务 2. 查阅承装（修、试）电力设施许可证

续表

条款号	大纲条款	检 查 依 据	检查要点
4.5.1	企业资质与合同约定的业务相符	**4.《承装（修、试）电力设施许可证管理办法》国家电监会令〔2009〕28号** 第四条　在中华人民共和国境内从事承装、承修、承试电力设施活动的，应当按照本办法的规定取得许可证。除电监会另有规定外，任何单位或者个人未取得许可证，不得从事承装、承修、承试电力设施活动。 　　本办法所称承装、承修、承试电力设施，是指对输电、供电、受电电力设施的安装、维修和试验。 第二十八条　承装（修、试）电力设施单位在颁发许可证的派出机构辖区以外承揽工程的，应当自工程开工之日起十日内，向工程所在地派出机构报告，依法接受其监督检查。 **5.《光伏发电站施工规范》GB 50794—2012** 3.0.1　开工前应具备下列条件： 　　3　施工单位的资质、特殊作业人员资格、施工机械、施工材料、计量器具等应报监理单位或建设单位审查完毕	发证单位：国家能源局及派出机构 有效期：当前有效 业务范围：涵盖合同约定的业务 3.查阅跨区作业报告文件 发证单位：工程所在地能源局派出机构
4.5.2	项目部专业人员配置合理并报审，调试人员持证上岗	**1.《建设工程质量管理条例》中华人民共和国国务院令〔2000〕第279号** 第二十六条　……施工单位应当建立质量责任制，确定工程项目的项目经理、技术负责人和施工管理负责人。 **2.《电工进网作业许可证管理办法》电监会令〔2005〕15号** 第四条　电工进网作业许可证是电工具有进网作业资格的有效证件。进网作业电工应当按照本办法的规定取得电工进网作业许可证并注册。未取得电工进网作业许可证或者电工进网作业许可证未注册的人员，不得进网作业。 第六条　电工进网作业许可证分为低压、高压、特种三个类别。 　　…… 　　取得特种类电工进网作业许可证的，可以在受电装置或者送电装置上从事电气试验、二次安装调试、电缆作业等特种作业。 **3.《建设工程项目管理规范》GB/T 50326—2006** 5.2.5　项目经理部的组织结构应根据项目的规模、结构、复杂程度、专业特点、人员素质和地域范围确定。 **4.《建设项目工程总承包管理规范》GB/T 50358—2005** 4.4.2　根据工程总承包合同范围和工程总承包企业的有关规定，项目部可在项目经理以下设置控制经理、设计经理、采购经理、施工经理、试运行经理、……等管理岗位。 **5.《输变电工程项目质量管理规程》DL/T 1362—2014** 10.2.1　工程项目调试前，调试单位应进行下列质量管理策划： 　　a）建立项目调试质量控制组织机构和制度，确定人员配置。 10.1.3　调试单位应按照调试合同的约定选派具备相应资格能力的调试人员进驻现场。调试人员资格要求参见附录E	1.查阅岗位设置文件 岗位设置：有相应专业人员，满足调试工作需要 各岗位职责：职责明确 2.查阅调试人员资格证书 发证单位：国家能源局及派出机构 有效期：当前有效 类别：许可执业范围涵盖目前从事的调试工作

条款号	大纲条款	检 查 依 据	检查要点
4.5.3	调试措施审批手续齐全，经交底实施	**1.《光伏发电工程验收规范》GB/T 50796—2012** 5.2.1　工程启动验收前完成的准备工作应包含下列内容： 　　5　调试单位应编制完成启动调试方案并应通过论证。 **2.《110kV 及以上送变电工程启动及竣工验收规程》DL/T 782—2001** 3.4.3　调试单位应按合同负责编制启动和系统调试大纲、调试方案，报启委会审查批准，…… 5.1　由试运指挥组提出的工程启动、系统调试、试运方案已经启委会批准，调试方案已经调度部门批准；…… **3.《输变电工程项目质量管理规程》DL/T 1362—2014** 10.2.2　调试开始前，调试单位应编制调试技术文件，并报监理单位审核、建设单位批准。调试技术文件应包括下列内容： 　　a）电气设备交接试验作业指导书、专业调试方案、系统调试大纲	1.查阅电气设备交接试验作业指导书、调试大纲、系统调试方案 　作业指导书、调试大纲审批签字：调试（总包）、监理和建设单位负责人签字 　系统调试方案审批：启动委员会相关负责人签字 　施工交底记录，人员签字齐全 2.查阅调试措施交底 　内容：与调试措施相符 　时间：调试前 　签字：交底人和被交底人已签字
4.5.4	调试使用的仪器、仪表检定合格并在有效期内	**1.《中华人民共和国计量法》中华人民共和国主席令〔2015〕第 26 号** 第九条　……未按照规定申请检定、计量检定不合格或者超过计量检定周期的计量器具，不得使用。 **2.《输变电工程项目质量管理规程》DL/T 1362—2014** 10.3.3　调试设备的管理应符合下列要求： 　　a）调试单位应配备与调试项目相适应的调试设备，应保证其在有效期内，并应在设备进场时报监理审查。 **3.《输变电工程达标投产验收规程》DL 5279—2012** 4.4.1　变电站、开关站与换流站交流场电气调整试验与技术指标验收应按表 4.4.1（27 重要报告、记录、签证）的规定进行。 　　1）调试使用仪器台账、校验报告齐全。 4.8.1　工程综合管理与档案检查验收应按表 4.8.1（9 调试管理）的规定进行。 　　4）试验仪器、设备检验合格，并在有效期内	1.查阅仪器、仪表台账 　内容：包括仪器、仪表名称、出厂合格证编号、检定日期、有效期、在用状态等 　检定有效期：在用期间有效 2.查阅仪器、仪表检定报告 　有效期：在用期间有效，与台账相符 3.查看仪器、仪表实物：与检定报告一致

续表

条款号	大纲条款	检查依据	检查要点
4.5.5	已完项目的试验和调试报告已编制	**1.《110kV 及以上送变电工程启动及竣工验收规程》DL/T 782—2001** 3.4.3 调试单位应……提出调试报告和调试总结。 5.2.4 电器设备的各项试验全部完成且合格，有关记录齐全完整。……所有设备及其保护（包括通道）……调试整定合格且调试记录齐全。 **2.《输变电工程项目质量管理规程》DL/T 1362—2014** 10.1.5 调试单位应形成试验记录，应编制试验报告，并应保证调试档案资料的真实性、准确性和完整性	查阅调试报告 盖章：调试单位已盖章 审批：试验人员、责任人已签字 时间：与调试进度同步
4.5.6	工程建设标准强制性条文实施计划已执行	**1.《建设工程质量管理条例》中华人民共和国国务院令〔2000〕第 279 号** 第二条 凡在中华人民共和国境内从事建设工程的新建、扩建、改建等有关活动及实施对建设工程质量监督管理的，必须遵守本条例。本条例所称建设工程，是指土木工程、建筑工程、线路管道和设备安装工程及装修工程。 第三条 建设单位、勘察单位、设计单位、施工单位、工程监理单位依法对建设工程质量负责。 第十条 …… 建设单位不得明示或者暗示设计单位或者施工单位违反工程建设强制性标准，降低建设工程质量。 **2.《实施工程建设强制性标准监督规定》建设部令〔2000〕第 81 号** 第二条 在中华人民共和国境内从事新建、扩建、改建等工程建设活动，必须执行工程建设强制性标准。 第六条 ……工程质量监督机构应当对工程建设施工、监理、验收等阶段执行强制性标准的情况实施监督。 **3.《输变电工程项目质量管理规程》DL/T 1362—2014** 4.4 参建单位应严格执行工程建设标准强制性条文，…… **4.《工程建设标准强制性条文 电力工程部分（2011 年版）》（全文）** **5.《国家重大建设项目文件归档要求与档案整理规范》DA/T 28—2002** 7.8.3 归档文件应完整、成套、系统。应记述和反映建设项目的规划、设计、施工及竣工验收的全过程；真实记录和准确反映项目建设过程和竣工时的实际情况，图物相符，技术数据可靠、签字手续完备；文件质量应符合 5.5 的规定	查阅强制性条文执行记录 内容：与强制性条文执行计划相符，相关资料可追溯 签字：责任人已签字 时间：与工程进度同步
4.5.7	启动/投运范围内的设备和系统已按规定全部调试完毕并签证	**1.《光伏发电工程验收规范》GB/T 50796—2012** 5.2.1 工程启动验收前完成的准备工作应包含下列内容： 2 应通过并网工程验收，包括下列内容： （1）涉及电网安全生产管理体系验收。 （2）电气主接线系统及场（站）用电系统验收。	查阅调试记录、调试报告、试验报告 试验项目：与调试方案、大纲符合

条款号	大纲条款	检 查 依 据	检查要点
4.5.7	启动/投运范围内的设备和系统已按规定全部调试完毕并签证	（3）继保保护、安全自动装置、电力通信、直流系统、光伏电站监控系统等验收。 （4）二次系统安全防护验收。 （5）对电网安全、稳定运行有直接影响的电厂其他设备及系统验收。 5.2.2　工程启动验收主要工作应包括下列内容： 　2　应按照启动验收方案对光伏发电工程启动进行验收。 　4　应签发"工程启动验收鉴定书"。 **2.《110kV 及以上送变电工程启动及竣工验收规程》DL/T 782—2001** 5.2.4　电器设备的各项试验全部完成且合格，有关记录齐全完整。带电部位的接地线已全部拆除、所有设备及其保护（包括通道）、调度自动化、安全自动装置、微机监控装置以及相应的辅助设施均已安装齐全，调试整定合格且调试记录齐全。 5.3.6　送电线路带电前的试验（线路绝缘电阻测定、相位核对、线路参数和高频特性测定）已完成。 **3.《输变电工程项目质量管理规程》DL/T 1362—2014** 10.3.6　调试质量检查验收应符合下列要求： 　　a）调试单位应完成全部调试项目的质量自检，应参加监理单位或建设单位组织的调试质量验收，应及时消除质量缺陷和遗留问题	签字：相关责任人已签字 签证验收：调试（总包）、监理、建设单位相关责任人已签字
4.6　生产运行单位质量行为的监督检查			
4.6.1	生产运行管理组织机构健全，满足生产运行管理工作的需要。运行人员经相关部门培训上岗	**1.《建设工程项目管理规范》GB/T 50326—2006** 5.1.1　项目管理组织的建立应遵循下列原则： 　1　组织结构科学合理。 　2　有明确的管理目标和责任制度。 　3　组织成员具备相应的职业资格。 　4　保持相对稳定，并根据实际需要进行调整。 10.1.1　组织应遵照《建设工程质量管理条例》和《质量管理体系 GB/T 19000》标准的要求，建立持续改进质量管理体系，设立专职管理部门或专职人员。 **2.《光伏发电工程验收规范》GB/T 50796—2012** 6.2　工程试运和移交生产验收 6.2.1　工程试运和移交生产验收应具备下列条件： 　9　运行人员应取得上岗资格。 **3.《110kV 及以上送变电工程启动及竣工验收规程》DL/T 782—2001** 5.2.1　变电站生产运行人员已配齐并已持证上岗。	1. 查阅生产运行单位组织机构设置文件 　内容：人员配备满足运行管理需要 2. 查阅运行人员培训台账 　培训对象：运行人员 　考试成绩：合格 　台账审核：负责人已签字

续表

条款号	大纲条款	检 查 依 据	检查要点
4.6.1	生产运行管理组织机构健全,满足生产运行管理工作的需要。运行人员经相关部门培训上岗	**4.《变电站运行导则》DL/T 969—2005** 1 范围 本导则规定了变电运行值班人员及相关专业人员进行设备运行、操作、异常及故障处理的行为准则。 4.1.1 值班人员应经岗位培训且考试合格后方能上岗。应掌握变电站的一次设备、二次设备、直流设备、站用电系统、防误闭锁装置、消防等设备性能及相关线路、系统情况。掌握各级调度管辖范围、调度术语和调度指令	
4.6.2	保护定值双重审批手续完备,核查保护定值	**1.《微机继电保护装置运行管理规程》DL/T 587—2007** 10.5 对新安装的微机继电保护装置进行验收时,……,按有关规程和规定进行调试,并按定值通知单进行整定。检验整定完毕,并经验收合格后方允许投入运行。 **2.《110kV及以上送变电工程启动及竣工验收规程》DL/T 782—2001** 3.4.8 建设项目法人在工程启动前三个月向电网调度部门提供相关资料和系统情况,提前两周提供实测参数。 3.4.9 电网调度部门根据建设项目法人提供的相关资料和系统情况,经过计算及时提供各种继电保护装置的整定值以及……;根据调试方案编制并审定启动调度方案和系统运行方式,……;审查、批准工程启动试运申请和可能影响电网安全运行的调整方案;发布操作命令,负责在整个启动调试和试运行期间的系统安全	1. 查阅调度下达的保护定值通知文件 内容:保护定值 审批:计算、审核、批准已签字 2. 查阅生产单位下达的保护定值通知文件 保护定值:有 审批:实行双签,计算单位、建设单位分别履行审批程序,分管领导已签字
4.6.3	运行管理制度、操作规程、运行系统图册已发布实施	**1.《光伏发电工程验收规范》GB/T 50796—2012** 3.0.8 工程验收中相关单位职责应符合下列要求: 6 生产运行单位职责应包括: …… 4)负责印制生产运行的规程、制度、系统图表、记录表单等。 **2.《110kV及以上送变电工程启动及竣工验收规程》DL/T 782—2001** 3.4.4 生产运行人员应……,参与编写或修订运行规程。通过参加竣工验收检查和启动、调试和试运行,运行人员应进一步熟悉操作,摸清设备特性,检查编写的运行规程是否符合实际情况,必要时进行修订。生产运行单位应在工程启动试运前完成各项生产准备工作:……,编制运行规程,建立设备资料档案、运行记录表格,……	1. 查阅运行管理制度及管理台账 签字:编、审、批已签字 台账:已建立 2. 查阅运行操作规程 签字:编、审、批已签字 时间:生效时间明确

续表

条款号	大纲条款	检查依据	检查要点
4.6.3	运行管理制度、操作规程、运行系统图册已发布实施	**3.《变电站运行导则》DL/T 969—2005** 4.1.3　……新建变电站投入运行三个月、改（扩）建的变电站投入运行一个月后，应有经过审批的《变电站现场运行规程》。投运前，可用经过审批的临时《变电站现场运行规程》代替	3. 查阅运行系统图册 审批：编、审、批已签字 时间：生效时间明确
4.6.4	光伏设备、系统、区域的标识和编号已完成	**《光伏发电工程验收规范》GB/T 50796—2012** 3.0.8　工程验收中相关单位职责应符合下列要求： 　　6　生产运行单位职责应包括： 　　　　6）负责投运设备已具备调度命名和编号，且设备标识齐全、正确，……	查看光伏设备、系统、区域的标识和编号 实物：与现场的设备、系统、区域相一致，悬挂在显著位置，无错挂
4.7　检测试验机构质量行为的监督检查			
4.7.1	检测试验机构已经监理审核，并通过能力认定，其现场派出机构（现场试验室）满足规定条件，并已报质量监督机构备案	**1.《建设工程质量检测管理办法》建设部令〔2005〕第 141 号** 第四条　……检测机构未取得相应的资质证书，不得承担本办法规定的质量检测业务。 第八条　检测机构资质证书有效期为 3 年。资质证书有效期满需要延期的，检测机构应当在资质证书有效期满 30 个工作日前申请办理延期手续。 **2.《检验检测机构资质认定管理办法》国家质量监督检验检疫总局令〔2015〕第 163 号** 第二条　…… 　　资质认定包括检验检测机构计量认证。 第三条　检验检测机构从事下列活动，应当取得资质认定： 　　…… 　　（四）为社会经济、公益活动出具有证明作用的数据、结果的； 　　（五）其他法律法规规定应当取得资质认定的。 **3.《建设工程监理规范》GB/T 50319—2013** 5.2.7　专业监理工程师应检查施工单位为工程提供服务的试验室。 **4.《房屋建筑和市政基础设施工程质量检测技术管理规范》GB 50618—2011** 3.0.2　建设工程质量检测机构（以下简称检测机构）应取得建设主管部门颁发的相应资质证书。 3.0.3　检测机构必须在技术能力和资质规定范围内开展检测工作。 **5.《电力建设土建工程施工技术检验规范》DL/T 5710—2014** 3.0.4　承担电力建设土建工程检测试验任务的检测试验单位应取得计量认证证书和相应的资质等级证书。当设置现场试验室时，检测试验单位及由其派出的现场试验室应取得电力工程质量监督机构认定的资质等级证书。	1. 查阅检测机构资质证书 发证单位：国家认证认可监督管理委员会（国家级）或地方质量技术监督部门或各直属出入境检验检疫机构（省市级）及电力质监机构 有效期：当前有效 证书业务范围：涵盖检测项目 2. 查看现场试验室 资质文件：派出机构相关文件 人员配置：与工作任务相符 试验仪器：满足检测范围要求 场所：有固定场所且面积、环境、温湿度满足规范要求

条款号	大纲条款	检 查 依 据	检查要点
4.7.1	检测试验机构已经监理审核，并通过能力认定，其现场派出机构（现场试验室）满足规定条件，并已报质量监督机构备案	3.0.5 检测试验单位及由其派出的现场试验室必须在其资质规定和技术能力范围内开展检测试验工作。 4.5.1 施工单位应在工程施工前按单位工程编制施工检测试验计划，报监理单位审查，并经建设单位批准后，在监理单位监督下组织实施。当设现场试验室时，施工检测试验计划尚应经现场试验室核查。 **6.《建筑工程检测试验技术管理规范》JGJ 190—2010** 5.2.4 单位工程建筑面积超过 10000m² 或者造价超过 1000 万人民币时，可设立现场试验站。 表 5.2.4 现场试验站基本条件 **7.《电力工程检测试验机构能力认定管理办法（试行）》质监〔2015〕20 号** 第四条 电力工程检测试验机构是指依据国家规定取得相应资质，从事电力工程检测试验工作，为保障电力工程建设质量提供检测验证数据和结果的单位。 第七条 同时根据工程建设规模、技术规范和质量验收规程对检测机构在检测人员、仪器设备、执行标准和环境条件等方面的要求，相应的将承担工程检测试验业务的检测机构划分为 A 级和 B 级两个等级。 第九条 承担建设建模 200MW 及以上发电工程和 330kV 及以上变电站（换流站）工程检测试验任务的检测机构，必须符合 B 级及以上等级标准要求。不同规模电力工程项目所对应要求的检测机构能力等级详见附件 5。 第二十八条 检测机构不得将所承担检测试验工作转包或违规分包给其他检测试验单位。因特殊技术要求，需要外委的检测试验项目应委托给具有相应资质的检测试验单位，并根据合同要求，制订外委计划进行跟踪管理。检测机构对外委的检测试验项目的检测试验结论负连带责任。 第三十条 根据工程建设需要和质量验收规程要求，检测机构在承担电力工程项目的检测试验任务时，应当设立现场试验室。检测机构对所设立现场试验室的一切行为负责。 第三十一条 现场试验室在开展工作前，需通过负责本项目的质监机构组织的能力认定。对符合条件的，质监机构应予以书面确认。 第三十五条 检测机构的《业务等级确认证明》有效期为四年，有效期满后，需重新进行确认。 附件 1-3 土建检测试验机构现场试验室要求 附件 2-3 金属检测试验机构现场试验室要求	3. 查阅检测机构的申请报备文件 报备时间：工程开工前
4.7.2	检测试验人员资格符合规定，持证上岗	**1.《建设工程质量检测管理办法》建设部令〔2005〕第 141 号** 第十六条 检测人员不得同时受聘于两个或者两个以上的检测机构。检测机构和检测人员不得推荐或者监制建筑材料、构配件和设备。 **2.《检验检测机构资质认定管理办法》国家质量监督检验检疫总局令〔2015〕第 163 号** 第三十二条 检验检测机构及其人员应当对其在检验检测活动中所知悉的国家秘密、商业秘密和技术秘密负有保密义务，并制定实施相应的保密措施。	1. 查阅检测人员登记台账 专业类别和数量：满足检测项目需求

续表

条款号	大纲条款	检 查 依 据	检查要点
4.7.2	检测试验人员资格符合规定，持证上岗	**3.《房屋建筑和市政基础设施工程质量检测技术管理规范》GB 50618—2011** 4.1.5　检测操作人员应经技术培训、通过建设主管部门或委托有关机构的考核，方可从事检测工作。 5.3.6　检测前应确认检测人员的岗位资格，检测操作人员应熟识相应的检测操作规程和检测设备使用、维护技术手册等。 **4.《电力建设土建工程施工技术检验规范》DL/T 5710—2014** 4.2.2　每个室内检测试验项目持有岗位证书的操作人员不得少于 2 人；每个现场检测试验项目持有岗位证书的操作人员不得少于 3 人。 4.2.3　检测试验单位技术负责人、质量负责人及授权签字人应具有工程类专业中级及其以上技术职称，掌握相关领域知识，具有规定的工作经历、检测试验工作经验和工作年限。 4.2.4　检测试验人员应经技术培训、通过行业主管部门或委托有关机构考核合格后持证上岗。 4.2.6　检测试验单位应有人员学习、培训、考核记录	2. 查阅检测人员资格证书 　资格证颁发单位：各级政府和电力行业主管部门 　资格证：当前有效
4.7.3	检测试验仪器、设备检定合格，且在有效期内	**1.《房屋建筑和市政基础设施工程质量检测技术管理规范》GB 50618—2011** 4.2.14　检测机构的所有设备均应标有统一的标识，在用的检测设备均应标有校准或检测有效期的状态标识。 **2.《电力建设土建工程施工技术检验规范》DL/T 5710—2014** 4.3.1　检测试验仪器应符合国家现行有关技术标准的规定及合同中的相关条款，满足检测试验工作要求。 4.3.2　在用仪器设备有出厂合格证、检定或校准合格证，应保持完好状态，并在检定或校准周期内使用。 4.3.3　检测试验单位应指定仪器设备检定或校准计划，按规定进行检定或校准，检定或校准的周期应符合国家有关规定及技术标准的规定。 4.3.4　检测试验单位应建立仪器设备管理台账和档案，记录仪器设备技术条件及使用过程的有关信息。 4.3.5　检测试验仪器设备（包含标准物质）应设置明显的标识表明其状态。 4.3.6　检测试验单位应建立仪器设备管理责任制，并做好使用、维护保养、维修记录。 4.3.7　大型、复杂、精密的检测试验设备应编制使用操作规程。 4.3.8　仪器设备布置应分类、分区，便于操作，符合有关技术、安全规程规定。 **3.《建筑工程检测试验技术管理规范》JGJ 190—2010** 5.2.3　施工现场试验环境及设施应满足检测试验工作的要求	1. 查阅检测仪器、设备登记台账 　数量、种类：满足检测需求 　检定周期：当前有效 　检定结论：合格 2. 查看检测仪器、设备检验标识 　检定周期：与台账一致

条款号	大纲条款	检 查 依 据	检查要点
4.7.4	检测试验依据正确、有效，检测试验报告及时、规范	**1.《检验检测机构资质认定管理办法》国家质量监督检验检疫总局令〔2015〕第 163 号** 第十三条 …… 检验检测机构资质认定标志，……。式样如下：CMA 标志 第二十五条 检验检测机构应当在资质认定证书规定的检验检测能力范围内，依据相关标准或者技术规范规定的程序和要求，出具检验检测数据、结果。 检验检测机构出具检验检测数据、结果时，应当注明检验检测依据，并使用符合资质认定基本规范、评审准则规定的用语进行表述。 检验检测机构对其出具的检验检测数据、结果负责，并承担相应法律责任。 第二十八条 检验检测机构向社会出具具有证明作用的检验检测数据、结果的，应当在其检验检测报告上加盖检验检测专用章，并标注资质认定标志。 **2.《建设工程质量检测管理办法》建设部令〔2005〕第 141 号** 第十四条 检测机构完成检测业务后，应当及时出具检测报告。检测报告经检测人员签字、检测机构法定代表人或者其授权的签字人签署，并加盖检测机构公章或者检测专用章后方可生效。检测报告经建设单位或者工程监理单位确认后，由施工单位归档。见证取样检测的检测报告中应当注明见证人单位及姓名。 **3.《房屋建筑和市政基础设施工程质量检测技术管理规范》GB 50618—2011** 4.1.3 ……。检测报告批准人、检测报告审核人应经检测机构技术负责人授权，…… 5.5.1 检测项目的检测周期应对外公示，检测工作完成后，应及时出具检测报告。 5.5.4 检测报告至少应由检测操作人签字、检测报告审核人签字、检测报告批准人签发，并加盖检测专用章，多页检测报告还应加盖骑缝章。 5.5.6 检测报告结论应符合下列规定： 1 材料的试验报告结论应按相关材料、质量标准给出明确的判定； 2 当仅有材料试验方法而无质量标准，材料的试验报告结论应按设计要求或委托方要求给出明确的判定； 3 现场工程实体的检测报告结论应根据设计及鉴定委托要求给出明确的判定。 **4.《电力建设土建工程施工技术检验规范》DL/T 5710—2014** 4.8.2 检测试验前应确认检测试验方法标准，并严格按照经确认的检测试验方法标准和检测试验方案进行。 4.8.3 检测试验操作应由不少于 2 名持证检测人员进行。 4.8.4 检测试验出现异常情况时，应按检测试验异常情况处理预案正确处理。 4.8.5 检测试验原始记录应在检测试验操作过程中及时真实记录，统一项目采用统一的格式。 4.8.6 检测试验原始记录笔误需要更正时，应由原记录人进行杠改，并在杠改处由原记录人签名或加盖印章。	查阅检测试验报告 检测依据：有效的标准规范、合同及技术文件 检测结论：明确 签章：检测操作人、审核人、批准人（授权签字人）已签字，已加盖检测机构公章或检测专用章（多页检测报告加盖骑缝章），并标注相应的资质认定标志 时间：在检测机构规定时间内出具

续表

条款号	大纲条款	检 查 依 据	检查要点
4.7.4	检测试验依据正确、有效，检测试验报告及时、规范	4.8.7　自动采集的原始数据当因检测试验设备故障导致原始数据异常时，应予以记录，并应有检测试验人员做出书面说明，由检测试验单位技术负责人批准，方可进行更改。 4.8.8　检测试验工作完成后应在规定时间内及时出具检测试验报告，并保证数据和结果精确、客观、真实。检测试验报告的交付时间和检测周期应予以明示，特殊检测试验报告的交付时间和检测周期应在委托时约定。 4.8.9　检测试验报告编号应连续，不得空号、重号。 4.8.10　检测试验报告至少应由检测试验人、审核人、批准人（授权签字人）不少于三级人员的签名，并加盖检测试验报告专用章及计量认证章，多页检测试验报告应加盖骑缝章。 4.8.11　检测试验报告宜采用统一的格式，内容应齐全且符合国家现行有关标准的规定和委托要求。 4.8.12　检测试验报告结论应符合下列规定： 　1　材料的试验报告结论应按相关的材料、质量标准给出的明确的判断； 　2　当仅有材料试验方法而无质量标准时，材料的试验报告结论应按设计规定或委托方要求给出明确的判断； 　3　现场工程实体的检测报告结论应根据设计及鉴定委托要求给出明确的判断。 4.8.13　委托单位应及时获取检测试验报告，核查报告内容，按要求报送监理单位确认，并在试验台账中登记检测试验报告内容。 4.8.14　检测试验单位严禁出具虚假检测试验报告。 4.8.15　检测试验单位严禁抽撤、替换或修改检测试验结果不合格的报告。 **5.《电力工程检测试验机构能力认定管理办法（试行）》质监〔2015〕20 号** 第十三条　检测机构及由其派出的现场试验室必须按照认定的能力等级、专业类别和业务范围，承担检测试验任务，并按照标准规定出具相应的检测试验报告，未通过能力认定的检测机构或超出规定能力等级范围出具的检测数据、试验报告无效。 第三十二条　检测机构应当……，及时出具检测试验报告	

5　工程实体质量的监督检查

5.1　建筑专业的监督检查

| 5.1.1 | 建筑工程已按设计完工；道路通畅、照明完好，沟道盖板平整、齐全，环境整洁 | **1.《光伏发电工程验收规范》GB/T 50796—2012**
4.2.2　施工记录、隐蔽工程验收文件、质量控制、自检验收记录等有关资料应完整齐备。
4.2.3　光伏组件支架基础的验收应符合下列要求：
　1　混凝土独立（条形）基础的验收应符合现行国家标准《混凝土结构工程施工质量验收规范》GB 50204 的有关规定。 | 查看现场启动条件：
环境：受电范围的建筑工程已按设计文件施工完毕，验收合格，带电区域隔离措施满足试运行要求 |

续表

条款号	大纲条款	检 查 依 据	检查要点
5.1.1	建筑工程已按设计完工；道路通畅、照明完好，沟道盖板平整、齐全，环境整洁	2 桩基础的验收应符合现行国家标准《建筑地基基础工程施工质量验收规范》GB 50202 的有关规定。 3 外露的金属预埋件（预埋螺栓）应进行防腐处理。 4 屋面支架基础的施工不应损害建筑物的主体结构，不应破坏屋面的防水构造，且与建筑物承重结构的连接应牢固、可靠。 5 支架基础的轴线、标高、截面尺寸及垂直度以及预埋螺栓（预埋件）的尺寸偏差应符合现行国家标准《光伏发电站施工规范》GB 50794 的规定。 4.2.4 场地及地下设施的验收应符合下列要求： 1 场地平整的验收应符合设计的要求。 2 道路的验收应符合设计的要求。 3 电缆沟的验收应符合设计的要求。电缆沟内应无杂物，盖板齐全，堵漏及排水设施应完好。 4 场区给排水设施的验收应符合设计的要求。 4.2.5 建（构）筑物的逆变器室、配电室、综合楼、主控楼、升压站、围栏（围墙）等分项工程的验收应符合现行国家标准《建筑工程施工质量验收统一标准》GB 50300，《钢结构工程施工质量验收规范》GB 50205 和设计的有关规定。 **2.《110kV 及以上送变电工程启动及竣工验收规程》DL／T 782—2001** 5.2.3 投入系统的建筑工程和生产区域的全部设施，变电站的内外道路、上下水、防火、防洪工程等均以按设计完成并经验收检查合格。生产区域的场地平整，道路畅通、影响安全运行的施工临时设施已全部拆除，平台栏杆和沟盖板齐全、脚手架、障碍物、易燃物、建筑垃圾等已经清除，带电区域已设明显标志。 5.2.6 所用电源、照明、通信采暖、通风等设施按设计要求安装试验完毕，能正常使用	照明：灯具齐全、应急照明切换正常，满足试运行要求 道路：道路已施工完毕，消防通道畅通 沟道盖板：齐全、平整、板缝严密
5.1.2	排水、防洪设施已完工，符合设计要求	**1.《防洪标准》GB 50201—2014** 3.0.7 防洪工程规划确定的兼有防洪作用的路基、围墙等建筑物、构筑物，具防洪标准应按防洪保护区和该建筑物、构筑物的防洪标准中较高者确定。 7.3.1 35kV 及以上的高压、超高压和特高压架空输电线路基础，应根据电压分为四个防护等级，其防护等级和防洪标准应按表7.3.1确定。…… **2.《给水排水管道工程施工及验收规范》GB 50268—2008** 5.10.9 管道埋设应符合下列规定： 1 管道埋设深度、轴线位置应符合设计要求，无压力管道严禁倒坡； 6 管道与井室洞口之间无渗漏水。 8.5.2 雨水口及支、连管应符合下列要求：	1. 查看防洪沟 沟壁：无裂缝、无塌陷、无缺棱掉角 沟底：无裂缝、无塌陷、排水坡度正确 2. 查看排水、防洪设施 井管、道口、管道埋深、走向：符合设计要求 管道安装：坡度、坡向符合设计要求，管道与井室接口无渗漏

条款号	大纲条款	检　查　依　据	检查要点
5.1.2	排水、防洪设施已完工，符合设计要求	1　所用的原材料、预制构件的质量应符合国家有关标准的规定和设计要求； 检查方法：检查产品质量合格证明书、各项性能检验报告、进场验收记录。 2　雨水口位置正确，深度符合设计要求，安装不得歪扭； 检查方法：逐个观察，用水准仪、钢尺量测。 3　井框、井箅应完整、无损，安装平稳、牢固；支、连管应直顺，无倒坡、错口及破损现象； 检查数量：全数观察。 9.1.11　污水、雨污水合流管道及湿陷土、膨胀土、流砂地区的雨水管道，必须经严密性试验合格后方可投入运行。 **3.《110kV 及以上送变电工程启动及竣工验收规程》DL/T 782—2001** 5.2.3　投入系统的建筑工程和生产区域的全部设施，变电站的内外道路、上下水、防火、防洪工程等均以按设计完成并经验收检查合格。…… **4.《建筑工程施工质量验收统一标准》GB 50300—2013** 5.0.3　分部（子分部）工程质量验收合格应符合下列规定： 1　所含分项工程的质量均应验收合格； 2　质量控制资料应完整； 4　观感质量验收应符合要求	3.　查阅施工、试验、验收记录 　内容：闭水试验、闭气试验内容完整 　签字：责任人签字齐全 　结论：合格
5.1.3	消防器材配备完善，消防通道畅通	**1.《建筑灭火器配置设计规范》GB 50140—2005** 1.0.3　灭火器的配置类型、规格、数量及其设置位置应作为建筑消防工程设计的内容，并应在工程设计图上标明。 4.1.2　在同一灭火器配置场所，宜选用相同类型和操作方法的灭火器。当同一灭火器配置场所存在不同火灾种类时，应选用通用型灭火器。 4.1.3　在同一灭火器配置场所，当选用两种或两种以上类型灭火器时，应采用灭火剂相容的灭火器。 5.1.1　灭火器应设置在位置明显和便于取用的地点，且不得影响安全疏散。 5.1.2　对有视线障碍的灭火器设置点，应设置指示其位置的发光标志。 5.1.3　灭火器的摆放应稳固，其铭牌应朝外。手提式灭火器宜设置在灭火器箱内或挂钩、托架上，其顶部离地面高度不应大于 1.50m；底部离地面高度不宜小于 0.08m。灭火器箱不得上锁。 5.1.4　灭火器不宜设置在潮湿或强腐蚀性的地点。当必须设置时，应有相应的保护措施。灭火器设置在室外时，应有相应的保护措施。 5.1.5　灭火器不得设置在超出其使用温度范围的地点。 6.1.1　一个计算单元内配置的灭火器数量不得少于 2 具。 6.1.2　每个设置点的灭火器数量不宜多于 5 具。	1.　查看移动式灭火器 　设置点数量：符合设计及规范要求 　类型：灭火剂相容，在有效期内 2.　查看自动喷水灭火系统、火灾自动报警系统装置 　安装工程：施工完成，验收合格 　系统：具备投运条件 　报警系统：信号已接入有人值守的监控场所 3.　查看消防通道：畅通，无障碍物

续表

条款号	大纲条款	检 查 依 据	检查要点
5.1.3	消防器材配备完善，消防通道畅通	**2.《水喷雾灭火系统技术规范》GB 50219—2014** 3.1.3 水雾喷头的工作压力，当用于灭火时不应小于0.35MPa；当用与防护冷却时不应小于0.2MPa，但对于甲B、乙、丙类液体储罐不应小于0.15MPa。 3.2.3 水雾喷头与保护对象之间的距离不得大于水雾喷头的有效射程。 4.0.2.1 扑救电气火灾，应选用离心雾化型水雾喷头。 4.0.6 给水管道应符合下列规定： 1 过滤器与雨淋报警阀之间及雨淋报警阀后的管道，应采用内外热浸镀锌钢管、不锈钢管或铜管；要进行弯管加工的管道应采用无缝钢管。 7 应在管道的低处设置放水阀或排污口。 5.1.3 在严寒与寒冷地区，系统中可能产生冰冻的部分应采取防冻措施。 **3.《建筑灭火器配置验收及检查规范》GB 50444—2008** 2.2.1 灭火器的进场检查应符合下列要求： 1 灭火器应符合市场准入的规定，并应有出厂合格证和相关证书； 2 灭火器的铭牌、生产日期和维修日期等标志应齐全； 3 灭火器的类型、规格、灭火级别和数量应符合配置设计要求； 4 灭火器筒体应无明显缺陷和机械损伤； 5 灭火器的保险装置应完好； 6 灭火器压力指示器的指针应在绿区范围内； 7 推车式灭火器的行驶机构应完好。 3.2.2 灭火器箱不应被遮挡、上锁或拴系。 3.3.1 推车式灭火器宜设置在平坦场地，不得设置在台阶上。在没有外力作用下，推车式灭火器不得自行滑动。 3.4.3 设置在室外的灭火器应采取防湿、防寒、防晒等相应保护措施。 **4.《电力设备典型消防规程》DL 5027—2015** 6.1.1 按照国家工程建设消防标准需要进行消防设计的新建、扩建、改建（含室内外装修、建筑保温、用途变更）工程，建设单位应当依法申请建设工程消防设计审核、消防验收，依法办理消防设计和竣工验收消防备案手续并接受抽查。 6.1.6 疏散通道、安全出口应保持畅通，并设置符合规定的消防安全疏散指示标志和应急照明设施。保持防火门、防火卷帘、消防安全疏散指示标志、应急照明、机械排烟送风、火灾事故广播等设施处于正常状态。 6.1.7 消防设施周围不得堆放其他物件。消防用砂应保持足量和干燥。灭火器箱、消防砂箱、消防桶和消防铲、斧把上应涂红色。	

条款号	大纲条款	检 查 依 据	检查要点
5.1.3	消防器材配备完善，消防通道畅通	6.1.10　防火重点部位禁止吸烟，并应有明显标志。 13.4.1　独立建设的并网型太阳能光伏发电站应设置独立或合用消防给水系统和消火栓。消防水源应有可靠保证，供水水量和水压应满足最大一次消防灭火用水（室外和室内用水量之和）。小型光伏发电站内的建筑物耐火等级不低于二级，体积不超过 3000m³，且火灾危险性为戊类时，可不设消防给水。 13.4.2　设有消防给水的光伏发电站的变电站应设置带消防水泵、稳压设施和消防水池的临时（稳）高压给水系统，消防水泵应设置备用泵，备用泵流量和扬程不应小于最大一台消防泵的流量和扬程。 13.4.3　设有消防给水的普通光伏发电站综合控制楼应设置室内外消火栓和移动式灭火器，控制室、电子设备室、配电室、电缆夹层及竖井等处应设置感烟或感温型火灾探测报警装置。光伏电池组件场地和逆变器室一般不设置消火栓及消防给水系统，仅逆变器室需设置移动式灭火器。其他建筑物不设室内消火栓的条件同变电站。 13.4.4　采用集热塔技术的太阳能集热发电站类似于小型火力发电厂，比照汽轮发电机组容量，设置消火栓、火灾自动报警系统和固定灭火系统。 14.3.5　油浸式变压器、油浸式电抗器、……等处应设置消防砂箱或砂桶，内装干燥细黄砂。消防砂箱容积为 1.0m³，并配置消防铲，每处 3 把～5 把，消防砂桶应装满干燥黄砂。消防砂箱、砂桶和消防铲均应为大红色，砂箱的上部应有白色的"消防砂箱"字样，箱门正中应有白色的"火警119"字样，箱体侧面应标注使用说明。消防砂箱的放置位置应与带电设备保持足够的安全距离	
5.1.4	主要建（构）筑物和重要设备基础沉降均匀。沉降观测点设置规范、保护完好，观测记录、曲线和成果报告完整，符合规程规范要求	**1.《工程测量规范》GB 50026—2007** 10.5.8　工业与民用建（构）筑物的沉降观测，应符合下列规定： 　　2　沉降观测标志应稳固埋设，高度以高于室内地坪（±0 面）0.2m～0.5m 为宜。对于建筑立面后期有贴面装饰的建（构）筑物，宜预埋螺栓式活动标志。 **2.《建筑变形测量规范》JGJ 8—2007** 5.1.3　布设沉降观测点时，应结合建筑结构、形状和场地工程地质条件，并应顾及施工和建成后的使用方便。同时，点位应易于保存，标志应稳固美观。 9.1.2　建筑变形测量的观测记录、计算资料及技术成果均应有有关责任人签字，技术成果应加盖成果章。 **3.《电力工程施工测量技术规范》DL/T 5445—2010** 11.7.8　沉降观测结束后，应根据工程需要提交有关成果资料： 　　1　工程平面位置图及基准点分布图； 　　2　沉降观测点位分布图； 　　3　沉降观测成果图； 　　4　沉降观测过程曲线； 　　5　沉降观测技术报告	1. 查看 沉降点的设置：点数、位置、保护、符合设计要求和规范规定 2. 查阅沉降观测成果资料 分布图：范围包括主要建筑物（构筑物）基础 观测成果表：观测次数、观测点数符合有关规定，观测数据完整 观测过程曲线图：包括荷载曲线和沉降量曲线 技术报告：责任人签字齐全，责任单位已盖章，结论准确

条款号	大纲条款	检 查 依 据	检查要点
5.1.5	主体结构用钢筋、水泥、砂、石、连接件等原材料性能证明文件齐全，现场见证取样检验合格，复试报告齐全	**1.《混凝土结构工程施工质量验收规范》GB 50204—2015** 3.0.4　检验批的质量验收应包括实物检查和资料检查，并应符合下列规定： 　　1　主控项目的质量经抽样检验均应合格； 　　2　一般项目的质量经抽样检验应合格；一般项目当采用计数抽样检验时，除本规范各章有专门规定外，其合格点率应达到80%及以上，且不得有严重缺陷。 　　3　应具有完整的质量检验记录，重要工序应具有完整的施工操作记录。 3.0.5　检验批抽样样本应随机抽取，并应满足分布均匀、具有代表性的要求。 5.2.1　钢筋进场时，应按国家现行相关标准的规定抽取试件作屈服强度、抗拉强度、伸长率、弯曲性能和重量偏差检验，检验结果应符合相应标准的规定。 　　检查数量：按进场批次和产品的抽样检验方案确定。 　　检验方法：检查质量证明文件和抽样检验报告。 5.2.3　对按一、二、三级抗震等级设计的框架和斜撑构件（含梯段）中的纵向受力普通钢筋应采用……、HRB400E、HRB500E、……HRBF400E或HRBF500E钢筋，其强度和最大力下总伸长率的实测值应符合下列规定： 　　1　抗拉强度实测值与屈服强度实测值的比值不应小于1.25； 　　2　屈服强度实测值与屈服强度标准值的比值不应大于1.30； 　　3　最大力下总伸长率不应小于9%。 　　检查数量：按进场的批次和产品的抽样检验方案确定。 　　检验方法：检查抽样检验报告。 7.2.1　水泥进场时，应对其品种、代号、强度等级、包装或散装编号、出厂日期等进行检查，并应对水泥的强度、安定性和凝结时间进行检验，检验结果应符合现行国家标准《通用硅酸盐水泥》GB 175等的相关规定。 　　检查数量：按同一厂家、同一品种、同一代号、同一强度等级、同一批号且连续进场的水泥，袋装不超过200t为一批，散装不超过500t为一批，每批抽样数量不应少于一次。 　　检验方法：检查质量证明文件和抽样检验报告。 **2.《建设工程监理规范》GB/T 50319—2013** 5.2.9　项目监理机构应审查施工单位报送的用于工程的材料、构配件、设备的质量证明文件，并应按有关规定、建设工程监理合同的约定，对用于建设工程的材料进行见证取样，平行检验	1. 查阅原材料进场报审表 内容：签字、盖章齐全 结论：合格 2. 查阅钢筋、水泥、砂、石、粉煤灰、外加剂、连接件焊材、焊剂等的材质证明及复验报告 材质证明文件：应为原件，如为复印件，应加盖经销商或采购单位的公章，注明进货数量、原件存放处及抄件人 填写内容：齐全、规范 报告签署：试验员、审核人、批准人已签字、日期无逻辑错误 报告结论：合格
5.1.6	砌体结构中所用原材料性能的证明文件齐全，检测合格、报告齐全	**1.《砌体结构工程施工规范》GB 50924—2014** 3.1.4　砌体结构施工前，应完成下列工作： 　　1　进场原材料的见证取样复验。	1. 查阅原材料进场报审表 签字：施工单位项目经理、专业监理工程师已签字

条款号	大纲条款	检 查 依 据	检查要点
5.1.6	砌体结构中所用原材料性能的证明文件齐全,检测合格、报告齐全	3.2.3　砌体结构工程中所用材料的品种、强度等级应符合设计要求。 4.1.1　对工程中所使用的原材料、成品及半成品应进行进场验收,检查其合格证书、产品检验报告等,并应符合设计及国家现行有关标准要求。 　　对涉及结构安全、使用功能的原材料、成品及半成品应按有关规定进行见证取样、送样复检;其中水泥的强度和安定性应按其批号分别进行见证取样、复验。 4.2.2　当在使用中对水泥质量受不利环境影响或水泥出厂超过三个月、快硬硅酸盐水泥超过 1 个月时,应进行复验,并应按复验结果使用。 6.3.1　砖、水泥、钢筋、预拌砂浆、专用砌筑砂浆、复合夹心墙的保温材料、外加剂等原材料进场时,应检查其质量合格证明;对有复检要求的原材料应送检,检验结果应满足设计及相应国家现行标准要求。 7.4.1　小砌块、水泥、钢筋、预拌砂浆、专用砌筑砂浆、复合夹心墙的保温材料、外加剂等原材料进场时,应检查其质量合格证书;对有复检要求的原料应及时送检,检验结果应满足设计及国家现行相关标准要求。 8.4.1　料石进场时应检查其品种、规格、颜色以及强度等级的检验报告,并应符合设计要求,石材材质应质地坚实,无风化剥落和裂缝。 9.1.2　配筋砖砌体构件、组合砌体构件和配筋砌块砌体剪力墙构件的混凝土、砂浆的强度等级及钢筋的牌号、规格、数量应符合设计要求。 **2.《砌体结构工程施工质量验收规范》GB 50203—2011** 3.0.1　砌体结构工程所用的材料应有产品合格证书,产品性能型式检验报告,质量应符合国家现行有关标准的要求。块体、水泥、钢筋、外加剂尚应有材料主要性能的进场复验报告,并应符合设计要求。严禁使用国家明令淘汰的材料。 5.2.1　砖和砂浆的强度等级必须符合设计要求。 　　抽检数量:每一生产厂家,烧结普通砖、混凝土实心砖每 15 万块,烧结多孔砖、混凝土多孔砖、蒸压灰砂砖及蒸压粉煤灰砖每 10 万块各为一验收批,不足上述数量时按 1 批计,抽检数量为 1 组…… 6.2.1　小砌块和芯柱混凝土、砌筑砂浆的强度等级必须符合设计要求。 　　抽检数量:每一生产厂家,每 1 万块小砌块为一验收批,不足 1 万块按一批计,抽检数量为 1 组;用于多层以上建筑的基础和底层的小砌块的抽检数量不应少于 2 组…… 　　检验方法:检查小砌块和芯柱混凝土、砌筑砂浆试块试验报告。 7.2.1　石材及砂浆强度等级必须符合设计要求。 　　抽检数量:同一产地的同类石材抽检不应少于 1 组…… 　　检验方法:料石检查产品质量证明书,石材、砂浆检查试块试验报告。	盖章:施工单位、监理单位已盖章 结论:同意使用 2. 查阅砖、砌块、石材、水泥、砂子、外加剂、钢筋等材料质量证明文件 材料质量证明文件:应为原件,如为复印件应加盖经销商或采购单位的公章,注明进货数量、原件存放处及抄件人 试验(复检)报告:砖、砌块、石材、水泥、砂子、外加剂、钢筋等试验(复检)报告齐全 结论:合格

条款号	大纲条款	检 查 依 据	检查要点
5.1.6	砌体结构中所用原材料性能的证明文件齐全，检测合格、报告齐全	8.2.1　钢筋的品种、规格、数量和设置部位应符合设计要求。 　　检验方法：检查钢筋的合格证书、钢筋性能复试试验报告、隐蔽工程记录。 9.2.1　烧结空心砖、小砌块和砌筑砂浆的强度等级应符合设计要求。 　　抽检数量：烧结空心砖每10万一验收批，小砌块每1万块为一验收批，不足上述数量时按一批计，抽检数量为1组…… 　　检验方法：查砖、小砌块进场复验报告和砂浆试块试验报告。 **3.《建设工程监理规范》GB/T 50319—2013** 5.2.9　项目监理机构应审查施工单位报送的用于工程的材料、构配件、设备的质量证明文件，并应按有关规定、建设工程合同的有关约定，对用于建设工程的有关材料进行见证取样、平行检验。 　　项目监理机构对已进场经检验不合格的材料、构配件、设备，应要求施工单位限期将其撤除施工现场	
5.1.7	混凝土、砂浆强度等级符合设计要求，试验报告齐全	**1.《混凝土结构工程施工质量验收规范》GB 50204—2015** 7.4.1　混凝土强度等级必须符合设计要求。用于检验混凝土强度的试件应在浇筑地点随机抽取。 　　检查数量：对同一配合比混凝土，取样与试件留置应符合下列规定。 　　1　每拌制100盘且不超过100m³时，取样不得少于一次； 　　2　每工作班拌制不足100盘时，取样不得少于一次； 　　3　连续浇筑超过1000m³时，每200m³取样不得少于一次； 　　4　每一楼层取样不得少于一次； 　　5　每次取样应至少留置一组试件。 　　检验方法：检查施工记录及混凝土强度试验报告。 **2.《混凝土质量控制标准》GB 50164—2011** 4.0.2　混凝土配合比应满足混凝土施工性能要求，强度以及其他力学性能和耐久性能应符合设计要求。 **3.《砌体结构工程施工质量验收规范》GB 50203—2011** 4.0.12　砌筑砂浆试块强度验收时其强度合格标准应符合下列规定： 　　1　同一验收批砂浆试块强度平均值应大于或等于设计强度等级值的1.10倍； 　　2　同一验收批砂浆试块抗压强度的最小一组平均值应大于或等于设计强度等级值的85%。 　　注：1　砌筑砂浆的验收批，同一类型、强度等级的砂浆试块不应少于3组；同一验收批砂浆只有1组或2组试块时，每组试块抗压强度平均值应大于或等于设计强度等级值的1.10倍；对于建筑结构的安全等级为一级或设计使用年限为50年及以上的房屋，同一验收批砂浆试块的数量不得少于3组； 　　2　砂浆强度应以标准养护，28d龄期的试块抗压强度为准； 　　3　制作砂浆试块的砂浆稠度应与配合比设计一致。	查阅混凝土、砂浆配合比报告，混凝土、砂浆抗压强度等级试验报告 　试件数量：符合规范规定 　强度：评定结果，符合设计要求 　签字：试验员、审核人、审批人已签字 　盖章：盖有计量认证章（CMA章）、检测专用章，见证取样时，有见证取样章并注明见证人

条款号	大纲条款	检 查 依 据	检查要点
5.1.7	混凝土、砂浆强度等级符合设计要求，试验报告齐全	抽检数量：每一检验批且不超过 250m³ 砌体的各类、各强度等级的普通砌筑砂浆，每台搅拌机应至少抽检一次。验收批的预拌砂浆、蒸压加气块混凝土砌块专用砂浆，抽检可为 3 组。 　　检验方法：在砂浆搅拌机出料口或在湿拌砂浆的储存容器出料口随机取样制作砂浆试块（现场拌制的砂浆，同盘砂浆只应做 1 组试块），试块标养 28d 后作强度试验。预拌砂浆中的湿拌砂浆稠度应在进场时取样检验。 　　5.2.1　砖和砂浆的强度等级必须符合设计要求。 　　抽检数量：每一生产厂家，烧结普通砖、混凝土实心砖 15 万块，烧结多孔砖、混凝土多孔砖、蒸压灰砂砖及蒸压粉煤灰砖每 10 万块各为一验收批，不足上述数量时按 1 批计，抽检数量为 1 组…… **4.《建设工程监理规范》GB/T 50319—2013** 　　5.2.9　项目监理机构应审查施工单位报送的用于工程的材料、构配件、设备的质量证明文件，并应按有关规定、建设工程监理合同的约定，对用于建设工程的材料进行见证取样，平行检验	
5.1.8	混凝土杆、钢管杆、钢构件等产品质量技术文件齐全，外观检查符合设计及规范要求	**1.《钢结构工程施工规范》GB 50755—2012** 　　5.1.2　钢结构工程所用的材料应符合设计文件和国家现行有关标准的规定，应具有质量合格证明文件，并应进场检验合格后使用。 　　6.5.1　焊缝的尺寸偏差、外观质量内部质量，应按现行国家标准《钢结构工程施工质量验收规范》GB 50205 和《钢结构焊接规范》GB 50661 的有关规定进行检验。 **2.《环形混凝土电杆》GB 4623—2014** 　　6.2　观感质量：电杆的外观质量应符合表 6 的规定。 　　9.1.1　制造厂厂名或商标，应标记在电杆表面上，其位置，梢径大于 190mm 的电杆，宜标在距根端 3.5m 处，梢径小于 190mm 的电杆，宜标在距根端 3.0m 处。产品技术文件资料见 9.2。 **3.《电力建设施工质量验收及评价规程　第 1 部分：土建工程》DL/T 5210.1—2012** 　　11.2.1　钢筋混凝土架构安装： 　　　　1　检查数量：按构件各类型件数，各抽查 10%，且不应少于 5 件。 **4.《输变电钢管结构制造技术条件》DL/T 646—2012** 　　12.2　镀锌层表面应连续、完整，并且具有实用性光滑，不得有过酸洗、漏镀、结瘤、积锌、毛刺等缺陷。镀锌颜色一般呈灰色或暗灰色。 　　12.3　镀锌层厚度和镀锌层附着量应符合表 18 的规定。 　　13.5.5.1.3　当受检零部件出现以下情况之一时，该零部件判定为不合格： 　　　　——项目或项次合格率低于规定值（见表 21）； 　　　　——钢材质量不合格或与设计要求不符合； 　　　　——角钢接头处孔向相反，50% 及以上孔准距超标；	1. 查看混凝土杆观感质量 　　外观：无裂缝、无变形、色泽一致，钢管杆、钢构件涂装均匀、色泽一致、无流坠、无污染等现象 2. 查看焊缝外观质量 　　焊缝表面：无裂纹、焊瘤等缺陷，一、二级焊缝表面无气孔、夹渣、弧坑裂纹、电弧擦伤等缺陷 　　结论：外观质量与评定结论相符 3. 查阅混凝土杆、钢管杆、钢构件等的进场报审表

续表

条款号	大纲条款	检 查 依 据	检查要点
5.1.8	混凝土杆、钢管杆、钢构件等产品质量技术文件齐全，外观检查符合设计及规范要求	——过酸洗严重，接头孔被酸腐蚀超标； ——加工工艺与本标准或设计要求不符合； ——放样错误； ——控制尺寸与图纸不符合所涉及的相关条件。 14.2　标记 　　除满足客户合同要求外，还应在钢管部件的主杆体的明显位置作标记，标注工程的客户名称、塔型号及收货单位，标记内容还应满足运输部门的规定。 **5.《输电线路铁塔制造技术条件》GB/T 2694—2010** 6.9.2　镀锌层外观：镀锌层表面应连续完整，并具有实用性光滑，不应有过酸洗、起皮、漏镀、结瘤、积锌和锐点等使用上有害的缺陷。 5.9.3　镀锌层厚度和镀锌层附着量按表13规定。 7.4.6.1　当受检零部件出现以下情况之一时，该零部件判定为不合格： ——项次合格率低于规定值（见表16）； ——钢材质量不合格或与设计要求不符合； ——接头处孔向相反；50%及以上孔距超标； ——过酸洗严重，接头孔被酸腐蚀超标； ——加工工艺与本标准或设计要求不符合； ——由于放样错误，造成零部件尺寸超标； ——控制尺寸与图纸不符所涉及的相关件。 **6.《建设工程监理规范》GB/T 50319—2013** 5.2.9　项目监理机构应审查施工单位报送的用于工程的材料、构配件、设备的质量证明文件，并应按有关规定、建设工程监理合同的约定，对用于建设工程的材料进行见证取样，平行检验	签字：施工单位项目经理、专业监理工程师已签字 盖章：施工单位、监理单位已盖章 结论：同意使用 4. 查阅混凝土杆、钢管杆、钢构件等出厂质量证明文件 　　材质证明文件：应为原件，材质证明：应为原件，如为抄件，应加盖经销商公章及采购单位的公章，注明进货数量、原件存放处及抄件人 　　报告内容：包括试验方法、试验项目、代表部位和数量等，数据计算正确 　　报告签署：试验员、审核人、批准人已签字，日期无逻辑错误 　　报告结论：合格
5.1.9	钢结构用钢材、高强度螺栓连接副、地脚螺栓、防腐、涂料、焊材等材料性能证明文件齐全	**1.《钢结构工程施工规范》GB 50755—2012** 5.1.2　钢结构工程所用的材料应符合设计文件和国家现行有关标准的规定，应具有质量证明合格文件，并应经进场检验合格后使用。 5.3.1　焊接材料的品种、规格、性能等应符合国家现行有关产品标准和设计要求…… 5.3.2　用于重要焊缝的焊接材料，或对质量合格证明文件有疑义的焊接材料，应进行抽样复验…… 5.4.1　钢结构连接用的普通螺栓、高强度大六角头螺栓连接副，扭剪型高强度螺栓连接副等，应符合表5.4.1所列标准的规定。 5.4.2　高强度大六角头螺栓连接副和扭剪型高强度螺栓连接副，应分别有扭矩系数和紧固轴力（预	1. 查阅钢材、高强度螺栓连接副地脚螺栓、涂料、焊材的进场报审表 签字：施工单位项目经理、专业监理工程师已签字 盖章：施工单位、监理单位已盖章 结论：同意使用

续表

条款号	大纲条款	检 查 依 据	检查要点
5.1.9	钢结构用钢材、高强度螺栓连接副、地脚螺栓、防腐、涂料、焊材等材料性能证明文件齐全	拉力）的出厂合格检验报告，并随箱带。当高强度螺栓连接副保管时间超过 6 个月后使用时，应按相关要求重新进行扭矩系数或紧固轴力试验，并应在合格后再使用。 5.6.1　钢结构防腐涂料、稀释剂和固化剂，应按设计文件和国家现行有关产品标准的规定选用，其品种、规格、性能等应符合设计文件及国家现行有关产品标准的要求。 5.6.3　钢结构防火涂料的品种和技术性能，应符合设计文件和国家现行标准《钢结构防火涂料》GB 14907 等的有关规定。 **2.《钢结构焊接规范》GB 50661—2011** 4.0.1　钢结构焊接工程用钢材及焊接材料应符合设计文件的要求，并应具有钢厂和焊接材料厂出具的产品质量证明书或检验报告，其化学成分、力学性能和其他质量要求应符合国家现行有关标准的规定。 **3.《钢结构工程施工质量验收规范》GB 50205—2001** 4.2.1　钢材、钢铸件的品种、规格、性能等应符合现行国家产品标准和设计要求。进口钢材产品的质量应符合设计和合同规定标准的要求。 4.3.1　焊接材料的品种、规格、性能等应符合现行国家产品标准和设计要求。 4.4.1　钢结构连接用高强度大六角头螺栓连接副、扭剪型高强度螺栓连接副、钢网架用高强度螺栓、普通螺栓、铆钉、自攻钉、拉铆钉、射钉、锚栓（机械型和化学试剂型）、地脚锚栓等紧固标准件及螺母、垫圈等标准配件，其品种、规格、性能等应符合现行国家产品标准和设计要求。高强度大六角头螺栓连接副和扭剪型高强度螺栓连接副出厂时应分别随箱带有扭矩系数和紧固轴力（预拉力）的检验报告。 14.2.2　涂料、涂装遍数、涂层厚度均应符合设计要求。当设计对涂层厚度无要求时，涂层干漆膜总厚度：室外应为 $150\mu m$，室内应为 $125\mu m$，其允许偏差为$-25\mu m$。每遍涂层干漆膜厚度的允许偏差为$-5\mu m$。 14.3.3　薄涂型防火涂料的涂层厚度应符合有关耐火极限的设计要求。厚涂型防火涂料涂层的厚度，80％及以上面积应符合有关耐火极限的设计要求，且最薄处厚度不应低于设计要求的 85％。 **4.《建设工程监理规范》GB/T 50319—2013** 5.2.9　项目监理机构应审查施工单位报送的用于工程的材料、构配件、设备的质量证明文件，并应按有关规定、建设工程监理合同的约定，对用于建设工程的材料进行见证取样、平行检验。 　　项目监理机构对已进场经检验不合格的材料、构配件、设备，应要求施工单位限期将其撤出施工现场。 **5.《钢结构高强度螺栓连接技术规程》JGJ 82—2011** 3.1.7　在同一连接头中，高强度螺栓连接不应与普通螺栓连接混用。承压型高强度螺栓连接不应与焊接连接并用。	2. 查阅钢材、高强度螺栓连接副地脚螺栓、涂料、焊材的证明文件 原材证明：应为原件，如为抄件，应加盖经销商公章及采购单位的公章，注明进货数量、原件存放处及抄件人 抽检报告：包括试验方法、试验项目、数据计算、代表部位和数量等 报告签字：试验员、审核人、批准人已签字 报告盖章：盖有计量认证章、资质章及试验单位章，见证取样时，加盖见证取样章 报告结论：符合设计要求及规范规定

条款号	大纲条款	检 查 依 据	检查要点
5.1.9	钢结构用钢材、高强度螺栓连接副、地脚螺栓、防腐、涂料、焊材等材料性能证明文件齐全	6.1.2 高强度螺栓连接副应按批配套进场，并附有出厂质量保证书。高强度螺栓连接副应在同批内配套使用。 7.2.2 高强度螺栓连接副进场验收检验批划分宜遵循下列原则： 　1　与高强度螺栓连接分项工程检验批划分一致； 　2　按高强度螺栓连接副生产出厂检验批批号，宜以不超过 2 批为 1 个进场验收检验批，且不超过 6000 套； 　3　同一材料（性能等级）、炉号、螺纹（直径）规格、长度（当螺栓长度≤100mm 时，长度相差≤15mm；当螺栓长度＞100mm 时，长度相差≤20mm，可视为同一长度）、机械加工、热处理工艺及表面处理工艺的螺栓、螺母、垫圈为同批，分别由同批螺栓、螺母及垫圈组成的连接副为同批连接副。 7.2.3 摩擦面抗滑移系数验收检验批划分宜遵循下列原则： 　1　与高强度螺栓连接分项工程检验批划分一致； 　2　以分部工程每 2000t 为一检验批；不足 2000t 者视为一批进行检验； 　3　同一检验批中，选用两种及两种以上表面处理工艺时，每种表面处理工艺需进行检验。 7.3.1 高强度螺栓连接分项工程验收资料应包含下列内容： 　1　检验批质量验收记录； 　2　高强度大六角头螺栓连接副或扭剪型高强度螺栓连接副见证复验报告； 　3　高强度螺栓连接摩擦面抗滑移系数见证试验报告（承压型连接除外）； 　4　初拧扭矩、终拧扭矩（终拧转角）、扭矩扳手检查记录和施工记录等； 　5　高强度螺栓连接副质量合格证明文件； 　6　不合格质量处理记录； 　7　其他相关资料	
5.1.10	钢结构现场焊接焊缝检验合格；钢结构变形测量记录齐全，偏差符合设计及规范要求	**1.《钢结构工程施工规范》GB 50755—2012** 6.1.4 焊缝坡口尺寸应按现行国家标准《钢结构焊接规范》GB 50661 的有关规定执行，坡口尺寸的改变应经工艺评定合格后执行。 6.3.1 施工单位首次采用的钢材、焊接材料、焊接方法、接头形式、焊接位置、焊后热处理等各种参数及参数的组合，应在钢结构制作和安装前进行焊接工艺评定。 6.3.2 焊接工艺施工前，施工单位应以合格的焊接工艺评定结果或采用符合免除工艺评定条件为依据，编制焊接工艺文件，并应包括下列内容： 　1　焊接方法或焊接方法的组合； 　2　母材的规格、牌号、厚度及覆盖范围； 　3　填充金属的规格、类别和型号； 　4　焊接接头形式、坡口形式、尺寸及其允许偏差；	1. 查看焊缝外观质量　焊缝表面：焊缝处无焊渣、焊疤、裂纹等缺陷，一、二级焊缝表面无气孔、夹渣、弧坑裂纹、电弧擦伤等缺陷，且一级焊缝无咬边、无焊满、根部收缩等缺陷，灰尘、油污和毛刺处理干净，外观质量与评定结论相符

续表

条款号	大纲条款	检 查 依 据	检查要点
5.1.10	钢结构现场焊接焊缝检验合格；钢结构变形测量记录齐全，偏差符合设计及规范要求	5　焊接位置； 6　焊接电源的种类和极性； 7　清根处理； 8　焊接工艺参数（焊接电流、焊接电压、焊接速度、焊层和焊道分布）； 9　预热温度及道间温度范围； 10　焊后消除应力处理工艺。 **2.《钢结构工程施工质量验收规范》GB 50205—2001** 10.3.3　钢屋（托）架、桁架、梁及受压杆件的垂直度和侧向弯曲矢高的允许偏差应符合规定。 　　检查数量：按同类构件数抽查10%，且不应少于3个。 　　检验方法：用吊线、拉线、经纬仪和钢尺现场实测。 10.3.4　单层钢结构主体结构的整体垂直度和整体平面弯曲的允许偏差应符合规定。 　　检查数量：对主要立面全部检查，对每个所检查的立面，除两列角柱外，尚应至少选取一列中间柱。 　　检查方法：采用经纬仪、全站仪等测量	2.查阅焊接工艺评定及焊接工艺文件 　　工艺评定：达到设计要求与规范的规定 　　工艺文件：内容齐全，有针对性，可指导焊接工作 3.查阅超声波记录或射线记录 　　检查比例：符合设计或规范要求 　　签字：检测人、审核人已签字 　　结论：合格 4.查阅焊接检验批的验收记录 　　主控项目、一般项目：与实际相符，质量经抽样检验合格，质量检查记录齐全 　　签字：施工单位项目质量员、项目专业技术负责人、专业监理工程师（建设单位专业负责人）已签字 　　结论：合格 5.查阅焊工的资格证书 　　有效期：当前有效 　　范　围：涵盖焊接工作范围

条款号	大纲条款	检 查 依 据	检查要点
5.1.10	钢结构现场焊接焊缝检验合格；钢结构变形测量记录齐全，偏差符合设计及规范要求		6. 查阅钢结构施工过程的变形监测记录 垂直度和弯曲矢高变形量、最大变形量：在设计允许及规范规定范围内 签字：监测人、计算人、审核人、专业监理工程师已签字
5.1.11	钢结构防腐（防火）涂料涂装遍数、涂层厚度符合设计及规范要求，记录齐全	**1.《钢结构工程施工规范》GB 50755—2012** 5.6.1 钢结构防腐、稀释剂和固化剂，应按设计文件和国家现行有关产品标准的规定选用，其品种、其规格、性能等应符合设计文件及国家现行有关产品标准的要求。 5.6.3 钢结构防火涂料的品种和技术性能，应符合设计文件和现行国家标准《钢结构防火涂料》GB 14907 等的有关规定。 13.1.3 钢结构防火涂料涂装施工应有钢结构安装工程和防腐涂装工程检验批施工质量验收合格后进行。当设计文件规定构件可不进行防腐涂装时，安装验收合格后可直接进行防火涂料涂装工程施工。 13.1.4 钢结构防腐涂装工程和防火涂装工程的施工工艺和技术应符合本规范、设计文件、涂装产品说明书和国家现行有关产品标准的规定。 13.6.1 防火涂料涂装前，钢材表面除锈及防腐涂装应符合设计文件和国家现行有关标准的规定。 13.6.3 选用的防火涂料应符合设计文件和国家现行有关标准的规定，具有抗冲击能力和粘结强度，不应腐蚀钢材。 13.6.7 防火涂料涂装施工应分层施工，应在上层涂层干燥或固化后，再进行下道涂层施工。 13.6.8 厚涂型防火涂料有下列情况之一时，应重新喷涂或补涂： 　　1 涂层干燥固化不良，粘结不牢或粉化、脱落； 　　2 钢结构接头或转角处的涂层有明显凹陷； 　　3 涂层厚度小于设计规定厚度的 85%； 　　4 涂层厚度小于设计规定，且涂层连续长度超过 1m。 13.6.9 薄涂型防火涂料面层涂装施工应符合下列规定： 　　1 面层应在底层涂装干燥后开始涂装； 　　2 面层涂装颜色应均匀、一致，接槎应平整。	1. 查阅防火涂料复验报告 检验项目：齐全，符合设计要求和规范规定 签字：实验员、审核人、批准人已签字 盖章：盖有计量认证章、资质章及试验单位章，见证取样章并注明见证人 结论：符合设计要求的规范规定 2. 查阅防火涂料施工的隐蔽验收报审表 签字：施工单位项目经理、专业监理工程师（建设单位专业技术负责人）已签字 盖章：施工单位、监理单位已盖章 结论：同意隐蔽

续表

条款号	大纲条款	检 查 依 据	检查要点
5.1.11	钢结构防腐（防火）涂料涂装遍数、涂层厚度符合设计及规范要求，记录齐全	**2.《钢结构工程施工质量验收规范》GB 50205—2001** 14.2.2　涂料、涂装遍数、涂层厚度均符合设计要求。当设计对涂层厚度无要求时，涂层干漆膜总厚度：室外应$150\mu m$，室内应为$125\mu m$，其允许偏差为$-25\mu m$。 14.2.3　构件表面不应误图、漏图，涂层不应有脱皮和返锈。涂层应均匀、无明显皱皮、流坠、针眼和气泡等。 14.3.2　防火涂料的粘结强度、抗压强度应符合国家现行标准《钢结构防火涂料应用技术规程》CECS24：90 的规定。检验方法应符合现行国家标准《建筑构件防火喷涂材料性能试验方法》GB 9978 的规定。 　　检查数量：每使用 100t 或不足 100t 薄涂型防火涂料应抽检一次粘结强度；每使用 500t 或不足 500t 厚涂型防火涂料应抽检一次粘结强度和抗压强度。 　　检查方法：检查复检报告。 14.3.5　防火涂料涂装基层不应有油污、灰尘和泥砂等污垢。 14.3.6　防火涂料不应有误涂、漏涂，涂层应闭合无脱层、空鼓、明显凹陷、粉化松散和浮浆等外观缺陷，乳突已剔除。 **3.《建设工程监理规范》GB/T 50319—2013** 5.2.9　项目监理机构应审查施工单位报送的用于工程的材料、构配件、设备的质量证明文件，并应按有关规定、建设工程监理合同的约定，对用于建设工程的材料进行见证取样，平行检验	3. 查阅防火涂料施工的隐蔽验收记录 　　涂装遍数：符合设计要求及规范规定 　　涂层厚度：符合设计要求及规范规定 　　签字：施工单位项目质量员、项目专业技术负责人、专业监理工程师（建设单位专业技术负责人）已签字 　　结论：同意隐蔽 4. 查看防火涂料的质量 　　厚度：符合设计要求或规范的规定 　　外观：无误涂、漏涂、涂层不闭合、脱层、空鼓、明显凹陷、粉化松散、返锈，涂层均匀、无皱皮、流坠、针眼和气泡
5.1.12	主体结构实体检测合格，报告齐全	**《建筑结构检测技术标准》GB/T 50344—2004** 3.1.4　建筑结构的检测应为建筑结构工程质量的评定或建筑结构性能的鉴定提供真实、可靠、有效的检测数据和检测结论。 3.1.5　建筑结构的检测应根据本标准的要求和建筑结构工程质量评定或即有建筑结构性能鉴定的需要合理确定检测项目和检测方案。 3.4.6　建筑结构的常规检测宜以下列部位为检测重点： 　　1　出现渗水漏水部位的构件； 　　2　受到较大反复荷载或动力荷载作用的构件； 　　3　暴露在室外的构件； 　　4　受到腐蚀性介质侵蚀的构件；	1. 查阅检测机构资质、检测仪器检测人员资格 　　检测机构：符合国家规定的有关资质条件要求 　　检测仪器：计量鉴定机构的有效检定（校准）证书真实有效 　　检测人员：人数符合要求，人员资格在有效期内

续表

条款号	大纲条款	检 查 依 据	检查要点
5.1.12	主体结构实体检测合格，报告齐全	5 受到污染影响的构件； 6 与侵蚀性土壤直接接触的构件； 7 受到冻融影响的构件； 8 委托方年检怀疑有安全隐患的构件； 9 容易受到磨损、冲击损伤的构件。 3.5.1 建筑结构工程质量的检测报告应做出所检测项目是否符合设计文件要求或相应验收规范的评定。…… 3.6.1 承接建筑结构检测工作的检测机构，应符合国家规定的有关资质条件要求。 3.6.3 建筑结构检测所用的仪器和设备应有产品合格证、计量鉴定机构的有效检定（校准）证书或自校证书。 3.6.5 现场检测工作应由两名或两名以上检测人员承担	2. 查阅主体结构检测报告 　检测项目：齐全，符合规范规定 　签字：检测人、审核人、批准人已签字 　盖章：盖有计量认证章（CMA章）、检测专用章，查阅主体结构检测报告 　结论：合格
5.1.13	建（构）筑物的栏杆、钢制门窗、幕墙支架等外露的金属物，应有可靠的接地，并有明显的标识	《建筑物防雷工程施工与质量验收规范》GB 50601—2010 6.1.1 主控项目应符合下列规定： 　1 建筑物顶部和外墙上的接闪器必须与建筑物栏杆、旗杆、吊车梁、管道、设备、太阳能热水器、门窗、幕墙支架等外露的金属物进行等电位连接。 11.2.1 接地装置安装工程的检验批划分和验收应符合下列规定： 　2 主控项目和一般项目应进行下列检测： 　　5）检查整个接地网外露部分接地线的规格、防腐、标识和防机械损伤等措施。测试与同一接地网连接的各相邻设备连接线的电气贯通状况，其间直流过渡电阻不应大于0.2Ω	1. 查看防雷接地 　连接：接地引线（扁钢）与需接地部位（件）连接正确，搭接长度符合规范要求 　标识：清晰、规范 2. 查阅接地电阻值 　结果：符合设计及规范要求 　检测报告：检测项目齐全，数据准确，签字齐全
5.1.14	建（构）筑物外观质量符合规范要求	《建筑工程施工质量验收统一标准》GB 50300—2013 3.0.6 建筑工程的施工质量应按下列要求进行验收： 　7 工程的观感质量应由验收人员现场检查，并应共同确认。 5.0.4 单位工程质量验收合格应符合下列规定： 　5 观感质量应符合要求	查看建（构）物外观实体 　检查内容：工程已按设计图纸施工完毕，无明显的施工缺陷 　结论：观感质量良好

条款号	大纲条款	检 查 依 据	检查要点
5.1.15	隐蔽工程验收记录、质量验收记录齐全	**《建筑工程施工质量验收统一标准》 GB 50300—2013** 3.0.6　建筑工程施工质量应按下列要求进行验收： 　　1　工程质量验收均应在施工单位自检合格的基础上进行； 　　2　参加工程施工质量验收的各方人员应具备相应的资格； 　　3　检验批的质量应按主控项目和一般项目验收； 　　4　对涉及结构安全、节能、环境保护和主要使用功能的试块、试件及材料，应在进场时或施工中按规定进行见证检验； 　　5　隐蔽工程在隐蔽前应由施工单位通知监理单位进行验收，并应形成验收文件，验收合格后方可继续施工； 　　6　对涉及结构安全、节能、环境保护和使用功能的重要分部工程应在验收前按规定进行抽样检验； 　　7　工程的观感质量应有验收人员现场检查，并应共同确认。 5.0.1　检验批质量验收合格应符合下列规定： 　　1　主控项目的质量经抽样检验均应合格； 　　2　一般项目的质量经抽样检验合格。当采用计数抽样时，合格点率应符合有关专业验收规范的规定，且不得存在严重缺陷。对于计数抽样的一般项目，正常检验一次、二次抽样可按本标准附录 D 判定。 　　D.0.1　对于计数抽样的一般项目，正常检验一次抽样可按表 D.0.1-1 判定，正常检验二次抽样可按表 D.0.1-2 判定。抽样方案应在抽样前确定。 　　D.0.2　样本容量在表 D.0.1-1 或表 D.0.1-2 给出的数值之间时，合格评定数可通过插值并四舍五入取整数确定。 5.0.4　单位工程质量验收合格应符合下列规定： 　　1　所含分部工程的质量均应验收合格； 　　2　质量控制资料应完整； 　　3　所含分部工程中有关安全、节能、环境保护和主要使用功能的检验资料应完整； 　　4　主要使用功能的抽查结果应符合相关专业验收规范的规定； 　　5　观感质量应符合要求	1. 查阅隐蔽工程验收记录 　项目：验收项目齐全 　内容：填写完整、真实 　签字：相关参建单位人员签字齐全 　结论：同意隐蔽 2. 查阅质量验收记录 　项目：与质量验收计划相符 　内容：齐全、填写完整、真实 　签字：相关参建单位人员签字齐全 　结论：合格
5.1.16	投运范围内建筑工程的监督检查按照本大纲第 4 部分第 3 节点"升压站建筑工程交付使用前监督检查"进行	**本大纲第 4 部分第 3 节点"建筑工程交付使用前监督检查"进行**	参见本大纲第 4 部分第 3 节点"建筑工程交付使用前监督检查"进行

条款号	大纲条款	检 查 依 据	检查要点
		5.2　电气专业的监督检查	
5.2.1	光伏方阵支架（机架）方位和倾角应符合设计要求，支架防腐良好，跟踪机械转动灵活	**1.《光伏发电站施工规范》GB 50794—2012** 5.2.2　固定式支架及手动可调支架的安装应符合下列规定： 　　2　支架倾斜角度偏差不应大于±1°。 　　3　固定及手动可调支架安装的允许偏差应符合表5.2.2中的规定。 5.2.3　跟踪式支架的安装应符合下列要求： 　　2　跟踪式支架安装的允许偏差应符合设计文件的规定。 　　3　跟踪式支架电机的安装应牢固、可靠。传动部分应动作灵活。 5.2.4　支架的现场焊接工艺除应满足设计要求外，还应符合下列要求： 　　1　支架的组装、焊接与防腐处理应符合现行国家标准《冷弯薄壁型钢结构技术规范》GB 50018 及《钢结构设计规范》GB 50017 的相关规定。 　　2　焊接工作完毕后，应对焊缝进行检查。 　　3　支架安装完成后，应对其焊接表面按照设计要求进行防腐处理。 **2.《光伏电站太阳跟踪系统技术要求》GB/T 29320—2012** 4.11.4　传动装置要求 4.11.4.1　传动装置的机械性能（通常包括传动比、额定输入和输出转矩、最大输出转矩、机械效率、保持力矩、最大轴向和径向载荷等）应满足设计要求。 4.11.4.2　传动装置运行应平稳、灵活、无卡滞、无异常震动和无噪音；连接件和紧固件应无松动，密封件应无漏油、渗油现象。 4.11.4.3　传动装置密封部件应符合防尘要求	1.查看光伏组件支架 内容：光伏组件支架防腐良好，跟踪式支架机械转动灵活 2.查阅光伏组件施工记录 　组件支架方位和倾斜角：符合设计要求值
5.2.2	光伏组件安装平整、牢固，组件间的风道间隙符合设计要求	**《光伏发电站施工规范》GB 50794—2012** 5.3.2　光伏组件的安装应符合下列要求： 　　1　光伏组件应按照设计图纸的型号、规格进行安装。 　　2　光伏组件固定螺栓的力矩值应符合产品或设计文件的规定。 　　3　光伏组件的安装允许偏差应符合表5.3.2规定	查看光伏组件设备 外观：平整、牢固；组件间风道间隙尺寸符合设计要求
5.2.3	光伏组件方阵布线支撑牢固，符合设计及规范要求	**1.《光伏发电站施工规范》GB 50794—2012** 5.3.3　光伏组件之间的接线应符合下列要求： 　　5　光伏组件间连接线可利用支架进行固定，并应整齐、美观。 **2.《光伏发电站设计规范》GB 50797—2012** 6.4.3　光伏方阵采用固定式布置时，最佳倾角应结合站址当地的多年月平均辐照度、直射分量辐照度、散射分量辐照度、风速、雨水、积雪等气候条件进行设计，并宜符合下列要求：	查看光伏组件布线及支撑 外观：布线固定牢固，符合设计及规范要求

条款号	大纲条款	检 查 依 据	检查要点
5.2.3	光伏组件方阵布线支撑牢固，符合设计及规范要求	1　对于并网光伏发电系统，倾角宜使光伏方阵的倾斜面上受到的全年辐照量最大。 2　对于独立光伏发电系统，倾角宜使光伏方阵的最低辐照度月份倾斜面上受到较大的辐照量。 3　对于有特殊要求或土地成本较高的光伏发电站，可根据实际需要，经技术经济比较后确定光伏方阵的设计倾角和阵列行距	
5.2.4	组件间的正、负极和串接线的导线颜色一致，馈线敷设符合设计及规范要求	**1.《电气装置安装工程蓄电池施工及验收规范》GB 50172—2012** 4.1.4　蓄电池组的引出电缆的敷设应符合现行国家标准《电气装置安装工程电缆线路施工及验收规范》GB 50168 的有关规定。电缆引出线正、负极的极性及标识应正确，且正极应为褐色，负极应为蓝色。 **2.《光伏发电施工规范》GB 50794—2012** 5.3.3　光伏组件之间的接线应符合下列要求： 　1　光伏组件连接数量和路径应符合设计要求。 　5　光伏组件间连接线可利用支架进行固定，并应整齐、美观。 　6　同一光伏组件或光伏组件串的正负极不应短接。 5.3.4　严禁触摸光伏组件串的金属带电部位。 5.3.5　严禁在雨中进行光伏组件的连线工作	查看光伏组件间连接导线 外观：正、负极和串接导线颜色一致 电缆敷设：固定牢固、排列整齐，美观
5.2.5	方阵间连接导线接头符合设计及规范要求	**1.《电气装置安装工程盘、柜及二次回路接线施工及验收规范》GB 50171—2012** 5.0.3　二次回路的连接件均应采用铜质制品，绝缘件应采用自熄性阻燃材料。 **2.《光伏发电站施工规范》GB 50794—2012** 5.3.3　光伏组件之间的接线应符合下列要求： 　2　光伏组件间接插件连接牢固。 　3　外接电缆同插件连接处应搪锡	查看光伏组件方阵间连接导线 外观及设备连接：连接牢固，插接件接头搪锡
5.2.6	光伏电池组件接线盒防水符合设计要求	**1.《电气装置安装工程盘、柜及二次回路接线施工及验收规范》GB 50171—2012** 3.0.12　安装调试完毕后，在电缆进出盘、柜的底部或顶部以及电缆管口处应进行防火封堵，封堵应严密。 8.0.1　在验收时，应按下列规定进行检查： 　6　盘、柜孔洞及电缆管应封堵严密，可能结冰的地区还应采取防止电缆管内积水结冰的措施。 **2.《电气装置安装工程低压电器施工及验收规范》GB 50254—2014** 3.0.15　室内使用的低压电器在室外安装时，应有防雨、雪等有效措施。 **3.《1kV 及以下配线工程施工与验收规范》GB 50575—2010** 4.1.13　室外导管管口不应敞口垂直向上，导管端部应设有防水弯，并应经防水的可弯曲导管或柔性导管弯成滴水弧状后再引入设备的接线盒。	查看光伏组件接线盒防护措施 防水措施：封堵严密 防护等级：符合设计及规范要求

续表

条款号	大纲条款	检 查 依 据	检查要点
5.2.6	光伏电池组件接线盒防水符合设计要求	**4.《户外配电箱通用技术条件》DL/T 375—2010** 6.2.8 应考虑预留除湿、防冷凝，防高、低温器件的位置，据不同地区环境状况，装设所需器件	
5.2.7	光伏组件标识牌正确、清晰	**1.《电力安全工作规程发电厂和变电站电气部分》GB 26860—2011** 7.3.5.2 电气设备应具有明显的标志，包括命名、编号、设备相色等。 **2.《110kV及以上送变电工程启动及竣工验收规程》DL/T 782—2001** 5.2.2 ⋯⋯，投入的设备已有调度命名和编号，⋯⋯ **3.《光伏建筑一体化系统运行与维护规范》JGJ/T 264—2012** 4.2.1.3 光伏组件上的带电警告标识不得缺失。 4.4.2.2 逆变器上的警示标识应完整无破损。 4.6.3.2 配电柜标明被控设备编号、名称或操作位置的标识器件应完整，编号应清晰、工整	查看光伏组件设备标识 内容：设备命名与设备对应，标识正确、清晰
5.2.8	方阵输出端与支撑结构间的绝缘电阻值符合设计要求	**《光伏发电站施工规范》GB 50794—2012** 5.4.1 汇流箱安装前应符合下列要求： 　　3 汇流箱进线端及出线端与汇流箱接地端绝缘电阻不应小于20MΩ	查阅光伏发电方阵输出端施工记录、试验报告 绝缘电阻值：符合标准 GB 50794—2012 第 5.4.1 条
5.2.9	光伏阵列防雷汇流箱、直流防雷配电柜、逆变器及箱式变压器验收签证齐全，电缆孔洞防火封堵严密、阻燃措施符合要求	**《光伏发电工程验收规范》GB/T 50796—2012** 4.3.3 设备抽检记录和报告、安装调试记录和报告、施工中的关键工序检查签证记录、质量控制、自检验收记录等资料应完整齐备。 4.3.10 线路和电缆安装的验收应符合下列要求： 　　2 光伏方阵直流电缆安装的验收应符合下列要求： 　　　　6）防火措施应符合设计要求	1. 查看设备、孔洞电缆防火封堵 外观：防火封堵齐全、严密 2. 查阅施工记录、验收签证表、调试记录及试验报告 结论：合格 签字：相关方已签字

条款号	大纲条款	检 查 依 据	检查要点
5.2.10	逆变器自动投入和退出满足设计要求；控制、保护、报警、监测的调试记录与电气试验项目齐全，试验合格	**1.《光伏发电工程验收规范》GB/T 50796—2012** 6.2.1　工程试运和移交生产验收应具备下列条件： 　　7　光伏发电工程主要设备（光伏组件、并网逆变器和变压器等）各项试验应全部完成且合格，记录齐全完整。 6.2.2　工程试运和移交生产验收主要工作应包括下列内容： 　　6　应检查并网逆变器、光伏方阵各项性能指标是否达到设计的要求。 **2.《光伏发电并网逆变器技术规范》NB/T 32004—2013** 8.　试验方法： 　　8.3.3　自动开关机 　　　　逆变器应能在制造商规定的电压范围内自动开关机……	查阅调试记录及试验报告 结论：试验项目齐全，性能符合设计要求 签字：相关单位验收人员签字齐全
5.2.11	监控系统安装完毕，符合设计要求	**《光伏发电工程验收规范》GB/T 50796—2012** 4.3.8　电气设备安装的验收应符合下列要求： 　　5　光伏电站监控系统安装的验收应符合下列要求： 　　　1）线路敷设路径相关资料应完整齐备。 　　　2）布放线缆的规格、型号和位置应符合设计要求，线缆排列应整齐美观、外皮无损伤；绑扎后的电缆应互相紧密靠拢，外观平直整齐，线间距均匀、松紧适度。 　　　3）信号传输线的信号传输方式与传输距离应匹配，信号传输质量应满足设计要求。 　　　4）信号传输线和电源电缆应分离布放，可靠接地。 　　　5）传感器、变送器安装位置应能真实地反映被测量值，不应受其他因素的影响。 　　　6）监控软件功能应满足设计要求。 　　　7）监控软件应支持标准接口，接口的通信协议应满足建立上一级监控系统的需要及调度的要求。 　　　8）监控系统的任何故障不应影响被监控设备的正常工作。 　　　9）通电设备都应提供符合相关标准的绝缘性能测试报告	查阅验收签证、安装记录及调试报告齐全 结论：符合设计及产品技术要求 签字：相关单位验收人员签字齐全
5.2.12	光伏发电单元验收签证齐全	**《光伏发电工程验收规范》GB/T 50796—2012** 5.2.1　工程启动验收前完成的准备工作应包括下列内容： 　　2　应通过并网工程验收，包括下列内容： 　　　1）涉及电网安全生产管理体系验收。 　　　2）电气主接线系统及场（站）用电系统验收。 　　　3）继电保护、安全自动装置、电力通信、直流系统、光伏电站、监控系统等验收。 　　　4）二次系统安全防护验收。 　　　5）对电网安全、稳定运行有直接影响的电厂其他设备及系统验收	查阅光伏发电单元验收签证表、安装记录及调试报告 结论：合格 签字：相关单位验收人员签字齐全

条款号	大纲条款	检 查 依 据	检查要点
5.2.13	带电设备的安全净距符合规定,电气连接可靠	**1.《电气装置安装工程 高压电器施工及验收规范》GB 50147—2010** 3.0.9 设备安装用的紧固件应采用镀锌或不锈钢制品,户外采用的紧固件采用镀锌产品时应采用热镀锌工艺;外露地脚螺栓应采用热镀锌制品;电气接线端子用的紧固件应符合现行国家标准《变压器、高压电气和套管的接线端子》GB 5273 的规定。 **2.《电气装置安装工程 母线装置施工及验收规范》GB 50149—2010** 3.1.14 母线安装,室内配电装置的安全净距离应符合表 3.1.14-1 的规定,室外配电装置的安全净距离应符合表 3.1.14-2 的规定;当实际电压值超过表 3.1.14-1、表 3.1.14-2 中本级额定电压时,室内、室外配电装置安全净距离采用高一级额定电压对应的安全净距离值。 3.3.3 母线与母线或母线与设备接线端子的连接应符合下列要求: 1 母线连接接触面应保持清洁,并应涂以电力复合脂; 2 母线平置时,螺栓应由下往上穿,螺母应在上方,其余情况下,螺母置于维护侧,螺栓长度宜露出螺母 2 扣～3 扣; 3 螺栓与母线坚固面间均应有平垫圈,母线多颗螺栓连接时,相邻螺栓垫圈间应有 3mm 以上的净距,螺母侧应装有弹簧垫圈或锁紧螺母; 4 母线接触面应连接紧密,连接螺栓应用力矩扳手坚固,钢制螺栓坚固力矩值应符合表 3.3.3 的规定,非钢制螺栓坚固力矩值应符合产品技术文件要求	1. 查看带电部位安全距离 引流线对地及线间:符合设计要求 母线对地距离:符合设计要求 母线相间距离:符合设计要求 2. 查看设备电气连接 紧固螺栓表面处理:符合规范规定 螺栓紧固力矩值:符合产品技术要求或规范规定 搭接面处理:符合规范规定 焊接防腐处理:符合规范规定
5.2.14	箱式变压器箱体密封良好,油位正常;绝缘油检验合格;气体继电器、温度计校验合格;变压器本体外壳、铁芯、夹件及中性点工作接地可靠,远方及就地调整操作正确无误	《电气装置安装工程 电力变压器、油浸电抗器、互感器施工及验收规范》GB 50148—2010 4.8.9 气体继电器的安装应符合下列规定: 2 气体继电器应水平安装,顶盖上箭头标志应指向储油柜,连接密封严密; 6 观察窗的挡板处于打开位置。 4.8.12 测温装置的安装应符合下列规定: 1 温度计安装前应进行校验,信号接点动作应正确,导通应良好;当制造厂已提供有温度计出厂检验报告时,可不进行现场送验,但应进行温度现场比对检查; 3 顶盖上的温度计座应严密无渗油现象,温度计座内应注以绝缘油;闲置的温度计座也应密封。 4.12.1 变压器、电抗器在试运行前,应实行全面检查,确认其符合运行条件时,方可投入试运行。检查项目应包含以下内容和要求: 1 本体、冷却装置及所有附件应无缺陷,且不渗油。 5 变压器本体应两点接地。中性点接地引出后,应有两根接地引线与主接地网的不同干线连接,其规格应满足设计要求。	1. 查看变压器接地 接地:可靠 标识:清晰 2. 查看储油柜及充油套管 油位指示:正常 3. 查看调压装置 机构:转动灵活 指示:正确 4. 查阅气体继电器、温控器校验报告 结论:合格 签字:齐全

条款号	大纲条款	检 查 依 据	检查要点
5.2.14	箱式变压器箱体密封良好，油位正常；绝缘油检验合格；气体继电器、温度计校验合格；变压器本体外壳、铁芯、夹件及中性点工作接地可靠，远方及就地调整操作正确无误	6　铁芯和夹件的接地引出套管、套管的未屏接地应符合产品技术文件要求。 7　储油柜和充油套管的油位应正常。 8　分接头的位置应符合运行要求，且指示位置正确。 12　变压器、电抗器的全部电气试验应合格；保护装置整定值应符合规定；操作及联动试验应正确	5. 查阅绝缘油试验报告 出厂试验报告结论：合格 试验结论：合格 签字：齐全 6. 查阅密封试验记录：试验合格 签字：齐全
5.2.15	充气式配电装置气体压力、密度继电器报警和闭锁值符合产品技术要求，SF$_6$气体检验合格	**《电气装置安装工程高压电器施工及验收规范》GB 50147—2010** 4.4.1　在验收时，应进行下列检查： 　　5　密度继电器的报警、闭锁值应符合产品技术文件的要求，电气回路传动应正确。 　　6　六氟化硫气体压力、泄漏率和含水量应符合现行国家标准《电气装置安装工程电气设备交接试验标准》GB 50150 及产品技术文件的规定	1. 查看气体压力 压力值：符合产品技术要求 2. 查阅压力表、密度继电器校验报告 报警值、闭锁值：符合产品技术要求 报告结论：合格 签字：齐全 3. 查阅气体检验报告 结论：合格 签字：齐全
5.2.16	低压电器设备完好，标识清晰	**《电气装置安装工程低压电器施工及验收规范》GB 50254—2014** 12.0.1　在验收时，应进行下列检查： 　　1　电器的型号、规格符合设计要求。 　　2　电气的外观完好，绝缘器件无裂纹，安装方式符合产品技术文件要求。 　　3　电气安装牢固、平正，符合设计及产品技术文件的要求。 　　8　标志齐全完好、字迹清晰	1. 查看低压电器设备 外观：外观完好 安装：牢固 2. 查看设备标识 内容：设备命名与设备对应，盘柜元件名称与编号相对应

条款号	大纲条款	检 查 依 据	检查要点
5.2.17	盘柜安装牢固、接地可靠；柜内一次设备的安装质量符合要求，照明装置齐全；盘、柜及电缆管道封堵完好，应有防积水、防结冰、防潮、防雷等措施；操作与联动试验合格；二次回路连接可靠，标志齐全清晰，绝缘符合要求	**《电气装置安装工程盘、柜及二次回路接线施工及验收规范》GB 50171—2012** 8.0.1 在验收时应按下列规定进行检查： 　1 盘、柜的固定及接地应可靠，盘、柜漆层应完好，清洁整齐、标识规范。 　2 盘、柜内所装电器元件应齐全完好，安装位置应正确，固定应牢固。 　3 所有二次回路接线应正确，连接应可靠，标识应齐全清晰，二次回路的电源回路绝缘应符合本规范3.0.11条的规定。 　5 用于热带地区的盘、柜应具有防潮、抗霉和耐热性能，应按现行行业标准《热带电工产品通用技术要求》JB/T 4159 的有关规定验收合格。 　6 盘、柜孔洞及电缆管应封堵严密，可能结冰的地区还应采取防止电缆管积水结冰的措施	1. 查看盘柜安装 　柜体及构件：连接牢固 　设备接地：与主接地网可靠连接 2. 查看手车、抽屉柜推拉操作：轻便灵活、可互换、无卡阻现象 3. 查看柜内接线、防火封堵、防水、防潮措施 　接线：正确、牢固、美观、标识清楚 　防火、防水、防潮措施：外观平整、封堵严密 4. 查阅试验报告 　绝缘电阻值：符合产品技术要求
5.2.18	蓄电池组标识正确、清晰，充放电试验合格，记录齐全；直流电源系统安装、调试合格	**《电气装置安装工程 蓄电池施工及验收规范》GB 50172—2012** 3.0.3 蓄电池到达现场后，应时行验收检查，并应符合下列规定： 　1 包装及密封应良好。 　2 应开箱检查清点，型号、规格应符合设计要求，附件应齐全，元件应无损坏。 　3 产品的技术文件应齐全。 　4 按本规范要求外观检查应合格。 6.0.1 在验收时，应按下列规定进行检查： 　2 蓄电池安装位置应符合设计要求。蓄电池组排列整齐，间距应均匀，应平稳牢固。 　3 蓄电池间连接条应排列整齐，螺栓应坚固、齐全、极性标识应正确清晰。 　5 蓄电池组的充、放电结果应合格，其端电压、放电容量、放电倍率应符合产品技术文件的要求。 　6 蓄电池组的绝缘应良好，绝缘电阻不应小于 0.5MΩ	1. 查看蓄电池标识 　内容：标识正确、清楚 2. 查阅蓄电池施工记录，充放电、直流柜试验报告 　结论：合格 　签字：相关方签字齐全

续表

条款号	大纲条款	检 查 依 据	检查要点
5.2.19	电缆、附件和附属设施的产品技术资料齐全；电缆敷设符合设计及规范要求，防火封堵严密、阻燃措施符合要求，试验合格；金属电缆支架接地良好	**《电气装置安装工程 电缆线路施工及验收规范》GB 50168—2006** 3.0.4　电缆及其附件到达现场后，应按下列要求及时进行检查： 　1　产品的技术文件应齐全； 　2　电缆型号、规格、长度应符合订货要求； 　3　电缆外观不应受损，电缆封端应严密，当外观检查有怀疑时，应进行受潮判断或试验； 　4　附件部件应齐全，材质质量应符合产品技术要求； 　5　充油电缆的压力油箱、油管、阀门和压力表应符合产品技术要求且完好无损	1. 查阅电缆本体、附件和附属设施合格证、质量检验报告及现场抽样复检报告 　结论：符合规范要求 　盖章：有测试单位的专用章 　签字：齐全
			2. 查看金属支架接地 　支架接地：牢固、美观
			3. 查阅电缆防火封堵验收签证表、安装记录 　结论：符合规范要求 　签字：相关方已签字
5.2.20	防雷接地、设备接地和接地网连接可靠，接地网施工符合设计及规范要求，标识符合规定，验收签证齐全	**1.《电气装置安装工程 接地装置施工及验收规范》GB 50169—2006** 1.0.6　接地装置的安装应配合建筑工程的施工，隐蔽部分必须在覆盖前会同有关单位做好中间检查及验收记录。 1.0.7　各种电气装置与主接地网的连接必须可靠，接地装置的焊接质量应符合本规范第3.4.2条规定的接地、电阻应符合设计规定，扩建接地网与原接地网间应为多点连接。 3.3.8　明敷接地线，在导体的全长度或区间段及每个连接部位附近的表面，应涂以 15mm～100mm 宽度相等的绿色和黄色相间的条纹标识。当使用胶带时，应使用双色胶带。中性线宜涂淡蓝色标识。 3.3.9　在接地线引向建筑物的入口处和在检修用临时接地点处，均应刷白色底漆并标以黑色标识 …… 3.4.1　接地体（线）的连接应采用焊接，焊接必须牢固无虚焊…… 4.0.1　在验收时应按下列要求进行检查： 　2　整个接地网外露部分的连接可靠，接地线规格正确，防腐层完好，标识齐全明显。 4.0.2　在交接验收时，应向甲方提交下列资料和文件。 　1　实际施工记录图；	1. 查看防雷接地、设备接地 　接地连接及标识：接地连接可靠、标识清晰，符合设计、规范要求
			2. 查阅接地验收签证表、安装记录 　结论：符合规范要求 　签字：齐全

条款号	大纲条款	检 查 依 据	检查要点
5.2.20	防雷接地、设备接地和接地网连接可靠，接地网施工符合设计及规范要求，标识符合规定，验收签证齐全	2 变更设计的证明文件； 3 安装技术记录（包括隐蔽工程记录等）； 4 测试记录。 **2.《光伏发电站防雷技术规程》DL/T 1364—2014（报批稿）** 5.2.3.2 接闪针（线）独立接地装置边缘与其他接地网边缘在土壤中的水平距离不宜小于 0.3R 米（R 为独立接地装置冲击接地电阻）。接地装置冲击接地电阻与工频接地电阻的换算参见附录 C。 5.2.3.3 光伏方阵接地网、建筑物接地网、升压站接地网等接地网边缘应采用不少于 2 根导线在不同地点与水平接地网相互连接构成共用接地网。 5.2.3.4 光伏组件支架应至少在两端接地，光伏方阵接地网的工频接地电阻宜不大于 10 欧，当工频接地电阻达不到要求时，可采用以下措施： 　　a) 增加接地极； 　　b) 将临近接地极连接； 　　c) 将接地极与接地网连接。 5.2.3.5 建筑物屋面光伏方阵接地应充分利用建筑物的接地装置，光伏方阵单元支架应与建筑物屋面避雷带可靠连接并接地。 5.2.3.14 接地装置引向建筑物的入口处、检修用临时接地点处以及站内主接地网引出点（光伏方阵、光伏方阵其他发电单元、综合楼、站内升压站接地网的连接处），均应设置标识	
5.2.21	二次设备等电位接地网独立设置	**《电气装置安装工程 接地装置施工及验收规范》GB 50169—2006** 3.3.19 保护屏应装有接地端子，并用截面不小于 4mm² 的多股铜线和接地网直接连通。装设静态保护的保护屏，应设装连接控制电缆屏蔽层的专用接地铜排，各盘的专用接地铜排互相连接成环，与控制室的屏蔽接地网连接。用截面不小于 100mm² 的绝缘导线或电缆将屏蔽电网与一次接地网直接相连。 4.0.1 在验收时应按下列要求进行检查： 　　5 接地电阻值及设计要求的其他测试参数符合设计要求。	1. 查看二次设备间等电位接地母线 　等电位接地：自成系统，只在室外远离高压设备与主接地网一点可靠连接
			2. 查阅等电位接地测试报告 　测试电阻值：符合设计要求 　测试结论：合格 　签字：齐全

续表

条款号	大纲条款	检 查 依 据	检查要点
5.2.22	电气设备防误闭锁装置齐全	**《电气装置安装工程盘、柜及二次回路接线施工及验收规范》GB 50171—2012** 4.0.6　成套柜的安装应符合下列规定： 　1　机械闭锁、电气闭锁应动作准确、可靠	查看开关柜闭锁装置 装置：有五防闭锁装置 动作：可靠
5.2.23	继电保护和自动装置按设计全部投入，继电保护和自动装置已按整定值通知单整定完毕	**《光伏发电站施工规范》GB 50794—2012** 6.5.3　继电保护系统调试应符合下列要求： 　1　调试时可按照现行行业标准《继电保护和电网安全自动装置检验规程》DL/T 995 的相关规定执行。 　3　保护定值应由具备计算资质的单位出具，且应在正式送电前仔细复核。 　6　调试记录应齐全、准确	1. 查看保护装置定值 　定值：已整定与保护定值单相符 2. 查阅继电保护和自动装置系统测试记录、试验报告、产品资料 　测试结论：合格，符合规范规定及产品要求 　签字：相关方已签字
5.2.24	电测仪表校验合格，并粘贴检验合格证	**《110kV 及以上送变电工程启动及竣工验收规程》DL/T 782—2001** 5.2.5　各种测量、计量装置、仪表齐全，符合设计要求并经检验合格	1. 查看电测仪表检验合格证 　检验合格证：标识齐全 2. 查阅电测仪表校验报告 　测试值：符合产品技术要求 　报告结论：合格 　签字：齐全
5.2.25	电气设备安装验收签证齐全	**1.《110kV 及以上送变电工程启动及竣工验收规程》DL/T 782—2001** 5.2.4　电器设备的各项试验全部完成且合格，有关记录齐全完整。 **2.《光伏发电站施工规范》GB 50794—2012** 6.1.2　设备和系统调试前，安装工作应完成并验收合格	查阅电气设备安装记录、签证记录、试验报告 结论：符合规范规定及产品要求 签字：相关方已签字

续表

条款号	大纲条款	检查依据	检查要点
	5.3 架空集电线路专业的监督检查		
5.3.1	原材料、杆塔及装置性材料产品技术资料、检验记录、试验报告齐全	**1.《110kV～750kV 架空输电线路施工及验收规范》GB 50233—2014** 3.0.1 工程所使用的原材料及器材应符合下列要求： 　　1 有该批产品出厂质量检验合格证书； 　　2 有符合国家现行标准的各项质量检验资料； 　　3 对砂、石等无质量检验资料的原材料，应抽样并经有检验资质的单位检验，合格后方可采用； 　　4 当对产品检验结果有怀疑时，应按规定重新抽样并经有检验资质的单位检验，合格后方可采用。 3.0.2 当采用新型原材料及器材时，应经试验合格并通过专业部门的技术鉴定，证明其质量满足设计要求和相关标准后方可使用。 10.3.1 工程竣工后应移交下列资料： 　　4 原材料和器材出厂质量合格证明和试验报告。 　　6 工程试验报告和记录。 **2.《电气装置安装工程 66kV 及以下架空电力线路施工及验收规范》GB 50173—2014** 3.1.1 架空电力线路工程使用的原材料及器材应符合下列规定： 　　1 有该批产品出厂质量检验合格证书，设备应有铭牌。 　　2 有符合国家现行标准的各项质量检验资料。 　　3 对砂、石等原材料应抽样并交具有资质的检验单位检验，合格后方可采用。 11.3.1 工程竣工后应移交下列资料： 　　4 原材料和器材出厂质量合格证明和试验记录。 　　6 工程试验报告和记录	查阅原材料、杆塔及装置性材料产品合格证、质量检验报告及现场抽样复检报告 结论：符合规范要求 盖章：有测试单位的专用章 签字：齐全
5.3.2	基础混凝土强度等级、几何尺寸、外观质量等符合设计及规范要求	**1.《110kV～750kV 架空输电线路施工及验收规范》GB 50233—2014** 6.1.2 基础混凝土中严禁掺入氯盐。 6.1.9 整基杆塔基础尺寸施工允许偏差应符合表 6.1.9 的规定。 注：1 转角塔基础的横线路是指内角平分线方向，顺线路方向是指转角平分线方向。 　　2 基础根开及对角线是指同组地脚螺栓中心之间或塔腿主角钢准线间的水平距离。 　　3 相对高差是指地脚螺栓基础抹面后的相对高差或插入式基础的操平印记的相对高差。 　　4 高低腿基础顶面标高差是指与设计标高之比。 　　5 高塔是指按大跨越设计，塔高在 100m 以上的铁塔。	1. 查阅基础混凝土强度试验报告 结论：符合设计及规范规定 签字：相关方已签字

条款号	大纲条款	检 查 依 据	检查要点
5.3.2	基础混凝土强度等级、几何尺寸、外观质量等符合设计及规范要求	6　插入式基础的主角钢（钢管）倾斜率的允许偏差为设计值的3%。 6.1.10　基础混凝土强度应以试块强度为依据。试块强度应符合设计要求。 6.1.11　基础施工完成后，应采取保护基础成品的措施。 **2. 《电气装置安装工程　66kV 及以下架空电力线路施工及验收规范》GB 50173—2014** 6.2.14　浇筑基础应表面平整，单腿尺寸允许偏差应符合表6.2.14的规定。 6.2.15　浇筑拉线基础的允许偏差应符合下列表6.2.15的规定。 6.2.16　整基铁塔基础回填土夯实后尺寸允许偏差应符合表6.2.16的规定。 6.2.17　现场浇筑混凝土强度应以试块强度为依据。试块强度应符合设计要求。 6.2.18　对混凝土表面缺陷的处理应符合现行国家标准《混凝土结构工程施工质量验收规范》GB 50204 的规定	2. 查看基础几何尺寸、外观质量 　　几何尺寸：符合设计要求 　　外观质量：表面光滑，平整
5.3.3	杆塔主材弯曲度、螺栓紧固率、结构倾斜、焊接质量、部件数量、外观质量符合设计及规范要求	**1. 《110kV～750kV 架空输电线路施工及验收规范》GB 50233—2014** 7.1.5　杆塔部件组装有困难时应查明原因，不得强行组装。个别螺孔需扩孔时，扩孔部分不应超过3mm，当扩孔需超过3mm时，应先堵焊再重新打孔，并应进行防锈处理，不得用气割扩孔或烧孔。 7.1.6　杆塔连接螺栓应逐个紧固，受剪螺栓紧固扭矩值不应小于表7.1.6的规定，其他受力情况螺栓紧固扭矩值应符合设计要求。螺栓与螺母的螺纹有滑牙或螺母的棱角磨损以致扳手打滑的，螺栓应更换。 7.1.8　杆塔组立及架线后，其结构允许偏差应符合表7.1.8的规定。 7.1.9　自立式转角、终端耐张塔组立后，应向受力反方向预倾斜，预倾斜值应根据塔基础底面的地耐力、塔结构的刚度以及受力大小由设计确定，架线挠曲后仍不宜向受力侧倾斜。对较大转角塔的预倾斜，其基础顶面应有对应的斜平面处理措施。 7.1.10　拉线塔、拉线转角杆、终端杆、导线不对称布置的拉线直线单杆，组立时向受力反侧（或轻载侧）的偏斜不应超过拉线点高的3‰。在架线后拉线点处的杆身不应向受力侧倾斜。 7.1.11　角钢铁塔塔材的弯曲度应按现行国家标准《输电线路铁塔制造技术条件》GB/T 2694 的规定验收。对运至桩位的个别角钢，当弯曲度超过长度的2‰，但未超过表7.1.11的变形限度时，可采用冷矫正法矫正，但矫正后的角钢不得出现裂纹和锌层脱落。 7.2.1　分解组立铁塔时，基础混凝土的抗压强度必须达到设计强度的70%。 7.2.6　铁塔组立后，各相邻主材节点间弯曲度不得超过1/750。 7.4.3　钢管电杆连接后，分段及整根电杆的弯曲均不应超过其对应长度的2‰。	1. 查看杆塔外观质量 　　部件数量：齐全 　　外观质量：焊接处已做防腐处理，螺栓连接紧固，安装方位正确 2. 查阅杆塔施工记录、验收签证记录等资料 　　结论：符合设计及规范规定 　　签字：相关方已签

条款号	大纲条款	检 查 依 据	检查要点
5.3.3	杆塔主材弯曲度、螺栓紧固率、结构倾斜、焊接质量、部件数量、外观质量符合设计及规范要求	7.4.4 直线电杆架线后的倾斜不应超过杆高的5‰，转角杆架线后挠曲度应符合设计规定，超过设计规定时应会同设计单位处理。 **2.《电气装置安装工程 66kV及以下架空电力线路施工及验收规范》GB 50173—2014** 7.1.5 杆塔部件组装有困难时应查明原因，不得强行组装。个别螺孔需扩孔时，扩孔部分不应超过3mm，当扩孔需超过3mm时，应先堵焊再重新打孔，并应进行防锈处理。不得用气割进行扩孔或烧孔。 7.1.6 杆塔连接螺栓应逐个紧固，4.8级螺栓的扭紧力矩不应小于表7.1.6的规定。4.8级以上的螺栓扭矩标准值由设计规定，若设计无规定时，宜按4.8级螺栓的扭紧力矩标准执行。 7.1.8 杆塔组立及架线后，其允许偏差应符合表7.1.8的规定。 7.1.10 ……对运至桩位的个别角钢，当弯曲度超过长度的2‰，但未超过表7.1.10的变形限度时，可采用冷矫正法进行矫正，但矫正的角钢不得出现裂纹和锌层剥落	
5.3.4	导地线对地（林木、塔身）、跨越物安全距离、弛度、金具连接、附件安装、接续管的数量及位置符合设计及规范要求	**1.《110kV～750kV架空输电线路施工及验收规范》GB 50233—2014** 8.5.7 导线各相间或地线的弧垂除应满足本规范第8.5.6条的弧垂允许偏差规定外，弧垂的相对偏差最大值尚应符合表8.5.7的规定。 8.5.9 架线后应测量导线对被跨越物的净空距离，计入导线蠕变伸长换算到最大弧垂时应符合设计规定。 8.6.11 防振锤及阻尼线与被连接的导线或架空地线应在同一铅垂面内，设计有要求时应按设计要求安装。其安装距离允许偏差为±30mm。 8.6.12 分裂导线的间隔棒的结构面应与导线垂直，杆塔两侧第一个间隔棒的安装距离允许偏差为端次档距的±1.5%，其余为次档距的±3%。各相间隔棒宜处于同一竖直面。 **2.《电气装置安装工程 66kV及以下架空电力线路施工及验收规范》GB 50173—2014** 8.5.9 导线或架空地线各相间的弧垂应力求一致，当满足本规范第8.5.7条的弧垂允许偏差标准时，各相间弧垂的相对偏差最大值不应超过下列规定： 　1 一般情况下应符合表8.5.8的规定。 　2 跨越通航河流跨越档的相间弧垂最大允许偏差为500mm。 8.5.10 架线后应测量导线对被跨越物的净空距离，计入导线蠕变伸长换算到最大弧垂时应符合设计规定。 8.6.20 防振锤及阻尼线与被连接的导线或架空地线应在同一铅垂面内，设计有特殊要求时应按设计要求安装。其安装距离偏差为±30mm	1. 查阅导线验收签证记录 　结论：安全距离及驰度符合设计及规范规定 　签字：相关方已签 2. 查看金具、附件连接 　金具、附件连接：安装紧固，接续管的安装数量及安装位置符合规范要求

条款号	大纲条款	检 查 依 据	检查要点
5.3.5	接地装置埋设、焊接、防腐、与杆塔连接、接地阻抗测试值符合设计及规范要求	**1.《110kV～750kV 架空输电线路施工及验收规范》GB 50233—2014** 9.0.2　架空线路杆塔的每一腿都应与接地体线连接；接地体的规格、埋深不应小于设计规定。 9.0.4　水平接地体埋设应符合下列规定： 　　1　遇倾斜地形宜沿等高线埋设。 　　2　两接地体间的平行距离不应小于 5m。 　　3　接地体敷设应平直。 9.0.5　垂直接地体深度应满足设计要求。 9.0.6　接地体间连接应符合下列规定： 　　1　连接前应清除连接部位的浮锈。 　　2　接地体间应连接可靠。 　　3　应采用焊接或液压方式连接。当采用搭接焊接时，圆钢的搭接长度不应少于其直径的 6 倍并应双面施焊；扁钢的搭接长度不应少于其宽度的 2 倍并应四面施焊。当采用液压连接时，接续管的壁厚不得小于 3mm；对接长度为圆钢直径的 20 倍，搭接长度为圆钢直径的 10 倍。接续管的型号与规格应与所连接的圆钢相匹配。 　　4　接地体的连接部位应采取防腐措施，防腐范围不应少于连接部位两端各 100mm。 9.0.7　接地引下线与杆塔的连接应接触良好、顺畅美观，并便于运行测量和检修。若引下线直接从地线引下时，引下线应紧靠杆（塔）身，间隔固定距离应满足设计要求。 9.0.8　接地电阻的测量可采用接地装置专用测量仪表。所测得的接地电阻值不应大于设计工频接地电阻值。 **2.《电气装置安装工程　66kV 及以下架空电力线路施工及验收规范》GB 50173—2014** 9.0.1　接地体埋设深度和防腐应符合设计规定。 9.0.6　接地体的连接采用搭接焊时，应符合下列规定： 　　1　扁钢的搭接长度应不小于宽度的 2 倍，应四面施焊。 　　2　圆钢的搭接长度应不小于其直径的 6 倍，应双面施焊。圆钢与扁钢连接时，其搭接长度应不小于圆钢直径的 6 倍，应双面施焊。 　　3　扁钢与钢管、扁钢与角钢焊接时，除应在其接触部位两侧进行焊接外，并辅以由钢带弯成的弧形或直角形，与钢管或角钢焊接。 　　4　所有焊接部位均进行防腐处理。 9.0.9　架空线路杆塔的每一腿都应与接地体引下线连接，通过多点接地以保证可靠性。 9.0.10　接地电阻值应符合设计要求	1. 查阅接地施工记录、验收签证记录等资料 　结论：接地埋深、焊接、防腐符合设计及规范规定 　签字：相关方已签 2. 查阅接地电阻测试试验报告 　接地电阻值：符合设计要求 　结论：合格 　签字：齐全

续表

条款号	大纲条款	检 查 依 据	检查要点
5.3.6	线路的防护设施、防沉层符合设计要求；基面排水畅通；各类标识符合规范要求	**1.《110kV～750kV 架空输电线路施工及验收规范》GB 50233—2014** 5.0.12 杆塔基础坑及拉线基础坑的回填应分层夯实，回填后坑口上应筑防沉层，其上部边宽不得小于坑口边宽。有沉降的防沉层应及时补填夯实，工程移交时回填土不应低于地面。 7.2.7 铁塔组立后，塔脚板应与基础面接触良好，有空隙时应用铁片垫实，并浇筑水泥砂浆。铁塔经检查合格后即可浇筑混凝土保护帽，其尺寸应符合设计规定，并应与塔脚结合严密，不得有裂缝。 **2.《电气装置安装工程 66kV 及以下架空电力线路施工及验收规范》GB 50173—2014** 5.0.8 杆塔基础坑及拉线基础坑回填，应符合设计要求。应分层夯实，每回填 300mm 厚度夯实一次。坑口的地面上应筑防沉层，防沉层的上部边宽不得小于坑口边宽。其高度视土质夯实程度确定，基础验收时宜为 300mm～500mm。经过沉降后应及时补填夯实。工程移交时坑口回填土不应低于地面。沥青路面、砌有水泥花砖的路面或城市绿地内可不留防沉土台。 7.2.3 铁塔组立后，塔脚板应与基础面接触良好，有空隙时应垫铁片，并应浇筑水泥砂浆。铁塔经检查合格后可随即浇筑混凝土保护帽；混凝土保护帽的尺寸应符合设计规定，与塔座接合应严密，且不得有裂缝	1. 查看基面排水、线路的各类标识 结论：基面排水畅通，标识正确、齐全 2. 查阅线路防护设施、防沉层验收签证记录 结论：符合设计及规范规定 签字：相关方已签
5.3.7	隐蔽工程签证、质量验收记录齐全、符合规范要求	**1.《110kV～750kV 架空输电线路施工及验收规范》GB 50233—2014** 10.1.2 隐蔽工程的验收检查应在隐蔽前进行。隐蔽工程验收内容如下： 　1　基础坑深及地基处理情况。 　2　现浇基础中钢筋和预埋件的规格、尺寸、数量、位置、底座断面尺寸、混凝土的保护层厚度及浇筑质量。 　3　预制基础中钢筋和预埋件的规格、数量、安装位置，立柱的组装质量。 　4　岩石及掏挖基础的成孔尺寸、孔深、埋入铁件及混凝土浇筑质量。 　5　灌注桩基础的成孔、清孔、钢筋骨架及水下混凝土浇灌。 　6　液压连接的接续管、耐张线夹、引流管等的检查： 　　1）连接前的内、外径，长度； 　　2）管及线的清洗情况； 　　3）钢管在铝管中的位置； 　　4）钢芯与铝线端头在连接管中的位置。 　7　导线、架空地线补修处理及线股损伤情况。 　8　杆塔接地装置的埋设情况。 　9　基础防腐情况检查。 **2.《电气装置安装工程 66kV 及以下架空电力线路施工及验收规范》GB 50173—2014** 11.2.2 隐蔽工程的验收检查应在隐蔽前进行。隐蔽工程的验收内容如下：	查阅线路隐蔽工程签证、质量验收记录 结论：资料齐全，结论准确，符合规范规定 签字：相关方已签

条款号	大纲条款	检 查 依 据	检查要点
5.3.7	隐蔽工程签证、质量验收记录齐全、符合规范要求	1　基础坑深及地基处理情况。 2　现浇基础中钢筋和预埋件的规格、尺寸、数量、位置、底座断面尺寸、混凝土的保护层厚度及浇筑质量。 3　预制基础中钢筋和预埋件的规格、数量、安装位置，立柱的组装质量。 4　岩石及掏挖基础的成孔尺寸、孔深、埋入铁件及混凝土浇筑质量。 5　底盘、拉盘、卡盘的埋设情况。 6　灌注桩基础的成孔、清孔、钢筋骨架及水下混凝土浇灌。 7　液压连接接续管、耐张线夹、引流管等的检查： 1）连接前的内、外径，长度及连接后的对边距和长度。 2）管及线的清洗情况。 3）钢管在铝管中的位置	
5.3.8	线路参数测试符合要求	《110kV 及以上送变电工程启动及竣工验收规程》DL/T 782—2001 5.3.6　送电线路带电前的试验（线路绝缘电阻测定、相位核对、线路参数和高频特性测定）已完成	查阅线路参数测试报告 　结论：合格 　签字：齐全

5.4　电缆集电线路专业的监督检查

条款号	大纲条款	检 查 依 据	检查要点
5.4.1	电缆、附件和附属设施的产品质量技术文件齐全	《电气装置安装工程　电缆线路施工及验收规范》GB 50168—2006 3.0.4　电缆及其附件到达现场后，应按下列要求及时进行检查： 1　产品的技术文件应齐全； 2　电缆型号、规格、长度应符合订货要求； 3　电缆外观不应受损，电缆封端应严密，当外观检查有怀疑时，应进行受潮判断或试验； 4　附件部件应齐全，材质质量应符合产品技术要求； 5　充油电缆的压力油箱、油管、阀门和压力表应符合产品技术要求且完好无损	查阅电缆本体、附件和附属设施合格证、产品出厂试验记录 　结论：符合规范要求 　签字：齐全
5.4.2	直埋电缆敷设温度，埋设深度，保护措施，电缆之间及与其他交叉的管道、道路、建筑物之间的距离符合设计及规范要求；电缆路径标识齐全	《电气装置安装工程　电缆线路施工及验收规范》GB 50168—2006 5.1.16　敷设电缆时，电缆允许敷设最低温度，在敷设前 24h 内的平均温度以及敷设现场的温度不应低于表 5.1.16 的规定；当温度低于表 5.1.16 规定值时，应采取措施（若厂家有要求，按厂家要求执行）。 5.2.2　电缆埋置深度应符合下列要求： 1　电缆表面距地面的距离不小于 0.7m。穿越农田或车行道下敷设时不应小于 1m；在引入建筑物与地下建筑物交叉及绕过地下建筑物处，可浅埋，但应采取保护措施。 2　电缆应埋设于冻土层以下，当受条件限制时，应采取防止电缆受到损坏的措施。	1. 查看直埋电缆的路径标识 　标识：齐全，明显

续表

条款号	大纲条款	检 查 依 据	检查要点
5.4.2	直埋电缆敷设温度，埋设深度，保护措施，电缆之间及与其他交叉的管道、道路、建筑物之间的距离符合设计及规范要求；电缆路径标识齐全	5.2.3 电缆之间，电缆与其他管道、道路、建筑物等之间平行和交叉时的最小净距，应符合表 5.2.3 的规定。严禁将电缆平行敷设于管道的上方或下方。 5.2.6 直埋电缆在直线段每隔 50m～100m 处、电缆接头处、转弯处、进入建筑物处，应设置明显的方位标志或标桩	2. 查阅直埋电缆隐蔽工程签证、施工质量验收记录 结论：符合设计及规范规定 签证：齐全
5.4.3	排管电缆敷设记录齐全；电缆弯曲半径、固定方式、防火措施等符合设计及规范要求	《电气装置安装工程 电缆线路施工及验收规范》GB 50168—2006 5.1.1 电缆敷设前应按下列要求进行检查： 　1 电缆沟、电缆隧道、排管、交叉跨越管道及直埋电缆沟深度、宽度、弯曲半径符合设计和规程要求。电缆通道畅通，排水良好。金属部分防腐层完好。隧道内照明、通风符合设计要求。 5.1.7 电缆的最小弯曲半径应符合表 5.1.7 的规定。 7.0.1 对易受外部影响着火的电缆密集场所或可能着火蔓延而酿成严重事故的电缆线路，必须按设计要求的防火阻燃措施施工	查阅排管电缆敷设签证、质量验收记录 结论：符合设计及规范规定 签证：齐全
5.4.4	电缆沟（层）电缆敷设记录齐全；电缆弯曲半径、支架安装、防火隔断、孔洞封堵等符合设计及规范要求	《电气装置安装工程 电缆线路施工及验收规范》GB 50168—2006 5.1.1 电缆敷设前应按下列要求进行检查： 　1 电缆沟、电缆隧道、排管、交叉跨越管道及直埋电缆沟深度、宽度、弯曲半径等符合设计和规程要求。电缆通道畅通，排水良好。金属部分防腐层完好。隧道内照明、通风符合设计要求。 5.1.7 电缆的最小弯曲半径应符合表 5.1.7 的规定。 5.4.3 电缆在支架上的敷设应符合下列要求： 　1 控制电缆在普通支架上，不宜超过一层；桥架上不宜超过 3 层； 　2 交流三芯电力电缆，在普通支吊架上不宜超过 1 层；桥架上不宜超过 2 层； 　3 交流单芯电力电缆，应布置在同侧支架上，并加以固定。当按紧贴正三角形排列时，应每隔一定的距离用绑带扎牢，以免其松散。 7.0.1 对易受外部影响着火的电缆密集场所或可能着火蔓延而酿成严重事故的电缆线路，必须按设计要求的防火阻燃措施施工	查阅电缆沟电缆敷设签证、质量验收记录 结论：符合设计及规范规定 签证：齐全

条款号	大纲条款	检　查　依　据	检查要点
5.4.5	电缆附件安装记录齐全，密封良好，防护及固定方式符合设计及规范要求	**《电气装置安装工程　电缆线路施工及验收规范》GB 50168—2006** 6.1.4　电缆终端与接头应符合下列要求： 　　1　型式、规格应与电缆类型如电压、芯数、截面、护层结构和环境要求一致； 　　2　结构应简单、紧凑，便于安装； 　　3　所用材料、部件应符合相应技术标准要求； 　　4　35kV 及以下电缆终端与接头主要性能应符合《额定电压 1kV（$U_m=1.2kV$）至 35kV（$U_m=40.5kV$）挤包绝缘电力电缆及其附件》GB/T 12706.1～12706.4 及相关的其他产品技术标准的规定； 　　5　35kV 以上至 110kV 电缆终端与接头主要性能应符合《额定电压 110kV 交联聚乙烯绝缘电力电缆及附件》GB/T 11017.1～11017.3 及相关的其他产品技术标准的规定； 　　6　220kV 电缆终端与接头主要性能应符合《额定电压 220kV 交联聚乙烯绝缘电力电缆及附件》GB/Z 18890.1～18890.3 及相关的其他产品技术标准的规定； 　　7　330kV 和 500kV 电缆终端与接头主要性能应符合相关产品技术标准的规定。 6.2.8　三芯电力电缆接头两侧电缆的金属屏蔽层（或金属套）、铠装层应分别连接良好，不得中断，跨接线的截面不应小于本规范表 6.1.9 接地线截面的规定。直埋电缆接头的金属外壳及电缆的金属护层应做防腐处理。 6.2.9　三芯电力电缆终端处的金属护层必须接地良好；塑料电缆每相铜屏蔽和钢铠应锡焊接地线。电缆通过零序电流互感器时，电缆金属护层和接地线应对地绝缘，电缆接地点在互感器以下时，接地线应直接接地；接地点在互感器以上时，接地线应穿过互感器接地。单芯电力电缆金属护层接地应符合设计要求	查阅电缆附件的签证、质量验收记录 　　结论：符合设计及规范规定 　　签字：齐全
5.4.6	电缆及接头的各类标识齐全；电缆终端带电部位安全净距符合规范要求；接地安装符合设计及规范要求	**《电气装置安装工程　电缆线路施工及验收规范》GB 50168—2006** 5.1.19　标志牌的装设应符合下列要求： 　　1　生产厂房及变电站内应在电缆终端头、电缆接头处装设电缆标志牌； 　　2　城市电网电缆线路应在下列部位装设电缆标志牌： 　　　1）电缆终端及电缆接头处； 　　　2）电缆管两端，人孔及工作井处； 　　　3）电缆隧道内转弯处、电缆分支处、直线段每隔 50m～100m。 　　3　标志牌上应注明线路编号。当无编号时，应写明电缆型号、规格及起讫地点；并联使用的电缆应有顺序号。标志牌的字迹应清晰不易脱落； 　　4　标志牌规格宜统一。标志牌应能防腐，挂装应牢固。 6.2.13　电缆终端上应有明显的相色标志，且应与系统的相位一致。 6.1.9　电力电缆接地线应采用铜绞线或镀锡铜编织线与电缆屏蔽层的连接，其截面面积不应小于表 6.1.9 的规定。110kV 及以上电缆的接地线截面面积应符合设计规定。 6.1.10　电缆终端与电气装置的连接，应符合现行国家标准《电气装置安装安装工程母线装置施工及验收规范》GBJ 149 的有关规定	1. 查看电缆及接头的标识 　　内容：各类标识完整齐全，接地安装规范 2. 查阅签证、质量验收记录 　　结论：安全净距符合设计及规范规定 　　签字：齐全

续表

条款号	大纲条款	检 查 依 据	检查要点
5.4.7	电缆核相、绝缘检测、耐压试验、参数测试合格，报告齐全	**《电气装置安装工程 电气设备交接试验标准》GB 50150—2016（报批稿）** 17.0.1 电力电缆线路的试验项目，应包括下列内容： 　　1 主绝缘及外护层绝缘电阻测量； 　　2 主绝缘直流耐压试验及泄漏电流测量； 　　3 主绝缘交流耐压试验； 　　4 外护套直流耐压试验； 　　5 检查电缆线路两端的相位； 　　6 充油电缆的绝缘油试验； 　　7 交叉互联系统试验。 17.0.2 电力电缆线路交接试验应符合下列规定： 　　1 应对电缆的每一相测量其主绝缘的绝缘电阻和进行耐压试验。对具有统包绝缘的三芯电缆，应分别对每一相进行，其他两相导体、金属屏蔽或金属套和铠装层应一起接地；对分相屏蔽的三芯电缆和单芯电缆，可一相或多相同时进行，非被试相导体、金属屏蔽或金属套和铠装层应一起接地。 　　2 对金属屏蔽或金属套一端接地，另一端装有护层过电压保护器的单芯电缆主绝缘作耐压试验时，应将护层过电压保护器短接，使这一端的电缆金属屏蔽或金属套临时接地。 　　3 额定电压为 0.6/1kV 的电缆线路应用 2500V 兆欧表测量导体对地绝缘电阻代替耐压试验，试验时间应为 1min。 　　4 对交流单芯电缆外护套应进行直流耐压试验。 　　5 橡塑绝缘电力电缆可按 17.0.1 条第 1、3、5 和 8 款进行试验，其中交流单芯电缆另外增加第 4、7 款试验。额定电压 U_0/U 为 18/30kV 及以下电缆，当不具备条件时允许用有效值为 $3U_0$ 的 0.1Hz 电压施加 15min 或直流耐压试验及泄漏电流测量代替 17.0.5 条规定的交流耐压试验。 　　6 纸绝缘电缆可按 17.0.1 条第 1、2 和 5 款进行试验。 　　7 自容式充油电缆可按 17.0.1 条第 1、2、4、5、6、7 和 8 款进行试验。 17.0.3 绝缘电阻测量，应符合下列规定： 　　1 耐压试验前后，绝缘电阻测量应无明显变化。 　　2 橡塑电缆外护套、内衬层的绝缘电阻不应低于 0.5MΩ/km。 　　3 测量绝缘电阻用兆欧表的额定电压等级，应符合下列规定： 　　　1）电缆绝缘测量宜采用 2500V 兆欧表，6/6kV 及以上电缆也可用 5000V 兆欧表； 　　　2）橡塑电缆外护套、内衬层的测量宜采用 500V 兆欧表。 17.0.6 检查电缆线路的两端相位，应与电网的相位一致	查阅电缆的核相，绝缘、耐压的试验报告 电缆的核相：正确 绝缘、耐压值：符合规范及产品技术要求 结论：合格 签字：齐全

条款号	大纲条款	检 查 依 据	检查要点

5.4.8	隐蔽工程签证、质量验收记录齐全、符合规范要求	《电气装置安装工程 电缆线路施工及验收规范》GB 50168—2006
		8.0.3 在电缆线路工程验收时，应提交下列资料和技术文件：
		  1 电缆线路路径的协议文件。
		  2 设计变更的证明文件和竣工图资料。
		  3 直埋电缆线路的敷设位置图，比例宜为1：500。地下管线密集的地段不应小于1：100，在管线稀少、地形简单的地段可为1：1000；平行敷设的电缆线路，宜合用一张图纸。图上必须标明各线路的相对位置，并有标明地下管线的剖面图。
		  4 制造厂提供的产品说明书、试验记录、合格证件及安装图纸等技术文件。
		  5 电缆线路的原始记录：
		  1）电缆的型号、规格及其实际敷设总长度及分段长度，电缆终端和接头的型式及安装日期；
		  2）电缆终端和接头中填充的绝缘材料名称、型号。
		  6 电缆线路的施工记录：
		  1）隐蔽工程隐蔽前检查记录或签证；
		  2）电缆敷设记录；
		  3）质量检验及评定记录。
		  7 试验记录
			查阅隐蔽工程签证、质量验收记录
			结论：齐全，符合规范规定
			签字：相关方已签

5.5	调整试验的监督检查		

5.5.1	太阳能光伏组件的开路电压、光伏阵列汇流箱、直流配电柜、逆变器、箱式变压器各项性能等参数测试值符合产品技术文件要求	《光伏发电工程验收规范》GB/T 50796—2012
		4.3.1 安装工程验收应包括对支架安装、光伏组件安装、汇流箱安装、逆变器安装、电气设备安装、防雷与接地安装、线路及电缆安装等分部工程的验收。
		4.3.2 设备制造单位提供的产品说明书、试验记录、合格证件、安装图纸、备品备件和专用工具及其清单等应完整齐备。
		4.3.3 设备抽检记录和报告、安装调试记录和报告、施工中的关键工序检查签证记录、质量控制、自检验收记录等资料应完整齐备。
		4.3.5 光伏组件安装的验收应符合下列要求。
		  2 布线的验收应符合下列要求：
		  3）光伏组件串开路电压和短路电流应符合现行国家标准《光伏发电站施工规范》GB 50794 的有关规定
			查阅太阳能光伏组件、汇流箱、直流配电柜、逆变器、箱式变压器系统测试记录、试验报告、产品资料
			测试结论：合格，符合规范规定及产品要求
			签字：相关方已签字

5.5.2	箱式变压器交接试验合格，报告齐全	《电气装置安装工程电气设备交接试验标准》GB 50150—2016（报批稿） 8.0.1 电力变压器的试验项目，应包括下列内容： 1 绝缘油试验或SF_6气体试验；	查阅箱式变压器试验报告、产品资料

条款号	大纲条款	检 查 依 据	检查要点
5.5.2	箱式变压器交接试验合格，报告齐全	2　测量绕组连同套管的直流电阻； 3　检查所有分接的电压比； 4　检查变压器的三相接线组别和单相变压器引出线的极性； 5　测量铁芯及夹件的绝缘电阻； 6　非纯瓷套管的试验； 7　有载调压切换装置的检查和试验； 8　测量绕组连同套管的绝缘电阻、吸收比或极化指数； 9　测量绕组连同套管的介质损耗因数（tanδ）与电容量； 11　组连同套管的交流耐压试验； 13　额定电压下的冲击合闸试验； 14　检查相位。 8.0.3　测量绕组连同套管的直流电阻，应符合下列规定： 1　测量应在各分接的所有位置上进行； 2　1600kVA 及以下三相变压器，各相绕组相互间的差别不应大于 4%；无中性点引出的绕组，线间各绕组相互间差别不应大于 2%；1600kVA 以上变压器，各相绕组相互间差别不应大于 2%；无中性点引出的绕组，线间相互间差别不应大于 1%。 8.1.4　检查所有分接的电压比，应符合下列规定： 1　所有分接的电压比应符合电压比的规律； 2　与制造厂铭牌数据相比，应符合下列规定： 1）电压等级在 35kV 以下，电压比小于 3 的变压器电压比允许偏差应为 ±1%； 2）其他所有变压器额定分接下电压比允许偏差不应超过 ±0.5%； 3）其他分接的电压比应在变压器阻抗电压值（%）的 1/10 以内，且允许偏差应为 ±1%。 8.0.9　测量绕组连同套管的绝缘电阻、吸收比或极化指数，应符合下列规定： 1　绝缘电阻值不应低于产品出厂试验值的 70% 或不低于 10000MΩ（20℃）； 2　当测量温度与产品出厂试验时的温度不符合时，油浸式电力变压器绝缘电阻的温度换算系数可按表 8.0.9 换算到同一温度时的数值进行比较	测试结论：合格，符合规范规定及产品要求 签字：相关方已签字 结论：合格
5.5.3	互感器绕组的绝缘电阻合格，互感器参数测试合格	**《电气装置安装工程电气设备交接试验标准》GB 50150—2016** 10.0.1　互感器的试验项目，应包括下列内容： 1　绝缘电阻测量； 7　检查接线绕组组别和极性； 8　误差及变比测量。 10.0.2　测量绕组的绝缘电阻，应符合下列规定：	查阅互感器绝缘电阻及参数、试验报告 绝缘电阻及参数：符合规范规定及产品要求 签字：相关方已签字 结论：合格

条款号	大纲条款	检查依据	检查要点
5.5.3	互感器绕组的绝缘电阻合格，互感器参数测试合格	1　应测量一次绕组对二次绕组及外壳、各二次绕组间及其对外壳的绝缘电阻；绝缘电阻值不宜低于1000MΩ。 2　测量电流互感器一次绕组段间的绝缘电阻，绝缘电阻值不宜低于1000MΩ，由于结构原因无法测量时可不测量。 3　测量电容型电流互感器的末屏及电压互感器接地端（N）对外壳（地）的绝缘电阻，绝缘电阻值不宜小于1000MΩ。当末屏对地绝缘电阻小于1000MΩ时，应测量其 tanδ，其值不应大于2%。 4　测量绝缘电阻应使用2500V兆欧表。 10.0.8　检查互感器的接线绕组组别和极性，应符合设计要求，并应与铭牌和标志相符。 10.0.9　感器误差及变比测量，应符合下列规定： 1　用于关口计量的互感器（包括电流互感器、电压互感器和组合互感器）应进行误差测量。 2　用于非关口计量的互感器，应检查互感器变比，并应与制造厂铭牌值相符，对多抽头的互感器，可只检查使用分接的变比	
5.5.4	金属氧化物避雷器试验及基座的绝缘电阻检测报告齐全，试验结果合格	**《电气装置安装工程电气设备交接试验标准》GB 50150—2016（报批稿）** 20.0.1　金属氧化物避雷器的试验项目，应包括下列内容： 1　测量金属氧化物避雷器及基座绝缘电阻。 20.0.2　测量金属氧化物避雷器及基座绝缘电阻，应符合下列规定： 1　35kV以上电压等级，应采用5000V兆欧表，绝缘电阻不应小于2500MΩ； 2　35kV及以下电压等级，应采用2500V兆欧表，绝缘电阻不应小于1000MΩ； 3　1kV以下电压等级，应采用500V兆欧表，绝缘电阻不应小于2MΩ； 4　基座绝缘电阻不应低于5MΩ	查阅金属氧化物避雷器绝缘电阻试验报告 绝缘电阻值：符合规范规定及产品要求 签字：相关方已签字 结论：合格
5.5.5	电流、电压、控制、信号等二次回路绝缘及电流、电压二次回路的接地符合规范要求；断路器、隔离开关传动试验动作可靠，信号正确；保护和自动装置动作准确、可靠，信号正确，压板标识正确	**1.《继电保护和电网安全自动装置检验规程》DL/T 995—2006** 6.2.4　二次回路绝缘检查。 用1000V兆欧表测量绝缘电阻，其阻值均应大于10MΩ的回路如下： a）各回路对地； b）各回路相互间。 6.2.4.3　对使用触点输出的信号回路，用1000V兆欧表测量电缆每芯对地及其他各芯间的绝缘电阻，其绝缘电阻应不小于1MΩ。 6.3.3　绝缘试验： g）用500V兆欧表测量绝缘电阻值，要求阻值均大于20MΩ。 7.2.1　对于厂站自动化系统：各种继电保护的动作信息和告警信息的回路正确性及名称的正确性。 7.2.2　对于继电保护及故障信息管理系统：各种继电保护的动作信息、告警信息、保护状态信息、	1. 查阅保护调试报告 二次回路绝缘：阻值大于10MΩ 屏柜及装置绝缘：阻值大于20MΩ 签字：相关责任人已签字 结论：合格 盖章：试验单位已盖章

续表

条款号	大纲条款	检 查 依 据	检查要点
5.5.5	电流、电压、控制、信号等二次回路绝缘及电流、电压二次回路的接地符合规范要求；断路器、隔离开关传动试验动作可靠，信号正确；保护和自动装置动作准确、可靠，信号正确，压板标识正确	录波信息及定值信息的传输正确性。 6.7.6 整组试验包括如下内容： a) 整组试验时应检查各保护之间的配合、装置动作行为、断路器动作行为、保护起动故障录波信号、调度自动化系统信号、中央信号、监控信息等正确无误。 b) 借助于传输通道实现的纵联保护、远方跳闸等的整组试验，应与传输通道的检验一同进行。必要时，可与线路对侧的相应保护配合一起进行模拟区内、区外故障时保护动作行为的试验。 **2.《110kV 及以上送变电工程启动及竣工验收规程》DL/T 782—2001** 5.2.4 ……，所有设备及其保护（包括通道）、调度自动化、安全自动装置、微机监控装置以及相应的辅助设施均已安装齐全，调试整定合格且调试记录齐全。验收检查发现的缺陷已经消除，已具备投入运行条件。 5.3.5 按照设计规定的线路保护（包括通道）和自动装置已具备投入条件。 **3.《防止电力生产事故的二十五项重点要求》国家能源局〔2014〕161 号** 18.7.2 电流互感器的二次绕组及回路，必须且只能有一个接地点。 18.7.3 公用电压互感器的二次回路只允许在控制室内有一点接地	2. 查阅保护及监控系统调试报告 整组试验：保护装置、断路器动作行为正确，保护启动故障录波、调度自动化系统、监控信息等正确无误 签字：相关责任人已签字 结论：合格 盖章：试验单位已盖章 3. 查验电压、电流互感器绕组及二次回路接地 公用电压互感器接地点：二次回路只允许在控制室内有一点接地 电流互感器接地点：必须且只能有一个接地点 4. 查验保护装置、断路器动作行为正确，保护启动故障录波、调度自动化系统、监控信息等正确
5.5.6	保护及安全自动装置、远动、通信、综合自动化系统等调试记录与试验项目齐全，试验结果合格；继电保护装置已完成整定	**1.《微机继电保护装置运行管理规程》DL/T 587—2007** 10.5 对新安装的微机继电保护装置进行验收时，……按有关规程和规定进行调试，并按定值通知单进行整定。检验整定完毕，并经验收合格后才允许投入运行。 10.10 在基建验收时，应按相关规程要求，检验线路和主设备的所有保护之间的相互配合关系，对线路纵联保护还应与线路对侧保护进行一一对应的联动试验，并有针对性的检查各套保护与跳闸连接片的唯一对应关系。 **2.《继电保护和电网安全自动装置检验规程》DL/T 995—2006** 6.7.6 整组试验包括如下内容： a) 整组试验时应检查各保护之间的配合、装置动作行为、断路器动作行为、保护起动故障录波信号、调度自动化系统信号、中央信号、监控信息等正确无误。	1. 查看保护装置的即时打印整定值清单 定值：与保护定值单相符 2. 查看线路保护装置通道 传输：通信正常，无异常告警

条款号	大纲条款	检 查 依 据	检查要点
5.5.6	保护及安全自动装置、远动、通信、综合自动化系统等调试记录与试验项目齐全，试验结果合格；继电保护装置已完成整定	b) 借助于传输通道实现的纵联保护、远方跳闸等的整组试验，应与传输通道的检验一同进行。必要时，可与线路对侧的相应保护配合一起进行模拟区内、区外故障时保护动作行为的试验。 **3.《110kV 及以上送变电工程启动及竣工验收规程》DL/T 782—2001** 3.4.9　电网调度部门根据建设项目法人提供的相关资料和系统情况，经过计算及时提供各种继电保护装置的整定值以及各设备的调度编号和名称；…… 5.2.4　……，所有设备及其保护（包括通道）、调度自动化、安全自动装置、微机监控装置以及相应的辅助设施均已安装齐全，调试整定合格且调试记录齐全。验收检查发现的缺陷已经消除，已具备投入运行条件。 5.3.5　按照设计规定的线路保护（包括通道）和自动装置已具备投入条件	3. 查阅保护定值单 签发单位：调度部门（或主管部门）盖章签发 4. 查阅线路保护调试报告 保护联调：纵联保护、远方跳闸试验合格，应与传输通道的检验一同进行 5. 查阅保护调试报告 签字：相关责任人已签字 结论：合格 盖章：试验单位已盖章
5.5.7	光伏发电单元单体调试、分系统调试、安全保护系统调试合格	**《光伏发电工程验收规范》GB/T 50796—2012** 4.3.1　安装工程验收应包括对支架安装、光伏组件安装、汇流箱安装、逆变器安装、电气设备安装、防雷与接地安装、线路及电缆安装等分部工程的验收。 5.2.1　工程启动验收前完成的准备工作应包括下列内容。 　2　应通过并网工程验收，包括下列内容： 　1）涉及电网安全生产管理体系验收。 　2）电气主接线系统及场（站）用电系统验收。 　3）继电保护、安全自动装置、电力通信、直流系统、光伏电站监控系统等验收。 　4）二次系统安全防护验收。 　5）对电网安全、稳定运行有直接影响的电厂其他设备及系统验收	查阅光伏发电单元单体调试、分系统验收签证表、调试记录 结论：合格 签字：相关单位验收人员已签字
5.5.8	调试报告、质量验收签证齐全	**《光伏发电工程验收规范》GB/T 50796—2012** 4.3.2　设备制造单位提供的产品说明书、试验记录合格证件、安装图纸、备品备件和专用工具及其清单等应完整齐备 4.3.3　设备抽检记录和报告、安装调试记录和报告、施工中的关键工序检查签证记录、质量控制、自检验收记录等资料应完整齐备	查阅调试报告、质量验收签证 结论：合格 签字：相关单位验收人员已签字

续表

条款号	大纲条款	检 查 依 据	检 查 要 点
5.6	**生产运行准备的监督检查**		
5.6.1	操作票已编制完毕	**1.《电力安全工作规程 发电厂和变电站电气部分》GB 26860—2011** 7.3.4.1 操作票是操作前填写操作内容和顺序的规范化票式，可包含编号、操作任务、操作顺序、操作时间，以及操作人或监护人签名等。 7.3.4.5 下列项目应填入操作票： …… **2.《110kV 及以上送变电工程启动及竣工验收规程》DL/T 782—2001** 5.2.2 生产运行单位已将所需的规程、制度、系统图表、记录表格、安全用具等准备好，……	查阅电气设备运行操作所需的操作规程 审批：编、审、批已签字
5.6.2	运行的通信装置调试完毕具备投用条件	**《光伏发电工程验收规范》GB/T 50796—2012** 5.2.1 工程启动验收前应完成的准备工作应包括下列内容： 6 通信系统与电网调度机构连接应正常	1. 查看通信系统与调度机的通信 装置：与调度已正常通信
			2. 查阅通信装置调试报告 结论：合格 签字：齐全
5.6.3	电气设备运行操作所需的安全工器具、仪器、仪表、防护用品以及备品、备件等配置齐全，检验合格	**1.《电力安全工作规程 发电厂和变电站电气部分》GB 26860—2011** 4.2.1 作业现场的生产条件、安全设施、作业机具和安全工器具等应符合国家或行业标准规定的要求，安全工器具和劳动防护用品在使用前应确认合格、齐备。 **2.《110kV 及以上送变电工程启动及竣工验收规程》DL/T 782—2001** 5.2.2 生产运行单位已将所需的规程、制度、系统图表、记录表格、安全用具等准备好，…… 5.2.5 各种测量、计量装置、仪表齐全，符合设计要求并经校验合格。 5.2.7 必需的备品备件及工具已备齐。 5.2.8 运行维护人员必需的生活福利设施已经具备	1. 查阅电气设备运行操作所需的安全工器具等台账、清单、记录 安全工器具、仪器、仪表、备品备件配置齐全
			2. 查阅工器具检验合格证 结论：符合规范要求 盖章：有测试单位的专用章 签字：齐全

条款号	大纲条款	检 查 依 据	检查要点
5.6.4	启动范围区域与其他区域隔离可靠，警示标识齐全、醒目	**1.《电力建设安全工作规程　第三部分：变电站》DL 5009.3—2013** 6.3.3　悬挂安全标志牌和装设围栏 　　1　在一经合闸即可送电到工作地点的断路器和隔离开关的操作把手、二次设备上均应悬挂"禁止合闸，有人工作！"的安全标志牌。 　　2　在室内高压设备上或某一间隔内工作时，在工作地点两旁及对面的间隔上均应设围栏并悬挂"止步，高压危险！"的安全标志牌。 　　3　在室外高压设备上工作时，应在工作地点的四周设围栏，其出入口要围至临近道路旁边，并设有"从此进出！"的安全标志牌，工作地点四周围栏上悬挂适当数量的"止步，高压危险！"安全标志牌，标志牌应朝向围栏里面。若室外配电装置的大部分设备停电，只有个别地点保留有带电设备，其他设备无触及带电导体的可能时，可以在带电设备四周装设全封闭围栏，围栏上悬挂适当数量的"止步，高压危险！"安全标志牌，标志牌应朝向围栏外面。 　　4　在工作地点悬挂"在此工作！"的安全标志牌。 　　6　设置的围栏应醒目、牢固。…… 　　7　安全标志牌、围栏等防护设施的设置应正确、及时，工作完毕后应及时拆除。 **2.《110kV 及以上送变电工程启动及竣工验收规程》DL/T 782—2001** 5.2.3　……，带电区域已设明显标志	查阅带电区设备与其他区域的隔离措施的实施及记录 　内容：有完成区域隔离措施实施的记录，标识齐全 　签字：相关人员已签字
5.6.5	设备的名称和双重编号及盘、柜双面标识准确、齐全；电气安全警告标示牌内容和悬挂位置正确、齐全、醒目	**1.《光伏发电工程验收规范》GB/T 50796—2012** 3.0.8　工程验收中相关单位职责应符合下列要求。 　　6　生产运行单位职责应包括： 　　　6）负责投运设备已具备调度命名和编号，且设备标识齐全、正确，并向调度部门送交新设备投运申请。 **2.《电气装置安装工程盘、柜及二次回路接线施工及验收规范》GB 50171—2012** 5.0.4　盘、柜的正面及背面各电器、端子排等应标明编号、名称、用途及操作位置，且字迹清晰、工整、不易脱色	1. 查看设备标识 　内容：调度命名和编号与设备相对应 2. 查看盘、柜标识 　内容：正、背面名称及编号与盘、柜对应 3. 查看设备运行安全警示标识 　位置：人员接近时，容易看到

条款号	大纲条款	检 查 依 据	检查要点
6	**质量监督检测**		
6.0.1	开展现场质量监督检查时,应重点对下列项目的检测试验报告进行查验,必要时可进行验证性抽样检测。对检验指标或结论有怀疑时,必须进行检测		
(1)	混凝土强度检测	**1.《建筑结构检测技术标准》GB/T 50344—2004** 4.3.1 结构或构件混凝土抗压强度的检测,可采用回弹法、超声回弹综合法、后装拔出法或钻芯法等方法,检测操作应分别遵守相应技术规程的规定。 4.3.2 除了有特殊的检测目的之外,混凝土抗压强度的检测应符合下列规定: 　1 采用回弹法时,被检测混凝土的表层质量应具有代表性,且混凝土的抗压强度和龄期不应超过相应技术规程限定的范围; 　2 采用超声回弹综合法时,被检测混凝土的内外质量应无明显差异,且混凝土的抗压强度不应超过相应技术规程限定的范围; 　3 采用后装拔出法时,被检测混凝土的表层质量应具有代表性,且混凝土抗压强度和混凝土粗骨料的最大粒径不应超过相应技术规程限定的范围; 　4 当被检测混凝土的表层质量不具有代表性时,应采用钻芯法;当被检测混凝土的了龄期或抗压强度超过回弹法、超声回弹综合法或后装拔出法等相应技术规程限定的范围时,可采用钻芯法或钻芯修正法; 　5 在回弹法、超声回弹综合法或后装拔出法适用的条件下,宜进行钻芯修正或利用同条件养护立方体试块的抗压强度进行修正。 **2.《混凝土结构工程施工质量验收规范》GB 50204—2002** 7.4.1 混凝土的强度等级必须符合设计要求……	查阅结构混凝土强度检测方案及检测报告 　检测部位:和方案一致 　签字:检测员、审核人、批准人已签字 　盖章:盖有计量认证章(CMA章)、检测专用章 　结论:符合设计要求及规范规定
(2)	钢筋混凝土保护层检测	**1.《建筑结构检测技术标准》GB/T 50344—2015** 4.7.2 钢筋位置、保护层厚度和钢筋数量,宜采用非破损的雷达法或电磁感应法进行检测,必要时可凿开混凝土进行钢筋直径或保护层厚度的验证。	查阅结构混凝土保护层检测方案及检测报告

条款号	大纲条款	检 查 依 据	检查要点
（2）	钢筋混凝土保护层检测	**2.《混凝土结构工程施工质量验收规范》GB 50204—2015** 10.1.1　对涉及混凝土结构安全的有代表性的部位应进行结构实体检验。结构实体检验应包括混凝土强度、钢筋保护层厚度、结构位置与尺寸偏差以及合同约定的项目；必要时可检验其他项目。 10.1.3　钢筋保护层厚度检验应符合本规范附录 E 的规定。 　　附录 E　结构实体钢筋保护层厚度检验 E.0.2　对选定的梁类构件，应对全部纵向受力钢筋的保护层厚度进行检验；对选定的板类构件，应抽取不少于 6 根纵向受力钢筋的保护层厚度进行检验。对每根钢筋，应选择有代表性的不同部位量测 3 点取平均值。 E.0.3　钢筋保护层厚度的检验，可采用非破损或局部破损的方法，也可采用非破损方法并用局部破损方法进行校准。当采用非破损方法检验时，所使用的检测仪器应经过计量检验，检测操作应符合相应规程的规定。钢筋保护层厚度检验的检测误差不应大于 1mm。 E.0.4　钢筋保护层厚度检验时，纵向受力钢筋保护层厚度的允许偏差，对梁类构件为＋10mm，－7mm；对板类构件为＋8mm，－5mm。 E.0.5　对梁类、板类构件纵向受力钢筋的保护厚度应分别进行验收，并应符合下列规定： 　　1　当全部钢筋保护层厚度检验的合格率为 90％及以上时，可判为合格； 　　2　当全部钢筋保护层厚度检验的合格率小于 90％但不小于 80％时，可再抽取相同数量的构件进行检验；当按两次抽样总和计算的合格率为 90％及以上时，仍可判为合格； 　　3　每次抽样检验结果中不合格点的最大偏差均不应大于本附录 E.04 条规定允许偏差的 1.5 倍	检测部位：和方案一致 签字：检测员、审核人、批准人已签字 盖章：盖有计量认证章（CMA 章）、检测专用章 结论：符合设计要求及规范规定
（3）	集电电缆线路耐压试验	**《电气装置安装工程电气设备交接试验标准》GB 50150—2016（报批稿）** 17.0.2　电力电缆线路交接试验应符合下列规定： 　　1　应对电缆的每一相测量其主绝缘的绝缘电阻和进行耐压试验。对具有统包绝缘的三芯电缆，应分别对每一相进行，其他两相导体、金属屏蔽或金属套和铠装层应一起接地；对分相屏蔽的三芯电缆和单芯电缆，可一相或多相同时进行，非被试相导体、金属屏蔽或金属套和铠装层应一起接地。 　　2　对金属屏蔽或金属套一端接地，另一端装有护层过电压保护器的单芯电缆主绝缘作耐压试验时，应将护层过电压保护器短接，使这一端的电缆金属屏蔽或金属套临时接地。 　　3　额定电压为 0.6/1kV 的电缆线路应用 2500V 兆欧表测量导体对地绝缘电阻代替耐压试验，试验时间应为 1min。 　　4　对交流单芯电缆外护套应进行直流耐压试验。 　　5　橡塑绝缘电力电缆可按 17.0.1 条第 1、3、5 和 8 款进行试验，其中交流单芯电缆另外增加第 4、7 款试验。额定电压 U_0/U 为 18/30kV 及以下电缆，当不具备条件时允许用有效值为 $3U_0$ 的 0.1Hz 电压加 15min 或直流耐压试验及泄漏电流测量代替 17.0.5 条规定的交流耐压试验。 　　6　纸绝缘电缆可按 17.0.1 条第 1、2 和 5 款进行试验。 　　7　自容式充油电缆可按 17.0.1 条第 1、2、4、5、6、7 和 8 款进行试验	查阅集电电缆测试报告 盖章：试验单位已盖章 签字：相关人员已签字 结论：合格

条款号	大纲条款	检 查 依 据	检查要点
（4）	集电线路两端相位一致性、连续性检测	**1.《电气装置安装工程 电缆线路施工及验收规范》GB 50168—2006** 6.2.13 电缆终端上应有明显的相色标志，且应与系统的相位一致。 **2.《电气装置安装工程电气设备交接试验标准》GB 50150—2016（报批稿）** 17.0.6 检查电缆线路的两端相位，应与电网的相位一致	查验抽测电力电缆 相色：符合 GB 50168—2006（报批稿）第 6.2.13 条 相位：符合 GB 50150—2016（报批稿）第 17.0.6 条
（5）	接地装置接地阻抗测试	**《电气装置安装工程 电气设备交接试验标准》GB 50150—2016（报批稿）** 25.0.3 接地阻抗测量，应符合下列规定： 　1 接地阻抗值应符合设计文件规定，当设计文件没有规定时应符合表 25.0.3 的要求。 　2 试验方法可按现行行业标准《接地装置特性参数测量导则》DL 475 的规定执行，试验时应排除与接地网连接的架空地线、电缆的影响。 　3 应在扩建接地网与原接地网连接后进行全场全面测试	查阅接地阻抗测试报告 盖章：试验单位已盖章 签字：相关人员已签字 接地电阻值：符合设计要求 结论：合格
（6）	变压器互感器绕组绝缘电阻测试	**《电气装置安装工程 电气设备交接试验标准》GB 50150—2016（报批稿）** 8.0.9 测量绕组连同套管的绝缘电阻、吸收比或极化指数，应符合下列规定： 　1 绝缘电阻值不应低于产品出厂试验值的 70% 或不低于 10000MΩ（20℃）； 　2 当测量温度与产品出厂试验时的温度不符合时，油浸式电力变压器绝缘电阻的温度换算系数可按表 8.0.9 换算到同一温度时的数值进行比较。 10.0.2 测量绕组的绝缘电阻，应符合下列规定： 　1 应测量一次绕组对二次绕组及外壳、各二次绕组间及其对外壳的绝缘电阻；绝缘电阻值不宜低于 1000MΩ； 　2 测量电流互感器一次绕组段间的绝缘电阻，绝缘电阻值不宜低于 1000MΩ，由于结构原因无法测量时可不测量； 　3 测量电容型电流互感器的末屏及电压互感器接地端（N）对外壳（地）的绝缘电阻，绝缘电阻值不宜小于 1000MΩ。当末屏对地绝缘电阻小于 1000MΩ 时，应测量其 tanδ，其值不应大于 2%； 　4 测量绝缘电阻应使用 2500V 兆欧表	查阅变压器、互感器测试报告 盖章：试验单位已盖章 签字：相关人员已签字 绝缘电阻值：符合规范及产品技术要求 结论：合格
（7）	二次回路绝缘电阻测试	**《电气装置安装工程 电气设备交接试验标准》GB 50150—2016（报批稿）** 22.0.1 二次回路的试验项目，应包括下列内容： 　1 测量绝缘电阻。 22.0.2 测量绝缘电阻，应符合下列规定： 　1 应按本标准第 3.0.9 条的规定，根据电压等级选择兆欧表； 　2 小母线在断开所有其他并联支路时，不应小于 10MΩ；	查验抽测二次回路绝缘电阻 　小母线：符合 GB 50150—2016（报批稿）第 22.0.1 条

条款号	大纲条款	检 查 依 据	检查要点
（7）	二次回路绝缘电阻测试	3　二次回路的每一支路和断路器、隔离开关的操动机构的电源回路等，均不应小于 1MΩ。在比较潮湿的地方，可不小于 0.5MΩ	二次回路：符合 GB 50150—2016（报批稿）第 22.0.1 条
（8）	二次系统整组联动试验	《继电保护和电网安全自动装置检验规程》DL/T 995—2006 　6.7.6　整组试验包括如下内容： 　　a）整组试验时应检查各保护之间的配合、装置动作行为、断路器动作行为、保护起动故障录波信号、调度自动化系统信号、中央信号、监控信息等正确无误。 　　b）借助于传输通道实现的纵联保护远方跳闸等的整组试验，应与传输通道的检验一同进行。必要时，可与线路对侧的相应保护一起进行了模拟区内、区外故障时保护动作行为的试验。 　　c）对装设有综合重合闸装置的线路，应检查各保护及重合闸装置间的相互动作情况与设计相符合。为减少断路器的跳合次数，应以模拟断路器代替实际的断路器，使用模拟断路器时宜从操作箱出口接入，并与装置、试验器构成闭环。 　　d）将装置及重合闸装置接到实际的断路器回路中，进行必要的跳、合闸试验，以检验各有关跳、合闸回路、防止断路器跳跃回路、重合闸停用回路及气（液）压闭锁等相关回路动作的正确性。检查每相的电流、电压及断路器跳合闸回路的相别是否一致。 　　e）在进行整组试验时，还应检验断路器合闸线圈的压降不小于额定值的 90%	查阅二次系统测试报告 盖章：试验单位已盖章 签字：相关人员已签字 结论：合格
（9）	变压器（油浸电抗器）局放测试及绕组变形测试	《电气装置安装工程　电气设备交接试验标准》GB 50150—2016（报批稿） 　8.0.11　变压器绕组变形试验，应符合下列规定： 　　1　对于 35kV 及以下电压等级变压器，宜采用低电压短路阻抗法。 　　2　对于 110（66）kV 及以上电压等级变压器，宜采用频率响应法测量绕组特征图谱。 　8.1.13　绕组连同套管的长时感应电压试验带局部放电测量（ACLD），应符合下列规定： 　　1　对于电压等级 220kV 及以上变压器，在新安装时，应进行现场局部放电试验。对于电压等级为 110kV 的变压器，当对绝缘有怀疑时，应进行局部放电试验。 　　2　局部放电试验方法及判断方法，应按现行国家标准《电力变压器　第 3 部分：绝缘水平、绝缘试验和外绝缘空隙间隙》GB 1094.3 中的有关规定执行。 　　3　750kV 变压器现场交接试验时，绕组连同套管的长时感应电压试验带局部放电测量（ACLD）中，激发电压应按出厂交流耐压的 80%（720kV）进行	查阅变压器局放、绕组变形测试报告 盖章：试验单位已盖章 签字：相关人员已签字 结论：合格

第 **3** 部分

独立蓄能工程

第1节点：地基处理监督检查

条款号	大纲条款	检 查 依 据	检查要点
4	**责任主体质量行为的监督检查**		
4.1	**建设单位质量行为的监督检查**		
4.1.1	地基处理施工方案已审批	**1.《建设工程监理规范》GB/T 50319—2013** 5.2.3　施工方案报审表应按本规范表 B.0.1 的要求填写。 **2.《建筑工程施工质量评价标准》GB/T 50375—2006** 4.2.1　施工现场质量保证条件应符合下列检查标准： 　　3　施工组织设计、施工方案编制审批手续齐全，…… **3.《建筑施工组织设计规范》GB/T 50502—2009** 3.0.5　施工组织设计的编制和审批应符合下列规定： 　　2　……施工方案应由项目技术负责人审批；重点、难点分部（分项）工程和专项工程施工方案应由施工单位技术部门组织相关专家评审，施工单位技术负责人批准； 　　3　由专业承包单位施工的分部（分项）工程或专项工程的施工方案，应由专业承包单位技术负责人或技术负责人授权的技术人员审批；有总承包单位时，应由总承包单位项目技术负责人核准备案； 　　4　规模较大的分部（分项）工程和专项工程的施工方案应按单位工程施工组织设计进行编制和审批。 **4.《光伏发电站施工规范》GB 50794—2012** 3.0.1　开工前应具备的条件： 　　4　……施工组织设计及重大施工方案应已审批；…… **5.《电力工程地基处理技术规程》DL/T 5024—2005** 5.0.2　地基处理方案的选择，应根据工程场地岩土工程条件、建筑物的安全等级、结构类型、荷载大小、上部结构和地基基础的共同作用，以及当地地基处理经验和施工条件、建筑物使用过程中岩土环境条件的变化。经技术经济比较后，在技术可靠、满足工程设计和施工进度的要求下，选用地基处理方案或加强上部结构与地基处理相结合的方案。采用的地基处理方法应符合环境保护的要求，避免因地基处理而污染地表水和地下水；避免由于地基土的变形而损坏邻近建（构）筑物；防止振动噪声及飞灰对周围环境的不良影响。 5.0.12　地基处理的施工应有详细的施工组织设计、施工质量管理和质量保证措施。应有专人负责施工检验与质量监督，做好各项施工记录，当发现异常情况时，应及时会同有关部门研究解决。 **6.《电力建设施工技术规范　第 1 部分：土建结构工程》DL 5190.1—2012** 3.0.1　工程施工前，应按设计图纸，结合具体情况和施工组织设计的要求编制施工方案，并经批准后方可施工。	1. 查阅施工方案 　审批人员：符合规范规定 　编审批时间：施工前 2. 查阅施工方案报审表 　审批意见：同意实施等肯定性意见 　签字：责任人已签字 　盖章：单位已盖章

续表

条款号	大纲条款	检 查 依 据	检查要点
4.1.1	地基处理施工方案已审批	3.0.6　施工单位应当在危险性较大的分部、分项工程施工前编制专项方案；对于超过一定规模和危险性较大的深基坑工程、模板工程及支撑体系、起重吊装及安装拆卸工程、脚手架工程和拆除、爆破工程等，施工单位应当组织专家对专项方案进行论证	
4.1.2	组织完成设计交底及施工图会检	**1.《建设工程质量管理条例》中华人民共和国国务院令〔2000〕第 279 号** 第二十三条　设计单位应当就审查合格的施工图设计文件向施工单位作出详细说明。 **2.《建筑工程勘察设计管理条例》中华人民共和国国务院令〔2015〕第 662 号** 第三十条　建设工程勘察、设计单位应当在建设工程施工前，向施工单位和监理单位说明建设工程勘察、设计意图，解释建设工程勘察、设计文件。建设工程勘察、设计单位应当及时解决施工中出现的勘察、设计问题。 **3.《建设工程监理规范》GB/T 50319—2013** 5.1.2　监理人员应熟悉工程设计文件，有关监理人员应参加建设单位主持的图纸会审和设计交底会议，总监理工程师应参与会议纪要会签。 **4.《建设工程项目管理规范》GB/T 50326—2006** 8.3.3　项目技术负责人应主持对图纸审核，并应形成会审记录。 **5.《光伏发电站施工规范》GB 50794—2012** 3.0.1　…… 　　4　开工所必需的施工图应通过会审，设计交底应完成，…… **6.《电力建设工程施工技术管理导则》国电电源〔2002〕896 号** 7.01　施工图纸是施工和验收的主要依据之一。为使施工人员充分领会设计意图、熟悉设计内容、正确施工，确保施工质量，必须在开工前进行图纸会检。 **7.《输变电工程项目质量管理规程》DL/T 1362—2014** 5.3.2　建设单位应在变电站单位工程和输电线路分部工程开工前组织设计交底和施工图会检	1. 查阅设计交底记录 　主持人：建设单位责任人 　交底人：设计单位责任人 　签字：交底人及被交底人已签字 　时间：施工前 2. 查阅施工图会检纪要 　签字：施工、设计、监理、建设单位责任人已签字 　时间：施工前
4.1.3	组织进行工程建设标准强制性条文实施情况的检查	**1.《中华人民共和国标准化法实施条例》中华人民共和国国务院令〔1990〕第 53 号** 第二十三条　从事科研、生产、经营的单位和个人，必须严格执行强制性标准。 **2.《建设工程质量管理条例》中华人民共和国国务院令〔2000〕第 279 号** 第十条　…… 　　建设单位不得明示或者暗示设计单位或者施工单位违反工程建设强制性标准，降低建设工程质量。 **3.《实施工程建设强制性标准监督规定》建设部令〔2000〕第 81 号** 第二条　在中华人民共和国境内从事新建、扩建、改建等工程建设活动，必须执行工程建设强制性标准。	查阅强制性条文实施情况检查记录 　内容：与强制性条文实施计划相符，相关资料可追溯 　签字：检查人员已签字

条款号	大纲条款	检 查 依 据	检查要点
4.1.3	组织进行工程建设标准强制性条文实施情况的检查	第六条 ……工程质量监督机构应当对工程建设施工、监理、验收等阶段执行强制性标准的情况实施监督。 第十条 强制性标准监督检查的内容包括： （一）有关工程技术人员是否熟悉、掌握强制性标准； （二）工程项目的规划、勘察、设计、施工、验收等是否符合强制性标准的规定； （三）工程项目采用的材料、设备是否符合强制性标准的规定； （四）工程项目的安全、质量是否符合强制性标准的规定； （五）工程中采用的导则、指南、手册、计算机软件的内容是否符合强制性标准的规定。 **4. 《输变电工程项目质量管理规程》DL/T 1362—2014** 4.4 输变电工程项目建设过程中，参建单位应遵循现行国家和行业标准，严格执行工程设计和施工标准中的强制性条文，……	
4.1.4	采用的新技术、新工艺、新流程、新装备、新材料已进行论证审批	**1. 《中华人民共和国建筑法》中华人民共和国主席令〔2011〕第 46 号** 第四条 国家扶持建筑业的发展，支持建筑科学技术研究，提高房屋建筑设计水平，鼓励节约能源和保护环境，提倡采用先进技术、先进设备、先进工艺、新型建筑材料和现代管理方式。 **2. 《建设工程质量管理条例》中华人民共和国国务院令〔2000〕第 279 号** 第六条 国家鼓励采用先进的科学技术和管理方法，提高建设工程质量。 **3. 《实施工程建设强制性标准监督规定》建设部令〔2000〕第 81 号** 第五条 工程建设中拟采用的新技术、新工艺、新材料，不符合现行强制性标准规定的，应当由拟采用单位提请建设单位组织专题技术论证，报批准标准的建设行政主管部门或者国务院有关主管部门审定。 **4. 《电力工程地基处理技术规程》（条文说明）DL/T 5024—2005** 5.0.8 ……。当采用当地缺乏经验的地基处理方法或引进和应用新技术、新工艺、新方法时，须通过原体试验验证其适用性。 **5. 《电力建设施工技术规范 第 1 部分：土建结构工程》DL 5190.1—2012** 3.0.4 采用新技术、新工艺、新材料、新设备时，应经过技术鉴定或具有允许使用的证明。施工前应编制单独的施工措施及操作规程	查阅新技术、新工艺、新流程、新装备、新材料论证文件 内容：同意采用等肯定性意见 签字：专家组和批准人已签字
4.1.5	无任意压缩合同约定工期的行为	**1. 《建设工程质量管理条例》中华人民共和国国务院令〔2000〕第 279 号** 第十条 建设工程发包单位不得迫使承包方以低于成本的价格竞标，不得任意压缩合理工期。 **2. 《电力建设安全生产监督管理办法》电监安全〔2007〕38 号** 第十三条 …… 电力建设单位应当执行定额工期，不得压缩合同约定的工期，…… **3. 《建设工程项目管理规范》GB/T 50326—2006** 9.2.1 组织应依据合同文件、项目管理规划文件、资源条件与外部约束条件编制项目进度计划	查阅施工进度计划、合同工期和调整工期的相关文件 内容：有压缩工期的行为时，应有设计、监理、施工和建设单位认可的书面文件

续表

条款号	大纲条款	检 查 依 据	检查要点
4.2　勘察单位质量行为的监督检查			
4.2.1	勘察报告已完成	**1.《建设工程质量管理条例》中华人民共和国国务院令〔2000〕第279号** 第二十条　勘察单位提供的地质、测量、水文等勘察成果必须真实、准确。 **2.《建设工程勘察设计管理条例》中华人民共和国国务院令〔2015〕第662号** 第二十六条　编制建设工程勘察文件，应当真实、准确，满足建设工程规划、选址、设计、岩土治理和施工的需要	查阅勘察报告 内容：地质、测量、水文等勘察成果齐全、完整 签字：勘探、校核、批准相关人员已签字
4.2.2	工程建设标准强制性条文落实到位	**1.《建设工程质量管理条例》中华人民共和国国务院令〔2000〕第279号** 第十九条　勘察、设计单位必须按照工程建设强制性标准进行勘察、设计，并对其勘察、设计的质量负责。 **2.《建设工程勘察设计管理条例》中华人民共和国国务院令〔2015〕第662号** 第五条　……建设工程勘察、设计单位必须依法进行建设工程勘察、设计，严格执行工程建设强制性标准，并对建设工程勘察、设计的质量负责。 **3.《实施工程建设强制性标准监督规定》建设部令〔2000〕第81号** 第二条　在中华人民共和国境内从事新建、扩建、改建等工程建设活动，必须执行工程建设强制性标准。 第六条　建设项目规划审查机关应当对工程建设规划阶段执行强制性标准的情况实施监督。施工图设计文件审查单位应当对工程建设勘察、设计阶段执行强制性标准的情况实施监督。 第十条　强制性标准监督检查的内容包括： 　（一）有关工程技术人员是否熟悉、掌握强制性标准； 　（二）工程项目的规划、勘察、设计、施工、验收等是否符合强制性标准的规定； 　（五）工程中采用的导则、指南、手册、计算机软件的内容是否符合强制性标准的规定。 **4.《输变电工程项目质量管理规程》DL/T 1362—2014** 4.4　输变电工程项目建设过程中，参建单位应遵循现行国家和行业标准，严格执行工程设计和施工标准中的强制性条文，…… 6.2.1　……质量管理策划内容应包括不限于： 　b. 质量管理文件，包括引用的标准清单、设计质量策划、强制性条文实施计划、设计技术组织措施、达标投产（创优）实施细则等	1. 查阅勘察文件 内容：与强制性条文有关的内容已落实 签字：编、审、批责任人已签字 2. 查阅强制性条文实施计划（强制性条文清单）和本阶段执行记录 内容：与实施计划相符 签字：相关单位审批人已签字
4.2.3	按规定参加地基处理工程的质量验收及签证	**1.《建筑工程施工质量验收统一标准》GB 50300—2013** 6.0.3　分部工程应由总监理工程师组织施工单位项目负责人和项目技术负责人等进行验收。 勘察、设计单位项目负责人和施工单位技术、质量部门负责人应参加地基与基础分部工程的验收。	查阅地基处理工程的质量验收及签证 内容：意见明确

条款号	大纲条款	检 查 依 据	检查要点
4.2.3	按规定参加地基处理工程的质量验收及签证	**2.《电力建设施工质量验收及评价规程 第1部分：土建工程》DL/T 5210. 1—2012** 3.0.12 工程质量验收的程序、组织和记录应符合下列规定： 　　3 分部（子分部）工程质量验收应由总监理工程师（建设单位项目负责人）组织施工单位项目负责人和技术、质量负责人等进行验收；地基与基础、主体结构分部工程的勘测、设计单位工程项目负责人和施工单位技术、质量部门负责人也应参加相关分部工程验收。 　　4 ……建设单位收到工程验收申请报告后，应由建设单位（项目）负责人组织施工（含分包单位）、设计、监理等单位（项目）负责人进行单位（子单位）工程验收	签字：勘察单位责任人已签字
4.3 设计单位质量行为的监督检查			
4.3.1	设计图纸交付进度能保证连续施工	**1.《中华人民共和国合同法》中华人民共和国主席令〔1999〕第 15 号** 第二百七十四条 勘察、设计合同的内容包括提交有关基础资料和文件（包括概预算）的期限、质量要求、费用以及其他协作条件等条款。 第二百八十条 勘察、设计的质量不符合要求或者未按照期限提交勘察、设计文件拖延工期，造成发包人损失的，勘察人、设计人应当继续完善勘察、设计，减收或者免收勘察、设计费并赔偿损失。 **2.《建设工程项目管理规范》GB/T 50326—2006** 1.4.3 设计单位的进度控制包括下列内容： 　　1 编制设计准备阶段计划、设计总进度计划和各专业设计的出图计划。 　　2 在上述计划实施过程中进行检查。 　　3 协助施工单位实现进度控制目标。 　　4 接受监理单位的设计进度监理。 **3.《建设项目工程总承包管理规范》GB/T 50358—2005** 6.4.1 设计经理应组织检查设计计划的执行情况，分析进度偏差，制定有效措施。设计进度的主要控制点应包括： 　　1 设计各专业间的条件关系及进度。 　　2 初步设计或基础工程设计完成和提交时间。 　　4 进度关键线路上的设计文件提交时间。 　　5 施工图设计或详细工程设计完成和提交时间。 　　6 设计工作结束时间	1. 查阅设计单位的施工图出图计划 　内容：交付时间满足进度计划要求 　签字：责任人已签字 2. 查阅建设单位的设计文件接收记录 　内容：接收时间与出图计划一致 　签字：责任人已签字
4.3.2	按规定进行设计交底并参加施工图会检	**1.《建设工程质量管理条例》中华人民共和国国务院令〔2000〕第 279 号** 第二十三条 设计单位应当就审查合格的施工图设计文件向施工单位作出详细说明。	1. 查阅设计交底会议纪要 　交底人：由原设计人进行交底

条款号	大纲条款	检 查 依 据	检查要点
4.3.2	按规定进行设计交底并参加施工图会检	**2.《建设工程勘察设计管理条例》中华人民共和国国务院令〔2015〕第 662 号** 第三十条　建设工程勘察、设计单位应当在建设工程施工前，向施工单位和监理单位说明建设工程勘察、设计意图，解释建设工程勘察、设计文件。 **3.《建设工程监理规范》GB/T 50319—2013** 5.1.2　监理人员应熟悉工程设计文件，有关监理人员应参加建设单位主持的图纸会审和设计交底会议，总监理工程师应参与会议纪要会签。 **4.《光伏发电站施工规范》GB 50794—2012** 3.0.1　…… 　　　4　开工所必需的施工图应通过会审，设计交底应完成，…… **5.《建设项目工程总承包管理规范》GB/T 50358—2005** 6.3.8　在施工前，设计组应进行设计交底，说明设计意图，解释设计文件，明确设计要求	交底内容：包括设计交底的范围、设计意图、强制性条文执行及施工中应重点关注的问题 　交底时间：本卷册图施工前 　签字：交底人、接受交底人已签字 2. 查阅图纸会检记录 　签字：设计、施工、监理、建设单位责任人已签字 　时间：施工前
4.3.3	设计更改、技术洽商等文件完整，手续齐全	**1.《建设工程勘察设计管理条例》中华人民共和国国务院令〔2015〕第 662 号** 第二十八条　建设单位、施工单位、监理单位不得修改建设工程勘察、设计文件；确需修改建设工程勘察、设计文件的，应当由原建设工程勘察、设计单位修改。经原建设工程勘察、设计单位书面同意，建设单位也可以委托其他具有相应资质的建设工程勘察、设计单位修改。修改单位对修改的勘察、设计文件承担相应责任。 　　施工单位、监理单位发现建设工程勘察、设计文件不符合工程建设强制性标准、合同约定的质量要求的，应当报告建设单位，建设单位有权要求建设工程勘察、设计单位对建设工程勘察、设计文件进行补充、修改。 　　建设工程勘察、设计文件内容需要作重大修改的，建设单位应当报经原审批机关批准后，方可修改。 **2.《建设项目工程总承包管理规范》GB/T 50358—2005** 6.4.2　……，设计质量的控制点主要包括： 　　7　设计变更的控制。 **3.《电力建设工程施工技术管理导则》国电电源〔2002〕896 号** 10.03　设计变更审批手续： 　　a）小型设计变更。由工地提出设计变更申请单或工程洽商（联系）单，经项目部技术管理部门审核，由现场设计、建设（监理）单位代表签字同意后生效。 　　b）一般设计变更。由工地提出设计变更申请单，经项目部技术管理部门审签后，送交建设（监理）单位审核。经设计单位同意后，由设计单位签发设计变更通知书并经建设（监理）单位会签后生效。	查阅设计更改、技术洽商文件 　编制签字：设计单位（EPC）各级责任人已签字 　审核签字：相关单位责任人已签字 　签字时间：在变更内容实施前

条款号	大纲条款	检 查 依 据	检查要点
4.3.3	设计更改、技术洽商等文件完整，手续齐全	c) 重大设计变更。由项目部总工程师组织研究、论证后，提交建设单位组织设计、施工、监理单位进一步论证、审核，决定后由设计单位修改设计图纸并出具设计变更通知书，还应附有工程预算变更单，经建设、监理、施工单位会签后生效。 **4.《电力勘测设计驻工地代表制度》DLGJ 159.8—2001** 5.0.2 进行设计更改： 　　1 因原设计错误或考虑不周需进行的一般设计更改，由专业工代填写"设计变更通知单"，说明更改原因和更改内容，经工代组长签署后发至施工单位实施。"设计变更通知单"的格式见附录A	
4.3.4	工程建设标准强制性条文落实到位	**1.《建设工程质量管理条例》中华人民共和国国务院令〔2000〕第279号** 第十九条　勘察、设计单位必须按照工程建设强制性标准进行勘察、设计，并对其勘察、设计的质量负责。 **2.《建设工程勘察设计管理条例》中华人民共和国国务院令〔2015〕第662号** 第五条　……建设工程勘察、设计单位必须依法进行建设工程勘察、设计，严格执行工程建设强制性标准，并对建设工程勘察、设计的质量负责。 **3.《实施工程建设强制性标准监督规定》建设部令〔2000〕第81号** 第二条　在中华人民共和国境内从事新建、扩建、改建等工程建设活动，必须执行工程建设强制性标准。 第六条　建设项目规划审查机关应当对工程建设规划阶段执行强制性标准的情况实施监督。 　　施工图设计文件审查单位应当对工程建设勘察、设计阶段执行强制性标准的情况实施监督。 第十条　强制性标准监督检查的内容包括： 　　（一）有关工程技术人员是否熟悉、掌握强制性标准； 　　（二）工程项目的规划、勘察、设计、施工、验收等是否符合强制性标准的规定； 　　（五）工程中采用的导则、指南、手册、计算机软件的内容是否符合强制性标准的规定。 **4.《输变电工程项目质量管理规程》DL/T 1362—2014** 6.2.1　……质量管理策划内容应包括不限于： 　　b) 质量管理文件，包括引用的标准清单、设计质量策划、强制性条文实施计划、设计技术组织措施、达标投产（创优）实施细则等	1. 查阅设计文件 　内容：与强制性条文有关的内容已落实 　签字：编、审、批责任人已签字 2. 查阅强制性条文实施计划（强制性条文清单）和本阶段执行记录 　内容：与实施计划相符 　签字：相关单位责任人已签字
4.3.5	设计代表工作到位，处理设计问题及时	**1.《建设工程勘察设计管理条例》中华人民共和国国务院令〔2015〕第662号** 第三十条　……建设工程勘察设计单位应及时解决施工中出现的勘察设计问题。 **2.《电力勘测设计驻工地代表制度》DLGJ 159.8—2001** 2.0.1　工代的工地现场服务是电力工程设计的阶段之一，为了有效地贯彻勘测设计意图，实施设计单位通过工代为施工、安装、调试、投运提供及时周到的服务，促进工程顺利竣工投产，特制定本制度。	1. 查阅设计单位对工代管理制度 　内容：包括工代任命书及设计修改、变更、材料代用等签发人资格

条款号	大纲条款	检查依据	检查要点
4.3.5	设计代表工作到位，处理设计问题及时	2.0.2　工代的任务是解释设计意图，解释施工图纸中的技术问题，收集包括设计本身在内的施工、设备材料等方面的质量信息，加强设计与施工、生产之间的配合，共同确保工程建设质量和工期，以及国家和行业标准的贯彻执行。 2.0.3　工代是设计单位派驻工地配合施工的全权代表，应能在现场积极地履行工代职责，使工程实现设计预期要求和投资效益。 5.0.6　工代记录 　　1　工代应对现场处理的问题、参加的各种会议以及决议作详细记录，填写"工代工作大事记"	2. 查阅设计服务记录 　内容：包括现场施工与设计要求相符情况和工代协助施工单位解决具体技术问题的情况 3. 查阅设计变更通知单和工程联系单及台账 　内容：处理意见明确，收发闭环
4.3.6	按规定参加地基处理工程的质量验收及签证	**1.《建筑工程施工质量验收统一标准》GB 50300—2013** 6.0.3　分部工程应由总监理工程师组织施工单位项目负责人和项目技术负责人等进行验收。 　　勘察、设计单位项目负责人和施工单位技术、质量部门负责人应参加地基与基础分部工程的验收。 　　设计单位项目负责人和施工单位技术、质量部门负责人应参加主体结构、节能分部工程的验收。 **2.《光伏发电工程验收规范》GB/T 50796—2012** 3.0.8　工程验收中相关单位职责应符合下列要求： 　　2　勘察、设计单位职责应包括： 　　1）对土建工程与地基工程有关的施工记录校验。 **3.《电力建设施工质量验收及评价规程　第1部分：土建工程》DL/T 5210.1—2012** 3.0.12　工程质量验收的程序、组织和记录应符合下列规定： 　　3　分部（子分部）工程质量验收应由总监理工程师（建设单位项目负责人）组织施工单位项目负责人和技术、质量负责人等进行验收；地基与基础、主体结构分部工程的勘测、设计单位工程项目负责人和施工单位技术、质量部门负责人也应参加相关分部工程验收。 　　4　……建设单位收到工程验收申请报告后，应由建设单位（项目）负责人组织施工（含分包单位）、设计、监理等单位（项目）负责人进行单位（子单位）工程验收，……	查阅地基处理工程质量验收记录 　签字：设计单位（EPC）责任人已签字
4.3.7	进行了本阶段工程实体质量与设计的符合性确认	**1.《光伏发电工程验收规范》GB/T 50796—2012** 3.0.8　工程验收中相关单位职责应符合下列要求。 　　2　勘察、设计单位职责应包括： 　　3）对工程设计方案和质量负责，为工程验收提供设计总结报告。 **2.《电力勘测设计驻工地代表制度》DLGJ 159.8—2001** 5.0.3　深入现场，调查研究。	1. 查阅地基处理分部、子分部工程质量验收记录 　签字：设计单位（EPC）项目负责人已签字

条款号	大纲条款	检查依据	检查要点
4.3.7	进行了本阶段工程实体质量与设计的符合性确认	1 工代应坚持经常深入施工现场，调查了解施工是否与设计要求相符，并协助施工单位解决施工中出现的具体技术问题，做好服务工作，促进施工单位正确执行设计规定的要求。 2 对于发现施工单位擅自做主，不按设计规定要求进行施工的行为，应及时指出，要求改正，如指出无效，又涉及安全、质量等原则性、技术性问题，应将问题事实与处理过程用"备忘录"的形式书面报告建设单位和施工单位，同时向设总和处领导汇报	2. 查阅本阶段设计单位（EPC）汇报材料 内容：已对本阶段工程实体质量与勘察设计的符合性进行了确认，符合性结论明确 签字：项目设计（EPC）负责人已签字 盖章：设计单位已盖章
4.4 监理单位质量行为的监督检查			
4.4.1	专业监理人员配备合理，资格证书与承担的任务相符	**1.《中华人民共和国建筑法》中华人民共和国主席令〔2011〕第 46 号** 第十四条 从事建筑活动的专业技术人员，应当依法取得相应的职业资格证书，并在执业资格证书许可的范围内从事建筑活动。 **2.《建设工程质量管理条例》中华人民共和国国务院令〔2000〕第 279 号** 第三十七条 工程监理单位应当选派具备相应资格的总监理工程师和监理工程师进驻施工现场。 …… **3.《建设工程监理规范》GB/T 50319—2013** 2.0.6 总监理工程师 由工程监理单位法定代表人书面任命，负责履行建设工程监理合同、主持项目监理机构工作的注册监理工程师。 2.0.7 总监理工程师代表 经工程监理单位法定代表人同意，由总监理工程师书面授权，代表总监理工程师行使其部分职责和权力，具有工程类注册执业资格或具有中级及以上专业技术职称、3 年及以上工程实践经验并经监理业务培训的人员。 2.0.8 专业监理工程师 由总监理工程师授权，负责实施某一专业或某一岗位的监理工作，有相应监理文件签发权，具有工程类注册执业资格或具有中级及以上专业技术职称、2 年及以上工程实践经验并经监理业务培训的人员。 2.0.9 监理员 从事具体监理工作，具有中专及以上学历并经过监理业务培训的人员。 3.1.2 项目监理机构的监理人员应由总监理工程师、专业监理工程师和监理员组成，且专业配套、数量应满足建设工程监理工作需要，必要时可设总监理工程师代表。 3.1.3 ……应及时将项目监理机构的组织形式、人员构成及对总监理工程师的任命书面通知建设单位	1. 查阅监理大纲（规划）中的监理人员进场计划 人员数量及专业：已明确 2. 查阅现场监理人员名单 专业：与工程阶段和监理规划相符 数量：满足监理工作需要 3. 查阅专业监理人员的资格证书 专业：与所从事专业相符 有效期：当前有效

续表

条款号	大纲条款	检 查 依 据	检 查 要 点
4.4.2	地基处理施工方案已审查，特殊施工技术措施已审批	**1.《建设工程安全生产管理条例》中华人民共和国国务院令〔2003〕第 393 号** 第二十六条 施工单位应当在施工组织设计中编制安全技术措施和施工现场临时用电方案，对下列达到一定规模的危险性较大的分部分项工程编制专项施工方案，并附具安全验算结果，经施工单位技术负责人、总监理工程师签字后实施，由专职安全生产管理人员进行现场监督： （一）基坑支护与降水工程； （二）土方开挖工程； （三）模板工程； （四）起重吊装工程； （五）脚手架工程； （六）拆除、爆破工程； （七）国务院建设行政主管部门或者其他有关部门规定的其他危险性较大的工程。 对前款所列工程中涉及深基坑、地下暗挖工程、高大模板工程的专项施工方案，施工单位还应当组织专家进行论证、审查。 **2.《建设工程监理规范》GB/T 50319—2013** 5.2.2 总监理工程师应组织专业监理工程师审查施工单位报审的施工方案，符合要求后应予以签认。 **3.《电力工程地基处理技术规程》DL/T 5024—2005** 5.0.12 地基处理的施工应有详细的施工组织设计、施工质量管理和质量保证措施。应有专人负责施工检验与质量监督，做好各项施工记录，当发现异常情况时，应及时会同有关部门研究解决。 **4.《电力建设工程监理规范》DL/T 5434—2009** 5.2.1 总监理工程师应履行以下职责： 6 审查承包单位提交的开工报告、施工组织设计、方案、计划。 9.1.3 专业监理工程师应要求承包单位报送重点部位、关键工序的施工工艺方案和工程质量保证措施，审核同意后签认	1. 查阅地基处理施工方案报审文件 审核意见：同意实施 审批：相关单位责任人已签字 2. 查阅特殊施工技术措施、方案报审文件 审核意见：专家意见已在施工措施方案中落实，同意实施 审批：相关单位责任人已签字
4.4.3	对进场工程原材料、半成品、构配件的质量进行检查验收	**1.《建设工程监理规范》GB/T 50319—2013** 5.2.9 项目监理机构应审查施工单位报送的用于工程的材料、构配件、设备的质量证明文件，并应按有关规定、建设工程监理合同约定，对用于工程的材料进行见证取样、平行检验。 项目监理机构对已进场经检验不合格的工程材料、构配件、设备，应要求施工单位限期将其撤出施工现场。 **2.《光伏发电站施工规范》GB 50794—2012** 3.0.1 开工前应具备下列条件： 3 施工单位的资质、特殊作业人员资格、施工机械、施工材料、计量器具等应报监理单位或建设单位审查完毕。	1. 查阅工程材料/设备/构配件报审表 审查意见：同意使用 签字：相关责任人已签字

条款号	大纲条款	检 查 依 据	检查要点
4.4.3	对进场工程原材料、半成品、构配件的质量进行检查验收	**3.《电力建设工程监理规范》DL/T 5434—2009** 9.1.7 项目监理机构应对承包单位报送的拟进场工程材料、半成品和构配件的质量证明文件进行审核，并按有关规定进行抽样验收。对有复试要求的，经监理人员现场见证取样后送检，复试报告应报送项目监理机构查验。 9.1.8 项目监理机构应参与主要设备开箱验收，对开箱验收中发现的设备质量缺陷，督促相关单位处理。 **4.《电力建设土建工程施工技术检验规范》DL/T 5710—2014** 4.5.1 施工单位应在工程施工前按单位工程编制检测计划，报监理单位审查，并经建设单位批准后，在监理单位监督下组织实施。当设现场试验室时，施工检测试验计划尚应经现场试验室核查。 4.7.2 施工现场施工单位、监理单位、检测试验单位应分别建立试验台账，并及时按要求在试验台账中做好试样的登记工作。试验台账应包括混凝土原材料试验台账、钢筋试验台账、钢筋接头试验台账、混凝土试验台账、砂浆试验台账、回填土试验台账、混凝土配合比试验台账和需要建立的其他试验台账	2. 查阅监理单位见证取样台账 内容：与检测计划相符 签字：相关见证人已签字
4.4.4	按规定开展见证取样工作	**1.《建设工程监理规范》GB/T 50319—2013** 5.2.9 项目监理机构应审查施工单位报送的用于工程的材料、构配件、设备的质量证明文件，并应按有关规定、建设工程监理合同约定，对用于工程的材料进行见证取样、平行检验。 项目监理机构对已进场经检验不合格的工程材料、构配件、设备，应要求施工单位限期将其撤出施工现场。 **2.《电力建设工程监理规范》DL/T 5434—2009** 9.1.7 项目监理机构应对承包单位报送的拟进场工程材料、半成品和构配件的质量证明文件进行审核，并按有关规定进行抽样验收。对有复试要求的，经监理人员现场见证取样后送检，复试报告应报送项目监理机构查验。 **3.《电力建设土建工程施工技术检验规范》DL/T 5710—2014** 4.5.1 施工单位应在工程施工前按单位工程编制检测计划，报监理单位审查，并经建设单位批准后，在监理单位监督下组织实施。当设现场试验室时，施工检测试验计划尚应经现场试验室核查。 4.7.2 施工现场施工单位、监理单位、检测试验单位应分别建立试验台账，并及时按要求在试验台账中做好试样的登记工作。试验台账应包括混凝土原材料试验台账、钢筋试验台账、钢筋接头试验台账、混凝土试验台账、砂浆试验台账、回填土试验台账、混凝土配合比试验台账和需要建立的其他试验台账	查阅监理单位见证取样台账 内容：与检测计划相符 签字：相关见证人已签字

条款号	大纲条款	检 查 依 据	检查要点
4.4.5	地基验槽隐蔽工程验收记录签证齐全	**1.《建设工程质量管理条例》中华人民共和国国务院令〔2000〕第 279 号** 第三十条 施工单位必须建立、健全施工质量的检验制度，严格工序管理，作好隐蔽工程的质量检查和记录。隐蔽工程在隐蔽前，施工单位应当通知建设单位和建设工程质量监督机构。 **2.《建设工程监理规范》GB/T 50319—2013** 5.2.14 项目监理机构应对施工单位报验的隐蔽工程、检验批、分项工程和分部工程进行验收，对验收合格的应给予签认，对验收不合格的应拒绝签认，同时应要求施工单位在指定的时间内整改并重新报验。 **3.《电力建设工程监理规范》DL/T 5434—2009** 9.1.10 对承包单位报送的隐蔽工程报验申请表和自检记录，专业监理工程师应进行现场检查，符合要求予以签认后，承包单位方可隐蔽并进行下一道工序的施工	查阅地基验槽隐蔽工程验收记录 　验收内容：记录完整，符合基槽实际情况 　意见：符合设计及规范要求 　结论：同意隐蔽 　签字：建设单位、勘察单位、设计单位、监理单位、施工单位项目负责人已签字
4.4.6	按地基处理设定的工程质量控制点，完成见证、旁站监理	**1.《建设工程质量管理条例》中华人民共和国国务院令〔2000〕第 279 号** 第三十八条 监理工程师应当按照工程监理规范的要求，采取旁站、巡视和平行检验等形式，对建设工程实施监理。 **2.《建设工程监理规范》GB/T 50319—2013** 5.1.1 项目监理机构应根据建设工程监理合同约定，遵循动态控制原理，坚持预防为主的原则，制定和实施相应的监理措施，采用旁站、巡视和平行检验等方式对建设工程实施监理。 5.2.11 项目监理机构应根据工程特点和施工单位报送的施工组织设计，确定旁站的关键部位、关键工序，安排监理人员进行旁站，并应及时记录旁站情况。 **3.《电力建设工程监理规范》DL/T 5434—2009** 9.1.9 项目监理机构应安排监理人员对施工过程进行巡视和检查，对工程项目的关键部位、关键工序的施工过程进行旁站监理	1. 查阅施工质量验收范围划分表及报审表 　划分表内容：符合规程规定且已明确了质量控制点 　报审表签字：相关单位责任人已签字 2. 查阅旁站计划和旁站记录 　旁站计划质量控制点：符合施工质量验收范围划分表要求 　旁站记录：完整 　签字：监理旁站人员已签字
4.4.7	工程建设标准强制性条文检查到位	**1.《建设工程质量管理条例》中华人民共和国国务院令〔2000〕第 279 号** 第二条 凡在中华人民共和国境内从事建设工程的新建、扩建、改建等有关活动及实施对建设工程质量监督管理的，必须遵守本条例。本条例所称建设工程，是指土木工程、建筑工程、线路管道和设备安装工程及装修工程。 第三条 建设单位、勘察单位、设计单位、施工单位、工程监理单位依法对建设工程质量负责。	查阅监理单位工程建设强制性条文执行检查记录 　监理检查结果：已执行，相关资料可追溯

续表

条款号	大纲条款	检 查 依 据	检查要点
4.4.7	工程建设标准强制性条文检查到位	第十条 …… 　　建设单位不得明示或者暗示设计单位或者施工单位违反工程建设强制性标准，降低建设工程质量。 **2.《实施工程建设强制性标准监督规定》建设部令〔2000〕第81号** 第二条　在中华人民共和国境内从事新建、扩建、改建等工程建设活动，必须执行工程建设强制性标准。 第三条　本规定所称工程强制标准是指直接涉及工程质量、安全、卫生及环境保护等方面的工程建设标准强制性条文。 第六条 …… 　　工程质量监督机构应当对建设施工、监理、验收等阶段执行强制性标准的情况实施监督。 **3.《工程建设标准强制性条文　房屋建筑部分（2013年版）》（全文）** **4.《工程建设标准强制性条文　电力工程部分（2011年版）》（全文）** **5.《国家重大建设项目文件归档要求与档案整理规范》DA/T 28—2002** 7.8.3　归档文件应完整、成套、系统。应记述和反映建设项目的规划、设计、施工及竣工验收的全过程；真实记录和准确反映项目建设过程和竣工时的实际情况，图物相符、技术数据可靠、签字手续完备；文件质量应符合5.5的规定	强制性条文：引用的规范条文有效 签字：相关责任人已签字
4.4.8	完成地基处理施工质量验收项目划分表规定的验收工作	**1.《建设工程监理规范》GB/T 50319—2013** 5.2.11　项目监理机构应根据工程特点和施工单位报送的施工组织设计，确定旁站的关键部位、关键工序，安排监理人员进行旁站，并应及时记录旁站情况。 5.2.14　项目监理机构应对施工单位报验的隐蔽工程、检验批；分项工程和分部工程进行验收，对验收合格的应给予签认，对验收不合格的应拒绝签认，同时应要求施工单位在指定的时间内整改并重新报验。 **2.《电力建设施工质量验收及评价规程　第1部分：土建工程》DL/T 5210.1—2012** 4.0.8　……。工程开工前，应由承建工程的施工单位按工程具体情况编制项目划分表，……。划分表应报监理单位审核，建设单位批准。…… **3.《电力建设工程监理规范》DL/T 5434—2009** 9.1.2　项目监理机构应审查承包单位编制的质量计划和工程质量验收及评定项目划分表，提出监理意见，报建设单位批准后监督实施	1. 查阅施工质量验收项目划分表及报审表 　划分表内容：符合规程规定且已明确了质量控制点 　报审表签字：相关单位责任人已签字 2. 查阅施工单位隐蔽工程验收记录、检验批质量验收记录、分项工程质量验收记录、分部工程质量验收记录 　内容：监理平行检验记录齐全，验收记录填写准确 　验收结论：合格 　签字：相关责任人已签字

条款号	大纲条款	检查依据	检查要点
4.4.9	质量问题及处理台账完整，记录齐全	**1.《建设工程监理规范》GB/T 50319—2013** 5.2.15　项目监理机构发现施工存在质量问题的，或施工单位采用不适当的施工工艺，或施工不当，造成工程质量不合格的，应及时签发监理通知单，要求施工单位整改。整改完毕后，项目监理机构应根据施工单位报送的监理通知回复单对整改情况进行复查，提出复查意见。 5.2.17　对需要返工处理或加固补强的质量事故，项目监理机构应要求施工单位报送质量事故调查报告和经设计等相关单位认可的处理方案，并应对质量事故的处理过程进行跟踪检查，同时应对处理结果进行验收。 项目监理机构应及时向建设单位提交质量事故书面报告，并应将完整的质量事故处理记录整理归档。 **2.《电力建设工程监理规范》DL/T 5434—2009** 9.1.12　对施工过程中出现的质量缺陷，专业监理工程师应及时下达书面通知，要求承包单位整改，并检查确认整改结果。 9.1.15　专业监理工程师应根据消缺清单对承包单位报送的消缺方案进行审核，符合要求后予以签认，并根据承包单位报送的消缺报验申请表和自检记录进行检查验收	查阅质量问题及处理记录台账 　记录要素：质量问题、发现时间、责任单位、整改要求、处理结果、完成时间 　内容：记录完整 　签字：相关责任人已签字
4.5　施工单位质量行为的监督检查			
4.5.1	企业资质与合同约定的业务范围相符	**1.《中华人民共和国建筑法》中华人民共和国主席令〔2011〕第 46 号** 第十三条　从事建筑活动的建筑施工企业、勘察单位、设计单位……经资质审查合格，取得相应等级的资质证书后，方可在其资质等级许可的范围内从事建筑活动。 **2.《建设工程质量管理条例》中华人民共和国国务院令〔2000〕第 279 号** 第二十五条　施工单位应当依法取得相应等级的资质证书，并在其资质等级许可的范围内承揽工程。 **3.《建筑业企业资质管理规定》住房和城乡建设部令〔2015〕第 22 号** 第三条　企业应当按照其拥有的资产、主要人员、已完成的工程业绩和技术装备等条件申请建筑业企业资质，经审查合格，取得建筑业企业资质证书后，方可在资质许可的范围内从事建筑施工活动。 **4.《承装（修、试）电力设施许可证管理办法》国家电监会令〔2009〕28 号** 第四条　在中华人民共和国境内从事承装、承修、承试电力设施活动的，应当按照本办法的规定取得许可证。除电监会另有规定外，任何单位或者个人未取得许可证，不得从事承装、承修、承试电力设施活动。 本办法所称承装、承修、承试电力设施，是指对输电、供电、受电电力设施的安装、维修和试验。 第二十八条　承装（修、试）电力设施单位在颁发许可证的派出机构辖区以外承揽工程的，应当自工程开工之日起十日内，向工程所在地派出机构报告，依法接受其监督检查。	1. 查阅企业资质证书 　发证单位：政府主管部门 　有效期：当前有效 　业务范围：涵盖合同约定的业务 2. 查阅承装（修、试）电力设施许可证 　发证单位：国家能源局及派出机构 　有效期：当前有效 　业务范围：涵盖合同约定的业务 3. 查阅跨区作业报告文件 　发证单位：工程所在地能源局派出机构

条款号	大纲条款	检 查 依 据	检查要点
4.5.1	企业资质与合同约定的业务范围相符	**5.《光伏发电站施工规范》GB 50794—2012** 3.0.1 开工前应具备下列条件： 　　3 施工单位的资质、特殊作业人员资格、施工机械、施工材料、计量器具等应报监理单位或建设单位审查完毕	
4.5.2	项目经理资格符合要求并经本企业法定代表人授权。变更须报建设单位批准	**1.《中华人民共和国建筑法》中华人民共和国主席令〔2011〕第 46 号** 第十四条 从事建筑活动的专业技术人员，应当依法取得相应的执业资格证书，并在执业资格证书许可的范围内从事建筑活动。 **2.《注册建造师管理规定》建设部令〔2006〕第 153 号** 第三条 本规定所称注册建造师，是指通过考核认定或考试合格取得中华人民共和国建造师资格证书（以下简称资格证书），并按照本规定注册，取得中华人民共和国建造师注册证书（以下简称注册证书）和执业印章，担任施工单位项目负责人及从事相关活动的专业技术人员。 　　未取得注册证书和执业印章的，不得担任大中型建设工程项目的施工单位项目负责人，不得以注册建造师的名义从事相关活动。 **3.《建筑施工企业主要负责人、项目负责人和专职安全生产管理人员安全生产管理规定》住房和城乡建设部令〔2014〕第 17 号** 第二条 在中华人民共和国境内从事房屋建筑和市政基础设施工程施工活动的建筑施工企业的"安管人员"，参加安全生产考核，履行安全生产责任，以及对其实施安全生产监督管理，应当符合本规定。 第三条 ……项目负责人，是指取得相应注册执业资格，由企业法定代表人授权，负责具体工程项目管理的人员。…… **4.《注册建造师执业工程规模标准》建市〔2007〕171 号** 附件：《注册建造师执业工程规模标准》（试行） 表：注册建造师执业工程规模标准（电力工程） **5.《建设工程项目管理规范》GB/T 50326—2006** 6.2.1 项目经理应由法定代表人任命，并根据法定代表人授权的范围、期限和内容，履行管理职责。 6.2.2 大中型项目的项目经理必须取得工程建设类相应专业注册执业资格证书	1. 查阅项目经理资格证书 　发证单位：政府主管部门 　有效期：当前有效 　等级：满足项目要求 　注册单位：与承包单位一致 2. 查阅项目经理安全生产考核合格证书 　发证单位：政府主管部门 　有效期：当前有效 3. 查阅施工单位法定代表人对项目经理的授权文件及变更文件 　变更文件：经建设单位批准 　被授权人：与当前工程项目经理一致
4.5.3	项目部组织机构健全，专业人员配置合理	**1.《中华人民共和国建筑法》中华人民共和国主席令〔2011〕第 46 号** 第十四条 从事建筑活动的专业技术人员，应当依法取得相应的执业资格证书，并在执业资格证书许可的范围内从事建筑活动。 **2.《建设工程质量管理条例》中华人民共和国国务院令〔2000〕第 279 号** 第二十六条 施工单位对建设工程的施工质量负责。	查阅总包及施工单位项目部成立文件 　岗位设置：包括项目经理、技术负责人、质量员等

条款号	大纲条款	检 查 依 据	检查要点
4.5.3	项目部组织机构健全，专业人员配置合理	施工单位应当建立质量责任制，确定工程项目的项目经理、技术负责人和施工管理负责人。 …… **3.《建设工程项目管理规范》GB/T 50326—2006** 5.2.5　项目经理部的组织机构应根据项目的规模、结构、复杂程度、专业特点、人员素质和地域范围确定。 **4.《建设项目工程总承包管理规范》GB/T 50358—2005** 4.4.2　根据工程总承包合同范围和工程总承包企业的有关规定，项目部可在项目经理以下设置控制经理、设计经理、采购经理、施工经理、试运行经理……管理岗位	EPC 模式：包括设计、采购、施工、试运行经理等
4.5.4	质量检查及特殊工种人员持证上岗	**1.《特种作业人员安全技术培训考核管理办法》国家安全生产监督管理总局令〔2010〕第30号** 第五条　特种作业人员必须经专门的安全技术培训并考核合格，取得《中华人民共和国特种作业操作证》(以下简称特种作业操作证)后，方可上岗作业。 **2.《建筑施工特种作业人员管理规定》建质〔2008〕75号** 第四条　建筑施工特种作业人员必须经建设主管部门考核合格，取得建筑施工特种作业人员操作资格证书，方可上岗从事相应作业。 **3.《工程建设施工企业质量管理规范》GB/T 50430—2007** 5.2.2　施工企业应按照岗位任职条件配备相应的人员。……质量检查人员、特种作业人员应按照国家法律法规的要求持证上岗。 **4.《光伏发电站施工规范》GB 50794—2012** 3.0.1　开工前应具备下列条件： 　　3　施工单位的资质、特殊作业人员资格、施工机械、施工材料、计量器具等应报监理单位或建设单位审查完毕	1. 查阅总包及施工单位各专业质检员资格证书 　专业类别：包括土建、电气等 　发证单位：政府主管部门等 　有效期：当前有效 2. 查阅特殊工种人员台账 　内容：包括姓名、工种类别、证书编号、发证单位、有效期等 　证书有效期：作业期间有效 3. 查阅特殊工种人员资格证书 　发证单位：政府主管部门 　有效期：当前有效，与台账一致

条款号	大纲条款	检 查 依 据	检查要点
4.5.5	施工方案和作业指导书审批手续齐全，技术交底记录齐全；重大方案或特殊措施经专项评审	**1.《危险性较大的分部分项工程安全管理办法》建质〔2009〕87 号** 第五条　施工单位应当在危险性较大的分部分项工程施工前编制专项方案；对于超过一定规模的危险性较大的分部分项工程，施工单位应当组织专家对专项方案进行论证。 第八条　专项方案应当由施工单位技术部门组织本单位施工技术、安全、质量等部门的专业技术人员进行审核。经审核合格的，由施工单位技术负责人签字。实行施工总承包的，专项方案应当由总承包单位技术负责人及相关专业承包单位技术负责人签字。 不需专家论证的专项方案，经施工单位审核合格后报监理单位，由项目总监理工程师审核签字。 第九条　超过一定规模的危险性较大的分部分项工程专项方案应当由施工单位组织召开专家论证会。实行施工总承包的，由施工总承包单位组织召开专家论证会。 第十条　专家组成员应当由 5 名及以上符合相关专业要求的专家组成。 　　本项目参建各方的人员不得以专家身份参加专家论证会。 第十一条　…… 　　专项方案经论证后，专家组应当提交论证报告，对论证的内容提出明确的意见，并在论证报告上签字。该报告作为专项方案修改完善的指导意见。 第十二条　施工单位应当根据论证报告修改完善专项方案，并经施工单位技术负责人、项目总监理工程师、建设单位项目负责人签字后，方可组织实施。 　　实行施工总承包的，应当由施工总承包单位、相关专业承包单位技术负责人签字。 **2.《建筑工程施工质量评价标准》GB/T 50375—2006** 4.2.1　施工现场质量保证条件应符合下列检查标准： 　　3　施工组织设计、施工方案编制审批手续齐全，…… **3.《建筑施工组织设计规范》GB/T 50502—2009** 3.0.5　施工组织设计的编制和审批应符合下列规定： 　　2　……施工方案应由项目技术负责人审批；重点、难点分部（分项）工程和专项工程施工方案应由施工单位技术部门组织相关专家评审，施工单位技术负责人批准。 　　3　由专业承包单位施工的分部（分项）工程或专项工程的施工方案，应由专业承包单位技术负责人或技术负责人授权的技术人员审批；有总承包单位时，应由总承包单位项目技术负责人核准备案。 　　4　规模较大的分部（分项）工程和专项工程的施工方案应按单位工程施工组织设计进行编制和审批。 6.4.1　施工准备应包括下列内容： 　　1　技术准备：包括施工所需技术资料的准备、图纸深化和技术交底的要求、试验检验和测试工作计划、样板制作计划以及与相关单位的技术交接计划等。 　　……	1. 查阅施工方案和作业指导书 　审批：相关责任人已签字 　编审批时间：施工前 2. 查阅施工方案和作业指导书报审表 　审批意见：同意实施等肯定性意见 　签字：施工（总包）、监理单位相关责任人已签字 　盖章：施工（总包）、监理单位已盖章 3. 查阅技术交底记录 　内容：与方案或作业指导书相符 　时间：施工前 　签字：交底人和被交底人已签字 4. 查阅重大方案或特殊专项措施（需专家论证的专项方案）的评审报告 　内容：对论证的内容提出明确的意见 　评审专家资格：非本项目参建单位人员 　签字：专家已签字

续表

条款号	大纲条款	检 查 依 据	检查要点
4.5.5	施工方案和作业指导书审批手续齐全，技术交底记录齐全；重大方案或特殊措施经专项评审	**4.《光伏发电站施工规范》GB 50794—2012** 3.0.1　开工前应具备下列条件： 　　……；设计交底应完成，施工组织设计及重大施工方案应已审批。 **5.《电力建设工程施工技术管理导则》国电电源〔2002〕896 号** 8.1.5　技术交底必须有交底记录。交底人和被交底人要履行全员签字手续	
4.5.6	计量工器具经检定合格，且在有效期内	**1.《中华人民共和国计量法》中华人民共和国主席令〔2015〕第 26 号** 第九条　……未按照规定申请计量检定、计量检定不合格或者超过计量检定周期的计量器具，不得使用。 **2.《中华人民共和国依法管理的计量器具目录（型式批准部分）》国家质检总局公告〔2005〕第 145 号** 　　1. 测距仪：光电测距仪、超声波测距仪、手持式激光测距仪； 　　2. 经纬仪：光学经纬仪、电子经纬仪； 　　3. 全站仪：全站型电子速测仪； 　　4. 水准仪：水准仪； 　　5. 测地型 GPS 接收机：测地型 GPS 接收机。 **3.《电力建设施工技术规范　第 1 部分：土建结构工程》DL 5190.1—2012** 3.0.5　在质量检查、验收中使用的计量器具和检测设备，应经计量检定合格后方可使用；承担材料和设备检测的单位，应具备相应的资质。 **4.《电力工程施工测量技术规范》DL/T 5445—2010** 4.0.3　施工测量所使用的仪器和相关设备应定期检定，并在检定的有效期内使用。…… **5.《建筑工程检测试验技术管理规范》JGJ 190—2010** 5.2.2　施工现场配置的仪器、设备应建立管理台账，按有关规定进行计量检定或校准，并保持状态完好	1. 查阅计量工器具台账 　内容：包括计量工器具名称、出厂合格证编号、检定日期、有效期、在用状态等 　检定有效期：在用期间有效 2. 查阅计量工器具检定报告 　有效期：在用期间有效，与台账一致 3. 查看计量工器具实物：张贴合格标签，与检定报告一致
4.5.7	按照检测试验计划进行了见证取样和送检，台账完整	**1.《房屋建筑工程和市政基础设施工程实行见证取样和送检的规定》建建〔2000〕211 号** 第五条　涉及结构安全的试块、试件和材料见证取样和送检的比例不得低于有关技术标准中规定应取样数量的 30%。 第六条　下列试块、试件和材料必须实施见证取样和送检： 　　（一）用于承重结构的混凝土试块； 　　（二）用于承重墙体的砌筑砂浆试块；	查阅见证取样台账 　内容：取样数量、取样项目与检测试验计划相符 　签字：相关责任人已签字

条款号	大纲条款	检 查 依 据	检查要点
4.5.7	按照检测试验计划进行了见证取样和送检，台账完整	（三）用于承重结构的钢筋及连接接头试件； （四）用于承重墙的砖和混凝土小型砌块； （五）用于拌制混凝土和砌筑砂浆的水泥； （六）用于承重结构的混凝土中使用的掺加剂； （七）地下、屋面、厕浴间使用的防水材料； （八）国家规定必须实行见证取样和送检的其他试块、试件和材料。 第七条　见证人员应由建设单位或该工程的监理单位具备建筑施工试验知识的专业技术人员担任，并应由建设单位或该工程的监理单位书面通知施工单位、检测单位和负责该项工程的质量监督机构。 **2.《房屋建筑和市政基础设施工程质量检测技术管理规范》GB 50618—2011** 3.0.5　对实行见证取样和见证检测的项目，不符合见证要求的，检测机构不得进行检测。 **3.《电力建设土建工程施工技术检验规范》DL/T 5710—2014** 4.7.2　施工现场施工单位、监理单位、检测试验单位应分别建立试验台账，并及时按要求在试验台账中做好试样的登记工作。试验台账应包括混凝土原材料试验台账、钢筋试验台账、钢筋接头试验台账、混凝土试验台账、砂浆试验台账、回填土试验台账、混凝土配合比试验台账和需要建立的其他试验台账。 **4.《建筑工程检测试验技术管理规范》JGJ 190—2010** 3.0.6　见证人员必须对见证取样和送检的过程进行见证，且必须确保见证取样和送检过程的真实性。 5.5.1　施工现场应按照单位工程分别建立下列试样台账： 　1　钢筋试样台账； 　2　钢筋连接接头试样台账； 　3　混凝土试件台账； 　4　砂浆试件台账； 　5　需要建立的其他试样台账。 5.6.1　现场试验人员应根据施工需要及有关标准的规定，将标识后的试样送至检测单位进行检测试验。 5.8.5　见证人员应对见证取样和送检的全过程进行见证并填写见证记录。 5.8.6　检测机构接收试样时应核实见证人员及见证记录，见证人员与备案见证人员不符或见证记录无备案见证人员签字时不得接收试样	

续表

条款号	大纲条款	检 查 依 据	检查要点
4.5.8	主要原材料、半成品的跟踪管理台账清晰，记录完整	**1.《建设工程质量管理条例》中华人民共和国国务院令〔2000〕第 279 号** 第二十九条　施工单位必须按照工程设计要求、施工技术标准和合同约定，对建筑材料、建筑构配件、设备和商品混凝土进行检验，检验应当有书面记录和专人签字；未经检验或者检验不合格的，不得使用。 **2.《电力建设施工技术规范　第 1 部分：土建结构工程》DL 5190.1—2012** 3.0.2　工程所用主要原材料、半成品、构（配）件、设备等产品，进入施工现场时应按规定进行现场检验或复验，合格后方可使用，有见证取样检测仪要求的应符合国家现行有关标准的规定。对工程所用的水泥、钢筋等主要材料应进行跟踪管理	查阅材料跟踪管理台账 内容：包括生产厂家、进场日期、品种规格、出厂合格证书编号、复试报告编号、使用部位、使用数量等 签字：相关责任人已签字
4.5.9	绿色施工措施已落实	**1.《建筑工程绿色施工评价标准》GB/T 50640—2010** 3.0.2　绿色施工项目应符合以下规定： 　　3　施工组织设计及施工方案应有专门的绿色施工章节，绿色施工目标明确，内容应涵盖"四节一环保"要求。 **2.《建筑工程绿色施工规范》GB/T 50905—2014** 3.1.1　建设单位应履行下列职责 　　1　在编制工程概算和招标文件时，应明确绿色施工的要求…… 　　2　应向施工单位提供建设工程绿色施工的设计文件、产品要求等相关资料…… 4.0.2　施工单位应编制包含绿色施工管理和技术要求的工程绿色施工组织设计、绿色施工方案或绿色施工专项方案，并经审批通过后实施。 **3.《电力建设施工技术规范　第 1 部分：土建结构工程》DL 5190.1—2012** 3.0.12　施工单位应建立绿色施工管理体系和管理制度，实施目标管理，施工前应在施工组织设计和施工方案中明确绿色施工的内容和方法。 **4.《电力建设绿色施工示范工程管理办法（2016 版）》中电建协工〔2016〕2 号** 第十三条　各参建单位均应严格执行绿色施工专项方案，落实绿色施工措施，并形成专业绿色施工的实施记录	查阅专业绿色施工记录 内容：与绿色施工措施相符 签字：相关责任人已签字
4.5.10	工程建设标准强制性条文实施计划已执行	**1.《建设工程质量管理条例》中华人民共和国国务院令〔2000〕第 279 号** 第二条　凡在中华人民共和国境内从事建设工程的新建、扩建、改建等有关活动及实施对建设工程质量监督管理的，必须遵守本条例。本条例所称建设工程，是指土木工程、建筑工程、线路管道和设备安装工程及装修工程。 第三条　建设单位、勘察单位、设计单位、施工单位、工程监理单位依法对建设工程质量负责。 第十条　…… 　　建设单位不得明示或者暗示设计单位或者施工单位违反工程建设强制性标准，降低建设工程质量。	查阅强制性条文执行记录 内容：与强制性条文执行计划相符，相关资料可追溯 签字：相关责任人已签字

条款号	大纲条款	检 查 依 据	检查要点
4.5.10	工程建设标准强制性条文实施计划已执行	**2.《实施工程建设强制性标准监督规定》建设部令〔2000〕第81号** 第二条　在中华人民共和国境内从事新建、扩建、改建等工程建设活动，必须执行工程建设强制性标准。 第三条　本规定所称工程建设强制性标准是指直接涉及工程质量、安全、卫生及环境保护等方面的工程建设标准强制性条文。 　　国家工程建设标准强制性条文由国务院建设行政主管部门会同国务院有关行政主管部门确定。 第六条　……工程质量监督机构应当对工程建设施工、监理、验收等阶段执行强制性标准的情况实施监督。 **3.《工程建设标准强制性条文　房屋建筑部分（2013年版）》（全文）** **4.《工程建设标准强制性条文　电力工程部分（2011年版）》（全文）** **5.《国家重大建设项目文件归档要求与档案整理规范》DA/T 28—2002** 7.8.3　归档文件应完整、成套、系统。应记述和反映建设项目的规划、设计、施工及竣工验收的全过程；真实记录和准确反映项目建设过程和竣工时的实际情况，图物相符、技术数据可靠、签字手续完备；文件质量应符合5.5的规定	时间：与工程进度同步
4.5.11	施工验收中发现的不符合项已整改闭环	**1.《建设工程质量管理条例》中华人民共和国国务院令〔2000〕第279号** 第三十二条　施工单位对施工中出现质量问题的建设工程或者竣工验收不合格的建设工程，应当负责返修。 **2.《建筑工程施工质量验收统一标准》GB 50300—2013** 5.0.6　当建筑工程施工质量不符合规定时，应按下列规定进行处理： 　　1　经返工或返修的检验批，应重新进行验收。 　　…… **3.《光伏发电站施工规范》GB 50794—2012** 5.1　光伏发电站的施工中间交接验收应符合下列要求： 　　3　中间交接项目应通过质量验收，对不符合移交条件的项目，移交单位负责整改合格。 **4.《电力建设施工质量验收及评价规程　第1部分：土建工程》DL/T 5210.1—2012** 3.0.9　当工程质量不符合要求时，应按下列规定进行处理： 　　1　经返工重做或更换器具、设备的检验批，应重新进行验收。 　　2　经有资质的检测单位检测鉴定能够达到设计要求的检验批，应予以验收。 　　3　经有资质的检测单位检测鉴定达不到设计要求、但经原设计单位核算认可能够满足结构安全和使用功能的检验批，可予以验收。 　　4　经返修或加固处理的分项、分部工程，虽然改变外形尺寸但仍能满足安全使用要求，可按技术处理方案和协商文件进行验收。 　　3.0.10　通过返修或经过加固处理仍不能满足安全使用要求的分部工程、单位（子单位）工程，严禁验收	查阅问题记录及闭环资料 内容：不符合项记录完整，问题已闭环 签字：相关责任人已签字

续表

条款号	大纲条款	检 查 依 据	检 查 要 点
4.5.12	无违规转包或者违法分包工程行为	**1.《中华人民共和国建筑法》中华人民共和国主席令〔2011〕第 46 号** 第二十八条　禁止承包单位将其承包的全部建筑工程转包给他人，禁止承包单位将其承包的全部建筑工程肢解以后以分包的名义转包给他人。 第二十九条　建筑工程总承包单位可以将承包工程中的部分工程发包给具有相应资质条件的分包单位，但是，除总承包合同约定的分包外，必须经建设单位认可。施工总承包的，建筑工程主体结构的施工必须由总承包单位自行完成。 …… 　　禁止总承包单位将工程分包给不具备相应资质条件的单位。禁止分包单位将其承包的工程再分包。 **2.《建筑工程施工转包违法分包等违法行为认定查处管理办法（试行）》建市〔2014〕118 号** 第七条　存在下列情形之一的，属于转包： 　　（一）施工单位将其承包的全部工程转给其他单位或个人施工的； 　　（二）施工总承包单位或专业承包单位将其承包的全部工程肢解以后，以分包的名义分别转给其他单位或个人施工的； 　　（三）施工总承包单位或专业承包单位未在施工现场设立项目管理机构或未派驻项目负责人、技术负责人、质量管理负责人、安全管理负责人等主要管理人员，不履行管理义务，未对该工程的施工活动进行组织管理的； 　　（四）施工总承包单位或专业承包单位不履行管理义务，只向实际施工单位收取费用，主要建筑材料、构配件及工程设备的采购由其他单位或个人实施的； 　　（五）劳务分包单位承包的范围是施工总承包单位或专业承包单位承包的全部工程，劳务分包单位计取的是除上缴给施工总承包单位或专业承包单位"管理费"之外的全部工程价款的； 　　（六）施工总承包单位或专业承包单位通过采取合作、联营、个人承包等形式或名义，直接或变相将其承包的全部工程转给其他单位或个人施工的； 　　（七）法律法规规定的其他转包行为。 第九条　存在下列情形之一的，属于违法分包： 　　（一）施工单位将工程分包给个人的； 　　（二）施工单位将工程分包给不具备相应资质或安全生产许可的单位的； 　　（三）施工合同中没有约定，又未经建设单位认可，施工单位将其承包的部分工程交由其他单位施工的； 　　（四）施工总承包单位将房屋建筑工程的主体结构的施工分包给其他单位的，钢结构工程除外； 　　（五）专业分包单位将其承包的专业工程中非劳务作业部分再分包的； 　　（六）劳务分包单位将其承包的劳务再分包的；	1. 查阅工程分包申请报审表 　审批意见：同意分包等肯定性意见 　签字：总包及施工、监理、建设单位相关责任人已签字 　盖章：总包及施工、监理、建设单位已盖章 2. 查阅工程分包商资质 　业务范围：涵盖所分包的项目 　发证单位：政府主管部门 　有效期：当前有效

条款号	大纲条款	检 查 依 据	检查要点
4.5.12	无违规转包或者违法分包工程行为	（七）劳务分包单位除计取劳务作业费用外，还计取主要建筑材料款、周转材料款和大中型施工机械设备费用的； （八）法律法规规定的其他违法分包行为	
4.6 检测试验机构质量行为的监督检查			
4.6.1	检测试验机构已经监理审核，并已报质量监督机构备案	**1.《建设工程质量检测管理办法》建设部令〔2005〕第 141 号** 第四条 ……检测机构未取得相应的资质证书，不得承担本办法规定的质量检测业务。 第八条 检测机构资质证书有效期为 3 年。资质证书有效期满需要延期的，检测机构应当在资质证书有效期满 30 个工作日前申请办理延期手续。 **2.《检验检测机构资质认定管理办法》国家质量监督检验检疫总局令〔2015〕第 163 号** 第二条 …… 资质认定包括检验检测机构计量认证。 第三条 检验检测机构从事下列活动，应当取得资质认定： …… （四）为社会经济、公益活动出具具有证明作用的数据、结果的； （五）其他法律法规规定应当取得资质认定的。 **3.《建设工程监理规范》GB/T 50319—2013** 5.2.7 专业监理工程师应检查施工单位为工程提供服务的试验室。 **4.《房屋建筑和市政基础设施工程质量检测技术管理规范》GB 50618—2011** 3.0.2 建设工程质量检测机构（以下简称检测机构）应取得建设主管部门颁发的相应资质证书。 3.0.3 检测机构必须在技术能力和资质规定范围内开展检测工作。 **5.《电力建设土建工程施工技术检验规范》DL/T 5710—2014** 3.0.4 承担电力建设土建工程检测试验任务的检测试验单位应取得计量认证证书和相应的资质等级证书。当设置现场试验室时，检测试验单位及由其派出的现场试验室应取得电力工程质量监督机构认定的资质等级证书。 3.0.5 检测试验单位及由其派出的现场试验室必须在其资质规定和技术能力范围内开展检测试验工作。 4.5.1 施工单位应在工程施工前按单位工程编制施工检测试验计划，报监理单位审查，并经建设单位批准后，在监理单位监督下组织实施。当设现场试验室时，施工检测试验计划尚应经现场试验室核查。 **6.《建筑工程检测试验技术管理规范》JGJ 190—2010** 5.2.4 单位工程建筑面积超过 10000m² 或者造价超过 1000 万元人民币时，可设立现场试验站。 表 5.2.4 现场试验站基本条件。	1. 查阅检测机构资质证书 发证单位：国家认证认可监督管理委员会（国家级）或地方质量技术监督部门或各直属出入境检验检疫机构（省市级）及电力质监机构 有效期：当前有效 证书业务范围：涵盖检测项目 2. 查看现场试验室 资质文件：派出机构相关文件 人员配置：与工作任务相符 试验仪器：满足检测范围要求 场所：有固定场所且面积、环境、温湿度满足规范要求

条款号	大纲条款	检查依据	检查要点
4.6.1	检测试验机构已经监理审核，并已报质量监督机构备案	**7.《电力工程检测试验机构能力认定管理办法（试行）》质监〔2015〕20 号** 第四条　电力工程检测试验机构是指依据国家规定取得相应资质，从事电力工程检测试验工作，为保障电力工程建设质量提供检测验证数据和结果的单位。 第七条　同时根据工程建设规模、技术规范和质量验收规程对检测机构在检测人员、仪器设备、执行标准和环境条件等方面的要求，相应的将承担工程检测试验业务的检测机构划分为 A 级和 B 级两个等级。 第九条　承担建设建模 200MW 及以上发电工程和 330kV 及以上变电站（换流站）工程检测试验任务的检测机构，必须符合 B 级及以上等级标准要求。不同规模电力工程项目所对应要求的检测机构能力等级详见附件 5。 第二十八条　检测机构不得将所承担检测试验工作转包或违规分包给其他检测试验单位。因特殊技术要求，需要外委的检测试验项目应委托给具有相应资质的检测试验单位，并根据合同要求，制订外委计划进行跟踪管理。检测机构对外委的检测试验项目的检测试验结论负连带责任。 第三十条　根据工程建设需要和质量验收规程要求，检测机构在承担电力工程项目的检测试验任务时，应当设立现场试验室。检测机构对所设立现场试验室的一切行为负责。 第三十一条　现场试验室在开展工作前，须通过负责本项目的质监机构组织的能力认定。对符合条件的，质监机构应予以书面确认。 第三十五条　检测机构的《业务等级确认证明》有效期为四年，有效期满后，需重新进行确认。 附件 1-3　土建检测试验机构现场试验室要求 附件 2-3　金属检测试验机构现场试验室要求	3. 查阅检测机构的申请报备文件 　报备时间：工程开工前
4.6.2	检测试验人员资格符合规定，持证上岗	**1.《建设工程质量检测管理办法》建设部令〔2005〕第 141 号** 第十六条　检测人员不得同时受聘于两个或者两个以上的检测机构。检测机构和检测人员不得推荐或者监制建筑材料、构配件和设备。 **2.《检验检测机构资质认定管理办法》国家质量监督检验检疫总局令〔2015〕第 163 号** 第三十二条　检验检测机构及其人员应当对其在检验检测活动中所知悉的国家秘密、商业秘密和技术秘密负有保密义务，并制定实施相应的保密措施。 **3.《房屋建筑和市政基础设施工程质量检测技术管理规范》GB 50618—2011** 4.1.5　检测操作人员应经技术培训、通过建设主管部门或委托有关机构的考核，方可从事检测工作。 5.3.6　检测前应确认检测人员的岗位资格，检测操作人员应熟识相应的检测操作规程和检测设备使用、维护技术手册等。	1. 查阅检测人员登记台账 　专业类别和数量：满足检测项目需求 2. 查阅检测人员资格证书 　资格证颁发单位：各级政府和电力行业主管部门 　资格证：当前有效

续表

条款号	大纲条款	检 查 依 据	检查要点
4.6.2	检测试验人员资格符合规定，持证上岗	**4.《电力建设土建工程施工技术检验规范》DL/T 5710—2014** 4.2.2 每个室内检测试验项目持有岗位证书的操作人员不得少于2人；每个现场检测试验项目持有岗位证书的操作人员不得少于3人。 4.2.3 检测试验单位技术负责人、质量负责人及授权签字人应具有工程类专业中级及其以上技术职称，掌握相关领域知识，具有规定的工作经历、检测试验工作经验和工作年限。 4.2.4 检测试验人员应经技术培训、通过行业主管部门或委托有关机构考核合格后持证上岗。 4.2.6 检测试验单位应有人员学习、培训、考核记录	
4.6.3	检测试验仪器、设备检定合格，且在有效期内	**1.《房屋建筑和市政基础设施工程质量检测技术管理规范》GB 50618—2011** 4.2.14 检测机构的所有设备均应标有统一的标识，在用的检测设备均应标有校准或检测有效期的状态标识。 **2.《电力建设土建工程施工技术检验规范》DL/T 5710—2014** 4.3.1 检测试验仪器应符合国家现行有关技术标准的规定及合同中的相关条款，满足检测试验工作要求。 4.3.2 在用仪器设备有出厂合格证、检定或校准合格证，应保持完好状态，并在检定或校准周期内使用。 4.3.3 检测试验单位应指定仪器设备检定或校准计划，按规定进行检定或校准，检定或校准的周期应符合国家有关规定及技术标准的规定。 4.3.4 检测试验单位应建立仪器设备管理台账和档案，记录仪器设备技术条件及使用过程的有关信息。 4.3.5 检测试验仪器设备（包含标准物质）应设置明显的标识表明其状态。 4.3.6 检测试验单位应建立仪器设备管理责任制，并做好使用、维护保养、维修记录。 4.3.7 大型、复杂、精密的检测试验设备应编制使用操作规程。 4.3.8 仪器设备布置应分类、分区，便于操作，符合有关技术、安全规程规定。 **3.《建筑工程检测试验技术管理规范》JGJ 190—2010** 5.2.3 施工现场试验环境及设施应满足检测试验工作的要求	1. 查阅检测仪器、设备登记台账 　数量、种类：满足检测需求 　检定周期：当前有效 　检定结论：合格 2. 查看检测仪器、设备检验标识 　检定周期：与台账一致
4.6.4	地基处理检测方案经监理审核、建设单位批准	**1.《建筑地基基础工程施工质量验收规范》GB 50202—2002** 3.0.3 从事地基基础工程检测及见证试验的单位，必须具备省级以上（含省、自治区、直辖市）建设行政主管部门颁发的资质证书和计量行政主管部门颁发的计量认证合格证书。 **2.《房屋建筑和市政基础设施工程质量检测技术管理规范》GB 50618—2011** 5.1.4 检测机构对现场工程实体检测应事前编制检测方案，经技术负责人批准；对鉴定检测、危房检测，以及重大、重要检测项目和为有争议事项提供检测数据的检测方案应取得委托方的同意。	查阅地基处理检测方案报审资料 　编审批人员：经检测机构审核批准 　报审：检测方案取得建设单位同意实施

条款号	大纲条款	检 查 依 据	检查要点
4.6.4	地基处理检测方案经监理审核、建设单位批准	**3.《电力工程地基处理技术规程》DL/T 5024—2005** 5.0.13　地基处理施工过程中及施工结束后应进行监测和检测。对于一级建筑物、部分二级建筑物以及有特殊要求的工程项目，或对邻近建筑物有影响的地基处理工程，或地基处理效果需在土建上部结构的施工过程中，甚至在使用期间才逐步得到发挥的地基处理工作，应在工程施工期间或使用过程中，布置沉降观测和其他监测工作。地基处理的监测和检测工作应由具备岩土工程勘测、设计甲级以上资质的勘测设计单位承担。 **4.《建筑基桩检测技术规范》JGJ 106—2014** 3.2.3　应根据调查结果和确定的检测目的，选择检测方法，制定检测方案。…… 3.5.4　检测报告应结论准确，用词规范。 3.5.5　检测报告应包含以下内容： 　　1　委托方名称，工程名称、地点，建设、勘察、设计、监理和施工单位，基础、结构型式，层数，设计要求，检测目的，检测依据，检测数量，检测日期； 　　2　地质条件描述； 　　3　受检桩的桩号、桩位和相关施工记录； 　　4　检测方法，检测仪器设备，检测过程叙述； 　　5　受检桩的检测数据，实测与计算分析曲线、表格和汇总结果； 　　6　与检测内容相应的检测结论。 3.6　检测机构和检测人员 3.6.1　检测机构应通过计量认证，并具有基桩检测的资质。 3.6.2　检测人员应经过培训合格，并具有相应的资质。 **5.《建筑工程检测试验技术管理规范》JGJ 190—2010** 3.0.7　检测方法应符合国家现行相关标准的规定。当国家现行标准未规定检测方法时，检测机构应制定相应的检测方案并经相关各方认可，必要时应进论证或验证	
4.6.5	检测试验依据正确、有效，质量检测报告和地基处理检测报告及时、规范	**1.《检验检测机构资质认定管理办法》国家质量监督检验检疫总局令〔2015〕第 163 号** 第十三条　…… 　　检验检测机构资质认定标志，……。式样如下：CMA 标志 第二十五条　检验检测机构应当在资质认定证书规定的检验检测能力范围内，依据相关标准或者技术规范规定的程序和要求，出具检验检测数据、结果。 　　检验检测机构出具检验检测数据、结果时，应当注明检验检测依据，并使用符合资质认定基本规范、评审准则规定的用语进行表述。 　　检验检测机构对其出具的检验检测数据、结果负责，并承担相应法律责任。	查阅检测试验报告 检测依据：有效的标准规范、合同及技术文件 检测结论：明确

条款号	大纲条款	检 查 依 据	检查要点
4.6.5	检测试验依据正确、有效，质量检测报告和地基处理检测报告及时、规范	第二十八条　检验检测机构向社会出具有证明作用的检验检测数据、结果的，应当在其检验检测报告上加盖检验检测专用章，并标注资质认定标志。 **2.《建设工程质量检测管理办法》建设部令〔2005〕第141号** 第十四条　检测机构完成检测业务后，应当及时出具检测报告。检测报告经检测人员签字、检测机构法定代表人或者其授权的签字人签署，并加盖检测机构公章或者检测专用章后方可生效。检测报告经建设单位或者工程监理单位确认后，由施工单位归档。 　　见证取样检测的检测报告中应当注明见证人单位及姓名。 **3.《房屋建筑和市政基础设施工程质量检测技术管理规范》GB 50618—2011** 4.1.3　……。检测报告批准人、检测报告审核人应经检测机构技术负责人授权，…… 5.5.1　检测项目的检测周期应对外公示，检测工作完成后，应及时出具检测报告。 5.5.4　检测报告至少应由检测操作人签字、检测报告审核人签字、检测报告批准人签发，并加盖检测专用章，多页检测报告还应加盖骑缝章。 5.5.6　检测报告结论应符合下列规定： 　　1　材料的试验报告结论应按相关材料、质量标准给出明确的判定； 　　2　当仅有材料试验方法而无质量标准时，材料的试验报告结论应按设计要求或委托方要求给出明确的判定； 　　3　现场工程实体的检测报告结论应根据设计及鉴定委托要求给出明确的判定。 **4.《电力建设土建工程施工技术检验规范》DL/T 5710—2014** 4.8.2　检测试验前应确认检测试验方法标准，并严格按照经确认的检测试验方法标准和检测试验方案进行。 4.8.3　检测试验操作应由不少于2名持证检测人员进行。 4.8.4　检测试验出现异常情况时，应按检测试验异常情况处理预案正确处理。 4.8.5　检测试验原始记录应在检测试验操作过程中及时真实记录，统一项目采用统一的格式。 4.8.6　检测试验原始记录笔误需要更正时，应由原记录人进行杠改，并在杠改处由原记录人签名或加盖印章。 4.8.7　自动采集的原始数据当因检测试验设备故障导致原始数据异常时，应予以记录，并应有检测试验人员做出书面说明，由检测试验单位技术负责人批准，方可进行更改。 4.8.8　检测试验工作完成后应在规定时间内及时出具检测试验报告，并保证数据和结果精确、客观、真实。检测试验报告的交付时间和检测周期应予以明示，特殊检测试验报告的交付时间和检测周期应在委托时约定。 4.8.9　检测试验报告编号应连续，不得空号、重号。	签章：检测操作人、审核人、批准人（授权签字人）已签字，已加盖检测机构公章或检测专用章（多页检测报告加盖骑缝章），并标注相应的资质认定标志 　时间：在检测机构规定时间内出具

条款号	大纲条款	检 查 依 据	检查要点
4.6.5	检测试验依据正确、有效，质量检测报告和地基处理检测报告及时、规范	4.8.10 检测试验报告至少应由检测试验人、审核人、批准人（授权签字人）不少于三级人员的签名，并加盖检测试验报告专用章及计量认证章，多页检测试验报告应加盖骑缝章。 4.8.11 检测试验报告宜采用统一的格式，内容应齐全且符合国家现行有关标准的规定和委托要求。 4.8.12 检测试验报告结论应符合下列规定： 　　1 材料的试验报告结论应按相关的材料、质量标准给出的明确的判断； 　　2 当仅有材料试验方法而无质量标准时，材料的试验报告结论应按设计规定或委托方要求给出明确的判断； 　　3 现场工程实体的检测报告结论应根据设计及鉴定委托要求给出明确的判断。 4.8.13 委托单位应及时获取检测试验报告，核查报告内容，按要求报送监理单位确认，并在试验台账中登记检测试验报告内容。 4.8.14 检测试验单位严禁出具虚假检测试验报告。 4.8.15 检测试验单位严禁抽撤、替换或修改检测试验结果不合格的报告。 **5.《电力工程检测试验机构能力认定管理办法（试行）》质监〔2015〕20 号** 第十三条 检测机构及由其派出的现场试验室必须按照认定的能力等级、专业类别和业务范围，承担检测试验任务，并按照标准规定出具相应的检测试验报告，未通过能力认定的检测机构或超出规定能力等级范围出具的检测数据、试验报告无效。 第三十二条 检测机构应当……，及时出具检测试验报告	
5　工程实体质量的监督检查			
5.1　换填垫层地基的监督检查			
5.1.1	换填技术方案、施工方案齐全，已审批	**1.《建筑地基基础工程施工质量验收规范》GB 50202—2002** 4.1.4 地基加固工程，应在正式施工前进行试验段施工，论证设定的施工参数及加固效果。为验证加固效果所进行的载荷试验，其施加载荷应不低于设计载荷的 2 倍。 **2.《电力工程地基处理技术规程》DL/T 5024—2005** 5.0.5 地基处理工作的规划和实施，可按下列顺序进行： 　　3 结合电力工程初步设计阶段的岩土工程勘测，实施必要的地基处理原体试验，以获得必要的设计参数和合理的施工方案。 5.0.12 地基处理的施工应有详细的施工组织设计、施工质量管理和质量保证措施。应有专人负责施工检验与质量监督，做好各项施工记录，当发现异常情况时，应及时会同有关部门研究解决。 **3.《建筑地基处理技术规范》JGJ 79—2012** 4.3.1 垫层施工应根据不同的换填材料选择施工机械。 4.3.2 垫层的施工方法、分层铺填厚度、每层压实遍数宜通过现场试验确定。	1. 查阅设计单位的换填地基技术方案 　审批：手续齐全 　内容：技术参数明确 2. 查阅施工方案报审表 　审核：监理单位相关责任人已签字 　批准：建设单位相关责任人已签字

条款号	大纲条款	检 查 依 据	检查要点
5.1.1	换填技术方案、施工方案齐全,已审批	4.4.1 对粉质黏土、灰土、砂石、粉煤灰垫层的施工质量可选用环刀取样、静力触探、轻型动力触探或标准贯入度试验等方法进行检验;对碎石、矿渣垫层的施工质量可采用重型动力触探试验等进行检验。压实系数可采用灌砂法、灌水法或其他方法进行检验。 4.4.2 换填垫层的施工质量检验应分层进行,并应在每层的压实系数符合设计要求后铺填上层	3. 查阅施工方案 编、审、批:施工单位相关责任人已签字 施工步骤和工艺参数:符合规范规定,与技术方案相符
5.1.2	地基验槽符合设计要求,钎探记录齐全,验收签字盖章齐全	**1.《建筑地基基础工程施工质量验收规范》GB 50202—2002** A.1.1 所有建(构)筑物均应进行施工验槽。 A.2.6 基槽检验应填写验槽记录或检验报告。 **2.《建筑地基基础设计规范》GB 50007—2011** 10.2.1 基槽(坑)开挖后,应进行基槽(坑)检验。当发现地质条件与勘察报告和设计文件不一致或遇到异常情况时,应结合地质条件提出处理意见。 **3.《建筑施工组织设计规范》GB/T 50502—2009** 3.0.5 施工组织设计的编制和审批应符合下列规定: 　4 规模较大的分部(分项)工程和专项工程的施工方案应按单位工程施工组织设计进行编制和审批	1. 查阅基槽(坑)检验(隐蔽验收)记录 结论:基槽(坑)地质条件与勘察报告和设计文件一致 签章:建设、勘测、设计、监理和施工单位责任人已签字且加盖公章 2. 查阅钎探(或袖珍贯入仪等简易检验)记录 布点、深度、锤击数、贯入度:符合规定、真实、详实 记录签证:记录人、监理旁站见证、设计(勘察)审核签字齐全
5.1.3	砂、石、粉质黏土、灰土、矿渣、粉煤灰、土工合成材料等换填垫层材料性能符合设计要求,质量证明文件齐全	**1.《建筑地基基础设计规范》GB 50007—2011** 6.3.6 压实填土的填料,应符合下列规定: 　1 级配良好的砂土或碎石土;以卵石、砾石、块石或岩石碎屑作填料时,分层压实时其最大粒径不宜大于200mm,分层夯实时其最大粒径不宜大于400mm。 　3 以粉质黏土、粉土作填料时,其含水量宜为最优含水量,可采用击实试验确定。	1. 查阅施工单位换填材料跟踪管理台账 砂石、粉质黏土、灰土、矿渣、粉煤灰、土工合成材料等换填垫层材料性能:符合设计要求

条款号	大纲条款	检 查 依 据	检查要点
5.1.3	砂、石、粉质黏土、灰土、矿渣、粉煤灰、土工合成材料等换填垫层材料性能符合设计要求,质量证明文件齐全	**2.《建筑地基基础工程施工质量验收规范》GB 50202—2002** 4.4.1　施工前应对土工合成材料的物理性能（单位面积的质量、厚度、比重）、强度、延伸率以及土、砂石料等做检验。土工合成材料以 100m² 为一批，每批应抽查 5%。 **3.《电力建设施工质量验收及评价规程 第 1 部分：土建工程》DL/T 5210.1—2012** 3.0.1　涉及结构安全的试块、试件以及有关材料，应按规定进行见证取样检测。 **4.《建筑地基处理技术规范》JGJ 79—2012** 4.2.1　垫层材料的选用应符合下列要求： 　　1　砂石。宜选用碎石、卵石、角砾、圆砾、砾砂、粗砂、中砂或石屑，并应级配良好，不含植物残体、垃圾等杂质。当使用粉细砂或石粉时，应掺入不少于总重量 30% 的碎石或卵石。砂石的最大粒径不宜大于 50mm。对湿陷性黄土或膨胀土地基，不得选用砂石等透水性材料。 　　2　粉质黏土。土料中有机质含量不得超过 5%，且不得含有冻土或膨胀土。当含有碎石时，其最大粒径不宜大于 50mm。用于湿陷性黄土或膨胀土地基的粉质黏土垫层，土料中不得夹有砖、瓦或石块等。 　　3　灰土。体积配合比宜为 2∶8 或 3∶7。石灰宜选用新鲜的消石灰，其最大粒径不得大于 5mm。土料宜选用粉质黏土，不宜使用块状黏土，且不得含有松软杂质，土料应过筛且最大粒径不得大于 15mm。 　　4　粉煤灰。选用的粉煤灰应满足相关标准对腐蚀性和放射性的要求。粉煤灰垫层上宜覆土 0.3m～0.5m。粉煤灰垫层中采用掺加剂时，应通过试验确定其性能及适用条件。粉煤灰垫层中的金属构件、管网应采取防腐措施。大量填筑粉煤灰时，应经场地地下水和土壤环境的不良影响评价合格后，方可使用。 　　5　矿渣。宜选用分级矿渣、混合矿渣及原状矿渣等高炉重矿渣。矿渣的松散重度不应小于 11kN/m³，有机质及含泥总量不得超过 5%。垫层设计、施工前应对所选用的矿渣进行试验，确认性能稳定并满足腐蚀性和放射性安全的要求。对易受酸、碱影响的基础或地下管网不得选用矿渣垫层。大量填筑矿渣时，应经场地地下水和土壤环境的不良影响评价合格后，方可使用。 　　7　土工合成材料加筋垫层所选用土工合成材料的品种与性能及填料，通过设计计算并进行现场试验后确定。土工合成材料应采用抗拉强度较高、耐久性好、抗腐蚀的土工带、土工格栅、土工格室、土工垫或土工织物等土工合成材料。垫层填料宜用碎石、角砾、砾砂、粗砂、中砂等材料，且不宜含氯化钙、碳酸钠、硫化物等化学物质。当工程要求垫层具有排水功能时，垫层材料应具有良好的透水性。在软土地基上使用加筋垫层时，应保证建筑物稳定并满足允许变形的要求	2. 查阅换填垫层材料合格证、检测报告和试验委托单 　　合格证：原件或有效抄件 　　报告检测结果：合格 　　报告签章：已加盖 CMA 章和检测专用章；授权人已签字 　　委托单签字：见证取样人员已签字且已附资格证书编号 　　代表数量：与进场数量相符

条款号	大纲条款	检查依据	检查要点
5.1.4	换填土料按规范规定进行击实试验检测、土易溶盐分析试验检测、消石灰化学分析试验检测、土颗粒分析试验检测及设计有要求时的腐蚀性或放射性试验检测合格，报告结论明确	**1.《建筑地基基础设计规范》GB 50007—2011** 6.3.8　压实填土的最大干密度和最优含水量，应采用击实试验确定。 **2.《建筑地基处理技术规范》JGJ 79—2012** 4.2.1　垫层材料的选用应符合下列要求： 　　4）粉煤灰。选用的粉煤灰应满足相关标准对腐蚀性和放射性的要求。 　　5）矿渣。垫层设计、施工前应对所选用的矿渣进行试验，确认性能稳定并满足腐蚀性和放射性安全的要求	查阅换填土料击实试验、土易溶盐分析试验、消石灰化学分析试验、土颗粒分析试验和设计要求的粉煤灰、矿渣等腐蚀性或放射性材料试验检测报告 结论：检测结果合格 盖章：已加盖 CMA 章和检测专用章 签字：授权人已签字
5.1.5	换填已进行分层压实试验，压实系数符合设计要求	**1.《建筑地基基础设计规范》GB 50007—2011** 6.3.7　压实填土的质量以压实系数控制，并应根据结构类型、压实填土所在部位按表 6.3.7 确定。 **2.《建筑地基基础工程施工质量验收规范》GB 50202—2002** 6.3.3　填方施工过程中应检查排水措施，每层填筑厚度、含水量控制、压实程度。填筑厚度及压实遍数应根据土质，压实系数及所用机具确定。如无试验依据，应符合表 6.3.3 的规定。 **3.《电力工程地基处理技术规程》DL/T 5024—2005** 6.1.12　垫层的质量检验必须分层进行。跟踪检验每层的压实系数，及时控制每层、每片的质量指标。 4.1.5　对灰土地基、砂和砂石地基、土工合成材料地基、粉煤灰地基、强夯地基、注浆地基、预压地基，其竣工后的结果（地基强度或承载力）必须达到设计要求的标准。检验数量，每单位工程不应少于 3 点，1000m² 以上工程，每 100m² 至少应有 1 点，3000m² 以上工程，每 300m² 至少应有 1 点。每一独立基础下至少应有 1 点，基槽每 20 延米应有 1 点。 **4.《电力建设施工质量验收及评价规程　第 1 部分：土建工程》DL/T 5210.1—2012** 3.0.1　涉及结构安全的试块、试件以及有关材料，应按规定进行见证取样检测。 5.3.2　土方回填工程 　　2）压实系数：场地平整每层 100m²～400m² 取 1 组；单独基坑每 20m²～50m² 取 1 组，且不得少于 1 组。 **5.《建筑地基处理技术规范》JGJ 79—2012** 4.4.2　换填垫层的施工质量检验应分层进行，并应在每层的压实系数符合设计要求和相关规范规定后铺填上层	1. 查阅施工单位检测计划、试验台账 检测计划检验数量：符合设计要求和规范规定 试验台账检验数量：不少于检测计划检验数量 2. 查阅回填土压实系数检测报告和试验委托单 报告检测结果：符合设计要求 报告签章：已加盖 CMA 章和检测专用章、授权人已签字 委托单签字：见证取样人员已签字且已附资格证书编号

续表

条款号	大纲条款	检 查 依 据	检查要点
5.1.6	地基承载力检测数量符合标准规定，检测报告结论满足设计要求	**1.《建筑地基基础工程施工质量验收规范》GB 50202—2002** 4.1.5　对灰土地基、砂和砂石地基、土工合成材料地基、粉煤灰地基、强夯地基、注浆地基、预压地基，其竣工后的结果（地基强度或承载力）必须达到设计要求的标准。 **2.《电力工程地基处理技术规程》DL/T 5024—2005** 6.5.4　压实施工的粉煤灰或粉煤灰素土、粉煤灰灰土垫层的设计与施工要求，可参照素土、灰土或砂砾石垫层的有关规定。其地基承载力值应通过试验确定（包括浸水试验条件）。对掺入水泥砂浆胶结的粉煤灰水泥砂浆或粉煤灰混凝土，应采用浇注法施工，并按有关设计施工标准执行。其承载力等指标应由试件强度确定。 **3.《建筑地基处理技术规范》JGJ 79—2012** 4.4.4　竣工验收应采用静荷载试验检验垫层承载力，且每个单体工程不宜少于3个点；对于大型工程应按单体工程的数量或工程划分的面积确定检验点数。 10.1.4　工程验收承载力检验时，静荷载试验最大加载量不应小于设计要求承载力特征值的2倍	查阅地基承载力检测报告 　结论：符合设计要求 　检验数量：符合设计和规范规定 　盖章：已加盖 CMA 章和检测专用章 　签字：授权人已签字
5.1.7	施工参数符合设计要求，施工记录齐全	**1.《建筑工程施工质量验收统一标准》GB 50300—2013** 3.0.3　建筑工程的施工质量控制应符合下列规定： 　1　建筑工程采用的主要材料、半成品、建筑构配件、器具和设备应进行进场检验。凡涉及安全、节能、环境保护和主要使用功能的重要材料、产品，应按各专业工程施工规范、验收规范和设计文件等规定进行复验，并应经监理工程师检查认可。 　2　各施工工序应按技术标准进行质量控制，每道工序完成后经单位自检符合规定后，才能进行下道工序施工。各专业工种之间的相关工序应进行交接检验，并应记录。 　3　对于监理单位提出检查要求的重要工序，应经监理工程师检查认可，才能进行下道工序施工。 **2.《建筑地基基础设计规范》GB 50007—2011** 6.3.6　压实填土的填料，应符合下列规定： 　1　级配良好的砂土或碎石土；以卵石、砾石、块石或岩石碎屑作填料时，分层压实时其最大粒径不宜大于200mm，分层夯实时其最大粒径不宜大于400mm。 　3　以粉质黏土、粉土作填料时，其含水量宜为最优含水量，可采用击实试验确定。 6.3.8　压实填土的最大干密度和最优含水量，应采用击实试验确定。 **3.《电力工程地基处理技术规程》DL/T 5024—2005** 5.0.12　地基处理的施工应有详细的施工组织设计、施工质量管理和质量保证措施。应有专人负责施工检验与质量监督，做好各项施工记录。 6.1.6　垫层材料的物理力学性质指标可通过试验取得，垫层的承载力宜通过现场载荷试验确定。 6.2.3　素土垫层的物理力学性质参数，宜通过现场试验取得。在有经验的地区，也可按室内试验和地区经验取用。	1. 查阅施工方案 　质量控制参数：符合技术方案要求 2. 查阅施工记录 　内容：包括原材料、分层铺填厚度、施工机械、压实遍数、压实系数等 　记录数量：与验收记录相符

续表

条款号	大纲条款	检 查 依 据	检查要点
5.1.7	施工参数符合设计要求，施工记录齐全	**4.《建筑地基处理技术规范》JGJ 79—2012** 3.0.12 地基处理施工中应有专人负责质量控制和监测，并做好各项施工记录	
5.1.8	施工质量的检验项目、方法、数量符合标准规定，检验结果满足设计要求，质量验收记录齐全	**1.《建筑地基基础工程施工质量验收规范》GB 50202—2002** 4.1.2 砂、石子、水泥、钢材、石灰、粉煤灰等原材料的质量、检验项目、批量和检验方法应符合国家现行标准的规定。 4.1.3 地基施工结束，宜在一个间歇期后，进行质量验收，间歇期由设计确定。 4.1.5 对灰土地基、砂和砂石地基、土工合成材料地基、粉煤灰地基、强夯地基、注浆地基、预压地基，其竣工后的结果（地基强度或承载力）必须达到设计要求的标准。检验数量，每单位工程不应少于3点，1000m² 以上工程，每100m² 至少应有1点，3000m² 以上工程，每300m² 至少应有1点。每一独立基础下至少应有1点，基槽每20延米应有1点。 4.4.1 施工前应对土工合成材料的物理性能（单位面积的质量、厚度、比重）、强度、延伸率以及土、砂石料等做检验。土工合成材料以100m² 为一批，每批应抽查5%。 8.0.1 分项工程、分部（子分部）工程质量的验收，均应在施工单位自检合格的基础上进行。施工单位确认自检合格后提出工程验收申请，工程验收时应提供下列技术文件和记录： 　1 原材料的质量合格证和质量鉴定文件； 　3 施工记录及隐蔽工程验收文件； 　4 检测试验及见证取样文件； 　5 其他必须提供的文件或记录。 **2.《电力工程地基处理技术规程》DL/T 5024—2005** 6.1.12 垫层的质量检验必须分层进行。跟踪检验每层的压实系数，及时控制每层、每片的质量指标。 6.2.5 素土垫层施工时，应遵循下列规定： 　1 当回填料中含有粒径不大于50mm的粗颗粒时，应尽可能使其均匀分布； 　2 回填料的含水量宜控制在最优含水量 W_{op}（100±2）%范围内； 　3 素土垫层整个施工期间，应防雨、防冻、防曝晒，直至移交或进行上部基础施工。 　注：回填碾压指标，应用压实系数 λ_c（土的控制干密度与最大干密度 $\rho_{d,max}$ 的比值）控制。其取值标准根据结构物类型和荷载大小确定，一般为0.95～0.97，最低不得小于0.94。 6.2.6 对每一施工完成的分层进行干重度检验时，取样深度应在该层顶面下2/3层厚处，并应用切削法取得环刀试件，要具有代表性，确保每层夯实或碾压的质量指标。 6.2.7 素土垫层施工完成后，可采用探井取样或静载荷试验等原位测试手段进行检验。	1. 查阅质量检测试验记录及试验报告 　检验、试验项目：压实系数、配合比等符合规范规定 　检验方法（环刀法、灌砂法等）：符合规范规定 　检验、试验报告数量、抽样布点图：符合规范规定 　试验数据、结论：试验数据完整准确，结论明确 　试验、见证签章：各责任人签字无遗漏 2. 查阅质量验收记录 　内容：包括检验批、分项工程验收记录及隐蔽工程验收文件等 　数量：与项目质量验收范围划分表相符

条款号	大纲条款	检　查　依　据	检查要点
5.1.8	施工质量的检验项目、方法、数量符合标准规定，检验结果满足设计要求，质量验收记录齐全	**3.《电力建设施工质量验收及评价规程　第1部分：土建工程》DL/T 5210.1—2012** 5.3.2　土方回填工程 　　2）压实系数：场地平整每层 100m² ～ 400m² 取 1 组；单独基坑每 20m² ～ 50m² 取 1 组，且不得少于 1 组。 **4.《建筑地基处理技术规范》JGJ 79—2012** 4.2.1　垫层材料的选用应符合下列要求： 　　4）粉煤灰。选用的粉煤灰应满足相关标准对腐蚀性和放射性的要求。 　　5）矿渣。垫层设计、施工前应对所选用的矿渣进行试验，确认性能稳定并满足腐蚀性和放射性安全的要求。 4.3　施工 4.3.1　垫层施工应根据不同的换填材料选择施工机械。 4.3.2　垫层的施工方法、分层铺填厚度、每层压实遍数宜通过现场试验确定。 4.4.1　对粉质黏土、灰土、砂石、粉煤灰垫层的施工质量可选用环刀取样、静力触探、轻型动力触探或标准贯入度试验等方法进行检验；对碎石、矿渣垫层的施工质量可采用重型动力触探试验等进行检验。压实系数可采用灌砂法、灌水法或其他方法进行检验。 4.4.2　换填垫层的施工质量检验应分层进行，并应在每层的压实系数符合设计要求后铺填上层。 4.4.3　采用环刀法检验垫层的施工质量时，取样点应选择位于每层垫层厚度的 2/3 深度处。检验点数量，条形基础下垫层每 10m～20m 不应少于 1 个点，独立基础、单个基础下垫层不应少于 1 个点，其他基础下垫层每 50m² ～100m² 不应少于 1 个点。采用标准贯入试验或动力触探法检验垫层的施工质量时，每分层平面上检验点的间距不应大于 4m	
5.2　预压地基的监督检查			
5.2.1	设计前已通过现场试验或试验性施工，确定了设计参数和施工工艺参数	**《电力工程地基处理技术规程》DL/T 5024—2005** 5.0.5　地基处理工作的规划和实施，可按下列顺序进行： 　　3　结合电力工程初步设计阶段的岩土工程勘测，实施必要的地基处理原体试验，以获得必要的设计参数和合理的施工方案。 7.1.2　采用预压法加固软土地基，应调查软土层的厚度与分布、透水层的位置及地下水径流条件，进行室内物理力学试验，测定软土层的固结系数、前期固结压力、抗剪强度、强度增长率等指标。 7.1.4　重要工程应预先在现场进行原体试验，加固过程中应进行地面沉降、土体分层沉降、土体测向位移、孔隙水压力、地下水位等项目的动态观测。在试验的不同阶段（如预压前、预压过程中和预压后），采用现场十字板剪刀试验、静力触探和土工试验等勘测手段对被加固土体进行效果检验	1. 查阅预压地基原体试验记录 　试验项目：软土层的固结系数、前期固结压力、抗剪强度、强度增长率等指标，含重要工程的试验性施工动态观测记录等，资料齐全，数据完整

条款号	大纲条款	检 查 依 据	检查要点
5.2.1	设计前已通过现场试验或试验性施工，确定了设计参数和施工工艺参数		2. 查阅设计前现场试验或试验性施工、检测报告 设计参数和施工工艺参数：已确定
5.2.2	预压地基技术方案、施工方案齐全，已审批	**1.《建筑地基基础工程施工质量验收规范》GB 50202—2002** 4.1.4 地基加固工程，应在正式施工前进行试验段施工，论证设定的施工参数及加固效果。为验证加固效果所进行的载荷试验，其施加载荷应不低于设计载荷的 2 倍。 **2.《电力工程地基处理技术规程》DL/T 5024—2005** 5.0.5 地基处理工作的规划和实施，可按下列顺序进行： 　3 结合电力工程初步设计阶段岩土工程勘测，实施必要的地基处理原体试验，以获得必要的设计参数和合理的施工方案。 7.1.8 预压加固软土地基的设计应包括以下内容： 　1 选择竖向排水体，确定其直径、计算间距、深度、排列方式和布置范围； 　2 确定水平排水体系的结构、材料及其规格要求； 　3 确定预压方法、加固范围、预压荷重大小、荷载分级加载速率和预压时间； 　4 计算地基固结度、强度增长、沉降变形及预压过程中的地基抗滑稳定性	1. 查阅预压地基技术方案 审批：手续齐全 内容：预压方法、加固范围、预压荷重大小、荷载分级加载速率和预压时间等工艺参数明确 2. 查阅施工方案 编、审、批：施工单位相关责任人已签字 施工步骤和工艺参数：与技术方案相符
5.2.3	所用土、砂、石，塑料排水板等原材料性能指标符合标准规定	**1.《电力建设施工质量验收及评价规程　第 1 部分：土建工程》DL/T 5210.1—2012** 3.0.1 涉及结构安全的试块、试件以及有关材料，应按规定进行见证取样检测。 **2.《建筑地基处理技术规范》JGJ 79—2012** 5.4.1 施工过程中，质量检验和监测应包括下列内容： 　1 对塑料排水带应进行纵向通水量、复合体抗拉强度、滤膜抗拉强度、滤膜渗透系数和等效孔径等性能指标现场随机抽样测试； 　2 对不同来源的砂井和砂垫层砂料，应取样进行颗粒分析和渗透性试验。 **3.《普通混凝土用砂、石质量及检验方法标准》JGJ 52—2006** 4.0.1 供货单位应提供砂或石的产品合格证及质量检验报告。 　使用单位应按砂或石的同产地同规格分批验收。采用大型工具（如火车、货船或汽车）运输的，应以 400m³ 或 600t 为一验收批；采用小型工具（如拖拉机等）运输的，应以 200m³ 或 300t 为一验收批。不足上述量者，应按一验收批进行验收。	1. 查阅塑料排水板等原材料进场验收记录 内容：包括出厂合格证（出厂试验报告），材料进场时间、批次、数量、规格 性能指标：符合规范规定

条款号	大纲条款	检 查 依 据	检查要点
5.2.3	所用土、砂、石，塑料排水板等原材料性能指标符合标准规定	4.0.2　当砂或石的质量比较稳定、进料量又较大时，可以1000t为一验收批	2. 查阅材料跟踪管理台账 　内容：包括土、砂、石、塑料排水板等材料合格证、复试报告、使用情况、检验数量等符合规定 3. 查阅砂、石、塑料排水板等材料试验检测报告和试验委托单 　报告检测结果：合格 　报告签章：已加盖CMA章和检测专用章、授权人已签字 　委托单签字：见证取样人员已签字且已附资格证书编号
5.2.4	原位十字板剪切试验、室内土工试验、地基强度或承载力等试验合格，报告结论明确	**1.《电力建设施工质量验收及评价规程　第1部分：土建工程》DL/T 5210.1—2012** 3.0.1　涉及结构安全的试块、试件以及有关材料，应按规定进行见证取样检测。 **2.《建筑地基处理技术规范》JGJ 79—2012** 5.4.2　预压地基竣工验收检验应符合下列规定： 　2　应对预压的地基土进行原位试验和室内土工试验。 5.4.3　原位试验可采用十字板剪切试验或静力触探，检验深度不应小于设计处理深度。原位试验和室内土工试验，应在卸载3d～5d后进行。检验数量按每个处理分区不少于6点进行检测，对于堆载斜坡处应增加检验数量。 5.4.4　预压处理后的地基承载力应按规范确定。检验数量按每个处理分区不应少于3点进行检测	1. 查阅施工单位检测检验计划 　检验数量：符合设计和规范规定 2. 查阅原位十字板剪切试验、室内土工试验、地基承载力检测报告和试验委托单 　报告检测结果：合格 　报告签章：已加盖CMA章和检测专用章、授权人已签字 　委托单签字：见证取样人员已签字且已附资格证书编号

条款号	大纲条款	检 查 依 据	检查要点
5.2.5	真空预压、堆载预压、真空和堆载联合预压工艺与设计及施工方案一致	**1.《电力工程地基处理技术规程》DL/T 5024—2005** 7.1.8 预压加固软土地基的设计应包括以下内容： 　1 选择竖向排水体、确定其直径、计算间距、深度、排列方式和布置范围； 　2 确定水平排水体系的结构、材料及其规格要求； 　3 确定预压方法、加固范围、预压荷重大小、荷载分级加载速率和预压时间； 　4 计算地基固结度、强度增长、沉降变形及预压过程中的地基抗滑稳定性。 7.1.9 竖向排水体的平面布置形式可采用等边三角形或正方形排列。每根竖向排水体的等效圆直径 d_e 与竖向排水体的间距 s 的关系见式（7.1.9-1）、式（7.1.9-2）。 7.1.10 竖向排水体的布置应符合"细而密"的原则，其直径和间距应根据地基土的固结特性、要求达到的平均固结度和场地提交使用的工期要求等因素计算确定。普通砂井直径可取 200mm～500mm，间距按井径比 n（砂井等效影响圆直径 d_e 与砂井直径 d_w 之比，$n=d_e/d_w$）为 6～8 选用。袋装砂井直径可取 70mm～120mm，间距可按井径比 15～22 选用。塑料排水板的当量换算直径可按式（7.1.10）计算，井径比可采用 15～22。 7.1.11 竖向排水体的设置深度应根据软土层分布、建筑物对地基稳定性和变形的要求确定。对于以地基稳定性控制的建筑物，竖向排水体的深度应超过最危险滑动面 2m～3m。 7.2.6 对堆载预压工程，应根据观测和勘测资料，综合分析地基土经堆载预压处理后的加固效果。当堆载预压达到下列标准时方可进行卸荷： 　1 对主要以沉降控制的建筑物，当地基经预压后消除的变形量满足设计要求，且软土层的平均固结度达到 80% 以上时； 　2 对主要以地基承载力或抗滑稳定性控制的建筑物，在地基土经预压后增长的强度满足设计要求时。 7.3.10 对真空预压后的地基，应进行现场十字板剪切试验、静力触探试验和载荷试验，以检验地基的加固效果。 7.4.2 土石坝、煤场、堆料场、油罐等构筑物地基的排水固结设计，应根据最终荷载和地基土的变形特点，可在场地不同位置设置不同密度和深度的竖向排水体。在工程施工前应设计好加荷过程和加荷速率，计算地基的最终沉降量，预留基础高度，做好地下结构物适应地基土变形的设计。 **2.《建筑地基处理技术规范》JGJ 79—2012** 5.2.29 当设计地基预压荷载大于 80kPa，且进行真空预压处理地基不能满足设计要求时可采用真空和堆载联合预压地基处理。 5.2.30 堆载体的坡肩线宜与真空预压边线一致。 5.2.31 对于一般软黏土，上部堆载施工宜在真空预压膜下真空度稳定地达到 6.7kPa（650mmHg）且抽真空时间不少于 10d 后进行。对于高含水量的淤泥类土，上部堆载施工宜在真空预压膜下真空度稳定地达到 86.7kPa（650mmHg）且抽真空 20d～30d 后可进行。	查阅施工记录、施工方案及设计文件 竖向排水体系：包括直径、计算间距、深度、排列方式和布置范围；水平排水体系，包括结构、材料及其规格；加固范围、荷载分级、加载速率和预压时间等；预压工艺与设计及施工方案一致

条款号	大纲条款	检 查 依 据	检查要点
5.2.5	真空预压、堆载预压、真空和堆载联合预压工艺与设计及施工方案一致	5.2.32 当堆载较大时，真空和堆载联合预压应采用分级加载，分级系数应根据地基土稳定计算确定。分级加载时，应待前期预压荷载下地基的承载力增长满足下一级荷载下地基的稳定性要求时，方可增加堆载。 5.2.33 真空和堆载联合预压时地基固结度和地基承载力增长可按本规范5.2.7、5.2.8和5.2.11计算。 5.3.2 砂井的灌砂量，应按井孔的体积和砂在中密状态时的干密度计算，实际灌砂量不得小于计算值的95%。 5.3.5 塑料排水带需接长时，应采用滤膜内芯带平搭接的连接方法，搭接长度宜大于200mm。 5.3.7 塑料排水带和袋装砂井施工时，平面井距偏差不应大于井径。 5.3.8 塑料排水带和袋装砂井砂袋埋入砂垫层中的长度不应小于500mm。 5.3.9 堆载预压加载过程中，应满足地基承载力和稳定控制要求，并应进行竖向变形、水平位移及孔隙水压力的监测，堆载预压加速率应满足下列要求： 　1 竖井地基最大竖向变形量不应超过15mm/d； 　2 天然地基最大竖向变形量不应超过10mm/d； 　3 堆载预压边缘处水平位移不应超过5mm/d； 　4 根据上述观测资料综合分析、判断地基的承载力和稳定性。 5.3.14 采用真空和堆载联合预压时，应先抽真空，当真空压力达到设计要求并稳定后，再进行堆载，并继续抽真空。 5.3.18 堆载加载过程中，应满足地基稳定性设计要求，对竖向变形、边缘水平位移及孔隙水压力的监测应满足下列要求： 　1 地基向加固区外的侧移速率不应大于5mm/d； 　2 地基竖向变形速率不应大于10mm/d； 　3 根据上述观察资料综合分析、判断地基的稳定性。 5.3.19 真空和堆载联合预压除满足本规范5.3.14～5.3.18规定外，尚应符合本规范5.3"Ⅰ堆载预压"和"Ⅱ真空预压"的规定	
5.2.6	施工参数符合设计要求，施工记录齐全	**1.《电力工程地基处理技术规程》DL/T 5024—2005** 5.0.12 地基处理的施工应有详细的施工组织设计、施工质量管理和质量保证措施。应有专人负责施工检验与质量监督，做好各项施工记录。 **2.《建筑地基处理技术规范》JGJ 79—2012** 3.0.12 地基处理施工中应有专人负责质量控制和监测，并做好各项施工记录；当出现异常情况时，必须及时会同有关部门妥善解决。施工结束后应按国家有关规定进行工程质量检验和验收。	1. 查阅施工方案 　质量控制参数：符合技术方案要求

条款号	大纲条款	检 查 依 据	检查要点
5.2.6	施工参数符合设计要求，施工记录齐全	5.4.1 施工过程中，质量检验和监测应包括下列内容： 　1 对塑料排水带应进行纵向通水量、复合体抗拉强度、滤膜抗拉强度、滤膜渗透系数和等效孔径等性能指标现场随机抽样测试； 　2 对不同来源的砂井和砂垫层砂料，应取样进行颗粒分析和渗透性试验。 5.4.2 预压地基竣工验收检验应符合下列规定： 　1 排水竖井处理深度范围内和竖井底面以下受压土层，经预压所完成的竖向变形和平均固结度应满足设计要求； 　2 应对预压的地基土进行原位试验和室内土工试验。 5.4.3 原位试验可采用十字板剪切试验或静力触探，检验深度不应小于设计处理深度。原位试验和室内土工试验，应在卸载 3d～5d 后进行。检验数量按每个处理分区不少于 6 点进行检测，对于堆载斜坡处应增加检验数量	2. 查阅施工记录 　内容：包括通水量、渗透性等，符合设计要求 　记录数量：与验收记录相符
5.2.7	地基承载力检测数量符合标准规定，检测报告结论满足设计要求	**1. 《建筑地基基础工程施工质量验收规范》GB 50202—2002** 4.1.5 对灰土地基、砂和砂石地基、土工合成材料地基、粉煤灰地基、强夯地基、注浆地基、预压地基，其竣工后的结果（地基强度或承载力）必须达到设计要求的标准。检验数量，每单位工程不应少于 3 点，1000m² 以上工程，每 100m² 至少应有 1 点，3000m² 以上工程，每 300m² 至少应有 1 点。每一独立基础下至少应有 1 点，基槽每 20 延米应有 1 点。 **2. 《建筑地基处理技术规范》JGJ 79—2012** 5.4.4 预压处理后的地基承载力应按规范确定。检验数量按每个处理分区不应少于 3 点进行检测	查阅地基承载力检测报告 　结论：符合设计要求 　检验数量：符合设计和规范要求 　盖章：已加盖 CMA 章和检测专用章 　签字：授权人已签字
5.2.8	施工质量的检验项目、方法、数量符合标准规定，检验结果满足设计要求，质量验收记录齐全	**1. 《建筑地基基础工程施工质量验收规范》GB 50202—2002** 4.1.2 砂、石子、水泥、钢材、石灰、粉煤灰等原材料质量、检验项目、批量和检验方法应符合国家现行标准的规定。 4.1.3 地基施工结束，宜在一个间歇期后，进行质量验收，间歇期由设计确定。 4.1.5 对灰土地基、砂和砂石地基、土工合成材料地基、粉煤灰地基、强夯地基、注浆地基、预压地基，其竣工后的结果（地基强度或承载力）必须达到设计要求的标准。检验数量，每单位工程不应少于 3 点，1000m² 以上工程，每 100m² 至少应有 1 点，3000m² 以上工程，每 300m² 至少应有 1 点。每一独立基础下至少应有 1 点，基槽每 20 延米应有 1 点。 8.0.1 分项工程、分部（子分部）工程质量的验收，均应在施工单位自检合格的基础上进行。施工单位确认自检合格后提出工程验收申请，工程验收时应提供下列技术文件和记录： 　1 原材料的质量合格证和质量鉴定文件； 　3 施工记录及隐蔽工程验收文件；	1. 查阅检测报告 　检验项目：地基强度或地基承载力符合设计要求 　检验方法：包括十字板剪切强度或标准贯入、静力触探试验，静荷载试验等符合规范规定 　检验数量：符合规范规定和设计要求

条款号	大纲条款	检 查 依 据	检查要点
5.2.8	施工质量的检验项目、方法、数量符合标准规定，检验结果满足设计要求，质量验收记录齐全	4　检测试验及见证取样文件； 5　其他必须提供的文件或记录。 **2.《建筑地基处理技术规范》JGJ 79—2012** 5.4.2　预压地基竣工验收检验应符合下列规定： 2　应对预压的地基土进行原位试验和室内土工试验。 5.4.3　原位试验可采用十字板剪切试验或静力触探，检验深度不应小于设计处理深度。原位试验和室内土工试验，应在卸载 3d～5d 后进行。检验数量按每个处理分区不少于 6 点进行检测，对于堆载斜坡处应增加检验数量。 5.4.4　预压处理后的地基承载力应按规范确定。检验数量按每个处理分区不应少于 3 点进行检测	2. 查阅质量验收记录 　内容：包括检验批、分项工程验收记录及隐蔽工程验收文件等 　数量：与项目质量验收范围划分表相符
5.3　压实地基的监督检查			
5.3.1	现场试验性施工，确定了碾压机械、碾压分层厚度、碾压遍数、碾压范围和有效加固深度等施工参数和压实地基施工方法	**1.《建筑地基基础工程施工质量验收规范》GB 50202—2002** 4.1.4　地基加固工程，应在正式施工前进行试验段施工，论证设定的施工参数及加固效果。为验证加固效果所进行的载荷试验，其施加载荷应不低于设计载荷的 2 倍。 **2.《建筑地基处理技术规范》JGJ 79—2012** 4.1.3　对于工程量较大的换填垫层，应按所选用的施工机械、换填材料及场地的土质条件进行现场试验，确定换填垫层压实效果和施工质量控制标准。 6.2.1　压实地基处理应符合下列规定： 2　压实地基的设计和施工方法的选择，应根据建筑物体型、结构与荷载特点、场地土层条件、变形要求及填料等因素确定。对大型、重要或场地地层条件复杂的工程，在正式施工前，应通过现场试验确定地基处理效果。 6.2.2　压实填土地基的设计应符合下列规定： 2　碾压法和振动压实法施工时，应根据压实机械的压实性能、地基土性质、密实度、压实系数和施工含水量等，并结合现场试验确定碾压分层厚度、碾压遍数、碾压范围和有效加固深度等施工参数。初步设计可按表 6.2.2-1 选用。 4　压实填土的质量以压实系数 λ_c 控制，并应根据结构类型和压实填土所在部位按表 6.2.2-2 的要求确定。 5　压实填土的最大干密度和最优含水量，宜采用击实试验确定，…… 7　压实填土的边坡坡度允许值，应根据其厚度、填料性质等因素，按照填土自身稳定性、填土下原地基的稳定性的验算结果确定，初步设计时可按表 6.2.2-3 的数值确定。	查阅试验性施工的检测报告（含击实试验报告和压实试验报告） 　碾压分层厚度、碾压遍数、碾压范围和有效加固深度等施工参数和施工方法：已确定

条款号	大纲条款	检 查 依 据	检查要点
5.3.1	现场试验性施工，确定了碾压机械、碾压分层厚度、碾压遍数、碾压范围和有效加固深度等施工参数和压实地基施工方法	6.2.3 压实填土地基的施工应符合下列规定： 　1 应根据使用要求、邻近结构类型和地质条件确定允许加载量和范围，并按设计要求均衡分步施加，避免大量快速集中填土。 　2 填料前，应清除填土层地面以下的耕土、植被或软弱土层等。 　3 压实填土施工过程中，应采取防雨、防冻措施，防止填料（粉质黏土、粉土）受雨水淋湿或冻结。 　4 基槽内压实时，应先压实基槽两边，再压实中间。 　5 冲击碾压法施工的冲击碾压宽度不宜小于 6m，工作面较窄时，需设置转弯车道，冲压最短直线距离不宜小于 100m，冲压边角及转弯区域应采用其他措施压实；施工时，地下水位应降低到碾压面以下 1.5m。 　6 性质不同的填料，应采取水平分层、分段填筑，并分层压实；同一水平层，应采用同一填料，不得混合填筑；填方分段施工时，接头部位如不能交替填筑，应按 1∶1 坡度分层留台阶；如能交替填筑，则应分层相互交替搭接，搭接长度不小于 2m；压实填土的施工缝各层应错开搭接，在施工缝的搭接处，应适当增加压实遍数；边角及转弯区域应采取其他措施压实，以达到设计标准。 　7 压实地基施工场地附近有对振动和噪声环境控制要求时，应合理安排施工工序和时间，减少噪声与振动对环境的影响，或采取挖减振沟等减振和隔振措施，并进行振动和噪声监测。 　8 施工过程中，应避免扰动填土下卧的淤泥或淤泥质土层。压实填土施工结束检验合格后，应及时进行基础施工	
5.3.2	压实地基技术方案、施工方案齐全，已审批	**1.《建筑地基基础工程施工质量验收规范》GB 50202—2002** 4.1.4 地基加固工程，应在正式施工前进行试段施工，论证设定的施工参数及加固效果。为验证加固效果所进行的载荷试验，其施加载荷应不低于设计载荷的 2 倍。 **2.《电力工程地基处理技术规程》DL/T 5024—2005** 5.0.12 地基处理的施工应有详细的施工组织设计、施工质量管理和质量保证措施。应有专人负责施工检验与质量监督，做好各项施工记录，当发现异常情况时，应及时会同有关部门研究解决	1. 查阅预压地基技术方案 　论证参数：数据充分、可靠，载荷试验记录齐全 　审批：审批人已签字 2. 查阅施工方案 　编、审、批：施工单位相关责任人已签字 　施工步骤和工艺参数：与技术方案相符

条款号	大纲条款	检 查 依 据	检查要点
5.3.3	施工参数符合设计要求，施工记录齐全	**1.《建筑地基基础设计规范》GB 50007—2011** 6.3.6 压实填土的填料，应符合下列规定： 　1 级配良好的砂土或碎石土；以卵石、砾石、块石或岩石碎屑作填料时，分层压实时其最大粒径不宜大于 200mm，分层夯实时其最大粒径不宜大于 400mm。 　3 以粉质黏土、粉土作填料时，其含水量宜为最优含水量，可采用击实试验确定。 6.3.8 压实填土的最大干密度和最优含水量，应采用击实试验确定。 **2.《电力建设施工质量验收及评价规程　第 1 部分：土建工程》DL/T 5210.1—2012** 3.0.1 涉及结构安全的试块、试件以及有关材料，应按规定进行见证取样检测。 18.3.1 地基及桩基工程质量记录应评价的内容包括： 　1 材料、预制桩合格证（出厂试验报告）、进场验收记录及水泥、钢筋复验报告。 **3.《电力工程地基处理技术规程》DL/T 5024—2005** 5.0.12 地基处理的施工应有详细的施工组织设计、施工质量管理和质量保证措施。应有专人负责施工检验与质量监督，做好各项施工记录。 **4.《建筑地基处理技术规范》JGJ 79—2012** 3.0.12 地基处理施工中应有专人负责质量控制和监测，并做好各项施工记录；当出现异常情况时，必须及时会同有关部门妥善解决。施工结束后应按国家有关规定进行工程质量检验和验收	1. 查阅施工方案 　质量控制参数：符合技术方案要求 2. 查阅施工记录 　内容：包括施工过程控制记录及隐蔽工程验收文件 　记录数量：与验收记录相符
5.3.4	压实土性能指标满足设计要求	**《建筑地基处理技术规范》JGJ 79—2012** 6.2.1 压实地基应符合下列规定： 　3 以压实填土作为建筑地基持力层时，应根据建筑结构类型、填料性能和现场条件等，对拟压实的填土提出质量要求。未经检验，且不符合质量要求的压实填土，不得作为建筑地基持力层。 6.2.2 压实填土地基的设计应符合下列规定： 　2 碾压法和振动压实法施工时，应根据压实机械的压实性能、地基土性质、密实度、压实系数和施工含水量等，并结合现场试验确定碾压分层厚度、碾压遍数、碾压范围和有效加固深度等施工参数。初步设计可按表 6.2.2-1 选用。 　4 压实填土的质量以压实系数 λ。控制，并应根据结构类型和压实填土所在部位按表 6.2.2-2 的要求确定。 　5 压实填土的最大干密度和最优含水量，宜采用击实试验确定，…… 　7 压实填土的边坡坡度允许值，应根据其厚度、填料性质等因素，按照填土自身稳定性、填土下原地基的稳定性的验算结果确定，初步设计时可按表 6.2.2-3 的数值确定。 　9 压实填土地基承载力特征值，应根据现场静载荷试验确定，或可通过动力触探、静力触探等试验，并结合静载荷试验结果确定；其下卧层顶面的承载力应满足本规范式（4.2.2-1）、式（4.2.2-2）和式（4.2.2-3）的要求	查阅压实土性能检测报告 　击实报告：土质性能符合设计要求，最大干密度和最优含水率已确定 　压实系数：符合设计要求 　盖章：已加盖 CMA 章和检测专用章 　签字：授权人已签字

条款号	大纲条款	检 查 依 据	检查要点
5.3.5	地基承载力检测数量符合标准规定，检测报告结论满足设计要求	**1.《建筑地基基础工程施工质量验收规范》GB 50202—2002** 4.1.5 对灰土地基、砂和砂石地基、土工合成材料地基、粉煤灰地基、强夯地基、注浆地基、预压地基，其竣工后的结果（地基强度或承载力）必须达到设计要求的标准。检验数量，每单位工程不应少于 3 点，1000m² 以上工程，每 100m² 至少应有 1 点，3000m² 以上工程，每 300m² 至少应有 1 点。每一独立基础下至少应有 1 点，基槽每 20 延米应有 1 点。 **2.《电力工程地基处理技术规程》DL/T 5024—2005** 6.5.4 压实施工的粉煤灰或粉煤灰素土、粉煤灰灰土垫层的设计与施工要求，可参照素土、灰土或砂砾石垫层的有关规定。其地基承载力值应通过试验确定（包括浸水试验条件）。对掺入水泥砂浆胶结的粉煤灰水泥砂浆或粉煤灰混凝土，应采用浇注法施工，并按有关设计施工标准执行。其承载力等指标应由试件强度确定。 **3.《建筑地基处理技术规范》JGJ 79—2012** 4.4.4 竣工验收应采用静荷载试验检验垫层承载力，且每个单体工程不宜少于 3 个点；对于大型工程应按单体工程的数量或工程划分的面积确定检验点数。 10.1.4 工程验收承载力检验时，静荷载试验最大加载量不应小于设计要求的承载力特征值的 2 倍	查阅地基承载力检测报告 检验数量：符合设计和规范规定 地基承载力特征值：符合设计要求 盖章：已加盖 CMA 章和检测专用章 签字：授权人已签字
5.3.6	施工质量的检验项目、方法、数量符合标准规定，检验结果满足设计要求，质量验收记录齐全	**1.《建筑地基基础工程施工质量验收规范》GB 50202—2002** 4.1.2 砂、石子、水泥、钢材、石灰、粉煤灰等原材料的质量、检验项目、批量和检验方法应符合国家现行标准的规定。 4.1.3 地基施工结束，宜在一个间歇期后，进行质量验收，间歇期由设计确定。 4.1.5 对灰土地基、砂和砂石地基、土工合成材料地基、粉煤灰地基、强夯地基、注浆地基、预压地基，其竣工后的结果（地基强度或承载力）必须达到设计要求的标准。检验数量，每单位工程不应少于 3 点，1000m² 以上工程，每 100m² 至少应有 1 点，3000m² 以上工程，每 300m² 至少应有 1 点。每一独立基础下至少应有 1 点，基槽每 20 延米应有 1 点。 8.0.1 分项工程、分部（子分部）工程质量的验收，均应在施工单位自检合格的基础上进行。施工单位确认自检合格后提出工程验收申请，工程验收时应提供下列技术文件和记录： 　1 原材料的质量合格证和质量鉴定文件； 　3 施工记录及隐蔽工程验收文件； 　4 检测试验及见证取样文件； 　5 其他必须提供的文件或记录。 **2.《电力建设施工质量验收及评价规程　第 1 部分：土建工程》DL/T 5210.1—2012** 3.0.1 涉及结构安全的试块、试件以及有关材料，应按规定进行见证取样检测。 18.3.1 地基及桩基工程质量记录应评价的内容包括： 　1 材料、预制桩合格证（出厂试验报告）、进场验收记录及水泥、钢筋复验报告。	1. 查阅质量检验记录 检验项目：压实系数、最大干密度和最优含水量或压缩模量等符合设计和规范规定 检验方法：采用分层取样、动力触探、静力触探、标准贯入等试验符合规范规定 检验数量：符合规范规定和设计要求

条款号	大纲条款	检 查 依 据	检查要点
5.3.6	施工质量的检验项目、方法、数量符合标准规定，检验结果满足设计要求，质量验收记录齐全	**3.《电力工程地基处理技术规程》DL/T 5024—2005** 5.0.12　地基处理的施工应有详细的施工组织设计、施工质量管理和质量保证措施。应有专人负责施工检验与质量监督，做好各项施工记录。 **4.《建筑地基处理技术规范》JGJ 79—2012** 3.0.12　地基处理施工中应有专人负责质量控制和监测，并做好各项施工记录；当出现异常情况时，必须及时会同有关部门妥善解决。施工结束后应按国家有关规定进行工程质量检验和验收。 6.2.4　压实填土地基的质量检验应符合下列规定： 　　1　在施工过程中，应分层取样检验土的干密度和含水量；每 $50m^2$~$100m^2$ 面积内应设不少于 1 个检测点，每一个独立基础下，检测点不少于 1 个，条形基础每 20 延米设检测点不少于 1 个点，压实系数不得低于本规范表 6.2.2-2 的规定；采用灌水法或灌砂法检测的碎石土干密度不得低于 $2.0t/m^3$。 　　2　有地区经验时，可采用动力触探、静力触探、标准贯入等原位试验，并结合干密度试验的对比结果进行质量检验。 　　3　冲击碾压法施工宜分层进行变形量、压实系数等土的物理学指标监测和检测。 　　4　地基承载力验收检验，可通过静载荷试验并结合动力触探、静力触探、标准贯入等试验结果综合判定。每个单位工程静载荷试验不应少于 3 点，大型工程可按单体工程的数量或面积确定检验点数。 6.2.5　压实地基的施工质量检验应分层进行。每完成一道工序，应按设计要求进行验收，未经验收或验收不合格时，不得进行下一道工序施工	2. 查阅质量验收记录 　内容：包括检验批、分项工程验收记录及隐蔽工程验收文件等，真实有效 　数量：符合现场实际，与项目质量验收范围划分表相符
5.4　夯实地基的监督检查			
5.4.1	设计前已通过现场试验或试验性施工，确定了设计参数和施工工艺参数	**1.《电力工程地基处理技术规程》DL/T 5024—2005** 5.0.5　地基处理工作的规划和实施，可按下列顺序进行： 　　3　结合电力工程初步设计阶段的岩土工程勘测，实施必要的地基处理原体试验，以获得必要的设计参数和合理的施工方案。 8.1.3　强夯设计中应在施工现场有代表性的场地上选取一个或几个试验区进行原体试验，试验区规模应根据建筑物场地复杂程度、建设规模及建筑物类型确定。根据地基条件、工程要求确定强夯的设计参数，包括：夯击能级、施工起吊设备；设计夯击工艺、夯锤参数、单点锤击数、夯点布置形式与间距、夯击遍数及相邻夯击遍数的间歇时间、地面平均夯沉量和必要的特殊辅助措施；确定原体试验效果的检测方法和检测工作量。还应对主要工艺进行必要的方案组合，通过效果测试和环境影响评价，提出一种或几种合理的方案。 　　在强夯有成熟经验的地区，当地基条件相同（或相近）时，可不进行专门原体试验，直接采用成功的工艺。但在正式（大面积）施工之前应先进行试夯，验证施工工艺和强夯设计参数在进行原体试验施工时，进行分析评价的主要内容应包括：	1. 查阅现场试夯方案 　试夯方案：已编制、内容完整 　试夯场地检测：记录齐全 2. 查看试验阶段静载试验报告 　静载试验过程记录：完整、齐全 　地基承载力：已确定

条款号	大纲条款	检 查 依 据	检查要点
5.4.1	设计前已通过现场试验或试验性施工，确定了设计参数和施工工艺参数	1 观测、记录、分析每个夯点的每击夯沉量、累计夯沉量（即夯坑深度）、夯坑体积、地面隆起量、相邻夯坑的侧挤情况、夯后地面整平压实后平均下沉量。绘制夯点的夯击次数 N 与夯沉量 s 关系曲线，进行隆起、侧挤计算，确定饱和夯击能和最佳夯击能。 2 观测孔隙水压力变化。当孔隙水压力超过自重有效压力，局部隆起和侧挤的体积大于夯点夯沉的体积时，应停止夯击，并观测孔隙水压力消散情况，分析确定间歇时间。 3 宜进行强夯振动观测，绘制单点夯击数与地面震动加速度关系曲线、震动速度曲线、分析饱和夯击能、振动衰减和隔振措施的效果。 4 有条件的还可进行挤压应力观测和深层水平位移观测。 5 在原体试验施工结束一个月（砂土、碎石土为 1 周～2 周）后，应在各方案试验片内夯点和夯点间沿深度每米取试样进行室内土工试验，并进行原位测试。 **2.《建筑地基处理技术规范》JGJ 79—2012** 6.3.1 夯实地基处理应符合下列规定： 1 强夯和强夯置换施工前，应在施工现场有代表性的场地选取一个或几个试验区，进行试夯或试验性施工。每个试验区面积不宜小于 20m×20m，试验区数量应根据建筑场地复杂程度、建筑规模及建筑类型确定。 6.3.2 强夯置换处理地基，必须通过现场试验确定其适用性和处理效果。 6.3.3 强夯处理地基的设计应符合下列规定： 1 强夯的有效加固深度，应根据现场试夯或地区经验确定。在缺少试验资料或经验时，可按表 6.3.3-1 进行预估。 2 夯点的夯击次数，应根据现场试夯的夯击次数和夯沉量关系曲线确定，并应同时满足表 6.3.3-2。 3 夯击遍数应根据地基土的性质确定，可采用点夯（2～4）遍，对于渗透性较差的细颗粒土，应适当增加夯击遍数；最后以低能量满夯 2 遍，满夯可采用轻锤或低落距锤多次夯击，锤印搭接。 4 两遍夯击之间，应有一定的时间间隔，间隔时间取决于土中超静空隙水压力的消散时间。当缺少实测资料时，可根据地基土的渗透性确定，对于渗透性较差的粘性土地基，间隔时间不应少于（2～3）周；对于渗透性较好的地基可连续夯击。 5 夯击点位置可根据基础底面形状，采用等边三角形、等腰三角形或正方形布置。第一遍夯击点间距可取夯锤直径的（2.5～3.5）倍，第二遍夯击点应位于第一遍夯击点之间。以后各遍夯击点间距可适当减小。对处理深度较深或单击夯击能较大的工程，第一遍夯击点间距宜适当增大。 6 强夯处理范围应大于建筑物基础范围，每边超出基础外缘的宽度宜为基底下设计处理深度的 1/2～2/3，且不应小于 3m；对可液化地基，基础边缘的处理宽度，不应小于 5m；对湿陷性黄土地基，应符合现行国家标注《湿陷性黄土地区建筑规范》GB 50025 的有关规定。	3. 查阅试夯报告 夯击次数与夯沉量曲线：已绘制 夯击时间间隔：符合地基土的性质和规范要求 设计参数和施工工艺参数：已确定

条款号	大纲条款	检 查 依 据	检查要点
5.4.1	设计前已通过现场试验或试验性施工，确定了设计参数和施工工艺参数	7　根据初步确定的强夯参数，提出强夯试验方案，进行现场试夯。应根据不同土质条件，待试夯结束一周至数周后，对试夯场地进行检测，并与夯前测试数据进行对比，检验强夯效果，确定工程采用的各项强夯参数。 8　根据基础埋深和试夯时所测得的夯沉量，确定启夯面标高、夯坑回填方式和夯后标高。 9　强夯地基承载力特征值应通过现场静载荷试验确定。 10　强夯地基变形计算，应符合现行国家标准《建筑地基基础设计规范》GB 50007 的有关规定。夯后有效加固深度内土的压缩模量，应通过原位测试或土工试验确定	
5.4.2	根据不同的土质采取的强夯夯锤质量、夯锤底面形式、锤底面积、锤底静接地压力值、排气孔等施工工艺与设计（施工）方案一致	**1.《湿陷性黄土地区建筑规范》GB 50025—2004** 6.3.5　对湿陷性黄土地基进行强夯施工，夯锤的质量、落距、夯点布置、夯击次数和夯击遍数，宜与试夯选定的相同，施工中应有专人监测和记录。 夯击遍数宜为 2 遍～3 遍。最末一遍夯击后，再以低能量（落距 4m～6m）对表层松土满夯 2 击～3 击，也可将表层松土压实或清除，在强夯土表面以上并宜设置 300mm～500mm 厚的灰土垫层。 **2.《电力工程地基处理技术规程》DL/T 5024—2005** 8.1.6　一般情况下夯锤重量可选用 100kN～250kN，最大可采用 400kN，其底面形式宜采用圆形。锤底面积宜按土的性质确定，锤底静压力值可取 30kPa～60kPa，对于细颗粒土锤底静压力宜取较小值。锤体中应均匀地设置若干个上下垂直贯通的通气孔，通气孔直径宜为 200mm～300mm。夯锤应选用保持夯锤外形和重心不变的材料制作。 8.1.7　强夯夯点的布置可按三角形（等边、等腰三角形）或正方形布置，夯点间距应按原体试验效果确定，可为夯锤底面直径的 1.6 倍～2.6 倍。夯击点位置的布置可按建筑物轴线、轮廓线或以基础中心线对称等形式布置，并应考虑各遍夯击间交叉对应关系。 对满堂处理的基础或要求整片加固的场地应整片布点，其可按正三角形布点。 对条形基础、独立基础，可在基础下按正方形或梅花形布点。 当独立基础或条形基础及带承台的基础采用强夯处理时，应根据基础设计要求按专门夯锤形状布点	查阅施工方案 强夯夯锤质量、夯锤底面形式、锤底面积、锤底静接地压力值、排气孔等；夯点布置形式、遍数施工工艺：与设计方案一致
5.4.3	施工参数和步骤符合设计要求，施工记录齐全	**1.《电力工程地基处理技术规程》DL/T 5024—2005** 5.0.12　地基处理的施工应有详细的施工组织设计、施工质量管理和质量保证措施。应有专人负责施工检验与质量监督，做好各项施工记录。 8.1.2　当夯击振动对邻近建筑物、设备、仪器、施工中的砌筑工程和浇灌混凝土等产生有害影响时，应采取有效的减振措施或错开工期施工。 8.1.9　夯击遍数应根据地基土的性质确定，一般情况下应采用多遍夯击。每一遍宜为最大能级强夯，可称为主夯，宜采用较稀疏的布点形式进行；第二遍、第三遍……强夯能级逐渐减小，可称为间夯、拍夯等，其夯点插于前遍夯点之间进行。对于渗透性弱的细粒土，必要时夯击遍数可适当增加。	1. 查阅施工方案 质量控制参数：符合技术方案要求

条款号	大纲条款	检 查 依 据	检查要点
5.4.3	施工参数和步骤符合设计要求，施工记录齐全	8.1.10 当进行多遍夯击时，每两遍夯击之间，应有一定的时间间隔。间隔时间取决于土中超孔隙水压力的消散时间。当缺少实测资料时，可根据地基土的渗透性确定，对于渗透性较差的黏性土及饱和度较大的软土地基的间隔时间，应不少于3周～4周；对于渗透性较好且饱和度较小的地基，可连续夯击。 8.1.16 强夯施工应严格按规定的强夯施工设计参数和工艺进行，并控制或做好以下工作： 　　1 起夯面整平标高允许偏差为±100mm。 　　2 夯点位置允许偏差为200mm。当夯锤落入坑内倾斜较大时，应将夯坑底填平后再夯。 　　3 夯点施工中质量控制的主要指标为：每个夯点达到要求的夯击数；要求达到的夯坑深度；最后两击的夯沉量小于原体试验确定的值。 　　4 强夯过程中不应将夯坑内的土移出坑外。当有特殊原因确需挖除部分土体或工艺设计为用基坑外土填入夯坑时，应在计算夯沉量中扣除或增加移动土的土量。 　　5 施工过程中应防止因降水或曝晒原因，使土的湿度偏离设计值过大。 8.1.18 施工过程中应有专人负责下列工作： 　　1 开夯前应检查夯锤重和落距，以确保单击夯能量符合设计要求。 　　2 在每遍夯击前，应对夯点放线进行复核，夯完后检查夯坑位置，发现偏差或漏夯应及时纠正。 　　3 按设计要求检查每个夯点的夯击次数和每击的夯沉量。 　　4 施工过程中应对各项参数及施工情况进行详细记录。 8.2.1 强夯置换法适用于一般性强夯加固不能奏效（塑性指数 $I_p>10$）的、高饱和度（$S_r>80\%$）的黏性土地基上对变形控制不严的工程，在设计前必须通过现场试验确定其适用性和处理效果。 8.2.8 强夯置换的施工参数： 　　1 单击夯击能。夯锤重量与落距的乘积应大于普通强夯的加固能量，夯能不宜过小，特别要注意避免橡皮土的出现。 　　2 单位面积平均夯击能。单位面积单点夯击能不宜小于 $1500kN \cdot m/m^2$，一般软土地基加固深度能达到 $4m～10m$ 时，单位面积夯击能为 $1500kN \cdot m/m^2 ～ 4000kN \cdot m/m^2$。单位面积平均夯击能在上述范围内与地基土的加固深度成正比，对饱和度高的淤泥质土，还应考虑孔隙水消散与地面隆起的因素，来决定单位面积夯击能。 　　3 夯击遍数。夯击时宜采用连续夯击挤淤。根据置换形式和地基土的性质确定，可采用2遍～3遍，也可用一遍连续夯击挤淤一次性完成，最后再以低能量满夯一遍，每遍1击～2击完成。 　　4 夯点间距。桩式置换夯点宜布置成三角形、正方形，夯点间距一般取1.5倍～2.0倍夯锤底面直径，夯墩的计算直径可取夯锤直径的1.1倍～1.2倍；与土层的强度成正比，即土质差，间距小。整式置换的夯点间距，要求夯坑顶部夯点间的间隙处能被置换形成硬壳层。施工时应采用跳点夯。	2. 查阅振动或变形监测方案、记录 　内容：对邻近建构筑物有可能产生不利影响时，已采取隔震或减震措施，方案符合规范要求 　变形观测记录：观测点设置符合变形观测方案要求 　振动或变形量符合规范规定 3. 查阅强夯置换夯记录文件 　内容：符合规范规定 4. 查阅施工记录 　内容：包括土壤的含水率、起夯面整平标高、夯点位置、夯击数、夯沉量等 　记录数量：与验收记录相符

条款号	大纲条款	检 查 依 据	检查要点
5.4.3	施工参数和步骤符合设计要求，施工记录齐全	6　夯沉量。最后两击平均夯沉量应小于 50mm～80mm；单击夯击能量较大时，夯沉量应小于 100mm～120mm。对墩体穿透软弱土层，累计夯沉量为设计墩长的 1.5 倍～2.0 倍。 　　7　点式置换范围。每边超出基础外缘的宽度宜为基底下设计处理深度的 1/2～2/3，并不宜小于 3m。 **2.《建筑地基处理技术规范》JGJ 79—2012** 3.0.12　地基处理施工中应有专人负责质量控制和监测，并做好各项施工记录。 6.3.6　强夯置换处理地基的施工应符合下列规定： 　　1　强夯置换夯锤底面宜采用圆形，夯锤底静接地压力值宜大于 80kPa。 　　2　强夯置换施工应按下列步骤进行： 　　5）夯击并逐击记录夯坑深度；当夯坑过深，起锤困难时，应停夯，向夯坑内填料直至与坑顶齐平，记录填料数量；工序重复，直至满足设计的夯击次数及质量控制标准，完成一个墩体的夯击；当夯点周围软土挤出，影响施工时，应随时清理，并宜在夯点周围铺垫碎石后，继续施工。 　　6）按照"由内而外，隔行跳打"的原则，完成全部夯点的施工。 　　7）推平场地，采用低能量满夯，将场地表层松土夯实，并测量夯后场地高程。 　　8）铺设垫层，分层碾压密实。 6.3.10　当强夯施工所引起的振动和侧向挤压对邻近建构筑物产生不利影响时，应设置监测点，并采取挖隔振沟等隔振或防振措施。 6.3.11　施工过程中的监测应符合下列规定： 　　1　开夯前，应检查夯锤质量和落距，以确保单击夯击能量符合设计要求。 　　2　在每一遍夯击前，应对夯点放线进行复核，夯完后检查夯坑位置，发现偏差或漏夯应及时纠正。 　　3　按设计要求，检查每个夯点的夯击次数、每击的夯沉量、最后两击的平均夯沉量和总夯沉量、夯点施工起止时间。对强夯置换施工，尚应检查置换深度。 　　4　施工过程中，应对各项施工参数及施工情况进行详细记录	
5.4.4	地基承载力检测数量符合标准规定，检测报告结论满足设计要求	**1.《建筑地基基础工程施工质量验收规范》GB 50202—2002** 4.1.5　对灰土地基、砂和砂石地基、土工合成材料地基、粉煤灰地基、强夯地基、注浆地基、预压地基，其竣工后的结果（地基强度或承载力）必须达到设计要求的标准。 **2.《电力工程地基处理技术规程》DL/T 5024—2005** 8.1.20　强夯效果检测应采用原位测试与室内土工试验相结合的方法，重点查明强夯后地基土的有关物理力学指标，确定强夯有效影响深度，核实强夯地基设计参数等。 8.1.21　地基检测工作量，应根据场地复杂程度和建筑物的重要性确定。对于简单场地上的一般建筑物，每个建筑物地基的检测点不应少于 3 处；对于复杂场地或重要建筑物地基应增加检测点数。对大型处理场地，可按下列规定执行：	查阅地基承载力检测报告 结论：符合设计要求 检验数量：符合规范要求 盖章：已加盖 CMA 章和检测专用章 签字：授权人已签字

条款号	大纲条款	检 查 依 据	检查要点
5.4.4	地基承载力检测数量符合标准规定，检测报告结论满足设计要求	1 对黏性土、粉土、填土、湿陷性黄土，每1000m²采样点不少于1个（湿陷性黄土必须有探井取样），且在深度上每米应取1件一级土试样，进行室内土工试验；静力触探试验点不少于1个。标准贯入试验、旁压试验和动力触探试验可与静力触探及室内试验对比进行。 2 对粗粒土、填土，每600m²应布置1个标准贯入试验或动力触探试验孔，并应通过其他有效手段测试地基土物理力学性质指标。粗粒土地基还应有一定数量的颗粒分析试验。 3 载荷试验点每3000m²～6000m²取1点，厂区主要建筑载荷试验点数不应少于3点。承压板面积不宜小于0.5m²	
5.4.5	施工质量的检验项目、方法、数量符合标准规定，检验结果满足设计要求，质量验收记录齐全	**1.《建筑地基基础工程施工质量验收规范》GB 50202—2002** 4.1.2 砂、石子、水泥、钢材、石灰、粉煤灰等原材料的质量、检验项目、批量和检验方法应符合国家现行标准的规定。 4.1.3 地基施工结束，宜在一个间歇期后，进行质量验收，间歇期由设计确定。 8.0.1 分项工程、分部（子分部）工程质量的验收，均应在施工单位自检合格的基础上进行。施工单位确认自检合格后提出工程验收申请，工程验收时应提供下列技术文件和记录： 1 原材料的质量合格证和质量鉴定文件； 3 施工记录及隐蔽工程验收文件； 4 检测试验及见证取样文件； 5 其他必须提供的文件或记录。 **2.《电力工程地基处理技术规程》DL/T 5024—2005** 8.2.10 强夯置换的检测方案，除按照8.1.21的规定外，还应注意下列事项： 1 测定孔隙水压力的增长与消散变化规律，通过埋设孔隙水压力计，测定土中孔隙水压力值，来确定最佳夯击数。通过测定孔隙水压力的消散率来确定夯击遍数的间隙时间。 2 测定记录分析每点夯沉量与坑外隆起体积，确定有效夯实系数，绘制N-s曲线，初步确定最佳夯击能。宜通过埋设压力盒测定挤压应力值。 3 当大面积强夯置换时，应测定强夯引起的振动对建筑物影响和确定安全距离。 4 宜用弹性波速法来测定强夯效果。 5 强夯地基承载力特征值应通过现场载荷试验确定，对点式置换强夯饱和粉土地基，可采用单墩复合地基载荷试验确定。 **3.《建筑地基处理技术规范》JGJ 79—2012** 6.3.12 夯实地基施工结束后，应根据地基土的性质及所采用的施工工艺，待土层休止期结束后，方可进行基础施工。	1. 查阅质量检验记录 检验项目：地基强度、承载力符合设计要求 检验方法：原位试验和室内土工试验；用弹性波速法测定强夯效果；现场载荷试验或单墩复合地基载荷试验；动力触探等检验方法符合规范规定 检验数量：符合设计和规范规定 2. 查阅质量验收记录 内容：包括检验批、分项工程验收记录及隐蔽工程验收文件等 数量：与项目质量验收范围划分表相符

续表

条款号	大纲条款	检 查 依 据	检查要点
5.4.5	施工质量的检验项目、方法、数量符合标准规定，检验结果满足设计要求，质量验收记录齐全	6.3.13　强夯处理后的地基竣工验收，承载力检验应根据静载荷试验、其他原位测试和室内土工试验等方法综合确定。强夯置换后的地基竣工验收，除应采用单墩静载荷试验进行承载力检验外，尚应采用单墩静载荷试验进行承载力检验外，尚应采用动力触探等查明置换墩着底情况及密度随深度的变化情况。 6.3.14　夯实地基的质量检验应符合下列规定： 　　1　检查施工过程中的各项测试数据和施工记录，不符合设计要求时应补夯或采取其他有效措施。 　　2　强夯处理后的地基承载力检验，应在施工结束后间隔一定时间进行，对于碎石土和砂土地基，间隔时间宜为（7～14）d；粉土和黏性土地基，间隔时间宜为（14～28）d；强夯置换地基，间隔时间宜为 28d。 　　3　强夯地基均匀性检验，可采用动力触探试验或标准贯入试验、静力触探试验等原位测试，以及室内土工试验。检验点的数量，可根据场地复杂程度和建筑物的重要性确定，对于简单场地上的一般建筑物，按每 400m² 不少于 1 个检测点，且不少于 3 点；对于复杂场地或重要建筑地基，每 300m² 不少于 1 个检验点，且不少于 3 点。强夯置换地基，可采用超重型或重型动力触探试验等方法，检查置换墩着底情况及承载力与密度随深度的变化，检验数量不应少于墩点数的 3%，且不少于 3 点。 　　4　强夯地基承载力检验的数量，应根据场地复杂程度和建筑物的重要性确定，对于简单场地上的一般建筑，每个建筑地基载荷试验检验点不应少于 3 点；对于复杂场地或重要建筑地基应增加检验点数。检测结果的评价，应考虑夯点和夯间位置的差异。强夯置换地基单墩载荷试验数量不应少于墩点数的 1%，且不少于 3 点；对饱和粉土地基，当处理后墩间土能形成 2.0m 以上厚度的硬层时，其地基承载力可通过现场单墩复合地基静载荷试验确定，检验数量不应少于墩点数的 1%，且每个建筑载荷试验检验点不应少于 3 点	

5.5　复合地基的监督检查

条款号	大纲条款	检 查 依 据	检查要点
5.5.1	设计前已通过现场试验或试验性施工，确定了设计参数和施工工艺参数	**1.《复合地基技术规范》GB/T 50783—2012** 3.0.1　复合地基设计前，应具备岩土工程勘察、上部结构及基础设计和场地环境等有关资料。 3.0.2　复合地基设计应根据上部结构对地基处理的要求、工程地质和水文地质条件、工期、地区经验和环境保护要求等，提出技术上可行的方案，经过技术经济比较，选用合理的复合地基形式。 3.0.7　复合地基设计应符合下列规定： 　　1　宜根据建筑物的结构类型、荷载大小及使用要求，结合工程地质和水文地质条件、基础形式、施工条件、工期要求及环境条件进行综合分析，并进行技术经济比较，选用一种或几种可行的复合地基方案。 　　2　对大型和重要工程，应对已选用的复合地基方案，在有代表性的场地上进行相应的现场试验或试验性施工，并应检验设计参数和处理效果，通过分析比较选择和优化设计方案。	查阅试桩检测报告或试桩报告 　设计参数、施工工艺参数：已确定

条款号	大纲条款	检 查 依 据	检查要点
5.5.1	设计前已通过现场试验或试验性施工，确定了设计参数和施工工艺参数	7.1.4 高压旋喷桩复合地基方案确定后，应结合工程情况进行现场试验、试验性施工或根据工程经验确定施工参数及工艺。 8.1.3 对于缺乏灰土挤密法地基处理经验的地区，应在地基处理前，选择有代表性的场地进行现场试验，并应根据试验结果确定设计参数和施工工艺，再进行施工。 8.3.5 夯填施工前，应进行不少于3根桩的夯填试验，并应确定合理的填料数量及夯击能量。 9.1.3 夯实水泥土桩复合地基设计前，可根据工程经验，选择水泥品种、强度等级和水泥土配合比，并可初步确定夯实水泥土材料的抗压强度设计值。缺乏经验时，应预先进行配合比试验。 **2.《电力工程地基处理技术规程》DL/T 5024—2005** 5.0.5 地基处理工作的规划和实施，可按下列顺序进行： 3 结合电力工程初步设计阶段的岩土工程勘测，实施必要的地基处理原体试验，以获得必要的设计参数和合理的施工方案。 **3.《建筑地基处理技术规范》JGJ 79—2012** 7.1.1 复合地基设计前，应在有代表性的场地上进行现场试验或试验性施工，以确定设计参数和处理效果	
5.5.2	复合地基技术方案、施工方案齐全，已审批	**1.《建筑地基基础工程施工质量验收规范》GB 50202—2002** 4.1.4 地基加固工程，应在正式施工前进行试验段施工，论证设定的施工参数及加固效果。为验证加固效果所进行的载荷试验，其施加载荷应不低于设计载荷的2倍。 **2.《电力工程地基处理技术规程》DL/T 5024—2005** 5.0.5 地基处理工作的规划和实施，可按下列顺序进行： 3 结合电力工程初步设计阶段的岩土工程勘测，实施必要的地基处理原体试验，以获得必要的设计参数和合理的施工方案。 5.0.12 地基处理的施工应有详细的施工组织设计、施工质量管理和质量保证措施。应有专人负责施工检验与质量监督，做好各项施工记录	1. 查阅复合地基技术方案 审批：手续齐全 内容：论证设定的施工参数及加固效果数据充分 2. 查阅施工方案报审表 审核：监理单位相关责任人已签字 批准：建设单位相关责任人已签字 3. 查阅施工方案 编、审、批：施工单位相关责任人已签字 施工步骤和工艺参数：与技术方案相符

条款号	大纲条款	检 查 依 据	检查要点
5.5.3	散体材料复合地基增强体密实，检测报告齐全	**1.《建筑地基基础工程施工质量验收规范》GB 50202—2002** 4.15.1　施工前应检查砂料的含泥量及有机质含量、样桩的位置等。 4.15.2　施工中检查每根砂桩的桩位、灌砂量、标高、垂直度等。 **2.《建筑地基处理技术规范》JGJ 79—2012** 7.1.2　对散体材料复合地基增强体应进行密实度检验； 7.9.11　多桩型复合地基的质量检验应符合下列规定： 　　3　增强体施工质量检验，对散体材料增强体的检验数量不应少于其总桩数的2%，……	1. 查阅材料跟踪管理台账 　内容：包括砂石等材料的检验报告、使用情况、检验数量符合规范规定 2. 查阅散体材料复合地基增强体的密实度检测报告 　报告检测结果：密实、连续 　报告签章：已加盖CMA章和检测专用章、授权人已签字 　委托单签字：见证取样人员已签字且已附资格证书编号 3. 查阅散体材料增强体的检验报告 　数量：不少于总桩数的2% 　报告结论：满足设计和规范要求
5.5.4	有粘结强度要求的复合地基增强体的强度及桩身完整性满足设计要求，检测报告齐全	**《建筑地基处理技术规范》JGJ 79—2012** 7.1.2　……对有粘结强度复合地基增强体应进行强度及桩身完整性检验	查阅强度检测报告和桩身完整性检测报告 　结论：符合设计及规范要求 　盖章：已加盖CMA章和检测专用章 　签字：授权人已签字

条款号	大纲条款	检 查 依 据	检查要点
5.5.5	复合地基承载力及有设计要求的单桩承载力已通过静载荷试验，检测数量符合标准规定，承载力满足设计要求	**1.《复合地基技术规范》GB/T 50783—2012** 3.0.5 复合地基中由桩周土和桩端土提供的单桩竖向承载力和桩身承载力，均应符合设计要求。 **2.《建筑地基处理技术规范》JGJ 79—2012** 7.1.3 复合地基承载力的验收检验应采用复合地基静载荷试验，对有粘结强度的复合地基增强体尚应进行单桩静载荷试验	1. 查阅复合地基承载力的检测报告 　结论：符合设计要求 　检测数量：符合设计和规范规定 　盖章：已加盖 CMA 章和检测专用章 　签字：授权人已签字 2. 查阅有设计要求的单桩承载力静载荷试验报告 　结论：符合设计要求 　检测数量：符合设计和规范规定 　盖章：已加盖 CMA 章和检测专用章 　签字：授权人已签字
5.5.6	复合地基增强体单桩的桩位偏差符合标准规定	**《建筑地基处理技术规范》JGJ 79—2012** 7.1.4 复合地基增强体单桩的桩位施工允许偏差：对条形基础的边桩沿轴线方向应为桩径的$\pm 1/4$，沿垂直轴线方向应为桩径的$\pm 1/6$，其他情况桩位的施工允许偏差应为桩径的$\pm 40\%$；桩身的垂直度允许偏差应为$\pm 1\%$	1. 查阅复合地基增强体单桩的桩位交接记录 　签字：交接双方及监理已签字 2. 查阅质量检验记录 　复合地基增强体单桩的桩位偏差数值：符合规范规定
5.5.7	施工参数符合设计要求，施工记录齐全	**1.《电力工程地基处理技术规程》DL/T 5024—2005** 5.0.12 地基处理的施工应有详细的施工组织设计、施工质量管理和质量保证措施。应有专人负责施工检验与质量监督，做好各项施工记录。	1. 查阅施工方案 　质量控制参数：与技术方案一致

条款号	大纲条款	检 查 依 据	检查要点
5.5.7	施工参数符合设计要求，施工记录齐全	**2.《建筑地基处理技术规范》JGJ 79—2012** 3.0.12　地基处理施工中应有专人负责质量控制和监测，并做好各项施工记录；当出现异常情况时，必须及时会同有关部门妥善解决。施工结束后应按国家有关规定进行工程质量检验和验收。 7.1.5　复合地基承载力特征值应通过复合地基静载荷试验或采用增强体静载荷试验结果和其周边土的承载力特征值结合经验确定，初步设计时，可按下列公式计算： 　1　对散体材料增强体复合地基应按（7.1.5-1）式计算； 　2　对有粘结强度增强体复合地基应按（7.1.5-2）式计算； 　3　增强体单桩竖向承载力特征值可按（7.1.5-3）式计算。 7.1.6　有粘结强度复合地基增强桩身强度应满足式（7.1.6-1）的要求。当复合地基承载力进行基础埋深的深度修正时，增强体桩身强度应满足式（7.1.6-2）的要求。 7.1.7　复合地基变形计算应符合现行国家标准《建筑地基基础设计规范》GB 50007 的有关规定，地基变形计算深度应大于复合土层的深度。复合土层的分层与天然地基相同，各复合土层的压缩模量应等于该层天然地基压缩模量的 ζ 倍，ζ 值可按式（7.1.7）确定。 7.1.8　复合地基的沉降计算经验系数 ψ_s 可根据地区沉降观测资料统计值确定，无经验取值时，可采用表 7.1.8 的数值	2. 查阅施工记录 　内容：包括质量控制参数、必要时的监测记录 　记录数量：与验收记录相符 3. 查阅质量问题台账 　内容：问题、处理结果、责任人 　处置过程记录：方案和验收资料齐全
5.5.8	施工质量的检验项目、方法、数量符合标准规定，检验结果满足设计要求，质量验收记录齐全	**1.《建筑地基基础工程施工质量验收规范》GB 50202—2002** 4.1.2　砂、石子、水泥、钢材、石灰、粉煤灰等原材料的质量、检验项目、批量和检验方法应符合国家现行标准的规定。 4.1.3　地基施工结束，宜在一个间歇期后，进行质量验收，间歇期由设计确定。 8.0.1　分项工程、分部（子分部）工程质量的验收，均应在施工单位自检合格的基础上进行。施工单位确认自检合格后提出工程验收申请，工程验收时应提供下列技术文件和记录： 　1　原材料的质量合格证和质量鉴定文件； 　3　施工记录及隐蔽工程验收文件； 　4　检测试验及见证取样文件； 　5　其他必须提供的文件或记录。 **2.《复合地基技术规范》GB／T 50783—2012** 6.4.1　深层搅拌桩施工过程中应随时检查施工记录和计量记录，并应对照规定的施工工艺对每根桩进行质量评定，应对固化剂用量、桩长、搅拌头转数、提升速度、复搅次数、复搅深度以及停浆处理方法等进行重点检查。 6.4.2　深层搅拌桩的施工质量检验数量应符合设计要求，并应符合下列规定： 　1　成桩 7d 后，应采用浅部开挖桩头，深度宜超过停浆（灰）面下 0.5m，应目测检查搅拌的均匀性，并应量测成桩直径；	1. 查阅质量检验记录 　检验项目：包括复合地基承载力、有要求时的单桩承载力、散体材料桩的桩身质量、有粘结强度要求桩的桩身完整性检测符合设计要求和规范规定 　检验方法：采用静载试验、动力触探、低应变法等符合规范规定 　检验数量：符合设计和规范规定

续表

条款号	大纲条款	检 查 依 据	检查要点

5.5.8	施工质量的检验项目、方法、数量符合标准规定，检验结果满足设计要求，质量验收记录齐全	2 成桩 28d 后，应用双管单动取样器钻取芯样做抗压强度检验和桩体标准贯入检验；
		3 成桩 28d 后，可按本规范附录 A 的有关规定进行单桩竖向抗压载荷试验。
		6.4.3 深层搅拌桩复合地基工程验收时，应按本规范附录 A 的有关规定进行复合地基竖向抗压载荷试验。载荷试验应在桩体强度满足试验荷载条件，并宜在成桩 28d 后进行。检验数量应符合设计要求。
		7.2.2 旋喷桩主要用于承受竖向荷载时，其平面布置可根据上部结构和基础特点确定。独立基础下的桩数不宜少于 3 根。
		7.4.1 高压旋喷桩施工过程中应随时检查施工记录和计量记录，并应对照规定的施工工艺对每根桩进行质量评定。
		7.4.2 高压旋喷桩复合地基检测与检验可根据工程要求和当地经验采用开挖检查、取芯、标准贯入、载荷试验等方法进行检验，并应结合工程测试及观测资料综合评价加固效果。
		7.4.4 高压旋喷桩复合地基工程验收时，应按本规范附录 A 的有关规定进行复合地基竖向抗压载荷试验。载荷试验应在桩体强度满足试验荷载条件，并宜在成桩 28d 后进行。检验数量应符合设计要求。
		17.3.1 复合地基检测内容应根据工程特点确定，宜包括复合地基承载力、变形参数、增强体质量、桩间土和下卧土层变化等。复合地基检测内容和要求应由设计单位根据工程具体情况确定，并应符合下列规定：
		  1 复合地基检测应注重竖向增强体质量检验；
		  2 具有挤密效果的复合地基，应检测桩间土挤密效果。
		17.3.3 施工人员应根据检测目的、工程特点和调查结果，选择检测方法，制订检测方案，宜采用不少于两种检测方法进行综合质量检验，并应符合先简后繁、先粗后细、先面后点的原则。
		17.3.4 抽检比例、质量评定等均应以检验批为基准，同一检验批的复合地基地质条件应相近，设计参数和施工工艺应相同，应根据工程特点确定抽检比例，但每个检验批的检验数量不得小于 3 个。
		17.3.6 复合地基检测抽检位置的确定应符合下列规定：
		  1 施工出现异常情况的部位；
		  2 设计认为重要的部位；
		  3 局部岩土特性复杂可能影响施工质量的部位；
		  4 当采用两种或两种以上检测方法时，应根据前一种方法的检测结果确定后一种方法的检测位置；
		  5 同一检验批的抽检位置宜均匀分布。
		3.《建筑地基处理技术规范》JGJ 79—2012
		7.1.9 处理后的复合地基承载力，应按本规范附录 B 的方法确定；复合地基增强体的单桩承载力，应按本规范附录 C 的方法确定。
			2. 查阅质量验收记录
			内容：包括检验批、分项工程验收记录及隐蔽工程验收文件等
			数量：与项目质量验收范围划分表相符

条款号	大纲条款	检 查 依 据	检查要点
5.5.8	施工质量的检验项目、方法、数量符合标准规定，检验结果满足设计要求，质量验收记录齐全	8.0.11 试验点的数量不应少于3点，当满足其极差不超过平均值的30％时，可取其平均值为复合地基承载力特征值。当极差超过平均值的30％时，应分析离差过大的原因，需要时应增加试验数量，并结合工程具体情况确定复合地基承载力特征值。工程验收时应视建筑物结构、基础形式综合评价，对于桩数少于5根的独立基础或桩数少于3排的条形基础，复合地基承载力特征值应取最低值。 9.0.11 将单桩极限承载力除以安全系数2，为单桩承载力特征值	
5.5.9	振冲碎石桩和沉管碎石桩等符合以下要求		
（1）	原材料质量证明文件齐全	**1.《建筑地基基础工程施工质量验收规范》GB 50202—2002** 4.1.2 砂、石子、水泥、钢材、石灰、粉煤灰等原材料的质量、检验项目、批量和检验方法，应符合国家现行标准的规定。 **2.《电力建设施工技术规范 第1部分：土建结构工程》DL 5190.1—2012** 3.0.2 工程所用主要原材料、半成品、构（配）件、设备等产品，进入施工现场时应按规定进行现场检验或复验，合格后方可使用，有见证取样检测要求的应符合国家现行有关标准的规定。对工程所用的水泥、钢筋等主要材料应进行跟踪管理。 **3.《电力建设施工质量验收及评价规程 第1部分：土建工程》DL/T 5210.1—2012** 3.0.1 涉及结构安全的试块、试件以及有关材料，应按规定进行见证取样检测。 18.3.1 地基及桩基工程质量记录应评价的内容包括： 　1 材料、预制桩合格证（出厂试验报告）、进场验收记录及水泥、钢筋复验报告。 　3 施工试验： 　1）各种地基材料的配合比试验报告。 **4.《建筑地基处理技术规范》JGJ 79—2012** 3.0.11 地基处理所采用的材料，应根据场地类别符合有关标准对耐久性设计与使用的要求	查阅碎石试验检测报告和试验委托单 　报告检测结果：合格 　盖章：已加盖CMA章和检测专用章 　签字：授权人已签字 　委托单签字：见证取样人员已签字且已附资格证书编号 　代表数量：与进场数量相符
（2）	施工工艺与设计（施工）方案一致	**《建筑地基处理技术规范》JGJ 79—2012** 3.0.12 施工技术人员应掌握所承担工程的地基处理目的，加固原理，技术要求和质量标准等。施工中应有专人负责质量控制和监测，并做好施工记录。 7.2.1 振冲碎石桩、沉管砂石桩复合地基处理应符合下列规定： 　2 对大型的、重要的或场地地层复杂的工程，以及对于处理不排水抗剪强度不小于20kPa的饱和黏性土和黄土地基，应在施工前通过现场试验确定其适用性；	查阅施工方案 　施工工艺：与设计方案一致 　施工前适用性试验：已完成，试验过程及试验数据真实、可靠

条款号	大纲条款	检 查 依 据	检查要点
（2）	施工工艺与设计（施工）方案一致	3　不加填料振冲挤密法适用于处理黏粒含量不大于10%的中砂、粗砂地基，在初步设计阶段宜进行现场工艺试验，确定不加填料振密的可行性，确定孔距、振密电流值、振冲水压力、振后砂层的物理学指标等施工参数；30kW振冲器振密深度不宜超过7m，75kW振冲器振密深度不宜超过15m	适用性试验：结论明确，已经设计、监理、建设单位确认
（3）	地基承载力检测数量符合标准规定，检测报告结论满足设计要求	《建筑地基基础工程施工质量验收规范》GB 50202—2002 4.1.5　对灰土地基、砂和砂石地基、土工合成材料地基、粉煤灰地基、强夯地基、注浆地基、预压地基，其竣工后的结果（地基强度或承载力）必须达到设计要求的标准	查阅地基承载力检测报告 结论：符合设计要求 检验数量：符合设计和规范要求 盖章：已加盖CMA章和检测专用章 签字：授权人已签字
（4）	施工参数符合设计要求，施工记录齐全	1. 《电力工程地基处理技术规程》DL/T 5024—2005 5.0.12　地基处理的施工应有详细的施工组织设计、施工质量管理和质量保证措施。应有专人负责施工检验与质量监督，做好各项施工记录。 2. 《建筑地基处理技术规范》JGJ 79—2012 3.0.12　地基处理施工中应有专人负责质量控制和监测，并做好各项施工记录。 7.2.2　振冲碎石桩、沉管砂石桩复合地基设计应符合下列规定： 　　1　地基处理范围应根据建筑物的重要性和场地条件确定，宜在基础外缘扩大（1～3）排桩。对可液化地基，在基础外缘扩大宽度不应小于基底下可液化土层厚度的1/2，且不应小于5m。 　　2　桩位布置，对大面积满堂基础和独立基础，可采用三角形、正方形、矩形布桩；对条形基础，可沿基础轴线采用单排布桩或对称轴线多排布桩。 　　3　桩径可根据地基土质情况、成桩方式和成桩设备等因素确定桩的平均直径可按每根桩所用填料量计算。振冲碎石桩桩径宜为800mm～1200mm；沉管砂石桩桩径宜为300mm～800mm。 　　4　桩间距应通过现场试验确定，并应符合下列规定： 　　1）振冲碎石桩的桩间距根据上部结构荷载大小和场地土层情况，并结合所采用的振冲器功率大小综合考虑；30kW振冲器布桩间距可采用1.3m～2.0m；55kW振冲器布桩间距可采用1.4m～2.5m；75kW振冲器布桩间距可采用1.5m～3.0m；不加填料振冲密实孔距可为2m～3m。 　　2）沉管砂石桩的桩间距，不宜大于砂石桩直径的4.5倍；初步设计时，对松散粉土和砂土地基，应根据挤密后要求达到的孔隙比确定，可按公式7.2.2-1、7.2.2-2、7.2.2-3估算。	1. 查阅施工方案 　桩位布置，桩长、桩径、桩距，振冲桩桩体材料、振冲电流、留振时间质量控制参数：符合技术方案 2. 查阅施工记录 　内容：包括桩位布置，桩长、桩径、桩距，振冲桩桩体材料、振冲电流、留振时间等 　记录数量：与验收记录相符

条款号	大纲条款	检 查 依 据	检查要点
（4）	施工参数符合设计要求，施工记录齐全	5　桩长可根据工程要求和工程地质条件，通过计算确定并应符合下列规定： 1）当相对硬土层埋深较浅时，可按相对硬层埋深确定。 2）当相对硬土层埋深较大时，应按建筑物地基变形允许值确定。 3）对按稳定性控制的工程，桩长应不小于最危险滑动面以下 2.0m 的深度。 4）对可液化的地基，桩长应按要求处理液化的深度确定。 5）桩长不宜小于 4m。 6　振冲桩桩体材料可采用含泥量不大于 5％的碎石、卵石、矿渣或其他性能稳定的硬质材料，不宜使用风化易碎的石料。对 30kW 振冲器，填料粒径宜为 20mm～80mm；对 55kW 振冲器，填料粒径宜为 30mm～100mm；对 75kW 振冲器，填料粒径宜为 40mm～150mm。沉管桩桩体材料可用含泥量不大于 5％的碎石、卵石、角砾、粗砂、中砂或石屑等硬质材料，最大粒径不宜大于 50mm。 7　桩顶和基础之间宜铺设厚度为 300mm～500mm 的垫层，垫层材料宜用中砂、粗砂、级配砂石和碎石等，最大粒径不宜大于 30mm，其夯填度（夯实后的厚度与虚铺厚度的比值）不应大于 0.9。 8　复合地基的承载力初步设计可按本规范（7.1.5-1）式估算，处理后桩间土承载力特征值，可按地区经验确定，如无经验时，对于一般粘性土地基，可按地区经验确定，如无经验时，对于一般黏性土地基，可取天然地基承载力特征值，松散的砂土、粉土可取原天然地基承载力特征值的（1.2～1.5）倍；复合地基桩土应力比 n，宜采用实测值确定，如无实测资料时，对于粘性土可取 2.0～4.0，对于砂土、粉土可取 1.5～3.0。 9　复合地基变形计算应符合本规范第 7.1.7 和第 7.1.8 条的规定。 10　对处理堆载场地地基，应进行稳定性验算。 7.2.3　振冲碎石桩施工应符合下列规定： 1　振冲施工可根据设计荷载的大小、原土强度的高低、设计桩长等条件选用不同功率的振冲器。施工前应在现场进行试验，以确定水压、振密电流和留振时间等各种施工参数。 2　升降振冲器的机械可用起重机、自行井架式施工平车或其他合适的设备。施工设备应配有电流、电压和留振时间自动信号仪表。 3　振冲施工可按下列步骤进行： 1）清理平整施工场地，布置桩位。 2）施工机具就位，使振冲器对准桩位。 3）启动供水泵和振冲器，水压宜为 200kPa～600kPa，水量宜为 200L/min～400L/min，将振冲器徐徐沉入土中，造孔速度宜为 0.5m/min～2.0m/min，直至达到设计深度；记录振冲器经各深度的水压、电流和留振时间。 4）造孔后边提升振冲器，边冲水直至孔口，再放至孔底，重复（2～3）次扩大孔径并使孔内泥浆变稀，开始填料制桩。	

条款号	大纲条款	检查依据	检查要点
（4）	施工参数符合设计要求，施工记录齐全	5）大功率振冲器投料可不提出孔口，小功率振冲器下料困难时，可将振冲器提出孔口填料，每次填料厚度不宜大于 500mm；将振冲器沉入填料中进行振密制桩，当电流达到规定的密实电流值和规定的留振时间后，将振冲器提升 300mm～500mm。 　　6）重复以上步骤，自下而上逐段制作桩体直至孔口，记录各段深度的填料量、最终电流值和留振时间。 　　7）关闭振冲器和水泵。 　　4　施工现场应事先开设泥水排放系统，或组织好运浆车辆将泥浆运至预先安排的存放地点，应设置沉淀池，重复使用上部清水。 　　5　桩体施工完毕后，应将顶部预留的松散桩体挖除，铺设垫层并压实。 　　6　不加填料振冲加密宜采用大功率振冲器，造孔速度宜为 8m/min～10m/min，到达设计深度后，宜将射水量减至最小，留振至密实电流达到规定时，上提 0.5m，逐段振密直至孔口，每米振密时间约 1min。在粗砂中施工，如遇下沉困难，可在振冲器两侧增焊辅助水管，加大造孔水量，降低造孔水压。 　　7　振密孔施工顺序，宜沿直线逐点逐行进行。 7.2.4　沉管砂石桩施工应符合下列规定： 　　1　砂石桩施工可采用振动沉管、锤击沉管或冲击成孔等成桩法。当用于消除粉细砂及粉土液化时，宜用振动沉管成桩法。 　　2　施工前应进行成桩工艺和成桩挤密试验。当成桩质量不能满足设计要求时，应调整施工参数后，重新进行试验或设计。 　　3　振动沉管成桩法施工，应根据沉管和挤密情况，控制填砂石量、提升高度和速度、挤压次数和时间、电机的工作电流等。 　　4　施工中应选用能顺利出料和有效挤压桩孔内砂石料的桩尖结构。当采用活瓣桩靴时，对砂土和粉土地基宜选用尖锥形；一次性桩尖可采用混凝土锥形桩尖。 　　5　锤击沉管成桩法施工可采用单管法或双管法。锤击法挤密应根据锤击能量，控制分段的填砂石量和成桩的长度。 　　6　砂石桩桩孔内材料填料量，应通过现场试验确定，估算时，可按设计桩孔体积乘以充盈系数确定，充盈系数可取 1.2～1.4。 　　7　砂石桩的施工顺序：对砂土地基宜从外围或两侧向中间进行。 　　8　施工时桩位偏差不应大于套管外径的 30%，套管垂直度允许偏差应为 ±1%。 　　9　砂石桩施工后，应将表层的松散层挖除或夯压密实，随后铺设并压实砂石垫层	

条款号	大纲条款	检 查 依 据	检查要点
(5)	施工质量的检验项目、方法、数量符合标准规定，检验结果满足设计要求，质量验收记录齐全	**1.《建筑地基基础工程施工质量验收规范》GB 50202—2002** 4.1.2　砂、石子、水泥、钢材、石灰、粉煤灰等原材料的质量、检验项目、批量和检验方法应符合国家现行标准的规定。 4.1.3　地基施工结束，宜在一个间歇期后，进行质量验收，间歇期由设计确定。 4.1.5　对灰土地基、砂和砂石地基、土工合成材料地基、粉煤灰地基、强夯地基、注浆地基、预压地基，其竣工后的结果（地基强度或承载力）必须达到设计要求的标准。检验数量，每单位工程不应少于3点，1000m² 以上工程，每100m² 至少应有1点，3000m² 以上工程，每300m² 至少应有1点。每一独立基础下至少应有1点，基槽每20延米应有1点。 8.0.1　分项工程、分部（子分部）工程质量的验收，均应在施工单位自检合格的基础上进行。施工单位确认自检合格后提出工程验收申请，工程验收时应提供下列技术文件和记录： 　　1　原材料的质量合格证和质量鉴定文件； 　　2　半成品如预制桩、钢桩、钢筋笼等产品合格证书； 　　3　施工记录及隐蔽工程验收文件； 　　4　检测试验及见证取样文件； 　　5　其他必须提供的文件或记录。 **2.《建筑地基处理技术规范》JGJ 79—2012** 7.2.5　振冲碎石桩、沉管砂石桩复合地基的质量检验应符合下列规定： 　　1　检查各项施工记录，如有遗漏或不符合要求的桩，应补桩或采取其他有效的补救措施。 　　2　施工后，应间隔一定时间方可进行质量检验。对粉质黏土地基不宜少于21d，对粉土地基不宜少于14d，对砂土和杂填土地基不宜少于7d。 　　3　施工质量的检验，对桩体可采用重型动力触探试验；对桩间土可采用标准贯入、静力触探、动力触探或其他原位测试等方法；对消除液化的地基检验应采用标准贯入试验。桩间土质量的检测位置应在等边三角形或正方形的中心。检验深度不应小于处理地基深度，检测数量不应少于桩孔总数的2%。 7.2.6　竣工验收时，地基承载力检验应采用复合地基静载荷试验，试验数量不应少于总桩数的1%，且每个单体建筑不应少于3点	1. 查阅质量检验记录 　检验项目：包括原材料、桩体、桩间土质量符合设计和规范要求 　检验方法：包括桩间土采用标准贯入、静力触探、动力触探或其他原位测试；对消除液化的地基检验采用标准贯入试验，符合规范规定 　施工后质量检验时间：符合地基土质对时间间隔要求 　检验数量：符合规范规定 2. 查阅质量验收记录内容：符合规范规定
5.5.10	水泥土搅拌桩符合以下要求		
(1)	原材料质量证明文件齐全	**1.《混凝土结构工程施工质量验收规范》GB 50204—2015** 7.2.1　水泥进场时，应对其品种、代号、强度等级、包装或散装编号、出厂日期等进行检查，并应对水泥的强度、安定性和凝结时间进行检验，检验结果应符合现行国家标准《通用硅酸盐水泥》GB 175 的相关规定。	1. 查阅水泥、掺合料、外加剂进场验收记录

条款号	大纲条款	检 查 依 据	检查要点
（1）	原材料质量证明文件齐全	检查数量：按同一厂家、同一品种、同一代号、同一强度等级、同一批号且连续进场的水泥，袋装不超过200t为一批，散装不超过500t为一批，每批抽样不少于一次。 检验方法：检查质量证明文件和抽样检验报告。 **2.《复合地基技术规范》GB/T 50783—2012** 6.2.1 固化剂宜选用强度等级为42.5级及以上的水泥或其他类型的固化剂；外掺剂可根据设计要求和土质条件选用具有早强、缓凝、减水以及节省水泥等作用的材料，且应避免污染环境。 **3.《电力建设施工质量验收及评价规程 第1部分：土建工程》DL/T 5210.1—2012** 3.0.1 涉及结构安全的试块、试件以及有关材料，应按规定进行见证取样检测。 18.3.1 地基及桩基工程质量记录应评价的内容包括： 　　1 材料、预制桩合格证（出厂试验报告）、进场验收记录及水泥、钢筋复验报告。 　　3 施工试验： 　　　　1）各种地基材料的配合比试验报告。 **4.《建筑地基处理技术规范》JGJ 79—2012** 7.3.1 水泥土搅拌桩复合地基处理应符合下列规定： 　　5 增强体的水泥掺量不应小于12%，块状加固时水泥掺量不应小于加固天然土质量的7%；湿法的水泥浆水灰比可取0.5~0.6。 　　6 水泥土搅拌桩复合地基宜在基础和桩之间设置褥垫层，厚度可取200mm~300mm。褥垫层材料可选用中砂、粗砂、级配砂石等，最大粒径不宜大于20mm。褥垫层的夯填度不应大于0.9	内容：包括出厂合格证（出厂试验报告），材料进场时间、批次、数量、规格等相应性能指标 2. 查阅材料跟踪管理台账 　内容：包括水泥、掺合料、外加剂等材料合格证、复试报告、使用情况、检验数量 3. 查阅水泥、掺合料、外加剂试验检测报告和试验委托单 　报告检测结果：合格 　报告盖章：已加盖CMA章和检测专用章 　报告签字：授权人已签字 　委托单签字：见证取样人员已签字且已附资格证书编号 　代表数量：与进场数量相符
（2）	施工工艺与设计（施工）方案一致	**1.《复合地基技术规范》GB/T 50783—2012** 6.1.1 深层搅拌桩可采用喷浆搅拌法或喷粉搅拌法施工。当地基土的天然含水量小于30%或黄土含水量小于25%时不宜采用喷粉搅拌法。 6.1.4 确定处理方案前应搜集拟处理区域内详尽的岩土工程资料。 6.2.1 固化剂宜选用强度等级为42.5级及以上的水泥或其他类型的固化剂。固化剂掺入比应根据设计要求的固化土强度经室内配比试验确定。	1. 查阅施工方案 　施工工艺：与设计方案一致

条款号	大纲条款	检 查 依 据	检查要点
（2）	施工工艺与设计（施工）方案一致	6.3.1　深层搅拌桩施工现场应预先平整，应清除地上和地下的障碍物。遇有明洪、池塘及洼地时……，不得回填杂填土或生活垃圾。 6.3.3　深层搅拌桩的喷浆（粉）量和搅拌深度应采用经国家计量部门认证的监测仪器进行自动记录。 6.3.4　搅拌头翼片的枚数、宽度与搅拌轴的垂直夹角，搅拌头的回转数，搅拌头的提升速度应相互匹配。加固深度范围内土体任何一点均应搅拌 20 次以上。 6.3.5　成桩应采用重复搅拌工艺，全桩长上下应至少重复搅拌一次。 6.3.6　深层搅拌桩施工时，停浆（灰）面应高于桩顶设计标高 300mm～500mm。在开挖基时，应将搅拌桩顶端施工质量较差的桩段用人工挖除。 6.3.8　深层搅拌桩施工应根据喷浆搅拌法和喷粉搅拌法施工设备的不同，按下列步骤进行： 　　1　深层搅拌机械就位、调平。 　　2　预搅下沉至设计加固深度。 　　3　边喷浆（粉）、边搅拌提升直至预定的停浆（灰）面。 　　4　重复搅拌下沉至设计加固深度。 　　5　根据设计要求，喷浆（粉）或仅搅拌提升直至预定的停浆（灰）面。 　　6　关闭搅拌机械。 6.3.9　喷浆搅拌法施工时，……应使搅拌提升速度与输浆速度同步，同时应根据设计要求通过工艺性成桩试验确定施工工艺。 6.3.10　喷浆搅拌法施工时，所使用的水泥应过筛，制备好的浆液不得离析，泵送应连续。 6.3.13　喷粉施工前应仔细检查搅拌机械、供粉泵、送（粉）管路、接头和阀门的密封性、可靠性。送气（粉）管路的长度不宜大于 60m。 6.3.14　搅拌头每旋转一周，其提升高度不得超过 16mm。 6.3.15　成桩过程中因故停止喷粉，应将搅拌头下沉至停灰面以下 1m 处，并应待恢复喷粉时再喷粉搅拌提升。 6.3.16　需在地基土天然含水量小于 30％土层中喷粉成桩时，应采用地面注水搅拌工艺。 **2.《建筑地基处理技术规范》JGJ 79—2012** 7.3.2　水泥土搅拌桩用于处理泥炭土、有机质土、pH 值小于 4 的酸性土、塑性指标大于 25 的黏土，或在腐蚀性环境中以及无工程经验的地区使用时，必须通过现场和室内试验确定其适用性。 7.3.5　水泥土搅拌桩施工应符合下列规定： 　　2　水泥土搅拌桩施工前，应根据设计进行工艺性试桩，数量不少于 3 根，多轴搅拌施工不得少于 3 组。应对工艺试桩的质量进行检查，确定施工参数。 7.3.6　水泥土搅拌桩干法施工机械必须配置经国家计量部门确认的具有能瞬时检测并记录出粉体计量装置及搅拌深度自动记录仪。	2. 查阅喷浆（粉）、搅拌深度监测仪器检定报告 　监测仪器：已经国家计量部门认证 　性能：可瞬间自动记录喷浆（粉）量、搅拌深度

续表

条款号	大纲条款	检 查 依 据	检查要点
(2)	施工工艺与设计（施工）方案一致	**3.《深层搅拌法技术规范》DL/T 5425—2009** 6.5.9 施工记录应有专人负责，施工记录格式可参见附录B。 7.0.11 施工过程中应详细记录搅拌钻头每米下沉（提升）时间、注浆与停泵的时间。记录深度误差不得大于50mm，时间误差不得大于5s。 7.0.12 施工记录应及时、准确、完整、清晰	
(3)	对变形有严格要求的工程，采用钻取芯样做水泥土抗压强度检验，检验数量、检测结果符合标准规定	**1.《建筑地基基础工程施工质量验收规范》GB 50202—2002** 4.11.4 拌桩应取样进行强度检验时，对承重水泥土搅拌桩应取90d后的试件；对支护水泥土搅拌桩应取28d后的试件。 **2.《建筑地基处理技术规范》JGJ 79—2012** 7.3.7 水泥土搅拌桩复合地基质量检验应符合下列规定： 　　4 对变形有严格要求的工程，应在成桩28d后，采用双管单动取样器钻取芯样作水泥土抗压强度检验，检验数量为施工总桩数的0.5%，且不少于6点	1. 查阅取芯施工记录 　内容：芯样检验数量、检测时间和结果符合设计要求和规范规定 2. 查阅水泥土抗压强度检测报告和试验委托单 　报告检测结果：合格 　报告签章：已加盖CMA章和检测专用章、授权人已签字 　委托单签字：见证取样人员已签字且已附资格证书编号
(4)	地基承载力检测数量符合标准规定，检测报告结论满足设计要求	**1.《复合地基技术规范》GB/T 50783—2012** 3.0.5 复合地基中由桩周土和桩端土提供的单桩竖向承载力和桩身承载力，均应符合设计要求。 **2.《建筑地基处理技术规范》JGJ 79—2012** 7.3.7 水泥土搅拌桩复合地基质量检验应符合下列规定： 　　3 静载荷试验宜在成桩28d后进行。水泥土搅拌桩复合地基承载力检验应采用复合地基静载试验和单桩静载荷试验，验收检验数量不少于总桩数的1%，复合地基静载荷试验数量不少于3台（多轴搅拌为3组）	查阅地基承载力检测报告 　结论：复合地基和单桩承载力符合设计要求 　检验数量：符合设计和规范要求 　盖章：已加盖CMA章和检测专用章 　签字：授权人已签字

条款号	大纲条款	检 查 依 据	检查要点
（5）	施工参数符合设计要求，施工记录齐全	**《复合地基技术规范》GB/T 50783—2012** 6.3.7 施工中应保持搅拌桩机底盘水平和导向架竖直，搅拌桩垂直度的允许偏差为 1%；桩位的允许偏差为 50mm；成桩直径和桩长不得小于设计值。 6.3.9 喷浆搅拌法施工前应确定灰浆泵输浆量、灰浆经输浆管到达搅拌机喷浆口的时间和起吊等施工参数，宜用流量泵控制输浆速度，注浆泵出口压力应保持在 0.4MPa～0.6MPa。 6.3.10 喷浆搅拌法施工时拌制水泥浆液的罐数、水泥和外掺剂用量以及泵送浆液的时间等，应有专人记录。 6.3.11 搅拌机喷浆提升的速度和次数应符合施工工艺的要求，并应有专人记录。 6.3.12 当水泥浆液到达出浆口后，应喷浆搅拌 30s，应在水泥浆与桩端土充分搅拌后，再开始提升搅拌头	1. 查阅施工方案 灰浆泵输浆量、设备提升速度、注浆泵出口压等质量控制参数：符合技术方案 2. 查阅施工记录 内容：包括灰浆泵输浆量、设备提升速度、注浆泵出口压等 记录数量：与验收记录相符
（6）	施工质量的检验项目、方法、数量符合标准规定，检验结果满足设计要求，质量验收记录齐全	**1.《建筑地基基础工程施工质量验收规范》GB 50202—2002** 4.11.5 水泥土搅拌桩地基质量检验标准应符合表 4.11.5 的规定。 **2.《建筑地基处理技术规范》JGJ 79—2012** 7.3.7 水泥土搅拌桩复合地基质量检验应符合下列规定： 2 水泥土搅拌桩的施工质量检验可采用下列方法： 1）成桩 3d 内，采用轻型动力触探（N10）检查上部桩身的均匀性，检验数量为施工总桩数的 1%，且不少于 3 根； 2）成桩 7d 后，采用浅部开挖桩头进行检查，开挖深度宜超过停浆（灰）面下 0.5m，检查搅拌的均匀性，量测成桩直径，检查数量不少于总桩数的 5%。 3 静载荷试验宜在成桩 28d 后进行。水泥土搅拌桩复合地基承载力检验应采用复合地基静载荷试验和单桩静载荷试验，验收检验数量不少于总桩数的 1%，复合地基静载荷试验数量不少于 3 台（多轴搅拌为 3 组）。 4 对变形有严格要求的工程，应在成桩 28d 后，采用双管单动取样器钻取芯样作水泥土抗压强度检验，检验数量为施工总桩数的 0.5%，且不少于 6 点。 7.3.8 基槽开挖后，应检验桩位、桩数与桩顶桩身质量如不符合设计要求，应采取有效补强措施	1. 查阅质量检验记录 检验项目：包括水泥用量、桩底标高、桩顶标高、桩位、桩径等偏差，符合设计要求和规范规定 检验方法：包括成桩 3d 内，采用轻型动力触探（N10）；成桩 7d 后，采用浅部开挖桩头进行检查等，符合规范规定 检验数量：符合设计和规范规定 2. 查阅质量验收记录 内容：包括检验批、分项工程验收记录及隐蔽工程验收文件等，验收合格 数量：与项目质量验收范围划分表相符

续表

条款号	大纲条款	检 查 依 据	检查要点
5.5.11	旋喷桩复合地基符合以下要求		
(1)	原材料质量证明文件齐全	**1.《混凝土结构工程施工质量验收规范》GB 50204—2015** 7.2.1 水泥进场时，应对其品种、代号、强度等级、包装或散装编号、出厂日期等进行检查，并应对水泥的强度、安定性和凝结时间进行检验，检验结果应符合现行国家标准《通用硅酸盐水泥》GB 175 的相关规定。 检查数量：按同一厂家、同一品种、同一代号、同一强度等级、同一批号且连续进场的水泥，袋装不超过 200t 为一批，散装不超过 500t 为一批，每批抽样不少于一次。 检验方法：检查质量证明文件和抽样检验报告。 **2.《电力建设施工质量验收及评价规程 第 1 部分：土建工程》DL/T 5210.1—2012** 3.0.1 涉及结构安全的试块、试件以及有关材料，应按规定进行见证取样检测。 18.3.1 地基及桩基工程质量记录应评价的内容包括： 1 材料、预制桩合格证（出厂试验报告）、进场验收记录及水泥、钢筋复验报告。 3 施工试验： 1）各种地基材料的配合比试验报告。 **3.《建筑地基处理技术规范》JGJ 79—2012** 7.4.6 旋喷桩复合地基宜在基础和桩顶之间设置褥垫层。褥垫层厚度宜为 150mm～300mm，褥垫层材料可选用中砂、粗砂和级配砂石等，褥垫层最大粒径不宜大于 20mm。褥垫层的夯填度不应大于 0.9。 7.4.8 旋喷桩施工应符合下列规定： 3 旋喷注浆，宜采用强度等级为 42.5 级的普通硅酸盐水泥，可根据需要加入适量的外加剂及掺合料。外加剂和掺合料的用量，应通过试验确定。 4 水泥浆液的水灰比宜为 0.8～1.2	1. 查阅水泥、掺合料、外加剂进场验收记录 内容：包括出厂合格证（出厂试验报告）、材料进场时间、批次、数量、规格、相应性能指标 2. 查阅材料跟踪管理台账 内容：包括水泥、掺合料、外加剂等材料的合格证、复试报告、使用情况、检验数量，可追溯 3. 查阅水泥、掺合料、外加剂试验检测报告和试验委托单 报告检测结果：合格 报告签章：已加盖 CMA 章和检测专用章、授权人已签字 委托单签字：见证取样人员已签字且已附资格证书编号 代表数量：与进场数量相符

条款号	大纲条款	检 查 依 据	检查要点
(2)	施工工艺与设计（施工）方案一致	**1.《复合地基技术规范》GB/T 50783—2012** 7.1.4 高压旋喷桩复合地基方案确定后，应结合工程情况进行现场试验、试验性施工或根据工程经验确定施工参数及工艺。 7.3.1 施工前应根据现场环境和地下埋设物位置等情况，复核设计孔位。 7.3.3 高压旋喷水泥土桩施工应按下列步骤进行： 　1 高压旋喷机械就位、调平。 　2 贯入喷射管至设计加固深度。 　3 喷射注浆，边喷射、边提升，根据设计要求，喷射提升直至预定的停喷面。 　4 拔管及冲洗，移位或关闭施工机械。 **2.《建筑地基处理技术规范》JGJ 79—2012** 7.4.8 旋喷桩施工应符合下列规定： 　9 在旋喷注浆过程中出现压力骤然下降、上升或冒浆异常时，应查明原因并及时采取措施。 　10 旋喷注浆完毕，应迅速拔出喷射管。为防止浆液凝固收缩影响桩顶高程，可在原孔位采用冒浆回灌或第二次注浆等措施。 　11 施工中应做好废泥浆处理，及时将废泥浆运出或在现场短期堆放后作土方运出。 　12 施工中应严格按照施工参数和材料用量施工，用浆量和提升速度应采用自动记录装置，并做好各项施工记录	查阅施工方案 施工工艺：与设计方案一致
(3)	地基承载力检测数量符合标准规定，检测报告结论满足设计要求	**1.《复合地基技术规范》GB/T 50783—2012** 7.4.4 高压旋喷桩复合地基工程验收时，应按本规范附录 A 的有关规定进行复合地基竖向抗压载荷试验。载荷试验应在桩体强度满足试验荷载条件，并宜在成桩 28d 后进行。检验数量应符合设计要求。 **2.《建筑地基处理技术规范》JGJ 79—2012** 7.4.10 竣工验收时，旋喷桩复合地基承载力检验应采用复合地基静载荷试验和单桩静载荷试验。检验数量不得少于总桩数的 1%，且每个单体工程复合地基静载荷试验的数量不得少于 3 根	查阅地基承载力检测报告 结论：复合地基和单桩承载力符合设计要求 检验数量：符合设计和规范要求 盖章：已加盖 CMA 章和检测专用章 签字：授权人已签字
(4)	施工参数符合设计要求，施工记录齐全	**1.《复合地基技术规范》GB/T 50783—2012** 7.4.1 高压旋喷桩施工过程中应随时检查施工记录和计量记录，并应对照规定的施工工艺对每根桩进行质量评定。	1. 查阅施工方案 质量控制参数：包括水灰比、灰浆泵输浆量、设备提升速度、注浆泵出口压力等，符合技术方案

续表

条款号	大纲条款	检 查 依 据	检查要点
(4)	施工参数符合设计要求，施工记录齐全	**2.《建筑地基处理技术规范》JGJ 79—2012** 7.4.8 旋喷桩施工应符合下列规定： 2 单管法、双管法高压水泥浆和三管法高压水的压力应大于 20MPa，流量应大于 30L/min，气流压力宜大 0.7MPa，提升速度宜为 0.1m/min～0.2m/min。 3 旋喷注浆，宜采用强度等级为 42.5 级的普通硅酸盐水泥，可根据需要加入适量的外加剂及掺合料。外加剂和掺合料的用量，应通过试验确定。 4 水泥浆液的水灰比宜为 0.8～1.2	2.查阅施工记录 内容：包括水灰比、灰浆泵输浆量、设备提升速度、注浆泵出口压等 记录数量：与验收记录相符
(5)	施工质量的检验项目、方法、数量符合标准规定、检验结果满足设计要求，质量验收记录齐全	**1.《建筑地基基础工程施工质量验收规范》GB 50202—2002** 4.10.3 施工结束后，应检验桩体强度、平均直径、桩身中心位置、桩体质量及承载力等。桩体质量及承载力检验应在施工结束后 28d 进行。 4.10.4 高压喷射注浆地基质量检验标准应符合表 4.10.4 的规定。 **2.《复合地基技术规范》GB/T 50783—2012** 7.4.2 高压旋喷桩复合地基检测与检验可根据工程要求和当地经验采用开挖检查、取芯、标准贯入、载荷试验等方法进行检验，并应结合工程测试及观测资料综合评价加固效果。 7.4.3 检验点布置应符合下列规定： 1 有代表性的桩位。 2 施工中出现异常情况的部位。 3 地基情况复杂，可能对高压喷射注浆质量产生影响的部位。 7.4.4 高压旋喷桩复合地基工程验收时，应按本规范附录 A 的有关规定进行复合地基竖向抗压载荷试验。载荷试验应在桩体强度满足试验荷载条件，并宜在成桩 28d 后进行。检验数量应符合设计要求。 **3.《建筑地基处理技术规范》JGJ 79—2012** 7.4.9 旋喷桩质量检验应符合下列规定： 3 成桩质量检验点的数量不少于施工孔数的 2%，并不应少于 6 点	1.查阅质量检验记录 检验项目：包括水泥用量、桩底标高、桩顶标高、桩位、桩径等，符合设计要求和规范规定 检验方法：采用开挖检查、取芯、标准贯入法、载荷试验等，符合规范规定 检验数量：检验数量不少于施工总桩数的 2%，并不应少于 6 点，符合规范规定 2.查阅质量验收记录 内容：包括检验批、分项工程验收记录及隐蔽工程验收文件等 数量：与项目质量验收范围划分表相符

续表

条款号	大纲条款	检 查 依 据	检查要点
5.5.12	灰土挤密桩和土挤密桩复合地基符合以下要求		
(1)	消石灰性能指标及灰土强度等级符合设计要求	**《建筑地基处理技术规范》JGJ 79—2012** 7.5.2 灰土挤密桩、土挤密桩复合地基设计应符合下列规定： 6 桩孔内的灰土填料，其消石灰与土的体积配合比，宜为 2∶8 或 3∶7。土料宜选用粉质黏土，土料中的有机质含量不应超过 5%，且不得含有冻土，渣土垃圾粒径不应超过 15mm。石灰可选用新鲜的消石灰或生石灰粉，粒径不应大于 5mm。消石灰的质量应合格，有效 $CaO+MgO$ 含量不得低于 60%	1. 查阅消石灰进场验收记录 　内容：包括出厂合格证（出厂试验报告）、材料进场时间、批次、数量、规格、相应性能指标 2. 查阅消石灰试验报告和试验委托单 　报告检测结果：合格 　报告签章：已加盖 CMA 章和检测专用章、授权人已签字 　委托单签字：见证取样人员已签字且已附资格证书编号 3. 查阅灰土配合比记录 　配合比：符合设计要求
(2)	施工工艺与设计（施工）方案一致	**1.《复合地基技术规范》GB/T 50783—2012** 8.1.1 灰土挤密桩复合地基适用于填土、粉土、粉质黏土、湿陷性黄土和非湿陷性黄土、黏土以及其他可进行挤密处理的地基。 8.1.2 采用灰土挤密桩处理地基时，应使地基土的含水量达到或接近最优含水量。地基土的含水量小于 12% 时，应先对地基土进行增湿，再进行施工。当地基土的含水量大于 22% 或含有不可穿越的砂砾夹层时，不宜采用。	查阅施工方案 施工工艺：与设计方案一致

条款号	大纲条款	检 查 依 据	检查要点
（2）	施工工艺与设计（施工）方案一致	8.1.3　对于缺乏灰土挤密法地基处理经验的地区，应在地基处理前，选择有代表性的场地进行现场试验，并应根据试验结果确定设计参数和施工工艺，再进行施工。 8.1.4　成孔挤密施工，可采用沉管、冲击、爆扩等方法。当采用预钻孔夯扩挤密时，应加强施工控制，并应确保夯扩直径达到设计要求。 8.1.5　孔内填料宜采用素土或灰土，也可采用水泥土等强度较高的填料。对非湿陷性地基，也可采用建筑垃圾、砂砾等作为填料。 8.3.1　灰土挤密桩施工应间隔分批进行，桩孔完成后应及时夯填。进行地基局部处理时，应由外向里施工。 8.3.3　填料用素土时，宜采用纯净黄土，也可选用黏土、粉质黏土等，土中不得含有有机质，不宜采用塑性指数大于17的黏土，不得使用耕土或杂填土，冬季施工时严禁使用冻土。 8.3.4　灰土挤密桩施工应预留0.5m～0.7m的松动层，冬季在零度以下施工时，宜增大预留松动层厚度。 8.3.5　夯填施工前，应进行不少于3根桩的夯填试验，并应确定合理的填料数量及夯击能量。 8.3.6　灰土挤密桩复合地基施工完成后，应挖除上部扰动层，基底下应设置厚度不小于0.5m的灰土或土垫层，湿陷性土不宜采用透水材料作垫层。 **2. 《建筑地基处理技术规范》JGJ 79—2012** 7.5.3　灰土挤密桩、土挤密桩施工应符合下列规定： 　6　铺设灰土垫层前，应按设计要求将桩顶标高以上的预留松动土层挖除或夯（压）密实； 　7　施工过程中，应有专人监督成孔及回填夯实的质量，并应做好施工记录；如发现地基土质与勘察资料不符，应立即停止施工，待查明情况或采取有效措施处理后，方可继续施工； 　8　雨期或冬期施工，应采取防雨或防冻措施，防止填料受雨水淋湿或冻结	
（3）	桩长范围内灰土或土填料的平均压实系数、处理深度内桩间土的平均挤密系数符合设计要求，抽检数量符合标准规定	**《建筑地基处理技术规范》JGJ 79—2012** 7.5.2　灰土挤密桩、土挤密桩复合地基设计应符合下列规定： 　7. 孔内填料应分层回填夯实，填料的平均压实系数不应低于0.97，其中压实系数最小值不应低于0.93。 7.5.4　灰土挤密桩、土挤密桩复合地基质量检验应符合下列规定： 　2　应随机抽样检测夯后桩长范围内灰土或土填料的平均压实系数，抽检的数量不应少于桩总数的1%，且不得少于9根。对灰土桩桩身强度有怀疑时，尚应检验消石灰与土的体积配合比。 　3　应抽样检验处理深度内桩间土的平均挤密系数，检测探井数不应少于总桩数的0.3%，且每项单体工程不得少于3个	1. 查阅击实试验报告，平均压实系数、平均挤密系数试验检测报告和试验委托单 　报告检测结果：合格 　报告签章：已加盖CMA章和检测专用章、授权人已签字 　委托单签字：见证取样人员已签字且已附资格证书编号

条款号	大纲条款	检　查　依　据	检查要点
（3）	桩长范围内灰土或土填料的平均压实系数、处理深度内桩间土的平均挤密系数符合设计要求，抽检数量符合标准规定		2. 查阅地基承载力检测报告和试验委托单 　　报告检测结果：合格 　　报告签章：已加盖 CMA 章和检测专用章、授权人已签字 　　委托单签字：见证取样人员已签字且已附资格证书编号
（4）	对消除湿陷性的工程，进行了现场浸水静载荷试验，试验结果符合标准规定	**1.《湿陷性黄土地区建筑规范》GB 50025—2004** 6.5　预浸水法 6.5.1　预浸水法宜用于处理湿陷性黄土层厚度大于 10m，自重湿陷量的计算值不小于 500mm 的场地。浸水前宜通过现场试坑浸水试验确定浸水时间、耗水量和湿陷量等。 6.5.2　采用预浸水法处理地基，应符合下列规定： 　　1　浸水坑边缘至既有建筑物的距离不宜小于 50m，并应防止由于浸水影响附近建筑物和场地边坡的稳定性； 　　2　浸水坑的边长不得小于湿陷性黄土层的厚度，当浸水坑的面积较大时，可分段进行浸水； 　　3　浸水坑内的水头高度不宜小于 300mm，连续浸水时间以湿陷变形稳定为准，其稳定标准为最后 5d 的平均湿陷量小于 1mm/d。 6.5.3　地基预浸水结束后，在基础施工前应进行补充勘察工作，重新评定地基土的湿陷性，并应采用垫层或其他方法处理上部湿陷性黄土层。 **2.《复合地基技术规范》GB/T 50783—2012** 8.4.4　在湿陷性土地区，对特别重要的项目尚应进行现场浸水载荷试验	查阅特别重要项目的浸水载荷试验报告 　　浸水试验程序：符合规范规定 　　湿陷变形：已稳定且判定稳定符合规范规定 　　结论：符合规范及设计要求 　　盖章：已加盖 CMA 章和检测专用章 　　签字：授权人已签字
（5）	地基承载力检测数量符合标准规定，检测报告结论满足设计要求	**《复合地基技术规范》GB/T 50783—2012** 8.4.3　灰土挤密桩复合地基工程验收时，应按本规范附录 A 的有关规定进行复合地基竖向抗压载荷试验。检验数量应符合设计要求	查阅地基承载力检测报告 　　结论：复合地基承载力符合设计要求 　　检验数量：符合设计和规范要求 　　盖章：已加盖 CMA 章和检测专用章 　　签字：授权人已签字

条款号	大纲条款	检查依据	检查要点

（6）	施工参数符合设计要求，施工记录齐全	**1.《复合地基技术规范》GB/T 50783—2012**
		
		8.2.5 当挤密处理深度不超过12m时，不宜采用预钻孔，挤密孔的直径宜为0.35m～0.45m。当挤密孔深度超过12m时，宜在下部采用预钻孔，成孔直径宜为0.30m以下；也可全部采用预钻孔，孔径不宜大于0.40m，应在填料回填程中进行孔内强夯挤密，挤密后填料孔直径应达到0.60m以上。
		
		8.2.9 灰土的配合比宜采用3：7或2：8（体积比），含水量应控制在最优含量±2％以内，石灰应为熟石灰。
		
		8.3.2 挤密桩孔底在填料前应夯实，填料时宜分层回填夯实，其压实系数（λ_c）不应小于0.97。
		
		2.《建筑地基处理技术规范》JGJ 79—2012
		
		7.5.3 灰土挤密桩、土挤密桩施工应符合下列规定：
		    4 土料有机质含量不应大于5％，且不得含有冻土和膨胀土，使用时应过10mm～20mm的筛，混合料含水量应满足最优含水量要求，允许偏差应为±2％，土料和水泥应拌和均匀；
		    5 成孔和孔内回填夯实应符合下列规定：
		    1）成孔和孔内填料夯实的施工顺序，当整片处理地基时，宜从里（或中间）向外间隔（1～2）孔依次进行，对大型工程，可采取分段施工；当局部处理地基时，宜从外向里间隔（1～2）孔依次进行。
		    2）向孔内填料前，孔底应夯实，并应检查桩孔的直径、深度和垂直度。
		    3）桩孔的垂直度允许偏差应为±1％。
		    4）孔中心距允许偏差应为桩距的±5％。
		    5）经检验合格后，应按设计要求，向孔内分层填入筛好的素土、灰土或其他填料，并应分层夯实至设计标高
			1. 查阅施工方案
			    灰土配合比控制参数：符合技术方案要求
			
			2. 查阅施工记录
			    内容：包括灰土配合比、桩位、孔径、孔深等质量控制参数
			    记录数量：与验收记录相符

（7）	施工质量的检验项目、方法、数量符合标准规定，检验结果满足设计要求，质量验收记录齐全	**1.《建筑地基基础工程施工质量验收规范》GB 50202—2002**
		
		4.12.1 施工前应对土及灰土的质量、桩体放样位置等做检查。
		
		4.12.2 施工中应对桩孔直径、桩孔深度、夯击次数、填料的含水量等做检查。
		
		4.12.3 施工结束后，应检验成桩的质量及地基承载力。
		
		4.12.4 土和灰土挤密桩地基质量检验标准应符合表4.12.4的规定。
		
		2.《湿陷性黄土地区建筑规范》GB 50025—2004
		
		6.5 预浸水法
		
		6.5.1 预浸水法宜用于处理湿陷性黄土层厚度大于10m，自重湿陷量的计算值不小于500mm的场地。浸水前宜通过现场试坑浸水试验确定浸水时间、耗水量和湿陷量等。
		
		6.5.2 采用预浸水法处理地基，应符合下列规定：
		    1 浸水坑边缘至既有建筑物的距离不宜小于50m，并应防止由于浸水影响附近建筑物和场地边坡的稳定性；
		    2 浸水坑的边长不得小于湿陷性黄土层的厚度，当浸水坑的面积较大时，可分段进行浸水；
			1. 查阅质量检验记录
			    检验项目：包括桩孔直径、桩孔深度、夯击次数、填料的含水量、密实度等，符合设计要求
			    检验方法：量测、环刀法等符合规范规定
			    检验数量：符合设计和规范规定

续表

条款号	大纲条款	检 查 依 据	检查要点
(7)	施工质量的检验项目、方法、数量符合标准规定，检验结果满足设计要求，质量验收记录齐全	3　浸水坑内的水头高度不宜小于 300mm，连续浸水时间以湿陷变形稳定为准，其稳定标准为最后 5d 的平均湿陷量小于 1mm/d。 6.5.3　地基预浸水结束后，在基础施工前应进行补充勘察工作，重新评定地基土的湿陷性，并应采用垫层或其他方法处理上部湿陷性黄土层。 **3.《复合地基技术规范》GB/T 50783—2012** 8.4.1　灰土挤密桩施工过程中应随时检查施工记录和计量记录，并应对照规定的施工工艺对每根桩进行质量评定。 8.4.2　施工人员应及时抽样检查孔内填料的夯实质量，检查数量应由设计单位根据工程情况提出具体要求。对重要工程尚应分层取样测定挤密土及孔内填料的湿陷性及压缩性。 **4.《建筑地基处理技术规范》JGJ 79—2012** 7.5.4　灰土挤密桩、土挤密桩复合地基质量检验应符合下列规定： 　1　桩孔质量检验应在成孔后及时进行，所有桩孔均需检验并作出记录，检验合格或经处理后方可进行夯填施工。 　2　应随机抽样检测夯后桩长范围内灰土或土填料的平均压实系数 $\bar{\lambda}_c$，抽检的数量不应少于桩总数的 1%，且不得少于 3 个。 　3　应抽样检验处理深度内桩间土的平均挤密系数，检测探井数不应少于总桩数的 0.3%，且每项单体工程不得少于 3 个。 　4　对消除湿陷性的工程，除应检测上述内容外，尚应进行现场浸水静载荷试验，试验方法应符合现行国家标准《湿陷性黄土地区建筑规范》GB 50025 的规定。 　5　承载力检验应在成桩后 14d～28d 后进行，检测数量不应少于总桩数的 1%，且每项单体工程复合地基静载荷试验不应少于 3 点。 7.5.5　竣工验收时，灰土挤密桩、土挤密桩复合地基的承载力检验应采用复合地基静载荷试验	2. 查阅质量验收记录 内容：包括检验批、分项工程验收记录及隐蔽工程验收文件等 数量：与项目质量验收范围划分表相符
5.5.13	夯实水泥土桩复合地基符合以下要求		
(1)	原材料质量证明文件齐全	**1.《混凝土结构工程施工质量验收规范》GB 50204—2015** 7.2.1　水泥进场时，应对其品种、代号、强度等级、包装或散装编号、出厂日期等进行检查，并应对水泥的强度、安定性和凝结时间进行检验，检验结果应符合现行国家标准《通用硅酸盐水泥》GB 175 的相关规定。 　　检查数量：按同一厂家、同一品种、同一代号、同一强度等级、同一批号且连续进场的水泥，袋装不超过 200t 为一批，散装不超过 500t 为一批，每批抽样不少于一次。	1. 查阅水泥、掺合料、外加剂进场验收记录 内容：包括出厂合格证（出厂试验报告）、复试报告、材料进场时间、批次、数量、规格、相应性能指标

条款号	大纲条款	检 查 依 据	检查要点
（1）	原材料质量证明文件齐全	检验方法：检查质量证明文件和抽样检验报告。 **2.《复合地基技术规范》GB/T 50783—2012** 9.3.2　水泥应符合设计要求的种类及规格。 9.3.3　土料宜采用活性土、粉土、粉细砂或渣土，土料中的有机物质含量不得超过5%，不得含有冻土或膨胀土，使用前应过孔径为10mm～20mm的筛	2. 查阅材料跟踪管理台账 内容：包括水泥、掺合料、外加剂等材料的合格证、复试报告、使用情况、检验数量，可追溯
（2）	施工工艺与设计（施工）方案一致	**1.《复合地基技术规范》GB/T 50783—2012** 9.1.1　夯实水泥土桩复合地基适用于处理深度不超过10m，在地下水位以上为黏性土、粉土、粉细砂、素填土、杂填土等适合成桩并能挤密的地基。 9.1.2　夯实水泥土桩可采用沉管、冲击等挤土成孔法施工，也可采用洛阳铲、螺旋钻等非挤土成孔法施工。 9.2.4　夯实水泥土桩桩径宜根据施工工具和施工方法确定，宜取300mm～600mm，桩中心距不宜大于桩径的5倍。 9.2.5　夯实水泥土桩的桩顶宜铺设厚度为100mm～300mm的垫层，垫层材料宜选用最大粒径不大于20mm的中砂、粗砂、石屑、级配砂石等。 9.3.1　施工前应根据设计要求，进行工艺性试桩，数量不得少于2根。 9.3.4　水泥土混合料配合比应符合设计要求，含水量与最优含水量的允许偏差为±200，并应采取搅拌均匀的措施。当用机械搅拌时，搅拌时间不应少于1min，当用人工搅拌时，拌和次数不应少于3遍。混合料拌和后应在2h内用于成桩。 **2.《建筑地基处理技术规范》JGJ 79—2012** 7.6.3　夯实水泥土桩施工应符合下列规定： 　1　成孔应根据设计要求、成孔设备、现场土质和周围环境等，选用钻孔、洛阳铲成孔等方法。当采用人工洛阳铲成孔工艺时，处理深度不宜大于6.0m。 　2　桩顶设计标高以上的预留覆盖土层厚度不宜小于0.3m。 　3　成孔和孔内回填夯实应符合下列规定： 　1）宜选用机械成孔和夯实； 　2）向孔内填料前，孔底应夯实；分层夯填时，夯锤落距和填料厚度应满足夯填密实度的要求； 　3）土料有机质含量不应大于5%，且不得含有冻土和膨胀土，混合料含水量应满足最优含水量要求，允许偏差应为±2%，土料和水泥应拌和均匀； 　4）成孔经检验合格后，按设计要求，向孔内分层填入拌和好的水泥土，并应分层夯实至设计标高。	查阅施工方案 工艺性试桩：不少于2根，施工参数已确定 施工工艺：与设计方案一致

续表

条款号	大纲条款	检 查 依 据	检查要点
(2)	施工工艺与设计（施工）方案一致	4 铺设垫层前，应按设计要求将桩顶标高以上的预留土层挖除。垫层施工应避免扰动基底土层。 5 施工过程中，应有专人监理成孔及回填夯实的质量，并应做好施工记录。如发现地基土质与勘察资料不符，应立即停止施工，待查明情况或采取有效措施处理后，方可继续施工。 6 雨期或冬期施工，应采取防雨或防冻措施，防止填料受雨水淋湿或冻结	查阅施工方案 工艺性试桩：不少于2根，施工参数已确定 施工工艺：与设计方案一致
(3)	夯填桩体的干密度符合设计要求、抽检数量符合标准规定	**《建筑地基处理技术规范》JGJ 79—2012** 7.6.4 夯实水泥土桩复合地基质量检验应符合下列规定： 　1 成桩后，应及时抽样检验水泥土桩的质量； 　2 夯填桩体的干密度质量检验应随机抽样检测，抽检的数量不应少于总桩数的2％。 7.6.5 竣工验收时，夯实水泥桩复合地基承载力检验应采用单桩复合地基静载荷试验和单桩静载荷试验；对重要或大型工程，尚应进行多桩复合地基静载荷试验	1. 查阅夯填桩体的干密度试验检测报告： 　报告检测结果：合格 　报告签章：已加盖CMA章和检测专用章、授权人已签字 　委托单签字：见证取样人员已签字且已附资格证书编号 2. 查阅施工单位抽检计划 　检测数量：抽检数量与计划一致
(4)	地基承载力检测数量符合标准规定，检测报告结论满足设计要求	**《建筑地基处理技术规范》JGJ 79—2012** 7.6.4 夯实水泥土桩复合地基质量检验应符合下列规定： 　1 成桩后，应及时抽样检验水泥土桩的质量； 　3 复合地基静载荷试验和单桩静载荷试验检验数量不应少于桩总数的1％，且每项单体工程复合地基静载荷试验检验数量不应少于总桩数的2％。 7.6.5 竣工验收时，夯实水泥土桩复合地基承载力检验应采用单桩复合地基静载荷试验和单桩静载荷试验；对重要或大型工程，尚应进行多桩复合地基静载荷试验	查阅地基承载力检测报告 　结论：符合设计要求 　检验数量：符合设计和规范要求 　盖章：已加盖CMA章和检测专用章 　签字：授权人已签字
(5)	施工参数符合设计要求，施工记录齐全	**《复合地基技术规范》GB/T 50783—2012** 9.2.9 夯实水泥土材料的配合比应根据工程要求、土料性质、施工工艺及采用的水泥品种、强度等级，由配合比试验确定，水泥与土的体积比宜取1：5～1：8。	1. 查阅施工方案 　水泥土配合比控制参数：符合技术方案要求

条款号	大纲条款	检 查 依 据	检查要点
（5）	施工参数符合设计要求，施工记录齐全	9.3.2　水泥应符合设计要求的种类及规格。 9.3.3　土料宜采用黏性土、粉土、粉细砂或渣土，土料中的有机物质含量不得超过5%，不得含有冻土或膨胀土，使用前应过孔径为10mm～20mm的筛。 9.3.4　水泥土混合料配合比应符合设计要求，含水量与最优含水量的允许偏差为±2%，并应采取搅拌均匀的措施。 当用机械搅拌时，搅拌时间不应少于1min，当用人工搅拌时，拌和次数不应少于3遍。混合料拌和后应在2h内用于成桩。 9.3.5　成桩宜采用桩体夯实机，宜选用梨形或锤底为盘形的夯锤，锤体直径与桩孔直径之比宜取0.7～0.8，锤体质量应大于120kg，夯锤每次提升高度，不应低于700mm。 9.3.6　夯实水泥土桩施工步骤应为成孔—分层夯实—封顶—夯实。成孔完成后，向孔内填料前孔底应夯实。填料频率与落锤频率应协调一致，并应均匀填料，严禁突击填料。每回填料厚度应根据夯锤质量经现场夯填试验确定，桩体的压实系数（λ_c）不应小于0.93。 9.3.8　施工时桩顶应高出桩顶设计标高100mm～200mm，垫层施工前应将高于设计标高的桩头凿除，桩顶面应水平、完整。 9.3.9　成孔及成桩质量监测应设专人负责，并应做好成孔、成桩记录，发现问题应及时进行处理。 9.3.10　桩顶垫层材料不得含有植物残体、垃圾等杂物，铺设厚度应均匀，铺平后应振实或夯实，夯填度不应大于0.900	2. 查阅施工记录 内容：包括水泥土配合比、分层回填厚度、桩锤落距、桩位、孔径、孔深等质量控制参数 记录数量：与验收记录相符
（6）	施工质量的检验项目、方法、数量符合标准规定，检验结果满足设计要求，质量验收记录齐全	**1.《建筑地基基础工程施工质量验收规范》GB 50202—2002** 4.14.1　水泥及夯实用土料的质量应符合设计要求。 4.14.2　施工中应检查孔位、孔深、孔径、水泥和土的配比、混合料含水量等。 4.14.3　施工结束后，应对桩体质量及复合地基承载力做检验，褥垫层应检查其夯填度。 4.14.4　夯实水泥土桩的质量检验标准应符合表4.14.4的规定。 **2.《复合地基技术规范》GB/T 50783—2012** 9.3.7　桩位允许偏差，对满堂布桩为桩径的0.4倍，条基布桩为桩径的0.25倍；桩孔垂直度允许偏差为1.5%；桩径的允许偏差为±20mm；桩孔深度不应小于设计深度。 9.4.1　夯实水泥土桩施工过程中应随时检查施工记录和计量记录，并应对照规定的施工工艺对每根桩进行质量评定。 9.4.2　桩体夯实质量的检查，应在成桩过程中随时随机抽取，检验数量应由设计单位根据工程情况提出具体要求。 密实度的检测可在夯实水泥土桩桩体内取样测定干密度或以轻型圆锥动力触探击数（N10）判断桩体夯实质量。	1. 查阅质量检验记录 检验项目：包括孔位、孔深、孔径、水泥和土的配比、混合料含水量等，符合规范规定 检验方法：符合规范规定 检验数量：符合设计和规范规定

条款号	大纲条款	检 查 依 据	检查要点
(6)	施工质量的检验项目、方法、数量符合标准规定，检验结果满足设计要求，质量验收记录齐全	**3.《建筑地基处理技术规范》JGJ 79—2012** 7.6.4　夯实水泥土桩复合地基质量检验应符合下列规定： 　　1　成桩后，应及时抽样检验水泥土桩的质量； 　　2　夯填桩体的干密度质量检验应随机抽样检测，抽检的数量不应少于总桩数的 2%； 　　3　复合地基静载荷试验和单桩静载荷试验检验数量不应少于桩总数的 1%，且每项单体工程复合地基静载荷试验检验数量不应少于 3 点	2. 查阅质量验收记录 　内容：包括检验批、分项工程验收记录及隐蔽工程验收文件等 　数量：与项目质量验收范围划分表相符
5.5.14	水泥粉煤灰碎石桩复合地基符合以下要求		
(1)	原材料质量证明文件齐全	**1.《建筑地基基础工程施工质量验收规范》GB 50202—2002** 4.1.2　砂、石子、水泥、钢材、石灰、粉煤灰等原材料的质量、检测项目、批量和检验方法，应符合国家现行标准的规定。 **2.《电力建设施工质量验收及评价规程　第 1 部分：土建工程》DL/T 5210.1—2012** 18.3.1　地基及桩基工程质量记录应评价的内容包括： 　　1　材料、预制桩合格证（出厂试验报告）、进场验收记录及水泥、钢筋复验报告。 　　3　施工试验： 　　　1）各种地基材料的配合比试验报告； **3.《混凝土结构工程施工质量验收规范》GB 50204—2015** 7.2.1　水泥进场时，应对其品种、代号、强度等级、包装或散装编号、出厂日期等进行检查，并应对水泥的强度、安定性和凝结时间进行检验，检验结果应符合现行国家标准《通用硅酸盐水泥》GB 175 的相关规定。 　　检查数量：按同一厂家、同一品种、同一代号、同一强度等级、同一批号且连续进场的水泥，袋装不超过 200t 为一批，散装不超过 500t 为一批，每批抽样不少于一次。 　　检验方法：检查质量证明文件和抽样检验报告	1. 查阅水泥、粉煤灰进场验收记录 　内容：包括出厂合格证（出厂试验报告）、复试报告、材料进场时间、批次、数量、规格、相应性能指标 2. 查阅施工单位材料跟踪管理台账 　内容：包括水泥、粉煤灰等材料的合格证、复试报告、使用情况、检验数量，可追溯

条款号	大纲条款	检 查 依 据	检查要点
（1）	原材料质量证明文件齐全		3. 查阅水泥、粉煤灰试验检测报告和试验委托单 　报告检测结果：合格 　报告签章：已加盖CMA章和检测专用章、授权人已签字 　委托单签字：见证取样人员已签字且已附资格证书编号 　代表数量：与进场数量相符
（2）	施工工艺与设计（施工）方案一致	**1.《建筑地基处理技术规范》JGJ 79—2012** 7.7.1　水泥粉煤灰碎石桩复合地基适用于处理黏性土、粉土、砂土和自重固结已完成的素填土地基。对淤泥质土应按地区经验或通过现场试验确定其适用性。 7.7.3　水泥粉煤灰碎石桩施工应符合下列规定： 　1　可选用下列施工工艺： 　1）长螺旋钻孔灌注成桩：适用于地下水位以上的黏性土、粉土、素填土、中等密实以上的砂土地基。 　2）长螺旋钻中心灌注成桩：适用于黏性土、粉土、砂土和素填土地基，对噪声或泥浆污染要求严格的场地可优先选用；穿越卵石夹层时应通过试验确定适用性。 　3）振动沉管灌注成桩：适用于粉土、黏性土及素填土地基；挤土造成地面隆起量大时，应采用较大桩距施工。 　4）泥浆护壁成孔灌注桩，适用于地下水位以下的黏性土、粉土、砂土、填土、碎石土及风化岩层等地基；桩长范围和桩端有承压水的土层应通过试验确定其适应性。 　2　长螺旋钻中心压灌成桩施工和振动沉管灌注成桩施工应符合下列规定： 　1）施工前，应按设计要求在试验室进行配合比试验；施工时，按配合比配制混合料；长螺旋钻中心压灌成桩施工的坍落度宜为160mm～200mm，振动沉管灌注成桩施工的坍落度宜为30mm～50mm；振动沉管灌注成桩后桩顶浮浆厚度不宜超过200mm。 　2）长螺旋钻中心压灌成桩施工钻至设计深度后，应控制提拔钻杆时间，混合料泵送量应与拔管速度相配合，不得在饱和砂土或饱和粉土层内停泵待料；沉管灌注成桩施工拔管速度宜为1.2m/min～1.5m/min，如遇淤泥质土，拔管速度应适当减慢；当遇有松散饱和粉土、粉细砂或淤泥质土，当桩距较小时，宜采取隔桩跳打措施。	查阅施工方案 　施工工艺：与设计方案一致

条款号	大纲条款	检 查 依 据	检查要点
（2）	施工工艺与设计（施工）方案一致	3）施工桩顶标高宜高出设计桩顶标高不少于 0.5m；当施工作业面高出桩顶设计标高较大时，宜增加混凝土灌注量。 4）成桩过程中，应抽样做混合料试块，每台机械每台班不应少于一组。 3　冬期施工时，混合料入孔温度不得低于 5℃，对桩头和桩间土应采取保温措施。 4　清土和截桩时，应采用小型机械或人工剔除等措施，不得造成桩顶标高以下桩身断裂或桩间土扰动。 5　褥垫层铺设宜采用静力压实法，当基础底面下桩间土的含水量较低时，也可采用动力夯实法，夯填度不应大于 0.9。 6　泥浆护壁成孔灌注成桩，应符合现行行业标准《建筑桩基技术规范》JGJ 94 的规定。 **2.《建筑桩基技术规范》JGJ 94—2008** 6.3　泥浆护壁成孔灌注桩 6.3.1　除能自行造浆的黏性土层外，均应制备泥浆。泥浆制备应选用高塑性黏土或膨润土。泥浆应根据施工机械、工艺及穿越土层情况进行配合比设计	
（3）	混合料坍落度、桩数、桩位偏差、褥垫层厚度、夯填度和桩体试块抗压强度等满足设计要求	**《建筑地基处理技术规范》JGJ 79—2012** 7.7.4　水泥粉煤灰碎石桩复合地基质量检验应符合下列规定： 1　施工质量检验应检查施工记录、混合料坍落度、桩数、桩位偏差、褥垫层厚度、夯填度和桩体试块抗压强度等	查阅质量验收记录 混合料坍落度、桩数、桩位偏差、褥垫层厚度偏差和夯填度、桩体试块抗压强度检测等；符合设计要求
（4）	施工参数符合设计要求，施工记录齐全	**《建筑地基处理技术规范》JGJ 79—2012** 3.0.12　地基处理施工中应有专人负责质量控制和监测，并做好各项施工记录，…… 7.7.3　水泥粉煤灰碎石桩施工应符合下列规定： 2　长螺旋钻中心压灌成桩施工和振动沉管灌注成桩施工应符合下列规定： 1）施工前，应按设计要求在试验室进行配合比试验；施工时，按配合比配制混合料；长螺旋钻中心压灌成桩施工的坍落度宜为 160mm～200mm，振动沉管灌注成桩施工的坍落度宜为 30mm～50mm；振动沉管灌注成桩后桩顶浮浆厚度不宜超过 200mm。 2）长螺旋钻中心压灌成桩施工钻至设计深度后，应控制提拔钻杆时间，混合料泵送量应与拔管速度相配合，不得在饱和砂土或饱和粉土层内停泵待料；沉管灌注成桩施工拔管速度宜为 1.2m/min～1.5m/min，如遇淤泥质土，拔管速度应适当减慢；当遇有松散饱和粉土、粉细砂或淤泥质土，当桩距较小时，宜采取隔桩跳打措施。	1. 查阅施工方案 混合料的配合比、坍落度和提拔钻杆速度（或提拔套管速度）、成孔深度、混合料灌入量等；符合规范要求

续表

条款号	大纲条款	检查依据	检查要点
(4)	施工参数符合设计要求，施工记录齐全	3）施工桩顶标高宜高出设计桩顶标高不少于0.5m；当施工作业面高出桩顶设计标高较大时，宜增加混凝土灌注量。 4）成桩过程中，应抽样做混合料试块，每台机械每台班不应少于一组。 5）褥垫层铺设宜采用静力压实法，当基础底面下桩间土的含水量较低时，也可采用动力实法夯，夯填度不应大于0.9	2. 查阅施工记录 内容：包括混合料的配合比、坍落度和提拔钻杆速度（或提拔套管速度）、成孔深度、混合料灌入量等施工记录 记录数量：与验收记录相符
(5)	复合地基和单桩承载力检测数量符合标准规定，检测报告结论满足设计要求	《建筑地基处理技术规范》JGJ 79—2012 7.1.3 复合地基承载力的验收检验应采用复合地基静载荷试验，对有粘结强度的复合地基增强体尚应进行单桩静载荷试验。 7.7.4 水泥粉煤灰碎石桩复合地基质量检验应符合下列规定： 2 竣工验收时，水泥粉煤灰碎石桩复合地基承载力检验应采用复合地基静载荷试验和单桩静载荷试验。 3 承载力检验宜在施工结束28d后进行，其桩身强度应满足试验荷载条件；复合地基静载荷试验和单桩静载荷试验的数量不应少于总桩数的1%，且每个单体工程的复合地基静载荷试验的试验数量不应少于3点	查阅复合地基和单桩承载力检测报告 检测时间、数量、方法和检测结果：符合设计要求和规范规定 盖章：已加盖CMA章和检测专用章 签字：授权人已签字
(6)	桩身完整性检测数量符合标准规定	《建筑地基处理技术规范》JGJ 79—2012 7.7.4 水泥粉煤灰碎石桩复合地基质量检验应符合下列规定： 4 采用低应变动力试验检测桩身完整性，检查数量不低于总桩数的10%	查阅复合地基检测报告 结论：符合设计要求 检验数量：符合设计和规范规定 盖章：已加盖CMA章和检测专用章 签字：授权人已签字
(7)	施工质量的检验项目、方法、数量符合标准规定，检验结果满足设计要求，质量验收记录齐全	《建筑地基基础工程施工质量验收规范》GB 50202—2002 4.13.1 水泥、粉煤灰、砂及碎石等原材料应符合设计要求。 4.13.2 施工中应检查桩身混合料的配合比、坍落度和提拔钻杆速度（或提拔套管速度）、成孔深度、混合料灌入量等。 4.13.3 施工结束后，应对桩顶标高、桩位、桩体质量、地基承载力以及褥垫层的质量做检查。 4.13.4 水泥粉煤灰碎石桩复合地基的质量检验标准应符合表4.13.4的规定	1. 查阅质量检验记录 检验项目：包括桩顶标高、桩位、桩体质量、地基承载力以及褥垫层等，符合设计要求和规范规定

续表

条款号	大纲条款	检　查　依　据	检查要点
(7)	施工质量的检验项目、方法、数量符合标准规定，检验结果满足设计要求，质量验收记录齐全		检验方法：量测、静载荷试验等，符合规范规定 检验数量：符合设计和规范规定
			2. 查阅质量验收记录 内容：包括检验批、分项工程验收记录及隐蔽工程验收文件等 数量：与项目质量验收范围划分表相符
5.5.15	柱锤冲扩桩复合地基符合以下要求		
(1)	碎砖三合土、级配砂石、矿渣、灰土等原材料质量证明文件齐全	**1.《电力建设施工质量验收及评价规程　第1部分：土建工程》DL/T 5210.1—2012** 3.0.1　涉及结构安全的试块、试件以及有关材料，应按规定进行见证取样检测。 **2.《建筑地基处理技术规范》JGJ 79—2012** 7.8.4　柱锤冲扩桩复合地基设计应符合下列规定： 　　6　桩体材料可采用碎砖三合土、级配砂石、矿渣、灰土、水泥混合土等，当采用碎砖三合土时，其体积比可采用生石灰：碎砖：黏性土为1：2：4，当采用其他材料时，应通过试验确定其适用性和配合比	查阅石灰等试验检测报告和试验委托单 报告检测结果：合格 报告签章：已加盖CMA章和检测专用章、授权人已签字 委托单签字：见证取样人员已签字且已附资格证书编号 代表数量：与进场数量相符
(2)	施工工艺与设计（施工）方案一致	**《建筑地基处理技术规范》JGJ 79—2012** 7.8.1　柱锤冲扩桩复合地基适用于处理地下水位以上的杂填土、粉土、黏性土、素填土和黄土等地基；对地下水位以下饱和土层处理，应通过现场试验确定其适用性。 7.8.2　柱锤冲扩桩处理地基的深度不宜超过10m。	查阅施工方案 施工工艺：与设计方案一致

条款号	大纲条款	检 查 依 据	检查要点
（2）	施工工艺与设计（施工）方案一致	7.8.3 对大型的、重要的或场地复杂的工程，在正式施工前，应在有代表性的场地进行试验。 7.8.5 柱锤冲扩桩施工应符合下列规定： 　1 宜采用直径 300mm～500mm，长度 2m～6m，质量 2t～10t 的柱状锤进行施工。 　2 起重机具可用起重机、多功能冲扩桩机或其他专用机具设备。 　3 柱锤冲扩桩复合地基施工可按下列步骤进行： 　1）清理平整施工场地，布置桩位。 　2）施工机具就位，使柱锤对准桩位。 　3）柱锤冲孔：根据土质及地下水情况可分别采用下列三种成孔方式： 　① 冲击成孔：将柱锤提升一定高度，自由下落冲击土层，如此反复冲击，接近设计成孔深度时，可在孔内填少量粗骨料继续冲击，直到孔底被夯密实； 　② 填料冲击成孔：成孔时出现缩颈或塌孔时，可分次填入碎砖和生石灰块，边冲击边将填料挤入孔壁及孔底，当孔底接近设计成孔深度时，夯入部分碎砖挤密桩端土； 　③ 复打成孔：当塌孔严重难以成孔时，可提锤反复冲。 击至设计孔深，然后分次填入碎砖和生石灰块，待孔内生石灰吸水膨胀、桩间土性质有所改善后，再进行二次冲击复打成孔。 　当采用上述方法仍难以成孔时，也可以采用套管成孔，即用柱锤边冲孔边将套管压入土中，直至桩底设计标高。 　4）成桩：用料斗或运料车将拌和好的填料分层填入桩孔夯实。当采用套管成孔时，边分层填料夯实，边将套管拔出。锤的质量、锤长、落距、分层填料量、分层夯实度、夯击次数和总填料量等，应根据试验或按当地经验确定。每个桩孔应夯填至桩顶设计标高以上至少 0.5m，其上部桩孔宜用原地基土夯封。 　5）施工机具移位，重复上述步骤进行下一根桩施工。 　4 成孔和填料夯实的施工顺序，宜间隔跳打。 7.8.6 基槽开挖后，应晾槽拍底或振动压路机碾压后，再铺设垫层并压实	
（3）	地基承载力检测数量符合标准规定，检测报告结论满足设计要求	**《建筑地基处理技术规范》JGJ 79—2012** 7.8.7 柱锤冲扩桩复合地基的质量检验应符合下列规定： 　3 竣工验收时，柱锤冲扩桩复合地基承载力检验应采用复合地基静载荷试验。 　4 承载力检验数量不应少于总桩数的 1%，且每个单体工程复合地基静载荷试验不应少于 3 点。 　5 静载荷试验应在成桩 14d 后进行	查阅地基承载力检测报告 结论：复合地基承载力符合设计要求 检验数量：符合设计和规范要求 盖章：已加盖 CMA 章和检测专用章 签字：授权人已签字

续表

条款号	大纲条款	检 查 依 据	检查要点
(4)	施工参数符合设计要求，施工记录齐全	**《建筑地基处理技术规范》JGJ 79—2012** 3.0.12 地基处理施工中应有专人负责质量控制和监测，并做好各项施工记录，…… 7.8.4 柱锤冲扩桩复合地基设计应符合下列规定： 　5 桩顶部应铺设 200mm～300mm 厚砂石垫层，垫层的夯填度不应大于 0.9； 　6 桩体材料可采用碎砖三合土、级配砂石、矿渣、灰土、水泥混合土等，当采用碎砖三合土时，其体积比可采用生石灰：碎砖：黏性土为 1：2：4，当采用其他材料时，应通过试验确定其适用性和配合比	1. 查阅施工方案 　桩位、桩径、配合比、夯实度等质量控制参数：符合设计要求 2. 查阅施工记录 　内容：包括碎砖三合土、级配砂石、矿渣、灰土、水泥混合土 　记录数量：与验收记录相符
(5)	施工质量的检验项目、方法、数量符合标准规定，检验结果满足设计要求，质量验收记录齐全	**《建筑地基处理技术规范》JGJ 79—2012** 7.8.7 柱锤冲扩桩复合地基的质量检验应符合下列规定： 　1 施工过程中应随时检查施工记录及现场施工情况，并对照预定的施工工艺标准，对每根桩进行质量评定。 　2 施工结束后 7d～14d，可采用重型动力触探或标准贯入试验对桩身及桩间土进行抽样检验，检验数量不应少于冲扩桩总数的 2%，每个单体工程桩身及桩间土总检验点数均不应少于 6 点。 　6 基槽开挖后，应检查桩位、桩径、桩数、桩顶密实度及槽底土质情况。如发现漏桩、桩位偏差过大、桩头及槽底土质松软等质量问题，应采取补救措施	1. 查阅质量检验记录 　检验项目：包括桩位、桩径、桩数、桩顶密实度及槽底土质情况等，符合设计要求和规范规定 　检验方法：测量、静载荷试验等，符合规范规定 　检验数量：符合设计和规范规定 2. 查阅质量验收记录 　内容：包括检验批、分项工程验收记录及隐蔽工程验收文件等 　数量：与项目质量验收范围划分表相符

条款号	大纲条款	检 查 依 据	检查要点
5.5.16	多桩型复合地基符合以下要求		
（1）	原材料质量证明文件齐全	**1.《建筑地基基础工程施工质量验收规范》GB 50202—2002** 4.1.2 砂、石子、水泥、钢材、石灰、粉煤灰等原材料的质量、检测项目、批量和检验方法，应符合国家现行标准的规定。 **2.《混凝土结构工程施工质量验收规范》GB 50204—2015** 7.2.1 水泥进场时，应对其品种、代号、强度等级、包装或散装编号、出厂日期等进行检查，并应对水泥的强度、安定性和凝结时间进行检验，检验结果应符合现行国家标准《通用硅酸盐水泥》GB 175 的相关规定。 　　检查数量：按同一厂家、同一品种、同一代号、同一强度等级、同一批号且连续进场的水泥，袋装不超过 200t 为一批，散装不超过 500t 为一批，每批抽样不少于一次。 　　检验方法：检查质量证明文件和抽样检验报告。 7.2.2 混凝土外加剂进场时，应对其品种、性能、出厂日期等进行检查，并应对外加剂的相关性能进行检验，检验结果应符合现行国家标准《混凝土外加剂》GB 8076《混凝土外加剂应用技术规范》GB 50119 等的规定。 　　检查数量：按同一厂家、同一品种、同一性能、同一批号且连续进场的混凝土外加剂，不超过 50t 为一批，每批抽样数量不应少于一次。 　　检验方法：检查质量证明文件和抽样检验报告。 **3.《电力建设施工质量验收及评价规程　第 1 部分：土建工程》DL/T 5210.1—2012** 18.3.1 地基及桩基工程质量记录应评价的内容包括： 　　1 材料、预制桩合格证（出厂试验报告）、进场验收记录及水泥、钢筋复验报告。 　　3 施工试验： 　　1）各种地基材料的配合比试验报告； **4.《普通混凝土用砂、石质量及检验方法标准》JGJ 52—2006** 4.0.1 供货单位应提供砂或石的产品合格证及质量检验报告。 　　使用单位应按砂或石的同产地同规格分批验收。采用大型工具（如火车、货船或汽车）运输的，应以 400m³ 或 600t 为一验收批；采用小型工具（如拖拉机等）运输的，应以 200m³ 或 300t 为一验收批。不足上述量者，应按一验收批进行验收。 4.0.2 当砂或石的质量比较稳定、进料量又较大时，可以 1000t 为一验收批	1. 查阅原材料进场验收记录 　　内容：包括出厂合格证（出厂试验报告）、复试报告，材料进场时间、批次、数量、规格、相应性能指标 2. 查阅施工单位材料跟踪管理台账 　　内容：包括水泥、粉煤灰等材料的合格证、复试报告、使用情况、检验数量，可追溯 3. 查阅桩体材料试验检测报告和试验委托单 　　报告检测结果：合格 　　报告签章：已加盖 CMA 章和检测专用章、授权人已签字 　　委托单签字：见证取样人员已签字且已附资格证书编号 　　代表数量：与进场数量相符

条款号	大纲条款	检 查 依 据	检查要点
（2）	施工工艺与设计（施工）方案一致	**《建筑地基处理技术规范》JGJ 79—2012** 1.2.1　地基处理工程应进行施工全过程的监测。施工中，应有专人或专门机构负责监测工作，随时检查施工记录和计量记录，并按照规定的施工工艺对工序进行质量评定。 7.9.1　多桩型复合地基适用于处理不同深度存在相对硬层的正常固结土，或浅层存在欠固结土、湿陷性黄土、可液化土等特殊土，以及地基承载力和变形要求较高的地基。 7.9.10　多桩型复合地基的施工应符合下列规定： 　　1　对处理可液化土层的多桩型复合地基，应先施工处理液化的增强体； 　　2　对消除或部分消除湿陷性黄土地基，应先施工处理湿陷性的增强体； 　　3　应降低或减小后施工增强体对已施工增强体的质量和承载力的影响	查阅施工方案 　增强体施工步骤和施工工艺：与设计方案一致
（3）	施工参数符合设计要求，施工记录齐全	**1.《复合地基技术规范》GB/T 50783—2012** 15.4　质量检验 15.4.1　长—短桩复合地基中长桩和短桩施工过程中应随时检查施工记录，并也对照规定的施工工艺对每根桩进行质量评定。 **2.《建筑地基处理技术规范》JGJ 79—2012** 3.0.12　地基处理施工中应有专人负责质量控制和监测，并做好各项施工记录，……	1. 查阅施工方案 　施工参数：符合设计要求 2. 查阅施工记录 　内容：包括桩位、桩顶标高等 　数量：与验收记录相符
（4）	复合地基和单桩承载力检测数量符合标准规定，检测报告结论满足设计要求	**《建筑地基处理技术规范》JGJ 79—2012** 7.1.3　复合地基承载力的验收检验应采用复合地基静载荷试验，对有粘结强度的复合地基增强体尚应进行单桩静载荷试验。 7.9.11　多桩型复合地基的质量检验应符合下列规定： 　　1　竣工验收时，多桩型复合地基承载力检验，应采用多桩复合地基静载荷试验和单桩静载荷试验，检验数量不得少于总桩数的1%； 　　2　多桩复合地基载荷板静载荷试验，对每个单体工程检验数量不得少于3点； 　　3　增强体施工质量检验，对散体材料增强体的检验数量不应少于其总桩数的2%，对具有粘结强度的增强体，完整性检验数量不应少于其总桩数的10%	查阅复合地基和单桩承载力检测报告 　检测时间、数量、方法和检测结果：符合设计要求和规范规定 　盖章：已加盖CMA章和检测专用章 　签字：授权人已签字

续表

条款号	大纲条款	检 查 依 据	检查要点
（5）	有完整性要求的多桩复合地基桩身质量检测数量标准规定，检测报告结论满足设计要求	**1.《建筑地基处理技术规范》JGJ 79—2012** 7.9.11 多桩型复合地基的质量检验应符合下列规定： 1 竣工验收时，多桩型复合地基承载力检验，应采用多桩复合地基静载荷试验和单桩静载荷试验，检验数量不得少于总桩数的1％； 2 多桩复合地基载荷板静载荷试验，对每个单体工程检验数量不得少于3点； 3 增强体施工质量检验，对散体材料增强体的检验数量不应少于其总桩数的2％，对具有粘结强度的增强体，完整性检验数量不应少于其总桩数的10％。 **2.《电力工程地基处理技术规程》DL/T 5024—2005** 14.1.17 为确保实际单桩竖向极限承载力标准值达到设计要求，应根据工程重要性、岩土工程条件、设计要求及工程施工情况采用单桩静载荷试验或可靠的动力测试方法进行工程桩单桩承载力检测。对于工程桩施工前未进行综合试桩的一级建筑桩基和岩土工程条件复杂、桩的施工质量可靠性低、确定单桩承载力的可靠性低、桩数多的二级建筑桩基，应采用单桩静载荷试验对工程桩单桩竖向承载力进行检测，在同一条件下的检测数量不宜小于总桩数的1％，且不应小于3根；对于工程桩施工前已进行过综合试桩的一级建筑桩基及其他所有工程桩基，应采用可靠的高应变动力测试法对工程桩单桩竖向承载力进行检测	1. 查阅单桩静载荷试验报告 　单桩承载力：满足设计要求 2. 查阅多桩复合地基静载荷试验试验报告 　多桩复合地基承载力：满足设计要求
（6）	施工质量的检验项目、方法、数量符合标准规定，检验结果符合设计要求，质量验收记录齐全	**《建筑地基处理技术规范》JGJ 79—2012** 7.9.11 多桩型复合地基的质量检验应符合下列规定： 1 竣工验收时，多桩型复合地基承载力检验，应采用多桩复合地基静载荷试验和单桩静载荷试验，检验数量不得少于总桩数的1％； 2 多桩复合地基载荷板静载荷试验，对每个单体工程检验数量不得少于3点； 3 增强体施工质量检验，对散体材料增强体的检验数量不应少于其总桩数的2％，对具有粘结强度的增强体，完整性检验数量不应少于其总桩数的10％	1. 查阅质量检验记录 　检验项目：包括桩顶标高、桩位、桩体质量、地基承载力以及褥垫层等，符合设计要求和规范规定 　检验方法：量测、静载荷试验等，符合规范规定 　检验数量：符合规范规定 2. 查阅质量验收记录 　内容：包括检验批、分项工程验收记录及隐蔽工程验收文件等 　数量：与项目质量验收范围划分表相符

续表

条款号	大纲条款	检　查　依　据	检查要点
5.6　注浆地基的监督检查			
5.6.1	设计前已通过室内浆液配比试验和现场注浆试验，确定了设计参数、施工工艺参数及选用的设备	**1.《电力工程地基处理技术规程》DL/T 5024—2005** 9.1.15　水泥浆液的水灰比应根据工程设计的需要通过试验后确定，可取 1:1～1:1.5。 9.2.3　注浆设计前宜进行室内浆液配比试验和现场注浆试验，以确定设计参数和检验施工方法及设备。 9.2.4　注浆材料可采用水泥为主的悬浊液，也可选用水泥和硅酸钠（水玻璃）的双液型混合液。在有地下水流动的情况下，应采用双液型浆液或初凝时间短的速凝配方。 **2.《建筑地基处理技术规范》JGJ 79—2012** 8.3.1　水泥为主剂的注浆施工应符合下列规定 2　注浆施工时，宜采用自动流量和压力记录仪，并应及时进行数据整理分析。 3　注浆孔的孔径宜为 70mm～110mm，垂直度允许偏差应为 ±1%。 4　花管注浆法施工可按下列步骤进行： 3）当采用钻孔法时，应从钻杆内注入封闭泥浆，然后插入孔径为 50mm 的金属花管； 5　压密注浆施工可按下列步骤进行： 3）当采用钻孔法时，应从钻杆内注入封闭泥浆，然后插入孔径为 50mm 的金属注浆管； 6　浆液黏度应为 80s，封闭泥浆 7d 后 70.7mm×70.7mm×70.7mm 立方体试块的抗压强度应为 0.3MPa～0.5MPa。 7　浆液宜用普通硅酸盐水泥。注浆时可部分掺用粉煤灰，掺入量可为水泥重量的 20%～50%。根据工程需要，可在浆液拌制时加入速凝剂、减水剂和防析水剂。 8　注浆用水 pH 值不得小于 4。 9　水泥浆的水灰比可取 0.6～2.0，常用的水灰比为 1.0。 10　注浆的流量可取（7～10）L/min，对充填型注浆，流量不宜大于 20L/min。 11　当用花管注浆和带有活堵头的金属管注浆时，每次上拔或下钻高度宜为 0.5m。 12　浆体应经过搅拌机充分搅拌均匀后，方可压注，注浆过程中应不停缓慢搅拌，搅拌时间应小于浆液初凝时间。浆液在泵送前应经过筛网过滤。 13　水温不得超过 30℃～35℃，盛浆桶和注浆管路在注浆体静止状态不得暴露于阳光下，防止浆液凝固；当日平均温度低于 5℃或最低温度低于-3℃的条件下注浆时，应采取措施防止浆液冻结。 14　应采用跳孔间隔注浆，且先外围后中间的注浆顺序。当地下水流速较大时，应从水头高的一端开始注浆。 15　对渗透系数相同的土层，应先注浆封顶，后由下而上进行注浆，防止浆液上冒。如上层的渗透系数随深度而增大，则应自下而上注浆。对互层地层，应先对渗透性或孔隙率大的地层进行注浆。	1. 查阅设计前室内浆液配比和现场注浆试验记录、试验检测报告和设计文件 　试验检测报告内容：有浆液配比和现场注浆试验结果 　设计文件内容：确定了设计参数、施工工艺参数及选用的设备 2. 查阅选用设备档案 　内容：设备型号、机械性能满足现场施工要求和设计要求

条款号	大纲条款	检 查 依 据	检查要点
5.6.1	设计前已通过室内浆液配比试验和现场注浆试验，确定了设计参数、施工工艺参数及选用的设备	16 当既有建筑地基进行注浆加固时，应对既有建筑及其邻近建筑、地下管线和地面的沉降、倾斜、位移和裂缝进行监测。并应采用多孔间隔注浆和缩短浆液凝固时间等措施，减少既有建筑基础因注浆而产生的附加沉降。 8.3.2 硅化浆液注浆施工应符合下列规定： 　1 压力灌浆溶液的施工步骤应符合下列规定： 　1）向土中打入灌注管和灌注溶液，应自基础底面标高起向下分层进行，达到设计深度后，应将管拔出，清洗干净方可继续使用； 　2）加固既有建筑物地基时，应采用沿基础侧向先外排，后内排的施工顺序； 　3）灌注溶液的压力值由小逐渐增大，最大压力不宜超过 200kPa。 　2 溶液自渗的施工步骤，应符合下列规定： 　2）将配好的硅酸钠溶液满注灌注孔，溶液面宜高出基础底面标高 0.50m，使溶液自行渗入土中； 　3）在溶液自渗过程中，每隔 2h～3h，向孔内添加一次溶液，防止孔内溶液渗干。 8.3.3 碱液注浆施工应符合下列规定： 　1 灌注孔可用洛阳铲、螺旋钻钻孔或用带有尖端的钢管打入土中成孔，孔径宜为 60mm～100mm，孔中应填入粒径为 20mm～40mm 的石子到注浆管下端标高处，再将内径 20mm 的注液管插入孔中，管底以上 300mm 高度内应填入粒径为 2mm～5mm 的石子，上部宜用体积比为 2∶8 灰土填入夯实。 　2 碱液可用固体烧碱或液体烧碱配制，每加固 1m³ 黄土宜用氢氧化钠溶液 35kg～45kg。碱液浓度不应低于 90g/L；双液加固时，氯化钙溶液的浓度为 50g/L～80g/L。 　4 应将桶内碱液加热到 90℃以上方能进行灌注，灌注过程中，桶内溶液温度不应低于 80℃。 　5 灌注碱液的速度，宜为（2～5）L/min。 　6 碱液加固施工，应合理安排灌注顺序和控制灌注速率。宜采用隔（1～2）孔灌注，分段施工，相邻两孔灌注的间隔时间不宜少于 3d。同时灌注的两孔间距不应小于 3m。 　7 当采用双液加固时，应先灌注氢氧化钠溶液，待间隔 8h～12h 后，再灌注氯化钙溶液，氯化钙溶液用量宜为氢氧化钠溶液用量的 1/2～1/4	
5.6.2	浆液、外加剂等原材料性能证明文件齐全	**1.《电力建设施工质量验收及评价规程　第 1 部分：土建工程》DL/T 5210.1—2012** 3.0.1 工程所用主要原材料、半成品、构（配）件、设备等产品，应符合设计要求和国家有关标准的规定；进入施工现场时必须按规定进行现场检验或复检，合格后方可使用。不得使用国家明令禁止和淘汰的建筑材料和建筑设备，涉及结构安全的试块、试件以及有关材料，应按规定进行见证取样检测。 18.3.1 地基及桩基工程质量记录应评价的内容包括： 1. 材料、预制桩合格证（出厂试验报告）、进场验收记录及水泥、钢筋复验报告。	1. 查阅水泥、粉煤灰、水玻璃、其他化学浆液等出厂合格证和进场验收记录

条款号	大纲条款	检查依据	检查要点
5.6.2	浆液、外加剂等原材料性能证明文件齐全	**2.《建筑地基处理技术规范》JGJ 79—2012** 8.2.1　水泥为主剂的注浆加固设计应符合下列规定： 　　1　对软弱地基土处理，可选用以水泥为主剂的浆液及水泥和水玻璃的双液型混合浆液；对有地下水流动的软弱地基，不应采用单液水泥浆液。 8.2.2　硅化浆液注浆加固设计应符合下列规定： 　　3　双液硅化注浆用的氧化钙溶液中的杂质含量不得超过0.06％，悬浮颗粒含量不得超过1％，溶液的pH值不得小于5.5。 　　6　单液硅化法应采用浓度为10％～15％的硅酸钠，并掺入2.5％氯化钠溶液。 8.2.3　碱液注浆加固设计应符合下列规定： 　　2　当100g干土中可溶性和交换性钙镁离子含量大于10mg·eq时，可采用灌注氢氧化钠一种溶液的单液法；其他情况可采用灌注氢氧化钠和氯化钙双液灌注加固	内容：包括厂家资质、材料进场批次、数量、规格、相应性能指标齐全；施工单位材料跟踪管理台账与监理单位材料进场管理台账 2. 查阅水泥、粉煤灰、水玻璃、其他化学浆液等检测计划、试验台账 　内容：检测计划中水泥、粉煤灰、水玻璃、外加剂等检验数量不得少于对应原材料试验台账中的检验数量 3. 查阅水泥、粉煤灰、水玻璃、其他化学浆液、浆液配比等试验检测报告 　结论：性能指标符合设计要求和规范规定 　盖章：已加盖CMA章和检测专用章 　签字：授权人已签字
5.6.3	注浆地基技术方案、施工方案齐全，已审批	**1.《建筑地基基础工程施工质量验收规范》GB 50202—2002** 4.1.4　地基加固工程，应在正式施工前进行试验段施工，论证设定的施工参数及加固效果。为验证加固效果所进行的载荷试验，其施加载荷应不低于设计载荷的2倍。 4.7.1　施工前应掌握有关技术文件（注浆点位置、浆液配比、注浆施工技术参数、检测要求等）。浆液组成材料的性能应符合设计要求，注浆设备应确保正常运转。	1. 查阅设计单位的注浆地基技术方案 　审批：手续齐全 　内容：技术参数明确

续表

条款号	大纲条款	检 查 依 据	检查要点
5.6.3	注浆地基技术方案、施工方案齐全，已审批	**2.《电力建设施工技术规范 第1部分：土建结构工程》DL 5190.1—2012** 3.0.1 工程施工前，应按设计图纸，结合具体情况和施工组织设计的要求编制施工方案，并经批准后方可施工。 **3.《电力工程地基处理技术规程》DL/T 5024—2005** 5.0.12 地基处理的施工应有详细的施工组织设计、施工质量管理和质量保证措施。应有专人负责施工检验与质量监督，做好各项施工记录，当发现异常情况时，应及时会同有关部门研究解决。 **4.《建筑地基处理技术规范》JGJ 79—2012** 8.1.2 注浆加固设计前，应进行室内浆液配比试验和现场注浆试验，确定设计参数，检验施工方法和设备	2. 查阅施工方案 审批：有施工单位内部编、审、批并经监理、建设单位审批，签字盖章齐全 施工步骤和工艺参数：与技术方案相符
5.6.4	施工工艺与设计（施工）方案一致	**1.《电力工程地基处理技术规程》DL/T 5024—2005** 5.0.10 地基处理正式施工前，宜进行实验性施工，在确认施工技术条件满足总设计要求后，才能进行地基处理的正式施工。 5.0.11 地基处理时，必须对施工质量进行控制并对处理效果进行检验。 9.1.5 高压喷射注浆方案确定后，根据工程的具体需要，应进行现场试验或试验性施工，以确定施工参数及工艺。 **2.《建筑地基处理技术规范》JGJ 79—2012** 8.3.1 水泥为主剂的注浆施工应符合下列规定： 2 注浆施工时，宜采用自动流量和压力记录仪，并应及时进行数据整理分析。 3 注浆孔的孔径宜为 70mm～110mm，垂直度允许偏差应为 ±1%。 4 花管注浆法施工可按下列步骤进行： 3）当采用钻孔法时，应从钻杆内注入封闭泥浆，然后插入孔为 50mm 的金属花管； 5 压密注浆施工可按下列步骤进行： 3）当采用钻孔法时，应从钻杆内注入封闭泥浆，然后插入孔为 50mm 的金属注浆管； 6 浆液黏度为 80s，封闭泥浆 7d 后 70.7mm×70.7mm×70.7mm 立方体试块的抗压强度应为 0.3MPa～0.5MPa。 7 浆液宜用普通硅酸盐水泥。注浆时可部分掺用粉煤灰，掺入量可为水泥重量的 20%～50%。根据工程需要，可在浆液拌制时加入速凝剂、减水剂和防析水剂。 8 注浆用水 pH 值不得小于 4。 9 水泥浆的水灰比可取 0.6～2.0，常用的水灰比为 1.0。 10 注浆的流量可取（7～10）L/min，对充填型注浆，流量不宜大于 20L/min。 11 当用花管注浆和带有活堵头的金属管注浆时，每次上拔或下钻高度宜为 0.5m。	查阅施工方案 施工工艺：与设计方案一致

条款号	大纲条款	检　查　依　据	检查要点
5.6.4	施工工艺与设计（施工）方案一致	12　浆体应经过搅拌机充分搅拌均匀后，方可压注，注浆过程中应不停缓慢搅拌，搅拌时间应小于浆液初凝时间。浆液在泵送前应经过筛网过滤。 13　水温不得超过 30℃～35℃，盛浆桶和注浆管路在注浆体静止状态不得暴露于阳光下，防止浆液凝固；当日平均温度低于 5℃ 或最低温度低于 −3℃ 的条件下注浆时，应采取措施防止浆液冻结。 14　应采用跳孔间隔注浆，且先外围后中间的注浆顺序。当地下水流速较大时，应从水头高的一端开始注浆。 15　对渗透系数相同的土层，应先注浆封顶，后由下而上进行注浆，防止浆液上冒。如上层的渗透系数随深度而增大，则应自下而上注浆。对互层地层，先对渗透性或孔隙率大的地层进行注浆。 16　当既有建筑地基进行注浆加固时，应对既有建筑及其邻近建筑、地下管线和地面的沉降、倾斜、位移和裂缝进行监测。并应采用多孔间隔注浆和缩短浆液凝固时间等措施，减少既有建筑基础因注浆而产生的附加沉降。 8.3.2　硅化浆液注浆施工应符合下列规定： 1　压力灌浆溶液的施工步骤应符合下列规定： 1）向土中打入灌注管和灌注溶液，应自基础底面标高起向下分层进行，达到设计深度后，应将管拔出，清洗干净方可继续使用； 2）加固既有建筑物地基时，应采用沿基础侧向先外排，后内排的施工顺序； 3）灌注溶液的压力值由小逐渐增大，最大压力不宜超过 200kPa。 2　溶液自渗的施工步骤，应符合下列规定： 2）将配好的硅酸钠溶液满注灌注孔，溶液面宜高出基础底面标高 0.50m，使溶液自行渗入土中； 3）在溶液自渗过程中，每隔 2h～3h，向孔内添加一次溶液，防止孔内溶液渗干。 8.3.3　碱液注浆施工应符合下列规定： 1　灌注孔可用洛阳铲、螺旋钻成孔或用带有尖端的钢管打入土中成孔，孔径宜为 60mm～100mm，孔中应填入粒径为 20mm～40mm 的石子到注液管下端标高处，再将内径 20mm 的注液管插入孔中，管底以上 300mm 高度内应填入粒径为 2mm～5mm 的石子，上部宜用体积比为 2∶8 灰土填实夯实。 2　碱液可用固体烧碱或液体烧碱配制，每加固 1m³ 黄土宜用氢氧化钠溶液 35kg～45kg。碱液浓度不应低于 90g/L；双液加固时，氯化钙溶液的浓度为 50g/L～80g/L。 4　应将桶内碱液加热到 90℃ 以上方能进行灌注，灌注过程中，桶内溶液温度不应低于 80℃。 5　灌注碱液的速度，宜为（2～5）L/min。 6　碱液加固施工，应合理安排灌注顺序和控制灌注速率。宜采用隔（1～2）孔灌注，分段施工，相邻两孔灌注的间隔时间不宜少于 3d。同时灌注的两孔间距不应小于 3m。 7　当采用双液加固时，应先灌注氢氧化钠溶液，待间隔 8h～12h 后，再灌注氯化钙溶液，氯化钙溶液用量宜为氢氧化钠溶液用量的 1/2～1/4	

续表

条款号	大纲条款	检 查 依 据	检查要点
5.6.5	施工参数符合设计要求，施工记录齐全	**1.《建筑工程施工质量验收统一标准》GB 50300—2013** 3.0.3 建筑工程的施工质量控制应符合下列规定： 　　1 建筑工程采用的主要材料、半成品、建筑构配件、器具和设备应进行进场检验。凡涉及安全、节能、环境保护和主要使用功能的重要材料、产品，应按各专业工程施工规范、验收规范和设计文件等规定进行复验，并应经监理工程师检查认可。 　　2 各施工工序应按技术标准进行质量控制，每道工序完成后经单位自检符合规定后，才能进行下道工序施工。各专业工种之间的相关工序应进行交接检验，并应记录。 　　3 对于监理单位提出检查要求的重要工序，应经监理工程师检查认可，才能进行下道工序施工。 **2.《电力工程地基处理技术规程》DL/T 5024—2005** 9.1.12 注浆施工时，应保持注浆孔就位准确，浆管垂直。尤其是作为地下连续体结构的注浆工程，注浆孔中心就位偏差不应超过 20mm，注浆管的垂直度偏差不应超过 0.5%。 **3.《建筑地基处理技术规范》JGJ 79—2012** 3.0.12 地基处理施工中应有专人负责质量控制和监测，并做好施工记录……	1. 查阅施工方案 　质量控制参数：浆液配合比、注浆压力、孔位等控制参数符合技术方案要求 2. 查阅施工记录 　内容：有孔位、浆管垂直度、浆液配合比、注浆压力等施工记录
5.6.6	注浆机械检验合格，监控表计在鉴定有效期内，鉴定证书齐全有效	**1.《建筑地基基础工程施工质量验收规范》GB 50202—2002** 4.10 高压喷射注浆地基 4.10.1 施工前应检查水泥、外掺剂等的质量，桩位，压力表、流量表的精度和灵敏度，高压喷射设备的性能等。 4.10.2 施工中应检查施工参数（压力、水泥浆量、提升速度、旋转速度等）及施工程序。 **2.《电力工程地基处理技术规程》DL/T 5024—2005** 9.1.16 注浆正式施工前应作实验性施工，并开挖检查桩体、认为合格后方可正式施工。每一施工台班均应详细记录注浆材料的用量，配比，水、气的工作压力和设备运行情况。 9.1.20 采用旋喷桩加固已有建筑物时，施工过程中必须对原有建筑物进行沉降观测，沉降观测精度应不低于二等水准测量。 9.2.10 静压注浆加固原有建筑物时，施工过程中，必须进行变形测量监控和土体监测。变形观测精度应不低于二等水准测量	1. 查阅注浆机械检验合格证 　合格证书：与机械对应 2. 查阅监控表计检定证书 　检定证书：在检定有效期内

条款号	大纲条款	检 查 依 据	检查要点

5.6.7	标准贯入试验检测、动力触探、静力触探等原位测试试验检测和室内试验检测符合标准规定,加固地层的压缩性、强度、渗透性、湿陷性、均匀性等指标满足设计要求	**《建筑地基处理技术规范》JGJ 79—2012**
		
		8.1.3 注浆加固应保证加固地基在平面和深度连成一体,满足土体渗透性、地基土的强度和变形的设计要求。
		
		8.4.1 水泥为主剂的注浆加固质量检验应符合下列规定:
		  1 注浆检验应在注浆结束 28d 后进行。可选用标准贯入、轻型动力触探、静力触探或面波等方法进行加固地层均匀性检测。
		  2 按加固土体深度范围每间隔 1m 取样进行室内试验,测定土体压缩性、强度或渗透性。
		  3 注浆检验点不应少于注浆孔数的 2%～5%。检验点合格率小于 80% 时,应对不合格的注浆区实施重复注浆。
		
		8.4.2 硅酸钠注浆加固质量检验应符合下列规定:
		  1 硅酸钠溶液灌注完毕,应在 7d～10d 后,对加固的地基土进行检验。
		  2 应采用动力触探或其他原位测试检验加固地基的均匀性。
		  3 工程设计对土的压缩性和湿陷性有要求时,尚应在加固土的全部深度内,每隔 1m 取土样进行室内试验,测定其压缩性和湿陷性;
		  4 检验数量不应少于注浆孔数的 2%～5%。
		
		8.4.3 碱液加固质量检验应符合下列规定:
		  1 碱液加固施工应做好施工记录,检验碱液浓度及每孔注入量是否符合设计要求。
		  2 开挖或钻孔取样,对加固土体进行无侧限抗压强度试验和水稳性试验。取样部位应在加固土体中部,试块数不少于 3 个,28d 龄期的无侧限抗压强度平均值不得低于设计值的 90%。将试块浸泡在自来水中,无崩解。当需要查明加固土体的外形和整体性时,可对有代表性加固土体进行开挖,量测其有效加固半径和加固深度。
		  3 检验数量不应少于注浆孔数的 2%～5%
			1. 查阅注浆加固试验记录
			  试验时间:符合规范规定
			  间距和数量:检验点不应少于注浆孔数的 2%～5%
			
			2. 查阅加固土试验报告
			  结论:强度值、均匀性、渗透性等检测指标符合设计要求

5.6.8	注浆加固地基承载力静载荷试验检测数量符合标准规定,检测报告结论满足设计要求	**《建筑地基处理技术规范》JGJ 79—2012**
		
		8.4.4 注浆加固处理后地基的承载力应进行静载荷试验检验。
		8.4.5 静载荷试验应按附录 A 的规定进行,每个单体建筑的检验数量不应少于 3 点
			查阅地基承载力检测报告
			  内容:检测结果符合设计要求和规范规定
			  盖章:已加盖 CMA 章和检测专用章
			  签字:授权人已签字

条款号	大纲条款	检 查 依 据	检查要点
5.6.9	施工质量的检验项目、方法、数量符合标准规定，检验结果符合设计要求，质量验收记录齐全	**1.《建筑地基基础工程施工质量验收规范》GB 50202—2002** 4.1.3　地基施工结束，宜在一个间歇期后，进行质量验收，间歇期由设计确定。 4.1.5　注浆地基竣工后的结果（地基强度或承载力）必须达到设计要求的标准。检验数量，每单位工程不应少于3点，1000m² 以上工程，每100m² 至少应有1点，3000m² 以上工程，每300m² 至少应有1点。每一独立基础下至少应有1点，基槽每20延米应有1点。 4.1.6　对高压喷射注浆桩复合地基其承载力检验，数量为总数的0.5%～1%，但不应少于3处。有单桩强度检验要求时，数量为总数的0.5%～1%，但不应少于3根。 4.1.7　复合地基中的高压喷射注浆桩至少应抽查20%。 4.7.2　施工中应经常抽查浆液的配比及主要性能指标，注浆的顺序、注浆过程中的压力控制等。 4.7.3　施工结束后，应检查注浆体强度、承载力等。检查孔数为总量的2%～5%，不合格率大于或等于20%时应进行二次注浆。检验应在注浆后15d（砂土、黄土）或60d（粘性土）进行。 4.7.4　注浆地基的质量检验标准应符合表4.7.4的规定。 4.10.4　高压喷射注浆地基质量检验标准应符合表4.10.4的规定。 **2.《电力工程地基处理技术规程》DL/T 5024—2005** 9.1.21　注浆体的质量检验，可采用开挖检查、钻孔取芯抗压试验、静载荷试验等方法，检验时间应在注浆结束后28天进行，对防渗体应压水试验。 9.1.22　检验位置应布置在荷重最大的部位、施工中有异常现象的部位、对成桩质量有疑虑的地方，并进行随机抽样检验。 　　检验桩的数量宜为施工总桩数的0.5%～1%，且每一单项工程不少于3根。当应用低应变动测检验时，检验数量宜为20%～50%，并不得少于10根。当采用单桩或单桩复合地基静载荷试验确定地基承载力时，单项工程不应少于3组。 9.2.12　为提高地基承载力和减少地变形量的注浆加固，在注浆结束后28天进行检测加固效果，可采用静载荷试验，静力触探试验，旁压试验及地基土波速试验等方法	1. 查阅质量检验记录 　检验项目：有孔位、注浆体质量、地基承载力质量等符合规范规定 　检验方法：有标准贯入、静力触探、动力触探、开挖检查、钻孔取芯抗压试验、静载荷试验等 　检验数量：符合设计和规范规定 2. 查阅质量验收记录 　内容：符合规范规定
	5.7　微型桩加固工程的监督检查		
5.7.1	设计前已通过现场试验或试验性施工，确定了设计参数和施工工艺参数	**1.《建筑地基基础工程施工质量验收规范》GB 50202—2002** 4.1.4　地基加固工程，应在正式施工前进行试验段施工，论证设定的施工参数及加固效果。为验证加固效果所进行的载荷试验，其施加荷载应不低于设计载荷的2倍。 **2.《电力工程地基处理技术规程》DL/T 5024—2005** 5.0.10　地基处理正式施工前，宜进行试验性施工，在确认施工技术条件满足设计要求后，才能进行地基处理的正式施工。	查阅试桩检测报告或试桩报告 　设计参数、施工工艺参数：已确定

条款号	大纲条款	检 查 依 据	检查要点
5.7.1	设计前已通过现场试验或试验性施工，确定了设计参数和施工工艺参数	14.1.7　对于一、二级建筑物的单桩抗压、抗拔、水平极限承载力标准值，宜按综合试桩结果确定，并应符合下列要求： 　1　试验地段的选取，应能充分代表拟建建筑物场地的岩土工程条件。 　2　在同一条件下，试桩数量不应少于 3 根。当总桩数在 50 根以内时，不应少于 2 根	
5.7.2	微型桩加固技术方案、施工方案齐全，已审批	**1.《电力建设施工技术规范　第 1 部分：土建结构工程》DL 5190.1—2012** 3.0.1　工程施工前，应按设计图纸，结合具体情况和施工组织设计的要求编制施工方案，并经批准后方可施工。 **2.《电力工程地基处理技术规程》DL/T 5024—2005** 5.0.12　地基处理的施工应有详细的施工组织设计、施工质量管理和质量保证措施。应有专人负责施工检验与质量监督，做好各项施工记录，当发现异常情况时，应及时会同有关部门研究解决。 **3.《建筑桩基技术规范》JGJ 94—2008** 6.1.3　施工组织设计应结合工程特点，有针对性地制定相应质量管理措施，主要应包括下列内容： 　1　施工平面图：标明桩位、编号、施工顺序、水电线路和临时设施的位置；采用泥浆护壁成孔时，应标明泥浆制备设施及其循环系统； 　2　确定成孔机械、配套设备以及合理施工工艺的有关资料，泥浆护壁灌注桩必须有泥浆处理措施； 　3　施工作业计划和劳动力组织计划； 　4　机械设备、备件、工具、材料供应计划； 　5　桩基施工时，对安全、劳动保护、防火、防雨、防台风、爆破作业、文物和环境保护等方面应按有关规定执行； 　6　保证工程质量、安全生产和季节性施工的技术措施	1. 查阅微型桩加固技术方案 　审批：手续齐全 　内容：技术参数明确 2. 查阅施工方案 　审批：有施工单位内部编、审、批并经监理、建设单位审批，签字盖章齐全 　施工步骤和工艺参数：与技术方案相符
5.7.3	原材料质量证明文件齐全	**1.《建筑地基基础工程施工质量验收规范》GB 50202—2002** 4.1.2　砂、石子、水泥、钢材、石灰、粉煤灰等原材料的质量、检验项目、批量和检验方法，应符合国家现行标准的规定。 **2.《电力建设施工技术规范　第 1 部分：土建结构工程》DL 5190.1—2012** 3.0.2　工程所用主要原材料、半成品、构（配）件、设备等产品，进入施工现场时应按规定进行现场检验或复验，合格后方可使用，有见证取样检测要求的应符合国家现行有关标准的规定。对工程所用的水泥、钢筋等主要材料应进行跟踪管理。 **3.《建筑地基处理技术规范》JGJ 79—2012** 3.0.11　地基处理所采用的材料，应根据场地类别符合有关标准对耐久性设计与使用的要求	1. 查阅砂石、水泥、钢材出厂质量证明文件 　出厂合格证：包括进场批次、数量、规格、相应性能指标等内容

续表

条款号	大纲条款	检 查 依 据	检查要点
5.7.3	原材料质量证明文件齐全		2. 查阅换填材料检测计划和试验台账 检测计划、检验数量：符合设计要求和规范规定 试验台账检验数量：不得少于试验计划检验数量 3. 查阅检测报告 结论：检测结果合格 盖章：已加盖 CMA 章和检测专用章 签字：授权人已签字
5.7.4	微型桩施工工艺与设计（施工）方案一致	**1.《电力工程地基处理技术规程》DL/T 5024—2005** 5.0.10 地基处理正式施工前，宜进行实验性施工，在确认施工技术条件满总设计要求后，才能进行地基处理的正式施工。 5.0.11 地基处理时，必须对施工质量进行控制并对处理效果进行检验。 **2.《建筑地基处理技术规范》JGJ 79—2012** 10.2.1 地基处理工程应进行施工全过程的监测。施工中，应有专人或专门机构负责监测工作，随时检查施工记录和计量记录，并按照规定的施工工艺对工序进行质量评定	查阅施工方案 施工工艺：与设计方案一致
5.7.5	树根桩施工允许偏差、成孔、吊装、灌注、填充、加压、保护等符合标准规定	**《建筑地基处理技术规范》JGJ 79—2012** 9.2.3 树根桩施工应符合下列规定： 　　1　桩位允许偏差宜为±20mm；桩身垂直度允许偏差应为±1%。 　　2　钻机成孔可采用天然泥浆护壁，遇粉细砂层易塌孔时应加套管。 　　3　树根桩钢筋笼宜整根吊装。分节放置时，钢筋搭接焊缝长度双面焊不得小于 5 倍钢筋直径，单面焊不得小于 10 倍钢筋直径，施工时，应缩短吊放和焊接时间；钢筋笼应采用悬挂或支撑的方法，确保灌注或浇注混凝土时的位置和高度。在斜桩中组装钢筋笼时，应采用可靠的支撑和定位方法。 　　4　灌注施工时，应采用间隔施工、间歇施工或添加速凝剂等措施，以防止相邻桩孔位移和窜孔。 　　5　当地下水流速较大可能导致水泥浆、砂浆或混凝土流失影响灌注质量时，应采用永久套管、护筒或其他保护措施。	1. 查阅质量检验记录 检验项目：桩位偏差、桩身垂直度偏差、钢筋搭接焊缝长度等符合规范规定

条款号	大纲条款	检查依据	检查要点
5.7.5	树根桩施工允许偏差、成孔、吊装、灌注、填充、加压、保护等符合标准规定	6 在风化或有裂隙发育的岩层中灌注水泥浆时，为避免水泥浆向周围岩体的流失，应进行桩孔测试和预灌浆。 7 当通过水下浇注管或带孔钻杆或管状承重构件进行浇注混凝土或水泥砂浆时，水下浇注管或带孔钻杆的末端应埋入泥浆中。浇注过程应连续进行，直到顶端溢出浆体的黏稠度与注入浆体一致时为止。 8 通过临时套管灌注水泥浆时，钢筋的放置应在临时套管拔出之前完成，套管拔出过程中应每隔2m施加灌浆压力。采用管材作为承重构件时，可通过其底部进行灌浆	2. 查阅施工记录 内容：成孔、吊装、灌注、填充、加压、保护等符合施工方案要求
5.7.6	预制桩预制过程（包括连接件）、压桩力、接桩和截桩等符合标准规定	**1.《建筑地基基础工程施工质量验收规范》GB 50202—2002** 5.2.2 施工前应对成品桩（锚杆静压成品桩一般均由工厂制造，运至现场堆放）做外观及强度检验，接桩用焊条或半成品硫黄胶泥应有产品合格证书，或送有关部门检验，压桩用压力表、锚杆规格及质量也应进行检查。硫黄胶泥半成品每100kg做一组试件（3件）。 5.2.3 压桩过程中应检查压力、桩垂直度、接桩间歇时间、桩的连接质量及压入深度。重要工程应对电焊接桩的接头做10%的探伤检查。对承受反力的结构应加强观测。 5.4.1 桩在现场预制时，应对原材料、钢筋骨架（见表5.4.1）、混凝土强度进行检查；采用工厂生产的成品桩时，桩进场后应进行外观及尺寸检查。 5.4.2 施工中应对桩体垂直度、沉桩情况、桩顶完整状况、接桩质量等进行检查，对电焊接桩，重要工程应做10%的焊缝探伤检查。 **2.《建筑地基处理技术规范》JGJ 79—2012** 9.3.2 预制桩桩体可采用边长为150mm～300mm的预制混凝土方桩，直径300mm的预应力混凝土管桩，断面尺寸为100mm～300mm的钢管桩和型钢等，施工除应满足现行行业标准《建筑桩基技术规范》JGJ 94的规定外，尚应符合下列规定： 1 对型钢微型桩应保证压桩过程中计算桩体材料最大应力不超过材料抗压强度标准值的90%； 3 除用于减小桩身阻力的涂层外，桩身材料以及连接件的耐久性应符合现行国家标准《工业建筑防腐蚀设计规范》GB 50046的有关规定。 9.3.3 预制桩的单桩竖向承载力应通过单桩静载荷试验确定；无试验资料时，初步可按本规范式（7.1.5-3）估算。 **3.《建筑桩基技术规范》JGJ 94—2008** 7.3.2 接桩材料应符合下列规定： 1 焊接接桩：钢板宜采用低碳钢，焊条宜采用E43，并应符合现行行业标准要求。接头宜采用探伤检测，同一工程检测量不得少于3个接头。 2 法兰接桩：钢饭和螺栓宜采用低碳钢	1. 查阅质量检验记录 检验项目：桩位偏差、桩身垂直度偏差、钢筋搭接焊缝长度、压桩力、接桩和截桩等符合规范规定 2. 查阅施工记录 内容：压桩力、贯入度、接桩、截桩等符合施工方案要求

条款号	大纲条款	检 查 依 据	检查要点
5.7.7	注浆钢管桩水泥浆灌注的注浆方法、时间间隔，钢管连接方式、焊接质量符合标准规定	**1.《建筑地基基础工程施工质量验收规范》GB 50202—2002** 5.5.2 施工中应检查钢桩的垂直度、沉入过程、电焊连接质量、电焊后的停歇时间、桩顶锤击后的完整状况。电焊质量除常规检查外，应做10%的焊缝探伤检查。 **2.《建筑地基处理技术规范》JGJ 79—2012** 9.4.1 注浆钢管桩适用于淤泥质土、黏性土、粉土、砂土和人工填土等地基处理。 9.4.2 注浆钢管桩承载力的设计计算，应符合现行行业标准《建筑桩基技术规范》JGJ 94 的有关规定；当采用二次注浆工艺时，桩侧摩阻力特征值可乘以1.3 的系数。 9.4.3 钢管桩可采用静压或植入等方法施工。 9.4.4 水泥浆的制备应符合下列规定： 　1 水泥浆的配合比应采用经认证的计量装置计量，材料掺量符合设计要求。 　2 选用的搅拌机应能够保证搅拌水泥浆的均匀性；在搅拌槽和注浆泵之间应设置存储池，注浆前应进行搅拌以防止浆液离析和凝固。 9.4.5 水泥浆灌注应符合下列规定： 　1 应缩短桩孔成孔和灌注水泥浆之间的时间间隔。 　2 注浆时，应采取措施保证桩长范围内完全灌满水泥浆。 　3 灌注方法应根据注浆泵和注浆系统合理选用，注浆泵与注浆孔口距离不宜大于30m。 　4 当采用桩身钢管进行注浆时，可通过底部一次或多次灌浆，也可将桩身钢管加工成花管进行多次灌浆。 　5 采用花管灌浆时，可通过花管进行全长多次灌浆，也可通过花管及阀门进行分段灌浆，或通过互相交错的后注浆管进行分步灌浆。 9.4.6 注浆钢管桩钢管的连接应采用套管焊接，焊接强度与质量应满足现行国家标准《建筑地基基础工程施工质量验收规范》GB 50202 的要求。 **3.《建筑桩基技术规范》JGJ 94—2008** 3.1.3.2 对于钢管桩应进行局部压屈验算	1. 查阅质量检验记录 　检验项目：桩位偏差、桩身垂直度偏差、注浆方法、时间间隔、钢管连接方式、焊接质量、压桩力等符合规范规定 2. 查阅施工记录 　内容：压桩力、贯入度、接桩、注浆方法、时间间隔、钢管连接方式、焊接质量等符合施工方案要求
5.7.8	混凝土和砂浆抗压强度、钢构件防腐及钢筋保护层厚度符合标准规定	**《建筑地基处理技术规范》JGJ 79—2012** 9.1.4 根据环境的腐蚀性、微型桩的类型、荷载类型（受拉或受压）、钢材的品种及设计使用年限，微型桩中钢构件或钢筋的防腐构造应符合耐久性设计的要求。钢构件或预制桩钢筋保护层厚度不应小于25mm，钢管砂浆保护层厚度不应小于35mm，混凝土灌注桩钢筋保护层厚度不应小于50mm	1. 查阅质量检验记录 　检验项目：混凝土和砂浆抗压强度、钢构件防腐及钢筋保护层厚度等符合规范规定

续表

条款号	大纲条款	检 查 依 据	检查要点
5.7.8	混凝土和砂浆抗压强度、钢构件防腐及钢筋保护层厚度符合标准规定		2. 查阅检验报告 结论：混凝土和砂浆抗压强度、钢构件防腐及钢筋保护层厚度检测结果符合设计要求
5.7.9	施工参数符合设计要求，施工记录齐全	**1.《建筑地基处理技术规范》JGJ 79—2012** 9.1.5　软土地基微型桩的设计施工应符合下列规定： 　　1　应选择较好的土层作为桩端持力层，进入持力层深度不宜小于 5 倍的桩径或边长； 　　2　对不排水抗剪强度小于 10kPa 的土层，应进行试验性施工，并应采用护筒或永久套管包裹水泥浆、砂浆或混凝土； 　　3　应采取间隔施工、控制注浆压力和速度等措施，减少微型桩施工期间的地基附加变形，控制基础不均匀沉降及总沉降量； 　　4　在成孔、注浆或压桩施工过程中，应监测相邻建筑和边坡的变形。 10.2.1　地基处理工程应进行施工全过程的监测。施工中，应有专人或专门机构负责监测工作，随时检查施工记录和计量记录，并按照规定的施工工艺对工序进行质量评定。 **2.《电力工程地基处理技术规程》DL/T 5024—2005** 5.0.12　地基处理的施工应有详细的施工组织设计、施工质量管理和质量保证措施。应有专人负责施工检验与质量监督，做好各项施工记录，当发现异常情况时，应及时会同有关部门研究解决	1. 查阅施工方案 施工参数：符合设计要求 2. 查阅施工记录 内容：包括桩位、桩顶标高等 数量：与验收记录相符 3. 查地基附加变形观测记录 内容：地基、相邻建筑物沉降变形记录详实 变形、沉降量：在预控范围内
5.7.10	地基（基桩）承载力检测数量符合标准规定，检测报告结论满足设计要求	**《建筑地基处理技术规范》JGJ 79—2012** 9.5.4　微型桩的竖向承载力检验应采用静载试验，检验桩数不得少于总桩数的 1%，且不得少于 3 根。 10.1.4　工程验收承载力检验时，静载荷试验最大加载量不应小于设计要求的承载力特征值的 2 倍	查阅地基（基桩）承载力检测报告 检验方法：符合规范要求 检验数量：不少于总桩数的 1%，且不得少于 3 根 检验结论：符合设计要求

续表

条款号	大纲条款	检 查 依 据	检查要点
5.7.11	施工质量的检验项目、方法、数量符合标准规定，检验结果满足设计要求，质量验收记录齐全	**《建筑地基处理技术规范》JGJ 79—2012** 9.5.1　微型桩的施工验收，应提供施工过程有关参数，原材料的力学性能检验报告，试件留置数量及制作养护方法、混凝土和砂浆等抗压强度试验报告，型钢、钢管和钢筋笼制作质量检查报告。施工完成后尚应进行桩顶标高和桩位偏差等检验。 9.5.2　微型桩的桩位施工允许偏差，独立基础、条形基础的边桩沿垂直轴线方向应为±1/6桩径，沿轴线方向应为±1/4桩径，其他位置的桩应为±1/2桩径；桩身的垂直度允许偏差应为±1%。 9.5.3　桩身完整性检验宜采用低应变动力试验进行检测。检测桩数不得少于总桩数的10%，且不得少于10根。每个柱下承台的抽检桩数不应少于1根	1. 查阅微型桩施工验收记录 　检验内容：微型桩原材及进场复试报告、试件留置数量、强度试验等报告齐全 　检验数量：符合设计和规范要求 　检验结论：质量合格 2. 查阅微型桩桩位检查记录 　桩位、顶标高偏差：符合规范要求 　检验数量：符合规范要求
5.8　灌注桩工程的监督检查			
5.8.1	当需要提供设计参数和施工工艺参数时，应按试桩方案进行试桩确定	**1.《电力工程地基处理技术规程》DL/T 5024—2005** 5.0.10　地基处理正式施工前，宜进行试验性施工，在确认施工技术条件满足设计要求后，才能进行地基处理的正式施工。 5.0.12　地基处理的施工应有详细的施工组织设计、施工质量管理和质量保证措施。应有专人负责施工检验与质量监督，做好各项施工记录，当发现异常情况时，应及时会同有关部门研究解决。 14.1.7　对于一、二级建筑物的单桩抗压、抗拔、水平极限承载力标准值，宜按综合试桩结果确定，并应符合下列要求： 　1　试验地段的选取，应能充分代表拟建建筑物场地的岩土工程条件。 　2　在同一条件下，试桩数量不应少于3根。当总桩数在50根以内时，不应少于2根。 **2.《建筑桩基技术规范》JGJ 94—2008** 6.2.8　桩在施工前，宜进行试成孔	查阅试桩检测报告或试桩报告 　设计参数、施工工艺参数：已确定
5.8.2	灌注桩技术方案、施工方案齐全，已审批	**1.《电力建设施工技术规范　第1部分：土建结构工程》DL 5190.1—2012** 3.0.1　工程施工前，应按设计图纸，结合具体情况和施工组织设计的要求编制施工方案，并经批准后方可施工。	1. 查阅灌注桩技术方案 审批：手续齐全 内容：技术参数明确

条款号	大纲条款	检 查 依 据	检查要点
5.8.2	灌注桩技术方案、施工方案齐全，已审批	**2. 《电力工程地基处理技术规程》DL/T 5024—2005** 5.0.12　地基处理的施工应有详细的施工组织设计、施工质量管理和质量保证措施。应有专人负责施工检验与质量监督，做好各项施工记录，当发现异常情况时，应及时会同有关部门研究解决。 **3. 《建筑桩基技术规范》JGJ 94—2008** 1.0.3　桩基的设计与施工，应综合考虑工程地质与水文地质条件、上部结构类型、使用功能、荷载特征、施工技术条件与环境；并应重视地方经验，因地制宜，注重概念设计，合理选择桩型、成桩工艺和承台形式，优化布桩，节约资源；强化施工质量控制与管理。 6.1.3　施工组织设计应结合工程特点，有针对性地制定相应质量管理措施，主要应包括下列内容： 　　1　施工平面图：标明桩位、编号、施工顺序、水电线路和临时设施的位置；采用泥浆护壁成孔时，应标明泥浆制备设施及其循环系统。 　　2　确定成孔机械、配套设备以及合理施工工艺的有关资料，泥浆护壁灌注桩必须有泥浆处理措施。 　　3　施工作业计划和劳动力组织计划。 　　4　机械设备、备件、工具、材料供应计划。 　　5　桩基施工时，对安全、劳动保护、防火、防雨、防台风、爆破作业、文物和环境保护等方面应按有关规定执行。 　　6　保证工程质量、安全生产和季节性施工的技术措施。 6.1.4　成桩机械必须经鉴定合格，不得使用不合格机械。 6.1.5　施工前应组织图纸会审，会审纪要连同施工图等应作为施工依据，并应列入工程档案	2. 查阅施工方案审批：施工单位已编、审、批、签章，监理、建设单位已审批 施工工艺参数：与技术方案相符
5.8.3	钢筋、水泥、砂、石、掺合料及钢筋连接材料等质量证明文件齐全、现场见证取样检验报告齐全	**1. 《建筑地基基础工程施工质量验收规范》GB 50202—2002** 5.6.1　施工前应对水泥、砂、石子（如现场搅拌）、钢筋等原材料进行检查。 **2. 《建筑地基基础设计规范》GB 50007—2011** 10.2.12　对混凝土灌注桩，应提供施工过程有关参数，包括原材料的力学性能检验报告、试件留置数量及制作养护方法、混凝土抗压强度试验报告、钢筋笼制作质量检查报告。施工完成后尚应进行桩顶标高、桩位偏差等检验。 **3. 《电力工程地基处理技术规程》DL/T 5024—2005** 14.2.1　钻孔灌注桩 　　10　钻孔灌注桩所用混凝土应符合下列规定： 　　1）水泥等水上不宜低于 32.5 级，水下不宜低于 42.5 级。 　　3）粗骨料宜选用 5mm～35mm 粒径的卵石或碎石，最大粒径不超过 40mm，并要求粒组由小到大有一定的级配；卵石或碎石要质量好、强度高，针片状、棒状的含量应小于 3%，微风化的应小于 10%，中风化、强风化的严禁使用，含泥量应小于 1%。	1. 查阅砂石、水泥、钢材出厂质量证明文件 　出厂合格证：包括进场批次、数量、规格、相应性能指标等内容 2. 查阅砂石、水泥、钢材等材料的检测计划和试验台账 　检测计划、检验数量：符合设计要求和规范规定 　试验台账检验数量：不得少于试验计划检验数量

条款号	大纲条款	检 查 依 据	检查要点
5.8.3	钢筋、水泥、砂、石、掺合料及钢筋连接材料等质量证明文件齐全、现场见证取样检验报告齐全	4）细骨料以含长石和石英颗粒为主的中、粗砂为宜，并且有机质含量应小于 0.5%，云母含量应小于 2%，含泥量应小于 3%。 5）钻孔灌注桩用的混凝土可加入掺合料，如粉煤灰、沸石粉、火山灰等，掺入量宜根据配比试验确定。 6）可根据工程需要选用外加剂，通常有减水剂和缓凝剂（如木质素磺酸钙，掺入量 0.2%～0.3%；糖蜜，掺入量 0.1%～0.2%）、早强剂（如三乙醇胺等）。 **4.《建筑桩基技术规范》JGJ 94—2008** 6.2.5 钢筋笼制作、安装的质量应符合下列要求： 2 分段制作的钢筋笼，其接头宜采用焊接或机械式接头（钢筋直径大于 20mm），并应遵守国家现行标准的规定	3. 查阅检测报告 结论：检测结果合格 盖章：已加盖 CMA 章和检测专用章 签字：授权人已签字
5.8.4	施工参数符合设计要求，施工记录齐全	**《电力工程地基处理技术规程》DL/T 5024—2005** 14.1.15 灌注桩成桩过程中，应进行成孔质量检测，包括孔径、孔斜、孔深、沉渣厚度等，成孔质量检测不得少于总桩数的 10%。桩身强度满足养护要求后应采用高应变法、低应变法动力测试或钻孔抽芯法检测桩身质量，高应变检测数量不宜少于总桩数的 5%，且不少于 5 根。采用低应变法测桩宜为总桩数的 20%～30%。当单桩竖向抗压极限承载力较大、地质条件复杂、单桩承台时，应提高检测比例。 14.2.1 钻孔灌注桩 7 当钻孔灌注桩孔深达到要求后，立即进行第一次清孔。在下放钢筋笼及导管安装完毕后，灌注混凝土之前，应进行第二次清孔，清孔须满足下列要求： 1）清孔后的泥浆密度应小于 1.15。 2）二次清孔沉渣允许厚度应根据上部结构变形要求和桩的性能确定。一般条件下，对摩擦端承桩、端承摩擦桩，沉渣厚度不应大于 100mm；对于作支护的纯摩擦桩，沉渣厚度应小于 300mm。 3）二次清孔结束后应在 30min 内浇筑混凝土，若超过 30min，应复测孔底沉渣厚度。若沉渣厚度超过允许厚度时，则需利用导管清除孔底沉渣至合格，方可灌注混凝土。 8 钻孔灌注桩钢筋笼的制作应符合设计图纸的要求，主筋净距应大于混凝土粗骨料粒径 3 倍以上；加劲箍筋宜设在主筋外侧，主筋一般不设弯钩；钢筋笼的内径应比导管接头外径大 100mm 以上，允许偏差见表 14.2.1-3。钢筋笼上应设保护层混凝土垫块或护板，每节钢筋笼应不少于 2 组，每组 3 块，应均匀分布在同一截面上，钢筋笼单节长度大于 12m，应增设 1 组。钢筋笼的安放应吊直扶稳，对准桩孔中心，缓慢放下。如两段钢筋笼需在孔口焊接，宜用两台焊机相对焊接，以保证钢筋笼顺直，缩短成桩时间。	1. 查阅施工记录 内容：孔径、孔斜、孔深、沉渣厚度等内容齐全 检测数量：满足规范要求 2. 查阅各项施工参数 清孔检测记录：沉渣厚度、泥浆密度满足设计及规范要求 导管埋设：符合设计及规范要求 混凝土浇筑间隔时间：符合设计及规范要求 试件留置组数：符合设计及规范要求

条款号	大纲条款	检 查 依 据	检查要点
5.8.4	施工参数符合设计要求，施工记录齐全	11　钻孔灌注桩混凝土的浇筑应符合下列规定： 2）在孔内放置导管时，导管下端距孔底以 300mm～500mm 为宜，适当加大初灌量，第一次混凝土应使埋管深度不小于 0.8m，第一盘混凝土浇筑前应加 0.1m³～0.2m³ 的水泥砂浆。正常灌注时，应随时丈量孔内混凝土面上升的位置，保持导管埋深，导管埋深宜为 2m～6m。 4）浇注混凝土应连续进行，因故中断时间不得超过混凝土的初凝时间。一般条件下，浇注时间不宜超过 8h。 5）混凝土的灌注量应保证充盈系数不小于 1.0，一般不宜大于 1.3。 6）桩实际混凝土灌注高度应保证凿除桩顶浮浆后达到设计标高时的混凝土符合设计要求。 7）桩身浇筑过程中，每根桩留取不少于 1 组（3 块）试块，按标准养护后进行抗压试验	
5.8.5	混凝土强度试验等级符合设计要求，试验报告齐全	**1.《电力建设施工质量验收及评价规程 第 1 部分：土建工程》DL/T 5210.1—2012** 5.4.27　混凝土灌注桩工程 1　检查数量 3）混凝土强度试件：每浇筑 50m³ 都必须有一组试件；小于 50m³ 的桩，每根桩必须有一组试件。 3　施工试验： 3）混凝土强度试验报告； 4）预制桩龄期及强度试验报告。 **2.《电力工程地基处理技术规程》DL/T 5024—2005** 14.2.1　钻孔灌注桩 10　钻孔灌注桩所用混凝土应符合下列规定： 1）混凝土的配合比和强度等级，应按桩身设计强度等级经配比试验确定，并留有一定强度储备（一般以 20％为宜）；混凝土坍落度宜取 160mm～220mm，并保持混凝土的和易性	1. 查阅检测计划、试件台账 　检测计划检验数量：符合设计要求和规范规定 　试件台账检验数量：不得少于检测计划检验数量 2. 查阅混凝土抗压强度试验检测报告 　结论：检测结果合格 　盖章：已加盖 CMA 章和检测专用章 　签字：授权人已签字
5.8.6	钢筋连接接头试验合格，报告齐全	**1.《电力工程地基处理技术规程》DL/T 5024—2005** 14.2.1　钻孔灌注桩 9　钢筋笼的焊接搭结长度应符合表 14.2.1-4 的规定，焊缝宽度不应小于 $0.7d$，厚度不小于 $0.3d$，焊条根据钢筋材质合理选用。 **2.《电力建设施工质量验收及评价规程 第 1 部分：土建工程》DL/T 5210.1—2012** 18.3.1　地基与桩基工程质量记录应评价的内容包括： 3　施工试验 2）钢筋连接接头质量的试验报告。	1. 查阅检测计划、试件台账 　检测计划检验数量：符合设计要求和规范规定 　试件台账检验数量：不得少于检测计划检验数量

条款号	大纲条款	检 查 依 据	检查要点
5.8.6	钢筋连接接头试验合格，报告齐全	**3.《建筑桩基技术规范》JGJ 94—2008** 9.2.3 灌注桩施工前应进行下列检验： 2 钢筋笼制作应对钢筋规格、焊条规格、品种、焊口规格、焊缝长度、焊缝外观和质量、主筋和箍筋的制作偏差等进行检查，钢筋笼制作允许偏差应符合本规范要求	2. 查阅钢筋焊接接头试验检测报告 结论：检测结果合格 盖章：已加盖CMA章和检测专用章 签字：授权人已签字
5.8.7	桩基础施工工艺与设计（施工）方案一致	**《建筑地基处理技术规范》JGJ 79—2012** 1.2.1 地基处理工程应进行施工全过程的监测。施工中，应有专人或专门机构负责监测工作，随时检查施工记录和计量记录，并按照规定的施工工艺对工序进行质量评定	查阅施工方案 施工工艺：与设计方案一致
5.8.8	人工挖孔桩终孔时，持力层检验记录齐全	**1.《建筑地基基础工程施工质量验收规范》GB 50202—2002** 5.6.2 施工中应对成孔、清渣、放置钢筋笼、灌注混凝土等进行全过程检查，人工挖孔桩尚应复验孔底持力层土（岩）性。嵌岩桩必须有桩端持力层的岩性报告。 **2.《建筑基桩检测技术规范》JGJ 106—2014** 3.3.7 对于端承型大直径灌注桩，当受设备或现场条件限制无法检测单桩竖向抗压承载力时，可选择下列方式之一，进行持力层核验： 1 采用钻芯法测定桩底沉渣厚度，并钻取桩端持力层岩土芯样检验桩端持力层，检测数量不应少于总桩数的10%，且不应少于10根； 2 采用深层平板载荷试验或岩基平板载荷试验，……检测数量不应少于总桩数的1%，且不应少于3根。 **3.《建筑桩基技术规范》JGJ 94—2008** 9.3.2 灌注桩施工过程中应进行下列检验： 1 灌注混凝土前，应按照本规范第6章有关施工质量要求，对已成孔的中心位置、孔深、孔径垂直度、孔底沉渣厚度进行检验； 2 应对钢筋笼安放的实际位置等进行检查，并填写相应质量检测、检查记录； 3 干作业条件下成孔后应对大直径桩桩端持力层进行检验	查阅桩端持力层的岩性报告 结论：检测结果合格 盖章：已加盖CMA章和检测专用章 签字：授权人已签字

续表

条款号	大纲条款	检　查　依　据	检查要点
5.8.9	人工挖孔灌注桩、干成孔灌注桩、套管成孔灌注桩、泥浆护壁钻孔灌注桩成孔的桩径、垂直度、孔底沉渣厚度、钢筋保护层厚度及桩位的偏差符合标准规定	**1.《电力建设施工质量验收及评价规程 第 1 部分：土建工程》DL/T 5210.1—2012** 5.4.23　螺旋钻、潜水钻、回旋钻和冲击成孔： 　　1　检查数量：全数检查； 　　2　质量标准和检验方法：见表 5.4.23。 5.4.25　人工挖大直径扩底墩成孔： 　　1　检查数量：全数检查； 　　2　质量标准和检验方法：见表 5.4.25。 **2.《电力工程地基处理技术规程》DL/T 5024—2005** 14.1.15　灌注桩成桩过程中，应进行成孔质量检测，包括孔径、孔斜、孔深、沉渣厚度等，成孔质量检测不得少于总桩数的 10%。 **3.《建筑桩基技术规范》JGJ 94—2008** 6.2.4　灌注桩成孔施工的允许偏差应满足表 6.2.4 的要求。 6.3.9　钻孔达到设计深度，灌注混凝土之前，孔底沉渣厚度指标应符合下列规定： 　　1　对端承型桩，不应大于 50mm； 　　2　对摩擦型桩，不应大于 100mm； 　　3　对抗拔、抗水平力桩，不应大于 200mm。 9.1.1　桩基工程应进行桩位、桩长、桩径、桩身质量和单桩承载力的检验。 9.3.2　灌注桩施工过程中应进行下列检验： 　　1　灌注混凝土前，应按照本规范第 6 章有关施工质量要求，对已成孔的中心位置、孔深、孔径、垂直度、孔底沉渣厚度进行检验； 　　2　应对钢筋笼安放的实际位置等进行检查，并填写相应质量检测、检查记录； 　　3　干作业条件下成孔后应对大直径桩桩端持力层进行检验	1. 查阅灌注桩成孔质量验收记录 　内容：灌注桩成孔施工偏差、孔底沉渣厚度满足规程规范要求 2. 查阅灌注桩成桩过程检查记录 　内容：孔径、孔斜、孔深、沉渣厚度等
5.8.10	工程桩承载力检测结论满足设计要求，桩身质量的检验符合标准规定，报告齐全	**1.《建筑地基基础工程施工质量验收规范》GB 50202—2002** 5.1.5　工程桩应进行承载力检验。对于地基基础设计等级为甲级或地质条件复杂，成桩质量可靠性低的灌注桩，应采用静载荷试验的方法进行检验，检验桩数不应少于总数的 1%，且不应少于 3 根，当总桩数少于 50 根时，不应少于 2 根。 5.1.6　桩身质量应进行检验。对设计等级为甲级或地质条件复杂，成检质量可靠性低的灌注桩，抽检数量不应少于总数的 30%，且不应少于 20 根；其他桩基工程的抽检数量不应少于总数的 20%，且不应少于 10 根；对混凝土预制桩及地下水位以上且终孔后经过核验的灌注桩，检验数量不应少于总桩数的 10%，且不得少于 10 根。每个柱子承台下不得少于 1 根。	1. 查阅灌注桩单桩静载荷试验报告 　单桩静载荷试验承载力：满足设计要求，经设计、监理单位签署意见

续表

条款号	大纲条款	检 查 依 据	检查要点
5.8.10	工程桩承载力检测结论满足设计要求，桩身质量的检验符合标准规定，报告齐全	**2.《电力工程地基处理技术规程》DL/T 5024—2005** 14.1.15 灌注桩成桩过程中，应进行成孔质量检测，包括孔径、孔斜、孔深、沉渣厚度等，成孔质量检测不得少于总桩数的10%。桩身强度满足养护要求后应采用高应变法、低应变法动力测试或钻孔抽芯法检测桩身质量，高应变检测数量不宜少于总桩数的5%，且不少于5根。采用低应变法测桩宜为总桩数的20%～30%。当单桩竖向抗压极限承载力较大、地质条件复杂、单桩承台时，应提高检测比例。 14.1.17 为确保实际单桩竖向极限承载力标准值达到设计要求，应根据工程重要性、岩土工程条件、设计要求及工程施工情况采用单桩静载荷试验或可靠的动力测试方法进行工程桩单桩承载力检测。对于工程桩施工前未进行综合试桩的一级建筑桩基和岩土工程条件复杂、桩的施工质量可靠性低、确定单桩承载力的可靠性低、桩数多的二级建筑桩基，应采用单桩静载荷试验对工程桩单桩竖向承载力进行检测，在同一条件下的检测数量不宜小于总桩数的1%，且不应小于3根；对于工程桩施工前已进行过综合试桩的一级建筑桩基及其他所有工程桩基，应采用可靠的高应变动力测试法对工程桩单桩竖向承载力进行检测。 **3.《建筑桩基技术规范》JGJ 94—2008** 9.4.3 有下列情况之一的桩基工程，应采用静荷载试验对工程桩单桩竖向承载力进行检测，检测数量应根据桩基设计等级、本工程施工前取得试验数据的可靠性因素，可按现行行业标准《建筑基桩检测技术规范》JGJ 106确定： 　　1 工程施工前已进行单桩静载试验，但施工过程变更了工艺参数或施工质量出现异常时； 　　2 施工前工程未按本规范第5.3.1条规定进行单桩静载试验的工程； 　　3 地质条件复杂、桩的施工质量可靠性低； 　　4 采用新桩型或新工艺。 **4.《建筑桩基检测技术规范》JGJ 106—2014** 4.1.2 为设计提供依据的试验桩，应加载至桩侧与桩端的岩土阻力达到极限状态；当桩的承载力由桩身强度控制时，可按设计要求的加载量进行加载。 4.1.3 工程验收检测时，加载量不应小于设计要求的单桩承载力特征值的2.0倍。 4.4.1 检测数据的处理应符合下列规定： 　　1 确定单桩竖向抗压承载力时，应绘制竖向荷载沉降（Q-s）曲线、沉降—时间对数（s-$\lg t$）曲线；也可绘制其他辅助分析曲线； 　　2 当进行桩身应变和桩身截面位移测定时，应按本规范附录A的规定，整理测试数据，绘制桩身轴力分布图，计算不同土层的桩侧阻力和桩端阻力。 4.4.2 单桩竖向抗压极限承载力应按下列方法分析确定： 　　1 根据沉降随荷载变化的特征确定：对于陡降型Q-s曲线，应取其发生明显陡降的起始点对应的荷载值；	2.查阅灌注桩桩身完整性检测报告 　结论：检测报告结果满足规范规定 3.查阅灌注桩高应变检测工程桩承载力检测报告 　结论：承载力符合设计要求和规范规定

续表

条款号	大纲条款	检　查　依　据	检查要点
5.8.10	工程桩承载力检测结论满足设计要求，桩身质量的检验符合标准规定，报告齐全	2　根据沉降随时间变化的特征确定：应取 s-lgt 曲线尾部出现明显向下弯曲的前一级荷载值； 3　符合本规范第 4.3.7 条第 2 款情况时，宜取前一级荷载值； 4　对于缓变型 Q-s 曲线，宜根据桩顶总沉降量，取 s 等于 40mm 对应的荷载值；对 D（D 为桩端直径）大于等于 800mm 的桩，可取 s 等于 0.05D 对应的荷载值；当桩长大于 40m 时，宜考虑桩身弹性压缩；s 不满足本条第 14 款情况时，桩的竖向抗压极限承载力时，应取低值。 4.4.4　单桩竖向抗压承载力特征值应按单桩竖向抗压极限承载力的 50% 取值	
5.8.11	施工质量的检验项目、方法、数量符合标准规定，检验结果满足设计要求，质量验收记录齐全	**1.《建筑地基基础工程施工质量验收规范》GB 50202—2002** 5.1.2　桩基工程的桩位验收，除设计有规定外，应按下述要求进行： 1　当桩顶设计标高与施工场地标高相同时，或桩基施工结束后，有可能对桩位进行检查时，桩基工程的验收应在施工结束后进行。 2　当桩顶设计标高低于施工场地标高，送桩后无法对桩位进行检查时，对打入桩可在每根桩桩顶沉至场地标高时，进行中间验收，待全部桩施工结束，承台或底板开挖到设计标高后，再做最终验收。对灌注桩可对护筒位置做中间验收。 5.1.4　灌注桩的桩位偏差必须符合表 5.1.4 的规定，桩顶标高至少要比设计标高高出 0.5m，桩底清孔质量按不同的成桩工艺有不同的要求，应按本章的各节要求执行。每浇注 50m³ 必须有 1 组试件，小于 50m³ 的桩，每根桩必须有 1 组试件。 5.6.3　施工结束后，应检查混凝土强度，并应做桩体质量及承载力的检验。 5.6.4　混凝土灌注桩的质量检验标准应符合表 5.6.4-1、表 5.6.4-2 的规定。 **2.《电力建设施工质量验收及评价规程　第 1 部分：土建工程》DL/T 5210.1—2012** 5.4.27　混凝土灌注桩工程： 1　检查数量： 主控项目 1）承载力检验：应按现行有关标准或按经专项论证的检验方案抽样检测。 2）桩体质量检验：对设计等级为甲级或地质条件复杂、成桩质量可靠性低的灌注桩，抽检数量不应少于总数的 30%，且不应少于 20 根；其他桩基工程的抽检数量不应少于总桩数的 10%。且不得少于 10 根。每个柱子承台下不得少于 1 根。 3）混凝土强度试件：每浇筑 50m³ 都必须有 1 组试件；小于 50m³ 的桩，每根桩必须有 1 组试件。 4）桩位偏差：应全数检查。 一般项目 5）全数检查。 2　质量标准和检验方法：见表 5.4.27。	1.查阅施工记录 　检验项目：桩端入岩深度、沉渣厚度等 2.查阅质量验收记录 　检验项目：有桩顶标高、孔径、孔斜、孔深、沉渣厚度、充盈系数等 　检验方法：有测量、高应变、低应变、静载荷试验等 　检验数量：符合设计和规范规定

续表

条款号	大纲条款	检 查 依 据	检查要点

5.8.11	施工质量的检验项目、方法、数量符合标准规定,检验结果满足设计要求,质量验收记录齐全	**3.《电力工程地基处理技术规程》DL/T 5024—2005**
		14.1.13 一级、二级建筑物桩基工程在施工过程及建成后使用期间,应进行系统的沉降观测直至沉降稳定。
		14.1.15 灌注桩成桩过程中,应进行成孔质量检测,包括孔径、孔斜、孔深、沉渣厚度等,成孔质量检测不得少于总桩数的10%。桩身强度满足养护要求后应采用高应变法、低应变法动力测试或钻孔抽芯法检测桩身质量,高应变检测数量不宜少于总桩数的5%,且不少于5根。采用低应变法测桩宜为总桩数的20%~30%。当单桩竖向抗压极限承载力较大、地质条件复杂、单桩承台时,应提高检测比例。
		14.2.1 钻孔灌注桩
		    11 钻孔灌注桩混凝土的浇注应符合下列规定:
		       7)桩身浇注过程中,每根桩留取不少于1组(3块)试块,按标准养护后进行抗压试验。
		       8)当混凝土试块强度达不到设计要求时,可从桩体中进行抽芯检验或采取其他非破损检验方法。
		4.《建筑桩基技术规范》JGJ 94—2008
		9.5.2 基桩验收应包括下列资料:
		    1 岩土工程勘察报告、桩基施工图、图纸会审纪要、设计变更单及材料代用通知单等;
		    2 经审定的施工组织设计、施工方案及执行中的变更单;
		    3 桩位测量放线图,包括工程桩位线复核签证单;
		    4 原材料的质量合格和质量鉴定书;
		    5 半成品如预制桩、钢桩等产品的合格证;
		    6 施工记录及隐蔽工程验收文件;
		    7 成桩质量检查报告;
		    8 单桩承载力检测报告;
		    9 基坑挖至设计标高的基桩竣工平面图及桩顶标高图;
		    10 其他必须提供的文件和记录	

5.9	**预制桩工程的监督检查**		

5.9.1	当需要提供设计参数和施工工艺参数时,应按试桩方案进行试桩确定	**《电力工程地基处理技术规程》DL/T 5024—2005**
		5.0.8 大中型电力工程一、二级建(构)筑物的地基处理应进行原体试验。对于扩建工程,当工程条件有较大变化时,宜进行地基处理原体试验。
		5.0.10 地基处理正式施工前,宜进行试验性施工,在确认施工技术条件满足设计要求后,才能进行地基处理的正式施工。
		14.1.7 对于一、二级建筑物的单桩抗压、抗拔、水平极限承载力标准值,宜按综合试桩结果确定,并应符合下列要求:
		    1 试验地段的选取,应能充分代表拟建建筑物场地的岩土工程条件。
		    2 在同一条件下,试桩数量不应少于3根。当总桩数在50根以内时,不应少于2根
			查阅试桩检测报告或试桩报告
			设计参数、施工工艺参数:已确定

条款号	大纲条款	检查依据	检查要点
5.9.2	预制桩工程施工组织设计、施工方案齐全，已审批	**1.《建筑施工组织设计规范》GB/T 50502—2009** 3.0.5　施工组织设计的编制和审批应符合下列规定： 　　1　施工组织设计应由项目负责人主持编制，可根据需要分阶段编制和审批。 　　2　施工组织总设计应由总承包单位技术负责人审批；单位工程施工组织设计应由施工单位技术负责人或技术负责人授权的技术人员审批，施工方案应由项目技术负责人审批；重点、难点分部（分项）工程和专项工程施工方案应由施工单位技术部门组织相关专家评审，施工单位技术负责人批准。 　　3　由专业承包单位施工的分部（分项）工程或专项工程的施工方案，应由专业承包单位技术负责人或技术负责人授权的技术人员审批；有总承包单位时，应由总承包单位项目技术负责人核准备案。 　　4　规模较大的分部（分项）工程和专项工程的施工方案应按单位工程施工组织、设计进行编制和审批。 **2.《电力建设施工技术规范　第1部分：土建结构工程》DL 5190.1—2012** 3.0.1　工程施工前，应按设计图纸，结合具体情况和施工组织设计的要求编制施工方案，并经批准后方可施工。 **3.《电力工程地基处理技术规程》DL/T 5024—2005** 5.0.12　地基处理的施工应有详细的施工组织设计、施工质量管理和质量保证措施。应有专人负责施工检验与质量监督，做好各项施工记录，当发现异常情况时，应及时会同有关部门研究解决。 **4.《建筑桩基技术规范》JGJ 94—2008** 1.0.3　桩基的设计与施工，应综合考虑工程地质与水文地质条件、上部结构类型、使用功能、荷载特征、施工技术条件与环境；并应重视地方经验，因地制宜，注重概念设计，合理选择桩型、成桩工艺和承台形式，优化布桩，节约资源；强化施工质量控制与管理	查阅预制桩施工组织设计、施工方案 内容：引用规范、施工方法、机械参数等 审批：施工单位编、审、批已签字，监理、建设单位已审批
5.9.3	静压桩、锤击桩施工工艺与设计（施工）方案一致	**1.《建筑地基基础工程施工质量验收规范》GB 50202—2002** 5.2.3　压桩过程中应检查压力、桩垂直度、接桩间歇时间、桩的连接质量及压入深度。重要工程应对电焊接桩的接头做10%的探伤检查。对承受反力的结构应加强观测。 5.4.4　对长桩或总锤击数超过500击的锤击桩，应符合桩体强度及28d龄期的两项条件才能锤击。 **2.《建筑桩基技术规范》JGJ 94—2008** 7.4.5　打入桩（预制混凝土方桩、预应力混凝土空心桩、钢桩）的桩位偏差，应符合表7.4.5的规定。斜桩倾斜度的偏差不得大于倾斜角正切值的15%（倾斜角系桩的纵向中心线与铅垂线间夹角）。 7.4.6　桩终止锤击的控制应符合下列规定： 　　1　当桩端位于一般土层时，应以控制桩端设计标高为主，贯入度为辅；	查阅施工方案 施工工艺：与设计方案一致

条款号	大纲条款	检 查 依 据	检查要点
5.9.3	静压桩、锤击桩施工工艺与设计（施工）方案一致	2 桩端达到坚硬、硬塑的黏性土、中密以上粉土、砂土、碎石类土及风化岩时，应以贯入度控制为主，桩端标高为辅； 3 贯入度已达到设计要求而桩端标高未达到时，应继续锤击3阵，并按每阵10击的贯入度不应大于设计规定的数值确认，必要时，施工控制贯入度应通过试验确定。 7.5.7 最大压桩力不得小于设计的单桩竖向极限承载力标准值，必要时可由现场试验确定。 7.5.8 静力压桩施工的质量控制应符合下列规定： 1 第一节桩下压时垂直度偏差不应大于0.5%。 2 宜将每根桩一次性连续压到底，且最后一节有效桩长不宜小于5m。 3 抱压力不应大于桩身允许侧向压力的1.1倍。 7.5.9 终压条件应符合下列规定： 1 应根据现场试压桩的试验结果确定终压力标准。 2 终压连续复压次数应根据桩长及地质条件等因素确定。对于入土深度大于或等于8m的桩，复压次数可为2～3次；对于入土深度小于8m的桩，复压次数可为3～5次。 3 稳压压桩力不得小于终压力，稳定压桩的时间宜为5s～10s	
5.9.4	施工参数符合设计要求，施工记录齐全	**1.《建筑工程施工质量验收统一标准》GB 50300—2013** 3.0.3 建筑工程的施工质量控制应符合下列规定： 1 建筑工程采用的主要材料、半成品、建筑构配件、器具和设备应进行进场检验。凡涉及安全、节能、环境保护和主要使用功能的重要材料、产品，应按各专业工程施工规范、验收规范和设计文件等规定进行复验，并应经监理工程师检查认可。 2 各施工工序应按技术标准进行质量控制，每道工序完成后经单位自检符合规定后，才能进行下道工序施工。各专业工种之间的相关工序应进行交接检验，并应记录。 3 对于监理单位提出检查要求的重要工序，应经监理工程师检查认可，才能进行下道工序施工。 **2.《建筑地基基础工程施工质量验收规范》GB 50202—2002** 5.3.1 施工前应检查进入现场的成品桩、接桩用电焊条等产品质量。 5.3.2 施工过程中应检查桩的贯入情况、桩顶完整状况、电焊接桩质量、桩体垂直度、电焊后的停歇时间。重要工程应对电焊接头做10%的焊缝探伤检查。 5.4.1 桩在现场预制时，应对原材料、钢筋骨架（见表5.4.1）、混凝土强度进行检查；采用工厂生产的成品桩时，桩进场后应进行外观及尺寸检查。 5.4.2 施工中应对桩体垂直度、沉桩情况、桩顶完整状况、接桩质量等进行检查，对电焊接桩，重要工程应做10%的焊缝探伤检查。	1. 查阅施工方案 质量控制参数：符合技术方案要求 2. 查阅施工记录 内容：桩身垂直度、桩顶标高、接桩、贯入度、桩压力等施工记录

条款号	大纲条款	检查依据	检查要点
5.9.4	施工参数符合设计要求，施工记录齐全	**3.《电力工程地基处理技术规程》DL/T 5024—2005** 14.1.16　打入桩坐标控制点、高程控制点以及建筑物场地内的轴线控制点，均应设置在打桩施工影响区域之外，距离桩群的边缘一般不少于30m。施工过程中，应对测量控制点定核对。 14.3.2　预应力高强混凝土管桩和预应力混凝土管桩 　（4）PHC、PC桩交付使用时，生产厂商应提交产品合格证、原材料（包括钢筋、水泥、砂、碎石等）的试验检验合格证明、离心混凝土试块强度报告、钢筋墩头强度报告、桩体外观质量和尺寸偏差等检验报告。 **4.《建筑桩基技术规范》JGJ 94—2008** 7.5.8　静力压桩施工的质量控制应符合下列规定： 　1　第一节桩下压时垂直度偏差不应大于0.5%； 　2　宜将每根桩一次性连续压到底，且最后一节有效桩长不宜小于5m； 　3　抱压力不应大于桩身允许侧向压力的1.1倍	
5.9.5	桩体和连接材料的质量证明文件齐全	**1.《建筑地基基础工程施工质量验收规范》GB 50202—2002** 5.4.1　桩在现场预制时，应对原材料、钢筋骨架（见表5.4.1）、混凝土强度进行检查；采用工厂生产的成品桩时，桩进场后应进行外观及尺寸检查。 **2.《工业建筑防腐蚀设计规范》GB 50046—2008** 4.9.2　桩基础的选择宜符合下列规定： 　1　腐蚀环境下宜选用预制钢筋混凝土桩。 　2　腐蚀性等级为中、弱时，可采用预应力混凝土管桩或混凝土灌注桩。 4.9.4　混凝土桩基础的结构设计应符合下列规定： 　1　预制钢筋混凝土桩的混凝土强度等级不低于C40、水灰比不应大于0.4，腐蚀性等级为中、弱时，抗渗等级不应低于S8，腐蚀性等级为强时，抗渗等级不应低于S10；钢筋的混凝土保护层厚度不应小于45mm。 　2　预应力混凝土管桩的混凝土强度等级不低于C60、抗渗等级不应低于S10；钢筋的混凝土保护层厚度不应小于35mm；桩尖宜采用闭口型。 4.9.5　混凝土桩身的防护应符合表4.9.5的规定。 **3.《电力建设施工质量验收及评价规程　第1部分：土建工程》DL/T 5210.1—2012** 18.3.1　地基及桩基工程质量记录应评价的内容包括： 　3　施工试验 　1）各种地基材料的配合比试验报告； 　2）钢筋连接接头质量的试验报告； 　3）混凝土强度试验报告：	1.查阅连接材料、预制桩出厂质量证明文件或现场预制桩的原材料质量证明文件 　出厂合格证：进场批次、数量、规格、相应性能指标 　厂家资质：认证范围满足现场供货要求且在有效期内 2.查阅材料检测计划和试验台账 　检测计划检验数量：符合设计要求和规范规定 　试验台账检验数量：不得少于检测计划检验数量

条款号	大纲条款	检 查 依 据	检查要点
5.9.5	桩体和连接材料的质量证明文件齐全	**4.《建筑桩基技术规范》JGJ 94—2008** 7.3.2 接桩材料应符合下列规定： 　1　焊接接桩：钢板宜采用低碳钢，焊条宜采用 E43，并应符合现行行业标准要求。接头宜采用探伤检测，同一工程检测量不得少于 3 个接头。 　2　法兰接桩：钢板和螺栓宜采用低碳钢。 9.1.3　对砂、石、水泥、钢材等桩体原材料质量的检测项目和方法应符合国家现行有关标准的规定。 **5.《建筑地基处理技术规范》JGJ 79—2012** 9.3.2　预制桩桩体可采用边长为 150mm～300mm 的预制混凝土方桩，直径 300mm 的预应力混凝土管桩，断面尺寸为 100mm～300mm 的钢管桩和型钢等，施工除应满足现行行业标准《建筑桩基技术规范》JGJ 94 的规定外，尚应符合下列规定： 　3　除用于减小桩身阻力的涂层外，桩身材料以及连接件的耐久性应符合现行国家标准《工业建筑防腐蚀设计规范》GB 50046 的有关规定	3. 查阅预制桩材料、混凝土强度等级、抗渗等级检测报告 　结论：检测结果合格 　盖章：已加盖 CMA 章和检测专用章 　签字：授权人已签字
5.9.6	桩身混凝土强度与强度评定符合标准规定和设计要求	**1.《建筑地基基础工程施工质量验收规范》GB 50202—2002** 5.1.6　桩身质量应进行检验。……对混凝土预制桩……，检验数量不应少于总桩数的 10%，且不得少于 10 根。每个柱子承台下不得少于 1 根。 5.2.2 施工前应对成品桩（锚杆静压成品桩一般均由工厂制造，运至现场堆放）做外观及强度检验，…… 5.4.1　桩在现场预制时，应对原材料、钢筋骨架（见表 5.4.1）、混凝土强度进行检查；采用工厂生产的成品桩时，桩进场后应进行外观及尺寸检查。 **2.《混凝土结构工程施工质量验收规范》GB 50204—2015** 7.4.1　混凝土的强度等级必须符合设计要求。用于检验混凝土强度的试件应在浇筑地点随机抽取。 　检查数量：对同一配合比混凝土，取样与试件留置应符合下列规定： 　1　每拌制 100 盘且不超过 100m³ 财，取样不得少于一次； 　2　每工作班拌制不足 100 盘时，取样不得少于一次； 　3　每连续浇筑超过 1000m³ 时，每 200m³ 取样不得少于一次； 　5　每次取样应至少留置一组试件。 　检验方法：检查施工记录及混凝土标准养护试件试验报告	1. 查阅现场预制桩混凝土试块强度试验报告 　代表数量：与实际浇筑的数量相符 　强度：符合设计要求 2. 查阅成品桩质量证明文件 　混凝土强度：满足设计要求 3. 查阅现场预制桩混凝土强度检验评定记录 　评定方法：选用正确 　数据：统计、计算准确 　签字：计算者、审核者已签字 　结论：符合设计要求

续表

条款号	大纲条款	检 查 依 据	检查要点
5.9.7	桩身检测、接桩接头检测合格，报告齐全	**1.《建筑地基基础工程施工质量验收规范》GB 50202—2002** 5.1.6　桩身质量应进行检验。……对混凝土预制桩……，检验数量不应少于总桩数的 10%，且不得少于 10 根。每个柱子承台下不得少于 1 根。 5.2.2　施工前应对成品桩（锚杆静压成品桩一般均由工厂制造，运至现场堆放）做外观及强度检验，接桩用焊条或半成品硫黄胶泥应有产品合格证书，或送有关部门检验，压桩用压力表、锚杆规格及质量也应进行检查。硫黄胶泥半成品应每 100kg 做一组试件（3 件）。 5.2.3　压桩过程中应检查压力、桩垂直度、接桩间歇时间、桩的连接质量及压入深度。重要工程应对电焊接桩的接头做 10% 的探伤检查。对承受反力的结构应加强观测。 5.2.4　施工结束后，应做桩的承载力及桩体质量检验。 5.4.1　桩在现场预制时，应对原材料、钢筋骨架（见表 5.4.1）、混凝土强度进行检查；采用工厂生产的成品桩时，桩进场后应进行外观及尺寸检查。 5.4.2　施工中应对桩体垂直度、沉桩情况、桩顶完整状况、接桩质量等进行检查，对电焊接桩，重要工程应做 10% 的焊缝探伤检查。 **2.《电力工程地基处理技术规程》DL/T 5024—2005** 14.1.14　打入桩在施打过程中，应采用高应变动测法对基桩进行质量检测，测桩数量宜为总桩数的 3%～7%，且不少于 5 根。如发现桩基工程有质量问题，按照发现 1 根桩有问题时增加 2 根桩检测的原则对桩基施工质量作总体评价。低应变法测桩，对于钢筋混凝土预制桩或 PHC 桩不应少于总桩数的 20%～30%，对于钢桩，可由设计根据工程重要性和桩基施工情况确定检测比例。 15.4.16　低应变动测报告应包括下列内容： 　1　工程名称、地点，建设、设计、监理和施工单位、委托方名称，设计要求，监测目的、监测依据，检测数量和日期； 　2　地质条件概况； 　3　受检桩的桩号、桩位示意图和施工简况； 　4　检测方法、检测仪器设备和检测过程； 　5　检测桩的实测与计算分析曲线，检测成果汇总表； 　6　结论和建议。 **3.《建筑桩基技术规范》JGJ 94—2008** 7.3.3　采用焊接桩……应符合下列规定： 　（7）焊接接头的质量检查，对于同一工程探伤抽样检验不得少于 3 个接头	1. 查阅成品桩桩身检测检查记录 　内容：外观（几何尺寸、表面缺陷等）检查记录 2. 查阅接桩的施工记录和焊接接头检验报告 　施工记录和检验报告：焊缝外观、接头防腐及焊接桩的探伤检验结果符合规范规定

条款号	大纲条款	检查依据	检查要点
5.9.8	基桩承载力检测数量符合标准规定，检测报告结论满足设计要求	**1.《建筑地基基础工程施工质量验收规范》GB 50202—2002** 5.2.4 施工结束后，应做桩的承载力及桩体质量检验。 **2.《电力工程地基处理技术规程》DL/T 5024—2005** 14.1.14 打入桩在施打过程中，应采用高应变动测法对基桩进行质量检测，测桩数量宜为总桩数的3%～7%，且不少于5根。如发现桩基工程有质量问题，按照发现1根桩有问题时增加2根桩检测的原则对桩基施工质量作总体评价。低应变法测桩，对于钢筋混凝土预制桩或PHC桩不应少于总桩数的20%～30%，对于钢桩，可由设计根据工程重要性和桩基施工情况确定检测比例。 14.1.17 为确保实际单桩竖向极限承载力标准值达到设计要求，应根据工程重要性、岩土工程条件、设计要求及工程施工情况采用单桩静载荷试验或可靠的动力测试方法进行工程桩单桩承载力检测。对于工程桩施工前未进行综合试桩的一级建筑桩基和岩土工程条件复杂、桩的施工质量可靠性低、确定单桩承载力的可靠性低、桩数多的二级建筑桩基，应采用单桩静载荷试验对工程桩单桩竖向承载力进行检测，在同一条件下的检测数量不宜小于总桩数的1%，且不小于3根；对于工程桩施工前已进行过综合试桩的一级建筑桩基及其他所有工程桩基，应采用可靠的高应变动力测试法对工程桩单桩竖向承载力进行检测	1. 查阅单桩静载荷试验报告 单桩静载荷试验承载力：满足设计要求，经设计、监理单位签署意见 2. 查阅桩身完整性检测报告 结论：检测报告结果满足规范规定 3. 查阅高应变检测工程桩承载力检测报告 结论：承载力符合设计要求和规范规定
5.9.9	施工质量的检验项目、方法、数量符合标准规定，检验结果满足设计要求，质量验收记录齐全	**1.《建筑地基基础工程施工质量验收规范》GB 50202—2002** 5.1.2 桩基工程的桩位验收，除设计有规定外，应按下述要求进行： 1 当桩顶设计标高与施工场地标高相同时，或桩基施工结束后，有可能对桩位进行检查时，桩基工程的验收应在施工结束后进行。 2 当桩顶设计标高低于施工场地标高，送桩后无法对桩位进行检查时，对打入桩可在每根桩桩顶沉至场地标高时，进行中间验收，待全部桩施工结束，承台或底板开挖到设计标高后，再做最终验收。对灌注桩可对护筒位置做中间验收。 5.1.3 打（压）入桩（预制混凝土方桩、先张法预应力管桩、钢桩）的桩位偏差，必须符合表5.1.3的规定。斜桩倾斜度的偏差不得大于倾斜角正切值的15%（倾斜角系桩的纵向中心线与铅垂线间夹角）。 **2.《电力工程地基处理技术规程》DL/T 5024—2005** 14.1.14 打入桩在施打过程中，应采用高应变动测法对基桩进行质量检测，测桩数量宜为总桩数的3%～7%，且不少于5根。如发现桩基工程有质量问题，按照发现1根桩有问题时增加2根桩检测的原则对桩基施工质量作总体评价。低应变法测桩，对于钢筋混凝土预制桩或PHC桩不应少于总桩数的20%～30%，对于钢桩，可由设计根据工程重要性和桩基施工情况确定检测比例。	1. 查阅质量检验记录 检验项目：桩身垂直度、桩顶标高、接桩、贯入度、桩压力等 检验方法：测量、高应变、低应变、静载荷试验等 检验数量：符合规范规定 2. 查阅质量验收记录 内容：桩顶标高、桩位、桩体质量、地基承载力、接桩、贯入度、桩压力等验收记录符合规范规定

条款号	大纲条款	检　查　依　据	检查要点
5.9.9	施工质量的检验项目、方法、数量符合标准规定，检验结果满足设计要求，质量验收记录齐全	**3.《建筑桩基技术规范》JGJ 94—2008** 7.4.13　施工现场应配备桩身垂直度观测仪器（长条水准尺或经纬仪）和观测人员，随时量测桩身的垂直度。 9.1.1　桩基工程应进行桩位、桩长、桩径、桩身质量和单桩承载力的检验。 9.2.1　施工前应严格对桩位进行检验。 9.5.2　基桩验收应包括下列资料： 　　1　岩土工程勘察报告、桩基施工图、图纸会审纪要、设计变更单及材料代用通知单等； 　　2　经审定的施工组织设计、施工方案及执行中的变更单； 　　3　桩位测量放线图，包括工程桩位线复核签证单	
5.10	**基坑工程的监督检查**		
5.10.1	设计前已通过现场试验或试验性施工，确定了设计参数和施工工艺参数	**《电力工程地基处理技术规程》DL/T 5024—2005** 5.0.5　地基处理工作的规划和实施，可按下列顺序进行： 　　3　结合电力工程初步设计阶段岩土工程勘测，实施必要的地基处理原体试验，以获得必要的设计参数和合理的施工方案。 5.0.10　地基处理正式施工前，宜进行试验性施工，在确认施工技术条件满足设计要求后，才能进行地基处理的正式施工	查阅设计前现场试验或试验性施工文件 内容：施工工艺参数与设计参数相符
5.10.2	基坑施工方案、基坑监测技术方案齐全，已审批；深基坑施工方案经专家评审，评审资料齐全	**1.《建筑地基基础工程施工质量验收规范》GB 50202—2002** 7.1.2　基坑（槽）、管沟开挖前应做好下述工作： 　　1　基坑（槽）管沟开挖前，应根据支护结构形式、挖坑、地质条件、施工方法、周围环境、工期、气候和地面荷载等资料制定施工方案、环境保护措施、监测方案，经审批后方可施工。 **2.《建筑基坑工程监测技术规范》GB 50497—2009** 3.0.1　开挖深度超过5m，或开挖深度未超过5m但现场地质情况和周围环境较复杂的基坑工程均应实施基坑工程监测。 3.0.3　基坑工程施工前，应由建设方委托具备相应资质的第三方对基坑工程实施现场监测。监测单位应编制监测方案。监测方案应经建设、设计、监理等单位认可，必要时还需与市政道路、地下管线、人防等有关部门协商一致后方可实施。 **3.《电力建设施工技术规范　第1部分：土建结构工程》DL 5190.1—2012** 8.1.4　地下结构基坑开挖及下部结构的施工方案，应根据施工区域的水文地质、工程地质、自然条件及工程的具体情况，通过分析核算与技术经济比较后确定，经批准后方可施工。	1. 查阅基坑施工方案 　施工方案编、审批：施工单位相关责任人已签字 　报审表审核：监理单位相关责任人已签字 　报审表审批：建设单位相关责任人已签字 　施工步骤和工艺参数：与技术方案相符 　深基坑施工方案专家评审意见：已落实

条款号	大纲条款	检 查 依 据	检查要点
5.10.2	基坑施工方案、基坑监测技术方案齐全，已审批；深基坑施工方案经专家评审，评审资料齐全	**4.《危险性较大的分部分项工程安全管理办法》建质〔2009〕87 号** 附件一　危险性较大的分部分项工程范围 　　一、基坑支护、降水工程： 　　开挖深度超过 3m（含 3m）或虽未超过 3m 但地质条件和周边环境复杂的基坑（槽）支护、降水工程	2. 查阅基坑监测方案审批：建设、设计、监理等相关单位责任人已签字
5.10.3	施工参数符合设计要求，施工记录齐全	**1.《电力工程地基处理技术规程》DL/T 5024—2005** 5.0.12　地基处理的施工应有详细的施工组织设计、施工质量管理和质量保证措施。应有专人负责施工检验与质量监督，做好各项施工记录，当发现异常情况时，应及时会同有关部门研究解决。 **2.《建筑地基基础工程施工质量验收规范》GB 50202—2002** 7.1.7　基坑（槽）、管沟土方工程验收必须以确保支护结构安全和周围环境安全为前提。当设计有指标时，以设计要求为依据，如无设计指标时应按表 7.1.7 的规定执行。 **3.《建筑地基处理技术规范》JGJ 79—2012** 3.0.12　地基处理施工中应有专人负责质量控制和监测，并做好各项施工记录，……	1. 查阅施工方案 质量控制参数：符合设计要求 2. 查阅施工记录文件 内容：包括测量定位放线记录、基坑支护施工记录、深基坑变形监测记录等 基坑变形值：满足规范要求
5.10.4	钢筋、混凝土、锚杆、桩体、土钉、钢材等质量证明文件齐全	**1.《建筑地基基础工程施工质量验收规范》GB 50202—2002** 4.1.2　砂、石子、水泥、钢材、石灰、粉煤灰等原材料的质量、检验项目、批量和检验方法，应符合国家现行标准的规定。 5.4.1　桩在现场预制时，应对原材料、钢筋骨架、混凝土强度进行检查；采用工厂生产的成品桩时，桩进厂后应进行外观及尺寸检查。 7.4.3　施工中应对锚杆或土钉位置，钻孔直径、深度及角度，锚杆或土钉插入长度，注浆配比、压力及注浆量，喷锚墙面厚度及强度、锚杆或土钉应力等进行检查。 **2.《电力建设施工质量验收及评价规程　第 1 部分：土建工程》DL/T 5210.1—2012** 5.3.7　锚杆及土钉墙支护工程： 1. 检查数量： 主控项目： 　　1）锚杆锁定力：每一典型土层中至少应有 3 个专门用于测试的非工作钉。 　　2）锚杆土钉长度检查：至少应抽查 20%。	1. 查阅钢筋、混凝土等材料进场验收记录 内容：包括出厂合格证（出厂试验报告）、复试报告、材料进场时间、批次、数量、规格、相应性能指标 2. 查阅施工单位材料跟踪管理台账 内容：包括钢筋、水泥等材料的合格证、复试报告、使用情况、检验数量

条款号	大纲条款	检 查 依 据	检查要点
5.10.4	钢筋、混凝土、锚杆、桩体、土钉、钢材等质量证明文件齐全	一般项目： 3）砂浆强度：每批至少留置3组试件，试验3天和28天强度。 4）混凝土强度：每喷射50m³～100m³混合料或混合料小于50m³的独立工程，不得少于1组，每组试块不得少于3个；材料或配合比变更时，应另做1组	3. 查阅钢筋、混凝土、锚杆等试验检测报告和试验委托单 报告检测结果：合格 报告签章：已加盖CMA章和检测专用章、授权人已签字 委托单签字：见证取样人员已签字且已附资格证书编号 代表数量：与进场数量相符
5.10.5	钻芯、抗拔、声波等试验合格，报告齐全	1. 《建筑地基基础工程施工质量验收规范》GB 50202—2002 5.1.6 桩身质量应进行检验。 5.6.3 施工结束后，应检查混凝土强度（钻心取样），并应做桩体质量及承载力的检验。 2. 《复合土钉墙基坑支护技术规范》GB 50739—2011 5.1.6 预应力锚杆抗拔承载力和杆体抗拉承载力验算应按现行行业标准《建筑基坑支护技术规程》JGJ 120的有关规定执行。 3. 《建筑桩基技术规范》JGJ 94—2008 5.4.6 群桩基础及其基桩的抗拔极限承载力的确定应符合下列规定： 1 对于设计等级为甲级和乙级建筑桩基，基桩的抗拔极限承载力应通过现场单桩上拔静载荷试验确定	查阅钻芯、抗拔、声波等检测报告 内容：包括试验检测报告和竣工验收检测报告 结论：合格 盖章：已加盖CMA章和检测专用章 签字：授权人已签字
5.10.6	施工工艺与设计（施工）方案一致；基坑监测实施与方案一致	1. 《建筑地基基础工程施工质量验收规范》GB 50202—2002 7.1.3 土方开挖的顺序、方法必须与设计工况相一致，并遵循"开槽支撑，先撑后挖，分层开挖，严禁超挖"的原则。 2. 《建筑基坑工程监测技术规范》GB 50497—2009 3.0.8 监测单位应严格实施监测方案，及时分析、处理监测数据，并将监测结果和评价及时向委托方及相关单位作信息反馈。当监测数据达到监测报警值时必须立即通报委托方及相关单位。 3.0.9 当基坑工程设计或施工有重大变更时，监测单位应及时调整监测方案。	1. 查阅施工方案 施工工艺：与设计方案一致

续表

条款号	大纲条款	检 查 依 据	检查要点
5.10.6	施工工艺与设计（施工）方案一致；基坑监测实施与方案一致	**3.《建筑地基处理技术规范》JGJ 79—2012** 3.0.2 在选择地基处理方案时，应考虑上部结构、基础和地基的共同作用，进行多种方案的技术经济比较，选用地基处理或加强上部结构与地基处理相结合的方案。 **4.《建筑基坑支护技术规程》JGJ 120—2012** 3.1.10 基坑支护设计应满足下列主体地下结构的施工要求： 　1　基坑侧壁与主体地下结构的净空间和地下水控制应满足主体地下结构及防水的施工要求； 　2　采用锚杆时，锚杆的锚头及腰梁不应妨碍地下结构外墙的施工； 　3　采用内支撑时，内支撑及腰梁的设置应便于地下结构及防水的施工	2. 查阅基坑监测方案 内容：监测实施记录与方案一致
5.10.7	施工质量的检验项目、方法、数量符合标准规定，检验结果满足设计要求，质量验收记录齐全	**《建筑地基基础工程施工质量验收规范》GB 50202—2002** 4.1.2 砂、石子、水泥、钢材、石灰、粉煤灰等原材料质量、检验项目、批量和检验方法应符合国家现行标准的规定。 4.1.3 地基施工结束，宜在一个间歇期后，进行质量验收，间歇期由设计确定。 8.0.1 分项工程、分部（子分部）工程质量的验收，均应在施工单位自检合格的基础上进行。施工单位确认自检合格后提出工程验收申请，工程验收时应提供下列技术文件和记录： 　1　原材料的质量合格证和质量鉴定文件； 　2　半成品如预制桩、钢桩、钢筋笼等产品合格证书； 　3　施工记录及隐蔽工程验收文件； 　4　检测试验及见证取样文件； 　5　其他必须提供的文件或记录	1. 查阅质量检验记录 检验项目：包括桩孔直径、桩孔深度等偏差 检验方法：量测 检验数量：符合规范规定 2. 查阅质量验收记录 内容：包括检验批、分项工程验收记录及隐蔽工程验收文件等 数量：与项目质量验收范围划分表相符
5.11	**边坡工程的监督检查**		
5.11.1	设计有要求时，通过现场试验和试验性施工，确定设计参数和施工工艺参数	**《电力工程地基处理技术规程》DL/T 5024—2005** 5.0.5 地基处理工作的规划和实施，可按下列顺序进行： 　3　结合电力工程初步设计阶段岩土工程勘测，实施必要的地基处理原体试验，以获得必要的设计参数和合理的施工方案	查阅设计有要求时的现场试验或试验性施工文件 内容：施工工艺参数与设计参数相符
5.11.2	边坡处理技术方案、施工方案齐全，已审批	**1.《建筑边坡工程技术规范》GB 50330—2013** 18.1.1 边坡工程应根据安全等级、边坡环境、工程地质和水文地质、支护结构类型和变形控制要求等条件编制施工方案，采取合理、可行、有效的措施保证施工安全。	1. 查阅设计单位的边坡处理技术方案 审批：审批人已签字

条款号	大纲条款	检查依据	检查要点
5.11.2	边坡处理技术方案、施工方案齐全、已审批	18.1.2　对土石方开挖后不稳定或欠稳定的边坡，应根据边坡的地质特征和可能发生的破坏方式等情况，采取自上而下、分段跳槽、及时支护的逆作法或部分逆作法施工。未经设计许可严禁大开挖、爆破作业。 **2.《建筑地基基础工程施工质量验收规范》GB 50202—2002** 7.1.2　基坑的支护与开挖方案，各地均有严格的规定，应按当地的要求，对方案进行申报，经批准后才能施工	2. 查阅施工方案报审表 　审核：监理单位相关责任人已签字 　批准：建设单位相关责任人已签字 3. 查阅施工方案 　编、审、批：施工单位相关责任人已签字 　施工步骤和工艺参数：与技术方案相符
5.11.3	施工工艺与设计（施工）方案一致	《建筑地基基础工程施工质量验收规范》GB 50202—2002 7.1.3　土方开挖的顺序、方法必须与设计工况一致，并遵循"开槽支撑，先撑后挖，分层开挖，严禁超挖"的原则	查阅施工方案 　施工工艺：与设计方案一致
5.11.4	钢筋、水泥、砂、石、外加剂等原材料质量证明文件齐全	**1.《建筑地基基础工程施工质量验收规范》GB 50202—2002** 4.1.2　砂、石子、水泥、钢材、石灰、粉煤灰等原材料的质量、检验项目、批量和检验方法，应符合国家现行标准的规定。 **2.《建筑地基基础设计规范》GB 50007—2011** 6.8.5　岩石锚杆的构造应符合下列规定： 　1　岩石锚杆由锚固段和非锚固段组成。锚固段应嵌入稳定的基岩中，嵌入基岩深度应大于40倍锚杆筋体直径，且不得小于3倍锚杆的孔径。非锚固段的主筋必须进行防护处理。 　2　作支护用的岩石锚杆，锚杆孔径不宜小于100mm；作防护用的锚杆，其孔径可小于100mm，但不应小于60mm。 　3　岩石锚杆的间距，不应小于锚杆孔径的6倍。 　4　岩石锚杆与水平面的夹角宜为15°～25°。 　5　锚杆筋体宜采用热轧带肋钢筋，水泥砂浆强度不宜低于25MPa，细石混凝土强度不宜低于C25。 **3.《建筑边坡工程技术规范》GB 50330—2013** 16.1.1　边坡支护结构的原材料质量检验应包括下列内容： 　1　材料出厂合格证检查； 　2　材料现场抽检；	1. 查阅钢筋、水泥、外加剂等材料进场验收记录 　内容：包括出厂合格证（出厂试验报告）、复试报告、材料进场时间、批次、数量、规格、相应性能指标 2. 查阅施工单位材料跟踪管理台账 　内容：包括钢筋、水泥、外加剂等材料的合格证、复试报告、使用情况、检验数量，可追溯

续表

条款号	大纲条款	检 查 依 据	检查要点
5.11.4	钢筋、水泥、砂、石、外加剂等原材料质量证明文件齐全	3 锚杆浆体和混凝土的配合比试验，强度等级检验。 C.3.2 验收试验锚杆的数量取每种类型锚杆总数的 5%（自由段位Ⅰ、Ⅱ或Ⅲ类岩石内时取总数的 3%），且均不得少 5 根。 **4.《混凝土结构工程施工质量验收规范》GB 50204—2015** 5.2.1 钢筋进场时，应按国家相关标准的规定抽取试件作屈服强度、抗拉强度、伸长率、弯曲性能和重量偏差检验，检验结果应符合相关标准的规定。 　　检查数量：按进场批次和产品的抽样检验方案确定。 　　检验方法：检查质量证明文件和抽样检验报告。 7.2.1 水泥进场时，应对其品种、代号、强度等级、包装或散装编号、出厂日期等进行检查，并应对水泥的强度、安定性和凝结时间进行检验，检验结果应符合现行国家标准《通用硅酸盐水泥》GB 175 的相关规定。 　　检查数量：按同一厂家、同一品种、同一代号、同一强度等级、同一批号且连续进场的水泥，袋装不超过 200t 为一批，散装不超过 500t 为一批，每批抽样不少于一次。 　　检验方法：检查质量证明文件和抽样检验报告。 7.2.2 混凝土外加剂进场时，应对其品种、性能、出厂日期等进行检查，并应对外加剂的相关性能进行检验，检验结果应符合现行国家标准《混凝土外加剂》GB 8076 和《混凝土外加剂应用技术规范》GB 50119 等的规定。 　　检查数量：按同一厂家、同一品种、同一性能、同一批号且连续进场的混凝土外加剂，不超过 50t 为一批，每批抽样数量不应少于一次。 　　检验方法：检查质量证明文件和抽样检验报告。 **5.《普通混凝土用砂、石质量及检验方法标准》JGJ 52—2006** 4.0.1 供货单位应提供砂或石的产品合格证及质量检验报告。 　　使用单位应按砂或石的同产地同规格分批验收。采用大型工具（如火车、货船或汽车）运输的，应以 400m³ 或 600t 为一验收批；采用小型工具（如拖拉机等）运输的，应以 200m³ 或 300t 为一验收批。不足上述量者，应按一验收批进行验收。 4.0.2 当砂或石的质量比较稳定、进料量又较大时，可以 1000t 为一验收批	3. 查阅钢筋、混凝土、锚杆等试验检测报告和试验委托单 　报告检测结果：合格 　报告签章：已加盖 CMA 章和检测专用章、授权人已签字 　委托单签字：见证取样人员已签字且已附资格证书编号 　代表数量：与进场数量相符
5.11.5	施工参数符合设计要求，施工记录齐全	**1.《电力工程地基处理技术规程》DL/T 5024—2005** 5.0.12 地基处理的施工应有详细的施工组织设计、施工质量管理和质量保证措施。应有专人负责施工检验与质量监督，做好各项施工记录。 **2.《建筑地基处理技术规范》JGJ 79—2012** 3.0.12 地基处理施工中应有专人负责质量控制和监测，并做好各项施工记录	1. 查阅施工方案 　施工工艺：与设计方案一致

续表

条款号	大纲条款	检 查 依 据	检查要点
5.11.5	施工参数符合设计要求，施工记录齐全		2. 查阅施工记录文件 　内容：包括测量定位放线记录、边坡支护施工记录、边坡变形监测记录等
5.11.6	灌注排桩数量符合设计要求，喷射混凝土护壁厚度和强度的检验符合设计要求，锚孔施工、锚杆灌浆和张拉符合设计要求，资料齐全	**《建筑边坡工程技术规范》GB 50330—2013** 8.5.2　锚孔施工应符合下列规定： 　1　锚孔定位偏差不宜大于 20mm。 　2　锚孔偏斜度不应大于 2%。 　3　钻孔深度超过锚杆设计长度应不小 0.5m。 8.5.5　锚杆的灌浆应符合下列要求： 　1　灌浆前应清孔，排放孔内积水。 　2　注浆管宜与锚杆同时放入孔内；向水平孔或下倾孔内注浆时，注浆管出浆口应插入距孔底 100mm～300mm 处，浆液自下而上连续灌注；向上倾斜的钻孔内注浆时，应在孔口设置密封装置。 　3　孔口溢出浆液或排气管停止排气并满足注浆要求时，可停止注浆。 　4　根据工程条件和设计要求确定灌浆方法和压力，确保钻孔灌浆饱满和浆体密实。 　5　浆体强度检验用试块的数量每 30 根锚杆不应少于一组，每组试块不应少于 6 个。 8.5.6　预应力锚杆的张拉与锁定应符合下列规定： 　1　锚杆张拉宜在锚固体强度大于 20MPa 并达到设计强度的 80% 后进行。 　2　锚杆张拉顺序应避免相近锚杆相互影响。 　3　锚杆张拉控制应力不宜超过 0.65 倍钢筋或钢绞线的强度标准值。 　4　锚杆进行正式张拉之前，应取 0.10 倍～0.20 倍锚杆轴向拉力值，对锚杆预张拉 1 次～2 次，使其各部位的接触紧密和杆体完全平直。 　5　预应力保留值应满足设计要求；对地层及被锚固结构位移控制要求较高的工程，预应力锚杆的锁定值宜为锚杆轴向拉力特征值；对容许地层及被锚固结构产生一定变形的工程，预应力锚杆的锁定值宜为锚杆设计预应力值的 0.75 倍～0.90 倍	1. 查看灌注排桩数量：符合设计要求 2. 查阅检测报告 　喷射混凝土护壁厚度和强度及灌浆浆体强度、锚杆灌浆和张拉力：符合设计要求 　盖章：已加盖 CMA 章和检测专用章 　签字：授权人已签字 　数量：与验收记录相符

续表

条款号	大纲条款	检 查 依 据	检查要点
5.11.7	泄水孔位置、边坡坡度、反滤层、回填土、挡土墙伸缩缝（沉降缝）位置和填塞物、边坡排水系统符合设计要求；边坡位移监测数据符合标准规定	**《建筑边坡工程技术规范》GB 50330—2013** 3.5.4 边坡工程应设泄水孔。 3.5.1 边坡工程应根据实际情况设置地表及内部排水系统。 10.3.5 重力式挡墙的伸缩缝间距对条石块石挡墙应采用 20m～25m，对素混凝土挡墙应采用 10m～15m，在地基性状和挡墙高度变化处应设沉降缝缝宽应采用 20mm～30mm，缝中应填塞沥青麻筋或其他有弹性的防水材料填塞深度不应小于 150mm。在挡墙拐角处应适当加强构造措施。 10.3.6 挡墙后面的填土应优先选择透水性较强的填料当采用粘性土作填料时宜掺入适量的碎石	1. 查看泄水孔 位置：符合设计要求
			2. 查看边坡 坡度：符合设计要求
			3. 查看挡土墙伸缩缝（沉降缝） 位置和填塞物：符合设计要求
			4. 查看边坡排水系统 地表及内部排水：符合设计要求
			5. 查看边坡位移监测点 位置和数量：符合设计要求
			6. 查阅边坡位移监测记录 变形值及速率：符合设计要求和规范规定
5.11.8	施工质量的检验项目、方法、数量符合标准规定，检验结果满足设计要求，质量验收记录齐全	**《建筑地基基础工程施工质量验收规范》GB 50202—2002** 4.1.2 砂、石子、水泥、钢材、石灰、粉煤灰等原材料质量、检验项目、批量和检验方法应符合国家现行标准的规定。 4.1.3 地基施工结束，宜在一个间歇期后，进行质量验收，间歇期由设计确定	1. 查阅质量检验记录 检验项目：包括锚杆抗拔承载力、喷浆厚度和强度、混凝土和砂浆强度等，符合设计要求和规范规定 检验方法：包括实测和取样试验，符合规范规定 检验数量：符合规范规定

条款号	大纲条款	检查依据	检查要点
5.11.8	施工质量的检验项目、方法、数量符合标准规定，检验结果满足设计要求，质量验收记录齐全		2. 查阅质量验收记录 内容：包括检验批、分项工程验收记录及隐蔽工程验收文件等 数量：与项目质量验收范围划分表相符
5.12　湿陷性黄土地基的监督检查			
5.12.1	经处理的湿陷性黄土地基，检测其湿陷量消除指标符合设计要求	**《湿陷性黄土地区建筑规范》GB 50025—2004** 6.1.1　当地基的湿陷变形、压缩变形或承载力不能满足设计要求时，应针对不同土质条件和建筑物的类别，在地基压缩层内或湿陷性黄土层内采取处理措施，各类建筑的地基处理应符合下列要求： 　1　甲类建筑应消除地基的全部湿陷量或采用桩基础穿透全部湿陷性黄土层，或将基础设置在非湿陷性黄土层上； 　2　乙、丙类建筑应消除地基的部分湿陷量	查阅地基检测报告 结论：湿性变形量（湿陷系数）符合设计要求 盖章：已加盖CMA章和检测专用章 签字：授权人已签字
5.12.2	桩基础在非自重湿陷性黄土场地，桩端支承在压缩性较低的非湿陷性黄土层中；在自重湿陷性黄土场地，桩端支承在可靠的岩（土）层中	**1. 《湿陷性黄土地区建筑规范》GB 50025—2004** 3.0.2　防止或减小建筑物地基浸水湿陷的设计措施，可分为下列三种： 　1　防止或减小建筑物地基浸水湿陷的设计措施地基处理措施：消除地基全部或部分湿陷量，或采用桩基础穿透全部湿陷性黄土层，或将基础设置在非湿陷性黄土层上。 5.7.2　在湿陷性黄土场地采用桩基础，桩端必须穿透湿陷性黄土层，并应符合下列要求： 　1　在非自重湿陷性黄土场地，桩端应支承在压缩性较低的非湿陷性黄土层中； 　2　在自重湿陷性黄土场地，桩端应支承在可靠的岩（或土）层中。 **2. 《建筑桩基技术规范》JGJ 94—2008** 3.4.1　软土地基的桩基设计原则应符合下列规定： 　1　软土中的桩基宜选择中、低压缩性土层作为桩端持力层。 3.4.2　湿陷性黄土地区的桩基设计原则应符合下列规定： 　1　基桩应穿透湿陷性黄土层，桩端应支撑在压缩性低的黏性土、粉土、中密或密实砂土以及碎石类土层中	查阅设计图纸与施工记录 内容：桩端支撑在设计要求的持力层上
5.12.3	单桩竖向承载力通过现场静载荷浸水试验，结果满足设计要求	**1. 《湿陷性黄土地区建筑规范》GB 50025—2004** 5.7.4　在湿陷性黄土层厚度等于或大于10m的场地，对于采用桩基础的建筑，其单位桩竖向承载力特征值，应按本规范附录H的试验要点，在现场通过单桩竖向承载力静载荷浸水试验测定的结构确定。	查阅单桩竖向承载力现场静载荷浸水试验报告 结论：承载力满足设计要求

续表

条款号	大纲条款	检 查 依 据	检查要点
5.12.3	单桩竖向承载力通过现场静载荷浸水试验，结果满足设计要求	**2.《建筑桩基技术规范》JGJ 94—2008** 3.4.2 湿陷性黄土地区的桩基设计原则应符合下列规定： 　　2 湿陷性黄土地基中，设计等级为甲、乙级建筑桩基单桩极限承载力，宜以浸水载荷试验为主要试验依据	盖章：已加盖 CMA 章和检测专用章 签字：授权人已签字
5.12.4	灰土、土挤密桩进行了现场静载荷浸水试验，结果满足设计要求	**1.《湿陷性黄土地区建筑规范》GB 50025—2004** 4.3.8 在现场采用试坑浸水试验确定自重湿陷量的实测值。 6.4.11 对重要或大型工程，……还应进行下列测试工作综合判定： 　　1 在处理深度内，分层取样测定挤密土及孔内填料的湿陷性及压缩性； 　　2 在现场进行静载荷试验或其他原位测试。 **2.《建筑地基处理技术规范》JGJ 79—2012** 7.5.4 灰土挤密桩、土挤密桩复合地基质量检验应符合下列规定： 　　4 对消除湿陷性工程……尚应进行现场浸水静载荷试验，试验方法应符合《建筑地基处理技术规范》GB 50025 的规定	查阅灰土、土挤密桩现场静载荷浸水试验报告 试验方法：符合《湿陷性黄土地区建筑规范》GB 50025—2004 的规定 结论：已按设计要求进行了现场静载荷浸水试验，承载力满足设计要求 盖章：已加盖 CMA 章和检测专用章 签字：授权人已签字
5.12.5	填料不得选用盐渍土、膨胀土、冻土、含有机质的不良土料和粗颗粒的透水性（如砂、石）材料	**《建筑地基基础工程施工质量验收规范》GB 50202—2002** 4.2.1 条文说明，灰土的土料宜用黏土，粉质黏土。严禁采用冻土，膨胀土和盐渍土等活动性很强的土料	查阅施工记录 填料：未采用冻土、膨胀土和盐渍土等活动性很强的土料
5.13　液化地基的监督检查			
5.13.1	采用振冲或挤密碎石桩加固的地基，处理后液化等级与液化指数符合设计要求	**1.《建筑抗震设计规范》GB 50011—2010** 4.3.2 地面下存在饱和砂土和饱和粉土时，除 6 度外，应进行液化判别；存在液化土层的地基，应根据建筑的抗震设防类别、地基的液化等级，结合具体情况采取相应的措施。 注：本条饱和土液化判别要求不含黄土、粉质黏土。 **2.《建筑桩基技术规范》JGJ 94—2008** 3.4.6 对于存在液化扩展的地段，应验算桩基在土流动的侧向作用力下的稳定性	查阅地基检测报告 结论：处理后地基的液化指数符合设计要求 盖章：已加盖 CMA 章和检测专用章 签字：授权人已签字

条款号	大纲条款	检　查　依　据	检查要点
5.13.2	桩进入液化土层以下稳定土层的长度符合标准规定	《建筑桩基技术规范》JGJ 94—2008 3.4.6　抗震设防区桩基的设计原则应符合下列规定： 　　1　桩进入液化土层以下稳定土层的长度（不包括桩尖部分）应按计算确定，桩进入液化土层以下稳定土层的长度（不包括桩尖部分）应按计算确定；对于碎石土，砾、粗、中砂，密实粉土，归坚硬黏性土尚不应小于（2~3）d，对其化非岩石土尚不宜小于（4~5）d	查阅设计图纸与施工记录 　　桩进入液化土层以下稳定土层的长度：符合规范规定，符合设计要求
5.14　**冻土地基的监督检查**			
5.14.1	所用热棒、通风管管材、保温隔热材料，产品质量证明文件齐全，复试合格	**1.《电力建设施工质量验收及评价规程　第 1 部分：土建工程》DL/T 5210.1—2012** 18.3.1　地基及桩基工程质量记录应评价的内容包括： 　　1　材料、预制桩合格证（出厂试验报告）、进场验收记录及水泥、钢筋复验报告。 **2.《冻土地区建筑地基基础设计规范》JGJ 118—2011** 5.1.4　基础的稳定性（受冻胀力作用时）应按本规范附录 C 的规定进行验算。对冻胀性地基土，可采取下列减小或消除冻胀力危害的措施： 　　1　在基础外侧面，可用非冻胀性土层或隔热材料保温，其厚度与宽度宜通过热工计算确定。 7.2.4　通风空间地面应坡向外墙或排水沟，其坡度不应小于 2%，并宜采用隔热材料覆盖。 7.2.6　填土通风管圈梁基础应符合下列规定： 　　3　通风管宜采用内径为 300mm~500mm、壁厚不小于 50mm 的预制钢筋混凝土管，其长径比不宜大于 40。 　　6　通风管数量和填土高度应根据室内采暖温度、地面保温层热阻等参数由热工计算确定。 　　7　外墙外侧的通风管数量不得少于 2 根。 7.5.10　热棒的产冷量与建筑地点的气温冻结指数、热棒直径、热棒埋深和间距等有关，通过热工计算确定。 7.5.11　热桩、热棒基础应与地坪隔热层配合使用	1.查阅热棒、通风管管材、保温隔热材料等材料进场验收记录 　　内容：包括出厂合格证（出厂试验报告）、复试报告，材料进场时间、批次、数量、规格等相应性能指标 2.查阅施工单位材料跟踪管理台账 　　内容：包括热棒、通风管管材、保温隔热等材料合格证、复试报告、使用情况、检验数量 3.查阅热棒、通风管管材、保温隔热等材料试验检测报告和试验委托单 　　报告检测结果：合格 　　报告签章：已加盖CMA章和检测专用章、授权人已签字 　　委托单签字：见证取样人员已签字且已附资格证书编号 　　代表数量：与进场数量相符

续表

条款号	大纲条款	检 查 依 据	检查要点
5.14.2	热棒、通风管、保温隔热材料施工记录齐全，记录数据和实际相符	**《冻土地区建筑地基基础设计规范》JGJ 118—2011** 7.5.4 采用空心桩—热棒架空通风基础时，单根桩基础所需热棒的规格和数量，应根据建筑地段的气温冻结指数、地基多年冻土的热稳定性以及桩基的承载能力。通过热工计算确定。 7.5.5 空心桩可采用钢筋混凝土桩或钢管桩。桩的直径和桩长，应根据荷载以及热棒对地基多年冻土的降温效应，经热工计算和承载力计算确定。 7.5.8 采用填土热棒圈梁基础时，应根据房屋平面尺寸、室内平均温度、地坪热阻和地基允许流入热量选择热棒的直径和长度，设计热棒的形状，并按本规范附录J的规定，确定热棒的合理间距	查阅施工记录 热棒和通风管数量及间距，保温隔热材料：符合规范规定
5.14.3	地温观测孔及变形监测点设置符合标准规定	**《冻土地区建筑地基基础设计规范》JGJ 118—2011** 9.2.4 冻土地基主要监测项目和要求应符合规定： 1 地温场监测：包括年平均地温及持力层范围内的地温变化状态。年平均地温观测孔应布设在建筑物的中心部位，深度应大于15m，其余温度场监测孔宜按东西和南北向断面布置，每个断面不宜少于2个，当建筑物长度或宽度大于20m时，每20m应布设一个测点，深度应大于预计最大融化深度2m～3m，或不小于2倍的上限深度，并不小于8m；地温监测点沿深度布设时，从地面起算，在10m范围内，应按0.5m间隔布设，10m以下应按1.0m间隔布设，地温监测精度应为0.1℃。 2 变形监测：基础的冻胀与融沉变形，包括施工和使用期间冻土地基基础的变形监测、基坑变形监测，监测点应设置在外墙上，并应在建筑物20m外空旷场地设置基准点；四个墙角（和曲面）各设一个监测点，其余每间隔20m（或间墙）布设一个监测点	查看现场地温观测孔及变形监测点设置 地温观测孔及变形监测点设置：符合规范规定
5.14.4	季节性冻土、多年冻土地基融沉和承载力满足设计要求	**《冻土地区建筑地基基础设计规范》JGJ 118—2011** 4.2.1 保持冻结状态的设计宜用于下列场地或地基： 3 地基最大融化深度范围内，存在融沉、强融沉、融陷性土及其夹层的地基。 6.3.6 地基承载力计算应符合现行国家标准《建筑地基基础设计规范》GB 50007 的规定，其中地基承载力特征值应采用按实测资料确定的融化土地基承载力特征值；当无实测资料时，可按该规范的相应规定确定。 9.1.4 施工完成后的工程桩应进行单桩竖向承载力检验，并应符合下列规定：多年冻土地区单桩竖向承载力检验，如按地基土逐渐融化状态或预先融化状态设计时，应在地基土处于融化状态时进行检验，检验方法应符合现行行业标准《建筑基桩检测技术规范》JGJ 106—2014 的规定。 F.0.9 同一土层参加统计的试验点不应少于3点，当试验实测值的极差不超过其平均值的30%时，取此平均值作为该土层冻土地基承载力的特征值	查阅融沉和承载力检测报告 结论：地基融沉和承载力满足设计要求 盖章：已加盖CMA章和检测专用章 签字：授权人已签字

续表

条款号	大纲条款	检 查 依 据	检查要点
5.15　膨胀土地基的监督检查			
5.15.1	设计前已通过现场试验或试验性施工，确定了设计参数和施工工艺参数	《电力工程地基处理技术规程》DL/T 5024—2005 5.0.5　地基处理工作的规划和实施，可按下列顺序进行： 　3　结合电力工程初步设计阶段岩土工程勘测，实施必要的地基处理原体试验，以获得必要的设计参数和合理的施工方案	查阅设计前现场试验或试验性施工文件 内容：已确定施工工艺参数与设计参数
5.15.2	膨胀土地基处理技术方案、施工方案齐全，已审批	**1.《膨胀土地区建筑技术规范》GB 50112—2013** 6.1.1　膨胀土地区的建筑施工，应根据设计要求、场地条件和施工季节，针对膨胀土的特性编制施工组织设计。 **2.《建筑地基基础工程施工质量验收规范》GB 50202—2002** 4.1.3　地基施工结束，宜在一个间歇期后，进行质量验收，间歇期由设计确定	1. 查阅设计单位的技术方案 　审批：审批人已签字 2. 查阅施工方案报审表 　审核：监理单位相关责任人已签字 　批准：建设单位相关责任人已签字 3. 查阅施工方案 　签字编、审、批：施工单位相关责任人已签字 　施工步骤和工艺参数：与技术方案相符
5.15.3	施工工艺与设计、施工方案一致	**1.《膨胀土地区建筑技术规范》GB 50112—2013** 6.1.4　堆放材料和设备的施工现场，应采取保持场地排水畅通的措施。排水流向应背离基坑（槽）。需大量浇水的材料，堆放在距基坑（槽）边缘的距离不应小于10m。 6.1.5　回填土应分层回填夯实，不得采用灌（注）水作业。 6.2.5　灌注桩施工时，成孔过程中严禁向孔内注水。孔底虚土经清理后，应及时灌注混凝土成桩。 6.2.6　基础施工出地面后，基坑（槽）应及时分层回填，填料宜选用非膨胀土或经改良后的膨胀土，回填压实系数不应小于0.94。 **2.《建筑地基处理技术规范》JGJ 79—2012** 3.0.2　在选择地基处理方案时，应考虑上部结构、基础和地基的共同作用，进行多种方案的技术经济比较，选用地基处理或加强上部结构与地基处理相结合的方案	查阅施工方案 　施工工艺：与设计方案一致

续表

条款号	大纲条款	检查依据	检查要点
5.15.4	钢筋、水泥、砂石骨料、外加剂等主要原材料质量证明文件齐全	**1.《建筑地基基础工程施工质量验收规范》GB 50202—2002** 4.1.2 砂、石子、水泥、钢材、石灰、粉煤灰等原材料的质量、检测项目、批量和检验方法，应符合国家现行标准的规定。 **2.《混凝土结构工程施工质量验收规范》GB 50204—2015** 5.2.1 钢筋进场时，应按国家现行相关标准的规定抽取试件作屈服强度、抗拉强度、伸长率、弯曲性能和重量偏差检验，检验结果应符合相关标准规定。 检查数量：按进场批次和产品抽样检验方案确定。 检验方法：检查质量证明文件和抽样检验报告。 7.2.1 水泥进场时，应对其品种、代号、强度等级、包装或散装编号、出厂日期等进行检查，并应对水泥的强度、安定性和凝结时间进行检验，检验结果应符合现行国家标准《通用硅酸盐水泥》GB 175 的相关规定。 检查数量：按同一厂家、同一品种、同一代号、同一强度等级、同一批号且连续进场的水泥，袋装不超过 200t 为一批，散装不超过 500t 为一批，每批抽样不少于一次。 检验方法：检查质量证明文件和抽样检验报告。 7.2.2 混凝土外加剂进场时，应对其品种、性能、出厂日期等进行检查，并应对外加剂的相关性能进行检验，检验结果应符合现行国家标准《混凝土外加剂》GB 8076、《混凝土外加剂应用技术规范》GB 50119 等的规定。 按同一厂家、同一品种、同一性能、同一批号且连续进场的混凝土外加剂，不超过 50t 为一批，每批抽样数量不应少于一次。 检验方法：检查质量证明文件和抽样检验报告。 **3.《普通混凝土用砂、石质量及检验方法标准》JGJ 52—2006** 4.0.1 供货单位应提供砂或石的产品合格证及质量检验报告。 使用单位应按砂或石的同产地同规格分批验收。采用大型工具（如火车、货船或汽车）运输的，应以 400m³ 或 600t 为一验收批；采用小型工具（如拖拉机等）运输的，应以 200m³ 或 300t 为一验收批。不足上述量者，应按一验收批进行验收。 4.0.2 当砂或石的质量比较稳定、进料量又较大时，可以 1000t 为一验收批	1. 查阅钢筋、水泥、外加剂等材料进场验收记录 内容：包括出厂合格证（出厂试验报告）、复试报告，材料进场时间、批次、数量、规格、相应性能指标 2. 查阅施工单位材料跟踪管理台账 内容：包括钢筋、水泥、外加剂等材料的合格证、复试报告、使用情况、检验数量 3. 查阅钢筋、水泥、外加剂等材料试验检测报告和试验委托单 报告检测结果：合格 报告签章：已加盖 CMA 章和检测专用章、授权人已签字 委托单签字：见证取样人员已签字且已附资格证书编号 代表数量：与进场数量相符
5.15.5	施工参数符合设计要求，施工记录齐全	**1.《膨胀土地区建筑技术规范》GB 50112—2013** 5.2.2 膨胀土地基上建筑物的基础埋置深度不应小于 1m。 5.2.16 膨胀土地基上建筑物的地基变形计算值，不应大于地基变形允许值。 5.7.2 膨胀土地基换土可采用非膨胀性土、灰土或改良土，换土厚度应通过变形计算确定。膨胀土土性改良可采用掺合水泥、石灰等材料，掺合比和施工工艺应通过试验确定。	1. 查阅施工方案 质量控制参数：符合设计要求

条款号	大纲条款	检 查 依 据	检查要点
5.15.5	施工参数符合设计要求，施工记录齐全	6.2.6　基础施工出地面后，基坑（槽）应及时分层回填，填料宜选用非膨胀土或经改良后的膨胀土，回填压实系数不应小于 0.94。 6.3.2　散水应在室内地面做好后立即施工。伸缩缝内的防水材料应充填密实，并应略高于散水，或做成脊背形状。 6.3.4　水池、水沟等水工构筑物应符合防漏、防渗要求，混凝土浇筑时不宜留施工缝，必须留缝时应加止水带，也可在池壁及底板增设柔性防水层。 **2.《建筑地基处理技术规范》JGJ 79—2012** 3.0.12　地基处理施工中应有专人负责质量控制和监测，并做好各项施工记录……	2. 查阅施工记录 　内容：包括埋置深度、换土厚度等质量控制参数等 　记录数量：与验收记录相符
5.15.6	地基承载力检测数量符合标准规定，检测报告结论满足设计要求	**《膨胀土地区建筑技术规范》GB 50112—2013** 5.7.7　桩顶标高位于大气影响急剧层深度内的三层及三层以下的轻型建筑物，桩基础设计应符合： 　　1　按承载力计算时，单桩承载力特征值可根据当地经验确定。无资料时，应通过现场载荷试验确定	查阅地基承载力检测报告 　结论：符合设计要求 　检验数量：符合规范要求 　盖章：已加盖 CMA 章和检测专用章 　签字：授权人已签字
5.15.7	施工质量的检验项目、方法、数量符合标准规定，检验结果满足设计要求，质量验收记录齐全	**《膨胀土地区建筑技术规范》GB 50112—2013** 3.0.1　膨胀土应根据土的自由膨胀率、场地的工程地质特征和建筑物破坏形态综合判定。必要时，尚应根据土的矿物成分、阳离子交换量等试验验证。进行矿物分析和化学分析时，应注重测定蒙脱石含量和阳离子交换量，蒙脱石含量和阳离子交换量与土的自由膨胀率的相关性可按本规范表 A 采用。 4.1.3　初步勘察应确定膨胀土的胀缩等级，应对场地的稳定性和地质条件作出评价，并应为确定建筑总平面布置、主要建筑物地基基础方案和预防措施，以及不良地质作用的防治提供资料和建议，同时应包括下列内容： 　　2　查明场地内滑坡、地裂等不良地质作用，并评价其危害程度； 　　3　预估地下水位季节性变化幅度和对地基土胀缩性、强度等性能的影响； 　　4　采取原状土样进行室内基本物理力学性质试验、收缩试验、膨胀力试验和 50kPa 压力下的膨胀率试验，判定有无膨胀土及其膨胀潜势，查明场地膨胀土的物理力学性质及地基胀缩等级。 4.3.8　膨胀土的水平膨胀力可根据试验资料或当地经验确定。 5.7.1　膨胀土地基处理可采用换土、土性改良、砂石或灰土垫层等方法。	1. 查阅质量检验记录 　检验项目：包括蒙脱石含量、阳离子交换量、自由膨胀率、胀缩等级等，符合设计要求和规范规定 　检验方法：实测和取样，符合规范规定 　检验数量：符合规范规定

条款号	大纲条款	检 查 依 据	检查要点
5.15.7	施工质量的检验项目、方法、数量符合标准规定，检验结果满足设计要求，质量验收记录齐全	5.7.2 膨胀土地基换土可采用非膨胀性土、灰土或改良土，换土厚度应通过变形计算确定。膨胀土土性改良可采用掺合水泥石灰等材料，掺比和施工工艺应通过试验确定。 5.7.3 平坦场地上胀缩等级为Ⅰ级、Ⅱ级的膨胀土地基宜采用砂、碎石垫层。垫层厚度不应小于300mm。垫层宽度应大于基底宽度，两侧宜采用与垫层相同的材料回填，并应做好防、隔水处理。 5.7.4 对较均匀且胀缩等级为Ⅰ级的膨胀土地基，可采用条形基础，基础埋深较大或基底压力较小时，宜采用墩基础；对胀缩等级为Ⅲ级或设计等级为甲级的膨胀土地基，宜采用桩基础	2. 查阅质量验收记录 内容：包括检验批、分项工程验收记录及隐蔽工程验收文件等 数量：与项目质量验收范围划分表相符
6 质量监督检测			
6.0.1	开展现场质量监督检查时，应重点对下列项目的检测试验报告和检测数量进行查验，必要时可进行验证性抽样检测。对检验指标或结论有怀疑时，必须进行检测		
(1)	砂、石、水泥、钢材、外加剂等原材料的主要技术性能	**1.《建筑地基基础工程施工质量验收规范》GB 50202—2002** 4.1.2 砂、石子、水泥、钢材、石灰、粉煤灰等原材料的质量、检验项目、批量和检验方法，应符合国家现行标准的规定。 **2.《混凝土结构工程施工质量验收规范》GB 50204—2015** 5.2.3 对按一、二、三级抗震等级设计的框架和斜撑构件（含梯段）中的纵向受力钢筋应采用HRB335E、HRB400E、HRB500E、HRBF335E、HRBF400E或HRBF500E钢筋，其强度和最大力下总伸长率的实测值应符合下列规定：	1. 查阅检测报告及台账 内容：包括砂、石、水泥、钢材、外加剂等原材料 检测报告中代表数量：与进场批次及数量相符，且符合规范规定 检测项目：符合设计要求及规范规定 结论：符合设计要求及规范规定

条款号	大纲条款	检 查 依 据	检查要点
（1）	砂、石、水泥、钢材、外加剂等原材料的主要技术性能	1　抗拉强度实测值与屈服强度实测值的比值不应小于 1.25； 2　屈服强度实测值与屈服强度标准值的比值不应大于 1.3； 3　最大力下总伸长率不应小于 9％。 **3.《大体积混凝土施工规范》GB 50496—2009** 4.2.1　配制大体积混凝土所用水泥的选择及其质量，应符合下列规定： 　　2　应选用中、低热硅酸盐水泥或低热矿渣硅酸盐水泥，大体积混凝土施工所用水泥，其 3d 的水化热不宜大于 240kJ/kg，7d 的水化热不宜大于 270kJ/kg。 4.2.2　水泥进场时应对水泥品种、强度等级、包装或散装仓号、出厂日期等进行检查，并对其强度、安定性、凝结时间、水化热等性能指标及其他必要的性能指标进行复验。 **4.《通用硅酸盐水泥》GB 175—2007** 7.3.1　硅酸盐水泥初凝结时间不小于 45min，终凝时间不大于 390min。普通硅酸盐水泥、矿渣硅酸盐水泥、火山灰质硅酸盐水泥、粉煤灰硅酸盐水泥和复合硅酸盐水泥初凝结时间不小于 45min，终凝时间不大于 600min。 7.3.2　安定性沸煮法合格。 7.3.3　强度符合表 3 的规定。 **5.《混凝土外加剂》GB 8076—2008** 5.1　掺外加剂混凝土的性能应符合表 1 的要求。 5.2　匀质性指标应符合表 2 的要求。 **6.《钢筋混凝土用钢　第 1 部分：热轧光圆钢筋》GB 1499.1—2008** 6.6.2　直条钢筋实际重量与理论重量的允许偏差应符合表 4 规定。 7.3.1　钢筋力学性能及弯曲性能特征值应符合表 6 规定。 8.1　每批钢筋的检验项目、取样数量、取样方法和试验方法应符合表 7 规定。 8.4.1　测量重量偏差时，试样应从不同根钢筋上截取，数量不少于 5 支，每支试样长度不小于 500mm。 **7.《钢筋混凝土用钢　第 2 部分：热轧带肋钢筋》GB 1499.2—2007** 6.6.2　钢筋实际重量与理论重量的允许偏差应符合表 4 规定。 7.3.1　钢筋力学性能特征值应符合表 6 规定。 7.4.1　钢筋弯曲性能按表 7 规定。 8.1　每批钢筋的检验项目、取样数量、取样方法和试验方法应符合表 8 规定。 8.4.1　测量重量偏差时，试样应从不同根钢筋上截取，数量不少于 5 支，每支试样长度不小于 500mm。	2. 查验砂试样（对检验指标或结果有怀疑时重新抽测） 　含泥量：符合 JGJ 52—2006 表 3.1.3 规定 　泥块含量：符合 JGJ 52—2006 表 3.1.4 规定 　石粉含量：符合 JGJ 52—2006 表 3.1.5 规定 　氯离子含量：符合标准 JGJ 52—2006 第 3.1.10 条规定 　碱活性：符合标准 JGJ 52—2006 要求 3. 查验碎石或卵石试样（对检验指标或结果有怀疑时重新抽测） 　含泥量：符合 JGJ 52—2006 表 3.2.3 规定 　泥块含量：符合 JGJ 52—2006 表 3.2.4 规定 　针、片状颗粒：符合 JGJ 52—2006 表 3.2.2 的规定 　碱活性：符合标准 JGJ 52—2006 要求 　压碎指标（高强混凝土）：符合 JGJ 52—2006 规范规定 4. 查验水泥试样（对检验指标或结果有怀疑时重新抽测）

续表

条款号	大纲条款	检 查 依 据	检 查 要 点
（1）	砂、石、水泥、钢材、外加剂等原材料的主要技术性能	**8.《钢筋焊接及验收规程》JGJ 18—2012** 5.1.8 钢筋焊接接头力学性能试验时，应在外观检查合格后随机抽取。试验方法按《钢筋焊接接头试验方法》JGJ 27 执行。 5.3.1 闪光对焊接头力学性能试验时，应从每批中随机切取 6 个接头，其中 3 个做拉伸试验，3 个做弯曲试验。 5.5.1 电弧焊接头的质量检验，……，在现浇混凝土结构中，应以 300 个同牌号钢筋、同型式接头作为一批；……，每批随机切取 3 个接头做拉伸试验。 5.6.1 电渣压力焊接头的质量检验，……，在现浇混凝土结构中，应以 300 个同牌号钢筋接头作为一批；……，每批随机切取 3 个接头试件做拉伸试验。 5.8.2 预埋件钢筋 T 形接头进行力学性能检验时，应以 300 件同类型预埋件作为一批；……，每批预埋件中随机切取 3 个接头做拉伸试验。 **9.《普通混凝土用砂、石质量及检验方法标准》JGJ 52—2006** 1.0.3 对于长期处于潮湿环境的重要混凝土结构所用砂、石应进行碱活性检验。 3.1.3 天然砂中含泥量应符合表 3.1.3 的规定。 3.1.4 砂中泥块含量应符合表 3.1.4 的规定。 3.1.5 人工砂或混合砂中石粉含量应符合表 3.1.5 的规定。 3.1.10 钢筋混凝土和预应力混凝土用砂的氯离子含量分别不得大于 0.06％和 0.02％。 3.2.2 碎石或卵石中针、片状颗粒应符合表 3.2.2 的规定。 3.2.3 碎石或卵石中含泥量应符合表 3.2.3 的规定。 3.2.4 碎石或卵石中泥块含量应符合表 3.2.4 的规定。 3.2.5 碎石的强度可用岩石抗压强度和压碎指标表示。岩石的抗压等级应比所配制的混凝土强度至少高 20％。当混凝土强度大于或等于 C60 时，应进行岩石抗压强度检验。岩石强度首先由生产单位提供，工程中可采用能够压碎指标进行质量控制，碎石压碎值指标宜符合表 3.2.5-1 的规定。卵石的强度可用压碎值表示。其压碎指标宜符合表 3.2.5-2 的规定。 5.1.3 对于每一单项检验项目，砂、石的每组样品取样数量应符合下列规定： 砂的含泥量、泥块含量、石粉含量及氯离子含量试验时，其最小取样质量分别为 4400g、20000g、1600g 及 2000g；对最大公称粒径为 31.5mm 的碎石或乱石，含泥量和泥块含量试验时，其最小取样质量为 40kg。 **10.《水运工程混凝土质量控制标准》JTS 202-2—2011** 3.3.10 骨料应按现行行业标准《水运工程混凝土试验规程》（JTJ 270）的有关规定进行碱活性检验。海水环境严禁采用碱活性骨料；淡水环境下，当检验表明骨料具有碱活性时，混凝土的总含碱量不应大于 $3.0kg/m^3$。	凝结时间：符合 GB 175—2007 第 7.3.1 条要求 安定性：符合 GB 175—2007 第 7.3.2 条要求 强度：符合 GB 175—2007 表 3 要求 水化热（大体积混凝土）：符合 GB 50496—2009 规范规定 5. 查验热轧光圆钢筋试件（对检验指标或结果有怀疑时重新抽测） 重量偏差：符合标准 GB 1499.1—2008 表 4 要求 屈服强度：符合标准 GB 1499.1—2008 表 6 要求 抗拉强度：符合标准 GB 1499.1—2008 表 6 要求 断后伸长率：符合标准 GB 1499.1—2008 表 6 要求 最大力总伸长率：符合标准 GB 1499.1—2008 表 6 要求 弯曲性能：符合标准 GB 1499.1—2008 表 6 要求 6. 查验热轧带肋钢筋试件（对检验指标或结果有怀疑时重新抽测） 重量偏差：符合标准 GB 1499.2—2007 表 4 要求

条款号	大纲条款	检 查 依 据	检查要点
(1)	砂、石、水泥、钢材、外加剂等原材料的主要技术性能	4.2.1　水运工程混凝土宜采用硅酸盐水泥、普通硅酸盐水泥、矿渣硅酸盐水泥、火山灰质硅酸盐水泥、粉煤灰硅酸盐水泥或复合硅酸盐水泥，质量应符合现行国家标准《通用硅酸盐水泥》(GB 175)的有关规定。普通硅酸盐水泥和硅酸盐水泥熟料中铝酸三钙含量宜在 6%～12%。 4.2.2　有抗冻要求的混凝土宜采用普通硅酸盐水泥或硅酸盐水泥，不宜采用火山灰质硅酸盐水泥。 4.2.3　不受冻地区海水环境的浪溅区混凝土宜采用矿渣硅酸盐水泥。 4.2.4　水运工程严禁使用烧黏土质的火山灰质硅酸盐水泥。 4.4.1　混凝土中使用的细骨料应采用质地坚固、公称粒径在 5.00mm 以下的砂，其杂质含量限值应符合表 4.4.1-1 的规定。 4.4.3　细骨料不宜采用海砂。采用海砂时，海砂中氯离子含量应符合下列规定。 4.4.3.1　浪溅区、水位变动区的钢筋混凝土，海砂中氯离子含量以胶凝材料的质量百分率计不宜超过 0.07%。当含量超过限值时，宜通过淋洗降至限值以下；淋洗确有困难时可在所拌制的混凝土中掺入适量的经论证的缓蚀剂。 4.4.3.2　预应力混凝土，海砂中氯离子含量以胶凝材料的质量百分率计不宜超过 0.03%。 4.4.4　采用特细砂、机制砂或混合砂时，应符合现行行业标准《普通混凝土用砂、石质量及检验方法标准》(JGJ 52) 中的有关规定。机制砂或混合砂中石粉含量应符合表 4.4.4 的规定。 4.5.1　粗骨料质量应符合下列规定。 4.5.1.1　配制混凝土应采用质地坚硬的碎石、卵石或碎石与卵石的混合物作为粗骨料，其强度可用岩石抗压强度或压碎指标值进行检验。在选择采石场、对粗骨料强度有严格要求或对质量有争议时，宜用岩石抗压强度作检验；常用的石料质量控制，可用压碎指标进行检验。碎石、卵石的抗压强度或压碎指标宜符合表 4.5.1-1 和表 4.5.1-2 的规定。 4.5.1.2　卵石中软弱颗粒含量应符合表 4.5.1-3 的规定。 4.5.1.3　粗骨料的其他物理性能宜符合表 4.5.1-4 的规定。 4.5.2　粗骨料的杂质含量限值应符合表 4.5.2 的规定。 4.6.1　混凝土拌和用水宜采用饮用水，不得使用影响水泥正常凝结、硬化和促使钢筋锈蚀的拌和水，并应符合表 4.6.1 中的规定。 4.6.2　钢筋混凝土和预应力混凝土均不得采用海水拌和。在缺乏淡水的地区，素混凝土允许采用海水拌和，但混凝土拌和物中总氯离子含量应符合表 3.3.9 的规定，有抗冻要求的其水胶比应降低 0.05。 4.7.1　混凝土应根据要求选用减水剂、引气剂、早强剂、防冻剂、泵送剂、缓凝剂、膨胀剂等外加剂。外加剂的品质应符合国家现行标准《混凝土外加剂》(GB8076)、《混凝土泵送剂》(JC 473)、《砂浆和混凝土防水剂》(JC 474)、《混凝土防冻剂》(JC 475) 和《混凝土膨胀剂》(JC 476) 的有关规定。在所掺用的外加剂中，以胶凝材料质量百分率计的氯离子含量不宜大于 0.02%	屈服强度：符合标准 GB 1499.2—2007 表 6 要求 抗拉强度：符合标准 GB 1499.2—2007 表 6 要求 断后伸长率：符合标准 GB 1499.2—2007 表 6 要求 最大力总伸长率：符合标准 GB 1499.2—2007 表 6 要求 弯曲性能：符合标准 GB 1499.2—2007 表 7 要求 7. 查验钢筋焊接接头试件（对检验指标或结果有怀疑时重新抽测） 抗拉强度：符合标准 JGJ 18—2012 要求 8. 查验纵向受力钢筋（有抗震要求的结构）试件（对检验指标或结果有怀疑时重新抽测） 抗拉强度查验抽测值与屈服强度查验抽测值的比值：符合规范 GB 50204—2015 第 5.2.3 条的要求 屈服强度查验抽测值与强度标准值的比值：符合规范 GB 50204—2015 第 5.2.3 条的要求 最大力下总伸长率：符合规范 GB 50204—2015 第 5.2.3 条的要求

条款号	大纲条款	检 查 依 据	检查要点
(1)	砂、石、水泥、钢材、外加剂等原材料的主要技术性能		9. 查验外加剂试样（对检验指标或结果有怀疑时重新抽测） 减水率:符合标准 GB 8076—2008 表 1 的要求 凝结时间:符合标准 GB 8076—2008 表 1 的要求 抗压强度比:符合标准 GB 8076—2008 表 1 的要求 氯离子含量:符合标准 GB 8076—2008 表 2 的要求 pH 值:符合标准 GB 8076—2008 表 2 的要求 总碱量:符合标准 GB 8076—2008 表 2 的要求 引气剂的含气量和含气量 1h 经时变化量:符合标准 GB 8076—2008 表 1 的要求
			10. 查验砂、石、拌和用水试样（海上风电工程对检验指标或结果有怀疑时重新抽测） 砂杂质含量:符合 JTS 202-2—2011 表 4.4.1-1 规定 机制砂或混合砂中石粉含量:符合 JTS 202-2—2011 表 4.4.4 规定 碎石、卵石的岩石抗压强度或压碎指标值:符合 JTS 202-2—2011 表 4.5.1-1 规定

条款号	大纲条款	检 查 依 据	检查要点
(1)	砂、石、水泥、钢材、外加剂等原材料的主要技术性能		卵石的压碎指标值：符合 JTS 202-2—2011 表 4.5.1-2 规定 卵石软弱颗粒的含量：符合 JTS 202-2—2011 表 4.5.1-3 规定 粗骨料物理性能：符合 JTS 202-2—2011 表 4.5.1-4 规定 粗骨料杂质含量限制：符合 JTS 202-2—2011 表 4.5.2 规定 拌和用水质量指标：符合 JTS 202-2—2011 表 4.6.1 规定
(2)	垫层地基的压实系数	**1.《建筑地基基础工程施工质量验收规范》GB 50202—2002** 4.2.4　灰土地基的压实系数应符合设计要求。 4.3.4　砂和砂石地基的压实系数应符合设计要求。 4.5.4　粉煤灰地基的压实系数应符合设计要求。 **2.《电力建设施工质量验收及评价规程 第 1 部分：土建工程》DL/T 5210.1—2012** 5.4.1　灰土地基工程压实系数检查数量：每个独立基础下至少检查 1 点，基槽每 10m～20m 至少抽查 1 点，基坑每 50m²～100m² 抽查 1 处，但均不少于 5 处。 5.4.2　砂和砂石地基工程压实系数检查数量：每个独立基础下至少检查 1 点，基槽每 10m～20m 至少检查 1 点，基坑每 50m²～100m² 抽查 1 处，但均不少于 5 处。 5.4.4　粉煤灰地基工程压实系数检查数量：每个独立基础下至少检查 1 点，基槽每 10m～20m 至少 1 点，基坑每 50m²～100m² 抽查 1 处，但均不少于 5 处。 **3.《电力工程地基处理技术规程》DL/T 5024—2005** 6.1.12　垫层的质量检验必须分层进行。跟踪检验每层的压实系数，及时控制每层、每片的质量指标。 　　夯实或碾压回款的垫层，每一分层内采样数量可按下列要求确定： 　　1　小面积垫层，每 100m² 取样 2 处，每层不少于 4 处；	1. 查阅检测报告及台账 　内容：垫层地基的压实系数 　检测报告中检测数量：符合规范规定 　结论：符合设计要求 2. 查验垫层土样（对检验指标或结果有怀疑时重新抽测） 　压实系数：符合设计要求

续表

条款号	大纲条款	检查依据	检查要点
(2)	垫层地基的压实系数	2 超过 2000m² 的大面积垫层，每 100m²～500m² 取样 1 处，每层不少于 8 处； 3 独立基础下的垫层，每层 2～4 处； 4 条形基础下的垫层，每 50m～100m 取样 2 处，每层不少于 4 处。 **4. 《建筑地基处理技术规范》JGJ 79—2012** 4.2.2 换填垫层的施工质量检验应分层进行，并应在每层的压实系数符合设计要求后铺填上层。 4.4.3 采用环刀法检验垫层的施工质量时，取样点应选择位于每层垫层厚度的 2/3 深度处。检验点数量，条形基础下垫层每 10m～20m 不应少于 1 个点，独立柱基、单个基础下垫层不应少于 1 个点，其他基础下垫层每 50m²～100m² 不应少于 1 个点	
(3)	地基承载力	**《建筑地基基础工程施工质量验收规范》GB 50202—2002** 4.1.5 对灰土地基、砂和砂石地基、土工合成材料地基、粉煤灰地基、强夯地基、注浆地基、预压地基，其竣工后的结果（地基强度或承载力）必须达到设计要求的标准。检验数量，每单位工程不应少于 3 点，1000m² 以上工程，每 100m² 至少应有 1 点，3000m² 以上工程，每 300m² 至少应有 1 点。每一独立基础下至少应有 1 点，基槽每 20 延米应有 1 点。 4.1.6 对水泥土搅拌桩复合地基、高压喷射注浆桩复合地基、砂桩地基、振冲桩复合地基、土和灰土挤密桩复合地基、水泥粉煤灰碎石桩复合地基及夯实水泥土桩复合地基，其承载力检验，数量为总数的 0.5%～1.0%，但不应少于 3 处。有单桩强度检验要求时，数量为总数的 0.5%～1.0%，但不应少于 3 根	1. 查阅检测报告及台账 内容：地基承载力 检测报告中检测数量：符合设计及规范规定 结论：符合设计要求 2. 查验地基承载力（对检验指标或结果有怀疑时重新抽测） 地基承载力：符合设计要求
(4)	桩基础工程桩的桩身偏差和完整性	**1. 《建筑地基基础工程施工质量验收规范》GB 50202—2002** 5.1.3 打（压）入桩（预制混凝土方桩、先张法预应力管桩、钢桩）的桩位偏差，必须符合表 5.1.3 的规定。斜桩倾斜度的偏差不得大于倾斜角正切值的 15%（倾斜角系桩的纵向中心线与铅垂线间夹角）。 5.1.4 灌注桩的桩位偏差必须符合表 5.1.4 的规定。 5.1.6 桩身质量应进行检验。对设计等级为甲级或地基条件复杂，成桩质量可靠性低的灌注桩，抽检数量不应少于总数的 30%，且不少于 20 根；其他桩基工程的抽检数量不应少于总数的 20%，且不少于 10 根；对混凝土预制桩及地下水位以上且终孔后经过核验的灌注桩，检验数量不应少于总桩数的 10%，且不得少于 10 根。每个柱子承台下不得少于 1 根。 5.5.1 施工前应检查进入现场的成品钢桩，成品桩的质量标准应符合本规范表 5.5.4-1 的规定。	1. 查阅检测报告及验收记录 内容：桩位偏差及桩身完整性 检测报告中检测数量：符合设计及规范规定 结论：符合规范规定

条款号	大纲条款	检 查 依 据	检查要点
（4）	桩基础工程桩的桩身偏差和完整性	5.6.4　桩体质量检验按基桩检测技术规范（《建筑基桩检测技术规范》JGJ 106—2014）。如钻芯取样，大直径嵌岩桩应钻至桩尖下 50cm。 **2.《建筑基桩检测技术规范》JGJ 106—2014** 3.2.5　基桩检测开始时间应符合下列规定： 　　1　当采用低应变法或声波透射法检测时，受检桩混凝土强度不应低于设计强度的 70%，且不应低于 15MPa； 　　2　当采用钻芯法检测时，受检桩的混凝土龄期应达到 28d 或受检桩同条件养护试件强度应达到设计强度要求。 3.2.7　验收检测时，宜先进行桩身完整性检测，后进行承载力检测。桩身完整性检测应在基坑开挖至基底标高后进行。 3.3.3　混凝土桩的桩身完整性检测……，检测数量应符合下列规定： 　　1　建筑桩基设计等级为甲级，或地基条件复杂、成桩质量可靠性较低的灌注桩工程，检测数量不应少于总桩数的 30%，且不应少于 20 根；其他桩基工程，检测数量不应少于总桩数的 20%，且不应少于 10 根。 　　2　除符合本条上款规定外，每个柱下承台检测桩数不应少于 1 根。 　　3　大直径嵌岩灌注桩或设计等级为甲级的大直径灌注桩，应在本条第 1、2 款规定的检测桩数范围内，按不少于总桩数 10% 的比例采用声波透射法或钻芯法检测	2. 查验桩身偏差（对检验指标或结果有怀疑时重新抽测） 　桩径：符合表 GB 50202 第 5.1.4 条的规定 　垂直度：符合表 GB 50202 第 5.1.4 条的规定 3. 查验桩体质量（对检验指标或结果有怀疑时重新抽测） 　桩身完整性：符合规范规定
（5）	桩 身 混 凝 土强度	《建筑地基基础工程施工质量验收规范》GB 50202—2002 5.1.4　……（灌注桩）每浇筑 50m³ 必须有 1 组（混凝土）试件，小于 50m³ 的桩，每根桩必须有 1 组（混凝土）试件。 5.6.4　桩身混凝土强度符合设计要求，检查方法为试件报告或钻芯取样	1. 查阅检测报告 　内容：桩身混凝土强度 　检测报告中检测数量：符合设计及规范规定 　结论：符合设计要求 2. 查验混凝土试块或钻芯取样（对检验指标或结果有怀疑时重新抽测） 　抗压强度：符合设计要求

续表

条款号	大纲条款	检 查 依 据	检查要点
（6）	单桩承载力	**1.《建筑地基基础工程施工质量验收规范》GB 50202—2002** 5.1.5　工程桩应进行承载力检验。对设计等级为甲级或地基条件复杂，成桩质量可靠性低的灌注桩，应采用静载荷试验的方法进行检验，检验桩数量不应少于总数的1%，且不应少于3根，当总桩数少于50根时，不应少于2根。 5.5.3　钢管桩施工结束后应做承载力检验。 **2.《建筑桩基技术规范》JGJ 94—2008** 9.4.2　工程桩应进行承载力和桩身质量检验。 **3.《建筑基桩检测技术规范》JGJ 106—2014** 3.1.3　施工完成后的工程桩应进行单桩承载力和桩身完整性检测。 3.3.4　当符合下列条件之一时，应采用单桩竖向抗压静载试验进行承载力验收检测。检测数量不应少于同一条件下桩基分项工程总桩数的1%，且不应少于3根；当总桩数小于50根时，检测数量不应少于2根。 　　1　设计等级为甲级的桩基； 　　2　施工前未按本规范第3.3.1条进行单桩静载试验的工程； 　　3　施工前进行了单桩静载试验，但施工过程中变更了工艺参数或施工质量出现了异常； 　　4　地基条件复杂、桩施工质量可靠性低； 　　5　本地区采用的新桩型或新工艺； 　　6　施工过程中产生挤土上浮或偏位的群桩。 3.3.5　……预制桩和满足高应变法适用范围的灌注桩，可采用高应变法检测单桩竖向抗压承载力，检测数量不宜少于总桩数的5%，且不得少于5根。 3.3.7　对于端承型大直径灌注桩，当受设备或现场条件限制无法检测单桩竖向抗压承载力时，可选择下列方式之一，进行持力层核验： 　　1　采用钻芯法测定桩底沉渣厚度，并钻取桩端持力层岩土芯样检验桩端持力层，检测数量不应少于总桩数的10%，且不应少于10根。 　　2　采用深层平板载荷试验或岩基平板载荷试验，……检测数量不应少于总桩数的1%，且不应少于3根。 3.3.8　对设计有抗拔或水平力要求的桩基工程，单桩承载力验收检测应采用单桩竖向抗拔或单桩水平静载试验…… 4.1.3　采用单桩竖向抗压静载试验进行工程桩验收检测时，加载量不应小于设计要求的单桩承载力特征值的2.0倍。 4.3.4　为设计提供依据的单桩竖向抗压静载试验应采用慢速维持荷载法。 4.4.4　单桩竖向抗压承载力特征值应按单桩竖向抗压极限承载力的50%取值。	1. 查阅检测报告及台账 　内容：单桩承载力 　检测报告中检测数量：符合设计及规范规定 　结论：符合设计要求 2. 查验单桩承载力（对检验指标或结果有怀疑时重新抽测） 　单桩承载力：符合设计要求

条款号	大纲条款	检 查 依 据	检查要点
（6）	单桩承载力	5.1.4　采用单桩竖向抗拔静载试验时，预估的最大试验荷载不得大于钢筋的设计强度。 5.4.5　单桩竖向抗拔承载力特征值应按单桩竖向抗拔极限承载力的 50％ 取值。当工程桩不允许带裂缝工作时，应取桩身开裂的前一级荷载作为单桩竖向抗拔承载力特征值，并与按极限荷载 50％ 取值确定的承载力特征值相比，取低值。 6.4.7　单桩水平承载力特征值的确定应符合下列规定： 　　1　当桩身不允许开裂或灌注桩的桩身配筋率小于 0.65％ 时，可取水平临界荷载的 0.75 倍作为单桩水平承载力特征值。 　　2　对钢筋混凝土预制桩、钢桩和桩身配筋率不小于 0.65％ 的灌注桩，可取设计桩顶标高处水平位移所对应荷载的 0.75 倍作为单桩水平承载力特征值；水平位移可按下列规定取值： 　　　1）对水平位移敏感的建筑物取 6mm； 　　　2）对水平位移不敏感的建筑物取 10mm。 　　3　取设计要求的水平允许位移对应的荷载作为单桩水平承载力特征值，且应满足桩身抗裂要求。 9.2.5　采用高应变法进行承载力检测时，锤的重量与单桩竖向抗压承载力特征值的比值不得小于 0.02。 **4.《港口工程桩基规范》JTS 167-4—2012** 4.2.1　单桩轴向承载力除下列情况外应根据静载荷试验确定： 　　（1）当附近工程有试桩资料，且沉桩工艺相同，地质条件相近时； 　　（2）附属建筑物； 　　（3）桩数较少的建筑物，并经技术论证； 　　（4）有其他可靠的替代试验方法时。 4.2.3　凡允许不做静载荷试桩的工程，可根据具体情况采用承载力经验参数法或静力触探等方法确定单桩轴向极限承载力。 4.2.13　对地质复杂的工程，或存在影响桩的轴向承载力可靠性的情况时，宜采用高应变动力试验法对单桩轴向承载力进行检测，检测应符合下列规定。 4.2.13.1　检测桩数可取总桩数的 2％～5％，且不得少于 5 根。 4.2.13.2　采用动力试验法对桩承载力进行检测时，应符合国家现行有关标准的规定	

第 2 节点：蓄能电池组安装前监督检查

条款号	大纲条款	检 查 依 据	检查要点
4 责任主体质量行为的监督检查			
4.1 建设单位质量行为的监督检查			
4.1.1	组织工程建设标准强制性条文实施情况的检查	**1.《建设工程质量管理条例》中华人民共和国国务院令〔2000〕第 279 号** 第十条 …… 建设单位不得明示或者暗示设计单位或者施工单位违反工程建设强制性标准，降低建设工程质量。 **2.《中华人民共和国标准化法实施条例》中华人民共和国国务院令〔1990〕第 53 号** 第二十三条 从事科研、生产、经营的单位和个人，必须严格执行强制性标准。 **3.《实施工程建设强制性标准监督规定》建设部令〔2000〕第 81 号** 第二条 在中华人民共和国境内从事新建、扩建、改建等工程建设活动，必须执行工程建设强制性标准。 第六条 ……工程质量监督机构应当对工程建设施工、监理、验收等阶段执行强制性标准的情况实施监督。 第十条 强制性标准监督检查的内容包括： （一）有关工程技术人员是否熟悉、掌握强制性标准； （二）工程项目的规划、勘察、设计、施工、验收等是否符合强制性标准的规定； （三）工程项目采用的材料、设备是否符合强制性标准的规定； （四）工程项目的安全、质量是否符合强制性标准的规定； （五）工程中采用的导则、指南、手册、计算机软件的内容是否符合强制性标准的规定。 **4.《输变电工程项目质量管理规程》DL/T 1362—2014** 4.4 输变电工程项目建设过程中，参建单位应遵循现行国家和行业标准，严格执行工程设计和施工标准中的强制性条文，……	查阅强制性条文实施情况检查记录 内容：与强制性条文实施计划相符，相关资料可追溯 签字：检查人员已签字 时间：与工程进度同步
4.1.2	采用的新技术、新工艺、新流程、新装备、新材料已审批	**1.《中华人民共和国建筑法》中华人民共和国主席令〔2011〕第 46 号** 第四条 国家扶持建筑业的发展，支持建筑科学技术研究，提高房屋建筑设计水平，鼓励节约能源和保护环境，提倡采用先进技术、先进设备、先进工艺、新型建筑材料和现代管理方式。 **2.《建设工程质量管理条例》中华人民共和国国务院令〔2000〕第 279 号** 第六条 国家鼓励采用先进的科学技术和管理方法，提高建设工程质量。 **3.《实施工程建设强制性标准监督规定》建设部令〔2000〕第 81 号** 第五条 工程建设中拟采用的新技术、新工艺、新材料，不符合现行强制性标准规定的，应当由拟采用单位提请建设单位组织专题技术论证，报批准标准的建设行政主管部门或者国务院有关主管部门审定。	查阅新技术、新工艺、新流程、新装备、新材料论证文件 意见：同意采用等肯定性意见 签字：专家组和批准人已签字

续表

条款号	大纲条款	检 查 依 据	检查要点
4.1.2	采用的新技术、新工艺、新流程、新装备、新材料已审批	**4.《电力建设施工技术规范 第 1 部分：土建结构工程》DL 5190.1—2012** 3.0.4　采用新技术、新工艺、新材料、新设备时，应经过技术鉴定或具有允许使用的证明。施工前应编制单独的施工措施及操作规程。 **5.《电力工程地基处理技术规程》DL/T 5024—2005** 5.0.8　……当采用当地缺乏经验的地基处理方法或引进和应用新技术、新工艺、新方法时，须通过原体试验验证其适用性	
4.1.3	无任意压缩合同约定工期的行为	**1.《建设工程质量管理条例》中华人民共和国国务院令〔2000〕第 279 号** 第十条　建设工程发包单位不得迫使承包方以低于成本的价格竞标，不得任意压缩合理工期。 **2.《电力建设安全生产监督管理办法》电监安全〔2007〕38 号** 第十三条　…… 　电力建设单位应当执行定额工期，不得压缩合同约定的工期，…… **3.《建设工程项目管理规范》GB/T 50326—2006** 9.2.1　组织应依据合同文件、项目管理规划文件、资源条件与外部约束条件编制项目进度计划	查阅施工进度计划、合同工期和调整工期的相关文件 　内容：有压缩工期的行为时，应有设计、监理、施工和建设单位认可的书面文件
4.2　设计单位质量行为的监督检查			
4.2.1	设计更改、技术洽商等文件完整、手续齐全	**1.《建设工程勘察设计管理条例》中华人民共和国国务院令〔2015〕第 662 号** 第二十八条　建设单位、施工单位、监理单位不得修改建设工程勘察、设计文件；确需修改建设工程勘察、设计文件的，应当由原建设工程勘察、设计单位修改。经原建设工程勘察、设计单位书面同意，建设单位也可以委托其他具有相应资质的建设工程勘察、设计单位修改。修改单位对修改的勘察、设计文件承担相应责任。 　施工单位、监理单位发现建设工程勘察、设计文件不符合工程建设强制性标准、合同约定的质量要求的，应当报告建设单位，建设单位有权要求建设工程勘察、设计单位对建设工程勘察、设计文件进行补充、修改。 　建设工程勘察、设计文件内容需要作重大修改的，建设单位应当报经原审批机关批准后，方可修改。 **2.《建设项目工程总承包管理规范》GB/T 50358—2005** 6.4.2　……设计质量的控制点主要包括： 　　7　设计变更的控制。 **3.《电力建设工程施工技术管理导则》国电电源〔2002〕896 号** 10.03　设计变更审批手续： 　　a）小型设计变更。由工地提出设计变更申请单或工程洽商（联系）单，经项目部技术管理部门审核，由现场设计、建设（监理）单位代表签字同意后生效。	查阅设计更改、技术洽商文件 　编制签字：设计单位（EPC）各级责任人已签字 　审核签字：相关单位责任人已签字 　签字时间：在变更内容实施前

续表

条款号	大纲条款	检 查 依 据	检查要点
4.2.1	设计更改、技术洽商等文件完整、手续齐全	b) 一般设计变更。由工地提出设计变更申请单,经项目部技术管理部门审签后,送交建设(监理)单位审核。经设计单位同意后,由设计单位签发设计变更通知书并经建设(监理)单位会签后生效。 c) 重大设计变更。由项目部总工程师组织研究、论证后,提交建设单位组织设计、施工、监理单位进一步论证、审核,决定后由设计单位修改设计图纸并出具设计变更通知书,还应附有工程预算变更单,经建设、监理、施工单位会签后生效。 **4.《电力勘测设计驻工地代表制度》DLGJ 159.8—2001** 5.0.2 进行设计更改 　1 因原设计错误或考虑不周需进行的一般设计更改,由专业工代填写"设计变更通知单",说明更改原因和更改内容,经工代组长签署后发至施工单位实施。"设计变更通知单"的格式见附录A	
4.2.2	工程建设标准强制性条文落实到位	**1.《建设工程质量管理条例》中华人民共和国国务院令〔2000〕第279号** 第十九条　勘察、设计单位必须按照工程建设强制性标准进行勘察、设计,并对其勘察、设计的质量负责。 　注册建筑师、注册结构工程师等注册执业人员应当在设计文件上签字,对设计文件负责。 **2.《建设工程勘察设计管理条例》中华人民共和国国务院令〔2015〕第662号** 第五条　……建设工程勘察、设计单位必须依法进行建设工程勘察、设计,严格执行工程建设强制性标准,并对建设工程勘察、设计的质量负责。 **3.《实施工程建设强制性标准监督规定》建设部令〔2000〕第81号** 第二条　在中华人民共和国境内从事新建、扩建、改建等工程建设活动,必须执行工程建设强制性标准。 第六条　建设项目规划审查机关应当对工程建设规划阶段执行强制性标准的情况实施监督。 　施工图设计文件审查单位应当对工程建设勘察、设计阶段执行强制性标准的情况实施监督。 第十条　强制性标准监督检查的内容包括: 　(一)有关工程技术人员是否熟悉、掌握强制性标准; 　(二)工程项目的规划、勘察、设计、施工、验收等是否符合强制性标准的规定; 　(五)工程中采用的导则、指南、手册、计算机软件的内容是否符合强制性标准的规定。 **4.《输变电工程项目质量管理规程》DL/T 1362—2014** 4.4　输变电工程项目建设过程中,参建单位应遵循现行国家和行业标准,严格执行工程设计和施工标准中的强制性条文,…… 6.2.1　……质量管理策划内容应包括不限于: 　b.质量管理文件,包括引用的标准清单、设计质量策划、强制性条文实施计划、设计技术组织措施、达标投产(创优)实施细则等	1. 查阅设计文件 内容:与强条有关的内容已落实 签字:编、审、批责任人已签字 2. 查阅强制性条文实施计划(强制性条文清单)和本阶段执行记录 内容:与实施计划相符 签字:相关单位责任人已签字

条款号	大纲条款	检 查 依 据	检查要点
4.2.3	设计代表工作到位、处理设计问题及时	**1.《建设工程勘察设计管理条例》中华人民共和国国务院令〔2015〕第 662 号** 第三十条　……建设工程勘察设计单位应及时解决施工中出现的勘察设计问题。 **2.《电力勘测设计驻工地代表制度》DLGJ 159.8—2001** 2.0.1　工代的工地现场服务是电力工程设计的阶段之一，为了有效地贯彻勘测设计意图，实施设计单位通过工代为施工、安装、调试、投运提供及时周到的服务，促进工程顺利竣工投产，特制定本制度。 2.0.2　工代的任务是解释设计意图，解释施工图纸中的技术问题，收集包括设计本身在内的施工、设备材料等方面的质量信息，加强设计与施工、生产之间的配合，共同确保工程建设质量和工期，以及国家和行业标准的贯彻执行。 2.0.3　工代是设计单位派驻工地配合施工的全权代表，应能在现场积极地履行工代职责，使工程实现设计预期要求和投资效益。 5.0.6　工代记录 　　1　工代应对现场处理的问题、参加的各种会议以及决议作详细记录，填写"工代工作大事记"	1. 查阅设计单位对工代管理制度 内容：工代任命书及设计修改、变更、材料代用等签发人资格 2. 查阅设计服务记录 内容：现场施工与设计要求相符情况和工代协助施工单位解决具体技术问题的情况 3. 查阅设计变更通知单和工程联系单及台账 内容：处理意见明确，收发闭环
4.2.4	按规定参加质量验收	**1.《建筑工程施工质量验收统一标准》GB 50300—2013** 6.0.3　分部工程应由总监理工程师组织施工单位项目负责人和项目技术负责人等进行验收。 　　勘察、设计单位项目负责人和施工单位技术、质量部门负责人应参加地基与基础分部工程的验收。 　　设计单位项目负责人和施工单位技术、质量部门负责人应参加主体结构、节能分部工程的验收。 **2.《电力建设施工质量验收及评价规程　第 1 部分：土建工程》DL/T 5210.1—2012** 3.0.12　工程质量验收的程序、组织和记录应符合下列规定： 　　3　分部（子分部）工程质量验收应由总监理工程师（建设单位项目负责人）组织施工单位项目负责人和技术、质量负责人等进行验收；地基与基础、主体结构分部工程的勘测、设计单位工程项目负责人和施工单位技术、质量部门负责人也应参加相关分部工程验收。 　　4　……建设单位收到工程验收申请报告后，应由建设单位（项目）负责人组织施工（含分包单位）、设计、监理等单位（项目）负责人进行单位（子单位）工程验收，…… **3.《光伏发电工程验收规范》GB/T 50796—2012** 3.0.8　工程验收中相关单位职责应符合下列要求： 　　2　勘察、设计单位职责应包括： 　　1）对土建工程与地基工程有关的施工记录校验	1. 查阅项目质量验收范围划分表 内容：设计单位（EPC）参加验收的项目已确定 2. 查阅分部工程、单位工程验收单 签字：项目设计（EPC）负责人已签字

条款号	大纲条款	检 查 依 据	检查要点
4.2.5	进行了本阶段工程实体质量与设计的符合性确认	**1.《光伏发电工程验收规范》GB/T 50796—2012** 3.0.8 工程验收中相关单位职责应符合下列要求: 　2 勘察、设计单位职责应包括: 　　3)对工程设计方案和质量负责,为工程验收提供设计总结报告。 **2.《电力勘测设计驻工地代表制度》DLGJ 159.8—2001** 5.0.3 深入现场,调查研究 　1 工代应坚持经常深入施工现场,调查了解施工是否与设计要求相符,并协助施工单位解决施工中出现的具体技术问题,做好服务工作,促进施工单位正确执行设计规定的要求。 　2 对于发现施工单位擅自做主,不按设计规定要求进行施工的行为,应及时指出,要求改正,如指出无效,又涉及安全、质量等原则性、技术性问题,应将问题事实与处理过程用"备忘录"的形式书面报告建设单位和施工单位,同时向设总和处领导汇报	1. 查阅地基处理分部、子分部工程质量验收记录 　签字:设计单位(EPC)项目负责人已签字 2. 查阅本阶段设计单位(EPC)汇报材料 　内容:已对本阶段工程实体质量与勘察设计的符合性进行了确认,符合性结论明确 　签字:项目设计(EPC)负责人已签字 　盖章:设计单位已盖章
4.3　监理单位质量行为的监督检查			
4.3.1	完成监理规范规定的审核、批准工作	**1.《建筑工程施工质量验收统一标准》GB 50300—2013** 6.0.4 单位工程完工后,施工单位应组织有关人员进行自检。总监理工程师应组织各专业监理工程师对工程质量进行竣工预验收。存在施工质量问题时,应由施工单位及时整改。 **2.《建设工程监理规范》GB/T 50319—2013** 5.2.18 项目监理机构应审查施工单位提交的单位工程竣工验收报审表及竣工资料,组织工程竣工预验收。存在问题的,应要求施工单位及时整改;合格的,总监理工程师应签认单位工程竣工验收报审表。 5.2.19 工程竣工预验收合格后,项目监理机构应编写工程质量评估报告,并应经总监理工程师和工程监理单位技术负责人审核签字后报建设单位。 5.2.20 项目监理机构应参加由建设单位组织的竣工验收,对验收中提出的整改问题,应督促施工单位及时整改。工程质量符合要求的,总监理工程师应在工程竣工验收报告中签署意见。 **3.《电力建设工程监理规范》DL/T 5434—2009** 9.1.16 项目监理机构应组织工程竣工初检,对发现的缺陷督促承包单位整改,并复查	查阅施工单位单位工程验收申请表、工程竣工报验单 　监理审查意见:结论明确 　签字:相关责任人签字齐全

条款号	大纲条款	检 查 依 据	检查要点
4.3.2	检测仪器和工具配置满足监理工作需要	**1.《中华人民共和国计量法》中华人民共和国主席令〔2015〕第 26 号** 第九条 ……未按照规定申请计量检定、计量检定不合格或者超过计量检定周期的计量器具，不得使用。…… **2.《建设工程监理规范》GB/T 50319—2013** 3.3.2 工程监理单位宜按建设工程监理合同约定，配备满足监理工作需要的检测设备和工器具。 **3.《电力建设工程监理规范》DL/T 5434—2009** 5.3.1 项目监理机构应根据工程项目类别、规模、技术复杂程度、工程项目所在地的环境条件，按委托监理合同的约定，配备满足监理工作需要的常规检测设备和工具	1. 查阅监理项目部检测仪器和工具配置台账 　仪器和工具配置：与监理设施配置计划相符，满足监理工作需要 2. 查看检测仪器 　标识：贴有合格标签，且在有效期内
4.3.3	对进场工程材料、设备、构配件的质量进行检查验收	**1.《建设工程监理规范》GB/T 50319—2013** 5.2.9 项目监理机构应审查施工单位报送的用于工程的材料、构配件、设备的质量证明文件，并应按有关规定、建设工程监理合同约定，对用于工程的材料进行见证取样、平行检验。 　项目监理机构对已进场经检验不合格的工程材料、构配件、设备，应要求施工单位限期将其撤出施工现场。 **2.《光伏发电站施工规范》GB 50794—2012** 3.0.1 开工前应具备下列条件： 　3 施工单位的资质、特殊作业人员资格、施工机械、施工材料、计量器具等应报监理单位或建设单位审查完毕。 **3.《电力建设工程监理规范》DL/T 5434—2009** 9.1.7 项目监理机构应对承包单位报送的拟进场工程材料、半成品和构配件的质量证明文件进行审核，并按有关规定进行抽样验收。对有复试要求的，经监理人员现场见证取样后送检，复试报告应报送项目监理机构查验。 9.1.8 项目监理机构应参与主要设备开箱验收，对开箱验收中发现的设备质量缺陷，督促相关单位处理。 **4.《电力建设土建工程施工技术检验规范》DL/T 5710—2014** 4.5.1 施工单位应在工程施工前按单位工程编制检测计划，报监理单位审查，并经建设单位批准后，在监理单位监督下组织实施。当设现场试验室时，施工检测试验计划尚应经现场试验室核查。 4.7.2 施工现场施工单位、监理单位、检测试验单位应分别建立试验台账，并及时要求在试验台账中做好试样的登记工作。试验台账应包括混凝土原材料试验台账、钢筋试验台账、钢筋接头试验台账、混凝土试验台账、砂浆试验台账、回填土试验台账、混凝土配合比试验台账和需要建立的其他试验台账	1. 查阅工程材料/设备/构配件报审表 　审查意见：同意使用 　签字：相关责任人已签字 2. 查阅监理单位见证取样台账 　内容：与检测计划相符 　签字：相关见证人签字

条款号	大纲条款	检查依据	检查要点
4.3.4	开展原材料复检的见证取样，见证人员具备相应资格	**1.《建设工程监理规范》GB/T 50319—2013** 5.2.9 项目监理机构应审查施工单位报送的用于工程的材料、构配件、设备的质量证明文件，并应按有关规定、建设工程监理合同约定，对用于工程的材料进行见证取样、平行检验。 　　项目监理机构对已进场经检验不合格的工程材料、构配件、设备，应要求施工单位限期将其撤出施工现场。 **2.《电力建设工程监理规范》DL/T 5434—2009** 9.1.7 项目监理机构应对承包单位报送的拟进场工程材料、半成品和构配件的质量证明文件进行审核，并按有关规定进行抽样验收。对有复试要求的，经监理人员现场见证取样后送检，复试报告应报送项目监理机构查验。 9.1.8 项目监理机构应参与主要设备开箱验收，对开箱验收中发现的设备质量缺陷，督促相关单位处理。 **3.《电力建设土建工程施工技术检验规范》DL/T 5710—2014** 4.5.1 施工单位应在工程施工前按单位工程编制检测计划，报监理单位审查，并经建设单位批准后，在监理单位监督下组织实施。当设现场试验室时，施工检测试验计划尚应经现场试验室核查。 4.7.2 施工现场施工单位、监理单位、检测试验单位应分别建立试验台账，并及时按要求在试验台账中做好试样的登记工作。试验台账应包括混凝土原材料试验台账、钢筋试验台账、钢筋接头试验台账、混凝土试验台账、砂浆试验台账、回填土试验台账、混凝土配合比试验台账和需要建立的其他试验台账。 **4.《建筑工程检测试验技术管理规范》JGJ 190—2010** 5.8.2 见证人员应由具有建筑施工检测试验知识的专业技术人员担任。 5.8.3 见证人员发生变化时，监理单位应通知相关单位，办理书面变更手续。 5.8.5 见证人员应对见证取样和送检的全过程进行见证并填写见证记录。 5.8.7 见证人员应核查见证检测的检测项目、数量和比例是否满足有关规定	1. 查阅见证人员资格证件 　发证单位：住房和城乡建设部等 　有效期：当前有效 2. 查阅监理单位见证取样台账 　内容：与检测计划相符 　签字：相关见证人签字
4.3.5	按主体结构工程设定的工程质量控制点，完成见证、旁站监理	**1.《房屋建筑工程施工旁站监理管理办法（试行）》建市〔2002〕189号** 第三条　监理企业在编制监理规划时，应当制定旁站监理方案，明确旁站监理的范围、内容、程序和旁站监理人员职责等。旁站监理方案应当送建设单位和施工企业各一份，并抄送工程所在地的建设行政主管部门或其委托的工程质量监督机构。 第九条　旁站监理记录是监理工程师或者总监理工程师依法行使有关签字权的重要依据。对于需要旁站监理的关键部位、关键工序施工，凡没有实施旁站监理或者没有旁站监理记录的，监理工程师或者总监理工程师不得在相应文件上签字。	1. 查阅施工质量验收范围划分表及报审表 　划分表内容：符合规程规定且已明确了质量控制点 　报审表签字：相关单位责任人已签字

续表

条款号	大纲条款	检 查 依 据	检查要点
4.3.5	按主体结构工程设定的工程质量控制点，完成见证、旁站监理	**2.《建设工程监理规范》GB/T 50319—2013** 5.2.11　项目监理机构应根据工程特点和施工单位报送的施工组织设计，确定旁站的关键部位、关键工序，安排监理人员进行旁站，并应及时记录旁站情况。 **3.《电力建设工程监理规范》DL/T 5434—2009** 9.1.2　项目监理机构应审查承包单位编制的质量计划和工程质量验收及评定项目划分表，提出监理意见，报建设单位批准后监督实施。 9.1.9　项目监理机构应安排监理人员对施工过程进行巡视和检查，对工程项目的关键部位、关键工序的施工过程进行旁站监理	2. 查阅旁站计划和旁站记录 　旁站计划质量控制点：符合施工质量验收范围划分表要求 　旁站记录：完整 　签字：监理旁站人员已签字
4.3.6	工程建设标准强制性条文检查到位	**1.《建设工程质量管理条例》中华人民共和国国务院令〔2000〕第279号** 第二条　凡在中华人民共和国境内从事建设工程的新建、扩建、改建等有关活动及实施对建设工程质量监督管理的，必须遵守本条例。本条例所称建设工程，是指土木工程、建筑工程、线路管道和设备安装工程及装修工程。 第三条　建设单位、勘察单位、设计单位、施工单位、工程监理单位依法对建设工程质量负责。 第十条　…… 　建设单位不得明示或者暗示设计单位或者施工单位违反工程建设强制性标准，降低建设工程质量。 **2.《实施工程建设强制性标准监督规定》建设部令〔2000〕第81号** 第二条　在中华人民共和国境内从事新建、扩建、改建等工程建设活动，必须执行工程建设强制性标准。 第三条　本规定所称工程强制性标准是指直接涉及工程质量、安全、卫生及环境保护等方面的工程建设标准强制性条文。 第六条　…… 　工程质量监督机构应当对建设施工、监理、验收等阶段执行强制性标准的情况实施监督。 **3.《工程建设标准强制性条文　房屋建筑部分（2013年版）》（全文）** **4.《工程建设标准强制性条文　电力工程部分（2011年版）》（全文）** **5.《国家重大建设项目文件归档要求与档案整理规范》DA/T 28—2002** 7.8.3　归档文件应完整、成套、系统。应记述和反映建设项目的规划、设计、施工及竣工验收的全过程；真实记录和准确反映项目建设过程和竣工时的实际情况，图物相符，技术数据可靠、签字手续完备；文件质量应符合5.5的规定	查阅监理单位工程建设强制性条文执行检查记录 　监理检查结果：已执行，相关资料可追溯 　强制性条文：引用的规范条文有效 　签字：相关责任人已签字

条款号	大纲条款	检 查 依 据	检查要点
4.3.7	隐蔽工程验收记录签证齐全	**1.《建设工程质量管理条例》中华人民共和国国务院令〔2000〕第279号** 第三十条 施工单位必须建立、健全施工质量的检验制度，严格工序管理，做好隐蔽工程的质量检查和记录。隐蔽工程在隐蔽前，施工单位应当通知建设单位和建设工程质量监督机构。 **2.《建设工程监理规范》GB/T 50319—2013** 5.2.14 项目监理机构应对施工单位报验的隐蔽工程、检验批、分项工程和分部工程进行验收，对验收合格的应给予签认，对验收不合格的应拒绝签认，同时应要求施工单位在指定的时间内整改并重新报验。 **3.《电力建设工程监理规范》DL/T 5434—2009** 9.1.10 对承包单位报送的隐蔽工程报验申请表和自检记录，专业监理工程师应进行现场检查，符合要求予以签认后，承包单位方可隐蔽并进行下一道工序的施工	查阅施工单位隐蔽工程验收记录 验收结论：符合规范规定和设计要求，同意隐蔽 签字：施工项目部技术负责人与监理工程师已签字
4.3.8	按照施工质量验收项目划分表完成规定的验收工作	**1.《建设工程监理规范》GB/T 50319—2013** 5.2.11 项目监理机构应根据工程特点和施工单位报送的施工组织设计，确定旁站的关键部位、关键工序，安排监理人员进行旁站，并应及时记录旁站情况。 5.2.14 项目监理机构应对施工单位报验的隐蔽工程、检验批、分项工程和分部工程进行验收，对验收合格的应给予签认，对验收不合格的应拒绝签认，同时应要求施工单位在指定的时间内整改并重新报验。 **2.《电力建设施工质量验收及评价规程 第1部分：土建工程》DL/T 5210.1—2012** 4.0.8 ……工程开工前，应由承建工程的施工单位按工程具体情况编制项目划分表，……划分表应报监理单位审核，建设单位批准。…… **3.《电力建设工程监理规范》DL/T 5434—2009** 9.1.2 项目监理机构应审查承包单位编制的质量计划和工程质量验收及评定项目划分表，提出监理意见，报建设单位批准后监督实施	1. 查阅施工质量验收项目划分表及报审表 划分表内容：符合规程规定且已明确了质量控制点 报审表签字：相关单位责任人已签字 2. 查阅施工单位隐蔽工程验收记录、检验批质量验收记录、分项工程质量验收记录、分部工程质量验收记录 内容：监理平行检验记录齐全 验收结论：合格等明确结论
4.3.9	施工质量问题及处理台账完整，记录齐全	**1.《建设工程监理规范》GB/T 50319—2013** 5.2.15 项目监理机构发现施工存在质量问题的，或施工单位采用不适当的施工工艺，或施工不当，造成工程质量不合格的，应及时签发监理通知单，要求施工单位整改。整改完毕后，项目监理机构应根据施工单位报送的监理通知回复单对整改情况进行复查，提出复查意见。	查阅质量问题及处理记录台账

条款号	大纲条款	检　查　依　据	检查要点
4.3.9	施工质量问题及处理台账完整，记录齐全	5.2.17　对需要返工处理或加固补强的质量事故，项目监理机构应要求施工单位报送质量事故调查报告和经设计等相关单位认可的处理方案，并应对质量事故的处理过程进行跟踪检查，同时应对处理结果进行验收。 项目监理机构应及时向建设单位提交质量事故书面报告，并应将完整的质量事故处理记录整理归档。 **2.《电力建设工程监理规范》DL/T 5434—2009** 9.1.12　对施工过程中出现的质量缺陷，专业监理工程师应及时下达书面通知，要求承包单位整改，并检查确认整改结果。 9.1.15　专业监理工程师应根据消缺清单对承包单位报送的消缺方案进行审核，符合要求后予以签认，并根据承包单位报送的消缺报验申请表和自检记录进行检查验收	记录要素：质量问题、发现时间、责任单位、整改要求、处理结果、完成时间 检查内容：记录完整 签字：相关责任人已签字
4.4　施工单位质量行为的监督检查			
4.4.1	特殊工种人员持证上岗	**1.《特种作业人员安全技术培训考核管理办法》国家安全生产监督管理总局令第 30 号〔2010〕** 第五条　特种作业人员必须经专门的安全技术培训并考核合格，取得《中华人民共和国特种作业操作证》（以下简称特种作业操作证）后，方可上岗作业。 **2.《建筑施工特种作业人员管理规定》建质〔2008〕75 号** 第四条　建筑施工特种作业人员必须经建设主管部门考核合格，取得建筑施工特种作业人员操作资格证书，方可上岗从事相应作业。 **3.《工程建设施工企业质量管理规范》GB/T 50430—2007** 5.2.2　施工企业应按照岗位任职条件配备相应的人员。……质量检查人员、特种作业人员应按照国家法律法规的要求持证上岗。 **4.《光伏发电站施工规范》GB 50794—2012** 3.0.1　开工前应具备下列条件： 　　3　施工单位的资质、特殊作业人员资格、施工机械、施工材料、计量器具等应报监理单位或建设单位审查完毕	1. 查阅总包及施工单位各专业质检员资格证书 　专业类别：土建、电气等 　发证单位：政府主管部门等 　有效期：当前有效 2. 查阅特殊工种人员台账 　内容：姓名、工种类别、证书编号、发证单位、有效期等 　证书有效期：作业期间有效 3. 查阅特殊工种人员资格证书 　发证单位：政府主管部门 　有效期：当前有效，与台账一致

续表

条款号	大纲条款	检 查 依 据	检查要点
4.4.2	施工方案和作业指导书已审批，技术交底记录齐全	**1.《建筑工程施工质量评价标准》GB/T 50375—2006** 4.2.1 施工现场质量保证条件应符合下列检查标准： 　　3 施工组织设计、施工方案编制审批手续齐全，…… **2.《建筑施工组织设计规范》GB/T 50502—2009** 3.0.5 施工组织设计的编制和审批应符合下列规定： 　　2 ……施工方案应由项目技术负责人审批；重点、难点分部（分项）工程和专项工程施工方案应由施工单位技术部门组织相关专家评审，施工单位技术负责人批准。 　　3 由专业承包单位施工的分部（分项）工程或专项工程的施工方案，应由专业承包单位技术负责人或技术负责人授权的技术人员审批；有总承包单位时，应由总承包单位项目技术负责人核准备案。 　　4 规模较大的分部（分项）工程和专项工程的施工方案应按单位工程施工组织设计进行编制和审批。 6.4.1 施工准备应包括下列内容： 　　1 技术准备：包括施工所需技术资料的准备、图纸深化和技术交底的要求、试验检验和测试工作计划、样板制作计划以及与相关单位的技术交接计划等； **3.《光伏发电站施工规范》GB 50794—2012** 3.0.1 开工前应具备下列条件： 　　4 ……设计交底应完成；…… **4.《电力建设工程施工技术管理导则》国电电源〔2002〕896 号** 8.1.5 技术交底必须有交底记录。交底人和被交底人要履行全员签字手续	1. 查阅施工方案和作业指导书 　审批：相关责任人已签字 　时间：施工前 2. 查阅施工方案和作业指导书报审表 　审批意见：同意实施等肯定性意见 　签字：总包及施工、监理单位相关责任人已签字 　盖章：总包及施工、监理单位已盖章 3. 查阅技术交底记录 　内容：与方案或作业指导书相符 　时间：施工前 　签字：交底人和被交底人已签字
4.4.3	计量工器具经检定合格，且在有效期内	**1.《中华人民共和国计量法》中华人民共和国主席令〔2014〕第 86 号** 第九条　……未按照规定申请计量检定、计量检定不合格或者超过计量检定周期的计量器具，不得使用。 **2.《中华人民共和国依法管理的计量器具目录（型式批准部分）》国家质检总局公告第 145 号〔2005〕** 1. 测距仪：光电测距仪、超声波测距仪、手持式激光测距仪； 2. 经纬仪：光学经纬仪、电子经纬仪； 3. 全站仪：全站型电子速测仪； 4. 水准仪：水准仪； 5. 测地型 GPS 接收机：测地型 GPS 接收机。	1. 查阅计量工器具台账 　内容：计量工器具名称、出厂合格证编号、检定日期、有效期、在用状态等 　检定有效期：在用期间有效

条款号	大纲条款	检 查 依 据	检查要点
4.4.3	计量工器具经检定合格，且在有效期内	**3.《电力建设施工技术规范 第 1 部分：土建结构工程》DL 5190.1－2012** 3.0.5　在质量检查、验收中使用的计量器具和检测设备，应经计量检定合格后方可使用；承担材料和设备检测的单位，应具备相应的资质。 **4.《电力工程施工测量技术规范》DL/T 5445－2010** 4.0.3　施工测量所使用的仪器和相关设备应定期检定，并在检定的有效期内使用。…… **5.《建筑工程检测试验技术管理规范》JGJ 190－2010** 5.2.2　施工现场配置的仪器、设备应建立管理台账，按有关规定进行计量检定或校准，并保持状态完好	2. 查阅计量工器具检定报告 　有效期：在用期间有效，与台账一致 3. 查看计量工器具实物：张贴合格标签，与检定报告一致
4.4.4	依据检测试验项目计划进行检测试验	**1.《房屋建筑工程和市政基础设施工程实行见证取样和送检的规定》建设部建建〔2000〕211 号** 第五条　涉及结构安全的试块、试件和材料见证取样和送检的比例不得低于有关技术标准中规定应取样数量的 30％。 第六条　下列试块、试件和材料必须实施见证取样和送检： 　　（一）用于承重结构的混凝土试块； 　　（二）用于承重墙体的砌筑砂浆试块； 　　（三）用于承重结构的钢筋及连接接头试件； 　　（四）用于承重墙的砖和混凝土小型砌块； 　　（五）用于拌制混凝土和砌筑砂浆的水泥； 　　（六）用于承重结构的混凝土中使用的掺加剂； 　　（七）地下、屋面、厕浴间使用的防水材料； 　　（八）国家规定必须实行见证取样和送检的其他试块、试件和材料。 第七条　见证人员应由建设单位或该工程的监理单位具备建筑施工试验知识的专业技术人员担任，并应由建设单位或该工程的监理单位书面通知施工单位、检测单位和负责该项工程的质量监督机构。 **2.《房屋建筑和市政基础设施工程质量检测技术管理规范》GB 50618—2011** 3.0.5　对实行见证取样和见证检测的项目，不符合见证要求的，检测机构不得进行检测。 **3.《电力建设土建工程施工技术检验规范》DL/T 5710—2014** 4.7.2　施工现场施工单位、监理单位、检测试验单位应分别建立试验台账，并及时按要求在试验台账中做好试样的登记工作。试验台账应包括混凝土原材料试验台账、钢筋试验台账、钢筋接头试验台账、混凝土试验台账、砂浆试验台账、回填土试验台账、混凝土配合比试验台账和需要建立的其他试验台账。 **4.《建筑工程检测试验技术管理规范》JGJ 190—2010** 3.0.6　见证人员必须对见证取样和送检的过程进行见证，且必须确保见证取样和送检过程的真实性。	查阅见证取样台账 　内容：取样数量、取样项目与检测试验计划相符 　签字：相关责任人签字

条款号	大纲条款	检查依据	检查要点
4.4.4	依据检测试验项目计划进行检测试验	5.5.1　施工现场应按照单位工程分别建立下列试样台账： 　1　钢筋试样台账； 　2　钢筋连接接头试样台账； 　3　混凝土试件台账； 　4　砂浆试件台账； 　5　需要建立的其他试样台账。 5.6.1　现场试验人员应根据施工需要及有关标准的规定，将标识后的试样送至检测单位进行检测试验； 5.8.5　见证人员应对见证取样和送检的全过程进行见证并填写见证记录。 5.8.6　检测机构接收试样时应核实见证人员及见证记录，见证人员与备案见证人员不符或见证记录无备案见证人员签字时不得接收试样	
4.4.5	主要原材料、成品、半成品的跟踪管理台账清晰，记录完整	**1.《建设工程质量管理条例》中华人民共和国国务院令〔2000〕第279号** 第二十九条　施工单位必须按照工程设计要求、施工技术标准和合同约定，对建筑材料、建筑构配件、设备和商品混凝土进行检验，检验应当有书面记录和专人签字；未经检验或者检验不合格的，不得使用。 **2.《电力建设施工技术规范　第1部分：土建结构工程》DL 5190.1—2012** 3.0.2　工程所用主要原材料、半成品、构（配）件、设备等产品，进入施工现场时应按规定进行现场检验或复验，合格后方可使用，有见证取样检测仪要求的应符合国家现行有关标准的规定。对工程所用的水泥、钢筋等主要材料应进行跟踪管理	查阅材料跟踪管理台账 内容：包括生产厂家、进场日期、品种规格、出厂合格证书编号、复试报告编号、使用部位、使用数量等 签字：相关责任人签字
4.4.6	专业绿色施工措施已实施	**1.《建筑工程绿色施工评价标准》GB/T 50640—2010** 3.0.2　绿色施工项目应符合以下规定： 　3　施工组织设计及施工方案应有施工组织设计及施工方案有专门的绿色施工章节、绿色施工目标明确，内容应涵盖"四节一环保"要求。 **2.《建筑工程绿色施工规范》GB/T 50905—2014** 3.1.1　建设单位应履行下列职责 　1　在编制工程概算和招标文件时，应明确绿色施工的要求…… 　2　应向施工单位提供建设工程绿色施工的设计文件、产品要求等相关资料…… 4.0.2　施工单位应编制包含绿色施工管理和技术要求的工程绿色施工组织设计、绿色施工方案或绿色施工专项方案，并经审批通过后实施。 **3.《电力建设施工技术规范 第1部分：土建结构工程》DL 5190.1—2012** 3.0.12　施工单位应建立绿色施工管理体系和管理制度，实施目标管理，施工前应在施工组织设计和施工方案中明确绿色施工的内容和方法。	查阅专业绿色施工记录 内容：与绿色施工措施相符 签字：相关责任人已签字

续表

条款号	大纲条款	检 查 依 据	检查要点
4.4.6	专业绿色施工措施已实施	**4.《电力建设绿色施工示范管理办法（2016 版）》中电建协工〔2016〕2 号** 第十三条　各参建单位均应严格执行绿色施工专项方案，落实绿色施工措施，并形成专业绿色施工的实施记录	
4.4.7	工程建设标准强制性条文实施计划已执行	**1.《建设工程质量管理条例》中华人民共和国国务院令〔2000〕第 279 号** 第二条　凡在中华人民共和国境内从事建设工程的新建、扩建、改建等有关活动及实施对建设工程质量监督管理的，必须遵守本条例。本条例所称建设工程，是指土木工程、建筑工程、线路管道和设备安装工程及装修工程。 第三条　建设单位、勘察单位、设计单位、施工单位、工程监理单位依法对建设工程质量负责。 第十条　…… 　　建设单位不得明示或者暗示设计单位或者施工单位违反工程建设强制性标准，降低建设工程质量。 **2.《实施工程建设强制性标准监督规定》建设部令〔2000〕第 81 号** 第二条　在中华人民共和国境内从事新建、扩建、改建等工程建设活动，必须执行工程建设强制性标准。 第三条　本规定所称工程建设强制性标准是指直接涉及工程质量、安全、卫生及环境保护等方面的工程建设标准强制性条文。 　　国家工程建设标准强制性条文由国务院建设行政主管部门会同国务院有关行政主管部门确定。 第六条　……工程质量监督机构应当对工程建设施工、监理、验收等阶段执行强制性标准的情况实施监督。 **3.《工程建设标准强制性条文　房屋建筑部分（2013 年版）》（全文）** **4.《工程建设标准强制性条文　电力工程部分（2011 年版）》（全文）** **5.《国家重大建设项目文件归档要求与档案整理规范》DA/T 28—2002** 7.8.3　归档文件应完整、成套、系统。应记述和反映建设项目的规划、设计、施工及竣工验收的全过程；真实记录和准确反映项目建设过程和竣工时的实际情况，图物相符，技术数据可靠、签字手续完备；文件质量应符合 5.5 的规定	查阅强制性条文执行记录 内容：与强制性条文执行计划相符 签字：相关责任人已签字 执行时间：与工程进度同步 相关资料：可追溯
4.4.8	无违规转包或者违法分包工程行为	**1.《中华人民共和国建筑法》中华人民共和国主席令〔2011〕第 46 号** 第二十八条　禁止承包单位将其承包的全部建筑工程转包给他人，禁止承包单位将其承包的全部建筑工程肢解以后以分包的名义转包给他人。 第二十九条　建筑工程总承包单位可以将承包工程中的部分工程发包给具有相应资质条件的分包单位，但是，除总承包合同约定的分包外，必须经建设单位认可。施工总承包的，建筑工程主体结构的施工必须由总承包单位自行完成。 　　………	1. 查阅工程分包申请报审表 意见：同意分包等肯定性意见

条款号	大纲条款	检 查 依 据	检查要点
4.4.8	无违规转包或者违法分包工程行为	禁止总承包单位将工程分包给不具备相应资质条件的单位。禁止分包单位将其承包的工程再分包。 **2.《建筑工程施工转包违法分包等违法行为认定查处管理办法（试行）》国家住建部建市〔2014〕118号** 第七条 存在下列情形之一的，属于转包： （一）施工单位将其承包的全部工程转给其他单位或个人施工的； （二）施工总承包单位或专业承包单位将其承包的全部工程肢解以后，以分包的名义分别转给其他单位或个人施工的； （三）施工总承包单位或专业承包单位未在施工现场设立项目管理机构或未派驻项目负责人、技术负责人、质量管理负责人、安全管理负责人等主要管理人员，不履行管理义务，未对该工程的施工活动进行组织管理的； （四）施工总承包单位或专业承包单位不履行管理义务，只向实际施工单位收取费用，主要建筑材料、构配件及工程设备的采购由其他单位或个人实施的； （五）劳务分包单位承包的范围是施工总承包单位或专业承包单位承包的全部工程，劳务分包单位计取的是除上缴给施工总承包单位或专业承包单位"管理费"之外的全部工程价款的； （六）施工总承包单位或专业承包单位通过采取合作、联营、个人承包等形式或名义，直接或变相的将其承包的全部工程转给其他单位或个人施工的； （七）法律法规规定的其他转包行为。 第九条 存在下列情形之一的，属于违法分包： （一）施工单位将工程分包给个人的； （二）施工单位将工程分包给不具备相应资质或安全生产许可的单位的； （三）施工合同中没有约定，又未经建设单位认可，施工单位将其承包的部分工程交由其他单位施工的； （四）施工总承包单位将房屋建筑工程的主体结构的施工分包给其他单位的，钢结构工程除外； （五）专业分包单位将其承包的专业工程中非劳务作业部分再分包的； （六）劳务分包单位将其承包的劳务再分包的； （七）劳务分包单位除计取劳务作业费用外，还计取主要建筑材料款、周转材料款和大中型施工机械设备费用的； （八）法律法规规定的其他违法分包行为	签字：总包及施工、监理、建设单位相关责任人已签字 盖章：总包及施工、监理、建设单位已盖章 2. 查阅工程分包商资质 业务范围：涵盖所分包的项目 发证单位：政府主管部门 有效期：当前有效

条款号	大纲条款	检　查　依　据	检查要点
4.5	**检测试验机构质量行为的监督检查**		
4.5.1	检测试验机构已经监理审核，并通过能力认定，其现场派出机构（现场试验室）满足规定条件，并已报质量监督机构备案	**1.《建设工程质量检测管理办法》建设部令〔2005〕第 141 号** 第四条　……检测机构未取得相应的资质证书，不得承担本办法规定的质量检测业务。 第八条　检测机构资质证书有效期为 3 年。资质证书有效期满需要延期的，检测机构应当在资质证书有效期满 30 个工作日前申请办理延期手续。 **2.《检验检测机构资质认定管理办法》国家质量监督检验检疫总局令〔2015〕第 163 号** 第二条　…… 　　资质认定包括检验检测机构计量认证。 第三条　检验检测机构从事下列活动，应当取得资质认定： 　　…… 　　（四）为社会经济、公益活动出具具有证明作用的数据、结果的； 　　（五）其他法律法规规定应当取得资质认定的。 **3.《建设工程监理规范》GB/T 50319—2013** 5.2.7　专业监理工程师应检查施工单位为工程提供服务的试验室。 **4.《房屋建筑和市政基础设施工程质量检测技术管理规范》GB 50618—2011** 3.0.2　建设工程质量检测机构（以下简称检测机构）应取得建设主管部门颁发的相应资质证书。 3.0.3　检测机构必须在技术能力和资质规定范围内开展检测工作。 **5.《电力建设土建工程施工技术检验规范》DL/T 5710—2014** 3.0.4　承担电力建设土建工程检测试验任务的检测试验单位应取得计量认证证书和相应的资质等级证书。当设置现场实验室时，检测试验单位及由其派出的现场实验室应取得电力工程质量监督机构认定的资质等级证书。 3.0.5　检测试验单位及由其派出的现场实验室必须在其资质规定和技术能力范围内开展检测试验工作。 4.5.1　施工单位应在工程施工前按单位工程编制施工检测试验计划，报监理单位审查，并经建设单位批准后，在监理单位监督下组织实施。当设现场实验室时，施工检测试验计划尚应经现场实验室核查。 **6.《建筑工程检测试验技术管理规范》JGJ 190—2010** 5.2.4　单位工程建筑面积超过 10000m² 或者造价超过 1000 万人民币时，可设立现场试验站。 表 5.2.4　现场试验站基本条件。 **7.《电力工程检测试验机构能力认定管理办法（试行）》质监〔2015〕20 号** 第四条　电力工程检测试验机构是指依据国家规定取得相应资质，从事电力工程检测试验工作，为保障电力工程建设质量提供检测验证数据和结果的单位。	1. 查阅检测机构资质证书 　　发证单位：国家认证认可监督管理委员会（国家级）或地方质量技术监督部门或各直属出入境检验检疫机构（省市级）及电力质监机构 　　有效期：当前有效 　　证书业务范围：涵盖检测项目 2. 查看现场试验室 　　资质文件：派出机构相关文件 　　人员配置：与工作任务相符 　　试验仪器：满足检测范围要求 　　场所：有固定场所且面积、环境、温湿度满足规范要求 3. 查阅检测机构的申请报备文件 　　报备时间：工程开工前

条款号	大纲条款	检 查 依 据	检查要点
4.5.1	检测试验机构已经监理审核，并通过能力认定，其现场派出机构（现场试验室）满足规定条件，并已报质量监督机构备案	第七条 同时根据工程建设规模、技术规范和质量验收规程对检测机构在检测人员、仪器设备、执行标准和环境条件等方面的要求，相应的将承担工程检测试验业务的检测机构划分为A级和B级两个等级。 第九条 承担建设建模200MW及以上发电工程和330kV及以上变电站（换流站）工程检测试验任务的检测机构，必须符合B级及以上等级标准要求。不同规模电力工程项目所对应要求的检测机构能力等级详见附件5。 第二十八条 检测机构不得将所承担检测试验工作转包或违规分包给其他检测试验单位。因特殊技术要求，需要外委的检测试验项目应委托给具有相应资质的检测试验单位，并根据合同要求，制订外委计划进行跟踪管理。检测机构对外委的检测试验项目的检测试验结论负连带责任。 第三十条 根据工程建设需要和质量验收规程要求，检测机构在承担电力工程项目的检测试验任务时，应当设立现场试验室。检测机构对所设立现场试验室的一切行为负责。 第三十一条 现场试验室在开展工作前，须通过负责本项目的质监机构组织的能力认定。对符合条件的，质监机构应予以书面确认。 第三十五条 检测机构的《业务等级确认证明》有效期为四年，有效期满后，需重新进行确认。 附件1-3 土建检测试验机构现场试验室要求 附件2-3 金属检测试验机构现场试验室要求	
4.5.2	检测试验人员资格符合规定，持证上岗	1.《建设工程质量检测管理办法》建设部令〔2005〕第141号 第十六条 检测人员不得同时受聘于两个或者两个以上的检测机构。检测机构和检测人员不得推荐或者监制建筑材料、构配件和设备。 2.《检验检测机构资质认定管理办法》国家质量监督检验检疫总局令〔2015〕第163号 第三十二条 检验检测机构及其人员应当对其在检验检测活动中所知悉的国家秘密、商业秘密和技术秘密负有保密义务，并制定实施相应的保密措施。 3.《房屋建筑和市政基础设施工程质量检测技术管理规范》GB 50618—2011 4.1.5 检测操作人员应经技术培训、通过建设主管部门或委托有关机构的考核，方可从事检测工作。 5.3.6 检测前应确认检测人员的岗位资格，检测操作人员应熟识相应的检测操作规程和检测设备使用、维护技术手册等。 4.《电力建设土建工程施工技术检验规范》DL/T 5710—2014 4.2.2 每个室内检测试验项目持有岗位证书的操作人员不得少于2人；每个现场检测试验项目持有岗位证书的操作人员不得少于3人。 4.2.3 检测试验单位技术负责人、质量负责人及授权签字人应具有工程类专业中级及其以上技术职称，掌握相关领域知识，具有规定的工作经历、检测试验工作经验和工作年限。 4.2.4 检测试验人员应经技术培训、通过行业主管部门或委托有关机构考核合格后持证上岗。 4.2.6 检测试验单位应有人员学习、培训、考核记录	1. 查阅检测人员登记台账 　专业类别和数量：满足检测项目需求 2. 查阅检测人员资格证书 　资格证颁发单位：各级政府和电力行业主管部门 　资格证：当前有效

条款号	大纲条款	检 查 依 据	检查要点
4.5.3	检测试验仪器、设备检定合格，且在有效期内	**1.《房屋建筑和市政基础设施工程质量检测技术管理规范》GB 50618—2011** 4.2.14　检测机构的所有设备均应标有统一的标识，在用的检测设备均应标有校准或检测有效期的状态标识。 **2.《电力建设土建工程施工技术检验规范》DL/T 5710—2014** 4.3.1　检测试验仪器应符合国家现行有关技术标准的规定及合同中的相关条款，满足检测试验工作要求。 4.3.2　在用仪器设备有出厂合格证、检定或校准合格证，应保持完好状态，并在检定或校准周期内使用。 4.3.3　检测试验单位应指定仪器设备检定或校准计划，按规定进行检定或校准，检定或校准的周期应符合国家有关规定及技术标准的规定。 4.3.4　检测试验单位应建立仪器设备管理台账和档案，记录仪器设备技术条件及使用过程的有关信息。 4.3.5　检测试验仪器设备（包含标准物质）应设置明显的标识表明其状态。 4.3.6　检测试验单位应建立仪器设备管理责任制，并做好使用、维护保养、维修记录。 4.3.7　大型、复杂、精密的检测试验设备应编制使用操作规程。 4.3.8　仪器设备布置应分类、分区，便于操作，符合有关技术、安全规程规定。 **3.《建筑工程检测试验技术管理规范》JGJ 190—2010** 5.2.3　施工现场试验环境及设施应满足检测试验工作的要求	1. 查阅检测仪器、设备登记台账 　数量、种类：满足检测需求 　检定周期：当前有效 　检定结论：合格 2. 查看检测仪器、设备检验标识 　检定周期：与台账一致
4.5.4	检测试验依据正确、有效，检测试验报告及时、规范	**1.《检验检测机构资质认定管理办法》国家质量监督检验检疫总局令〔2015〕第 163 号** 第十三条　…… 　　检验检测机构资质认定标志，……式样如下：CMA 标志 第二十五条　检验检测机构应当在资质认定证书规定的检验检测能力范围内，依据相关标准或者技术规范规定的程序和要求，出具检验检测数据、结果。 　　检验检测机构出具检验检测数据、结果时，应当注明检验检测依据，并使用符合资质认定基本规范、评审准则规定的用语进行表述。 　　检验检测机构对其出具的检验检测数据、结果负责，并承担相应法律责任。 第二十八条　检验检测机构向社会出具具有证明作用的检验检测数据、结果的，应当在其检验检测报告上加盖检验检测专用章，并标注资质认定标志。 **2.《建设工程质量检测管理办法》建设部令〔2005〕第 141 号** 第十四条　检测机构完成检测业务后，应当及时出具检测报告。检测报告经检测人员签字、检测机构法定代表人或者其授权的签字人签署，并加盖检测机构公章或者检测专用章后方可生效。检测报告经建设单位或者工程监理单位确认后，由施工单位归档。见证取样检测的检测报告中应当注明见证人单位及姓名。	查阅检测试验报告 　检测依据：有效的标准规范、合同及技术文件 　检测结论：明确 　签章：检测操作人、审核人、批准人（授权签字人）已签字，已加盖检测机构公章或检测专用章（多页检测报告加盖骑缝章），并标注相应的资质认定标志 　时间：在检测机构规定时间内出具

条款号	大纲条款	检 查 依 据	检查要点
4.5.4	检测试验依据正确、有效，检测试验报告及时、规范	**3.《房屋建筑和市政基础设施工程质量检测技术管理规范》GB 50618—2011** 4.1.3　······检测报告批准人、检测报告审核人应经检测机构技术负责人授权，······ 5.5.1　检测项目的检测周期应对外公示，检测工作完成后，应及时出具检测报告。 5.5.4　检测报告至少应由检测操作人签字、检测报告审核人签字、检测报告批准人签发，并加盖检测专用章，多页检测报告还应加盖骑缝章。 5.5.6　检测报告结论应符合下列规定： 　　1　材料的试验报告结论应按相关材料、质量标准给出明确的判定； 　　2　当仅有材料试验方法而无质量标准，材料的试验报告结论应按设计要求或委托方要求给出明确的判定； 　　3　现场工程实体的检测报告结论应根据设计及鉴定委托要求给出明确的判定。 **4.《电力建设土建工程施工技术检验规范》DL/T 5710—2014** 4.8.2　检测试验前应确认检测试验方法标准，并严格按照经确认的检测试验方法标准和检测试验方案进行。 4.8.3　检测试验操作应由不少于2名持证检测人员进行。 4.8.4　检测试验出现异常情况时，应按检测试验异常情况处理预案正确处理。 4.8.5　检测试验原始记录应在检测试验操作过程中及时真实记录，统一项目采用统一的格式。 4.8.6　检测试验原始记录笔误需要更正时，应由原记录人进行杠改，并在杠改处由原记录人签名或加盖印章。 4.8.7　自动采集的原始数据当因检测试验设备故障导致原始数据异常时，应予以记录，并应有检测试验人员做出书面说明，由检测试验单位技术负责人批准，方可进行更改。 4.8.8　检测试验工作完成后应在规定时间内及时出具检测试验报告，并保证数据和结果精确、客观、真实。检测试验报告的交付时间和检测周期应予以明示，特殊检测试验报告的交付时间和检测周期应在委托时约定。 4.8.9　检测试验报告编号应连续，不得空号、重号。 4.8.10　检测试验报告至少应由检测试验人、审核人、批准人（授权签字人）不少于三级人员的签名，并加盖检测试验报告专用章及计量认证章，多页检测试验报告应加盖骑缝章。 4.8.11　检测试验报告宜采用统一的格式，内容应齐全且符合国家现行有关标准的规定和委托要求。 4.8.12　检测试验报告结论应符合下列规定： 　　1　材料的试验报告结论应按相关的材料、质量标准给出明确的判断； 　　2　当仅有材料试验方法而无质量标准时，材料的试验报告结论应按设计规定或委托方要求给出明确的判断； 　　3　现场工程实体的检测报告结论应根据设计及鉴定委托要求给出明确的判断。	

条款号	大纲条款	检　查　依　据	检查要点
4.5.4	检测试验依据正确、有效，检测试验报告及时、规范	4.8.13　委托单位应及时获取检测试验报告，核查报告内容，按要求报送监理单位确认，并在试验台账中登记检测试验报告内容。 4.8.14　检测试验单位严禁出具虚假检测试验报告。 4.8.15　检测试验单位严禁抽撤、替换或修改检测试验结果不合格的报告。 **5.《电力工程检测试验机构能力认定管理办法（试行）》质监〔2015〕20 号** 第十三条　检测机构及其派出的现场试验室必须按照认定的能力等级、专业类别和业务范围，承担检测试验任务，并按照标准规定出具相应的检测试验报告，未通过能力认定的检测机构或超出规定能力等级范围出具的检测数据、试验报告无效。 第三十二条　检测机构应当……及时出具检测试验报告	
5　工程实体质量的监督检查			
5.1　基础、主体结构工程的监督检查			
5.1.1	钢筋、水泥、砂子、石子、外加剂、连接件出厂合格证、质量证明文件齐全，检验结果合格，试验报告齐全。焊材、焊剂、水（饮用水除外）性能证明文件齐全	**1.《混凝土结构工程施工质量验收规范》GB 50204—2015** 3.0.8　满足下列条件之一时，材料进场验收时检验批的容量可按本规范的有关规定扩大： 　1　获得认证的产品。 　2　来源稳定且连续三次批次的抽验检验均一次性检验合格。 　当上述两个条件都满足时，检验批容量只扩大一次。当扩大检验批后的检验出现一次不合格情况时，应按扩大前的检验批容量重新验收，并不得再次扩大检验批容量。 5.2.1　钢筋进场时，应按国家现行相关标准的规定抽取试件做屈服强度、抗拉强度、伸长率、弯曲性能和重量偏差检验，其检验结果应符合国家现行相关标准的规定。 　　检查数量：按进场批次和产品的抽样检验方案确定。 　　检验方法：检查质量证明文件和抽样检验报告。 5.2.2　成型钢筋进场时，应抽取试件制作屈服强度、抗拉强度、伸长率和重量偏差检验，检验结果应符合国家现行相关标准的规定。 　　对由热轧钢筋制成的成型钢筋，当有施工单位或监理单位的代表驻厂监督生产过程，并提供原材料钢筋力学性能第三方检验报告时，可仅进行重量偏差检验。 　　检查数量：同一厂家、同一类型、同一钢筋来源的成型钢筋，不超过 30t 为一批，每批中每种钢筋牌号、规格均应至少抽取 1 个钢筋试件，且总数不应少于 3 个。 　　检验方法：检查质量证明文件和抽样检验报告。 5.2.3　对按一、二、三级抗震等级设计的框架和斜撑构件（含梯段）中的纵向受力普通钢筋应采用 HRB335E、HRB400E、HRB500E、HRBF335E、HRBF400E 或 HRBF500E 钢筋，其强度和最大力下总伸长率的实测值应符合下列规定：	1. 查阅材料的进场报审表 签字：施工单位项目经理、专业监理工程师已签字 盖章：施工单位、监理单位已盖章 结论：同意使用

条款号	大纲条款	检查依据	检查要点
5.1.1	钢筋、水泥、砂子、石子、外加剂、连接件出厂合格证、质量证明文件齐全，检验结果合格，试验报告齐全。焊材、焊剂、水（饮用水除外）性能证明文件齐全	1 抗拉强度实测值与屈服强度实测值的比值不应小于1.25； 2 屈服强度实测值与强度标准值的比值不应大于1.3； 3 最大力下总伸长率不小于9%。 检查数量：按进场批次和产品的抽样检验方案确定。 检验方法：检查抽样检验报告。 5.3.4 盘卷钢筋调直后应进行力学性能和重量偏差检验。 检查数量：同一加工设备、同一牌号、同一规格的调直钢筋，重量不大于30t为一批，每批见证取样抽取3个试件。 检验方法：检查抽样检验报告。 5.5.1 钢筋安装时，受力钢筋的批、规格和数量必须符合设计要求。 检查数量：全数检查。 检验方法：观察，尺量。 6.1.2 预应力筋、锚具、夹具、连接器、成孔管道进场检验，当满足下列条件之一时，其检验批容量可扩大一倍： 1 获得认证的产品； 2 同一工程、同一厂家、同一牌号、同一规格的产品，连续三次进场检验均一次检验合格。 6.2.1 预应力筋进场时，应按国家现行相关标准的规定抽取试件做抗拉强度、伸长率检验，其检验结果应符合国家现行相关标准的规定。 检查数量：按进场批次和产品的抽样检验方案确定。 检验方法：检查质量证明文件和抽样检验报告。 6.3.1 预应力筋安装时，其品种、规格、级别和数量必须符合设计要求。 检查数量：全数检查。 检验方法：观察，尺量。 6.4.2 对后张法预应力结构构件，钢绞线出现断裂或滑脱的数量不应超过同一截面钢绞线总根数的3%，且每根断裂的钢绞线断丝不得超过一丝；对多跨双向连续板，其同一截面应按每跨计算； 检查数量：全数检查。 检验方法：观察，检查张拉记录。 7.2.1 水泥进场时应对其品种、代号、强度等级、包装或散装仓号、出厂日期等进行检查，并应对水泥的强度、安定性和凝结时间进行检验，检验结果应符合现行国家标准《通用硅酸盐水泥》GB 175等的相关规定。 检查数量：按同一厂家、同一品种、同一代号、同一强度等级、同一批号且连续进场的水泥，袋装不超过200t为一批，散装不超过500t为一批，每批抽样数量不应少于一次。	2. 查阅钢筋、水泥、砂、石、粉煤灰、外加剂、焊材、焊剂等的材质证明及复检报告 材质证明：应为原件或有效抄件 报告内容：包括试验方法、试验项目、代表部位和数量等，数据计算正确 报告签署：授权人已签字 报告盖章：已加盖计量认证章和检测专用章 报告结论：合格

条款号	大纲条款	检　查　依　据	检查要点
5.1.1	钢筋、水泥、砂子、石子、外加剂、连接件出厂合格证、质量证明文件齐全，检验结果合格，试验报告齐全。焊材、焊剂、水（饮用水除外）性能证明文件齐全	检查方法：检查质量证明文件和抽样检验报告。 7.2.2　混凝土外加剂进场时，应对其品种、性能、出厂日期等进行检查，并应对外加剂的相关性能指标进行检验，检验结果应符合现行国家标准《混凝土外加剂》GB 8076 和《混凝土外加剂应用技术规范》GB 50119 的规定。 　　检查数量：按同一生产厂家、同一品种、同一性能、同一批号且连续进场的混凝土外加剂，不超过 50t 为一批，每批抽样数量不应少于一次。 　　检验方法：检查质量证明文件和抽样检验报告。 7.2.3　混凝土用矿物掺合料进场时，应对其品种、性能、出厂日期等进行检查，并应对矿物掺合料的相关性能指标进行检验，检验结果应符合国家现行标准的规定。 　　检查数量：按同一生产厂家、同一品种、同一批号且连续进场的矿物掺合料、粉煤灰、矿渣粉、磷渣粉、钢铁渣粉和复合矿物掺合料不超过 200t 为一批，沸石粉不超过 120t 为一批，硅灰不超过 20t 为一批，每批抽样数量不应少于一次。 　　检验方法：检查质量证明文件和抽样检验报告。 7.2.4　混凝土原材料中的粗骨料、细骨料质量应符合现行行业标准《普通混凝土用砂、石质量及检验方法标准》JGJ 52 的规定，使用经净化处理的海砂应符合现行行业标准《海砂混凝土应用技术规范》JGJ 206 的规定，再生混凝土骨料应符合现行国家标准《混凝土用再生粗骨料》GB 25177 和《混凝土和砂浆用再生细骨料》GB/T 25176 的规定。 　　检查数量：按现行行业标准《普通混凝土用砂、石质量及检验方法标准》JGJ 52 的规定确定。 　　检查方法：检查抽样检验报告。 7.2.5　混凝土拌制及养护用水应符合现行行业标准《混凝土用水标准》JGJ 63 的规定。采用饮用水作为混凝土用水时，可不检验；采用中水、搅拌站清洗水、施工现场循环水等其他水源时，应对其成分进行检验。 　　检查数量：同一水源检查不应少于一次。 　　检验方法：检查水质检验报告。 **2.《混凝土结构工程施工规范》GB 50666—2011** 3.3.6　材料、半成品和成品进场时，应对其规格、型号、外观和质量证明文件进行检查，并应按现行国家标准《混凝土结构工程施工质量验收规范》GB 50204 等的有关规定进行检验。 5.2.2　对有抗震设防要求的结构，其纵向受力钢筋的性能应满足设计要求；当设计无具体要求时，对按一、二、三级抗震等级设计的框架和斜撑构件（含梯段）中的纵向受力钢筋应采用 HRB335E、HRB400E、HRB500E、HRBf335E、HRBf400E 或 HRBf500E 钢筋，其强度和最大力下总伸长率的实测值应符合下列规定： 　　1　钢筋的抗拉强度实测值与屈服强度实测值的比值不应小于 1.25；	3. 查阅原材料跟踪管理台账 　内容：包括钢筋、水泥等主要原材的产品名称、规格、型号、等级、代表数量与进场数量相吻合、复检报告编号、使用部位等 　签字：责任人已签字

续表

条款号	大纲条款	检 查 依 据	检查要点
5.1.1	钢筋、水泥、砂子、石子、外加剂、连接件出厂合格证、质量证明文件齐全，检验结果合格，试验报告齐全。焊材、焊剂、水（饮用水除外）性能证明文件齐全	2 钢筋的屈服强度实测值与屈服强度标准值的比值不应大于 1.30； 3 钢筋的最大力下总伸长率不应小于 9%。 5.5.1 钢筋进场检查应符合下列规定： 1 应检查钢筋的质量证明文件； 2 应按国家现行有关标准的规定抽样检验屈服强度、抗拉强度、伸长率、弯曲性能及单位长度重量偏差； 3 经产品认证符合要求的钢筋，其检验批量可扩大一倍。在同一工程中，同一厂家、同一牌号、同一规格的钢筋连续三次进场检验均一次合格时，其后的检验批量可扩大一倍； 4 钢筋的外观质量； 5 当无法准确判断钢筋品种、牌号时，应增加化学成分、晶粒度等检验项目。 5.5.2 成型钢筋进场时，应检查成型钢筋的质量证明文件，成型钢筋所用材料质量证明文件及检验报告并应抽样检验成型钢筋的屈服强度、抗拉强度、伸长率和重量偏差。检验批量可由合同约定，同一工程、同一原材料来源、同一组生产设备生产的成型钢筋，检验批量不宜大于 30t。 5.2.3 钢筋调直后，应检查力学性能和单位长度重量偏差。但采用无延伸功能机械设备调直的钢筋，可不进行本条规定的检查。 6.6.1 预应力工程材料进场检查应符合下列规定： 1 应检查规格、外观、尺寸及其质量证明文件； 2 应按现行国家有关标准的规定进行力学性能的抽样检验； 3 经产品认证符合要求的产品，其检验批量可扩大一倍。在同一工程、同一厂家、同一品种、同一规格的产品连续三次进场检验均一次检验合格时，其后的检验批量可扩大一倍。 7.6.2 原材料进场时，应对材料外观、规格、等级、生产日期等进行检查，并应对其主要技术指标按本规范第 7.6.3 条的规定划分检验批进行抽样检验，每个检验批检验不得少于 1 次。 经产品认证符合要求的水泥、外加剂，其检验批量可扩大一倍。在同一工程中，同一厂家、同一品种、同一规格的水泥、外加剂，连续三次进场检验均一次合格时，其后的检验批量可扩大一倍。 7.6.3 原材料进场质量检查应符合下列规定： 1 应对水泥的强度、安定性及凝结时间进行检验。同一生产厂家、同一等级、同一品种、同一批号连续进场的水泥，袋装水泥不超过 200t 应为一批，散装水泥不超过 500t 为一批。 2 应对粗骨料的颗粒级配、含泥量、泥块含量、针片状含量指标进行检验，压碎指标可根据工程需要进行检验，应对细骨料颗粒级配、含泥量、泥块含量指标进行检验。当设计文件在要求或结构处于易发生碱骨料反应环境中，应对骨料进行碱活性检验。抗冻等级 F100 及以上的混凝土用骨料，应进行坚固性检验，骨料不超过 400m³ 或 600t 为一检验批。	4. 查阅商品混凝土出厂发货单和合格证 发货单内容：符合规范规定 发货单数量：每车一份 发货单签字：供货商和施工单位已交接签字 合格证：强度符合设计要求

条款号	大纲条款	检 查 依 据	检查要点
5.1.1	钢筋、水泥、砂子、石子、外加剂、连接件出厂合格证、质量证明文件齐全，检验结果合格，试验报告齐全。焊材、焊剂、水（饮用水除外）性能证明文件齐全	3　应对矿物掺合料细度（比表面积）、需水量比（流动度比）、活性指数（抗压强度比）、烧失量指标进行检验。粉煤灰、矿渣粉、沸石粉不超过 200t 应为一检验批，硅灰不超过 30t 应为检验批。 4　应按外加剂产品标准规定对其主要匀质性指标和掺外加剂混凝土性能指标进行检验。同一品种外加剂不超过 50t 应为一检验批。 5　当采用饮用水作为混凝土用水时，可没检验。当采用中水、搅拌站清洗水或施工现场循环水等其他水源时，应对其成分进行检验。 7.6.4　当使用中水泥质量受不利环境影响或水泥出厂超过三个月（快硬硅酸盐水泥超过一个月）时，应进行复验，并应按复验结果使用。 **3.《大体积混凝土施工规范》GB 50496—2009** 4.2.2　水泥进场时应对水泥品种、强度等级、包装或散装仓号、出厂日期等进行检查，并对其强度、安定性、凝结时间、水化热等性能指标及其他必要的性能指标进行复检。 **4.《建设工程监理规范》GB/T 50319—2013** 5.2.9　项目监理机构应审查施工单位报送的用于工程的材料、构配件、设备的质量证明文件，并应按有关规定、建设工程监理合同的约定，对用于建设工程的材料进行见证取样，平行检验。 项目监理机构对已进场经检验不合格的材料、构配件、设备，应要求施工单位限期将其撤出施工现场。 **5.《钢筋焊接及验收规程》JGJ 18—2012** 3.0.8　凡施焊的各种钢筋、钢板均应有质量证明书；焊条、焊丝、氧气、溶解乙炔、液化石油气、二氧化碳气体、焊剂应有产品合格证。 钢筋进场（厂）时，应按现行国家标准《混凝土结构工程施工质量验收规范》GB 50204 中的规定，抽取试件作力学性能检验，其质量必须符合有关标准的规定。 **6.《电力建设工程监理规范》DL/T 5434—2009** 9.1.7　项目监理机构应对承包单位报送的拟进场工程材料、半成品和构配件的质量证明文件进行审核，并按有关规定进行抽样验收。对有复试要求的，经监理人员现场见证取样的送检，复试报告应报送项目监理机构查验。 未经项目监理机构验收或验收不合格的工程材料、半成品和构配件，不得用于本工程，并书面通知承包单位限期撤出施工现场	
5.1.2	钢筋采用机械连接或焊接时，焊接接头、机械连接接头、连接件力学试验合格，试验报告齐全	**1.《混凝土结构工程施工质量验收规范》GB 50204—2015** 5.4.2　钢筋采用机械连接或焊接时，钢筋机械连接接头、焊接接头的力学性能、弯曲性能应符合国家现行相关标准的规定。接头试件应从工程实体中截取。 检查数量：按现行行业标准《钢筋机械连接技术规程》JGJ 107 和《钢筋焊接及验收规程》JGJ 18 的规定确定。 检验方法：检查质量证明文件和抽样检验报告。	1. 查阅焊接工艺试验及质量检验报告 检验项目、试验方法、代表部位、数量、抗拉强度、弯曲试验等试验结果：符合规范规定

条款号	大纲条款	检 查 依 据	检查要点
5.1.2	钢筋采用机械连接或焊接时，焊接接头、机械连接接头、连接件力学试验合格，试验报告齐全	**2.《混凝土结构工程施工规范》GB 50666—2011** 5.4.3 钢筋焊接施工应符合下列规定： 　　2 在钢筋焊接施工前，参与该项工程施焊的焊工应进行现场条件下的焊接工艺试验，试验合格后，方可进行焊接。焊接过程中，如果钢筋牌号、直径发生变更，应再次进行焊接工艺试验。工艺试验使用的材料、设备、辅料及作业条件均应与实际施工一致。 5.5.5 钢筋连接施工的质量检查应符合下列规定： 　　1 钢筋焊接和机械连接施工前均应进行工艺试验。机构连接应检查有效的型式检验报告。 　　6 应按现行行业标准《钢筋机械连接技术规程》JGJ 107、《钢筋焊接及验收规程》JGJ 18 的有关规定抽取钢筋机械连接接头、焊接接头试件作力学性能检验。 **3.《钢筋焊接及验收规程》JGJ 18—2012** 4.1.4 在钢筋工程开工正式焊接之前，参与该项施焊的焊工应进行现场条件下的焊接工艺试验，并经试验合格后，方可正式生产。试验结果应符合质量检验与验收时的要求。 **4.《钢筋机械连接技术规程》JGJ 107—2010** 6.1.2 直螺纹接头的现场加工应符合下列规定： 　　1 钢筋端部应切平或镦平后加工螺纹； 　　2 镦粗头不得有与钢筋轴线相垂直的横向裂纹； 　　3 钢筋丝头长度应满足企业标准中产品设计要求，公差应为 0~2.0p（p 为螺距）； 　　4 钢筋接头宜满足 6f 级精度要求，应用直螺纹量规检验，通规能顺利旋入并达到要求的拧紧长度，止规旋入不得超过 3p。抽检数量 10%，检验合格率不应小于 95%。 6.1.3 锥螺纹接头的现场加工应符合下列规定： 　　1 钢筋端部不得有影响螺纹加工的局部弯曲； 　　2 钢筋丝头长度应满足设计要求，使拧紧后的钢筋丝头不得相互接触，丝头加工长度公差为 0.5p~1.5p； 　　3 钢筋接头的锥度和螺距应使用专用锥螺纹量规检验；抽检数量 10%，检验合格率不应小于 95%。 6.2.1 直螺纹钢筋接头的安装质量应符合下列要求： 　　2 安装后应用扭力扳手校核拧紧力矩，拧紧扭矩值应符合本规程表 6.2.1 的规定。 6.2.2 锥螺纹钢筋接头的安装质量应符合下列要求： 　　2 接头安装时应用扭力扳手拧紧，拧紧力矩值应符合本规程表 6.2.2 的规定。 7.0.7 对接头的每一验收批，必须在工程结构中随机截取 3 个接头试件作抗拉强度试验，按设计要求的接头等级进行评定。当 3 个接头试件的抗拉强度均符合本规程表 3.0.5 中相应等级的强度要求时，该验收批应评为合格。如有 1 个试件的抗拉强度不符合要求，应再取 6 个试件进行复检。复检中如仍有 1 个试件的抗拉强度不符合要求，则该验收批应评为不合格	签字：授权人已签字 盖章：已加盖计量认证章和检测专用章 结论：合格 2. 查阅焊接工艺试验质量检验报告统计表 　　试验报告数量：与连接接头种类及代表数量相一致 3. 查看焊接接头及试验报告 　　截取方式：在工程结构中随机截取 　　试件数量：符合规范要求 　　试验结果：合格 4. 查阅机械连接工艺报告及质量检验报告统计表 　　检验项目、试验方法、代表部位、数量、试验结果：符合规范规定 　　签字：授权人已签字 　　盖章：已加盖计量认证章和检测专用章 　　结论：合格

续表

条款号	大纲条款	检 查 依 据	检查要点
5.1.2	钢筋采用机械连接或焊接时，焊接接头、机械连接接头、连接件力学试验合格，试验报告齐全		5. 查阅机械连接工艺试验及质量检验报告统计表 　　试验报告数量：与连接接头种类及代表数量相一致
			6. 查看机械连接接头及试验报告 　　截取方式：在工程结构中随机截取 　　试件数量：符合规范要求 　　试验结果：合格
			7. 查阅机械连接施工记录 　　最小拧紧力矩值：符合规范规定 　　签字：施工单位班组长、质量员、技术负责人、专业监理工程师已签字
5.1.3	钢筋安装时，钢筋的配筋必须按设计要求进行配置	**《混凝土结构工程施工质量验收规范》GB 50204—2015** 5.5.1　钢筋安装时，受力钢筋的品种、级别、规格和数量必须符合设计要求。 　　检查数量：全数检查。 　　检验方法：观察，钢尺检查	查阅钢筋施工隐蔽工程验收记录 　　内容：过程图片、施工验收记录。钢筋型号、制作及安装工艺符合要求，相关验收记录齐全 　　签字：施工单位项目技术负责人、专业监理工程师等已签字 　　结论：钢筋安装符合要求

续表

条款号	大纲条款	检查依据	检查要点
5.1.4	混凝土强度等级符合设计要求，抗压实验结果合格，试验报告齐全	**1.《混凝土质量强度检验评定标准》GB 50107—2010** 5.1.1　采用统计方法评定时，应符合下列规定： 　　1　当连续生产的混凝土，生产条件在较长时间内能保持一致，且同一品种、同一强度等级混凝土的强度变异性保持稳定时，应按本标准第5.1.2条的规定进行评定。 　　2　其他情况应按本标准5.1.4条的规定进行评定。 **2.《混凝土质量控制标准》GB 50164—2011** 3.2.1　混凝土的力学性能应满足设计和施工的要求。混凝土力学性能试验方法应符合现行国家标准《普通混凝土力学性能试验方法标准》GB/T 50081的有关规定。 **3.《混凝土结构工程施工质量验收规范》GB 50204—2015** 7.4.1　结构混凝土的强度等级必须符合设计要求。用于检验混凝土强度的试件应在浇筑地点随机抽取。 　　检查数量：对同一配合比混凝土，取样与试件留置应符合下列规定： 　　1　每拌制100盘且不超过100m³时，取样不得少于一次； 　　2　每工作班拌制不足100盘时，取样不得少于一次； 　　3　每连续浇筑超过1000m³时，每200m³取样不得少于一次； 　　4　每一楼层取样不得少于一次； 　　5　每次取样应至少留置一组试件。 　　检验方法：检查施工记录及混凝土强度试验报告	查阅混凝土试块强度统计评定记录、混凝土试件试验报告 内容：混凝土强度评定应符合设计要求，取样部位、代表数量、取样总数（报告数量）应符合规范要求。 结论：混凝土强度等级满足设计要求，试验报告齐全
5.1.5	混凝土结构外观质量不应有严重质量缺陷及一般质量缺陷，出现后应按技术处理方案进行处理	**《混凝土结构工程施工质量验收规范》GB 50204—2015** 8.1.2　现浇结构的外观质量缺陷应由监理单位、施工单位等各方根据其对结构性能和使用功能影响的严重程度按表8.1.2确定。 8.2.1　现浇结构的外观质量不应有严重缺陷。 　　对已经出现的严重缺陷，应由施工单位提出技术处理方案，并经监理单位认可后进行处理。对裂缝、连接部位出现的严重缺陷及其他影响结构安全的严重缺陷，技术处理方案尚应经设计单位认可。对经处理的部位应重新检查验收。 　　检查数量：全数检查。 　　检验方法：观察，检查技术处理方案。 8.2.2　现浇结构的外观质量不应有一般缺陷。对已经出现的一般缺陷，应由施工单位按技术处理方案进行处理，对经处理的部位应重新验收。 　　检查数量：全数检查。 　　检验方法：观察、检查处理记录。 8.3.1　现浇结构不应有影响结构性能和使用功能的尺寸偏差；混凝土设备基础不应有影响结构性能和设备安装的尺寸偏差。	1. 查看混凝土外观 　表面质量：无严重缺陷 　位置、尺寸偏差：符合设计要求和规范规定 2. 查阅混凝土隐蔽工程施工记录、混凝土验收记录等 　尺寸偏差：符合设计要求及规范的规定 　签字：施工单位质量员、专业监理工程师已签字 　结论：合格

条款号	大纲条款	检 查 依 据	检查要点
5.1.5	混凝土结构外观质量不应有严重质量缺陷及一般质量缺陷，出现后应按技术处理方案进行处理	对超过尺寸允许偏差要求且影响结构性能、设备安装、使用功能的结构部位，应由施工单位提出技术处理方案，并经设计单位及监理（建设）单位认可后进行处理。对经处理后的部位，应重新验收。 　　检查数量：全数检查。 　　检验方法：量测，检查技术处理方案。 8.3.2　现浇结构的位置、尺寸偏差及检验方法应符合表 8.3.2 的规定	
5.1.6	质量验收记录齐全	**1.《混凝土结构工程施工质量验收规范》GB 50204—2015** 3.0.3　混凝土结构子分部工程的质量验收，应在钢筋、预应力、混凝土、现浇结构或装配式结构等相关分项工程验收合格的基础上，进行质量控制资料检查及观感质量验收，并应对涉及结构安全的、有代表性的部位进行结构实体检验。 3.0.4　分项工程质量验收合格应符合下列规定： 　　1　所含检验批的质量均应验收合格。 　　2　所含检验批的质量验收记录应完整。 3.0.5　检验批应在施工单位自检合格的基础上，由监理工程师组织施工单位项目专业质量检查员、专业工长等进行验收。 3.0.6　检验批的质量验收包括实物检查和资料检查，并应符合下列规定： 　　1　主控项目的质量应经抽样检验合格。 　　2　一般项目的质量应经抽样检验合格；一般项目当采用计数抽样检验时，除各章有专门要求外，其在检验批范围内及某一构件的计数点中的合格点率应达到 80% 及以上，且均不得有严重缺陷和偏差。 　　3　资料检查应包括材料、构配件和器具等的进场验收资料、重要工序施工记录、抽样检验报告、隐蔽工程验收记录、抽样检测报告等。 　　4　应具有完整的施工操作及质量检验记录。 对验收合格的检验批，宜作出合格标志。 10.1.2　混凝土结构子分部工程施工质量验收合格应符合下列规定： 　　1　有关分项工程质量验收合格； 　　2　有完整的质量控制资料； 　　3　观感质量验收合格； 　　4　结构实体检验结果符合本规范的要求。 10.1.3　当混凝土结构施工质量不符合要求时，应按下列规定进行处理： 　　1　经返工、返修或更换构件、部件的检验批，应重新进行验收； 　　2　经有资质的检测单位检测鉴定达到设计要求的检验批，应予以验收；	1. 查阅混凝土工程隐蔽验收报审表 　　签字：施工单位项目经理、专业监理工程师（建设单位专业技术负责人）已签字 　　盖章：施工单位、监理单位已盖章 　　结论：同意隐蔽 2. 查阅混凝土工程隐蔽验收记录 　　内容：包括预应力筋、钢筋、预埋件的牌号、规格、数量、位置、间距、连接等 　　签字：施工单位项目质量员、项目专业技术负责人、专业监理工程师（建设单位专业技术负责人）已签字 　　结论：同意隐蔽

续表

条款号	大纲条款	检 查 依 据	检 查 要 点
5.1.6	质量验收记录齐全	3 经有资质的检测单位检测鉴定达不到设计要求，但经原设计单位核算并确认仍可满足结构安全和使用功能的检验批，可予以验收。 4 经返修或加固处理能够满足结构安全使用要求的分项工程，可根据技术处理方案和协商文件进行验收。 10.2.1 对涉及混凝土结构安全的有代表性的部位应进行结构实体检验。结构实体检验应在监理工程师见证下，由施工项目技术负责人组织实施。承担结构实体检验的机构应具有法定资质。结构位置与尺寸偏差外的结构实体检验项目，应由具有相应资质的检测机构完成。 10.2.2 结构实体检验的内容应包括混凝土强度、钢筋保护层厚度以及工程合同约定的项目；必要时可检验其他项目。 10.2.3 混凝土强度检验应采用同条件养护试块或钻取混凝土芯样的方法。采用同条件养护试块方法时应符合本规范附录 D 的规定，采用钻取混凝土芯样方法时应符合本规范附录 E 的规定。 10.2.4 钢筋保护层厚度检验应符合本规范附录 F 的规定。 10.2.5 当混凝土强度被判为不合格或钢筋保护层厚度不满足要求时，应委托具有资质的检测机构按国家有关标准的规定进行检测。 **2.《建筑工程施工质量验收统一标准》GB 50300—2013** 3.0.6 建筑工程施工质量应按下列要求进行验收： 1 工程质量验收均应在施工单位自检合格的基础上进行。 2 参加工程施工质量验收的各方人员应具备相应的资格。 3 检验批的质量应按主控项目和一般项目验收。 4 对涉及结构安全、节能、环境保护和主要使用功能的试块、试件及材料，应在进场时或施工中按规定进行见证检验。 5 隐蔽工程在隐蔽前应由施工单位通知监理单位进行验收，并应形成验收文件，验收合格后方可继续施工。 6 对涉及结构安全、节能、环境保护和使用功能的重要分部工程应在验收前按规定进行抽样检验。 7 工程的观感质量应由验收人员现场检查，并应共同确认。 5.0.1 检验批质量验收合格应符合下列规定： 1 主控项目的质量经抽样检验均应合格。 2 一般项目的质量经抽样检验合格。当采用计数抽样时，合格点率应符合有关专业验收规范的规定，且不得存在严重缺陷。对于计数抽样的一般项目，正常检验一次、二次抽样可按本标准附录 D 判定。 3 具有完整的施工操作依据、质量验收记录。 5.0.2 分项工程质量验收合格应符合下列规定： 1 所含检验批的质量均应验收合格。	3. 查阅混凝土工程检验批、分项工程、分部工程验收报审表 签字：施工单位项目经理、专业监理工程师（建设单位专业技术负责人）已签字 盖章：施工单位、监理单位（建设单位）已盖章 结论：同意验收 4. 查阅混凝土检验批质量验收记录 主控项目、一般项目：与实际相符，质量经抽样检验合格，质量检查记录齐全 签字：施工单位项目质量员、项目专业技术负责人、专业监理工程师（建设单位专业技术负责人）已签字 结论：合格

条款号	大纲条款	检查依据	检查要点
5.1.6	质量验收记录齐全	2　所含检验批的质量验收记录应完整。 5.0.3　分部工程质量验收合格应符合下列规定： 　1　所含分项工程的质量均应验收合格。 　2　质量控制资料应完整。 　3　有关安全、节能、环境保护和主要使用功能的抽样检验结果应符合相应规定。 　4　观感质量符合要求。 5.0.4　单位工程质量验收合格应符合下列规定： 　1　所含分部工程的质量均应验收合格。 　2　质量控制资料应完整。 　3　所含分部工程中有关安全、节能、环境保护和主要使用功能的检验资料应完整。 　4　主要使用功能的抽查结果应符合相关专业验收规范的规定。 　5　观感质量应符合要求。 5.0.8　经返修或加固处理仍不能满足安全或使用要求的分部工程及单位工程，严禁验收。 6.0.1　检验批应由专业监理工程师组织施工单位项目专业质量检查员、专业工长等进行验收。 6.0.2　分项工程应由专业监理工程师组织施工单位项目专业技术负责人等进行验收。 6.0.3　分部工程应由总监理工程师组织施工单位项目负责人和项目技术负责人等进行验收。勘察、设计单位项目负责人和施工单位技术、质量部门负责人应参加地基与基础分部工程的验收。设计单位项目负责人和施工单位技术、质量部门负责人应参加主体结构、节能分部工程的验收。 6.0.4　单位工程中的分包工程完工后，分包单位应对所承包的工程项目进行自检，并应按本标准规定的程序进行验收。验收时，总包单位应派人参加。分包单位应将所分包工程的质量控制资料整理完整后，移交给总包单位。 6.0.5　单位工程完工后，施工单位应组织有关人员进行自检。总监理工程师应组织各专业监理工程师对工程质量进行竣工预验收。存在施工质量问题时，应由施工单位及时整改。整改完毕后，由施工单位向建设单位提交工程竣工报告，申请工程竣工验收。 6.0.6　建设单位收到工程竣工报告后，应由建设单位项目负责人组织监理、施工、设计、勘察等单位项目负责人进行单位工程验收。 **3.《地下防水工程质量验收规范》GB 50208—2011** 3.0.9　地下防水工程的施工，应建立各道工序的自检、交接检和专职人员检查制度，并应有完整的检查记录；工程隐蔽前，应由施工单位通知有关单位进行验收，并形成隐蔽工程验收记录；未经监理单位或建设单位代表对上道工序的检查确认，不得进行下道工序的施工。 9.0.2　检验批的合格判定应符合下列规定： 　1　主控项目的质量经抽样检验全部合格；	5. 查阅混凝土工程分项工程质量验收记录 　项目：所含检验批的质量验收记录完整 　签字：施工单位项目质量员、项目专业技术负责人、专业监理工程师（建设单位专业技术负责人）已签字 　结论：合格 6. 查阅混凝土结构分部（子分部）工程质量验收记录 　内容：包括所含分项工程的质量控制资料、安全和使用功能的检验资料、观感质量验收资料等 　签字：建设单位项目负责人、设计单位项目负责人、勘察单位项目负责人、施工单位项目经理、总监理工程师已签字 　盖章：建设单位、设计单位、勘察单位、监理单位、施工单位已盖章 　综合结论：合格

条款号	大纲条款	检 查 依 据	检查要点
5.1.6	质量验收记录齐全	2　一般项目的质量经抽样检验80%以上检测点合格，其余不得有影响使用功能的缺陷；对有允许偏差的检验项目，其最大偏差不得超过本规范规定允许偏差的1.5倍； 　3　施工具有明确的操作依据和完整的质量检查记录。 9.0.3　分项工程质量验收合格应符合下列规定： 　1　分项工程所含检验批的质量均应验收合格； 　2　分项工程所含检验批的质量验收记录应完整。 9.0.4　子分部工程质量验收合格应符合下列规定： 　1　子分部工程所含分项工程的质量均应验收合格； 　2　质量控制资料应完整； 　3　地下工程渗漏水检测应符合设计的防水等级标准要求； 　4　观感质量检查应符合要求。 **4.《建设工程监理规范》GB/T 50319—2013** 5.2.4　项目监理机构应对承包单位报送的隐蔽工程、检验批、分项工程和分部工程进行验收，验收合格的给以签认。 **5.《电力建设工程监理规范》DL/T 5434—2009** 9.1.10　对承包单位报送的隐蔽工程报验申请表和自检记录，专业监理工程师应进行现场检查，符合要求予以签认后，承包单位方可隐蔽并进行下一道工序施工。 　对未经监理人员验收或验收不合格的工序，监理人员应拒绝签认，并严禁承包单位进行下一道工序的施工。 9.1.11　专业监理工程师应对承包单位报送的分项工程质量报验资料进行审核，符合要求予以签认；总监理工程师应组织专业监理工程师对承包单位报送的分部工程和单位工程质量验评资料进行审核和现场检查，符合要求予以签认	
5.2　砌体工程的监督检查			
5.2.1	砌体结构中所用原材料的品种、性能及强度等级符合设计要求，质量证明文件齐全，检验结果合格，试验报告齐全	**1.《砌体结构工程施工质量验收规范》GB 50203—2011** 3.0.1　砌体结构工程所用的材料应有产品合格证书、产品性能型式检验报告，质量应符合国家现行有关标准的要求。块体、水泥、钢筋、外加剂尚应有材料主要性能的进场复验报告，并应符合设计要求。严禁使用国家明令淘汰的材料。	1. 查阅材料的进场报审表 　签字：施工单位项目经理、专业监理工程师已签字 　盖章：施工单位、监理单位已盖章 　结论：同意使用

条款号	大纲条款	检 查 依 据	检查要点
5.2.1	砌体结构中所用原材料的品种、性能及强度等级符合设计要求,质量证明文件齐全,检验结果合格,试验报告齐全	**2.《砌体结构工程施工规范》GB 50924—2014** 4.1.1 对工程中所使用的原材料、成品及半成品应进行进场验收,检查其合格证书、产品检验报告等,检查其合格证书、产品检验报告等,并应符合设计及国家现行有关标准要求。对涉及结构安全、使用功能的原材料、成品及半成品应按有关规定进行见证取样、送样复验;其中水泥的强度和安定性应按其批号分别进行见证取样、复验。 **3.《建设工程监理规范》GB/T 50319—2013** 5.2.9　项目监理机构应审查施工单位报送的用于工程的材料、构配件、设备的质量证明文件,并应按有关规定、建设工程监理合同的约定,对用于建设工程的材料进行见证取样,平行检验。 　　项目监理机构对已进场经检验不合格的材料、构配件、设备,应要求施工单位限期将其撤出施工现场。 **4.《电力建设工程监理规范》DL/T 5434—2009** 9.1.7　项目监理机构应对承包单位报送的拟进场工程材料、半成品和构配件的质量证明文件进行审核,并按有关规定进行抽样验收。对有复试要求的,经监理人员现场见证取样的送检,复试报告应报送项目监理机构查验。 　　未经项目监理机构验收或验收不合格的工程材料、半成品和构配件,不得用于本工程,并书面通知承包单位限期撤出施工现场	2. 查阅砖、石材、砌块、水泥、钢筋等的材质证明文件 　原材料证明:原件或有效抄件 　试验(或复检)报告:包括试验方法、试验项目、数据计算、代表部位和数量等 　报告签字:授权人已签字 　报告盖章:已加盖计量认证章和检测专用章 　报告结论:合格
5.2.2	砂浆强度等级符合设计要求,抗压实验合格,试验报告齐全	**《砌体结构工程施工质量验收规范》GB 50203—2011** 5.2.1　砖和砂浆的强度等级必须符合设计要求。 　　抽检数量:每一生产厂家,烧结普通砖、混凝土实心砖每15万块,烧结多孔砖、混凝土多孔砖、蒸压灰砂砖及蒸压粉煤灰砖每10万块各为一验收批,不足上述数量时按1批计,抽检数量为1组。砂浆试块的抽检数量执行本规范第4.0.12条的有关规定。 　　检验方法:查砖和砂浆试块试验报告。 6.2.1　小砌块和芯柱混凝土、砌筑砂浆的强度等级必须符合设计要求。 　　抽检数量:每一生产厂家,每1万块小砌块为一验收批,不足1万块按一批计,抽检数量为1组;用于多层以上建筑的基础和底层的小砌块抽检数量不应少于2组。砂浆试块的抽检数量执行本规范第4.0.12条的有关规定。 　　检验方法:检查小砌块和芯柱混凝土、砌筑砂浆试块试验报告。 7.2.1　石材及砂浆强度等级必须符合设计要求。 　　抽检数量:同一产地的同类石材抽检不应少于1组。砂浆试块的抽检数量执行本规范第4.0.12条的有关规定。 　　检验方法:料石检查产品质量证明书,石材、砂浆检查试块试验报告。	1. 查阅砂浆配合比及砂浆试块的抗压强度试验报告 　强度:符合设计要求 　签字:授权人已签字 　盖章:已加盖计量认证章和检测专用章 2. 查阅砂浆的强度评定记录 　评定方法:选用正确 　数据:统计、计算准确 　签字:计算者、审核者已签字 　结论:合格

条款号	大纲条款	检查依据	检查要点
5.2.2	砂浆强度等级符合设计要求，抗压实验合格，试验报告齐全	9.2.1 烧结空心砖、小砌块和砌筑砂浆的强度等级应符合设计要求。 　　抽检数量：烧结空心砖每 10 万块为一验收批，小砌块每 1 万块为一验收批，不足上述数量时按一批计，抽检数量为 1 组。砂浆试块的抽检数量执行本规范第 4.0.12 条的有关规定。 　　检验方法：查砖、小砌块进场复验报告和砂浆试块试验报告	
5.2.3	砌体结构灰缝横平竖直，薄厚均匀，水平灰缝砂浆饱满度不小于 80%	《砌体结构工程施工质量验收规范》GB 50203—2011 5.2.2 砌体灰缝砂浆应密实饱满，砖墙水平灰缝的砂浆饱满度不得低于 80%；砖柱水平灰缝和竖向灰缝饱满度不得低于 90%。 　　抽检数量：每检验批抽查不应少于 5 处。 　　检验方法：用百格网检查砖底面与砂浆的粘结痕迹面积，每处检测 3 块砖，取其平均值。 5.3.2 砖砌体的灰缝应横平竖直，厚薄均匀，水平灰缝厚度及竖向灰缝宽度宜为 10mm，但不应小于 8mm，也不应大于 12mm。 　　抽检数量：每检验批抽查不应少于 5 处。 　　检验方法：水平灰缝厚度用尺量 10 皮砖砌体高度折算；竖向灰缝宽度用尺量 2m 砌体长度折算。 7.2.2 砌体灰缝的砂浆饱满度不应小于 80%。 　　抽检数量：每检验批抽查不应小于 5 处。 　　检验方法：观察检查	1. 查看现场砌体 内容：通过量测等方式检查灰缝饱满度符合规范要求 2. 查阅砌体施工记录 内容：砌体灰缝饱满度符合规范要求
5.2.4	质量验收记录齐全	1.《建筑工程施工质量验收统一标准》GB 50300—2013 3.0.6 建筑工程施工质量应按下列要求进行验收： 　　1 工程质量验收均应在施工单位自检合格的基础上进行。 　　2 参加工程施工质量验收的各方人员应具备相应的资格。 　　3 检验批的质量应按主控项目和一般项目验收。 　　4 对涉及结构安全、节能、环境保护和主要使用功能的试块、试件及材料，应在进场时或施工中按规定进行见证检验。 　　5 隐蔽工程在隐蔽前应由施工单位通知监理单位进行验收，并应形成验收文件，验收合格后方可继续施工。 　　6 对涉及结构安全、节能、环境保护和使用功能的重要分部工程应在验收前按规定进行抽样检验。 　　7 工程的观感质量应由验收人员现场检查，并应共同确认。 5.0.1 检验批质量验收合格应符合下列规定： 　　1 主控项目的质量经抽样检验均应合格。 　　2 一般项目的质量经抽样检验合格。当采用计数抽样时，合格点率应符合有关专业验收规范的规定，且不得存在严重缺陷。对于计数抽样的一般项目，正常检验一次、二次抽样可按本标准附录 D 判定。	1. 查阅砌体工程检验批、分项工程、分部工程验收报审表 签字：施工单位项目经理、专业监理工程师（建设单位专业技术负责人）已签字 盖章：施工单位、监理单位（建设单位）已盖章 结论：通过验收

条款号	大纲条款	检 查 依 据	检查要点
5.2.4	质量验收记录齐全	3　具有完整的施工操作依据、质量验收记录。 5.0.2　分项工程质量验收合格应符合下列规定： 　　1　所含检验批的质量均应验收合格。 　　2　所含检验批的质量验收记录应完整。 5.0.3　分部工程质量验收合格应符合下列规定： 　　1　所含分项工程的质量均应验收合格。 　　2　质量控制资料应完整。 　　3　有关安全、节能、环境保护和主要使用功能的抽样检验结果应符合相应规定。 　　4　观感质量应符合要求。 5.0.4　单位工程质量验收合格应符合下列规定： 　　1　所含分部工程的质量均应验收合格。 　　2　质量控制资料应完整。 　　3　所含分部工程中有关安全、节能、环境保护和主要使用功能的检验资料应完整。 　　4　主要使用功能的抽查结果应符合相关专业验收规范的规定。 　　5　观感质量应符合要求。 5.0.8　经返修或加固处理仍不能满足安全或使用要求的分部工程及单位工程，严禁验收。 6.0.1　检验批应由专业监理工程师组织施工单位项目专业质量检查员、专业工长等进行验收。 6.0.2　分项工程应由专业监理工程师组织施工单位项目专业技术负责人等进行验收。 6.0.3　分部工程应由总监理工程师组织施工单位项目负责人和项目技术负责人等进行验收。勘察、设计单位项目负责人和施工单位技术、质量部门负责人应参加地基与基础分部工程的验收。设计单位项目负责人和施工单位技术、质量部门负责人应参加主体结构、节能分部工程的验收。 6.0.4　单位工程中的分包工程完工后，分包单位应对所承包的工程项目进行自检，并应按本标准规定的程序进行验收。验收时，总包单位应派人参加。分包单位应将所分包工程的质量控制资料整理完整后，移交给总包单位。 6.0.5　单位工程完工后，施工单位应组织有关人员进行自检。总监理工程师应组织各专业监理工程师对工程质量进行竣工预验收。存在施工质量问题时，应由施工单位及时整改。整改完毕后，由施工单位向建设单位提交工程竣工报告，申请工程竣工验收。 6.0.6　建设单位收到工程竣工报告后，应由建设单位项目负责人组织监理、施工、设计、勘察等单位项目负责人进行单位工程验收。 **2. 《砌体结构工程施工质量验收规范》GB 50203—2011** 11.0.1　砌体工程验收前，应提供下列文件和记录： 　　1　设计变更文件；	2. 查阅砌体检验批质量验收记录 　　主控项目、一般项目：与实际相符，质量经抽样检验合格，质量检查记录齐全 　　签字：施工单位项目质量员、项目专业技术负责人、专业监理工程师（建设单位专业技术负责人）已签字 　　结论：合格 3. 查阅砌体工程分项工程质量验收记录 　　项目：所含检验批的质量验收记录完整 　　签字：施工单位项目质量员、项目专业技术负责人、专业监理工程师（建设单位专业技术负责人）已签字 　　结论：合格

续表

条款号	大纲条款	检 查 依 据	检查要点
5.2.4	质量验收记录齐全	2　施工执行的技术标准； 3　原材料出厂合格证书、产品性能检测报告和进场复验报告； 4　混凝土及砂浆配合比通知； 5　混凝土及砂浆试件抗压强度试验报告单； 6　砌体工程施工记录； 7　隐蔽工程验收记录； 8　分项工程检验批的主控项目、一般项目验收记录； 9　填充墙砌体植筋锚固力检测记录； 10　重大技术问题的处理方案和验收记录； 11　其他必要的文件和记录。 11.0.2　砌体子分部工程验收时，应对砌体工程的观感质量作出总体评价。 **3.《建设工程监理规范》GB/T 50319—2013** 5.2.4　项目监理机构应对承包单位报送的隐蔽工程、检验批、分项工程和分部工程进行验收，验收合格的给以签认。 **4.《电力建设工程监理规范》DL/T 5434—2009** 9.1.10　对承包单位报送的隐蔽工程报验申请表和自检记录，专业监理工程师应进行现场检查，符合要求予以签认后，承包单位方可隐蔽并进行下一道工序施工。 　　对未经监理人员验收或验收不合格的工序，监理人员应拒绝签认，并严禁承包单位进行下一道工序的施工。 9.1.11　专业监理工程师应对承包单位报送的分项工程质量报验资料进行审核，符合要求予以签认；总监理工程师应组织专业监理工程师对承包单位报送的分部工程和单位工程质量验评资料进行审核和现场检查，符合要求予以签认	4.查阅砌体工程分部（子分部）工程质量验收记录 　内容：包括分项工程的质量控制资料、安全和使用功能的检验资料、观感质量验收资料等 　签字：建设单位项目负责人、设计单位项目负责人、施工单位项目经理、总监理工程师已签字 　综合结论：合格
5.3　楼地面、屋面工程的监督检查			
5.3.1	楼地面使用的板、块材及其他材料出厂合格证、产品质量证明文件齐全，防水材料复试检测合格，试验报告齐全	**《建筑地面工程施工质量验收规范》GB 50209—2010** 3.0.3　建筑地面工程采用的材料或产品应符合设计要求和国家现行有关标准的规定。无国家现行标准的，应具有省级住房和城乡建设行政主管部门的技术认可文件。材料或产品进场时还应符合下列规定： 1　应有质量合格证明文件； 2　应对型号、规格、外观等进行验收，对重要的材料或产品应抽样进行复检	1.查阅地面、楼面、屋面材料的进场报审表 　签字：施工单位项目经理、专业监理工程师（建设单位专业技术负责人）已签字 　盖章:施工单位、监理单位(建设单位)已盖章 　结论:同意使用

条款号	大纲条款	检 查 依 据	检查要点
5.3.1	楼地面使用的板、块材及其他材料出厂合格证、产品质量证明文件齐全，防水材料复试检测合格，试验报告齐全		2. 查阅地面、楼面、屋面材料材质证明及复检报告 原材料证明：原件或有效抄件 复检报告：包括防水材料的防水性、保温材料的导热系数、表观密度或干密度、抗压强度或压缩强度，燃烧性能等 报告签字：授权人已签字 报告盖章：已加盖计量认证章和检测专用章 报告结论：符合设计要求和规范规定
5.3.2	防水楼地面排水坡度坡向地漏，闭水试验合格。屋面淋水（蓄水）试验合格	**1.《屋面工程质量验收规范》GB 50207—2012** 3.0.12 屋面防水完工后，应进行观感质量检查和雨后观察或排水，蓄水试验不得有渗湿和积水现象。 **2.《建筑地面工程施工质量验收规范》GB 50209—2010** 3.0.5 厕浴间和有防滑要求的建筑地面应符合设计防滑要求。 4.9.3 有防水要求的建筑地面工程，铺设前必须对立管、套管和地漏与楼板节点之间进行密封处理并进行隐蔽验收；排水坡度应符合设计要求。 4.10.11 厕浴间和有防水要求的建筑地面必须设置防水隔离层。楼层结构必须采用现浇混凝土或整块预制混凝土板，混凝土强度等级不应小于C20；房间的楼板四周除门洞外应做混凝土翻边，其高度不应小于200mm，宽同墙厚，混凝土强度等级不应小于C20。施工时结构层标高和预留孔洞位置应准确，严禁乱凿洞。 4.10.13 防水隔离层严禁渗漏，排水的坡向应正确、排水通畅	1. 查看有防水要求地面楼面的渗漏、排水坡向、积水情况 渗漏：无渗漏 排水坡向：符合设计要求，无积水 标高差：厕浴间、厨房和有排水（或其他液体）要求的建筑地面面层与相连接各类面层的标高差符合设计要求 2. 查阅有防水要求楼地面隐蔽验收记录

续表

条款号	大纲条款	检 查 依 据	检查要点
5.3.2	防水楼地面排水坡度坡向地漏，闭水试验合格。屋面淋水（蓄水）试验合格		内容：包括基层混凝土强度、基层处理情况以及立管、套管和地漏与楼板节点之间的密封处理；有排水（或其他液体）要求的建筑地面面层与相连接各类面层的标高差、防水隔离层、房间的楼板四周混凝土翻边等 签字：施工单位项目技术负责人、专业监理工程师等已签字 结论：同意隐蔽
			3. 查阅屋面淋水、蓄水试验记录 试验方法：符合规范规定 时间：经过雨后或持续淋水 2h，或蓄水不少于 24h 签字：试验记录人、技术负责人已签字 结果：无渗漏
5.3.3	质量验收记录齐全	**1.《建筑工程施工质量验收统一标准》GB 50300—2013** 3.0.6 建筑工程施工质量应按下列要求进行验收： 　1 工程质量验收均应在施工单位自检合格的基础上进行。 　2 参加工程施工质量验收的各方人员应具备相应的资格。 　3 检验批的质量应按主控项目和一般项目验收。 　4 对涉及结构安全、节能、环境保护和主要使用功能的试块、试件及材料，应在进场时或施工中按规定进行见证检验。	1. 查阅楼地面、屋面工程检验批、分项工程、分部工程验收报审表 签字：施工单位项目经理、专业监理工程师（建设单位专业技术负责人）已签字

条款号	大纲条款	检 查 依 据	检查要点
5.3.3	质量验收记录齐全	5 隐蔽工程在隐蔽前应由施工单位通知监理单位进行验收，并应形成验收文件，验收合格后方可继续施工。 6 对涉及结构安全、节能、环境保护和使用功能的重要分部工程应在验收前按规定进行抽样检验。 7 工程的观感质量应由验收人员现场检查，并应共同确认。 5.0.1 检验批质量验收合格应符合下列规定： 1 主控项目的质量经抽样检验均应合格。 2 一般项目的质量经抽样检验合格。当采用计数抽样时，合格点率应符合有关专业验收规范的规定，且不得存在严重缺陷。对于计数抽样的一般项目，正常检验一次、二次抽样可按本标准附录D判定。 3 具有完整的施工操作依据、质量验收记录。 5.0.2 分项工程质量验收合格应符合下列规定： 1 所含检验批的质量均应验收合格。 2 所含检验批的质量验收记录应完整。 5.0.3 分部工程质量验收合格应符合下列规定： 1 所含分项工程的质量均应验收合格。 2 质量控制资料应完整。 3 有关安全、节能、环境保护和主要使用功能的抽样检验结果应符合相应规定。 4 观感质量应符合要求。 5.0.4 单位工程质量验收合格应符合下列规定： 1 所含分部工程的质量均应验收合格。 2 质量控制资料应完整。 3 所含分部工程中有关安全、节能、环境保护和主要使用功能的检验资料应完整。 4 主要使用功能的抽查结果应符合相关专业验收规范的规定。 5 观感质量应符合要求。 5.0.8 经返修或加固处理仍不能满足安全或使用要求的分部工程及单位工程，严禁验收。 6.0.1 检验批应由专业监理工程师组织施工单位项目专业质量检查员、专业工长等进行验收。 6.0.2 分项工程应由专业监理工程师组织施工单位项目专业技术负责人等进行验收。 6.0.3 分部工程应由总监理工程师组织施工单位项目负责人和项目技术负责人等进行验收。勘察、设计单位项目负责人和施工单位技术、质量部门负责人应参加地基与基础分部工程的验收。设计单位项目负责人和施工单位技术、质量部门负责人应参加主体结构、节能分部工程的验收。 6.0.4 单位工程中的分包工程完工后，分包单位应对所承包的工程项目进行自检，并应按本标准规定的程序进行验收。验收时，总包单位应派人参加。分包单位应将所分包工程的质量控制资料整理完整后，移交给总包单位。	盖章：施工单位、监理单位（建设单位）已盖章 结论：通过验收 2. 查阅楼地面、屋面检验批质量验收记录 主控项目、一般项目：与实际相符，质量经抽样检验合格，质量检查记录齐全 签字：施工单位项目质量员、项目专业技术负责人、专业监理工程师（建设单位专业技术负责人）已签字 结论：合格 3. 查阅楼地面、屋面工程分项工程质量验收记录 项目：所含检验批的质量验收记录完整 签字：施工单位项目质量员、项目专业技术负责人、专业监理工程师（建设单位专业技术负责人）已签字 结论：合格

条款号	大纲条款	检 查 依 据	检查要点
5.3.3	质量验收记录齐全	6.0.5 单位工程完工后，施工单位应组织有关人员进行自检。总监理工程师应组织各专业监理工程师对工程质量进行竣工预验收。存在施工质量问题时，应由施工单位及时整改。整改完毕后，由施工单位向建设单位提交工程竣工报告，申请工程竣工验收。 6.0.6 建设单位收到工程竣工报告后，应由建设单位项目负责人组织监理、施工、设计、勘察等单位项目负责人进行单位工程验收。 **2.《建设工程监理规范》GB/T 50319—2013** 5.2.4 项目监理机构应对承包单位报送的隐蔽工程、检验批、分项工程和分部工程进行验收，验收合格的给以签认。 **3.《电力建设工程监理规范》DL/T 5434—2009** 9.1.10 对承包单位报送的隐蔽工程报验申请表和自检记录，专业监理工程师应进行现场检查，符合要求予以签认后，承包单位方可隐蔽并进行下一道工序施工。 对未经监理人员验收或验收不合格的工序，监理人员应拒绝签认，并严禁承包单位进行下一道工序的施工。 9.1.11 专业监理工程师应对承包单位报送的分项工程质量报验资料进行审核，符合要求予以签认；总监理工程师应组织专业监理工程师对承包单位报送的分部工程和单位工程质量验评资料进行审核和现场检查，符合要求予以签认	4. 查阅楼地面、屋面工程分部（子分部）工程质量验收记录 内容：包括分项工程的质量控制资料、安全和使用功能的检验资料、观感质量验收资料等 签字：建设单位项目负责人、设计单位项目负责人、施工单位项目经理、总监理工程师已签字 综合结论：合格
5.4 门窗工程的监督检查			
5.4.1	门窗出厂合格证、质量证明文件齐全，符合设计及规范要求	**1.《塑料门窗工程技术规程》JGJ 103—2008** 6.2.23 安装滑撑时，紧固螺钉必须使用不锈钢材质，并应与框扇增强型钢或内衬局部加强钢板可靠连接。螺钉与框扇连接处应进行防水密封处理。	查阅门窗材料及配件质量证明文件 门窗、配件所用材料：符合设计及规范规定

续表

条款号	大纲条款	检 查 依 据	检查要点
5.4.1	门窗出厂合格证、质量证明文件齐全，符合设计及规范要求	**2.《铝合金门窗工程技术规范》JGJ 214—2010** 3.1.2　铝合金门窗主型材的壁厚应经计算或试验确定，除压条、扣板等需要弹性装配的型材外，门用主型材主要受力部位基材截面最小实测壁厚不应小于2.0mm，窗用主型材主要受力部位基材截面最小实测壁厚不应小于1.4mm。 3.4.2　铝合金门窗工程连接用螺钉、螺栓宜使用不锈钢紧固件。铝合金门窗受力构件之间的连接不得采用铝合金抽芯铆钉	门窗主型材受力截面：符合规范规定
5.4.2	门窗应安装牢固，推拉窗扇有防脱落、防室外侧拆卸装置	**1.《建筑装饰装修工程质量验收规范》GB 50210—2001** 5.1.11　建筑外门窗的安装必须牢固。在砌体上安装门窗严禁用射钉固定。 **2.《铝合金门窗工程技术规范》JGJ 214—2010** 4.12.4　铝合金推拉门、推拉窗的扇应有防止从室外侧拆卸的装置。推拉窗用于外墙时，应设置防止窗扇向室外脱落的装置。 **3.《塑料门窗工程技术规程》JGJ 103—2008** 6.2.8　建筑外窗的安装必须牢固可靠，在砖砌体上安装时，严禁用射钉固定。 6.2.19　推拉门窗扇必须有防脱落装置	查看建筑外窗 安装：牢固可靠，未使用射钉固定，窗扇、推拉门、推拉窗有防脱落装置，有防室外拆卸装置
5.4.3	质量验收记录齐全	**1.《建筑工程施工质量验收统一标准》GB 50300—2013** 3.0.6　建筑工程施工质量应按下列要求进行验收： 　1　工程质量验收均应在施工单位自检合格的基础上进行。 　2　参加工程施工质量验收的各方人员应具备相应的资格。 　3　检验批的质量应按主控项目和一般项目验收。 　4　对涉及结构安全、节能、环境保护和主要使用功能的试块、试件及材料，应在进场时或施工中按规定进行见证检验。 　5　隐蔽工程在隐蔽前应由施工单位通知监理单位进行验收，并应形成验收文件，验收合格后方可继续施工。 　6　对涉及结构安全、节能、环境保护和使用功能的重要分部工程应在验收前按规定进行抽样检验。 　7　工程的观感质量应由验收人员现场检查，并应共同确认。 5.0.1　检验批质量验收合格应符合下列规定： 　1　主控项目的质量经抽样检验均应合格。 　2　一般项目的质量经抽样检验合格。当采用计数抽样时，合格点率应符合有关专业验收规范的规定，且不得存在严重缺陷。对于计数抽样的一般项目，正常检验一次、二次抽样可按本标准附录D判定。	1. 查阅门窗工程质量证明文件 内容：包括材料产品合格证、性能检测报告、特种门的生产许可文件等 2. 查阅工程隐蔽记录 内容：包括预埋件和锚固件、隐蔽部位的防腐、填嵌处理等 签字：施工单位项目技术负责人、专业监理工程师已签字 结论：同意隐蔽

续表

条款号	大纲条款	检查依据	检查要点
5.4.3	质量验收记录齐全	5.0.4 单位工程质量验收合格应符合下列规定： 1 所含分部工程的质量均应验收合格。 2 质量控制资料应完整。 3 所含分部工程中有关安全、节能、环境保护和主要使用功能的检验资料应完整。 4 主要使用功能的抽查结果应符合相关专业验收规范的规定。 5 观感质量应符合要求。 **2.《建筑装饰装修工程质量验收规范》GB 50210—2001** 5.1.2 门窗工程验收时应检查下列文件和记录： 1 门窗工程的施工图、设计说明及其他设计文件。 2 材料的产品合格证、性能检测报、进场验收记录和复验报告。 3 特种门及其附件的生产许可文件。 4 隐蔽工程验收记录。 5 施工记录。 5.1.3 门窗工程应对下列材料及其性能指标进行复验： 1 人造木板的甲醛含量。 2 建筑外墙金属、塑料窗的抗风压性、空气渗透性能和雨水渗漏性能	3. 查阅质量验收记录 内容：检验批、分项工程、分部工程质量验收记录齐全 签字：建设、监理、施工单位项目技术负责人已签字 结论：合格
5.5 采暖通风工程的监督检查			
5.5.1	管材、阀门、散热器等材料出厂合格证、产品质量证明文件齐全，符合设计要求	**《建筑给水排水及采暖工程施工质量验收规范》GB 50242—2002** 3.2.1 建筑给排水、排水及采暖工程所使用的主要材料、成品、半成品、配件、器具和设备必须具有中文质量合格证明文件，规格、型号及性能检测报告应符合国家技术标准或设计要求。进场应做检查验收，并经监理工程师核查确认。 3.2.2 所有材料进场时应对品种、规格、外观等进行验收。包装应完好，表面无划痕及外力冲击破损。 3.2.3 主要器具和设备必须有完整的安装使用说明书。在运输、保管和施工过程中，应采取有效措施防止损坏或腐蚀。 3.2.4 阀门安装前，应做强度和严密性试验。试验应在每批（同牌号、同型号、同规格）数量中抽查10%，且不少于一个。对于安装在主干管上起切断作用的闭路阀门，应逐个作强度和严密性试验	1. 查阅材料的报审表 签字：施工单位、监理单位相关负责人已签字 盖章：施工单位、监理单位已盖章 结论：同意使用 2. 查阅管道、阀门等材料和设备的材质证明及试验记录 质量证明文件：应为原件或有效抄件 阀门强度试验和严密性试验：试验压力和持续时间符合规范规定

条款号	大纲条款	检 查 依 据	检查要点
5.5.2	采暖系统、通风系统安装符合设计及规范要求，运行正常	**1.《建筑给水排水及采暖工程施工质量验收规范》GB 50242—2002** 3.3.3　地下室或地下构筑物外墙有管道穿过的，应采取防水措施。对有严格防水要求的建筑物，必须采用柔性防水套管。 3.3.4　管道穿过结构伸缩缝、抗震缝及沉降缝敷设时，应根据情况采取下列保护措施： 　　1　在墙体两侧采取柔性连接。 　　2　在管道或保温层外皮上、下部留有不小于150mm的净空。 　　3　在穿墙外做成方形补偿器，水平安装。 3.3.7　管道支、吊、托架的安装，应符合下列规定： 　　1　位置正确，埋设应平整牢固。 　　2　固定支架与管道接触应紧密，固定应牢靠。 8.2.1　管道安装坡度，当设计未注明时，应符合下列规定： 　　1　气、水同向流动的热水采暖管道和汽、水同向流动的蒸汽管道及凝结水管道，坡度应为3‰，不得小于2‰； 　　2　气、水逆向流动的热水采暖管道和汽、水逆向流动的蒸汽管道，坡度不应小于5‰； 　　3　散热器支管的坡度应为1%，坡向应利用排气和泄水。 8.5.1　地面下敷设的盘管埋地部分不应有接头。 **2.《建筑节能工程施工质量验收规范》GB 50411—2007** 9.2.10　采暖系统安装完成后，应在采暖期内与热源联合试运转和调试。联合试运转和调试结果应符合设计要求，采暖房间温度相对于设计计算温度不得低于2℃，且不高于1℃。 10.2.14　通风与空调系统安装完毕，应进行通风机和空调机组等设备的单机试运转和调试，并应进行系统的风量平衡调试。单机试运转和调试结果应符合设计要求；系统的总风量与设计风量的允许偏差均不应大于10%，风口的风量与设计风量的允许偏差不应大于15%。 11.2.11　空调与采暖系统冷热源和辅助设备及其管道和管网系统安装完毕后，系统试运转及调试必须符合下列规定： 　　1　冷热源和辅助设备必须进行单机试运转和调试； 　　2　冷热源和辅助设备必须同建筑室内空调或采暖系统进行联合试运转及调试。 　　3　联合试运转和调试结果应符合设计要求，且允许偏差或规定值应符合本规范表11.2.11的有关规定。当联合试运转及调试不在制冷期或采暖期时，应先对表11.2.11中序号2、3、5、6四个项目进行检测，并在第一个制冷期或采暖期内，带冷（热）源补做序号1、4两个项目的检测	1. 查看管道的安装 　材质：符合设计及规范要求 　管道排列、连接、坡度坡向：符合设计要求及规范规定 2. 查看穿墙套管、支吊架、伸缩节等 　安装位置：符合设计要求及规范规定 3. 查阅采暖系统试运转和调试记录 　热力入口、房间温度：符合设计要求和规范规定 　签字：施工单位、监理单位相关责任人已签字 4. 查阅通风与空调系统的试运转和调试记录 　单机试运转和调试结论：符合设计要求 　系统的总风量、风口的风量与设计风量允许偏差：符合规范规定 　签字：施工单位、监理单位相关责任人已签字

条款号	大纲条款	检 查 依 据	检查要点
5.5.3	质量验收记录齐全	**《建筑工程施工质量验收统一标准》GB 50300—2013** 3.0.6　建筑工程施工质量应按下列要求进行验收： 　　1　工程质量验收均应在施工单位自检合格的基础上进行。 　　2　参加工程施工质量验收的各方人员应具备相应的资格。 　　3　检验批的质量应按主控项目和一般项目验收。 　　4　对涉及结构安全、节能、环境保护和主要使用功能的试块、试件及材料，应在进场时或施工中按规定进行见证检验。 　　5　隐蔽工程在隐蔽前应由施工单位通知监理单位进行验收，并应形成验收文件，验收合格后方可继续施工。 　　6　对涉及结构安全、节能、环境保护和使用功能的重要分部工程应在验收前按规定进行抽样检验。 　　7　工程的观感质量应由验收人员现场检查，并应共同确认。 5.0.1　检验批质量验收合格应符合下列规定： 　　1　主控项目的质量经抽样检验均应合格。 　　2　一般项目的质量经抽样检验合格。当采用计数抽样时，合格点率应符合有关专业验收规范的规定，且不得存在严重缺陷。对于计数抽样的一般项目，正常检验一次、二次抽样可按本标准附录D判定。 　　3　具有完整的施工操作依据、质量验收记录。 5.0.2　分项工程质量验收合格应符合下列规定： 　　1　所含检验批的质量均应验收合格。 　　2　所含检验批的质量验收记录应完整。 5.0.3　分部工程质量验收合格应符合下列规定： 　　1　所含分项工程的质量均应验收合格。 　　2　质量控制资料应完整。 　　3　有关安全、节能、环境保护和主要使用功能的抽样检验结果应符合相应规定。 　　4　观感质量应符合要求。 5.0.4　单位工程质量验收合格应符合下列规定： 　　1　所含分部工程的质量均应验收合格。 　　2　质量控制资料应完整。 　　3　所含分部工程中有关安全、节能、环境保护和主要使用功能的检验资料应完整。 　　4　主要使用功能的抽查结果应符合相关专业验收规范的规定。 　　5　观感质量应符合要求。 5.0.8　经返修或加固处理仍不能满足安全或使用要求的分部工程及单位工程，严禁验收。	1. 查阅建筑采暖通风工程检验批、分项工程、分部工程验收报审表 签字：施工单位、监理单位相关负责人已签字 盖章：施工单位、监理单位已盖章 结论：通过验收 2. 查阅建筑采暖通风工程检验批、分项工程、分部工程质量验收记录 内容：包括检验批、分项工程、分部工程质量验收记录 签字：施工单位项目技术负责人、专业监理工程师已签字 结论：合格 3. 隐蔽工程验收记录 内容：包括埋地或隐蔽的管道、地下敷设的盘管的品种、规格、位置、防腐、坡度等 签字：施工单位技术负责人、专业监理工程师签字齐全 结论：同意隐蔽

续表

条款号	大纲条款	检 查 依 据	检查要点
5.5.3	质量验收记录齐全	6.0.1 检验批应由专业监理工程师组织施工单位项目专业质量检查员、专业工长等进行验收。 6.0.2 分项工程应由专业监理工程师组织施工单位项目专业技术负责人等进行验收。 6.0.3 分部工程应由总监理工程师组织施工单位项目负责人和项目技术负责人等进行验收。勘察、设计单位项目负责人和施工单位技术、质量部门负责人应参加地基与基础分部工程的验收。设计单位项目负责人和施工单位技术、质量部门负责人应参加主体结构、节能分部工程的验收。 6.0.4 单位工程中的分包工程完工后，分包单位应对所承包的工程项目进行自检，并应按本标准规定的程序进行验收。验收时，总包单位应派人参加。分包单位应将所分包工程的质量控制资料整理完整后，移交给总包单位。 6.0.5 单位工程完工后，施工单位应组织有关人员进行自检。总监理工程师应组织各专业监理工程师对工程质量进行竣工预验收。存在施工质量问题时，应由施工单位及时整改。整改完毕后，由施工单位向建设单位提交工程竣工报告，申请工程竣工验收。 6.0.6 建设单位收到工程竣工报告后，应由建设单位项目负责人组织监理、施工、设计、勘察等单位项目负责人进行单位工程验收	
5.6 建筑电气工程的监督检查			
5.6.1	电气设备安装符合设计要求，接地装置安装正确，接地阻抗测试值符合设计和规范规定	**《建筑电气工程施工质量验收规范》GB 50303—2002** 3.1.7 接地（PE）或接零（PEN）支线必须单独与接地（PE）或接零（PEN）干线相连接，不得串联连接。 3.1.8 高压的电气设备和布线系统及断电保护系统的交接试验，必须符合现行国家标准《电气装置安装工程电气设备交接试验标准》GB 50150 的规定。 6.1.1 柜、屏、台、箱、盘的金属框架及基础型钢必须接地（PB）或接零（PEN）可靠；装有电器的可开启门，门和框架的接地端子间应用裸编制铜线连接，且有标识。 6.1.2 低压成套配电柜、控制柜（屏、台）和动力、照明配电箱（盘）应有可靠的电击保护。 6.1.5 柜、屏、台、箱、盘间线路的线间和线对地间绝缘电阻值，馈电线路必须大于 $0.5M\Omega$；二次回路必须大于 $1M\Omega$。 6.1.9 照明配电箱（盘）安装应符合下列规定： 　1 箱（盘）内配线整齐，无铰接现象。导线连接紧密，不伤芯线，不断股。垫圈下螺栓两侧压的导线截面积相同，同一端子上导线连接不多于 2 根，防松垫圈等零件齐全； 　2 箱（盘）内开关动作灵活可靠，带有漏电保护的回路，漏电保护装置动作电流不大于 30mA，动作时间不大于 0.1s。 　3 照明箱（盘）内，分别设置零线（N）和保护地线（PE线）汇流排，零线和保护地线经汇流排配出。	1. 查阅接地装置接地电阻测试记录 　测试仪器：在有效期检定期内 　测试方位示意图：与实际相符 　电阻值实测值：符合设计要求 　签字：施工单位、监理单位相关责任人签字齐全 　结论：符合设计要求

续表

条款号	大纲条款	检 查 依 据	检查要点
5.6.1	电气设备安装符合设计要求，接地装置安装正确，接地阻抗测试值符合设计和规范规定	13.1.1　金属电缆支架、电缆导管必须接地（PE）或接零（PEN）可靠。 14.1.2　金属导管严禁对口熔焊连接；镀锌和壁厚小于等于2mm的钢导管不得套管熔焊连接。 15.1.1　三相或单相的交流单芯电缆，不得单独穿于钢导管内。 24.1.1　人工接地装置或利用建筑物基础钢筋的接地装置必须在地面以上按设计要求位置设测试点。 24.1.2　测试接地装置的接地电阻值必须符合设计要求。 24.1.3　防雷接地的人工接地装置的接地干线埋设，经人行通道处埋地深度不应小于1m，且应采取均压措施或在其上方铺设卵石或沥青地面	2. 查阅接地装置的隐蔽验收记录 　接地极置埋设位置、间距、数量、材质、埋深、接地极的连接方法、连接质量、防腐情况：符合设计要求及规范规定 　签字：施工单位技术负责人、专业监理工程师已签字 　结论：同意隐蔽 3. 查看电气设备安装 　成套配电柜、控制柜（屏、台）和照明配电箱（盘）金属箱体的接地或接零：可靠 　电击保护和保护导体截面积：符合规范规定 　照明配电箱（盘）内配线：整齐、开关动作灵活可靠
5.6.2	开关、插座、熔断器、灯具、导线等出厂合格证、产品质量证明文件齐全，符合设计要求	**1.《建筑电气工程施工质量验收规范》GB 50303—2002** 3.2.1　主要设备、材料、成品和半成品进场检验结论应有记录，确认符合本规范规定，才能在施工中应用。 3.2.2　因有异议送有资质试验室进行抽样检测，试验室应出具检测报告，确认符合本规范和相关技术标准规定，才能在施工中应用。 3.2.3　依法定程序批准进入市场的新电气设备、器具和材料进场验收，除符合本规范规定外，尚应提供安装、使用、维修和试验要求等技术工作。 3.2.4　进口电气设备、器具和材料进场验收，除符合本规范规定外，尚应提供商检证明和中文的质量合格证明文件、规格、型号、性能检测报告以及中文的安装、使用、维修和试验要求等技术文件。	1. 查阅材料的报审表 　签字：施工单位、监理单位相关负责人已签字 　盖章：施工单位、监理单位已盖章 　结论：同意使用

续表

条款号	大纲条款	检 查 依 据	检查要点
5.6.2	开关、插座、熔断器、灯具、导线等出厂合格证、产品质量证明文件齐全，符合设计要求	3.2.10　照明灯具及附件应符合下列规定： 1　查验合格证，新型气体放电灯具有随带技术文件； 3.2.11　开关、插座、接线盒和风扇及其附件应符合下列规定： 1　查验合格证，防爆产品有防爆标志和防爆合格证号，实行安全认证制度的产品有安全认证标志。 **2.《建筑电气照明装置施工与验收规范》GB 50617—2010** 3.0.1　照明工程采用的设备、材料及配件进入施工现场应有清单、使用说明书、合格证明文件、检验报告等文件。当设计文件有要求时，尚需提供电磁兼容检测报告。进口照明设备除应符合相关规定外，尚应提供商检证明以及中文的安装、使用、维修等技术文件。列入国家强制性认证产品目录的照明装置	2. 查阅建筑电气照明配电箱、灯具、开关、插座等材料和设备的材质证明 　质量证明文件：应为原件或有效抄件 　结论：符合规范规定
5.6.3	电气安装位置符合设计及规范要求，质量验收记录齐全	**《建筑电气工程施工质量验收规范》GB 50303—2002** 6.1.9　照明配电箱（盘）安装应符合下列规定： 1　箱（盘）内配线整齐，无绞接现象。导线连接紧密，不伤芯线，不断股。垫圈下螺栓两侧压的导线截面积相同，同一端子上导线连接不多于 2 根，防松垫圈等零件齐全。 2　箱（盘）内开关动作灵活可靠，带有漏电保护的回路，漏电保护装置动作电流不大于 30mA，动作时间不大于 0.1s。 3　照明箱（盘）内，分别设置零线（N）和保护地线（PE 线）汇流排，零线和保护地线经汇流排配出。 19.1.1　灯具的固定应符合下列规定： 1. 灯具重量大于 3kg 时，固定在螺栓或预埋吊钩上。 2. 软线吊灯，灯具重量在 0.5kg 及以下时，采用软线自身吊装；大于 0.5kg 的灯具采用吊链，且软电线编叉在吊链内，使电线不受力。 3. 灯具固定牢固可靠，不使用木楔。每个灯具固定用螺钉或螺栓不少于 2 个；当绝缘台直径在 75mm 及以下时，采用 1 个螺钉或螺栓固定。 19.1.2　花灯吊钩圆钢直径不应小于灯具挂销直径，且不应小于 6mm。大型花灯的固定及悬吊装置，应按灯具重量的 2 倍做过载试验。 19.1.3　当钢管做灯杆时，钢管内径不应小于 10mm，钢管厚度不应小于 1.5mm。 19.1.4　固定灯具带电部件的绝缘材料以及提供防触电保护的绝缘材料，应耐燃烧和防明火。 19.1.5　当设计无要求时，灯具的安装高度和使用电压等级应符合下列规定： 1. 一般敞开式灯具，灯头对地面距离不小于下列数值（采用安全电压时除外）： 1）室外：2.5m（室外墙上安装）； 2）厂房：2.5m；	1. 查阅接地装置的隐蔽验收记录 　接地极置埋设位置、间距、数量、材质、埋深、接地极的连接方法、连接质量、防腐情况：符合设计要求及规范规定 　签字：施工单位技术负责人、专业监理工程师已签字 　结论：同意隐蔽 2. 查看开关、插座 　开关安装高度：符合规范要求 　插座安装高度：符合规范要求 　开关及插座相序：正确

条款号	大纲条款	检 查 依 据	检查要点
5.6.3	电气安装位置符合设计及规范要求，质量验收记录齐全	3）室内：2m； 4）软吊线带升降器的灯具在吊线展开后：0.8m。 　2. 危险性较大及特殊危险场所，当灯具距地面高度小于2.4m时，使用额定电压为36V及以下的照明灯具，或有专用保护措施。 19.1.6 当灯具距地面高度小于2.4m时，灯具的可接近裸露导体必须接地（PE）或接零（PEN）可靠，并应有专用接地螺栓，且有标识。 21.1.3 建筑物景观照明灯具安装应符合下列规定： 　1 每套灯具的导电部分对地绝缘电阻值大于2Mn； 　2 在人行道等人员来往密集场所安装的落地式灯具，无围栏防护，安装高度距地面2.5m以上； 　3 金属构架和灯具的可接近裸露导体及金属软管的接地（PE）或接零（PEN）可靠，且有标识。 22.1.2 插座接线应符合下列规定： 　1 单相两孔插座，面对插座的右孔或上孔与相线连接，左孔或下孔与中性线连接；单相三孔插座，面对插座的右孔与相线连接，左孔与中性线连接。 　2 单相三孔、三相四孔及三相五孔插座的接地（PE）或接零（PEN）线接在上孔。插座的接地端子不与中性线端子连接。同一场所的三相插座，接线的相序一致。 　3 接地（PE）或接零（PEN）线在插座间不串联连接。 22.1.3 特殊情况下插座安装应符合下列规定： 　1 当接插有触电危险家用电器的电源时，采用能断开电源的带开关插座，开关断开相线。 　2 潮湿场所采用密封型并带保护底线触头的保护型插座，安装高度不低于1.5m。 22.1.4 照明开关安装应符合下列规定： 　1 同一建筑物、构筑物的开关采用同一系列的产品，开关的通段位置一致，操作灵活、接触可靠。 　2 相线经开关控制；民用住宅无软线引至床边的床头开关。 22.2.1 插座安装应符合下列规定： 　2 暗装的插座面板紧贴墙面，四周无缝隙，安装牢固，表面光滑整洁、无碎裂、划伤，装饰帽齐全； 　3 车间及试（实）验室的插座安装高度距地面不小于0.3m，特殊场所所暗装的插座不小于0.15m，同一室内插座安装高度一致； 　4 地插座面板与地面齐平或紧贴地面，盖板固定牢固，密封良好。 22.2.2 照明开关安装应符合下列规定： 　1 开关安装位置便于操作，开关边缘距门框边缘的距离0.15～0.2m，开关距地面高度1.3m，…… 　2 相同型号并列安装及同一室内开关安装高度一致，且控制有序不错位。…… 　3 暗装的开关面板应紧贴墙面，四周无缝隙，安装牢固，表面光滑整洁、无碎裂、划伤，装饰帽齐全	3. 查看灯具 　安装高度、接地及标识、安装位置：符合规范规定 4. 查看电气设备安装 　成套配电柜、控制柜（屏、台）和照明配电箱（盘）金属箱体的接地或接零：可靠 　电击保护和保护导体截面积：符合规范规定 　照明配电箱（盘）内配线：整齐、开关动作灵活可靠

条款号	大纲条款	检　查　依　据	检查要点
5.6.4	建筑防雷接地、电气设备接地符合设计及规范要求、质量，验收记录齐全	**1.《建筑电气工程施工质量验收规范》GB 50303—2002** 24.1.1　人工接地装置或利用建筑物基础钢筋的接地装置必须在地面以上按设计要求位置设测试点。 24.1.2　测试接地装置的接地电阻值必须符合设计要求。 24.1.3　防雷接地的人工接地装置的接地干线埋设，经人行通道处埋地深度不应小于1m，且应采取均压措施或在其上方铺设卵石或沥青地面。 **2.《建筑物防雷工程施工与质量验收规范》GB 50601—2010** 3.2.3　除设计要求外，兼做引下线的承力钢结构构件、混凝土梁、柱内钢筋与钢筋的连接，应采用土建施工的绑扎法或螺丝扣的机械连接，严禁热加工连接。 5.1.1　引下线主控项目应符合下列规定： 　　3　建筑物外的引下线敷设在人员可停留或经过的区域时，应采用下列一种或多种方法，防止接触电压和旁侧闪络电压对人员造成伤害： 　　　1　外露引下线在高2.7m以下部分应穿不小于3mm厚的交联聚乙烯管，交联聚乙烯管应能耐受100kV冲击电压。 　　　2　应设立阻止人员进入的护栏或警示牌。护栏与引下线水平距离不应小于3m。 　　　6　引下线安装与易燃材料的墙壁或墙体保温层间距应大于0.1m。 6.1.1　接闪器安装主控项目应符合下列规定： 　　1　建筑物顶部和外墙上的接闪器必须与建筑物栏杆、旗杆、吊车梁、管道、设备、太阳能热水器、门窗、幕墙支架等外露的金属物进行等电位连接	1. 查阅接地装置接地电阻测试记录 　测试仪器：在有效检定期内 　测试方位示意图：与实际相符 　电阻值实测值：符合设计要求 　签字：施工单位、监理单位相关责任人已签字 　结论：符合设计要求 2. 查看避雷引下线 　敷设：符合规范规定 　断开卡：高度符合规定，便于检测
5.7	**节能工程的监督检查**		
5.7.1	保温材料、粘接材料等出厂合格证、质量证明文件齐全，复试检测合格，试验报告齐全	**1.《建筑节能工程施工质量验收规范》GB 50411—2007** 4.2.7　保温板与基层的粘结强度应做现场拉拔试验。 　　　检查数量：每个检验批抽查不少于3处。 **2.《绝热用模塑聚苯乙烯泡沫塑料》GB/T 10801.1—2002** 4.3　物理机械性能应符合表3要求。 5.4　表观密度的测定按GB/T 6343规定测定。 5.5　压缩强度的测定按GB/T 8813规定进行。 5.6　导热系数的测定按GB/T 10294或GB/T 10295规定测定。 5.11.2　燃烧分级的测定按GB 8624规定进行。 6.1　组批：同一规格的产品数量不超过2000m³为一批	1. 查验抽测绝热用模塑聚苯乙烯泡沫塑料试样 　表观密度：符合GB/T 10801.1—2002表3要求 　压缩强度：符合GB/T 10801.1—2002表3要求 　导热系数：符合GB/T 10801.1—2002表3要求

续表

条款号	大纲条款	检 查 依 据	检 查 要 点
5.7.1	保温材料、粘接材料等出厂合格证、质量证明文件齐全，复试检测合格，试验报告齐全		燃烧分级：符合GB/T 10801.1—2002表3要求
			2. 现场拉拔保温板与基层粘结 粘结强度：符合设计要求
5.7.2	外墙热桥部位，以采取隔断热桥措施，符合设计及规范要求	**《建筑节能工程施工质量验收规范》GB 50411—2007** 4.1.5 严寒和寒冷地区外墙热桥部位，应按设计要求采取节能保温等隔断热桥措施。 　　检验方法：对照设计和施工方案观察检查；核查隐蔽工程验收记录。 　　检查数量：按不同热桥种类，每种抽查20%，并不少于5处	1. 查阅墙体热桥部位隔断施工记录 隔断措施：符合设计要求 签字：施工单位、监理单位相关责任人已签字 结论：合格
			2. 查看墙体热桥部位隔断构造 隔断构造：设有效隔断措施
5.7.3	质量验收记录齐全	**1.《建筑工程施工质量验收统一标准》GB 50300—2013** 3.0.6 建筑工程施工质量应按下列要求进行验收： 　　1 工程质量验收均应在施工单位自检合格的基础上进行。 　　2 参加工程施工质量验收的各方人员应具备相应的资格。 　　3 检验批的质量应按主控项目和一般项目验收。 　　4 对涉及结构安全、节能、环境保护和主要使用功能的试块、试件及材料，应在进场时或施工中按规定进行见证检验。 　　5 隐蔽工程在隐蔽前应由施工单位通知监理单位进行验收，并应形成验收文件，验收合格后方可继续施工。 　　6 对涉及结构安全、节能、环境保护和使用功能的重要分部工程应在验收前按规定进行抽样检验。	1. 查看建筑节能工程施工：已完毕并符合设计要求

条款号	大纲条款	检 查 依 据	检查要点
5.7.3	质量验收记录齐全	7　工程的观感质量应由验收人员现场检查，并应共同确认。 5.0.1　检验批质量验收合格应符合下列规定： 　　1　主控项目的质量经抽样检验均应合格。 　　2　一般项目的质量经抽样检验合格。当采用计数抽样时，合格点率应符合有关专业验收规范的规定，且不存在严重缺陷。对于计数抽样的一般项目，正常检验一次、二次抽样可按本标准附录D判定。 　　3　具有完整的施工操作依据、质量验收记录。 5.0.2　分项工程质量验收合格应符合下列规定： 　　1　所含检验批的质量均应验收合格。 　　2　所含检验批的质量验收记录应完整。 5.0.3　分部工程质量验收合格应符合下列规定： 　　1　所含分项工程的质量均应验收合格。 　　2　质量控制资料应完整。 　　3　有关安全、节能、环境保护和主要使用功能的抽样检验结果应符合相应规定。 　　4　观感质量应符合要求。 5.0.4　单位工程质量验收合格应符合下列规定： 　　1　所含分部工程的质量均应验收合格。 　　2　质量控制资料应完整。 　　3　所含分部工程中有关安全、节能、环境保护和主要使用功能的检验资料应完整。 　　4　主要使用功能的抽查结果应符合相关专业验收规范的规定。 　　5　观感质量应符合要求。 5.0.8　经返修或加固处理仍不能满足安全或使用要求的分部工程及单位工程，严禁验收。 6.0.1　检验批应由专业监理工程师组织施工单位项目专业质量检查员、专业工长等进行验收。 6.0.2　分项工程应由专业监理工程师组织施工单位项目专业技术负责人等进行验收。 6.0.3　分部工程应由总监理工程师组织施工单位项目负责人和项目技术负责人等进行验收。勘察、设计单位项目负责人和施工单位技术、质量部门负责人应参加地基与基础分部工程的验收。设计单位项目负责人和施工单位技术、质量部门负责人应参加主体结构、节能分部工程的验收。 6.0.4　单位工程中的分包工程完工后，分包单位应对所承包的工程项目进行自检，并应按本标准规定的程序进行验收。验收时，总包单位应派人参加。分包单位应将所分包工程的质量控制资料整理完整后，移交给总包单位。 6.0.5　单位工程完工后，施工单位应组织有关人员进行自检。总监理工程师应组织各专业监理工程师对工程质量进行竣工预验收。存在施工质量问题时，应由施工单位及时整改。整改完毕后，由施工单位向建设单位提交工程竣工报告，申请工程竣工验收。	2. 查阅建筑节能工程检验批、分项工程、分部工程验收报审表 　签字：施工单位、监理单位相关负责人已签字 　盖章：施工单位、监理单位已盖章 　结论：通过验收 3. 查阅建筑节能工程检验批、分项工程、分部工程质量验收记录 　内容：包括检验批、分项工程、分部工程质量验收记录 　签字：施工单位项目技术负责人、专业监理工程师已签字 　结论：合格

续表

条款号	大纲条款	检 查 依 据	检查要点
5.7.3	质量验收记录齐全	6.0.6　建设单位收到工程竣工报告后，应由建设单位项目负责人组织监理、施工、设计、勘察等单位项目负责人进行单位工程验收。 **2.《建筑节能工程施工质量验收规范》GB 50411—2007** 15.0.3　建筑节能工程的检验批质量验收合格，应符合下列规定： 　　4　应具有完整的施工操作依据和质量验收记录。 15.0.4　建筑节能分项工程质量验收合格，应符合下列规定： 　　2　分项工程所含检验批的质量验收记录应完整。 15.0.5　建筑节能分部工程质量验收合格，应符合下列规定： 　　1　分项工程应全部合格； 　　2　质量控制资料应完整； 　　3　外墙节能构造现场实体检验结果应符合设计要求； 　　4　严寒、寒冷和夏热冬冷地区的外窗气密性现场实体检测结果应合格； 　　5　建筑设备工程系统节能性能检测结果应合格	
6　质量监督检测			
6.0.1	开展现场质量监督检查时，应重点对下列项目的检测试验报告进行查验，必要时可进行验证性抽样检测。对检验指标或结论有怀疑时，必须进行检测		
（1）	工程的防水材料、保温材料的主要技术性能	**1.《弹性体（SBS）改性沥青防水卷材》GB 18242—2008** 5.3　材料性能应符合表2要求。 6.7　可溶物含量按 GB/T 328.26 进行。 6.8　耐热度按 GB/T 328.11—2007 中 A 法进行。 6.9　低温柔性按 GB/T 328.14 进行。 6.10　不透水性按 GB/T 328.10—2007 中 B 法进行。 6.11　拉力及延伸率按 GB/T 328.8 进行。	1. 查验抽测弹性体改性沥青防水卷材试样 　可溶物含量：符合 GB 18242—2008 表2要求

续表

条款号	大纲条款	检 查 依 据	检查要点
（1）	工程的防水材料、保温材料的主要技术性能	7.7.1.2　从单位面积质量、面积、厚度及外观合格的卷材中任取一卷进行材料性能试验。 **2.《绝热用模塑聚苯乙烯泡沫塑料》GB/T 10801.1—2002** 4.3　物理机械性能应符合表 3 要求。 5.4　表观密度的测定按 GB/T 6343 规定测定。 5.5　压缩强度的测定按 GB/T 8813 规定进行。 5.6　导热系数的测定按 GB/T 10294 或 GB/T 10295 规定进行。 5.11.2　燃烧分级的测定按 GB 8624 规定进行。 6.1　组批：同一规格的产品数量不超过 2000m³ 为一批	耐热度检：符合 GB 18242—2008 表 2 要求 低温柔性：符合 GB 18242—2008 表 2 要求 不透水性：符合 GB 18242—2008 表 2 要求 拉力及延伸率：符合 GB 18242—2008 表 2 要求 2. 查验抽测绝热用模塑聚苯乙烯泡沫塑料试样 　表观密度：符合 GB/T 10801.1—2002 表 3 要求 　压缩强度：符合 GB/T 10801.1—2002 表 3 要求 　导热系数：符合 GB/T 10801.1—2002 表 3 要求 　燃烧分级：符合 GB/T 10801.1—2002 表 3 要求
（2）	后置埋件、结构密封胶及饰面砖粘贴的主要技术性能	**1.《建筑用硅酮结构密封胶》GB 16776—2005** 5.2　产品物理力学性能应符合表 1 要求。 5.3　硅酮结构胶与结构装配系统用附件的相容性应符合附录表 A.3 规定，硅酮结构胶与实际工程用基材的粘结性应符合附录 B.7 规定。B.7 结果的判定：实际工程用基材与密封胶粘结：粘结破坏面积的算术平均值≤20%。 6.3　下垂度按 GB/T 13477.6—2003 中 7.1 试验。 6.6　表干时间按 GB/T 13477.5—2003 第 8.1 条试验。 6.7　硬度按 GB/T 531—1999 采用邵尔 A 型硬度计试验。	1. 现场拉拔后置埋件 　拉拔强度：符合设计要求

续表

条款号	大纲条款	检 查 依 据	检查要点
（2）	后置埋件、结构密封胶及饰面砖粘贴的主要技术性能	6.8.3　拉伸粘结性按 GB/T 13477.8—2003 进行试验。 6.9　热老化试验方法。 7.3　组批、抽样规则 　　1　连续生产时每 3t 为一批，不足 3t 也为一批；间断生产时，每釜投料为一批。 　　2　随机抽样。单组分产品抽样量为 5 支；双组分产品从原包装中抽样，抽样量为 3kg～5kg，抽取的样品应立即密封包装。 **2.《建筑装饰装修工程质量验收规范》GB 50210—2001** 8.2.4　后置埋件的现场拉拔强度必须符合设计要求。 　　检查方法：现场拉拔检测报告。 **3.《混凝土结构后锚固技术规程》JGJ 145—2013** C.2.3　后置埋件现场非破损检验的抽样数量，应符合下列规定： 　　1　锚栓锚固质量的非破损检验： 　　1）对重要结构构件及生命线工程的非结构构件，应按表 C.2.3 规定的抽样数量对该检验批的锚栓进行检验； 　　2）对一般结构构件，应取重要结构构件抽样的 50％且不少于 5 件进行检验； 　　3）对非生命线工程的非结构构件，应取每一检验批锚固件总数的 0.1％且不少于 5 件。 　　2　植筋锚固质量的非破损检验 　　1）对重要结构构件及生命线工程的非结构构件，应取每一检验批植筋总数的 3％且不少于 5 件。 　　2）对一般结构构件，应取每一检验批植筋总数的 1％且不少于 3 件。 　　3）对非生命线工程的非结构构件，应取每一检验批植筋总数的 0.1％且不少于 3 件进行检验。 **4.《建筑工程饰面砖粘结强度检验标准》JGJ 110—2008** 3.0.5　现场粘贴的外墙饰面砖工程完工后，应对饰面砖粘结强度进行检验。 3.0.6　现场粘贴饰面砖粘结强度检验应以每 1000m² 同类墙体饰面砖为一个检验批，不足 1000m² 应以 1000m² 计，每批应取一组 3 个试样，每相邻的三个楼层应至少取一组试样，试样应随机抽取，取样间距不得小于 500mm。 　　6　粘结强度检验评定：①每组试样平均粘结强度不应小于 0.4MPa；②每组可有一个试样的粘结强度小于 0.4MPa，但不应小于 0.3MPa	2. 查验抽测硅酮结构密封胶试件 　下垂度：符合 GB 16776 表 1 要求 　表干时间：符合 GB 16776 表 1 要求 　硬度：符合 GB 16776 表 1 要求 　拉伸粘结性：符合 GB 16776 表 1 要求 　热老化：符合 GB 16776 表 1 要求 　结构装配系统用附件同密封胶相容性：符合 GB 16776 附录表 A.3 规定 　实际工程用基材与密封胶粘结：符合 GB 16776 附录 B.7 规定 3. 现场抽检饰面砖粘结试样 　粘结强度：符合 JGJ 110 第 6 章要求

第 3 节点：蓄能设施投运前监督检查

条款号	大纲条款	检 查 依 据	检查要点
4　责任主体质量行为的监督检查			
4.1　建设单位质量行为的监督检查			
4.1.1	按规定组织进行设计交底、施工图会检和受电方案交底	**1.《建设工程质量管理条例》中华人民共和国国务院令〔2000〕第 279 号** 第二十三条　设计单位应当就审查合格的施工图设计文件向施工单位作出详细说明。 **2.《建筑工程勘察设计管理条例》中华人民共和国国务院令〔2015〕第 662 号** 第三十条　建设工程勘察、设计单位应当在建设工程施工前，向施工单位和监理单位说明建设工程勘察、设计意图，解释建设工程勘察、设计文件。建设工程勘察、设计单位应当及时解决施工中出现的勘察、设计问题。 **3.《建设工程监理规范》GB/T 50319—2013** 5.1.2　监理人员应熟悉工程设计文件，有关监理人员应参加建设单位主持的图纸会审和设计交底会议，总监理工程师应参与会议纪要会签。 **4.《建设工程项目管理规范》GB/T 50326—2006** 8.3.3　项目技术负责人应主持对图纸审核，并应形成会审记录。 **5.《光伏发电站施工规范》GB 50794—2012** 3.0.1　开工前应具备下列条件： 4.开工所必需的施工图应通过会审，设计交底应完成，…… **6.《电力建设工程施工技术管理导则》国电电源〔2002〕896 号** 7.01　施工图纸是施工和验收的主要依据之一。为使施工人员充分领会设计意图、熟悉设计内容、正确施工，确保施工质量，必须在开工前进行图纸会检。 **7.《输变电工程项目质量管理规程》DL/T 1362—2014** 5.3.2　建设单位应在变电站单位工程和输电线路分部工程开工前组织设计交底和施工图会检	1. 查阅工程设计交底记录 　签字：责任人已签字 　日期：施工前 2. 查阅已开工单位工程施工图会检记录 　签字：责任人已签字 　日期：施工前 3. 查阅受电方案交底记录 　主持人：建设单位责任人 　交底人：建设单位责任人 　签字：运行、调试、施工（EPC）、监理、建设单位被交底人已签字 　时间：受电前
4.1.2	组织完成独立蓄能工程范围内的建筑、安装和调试项目的验收	**1.《建筑工程施工质量验收统一标准》GB 50300—2013** 3.0.7　建筑工程施工质量验收合格应符合下列规定： 　1　符合工程勘察、设计文件的规定。 　2　符合本标准和相关专业验收规范的要求。 5.0.4　单位工程质量验收合格应符合下列规定： 　1　所含分部工程的质量均应验收合格。 　2　质量控制资料应完整。	查阅独立蓄能工程范围内的建筑、安装和调试专业工程质量验收记录 　签字：责任人已签字 　盖章：责任单位已盖章 　结论：明确

续表

条款号	大纲条款	检 查 依 据	检查要点
4.1.2	组织完成独立蓄能工程范围内的建筑、安装和调试项目的验收	3　所含分部工程中有关安全、节能、环境保护和主要使用功能的检验资料应完整。 4　主要使用功能的抽查结果应符合相关专业验收规范的规定。 5　观感质量验收应符合规定。 6.0.5　单位工程完工后，施工单位应组织有关人员进行自检，总监理工程师应组织各专业监理工程师对工程质量进行竣工预验收。存在施工质量问题时，应由施工单位及时整改。 　整改完毕后，由施工单位向建设单位提交工程竣工报告，申请工程竣工验收。 6.0.6　建设单位收到工程竣工验收报告后，应由建设单位项目负责人组织监理、施工、设计、勘察等单位项目负责人进行单位工程验收。 **2.《光伏发电工程验收规范》GB/T 50796—2012** 3.0.4　当工程具备验收条件时，应及时组织验收。未经验收或验收不合格的工程不得交付使用或进行后续工程施工。验收工作应相互衔接，不应重复进行	
4.1.3	对工程建设标准强制性条文执行情况进行汇总	**1.《中华人民共和国标准化法实施条例》中华人民共和国国务院令〔1990〕第53号** 第二十三条　从事科研、生产、经营的单位和个人，必须严格执行强制性标准。 **2.《建设工程质量管理条例》中华人民共和国国务院令〔2000〕第279号** 第十条　…… 　建设单位不得明示或者暗示设计单位或者施工单位违反工程建设强制性标准，降低建设工程质量。 **3.《实施工程建设强制性标准监督规定》建设部令〔2000〕第81号** 第二条　在中华人民共和国境内从事新建、扩建、改建等工程建设活动，必须执行工程建设强制性标准。 第六条　……工程质量监督机构应当对工程建设施工、监理、验收等阶段执行强制性标准的情况实施监督。 第十条　强制性标准监督检查的内容包括： （一）有关工程技术人员是否熟悉、掌握强制性标准； （二）工程项目的规划、勘察、设计、施工、验收等是否符合强制性标准的规定； （三）工程项目采用的材料、设备是否符合强制性标准的规定； （四）工程项目的安全、质量是否符合强制性标准的规定； （五）工程中采用的导则、指南、手册、计算机软件的内容是否符合强制性标准的规定。 **4.《输变电工程项目质量管理规程》DL/T 1362—2014** 4.4　输变电工程项目建设过程中，参建单位应遵循现行国家和行业标准，严格执行工程设计和施工标准中的强制性条文，……	查阅强制性条文执行汇总文件 内容：与强条执行记录相符，相关支持性文件可追溯 盖章：各责任单位已盖章

条款号	大纲条款	检 查 依 据	检查要点
4.1.4	启动验收组织已建立，各专业组按职责正常开展工作	**1.《光伏发电工程验收规范》GB/T 50796—2012** 3.0.5　……；工程启动验收应由工程启动验收委员会（以下简称"启委会"）负责；…… 5.1.3　工程启动验收委员会的组成及主要职责应包括下列内容： 　　1　工程启动验收委员会应由建设单位组建，由建设、监理、调试、生产、设计、政府相关部门和电力主管部门等有关单位组成，施工单位、设备制造单位等参建单位应列席工程启动验收。 　　2　工程启动验收委员会主要职责应包括下列内容： 　　1）应组织建设单位、调试单位、监理单位、质量监督部门编制工程启动大纲。 　　2）应审议施工单位的启动准备情况，核查工程启动大纲。全面负责启动的现场指挥和具体协调工作。 　　3）应组织批准成立各专业验收小组，批准启动验收方案。 　　4）应审查验收小组的验收报告，处理启动过程中出现的问题。组织有关单位消除缺陷并进行复查。 　　5）应对工程启动进行总体评价，应签署符合本规范附录 D 要求的"工程启动验收鉴定书"。 **2.《110kV 及以上送变电工程启动及竣工验收规程》DL/T 782—2001** 3.1.1　110kV 及以上送变电工程的启动验收，一般由建设项目法人或省（直辖市、自治区）电力公司主持。 3.1.2　启委会一般由投资方、建设项目法人、省（直辖市、自治区）电力公司有关部门、运行、设计、施工、监理、调试、电网调度、质量监督等有关单位代表组成，必要时可邀请主要设备的制造厂参加。 3.1.4　启委会的职责： 3.1.4.1　组织并批准成立启委会下设的工作机构。根据需要成立启动试运指挥组和工程验收检查组，在启委会领导下进行工作。 3.2.1　启动试运指挥组一般由建设、调度、调试、运行、施工安装、监理等单位组成。设组长 1 名，副组长 2 名（调度、调试单位各 1 名），由启委会任命。 3.2.2　启动试运指挥组的主要职责：组织有关单位编制启动调试大纲、方案，按照启委会审定的启动和系统调试方案负责工程启动、调试工作；对系统调试和试运中的安全、质量、进度全面负责。启动试运指挥组根据工作需要下设调度组、系统调试组、工程配合组，分别负责调度操作、系统调试测试、提出测试报告、在启动前和启动期间进行工程检查和安全设施装置检查、巡视抢修、现场安全等工作。启动试运指挥组在工作完成后向启动验收委员会报告，并负责出具调试报告。 3.3.1　工程验收检查组由建设、运行、设计、监理、施工、质量监督等单位组成。设组长 1 名，由工程建设单位出任；副组长 1 名，由运行单位出任，由启委会任命。 3.3.2　工程验收检查组的主要职责：核查工程质量的预检查报告，组织各专业验收检查，听取各专业验收检查组的验收检查情况汇报，审查验收检查报告，责成有关单位消除缺陷并进行复查和验收；确认工程是否符合设计和验收规范要求，是否具备试运行及系统调试条件，核查工程质量监督部门的监督报告，提出工程质量评价的意见，归口协调并监督工程移交和备品备件、专用工器具、工程资料的移交	1. 查阅启动验收委员会成立文件 　内容：符合规程规定 　盖章：项目法人单位已盖章 2. 查阅各专业组验收检查结果及闭环资料 　内容：验收内容已包含启动范围，问题整改已闭环

续表

条款号	大纲条款	检 查 依 据	检查要点
4.1.5	受电方案已报电网调度部门，并取得保护定值和设备命名文件	**1.《光伏发电工程验收规范》GB/T 50796—2012** 5.2.1 工程启动验收前完成的准备工作应包括下列内容： 　　1 应取得政府有关主管部门批准文件及并网许可文件。 　　2 应通过并网工程验收，包括下列内容： 　　1）涉及电网安全生产管理体系验收。 　　2）电气主接线系统及场（站）用电系统验收。 　　3）继电保护、安全自动装置、电力通信、直流系统、光伏电站监控系统等验收。 　　4）二次系统安全防护验收。 　　5）对电网安全、稳定运行有直接影响的电厂其他设备及系统验收。 　　3 单位工程施工完毕，应已通过验收并提交工程验收文档。 　　4 应完成工程整体自检。 　　5 调试单位应编制完成启动调试方案并应通过论证。 　　6 通信系统与电网调度机构连接应正常。 　　7 电力线路应已经与电网接通，并已通过冲击试验。 　　8 保护开关动作应正常。 　　9 保护定值应正确、无误。 　　10 光伏电站监控系统各项功能应运行正常。 　　11 并网逆变器应符合并网技术要求。 **2.《110kV 及以上送变电工程启动及竣工验收规程》DL/T 782—2001** 3.4.9 电网调度部门根据建设项目法人提供的相关资料和系统情况，经过计算及时提供各种继电保护装置的整定值以及各设备的调度编号和名称；根据调试方案编制并审定启动调度方案和系统运行方式，核查工程启动试运的通信、调度自动化、保护、电能测量、安全自动装置的情况；审查、批准工程启动试运申请和可能影响电网安全运行的调整方案。 5.1 由试运指挥组提出的工程启动、系统调试、试运方案已经启委会批准；调试方案已经调度部门批准	1. 查阅启动调试方案 　签字：责任人签字 　盖章：责任单位已盖章 　审批：电网调度部门已审批同意 2. 查阅继电保护定值单和设备命名文件 　审批：电网调度部门已批准 　盖章：电网调度部门已盖章
4.1.6	独立蓄能工程的安全、保卫、消防等工作已经布置落实	**《光伏发电工程验收规范》GB/T 50796—2012** 3.0.8 工程验收中相关单位职责应符合下列要求： 　　3 施工单位职责应包括： 　　　4）协助建设单位进行单位工程、启动、试运行和移交生产验收前的现场安全、消防、治安保卫……工作。 4.5.2 安全防范工程的验收应符合下列要求： 　　1 系统的主要功能和技术性能指标应符合设计要求。	1. 查阅蓄能工程的安全、保卫、消防措施 　签字：责任人已签字 　盖章：责任单位已盖章

条款号	大纲条款	检 查 依 据	检查要点
4.1.6	独立蓄能工程的安全、保卫、消防等工作已经布置落实	2　系统配置，包括设备数量、型号及安装部位，应符合设计要求。 3　工程设备安装、管线敷设和隐蔽工程的验收应符合现行国家标准《安全防护工程技术规范》GB 50348 的有关规定。 4　报警系统、视频安防监控系统、出入口控制系统的验收等应符合现行国家标准《安全防范工程技术规范》GB 50348 的有关规定。 4.6.3　消防工程的验收应符合下列要求： 1　光伏电站消防应符合设计要求。 2　建（构）筑物构件的燃烧性能和耐火极限应符合现行国家标准《建筑设计防火规范》GB 50016 的有关规定。 3　屋顶光伏发电工程，应满足建筑物的防火要求。 4　防火隔离措施应符合设计要求。 5　消防车道和安全疏散措施应符合设计要求。 6　光伏电站消防给水、灭火措施及火灾自动报警应符合设计要求。 7　消防器材应按规定品种和数量摆放齐备。 8　安全出口标志灯和火灾应急照明灯具应符合现行国家标准《消防安全标志》GB 13495 和《消防应急照明和疏散指示系统》GB 17945 的有关规定	2. 查看现场布置 实物：与措施相符
4.1.7	蓄能后的管理方式已确定	**《火力发电建设工程启动试运及验收规程》DL/T 5437—2009** 3.3.9　与电网调度管辖有关的设备和区域，如启动/备用变压器、升压站内设备和主变压器等，在受电完成后，必须立即由生产单位进行管理	查阅蓄能后运行管理方式文件 内容：已明确运行维护责任班组
4.1.8	采用的新技术、新工艺、新流程、新装备、新材料已审批	**1. 《中华人民共和国建筑法》中华人民共和国主席令〔2011〕第 46 号** 第四条　国家扶持建筑业的发展，支持建筑科学技术研究，提高房屋建筑设计水平，鼓励节约能源和保护环境，提倡采用先进技术、先进设备、先进工艺、新型建筑材料和现代管理方式。 **2. 《建设工程质量管理条例》中华人民共和国国务院令〔2000〕第 279 号** 第六条　国家鼓励采用先进的科学技术和管理方法，提高建设工程质量。 **3. 《实施工程建设强制性标准监督规定》建设部令〔2000〕第 81 号** 第五条　工程建设中拟采用的新技术、新工艺、新材料，不符合现行强制性标准规定的，应当由拟采用单位提请建设单位组织专题技术论证，报批准标准的建设行政主管部门或者国务院有关主管部门审定。	查阅新技术、新工艺、新流程、新装备、新材料论证文件 意见：同意采用等肯定性意见 签字：专家组和批准人已签字

续表

条款号	大纲条款	检 查 依 据	检查要点
4.1.8	采用的新技术、新工艺、新流程、新装备、新材料已审批	**4.《电力工程地基处理技术规程》DL/T 5024—2005** 5.0.8 ……当采用当地缺乏经验的地基处理方法或引进和应用新技术、新工艺、新方法时，须通过原体试验验证其适用性。 **5.《电力建设施工技术规范 第1部分：土建结构工程》DL 5190.1—2012** 3.0.4 采用新技术、新工艺、新材料、新设备时，应经过技术鉴定或具有允许使用的证明。施工前应编制单独的施工措施及操作规程	
4.1.9	无任意压缩合同约定工期的行为	**1.《建设工程质量管理条例》中华人民共和国国务院令〔2000〕第279号** 第十条 建设工程发包单位不得迫使承包方以低于成本的价格竞标，不得任意压缩合理工期。 **2.《电力建设安全生产监督管理办法》电监安全〔2007〕38号** 第十三条 …… 电力建设单位应当执行定额工期，不得压缩合同约定的工期，…… **3.《建设工程项目管理规范》GB/T 50326—2006** 9.2.1 组织应依据合同文件、项目管理规划文件、资源条件与外部约束条件编制项目进度计划	查阅施工进度计划、合同工期和调整工期的相关文件 内容：有压缩工期的行为时，应有设计、监理、施工和建设单位认可的书面文件
4.1.10	各阶段质量监督检查提出的整改意见已落实闭环	**1.《电力工程质量监督实施管理程序（试行）》质监〔2012〕437号** 第十二条 阶段性监督检查 （四）…… 项目法人单位（建设单位）接到"电力工程质量监督检查整改通知书"或"停工令"后，应在规定时间组织完成整改，经内部验收合格后，填写"电力工程质量监督检查整改回复单"（见附表7），报请质监机构复查核实。 第十六条 电力工程项目投运并网前，各阶段监督检查、专项检查和定期巡视检查提出的整改意见必须全部完成整改闭环，…… **2.《电力建设工程监理规范》DL/T 5434—2009** 10.2.18 项目监理机构应接受质量监督机构的质量监督，督促责任单位进行缺陷整改，并验收	查阅电力工程质量监督检查整改回复单 内容：整改项目全部闭环，相关材料可追溯 签字：相关单位责任人已签字 盖章：相关单位已盖章
4.2 设计单位质量行为的监督检查			
4.2.1	技术洽商、设计更改等文件完整、手续齐全	**1.《建设工程勘察设计管理条例》中华人民共和国国务院令〔2015〕第662号** 第二十八条 建设单位、施工单位、监理单位不得修改建设工程勘察、设计文件；确需修改建设工程勘察、设计文件的，应当由原建设工程勘察、设计单位修改。经原建设工程勘察、设计单位书面同意，建设单位也可以委托其他具有相应资质的建设工程勘察、设计单位修改。修改单位对修改的勘察、设计文件承担相应责任。	查阅设计更改、技术洽商文件 编制签字：设计单位（EPC）各级责任人已签字

条款号	大纲条款	检 查 依 据	检查要点
4.2.1	技术洽商、设计更改等文件完整、手续齐全	施工单位、监理单位发现建设工程勘察、设计文件不符合工程建设强制性标准、合同约定的质量要求的，应当报告建设单位，建设单位有权要求建设工程勘察、设计单位对建设工程勘察、设计文件进行补充、修改。 　　建设工程勘察、设计文件内容需要作重大修改的，建设单位应当报经原审批机关批准后，方可修改。 **2. 《建设项目工程总承包管理规范》GB/T 50358—2005** 6.4.2　……，设计质量的控制点主要包括： 　　7　设计变更的控制。 **3. 《电力建设工程施工技术管理导则》国电电源〔2002〕896 号** 10.0.3　设计变更审批手续： 　　a)　小型设计变更。由工地提出设计变更申请单或工程洽商（联系）单，经项目部技术管理部门审核，由现场设计、建设（监理）单位代表签字同意后生效。 　　b)　一般设计变更。由工地提出设计变更申请单，经项目部技术管理部门审签后，送交建设（监理）单位审核。经设计单位同意后，由设计单位签发设计变更通知书并经建设（监理）单位会签后生效。 　　c)　重大设计变更。由项目部总工程师组织研究、论证后，提交建设单位组织设计、施工、监理单位进一步论证、审核，决定后由设计单位修改设计图纸并出具设计变更通知书，还应附有工程预算变更单，经建设、监理、施工单位会签后生效。 **4. 《电力勘测设计驻工地代表制度》DLGJ 159.8—2001** 5.0.2　进行设计更改 　　1　因原设计错误或考虑不周需进行的一般设计更改，由专业工代填写"设计变更通知单"，说明更改原因和更改内容，经工代组长签署后发至施工单位实施。"设计变更通知单"的格式见附录 A	审核签字：相关单位责任人已签字 　　签字时间：在变更内容实施前
4.2.2	设计代表工作到位、处理设计问题及时	**1. 《建设工程勘察设计管理条例》中华人民共和国国务院令〔2015〕第 662 号** 第三十条　……建设工程勘察设计单位应及时解决施工中出现的勘察设计问题。 **2. 《电力勘测设计驻工地代表制度》DLGJ 159.8—2001** 2.0.1　工代的工地现场服务是电力工程设计的阶段之一，为了有效地贯彻勘测设计意图，实施设计单位通过工代为施工、安装、调试、投运提供及时周到的服务，促进工程顺利竣工投产，特制定本制度。 2.0.2　工代的任务是解释设计意图，解释施工图纸中的技术问题，收集包括设计本身在内的施工、设备材料等方面的质量信息，加强设计与施工、生产之间的配合，共同确保工程建设质量和工期，以及国家和行业标准的贯彻执行。	1. 查阅设计单位对工代管理制度 　　内容：包括工代任命书及设计修改、变更、材料代用等签发人资格

条款号	大纲条款	检 查 依 据	检查要点
4.2.2	设计代表工作到位、处理设计问题及时	2.0.3 工代是设计单位派驻工地配合施工的全权代表，应能在现场积极地履行工代职责，使工程实现设计预期要求和投资效益。 5.0.6 工代记录 1 工代应对现场处理的问题、参加的各种会议以及决议作详细记录，填写"工代工作大事记"	2. 查阅设计服务记录 内容：包括现场施工与设计要求相符情况和工代协助施工单位解决具体技术问题的情况
			3. 查阅设计变更通知单和工程联系单及台账 内容：处理意见明确，收发闭环
4.2.3	参加规定项目的质量验收工作	1.《建筑工程施工质量验收统一标准》GB 50300—2013 6.0.3 分部工程应由总监理工程师组织施工单位项目负责人和项目技术负责人等进行验收。 　勘察、设计单位项目负责人和施工单位技术、质量部门负责人应参加地基与基础分部工程的验收。 　设计单位项目负责人和施工单位技术、质量部门负责人应参加主体结构、节能分部工程的验收。 6.0.6 建设单位收到工程竣工报告后，应由建设单位项目负责人组织监理、施工、设计、勘察等单位项目负责人进行单位工程验收。 2.《光伏发电工程验收规范》GB/T 50796—2012 3.0.8 工程验收中相关单位职责应符合下列要求： 2 勘察、设计单位职责应包括： 1）对土建工程与地基工程有关的施工记录校验。	1. 查阅项目质量验收范围划分表 内容：设计单位（EPC）参加验收的项目已确定
		3.《电力建设施工质量验收及评价规程 第1部分：土建工程》DL/T 5210.1—2012 3.0.12 工程质量验收的程序、组织和记录应符合下列规定： 3 分部（子分部）工程质量验收应由总监理工程师（建设单位项目负责人）组织施工单位项目负责人和技术、质量负责人等进行验收；地基与基础、主体结构分部工程的勘测、设计单位工程项目负责人和施工单位技术、质量部门负责人也应参加相关分部工程验收。 4 ⋯⋯建设单位收到工程验收申请报告后，应由建设单位（项目）负责人组织施工（含分包单位）、设计、监理等单位（项目）负责人进行单位（子单位）工程验收，⋯⋯	2. 查阅分部工程、单位工程验收记录 签字：项目设计（EPC）负责人已签字

条款号	大纲条款	检查依据	检查要点
4.2.4	工程建设标准强制性条文落实到位	**1.《建设工程质量管理条例》中华人民共和国国务院令〔2000〕第 279 号** 第十九条　勘察、设计单位必须按照工程建设强制性标准进行勘察、设计，并对其勘察、设计的质量负责。 **2.《建设工程勘察设计管理条例》中华人民共和国国务院令〔2015〕第 662 号** 第五条　……建设工程勘察、设计单位必须依法进行建设工程勘察、设计，严格执行工程建设强制性标准，并对建设工程勘察、设计的质量负责。 **3.《实施工程建设强制性标准监督规定》建设部令〔2000〕第 81 号** 第二条　在中华人民共和国境内从事新建、扩建、改建等工程建设活动，必须执行工程建设强制性标准。 第六条　建设项目规划审查机关应当对工程建设规划阶段执行强制性标准的情况实施监督。 　　施工图设计文件审查单位应当对工程建设勘察、设计阶段执行强制性标准的情况实施监督。 第十条　强制性标准监督检查的内容包括： （一）有关工程技术人员是否熟悉、掌握强制性标准； （二）工程项目的规划、勘察、设计、施工、验收等是否符合强制性标准的规定； （五）工程中采用的导则、指南、手册、计算机软件的内容是否符合强制性标准的规定。 **4.《输变电工程项目质量管理规程》DL/T 1362—2014** 6.2.1　……质量管理策划内容应包括不限于： 　　b）质量管理文件，包括引用的标准清单、设计质量策划、强制性条文实施计划、设计技术组织措施、达标投产（创优）实施细则等	1. 查阅设计文件 内容：与条条有关的内容已落实 签字：编、审、批责任人已签字 2. 查阅强制性条文实施计划（强制性条文清单）和本阶段执行记录 内容：与实施计划相符 签字：相关单位责任人已签字
4.2.5	进行了工程实体质量与设计符合性的确认	**1.《光伏发电工程验收规范》GB/T 50796—2012** 3.0.8　工程验收中相关单位职责应符合下列要求： 2　勘察、设计单位职责应包括： 3）对工程设计方案和质量负责，为工程验收提供设计总结报告。 **2.《电力勘测设计驻工地代表制度》DLGJ 159.8—2001** 5.0.3　深入现场，调查研究 1　工代应坚持经常深入施工现场，调查了解施工是否与设计要求相符，并协助施工单位解决施工中出现的具体技术问题，做好服务工作，促进施工单位正确执行设计规定的要求。 2　对于发现施工单位擅自做主、不按设计规定要求进行施工的行为，应及时指出，要求改正，如指出无效，又涉及安全、质量等原则性、技术性问题，应将问题事实与处理过程用"备忘录"的形式书面报告建设单位和施工单件，同时向设总和处领导汇报	1. 查阅地基处理分部、子分部工程质量验收记录 签字：设计单位（EPC）项目负责人已签字

条款号	大纲条款	检 查 依 据	检 查 要 点
4.2.5	进行了工程实体质量与设计符合性的确认		2. 查阅本阶段设计单位（EPC）汇报材料 内容：已对本阶段工程实体质量与勘察设计的符合性进行了确认，符合性结论明确 签字：项目设计（EPC）负责人已签字 盖章：设计单位已盖章
4.3	**监理单位质量行为的监督检查**		
4.3.1	专业监理人员配备合理，资格证书与承担的任务相符	**1.《中华人民共和国建筑法》中华人民共和国主席令〔2011〕第 46 号** 第十四条　从事建筑活动的专业技术人员，应当依法取得相应的职业资格证书，并在执业资格证书许可的范围内从事建筑活动。 **2.《建设工程质量管理条例》中华人民共和国国务院令〔2000〕第 279 号** 第三十七条　工程监理单位应当选派具备相应资格的总监理工程师和监理工程师进驻施工现场。 …… **3.《建设工程监理规范》GB/T 50319—2013** 2.0.6　总监理工程师　由工程监理单位法定代表人书面任命，负责履行建设工程监理合同、主持项目监理机构工作的注册监理工程师。 2.0.7　总监理工程师代表　经工程监理单位法定代表人同意，由总监理工程师书面授权，代表总监理工程师行使其部分职责和权力，具有工程类注册执业资格或具有中级及以上专业技术职称、3 年及以上工程实践经验并经监理业务培训的人员。 2.0.8　专业监理工程师　由总监理工程师授权，负责实施某一专业或某一岗位的监理工作，有相应监理文件签发权，具有工程类注册执业资格或具有中级及以上专业技术职称、2 年及以上工程实践经验并经监理业务培训的人员。 2.0.9　监理员　从事具体监理工作，具有中专及以上学历并经过监理业务培训的人员。 3.1.2　项目监理机构的监理人员应由总监理工程师、专业监理工程师和监理员组成，且专业配套、数量应满足建设工程监理工作需要，必要时可设总监理工程师代表。 3.1.3　……应及时将项目监理机构的组织形式、人员构成、及对总监理工程师的任命书面通知建设单位	1. 查阅监理大纲（规划）中的监理人员进场计划 人员数量及专业：已明确 2. 查阅现场监理人员名单 专业：与工程阶段和监理规划相符 数量：满足监理工作需要 3. 查阅专业监理人员的资格证书 专业：与所从事专业相符 有效期：当前有效

续表

条款号	大纲条款	检 查 依 据	检查要点
4.3.2	专业施工组织设计和调试方案已审查	**1.《建设工程监理规范》GB/T 50319—2013** 3.0.5　项目监理机构应审查施工单位报审的施工组织设计、专项施工方案，符合要求的，由总监理工程师签认后报建设单位。 　　项目监理机构应要求施工单位按照已批准的施工组织设计、专项施工方案组织施工。施工组织设计、专项施工方案需要调整的，项目监理机构应按程序重新审查。 **2.《电力建设工程监理规范》DL/T 5434—2009** 10.2.4　项目监理机构应审查承包单位报送的调试大纲、调试方案和措施，提出监理意见，报建设单位	1. 查阅专业施工组织设计报审资料 　审查意见：结论明确 　审批：责任人已签字 2. 查阅调试方案报审资料 　审查意见：结论明确 　审核：总监理工程师已签字
4.3.3	特殊施工技术措施已审批	**1.《建设工程安全生产管理条例》中华人民共和国国务院令〔2003〕第 393 号** 第二十六条　施工单位应当在施工组织设计中编制安全技术措施和施工现场临时用电方案，对下列达到一定规模的危险性较大的分部分项工程编制专项施工方案，并附具安全验算结果，经施工单位技术负责人、总监理工程师签字后实施，由专职安全生产管理人员进行现场监督： 　　（一）基坑支护与降水工程； 　　（二）土方开挖工程； 　　（三）模板工程； 　　（四）起重吊装工程； 　　（五）脚手架工程； 　　（六）拆除、爆破工程； 　　（七）国务院建设行政主管部门或者其他有关部门规定的其他危险性较大的工程。 对前款所列工程中涉及深基坑、地下暗挖工程、高大模板工程的专项施工方案，施工单位还应当组织专家进行论证、审查。 **2.《建设工程监理规范》GB/T 50319—2013** 5.2.2　总监理工程师应组织专业监理工程师审查施工单位报审的施工方案，符合要求后应予以签认。 **3.《电力建设工程监理规范》DL/T 5434—2009** 5.2.1　总监理工程师应履行以下职责： 　　6　审查承包单位提交的开工报告、施工组织设计、方案、计划。 9.1.3　专业监理工程师应要求承包单位报送重点部位、关键工序的施工工艺方案和工程质量保证措施，审核同意后签认	查阅施工单位特殊施工技术措施报审表 　签字：监理已签字 　审核意见：肯定性结论

条款号	大纲条款	检查依据	检查要点
4.3.4	组织或参加设备、材料的到货检查验收	**1.《建设工程监理规范》GB/T 50319—2013** 5.2.9 项目监理机构应审查施工单位报送的用于工程的材料、构配件、设备的质量证明文件，并应按有关规定、建设工程监理合同约定，对用于工程的材料进行见证取样、平行检验。 　　项目监理机构对已进场经检验不合格的工程材料、构配件、设备，应要求施工单位限期将其撤出施工现场。 **2.《电力建设工程监理规范》DL/T 5434—2009** 9.1.7 项目监理机构应对承包单位报送的拟进场工程材料、半成品和构配件的质量证明文件进行审核，并按有关规定进行抽样验收。对有复试要求的，经监理人员现场见证取样后送检，复试报告应报送项目监理机构查验。 9.1.8 项目监理机构应参与主要设备开箱验收，对开箱验收中发现的设备质量缺陷，督促相关单位处理	查阅施工单位报送的设备开箱/材料到货验收 　验收记录：完整 　签字：相关单位责任人已签字
4.3.5	工程建设标准强制性条文检查到位	**1.《建设工程质量管理条例》中华人民共和国国务院令〔2000〕第 279 号** 第二条　凡在中华人民共和国境内从事建设工程的新建、扩建、改建等有关活动及实施对建设工程质量监督管理的，必须遵守本条例。本条例所称建设工程，是指土木工程、建筑工程、线路管道和设备安装工程及装修工程。 第三条　建设单位、勘察单位、设计单位、施工单位、工程监理单位依法对建设工程质量负责。 第十条　······ 　　建设单位不得明示或者暗示设计单位或者施工单位违反工程建设强制性标准，降低建设工程质量。 **2.《实施工程建设强制性标准监督规定》建设部〔2000〕81 号令** 第二条　在中华人民共和国境内从事新建、扩建、改建等工程建设活动，必须执行工程建设强制性标准。 第三条　本规定所称工程强制性标准是指直接涉及工程质量、安全、卫生及环境保护等方面的工程建设标准强制性条文。 第六条　······ 　　工程质量监督机构应当对建设施工、监理、验收等阶段执行强制性标准的情况实施监督。 **3.《工程建设标准强制性条文　房屋建筑部分（2013 年版）》（全文）** **4.《工程建设标准强制性条文　电力工程部分（2011 年版）》（全文）** **5.《国家重大建设项目文件归档要求与档案整理规范》DA/T 28—2002** 7.8.3 归档文件应完整、成套、系统。应记述和反映建设项目的规划、设计、施工及竣工验收的全过程；真实记录和准确反映项目建设过程和竣工时的实际情况，图物相符，技术数据可靠、签字手续完备；文件质量应符合 5.5 的规定	查阅监理单位工程建设强制性条文执行检查记录 　监理检查结果：已执行，相关资料可追溯 　强制性条文：引用的规范条文有效 　签字：相关责任人已签字

条款号	大纲条款	检 查 依 据	检查要点
4.3.6	隐蔽工程验收记录签证齐全	**1.《建设工程质量管理条例》中华人民共和国国务院令〔2000〕第 279 号** 第三十条　施工单位必须建立、健全施工质量的检验制度，严格工序管理，作好隐蔽工程的质量检查和记录。隐蔽工程在隐蔽前，施工单位应当通知建设单位和建设工程质量监督机构。 **2.《建设工程监理规范》GB/T 50319—2013** 5.2.14　项目监理机构应对施工单位报验的隐蔽工程、检验批，分项工程和分部工程进行验收，对验收合格的应给予签认，对验收不合格的应拒绝签认，同时应要求施工单位在指定的时间内整改并重新报验。 **3.《电力建设工程监理规范》DL/T 5434—2009** 9.1.10　对承包单位报送的隐蔽工程报验申请表和自检记录，专业监理工程师应进行现场检查，符合要求予以签认后，承包单位方可隐蔽并进行下一道工序的施工	查阅施工单位隐蔽工程验收记录 　验收结论：符合规范规定和设计要求，同意隐蔽 　签字：施工项目部技术负责人与监理工程师已签字
4.3.7	完成相关施工、试验和调试项目的质量验收并汇总	**1.《建设工程监理规范》GB/T 50319—2013** 5.2.14　项目监理机构应对施工单位报验的隐蔽工程、检验批，分项工程和分部工程进行验收，对验收合格的应给予签认，对验收不合格的应拒绝签认，同时应要求施工单位在指定的时间内整改并重新报验。 **2.《电力建设工程监理规范》DL/T 5434—2009** 9.1.11　专业监理工程师应对承包单位报送的分项工程质量报验资料进行审核，符合要求予以签认；总监理工程师应组织专业监理工程师对承包单位报送的分部工程和单位工程质量验评资料进行审核和现场检查，符合要求予以签认。 9.1.16　项目监理机构应组织工程竣工初检，对发现的缺陷督促承包单位整改，并复查。 10.2.16　项目监理机构应组织或参加单体、分系统和整套启动调试各阶段的质量验收、签证工作，审核调试结果	查阅施工、调试项目验收汇总一览表 　内容：包括已验收项目名称、验收时间、验收人、验收结论 　验收项目：与施工项目验收划分表相符 　应验收及已验收项目数量：已汇总
4.3.8	质量问题及处理台账完整，记录齐全	**1.《建设工程监理规范》GB/T 50319—2013** 5.2.15　项目监理机构发现施工存在质量问题的，或施工单位采用不适当的施工工艺，或施工不当，造成工程质量不合格的，应及时签发监理通知单，要求施工单位整改。整改完毕后，项目监理机构应根据施工单位报送的监理通知回复单对整改情况进行复查，提出复查意见。 5.2.17　对需要返工处理或加固补强的质量事故，项目监理机构应要求施工单位报送质量事故调查报告和经设计等相关单位认可的处理方案，并应对质量事故的处理过程进行跟踪检查，同时应对处理结果进行验收。 项目监理机构应及时向建设单位提交质量事故书面报告，并应将完整的质量事故处理记录整理归档。	查阅质量问题及处理记录台账 　记录要素：质量问题、发现时间、责任单位、整改要求、处理结果、完成时间 　检查内容：记录完整 　签字：相关责任人已签字

续表

条款号	大纲条款	检 查 依 据	检查要点
4.3.8	质量问题及处理台账完整，记录齐全	**2.《电力建设工程监理规范》DL/T 5434—2009** 9.1.12 对施工过程中出现的质量缺陷，专业监理工程师应及时下达书面通知，要求承包单位整改，并检查确认整改结果。 9.1.15 专业监理工程师应根据消缺清单对承包单位报送的消缺方案进行审核，符合要求后予以签认，并根据承包单位报送的消缺报验申请表和自检记录进行检查验收	
4.4 施工单位质量行为的监督检查			
4.4.1	企业资质与合同约定的业务相符	**1.《中华人民共和国建筑法》中华人民共和国主席令〔2011〕第46号** 第十三条 从事建筑活动的建筑施工企业、勘察单位、设计单位……经资质审查合格，取得相应等级的资质证书后，方可在其资质等级许可的范围内从事建筑活动。 **2.《建设工程质量管理条例》中华人民共和国国务院令〔2000〕第279号** 第二十五条 施工单位应当依法取得相应等级的资质证书，并在其资质等级许可的范围内承揽工程。 **3.《建筑业企业资质管理规定》住房和城乡建设部令〔2015〕第22号** 第三条 企业应当按照其拥有的资产、主要人员、已完成的工程业绩和技术装备等条件申请建筑业企业资质，经审查合格，取得建筑业企业资质证书后，方可在资质许可的范围内从事建筑施工活动。 **4.《承装（修、试）电力设施许可证管理办法》国家电监会〔2009〕28号** 第四条 在中华人民共和国境内从事承装、承修、承试电力设施活动的，应当按照本办法的规定取得许可证。除电监会另有规定外，任何单位或者个人未取得许可证，不得从事承装、承修、承试电力设施活动。 　　本办法所称承装、承修、承试电力设施，是指对输电、供电、受电电力设施的安装、维修和试验。 第二十八条 承装（修、试）电力设施单位在颁发许可证的派出机构辖区以外承揽工程的，应当自工程开工之日起十日内，向工程所在地派出机构报告，依法接受其监督检查。 **5.《光伏发电站施工规范》GB 50794—2012** 3.0.1 开工前应具备下列条件： 　　3 施工单位的资质、特殊作业人员资格、施工机械、施工材料、计量器具等应报监理单位或建设单位审查完毕	1. 查阅企业资质证书 发证单位：政府主管部门 有效期：当前有效 业务范围：涵盖合同约定的业务 2. 查阅承装（修、试）电力设施许可证 发证单位：国家能源局及派出机构 有效期：当前有效 业务范围：涵盖合同约定的业务 3. 查阅跨区作业报告文件 发证单位：工程所在地能源局派出机构
4.4.2	项目部组织机构健全，专业人员配备实施动态管理并报审	**1.《中华人民共和国建筑法》中华人民共和国主席令〔2011〕第46号** 第十四条 从事建筑活动的专业技术人员，应当依法取得相应的执业资格证书，并在执业资格证书许可的范围内从事建筑活动。 **2.《建设工程质量管理条例》中华人民共和国国务院令〔2000〕第279号** 第二十六条 施工单位对建设工程的施工质量负责。	查阅总包及施工单位项目部成立文件 岗位设置：包括项目经理、技术负责人、质量员等

续表

条款号	大纲条款	检查依据	检查要点
4.4.2	项目部组织机构健全，专业人员配备实施动态管理并报审	施工单位应当建立质量责任制，确定工程项目的项目经理、技术负责人和施工管理负责人。 …… **3.《建设工程项目管理规范》GB/T 50326—2006** 5.2.5　项目经理部的组织机构应根据项目的规模、结构、复杂程度、专业特点、人员素质和地域范围确定。 **4.《建设项目工程总承包管理规范》GB/T 50358—2005** 4.4.2　根据工程总承包合同范围和工程总承包企业的有关规定，项目部可在项目经理以下设置控制经理、设计经理、采购经理、施工经理、试运行经理……管理岗位	EPC 模式：包括设计、采购、施工、试运行经理等
4.4.3	项目经理资格符合要求并经本企业法定代表人授权。变更须报建设单位批准	**1.《中华人民共和国建筑法》中华人民共和国主席令〔2011〕第 46 号** 第十四条　从事建筑活动的专业技术人员，应当依法取得相应的执业资格证书，并在执业资格证书许可的范围内从事建筑活动。 **2.《注册建造师管理规定》建设部令〔2006〕第 153 号** 第三条　本规定所称注册建造师，是指通过考核认定或考试合格取得中华人民共和国建造师资格证书（以下简称资格证书），并按照本规定注册，取得中华人民共和国建造师注册证书（以下简称注册证书）和执业印章，担任施工单位项目负责人及从事相关活动的专业技术人员。 　　未取得注册证书和执业印章的，不得担任大中型建设工程项目的施工单位项目负责人，不得以注册建造师的名义从事相关活动。 **3.《建筑施工企业主要负责人、项目负责人和专职安全生产管理人员安全生产管理规定》住房和城乡建设部令〔2014〕第 17 号** 第二条　在中华人民共和国境内从事房屋建筑和市政基础设施工程施工活动的建筑施工企业的"安管人员"，参加安全生产考核，履行安全生产责任，以及对其实施安全生产监督管理，应当符合本规定。 第三条　……项目负责人，是指取得相应注册执业资格，由企业法定代表人授权，负责具体工程项目管理的人员。…… **4.《注册建造师执业工程规模标准（试行）》建市〔2007〕171 号** 附件：《注册建造师执业工程规模标准》（试行） 表：注册建造师执业工程规模标准（电力工程） **5.《建设工程项目管理规范》GB/T 50326—2006** 6.2.1　项目经理应由法定代表人任命，并根据法定代表人授权的范围、期限和内容，履行管理职责； 6.2.2　大中型项目的项目经理必须取得工程建设类相应专业注册执业资格证书	1. 查阅项目经理资格证书 　发证单位：政府主管部门 　有效期：当前有效 　等级：满足项目要求 　注册单位：与承包单位一致 2. 查阅项目经理安全生产考核合格证书 　发证单位：政府主管部门 　有效期：当前有效 3. 查阅施工单位法定代表人对项目经理的授权文件及变更文件 　变更文件：经建设单位批准 　被授权人：与当前工程项目经理一致

条款号	大纲条款	检 查 依 据	检 查 要 点
4.4.4	质量检查及特殊工种人员持证上岗	**1.《特种作业人员安全技术培训考核管理办法》国家安全生产监督管理总局令〔2010〕第 30 号** 第五条　特种作业人员必须经专门的安全技术培训并考核合格，取得"中华人民共和国特种作业操作证"（以下简称特种作业操作证）后，方可上岗作业。 **2.《建筑施工特种作业人员管理规定》建质〔2008〕75 号** 第四条　建筑施工特种作业人员必须经建设主管部门考核合格，取得建筑施工特种作业人员操作资格证书，方可上岗从事相应作业。 **3.《工程建设施工企业质量管理规范》GB/T 50430—2007** 5.2.2　施工企业应按照岗位任职条件配备相应的人员。……质量检查人员、特种作业人员应按照国家法律法规的要求持证上岗。 **4.《光伏发电站施工规范》GB 50794—2012** 3.0.1　开工前应具备下列条件： 　　3　施工单位的资质、特殊作业人员资格、施工机械、施工材料、计量器具等应报监理单位或建设单位审查完毕	1. 查阅总包及施工单位各专业质检员资格证书 　专业类别：包括土建、电气等 　发证单位：政府主管部门等 　有效期：当前有效 2. 查阅特殊工种人员台账 　内容：包括姓名、工种类别、证书编号、发证单位、有效期等 3. 查阅特殊工种人员资格证书 　发证单位：政府主管部门 　有效期：当前有效，与台账一致
4.4.5	专业施工组织设计已审批	**1.《建筑工程施工质量评价标准》GB/T 50375—2006** 4.2.1　施工现场质量保证条件应符合下列检查标准： 　　3　施工组织设计、施工方案编制审批手续齐全，…… **2.《工程建设施工企业质量管理规范》GB/T 50430—2007** 10.3.2　施工企业应确定施工设计所需的评审、验证和确认活动，明确其程序和要求。 **3.《建筑施工组织设计规范》GB/T 50502—2009** 3.0.5　施工组织设计的编制和审批应符合下列规定： 　　1　施工组织设计应由项目负责人主持编制，可根据需要分阶段编制和审批； 　　2　施工组织总设计应由总承包单位技术负责人审批；单位工程施工组织设计应由施工单位技术负责人或技术负责人授权的技术人员审批，施工方案应由项目技术负责人审批；重点、难点分部（分项）工程和专项工程施工方案应由施工单位技术部门组织相关专家评审，施工单位技术负责人批准。	1. 查阅工程项目专业施工组织设计 　审批：相关责任人已签字 　时间：专业工程开工前 2. 查阅专业施工组织设计报审表 　审批意见：同意实施等肯定性意见

条款号	大纲条款	检 查 依 据	检查要点
4.4.5	专业施工组织设计已审批	**4.《光伏发电站施工规范》GB 50794—2012** 3.0.1　开工前应具备下列条件： 　　……，施工组织设计及重大施工方案应已审批	签字：总包及施工、监理、建设单位相关责任人已签字 盖章：总包及施工、监理、建设单位已盖章
4.4.6	施工方案和作业指导书已审批，技术交底记录齐全。重大施工方案或特殊措施经专项评审	**1.《危险性较大的分部分项工程安全管理办法》建质〔2009〕87 号** 第五条　施工单位应当在危险性较大的分部分项工程施工前编制专项方案；对于超过一定规模的危险性较大的分部分项工程，施工单位应当组织专家对专项方案进行论证。 第八条　专项方案应当由施工单位技术部门组织本单位施工技术、安全、质量等部门的专业技术人员进行审核。经审核合格的，由施工单位技术负责人签字。实行施工总承包的，专项方案应当由总承包单位技术负责人及相关专业承包单位技术负责人签字。 　　不需专家论证的专项方案，经施工单位审核合格后报监理单位，由项目总监理工程师审核签字。 第九条　超过一定规模的危险性较大的分部分项工程专项方案应当由施工单位组织召开专家论证会。实行施工总承包的，由施工总承包单位组织召开专家论证会。 第十条　专家组成员应当由 5 名及以上符合相关专业要求的专家组成。 　　本项目参建各方的人员不得以专家身份参加专家论证会。 第十一条 　　专项方案经论证后，专家组应当提交论证报告，对论证的内容提出明确的意见，并在论证报告上签字。该报告作为专项方案修改完善的指导意见。 第十二条　施工单位应当根据论证报告修改完善专项方案，并经施工单位技术负责人、项目总监理工程师、建设单位项目负责人签字后，方可组织实施。实行施工总承包的，应当由施工总承包单位、相关专业承包单位技术负责人签字。 **2.《建筑工程施工质量评价标准》GB/T 50375—2006** 4.2.1　施工现场质量保证条件应符合下列检查标准： 　　3　施工组织设计、施工方案编制审批手续齐全，…… **3.《建筑施工组织设计规范》GB/T 50502—2009** 3.0.5　施工组织设计的编制和审批应符合下列规定： 　　2　……施工方案应由项目技术负责人审批；重点、难点分部（分项）工程和专项工程施工方案应由施工单位技术部门组织相关专家评审，施工单位技术负责人审批。 　　3　由专业承包单位施工的分部（分项）工程或专项工程的施工方案，应由专业承包单位技术负责人或技术负责人授权的技术人员审批；有总承包单位时，应由总承包单位项目技术负责人核准备案。	1. 查阅施工方案和作业指导书 审批：相关责任人已签字 时间：施工前 2. 查阅施工方案和作业指导书报审表 审批意见：同意实施等肯定性意见 签字：总包及施工、监理单位相关责任人已签字 盖章：总包及施工、监理单位已盖章 3. 查阅技术交底记录 内容：与方案或作业指导书相符 时间：施工前 签字：交底人和被交底人已签字

条款号	大纲条款	检 查 依 据	检查要点
4.4.6	施工方案和作业指导书已审批，技术交底记录齐全。重大施工方案或特殊措施经专项评审	4 规模较大的分部（分项）工程和专项工程的施工方案应按单位工程施工组织设计进行编制和审批。 6.4.1 施工准备应包括下列内容： 　1 技术准备：包括施工所需技术资料的准备、图纸深化和技术交底的要求、试验检验和测试工作计划、样板制作计划以及与相关单位的技术交接计划等。 **4.《光伏发电工程施工规范》GB 50794—2012** 3.0.1 开工前应具备下列条件： 　设计交底应完成，施工组织设计及重大施工方案应已审批。 **5.《电力建设工程施工技术管理导则》国电电源〔2002〕896 号** 8.1.5 技术交底必须有交底记录。交底人和被交底人要履行全员签字手续	4. 查阅重大方案或特殊专项措施（需专家论证的专项方案）的评审报告 　内容：对论证的内容提出明确的意见 　评审专家资格：非本项目参建单位人员 　签字：专家已签字
4.4.7	计量工器具经检定合格，且在有效期内	**1.《中华人民共和国计量法》中华人民共和国主席令〔2015〕第 26 号** 第九条 ……未按照规定申请计量检定、计量检定不合格或者超过计量检定周期的计量器具，不得使用。 **2.《中华人民共和国依法管理的计量器具目录（型式批准部分）》国家质检总局公告〔2005〕第 145 号** 　1. 测距仪：光电测距仪、超声波测距仪、手持式激光测距仪； 　2. 经纬仪：光学经纬仪、电子经纬仪； 　3. 全站仪：全站型电子速测仪； 　4. 水准仪：水准仪； 　5. 测地型 GPS 接收机：测地型 GPS 接收机。 **3.《电力建设施工技术规范 第 1 部分：土建结构工程》DL 5190.1—2012** 3.0.5 在质量检查、验收中使用的计量器具和检测设备，应经计量检定合格后方可使用；承担材料和设备检测的单位，应具备相应的资质。 **4.《电力工程施工测量技术规范》DL/T 5445—2010** 4.0.3 施工测量所使用的仪器和相关设备应定期检定，并在检定的有效期内使用。…… **5.《建筑工程检测试验技术管理规范》JGJ 190—2010** 5.2.2 施工现场配置的仪器、设备应建立管理台账，按有关规定进行计量检定或校准，并保持状态完好	1. 查阅计量工器具台账 　内容：包括计量工器具名称、出厂合格证编号、检定日期、有效期、在用状态等 　检定有效期：在用期间有效 2. 查阅计量工器具检定报告 　有效期：在用期间有效，与台账一致 3. 查看计量工器具实物：张贴合格标签，与检定报告一致
4.4.8	专业绿色施工措施已实施	**1.《建筑工程绿色施工评价标准》GB/T 50640—2010** 3.0.2 绿色施工项目应符合以下规定： 　3 施工组织设计及施工方案应有施工组织设计及施工方案应有专门的绿色施工章节、绿色施工目标明确，内容应涵盖"四节一环保"要求。	查阅专业绿色施工记录 　内容：与绿色施工措施相符

条款号	大纲条款	检 查 依 据	检查要点
4.4.8	专业绿色施工措施已实施	**2.《建筑工程绿色施工规范》GB/T 50905—2014** 3.1.1　建设单位应履行下列职责： 　　1　在编制工程概算和招标文件时，应明确绿色施工的要求…… 　　2　应向施工单位提供建设工程绿色施工的设计文件、产品要求等相关资料…… 4.0.2　施工单位应编制包含绿色施工管理和技术要求的工程绿色施工组织设计、绿色施工方案或绿色施工专项方案，并经审批通过后实施。 **3.《电力建设施工技术规范　第 1 部分：土建结构工程》DL 5190.1—2012** 3.0.12　施工单位应建立绿色施工管理体系和管理制度，实施目标管理，施工前应在施工组织设计和施工方案中明确绿色施工的内容和方法。 **4.《电力建设绿色施工示范管理办法（2016 版）》中电建协工〔2016〕2 号** 第十三条　各参建单位均应严格执行绿色施工专项方案，落实绿色施工措施，并形成专业绿色施工的实施记录	签字：相关责任人已签字
4.4.9	单位工程开工报告已审批	**《工程建设施工企业质量管理规范》GB/T 50430—2007** 10.4.2　……施工企业应确认项目施工已具备开工条件，按规定提出开工申请，经批准后方可开工	查阅单位工程开工报告 申请时间：开工前 审批意见：同意开工等肯定性意见 签字：总包及施工、监理、建设单位相关责任人已签字 盖章：总包及施工、监理、建设单位已盖章
4.4.10	检测试验项目的检测报告齐全	**1.《建设工程质量管理条例》中华人民共和国国务院令〔2000〕第 279 号** 第二十九条　施工单位必须按照工程设计要求、施工技术标准和合同约定，对建筑材料、建筑构配件、设备和商品混凝土进行检验，…… **2.《建筑工程检测试验技术管理规范》JGJ 190—2010** 5.7.2　检测试验报告的编号和检测试验结果应在试样台账上登记	查阅检测试验报告台账 内容：与工程实际使用数量相符
4.4.11	工程建设标准强制性条文实施计划已执行	**1.《建设工程质量管理条例》中华人民共和国国务院令〔2000〕第 279 号** 第二条　凡在中华人民共和国境内从事建设工程的新建、扩建、改建等有关活动及实施对建设工程质量监督管理的，必须遵守本条例。本条例所称建设工程，是指土木工程、建筑工程、线路管道和设备安装工程及装修工程。	查阅强制性条文执行记录 内容：与强制性条文执行计划相符，相关资料可追溯

条款号	大纲条款	检 查 依 据	检查要点
4.4.11	工程建设标准强制性条文实施计划已执行	第三条　建设单位、勘察单位、设计单位、施工单位、工程监理单位依法对建设工程质量负责。 第十条　…… 　　建设单位不得明示或者暗示设计单位或者施工单位违反工程建设强制性标准，降低建设工程质量。 **2.《实施工程建设强制性标准监督规定》建设部令〔2000〕第81号** 第二条　在中华人民共和国境内从事新建、扩建、改建等工程建设活动，必须执行工程建设强制性标准。 第三条　本规定所称工程建设强制性标准是指直接涉及工程质量、安全、卫生及环境保护等方面的工程建设标准强制性条文。 　　国家工程建设标准强制性条文由国务院建设行政主管部门会同国务院有关行政主管部门确定。 第六条　……工程质量监督机构应当对工程建设施工、监理、验收等阶段执行强制性标准的情况实施监督。 **3.《工程建设标准强制性条文　房屋建筑部分（2013年版）》（全文）** **4.《工程建设标准强制性条文　电力工程部分（2011年版）》（全文）** **5.《国家重大建设项目文件归档要求与档案整理规范》DA/T 28—2002** 7.8.3　归档文件应完整、成套、系统。应记述和反映建设项目的规划、设计、施工及竣工验收的全过程；真实记录和准确反映项目建设过程和竣工时的实际情况，图物相符，技术数据可靠、签字手续完备；文件质量应符合5.5的规定	签字：相关责任人已签字 时间：与工程进度同步
4.4.12	按批准的验收项目划分表完成质量检验	**1.《光伏发电站施工规范》GB 50794—2012** 3.0.1　开工前应具备以下条件： 　　4　……项目划分及质量评定标准应确定。 **2.《电气装置安装工程　质量检验及评定规程》DL/T 5161—2002** 1.0.3　电气装置安装工程应根据工程情况，由施工单位按本通则第2章和第3章编制所承担工程的质量检验评定范围。监理单位应对各施工单位编制的工程质量检验评定范围进行核查、汇总，经建设单位确认后执行。 1.0.6　各级质检人员，应严格执行电气装置安装工程施工及验收规范，相关国家标准、行业标准和本系列标准，对工程质量进行检查、验收和评定。 **3.《电力建设施工质量验收及评价规程　第1部分：土建工程》DL/T 5210.1—2012** 2.0.3　验收 　　建筑工程在施工单位自行质量检查评定的基础上，参与建设活动的有关单位共同对检验批、分项、分部、单位工程进行复检，并根据相关标准以书面形式对工程质量与否做出确认	1. 查阅项目质量验收划分表 　内容：与工程实际相符，符合规范要求 　意见：有肯定性结论 　签字：总包及施工、监理、建设单位相关责任人已签字 　时间：工程开工前 2. 查阅质量验收内容 　内容：与批准的划分表一致 　签字：总包及施工、监理、建设单位相关责任人已签字 　时间：与工程进度同步

条款号	大纲条款	检 查 依 据	检查要点
4.4.13	施工、调试验收中的不符合项已整改	**1.《建设工程质量管理条例》中华人民共和国国务院令〔2000〕第 279 号** 第三十二条　施工单位对施工中出现质量问题的建设工程或者竣工验收不合格的建设工程，应当负责返修。 **2.《建筑工程施工质量验收统一标准》GB 50300—2013** 5.0.6　当建筑工程施工质量不符合规定时，应按下列规定进行处理： 　1　经返工或返修的检验批，应重新进行验收。 **3.《光伏发电工程验收规范》GB／T 50796—2012** 7.0.3　工程竣工验收条件应符合下列要求： 　1　历次验收发现的问题和缺陷应已经整改完成。 **4.《110kV 及以上送变电工程启动及竣工验收规程》DL／T 782—2001** 4.3　每次检查中发现的问题在每个阶段中加以消缺，消缺之后要重新检查。…… 5.2.4　……（电气设备试验）验收检查发现的缺陷已经消除，……	查阅问题记录及闭环资料 　内容：不符合项记录完整，问题已闭环 　签字：相关责任人已签字
4.4.14	无违规转包或者违法分包工程行为	**1.《中华人民共和国建筑法》中华人民共和国主席令〔2011〕第 46 号** 第二十八条　禁止承包单位将其承包的全部建筑工程转包给他人，禁止承包单位将其承包的全部建筑工程肢解以后以分包的名义转包给他人。 第二十九条　建筑工程总承包单位可以将承包工程中的部分工程发包给具有相应资质条件的分包单位，但是，除总承包合同约定的分包外，必须经建设单位认可。施工总承包的，建筑工程主体结构的施工必须由总承包单位自行完成。 …… 　禁止总承包单位将工程分包给不具备相应资质条件的单位。禁止分包单位将其承包的工程再分包。 **2.《建筑工程施工转包违法分包等违法行为认定查处管理办法（试行）》建市〔2014〕118 号** 第七条　存在下列情形之一的，属于转包： 　（一）施工单位将其承包的全部工程转给其他单位或个人施工的； 　（二）施工总承包单位或专业承包单位将其承包的全部工程肢解以后，以分包的名义分别转给其他单位或个人施工的； 　（三）施工总承包单位或专业承包单位未在施工现场设立项目管理机构或未派驻项目负责人、技术负责人、质量管理负责人、安全管理负责人等主要管理人员，不履行管理义务，未对该工程的施工活动进行组织管理的； 　（四）施工总承包单位或专业承包单位不履行管理义务，只向实际施工单位收取费用，主要建筑材料、构配件及工程设备的采购由其他单位或个人实施的；	1. 查阅工程分包申请报审表 　意见：同意分包等肯定性意见 　签字：总包及施工、监理、建设单位相关责任人已签字 　盖章：总包及施工、监理、建设单位已盖章 2. 查阅工程分包商资质 　业务范围：涵盖所分包的项目 　发证单位：政府主管部门 　有效期：当前有效

条款号	大纲条款	检 查 依 据	检查要点
4.4.14	无违规转包或者违法分包工程行为	（五）劳务分包单位承包的范围是施工总承包单位或专业承包单位承包的全部工程，劳务分包单位计取的是除上缴给施工总承包单位或专业承包单位"管理费"之外的全部工程价款的； （六）施工总承包单位或专业承包单位通过采取合作、联营、个人承包等形式或名义，直接或变相地将其承包的全部工程转给其他单位或个人施工的； （七）法律法规规定的其他转包行为。 第九条　存在下列情形之一的，属于违法分包： （一）施工单位将工程分包给个人的； （二）施工单位将工程分包给不具备相应资质或安全生产许可的单位的； （三）施工合同中没有约定，又未经建设单位认可，施工单位将其承包的部分工程交由其他单位施工的； （四）施工总承包单位将房屋建筑工程的主体结构的施工分包给其他单位的，钢结构工程除外； （五）专业分包单位将其承包的专业工程中非劳务作业部分再分包的； （六）劳务分包单位将其承包的劳务再分包的； （七）劳务分包单位除计取劳务作业费用外，还计取主要建筑材料款、周转材料款和大中型施工机械设备费用的； （八）法律法规规定的其他违法分包行为	
4.5　调试单位质量行为的监督检查			
4.5.1	企业资质与合同约定的业务相符	**1.《中华人民共和国建筑法》中华人民共和国主席令〔2011〕第46号** 第十三条　从事建筑活动的建筑施工企业、勘察单位、设计单位……经资质审查合格，取得相应等级的资质证书后，方可在其资质等级许可的范围内从事建筑活动。 **2.《建设工程质量管理条例》中华人民共和国国务院令〔2000〕第279号** 第二十五条　施工单位应当依法取得相应等级的资质证书，并在其资质等级许可的范围内承揽工程。 **3.《建筑业企业资质管理规定》住房和城乡建设部令〔2015〕第22号** 第三条　企业应当按其拥有的资产、主要人员、已完成的工程业绩和技术装备等条件申请建筑业企业资质，经审查合格，取得建筑业企业资质证书后，方可在资质许可的范围内从事建筑施工活动。 **4.《承装（修、试）电力设施许可证管理办法》国家电监会〔2009〕28号** 第四条　在中华人民共和国境内从事承装、承修、承试电力设施活动的，应当按照本办法的规定取得许可证。除电监会另有规定外，任何单位或者个人未取得许可证，不得从事承装、承修、承试电力设施活动。 　本办法所称承装、承修、承试电力设施，是指对输电、供电、受电电力设施的安装、维修和试验。	1. 查阅企业资质证书 　发证单位：政府主管部门 　有效期：当前有效 　业务范围：涵盖合同约定的业务 2. 查阅承装（修、试）电力设施许可证 　发证单位：国家能源局及派出机构 　有效期：当前有效 　业务范围：涵盖合同约定的业务

条款号	大纲条款	检 查 依 据	检查要点
4.5.1	企业资质与合同约定的业务相符	第二十八条 承装（修、试）电力设施单位在颁发许可证的派出机构辖区以外承揽工程的，应当自工程开工之日起十日内，向工程所在地派出机构报告，依法接受其监督检查。 **5.《光伏发电站施工规范》GB 50794—2012** 3.0.1 开工前应具备下列条件： 　　3 施工单位的资质、特殊作业人员资格、施工机械、施工材料、计量器具等应报监理单位或建设单位审查完毕	3. 查阅跨区作业报告文件 　发证单位：工程所在地能源局派出机构
4.5.2	项目部专业人员配置合理，调试人员持证上岗	**1.《建设工程质量管理条例》中华人民共和国国务院令〔2000〕第 279 号** 第二十六条 ……施工单位应当建立质量责任制，确定工程项目的项目经理、技术负责人和施工管理负责人。 **2.《电工进网作业许可证管理办法》电监会〔2005〕15 号令** 第四条 电工进网作业许可证是电工具有进网作业资格的有效证件。进网作业电工应当按照本办法的规定取得电工进网作业许可证并注册。未取得电工进网作业许可证或者电工进网作业许可证未注册的人员，不得进网作业。 第六条 电工进网作业许可证分为低压、高压、特种三个类别。 　　…… 　　取得特种类电工进网作业许可证的，可以在受电装置或者送电装置上从事电气试验、二次安装调试、电缆作业等特种作业。 **3.《建设工程项目管理规范》GB/T 50326—2006** 5.2.5 项目经理部的组织结构应根据项目的规模、结构、复杂程度、专业特点、人员素质和地域范围确定。 **4.《输变电工程项目质量管理规程》DL/T 1362—2014** 10.2.1 工程项目调试前，调试单位应进行下列质量管理策划： 　　a）建立项目调试质量控制组织机构和制度，确定人员配置； 10.1.3 调试单位应按调试合同的约定选派具备相应资格能力的调试人员进驻现场。调试人员资格要求参见附录 E	1. 查阅岗位设置文件 　岗位设置：有相应专业人员，满足调试工作需要 　各岗位职责：职责明确
			2. 查阅调试人员资格证书 　发证单位：国家能源局及派出机构 　有效期：当前有效 　类别：许可执业范围涵盖目前从事的调试工作
4.5.3	调试措施审批手续齐全	**1.《光伏发电站施工规范》GB 50794—2012** 6.1.1 调试方案应报审完毕。 **2.《光伏发电工程验收规范》GB/T 50796—2012** 5.2.1 工程启动验收前完成的准备工作应包含下列内容： 　　5 调试单位应编制完成启动调试方案并应通过论证。	查阅电气设备交接试验作业指导书、调试大纲、系统调试方案

续表

条款号	大纲条款	检 查 依 据	检查要点
4.5.3	调试措施审批手续齐全	**3. 《110kV 及以上送变电工程启动及竣工验收规程》DL/T 782—2001** 3.4.3 调试单位应按合同负责编制启动和系统调试大纲、调试方案，报启委会审查批准，…… 5.1 由试运指挥组提出的工程启动、系统调试、试运方案已经启委会批准，调试方案已经调度部门批准；…… **4. 《输变电工程项目质量管理规程》DL/T 1362—2014** 10.2.2 调试开始前，调试单位应编制调试技术文件，并报监理单位审核、建设单位批准。调试技术文件应包括下列内容： 　　a）电气设备交接试验作业指导书、专业调试方案、系统调试大纲	作业指导书、调试大纲审批签字：调试（总包）、监理、建设单位相关负责人已签字 系统调试方案审批：启动委员会有关负责人签字
4.5.4	调试使用的仪器、仪表检定合格并在有效期内	**1. 《中华人民共和国计量法》中华人民共和国主席令〔2013〕第 8 号** 第九条 ……未按照规定申请检定、计量检定不合格或者超过计量检定周期的计量器具，不得使用。 **2. 《输变电工程项目质量管理规程》DL/T 1362—2014** 10.3.3 调试设备的管理应符合下列要求： 　　a）调试单位应配备与调试项目相适应的调试设备，应保证其在有效期内，并应在设备进场时报监理审查； **3. 《输变电工程达标投产验收规程》DL 5279—2012** 4.4.1 变电站、开关站与换流站交流场电气调整试验与技术指标验收应按表 4.4.1（27 重要报告、记录、签证）的规定进行。 　　1）调试使用仪器台账、校验报告齐全。 4.8.1 工程综合管理与档案检查验收应按表 4.8.1（9 调试管理）的规定进行。 　　4）试验仪器、设备检验合格，并在有效期内	1. 查阅仪器、仪表台账 内容：包括仪器、仪表名称、出厂合格证编号、检定日期、有效期、在用状态等 检定有效期：在用期间有效 2. 查阅仪器、仪表检定报告 有效期：在用期间有效，与台账一致 3. 查看仪器、仪表实物：与检定报告一致
4.5.5	已完项目的试验和调试报告已编制	**1. 《110kV 及以上送变电工程启动及竣工验收规程》DL/T 782—2001** 3.4.3 调试单位应……提出调试报告和调试总结。 5.2.4 电器设备的各项试验全部完成且合格，有关记录齐全完整。……所有设备及其保护（包括通道）……调试整定合格且调试记录齐全。 **2. 《输变电工程项目质量管理规程》DL/T 1362—2014** 10.1.5 调试单位应形成试验记录，应编制试验报告，并应保证调试档案资料的真实性、准确性和完整性	查阅调试报告 盖章：调试单位已盖章 审批：试验人员、责任人已签字 时间：与调试进度同步

条款号	大纲条款	检 查 依 据	检查要点
4.5.6	投运范围内的设备和系统已按规定全部试验和调试完毕并签证	**1.《光伏发电工程验收规范》GB/T 50796—2012** 5.2.1　工程启动验收前完成的准备工作应包含下列内容： 　　2　应通过并网工程验收，包括下列内容： 　　　1）涉及电网安全生产管理体系验收。 　　　2）电气主接线系统及场（站）用电系统验收。 　　　3）继电保护、安全自动装置、电力通信、直流系统、光伏电站监控系统等验收。 　　　4）二次系统安全防护验收。 　　　5）对电网安全、稳定运行有直接影响的电厂其他设备及系统验收。 5.2.2　工程启动验收主要工作应包括下列内容： 　　2　应按照启动验收方案对光伏发电工程启动进行验收。 　　4　应签发"工程启动验收鉴定书"。 **2.《110kV 及以上送变电工程启动及竣工验收规程》DL/T 782—2001** 5.2.4　电器设备的各项试验全部完成且合格，有关记录齐全完整。带电部位的接地线已全部拆除，所有设备及其保护（包括通道）、调度自动化、安全自动装置、微机监控装置以及相应的辅助设施均已安装齐全，调试整定合格且调试记录齐全。 5.3.6　送电线路带电前的试验（线路绝缘电阻测定、相位核对、线路参数和高频特性测定）已完成。 **3.《输变电工程项目质量管理规程》DL/T 1362—2014** 10.3.6　调试质量检查验收应符合下列要求： 　　a）调试单位应完成全部调试项目的质量自检，应参加监理单位或建设单位组织的调试质量验收，应及时消除质量缺陷和遗留问题	查阅调试记录、调试报告、试验报告 试验项目：与调试方案、大纲符合 签字：相关责任人已签字 签证验收：调试（总包）、监理、建设单位相关责任人已签字
4.5.7	工程建设标准强制性条文实施计划已执行	**1.《建设工程质量管理条例》中华人民共和国国务院令〔2000〕第 279 号** 第二条　凡在中华人民共和国境内从事建设工程的新建、扩建、改建等有关活动及实施对建设工程质量监督管理的，必须遵守本条例。本条例所称建设工程，是指土木工程、建筑工程、线路管道和设备安装工程及装修工程。 第三条　建设单位、勘察单位、设计单位、施工单位、工程监理单位依法对建设工程质量负责。 第十条　…… 　　建设单位不得明示或者暗示设计单位或者施工单位违反工程建设强制性标准，降低建设工程质量。 **2.《实施工程建设强制性标准监督规定》建设部令〔2000〕第 81 号** 第二条　在中华人民共和国境内从事新建、扩建、改建等工程建设活动，必须执行工程建设强制性标准。 第六条　工程质量监督机构应当对工程建设施工、监理、验收等阶段执行强制性标准的情况实施监督。	查阅强制性条文执行记录 内容：与强制性条文执行计划相符，相关资料可追溯 签字：相关责任人已签字 时间：与工程进度同步

条款号	大纲条款	检 查 依 据	检查要点
4.5.7	工程建设标准强制性条文实施计划已执行	**3.《输变电工程项目质量管理规程》DL/T 1362—2014** 4.4 参建单位应严格执行工程建设标准强制性条文，…… **4.《工程建设标准强制性条文 电力工程部分（2011年版）》（全文）** **5.《国家重大建设项目文件归档要求与档案整理规范》DA/T 28—2002** 7.8.3 归档文件应完整、成套、系统。应记述和反映建设项目的规划、设计、施工及竣工验收的全过程；真实记录和准确反映项目建设过程和竣工时的实际情况，图物相符，技术数据可靠、签字手续完备；文件质量应符合5.5的规定	
4.6 生产运行单位质量行为的监督检查			
4.6.1	生产运行管理组织机构健全，满足生产运行管理工作的需要	《建设工程项目管理规范》GB/T 50326—2006 5 项目管理组织 5.1.1 项目管理组织的建立应遵循下列原则： 1 组织结构科学合理。 2 有明确的管理目标和责任制度。 3 组织成员具备相应的职业资格。 4 保持相对稳定，并根据实际需要进行调整。 10.1.1 组织应遵照《建设工程质量管理条例》和《质量管理体系 GB/T 19000》族标准的要求，建立持续改进质量管理体系，设立专职管理部门或专职人员	查阅生产运行单位组织机构设置文件 内容：人员配备满足运行管理需要
4.6.2	运行人员经相关部门培训上岗	**1.《电力安全工作规程 发电厂和变电站电气部分》GB 26860—2011** 4.1.2 具备必要的安全生产知识和技能，从事电气作业的人员应掌握触电急救等救护方法。 4.1.3 具备必要的电气知识和业务技能，熟悉电气设备及其系统。 **2.《光伏发电工程验收规范》GB/T 50796—2012** 6.2.1 工程试运和移交生产验收应具备下列条件： 8 生产准备工作应已完成。 9 运行人员应取得上岗资格。 **3.《110kV及以上送变电工程启动及竣工验收规程》DL/T 782—2001** 3.4.4 ……生产运行单位应在工程启动试运前完成各项生产准备工作：生产运行人员定岗定编、上岗培训，…… 5.2.1 变电站生产运行人员已配齐并已持证上岗，试运指挥组将启动调试试运方案向参加试运人员交底。	查阅运行人员培训台账 培训对象：运行人员 考试成绩：合格 台账审核：负责人已签字

条款号	大纲条款	检 查 依 据	检查要点
4.6.2	运行人员经相关部门培训上岗	**4.《变电站运行导则》DL/T 969—2005** 4.1.1　值班人员应经岗位培训且考试合格后方能上岗。应掌握变电站的一次设备、二次设备、直流设备、站用电系统、防误闭锁装置、消防等设备性能及相关线路、系统情况。掌握各级调度管辖范围、调度术语和调度指令	
4.6.3	运行管理制度、操作规程、运行系统图册已发布实施	**1.《光伏发电工程验收规范》GB/T 50796—2012** 3.0.8　工程验收中相关单位职责应符合下列要求： 　　6　生产运行单位职责应包括： 　　　　4）负责印制生产运行的规程、制度、系统图表、记录表单等。 **2.《110kV 及以上送变电工程启动及竣工验收规程》DL/T 782—2001** 3.4.4　生产运行人员应……参与编写或修订运行规程。通过参加竣工验收检查和启动、调试和试运行，运行人员应进一步熟悉操作，摸清设备特性，检查编写的运行规程是否符合实际情况，必要时进行修订。生产运行单位应在工程启动试运前完成各项生产准备工作：……编制运行规程，建立设备资料档案、运行记录表格，…… **3.《变电站运行导则》DL/T 969—2005** 4.1.3　……新建变电站投入运行三个月、改（扩）建的变电站投入运行一个月后，应有经过审批的《变电站现场运行规程》。投运前，可用经过审批的临时《变电站现场运行规程》代替	1. 查阅运行管理制度及管理台账 　签字：编、审、批已签字 　台账：已建立 2. 查阅运行操作规程 　签字：编、审、批已签字 　时间：生效时间明确 3. 查阅运行系统图册 　审批：编、审、批已签字 　时间：生效时间明确

4.7　检测试验机构质量行为的监督检查

条款号	大纲条款	检 查 依 据	检查要点
4.7.1	检测试验机构已经监理审核，并通过能力认定，其现场派出机构（现场试验室）满足规定条件，并已报质量监督机构备案	**1.《建设工程质量检测管理办法》建设部令〔2005〕第 141 号** 第四条　……检测机构未取得相应的资质证书，不得承担本办法规定的质量检测业务。 第八条　检测机构资质证书有效期为 3 年。资质证书有效期满需要延期的，检测机构应当在资质证书有效期满 30 个工作日前申请办理延期手续。 **2.《检验检测机构资质认定管理办法》国家质量监督检验检疫总局令〔2015〕第 163 号** 第二条　…… 　　资质认定包括检验检测机构计量认证。 第三条　检验检测机构从事下列活动，应当取得资质认定： 　　（四）为社会经济、公益活动出具具有证明作用的数据、结果的； 　　（五）其他法律法规规定应当取得资质认定的。	1. 查阅检测机构资质证书 　发证单位：国家认证认可监督管理委员会（国家级）或地方质量技术监督部门或各直属出入境检验检疫机构（省市级）及电力质监机构 　有效期：当前有效 　证书业务范围：涵盖检测项目

续表

条款号	大纲条款	检 查 依 据	检查要点
4.7.1	检测试验机构已经监理审核，并通过能力认定，其现场派出机构（现场试验室）满足规定条件，并已报质量监督机构备案	**3.《建设工程监理规范》GB/T 50319—2013** 5.2.7 专业监理工程师应检查施工单位为工程提供服务的试验室。 **4.《房屋建筑和市政基础设施工程质量检测技术管理规范》GB 50618—2011** 3.0.2 建设工程质量检测机构（以下简称检测机构）应取得建设主管部门颁发的相应资质证书。 3.0.3 检测机构必须在技术能力和资质规定范围内开展检测工作。 **5.《电力建设土建工程施工技术检验规范》DL/T 5710—2014** 3.0.4 承担电力建设土建工程检测试验任务的检测试验单位应取得计量认证证书和相应的资质等级证书。当设置现场试验室时，检测试验单位及由其派出的现场试验室应取得电力工程质量监督机构认定的资质等级证书。 3.0.5 检测试验单位及其派出的现场试验室必须在其资质规定和技术能力范围内开展检测试验工作。 4.5.1 施工单位应在工程施工前按单位工程编制施工检测试验计划，报监理单位审查，并经建设单位批准后，在监理单位监督下组织实施。当设现场试验室时，施工检测试验计划尚应经现场试验室核查。 **6.《建筑工程检测试验技术管理规范》JGJ 190—2010** 5.2.4 单位工程建筑面积超过10000m² 或者造价超过1000万元人民币时，可设立现场试验站。 **7.《电力工程检测试验机构能力认定管理办法（试行）》质监〔2015〕20号** 第四条 电力工程检测试验机构是指依据国家规定取得相应资质，从事电力工程检测试验工作，为保障电力工程建设质量提供检测验证数据和结果的单位。 第七条 同时根据工程建设规模、技术规范和质量验收规程对检测机构在检测人员、仪器设备、执行标准和环境条件等方面的要求，相应的将承担工程检测试验业务的检测机构划分为A级和B级两个等级。 第九条 承担建设建模200MW及以上发电工程和330kV及以上变电站（换流站）工程检测试验任务的检测机构，必须符合B级及以上等级标准要求。不同规模电力工程项目所对应要求的检测机构能力等级详见附件5。 第二十八条 检测机构不得将所承担检测试验工作转包或违规分包给其他检测试验单位。因特殊技术要求，需要外委的检测试验项目应委托给具有相应资质的检测试验单位，并根据合同要求，制订外委计划进行跟踪管理。检测机构对外委的检测试验项目的检测试验结论负连带责任。 第三十条 根据工程建设需要和质量验收规程要求，检测机构在承担电力工程项目的检测试验任务时，应当设立现场试验室。检测机构对所设立现场试验室的一切行为负责。 第三十一条 现场试验室在开展工作前，须通过负责本项目的质监机构组织的能力认定。对符合条件的，质监机构应予以书面确认。 第三十五条 检测机构的《业务等级确认证明》有效期为四年，有效期满后，重新进行确认。 附件1-3 土建检测试验机构现场试验室要求 附件2-3 金属检测试验机构现场试验室要求	2. 查看现场试验室 资质文件：派出机构相关文件 人员配置：与工作任务相符 试验仪器：满足检测范围要求 场所：有固定场所且面积、环境、温湿度满足规范要求 3. 查阅检测机构的申请报备文件 报备时间：工程开工前

条款号	大纲条款	检　查　依　据	检查要点
4.7.2	检测试验人员资格符合规定，持证上岗	**1.《建设工程质量检测管理办法》建设部令〔2005〕第141号** 第十六条　检测人员不得同时受聘于两个或者两个以上的检测机构。检测机构和检测人员不得推荐或者监制建筑材料、构配件和设备。 **2.《检验检测机构资质认定管理办法》国家质量监督检验检疫总局令〔2015〕第163号** 第三十二条　检验检测机构及其人员应当对其在检验检测活动中所知悉的国家秘密、商业秘密和技术秘密负有保密义务，并制定实施相应的保密措施。 **3.《房屋建筑和市政基础设施工程质量检测技术管理规范》GB 50618—2011** 4.1.5　检测操作人员应经技术培训、通过建设主管部门或委托有关机构的考核，方可从事检测工作。 5.3.6　检测前应确认检测人员的岗位资格，检测操作人员应熟识相应的检测操作规程和检测设备使用、维护技术手册等。 **4.《电力建设土建工程施工技术检验规范》DL/T 5710—2014** 4.2.2　每个室内检测试验项目持有岗位证书的操作人员不得少于2人；每个现场检测试验项目持有岗位证书的操作人员不得少于3人。 4.2.3　检测试验单位技术负责人、质量负责人及授权签字人应具有工程类专业中级及其以上技术职称，掌握相关领域知识，具有规定的工作经历、检测试验工作经验和工作年限。 4.2.4　检测试验人员应经技术培训、通过行业主管部门或委托有关机构考核合格后持证上岗。 4.2.6　检测试验单位应有人员学习、培训、考核记录	1. 查阅检测人员登记台账 　专业类别和数量：满足检测项目需求 2. 查阅检测人员资格证书 　资格证颁发单位：各级政府和电力行业主管部门 　资格证：当前有效
4.7.3	检测试验仪器、设备检定合格，且在有效期内	**1.《房屋建筑和市政基础设施工程质量检测技术管理规范》GB 50618—2011** 4.2.14　检测机构的所有设备均应标有统一的标识，在用的检测设备均应标有校准或检测有效期的状态标识。 **2.《电力建设土建工程施工技术检验规范》DL/T 5710—2014** 4.3.1　检测试验仪器应符合国家现行有关技术标准的规定及合同中的相关条款，满足检测试验工作要求。 4.3.2　在用仪器设备有出厂合格证、检定或校准合格证，应保持完好状态，并在检定或校准周期内使用。 4.3.3　检测试验单位应指定仪器设备检定或校准计划，按规定进行检定或校准，检定或校准的周期应符合国家有关规定及技术标准的规定。 4.3.4　检测试验单位应建立仪器设备管理台账和档案，记录仪器设备技术条件及使用过程的有关信息。 4.3.5　检测试验仪器设备（包含标准物质）应设置明显的标识表明其状态。 4.3.6　检测试验单位应建立仪器设备管理责任制，并做好使用、维护保养、维修记录。 4.3.7　大型、复杂、精密的检测试验设备应编制使用操作规程。 4.3.8　仪器设备布置应分类、分区，便于操作，符合有关技术、安全规程规定。 **3.《建筑工程检测试验技术管理规范》JGJ 190—2010** 5.2.3　施工现场试验环境及设施应满足检测试验工作的要求	1. 查阅检测仪器、设备登记台账 　数量、种类：满足检测需求 　检定周期：当前有效 　检定结论：合格 2. 查看检测仪器、设备检验标识 　检定周期：与台账一致

条款号	大纲条款	检 查 依 据	检查要点
4.7.4	检测试验依据正确、有效，检测试验报告及时、规范	**1.《检验检测机构资质认定管理办法》国家质量监督检验检疫总局令〔2015〕第163号** 第十三条　…… 　　检验检测机构资质认定标志，……。式样如下：CMA标志 第二十五条　检验检测机构应当在资质认定证书规定的检验检测能力范围内，依据相关标准或者技术规范规定的程序和要求，出具检验检测数据、结果。 　　检验检测机构出具检验检测数据、结果时，应当注明检验检测依据，并使用符合资质认定基本规范、评审准则规定的用语进行表述。 　　检验检测机构对其出具的检验检测数据、结果负责，并承担相应法律责任。 第二十八条　检验检测机构向社会出具具有证明作用的检验检测数据、结果的，应当在其检验检测报告上加盖检验检测专用章，并标注资质认定标志。 **2.《建设工程质量检测管理办法》建设部令〔2005〕第141号** 第十四条　检测机构完成检测业务后，应当及时出具检测报告。检测报告经检测人员签字、检测机构法定代表人或者其授权的签字人签署，并加盖检测机构公章或者检测专用章后方可生效。检测报告经建设单位或者工程监理单位确认后，由施工单位归档。见证取样检测的检测报告中应当注明见证人单位及姓名。 **3.《房屋建筑和市政基础设施工程质量检测技术管理规范》GB 50618—2011** 4.1.3　……检测报告批准人、检测报告审核人应经检测机构技术负责人授权，…… 5.5.1　检测项目的检测周期应对外公示，检测工作完成后，应及时出具检测报告。 5.5.4　检测报告至少应由检测操作人签字、检测报告审核人签字、检测报告批准人签发，并加盖检测专用章，多页检测报告还应加盖骑缝章。 5.5.6　检测报告结论应符合下列规定： 　　1　材料的试验报告结论应按相关材料、质量标准给出明确的判定； 　　2　当仅有材料试验方法而无质量标准时，材料的试验报告结论应按设计要求或委托方要求给出明确的判定； 　　3　现场工程实体的检测报告结论应根据设计及鉴定委托要求给出明确的判定。 **4.《电力建设土建工程施工技术检验规范》DL/T 5710—2014** 4.8.2　检测试验前应确认检测试验方法标准，并严格按照经确认的检测试验方法标准和检测试验方案进行。 4.8.3　检测试验操作应由不少于2名持证检测人员进行。 4.8.4　检测试验出现异常情况时，应按检测试验异常情况处理预案正确处理。 4.8.5　检测试验原始记录应在检测试验操作过程中及时真实记录，统一项目采用统一的格式。	查阅检测试验报告 　检测依据：有效的标准规范、合同及技术文件 　检测结论：明确 　签章：检测操作人、审核人、批准人（授权签字人）已签字，已加盖检测机构公章或检测专用章（多页检测报告加盖骑缝章），并标注相应的资质认定标志 　时间：在检测机构规定时间内出具

条款号	大纲条款	检 查 依 据	检查要点
4.7.4	检测试验依据正确、有效，检测试验报告及时、规范	4.8.6　检测试验原始记录笔误需要更正时，应由原记录人进行杠改，并在杠改处由原记录人签名或加盖印章。 4.8.7　自动采集的原始数据当因检测试验设备故障导致原始数据异常时，应予以记录，并应有检测试验人员做出书面说明，由检测试验单位技术负责人批准，方可进行更改。 4.8.8　检测试验工作完成后应在规定时间内及时出具检测试验报告，并保证数据和结果精确、客观、真实。检测试验报告的交付时间和检测周期应予以明示，特殊检测试验报告的交付时间和检测周期应在委托时约定。 4.8.9　检测试验报告编号应连续，不得空号、重号。 4.8.10　检测试验报告至少应由检测试验人、审核人、批准人（授权签字人）不少于三级人员的签名，并加盖检测试验报告专用章及计量认证章，多页检测试验报告应加盖骑缝章。 4.8.11　检测试验报告宜采用统一的格式，内容应齐全且符合国家现行有关标准的规定和委托要求。 4.8.12　检测试验报告结论应符合下列规定： 　1　材料的试验报告结论应按相关的材料、质量标准给出的明确的判断； 　2　当仅有材料试验方法而无质量标准时，材料的试验报告结论应按设计规定或委托方要求给出明确的判断； 　3　现场工程实体的检测报告结论应根据设计及鉴定委托要求给出明确的判断。 4.8.13　委托单位应及时获取检测试验报告，核查报告内容，按要求报送监理单位确认，并在试验台账中登记检测试验报告内容。 4.8.14　检测试验单位严禁出具虚假检测试验报告。 4.8.15　检测试验单位严禁抽撤、替换或修改检测试验结果不合格的报告。 **5.《电力工程检测试验机构能力认定管理办法（试行）》质监〔2015〕20 号** 第十三条　检测机构及其派出的现场试验室必须按照认定的能力等级、专业类别和业务范围，承担检测试验任务，并按照标准规定出具相应的检测试验报告，未通过能力认定的检测机构或超出规定能力等级范围出具的检测数据、试验报告无效。 第三十二条　检测机构应当……，及时出具检测试验报告	
5　工程实体质量的监督检查			
5.1　建筑工程的监督检查			
5.1.1	采光窗的玻璃应采用毛玻璃或在玻璃上涂半透明油漆	**1.《电气装置安装工程　蓄电池施工及验收规范》GB 50172—2012** 3.0.4　蓄电池到达现场后，应在产品规定的有效保管期限内进行安装及充电。不立即安装时，其保管应符合下列规定：	查看采蓄电池室采光窗玻璃

条款号	大纲条款	检 查 依 据	检查要点
5.1.1	采光窗的玻璃应采用毛玻璃或在玻璃上涂半透明油漆	3 蓄电池应存放在清洁、干燥、通风良好的室内，应避免阳光直射；存放中，严禁短路、受潮，并应定期清除灰尘。 **2.《电力工程直流电源系统设计技术规程》DL/T 5044—2014** 8.1.2 蓄电池室内的窗玻璃应采用毛玻璃或涂以半透明油漆的玻璃，阳光不应直射室内	检查内容：玻璃采取了避光、着色或镀膜措施，且玻璃无破损
5.1.2	室内采暖系统、独立通风系统安装完毕，符合设计及规范要求	**1.《建筑给水排水及采暖工程施工质量验收规范》GB 50242—2002** 3.3.16 各种承压管道系统和设备应做水压试验，非承压管道系统和设备应做灌水试验。 4.1.2 给水管道必须采用与管材相适应的管件。生活给水系统所涉及的材料必须达到饮用水卫生标准。 5.2.1 隐蔽或埋地的排水管道在隐蔽前必须做灌水试验，其灌水高度应不低于底层卫生器具的上边缘或底层地面高度。 8.3.1 散热器组对后，以及整组出厂的散热器在安装之前应作水压试验。试验压力如设计无要求时应为工作压力的 1.5 倍，但不小于 0.6MPa。 8.5.2 盘管隐蔽前必须进行水压试验，试验压力为工作压力的 1.5 倍，且不小于 0.6MPa。 8.6.1 采暖系统安装完毕，管道保温之前应进行水压试验。试验压力应符合设计要求。当设计未注明时，应符合下列规定： 　1 蒸汽、热水采暖系统，应以系统顶点工作压力加 0.1MPa 作水压试验，同时在系统顶点的试验压力不小于 0.3MPa。 　2 高温热水采暖系统，试验压力应为系统顶点工作压力加 0.4MPa。 　3 使用塑料管及复合管的热水采暖系统，应以系统顶点工作压力加 0.2MPa 作水压试验，同时在系统顶点的试验压力不小于 0.4MPa。 13.6.1 热交换器应以最大工作压力的 1.5 倍作水压试验，蒸汽部分应不低于蒸汽供汽压力加 0.3MPa；热水部分应不低于 0.4MPa。 14.0.1 检验批、分项工程、分部（或子分部）工程质量的验收，均应在施工单位自检合格的基础上进行。并应按检验批、分项、分部（或子分部）、单位（或子单位）工程的程序进行验收，同时做好记录。 14.0.3 工程质量验收文件和记录中应包括下列主要内容： 　5 隐蔽工程验收及中间试验记录…… 　8 检验批、分项、子分部、分部工程质量验收记录…… **2.《通风与空调工程施工质量验收规范》GB 50243—2002** 3.0.5 通风与空调工程所使用的主要原材料、成品、半成品和设备的进场，必须对其进行验收。验收应经监理工程师认可，并应形成相应的质量记录。 3.0.6 通风与空调工程的施工，应把每一个分项施工工序作为工序交接检验点，并形成相应的质量记录。	1. 查看采暖系统、独立通风系统设施 　采暖、通风系统：已施工完毕，符合设计要求，设备无污染，管道安装牢固，管道坡度方向正确，无渗漏现象 2. 查阅散热器设备、通风机、管件等产品质量证明文件 　材质、设备型号：符合设计要求及规范规定 　原材证明：应为原件，如为抄件，应加盖经销商公章及采购单位的公章，注明进货数量、原件存放处及抄件人 3. 查阅采暖系统、独立通风系统质量验收记录 　内容：包括检验批、分项工程、分部工程质量验收记录 　签字：施工单位、监理单位相关负责人已签字

条款号	大纲条款	检 查 依 据	检查要点
5.1.2	室内采暖系统、独立通风系统安装完毕，符合设计及规范要求	3.0.11 通风与空调工程中的隐蔽工程，在隐蔽前必须经监理人员验收及认可签证。 4.2.3 防火风管的本体、框架与固定材料、密封垫料必须为不燃材料，其耐火等级应符合设计的规定。 4.2.4 复合材料风管的覆面材料必须为不燃材料，内部的绝热材料应为不燃或难燃 B1 级，且对人体无害的材料。 5.2.4 防爆风阀的制作材料必须符合设计规定，不得自行替换。 5.2.7 防排烟系统柔性短管的制作材料必须为不燃材料。 6.2.1 在风管穿过需要封闭的防火、防爆的墙体或楼板时，应设预埋管或防护套管，其钢板厚度不应小于 1.6mm。风管与防护套管之间，应用不燃且对人体无危害的柔性材料封堵。 6.2.2 风管安装必须符合下列规定： 　1 风管内严禁其他管线穿越； 　2 输送含有易燃、易爆气体或安装在易燃、易爆环境的风管系统应有良好的接地，通过生活区或其他辅助生产房间时必须严密，并不得设置接口； 　3 室外立管的固定拉索严禁拉在避雷针或避雷网上。 7.2.7 静电空气过滤器金属外壳接地必须良好。 7.2.8 电加热器的安装必须符合下列规定： 　1 电加热器与钢构架间的绝热层必须为不燃材料，接线柱外露的应加设安全防护罩； 　2 电加热器的金属外壳接地必须良好； 　3 连接电加热器的风管的法兰垫片，应采用耐热不燃材料	盖章：施工单位、监理单位已盖章 结论：合格 4. 查阅系统水压试验、气密性试验记录 记录：试验项目齐全、记录完整、参数准确 签字：试验人员、监理见证人员签字齐全 5. 查阅隐蔽工程验收记录 内容：水压试验；气密性性试验记录；坡度、防腐、保温等隐蔽记录 风管材料：品种、规格、性能、厚度符合设计要求 风管法兰材料规格：符合设计要求及规范规定 风管加固方法及加固材料：符合设计要求及规范规定 风管安装的位置、标高、坡度与走向：符合设计要求 风管严密性试验结论：符合规范规定，记录齐全 签字：施工单位技术负责人、专业监理工程师已签字 结论：同意隐蔽

续表

条款号	大纲条款	检 查 依 据	检查要点
5.1.3	酸性蓄能室采用水暖或蒸汽采暖系统时,应采用无缝钢管焊接,无汽水门的暖气设备,不设法兰式接头、螺纹接头或阀门。当采用热风采暖时,风口处应设过滤装置	**1.《低压配电设计规范》GB 50054—2011** 4.1.3　配电室内除本室需用的管道外,不应有其他的管道通过。室内水、汽管道上不应设置阀门和中间接头;水、汽管道与散热器的连接应采用焊接,并应做等电位联结。配电屏上、下方及电缆沟内不应敷设水、汽管道。 **2.《电力工程直流电源系统设计技术规程》DL/T 5044—2014** 8.1.6　蓄电池室走廊墙面不宜开设通风百叶窗或玻璃采光窗,采暖和降温设施与蓄电池间的距离不应小于750mm。蓄电池室内采暖散热器应为焊接的钢制采暖散热器,室内不允许有法兰、丝扣接头和阀门等。 8.1.9　蓄电池室不应有与蓄电池无关的设备和通道。与蓄电池室相邻的直流配电间、电气配电间、电气继电器室的隔墙不应留有门窗及孔洞。 **3.《火力发电厂采暖通风与空气调节设计技术规程》DL/T 5035—2004** 6.2.5　采暖设备与蓄电池之间的距离不应小于0.75m。散热器应采用耐腐蚀、便于清扫的散热器,室内不允许有丝扣接头和阀门。 6.2.6　采暖通风沟道不应敷设在蓄电池室的地下。采暖通风管道不宜穿越蓄电池室的楼板	1. 查看水暖、蒸汽采暖、热风系统 　系统安装:已施工完毕,符合设计要求 　表面工艺:设备无污染,管道安装牢固,管道坡度方向正确,无渗漏现象 2. 查阅无汽水门散热器设备、热风机、管件等产品质量证明文件 　材质、设备型号:符合设计文件及规范要求 　原材证明:应为原件,如为抄件,应加盖经销商公章及采购单位的公章,注明进货数量、原件存放处及抄件人 3. 查阅系统水压试验、气密性试验记录 　记录:试验项目齐全、记录完整、参数准确 　签字:试验人员、监理见证人员签字齐全

续表

条款号	大纲条款	检 查 依 据	检查要点
5.1.4	防爆式通风机产品合格证、质量证明文件齐全，符合设计及国家现行产品标准要求	**《通风与空调工程施工质量验收规范》GB 50243—2002** 7.1.2　通风与空调设备应有装箱清单、设备说明书、产品质量合格证书和产品性能检测报告等随机文件，进口设备还应具有商检合格的证明文件	查阅防爆式通风机出厂产品合格证、质量证明文件 　材质、设备型号：符合设计文件及规范要求 　原材证明：应为原件，应加盖经销商公章及采购单位的公章，注明进货数量 　进口设备：有商检合格的证明文件
5.1.5	开关、插座、熔断器、防爆灯具、导线、电缆等产品合格证、质量证明文件齐全，符合设计要求	**1.《建筑电气照明装置施工与验收规范》GB 50617—2010** 3.0.1　照明工程采用的设备、材料及配件进入施工现场应有清单、使用说明书、合格证明文件、检验报告等文件，当设计文件有要求时，尚应提供电磁兼容检测报告。…… 4.1.12　Ⅰ类灯具的不带电的外露可导电部分必须与保护接地线（PE）可靠连接，且应有标识。 4.3.11　防爆灯具安装应符合下列规定： 　1　检查灯具的防爆标志、外壳防护等级和温度组别应与爆炸危险环境相适配； 　2　灯具外壳应完整，无损伤、凹陷变形，灯罩无裂纹，金属护网无扭曲变形，防爆标志清晰； 　3　灯具的紧固螺栓应无松动、锈蚀现象，密封垫圈完好； 　4　灯具附件应齐全，不得使用非防爆零件代替防爆灯具配件； 　5　灯具的安装位置应离开释放源，且不得在各种管道的泄压口及排放口上方或下方； 　6　导管与防爆灯具、接线盒之间连接应紧密，密封完好；螺纹啮合扣数不少于5扣，并应在螺纹上涂以电力复合酯或导电性防锈酯； 　7　防爆弯管工矿灯应在弯管处用镀锌链条或型钢拉杆加固。 **2.《建设工程监理规范》GB/T 50319—2013** 5.2.9　项目监理机构应审查施工单位报送的用于工程的材料、构配件、设备的质量证明文件，并应按有关规定、建设工程监理合同的约定，对用于建设工程的材料进行见证取样，平行检验。 **3.《电力工程直流电源系统设计技术规程》DL/T 5044—2014** 8.1.4　蓄电池室内的照明灯具应为防爆型，且应布置在通道的上方，室内不应装设开关和插座。蓄电池室内的地面照度和照明线路敷设应符合现行行业标准《发电厂和变电站照明设计技术规定》DL/T 5390的有关规定	1.查看开关、插座、熔断器、防爆灯等安装质量 　开关安装高度：符合规范要求 　插座安装高度：符合规范要求 　防爆灯安装位置：符合规范要求 　开关、插座、防爆灯相序：正确 2.查阅开关、插座、熔断器、防爆灯具、导线电缆产品进场报审表 　签字：施工单位项目经理、专业监理工程师已签字 　盖章：施工单位、监理单位已盖章 　结论：同意使用

续表

条款号	大纲条款	检 查 依 据	检查要点
5.1.5	开关、插座、熔断器、防爆灯具、导线、电缆等产品合格证、质量证明文件齐全，符合设计要求		3. 查阅产品合格证、质量证明文件 照明材质、设备：符合设计文件或规范要求 原材证明：应为原件，如为抄件，应加盖经销商公章及采购单位的公章，注明进货数量、原件存放处及抄件人
5.1.6	酸性蓄能室照明灯具安装位置，应避开蓄电池组正上方，导线或电缆应具有防腐性能或采取了防腐措施	**1.《建筑电气照明装置施工与验收规范》GB 50617—2010** 4.1.5 变电所内，高低压配电设备及裸母线的正上方不应安装灯具，…… **2.《电力工程直流电源系统设计技术规程》DL/T 5044—2014** 8.1.4 蓄电池室内的照明灯具应为防爆型，且应布置在通道的上方，室内不应设置开关和插座。蓄电池室内的地面照度和照明线路敷设应符合现行行业标准《发电厂和变电站照明设计技术规定》DL/T 5390 的有关规定。 **3.《电气装置安装工程 蓄电池施工及验收规范》GB 50172—2012** 3.0.7 蓄电池室应采用防爆型灯具、通风电机，室内照明线应采用穿管暗敷，室内不得装设开关和插座	查看灯具安装 灯具型号：为防爆型，符合设计要求和规范规定 安装位置：布置在通道的上方，不在电池组正上方 导体防腐：已完成，符合设计要求和规范规定
5.1.7	不应在酸性蓄能室内设置开关、熔断器、插座等电器元件	**1.《电气装置安装工程 蓄电池施工及验收规范》GB 50172—2012** 3.0.7 蓄电池室应采用防爆型灯具、通风电机，室内照明线应采用穿管暗敷，室内不得装设开关和插座 **2.《电力工程直流电源系统设计技术规程》DL/T 5044—2014** 8.1.4 蓄电池室内的照明灯具应为防爆型，且应布置在通道的上方，室内不应装设开关和插座。蓄电池室内的地面照度和照明线路敷设应符合现行行业标准《发电厂和变电站照明设计技术规定》DL/T 5390 的有关规定	查看酸性蓄电池室照明开关等安装 安装位置：室内无开关、熔断器、插座等电气设备

条款号	大纲条款	检 查 依 据	检查要点
5.1.8	蓄能室门扇开启方向应朝外	**1.《火力发电厂与变电所设计防火规范》GB 50229—2006** 11.4.1　变压器室、电容器室、蓄电池室、电缆夹层、配电装置室的门应向疏散方向开启；当门外为公共走道或其他房间时，该门应采用乙级防火门。配电装置室的中间隔墙上的门应采用由不燃材料制作的双向弹簧门。 **2.《电力工程直流电源系统设计技术规程》DL/T 5044—2014** 8.1.8　蓄电池室的门应向外开启，应采用非燃烧体或难燃烧体的实体门，门的尺寸宽×高不应小于750mm×1960mm	查看门扇的开启方向 开启方向：从里朝外开启，符合设计要求及规范规定
5.1.9	酸性蓄能室的门窗、墙壁、地面（不发火防爆）、顶棚、通风管、台架等金属结构，采用耐酸材料或涂耐酸油漆，地面排水设施已完成	**1.《光伏发电站设计规范》GB 50797—2012** 10.2.6　采用酸性蓄电池的蓄电池室和储酸室应采用耐酸地面，其墙面应涂耐酸漆或铺设耐酸材料。 **2.《电力工程直流电源系统设计技术规程》DL/T 5044—2014** 8.3.1　蓄电池室应为防酸（碱）、防火、防爆的建筑，入口宜经过套间或储藏室，应设有储藏硫酸（碱）液、蒸馏水及配制电解液器具的场所，还应便于蓄电池的气体、酸（碱）液和水的排放。 8.3.2　蓄电池室内的门、窗、地面、墙壁、天花板、台架均应进行耐酸（碱）处理，地面应采用易于清洗的面层材料。 8.3.4　蓄电池室的套间应砌水池，水池内外及水龙头应做耐酸（碱）处理，管道宜暗敷，管材应采用耐腐蚀材料。 8.3.5　蓄电池室内的地面应有约 0.5% 的排水坡度，并应有泄水孔。蓄电池室内的污水应进行酸碱中和或稀释，并达到环保要求后排放	1. 查看酸性蓄能室的耐酸（碱）防护措施 门窗、墙壁、顶棚、通风管，台架等金属结构：已进行耐酸处理，符合设计要求及规范规定 地面：地面及排水设施已完成，坡度及不发火、防爆做法符合设计要求及规范规定 2. 查阅酸性蓄能室耐酸产品、耐酸材料、地面（不发火、防爆）原材料进场报审表 签字：施工单位项目经理、专业监理工程师已签字 盖章：施工单位、监理单位已盖章 结论：同意使用

续表

条款号	大纲条款	检 查 依 据	检查要点
5.1.9	酸性蓄能室的门窗、墙壁、地面（不发火防爆）、顶棚、通风管、台架等金属结构，采用耐酸材料或涂耐酸油漆，地面排水设施已完成		3. 查阅耐酸产品、耐酸材料、地面（不发火、防爆）材料等产品质量证明文件、检验（复试）报告 所用材料：符合设计要求或规范规定 原材料证明：应为原件，如为抄件，应加盖经销商公章及采购单位的公章，注明进货数量、原件存放处及抄件人 检验报告：耐酸、地面不发火、防爆材料检验（复试）报告结论明确，责任人已签字，盖章齐全
5.1.10	碱性蓄能室对通风系统、照明系统无特殊要求，应保证正常通风换气	**《火力发电厂采暖通风与空气调节设计技术规程》DL/T 5035—2004** 6.2.1 防酸隔爆式蓄电池室应采用机械通风。室内空气严禁再循环。进风宜过滤。 　1 防酸隔爆式蓄电池室（包括调酸室）的通风系统应与其他通风系统分开。 　2 防酸隔爆式蓄电池室通风换气量应按室内空气中的最大含氢量（按体积计算）不超过 0.7% 计算，且室内换气次数不少于每小时 6 次。 　6 防酸隔爆式蓄电池室应设上部吸风口，并避免气流产生短路和死角，调酸室应设上部和下部吸风口。 　上部吸风口应贴近顶棚，当顶棚被梁分隔时，每档均应设吸风口，吸风口上缘距顶棚不得大于 0.4m；当设下部吸风口时，下部吸风口应靠近地面，与地面距离不宜小于 200mm。 　8 防酸隔爆式蓄电池室排风管的出口，应高出屋面；当蓄电池室布置在主厂房内时，排风口宜接至室外。 在严寒地区，室外排风管道宜设有保温或排凝结水的措施。 　9 通风设备、风管及其附件，应考虑防腐措施。	查看碱性蓄能室通风系统 系统管道：蓄能室通风系统应与其他通风系统分开 吸、排风口位置：符合设计要求及规范规定 室外排风管道：排风管的出口高出屋面；严寒地区有保温或排凝结水的措施 运行状况：运转正常

条款号	大纲条款	检 查 依 据	检查要点
5.1.10	碱性蓄能室对通风系统、照明系统无特殊要求，应保证正常通风换气	6.2.2 免维护式蓄电池室的通风空调设计，应符合下列要求： 2 设置换气次数不少于每小时3次的事故排风装置，事故排风装置可兼作通风用，事故排风的吸风口应贴近顶棚，其上缘距顶棚不大于0.4m，排风口接至室外； 3 有良好的自然进风环境条件时，平时正常运行可采用自然通风的方式，否则应利用事故排风装置作为平时正常运行的通风，进风宜过滤； 4 当夏季通风不能满足设备对室内温度的要求时，宜设置具有防爆性能的空气调节装置，并应避免空调送风口直吹蓄电池。 6.2.3 蓄电池室通风系统的通风机及电机应为防爆型的，并应直接连接。 6.2.4 蓄电池室冬季围护结构的耗热量，由室内的散热器补偿。蓄电池室严禁采用明火取暖。 6.2.5 采暖设备与蓄电池之间的距离不应小于0.75m。散热器应采用耐腐蚀、便于清扫的散热器，室内不允许有丝扣接头和阀门。 6.2.6 采暖通风沟道不应敷设在蓄电池室的地下。采暖通风管道不宜穿越蓄电池室的楼板	
5.1.11	屋面无渗漏现象，符合设计及规范要求	**1.《屋面工程质量验收规范》GB 50207—2012** 3.0.6 屋面工程所用的防水、保温材料应有产品合格证书和性能检测报告，材料的品种、规格、性能等必须符合现行国家产品标准和设计要求。产品质量应由经过省级以上建设行政主管部门对其资质认可和质量技术监督部门对其计量认证的质量检测单位进行检测。 3.0.10 屋面工程施工时，应建立各道工序的自检、交接检和专职人员检查的"三检"制度，并应有完整的检查记录。每道工序施工完成后，应经监理单位或建设单位检查验收，并应在合格后再进行下道工序的施工。 3.0.12 屋面防水完工后，应进行观感质量检查和雨后观察或淋水，蓄水试验不得有渗漏和积水现象。 9.0.6 屋面工程应对下列部位进行隐蔽工程验收： 1 卷材、涂膜防水层的基层； 2 保温层的隔汽和排汽措施； 3 保温层的铺设方式、厚度、板材缝隙填充质量及热桥部位的保温措施； 4 接缝的密封处理； 5 檐沟、天沟、泛水、水落口和变形缝等细部做法； 6 在屋面易开裂和渗水部位的附加层； 7 保护层与卷材、涂膜防水层之间的隔离层； 8 金属板材与基层的固定和板缝间的密封处理； 9 坡度较大时，防止卷材和保温层下滑的措施。	1. 查看屋面防水层 防水卷材粘贴：无破损、皱折、鼓泡、翘边等现象，接缝严密 坡度：符合要求，屋面积水 渗漏：室内无渗漏迹象 2. 查阅屋面防水材料、保温隔热材料等材质证明及复检报告 原材证明：应为原件，如为抄件，应加盖经销商公章及采购单位的公章，注明进货数量、原件存放处及抄件人

续表

条款号	大纲条款	检 查 依 据	检查要点
5.1.11	屋面无渗漏现象，符合设计及规范要求	**2. 《屋面工程技术规范》GB 50345—2012** 3.0.5　屋面防水工程应根据建筑物的类别、重要程度、使用功能要求确定防水等级，并应按相应等级进行防水设防；对防水有特殊要求的建筑屋面，应进行专项防水设计。屋面防水等级和设防要求应符合表 3.0.5 的规定。 4.5.1　卷材、涂膜屋面防水等级和防水做法应符合表 4.5.1 的规定。 4.5.5　每道卷材防水层厚度应符合表 4.5.5 的规定。 4.5.6　每道涂膜防水层最小厚度应符合表 4.5.6 的规定。 4.5.7　复合防水层最小厚度应符合表 4.5.7 的规定。 4.9.1　金属板屋面防水等级和防水做法应符合表 4.9.1 的规定。 **3. 《坡屋面工程技术规范》GB 50693—2011** 10.2.1　单层防水卷材的厚度和搭接宽度应符合表 10.2.1-1 和表 10.2.1-2 的规定	复检报告：包括防水材料的防水性、保温材料的导热系数、表观密度或干密度、抗压强度或压缩强度、燃烧性能试验、代表部位和数量等 报告签字：试验员、审核人、批准人已签字 报告盖章：盖有计量认证章、资质章及试验单位章，见证取样时，加盖见证取样章 报告结论：符合设计要求和规范规定
			3. 查阅屋面淋水、蓄水试验记录 试验方法：符合规范规定 时间：经过雨后或持续淋水 2h，或蓄水不少于 24h 签字：试验记录人、技术负责人签字齐全 结果：无渗漏
			4. 查阅隐蔽工程验收记录 项目：屋面找平层、屋面保温层、屋面防水层等

条款号	大纲条款	检查依据	检查要点
5.1.11	屋面无渗漏现象,符合设计及规范要求		内容:包括所隐蔽的基层、垫层、找平(坡)层、隔离层、绝热(保温)层、填充层、细部做法、接缝处理等主要原材料及复检报告单和主要施工方法等 签字:施工单位项目技术负责人、专业监理工程师等已签字 结论:同意隐蔽 5. 查阅质量验收记录 内容:屋面基层、隔离层、防水层、保护层等 签字:施工单位项目技术负责人、专业监理工程师已签字 结论:合格
5.1.12	建筑物的栏杆、钢质门窗、爬梯等外露的金属物,应有可靠的接地,并有明显的标识	《建筑物防雷工程施工与质量验收规范》GB 50601—2010 6.1.1 主控项目应符合下列规定: 1 建筑物顶部和外墙上的接闪器必须与建筑物栏杆、旗杆、吊车梁、管道、设备、太阳能热水器、门窗、幕墙支架等外露的金属物进行等电位连接。 11.2.1 接地装置安装工程的检验批划分和验收应符合下列规定: 2 主控项目和一般项目应进行下列检测: 5)检查整个接地网外露部分接地线的规格、防腐、标识和防机械损伤等措施。测试与同一接地网连接的各相邻设备连接线的电气贯通状况,其间直流过渡电阻不应大于0.2Ω	1. 查看防雷接地 连接:接地引线(扁钢)与需接地部位(件)连接正确,搭接长度符合规范要求 标识:清晰、规范

条款号	大纲条款	检 查 依 据	检查要点
5.1.12	建筑物的栏杆、钢质门窗、爬梯等外露的金属物，应有可靠的接地，并有明显的标识		2. 查阅接地电阻值 结果：符合设计及规范要求 检测报告：检测项目齐全，数据准确，签字齐全
5.1.13	消防器材及设施已完成	**1.《建筑灭火器配置设计规范》GB 50140—2005** 1.0.3 灭火器的配置类型、规格、数量及其设置位置应作为建筑消防工程设计的内容，并应在工程设计图上标明。 4.1.2 在同一灭火器配置场所，宜选用相同类型和操作方法的灭火器。当同一灭火器配置场所存在不同火灾种类时，应选用通用型灭火器。 4.1.3 在同一灭火器配置场所，当选用两种或两种以上类型灭火器时，应采用灭火剂相容的灭火器。 5.1.1 灭火器应设置在位置明显和便于取用的地点，且不得影响安全疏散。 5.1.2 对有视线障碍的灭火器设置点，应设置指示其位置的发光标志。 5.1.3 灭火器的摆放应稳固，其铭牌应朝外。手提式灭火器宜设置在灭火器箱内或挂钩、托架上，其顶部离地面高度不应大于 1.50m，底部离地面高度不宜小于 0.08m。灭火器箱不得上锁。 5.1.4 灭火器不宜设置在潮湿或强腐蚀性的地点。当必须设置时，应有相应的保护措施。灭火器设置在室外时，应有相应的保护措施。 5.1.5 灭火器不得设置在超出其使用温度范围的地点。 6.1.1 一个计算单元内配置的灭火器数量不得少于 2 具。 6.1.2 每个设置点的灭火器数量不宜多于 5 具。 **2.《水喷雾灭火系统技术规范》GB 50219—2014** 3.1.3 水雾喷头的工作压力，当用于灭火时不应小于 0.35MPa；当用与防护冷却时不应小于 0.2MPa，但对于甲 B、乙、丙类液体储罐不应小于 0.15MPa。 3.2.3 水雾喷头与保护对象之间的距离不得大于水雾喷头的有效射程。 4.0.2.1 扑救电气火灾，应选用离心雾化型水雾喷头。 4.0.6 给水管道应符合下列规定： 　　1 过滤器与雨淋报警阀之间及雨淋报警阀后的管道，应采用内外热浸镀锌钢管、不锈钢管或铜管，要进行弯管加工的管道应采用无缝钢管； 　　7 应在管道的低处设置放水阀或排污口。 5.1.3 在严寒与寒冷地区，系统中可能产生冰冻的部分应采取防冻措施。	1. 查看移动式灭火器 设置点数量：符合设计及规范要求 类型：灭火剂相容，在有效期内 2. 查看自动喷水灭火系统、火灾自动报警系统装置 安装工程：施工完成，验收合格 系统：具备投运条件 报警系统：信号已接入有人值守的监控场所 3. 查看消防通道：畅通，无障碍物

条款号	大纲条款	检 查 依 据	检查要点
5.1.13	消防器材及设施已完成	**3.《建筑灭火器配置验收及检查规范》GB 50444—2008** 2.2.1 灭火器的进场检查应符合下列要求： 　1 灭火器应符合市场准入的规定，并应有出厂合格证和相关证书； 　2 灭火器的铭牌、生产日期和维修日期等标志应齐全； 　3 灭火器的类型、规格、灭火级别和数量应符合配置设计要求； 　4 灭火器筒体应无明显缺陷和机械损伤； 　5 灭火器的保险装置应完好； 　6 灭火器压力指示器的指针应在绿区范围内； 　7 推车式灭火器的行驶机构应完好。 3.2.2 灭火器箱不应被遮挡、上锁或拴系。 3.3.1 推车式灭火器宜设置在平坦场地，不得设置在台阶上。在没有外力作用下，推车式灭火器不得自行滑动。 3.4.3 设置在室外的灭火器应采取防湿、防寒、防晒等相应保护措施。 **4.《电力设备典型消防规程》DL 5027—2015** 6.1.1 按照国家工程建设消防标准需要进行消防设计的新建、扩建、改建（含室内外装修、建筑保温、用途变更）工程，建设单位应当依法申请建设工程消防设计审核、消防验收，依法办理消防设计和竣工验收消防备案手续并接受抽查。 6.1.6 疏散通道、安全出口应保持畅通，并设置符合规定的消防安全疏散指示标志和应急照明设施。保持防火门、防火卷帘、消防安全疏散指示标志、应急照明、机械排烟送风、火灾事故广播等设施处于正常状态。 6.1.7 消防设施周围不得堆放其他物件。消防用砂应保持足量和干燥。灭火器箱、消防砂箱、消防桶和消防铲、斧把上应涂红色。 6.1.10 防火重点部位禁止吸烟，并应有明显标志。 13.4.1 独立建设的并网型太阳能光伏发电站应设置独立或合用消防给水系统和消火栓。消防水源应有可靠保证，供水水量和水压应满足最大一次消防灭火用水（室外和室内用水量之和）。小型光伏发电站内的建筑物耐火等级不低于二级，体积不超过 3000m³，且火灾危险性为戊类时，可不设消防给水。 13.4.2 设有消防给水的光伏发电站的变电站应设置带消防水泵、稳压设施和消防水池的临时（稳）高压给水系统，消防水泵应设置备用泵，备用泵流量和扬程不应小于最大一台消防泵的流量和扬程。 13.4.3 设有消防给水的普通光伏发电站综合控制楼应设置室内外消火栓和移动式灭火器，控制室、电子设备室、配电室、电缆夹层及竖井等处应设置感烟或感温型火灾探测报警装置。光伏电池组件场地和逆变器室一般不设置消火栓及消防给水系统，仅逆变器室需设置移动式灭火器。其他建筑物不设室内消火栓的条件同变电站。	

条款号	大纲条款	检 查 依 据	检查要点
5.1.13	消防器材及设施已完成	13.4.4　采用集热塔技术的太阳能集热发电站类似于小型火力发电厂，比照汽轮发电机组容量，设置消火栓、火灾自动报警系统和固定灭火系统。 14.3.5　油浸式变压器、油浸式电抗器……等处应设置消防砂箱或砂桶，内装干燥细黄砂。消防砂箱容积为 1.0m³，并配置消防铲，每处 3 把～5 把，消防砂桶应装满干燥黄砂。消防砂箱、砂桶和消防铲均应为大红色，砂箱的上部应有白色的"消防砂箱"字样，箱门正中应有白色的"火警119"字样，箱体侧面应标注使用说明。消防砂箱的放置位置应与带电设备保持足够的安全距离	
5.1.14	建筑物沉降均匀，沉降观测点设置符合设计及规范要求、保护完好，观测记录齐全	**1.《工程测量规范》GB 50026—2007** 10.5.8　工业与民用建（构）筑物的沉降观测，应符合下列规定： 　2　沉降观测标志应稳固埋设，高度以高于室内地坪（±0m）0.2m～0.5m 为宜。对于建筑立面后期有贴面装饰的建（构）筑物，宜预埋螺栓式活动标志。 **2.《建筑变形测量规范》JGJ 8—2007** 5.1.3　布设沉降观测点时，应结合建筑结构、形状和场地工程地质条件，并应顾及施工和建成后的使用方便。同时，点位应易于保存，标志应稳固美观。 9.1.2　建筑变形测量的观测记录、计算资料及技术成果均应有有关责任人签字，技术成果应加盖成果章。 **3.《电力工程施工测量技术规范》DL/T 5445—2010** 11.7.8　沉降观测结束后，应根据工程需要提交有关成果资料： 　1　工程平面位置图及基准点分布图； 　2　沉降观测点位分布图； 　3　沉降观测成果图； 　4　沉降观测过程曲线； 　5　沉降观测技术报告	1.查看沉降点的设置点数、位置、保护：符合设计要求和规范规定 2.查阅沉降观测成果资料 分布图：范围包括主要建筑物（构筑物）基础 观测成果表：观测次数、观测点数符合有关规定，观测数据完整 观测过程曲线图：包括荷载曲线和沉降量曲线 技术报告：责任人签字齐全，责任单位已盖章，结论准确
5.2　电气专业的监督检查			
5.2.1	带电设备的安全净距符合规定，电气连接可靠	**1.《电气装置安装工程　高压电器施工及验收规范》GB 50147—2010** 3.0.9　设备安装用的紧固件应采用镀锌或不锈钢制品，户外采用的紧固件采用镀锌产品时应采用热镀锌工艺；外露地脚螺栓应采用热镀锌制品；电气接线端子用的紧固件应符合现行国家标准《变压器、高压电气和套管的接线端子》GB 5273 的规定。	1.查看带电部位安全距离 引流线对地及线间：符合设计要求

条款号	大纲条款	检 查 依 据	检查要点
5.2.1	带电设备的安全净距符合规定，电气连接可靠	**2.《电气装置安装工程 母线装置施工及验收规范》GB 50149—2010** 3.1.14　母线安装，室内配电装置的安全净距离应符合表 3.1.14-1 的规定，室外配电装置的安全净距离应符合表 3.1.14-2 的规定；当实际电压值超过表 3.1.14-1、表 3.1.14-2 中本级额定电压时，室内、室外配电装置安全净距离采用高一级额定电压对应的安全净距离值。 3.3.3　母线与母线或母线与设备接线端子的连接应符合下列要求： 　　1　母线连接接触面应保持清洁，并应涂以电力复合脂； 　　2　母线平置时，螺栓应由下往上穿，螺母应在上方，其余情况下，螺母应置于维护侧，螺栓长度宜露出螺母 2 扣～3 扣； 　　3　螺栓与母线竖直面间均应有平垫圈，母线多颗螺栓连接时，相邻螺栓垫圈间应有 3mm 以上的净距，螺母侧应装有弹簧垫圈或锁紧螺母； 　　4　母线接触面应连接紧密，连接螺栓应用力矩扳手坚固，钢制螺栓坚固力矩值应符合表 3.3.3 的规定，非钢制螺栓坚固力矩值应符合产品技术文件要求	母线对地距离：符合设计要求 母线相间距离：符合设计要求 2. 查看设备电气连接 　紧固螺栓表面处理：符合规范规定 　螺栓紧固力矩值：符合产品技术要求或规范规定 　搭接面处理：符合规范规定 　焊接防腐处理：符合规范规定
5.2.2	设备连接线截面及连接符合设计要求，报告齐全	《电气装置安装工程 母线装置施工及验收规范》GB 50149—2010 3.1.7　母线与设备接线端子连接时，不应使接线端子承受过大的侧向应力。 3.1.8　母线与母线、母线与分走线、母线与电器接线端子搭接，其搭接面的处理应符合下列规定： 　　1　经镀银处理的搭接面可直接连接。 　　2　铜与铜的搭接面，室外、高温且潮湿或对母线有腐蚀性气体的室内应搪锡；在干燥的室内可直接连接。 　　3　铝与铝的搭接面可直接连接。 　　4　钢与钢的搭接面不得直接连接，应搪锡或镀锌后连接。 　　5　铜与铝的搭接面，在干燥的室内，铜导体应搪锡；室外或空气相对湿度接近 100% 的室内，应采用铜铝过渡板，铜端应搪锡。 　　6　铜搭接面应搪锡，钢搭接面应采用热镀锌。 　　7　钢搭接面应采用热镀锌。 　　8　金属封闭母线螺栓固定搭接面应镀银。 3.4.1　母线焊接应由经培训考试合格取得相应资质证书的焊工进行，焊接质量应符合现行行业标准《铝母线焊接技术规程》DL/T 754 的有关规定。 3.5.7　耐张线夹压接前应对每种规格的导线取试件两件进行试压，并应在试压合格后再施工	1. 查看设备电气连接触面 　搭接接触面：符合设计、规范规定 2. 查阅软母线压接试验报告 　取样数量：符合耐张线夹现场取样数量 3. 查阅硬母线焊接试验报告 　接头直流电阻值：符合规范规定 　接头抗拉强度：符合规范规定 　结论：合格 　签字：齐全

续表

条款号	大纲条款	检 查 依 据	检查要点
5.2.3	母线的螺栓连接质量检查合格，母线的安装验收合格	**《电气装置安装工程 母线装置施工及验收规范》GB 50149—2010** 3.3.3 母线与母线或母线与设备接线端子的连接应符合下列要求： 　　1 母线连接接触面应保持清洁，并应涂以电力复合脂； 　　2 母线平置时，螺栓应由下往上穿，螺母应在上方，其余情况下，螺母应置于维护侧，螺栓长度宜露出螺母2扣～3扣； 　　3 螺栓与母线竖固面间均应有平垫圈，母线多颗螺栓连接时，相邻螺栓垫圈间应有3mm以上的净距，螺母侧应装有弹簧垫圈或锁紧螺母； 　　4 母线接触面应连接紧密，连接螺栓应用力矩扳手竖固，钢制螺栓竖固力矩值应符合表3.3.3的规定，非钢制螺栓竖固力矩值应符合产品技术文件要求	1. 查看母线的螺栓连接 　螺栓紧固力矩值：符合产品技术要求或规范规定 　螺栓的穿向：符合规范要求 2. 查阅母线安装验收签证 　结论：合格 　签字：齐全
5.2.4	电缆本体、附件和附属设施的产品技术资料齐全	**《电气装置安装工程 电缆线路施工及验收规范》GB 50168—2006** 3.0.4 电缆及其附件到达现场后，应按下列要求及时进行检查： 　　1 产品的技术文件应齐全； 　　2 电缆型号、规格、长度应符合订货要求； 　　3 电缆外观不应受损，电缆封端应严密，当外观检查有怀疑时，应进行受潮判断或试验； 　　4 附件部件应齐全，材质质量应符合产品技术要求； 　　5 充油电缆的压力油箱、油管、阀门和压力表应符合产品技术要求且完好无损	查阅电缆本体、附件和附属设施合格证、质量检验报告及现场抽样复检报告 　结论：符合规范要求 　盖章：有测试单位的专用章 　签字：齐全
5.2.5	电缆敷设符合设计及规范要求，防火封堵严密、阻燃措施符合要求，试验合格	**《电气装置安装工程 电缆线路施工及验收规范》GB 50168—2006** 5.1.1 电缆敷设前应按下列要求进行检查： 　　1 电缆沟、电缆隧道、排管、交叉跨越管道及直埋电缆沟深度、宽度、弯曲半径等符合设计和规范要求。电缆通道、排水良好。金属部分的防腐层完整。隧道内照明、通风符合设计要求。 　　2 电缆型号、电压、规格应符合设计要求。 　　3 电缆外观应无损伤，当对电缆的外观和密封状态有怀疑时，应进行潮湿判断；直埋电缆与水底电缆应试验并合格。外护套有导电层的电缆，应时行外护套绝缘电阻试验并合格。 　　4 充油电缆的油压，不宜低于0.15MPa；供油阀门应在开启位置，动作应灵活；压力表指示应无异常；所有管接头应无渗漏油，油样应试验合格。 　　6 敷设前应按设计和实际路径计算每根电缆的长度，合理安排每盘电缆，减少电缆接头。中间接头位置应避免设置在交叉路口、建筑物门口与其他管线交叉处或通道狭窄处。	1. 查看金属支架接地 　支架接地：牢固、美观 2. 查阅电缆防火封堵验收签证表、安装记录 　结论：符合规范要求 　签字：相关方已签字

条款号	大纲条款	检 查 依 据	检查要点
5.2.5	电缆敷设符合设计及规范要求，防火封堵严密、阻燃措施符合要求，试验合格	7.0.12　对易受外部影响着火的电缆密集场所或可能着火蔓延而酿成严重事故的电缆线路必须按设计要求的防火阻燃措施施工	3. 查阅电缆敷设隐蔽工程签证、质量验收记录 　　结论：符合设计及规范规定 　　签字：齐全
5.2.6	防雷接地、设备接地和接地网连接可靠，标识符合规定，验收签证齐全	《电气装置安装工程　接地装置施工及验收规范》GB 50169—2006 1.0.6　接地装置的安装应配合建筑工程的施工，隐蔽部分必须在覆盖前会同有关单位做好中间检查及验收记录。 1.0.7　各种电气装置与主接地网的连接必须可靠，接地装置的焊接质量应符合本规范第3.4.2条规定的接地、电阻应符合设计规定，扩建接地网与原接地网间应为多点连接。 3.3.8　明敷接地线，在导体的全长度或区间段及每个连接部位附近的表面，应涂以15mm～100mm宽度相等的绿色和黄色相间的条纹标识。当使用胶带时，应使用双色胶带。中性线宜涂淡蓝色标识。 3.3.9　在接地线引向建筑物的入口处和在检修用临时接地点处，均应刷白色底漆并标以黑色标识······	1. 查看设备防雷、设备接地 　　接地连接：符合规范要求
		3.4.1　接地体（线）的连接应采用焊接，焊接必须牢固无虚焊······ 4.0.1　在验收时应按下列要求进行检查： 　　2　整个接地网外露部分的连接可靠，接地线规格正确，防腐层完好，标识齐全明显。 4.0.2　在交接验收时，应向甲方提交下列资料和文件。 　　1　实际施工记录图； 　　2　变更设计的证明文件； 　　3　安装技术记录（包括隐蔽工程记录等）； 　　4　测试记录	2. 查阅接地验收签证表、安装记录 　　结论：符合规范要求 　　签字：齐全
5.2.7	电气设备及防雷设施的接地阻抗测试符合设计要求，报告齐全	1.《电气装置安装工程　电气设备交接试验标准》GB 50150—2016（报批稿） 25.0.1　电气设备和防雷设施的接地装置的试验项目，应包括下列内容： 　　1　接地网电气完整性测试； 　　2　接地阻抗； 　　3　场区地表电位梯度、接触电位差、跨步电压和转移电位测量。 25.0.2　接地网电气完整性测试，应符合下列规定： 　　1　应测量同一接地网的各相邻设备接地线之间的电气导通情况，以直流电阻值表示；	查阅接地阻抗测试报告 　　盖章：试验单位已盖章 　　签字：相关人员已签字 　　接地电阻值：符合设计要求 　　结论：合格

续表

条款号	大纲条款	检 查 依 据	检查要点

5.2.7	电气设备及防雷设施的接地阻抗测试符合设计要求，报告齐全	2 直流电阻值不宜大于 0.05Ω。
		25.0.3 接地阻抗测量，应符合下列规定：
		    1 接地阻抗值应符合设计文件规定，当设计文件没有规定时应符合表 25.0.3 的要求。
		2.《电气装置安装工程 接地装置施工及验收规范》GB 50169—2006
		4.0.1 在验收时应按下列要求进行检查；
		    5 接地电阻值及设计要求的其他测试参数符合设计规定	

5.2.8	盘柜安装牢固、接地可靠；柜内一次设备的安装质量符合要求，照明装置齐全；盘、柜及电缆管道封堵完好，应有防积水、防结冰、防潮、防雷等措施；操作与联动试验合格；二次回路连接可靠，标识齐全清晰，绝缘符合要求	**《电气装置安装工程盘、柜及二次回路接线施工及验收规范》GB 50171—2012**
		8.0.1 在验收时应按下列规定进行检查：
		    1 盘、柜的固定及接地应可靠，盘、柜漆层应完好，清洁整齐、标识规范。
		    2 盘、柜内所装电器元件应齐全完好，安装位置应正确，固定应牢固。
		    3 所有二次回路接线应正确，连接应可靠，标识应齐全清晰，二次回路的电源回路绝缘应符合本规范 3.0.11 条的规定。
		    5 用于热带地区的盘、柜应具有防潮、抗霉和耐热性能，应按现行行业标准《热带电工产品通用技术要求》JB/T 4159 的有关规定验收合格。
		    6 盘、柜孔洞及电缆管应封堵严密，可能结冰的地区还应采取防止电缆管积水结冰的措施
			1. 查看盘柜安装
			柜体及构件：连接牢固
			设备接地：与主接地网可靠连接
			
			2. 查看手车、抽屉柜推拉操作：轻便灵活、可互换、无卡阻现象
			
			3. 查看柜内接线、防火封堵、防水、防潮措施
			接线：正确、牢固、美观、标识清楚
			防火、防水、防潮措施：外观平整、封堵严密
			
			4. 查阅试验报告
			绝缘电阻值：符合产品技术及规范要求

条款号	大纲条款	检 查 依 据	检查要点
5.2.9	电气设备防误闭锁装置齐全	**1.《电气装置安装工程 高压电器施工及验收规范》GB 50147—2010** 6.3.5 开关柜的安装应符合产品技术文件要求，并应符合下列规定： 　　2 机械闭锁、电气闭锁应动作准确、可靠和灵活，具备防止电气操作的"五防"功能〔即防止误分合断路器、防止带负荷分、合隔离开关，防止接地开关合上时（或带接地线）送电，防止带电合接地开关（挂接地线），防止误入带电间隔等功能〕。 　　3 安全隔板开启应灵活，并应随手车或抽屉的进出而相应动作。 **2.《电气装置安装工程盘、柜及二次回路接线施工及验收规范》GB 50171—2012** 4.0.6 成套柜的安装应符合下列规定： 　　1 机械闭锁、电气闭锁应动作准确、可靠	查看开关柜闭锁装置 　装置：有五防闭锁装置 　动作：可靠
5.2.10	综合自动化系统配置齐全，调试合格	**《110kV 及以上送变电工程启动及竣工验收规程》DL/T 782—2001** 5.2.4 电器设备的各项试验全部完成且合格，有关记录齐全完整。带电部位的接地线已全部插除，所有设备及其保护（包括通道）、调度自动化、安全自动装置、微机监控装置以及相应的辅助设施均已安装齐全，调试的整定合格且调试记录齐全。验收检查发现的缺陷已经消除，已具备投入运行条件	查阅综自系统测试记录、试验报告、产品资料 　测试结论：合格，符合产品要求 　签字：相关方签字齐全
5.2.11	电测仪表校验合格，并粘贴检验合格证	**《110kV 及以上送变电工程启动及竣工验收规程》DL/T 782—2001** 5.2.5 各种测量、计量装置、仪表齐全，符合设计要求并经检验合格	1. 查看各种测量仪表检验合格证 　检验合格证：标识齐全
			2. 查阅各种测量仪表校验报告 　测试值：符合产品技术要求 　报告结论：合格 　签字：齐全

续表

条款号	大纲条款	检 查 依 据	检查要点
5.2.12	逆变器应具有完善的保护功能，直流过压/过流、交流过压/欠压、交流过流、短路、过频/欠频等保护功能符合设计要求，报告齐全	**《光伏发电站施工规范》GB 50794—2012** 6.4.3 逆变器调试应符合下列要求： 　4 逆变器并网后，在下列测试情况下，逆变器应跳闸解列： 　　1）具有门限位闭锁功能的逆变器，开启逆变器盘门。 　　2）逆变器交流侧掉电。 　　3）逆变器直流侧对地阻抗低于保护设定值。 　　4）逆变器直流输入高于或低于逆变器的整定值。 　　5）逆变器直流输入过电流。 　　6）逆变器交流侧电压超出额定电压允许范围。 　　7）逆变器交流侧频率超出额定频率允许范围。 　　8）逆变器交流侧电流不平衡超出设定范围	查阅逆变器测试记录、试验报告、产品资料 测试结论：符合设计及产品要求 签字：相关方已签字 结论：合格
5.2.13	逆变器输出的电能质量（电压、频率、谐波、功率因数等）应能满足电网规定的并网条件，各技术参数符合设计及产品要求	**《光伏系统并网技术要求》GB/T 19939—2005** 5 电能质量。 　光伏系统向当地交流负载提供电能和向电网发送电能的质量应受控，在电压偏差、频率、谐波和功率因数方面应满足实用要求并符合标准，出现偏离标准的超限状况，系统应能检测到这些偏差并将光伏系统与电网安全断开。 　除非另有要求，应保证在并网光伏系统电网接口处可测量到所有电能参数（电压、频率、谐波等）。具体见5.1　5.2　5.3　5.4　5.5　5.6条款	查阅逆变器电能质量测试记录、试验报告、产品资料 测试结论：符合规范规定及产品要求 签字：相关方已签字 结论：合格
5.2.14	蓄能装置及电器设备完好，安装牢固、标识清晰	**《电气装置安装工程蓄电池施工及验收规范》GB 50172—2012** 3.0.3 蓄电池到达现场后，应时行验收检查，并应符合下列规定： 　1 包装及密封应良好。 　2 应开箱检查清点，型号、规格应符合设计要求，附件应齐全，元件应无损坏。 　3 产品的技术文件应齐全。 　4 按本规范要求外观检查应合格。 6.0.1 在验收时，应按下列规定进行检查： 　2 蓄电池安装位置应符合设计要求。蓄电池组排列整齐，间距应均匀，应平稳牢固。 　3 蓄电池间连接条应排列整齐，螺栓应坚固、齐全、极性标识应正确清晰	1. 查看蓄电池及电器设备 外观：外观完好、安装牢固 2. 查看设备标识 内容：设备命名与设备对应，元件名称与编号相对应

条款号	大纲条款	检 查 依 据	检查要点
5.2.15	蓄电池放置的平台、基架及间距应符合设计要求	《电气装置安装工程蓄电池施工及验收规范》GB 50172—2012 4.1.3 蓄电池组的安装应符合下列规定： 　1 蓄电池放置的基架及间距应符合设计要求；蓄电池放置在基架后，基架不应有变形；基架宜接地	查看蓄电池平台、机架及间距 　平台、机架：安装牢固，可靠 　间距：符合产品及设计要求
5.2.16	蓄电池组的绝缘应良好，绝缘电阻应符合要求，记录齐全	《电气装置安装工程蓄电池施工及验收规范》GB 50172—2012 6.0.1 在验收时，应按下列规定进行检查： 　5 蓄电池组的充、放电结果应合格，其端电压、放电容量、放电倍率应符合产品技术文件的要求。 　6 蓄电池组的绝缘应良好，绝缘电阻不应小于 0.5MΩ	查阅绝缘电阻试验报告 　绝缘阻值：符合规范要求 　结论：合格 　签字：齐全告

5.3　调整试验的监督检查

条款号	大纲条款	检 查 依 据	检查要点
5.3.1	电流、电压、控制、信号等二次回路绝缘符合规范要求；开关传动试验动作可靠，信号正确；保护和自动装置动作准确、可靠，信号正确，压板标识正确	**1.《继电保护和电网安全自动装置检验规程》DL/T 995—2006** 6.2.4 二次回路绝缘检查。 　用 1000V 兆欧表测量绝缘电阻，其阻值均应大于 10MΩ 的回路如下： 　a）各回路对地； 　b）各回路相互间。 6.2.4.3 对使用触点输出的信号回路，用 1000V 兆欧表测量电缆每芯对地及其他各芯间的绝缘电阻，其绝缘电阻应不小于 1MΩ。 6.3.3 绝缘试验： 　g）用 500V 兆欧表测量绝缘电阻值，要求阻值均大于 20MΩ。 7.2.1 对于厂站自动化系统：各种继电保护的动作信息和告警信息的回路正确性及名称的正确性。 7.2.2 对于继电保护及故障信息管理系统：各种继电保护的动作信息、告警信息、保护状态信息、录波信息及定值信息的传输正确性。 6.7.6 整组试验包括如下内容： 　a）整组试验时应检查各保护之间的配合、装置动作行为、断路器动作行为、保护起动故障录波信号、调度自动化系统信号、中央信号、监控信息等正确无误。 　b）借助于传输通道实现的纵联保护、远方跳闸等的整组试验，应与传输通道的检验一同进行。必要时，可与线路对侧的相应保护配合一起进行模拟区内、区外故障时保护动作行为的试验。	1. 查阅保护调试报告 　二次回路绝缘：阻值大于 10MΩ 　屏柜及装置绝缘：阻值大于 20MΩ 　签字：相关责任人已签字 　结论：合格 　盖章：试验单位已盖章

条款号	大纲条款	检 查 依 据	检查要点
5.3.1	电流、电压、控制、信号等二次回路绝缘符合规范要求；开关传动试验动作可靠，信号正确；保护和自动装置动作准确、可靠，信号正确，压板标识正确	**2.《110kV 及以上送变电工程启动及竣工验收规程》DL/T 782—2001** 5.2.4 ……所有设备及其保护（包括通道）、调度自动化、安全自动装置、微机监控装置以及相应的辅助设施均已安装齐全，调试整定合格且调试记录齐全。验收检查发现的缺陷已经消除，已具备投入运行条件。 5.3.5 按照设计规定的线路保护（包括通道）和自动装置已具备投入条件。 **3.《防止电力生产事故的二十五项重点要求》国家能源局〔2014〕161 号** 18.7.2 电流互感器的二次绕组及回路，必须且只能有一个接地点。 18.7.3 公用电压互感器的二次回路只允许在控制室内有一点接地	2. 查阅保护及监控系统调试报告 整组试验：保护装置、断路器动作行为正确，保护启动故障录波、调度自动化系统、监控信息等正确无误 签字：相关责任人已签字 结论：合格 盖章：试验单位已盖章 3. 查验电压、电流互感器绕组及二次回路接地 公用电压互感器接地点：二次回路只允许在控制室内有一点接地 电流互感器接地点：必须且只能有一个接地点
5.3.2	保护及安全自动装置等调试记录与试验项目齐全，试验结果合格	**《光伏发电工程验收规范》GB/T 50796—2012** 4.3.8 电气设备安装的验收应符合下列要求： 6 继电保护及安全自动装置的技术指标应符合现行国家标准《继电保护和安全自动装置技术规程》GB/T 14285 的有关规定	查阅保护及安全自动装置、远动、通信、综自系统验收签证表、调试记录及试验报告 结论：合格 签字：相关单位验收人员已签字

条款号	大纲条款	检 查 依 据	检查要点
5.3.3	蓄电池组的初充电、放电容量及倍率校验的结果符合设计要求，报告齐全	**《电气装置安装工程蓄电池施工及验收规范》GB 50172—2012** 6.0.1　在验收时，应按下列规定进行检查： 　　5　蓄电池组的充、放电结果应合格，其端电压、放电容量、放电倍率应符合产品技术文件的要求	查阅蓄电池充、放电试验报告 　结论：合格，符合产品技术要求 　签字：相关方已签字
5.3.4	蓄电池的单体电压、电池温度、电池组的工作电流、绝缘电阻等参数检测试验报告齐全	**《电气装置安装工程蓄电池施工及验收规范》GB 50172—2012** 5.3.7　在整个充、放电期间，应按规定时间记录每个蓄电池的电压、电解液温度和环境温度及整组蓄电池的电压、电流，并应绘制整组充、放电特性曲线	查阅蓄电池电压、电流、绝缘电阻试验报告 　结论：合格 　签字：相关方已签字
5.4　生产运行准备的监督检查				
5.4.1	电气设备运行操作所需的安全工器具、仪器、仪表、防护用品配置齐全，检验合格	**《110kV 及以上送变电工程启动及竣工验收规程》DL/T 782—2001** 5.2.2　生产运行单位已将所需的规程、制度、系统图表、记录表格、安全用具等准备好，投入的设备已有调度命名和编号，已向调度部门办理新设备投运申请。 5.2.5　各种测量、计量装置、仪表齐全，符合设计要求并已校验合格	1. 查阅电气设备运行操作所需的安全工器具等台账、清单、记录 　结论：安全工器具、仪器、仪表、备品备件配置齐全
			2. 查阅工器具检验合格证 　结论：符合规范要求 　盖章：有测试单位的专用章 　签字：齐全
5.4.2	备品、备件等配置齐全，检验合格	**《110kV 及以上送变电工程启动及竣工验收规程》DL/T 782—2001** 5.2.2　生产运行单位已将所需的规程、制度、系统图表、记录表格、安全用具等准备好，…… 5.2.5　各种测量、计量装置、仪表齐全，符合设计要求并经校验合格。 5.2.7　必需的备品备件及工具已备齐。 5.2.8　运行维护人员必需的生活福利设施已经具备	1. 查阅电气设备备品备件等台账、清单 　备品备件配置齐全

续表

条款号	大纲条款	检 查 依 据	检查要点
5.4.2	备品、备件等配置齐全，检验合格		2. 查阅备品备件产品合格证 结论：符合规范要求 盖章：有测试单位的专用章 签字：齐全
5.4.3	带电区域、非带电区域与运行区域隔离可靠，警示标识齐全、醒目	**1.《电力建设安全工作规程　第3部分：变电站》DL 5009.3—2013** 6.3.3　悬挂安全标志牌和装设围栏 　　1　在一经合闸即可送电到工作地点的断路器和隔离开关的操作把手、二次设备上均应悬挂"禁止合闸，有人工作！"的安全标志牌。 　　2　在室内高压设备上或某一间隔内工作时，在工作地点两旁及对面的间隔上均应设围栏并悬挂"止步，高压危险！"的安全标志牌。 　　3　在室外高压设备上工作时，应在工作地点的四周设围栏，其出入口要围至临近道路旁边，并设有"从此进出！"的安全标志牌，工作地点四周围栏上悬挂适当数量的"止步，高压危险！"安全标志牌，标志牌应朝向围栏里面。若室外配电装置的大部分设备停电，只有个别地点保留有带电设备，其他设备无触及带电导体的可能时，可以在带电设备四周装设全封闭围栏，围栏上悬挂适当数量的"止步，高压危险！"安全标志牌，标志牌应朝向围栏外面。 　　4　在工作地点悬挂"在此工作！"的安全标志牌。 　　6　设置的围栏应醒目、牢固。…… 　　7　安全标志牌、围栏等防护设施的设置应正确、及时，工作完毕后应及时拆除。 **2.《110kV及以上送变电工程启动及竣工验收规程》DL/T 782—2001** 5.2.3　……，带电区域已设明显标志	查阅带电区设备与其他区域的隔离措施的实施记录 内容：有完成区域隔离措施实施的记录 签字：相关人员已签字
5.4.4	设备的名称和双重编号及盘、柜双面标识准确、齐全；电气安全警告标示牌内容和悬挂位置正确、齐全、醒目	**1.《光伏发电工程验收规范》GB/T 50796—2012** 3.0.8　工程验收中相关单位职责应符合下列要求： 　　6　生产运行单位职责应包括： 　　6）负责投运设备已具备调度命名和编号，且设备标识齐全、正确，并向调度部门递交新设备投运申请。 **2.《电气装置安装工程盘、柜及二次回路接线施工及验收规范》GB 50171—2012** 5.0.4　盘、柜的正面及背面各电器、端子排等应标明编号、名称、用途及操作位置，且字迹清晰、工整、不易脱色	1. 查看设备标识 内容：调度命名和编号与设备相对应 2. 查看盘、柜标识 内容：正、背面名称及编号与盘、柜对应

续表

条款号	大纲条款	检 查 依 据	检查要点
5.4.4	设备的名称和双重编号及盘、柜双面标识准确、齐全；电气安全警告标示牌内容和悬挂位置正确、齐全、醒目		3. 查看设备运行安全警示标识 　位置：人员接近时，容易看到
6 质量监督检测			
6.0.1	开展现场质量监督检查时，应重点对下列项目的检测试验报告进行查验，必要时可进行验证性抽样检测。对检验指标或结论有怀疑时，必须进行检测		
(1)	混凝土强度检测	**1.《建筑结构检测技术标准》GB/T 50344—2004** 4.3.1　结构或构件混凝土抗压强度的检测，可采用回弹法、超声回弹综合法、后装拔出法或钻芯等方法，检测操作应分别遵守相应技术规程的规定。 4.3.2　除了有特殊的检测目的之外，混凝土抗压强度的检测应符合下列规定： 　1　采用回弹法时，被检测混凝土的表层质量应具有代表性，且混凝土的抗压强度和龄期不应超过相应技术规程限定的范围。 　2　采用超声回弹综合法时，被检测混凝土的内外质量应无明显差异，且混凝土的抗压强度不应超过相应技术规程限定的范围。 　3　采用后装拔出法时，被检测混凝土的表层应具有代表性，且混凝土强度混凝土粗骨料的最大粒径不应超过相应技术规程限定的范围。 　4　当被检测混凝土的表层质量不具有代表性时，应采用钻芯；当被检测混凝土的龄期或抗压强度超过回弹法、超声回弹综合法或后装拔出法等相应技术规程限定的范围时，可采用钻芯法或钻芯修正法。	查阅结构混凝土强度检测方案及检测报告 　检测部位：和方案一致 　签字：检测员、审核人、批准人已签字 　盖章：盖有计量认证章（CMA章）、检测专用章 　结论：符合设计要求及规范规定

条款号	大纲条款	检 查 依 据	检查要点
(1)	混凝土强度检测	5 在回弹法、超声回弹综合法或后装拔出法适用的条件下，宜进行钻芯修正或利用同条件养护立方体试块的抗压强度进行修正。 **2.《混凝土结构工程施工质量验收规范》GB 50204—2015** 7.4.1 结构混凝土的强度等级必须符合设计要求	
(2)	钢筋混凝土保护层检测	**1.《建筑结构检测技术标准》GB/T 50344—2004** 4.7.2 钢筋位置、保护层厚度和钢筋数量，宜采用非破损的雷达法或电磁感应法进行检测，必要时可凿开混凝土进行钢筋直径或保护层厚度的验证。 **2.《混凝土结构工程施工质量验收规范》GB 50204—2015** 10.1.1 对涉及混凝土结构安全的有代表性的部位应进行结构实体检验。结构实体检验应包括混凝土强度、钢筋保护层厚度、结构位置与尺寸偏差以及合同约定的项目；必要时可检验其他项目。 10.1.3 钢筋保护层厚度检验应符合本规范附录 E 的规定。 　附录 E　结构实体钢筋保护层厚度检验 　E.0.2　对选定的梁类构件，应对全部纵向受力钢筋的保护层厚度进行检验；对选定的板类构件，应抽取不少于 6 根纵向受力钢筋的保护层厚度进行检验。对每根钢筋，应选择有代表性的不同部位量测 3 点取平均值。 　E.0.3　钢筋保护层厚度的检验，可采用非破损或局部破损的方法，也可采用非破损方法并用局部破损方法进行校准。当采用非破损方法检验时，所使用的检测仪器应经过计量检验，检测操作应符合相应规程的规定。钢筋保护层厚度检验的检测误差不应大于 1mm。 　E.0.4　钢筋保护层厚度检验时，纵向受力钢筋保护层厚度的允许偏差，对梁类构件为+10mm，−7mm；对板类构件为+8mm，−5mm。 　E.0.5　对梁类、板类构件纵向受力钢筋的保护厚度应分别进行验收。 结构实体钢筋保护层厚度验收合格应符合下列规定： 　1　当全部钢筋保护层厚度检验的合格率为 90% 及以上时，钢筋保护层厚度的检验结果应判为合格。 　2　当全部钢筋保护层厚度检验的合格率小于 90% 但不小于 80% 时，可再抽取相同数量的构件进行检验；当按两次抽样总和计算的合格率为 90% 及以上时，钢筋保护层厚度的检验结果仍应判为合格。 　3　每次抽样检验结果中不合格点的最大偏差均不应大于本附录 E.0.4 条规定允许偏差的 1.5 倍	查阅结构混凝土保护层检测方案及检测报告 检测部位：和方案一致 签字：检测员、审核人、批准人已签字 盖章：盖有计量认证章（CMA 章）、检测专用章 结论：符合设计要求及规范规定

条款号	大纲条款	检 查 依 据	检查要点
（3）	电力电缆两端相位一致性检测	**1.《电气装置安装工程　电缆线路施工及验收规范》GB 50168—2006** 6.2.13　电缆终端上应有明显的相色标志，且应与系统的相位一致。 **2.《电气装置安装工程电气设备交接试验标准》GB 50150—2016（报批稿）** 17.0.6　检查电缆线路的两端相位，应与电网的相位一致	查验抽测电力电缆 相色：符合 GB 50168—2006 第 6.2.13 条 相位：符合 GB 50150—2016 第 17.0.6 条
（4）	接地装置接地阻抗测试	**《电气装置安装工程　电气设备交接试验标准》GB 50150—2016（报批稿）** 25.0.3　接地阻抗测量，应符合下列规定： 　　1　接地阻抗值应符合设计文件规定，当设计文件没有规定时应符合表 25.0.3 的要求； 　　2　试验方法可按现行行业标准《接地装置特性参数测量导则》DL 475 的规定执行，试验时应排除与接地网连接的架空地线、电缆的影响； 　　3　应在扩建接地网与原接地网连接后进行全场全面测试	查阅接地阻抗测试报告 盖章：试验单位已盖章 签字：相关人员已签字 接地电阻值：符合设计要求 结论：合格
（5）	二次回路绝缘电阻测试	**《电气装置安装工程　电气设备交接试验标准》GB 50150—2016（报批稿）** 22.0.2　测量绝缘电阻，应符合下列规定： 　　1　应按本标准第 3.0.9 条的规定，根据电压等级选择兆欧表； 　　2　小母线在断开所有其他并联支路时，不应小于 10MΩ； 　　3　二次回路的每一支路和断路器、隔离开关的操动机构的电源回路等，均不应小于 1MΩ。在比较潮湿的地方，可不小于 0.5MΩ	查验抽测二次回路绝缘电阻 小母线：符合 GB 50150 第 22.0.2 条 二次回路：符合 GB 50150 第 22.0.2 条

第 **4** 部分

升压站工程

第 1 节点：地基处理监督检查

条款号	大纲条款	检 查 依 据	检查要点
4	**责任主体质量行为的监督检查**		
4.1	**建设单位质量行为的监督检查**		
4.1.1	地基处理施工方案已审批	**1.《建设工程监理规范》GB/T 50319—2013** 5.2.3 施工方案报审表应按本规范表 B.0.1 的要求填写。 **2.《建筑工程施工质量评价标准》GB/T 50375—2006** 4.2.1 施工现场质量保证条件应符合下列检查标准： 　　3 施工组织设计、施工方案编制审批手续齐全，…… **3.《建筑施工组织设计规范》GB/T 50502—2009** 3.0.5 施工组织设计的编制和审批应符合下列规定： 　　2 ……施工方案应由项目技术负责人审批；重点、难点分部（分项）工程和专项工程施工方案应由施工单位技术部门组织相关专家评审，施工单位技术负责人批准； 　　3 由专业承包单位施工的分部（分项）工程或专项工程的施工方案，应由专业承包单位技术负责人或技术负责人授权的技术人员审批；有总承包单位时，应由总承包单位项目技术负责人核准备案； 　　4 规模较大的分部（分项）工程和专项工程的施工方案应按单位工程施工组织设计进行编制和审批。 **4.《光伏发电站施工规范》GB 50794—2012** 3.0.1 开工前应具备的条件： 　　4 ……施工组织设计及重大施工方案应已审批；…… **5.《电力工程地基处理技术规程》DL/T 5024—2005** 5.0.2 地基处理方案的选择，应根据工程场地岩土工程条件、建筑物的安全等级、结构类型、荷载大小、上部结构和地基基础的共同作用，以及当地地基处理经验和施工条件、建筑物使用过程中岩土环境条件的变化。经技术经济比较后，在技术可靠、满足工程设计和施工进度的要求下，选用地基处理方案或加强上部结构与地基处理相结合的方案。采用的地基处理方法应符合环境保护的要求，避免因地基处理而污染地表水和地下水；避免由于地基土的变形而损坏邻近建（构）筑物；防止振动噪声和飞灰对周围环境的不良影响。 5.0.12 地基处理的施工应有详细的施工组织设计、施工质量管理和质量保证措施。应有专人负责施工检验与质量监督，做好各项施工记录，当发现异常情况时，应及时会同有关部门研究解决。 **6.《电力建设施工技术规范 第 1 部分：土建结构工程》DL 5190.1—2012** 3.0.1 工程施工前，应按设计图纸，结合具体情况和施工组织设计的要求编制施工方案，并经批准后方可施工。	1. 查阅施工方案 　审批人员：符合规范规定 　编审批时间：施工前 2. 查阅施工方案报审表 　审批意见：同意实施等肯定性意见 　签字：责任人已签字 　盖章：单位已盖章

条款号	大纲条款	检 查 依 据	检查要点
4.1.1	地基处理施工方案已审批	3.0.6 施工单位应当在危险性较大的分部、分项工程施工前编制专项方案；对于超过一定规模和危险性较大的深基坑工程、模板工程及支撑体系、起重吊装及安装拆卸工程、脚手架工程和拆除、爆破工程等，施工单位应当组织专家对专项方案进行论证	
4.1.2	组织完成设计交底及施工图会检	**1.《建设工程质量管理条例》中华人民共和国国务院令〔2000〕第279号** 第二十三条 设计单位应当就审查合格的施工图设计文件向施工单位作出详细说明。 **2.《建筑工程勘察设计管理条例》中华人民共和国国务院令〔2015〕第662号** 第三十条 建设工程勘察、设计单位应当在建设工程施工前，向施工单位和监理单位说明建设工程勘察、设计意图，解释建设工程勘察、设计文件。建设工程勘察、设计单位应当及时解决施工中出现的勘察、设计问题。 **3.《建设工程监理规范》GB/T 50319—2013** 5.1.2 监理人员应熟悉工程设计文件，有关监理人员应参加建设单位主持的图纸会审和设计交底会议，总监理工程师应参与会议纪要会签。 **4.《建设工程项目管理规范》GB/T 50326—2006** 8.3.3 项目技术负责人应主持对图纸审核，并应形成会审记录。 **5.《光伏发电站施工规范》GB 50794—2012** 3.0.1 开工前应具备下列条件： 　4 开工所必需的施工图应通过会审，设计交底应完成，…… **6.《电力建设工程施工技术管理导则》国电电源〔2002〕896号** 7.01 施工图纸是施工和验收的主要依据之一。为使施工人员充分领会设计意图、熟悉设计内容、正确施工，确保施工质量，必须在开工前进行图纸会检。 **7.《输变电工程项目质量管理规程》DL/T 1362—2014** 5.3.2 建设单位应在变电站单位工程和输电线路分部工程开工前组织设计交底和施工图会检	1. 查阅设计交底记录 　主持人：建设单位责任人 　交底人：设计单位责任人 　签字：交底人及被交底人已签字 　时间：施工前 2. 查阅施工图会检纪要 　签字：施工、设计、监理、建设单位责任人已签字 　时间：施工前
4.1.3	组织进行工程建设标准强制性条文实施情况的检查	**1.《中华人民共和国标准化法实施条例》中华人民共和国国务院令〔1990〕第53号** 第二十三条 从事科研、生产、经营的单位和个人，必须严格执行强制性标准。 **2.《建设工程质量管理条例》中华人民共和国国务院令〔2000〕第279号** 　第十条 …… 建设单位不得明示或者暗示设计单位或者施工单位违反工程建设强制性标准，降低建设工程质量。 **3.《实施工程建设强制性标准监督规定》建设部令〔2000〕第81号** 第二条 在中华人民共和国境内从事新建、扩建、改建等工程建设活动，必须执行工程建设强制性标准。	查阅强制性条文实施情况检查记录 内容：与强制性条文实施计划相符，相关资料可追溯 签字：检查人员已签字

续表

条款号	大纲条款	检 查 依 据	检查要点
4.1.3	组织进行工程建设标准强制性条文实施情况的检查	第六条 ……工程质量监督机构应当对工程建设施工、监理、验收等阶段执行强制性标准的情况实施监督。 第十条 强制性标准监督检查的内容包括： （一）有关工程技术人员是否熟悉、掌握强制性标准； （二）工程项目的规划、勘察、设计、施工、验收等是否符合强制性标准的规定； （三）工程项目采用的材料、设备是否符合强制性标准的规定； （四）工程项目的安全、质量是否符合强制性标准的规定； （五）工程中采用的导则、指南、手册、计算机软件的内容是否符合强制性标准的规定。 **4.《输变电工程项目质量管理规程》DL/T 1362—2014** 4.4 输变电工程项目建设过程中，参建单位应遵循现行国家和行业标准，严格执行工程设计和施工标准中的强制性条文，……	
4.1.4	采用的新技术、新工艺、新流程、新装备、新材料已进行论证审批	**1.《中华人民共和国建筑法》中华人民共和国主席令〔2011〕第46号** 第四条 国家扶持建筑业的发展，支持建筑科学技术研究，提高房屋建筑设计水平，鼓励节约能源和保护环境，提倡采用先进技术、先进设备、先进工艺、新型建筑材料和现代管理方式。 **2.《建设工程质量管理条例》中华人民共和国国务院令〔2000〕第279号** 第六条 国家鼓励采用先进的科学技术和管理方法，提高建设工程质量。 **3.《实施工程建设强制性标准监督规定》建设部令〔2000〕第81号** 第五条 工程建设中拟采用的新技术、新工艺、新材料，不符合现行强制性标准规定的，应当由拟采用单位提请建设单位组织专题技术论证，报批准标准的建设行政主管部门或者国务院有关主管部门审定。 **4.《电力工程地基处理技术规程》DL/T 5024—2005** 5.0.8 ……当采用当地缺乏经验的地基处理方法或引进和应用新技术、新工艺、新方法时，须通过原体试验验证其适用性。 **5.《电力建设施工技术规范 第1部分：土建结构工程》DL 5190.1—2012** 3.0.4 采用新技术、新工艺、新材料、新设备时，应经过技术鉴定或具有允许使用的证明。施工前应编制单独的施工措施及操作规程	查阅新技术、新工艺、新流程、新装备、新材料论证文件 内容：同意采用等肯定性意见 签字：专家组和批准人已签字
4.1.5	无任意压缩合同约定工期的行为	**1.《建设工程质量管理条例》中华人民共和国国务院令〔2000〕第279号** 第十条 建设工程发包单位不得迫使承包方以低于成本的价格竞标，不得任意压缩合理工期。 **2.《电力建设安全生产监督管理办法》电监安全〔2007〕38号** 第十三条 …… 电力建设单位应当执行定额工期，不得压缩合同约定的工期，……	查阅施工进度计划、合同工期和调整工期的相关文件

续表

条款号	大纲条款	检 查 依 据	检查要点
4.1.5	无任意压缩合同约定工期的行为	**3.《建设工程项目管理规范》GB/T 50326—2006** 9.2.1 组织应依据合同文件、项目管理规划文件、资源条件与外部约束条件编制项目进度计划	内容：有压缩工期的行为时，应有设计、监理、施工和建设单位认可的书面文件
4.2 勘察单位质量行为的监督检查			
4.2.1	勘察报告已完成	**1.《建设工程质量管理条例》中华人民共和国国务院令〔2000〕第 279 号** 第二十条 勘察单位提供的地质、测量、水文等勘察成果必须真实、准确。 **2.《建设工程勘察设计管理条例》中华人民共和国国务院令〔2015〕第 662 号** 第二十六条 编制建设工程勘察文件，应当真实、准确，满足建设工程规划、选址、设计、岩土治理和施工的需要	查阅勘察报告 内容：地质、测量、水文等勘察成果齐全、完整 签字：勘探、校核、批准相关人员已签字
4.2.2	工程建设标准强制性条文落实到位	**1.《建设工程质量管理条例》中华人民共和国国务院令〔2000〕第 279 号** 第十九条 勘察、设计单位必须按照工程建设强制性标准进行勘察、设计，并对其勘察、设计的质量负责。 **2.《建设工程勘察设计管理条例》中华人民共和国国务院令〔2015〕第 662 号** 第五条 ……建设工程勘察、设计单位必须依法进行建设工程勘察、设计，严格执行工程建设强制性标准，并对建设工程勘察、设计的质量负责。 **3.《实施工程建设强制性标准监督规定》建设部令〔2000〕第 81 号** 第二条 在中华人民共和国境内从事新建、扩建、改建等工程建设活动，必须执行工程建设强制性标准。 第六条 建设项目规划审查机关应当对工程建设规划阶段执行强制性标准的情况实施监督。 　　施工图设计文件审查单位应当对工程建设勘察、设计阶段执行强制性标准的情况实施监督。 第十条 强制性标准监督检查的内容包括： 　　（一）有关工程技术人员是否熟悉、掌握强制性标准； 　　（二）工程项目的规划、勘察、设计、施工、验收等是否符合强制性标准的规定； 　　（五）工程中采用的导则、指南、手册、计算机软件的内容是否符合强制性标准的规定。 **4.《输变电工程项目质量管理规程》DL/T 1362—2014** 4.4 输变电工程项目建设过程中，参建单位应遵循现行国家和行业标准，严格执行工程设计和施工标准中的强制性条文，…… 6.2.1 ……质量管理策划内容应包括不限于： 　　b）质量管理文件，包括引用的标准清单、设计质量策划、强制性条文实施计划、设计技术组织措施、达标投产（创优）实施细则等	1. 查阅勘察文件 内容：与强制性条文有关的内容已落实 签字：编、审、批责任人已签字 2. 查阅强制性条文实施计划（强制性条文清单）和本阶段执行记录 内容：与实施计划相符 签字：相关单位审批人已签字

续表

条款号	大纲条款	检 查 依 据	检查要点
4.2.3	按规定参加地基处理工程的质量验收及签证	**1.《建筑工程施工质量验收统一标准》GB 50300—2013** 6.0.3　分部工程应由总监理工程师组织施工单位项目负责人和项目技术负责人等进行验收。 　　勘察、设计单位项目负责人和施工单位技术、质量部门负责人应参加地基与基础分部工程的验收。 **2.《电力建设施工质量验收及评价规程　第1部分：土建工程》DL/T 5210.1—2012** 3.0.12　工程质量验收的程序、组织和记录应符合下列规定： 　　3　分部（子分部）工程质量验收应由总监理工程师（建设单位项目负责人）组织施工单位项目负责人和技术、质量负责人等进行验收；地基与基础、主体结构分部工程的勘测、设计单位工程项目负责人和施工单位技术、质量部门负责人也应参加相关分部工程验收。 　　4　……建设单位收到工程验收申请报告后，应由建设单位（项目）负责人组织施工（含分包单位）、设计、监理等单位（项目）负责人进行单位（子单位）工程验收	查阅地基处理工程的质量验收及签证 内容：意见明确 签字：勘察单位责任人已签字

4.3　设计单位质量行为的监督检查

条款号	大纲条款	检 查 依 据	检查要点
4.3.1	设计图纸交付进度能保证连续施工	**1.《中华人民共和国合同法》中华人民共和国主席令〔1999〕第15号** 第二百七十四条　勘察、设计合同的内容包括提交有关基础资料和文件（包括概预算）的期限、质量要求、费用以及其他协作条件等条款。 第二百八十条　勘察、设计的质量不符合要求或者未按照期限提交勘察、设计文件拖延工期，造成发包人损失的，勘察人、设计人应当继续完善勘察、设计，减收或者免收勘察、设计费并赔偿损失。 **2.《建设工程项目管理规范》GB/T 50326—2006** 1.4.3　设计单位的进度控制包括下列内容： 　　1　编制设计准备阶段计划、设计总进度计划和各专业设计的出图计划。 　　2　在上述计划实施过程中进行检查。 　　3　协助施工单位实现进度控制目标。 　　4　接受监理单位的设计进度监理。 **3.《建设项目工程总承包管理规范》GB/T 50358—2005** 6.4.1　设计经理应组织检查设计计划的执行情况，分析进度偏差，制定有效措施。设计进度的主要控制点应包括： 　　1　设计各专业间的条件关系及进度。 　　2　初步设计或基础工程设计完成和提交时间。 　　4　进度关键线路上的设计文件提交时间。 　　5　施工图设计或详细工程设计完成和提交时间。 　　6　设计工作结束时间	1.查阅设计单位的施工图出图计划 内容：交付时间满足进度计划要求 签字：责任人已签字 2.查阅建设单位的设计文件接收记录 内容：接收时间与出图计划一致 签字：责任人已签字

条款号	大纲条款	检 查 依 据	检查要点
4.3.2	按规定进行设计交底并参加施工图会检	**1.《建设工程质量管理条例》中华人民共和国国务院令〔2000〕第 279 号** 第二十三条　设计单位应当就审查合格的施工图设计文件向施工单位作出详细说明。 **2.《建设工程勘察设计管理条例》中华人民共和国国务院令〔2015〕第 662 号** 第三十条　建设工程勘察、设计单位应当在建设工程施工前，向施工单位和监理单位说明建设工程勘察、设计意图，解释建设工程勘察、设计文件。 **3.《建设工程监理规范》GB/T 50319—2013** 5.1.2　监理人员应熟悉工程设计文件，有关监理人员应参加建设单位主持的图纸会审和设计交底会议，总监理工程师应参与会议纪要会签。 **4.《光伏发电站施工规范》GB 50794—2012** 3.0.1　开工前应具备下列条件： 　　4　开工所必需的施工图应通过会审，设计交底应完成，…… **5.《建设项目工程总承包管理规范》GB/T 50358—2005** 6.3.8 在施工前，设计组应进行设计交底，说明设计意图，解释设计文件，明确设计要求	1. 查阅设计交底会议纪要 　交底人：由原设计人进行交底 　交底内容：包括设计交底的范围、设计意图、强制性条文执行及施工中应重点关注的问题 　交底时间：本卷册图施工前 　签字：交底人、接受交底人已签字 2. 查阅图纸会检记录 　签字：设计、施工、监理、建设单位责任人已签字 　时间：施工前
4.3.3	设计更改、技术洽商等文件完整，手续齐全	**1.《建设工程勘察设计管理条例》中华人民共和国国务院令〔2015〕第 662 号** 第二十八条　建设单位、施工单位、监理单位不得修改建设工程勘察、设计文件；确需修改建设工程勘察、设计文件的，应当由原建设工程勘察、设计单位修改。经原建设工程勘察、设计单位书面同意，建设单位也可以委托其他具有相应资质的建设工程勘察、设计单位修改。修改单位对修改的勘察、设计文件承担相应责任。 　施工单位、监理单位发现建设工程勘察、设计文件不符合工程建设强制性标准、合同约定的质量要求的，应当报告建设单位，建设单位有权要求建设工程勘察、设计单位对建设工程勘察、设计文件进行补充、修改。 　建设工程勘察、设计文件内容需要作重大修改的，建设单位应当报经原审批机关批准后，方可修改。 **2.《建设项目工程总承包管理规范》GB/T 50358—2005** 6.4.2 ……，设计质量的控制点主要包括： 　　7　设计变更的控制。	查阅设计更改、技术洽商文件 　编制签字：设计单位（EPC）各级责任人已签字 　审核签字：相关单位责任人已签字 　签字时间：在变更内容实施前

续表

条款号	大纲条款	检 查 依 据	检查要点
4.3.3	设计更改、技术洽商等文件完整，手续齐全	**3.《电力建设工程施工技术管理导则》国电电源〔2002〕896号** 10.03 设计变更审批手续： 　　a) 小型设计变更。由工地提出设计变更申请单或工程洽商（联系）单，经项目部技术管理部门审核，由现场设计、建设（监理）单位代表签字同意后生效。 　　b) 一般设计变更。由工地提出设计变更申请单，经项目部技术管理部门审签后，送交建设（监理）单位审核。经设计单位同意后，由设计单位签发设计变更通知书并经建设（监理）单位会签后生效。 　　c) 重大设计变更。由项目部总工程师组织研究、论证后，提交建设单位组织设计、施工、监理单位进一步论证、审核，决定后由设计单位修改设计图纸并出具设计变更通知书，还应附有工程预算变更单，经建设、监理、施工单位会签后生效。 **4.《电力勘测设计驻工地代表制度》DLGJ 159.8—2001** 5.0.2 进行设计更改 　　1 因原设计错误或考虑不周需进行的一般设计更改，由专业工代填写"设计变更通知单"，说明更改原因和更改内容，经工代组长签署后发至施工单位实施。"设计变更通知单"的格式见附录 A	
4.3.4	工程建设标准强制性条文落实到位	**1.《建设工程质量管理条例》中华人民共和国国务院令〔2000〕第279号** 第十九条　勘察、设计单位必须按照工程建设强制性标准进行勘察、设计，并对其勘察、设计的质量负责。 **2.《建设工程勘察设计管理条例》中华人民共和国国务院令〔2015〕第662号** 第五条　……建设工程勘察、设计单位必须依法进行建设工程勘察、设计，严格执行工程建设强制性标准，并对建设工程勘察、设计的质量负责。 **3.《实施工程建设强制性标准监督规定》建设部令〔2000〕第81号** 第二条　在中华人民共和国境内从事新建、扩建、改建等工程建设活动，必须执行工程建设强制性标准。 第六条　建设项目规划审查机关应当对工程建设规划阶段执行强制性标准的情况实施监督。 　　施工图设计文件审查单位应当对工程建设勘察、设计阶段执行强制性标准的情况实施监督。 第十条　强制性标准监督检查的内容包括： 　　（一）有关工程技术人员是否熟悉、掌握强制性标准； 　　（二）工程项目的规划、勘察、设计、施工、验收等是否符合强制性标准的规定； 　　（五）工程中采用的导则、指南、手册、计算机软件的内容是否符合强制性标准的规定。 **4.《输变电工程项目质量管理规程》DL/T 1362—2014** 6.2.1　……质量管理策划内容应包括不限于： 　　b) 质量管理文件，包括引用的标准清单、设计质量策划、强制性条文实施计划、设计技术组织措施、达标投产（创优）实施细则等	1. 查阅设计文件 　内容：与强制性条文有关的内容已落实 　签字：编、审、批责任人已签字 2. 查阅强制性条文实施计划（强制性条文清单）和本阶段执行记录 　内容：与实施计划相符 　签字：相关单位责任人已签字

条款号	大纲条款	检 查 依 据	检查要点
4.3.5	设计代表工作到位，处理设计问题及时	**1.《建设工程勘察设计管理条例》中华人民共和国国务院令〔2015〕第 662 号** 第三十条　……建设工程勘察、设计单位应及时解决施工中出现的勘察、设计问题。 **2.《电力勘测设计驻工地代表制度》DLGJ 159.8—2001** 2.0.1　工代的工地现场服务是电力工程设计的阶段之一，为了有效地贯彻勘测设计意图，实施设计单位通过工代为施工、安装、调试、投运提供及时周到的服务，促进工程顺利竣工投产，特制定本制度。 2.0.2　工代的任务是解释设计意图，解释施工图纸中的技术问题，收集包括设计本身在内的施工、设备材料等方面的质量信息，加强设计与施工、生产之间的配合，共同确保工程建设质量和工期，以及国家和行业标准的贯彻执行。 2.0.3　工代是设计单位派驻工地配合施工的全权代表，应能在现场积极地履行工代职责，使工程实现设计预期要求和投资效益。 5.0.6　工代记录 　　1　工代应对现场处理的问题、参加的各种会议以及决议作详细记录，填写"工代工作大事记"	1. 查阅设计单位工代管理制度 　内容：包括工代任命书及设计修改、变更、材料代用等签发人资格 2. 查阅设计服务记录 　内容：包括现场施工与设计要求相符情况和工代协助施工单位解决具体技术问题的情况 3. 查阅设计变更通知单和工程联系单及台账 　内容：处理意见明确，收发闭环
4.3.6	按规定参加地基处理工程的质量验收及签证	**1.《建筑工程施工质量验收统一标准》GB 50300—2013** 6.0.3　分部工程应由总监理工程师组织施工单位项目负责人和项目技术负责人等进行验收。 　　勘察、设计单位项目负责人和施工单位技术、质量部门负责人应参加地基与基础分部工程的验收。 　　设计单位项目负责人和施工单位技术、质量部门负责人应参加主体结构、节能分部工程的验收。 **2.《光伏发电工程验收规范》GB/T 50796—2012** 3.0.8　工程验收中相关单位职责应符合下列要求： 　　2　勘察、设计单位职责应包括： 　　1）对土建工程与地基工程有关的施工记录校验。 **3.《电力建设施工质量验收及评价规程　第 1 部分：土建工程》DL/T 5210.1—2012** 3.0.12　工程质量验收的程序、组织和记录应符合下列规定： 　　3　分部（子分部）工程质量验收应由总监理工程师（建设单位项目负责人）组织施工单位项目负责人和技术、质量负责人等进行验收；地基与基础、主体结构分部工程的勘测、设计单位工程项目负责人和施工单位技术、质量部门负责人也应参加相关分部工程验收。 　　4　……建设单位收到工程验收申请报告后，应由建设单位（项目）负责人组织施工（含分包单位）、设计、监理等单位（项目）负责人进行单位（子单位）工程验收，……	查阅地基处理工程质量验收记录 　签字：设计单位（EPC）责任人已签字

条款号	大纲条款	检 查 依 据	检 查 要 点
4.3.7	进行了本阶段工程实体质量与设计的符合性确认	**1.《光伏发电工程验收规范》GB/T 50796—2012** 3.0.8 工程验收中相关单位职责应符合下列要求： 　　2 勘察、设计单位职责应包括： 　　　3）对工程设计方案和质量负责，为工程验收提供设计总结报告。 **2.《电力勘测设计驻工地代表制度》DLGJ 159.8—2001** 5.0.3 深入现场，调查研究 　　1 工代应坚持经常深入施工现场，调查了解施工是否与设计要求相符，并协助施工单位解决施工中出现的具体技术问题，做好服务工作，促进施工单位正确执行设计规定的要求。 　　2 对于发现施工单位擅自做主，不按设计规定要求进行施工的行为，应及时指出，要求改正，如指出无效，又涉及安全、质量等原则性、技术性问题，应将问题事实与处理过程用"备忘录"的形式书面报告建设单位和施工单件，同时向设总和处领导汇报	1. 查阅地基处理分部、子分部工程质量验收记录 　签字：设计单位（EPC）项目负责人已签字 2. 查阅本阶段设计单位（EPC）汇报材料 内容：已对本阶段工程实体质量与勘察设计的符合性进行了确认，符合性结论明确 　签字：项目设计（EPC）负责人已签字 　盖章：设计单位已盖章
4.4 监理单位质量行为的监督检查			
4.4.1	专业监理人员配备合理，资格证书与承担的任务相符	**1.《中华人民共和国建筑法》中华人民共和国主席令〔2011〕第 46 号** 第十四条 从事建筑活动的专业技术人员，应当依法取得相应的职业资格证书，并在执业资格证书许可的范围内从事建筑活动。 **2.《建设工程质量管理条例》中华人民共和国国务院令〔2000〕第 279 号** 第三十七条 工程监理单位应当选派具备相应资格的总监理工程师和监理工程师进驻施工现场。 …… **3.《建设工程监理规范》GB/T 50319—2013** 2.0.6 总监理工程师 由工程监理单位法定代表人书面任命，负责履行建设工程监理合同、主持项目监理机构工作的注册监理工程师。 2.0.7 总监理工程师代表 经工程监理单位法定代表人同意，由总监理工程师书面授权，代表总监理工程师行使其部分职责和权力，具有工程类注册执业资格或具有中级及以上专业技术职称、3 年及以上工程实践经验并经监理业务培训的人员。	1. 查阅监理大纲（规划）中的监理人员进场计划 　人员数量及专业：已明确 2. 查阅现场监理人员名单 　专业：与工程阶段和监理规划相符 　数量：满足监理工作需要

条款号	大纲条款	检 查 依 据	检查要点
4.4.1	专业监理人员配备合理，资格证书与承担的任务相符	2.0.8　专业监理工程师 由总监理工程师授权，负责实施某一专业或某一岗位的监理工作，有相应监理文件签发权，具有工程类注册执业资格或具有中级及以上专业技术职称、2 年及以上工程实践经验并经监理业务培训的人员。 2.0.9　监理员 从事具体监理工作，具有中专及以上学历并经过监理业务培训的人员。 3.1.2　项目监理机构的监理人员应由总监理工程师、专业监理工程师和监理员组成，且专业配套、数量应满足建设工程监理工作需要，必要时可设总监理工程师代表。 3.1.3　……应及时将项目监理机构的组织形式、人员构成及对总监理工程师的任命书面通知建设单位	3. 查阅专业监理人员的资格证书 　专业：与所从事专业相符 　有效期：当前有效
4.4.2	地基处理施工方案已审查，特殊施工技术措施已审批	**1.《建设工程安全生产管理条例》中华人民共和国国务院令〔2003〕第 393 号** 第二十六条　施工单位应当在施工组织设计中编制安全技术措施和施工现场临时用电方案，对下列达到一定规模的危险性较大的分部分项工程编制专项施工方案，并附具安全验算结果，经施工单位技术负责人、总监理工程师签字后实施，由专职安全生产管理人员进行现场监督： 　　（一）基坑支护与降水工程； 　　（二）土方开挖工程； 　　（三）模板工程； 　　（四）起重吊装工程； 　　（五）脚手架工程； 　　（六）拆除、爆破工程； 　　（七）国务院建设行政主管部门或者其他有关部门规定的其他危险性较大的工程。 　　对前款所列工程中涉及深基坑、地下暗挖工程、高大模板工程的专项施工方案，施工单位还应当组织专家进行论证、审查。 **2.《建设工程监理规范》GB/T 50319—2013** 5.2.2　总监理工程师应组织专业监理工程师审查施工单位报审的施工方案，符合要求后应予以签认。 **3.《电力工程地基处理技术规程》DL/T 5024—2005** 5.0.12　地基处理的施工应有详细的施工组织设计、施工质量管理和质量保证措施。应有专人负责施工检验与质量监督，做好各项施工记录，当发现异常情况时，应及时会同有关部门研究解决。 **4.《电力建设工程监理规范》DL/T 5434—2009** 5.2.1　总监理工程师应履行以下职责：	1. 查阅地基处理施工方案报审文件 　审核意见：同意实施 　审批：相关单位责任人已签字 2. 查阅特殊施工技术措施、方案报审文件 　审核意见：专家意见已在施工措施方案中落实，同意实施 　审批：相关单位责任人已签字

条款号	大纲条款	检 查 依 据	检查要点
4.4.2	地基处理施工方案已审查，特殊施工技术措施已审批	6 审查承包单位提交的开工报告、施工组织设计、方案、计划。 9.1.3 专业监理工程师应要求承包单位报送重点部位、关键工序的施工工艺方案和工程质量保证措施，审核同意后签认	

4.4.3	对进场工程原材料、半成品、构配件的质量进行检查验收	**1.《建设工程监理规范》GB/T 50319—2013**
		5.2.9 项目监理机构应审查施工单位报送的用于工程的材料、构配件、设备的质量证明文件，并应按有关规定、建设工程监理合同约定，对用于工程的材料进行见证取样、平行检验。
		    项目监理机构对已进场经检验不合格的工程材料、构配件、设备，应要求施工单位限期将其撤出施工现场。
		2.《光伏发电站施工规范》GB 50794—2012
		3.0.1 开工前应具备下列条件：
		    3 施工单位的资质、特殊作业人员资格、施工机械、施工材料、计量器具等应报监理单位或建设单位审查完毕。
		3.《电力建设工程监理规范》DL/T 5434—2009
		9.1.7 项目监理机构应对承包单位报送的拟进场工程材料、半成品和构配件的质量证明文件进行审核，并按有关规定进行抽样验收。对有复试要求的，经监理人员现场见证取样后送检，复试报告应报送项目监理机构查验。
		9.1.8 项目监理机构应参与主要设备开箱验收，对开箱验收中发现的设备质量缺陷，督促相关单位处理。
		4.《电力建设土建工程施工技术检验规范》DL/T 5710—2014
		4.5.1 施工单位应在工程施工前按单位工程编制检测计划，报监理单位审查，并经建设单位批准后，在监理单位监督下组织实施。当设现场试验室时，施工检测试验计划尚应经现场试验室核查。
		4.7.2 施工现场施工单位、监理单位、检测试验单位应分别建立试验台账，并及时按要求在试验台账中做好试样的登记工作。试验台账应包括混凝土原材料试验台账、钢筋试验台账、钢筋接头试验台账、混凝土试验台账、砂浆试验台账、回填土试验台账、混凝土配合比试验台账和需要建立的其他试验台账
			1. 查阅工程材料/设备/构配件报审表
			  审查意见：同意使用
			  签字：相关责任人已签字
			
			2. 查阅监理单位见证取样台账
			  内容：与检测计划相符
			  签字：相关见证人已签字

4.4.4	按规定开展见证取样工作	**1.《建设工程监理规范》GB/T 50319—2013**
		5.2.9 项目监理机构应审查施工单位报送的用于工程的材料、构配件、设备的质量证明文件，并应按有关规定、建设工程监理合同约定，对用于工程的材料进行见证取样、平行检验。
		    项目监理机构对已进场经检验不合格的工程材料、构配件、设备，应要求施工单位限期将其撤出施工现场。
			查阅监理单位见证取样台账
			  内容：与检测计划相符
			  签字：相关见证人已签字

条款号	大纲条款	检 查 依 据	检查要点
4.4.4	按规定开展见证取样工作	**2.《电力建设工程监理规范》DL/T 5434—2009** 9.1.7 项目监理机构应对承包单位报送的拟进场工程材料、半成品和构配件的质量证明文件进行审核，并按有关规定进行抽样验收。对有复试要求的，经监理人员现场见证取样后送检，复试报告应报送项目监理机构查验。 **3.《电力建设土建工程施工技术检验规范》DL/T 5710—2014** 4.5.1 施工单位应在工程施工前按单位工程编制检测计划，报监理单位审查，并经建设单位批准后，在监理单位监督下组织实施。当设现场试验室时，施工检测试验计划尚应经现场试验室核查。 4.7.2 施工现场施工单位、监理单位、检测试验单位应分别建立试验台账，并及时按要求在试验台账中做好试样的登记工作。试验台账应包括混凝土原材料试验台账、钢筋试验台账、钢筋接头试验台账、混凝土试验台账、砂浆试验台账、回填土试验台账、混凝土配合比试验台账和需要建立的其他试验台账	
4.4.5	地基验槽隐蔽工程验收记录签证齐全	**1.《建设工程质量管理条例》中华人民共和国国务院令〔2000〕第 279 号** 第三十条 施工单位必须建立、健全施工质量的检验制度，严格工序管理，做好隐蔽工程的质量检查和记录。隐蔽工程在隐蔽前，施工单位应当通知建设单位和建设工程质量监督机构。 **2.《建设工程监理规范》GB/T 50319—2013** 5.2.14 项目监理机构应对施工单位报验的隐蔽工程、检验批；分项工程和分部工程进行验收，对验收合格的应给予签认，对验收不合格的应拒绝签认，同时应要求施工单位在指定的时间内整改并重新报验。 **3.《电力建设工程监理规范》DL/T 5434—2009** 9.1.10 对承包单位报送的隐蔽工程报验申请表和自检记录，专业监理工程师应进行现场检查，符合要求予以签认后，承包单位方可隐蔽并进行下一道工序的施工	查阅地基验槽隐蔽工程验收记录 验收内容：记录完整，符合基槽实际情况 意见：符合设计及规范要求 结论：同意隐蔽 签字：建设单位、勘察单位、设计单位、监理单位、施工单位项目负责人已签字
4.4.6	按地基处理设定的工程质量控制点，完成见证、旁站监理	**1.《建设工程质量管理条例》中华人民共和国国务院令〔2000〕第 279 号** 第三十八条 监理工程师应当按照工程监理规范的要求，采取旁站、巡视和平行检验等形式，对建设工程实施监理。 **2.《建设工程监理规范》GB/T 50319—2013** 5.1.1 项目监理机构应根据建设工程监理合同约定，遵循动态控制原理，坚持预防为主的原则，制定和实施相应的监理措施，采用旁站、巡视和平行检验等方式对建设工程实施监理。 5.2.11 项目监理机构根据工程特点和施工单位报送的施工组织设计，确定旁站的关键部位、关键工序，安排监理人员进行旁站，并应及时记录旁站情况。	1. 查阅施工质量验收范围划分表及报审表 划分表内容：符合规程规定且已明确了质量控制点 报审表签字：相关单位责任人已签字

条款号	大纲条款	检 查 依 据	检查要点
4.4.6	按地基处理设定的工程质量控制点，完成见证、旁站监理	**3.《电力建设工程监理规范》DL/T 5434—2009** 9.1.9 项目监理机构应安排监理人员对施工过程进行巡视和检查，对工程项目的关键部位、关键工序的施工过程进行旁站监理	2.查阅旁站计划和旁站记录 旁站计划质量控制点：符合施工质量验收范围划分表要求 旁站记录：完整 签字：监理旁站人员已签字
4.4.7	工程建设标准强制性条文检查到位	**1.《建设工程质量管理条例》中华人民共和国国务院令〔2000〕第279号** 第二条 凡在中华人民共和国境内从事建设工程的新建、扩建、改建等有关活动及实施对建设工程质量监督管理的，必须遵守本条例。本条例所称建设工程，是指土木工程、建筑工程、线路管道和设备安装工程及装修工程。 第三条 建设单位、勘察单位、设计单位、施工单位、工程监理单位依法对建设工程质量负责。 第十条 …… 建设单位不得明示或者暗示设计单位或者施工单位违反工程建设强制性标准，降低建设工程质量。 **2.《实施工程建设强制性标准监督规定》建设部令〔2000〕第81号** 第二条 在中华人民共和国境内从事新建、扩建、改建等工程建设活动，必须执行工程建设强制性标准。 第三条 本规定所称工程强制性标准是指直接涉及工程质量、安全、卫生及环境保护等方面的工程建设标准强制性条文。 第六条 …… 工程质量监督机构应当对建设施工、监理、验收等阶段执行强制性标准的情况实施监督。 **3.《工程建设标准强制性条文 房屋建筑部分（2013年版）》（全文）** **4.《工程建设标准强制性条文 电力工程部分（2011年版）》（全文）** **5.《国家重大建设项目文件归档要求与档案整理规范》DA/T 28—2002** 7.8.3 归档文件应完整、成套、系统。应记述和反映建设项目的规划、设计、施工及竣工验收的全过程；真实记录和准确反映项目建设过程和竣工时的实际情况，图物相符，技术数据可靠、签字手续完备；文件质量应符合5.5的规定	查阅监理单位工程建设强制性条文执行检查记录 监理检查结果：已执行，相关资料可追溯 强制性条文：引用的规范条文有效 签字：相关责任人已签字

条款号	大纲条款	检 查 依 据	检查要点
4.4.8	完成地基处理施工质量验收项目划分表规定的验收工作	**1.《建设工程监理规范》GB/T 50319—2013** 5.2.11 项目监理机构应根据工程特点和施工单位报送的施工组织设计，确定旁站的关键部位、关键工序，安排监理人员进行旁站，并应及时记录旁站情况。 5.2.14 项目监理机构应对施工单位报验的隐蔽工程、检验批、分项工程和分部工程进行验收，对验收合格的应给予签认；对验收不合格的应拒绝签认，同时应要求施工单位在指定的时间内整改并重新报验。 **2.《电力建设施工质量验收及评价规程 第1部分：土建工程》DL/T 5210.1—2012** 4.0.8 ……工程开工前，应由承建工程的施工单位按工程具体情况编制项目划分表，……划分表应报监理单位审核，建设单位批准。…… **3.《电力建设工程监理规范》DL/T 5434—2009** 9.1.2 项目监理机构应审查承包单位编制的质量计划和工程质量验收及评定项目划分表，提出监理意见，报建设单位批准后监督实施	1. 查阅施工质量验收项目划分表及报审表 　划分表内容：符合规程规定且已明确了质量控制点 　报审表签字：相关单位责任人已签字 2. 查阅施工单位隐蔽工程验收记录、检验批质量验收记录、分项工程质量验收记录、分部工程质量验收记录 　内容：监理平行检验记录齐全，验收记录填写准确 　验收结论：合格 　签字：相关责任人已签字
4.4.9	质量问题及处理台账完整，记录齐全	**1.《建设工程监理规范》GB/T 50319—2013** 5.2.15 项目监理机构发现施工存在质量问题的，或施工单位采用不适当的施工工艺，或施工不当，造成工程质量不合格的，应及时签发监理通知单，要求施工单位整改。整改完毕后，项目监理机构应根据施工单位报送的监理通知回复单对整改情况进行复查，提出复查意见。 5.2.17 对需要返工处理或加固补强的质量事故，项目监理机构要求施工单位报送质量事故调查报告和经设计等相关单位认可的处理方案，并应对质量事故的处理过程进行跟踪检查，同时应对处理结果进行验收。 项目监理机构应及时向建设单位提交质量事故书面报告，并应将完整的质量事故处理记录整理归档。 **2.《电力建设工程监理规范》DL/T 5434—2009** 9.1.12 对施工过程中出现的质量缺陷，专业监理工程师应及时下达书面通知，要求承包单位整改，并检查确认整改结果。 9.1.15 专业监理工程师应根据消缺清单对承包单位报送的消缺方案进行审核，符合要求后予以签认，并根据承包单位报送的消缺报验申请表和自检记录进行检查验收	查阅质量问题及处理记录台账 　记录要素：质量问题、发现时间、责任单位、整改要求、处理结果、完成时间 　内容：记录完整 　签字：相关责任人已签字

条款号	大纲条款	检 查 依 据	检查要点
4.5　施工单位质量行为的监督检查			
4.5.1	企业资质与合同约定的业务范围相符	**1.《中华人民共和国建筑法》中华人民共和国主席令〔2011〕第46号** 第十三条　从事建筑活动的建筑施工企业、勘察单位、设计单位……经资质审查合格，取得相应等级的资质证书后，方可在其资质等级许可的范围内从事建筑活动。 **2.《建设工程质量管理条例》中华人民共和国国务院令〔2000〕第279号** 第二十五条　施工单位应当依法取得相应等级的资质证书，并在其资质等级许可的范围内承揽工程。 **3.《建筑业企业资质管理规定》住房和城乡建设部令〔2015〕第22号** 第三条　企业应当按照其拥有的资产、主要人员、已完成的工程业绩和技术装备等条件申请建筑业企业资质，经审查合格，取得建筑业企业资质证书后，方可在资质许可的范围内从事建筑施工活动。 **4.《承装（修、试）电力设施许可证管理办法》国家电监会令〔2009〕第28号** 第四条　在中华人民共和国境内从事承装、承修、承试电力设施活动的，应当按照本办法的规定取得许可证。除电监会另有规定外，任何单位或者个人未取得许可证，不得从事承装、承修、承试电力设施活动。 本办法所称承装、承修、承试电力设施，是指对输电、供电、受电电力设施的安装、维修和试验。 第二十八条　承装（修、试）电力设施单位在颁发许可证的派出机构辖区以外承揽工程的，应当自工程开工之日起十日内，向工程所在地派出机构报告，依法接受其监督检查。 **5.《光伏发电站施工规范》GB 50794—2012** 　3.0.1　开工前应具备下列条件： 　　　3　施工单位的资质、特殊作业人员资格、施工机械、施工材料、计量器具等应报监理单位或建设单位审查完毕	1. 查阅企业资质证书 　发证单位：政府主管部门 　有效期：当前有效 　业务范围：涵盖合同约定的业务 2. 查阅承装（修、试）电力设施许可证 　发证单位：国家能源局及派出机构 　有效期：当前有效 　业务范围：涵盖合同约定的业务 3. 查阅跨区作业报告文件 　发证单位：工程所在地能源局派出机构
4.5.2	项目经理资格符合要求并经本企业法定代表人授权。变更须报建设单位批准	**1.《中华人民共和国建筑法》中华人民共和国主席令〔2011〕第46号** 第十四条　从事建筑活动的专业技术人员，应当依法取得相应的执业资格证书，并在执业资格证书许可的范围内从事建筑活动。 **2.《注册建造师管理规定》建设部令〔2006〕第153号** 第三条　本规定所称注册建造师，是指通过考核认定或考试合格取得中华人民共和国建造师资格证书（以下简称资格证书），并按照本规定注册，取得中华人民共和国建造师注册证书（以下简称注册证书）和执业印章，担任施工单位项目负责人及从事相关活动的专业技术人员。 　未取得注册证书和执业印章的，不得担任大中型建设工程项目的施工单位项目负责人，不得以注册建造师的名义从事相关活动。	1. 查阅项目经理资格证书 　发证单位：政府主管部门 　有效期：当前有效 　等级：满足项目要求 　注册单位：与承包单位一致

条款号	大纲条款	检 查 依 据	检查要点
4.5.2	项目经理资格符合要求并经本企业法定代表人授权。变更须报建设单位批准	**3.《建筑施工企业主要负责人、项目负责人和专职安全生产管理人员安全生产管理规定》住房和城乡建设部令〔2014〕第 17 号** 第二条　在中华人民共和国境内从事房屋建筑和市政基础设施工程施工活动的建筑施工企业的"安管人员"，参加安全生产考核，履行安全生产责任，以及对其实施安全生产监督管理，应当符合本规定。 第三条　……项目负责人，是指取得相应注册执业资格，由企业法定代表人授权，负责具体工程项目管理的人员。…… **4.《注册建造师执业工程规模标准》（试行）建市〔2007〕171 号** 附件：《注册建造师执业工程规模标准》（试行） 表：注册建造师执业工程规模标准（电力工程） **5.《建设工程项目管理规范》GB/T 50326—2006** 6.2.1　项目经理应由法定代表人任命，并根据法定代表人授权的范围、期限和内容，履行管理职责； 6.2.2　大中型项目的项目经理必须取得工程建设类相应专业注册执业资格证书	2. 查阅项目经理安全生产考核合格证书 　发证单位：政府主管部门 　有效期：当前有效 3. 查阅施工单位法定代表人对项目经理的授权文件及变更文件 　变更文件：经建设单位批准 　被授权人：与当前工程项目经理一致
4.5.3	项目部组织机构健全，专业人员配置合理	**1.《中华人民共和国建筑法》中华人民共和国主席令〔2011〕第 46 号** 第十四条　从事建筑活动的专业技术人员，应当依法取得相应的执业资格证书，并在执业资格证书许可的范围内从事建筑活动。 **2.《建设工程质量管理条例》中华人民共和国国务院令〔2000〕第 279 号** 第二十六条　施工单位对建设工程的施工质量负责。 施工单位应当建立质量责任制，确定工程项目的项目经理、技术负责人和施工管理负责人。…… **3.《建设工程项目管理规范》GB/T 50326—2006** 5.2.5　项目经理部的组织机构应根据项目的规模、结构、复杂程度、专业特点、人员素质和地域范围确定。 **4.《建设项目工程总承包管理规范》GB/T 50358—2005** 4.4.2　根据工程总承包合同范围和工程总承包企业的有关规定，项目部可在项目经理以下设置控制经理、设计经理、采购经理、施工经理、试运行经理……等管理岗位	查阅总包及施工单位项目部成立文件 　岗位设置：包括项目经理、技术负责人、质量员等 　EPC 模式：包括设计、采购、施工、试运行经理等
4.5.4	质量检查及特殊工种人员持证上岗	**1.《特种作业人员安全技术培训考核管理办法》国家安全生产监督管理总局令〔2010〕第 30 号** 第五条　特种作业人员必须经专门的安全技术培训并考核合格，取得《中华人民共和国特种作业操作证》（以下简称特种作业操作证）后，方可上岗作业。 **2.《建筑施工特种作业人员管理规定》建质〔2008〕75 号** 第四条　建筑施工特种作业人员必须经建设主管部门考核合格，取得建筑施工特种作业人员操作资格证书，方可上岗从事相应作业。	1. 查阅总包及施工单位各专业质检员资格证书 　专业类别：包括土建、电气等 　发证单位：政府主管部门等 　有效期：当前有效

续表

条款号	大纲条款	检 查 依 据	检 查 要 点
4.5.4	质量检查及特殊工种人员持证上岗	**3.《工程建设施工企业质量管理规范》GB/T 50430—2007** 5.2.2 施工企业应按照岗位任职条件配备相应的人员。……质量检查人员、特种作业人员应按照国家法律法规的要求持证上岗。 **4.《光伏发电站施工规范》GB 50794—2012** 3.0.1 开工前应具备下列条件： 　　3 施工单位的资质、特殊作业人员资格、施工机械、施工材料、计量器具等应报监理单位或建设单位审查完毕	2. 查阅特殊工种人员台账 　内容：包括姓名、工种类别、证书编号、发证单位、有效期等 　证书有效期：作业期间有效
			3. 查阅特殊工种人员资格证书 　发证单位：政府主管部门 　有效期：当前有效，与台账一致
4.5.5	施工方案和作业指导书审批手续齐全，技术交底记录齐全；重大方案或特殊措施经专项评审	**1.《危险性较大的分部分项工程安全管理办法》建质〔2009〕87 号** 第五条　施工单位应当在危险性较大的分部分项工程施工前编制专项方案；对于超过一定规模的危险性较大的分部分项工程，施工单位应当组织专家对专项方案进行论证。 第八条　专项方案应当由施工单位技术部门组织本单位施工技术、安全、质量等部门的专业技术人员进行审核。经审核合格的，由施工单位技术负责人签字。实行施工总承包的，专项方案应当由总承包单位技术负责人及相关专业承包单位技术负责人签字。 不需专家论证的专项方案，经施工单位审核合格后报监理单位，由项目总监理工程师审核签字。 第九条　超过一定规模的危险性较大的分部分项工程专项方案应当由施工单位组织召开专家论证会。实行施工总承包的，由施工总承包单位组织召开专家论证会。 第十条　专家组成员应当由 5 名及以上符合相关专业要求的专家组成。 　　本项目参建各方的人员不得以专家身份参加专家论证会。 第十一条　…… 　　专项方案经论证后，专家组应提交论证报告，对论证的内容提出明确的意见，并在论证报告上签字。该报告作为专项方案修改完善的指导意见。 第十二条　施工单位应当根据论证报告修改完善专项方案，并经施工单位技术负责人、项目总监理工程师、建设单位项目负责人签字后，方可组织实施。实行施工总承包的，应当由施工总承包单位、相关专业承包单位技术负责人签字。	1. 查阅施工方案和作业指导书 　审批：相关责任人已签字 　编审批时间：施工前
			2. 查阅施工方案和作业指导书报审表 　审批意见：同意实施等肯定性意见 　签字：施工（总包）、监理单位相关责任人已签字 　盖章：施工（总包）、监理单位已盖章

续表

条款号	大纲条款	检　查　依　据	检查要点
4.5.5	施工方案和作业指导书审批手续齐全，技术交底记录齐全；重大方案或特殊措施经专项评审	**2.《建筑工程施工质量评价标准》GB/T 50375—2006** 4.2.1　施工现场质量保证条件应符合下列检查标准： 　　3　施工组织设计、施工方案编制审批手续齐全，…… **3.《建筑施工组织设计规范》GB/T 50502—2009** 3.0.5　施工组织设计的编制和审批应符合下列规定： 　　2　……施工方案应由项目技术负责人审批；重点、难点分部（分项）工程和专项工程施工方案应由施工单位技术部门组织相关专家评审，施工单位技术负责人批准。 　　3　由专业承包单位施工的分部（分项）工程或专项工程的施工方案，应由专业承包单位技术负责人或技术负责人授权的技术人员审批；有总承包单位时，应由总承包单位项目技术负责人核准备案。 　　4　规模较大的分部（分项）工程和专项工程的施工方案应按单位工程施工组织设计进行编制和审批。 6.4.1　施工准备应包括下列内容： 　　1　技术准备：包括施工所需技术资料的准备、图纸深化和技术交底的要求、试验检验和测试工作计划、样板制作计划以及与相关单位的技术交接计划等。 **4.《光伏发电站施工规范》GB 50794—2012** 3.0.1　开工前应具备下列条件： 　　……；设计交底应完成，施工组织设计及重大施工方案应已审批。 **5.《电力建设工程施工技术管理导则》国电电源〔2002〕896号** 8.1.5　技术交底必须有交底记录。交底人和被交底人要履行全员签字手续。	3. 查阅技术交底记录 　内容：与方案或作业指导书相符 　时间：施工前 　签字：交底人和被交底人已签字 4. 查阅重大方案或特殊专项措施（需专家论证的专项方案）的评审报告 　内容：对论证的内容提出明确的意见 　评审专家资格：非本项目参建单位人员 　签字：专家已签字
4.5.6	计量工器具经检定合格，且在有效期内	**1.《中华人民共和国计量法》中华人民共和国主席令〔2015〕第26号** 第九条　……未按照规定申请计量检定、计量检定不合格或者超过计量检定周期的计量器具，不得使用。 **2.《中华人民共和国依法管理的计量器具目录（型式批准部分）》国家质检总局公告〔2005〕第145号** 1. 测距仪：光电测距仪、超声波测距仪、手持式激光测距仪； 2. 经纬仪：光学经纬仪、电子经纬仪； 3. 全站仪：全站型电子速测仪； 4. 水准仪：水准仪； 5. 测地型GPS接收机：测地型GPS接收机。 **3.《电力建设施工技术规范　第1部分：土建结构工程》DL 5190.1—2012** 3.0.5　在质量检查、验收中使用的计量器具和检测设备，应经计量检定合格后方可使用；承担材料和设备检测的单位，应具备相应的资质。	1. 查阅计量工器具台账 　内容：包括计量工器具名称、出厂合格证编号、检定日期、有效期、在用状态等 　检定有效期：在用期间有效 2. 查阅计量工器具检定报告 　有效期：在用期间有效，与台账一致

续表

条款号	大纲条款	检 查 依 据	检查要点
4.5.6	计量工器具经检定合格，且在有效期内	**4.《电力工程施工测量技术规范》DL/T 5445—2010** 4.0.3 施工测量所使用的仪器和相关设备应定期检定，并在检定的有效期内使用。…… **5.《建筑工程检测试验技术管理规范》JGJ 190—2010** 5.2.2 施工现场配置的仪器、设备应建立管理台账，按有关规定进行计量检定或校准，并保持状态完好	3. 查看计量工器具实物：张贴合格标签，与检定报告一致
4.5.7	按照检测试验计划进行了见证取样和送检，台账完整	**1.《房屋建筑工程和市政基础设施工程实行见证取样和送检的规定》建建〔2000〕211 号** 第五条 涉及结构安全的试块、试件和材料见证取样和送检的比例不得低于有关技术标准中规定应取样数量的30%。 第六条 下列试块、试件和材料必须实施见证取样和送检： （一）用于承重结构的混凝土试块； （二）用于承重墙体的砌筑砂浆试块； （三）用于承重结构的钢筋及连接接头试件； （四）用于承重墙的砖和混凝土小型砌块； （五）用于拌制混凝土和砌筑砂浆的水泥； （六）用于承重结构的混凝土中使用的掺加剂； （七）地下、屋面、厕浴间使用的防水材料； （八）国家规定必须实行见证取样和送检的其他试块、试件和材料。 第七条 见证人员应由建设单位或该工程的监理单位具备建筑施工试验知识的专业技术人员担任，并应由建设单位或该工程的监理单位书面通知施工单位、检测单位和负责该项工程的质量监督机构。 **2.《房屋建筑和市政基础设施工程质量检测技术管理规范》GB 50618—2011** 3.0.5 对实行见证取样和见证检测的项目，不符合见证要求的，检测机构不得进行检测。 **3.《电力建设土建工程施工技术检验规范》DL/T 5710—2014** 4.7.2 施工现场施工单位、监理单位、检测试验单位应分别建立试验台账，并及时按要求在试验台账中做好试样的登记工作。试验台账应包括混凝土原材料试验台账、钢筋试验台账、钢筋接头试验台账、混凝土试验台账、砂浆试验台账、回填土试验台账、混凝土配合比试验台账和需要建立的其他试验台账。 **4.《建筑工程检测试验技术管理规范》JGJ 190—2010** 3.0.6 见证人员必须对见证取样和送检的过程进行见证，且必须确保见证取样和送检过程的真实性。 5.5.1 施工现场应按照单位工程分别建立下列试样台账：	查阅见证取样台账内容：取样数量、取样项目与检测试验计划相符 签字：相关责任人签字

条款号	大纲条款	检 查 依 据	检查要点
4.5.7	按照检测试验计划进行了见证取样和送检，台账完整	1　钢筋试样台账； 2　钢筋连接接头试样台账； 3　混凝土试件台账； 4　砂浆试件台账； 5　需要建立的其他试样台账。 5.6.1　现场试验人员应根据施工需要及有关标准的规定，将标识后的试样送至检测单位进行检测试验。 5.8.5　见证人员应对见证取样和送检的全过程进行见证并填写见证记录。 5.8.6　检测机构接收试样时应核实见证人员及见证记录，见证人员与备案见证人员不符或见证记录无备案见证人员签字时不得接收试样	
4.5.8	主要原材料、半成品的跟踪管理台账清晰，记录完整	**1.《建设工程质量管理条例》中华人民共和国国务院令〔2000〕第 279 号** 第二十九条　施工单位必须按照工程设计要求、施工技术标准和合同约定，对建筑材料、建筑构配件、设备和商品混凝土进行检验，检验应当有书面记录和专人签字；未经检验或者检验不合格的，不得使用。 **2.《电力建设施工技术规范　第 1 部分：土建结构工程》DL 5190.1—2012** 3.0.2　工程所用主要原材料、半成品、构（配）件、设备等产品，进入施工现场时应按规定进行现场检验或复验，合格后方可使用，有见证取样检测仪要求的应符合国家现行有关标准的规定。对工程所用的水泥、钢筋等主要材料应进行跟踪管理	查阅材料跟踪管理台账 内容：包括生产厂家、进场日期、品种规格、出厂合格证书编号、复试报告编号、使用部位、使用数量等 签字：相关责任人已签字
4.5.9	绿色施工措施已落实	**1.《建筑工程绿色施工评价标准》GB/T 50640—2010** 3.0.2　绿色施工项目应符合以下规定： 　3　施工组织设计及施工方案应有施工组织设计及施工方案应有专门的绿色施工章节、绿色施工目标明确，内容应涵盖"四节一环保"要求。 **2.《建筑工程绿色施工规范》GB/T 50905—2014** 3.1.1　建设单位应履行下列职责： 　1　在编制工程概算和招标文件时，应明确绿色施工的要求…… 　2　应向施工单位提供建设工程绿色施工的设计文件、产品要求等相关资料…… 4.0.2　施工单位应编制包含绿色施工管理和技术要求的工程绿色施工组织设计、绿色施工方案或绿色施工专项方案，并经审批通过后实施。 **3.《电力建设施工技术规范　第 1 部分：土建结构工程》DL 5190.1—2012** 3.0.12　施工单位应建立绿色施工管理体系和管理制度，实施目标管理，施工前应在施工组织设计和施工方案中明确绿色施工的内容和方法。	查阅专业绿色施工记录 内容：与绿色施工措施相符 签字：相关责任人已签字

条款号	大纲条款	检 查 依 据	检查要点
4.5.9	绿色施工措施已落实	**4.《电力建设绿色施工示范工程管理办法（2016 版）》中电建协工〔2016〕2 号** 第十三条　各参建单位均应严格执行绿色施工专项方案，落实绿色施工措施，并形成专业绿色施工的实施记录	
4.5.10	工程建设标准强制性条文实施计划已执行	**1.《建设工程质量管理条例》中华人民共和国国务院令〔2000〕第 279 号** 第二条　凡在中华人民共和国境内从事建设工程的新建、扩建、改建等有关活动及实施对建设工程质量监督管理的，必须遵守本条例。本条例所称建设工程，是指土木工程、建筑工程、线路管道和设备安装工程及装修工程。 第三条　建设单位、勘察单位、设计单位、施工单位、工程监理单位依法对建设工程质量负责。 第十条　······ 　　　　建设单位不得明示或者暗示设计单位或者施工单位违反工程建设强制性标准，降低建设工程质量。 **2.《实施工程建设强制性标准监督规定》建设部令〔2000〕第 81 号** 第二条　在中华人民共和国境内从事新建、扩建、改建等工程建设活动，必须执行工程建设强制性标准。 第三条　本规定所称工程建设强制性标准是指直接涉及工程质量、安全、卫生及环境保护等方面的工程建设标准强制性条文。 　　　　国家工程建设标准强制性条文由国务院建设行政主管部门会同国务院有关行政主管部门确定。 第六条　······工程质量监督机构应当对工程建设施工、监理、验收等阶段执行强制性标准的情况实施监督。 **3.《工程建设标准强制性条文　房屋建筑部分（2013 年版）》（全文）** **4.《工程建设标准强制性条文　电力工程部分（2011 年版）》（全文）** **5.《国家重大建设项目文件归档要求与档案整理规范》DA/T 28—2002** 7.8.3　归档文件应完整、成套、系统。应记述和反映建设项目的规划、设计、施工及竣工验收的全过程；真实记录和准确反映项目建设过程和竣工时的实际情况，图物相符，技术数据可靠，签字手续完备；文件质量应符合 5.5 的规定	查阅强制性条文执行记录 内容：与强制性条文执行计划相符，相关资料可追溯 签字：相关责任人已签字 时间：与工程进度同步
4.5.11	施工验收中发现的不符合项已整改闭环	**1.《建设工程质量管理条例》中华人民共和国国务院令〔2000〕第 279 号** 第三十二条　施工单位对施工中出现质量问题的建设工程或者竣工验收不合格的建设工程，应当负责返修。 **2.《建筑工程施工质量验收统一标准》GB 50300—2013** 5.0.6　当建筑工程施工质量不符合规定时，应按下列规定进行处理： 　　1　经返工或返修的检验批，应重新进行验收。	查阅问题记录及闭环资料 内容：不符合项记录完整，问题已闭环 签字：相关责任人已签字

条款号	大纲条款	检 查 依 据	检查要点
4.5.11	施工验收中发现的不符合项已整改闭环	…… **3.《光伏发电站施工规范》GB 50794—2012** 5.1. 光伏发电站的施工中间交接验收应符合下列要求： 　　3 中间交接项目应通过质量验收，对不符合移交条件的项目，移交单位负责整改合格。 **4.《电力建设施工质量验收及评价规程　第1部分：土建工程》DL/T 5210.1—2012** 3.0.9 当工程质量不符合要求时，应按下列规定进行处理： 　　1 经返工重做或更换器具、设备的检验批，应重新进行验收。 　　2 经有资质的检测单位检测鉴定能够达到设计要求的检验批，应予以验收。 　　3 经有资质的检测单位检测鉴定达不到设计要求、但经原设计单位核算认可能够满足结构安全和使用功能的检验批，可予以验收。 　　4 经返修或加固处理的分项、分部工程，虽然改变外形尺寸但仍能满足安全使用要求，可按技术处理方案和协商文件进行验收。 3.0.10 通过返修或经过加固处理仍不能满足安全使用要求的分部工程、单位（子单位）工程，严禁验收	
4.5.12	无违规转包或者违法分包工程行为	**1.《中华人民共和国建筑法》中华人民共和国主席令〔2011〕第46号** 第二十八条　禁止承包单位将其承包的全部建筑工程转包给他人，禁止承包单位将其承包的全部建筑工程肢解以后以分包的名义转包给他人。 第二十九条　建筑工程总承包单位可以将承包工程中的部分工程发包给具有相应资质条件的分包单位，但是，除总承包合同约定的分包外，必须经建设单位认可。施工总承包的，建筑工程主体结构的施工必须由总承包单位自行完成。 …… 　　禁止总承包单位将工程分包给不具备相应资质条件的单位。禁止分包单位将其承包的工程再分包。 **2.《建筑工程施工转包违法分包等违法行为认定查处管理办法（试行）》建市〔2014〕118号** 第七条　存在下列情形之一的，属于转包： 　　（一）施工单位将其承包的全部工程转给其他单位或个人施工的； 　　（二）施工总承包单位或专业承包单位将其承包的全部工程肢解以后，以分包的名义分别转给其他单位或个人施工的； 　　（三）施工总承包单位或专业承包单位未在施工现场设立项目管理机构或未派驻项目负责人、技术负责人、质量管理负责人、安全管理负责人等主要管理人员，不履行管理义务，未对该工程的施工活动进行组织管理的；	1. 查阅工程分包申请报审表 　审批意见：同意分包等肯定性意见 　签字：总包及施工、监理、建设单位相关责任人已签字 　盖章：总包及施工、监理、建设单位已盖章 2. 查阅工程分包商资质 　业务范围：涵盖所分包的项目 　发证单位：政府主管部门 　有效期：当前有效

条款号	大纲条款	检 查 依 据	检查要点
4.5.12	无违规转包或者违法分包工程行为	（四）施工总承包单位或专业承包单位不履行管理义务，只向实际施工单位收取费用，主要建筑材料、构配件及工程设备的采购由其他单位或个人实施的； （五）劳务分包单位承包的范围是施工总承包单位或专业承包单位承包的全部工程，劳务分包单位计取的是除上缴给施工总承包单位或专业承包单位"管理费"之外的全部工程价款的； （六）施工总承包单位或专业承包单位通过采取合作、联营、个人承包等形式或名义，直接或变相的将其承包的全部工程转给其他单位或个人施工的； （七）法律法规规定的其他转包行为。 第九条　存在下列情形之一的，属于违法分包： （一）施工单位将工程分包给个人的； （二）施工单位将工程分包给不具备相应资质或安全生产许可的单位的； （三）施工合同中没有约定，又未经建设单位认可，施工单位将其承包的部分工程交由其他单位施工的； （四）施工总承包单位将房屋建筑工程的主体结构的施工分包给其他单位的，钢结构工程除外； （五）专业分包单位将其承包的专业工程中非劳务作业部分再分包的； （六）劳务分包单位将其承包的劳务再分包的； （七）劳务分包单位除计取劳务作业费用外，还计取主要建筑材料款、周转材料款和大中型施工机械设备费用的； （八）法律法规规定的其他违法分包行为	
4.6　检测试验机构质量行为的监督检查			
4.6.1	检测试验机构已经监理审核，并已报质量监督机构备案	**1.《建设工程质量检测管理办法》建设部令〔2005〕第141号** 第四条　……检测机构未取得相应的资质证书，不得承担本办法规定的质量检测业务。 第八条　检测机构资质证书有效期为3年。资质证书有效期满需要延期的，检测机构应当在资质证书有效期满30个工作日前申请办理延期手续。 **2.《检验检测机构资质认定管理办法》国家质量监督检验检疫总局令〔2015〕第163号** 第二条　…… 资质认定包括检验检测机构计量认证。 第三条　检验检测机构从事下列活动，应当取得资质认定： （四）为社会经济、公益活动出具有证明作用的数据、结果的； （五）其他法律法规规定应当取得资质认定的。 **3.《建设工程监理规范》GB/T 50319—2013** 5.2.7　专业监理工程师应检查施工单位为工程提供服务的试验室。	1. 查阅检测机构资质证书 　发证单位：国家认证认可监督管理委员会（国家级）或地方质量技术监督部门或各直属出入境检验检疫机构（省市级）及电力质监机构 　有效期：当前有效 　证书业务范围：涵盖检测项目

续表

条款号	大纲条款	检 查 依 据	检查要点
4.6.1	检测试验机构已经监理审核，并已报质量监督机构备案	**4.《房屋建筑和市政基础设施工程质量检测技术管理规范》GB 50618—2011** 3.0.2　建设工程质量检测机构（以下简称检测机构）应取得建设主管部门颁发的相应资质证书。 3.0.3　检测机构必须在技术能力和资质规定范围内开展检测工作。 **5.《电力建设土建工程施工技术检验规范》DL/T 5710—2014** 3.0.4　承担电力建设土建工程检测试验任务的检测试验单位应取得计量认证证书和相应的资质等级证书。当设置现场试验室时，检测试验单位及由其派出的现场试验室应取得电力工程质量监督机构认定的资质等级证书。 3.0.5　检测试验单位及由其派出的现场试验室必须在其资质规定和技术能力范围内开展检测试验工作。 4.5.1　施工单位应在工程施工前按单位工程编制施工检测试验计划，报监理单位审查，并经建设单位批准后，在监理单位监督下组织实施。当设现场试验室时，施工检测试验计划尚应经现场试验室核查。 **6.《建筑工程检测试验技术管理规范》JGJ 190—2010** 5.2.4　单位工程建筑面积超过 10000m² 或者造价超过 1000 万元人民币时，可设立现场试验站。 表 5.2.4　现场试验站基本条件 **7.《电力工程检测试验机构能力认定管理办法（试行）》质监〔2015〕20 号** 第四条　电力工程检测试验机构是指依据国家规定取得相应资质，从事电力工程检测试验工作，为保障电力工程建设质量提供检测验证数据和结果的单位。 第七条　同时根据工程建设规模、技术规范和质量验收规程对检测机构在检测人员、仪器设备、执行标准和环境条件等方面的要求，相应的将承担工程检测试验业务的检测机构划分为 A 级和 B 级两个等级。 第九条　承担建设建模 200MW 及以上发电工程和 330kV 及以上变电站（换流站）工程检测试验任务的检测机构，必须符合 B 级及以上等级标准要求。不同规模电力工程项目所对应要求的检测机构能力等级详见附件 5。 第二十八条　检测机构不得将所承担检测试验工作转包或违规分包给其他检测试验单位。因特殊技术要求，需要外委的检测试验项目应委托给具有相应资质的检测试验单位，并根据合同要求，制订外委计划进行跟踪管理。检测机构对外委的检测试验项目的检测试验结论负连带责任。 第三十条　根据工程建设需要和质量验收规程要求，检测机构在承担电力工程项目的检测试验任务时，应当设立现场试验室。检测机构对所设立现场试验室的一切行为负责。 第三十一条　现场试验室在开展工作前，须通过负责本项目的质监机构组织的能力认定。对符合条件的，质监机构应予以书面确认。 第三十五条　检测机构的《业务等级确认证明》有效期为四年，有效期满后，需重新进行确认。 附件 1—3　土建检测试验机构现场试验室要求 附件 2—3　金属检测试验机构现场试验室要求	2. 查看现场试验室 　资质文件：派出机构相关文件 　人员配置：与工作任务相符 　试验仪器：满足检测范围要求 　场所：有固定场所且面积、环境、温湿度满足规范要求 3. 查阅检测机构的申请报备文件 　报备时间：工程开工前

续表

条款号	大纲条款	检 查 依 据	检查要点
4.6.2	检测试验人员资格符合规定，持证上岗	**1.《建设工程质量检测管理办法》建设部令〔2005〕第 141 号** 第十六条　检测人员不得同时受聘于两个或者两个以上的检测机构。检测机构和检测人员不得推荐或者监制建筑材料、构配件和设备。 **2.《检验检测机构资质认定管理办法》国家质量监督检验检疫总局令〔2015〕第 163 号** 第三十二条　检验检测机构及其人员应当对其在检验检测活动中所知悉的国家秘密、商业秘密和技术秘密负有保密义务，并制定实施相应的保密措施。 **3.《房屋建筑和市政基础设施工程质量检测技术管理规范》GB 50618—2011** 4.1.5　检测操作人员应经技术培训、通过建设主管部门或委托有关机构的考核，方可从事检测工作。 5.3.6　检测前应确认检测人员的岗位资格，检测操作人员应熟识相应的检测操作规程和检测设备使用、维护技术手册等。 **4.《电力建设土建工程施工技术检验规范》DL/T 5710—2014** 4.2.2　每个室内检测试验项目持有岗位证书的操作人员不得少于 2 人；每个现场检测试验项目持有岗位证书的操作人员不得少于 3 人。 4.2.3　检测试验单位技术负责人、质量负责人及授权签字人应具有工程类专业中级及其以上技术职称，掌握相关领域知识，具有规定的工作经历、检测试验工作经验和工作年限。 4.2.4　检测试验人员应经技术培训、通过行业主管部门或委托有关机构考核合格后持证上岗。 4.2.6　检测试验单位应有人员学习、培训、考核记录	1. 查阅检测人员登记台账 　专业类别和数量：满足检测项目需求 2. 查阅检测人员资格证书 　资格证颁发单位：各级政府和电力行业主管部门 　资格证：当前有效
4.6.3	检测试验仪器、设备检定合格，且在有效期内	**1.《房屋建筑和市政基础设施工程质量检测技术管理规范》GB 50618—2011** 4.2.14　检测机构的所有设备均应标有统一的标识，在用的检测设备均应标有校准或检测有效期的状态标识。 **2.《电力建设土建工程施工技术检验规范》DL/T 5710—2014** 4.3.1　检测试验仪器应符合国家现行有关技术标准的规定及合同中的相关条款，满足检测试验工作要求。 4.3.2　在用仪器设备有出厂合格证、检定或校准合格证，应保持完好状态，并在检定或校准周期内使用。 4.3.3　检测试验单位应指定仪器设备检定或校准计划，按规定进行检定或校准，检定或校准的周期应符合国家有关规定及技术标准的规定。 4.3.4　检测试验单位应建立仪器设备管理台账和档案，记录仪器设备技术条件及使用过程的有关信息。 4.3.5　检测试验仪器设备（包含标准物质）应设置明显的标识表明其状态。	1. 查阅检测仪器、设备登记台账 　数量、种类：满足检测需求 　检定周期：当前有效 　检定结论：合格 2. 查看检测仪器、设备检验标识 　检定周期：与台账一致

条款号	大纲条款	检　查　依　据	检查要点
4.6.3	检测试验仪器、设备检定合格，且在有效期内	4.3.6　检测试验单位应建立仪器设备管理责任制，并做好使用、维护保养、维修记录。 4.3.7　大型、复杂、精密的检测试验设备应编制使用操作规程。 4.3.8　仪器设备布置应分类、分区，便于操作，符合有关技术、安全规程规定。 **3.《建筑工程检测试验技术管理规范》JGJ 190—2010** 5.2.3　施工现场试验环境及设施应满足检测试验工作的要求	
4.6.4	地基处理检测方案经监理审核、建设单位批准	**1.《建筑地基基础工程施工质量验收规范》GB 50202—2002** 3.0.3　从事地基基础工程检测及见证试验的单位，必须具备省级以上（含省、自治区、直辖市）建设行政主管部门颁发的资质证书和计量行政主管部门颁发的计量认证合格证书。 **2.《房屋建筑和市政基础设施工程质量检测技术管理规范》GB 50618—2011** 5.1.4　检测机构对现场工程实体检测应事前编制检测方案，经技术负责人批准；对鉴定检测、危房检测，以及重大、重要检测项目和为有争议事项提供检测数据的检测方案应取得委托方的同意。 **3.《电力工程地基处理技术规程》DL/T 5024—2005** 5.0.13　地基处理施工过程中及施工结束后应进行监测和检测。对于一级建筑物、部分二级建筑物以及有特殊要求的工程项目，或对邻近建筑物有影响的地基处理工程，或地基处理效果需在土建上部结构的施工过程中，甚至在使用期间才逐步得到发挥的地基处理工作，应在工程施工期间或使用过程中，布置沉降观测和其他监测工作。地基处理的监测和检测工作应由具备岩土工程勘测、设计甲级以上资质的勘测设计单位承担。 **4.《建筑基桩检测技术规范》JGJ 106—2014** 3.2.3　应根据调查结果和确定的检测目的，选择检测方法，制定检测方案。…… 3.5.4　检测报告应结论准确，用词规范。 3.5.5　检测报告应包含以下内容： 　　1　委托方名称，工程名称、地点，建设、勘察、设计、监理和施工单位，基础、结构型式，层数，设计要求，检测目的，检测依据，检测数量，检测日期； 　　2　地质条件描述； 　　3　受检桩的桩号、桩位和相关施工记录； 　　4　检测方法，检测仪器设备，检测过程叙述； 　　5　受检桩的检测数据，实测与计算分析曲线、表格和汇总结果； 　　6　与检测内容相应的检测结论。 3.6　检测机构和检测人员 3.6.1　检测机构应通过计量认证，并具有基桩检测的资质。 3.6.2　检测人员应经过培训合格，并具有相应的资质。	查阅地基处理检测方案报审资料 　编审批人员：经检测机构审核批准 　报审：检测方案取得建设单位同意实施

条款号	大纲条款	检 查 依 据	检查要点
4.6.4	地基处理检测方案经监理审核、建设单位批准	**5.《建筑工程检测试验技术管理规范》JGJ 190—2010** 3.0.7 检测方法应符合国家现行相关标准的规定。当国家现行标准未规定检测方法时，检测机构应制定相应的检测方案并经相关各方认可，必要时应进论证或验证	
4.6.5	检测试验依据正确、有效，质量检测报告和地基处理检测报告及时、规范	**1.《检验检测机构资质认定管理办法》国家质量监督检验检疫总局令〔2015〕第163号** 第十三条 …… 　　检验检测机构资质认定标志，……式样如下：CMA标志 第二十五条 检验检测机构应当在资质认定证书规定的检验检测能力范围内，依据相关标准或者技术规范规定的程序和要求，出具检验检测数据、结果。 　　检验检测机构出具检验检测数据、结果时，应当注明检验检测依据，并使用符合资质认定基本规范、评审准则规定的用语进行表述。 　　检验检测机构对其出具的检验检测数据、结果负责，并承担相应法律责任。 第二十八条 检验检测机构向社会出具具有证明作用的检验检测数据、结果的，应当在其检验检测报告上加盖检验检测专用章，并标注资质认定标志。 **2.《建设工程质量检测管理办法》建设部令〔2005〕第141号** 第十四条 检测机构完成检测业务后，应当及时出具检测报告。检测报告经检测人员签字、检测机构法定代表人或者其授权的签字人签署，并加盖检测机构公章或者检测专用章后方可生效。检测报告经建设单位或者工程监理单位确认后，由施工单位归档。见证取样检测的检测报告中应当注明见证人单位及姓名。 **3.《房屋建筑和市政基础设施工程质量检测技术管理规范》GB 50618—2011** 4.1.3 ……检测报告批准人、检测报告审核人应经检测机构技术负责人授权，…… 5.5.1 检测项目的检测周期应对外公示，检测工作完成后，应及时出具检测报告。 5.5.4 检测报告至少应由检测操作人签字、检测报告审核人签字、检测报告批准人签发，并加盖检测专用章，多页检测报告还应加盖骑缝章。 5.5.6 检测报告结论应符合下列规定： 　　1 材料的试验报告结论应按相关材料、质量标准给出明确的判定； 　　2 当仅有材料试验方法而无质量标准时，材料的试验报告结论应按设计要求或委托方要求给出明确的判定； 　　3 现场工程实体的检测报告结论应根据设计及鉴定委托要求给出明确的判定。	查阅检测试验报告 检测依据：有效的标准规范、合同及技术文件 检测结论：明确 签章：检测操作人、审核人、批准人（授权签字人）已签字，已加盖检测机构公章或检测专用章（多页检测报告加盖骑缝章），并标注相应的资质认定标志 时间：在检测机构规定时间内出具

条款号	大纲条款	检 查 依 据	检查要点
4.6.5	检测试验依据正确、有效，质量检测报告和地基处理检测报告及时、规范	**4.《电力建设土建工程施工技术检验规范》DL/T 5710—2014** 4.8.2 检测试验前应确认检测试验方法标准，并严格按照经确认的检测试验方法标准和检测试验方案进行。 4.8.3 检测试验操作应由不少于 2 名持证检测人员进行。 4.8.4 检测试验出现异常情况时，应按检测试验异常情况处理预案正确处理。 4.8.5 检测试验原始记录应在检测试验操作过程中及时真实记录，统一项目采用统一的格式。 4.8.6 检测试验原始记录笔误需要更正时，应由原记录人进行杠改，并在杠改处由原记录人签名或加盖印章。 4.8.7 自动采集的原始数据当因检测试验设备故障导致原始数据异常时，应予以记录，并应有检测试验人员做出书面说明，由检测试验单位技术负责人批准，方可进行更改。 4.8.8 检测试验工作完成后应在规定时间内及时出具检测试验报告，并保证数据和结果精确、客观、真实。检测试验报告的交付时间和检测周期应予以明示，特殊检测试验报告的交付时间和检测周期应在委托时约定。 4.8.9 检测试验报告编号应连续，不得空号、重号。 4.8.10 检测试验报告至少应由检测试验人、审核人、批准人（授权签字人）不少于三级人员的签名，并加盖检测试验报告专用章及计量认证章，多页检测试验报告应加盖骑缝章。 4.8.11 检测试验报告宜采用统一的格式，内容应齐全且符合国家现行有关标准的规定和委托要求。 4.8.12 检测试验报告结论应符合下列规定： 　1 材料的试验报告结论应按相关的材料、质量标准给出明确的判断； 　2 当仅有材料试验方法而无质量标准时，材料的试验报告结论应按设计规定或委托方要求给出明确的判断； 　3 现场工程实体的检测报告结论应根据设计及鉴定委托要求给出明确的判断。 4.8.13 委托单位应及时获取检测试验报告，核查报告内容，按要求报送监理单位确认，并在试验台账中登记检测试验报告内容。 4.8.14 检测试验单位严禁出具虚假检测试验报告。 4.8.15 检测试验单位严禁抽撤、替换或修改检测试验结果不合格的报告。 **5.《电力工程检测试验机构能力认定管理办法（试行）》质监〔2015〕20 号** 第十三条 检测机构及由其派出的现场试验室必须按照认定的能力等级，专业类别和业务范围，承担检测试验任务，并按照标准规定出具相应的检测试验报告，未通过能力认定的检测机构或超出规定能力等级范围出具的检测数据、试验报告无效。 第三十二条 检测机构应当……，及时出具检测试验报告	

续表

条款号	大纲条款	检查依据	检查要点
5 工程实体质量的监督检查			
5.1 换填垫层地基的监督检查			
5.1.1	换填技术方案、施工方案齐全，已审批	**1.《建筑地基基础工程施工质量验收规范》GB 50202—2002** 4.1.4 地基加固工程，应在正式施工前进行试验段施工，论证设定的施工参数及加固效果。为验证加固效果所进行的载荷试验，其施加载荷应不低于设计载荷的 2 倍。 **2.《电力工程地基处理技术规程》DL/T 5024—2005** 5.0.5 地基处理工作的规划和实施，可按下列顺序进行： 　　3 结合电力工程初步设计阶段岩土工程勘测，实施必要的地基处理原体试验，以获得必要的设计参数和合理的施工方案。 5.0.12 地基处理的施工应有详细的施工组织设计、施工质量管理和质量保证措施。应有专人负责施工检验与质量监督，做好各项施工记录，当发现异常情况时，应及时会同有关部门研究解决。 **3.《建筑地基处理技术规范》JGJ 79—2012** 4.3.1 垫层施工应根据不同的换填材料选择施工机械。 4.3.2 垫层的施工方法、分层铺填厚度、每层压实遍数宜通过现场试验确定。 4.4.1 对粉质黏土、灰土、砂石、粉煤灰垫层的施工质量可选用环刀取样、静力触探、轻型动力触探或标准贯入度试验等方法进行检验；对碎石、矿渣垫层的施工质量可采用重型动力触探试验等进行检验。压实系数可采用灌砂法、灌水法或其他方法进行检验。 4.4.2 换填垫层的施工质量检验应分层进行，并应在每层的压实系数符合设计要求后铺填上层	1. 查阅设计单位的换填地基技术方案 　审批：手续齐全 　内容：技术参数明确 2. 查阅施工方案报审表 　审核：监理单位相关责任人已签字 　批准：建设单位相关责任人已签字 3. 查阅施工方案 　编、审、批：施工单位相关责任人已签字 　施工步骤和工艺参数：符合规范规定与技术方案相符
5.1.2	地基验槽符合设计要求，钎探记录齐全，验收签字盖章齐全	**1.《建筑地基基础工程施工质量验收规范》GB 50202—2002** A.1.1 所有建（构）筑物均应进行施工验槽。 A.2.6 基槽检验应填写验槽记录或检验报告。 **2.《建筑地基基础设计规范》GB 50007—2011** 10.2.1 基槽（坑）开挖后，应进行基槽（坑）检验。当发现地质条件与勘察报告和设计文件不一致或遇到异常情况时，应结合地质条件提出处理意见。 **3.《建筑施工组织设计规范》GB/T 50502—2009** 3.0.5 施工组织设计的编制和审批应符合下列规定： 　　4 规模较大的分部（分项）工程和专项工程的施工方案应按单位工程施工组织设计进行编制和审批	1. 查阅基槽（坑）检验（隐蔽验收）记录 　结论：基槽（坑）地质条件与勘察报告和设计文件一致 　签章：建设、勘测、设计、监理和施工单位责任人已签字且加盖公章

条款号	大纲条款	检查依据	检查要点
5.1.2	地基验槽符合设计要求，钎探记录齐全，验收签字盖章齐全		2. 查阅钎探（或袖珍贯入仪等简易检验）记录 布点、深度、锤击数、贯入度：符合规定、真实、详实 记录签证：记录人、监理旁站见证、设计（勘察）审核签字齐全
5.1.3	砂、石、粉质黏土、灰土、矿渣、粉煤灰、土工合成材料等换填垫层材料性能符合设计要求，质量证明文件齐全	**1. 《建筑地基基础设计规范》GB 50007—2011** 6.3.6　压实填土的填料，应符合下列规定： 　1　级配良好的砂土或碎石土；以卵石、砾石、块石或岩石碎屑作填料时，分层压实时其最大粒径不宜大于 200mm，分层夯实时其最大粒径不宜大于 400mm。 　3　以粉质黏土、粉土作填料时，其含水量宜为最优含水量，可采用击实试验确定。 **2. 《建筑地基基础工程施工质量验收规范》GB 50202—2002** 4.4.1　施工前应对土工合成材料的物理性能（单位面积的质量、厚度、比重）、强度、延伸率以及土、砂石料等做检验。土工合成材料以 100m² 为一批，每批应抽查 5%。 **3. 《电力建设施工质量验收及评价规程　第1部分：土建工程》DL/T 5210.1—2012** 3.0.1　涉及结构安全的试块、试件以及有关材料，应按规定进行见证取样检测。 **4. 《建筑地基处理技术规范》JGJ 79—2012** 4.2.1　垫层材料的选用应符合下列要求： 　1　砂石。宜选用碎石、卵石、角砾、圆砾、砾砂、粗砂、中砂或石屑，并应级配良好，不含植物残体、垃圾等杂质。当使用粉细砂或石粉时，应掺入不少于总重量 30% 的碎石或卵石。砂石的最大粒径不宜大于 50mm。对湿陷性黄土或膨胀土地基，不得选用砂石等透水性材料。 　2　粉质黏土。土料中有机质含量不得超过 5%，且不得含有冻土或膨胀土。当含有碎石时，其最大粒径不宜大于 50mm。用于湿陷性黄土或膨胀土地基的粉质黏土垫层，土料中不得夹有砖、瓦或石块等。 　3　灰土。体积配合比宜为 2∶8 或 3∶7。石灰宜选用新鲜的消石灰，其最大粒径不得大于 5mm。土料宜选用粉质黏土，不宜使用块状黏土，且不得含有松软杂质，土料应过筛且最大粒径不得大于 15mm。	1. 查阅施工单位换填材料跟踪管理台账 砂、石、粉质黏土、灰土、矿渣、粉煤灰、土工合成材料等换填垫层材料性能：符合设计要求 2. 查阅换填垫层材料合格证、检测报告和试验委托单 合格证：原件或有效抄件 报告检测结果：合格 报告签章：已加盖 CMA 章和检测专用章；授权人已签字 委托单签字：见证取样人员已签字且已附资格证书编号 代表数量：与进场数量相符

续表

条款号	大纲条款	检 查 依 据	检查要点
5.1.3	砂、石、粉质黏土、灰土、矿渣、粉煤灰、土工合成材料等换填垫层材料性能符合设计要求，质量证明文件齐全	4 粉煤灰。选用的粉煤灰应满足相关标准对腐蚀性和放射性的要求。粉煤灰垫层上宜覆土0.3m～0.5m。粉煤灰垫层中采用掺加剂时，应通过试验确定其性能及适用条件。粉煤灰垫层中的金属构件、管网应采取防腐措施。大量填筑粉煤灰时，应经场地地下水和土壤环境的不良影响评价合格后，方可使用。 5 矿渣。宜选用分级矿渣、混合矿渣及原状矿渣等高炉重矿渣。矿渣的松散重度不应小于11kN/m³，有机质及含泥总量不得超过5%。垫层设计、施工前应对所选用的矿渣进行试验，确认性能稳定并满足腐蚀性和放射性安全的要求。对易受酸、碱影响的基础或地下管网不得采用矿渣垫层。大量填筑矿渣时，应经场地地下水和土壤环境的不良影响评价合格后，方可使用。 7 土工合成材料加筋垫层所选用土工合成材料的品种与性能及填料，通过设计算并进行现场试验后确定。土工合成材料应采用抗拉强度较高、耐久性好、抗腐蚀的土工带、土工格栅、土工格室、土工垫或土工织物等土工合成材料。垫层填料宜用碎石、角砾、砾砂、粗砂、中砂等材料，且不宜含氯化钙、碳酸钠、硫化物等化学物质。当工程要求垫层具有排水功能时，垫层材料应具有良好的透水性。在软土地基上使用加筋垫层时，应保证建筑物稳定并满足允许变形的要求	
5.1.4	换填土料按规范规定进行击实试验检测、土易溶盐分析试验检测、消石灰化学分析试验检测、土颗粒分析试验检测及设计有要求时的腐蚀性或放射性试验检测合格，报告结论明确	**1.《建筑地基基础设计规范》GB 50007—2011** 6.3.8 压实填土的最大干密度和最优含水量，应采用击实试验确定。 **2.《建筑地基处理技术规范》JGJ 79—2012** 4.2.1 垫层材料的选用应符合下列要求： 　　4) 粉煤灰。选用的粉煤灰应满足相关标准对腐蚀性和放射性的要求。 　　5) 矿渣。垫层设计、施工前应对所选用的矿渣进行试验，确认性能稳定并满足腐蚀性和放射性安全的要求	查阅换填土料击实试验、土易溶盐分析试验、消石灰化学分析试验、土颗粒分析试验和设计要求的粉煤灰、矿渣等腐蚀性或放射性材料试验检测报告 结论：检测结果合格 盖章：已加盖CMA章和检测专用章 签字：授权人已签字
5.1.5	换填已进行分层压实试验，压实系数符合设计要求	**1.《建筑地基基础设计规范》GB 50007—2011** 6.3.7 压实填土的质量以压实系数控制，并应根据结构类型、压实填土所在部位按表6.3.7确定。 **2.《建筑地基基础工程施工质量验收规范》GB 50202—2002** 6.3.3 填方施工过程中应检查排水措施，每层填筑厚度、含水量控制、压实程度。填筑厚度及压实遍数应根据土质，压实系数及所用机具确定。如无试验依据，应符合表6.3.3的规定。	1. 查阅施工单位检测计划、试验台账 检测计划检验数量：符合设计要求和规范规定 试验台账检验数量：不少于检测计划检验数量

条款号	大纲条款	检　查　依　据	检查要点
5.1.5	换填已进行分层压实试验，压实系数符合设计要求	**3.《电力工程地基处理技术规程》DL/T 5024—2005** 6.1.12　垫层的质量检验必须分层进行。跟踪检验每层的压实系数，及时控制每层、每片的质量指标。 **4.《电力建设施工质量验收及评价规程　第 1 部分：土建工程》DL/T 5210.1—2012** 3.0.1　涉及结构安全的试块、试件以及有关材料，应按规定进行见证取样检测。 5.3.2　土方回填工程 　　2）压实系数：场地平整每层 100m² ～ 400m² 取 1 组；单独基坑每 20m² ～ 50m² 取 1 组，且不得少于 1 组。 **5.《建筑地基处理技术规范》JGJ 79—2012** 4.4.2　换填垫层的施工质量检验应分层进行，并应在每层的压实系数符合设计要求和相关规范规定后铺填上层	2. 查阅回填土压实系数检测报告和试验委托单 　报告检测结果：符合设计要求 　报告签章：已加盖 CMA 章和检测专用章、授权人已签字 　委托单签字：见证取样人员已签字且已附资格证书编号
5.1.6	地基承载力检测数量符合标准规定，检测报告结论满足设计要求	**1.《建筑地基基础工程施工质量验收规范》GB 50202—2002** 4.1.5　对灰土地基、砂和砂石地基、土工合成材料地基、粉煤灰地基、强夯地基、注浆地基、预压地基，其竣工后的结果（地基强度或承载力）必须达到设计要求的标准。 **2.《电力工程地基处理技术规程》DL/T 5024—2005** 6.5.4　压实施工的粉煤灰或粉煤灰素土、粉煤灰灰土垫层的设计与施工要求，可参照素土、灰土或砂砾石垫层的有关规定。其地基承载力值应通过试验确定（包括浸水试验条件）。对掺入水泥砂浆胶结的粉煤灰水泥砂浆或粉煤灰混凝土，应采用浇注法施工，并按有关设计施工标准执行。其承载力等指标应由试件强度确定。 **3.《建筑地基处理技术规范》JGJ 79—2012** 4.4.4　竣工验收应采用静荷载试验检验垫层承载力，且每个单体工程不宜少于 3 个点；对于大型工程应按单体工程的数量或工程划分的面积确定检验点数。 10.1.4　工程验收承载力检验时，静荷载试验最大加载量不应小于设计要求承载力特征值的 2 倍	查阅地基承载力检测报告 　结论：符合设计要求 　检验数量：符合设计和规范规定 　盖章：已加盖 CMA 章和检测专用章 　签字：授权人已签字
5.1.7	施工参数符合设计要求，施工记录齐全	**1.《建筑工程施工质量验收统一标准》GB 50300—2013** 3.0.3　建筑工程的施工质量控制应符合下列规定： 　　1　建筑工程采用的主要材料、半成品、建筑构配件、器具和设备应进行进场检验。凡涉及安全、节能、环境保护和主要使用功能的重要材料、产品，应按各专业工程施工规范、验收规范和设计文件等规定进行复验，并应经监理工程师检查认可。 　　2　各施工工序应按技术标准进行质量控制，每道工序完成后经单位自检符合规定后，才能进行下道工序施工。各专业工种之间的相关工序应进行交接检验，并应记录。	1. 查阅施工方案 　质量控制参数：符合技术方案要求

条款号	大纲条款	检 查 依 据	检查要点
5.1.7	施工参数符合设计要求，施工记录齐全	3 对于监理单位提出检查要求的重要工序，应经监理工程师检查认可，才能进行下道工序施工。 **2.《建筑地基基础设计规范》GB 50007—2011** 6.3.6 压实填土的填料，应符合下列规定： 1 级配良好的砂土或碎石土；以卵石、砾石、块石或岩石碎屑作填料时，分层压实时其最大粒径不宜大于200mm，分层夯实时其最大粒径不宜大于400mm。 3 以粉质黏土、粉土作填料时，其含水量宜为最优含水量，可采用击实试验确定。 6.3.8 压实填土的最大干密度和最优含水量，应采用击实试验确定。 **3.《电力工程地基处理技术规程》DL/T 5024—2005** 5.0.12 地基处理的施工应有详细的施工组织设计、施工质量管理和质量保证措施。应有专人负责施工检验与质量监督，做好各项施工记录。 6.1.6 垫层材料的物理力学性质指标可通过试验取得，垫层的承载力宜通过现场载荷试验确定。 6.2.3 素土垫层的物理力学性质参数，宜通过现场试验取得。在有经验的地区，也可按室内试验和地区经验取用。 **4.《建筑地基处理技术规范》JGJ 79—2012** 3.0.12 地基处理施工中应有专人负责质量控制和监测，并做好各项施工记录	2. 查阅施工记录 　内容：包括原材料、分层铺填厚度、施工机械、压实遍数、压实系数等 　记录数量：与验收记录相符
5.1.8	施工质量的检验项目、方法、数量符合标准规定，检验结果满足设计要求，质量验收记录齐全	**1.《建筑地基基础工程施工质量验收规范》GB 50202—2002** 4.1.2 砂、石子、水泥、钢材、石灰、粉煤灰等原材料质量、检验项目、批量和检验方法应符合国家现行标准的规定。 4.1.3 地基施工结束，宜在一个间歇期后，进行质量验收，间歇期由设计确定。 4.1.5 对灰土地基、砂和砂石地基、土工合成材料地基、粉煤灰地基、强夯地基、注浆地基、预压地基，其竣工后的结果（地基强度或承载力）必须达到设计要求的标准。检验数量，每单位工程不应少于3点，1000m²以上工程，每100m²至少应有1点，3000m²以上工程，每300m²至少应有1点。每一独立基础下至少应有1点，基槽每20延米应有1点。 4.4.1 施工前应对土工合成材料的物理性能（单位面积的质量、厚度、比重）、强度、延伸率以及土、砂石料等做检验。土工合成材料以100m²为一批，每批应抽查5%。 8.0.1 分项工程、分部（子分部）工程质量的验收，均应在施工单位自检合格的基础上进行。施工单位确认自检合格后提出工程验收申请，工程验收时应提供下列技术文件和记录： 1 原材料的质量合格证和质量鉴定文件； 3 施工记录及隐蔽工程验收文件； 4 检测试验及见证取样文件； 5 其他必须提供的文件或记录。	1. 查阅质量检测试验记录及试验报告 　检验、试验项目：压实系数、配合比等符合规范规定 　检验方法（环刀法、灌砂法等）：符合规范规定 　检验、试验报告数量、抽样布点图：符合规范规定 　试验数据、结论：试验数据完整准确，结论明确 　试验、见证签章：各责任人签字无遗漏

续表

条款号	大纲条款	检 查 依 据	检查要点
5.1.8	施工质量的检验项目、方法、数量符合标准规定，检验结果满足设计要求，质量验收记录齐全	**2.《电力工程地基处理技术规程》DL/T 5024—2005** 6.1.12　垫层的质量检验必须分层进行。跟踪检验每层的压实系数，及时控制每层、每片的质量指标。 6.2.5　素土垫层施工时，应遵循下列规定： 　1　当回填料中含有粒径不大于 50mm 的粗颗粒时，应尽可能使其均匀分布； 　2　4 回填料的含水量宜控制在最优含水量 W_{op}（100±2）％范围内； 　3　素土垫层整个施工期间，应防雨、防冻、防曝晒，直至移交或进行上部基础施工。 　注：回填碾压指标，应用压实系数 λ_c（土的控制干密度与最大干密度 $\rho_{d,max}$ 的比值）控制。其取值标准根据结构物类型和荷载大小确定，一般为 0.95~0.97，最低不得小于 0.94。 6.2.6　对每一施工完成的分层进行干重度检验时，取样深度应在该层顶面下 2/3 层厚处，并应用切削法取得环刀试件，要具有代表性，确保每层夯实或碾压的质量指标。 6.2.7　素土垫层施工完成后，可采用探井取样或静载荷试验等原位测试手段进行检验。 **3.《电力建设施工质量验收及评价规程　第 1 部分：土建工程》DL/T 5210.1—2012** 5.3.2　土方回填工程 　2）压实系数：场地平整每层 100m² ~ 400m² 取 1 组；单独基坑每 20m² ~ 50m² 取 1 组，且不得少于 1 组。 **4.《建筑地基处理技术规范》JGJ 79—2012** 4.2.1　垫层材料的选用应符合下列要求： 　4）粉煤灰。选用的粉煤灰应满足相关标准对腐蚀性和放射性的要求。 　5）矿渣。垫层设计、施工前应对所选用的矿渣进行试验，确认性能稳定并满足腐蚀性和放射性安全的要求。 4.3　施工 4.3.1　垫层施工应根据不同的换填材料选择施工机械。 4.3.2　垫层的施工方法、分层铺填厚度、每层压实遍数宜通过现场试验确定。 4.4.1　对粉质黏土、灰土、砂石、粉煤灰垫层的施工质量可选用环刀取样、静力触探、轻型动力触探或标准贯入度试验等方法进行检验；对碎石、矿渣垫层的施工质量可采用重型动力触探试验等进行检验。压实系数可采用灌砂法、灌水法或其他方法进行检验。 4.4.2　换填垫层的施工质量检验应分层进行，并应在每层的压实系数符合设计要求后铺填上层。 4.4.3　采用环刀法检验垫层的施工质量时，取样点应选择位于每层垫层厚度的 2/3 深度处。检验点数量，条形基础下垫层每 10m ~ 20m 不应少于 1 个点，独立基础、单个基础下垫层不应少于 1 个点，其他基础下垫层每 50m² ~ 100m² 不应少于 1 个点。采用标准贯入试验或动力触探法检验垫层的施工质量时，每分层平面上检验点的间距不应大于 4m	2. 查阅质量验收记录 内容：包括检验批、分项工程验收记录及隐蔽工程验收文件等 数量：与项目质量验收范围划分表相符

续表

条款号	大纲条款	检 查 依 据	检查要点
5.2 预压地基的监督检查			
5.2.1	设计前已通过现场试验或试验性施工，确定了设计参数和施工工艺参数	**《电力工程地基处理技术规程》DL/T 5024—2005** 5.0.5 地基处理工作的规划和实施，可按下列顺序进行： 　　3 结合电力工程初步设计阶段的岩土工程勘测，实施必要的地基处理原体试验，以获得必要的设计参数和合理的施工方案。 7.1.2 采用预压法加固软土地基，应调查软土层的厚度与分布、透水层的位置及地下水泾流条件，进行室内物理力学试验，测定软土层的固结系数、前期固结压力、抗剪强度、强度增长率等指标。 7.1.4 重要工程应预先在现场进行原体试验，加固过程中应进行地面沉降、土体分层沉降、土体测向位移、孔隙水压力、地下水位等项目的动态观测。在试验的不同阶段（如预压前、预压过程中和预压后），采用现场十字板剪刀试验、静力触探和土工试验等勘测手段对被加固土体进行效果检验	1. 查阅预压地基原体试验记录 　试验项目：软土层的固结系数、前期固结压力、抗剪强度、强度增长率等指标，含重要工程的试验性施工动态观测记录等，资料齐全，数据完整 2. 查阅设计前现场试验或试验性施工、检测报告 　设计参数和施工工艺参数：已确定
5.2.2	预压地基技术方案、施工方案齐全，已审批	**1.《建筑地基基础工程施工质量验收规范》GB 50202—2002** 4.1.4 地基加固工程，应在正式施工前进行试验段施工，论证设定的施工参数及加固效果。为验证加固效果所进行的载荷试验，其施加载荷应不低于设计载荷的 2 倍。 **2.《电力工程地基处理技术规程》DL/T 5024—2005** 5.0.5 地基处理工作的规划和实施，可按下列顺序进行： 　　3 结合电力工程初步设计阶段岩土工程勘测，实施必要的地基处理原体试验，以获得必要的设计参数和合理的施工方案。 7.1.8 预压加固软土地基的设计应包括以下内容： 　　1 选择竖向排水体，确定其直径、计算间距、深度、排列方式和布置范围； 　　2 确定水平排水体系的结构、材料及其规格要求； 　　3 确定预压方法、加固范围、预压荷重大小、荷载分级加载速率和预压时间； 　　4 计算地基固结度、强度增长、沉降变形及预压过程中的地基抗滑稳定性	1. 查阅预压地基技术方案 　审批：手续齐全 　内容：预压方法、加固范围、预压荷重大小、荷载分级加载速率和预压时间等工艺参数明确 2. 查阅施工方案 　编、审、批：施工单位相关责任人已签字 　施工步骤和工艺参数：与技术方案相符

条款号	大纲条款	检 查 依 据	检查要点
5.2.3	所用土、砂、石，塑料排水板等原材料性能指标符合标准规定	**1.《电力建设施工质量验收及评价规程 第 1 部分：土建工程》DL/T 5210.1—2012** 3.0.1 涉及结构安全的试块、试件以及有关材料，应按规定进行见证取样检测。 **2.《建筑地基处理技术规范》JGJ 79—2012** 5.4.1 施工过程中，质量检验和监测应包括下列内容： 　　1 对塑料排水带应进行纵向通水量、复合体抗拉强度、滤膜抗拉强度、滤膜渗透系数和等效孔径等性能指标现场随机抽样测试。 　　2 对不同来源的砂井和砂垫层砂料，应取样进行颗粒分析和渗透性试验。 **3.《普通混凝土用砂、石质量及检验方法标准》JGJ 52—2006** 4.0.1 供货单位应提供砂或石的产品合格证及质量检验报告。 　　使用单位应按砂或石的同产地同规格分批验收。采用大型工具（如火车、货船或汽车）运输的，应以 400m³ 或 600t 为一验收批；采用小型工具（如拖拉机等）运输的，应以 200m³ 或 300t 为一验收批。不足上述量者，应按一验收批进行验收。 4.0.2 当砂或石的质量比较稳定、进料量又较大时，可以 1000t 为一验收批	1. 查阅塑料排水板等原材料进场验收记录 　内容：包括出厂合格证（出厂试验报告），材料进场时间、批次、数量、规格 　性能指标：符合规范规定 2. 查阅材料跟踪管理台账 　内容：包括土、砂、石、塑料排水板等材料合格证、复试报告、使用情况、检验数量等符合规定 3. 查阅砂、石、塑料排水板等材料试验检测报告和试验委托单 　报告检测结果：合格 　报告签章：已加盖 CMA 章和检测专用章、授权人已签字 　委托单签字：见证取样人员已签字且已附资格证书编号
5.2.4	原位十字板剪切试验、室内土工试验、地基强度或承载力等试验合格，报告结论明确	**1.《电力建设施工质量验收及评价规程 第 1 部分：土建工程》DL/T 5210.1—2012** 3.0.1 涉及结构安全的试块、试件以及有关材料，应按规定进行见证取样检测。 **2.《建筑地基处理技术规范》JGJ 79—2012** 5.4.2 预压地基竣工验收检验应符合下列规定： 　　2 应对预压的地基土进行原位试验和室内土工试验。	1. 查阅施工单位检测检验计划 　检验数量：符合设计和规范规定

条款号	大纲条款	检 查 依 据	检查要点
5.2.4	原位十字板剪切试验、室内土工试验、地基强度或承载力等试验合格，报告结论明确	5.4.3 原位试验可采用十字板剪切试验或静力触探，检验深度不应小于设计处理深度。原位试验和室内土工试验，应在卸载 3d～5d 后进行。检验数量按每个处理分区不少于 6 点进行检测，对于堆载斜坡处应增加检验数量。 5.4.4 预压处理后的地基承载力应按规范确定。检验数量按每个处理分区不应少于 3 点进行检测	2. 查阅原位十字板剪切试验、室内土工试验、地基承载力检测报告和试验委托单 　报告检测结果：合格 　报告签章：已加盖 CMA 章和检测专用章、授权人已签字 　委托单签字：见证取样人员已签字且已附资格证书编号
5.2.5	真空预压、堆载预压、真空和堆载联合预压工艺与设计及施工方案一致	1.《电力工程地基处理技术规程》DL/T 5024—2005 7.1.8 预压加固软土地基的设计应包括以下内容： 　1 选择竖向排水体，确定其直径、计算间距、深度、排列方式和布置范围； 　2 确定水平排水体系的结构、材料及其规格要求； 　3 确定预压方法、加固范围、预压荷重大小、荷载分级加载速率和预压时间； 　4 计算地基固结度、强度增长、沉降变形及预压过程中的地基抗滑稳定性。 7.1.9 竖向排水体的平面布置形式可采用等边三角形或正方形排列。每根竖向排水体的等效圆直径 d_e 与竖向排水体的间距 s 的关系见式（7.1.9-1）、式（7.1.9-2）。 7.1.10 竖向排水体的布置应符合"细而密"的原则，其直径和间距应根据地基土的固结特性、要求达到的平均固结度和场地提交使用的工期要求等因素计算确定。普通砂井直径可取 200mm～500mm，间距按井径比 n（砂井等效影响圆直径 d_e 与砂井直径 d_w 之比，$n=d_e/d_w$）为 6～8 选用。袋装砂井直径可取 70mm～120mm，间距可按井径比 15～22 选用。塑料排水板的当量换算直径可按式（7.1.10）计算，井径比可采用 15～22。 7.1.11 竖向排水体的设置深度应根据软土层分布、建筑物对地基稳定性和变形的要求确定。对于以地基稳定性控制的建筑物，竖向排水体的深度应超过最危险滑动面 2m～3m。 7.2.6 对堆载预压工程，应根据观测和勘测资料，综合分析地基经堆载预压处理后的加固效果。当堆载预压达到下列标准时方可进行卸荷： 　1 对主要以沉降控制的建筑物，当地基经预压后消除的变形量满足设计要求，且软土层的平均固结度达到 80% 以上时； 　2 对主要以地基承载力或抗滑稳定性控制的建筑物，在地基土经预压后增长的强度满足设计要求时。	查阅施工记录、施工方案及设计文件 竖向排水体系，包括直径、计算间距、深度、排列方式和布置范围；水平排水体系，包括结构、材料及其规格；加固范围、荷载分级、加载速率和预压时间等；预压工艺与设计及施工方案一致

条款号	大纲条款	检　查　依　据	检查要点
5.2.5	真空预压、堆载预压、真空和堆载联合预压工艺与设计及施工方案一致	7.3.10　对真空预压后的地基，应进行现场十字板剪切试验、静力触探试验和载荷试验，以检验地基的加固效果。 7.4.2　土石坝、煤场、堆料场、油罐等构筑物地基的排水固结设计，应根据最终荷载和地基土的变形特点，可在场地不同位置设置不同密度和深度的竖向排水体。在工程施工前应设计好加荷过程和加荷速率，计算地基的最终沉降量，预留基础高度，做好地下结构物适应地基土变形的设计。 **2.《建筑地基处理技术规范》JGJ 79—2012** 5.2.29　当设计地基预压荷载大于 80kPa，且进行真空预压处理地基不能满足设计要求时可采用真空和堆载联合预压地基处理。 5.2.30　堆载体的坡肩线宜与真空预压边线一致。 5.2.31　对于一般软黏土，上部堆载施工宜在真空预压膜下真空度稳定地达到 6.7kPa（650mmHg）且抽真空时间不少于 10d 后进行。对于高含水量的淤泥类土，上部堆载施工宜在真空预压膜下真空度稳定地达到 86.7kPa（650mmHg）且抽真空 20d～30d 后可进行。 5.2.32　当堆载较大时，真空和堆载联合预压应采用分级加载，分级系数应根据地基土稳定计算确定。分级加载时，应待前期预压荷载下地基的承载力增长满足下一级荷载下地基的稳定性要求时，方可增加堆载。 5.2.33　真空和堆载联合预压时地基固结度和地基承载力增长可按本规范第 5.2.7 条、第 5.2.8 条和第 5.2.11 条计算。 5.3.2　砂井的灌砂量，应按井孔的体积和砂在中密状态时的干密度计算，实际灌砂量不得小于计算值的 95%。 5.3.5　塑料排水带需接长时，应采用滤膜内芯带平搭接的连接方法，搭接长度宜大于 200mm。 5.3.7　塑料排水带和袋装砂井施工时，平面井距偏差不应大于井径。 5.3.8　塑料排水带和袋装砂井砂袋埋入砂垫层中的长度不应小于 500mm。 5.3.9　堆载预压加载过程中，应满足地基承载力和稳定控制要求，并应进行竖向变形、水平位移及孔隙水压力的监测，堆载预压加速率应满足下列要求： 　　1　竖井地基最大竖向变形量不应超过 15mm/d； 　　2　天然地基最大竖向变形量不应超过 10mm/d； 　　3　堆载预压边缘处水平位移不应超过 5mm/d； 　　4　根据上述观测资料综合分析、判断地基的承载力和稳定性。 5.3.14　采用真空和堆载联合预压时，应先抽真空，当真空压力达到设计要求并稳定后，在进行堆载，并继续抽真空。 5.3.18　堆载加载过程中，应满足地基稳定性设计要求，对竖向变形、边缘水平位移及孔隙水压力的监测应满足下列要求：	

条款号	大纲条款	检 查 依 据	检查要点
5.2.5	真空预压、堆载预压、真空和堆载联合预压工艺与设计及施工方案一致	1　地基向加固区外的侧移速率不应大于5mm/d； 2　地基竖向变形速率不应大于10mm/d； 3　根据上述观察资料综合分析、判断地基的稳定性。 5.3.19　真空和堆载联合预压除满足本规范第5.3.14条～第5.3.18条规定外，尚应符合本规范第5.3节"Ⅰ堆载预压"和"Ⅱ真空预压"的规定	
5.2.6	施工参数符合设计要求，施工记录齐全	**1.《电力工程地基处理技术规程》DL/T 5024—2005** 5.0.12　地基处理的施工应有详细的施工组织设计、施工质量管理和质量保证措施。应有专人负责施工检验与质量监督，做好各项施工记录。 **2.《建筑地基处理技术规范》JGJ 79—2012** 3.0.12　地基处理施工中应有专人负责质量控制和监测，并做好各项施工记录；当出现异常情况时，必须及时会同有关部门妥善解决。施工结束后应按国家有关规定进行工程质量检验和验收。 5.4.1　施工过程中，质量检验和监测应包括下列内容： 　1　对塑料排水带应进行纵向通水量、复合体抗拉强度、滤膜抗拉强度、滤膜渗透系数和等效孔径等性能指标现场随机抽样测试； 　2　对不同来源的砂井和砂垫层砂料，应取样进行颗粒分析和渗透性试验。 5.4.2　预压地基竣工验收检验应符合下列规定： 　1　排水竖井深度处理范围内和竖井底面以下受压土层，经预压所完成的竖向变形和平均固结度应满足设计要求； 　2　应对预压的地基土进行原位试验和室内土工试验。 5.4.3　原位试验可采用十字板剪切试验或静力触探，检验深度不应小于设计处理深度。原位试验和室内土工试验，应在卸载3d～5d后进行。检验数量按每个处理分区不少于6点进行检测，对于堆载斜坡处应增加检验数量	1. 查阅施工方案 质量控制参数：符合技术方案要求 2. 查阅施工记录 内容：包括通水量、渗透性等，符合设计要求 记录数量：与验收记录相符
5.2.7	地基承载力检测数量符合标准规定，检测报告结论满足设计要求	**1.《建筑地基基础工程施工质量验收规范》GB 50202—2002** 4.1.5　对灰土地基、砂和砂石地基、土工合成材料地基、粉煤灰地基、强夯地基、注浆地基、预压地基，其竣工后的结果（地基强度或承载力）必须达到设计要求的标准。检验数量，每单位工程不应少于3点，1000m²以上工程，每100m²至少应有1点，3000m²以上工程，每300m²至少应有1点。每一独立基础下至少应有1点，基槽每20延米应有1点。 **2.《建筑地基处理技术规范》JGJ 79—2012** 5.4.4　预压处理后的地基承载力应按本规范附录A确定。检验数量按每个处理分区不应少于3点进行检测	查阅地基承载力检测报告 结论：符合设计要求 检验数量：符合设计和规范要求 盖章：已加盖CMA章和检测专用章 签字：授权人已签字

条款号	大纲条款	检 查 依 据	检查要点
5.2.8	施工质量的检验项目、方法、数量符合标准规定，检验结果满足设计要求，质量验收记录齐全	**1.《建筑地基基础工程施工质量验收规范》GB 50202—2002** 4.1.2　砂、石子、水泥、钢材、石灰、粉煤灰等原材料质量、检验项目、批量和检验方法应符合国家现行标准的规定。 4.1.3　地基施工结束，宜在一个间歇期后，进行质量验收，间歇期由设计确定。 4.1.5　对灰土地基、砂和砂石地基、土工合成材料地基、粉煤灰地基、强夯地基、注浆地基、预压地基，其竣工后的结果（地基强度或承载力）必须达到设计要求的标准。 检验数量，每单位工程不应少于 3 点，1000m² 以上工程，每 100m² 至少应有 1 点，3000m² 以上工程，每 300m² 至少应有 1 点。每一独立基础下至少应有 1 点，基槽每 20 延米应有 1 点。 8.0.1　分项工程、分部（子分部）工程质量的验收，均应在施工单位自检合格的基础上进行。施工单位确认自检合格后提出工程验收申请，工程验收时应提供下列技术文件和记录： 　　1　原材料的质量合格证和质量鉴定文件； 　　3　施工记录及隐蔽工程验收文件； 　　4　检测试验及见证取样文件； 　　5　其他必须提供的文件或记录。 **2.《建筑地基处理技术规范》JGJ 79—2012** 5.4.2　预压地基竣工验收检验应符合下列规定： 　　2　应对预压的地基土进行原位试验和室内土工试验。 5.4.3　原位试验可采用十字板剪切试验或静力触探，检验深度不应小于设计处理深度。原位试验和室内土工试验，应在卸载 3d～5d 进行。检验数量按每个处理分区不少于 6 点进行检测，对于堆载斜坡处应增加检验数量。 5.4.4　预压处理后的地基承载力应按本规范附录 A 确定。检验数量按每个处理分区不应少于 3 点进行检测	1. 查阅检测报告 　　检验项目：地基强度或地基承载力符合设计要求 　　检验方法：包括十字板剪切强度或标准贯入、静力触探试验，静荷载试验等符合规范规定 　　检验数量：符合规范规定和设计要求 2. 查阅质量验收记录 　　内容：包括检验批、分项工程验收记录及隐蔽工程验收文件等 　　数量：与项目质量验收范围划分表相符
5.3　压实地基的监督检查			
5.3.1	现场试验性施工，确定了碾压机械、碾压分层厚度、碾压遍数、碾压范围和有效加固深度等施工参数和压实地基施工方法	**1.《建筑地基基础工程施工质量验收规范》GB 50202—2002** 4.1.4　地基加固工程，应在正式施工前进行试验段施工，论证设定的施工参数及加固效果。为验证加固效果所进行的载荷试验，其施加载荷应不低于设计载荷的 2 倍。 **2.《建筑地基处理技术规范》JGJ 79—2012** 4.1.3　对于工程量较大的换填垫层，应按所选用的施工机械、换填材料及场地的土质条件进行现场试验，确定换填垫层压实效果和施工质量控制标准。 6.2.1　压实地基处理应符合下列规定：	查阅试验性施工的检测报告（含击实试验报告和压实试验报告） 碾压分层厚度、碾压遍数、碾压范围和有效加固深度等施工参数和施工方法：已确定

条款号	大纲条款	检 查 依 据	检查要点
5.3.1	现场试验性施工，确定了碾压机械、碾压分层厚度、碾压遍数、碾压范围和有效加固深度等施工参数和压实地基施工方法	2 压实地基的设计和施工方法的选择，应根据建筑物体型、结构与荷载特点、场地土层条件、变形要求及填料等因素确定。对大型、重要或场地地层条件复杂的工程，在正式施工前，应通过现场试验确定地基处理效果。 6.2.2 压实填土地基的设计应符合下列规定： 　2 碾压法和振动压实法施工时，应根据压实机械的压实性能，地基土性质、密实度、压实系数和施工含水量等，并结合现场试验确定碾压分层厚度、碾压遍数、碾压范围和有效加固深度等施工参数。初步设计可按表 6.2.2-1 选用。 　4 压实填土的质量以压实系数 λ_c 控制，并应根据结构类型和压实填土所在部位按表 6.2.2-2 的要求确定。 　5 压实填土的最大干密度和最优含水量，宜采用击实试验确定，…… 　7 压实填土的边坡坡度允许值，应根据其厚度、填料性质等因素，按照填土自身稳定性、填土下原地基的稳定性的验算结果确定，初步设计时可按表 6.2.2-3 的数值确定。 6.2.3 压实填土地基的施工应符合下列规定： 　1 应根据使用要求、邻近结构类型和地质条件确定允许加载量和范围，并按设计要求均衡分步施加，避免大量快速集中填土。 　2 填料前，应清除填土层地面以下的耕土、植被或软弱土层等。 　3 压实填土施工过程中，应采取防雨、防冻措施，防止填料（粉质黏土、粉土）受雨水淋湿或冻结。 　4 基槽内压实时，应先压实基槽两边，再压实中间。 　5 冲击碾压法施工的冲击碾宽度不宜小于 6m，工作面较窄时，需设置转弯车道，冲压最短直线距离不宜小于 100m，冲压边角及转弯区域应采用其他措施压实；施工时，地下水位应降低到碾压面以下 1.5m。 　6 性质不同的填料，应采取水平分层、分段填筑，并分层压实；同一水平层，应采用同一填料，不得混合填筑；填方分段施工时，接头部位如不能交替填筑，应按 1∶1 坡度分层留台阶；如能交替填筑，则应分层相互交替搭接，搭接长度不小于 2m；压实填土的施工缝各层应错开搭接，在施工缝的搭接处，应适当增加压实遍数；边角及转弯区域应采取其他措施压实，以达到设计标准。 　7 压实地基施工场地附近有对振动和噪声环境控制要求时，应合理安排施工工序和时间，减少噪声与振动对环境的影响，或采取挖减振沟等减振和隔振措施，并进行振动和噪声监测。 　8 施工过程中，应避免扰动填土下卧的淤泥或淤泥质土层。压实填土施工结束检验合格后，应及时进行基础施工	

条款号	大纲条款	检 查 依 据	检查要点
5.3.2	压实地基技术方案、施工方案齐全，已审批	**1.《建筑地基基础工程施工质量验收规范》GB 50202—2002** 4.1.4　地基加固工程，应在正式施工前进行试验段施工，论证设定的施工参数及加固效果。为验证加固效果所进行的载荷试验，其施加载荷应不低于设计载荷的 2 倍。 **2.《电力工程地基处理技术规程》DL/T 5024—2005** 5.0.12　地基处理的施工应有详细的施工组织设计、施工质量管理和质量保证措施。应有专人负责施工检验与质量监督，做好各项施工记录，当发现异常情况时，应及时会同有关部门研究解决	1. 查阅预压地基技术方案 　论证参数：数据充分、可靠，载荷试验记录齐全 　审批：审批人已签字 2. 查阅施工方案 　编、审、批：施工单位相关责任人已签字 　施工步骤和工艺参数：与技术方案相符
5.3.3	施工参数符合设计要求，施工记录齐全	**1.《建筑地基基础设计规范》GB 50007—2011** 6.3.6　压实填土的填料，应符合下列规定： 　　1　级配良好的砂土或碎石土；以卵石、砾石、块石或岩石碎屑作填料时，分层压实时其最大粒径不宜大于 200mm，分层夯实时其最大粒径不宜大于 400mm。 　　3　以粉质黏土、粉土作填料时，其含水量宜为最优含水量，可采用击实试验确定。 6.3.8　压实填土的最大干密度和最优含水量，应采用击实试验确定。 **2.《电力建设施工质量验收及评价规程　第 1 部分：土建工程》DL/T 5210.1—2012** 3.0.1　涉及结构安全的试块、试件以及有关材料，应按规定进行见证取样检测。 18.3.1　地基及桩基工程质量记录应评价的内容包括： 　　1　材料、预制桩合格证（出厂试验报告）、进场验收记录及水泥、钢筋复验报告。 **3.《电力工程地基处理技术规程》DL/T 5024—2005** 5.0.12　地基处理的施工应有详细的施工组织设计、施工质量管理和质量保证措施。应有专人负责施工检验与质量监督，做好各项施工记录。 **4.《建筑地基处理技术规范》JGJ 79—2012** 3.0.12　地基处理施工中应有专人负责质量控制和监测，并做好各项施工记录；当出现异常情况时，必须及时会同有关部门妥善解决。施工结束后应按国家有关规定进行工程质量检验和验收	1. 查阅施工方案 　质量控制参数：符合技术方案要求 2. 查阅施工记录 　内容：包括施工过程控制记录及隐蔽工程验收文件 　记录数量：与验收记录相符

条款号	大纲条款	检 查 依 据	检查要点
5.3.4	压实土性能指标满足设计要求	**《建筑地基处理技术规范》JGJ 79—2012** 6.2.1 压实地基应符合下列规定： 　3 以压实填土作为建筑地基持力层时，应根据建筑结构类型、填料性能和现场条件等，对拟压实的填土提出质量要求。未经检验，且不符合质量要求的压实填土，不得作为建筑地基持力层。 6.2.2 压实填土地基的设计应符合下列规定： 　2 碾压法和震动压实法施工时，应根据压实机械的压实性能、地基土性质、密实度、压实系数和施工含水量等，并结合现场试验确定碾压分层厚度、碾压遍数、碾压范围和有效加固深度等施工参数。初步设计可按表6.2.2-1选。 　4 压实填土的质量以压实系数 λ_c 控制，并应根据结构类型和压实填土所在部位按表6.2.2-2的要求确定。 　5 压实填土的最大干密度和最优含水量，宜采用击实试验确定，…… 　7 压实填土的边坡坡度允许值，应根据其厚度、填料性质等因素，按照填土自身稳定性、填土下原地基的稳定性的验算结果确定，初步设计时可按表6.2.2-3的数值确定。 　9 压实填土地基承载力特征值，应根据现场静载荷试验确定，或可通过动力触探、静力触探等试验，并结合静载荷试验结果确定；其下卧层顶面的承载力应满足本规范式（4.2.2-1）、式（4.2.2-2）和式（4.2.2-3）的要求。	查阅压实土性能检测报告 击实报告：土质性能符合设计要求，最大干密度和最优含水率已确定 压实系数：符合设计要求 盖章：已加盖CMA章和检测专用章 签字：授权人已签字
5.3.5	地基承载力检测数量符合标准规定，检测报告结论满足设计要求	**1.《建筑地基基础工程施工质量验收规范》GB 50202—2002** 4.1.5 对灰土地基、砂和砂石地基、土工合成材料地基、粉煤灰地基、强夯地基、注浆地基、预压地基，其竣工后的结果（地基强度或承载力）必须达到设计要求的标准检验数量，每单位工程不应少于3点，1000m² 以上工程，每100m² 至少应有1点，3000m² 以上工程，每300m² 至少应有1点。每一独立基础下至少应有1点，基槽每20延米应有1点。 **2.《电力工程地基处理技术规程》DL/T 5024—2005** 6.5.4 压实施工的粉煤灰或粉煤灰素土、粉煤灰灰土垫层的设计与施工要求，可参照素土、灰土或砂砾石垫层的有关规定。其地基承载力值应通过试验确定（包括浸水试验条件）。对掺入水泥砂浆胶结的粉煤灰水泥砂浆或粉煤灰混凝土，应采用浇注法施工，并按有关设计施工标准执行。其承载力等指标应由试件强度确定。 **3.《建筑地基处理技术规范》JGJ 79—2012** 4.4.4 竣工验收应采用静荷载试验检验垫层承载力，且每个单体工程不宜少于3个点；对于大型工程应按单体工程的数量或工程划分的面积确定检验点数。 10.1.4 工程验收承载力检验时，静荷载试验最大加载量不应小于设计要求的承载力特征值的2倍	查阅地基承载力检测报告 检验数量：符合设计和规范规定 地基承载力特征值：符合设计要求 盖章：已加盖CMA章和检测专用章 签字：授权人已签字

条款号	大纲条款	检 查 依 据	检查要点
5.3.6	施工质量的检验项目、方法、数量符合标准规定，检验结果满足设计要求，质量验收记录齐全	**1.《建筑地基基础工程施工质量验收规范》GB 50202—2002** 4.1.2　砂、石子、水泥、钢材、石灰、粉煤灰等原材料的质量、检验项目、批量和检验方法应符合国家现行标准的规定。 4.1.3　地基施工结束，宜在一个间歇期后，进行质量验收，间歇期由设计确定。 4.1.5　对灰土地基、砂和砂石地基、土工合成材料地基、粉煤灰地基、强夯地基、注浆地基、预压地基，其竣工后的结果（地基强度或承载力）必须达到设计要求的标准。检验数量，每单位工程不应少于 3 点，1000m² 以上工程，每 100m² 至少应有 1 点，3000m² 以上工程，每 300m² 至少应有 1 点。每一独立基础下至少应有 1 点，基槽每 20 延米应有 1 点。 8.0.1　分项工程、分部（子分部）工程质量的验收，均应在施工单位自检合格的基础上进行。施工单位确认自检合格后提出工程验收申请，工程验收时应提供下列技术文件和记录： 　　1　原材料的质量合格证和质量鉴定文件； 　　3　施工记录及隐蔽工程验收文件； 　　4　检测试验及见证取样文件； 　　5　其他必须提供的文件或记录。 **2.《电力建设施工质量验收及评价规程　第 1 部分：土建工程》DL/T 5210.1—2012** 3.0.1　涉及结构安全的试块、试件以及有关材料，应按规定进行见证取样检测。 18.3.1　地基及桩基工程质量记录应评价的内容包括： 　　1　材料、预制桩合格证（出厂试验报告）、进场验收记录及水泥、钢筋复验报告。 **3.《电力工程地基处理技术规程》DL/T 5024—2005** 5.0.12　地基处理的施工应有详细的施工组织设计、施工质量管理和质量保证措施。应有专人负责施工检验与质量监督，做好各项施工记录。 **4.《建筑地基处理技术规范》JGJ 79—2012** 3.0.12　地基处理施工中应有专人负责质量控制和监测，并做好各项施工记录；当出现异常情况时，必须及时会同有关部门妥善解决。施工结束后应按国家有关规定进行工程质量检验和验收。 6.2.4　压实填土地基的质量检验应符合下列规定： 　　1　在施工过程中，应分层取样检验土的干密度和含水量；每 50m²～100m² 面积内应不少于 1 个检测点，每一个独立基础下，检测点不少于 1 个，条形基础每 20 延米设检测点不少于 1 个点，压实系数不得低于本规范表 6.2.2-2 的规定；采用灌水法或灌砂法检测的碎石土干密度不得低于 2.0t/m³。 　　2　有地区经验时，可采用动力触探、静力触探、标准贯入等原位试验，并结合干密度试验的对比结果进行质量检验。 　　3　冲击碾压法施工宜分层进行变形量、压实系数等土的物理学指标监测和检测。	1. 查阅质量检验记录 　检验项目：压实系数、最大干密度和最优含水量或压缩模量等符合设计和规范规定 　检验方法：采用分层取样、动力触探、静力触探、标准贯入等试验符合规范规定 　检验数量：符合规范规定和设计要求 2. 查阅质量验收记录 　内容：包括检验批、分项工程验收记录及隐蔽工程验收文件等，真实有效 　数量：符合现场实际，与项目质量验收范围划分表相符

续表

条款号	大纲条款	检 查 依 据	检查要点
5.3.6	施工质量的检验项目、方法、数量符合标准规定，检验结果满足设计要求，质量验收记录齐全	4 地基承载力验收检验，可通过静载荷试验并结合动力触探、静力触探、标准贯入等试验结果综合判定。每个单位工程静载荷试验不应少于3点，大型工程可按单体工程的数量或面积确定检验点数。 6.2.5 压实地基的施工质量检验应分层进行。每完成一道工序，应按设计要求进行验收，未经验收或验收不合格时，不得进行下一道工序施工	

5.4 夯实地基的监督检查

条款号	大纲条款	检 查 依 据	检查要点
5.4.1	设计前已通过现场试验或试验性施工，确定了设计参数和施工工艺参数	**1.《电力工程地基处理技术规程》DL/T 5024—2005** 5.0.5 地基处理工作的规划和实施，可按下列顺序进行： 　　3 结合电力工程初步设计阶段的岩土工程勘测，实施必要的地基处理原体试验，以获得必要的设计参数和合理的施工方案。 8.1.3 强夯设计中应在施工现场有代表性的场地上选取一个或几个试验区进行原体试验，试验区规模应根据建筑物场地复杂程度、建设规模及建筑物类型确定。根据地基条件、工程要求确定强夯的设计参数，包括：夯击能级、施工起吊设备；设计夯击工艺、夯锤参数、单点锤击数、夯点布置形式与间距、夯击遍数及相邻夯击遍数的间歇时间、地面平均夯沉量和必要的特殊辅助措施；确定原体试验效果的检测方法和检测工作量。还应对主要工艺进行必要的方案组合，通过效果测试和环境影响评价，提出一种或几种合理的方案。 在强夯有成熟经验的地区，当地基条件相同（或相近）时，可不进行专门原体试验，直接采用成功的工艺。但在正式（大面积）施工之前应先进行试夯，验证施工工艺和强夯设计参数在进行原体试验施工时，进行分析评价的主要内容应包括： 　　1 观测、记录、分析每个夯点的每击夯沉量、累计夯沉量（即夯坑深度）、夯坑体积、地面隆起量、相邻夯坑的侧挤情况、夯后地面整平压实后平均下沉量。绘制夯点的夯击次数 N 与夯沉量 s 关系曲线，进行隆起、侧挤计算，确定饱和夯击能和最佳夯击能。 　　2 观测孔隙水压力变化。当孔隙水压力超过自重有效压力，局部隆起和侧挤的体积大于夯点夯沉的体积时，应停止夯击，并观测孔隙水压力消散情况，分析确定间歇时间。 　　3 宜进行强夯振动观测，绘制单点夯击数与地面震动加速度关系曲线、震动速度曲线，分析饱和夯击能、振动衰减和隔振措施的效果。 　　4 有条件的还可进行挤压应力观测和深层水平位移观测。 　　5 在原体试验施工结束一个月（砂土、碎石土为1周～2周）后，应在各方案试验片内夯点和夯点间沿深度每米取试样进行室内土工试验，并进行原位测试。	1. 查阅现场试夯方案 　试夯方案：已编制、内容完整 　试夯场地检测：记录齐全 2. 查看试验阶段静载试验报告 　静载试验过程记录：完整、齐全 　地基承载力：已确定 3. 查阅试夯报告 　夯击次数与夯沉量曲线：已绘制 　夯击时间间隔：符合地基土的性质和规范要求 　设计参数和施工工艺参数：已确定

续表

条款号	大纲条款	检 查 依 据	检查要点
5.4.1	设计前已通过现场试验或试验性施工，确定了设计参数和施工工艺参数	**2. 《建筑地基处理技术规范》 JGJ 79—2012** 6.3.1　夯实地基处理应符合下列规定： 　　1　强夯和强夯置换施工前，应在施工现场有代表性的场地选取一个或几个试验区，进行试夯或试验性施工。每个试验区面积不宜小于 20m×20m，试验区数量应根据建筑场地复杂程度、建筑规模及建筑类型确定。 6.3.2　强夯置换处理地基，必须通过现场试验确定其适用性和处理效果。 6.3.3　强夯处理地基的设计应符合下列规定： 　　1　强夯的有效加固深度，应根据现场试夯或地区经验确定。在缺少试验资料或经验时，可按表 6.3.3-1 进行预估； 　　2　夯点的夯击次数，应根据现场试夯的夯击次数和夯沉量关系曲线确定，并应同时满足表 6.3.3-2； 　　3　夯击遍数应根据地基土的性质确定，可采用点夯（2～4）遍，对于渗透性较差的细颗粒土，应适当增加夯击遍数；最后以低能量满夯 2 遍，满夯可采用轻锤或低落距锤多次夯击，锤印搭接； 　　4　两遍夯击之间，应有一定的时间间隔，间隔时间取决于土中超静空隙水压力的消散时间。当缺少实测资料时，可根据地基土的渗透性确定，对于渗透性较差的粘性土地基，间隔时间不应少于（2～3）周；对于渗透性较好的地基可连续夯击； 　　5　夯击点位置可根据基础底面形状，采用等边三角形、等腰三角形或正方形布置。第一遍夯击点间距可取夯锤直径的（2.5～3.5）倍，第二遍夯击点应位于第一遍夯击点之间。以后各遍夯击点间距可适当减小。对处理深度较深或单击夯击能较大的工程，第一遍夯击点间距宜适当增大； 　　6　强夯处理范围应大于建筑物基础范围，每边超出基础外缘的宽度宜为基底下设计处理深度的 1/2～2/3，且不应小于 3m；对可液化地基，基础边缘的处理宽度，不应小于 5m；对湿陷性黄土地基，应符合现行国家标注《湿陷性黄土地区建筑规范》GB 50025 的有关规定； 　　7　根据初步确定的强夯参数，提出强夯试验方案，进行现场试夯。应根据不同土质条件，待试夯结束一周至数周后，对试夯场地进行检测，并与夯前测试数据进行对比，检验强夯效果，确定工程采用的各项强夯参数； 　　8　根据基础埋深和试夯时所测得的夯沉量，确定启夯面标高、夯坑回填方式和夯后标高； 　　9　强夯地基承载力特征值应通过现场静载荷试验确定； 　　10　强夯地基变形计算，应符合现行国家标准《建筑地基基础设计规范》GB 50007 有关规定。夯后有效加固深度内土的压缩模量，应通过原位测试或土工试验确定	

续表

条款号	大纲条款	检 查 依 据	检查要点
5.4.2	根据不同的土质采取的强夯夯锤质量、夯锤底面形式、锤底面积、锤底静接地压力值、排气孔等施工工艺与设计（施工）方案一致	**1.《湿陷性黄土地区建筑规范》GB 50025—2004** 6.3.5 对湿陷性黄土地基进行强夯施工，夯锤的质量、落距、夯点布置、夯击次数和夯击遍数，宜与试夯选定的相同，施工中应有专人监测和记录。 　　夯击遍数宜为 2 遍～3 遍。最末一遍夯击后，再以低能量（落距 4m～6m）对表层松土满夯 2 击～3 击，也可将表层松土压实或清除，在强夯土表面以上并宜设置 300mm～500mm 厚的灰土垫层。 **2.《电力工程地基处理技术规程》DL/T 5024—2005** 8.1.6 一般情况下夯锤重量可选用 100kN～250kN，最大可采用 400kN，其底面形式宜采用圆形。锤底面积宜按土的性质确定，锤底静压力值可取 30kPa～60kPa，对于细颗粒土锤底静压力宜取较小值。锤体中应均匀地设置若干个上下垂直贯通的通气孔，通气孔直径宜为 200mm～300mm。夯锤应选用保持夯锤外形和重心不变的材料制作。 8.1.7 强夯夯点的布置可按三角形（等边、等腰三角形）或正方形布置，夯点间距应按原体试验效果确定，可为夯锤底面直径的 1.6 倍～2.6 倍。夯击点位置的布置可按建筑物轴线、轮廓线或以基础中心线对称等形式布置，并应考虑各遍点间交叉对应关系。 　　对满堂处理的基础或要求整片加固的场地应整片布点，其可按正三角形布点。 　　对条形基础、独立基础，可在基础下按正方形或梅花形布点。 　　当独立基础或条形基础及带承台的基础采用强夯处理时，应根据基础设计要求按专门夯锤形状布点	查阅施工方案 强夯夯锤质量、夯锤底面形式、锤底面积、锤底静接地压力值、排气孔等；夯点布置形式、遍数施工工艺；与设计方案一致
5.4.3	施工参数和步骤符合设计要求，施工记录齐全	**1.《电力工程地基处理技术规程》DL/T 5024—2005** 5.0.12 地基处理的施工应有详细的施工组织设计、施工质量管理和质量保证措施。应有专人负责施工检验与质量监督，做好各项施工记录。 8.1.2 当夯击振动对邻近建筑物、设备、仪器、施工中的砌筑工程和浇灌混凝土等产生有害影响时，应采取有效的减振措施或错开工期施工。 8.1.9 夯击遍数应根据地基土的性质确定，一般情况下应采用多遍夯击。每一遍宜为最大能级强夯，可称为主夯，宜采用较稀疏的布点形式进行；第二遍、第三遍……强夯能级逐渐减小，可称为间夯、拍夯等，其夯点插于前遍夯点之间进行。对于渗透性弱的细粒土，必要时夯击遍数可适当增加。 8.1.10 当进行多遍夯击时，当每两遍夯击之间，应有一定的时间间隔。间隔时间取决于土中超孔隙水压力的消散时间。当缺少实测资料时，可根据地基土的渗透性确定，对于渗透性较差的黏性土及饱和度较大的软土地基的间隔时间，应不少于 3 周～4 周；对于渗透性较好且饱和度较小的地基，可连续夯击。 8.1.16 强夯施工应严格按规定的强夯施工设计参数和工艺进行，并控制或做好以下工作：	1. 查阅施工方案 　质量控制参数：符合技术方案要求 2. 查阅振动或变形监测方案、记录 　内容：对邻近建构筑物有可能产生不利影响时，已采取隔震或减震措施，方案符合规范要求 　变形观测记录：观测点设置符合变形观测方案要求 　振动或变形量符合规范规定

条款号	大纲条款	检 查 依 据	检查要点
5.4.3	施工参数和步骤符合设计要求，施工记录齐全	1　起夯面整平标高允许偏差为±100mm。 2　夯点位置允许偏差为200mm。当夯锤落入坑内倾斜较大时，应将夯坑底填平后再夯。 3　夯点施工中质量控制的主要指标为：每个夯点达到要求的夯击数；要求达到的夯坑深度；最后两击的夯沉量小于原体试验确定的值。 4　强夯过程中不应将夯坑内的土移出坑外。当有特殊原因确需挖除部分土体或工艺设计为用基坑外土填入夯坑时，应在计算夯沉量中扣除或增加移动土的土量。 5　施工过程中应防止因降水或曝晒原因，使土的湿度偏离设计值过大。 8.1.18　施工过程中应有专人负责下列工作： 1　开夯前应检查夯锤重和落距，以确保单击夯击能量符合设计要求； 2　在每遍夯击前，应对夯点放线进行复核，夯完后检查夯坑位置，发现偏差或漏夯应及时纠正； 3　按设计要求检查每个夯点的夯击次数和每击的夯沉量； 4　施工过程中应对各项参数及施工情况进行详细记录。 8.2.1　强夯置换法适用于一般性强夯加固不能奏效（塑性指数 $I_p > 10$）的、高饱和度（$S_r > 80\%$）的黏性土地基上对变形控制不严的工程，在设计前必须通过现场试验确定其适用性和处理效果。 8.2.8　强夯置换的施工参数： 1　单击夯击能。夯锤重量与落距的乘积应大于普通强夯的加固能量，夯能不宜过小，特别要注意避免橡皮土的出现。 2　单位面积平均夯击能。单位面积单点夯击能不宜小于1500kN·m/m²，一般软土地基加固深度能达到4m～10m时，单位面积夯击能为1500kN·m/m²～4000kN·m/m²。单位面积平均夯击能在上述范围内与地基土的加固深度成正比，对饱和度高的淤泥质土，还应考虑孔隙水消散与地面隆起的因素，来决定单位面积夯击能。 3　夯击遍数。夯击时宜采用连续夯击挤淤。根据置换形式和地基土的性质确定，可采用2遍～3遍，也可用一遍连续夯击挤淤一次性完成，最后再以低能量满夯一遍，每遍1击～2击完成。 4　夯点间距。桩式置换夯点宜布置成三角形、正方形，夯点间距一般取1.5倍～2.0倍夯锤底面直径，夯墩的计算直径可取夯锤直径的1.1倍～1.2倍；与土层的强度成正比，即土质差，间距小。整式置换的夯点间距，要求夯坑顶部夯点间的间隙处能被置换形成硬壳层。施工时应采用跳点夯。 6　夯沉量。最后两击平均夯沉量应小于50mm～80mm；单击夯击能量较大时，夯沉量应小于100mm～120mm。对墩体穿透软弱土层，累计夯沉量为设计墩长的1.5倍～2.0倍。 7　点式置换范围。每边超出基础外缘的宽度宜为基底下设计处理深度的1/2～2/3，并不宜小于3m。	3. 查阅强夯置换夯记录文件 　内容：符合规范规定 4. 查阅施工记录 　内容：包括土壤的含水率、起夯面整平标高、夯点位置、夯击数、夯沉量等 　记录数量：与验收记录相符

条款号	大纲条款	检 查 依 据	检查要点
5.4.3	施工参数和步骤符合设计要求，施工记录齐全	**2.《建筑地基处理技术规范》JGJ 79—2012** 3.0.12 地基处理施工中应有专人负责质量控制和监测，并做好各项施工记录。 6.3.6 强夯置换处理地基的施工应符合下列规定： 　1 强夯置换夯锤底面宜采用圆形，夯锤底静接地压力值宜大于80kPa。 　2 强夯置换施工应按下列步骤进行： 　　5）夯击并逐击记录夯坑深度；当夯坑过深，起锤困难时，应停夯，向夯坑内填料直至与坑顶齐平，记录填料数量；工序重复，直至满足设计的夯击次数及质量控制标准，完成一个墩体的夯击；当夯点周围软土挤出，影响施工时，应随时清理，并宜在夯点周围铺垫碎石后，继续施工。 　　6）按照"由内而外，隔行跳打"的原则，完成全部夯点的施工。 　　7）推平场地，采用低能量满夯，将场地表层松土夯实，并测量夯后场地高程。 　　8）铺设垫层，分层碾压密实。 6.3.10 当强夯施工所引起的振动和侧向挤压对邻近建构筑物产生不利影响时，应设置监测点，并采取挖隔振沟等隔振或防振措施。 6.3.11 施工过程中的监测应符合下列规定： 　1 开夯前，应检查夯锤质量和落距，以确保单击夯击能量符合设计要求。 　2 在每一遍夯击前，应对夯点放线进行复核，夯完后检查夯坑位置，发现偏差或漏夯应及时纠正。 　3 按设计要求，检查每个夯点的夯击次数、每击的夯沉量、最后两击的平均夯沉量和总夯沉量、夯点施工起止时间。对强夯置换施工，尚应检查置换深度。 　4 施工过程中，应对各项施工参数及施工情况进行详细记录	
5.4.4	地基承载力检测数量符合标准规定，检测报告结论满足设计要求	**1.《建筑地基基础工程施工质量验收规范》GB 50202—2002** 4.1.5 对灰土地基、砂和砂石地基、土工合成材料地基、粉煤灰地基、强夯地基、注浆地基、预压地基，其竣工后的结果（地基强度或承载力）必须达到设计要求的标准。 **2.《电力工程地基处理技术规程》DL/T 5024—2005** 8.1.20 强夯效果检测应采用原位测试与室内土工试验相结合的方法，重点查明强夯后地基土的有关物理力学指标，确定强夯有效影响深度，核实强夯地基设计参数等。 8.1.21 地基检测工作量，应根据场地复杂程度和建筑物的重要性确定。对于简单场地上的一般建筑物，每个建筑物地基的检测点不应少于3处；对于复杂场地或重要建筑物地基应增加检测点数。对大型处理场地，可按下列规定执行： 　1 对黏性土、粉土、填土、湿陷性黄土，每1000m²采样点不少于1个（湿陷性黄土必须有探井取样），且在深度上每米应取1件一级土试样，进行室内土工试验；静力触探试验点不少于1个。标准贯入试验、旁压试验和动力触探试验可与静力触探及室内试验对比进行。	查阅地基承载力检测报告 结论：符合设计要求 检验数量：符合规范要求 盖章：已加盖CMA章和检测专用章 签字：授权人已签字

条款号	大纲条款	检 查 依 据	检查要点
5.4.4	地基承载力检测数量符合标准规定，检测报告结论满足设计要求	2　对粗粒土、填土，每 600m² 应布置 1 个标准贯入试验或动力触探试验孔，并应通过其他有效手段测试地基土物理力学性质指标。粗粒土地基还应有一定数量的颗粒分析试验。 3　载荷试验点每 3000m²～6000m² 取 1 点，厂区主要建筑载荷试验点数不应少于 3 点。承压板面积不宜小于 0.5m²	
5.4.5	施工质量的检验项目、方法、数量符合标准规定，检验结果满足设计要求，质量验收记录齐全	**1.《建筑地基基础工程施工质量验收规范》GB 50202—2002** 4.1.2　砂、石子、水泥、钢材、石灰、粉煤灰等原材料的质量、检验项目、批量和检验方法应符合国家现行标准的规定。 4.1.3　地基施工结束，宜在一个间歇期后，进行质量验收，间歇期由设计确定。 8.0.1　分项工程、分部（子分部）工程质量的验收，均应在施工单位自检合格的基础上进行。施工单位确认自检合格后提出工程验收申请，工程验收时应提供下列技术文件和记录： 1　原材料的质量合格证和质量鉴定文件； 3　施工记录及隐蔽工程验收文件； 4　检测试验及见证取样文件； 5　其他必须提供的文件或记录。 **2.《电力工程地基处理技术规程》DL/T 5024—2005** 8.2.10　强夯置换的检测方案，除按照 8.1.21 的规定外，还应注意下列事项： 1　测定孔隙水压力的增长与消散变化规律，通过埋设孔隙水压力计，测定土中孔隙水压力值，来确定最佳夯击数。通过测定孔隙水压力的消散率来确定夯击遍数的间隙时间。 2　测定记录分析每点各沉量与坑外隆起体积，确定有效夯实系数，绘制 N-s 曲线，初步确定最佳夯击能。宜通过埋设压力盒测定挤压应力值。 3　当大面积强夯置换时，应测定强夯引起的振动对建筑物影响和确定安全距离。 4　宜用弹性波速法来测定强夯效果。 5　强夯地基承载力特征值应通过现场载荷试验确定，对点式置换强夯饱和粉土地基，可采用单墩复合地基载荷试验确定。 **3.《建筑地基处理技术规范》JGJ 79—2012** 6.3.12　夯实地基施工结束后，应根据地基土的性质及所采用的施工工艺，待土层休止期结束后，方可进行基础施工。 6.3.13　强夯处理后的地基竣工验收，承载力检验应根据静载荷试验、其他原位测试和室内土工试验等方法综合确定。强夯置换后的地基竣工验收，除应采用单墩静载荷试验进行承载力检验外，尚应采用单墩静载荷试验进行承载力检验外，尚应采用动力触探等查明置换墩着底情况及密度随深度的变化情况。	1. 查阅质量检验记录 　检验项目：地基强度、承载力符合设计要求 　检验方法：原位试验和室内土工试验；用弹性波速法测定强夯效果；现场载荷试验或单墩复合地基载荷试验；动力触探等检验方法符合规范规定 　检验数量：符合设计和规范规定 2. 查阅质量验收记录 　内容：包括检验批、分项工程验收记录及隐蔽工程验收文件等 　数量：与项目质量验收范围划分表相符

条款号	大纲条款	检 查 依 据	检查要点
5.4.5	施工质量的检验项目、方法、数量符合标准规定，检验结果满足设计要求，质量验收记录齐全	6.3.14 夯实地基的质量检验应符合下列规定： 1 检查施工过程中的各项测试数据和施工记录，不符合设计要求时应补夯或采取其他有效措施。 2 强夯处理后的地基承载力检验，应在施工结束后间隔一定时间进行，对于碎石土和砂土地基，间隔时间宜为（7～14）d；粉土和黏性土地基，间隔时间宜为（14～28）d；强夯置换地基，间隔时间宜为28d。 3 强夯地基均匀性检验，可采用动力触探试验或标准贯入试验、静力触探试验等原位测试，以及室内土工试验。检验点的数量，可根据场地复杂程度和建筑物的重要性确定，对于简单场地上的一般建筑物，按每400m² 不少于1个检测点，且不少于3点；对于复杂场地或重要建筑地基，每300m² 不少于1个检验点，且不少于3点。强夯置换地基，可采用超重型或重型动力触探试验等方法，检查置换墩着底情况及承载力与密度随深度的变化，检验数量不应少于墩点数的3%，且不少于3点。 4 强夯地基承载力检验的数量，应根据场地复杂程度和建筑物的重要性确定，对于简单场地上的一般建筑，每个建筑地基荷载试验检验点不应少于3点；对于复杂场地或重要建筑地基应增加检验点数。检测结果的评价，应考虑夯点和夯间位置的差异。强夯置换地基单墩载荷试验数量不应少于墩点数的1%，且不少于3点；对饱和粉土地基，当处理后墩间土能形成2.0m以上厚度的硬层时，其地基承载力可通过现场单墩复合地基静载荷试验确定，检验数量不应少于墩点数的1%，且每个建筑载荷试验检验点不应少于3点	
5.5 复合地基的监督检查			
5.5.1	设计前已通过现场试验或试验性施工，确定了设计参数和施工工艺参数	**1.《复合地基技术规范》GB/T 50783—2012** 3.0.1 复合地基设计前，应具备岩土工程勘察、上部结构及基础设计和场地环境等有关资料。 3.0.2 复合地基设计应根据上部结构对地基处理的要求、工程地质和水文地质条件、工期、地区经验和环境保护要求等，提出技术上可行的方案，经过技术经济比较，选用合理的复合地基形式。 3.0.7 复合地基设计应符合下列规定： 1 宜根据建筑物的结构类型、荷载大小及使用要求，结合工程地质和水文地质条件、基础形式、施工条件、工期要求及环境条件进行综合分析，并进行技术经济比较，选用一种或几种可行的复合地基方案。 2 对大型和重要工程，应对已选用的复合地基方案，在有代表性的场地上进行相应的现场试验或试验性施工，并应检验设计参数和处理效果，通过分析比较选择和优化设计方案。 7.1.4 高压旋喷桩复合地基方案确定后，应结合工程情况进行现场试验、试验性施工或根据工程经验确定施工参数及工艺。	查阅试桩检测报告或试桩报告 设计参数、施工工艺参数：已确定

条款号	大纲条款	检 查 依 据	检查要点
5.5.1	设计前已通过现场试验或试验性施工，确定了设计参数和施工工艺参数	8.1.3 对于缺乏灰土挤密法地基处理经验的地区，应在地基处理前，选择有代表性的场地进行现场试验，并应根据试验结果确定设计参数和施工工艺，再进行施工。 8.3.5 夯填施工前，应进行不少于 3 根桩的夯填试验，并应确定合理的填料数量及夯击能量。 9.1.3 夯实水泥土桩复合地基设计前，可根据工程经验，选择水泥品种、强度等级和水泥土配合比，并可初步确定夯实水泥土材料的抗压强度设计值。缺乏经验时，应预先进行配合比试验。 **2.《电力工程地基处理技术规程》DL/T 5024—2005** 5.0.5 地基处理工作的规划和实施，可按下列顺序进行： 3 结合电力工程初步设计阶段的岩土工程勘测，实施必要的地基处理原体试验，以获得必要的设计参数和合理的施工方案。 **3.《建筑地基处理技术规范》JGJ 79—2012** 7.1.1 复合地基设计前，应在有代表性的场地上进行现场试验或试验性施工，以确定设计参数和处理效果	

5.5.2	复合地基技术方案、施工方案齐全，已审批	**1.《建筑地基基础工程施工质量验收规范》GB 50202—2002**
		4.1.4 地基加固工程，应在正式施工前进行试验段施工，论证设定的施工参数及加固效果。为验证加固效果所进行的载荷试验，其加载荷应不低于设计载荷的 2 倍。
		2.《电力工程地基处理技术规程》DL/T 5024—2005
		5.0.5 地基处理工作的规划和实施，可按下列顺序进行：
		    3 结合电力工程初步设计阶段的岩土工程勘测，实施必要的地基处理原体试验，以获得必要的设计参数和合理的施工方案。
		5.0.12 地基处理的施工应有详细的施工组织设计、施工质量管理和质量保证措施。应有专人负责施工检验与质量监督，做好各项施工记录
			1. 查阅复合地基技术方案
			  审批：手续齐全
			  内容：论证设定的施工参数及加固效果数据充分
			
			2. 查阅施工方案报审表
			  审核：监理单位相关责任人已签字
			  批准：建设单位相关责任人已签字
			
			3. 查阅施工方案
			  编、审、批：施工单位相关责任人已签字
			  施工步骤和工艺参数：与技术方案相符

续表

条款号	大纲条款	检 查 依 据	检查要点
5.5.3	散体材料复合地基增强体密实，检测报告齐全	**1.《建筑地基基础工程施工质量验收规范》GB 50202—2002** 4.15.1　施工前应检查砂料的含泥量及有机质含量、样桩的位置等。 4.15.2　施工中检查每根砂桩的桩位、灌砂量、标高、垂直度等。 **2.《建筑地基处理技术规范》JGJ 79—2012** 7.1.2　对散体材料复合地基增强体应进行密实度检验。 7.9.11　多桩型复合地基的质量检验应符合下列规定： 　　3　增强体施工质量检验，对散体材料增强体的检验数量不应少于其总桩数的2%，……	1. 查阅材料跟踪管理台账 　内容：包括砂石等材料的检验报告、使用情况、检验数量符合规范规定 2. 查阅散体材料复合地基增强体的密实度检测报告 　报告检测结果：密实、连续 　报告签章：已加盖CMA章和检测专用章、授权人已签字 　委托单签字：见证取样人员已签字且已附资格证书编号 3. 查阅散体材料增强体的检验报告 　数量：不少于总桩数的2% 　报告结论：满足设计和规范要求
5.5.4	有粘结强度要求的复合地基增强体的强度及桩身完整性满足设计要求，检测报告齐全	**《建筑地基处理技术规范》JGJ 79—2012** 7.1.2　……对有粘结强度复合地基增强体应进行强度及桩身完整性检验	查阅强度检测报告和桩身完整性检测报告 　结论：符合设计及规范要求 　盖章：已加盖CMA章和检测专用章 　签字：授权人已签字

续表

条款号	大纲条款	检 查 依 据	检查要点
5.5.5	复合地基承载力及有设计要求的单桩承载力已通过静载荷试验，检测数量符合标准规定，承载力满足设计要求	**1.《复合地基技术规范》GB/T 50783—2012** 3.0.5 复合地基中由桩周土和桩端土提供的单桩竖向承载力和桩身承载力，均应符合设计要求。 **2.《建筑地基处理技术规范》JGJ 79—2012** 7.1.3 复合地基承载力的验收检验应采用复合地基静载荷试验，对有粘结强度的复合地基增强体尚应进行单桩静载荷试验	1. 查阅复合地基承载力的检测报告 　结论：符合设计要求 　检测数量：符合设计和规范规定 　盖章：已加盖 CMA 章和检测专用章 　签字：授权人已签字 2. 查阅有设计要求的单桩承载力静载荷试验报告 　结论：符合设计要求 　检测数量：符合设计和规范规定 　盖章：已加盖 CMA 章和检测专用章 　签字：授权人已签字
5.5.6	复合地基增强体单桩的桩位偏差符合标准规定	**《建筑地基处理技术规范》JGJ 79—2012** 7.1.4 复合地基增强体单桩的桩位施工允许偏差：对条形基础的边桩沿轴线方向应为桩径的±1/4，沿垂直轴线方向应为桩径的±1/6，其他情况桩位的施工允许偏差应为桩径的±40%；桩身的垂直度允许偏差应为±1%	1. 查阅复合地基增强体单桩的桩位交接记录 　签字：交接双方及监理已签字 2. 查阅质量检验记录 　复合地基增强体单桩的桩位偏差数值：符合规范规定
5.5.7	施工参数符合设计要求，施工记录齐全	**1.《电力工程地基处理技术规程》DL/T 5024—2005** 5.0.12 地基处理的施工应有详细的施工组织设计、施工质量管理和质量保证措施。应有专人负责施工检验与质量监督，做好各项施工记录。	1. 查阅施工方案 　质量控制参数：与技术方案一致

条款号	大纲条款	检 查 依 据	检查要点

5.5.7	施工参数符合设计要求，施工记录齐全	**2.《建筑地基处理技术规范》JGJ 79—2012**
		
		3.0.12 地基处理施工中应有专人负责质量控制和监测，并做好各项施工记录；当出现异常情况时，必须及时会同有关部门妥善解决。施工结束后应按国家有关规定进行工程质量检验和验收。
		
		7.1.5 复合地基承载力特征值应通过复合地基静载荷试验或采用增强体静载荷试验结果和其周边土的承载力特征值结合经验确定，初步设计时，可按下列公式计算：
		    1 对散体材料增强体复合地基应按（7.1.5-1）式计算；
		    2 对有粘结强度增强体复合地基应按（7.1.5-2）式计算；
		    3 增强体单桩竖向承载力特征值可按（7.1.5-3）式计算。
		
		7.1.6 有粘结强度复合地基增强体桩身强度应满足式（7.1.6-1）的要求。当复合地基承载力进行基础埋深的深度修正时，增强体桩身强度应满足式（7.1.6-2）的要求。
		
		7.1.7 复合地基变形计算应符合现行国家标准《建筑地基基础设计规范》GB 50007 的有关规定，地基变形计算深度应大于复合土层的深度。复合土层的分层与天然地基相同，各复合土层的压缩模量应等于该层天然地基压缩模量的 ζ 倍，ζ 值可按式（7.1.7）确定。
		
		7.1.8 复合地基的沉降计算经验系数 ψ_s 可根据地区沉降观测资料统计值确定，无经验取值时，可采用表 7.1.8 的数值
			2. 查阅施工记录
			  内容：包括质量控制参数、必要时的监测记录
			  记录数量：与验收记录相符
			
			3. 查阅质量问题台账
			  内容：问题、处理结果、责任人
			  处置过程记录：方案和验收资料齐全

5.5.8	施工质量的检验项目、方法、数量符合标准规定，检验结果满足设计要求，质量验收记录齐全	**1.《建筑地基基础工程施工质量验收规范》GB 50202—2002**
		
		4.1.2 砂、石子、水泥、钢材、石灰、粉煤灰等原材料的质量、检验项目、批量和检验方法应符合国家现行标准的规定。
		
		4.1.3 地基施工结束，宜在一个间歇期后，进行质量验收，间歇期由设计确定。
		
		8.0.1 分项工程、分部（子分部）工程质量的验收，均应在施工单位自检合格的基础上进行。施工单位确认自检合格后提出工程验收申请，工程验收时应提供下列技术文件和记录：
		    1 原材料的质量合格证和质量鉴定文件；
		    3 施工记录及隐蔽工程验收文件；
		    4 检测试验及见证取样文件；
		    5 其他必须提供的文件或记录。
		
		2.《复合地基技术规范》GB/T 50783—2012
		
		6.4.1 深层搅拌桩施工过程中应随时检查施工记录和计量记录，并应对照规定的施工工艺对每根桩进行质量评定，应对固化剂用量、桩长、搅拌头转数、提升速度、复搅次数、复搅深度以及停浆处理方法等进行重点检查。
		
		6.4.2 深层搅拌桩的施工质量检验数量应符合设计要求，并应符合下列规定：
		    1 成桩 7d 后，应采用浅部开挖桩头，深度宜超过停浆（灰）面下 0.5m，应目测检查搅拌的均匀性，并应量测成桩直径；
			1. 查阅质量检验记录
			  检验项目：包括复合地基承载力、有要求时的单桩承载力、散体材料桩的桩身质量、有粘结强度要求桩的桩身完整性检测符合设计要求和规范规定
			  检验方法：采用静载试验、动力触探、低应变法等符合规范规定
			  检验数量：符合设计和规范规定

续表

条款号	大纲条款	检 查 依 据	检查要点
5.5.8	施工质量的检验项目、方法、数量符合标准规定，检验结果满足设计要求，质量验收记录齐全	2　成桩 28d 后，应用双管单动取样器钻取芯样做抗压强度检验和桩体标准贯入检验； 3　成桩 28d 后，可按本规范附录 A 的有关规定进行单桩竖向抗压载荷试验。 6.4.3　深层搅拌桩复合地基工程验收时，应按本规范附录 A 的有关规定进行复合地基竖向抗压载荷试验。载荷试验应在桩体强度满足试验荷载条件，并宜在成桩 28d 后进行。检验数量应符合设计要求。 7.2.2　旋喷桩主要用于承受竖向荷载时，其平面布置可根据上部结构和基础特点确定。独立基础下的桩数不宜少于 3 根。 7.4.1　高压旋喷桩施工过程中应随时检查施工记录和计量记录，并应对照规定的施工工艺对每根桩进行质量评定。 7.4.2　高压旋喷桩复合地基检测与检验可根据工程要求和当地经验采用开挖检查、取芯、标准贯入、载荷试验等方法进行检验，并应结合工程测试及观测资料综合评价加固效果。 7.4.4　高压旋喷桩复合地基工程验收时，应按本规范附录 A 的有关规定进行复合地基竖向抗压载荷试验。载荷试验应在桩体强度满足试验荷载条件，并宜在成桩 28d 后进行。检验数量应符合设计要求。 17.3.1　复合地基检测内容应根据工程特点确定，宜包括复合地基承载力、变形参数、增强体质量、桩间土和下卧土层变化等。复合地基检测内容和要求应由设计单位根据工程具体情况确定，并应符合下列规定： 　　1　复合地基检测应注重竖向增强体质量检验； 　　2　具有挤密效果的复合地基，应检测桩间土挤密效果。 17.3.3　施工人员应根据检测目的、工程特点和调查结果，选择检测方法，制订检测方案，宜采用不少于两种检测方法进行综合质量检验，并应符合先简后繁、先粗后细、先面后点的原则。 17.3.4　抽检比例、质量评定等均应以检验批为基准，同一检验批的复合地基地质条件应相近，设计参数和施工工艺应相同，应根据工程特点确定抽检比例，但每个检验批的检验数量不得小于 3 个。 17.3.6　复合地基检测抽检位置的确定应符合下列规定： 　　1　施工出现异常情况的部位； 　　2　设计认为重要的部位； 　　3　局部岩土特性复杂可能影响施工质量的部位； 　　4　当采用两种或两种以上检测方法时，应根据前一种方法的检测结果确定后一种方法的检测位置； 　　5　同一检验批的抽检位置宜均匀分布。 **3.《建筑地基处理技术规范》JGJ 79—2012** 7.1.9　处理后的复合地基承载力，应按本规范附录 B 的方法确定；复合地基增强体的单桩承载力，应按本规范附录 C 的方法确定。	2. 查阅质量验收记录 内容：包括检验批、分项工程验收记录及隐蔽工程验收文件等 数量：与项目质量验收范围划分表相符

条款号	大纲条款	检 查 依 据	检查要点
5.5.8	施工质量的检验项目、方法、数量符合标准规定,检验结果满足设计要求,质量验收记录齐全	8.0.11 试验点的数量不应少于 3 点,当满足其极差不超过平均值的 30% 时,可取其平均值为复合地基承载力特征值。当极差超过平均值的 30% 时,应分析离差过大的原因,需要时应增加试验数量,并结合工程具体情况确定复合地基承载力特征值。工程验收时应视建筑物结构、基础形式综合评价,对于桩数少于 5 根的独立基础或桩数少于 3 排的条形基础,复合地基承载力特征值应取最低值。 9.0.11 将单桩极限承载力除以安全系数 2,为单桩承载力特征值	
5.5.9	振冲碎石桩和沉管碎石桩等符合以下要求		
(1)	原材料质量证明文件齐全	**1.《建筑地基基础工程施工质量验收规范》GB 50202—2002** 4.1.2 砂、石子、水泥、钢材、石灰、粉煤灰等原材料的质量、检验项目、批量和检验方法,应符合国家现行标准的规定。 **2.《电力建设施工技术规范 第 1 部分:土建结构工程》DL 5190.1—2012** 3.0.2 工程所用主要原材料、半成品、构(配)件、设备等产品,进入施工现场时应按规定进行现场检验或复验,合格后方可使用,有见证取样检测要求的应符合国家现行有关标准的规定。对工程所用的水泥、钢筋等主要材料应进行跟踪管理。 **3.《电力建设施工质量验收及评价规程 第 1 部分:土建工程》DL/T 5210.1—2012** 3.0.1 涉及结构安全的试块、试件以及有关材料,应按规定进行见证取样检测。 18.3.1 地基及桩基工程质量记录应评价的内容包括: 1 材料、预制桩合格证(出厂试验报告)、进场验收记录及水泥、钢筋复验报告。 3 施工试验: 1)各种地基材料的配合比试验报告。 **4.《建筑地基处理技术规范》JGJ 79—2012** 3.0.11 地基处理所采用的材料,应根据场地类别符合有关标准对耐久性设计与使用的要求	查阅碎石试验检测报告和试验委托单 报告检测结果:合格 盖章:已加盖 CMA 章和检测专用章 签字:授权人已签字 委托单签字:见证取样人员已签字且已附资格证书编号 代表数量:与进场数量相符
(2)	施工工艺与设计(施工)方案一致	**《建筑地基处理技术规范》JGJ 79—2012** 3.0.12 施工技术人员应掌握所承担工程的地基处理目的,加固原理,技术要求和质量标准等。施工中应有专人负责质量控制和监测,并做好施工记录。 7.2.1 振冲碎石桩、沉管砂石桩复合地基处理应符合下列规定: 2 对大型的、重要的或场地地层复杂的工程,以及对于处理不排水抗剪强度不小于 20kPa 的饱和黏性土和黄土地基,应在施工前通过现场试验确定其适用性。	查阅施工方案 施工工艺:与设计方案一致 施工前适用性试验:已完成,试验过程及试验数据真实、可靠

条款号	大纲条款	检 查 依 据	检查要点
（2）	施工工艺与设计（施工）方案一致	3　不加填料振冲挤密法适用于处理黏粒含量不大于 10％的中砂、粗砂地基，在初步设计阶段宜进行现场工艺试验，确定不加填料振密的可行性，确定孔距、振密电流值、振冲水压力、振后砂层的物理学指标等施工参数；30kW 振冲器振密深度不宜超过 7m，75kW 振冲器振密深度不宜超过 15m	适用性试验：结论明确，已经设计、监理、建设单位确认
（3）	地基承载力检测数量符合标准规定，检测报告结论满足设计要求	**《建筑地基基础工程施工质量验收规范》GB 50202—2002** 4.1.5　对灰土地基、砂和砂石地基、土工合成材料地基、粉煤灰地基、强夯地基、注浆地基、预压地基，其竣工后的结果（地基强度或承载力）必须达到设计要求的标准	查阅地基承载力检测报告 　结论：符合设计要求 　检验数量：符合设计和规范要求 　盖章：已加盖 CMA 章和检测专用章 　签字：授权人已签字
（4）	施工参数符合设计要求，施工记录齐全	**1.《电力工程地基处理技术规程》DL/T 5024—2005** 5.0.12　地基处理的施工应有详细的施工组织设计、施工质量管理和质量保证措施。应有专人负责施工检验与质量监督，做好各项施工记录。 **2.《建筑地基处理技术规范》JGJ 79—2012** 3.0.12　地基处理施工中应有专人负责质量控制和监测，并做好各项施工记录。 7.2.2　振冲碎石桩、沉管砂石桩复合地基设计应符合下列规定： 　1　地基处理范围应根据建筑物的重要性和场地条件确定，宜在基础外缘扩大（1～3）排桩。对可液化地基，在基础外缘扩大宽度不应小于基底下可液化土层厚度的 1/2，且不应小于 5m。 　2　桩位布置，对大面积满堂基础和独立基础，可采用三角形、正方形、矩形布桩；对条形基础，可沿基础轴线采用单排布桩或对称轴线多排布桩。 　3　桩径可根据地基土质情况、成桩方式和成桩设备等因素确定桩的平均直径可按每根桩所用填料量计算。振冲碎石桩桩径宜为 800mm～1200mm；沉管砂石桩桩径宜为 300mm～800mm。 　4　桩间距应通过现场试验确定，并应符合下列规定： 　1）振冲碎石桩的桩间距应根据上部结构荷载大小和场地土层情况，并结合所采用的振冲器功率大小综合考虑；30kW 振冲器布桩间距可采用 1.3m～2.0m；55kW 振冲器布桩间距可采用 1.4m～2.5m；75kW 振冲器布桩间距可采用 1.5m～3.0m；不加填料振冲挤密孔距可为 2m～3m。 　2）沉管砂石桩的桩间距，不宜大于砂石桩直径的 4.5 倍；初步设计时，对松散粉土和砂土地基，应根据挤密后要求达到的孔隙比确定，可按公式 7.2.2-1、7.2.2-2、7.2.2-3 估算。	1. 查阅施工方案 　桩位布置，桩长、桩径、桩距，振冲桩桩体材料、振冲电流、留振时间质量控制参数：符合技术方案 2. 查阅施工记录 　内容：包括桩位布置、桩长、桩径、桩距、振冲桩桩体材料、振冲电流、留振时间等 　记录数量：与验收记录相符

条款号	大纲条款	检 查 依 据	检查要点
（4）	施工参数符合设计要求，施工记录齐全	5　桩长可根据工程要求和工程地质条件，通过计算确定并应符合下列规定： 1）当相对硬土层埋深较浅时，可按相对硬层埋深确定； 2）当相对硬土层埋深较大时，应按建筑物地基变形允许值确定； 3）对按稳定性控制的工程，桩长应不小于最危险滑动面以下 2.0m 的深度； 4）对可液化的地基，桩长应按要求处理液化的深度确定； 5）桩长不宜小于 4m。 6　振冲桩桩体材料可采用含泥量不大于 5％的碎石、卵石、矿渣或其他性能稳定的硬质材料，不宜使用风化易碎的石料。对 30kW 振冲器，填料粒径宜为 20mm～80mm；对 55kW 振冲器，填料粒径宜为 30mm～100mm；对 75kW 振冲器，填料粒径宜为 40mm～150mm。沉管桩桩体材料可用含泥量不大于 5％的碎石、卵石、角砾、粗砂、中砂或石屑等硬质材料，最大粒径不宜大于 50mm。 7　桩顶和基础之间宜铺设厚度为 300mm～500mm 的垫层，垫层材料宜用中砂、粗砂、级配砂石和碎石等，最大粒径不宜大于 30mm，其夯填度（夯实后的厚度与虚铺厚度的比值）不应大于 0.9。 8　复合地基的承载力初步设计可按本规范（7.1.5-1）式估算，处理后桩间土承载力特征值，可按地区经验确定，如无经验时，对于一般黏性土地基，可按地区经验确定，如无经验时，对于一般黏性土地基，可取天然地基承载力特征值，松散的砂土、粉土可取原天然地基承载力特征值的（1.2～1.5）倍；复合地基桩土应力比 n，宜采用实测值确定，如无实测资料时，对于黏性土可取 2.0～4.0，对于砂土、粉土可取 1.5～3.0。 9　复合地基变形计算应符合本规范第 7.1.7 条和第 7.1.8 条的规定。 10　对处理堆载场地地基，应进行稳定性验算。 7.2.3　振冲碎石桩施工应符合下列规定： 1　振冲施工可根据设计荷载的大小、原土强度的高低、设计桩长等条件选用不同功率的振冲器。施工前应在现场进行试验，以确定水压、振密电流和留振时间等各种施工参数。 2　升降振冲器的机械可用起重机、自行井架施工平车或其他合适的设备。施工设备应配有电流、电压和留振时间自动信号仪表。 3　振冲施工可按下列步骤进行： 1）清理平整施工场地，布置桩位。 2）施工机具就位，使振冲器对准桩位。 3）启动供水泵和振冲器，水压宜为 200kPa～600kPa，水量宜为 200L/min～400L/min，将振冲器徐徐沉入土中，造孔速度宜为 0.5m/min～2.0m/min，直至达到设计深度；记录振冲器经各深度的水压、电流和留振时间。	

条款号	大纲条款	检　查　依　据	检查要点
（4）	施工参数符合设计要求，施工记录齐全	4）造孔后边提升振冲器，边冲水直至孔口，再放至孔底，重复（2～3）次扩大孔径并使孔内泥浆变稀，开始填料制桩。 5）大功率振冲器投料可不提出孔口，小功率振冲器下料困难时，可将振冲器提出孔口填料，每次填料厚度不宜大于 500mm；将振冲器沉入填料中进行振密制桩，当电流达到规定的密实电流值和规定的留振时间后，将振冲器提升 300mm～500mm。 6）重复以上步骤，自下而上逐段制作桩体直至孔口，记录各段深度的填料量、最终电流值和留振时间。 7）关闭振冲器和水泵。 4　施工现场应事先开设泥水排放系统，或组织好运浆车辆将泥浆运至预先安排的存放地点，应设置沉淀池，重复使用上部清水； 5　桩体施工完毕后，应将顶部预留的松散桩体挖除，铺设垫层并压实； 6　不加填料振冲加密宜采用大功率振冲器，造孔速度宜为 8m/min～10m/min，到达设计深度后，宜将射水量减至最小，留振至密实电流达到规定时，上提 0.5m，逐段振密直至孔口，每米振密时间约 1min。在粗砂中施工，如遇下沉困难，可在振冲器两侧增焊辅助水管，加大造孔水量，降低造孔水压； 7　振密孔施工顺序，宜沿直线逐点逐行进行。 7.2.4　沉管砂石桩施工应符合下列规定： 1　砂石桩施工可采用振动沉管、锤击沉管或冲击成孔等成桩法。当用于消除粉细砂及粉土液化时，宜用振动沉管成桩法。 2　施工前应进行成桩工艺和成桩挤密试验。当成桩质量不能满足设计要求时，应调整施工参数后，重新进行试验或设计。 3　振动沉管成桩法施工，应根据沉管和挤密情况，控制填砂石量、提升高度和速度、挤压次数和时间、电动机的工作电流等。 4　施工中应选用能顺利出料和有效挤压桩孔内砂石料的桩尖结构。当采用活瓣桩靴时，对砂土和粉土地基宜选用尖锥形；一次性桩尖可采用混凝土锥形桩尖。 5　锤击沉管成桩法施工可采用单管法或双管法。锤击法挤密应根据锤击能量，控制分段的填砂石量和成桩的长度。 6　砂石桩桩孔内材料填料量，应通过现场试验确定，估算时，可按设计桩孔体积乘以充盈系数确定，充盈系数可取 1.2～1.4。 7　砂石桩的施工顺序：对砂土地基宜从外围或两侧向中间进行。 8　施工时桩位偏差不应大于套管外径的 30%，套管垂直度允许偏差应为 ±1%。 9　砂石桩施工后，应将表层的松散层挖除或夯压密实，随后铺设并压实砂石垫层	

条款号	大纲条款	检 查 依 据	检查要点
（5）	施工质量的检验项目、方法、数量符合标准规定，检验结果满足设计要求，质量验收记录齐全	**1.《建筑地基基础工程施工质量验收规范》GB 50202—2002** 4.1.2　4 砂、石子、水泥、钢材、石灰、粉煤灰等原材料的质量、检验项目、批量和检验方法应符合国家现行标准的规定。 4.1.3　地基施工结束，宜在一个间歇期后，进行质量验收，间歇期由设计确定。 4.1.5　对灰土地基、砂和砂石地基、土工合成材料地基、粉煤灰地基、强夯地基、注浆地基、预压地基，其竣工后的结果（地基强度或承载力）必须达到设计要求的标准。检验数量，每单位工程不应少于 3 点，1000m² 以上工程，每 100m² 至少应有 1 点，3000m² 以上工程，每 300m² 至少应有 1 点。每一独立基础下至少应有 1 点，基槽每 20 延米应有 1 点。 8.0.1　分项工程、分部（子分部）工程质量的验收，均应在施工单位自检合格的基础上进行。施工单位确认自检合格后提出工程验收申请，工程验收时应提供下列技术文件和记录： 　1　原材料的质量合格证和质量鉴定文件； 　2　半成品如预制桩、钢桩、钢筋笼等产品合格证书； 　3　施工记录及隐蔽工程验收文件； 　4　检测试验及见证取样文件； 　5　其他必须提供的文件或记录。 **2.《建筑地基处理技术规范》JGJ 79—2012** 7.2.5　振冲碎石桩、沉管砂石桩复合地基的质量检验应符合下列规定： 　1　检查各项施工记录，如有遗漏或不符合要求的桩，应补桩或采取其他有效的补救措施。 　2　施工后，应间隔一定时间方可进行质量检验。对粉质黏土地基不宜少于 21d，对粉土地基不宜少于 14d，对砂土和杂填土地基不宜少于 7d。 　3　施工质量的检验，对桩体可采用重型动力触探试验；对桩间土可采用标准贯入、静力触探、动力触探或其他原位测试等方法；对消除液化的地基检验应采用标准贯入试验。桩间土质量的检测位置应在等边三角形或正方形的中心。检验深度不应小于处理地基深度，检测数量不应少于桩孔总数的 2%。 7.2.6　竣工验收时，地基承载力检验应采用复合地基静载荷试验，试验数量不应少于总桩数的 1%，且每个单体建筑不应少于 3 点	1. 查阅质量检验记录 　检验项目：包括原材料、桩体、桩间土质量符合设计和规范要求 　检验方法：包括桩间土采用标准贯入、静力触探、动力触探或其他原位测试；对消除液化的地基检验采用标准贯入试验，符合规范规定 　施工后质量检验时间：符合地基土质对时间间隔要求 　检验数量：符合规范规定 2. 查阅质量验收记录 　内容：符合规范规定
5.5.10	水泥土搅拌桩符合以下要求		
（1）	原材料质量证明文件齐全	**1.《混凝土结构工程施工质量验收规范》GB 50204—2015** 7.2.1　水泥进场时，应对其品种、代号、强度等级、包装或散装编号、出厂日期等进行检查，并应对水泥的强度、安定性和凝结时间进行检验，检验结果应符合现行国家标准《通用硅酸盐水泥》GB 175 的相关规定。	1. 查阅水泥、掺合料、外加剂进场验收记录

条款号	大纲条款	检 查 依 据	检查要点
（1）	原材料质量证明文件齐全	检查数量：按同一厂家、同一品种、同一代号、同一强度等级、同一批号且连续进场的水泥，袋装不超过 200t 为一批，散装不超过 500t 为一批，每批抽样不少于一次。 检验方法：检查质量证明文件和抽样检验报告。 **2.《复合地基技术规范》GB/T 50783—2012** 6.2.1 固化剂宜选用强度等级为 42.5 级及以上的水泥或其他类型的固化剂；外掺剂可根据设计要求和土质条件选用具有早强、缓凝、减水以及节省水泥等作用的材料，且应避免污染环境。 **3.《电力建设施工质量验收及评价规程 第 1 部分：土建工程》DL/T 5210.1—2012** 3.0.1 涉及结构安全的试块、试件以及有关材料，应按规定进行见证取样检测。 18.3.1 地基及桩基工程质量记录应评价的内容包括： 　　1 材料、预制桩合格证（出厂试验报告）、进场验收记录及水泥、钢筋复验报告。 　　3 施工试验： 　　　1）各种地基材料的配合比试验报告； **4.《建筑地基处理技术规范》JGJ 79—2012** 7.3.1 水泥土搅拌桩复合地基处理应符合下列规定： 　　5 增强体的水泥掺量不应小于 12%，块状加固时水泥掺量不应小于加固天然土质量的 7%；湿法的水泥浆水灰比可取 0.5～0.6。 　　6 水泥土搅拌桩复合地基宜在基础和桩之间设置褥垫层，厚度可取 200mm～300mm。褥垫层材料可选用中砂、粗砂、级配砂石等，最大粒径不宜大于 20mm。褥垫层的夯填度不应大于 0.9	内容：包括出厂合格证（出厂试验报告），材料进场时间、批次、数量、规格等相应性能指标 2. 查阅材料跟踪管理台账 　内容：包括水泥、掺合料、外加剂等材料合格证、复试报告、使用情况、检验数量 3. 查阅水泥、掺合料、外加剂试验检测报告和试验委托单 　报告检测结果：合格 　报告盖章：已加盖 CMA 章和检测专用章 　报告签字：授权人已签字 　委托单签字：见证取样人员已签字且已附资格证书编号 　代表数量：与进场数量相符
（2）	施工工艺与设计（施工）方案一致	**1.《复合地基技术规范》GB/T 50783—2012** 6.1.1 深层搅拌桩可采用喷浆搅拌法或喷粉搅拌法施工。当地基土的天然含水量小于 30% 或黄土含水量小于 25% 时不宜采用喷粉搅拌法。 6.1.4 确定处理方案前应搜集拟处理区域内详尽的岩土工程资料。 6.2.1 固化剂宜选用强度等级为 42.5 级及以上的水泥或其他类型的固化剂。固化剂掺入比应根据设计要求的固化土强度经室内配比试验确定。	1. 查阅施工方案 　施工工艺：与设计方案一致

续表

条款号	大纲条款	检 查 依 据	检查要点
（2）	施工工艺与设计（施工）方案一致	6.3.1 深层搅拌桩施工现场应预先平整，应清除地上和地下的障碍物。遇有明洪、池塘及洼地时……不得回填杂填土或生活垃圾。 6.3.3 深层搅拌桩的喷浆（粉）量和搅拌深度应采用经国家计量部门认证的监测仪器进行自动记录。 6.3.4 搅拌头翼片的枚数、宽度与搅拌轴的垂直夹角，搅拌头的回转数，搅拌头的提升速度应相互匹配。加固深度范围内土体任何一点均应搅拌 20 次以上。 6.3.5 成桩应采用重复搅拌工艺，全桩长上下应至少重复搅拌一次。 6.3.6 深层搅拌桩施工时，停浆（灰）面应高于桩顶设计标高 300mm～500mm。在开挖基时，应将搅拌桩顶端施工质量较差的桩段用人工挖除。 6.3.8 深层搅拌桩施工应根据喷浆搅拌法和喷粉搅拌法施工设备的不同，按下列步骤进行： 1 深层搅拌机械就位、调平。 2 预搅下沉至设计加固深度。 3 边喷浆（粉）、边搅拌提升直至预定的停浆（灰）面。 4 重复搅拌下沉至设计加固深度。 5 根据设计要求，喷浆（粉）或仅搅拌提升直至预定的停浆（灰）面。 6 关闭搅拌机械。 6.3.9 喷浆搅拌法施工时，……应使搅拌提升速度与输浆速度同步，同时应根据设计要求通过工艺性成桩试验确定施工工艺。 6.3.10 喷浆搅拌法施工时，所使用的水泥应过筛，制备好的浆液不得离析，泵送应连续。 6.3.13 喷粉施工前应仔细检查搅拌机械、供粉泵、送（粉）管路、接头和阀门的密封性、可靠性。送气（粉）管路的长度不宜大于 60m。 6.3.14 搅拌头每旋转一周，其提升高度不得超过 16mm。 6.3.15 成桩过程中因故停止喷粉，应将搅拌头下沉至停灰面以下 1m 处，并应待恢复喷粉时再喷粉搅拌提升。 6.3.16 需在地基土天然含水量小于 30％土层中喷粉成桩时，应采用地面注水搅拌工艺。 **2.《建筑地基处理技术规范》JGJ 79—2012** 7.3.2 水泥土搅拌桩用于处理泥炭土、有机质土、pH 值小于 4 的酸性土、塑性指标大于 25 的黏土，或在腐蚀性环境中以及无工程经验的地区使用时，必须通过现场和室内试验确定其适用性。 7.3.5 水泥土搅拌桩施工应符合下列规定： 2 水泥土搅拌桩施工前，应根据设计进行工艺性试桩，数量不得少于 3 根，多轴搅拌施工不得少于 3 组。应对工艺试桩的质量进行检查，确定施工参数。	2. 查阅喷浆（粉）、搅拌深度监测仪器检定报告 监测仪器：已经国家计量部门认证 性能：可瞬间自动记录喷浆（粉）量、搅拌深度

条款号	大纲条款	检 查 依 据	检查要点
（2）	施工工艺与设计（施工）方案一致	7.3.6 水泥土搅拌桩干法施工机械必须配置经国家计量部门确认的具有能瞬时检测并记录出粉体计量装置及搅拌深度自动记录仪。 **3.《深层搅拌法技术规范》DL/T 5425—2009** 6.5.9 施工记录应有专人负责，施工记录格式可参见附录 B。 7.0.11 施工过程中应详细记录搅拌钻头每米下沉（提升）时间、注浆与停泵的时间。记录深度误差不得大于 50mm，时间误差不得大于 5s。 7.0.12 施工记录应及时、准确、完整、清晰	
（3）	对变形有严格要求的工程，采用钻取芯样做水泥土抗压强度检验，检验数量、检测结果符合标准规定	**1.《建筑地基基础工程施工质量验收规范》GB 50202—2002** 4.11.4 拌桩应取样进行强度检验时，对承重水泥土搅拌桩应取 90d 后的试件；对支护水泥土搅拌桩应取 28d 后的试件。 **2.《建筑地基处理技术规范》JGJ 79—2012** 7.3.7 水泥土搅拌桩复合地基质量检验应符合下列规定： 　　4 对变形有严格要求的工程，应在成桩 28d 后，采用双管单动取样器钻取芯样作水泥土抗压强度检验，检验数量为施工总桩数的 0.5%，且不少于 6 点	1. 查阅取芯施工记录 　内容：芯样检验数量、检测时间和结果符合设计要求和规范规定 2. 查阅水泥土抗压强度检测报告和试验委托单 　报告检测结果：合格 　报告签章：已加盖 CMA 章和检测专用章、授权人已签字 　委托单签字：见证取样人员已签字且已附资格证书编号
（4）	地基承载力检测数量符合标准规定，检测报告结论满足设计要求	**1.《复合地基技术规范》GB/T 50783—2012** 3.0.5 复合地基中由桩周土和桩端土提供的单桩竖向承载力和桩身承载力，均应符合设计要求。 **2.《建筑地基处理技术规范》JGJ 79—2012** 7.3.7 水泥土搅拌桩复合地基质量检验应符合下列规定： 　　3 静载荷试验宜在成桩 28d 后进行。水泥土搅拌桩复合地基承载力检验应采用复合地基静载试验和单桩静载荷试验，验收检验数量不少于总桩数的 1%，复合地基静载试验数量不少于 3 台（多轴搅拌为 3 组）	查阅地基承载力检测报告 结论：复合地基和单桩承载力符合设计要求 检验数量：符合设计和规范要求 盖章：已加盖 CMA 章和检测专用章 签字：授权人已签字

条款号	大纲条款	检 查 依 据	检查要点
（5）	施工参数符合设计要求，施工记录齐全	**《复合地基技术规范》GB/T 50783—2012** 6.3.7　施工中应保持搅拌桩机底盘水平和导向架竖直，搅拌桩垂直度的允许偏差为1%；桩位的允许偏差为50mm；成桩直径和桩长不得小于设计值。 6.3.9　喷浆搅拌法施工前应确定灰浆泵输浆量、灰浆经输浆管到达搅拌机喷浆口的时间和起吊等施工参数，宜用流量泵控制输浆速度，注浆泵出口压力应保持在0.4MPa～0.6MPa。 6.3.10　喷浆搅拌法施工时拌制水泥浆液的罐数、水泥和外掺剂用量以及泵送浆液的时间等，应有专人记录。 6.3.11　搅拌机喷浆提升的速度和次数应符合施工工艺的要求，并应有专人记录。 6.3.12　当水泥浆液到达出浆口后，应喷浆搅拌30s，应在水泥浆与桩端土充分搅拌后，再开始提升搅拌头	1. 查阅施工方案 　灰浆泵输浆量、设备提升速度、注浆泵出口压等质量控制参数：符合技术方案 2. 查阅施工记录 　内容：包括灰浆泵输浆量、设备提升速度、注浆泵出口压等 　记录数量：与验收记录相符
（6）	施工质量的检验项目、方法、数量符合标准规定，检验结果满足设计要求，质量验收记录齐全	**1.《建筑地基基础工程施工质量验收规范》GB 50202—2002** 4.11.5　水泥土搅拌桩地基质量检验标准应符合表4.11.5的规定。 **2.《建筑地基处理技术规范》JGJ 79—2012** 7.3.7　水泥土搅拌桩复合地基质量检验应符合下列规定： 　2　水泥土搅拌桩的施工质量检验可采用下列方法： 　　1）成桩3d内，采用轻型动力触探（N10）检查上部桩身的均匀性，检验数量为施工总桩数的1%，且不少于3根； 　　2）成桩7d后，采用浅部开挖桩头进行检查，开挖深度宜超过停浆（灰）面下0.5m，检查搅拌的均匀性，量测成桩直径，检查数量不少于总桩数的5%。 　3　静载荷试验宜在成桩28d后进行。水泥土搅拌桩复合地基承载力检验应采用复合地基静载荷试验和单桩静载荷试验，验收检验数量不少于总桩数的1%，复合地基静载荷试验数量不少于3台（多轴搅拌为3组）。 　4　对变形有严格要求的工程，应在成桩28d后，采用双管单动取样器钻取芯样作水泥土抗压强度检验，检验数量为施工总桩数的0.5%，且不少于6点。 7.3.8　基槽开挖后，应检验桩位、桩数与桩顶桩身质量如不符合设计要求，应采取有效补强措施	1. 查阅质量检验记录 　检验项目：包括水泥用量、桩底标高、桩顶标高、桩位、桩径等偏差，符合设计要求和规范规定 　检验方法：包括成桩3d内，采用轻型动力触探（N10）；成桩7d后，采用浅部开挖桩头进行检查等，符合规范规定 　检验数量：符合设计和规范规定 2. 查阅质量验收记录 　内容：包括检验批、分项工程验收记录及隐蔽工程验收文件等，验收合格 　数量：与项目质量验收范围划分表相符

条款号	大纲条款	检　查　依　据	检查要点
5.5.11	旋喷桩复合地基符合以下要求		
（1）	原材料质量证明文件齐全	**1.《混凝土结构工程施工质量验收规范》GB 50204—2015** 7.2.1　水泥进场时，应对其品种、代号、强度等级、包装或散装编号、出厂日期等进行检查，并应对水泥的强度、安定性和凝结时间进行检验，检验结果应符合现行国家标准《通用硅酸盐水泥》GB 175 的相关规定。 　　检查数量：按同一厂家、同一品种、同一代号、同一强度等级、同一批号且连续进场的水泥，袋装不超过 200t 为一批，散装不超过 500t 为一批，每批抽样不少于一次。 　　检验方法：检查质量证明文件和抽样检验报告。 **2.《电力建设施工质量验收及评价规程　第 1 部分：土建工程》DL/T 5210.1—2012** 3.0.1　涉及结构安全的试块、试件以及有关材料，应按规定进行见证取样检测。 18.3.1　地基及桩基工程质量记录应评价的内容包括： 　　1　材料、预制桩合格证（出厂试验报告）、进场验收记录及水泥、钢筋复验报告。 　　3　施工试验： 　　1）各种地基材料的配合比试验报告。 **3.《建筑地基处理技术规范》JGJ 79—2012** 7.4.6　旋喷桩复合地基宜在基础和桩顶之间设置褥垫层。褥垫层厚度宜为 150mm～300mm，褥垫层材料可选用中砂、粗砂和级配砂石等，褥垫层最大粒径不宜大于 20mm。褥垫层的夯填度不应大于 0.9。 7.4.8　旋喷桩施工应符合下列规定： 　　3　旋喷注浆，宜采用强度等级为 42.5 级的普通硅酸盐水泥，可根据需要加入适量的外加剂及掺合料。外加剂和掺合料的用量，应通过试验确定。 　　4　水泥浆液的水灰比宜为 0.8～1.2	1. 查阅水泥、掺合料、外加剂进场验收记录 　内容：包括出厂合格证（出厂试验报告）、材料进场时间、批次、数量、规格、相应性能指标 2. 查阅材料跟踪管理台账 　内容：包括水泥、掺合料、外加剂等材料的合格证、复试报告、使用情况、检验数量，可追溯 3. 查阅水泥、掺合料、外加剂试验检测报告和试验委托单 　报告检测结果：合格 　报告签章：已加盖 CMA 章和检测专用章、授权人已签字 　委托单签字：见证取样人员已签字且已附资格证书编号 　代表数量：与进场数量相符

续表

条款号	大纲条款	检 查 依 据	检查要点
（2）	施工工艺与设计（施工）方案一致	**1.《复合地基技术规范》GB/T 50783—2012** 7.1.4 高压旋喷桩复合地基方案确定后，应结合工程情况进行现场试验、试验性施工或根据工程经验确定施工参数及工艺。 7.3.1 施工前应根据现场环境和地下埋设物位置等情况，复核设计孔位。 7.3.3 高压旋喷水泥土桩施工应按下列步骤进行： 　1　高压旋喷机械就位、调平。 　2　贯入喷射管至设计加固深度。 　3　喷射注浆，边喷射、边提升，根据设计要求，喷射提升直至预定的停喷面。 　4　拔管及冲洗，移位或关闭施工机械。 **2.《建筑地基处理技术规范》JGJ 79—2012** 7.4.8 旋喷桩施工应符合下列规定： 　9　在旋喷注浆过程中出现压力骤然下降、上升或冒浆异常时，应查明原因并及时采取措施。 　10　旋喷注浆完毕，应迅速拔出喷射管。为防止浆液凝固收缩影响桩顶高程，可在原孔位采用冒浆回灌或第二次注浆等措施。 　11　施工中应做好废泥浆处理，及时将废泥浆运出或在现场短期堆放后作土方运出。 　12　施工中应严格按照施工参数和材料用量施工，用浆量和提升速度应采用自动记录装置，并做好各项施工记录	查阅施工方案 施工工艺：与设计方案一致
（3）	地基承载力检测数量符合标准规定，检测报告结论满足设计要求	**1.《复合地基技术规范》GB/T 50783—2012** 7.4.4 高压旋喷桩复合地基工程验收时，应按本规范附录A的有关规定进行复合地基竖向抗压载荷试验。载荷试验应在桩体强度满足试验荷载条件，并宜在成桩28d后进行。检验数量应符合设计要求。 **2.《建筑地基处理技术规范》JGJ 79—2012** 7.4.10 竣工验收时，旋喷桩复合地基承载力检验应采用复合地基静载荷试验和单桩静载荷试验。检验数量不得少于总桩数的1%，且每个单体工程复合地基静载荷试验的数量不得少于3根	查阅地基承载力检测报告 结论：复合地基和单桩承载力符合设计要求 检验数量：符合设计和规范要求 盖章：已加盖CMA章和检测专用章 签字：授权人已签字
（4）	施工参数符合设计要求，施工记录齐全	**1.《复合地基技术规范》GB/T 50783—2012** 7.4.1 高压旋喷桩施工过程中应随时检查施工记录和计量记录，并应对照规定的施工工艺对每根桩进行质量评定。 **2.《建筑地基处理技术规范》JGJ 79—2012** 7.4.8 旋喷桩施工应符合下列规定：	1. 查阅施工方案 质量控制参数：包括水灰比、灰浆泵输浆量、设备提升速度、注浆泵出口压力等，符合技术方案

条款号	大纲条款	检 查 依 据	检查要点
（4）	施工参数符合设计要求，施工记录齐全	2　单管法、双管法高压水泥浆和三管法高压水的压力应大于 20MPa，流量应大于 30L/min，气流压力宜大 0.7MPa，提升速度宜为 0.1m/min～0.2m/min。 3　旋喷注浆，宜采用强度等级为 42.5 级的普通硅酸盐水泥，可根据需要加入适量的外加剂及掺合料。外加剂和掺合料的用量，应通过试验确定。 4　水泥浆液的水灰比宜为 0.8～1.2	2. 查阅施工记录 　内容：包括水灰比、灰浆泵输浆量、设备提升速度、注浆泵出口压等 　记录数量：与验收记录相符
（5）	施工质量的检验项目、方法、数量符合标准规定、检验结果满足设计要求，质量验收记录齐全	**1.《建筑地基基础工程施工质量验收规范》GB 50202—2002** 4.10.3　施工结束后，应检验桩体强度、平均直径、桩身中心位置、桩体质量及承载力等。桩体质量及承载力检验应在施工结束后 28d 进行。 4.10.4　高压喷射注浆地基质量检验标准应符合表 4.10.4 的规定。 **2.《复合地基技术规范》GB/T 50783—2012** 7.4.2　高压旋喷桩复合地基检测与检验可根据工程要求和当地经验采用开挖检查、取芯、标准贯入、载荷试验等方法进行检验，并应结合工程测试及观测资料综合评价加固效果。 7.4.3　检验点布置应符合下列规定： 　1　有代表性的桩位。 　2　施工中出现异常情况的部位。 　3　地基情况复杂，可能对高压喷射注浆质量产生影响的部位。 7.4.4　高压旋喷桩复合地基工程验收时，应按本规范附录 A 的有关规定进行复合地基竖向抗压载荷试验。载荷试验应在桩体强度满足试验荷载条件，并宜在成桩 28d 后进行。检验数量应符合设计要求。 **3.《建筑地基处理技术规范》JGJ 79—2012** 7.4.9　旋喷桩质量检验应符合下列规定： 　3　成桩质量检验点的数量不少于施工孔数的 2%，并不应少于 6 点	1. 查阅质量检验记录 　检验项目：包括水泥用量、桩底标高、桩顶标高、桩位、桩径等，符合设计要求和规范规定 　检验方法：采用开挖检查、取芯、标准贯入法、载荷试验等，符合规范规定 　检验数量：检验数量不少于施工总桩数的 2%，并不应少于 6 点，符合规范规定 2. 查阅质量验收记录 　内容：包括检验批、分项工程验收记录及隐蔽工程验收文件等 　数量：与项目质量验收范围划分表相符
5.5.12	灰土挤密桩和土挤密桩复合地基符合以下要求		

续表

条款号	大纲条款	检 查 依 据	检查要点
（1）	消石灰性能指标及灰土强度等级符合设计要求	**《建筑地基处理技术规范》JGJ 79—2012** 7.5.2　灰土挤密桩、土挤密桩复合地基设计应符合下列规定： 　　6　桩孔内的灰土填料，其消石灰与土的体积配合比，宜为2：8或3：7。土料宜选用粉质黏土，土料中的有机质含量不应超过5％，且不得含有冻土，渣土垃圾粒径不应超过15mm。石灰可选用新鲜的消石灰或生石灰粉，粒径不应大于5mm。消石灰的质量应合格，有效 $CaO+MgO$ 含量不得低于60％	1. 查阅消石灰进场验收记录 　内容：包括出厂合格证（出厂试验报告）、材料进场时间、批次、数量、规格、相应性能指标 2. 查阅消石灰试验报告和试验委托单 　报告检测结果：合格 　报告签章：已加盖CMA章和检测专用章、授权人已签字 　委托单签字：见证取样人员已签字且已附资格证书编号 3. 查阅灰土配合比记录 　配合比：符合设计要求
（2）	施工工艺与设计（施工）方案一致	**1.《复合地基技术规范》GB/T 50783—2012** 8.1.1　灰土挤密桩复合地基适用于填土、粉土、粉质黏土、湿陷性黄土和非湿陷性黄土、黏土以及其他可进行挤密处理的地基。 8.1.2　采用灰土挤密桩处理地基时，应使地基土的含水量达到或接近最优含水量。地基土的含水量小于12％时，应先对地基土进行增湿，再进行施工。当地基土的含水量大于22％或含有不可穿越的砂砾夹层时，不宜采用。 8.1.3　对于缺乏灰土挤密法地基处理经验的地区，应在地基处理前，选择有代表性的场地进行现场试验，并应根据试验结果确定设计参数和施工工艺，再进行施工。 8.1.4　成孔挤密施工，可采用沉管、冲击、爆扩等方法。当采用预钻孔夯扩挤密时，应加强施工控制，并应确保夯扩直径达到设计要求。	查阅施工方案 　施工工艺：与设计方案一致

续表

条款号	大纲条款	检查依据	检查要点
（2）	施工工艺与设计（施工）方案一致	8.1.5　孔内填料宜采用素土或灰土，也可采用水泥土等强度较高的填料。对非湿陷性地基，也可采用建筑垃圾、砂砾等作为填料。 8.3.1　灰土挤密桩施工应间隔分批进行，桩孔完成后应及时夯填。进行地基局部处理时，应由外向里施工。 8.3.3　填料用素土时，宜采用纯净黄土，也可选用黏土、粉质黏土等，土中不得含有有机质，不宜采用塑性指数大于17的黏土，不得使用耕土或杂填土，冬季施工时严禁使用冻土。 8.3.4　灰土挤密桩施工应预留0.5m～0.7m的松动层，冬季在零度以下施工时，宜增大预留松动层厚度。 8.3.5　夯填施工前，应进行不少于3根桩的夯填试验，并应确定合理的填料数量及夯击能量。 8.3.6　灰土挤密桩复合地基施工完成后，应挖除上部扰动层，基底下应设置厚度不小于0.5m的灰土或土垫层，湿陷性土不宜采用透水材料作垫层。 **2.《建筑地基处理技术规范》JGJ 79—2012** 7.5.3　灰土挤密桩、土挤密桩施工应符合下列规定： 　6　铺设灰土垫层前，应按设计要求将桩顶标高以上的预留松动土层挖除或夯（压）密实； 　7　施工过程中，应有专人监督成孔及回填夯实的质量，并应做好施工记录；如发现地基土质与勘察资料不符，应立即停止施工，待查明情况或采取有效措施处理后，方可继续施工； 　8　雨期或冬期施工，应采取防雨或防冻措施，防止填料受雨水淋湿或冻结	
（3）	桩长范围内灰土或土填料的平均压实系数、处理深度内桩间土的平均挤密系数符合设计要求，抽检数量符合标准规定	**《建筑地基处理技术规范》JGJ 79—2012** 7.5.2　灰上挤密桩、土挤密桩复合地基设计应符合下列规定： 7.　孔内填料应分层回填夯实，填料的平均压实系数不应低于0.97，其中压实系数最小值不应低于0.93。 7.5.4　灰土挤密桩、土挤密桩复合地基质量检验应符合下列规定： 　2　应随机抽样检测夯后桩长范围内灰土或土填料的平均压实系数，抽检的数量不应少于桩总数的1%，且不得少于9根。对灰土桩桩身强度有怀疑时，尚应检验消石灰与土的体积配合比。 　3　应抽样检验处理深度内桩间土的平均挤密系数，检测探井数不应少于总桩数的0.3%，且每项单体工程不得少于3个	1. 查阅击实试验报告，平均压实系数、平均挤密系数试验检测报告和试验委托单 　报告检测结果：合格 　报告签章：已加盖CMA章和检测专用章、授权人已签字 　委托单签字：见证取样人员已签字且已附资格证书编号

条款号	大纲条款	检 查 依 据	检查要点
（3）	桩长范围内灰土或土填料的平均压实系数、处理深度内桩间土的平均挤密系数符合设计要求，抽检数量符合标准规定		2. 查阅地基承载力检测报告和试验委托单 报告检测结果：合格 报告签章：已加盖CMA章和检测专用章、授权人已签字 委托单签字：见证取样人员签字且已附资格证书编号
（4）	对消除湿陷性的工程，进行了现场浸水静载荷试验，试验结果符合标准规定	**1.《湿陷性黄土地区建筑规范》GB 50025—2004** 6.5　预浸水法 6.5.1　预浸水法宜用于处理湿陷性黄土层厚度大于10m，自重湿陷量的计算值不小于500mm的场地。浸水前宜通过现场试坑浸水试验确定浸水时间、耗水量和湿陷量等。 6.5.2　采用预浸水法处理地基，应符合下列规定： 　1　浸水坑边缘至既有建筑物的距离不宜小于50m，并应防止由于浸水影响附近建筑物和场地边坡的稳定性； 　2　浸水坑的边长不得小于湿陷性黄土层的厚度，当浸水坑的面积较大时，可分段进行浸水； 　3　浸水坑内的水头高度不宜小于300mm，连续浸水时间以湿陷变形稳定为准，其稳定标准为最后5d的平均湿陷量小于1mm/d。 6.5.3　地基预浸水结束后，在基础施工前应进行补充勘察工作，重新评定地基土的湿陷性，并应采用垫层或其他方法处理上部湿陷性黄土层。 **2.《复合地基技术规范》GB/T 50783—2012** 8.4.4　在湿陷性土地区，对特别重要的项目尚应进行现场浸水载荷试验	查阅特别重要项目的浸水载荷试验报告 浸水试验程序：符合规范规定 湿陷变形：已稳定且判定稳定符合规范规定 结论：符合规范及设计要求 盖章：已加盖CMA章和检测专用章 签字：授权人已签字
（5）	地基承载力检测数量符合标准规定，检测报告结论满足设计要求	《复合地基技术规范》GB/T 50783—2012 8.4.3　灰土挤密桩复合地基工程验收时，应按本规范附录A的有关规定进行复合地基竖向抗压载荷试验。检验数量应符合设计要求	查阅地基承载力检测报告 结论：复合地基承载力符合设计要求 检验数量：符合设计和规范要求 盖章：已加盖CMA章和检测专用章 签字：授权人已签字

条款号	大纲条款	检 查 依 据	检查要点
(6)	施工参数符合设计要求，施工记录齐全	**1.《复合地基技术规范》GB/T 50783—2012** 8.2.5　当挤密处理深度不超过 12m 时，不宜采用预钻孔，挤密孔的直径宜为 0.35m～0.45m。当挤密孔深度超过 12m 时，宜在下部采用预钻孔，成孔直径宜为 0.30m 以下；也可全部采用预钻孔，孔径不宜大于 0.40m，应在填料回填程中进行孔内强夯挤密，挤密后填料孔直径应达到 0.60m 以上。 8.2.9　灰土的配合比宜采用 3∶7 或 2∶8（体积比），含水量应控制在最优含量±2% 以内，石灰应为熟石灰。 8.3.2　挤密桩孔底在填料前应夯实，填料时宜分层回填夯实，其压实系数（λ_c）不应小于 0.97。 **2.《建筑地基处理技术规范》JGJ 79—2012** 7.5.3　灰土挤密桩、土挤密桩施工应符合下列规定： 　　4　土料有机质含量不应大于 5%，且不得含有冻土和膨胀； 土，使用时应过 10mm～20mm 的筛，混合料含水量应满足最优含水量要求，允许偏差应为±2%，土料和水泥应拌和均匀。 　　5　成孔和孔内回填夯实应符合下列规定： 　　1）成孔和孔内回填夯实的施工顺序，当整片处理地基时，宜从里（或中间）向外间隔（1～2）孔依次进行，对大型工程，可采取分段施工；当局部处理地基时，宜从外向里间隔（1～2）孔依次进行。 　　2）向孔内填料前，孔底应夯实，并应检查桩孔的直径、深度和垂直度。 　　3）桩孔的垂直度允许偏差应为±1%。 　　4）孔中心距允许偏差应为桩距的±5%。 　　5）经检验合格后，应按设计要求，向孔内分层填入筛好的素土、灰土或其他填料，并应分层夯实至设计标高	1.查阅施工方案 　灰土配合比控制参数：符合技术方案要求 2.查阅施工记录 　内容：包括灰土配合比、桩位、孔径、孔深等质量控制参数 　记录数量：与验收记录相符
(7)	施工质量的检验项目、方法、数量符合标准规定，检验结果满足设计要求，质量验收记录齐全	**1.《建筑地基基础工程施工质量验收规范》GB 50202—2002** 4.12.1　施工前应对土及灰土的质量、桩孔放样位置等做检查。 4.12.2　施工中应对桩孔直径、桩孔深度、夯击次数、填料的含水量等做检查。 4.12.3　施工结束后，应检验成桩的质量及地基承载力。 4.12.4　土和灰土挤密桩地基质量检验标准应符合表 4.12.4 的规定。 **2.《湿陷性黄土地区建筑规范》GB 50025—2004** 6.5　预浸水法 6.5.1　预浸水法宜用于处理湿陷性黄土层厚度大于 10m，自重湿陷量的计算值不小于 500mm 的场地。浸水前宜通过现场试坑浸水试验确定浸水时间、耗水量和湿陷量等。	1.查阅质量检验记录 　检验项目：包括桩孔直径、桩孔深度、夯击次数、填料的含水量、密实度等，符合设计要求 　检验方法：量测、环刀法等符合规范规定 　检验数量：符合设计和规范规定

续表

条款号	大纲条款	检 查 依 据	检查要点
(7)	施工质量的检验项目、方法、数量符合标准规定，检验结果满足设计要求，质量验收记录齐全	6.5.2　采用预浸水法处理地基，应符合下列规定： 　　1　浸水坑边缘至既有建筑物的距离不宜小于50m，并应防止由于浸水影响附近建筑物和场地边坡的稳定性； 　　2　浸水坑的边长不得小于湿陷性黄土层的厚度，当浸水坑的面积较大时，可分段进行浸水； 　　3　浸水坑内的水头高度不宜小于300mm，连续浸水时间以湿陷变形稳定为准，其稳定标准为最后5d的平均湿陷量小于1mm/d。 6.5.3　地基预浸水结束后，在基础施工前应进行补充勘察工作，重新评定地基土的湿陷性，并应采用垫层或其他方法处理上部湿陷性黄土层。 **3.《复合地基技术规范》GB/T 50783—2012** 8.4.1　灰土挤密桩施工过程中应随时检查施工记录和计量记录，并应对照规定的施工工艺对每根桩进行质量评定。 8.4.2　施工人员应及时抽样检查孔内填料的夯实质量，检查数量应由设计单位根据工程情况提出具体要求。对重要工程尚应分层取样测定挤密土及孔内填料的湿陷性及压缩性。 **4.《建筑地基处理技术规范》JGJ 79—2012** 7.5.4　灰土挤密桩、土挤密桩复合地基质量检验应符合下列规定： 　　1　桩孔质量检验应在成孔后及时进行，所有桩孔均需检验并作出记录，检验合格或经处理后方可进行夯填施工。 　　2　应随机抽样检测夯后桩长范围内灰土或土填料的平均压实系数 λ_c，抽检的数量不应少于桩总数的1%，且不得少于3个。 　　3　应抽样检验处理深度内桩间土的平均挤密系数，检测探井数不应少于总桩数的0.3%，且每项单体工程不得少于3个。 　　4　对消除湿陷性的工程，除应检测上述内容外，尚应进行现场浸水静载荷试验，试验方法应符合现行国家标准《湿陷性黄土地区建筑规范》GB 50025的规定。 　　5　承载力检验应在成桩后14d～28d后进行，检测数量不应少于总桩数的1%，且每项单体工程复合地基静载荷试验不应少于3点。 7.5.5　竣工验收时，灰土挤密桩、土挤密桩复合地基的承载力检验应采用复合地基静载荷试验	2. 查阅质量验收记录 　内容：包括检验批、分项工程验收记录及隐蔽工程验收文件等 　数量：与项目质量验收范围划分表相符
5.5.13	夯实水泥土桩复合地基符合以下要求		

续表

条款号	大纲条款	检　查　依　据	检查要点
(1)	原材料质量证明文件齐全	**1.《混凝土结构工程施工质量验收规范》GB 50204—2015** 7.2.1　水泥进场时,应对其品种、代号、强度等级、包装或散装编号、出厂日期等进行检查,并应对水泥的强度、安定性和凝结时间进行检验,检验结果应符合现行国家标准《通用硅酸盐水泥》GB 175 的相关规定。 　　检查数量:按同一厂家、同一品种、同一代号、同一强度等级、同一批号且连续进场的水泥,袋装不超过 200t 为一批,散装不超过 500t 为一批,每批抽样不少于一次。 　　检验方法:检查质量证明文件和抽样检验报告。 **2.《复合地基技术规范》GB/T 50783—2012** 9.3.2　水泥应符合设计要求的种类及规格。 9.3.3　土料宜采用黏性土、粉土、粉细砂或渣土,土料中的有机物质含量不得超过 5%,不得含有冻土或膨胀土,使用前应过孔径为 10mm～20mm 的筛	1. 查阅水泥、掺合料、外加剂进场验收记录 　内容:包括出厂合格证(出厂试验报告)、复试报告、材料进场时间、批次、数量、规格、相应性能指标 2. 查阅材料跟踪管理台账 　内容:包括水泥、掺合料、外加剂等材料的合格证、复试报告、使用情况、检验数量,可追溯
(2)	施工工艺与设计(施工)方案一致	**1.《复合地基技术规范》GB/T 50783—2012** 9.1.1　夯实水泥土桩复合地基适用于处理深度不超过 10m,在地下水位以上为黏性土、粉土、粉细砂、素填土、杂填土等适合成桩并能挤密的地基。 9.1.2　夯实水泥土桩可采用沉管、冲击等挤土成孔法施工,也可采用洛阳铲、螺旋钻等非挤土成孔法施工。 9.2.4　夯实水泥土桩桩径宜根据施工工具和施工方法确定,宜取 300mm～600mm,桩中心距不宜大于桩径的 5 倍。 9.2.5　夯实水泥土桩的桩顶宜铺设厚度为 100mm～300mm 的垫层,垫层材料宜选用最大粒径不大于 20mm 的中砂、粗砂、石屑、级配砂石等。 9.3.1　施工前应根据设计要求,进行工艺性试桩,数量不得少于 2 根。 9.3.4　水泥土混合料配合比应符合设计要求,含水量与最优含水量的允许偏差为 ±200,并应采取搅拌均匀的措施。当用机械搅拌时,搅拌时间不应少于 1min,当用人工搅拌时,拌和次数不应少于 3 遍。混合料拌和后应在 2h 内用于成桩。 **2.《建筑地基处理技术规范》JGJ 79—2012** 7.6.3　夯实水泥土桩施工应符合下列规定: 　1　成孔应根据设计要求、成孔设备、现场土质和周围环境等,选用钻孔、洛阳铲成孔等方法。当采用人工洛阳铲成孔工艺时,处理深度不宜大于 6.0m。	查阅施工方案 　工艺性试桩:不少于 2 根,施工参数已确定; 　施工工艺:与设计方案一致

条款号	大纲条款	检 查 依 据	检查要点
（2）	施工工艺与设计（施工）方案一致	2　桩顶设计标高以上的预留覆盖土层厚度不宜小于 0.3m。 　　3　成孔和孔内回填夯实应符合下列规定： 　　1）宜选用机械成孔和夯实； 　　2）向孔内填料前，孔底应夯实；分层夯填时，夯锤落距和填料厚度应满足夯填密实度的要求； 　　3）土料有机质含量不应大于 5%，且不得含有冻土和膨胀土，混合料含水量应满足最优含水量要求，允许偏差应为±2%，土料和水泥应拌和均匀； 　　4）成孔经检验合格后，按设计要求，向孔内分层填入拌和好的水泥土，并应分层夯实至设计标高。 　　4　铺设垫层前，应按设计要求将桩顶标高以上的预留土层挖除。垫层施工应避免扰动基底土层。 　　5　施工过程中，应有专人监理成孔及回填夯实的质量，并应做好施工记录。如发现地基土质与勘察资料不符，应立即停止施工，待查明情况或采取有效措施处理后，方可继续施工。 　　6　雨期或冬期施工，应采取防雨或防冻措施，防止填料受雨水淋湿或冻结	
（3）	夯填桩体的干密度符合设计要求、抽检数量符合标准规定	**《建筑地基处理技术规范》JGJ 79—2012** 　7.6.4　夯实水泥土桩复合地基质量检验应符合下列规定： 　　1　成桩后，应及时抽样检验水泥土桩的质量； 　　2　夯填桩体的干密度质量检验应随机抽样检测，抽检的数量不应少于总桩数的 2%； 　7.6.5　竣工验收时，夯实水泥桩复合地基承载力检验应采用单桩复合地基静载荷试验和单桩静载荷试验；对重要或大型工程，尚应进行多桩复合地基静载荷试验	1. 查阅夯填桩体的干密度试验检测报告： 　报告检测结果：合格 　报告签章：已加盖 CMA 章和检测专用章、授权人已签字 　委托单签字：见证取样人员已签字且已附资格证书编号 2. 查阅施工单位抽检计划 　检测数量：抽检数量与计划一致
（4）	地基承载力检测数量符合标准规定，检测报告结论满足设计要求	**《建筑地基处理技术规范》JGJ 79—2012** 　7.6.4　夯实水泥土桩复合地基质量检验应符合下列规定： 　　1　成桩后，应及时抽样检验水泥土桩的质量； 　　3　复合地基静载荷试验和单桩静载荷试验检验数量不应少于桩总数的 1%，且每项单体工程复合地基静载荷试验检验数量不应少于总桩数的 2%； 　7.6.5　竣工验收时，夯实水泥土桩复合地基承载力检验应采用单桩复合地基静载荷试验和单桩静载荷试验；对重要或大型工程，尚应进行多桩复合地基静载荷试验	查阅地基承载力检测报告 　结论：符合设计要求 　检验数量：符合设计和规范要求 　盖章：已加盖 CMA 章和检测专用章 　签字：授权人已签字

续表

条款号	大纲条款	检查依据	检查要点
(5)	施工参数符合设计要求,施工记录齐全	**《复合地基技术规范》GB/T 50783—2012** 9.2.9　夯实水泥土材料的配合比应根据工程要求、土料性质、施工工艺及采用的水泥品种、强度等级,由配合比试验确定,水泥与土的体积比宜取 1:5~1:8。 9.3.2　水泥应符合设计要求的种类及规格。 9.3.3　土料宜采用黏性土、粉土、粉细砂或渣土,土料中的有机物质含量不得超过 5%,不得含有冻土或膨胀土,使用前应过孔径为 10mm~20mm 的筛。 9.3.4　水泥土混合料配合比应符合设计要求,含水量与最优含水量的允许偏差为 ±2%,并应采取搅拌均匀的措施。 当用机械搅拌时,搅拌时间不应少于 1min,当用人工搅拌时,拌和次数不应少于 3 遍。混合料拌和后应在 2h 内用于成桩。 9.3.5　成桩宜采用桩体夯实机,宜选用梨形或锤底为盘形的夯锤,锤体直径与桩孔直径之比宜取 0.7~0.8,锤体质量应大于 120kg,夯锤每次提升高度,不应低于 700mm。 9.3.6　夯实水泥土桩施工步骤应为成孔—分层夯实—封顶一夯实。成孔完成后,向孔内填料前孔底应夯实。填料频率与落锤频率应协调一致,并应均匀填料,严禁突击填料。每回填料厚度应根据夯锤质量经现场夯填试验确定,桩体的压实系数 (λ_c) 不应小于 0.93。 9.3.8　施工时桩顶应高出桩顶设计标高 100mm~200mm,垫层施工前应将高于设计标高的桩头凿除,桩顶面应水平、完整。 9.3.9　成孔及成桩质量监测应设专人负责,并应做好成孔、成桩记录,发现问题应及时进行处理。 9.3.10　桩顶垫层材料不得含有植物残体、垃圾等杂物,铺设厚度应均匀,铺平后应振实或夯实,夯填度不应大于 0.900	1. 查阅施工方案 　水泥土配合比控制参数:符合技术方案要求 2. 查阅施工记录 　内容:包括水泥土配合比、分层回填厚度、桩锤落距、桩位、孔径、孔深等质量控制参数 　记录数量:与验收记录相符
(6)	施工质量的检验项目、方法、数量符合标准规定,检验结果满足设计要求,质量验收记录齐全	**1. 《建筑地基基础工程施工质量验收规范》GB 50202—2002** 4.14.1　水泥及夯实用土料的质量应符合设计要求。 4.14.2　施工中应检查孔位、孔深、孔径、水泥和土的配比、混合料含水量等。 4.14.3　施工结束后,应对桩体质量及复合地基承载力做检验,褥垫层应检查其夯填度。 4.14.4　夯实水泥土桩的质量检验标准应符合表 4.14.4 的规定。 **2. 《复合地基技术规范》GB/T 50783—2012** 9.3.7　桩位允许偏差,对满堂布桩为桩径的 0.4 倍,条基布桩为桩径的 0.25 倍;桩孔垂直度允许偏差为 1.5%;桩径的允许偏差为 ±20mm;桩孔深度不应小于设计深度。 9.4.1　夯实水泥土桩施工过程中应随时检查施工记录和计量记录,并应对照规定的施工工艺对每根桩进行质量评定。 9.4.2　桩体夯实质量的检查,应在成桩过程中随时随机抽取,检验数量应由设计单位根据工程情况提出具体要求。	1. 查阅质量检验记录 　检验项目:包括孔位、孔深、孔径、水泥和土的配比、混合料含水量等,符合规范规定 　检验方法:符合规范规定 　检验数量:符合设计和规范规定

条款号	大纲条款	检 查 依 据	检查要点
(6)	施工质量的检验项目、方法、数量符合标准规定，检验结果满足设计要求，质量验收记录齐全	密实度的检测可在夯实水泥土桩桩体内取样测定干密度或以轻型圆锥动力触探击数（N10）判断桩体夯实质量。 **3.《建筑地基处理技术规范》JGJ 79—2012** 7.6.4　夯实水泥土桩复合地基质量检验应符合下列规定： 　　1　成桩后，应及时抽样检验水泥土桩的质量； 　　2　夯填桩体的干密度质量检验应随机抽样检测，抽检的数量不应少于总桩数的2%； 　　3　复合地基静载荷试验和单桩静载荷试验检验数量不应少于桩总数的1%，且每项单体工程复合地基静载荷试验检验数量不应少于3点	2. 查阅质量验收记录 　内容：包括检验批、分项工程验收记录及隐蔽工程验收文件等 　数量：与项目质量验收范围划分表相符
5.5.14	水泥粉煤灰碎石桩复合地基符合以下要求		
(1)	原材料质量证明文件齐全	**1.《建筑地基基础工程施工质量验收规范》GB 50202—2002** 4.1.2　砂、石子、水泥、钢材、石灰、粉煤灰等原材料的质量、检测项目、批量和检验方法，应符合国家现行标准的规定。 **2.《电力建设施工质量验收及评价规程　第1部分：土建工程》DL/T 5210.1—2012** 18.3.1　地基及桩基工程质量记录应评价的内容包括： 　　1　材料、预制桩合格证（出厂试验报告）、进场验收记录及水泥、钢筋复验报告。 　　3　施工试验： 　　1）各种地基材料的配合比试验报告； **3.《混凝土结构工程施工质量验收规范》GB 50204—2015** 7.2.1　水泥进场时，应对其品种、代号、强度等级、包装或散装编号、出厂日期等进行检查，并应对水泥的强度、安定性和凝结时间进行检验，检验结果应符合现行国家标准《通用硅酸盐水泥》GB 175 的相关规定。 　　检查数量：按同一厂家、同一品种、同一代号、同一强度等级、同一批号且连续进场的水泥，袋装不超过200t 为一批，散装不超过500t 为一批，每批抽样不少于一次。 　　检验方法：检查质量证明文件和抽样检验报告	1. 查阅水泥、粉煤灰进场验收记录 　内容：包括出厂合格证（出厂试验报告）、复试报告、材料进场时间、批次、数量、规格、相应性能指标 2. 查阅施工单位材料跟踪管理台账 　内容：包括水泥、粉煤灰等材料的合格证、复试报告、使用情况、检验数量，可追溯

条款号	大纲条款	检 查 依 据	检查要点
（1）	原材料质量证明文件齐全		3. 查阅水泥、粉煤灰试验检测报告和试验委托单 　报告检测结果：合格 　报告签章：已加盖CMA章和检测专用章、授权人已签字 　委托单签字：见证取样人员已签字且已附资格证书编号 　代表数量：与进场数量相符
（2）	施工工艺与设计（施工）方案一致	**1.《建筑地基处理技术规范》JGJ 79—2012** 7.7.1 水泥粉煤灰碎石桩复合地基适用于处理黏性土、粉土、砂土和自重固结已完成的素填土地基。对淤泥质土应按地区经验或通过现场试验确定其适用性。 7.7.3 水泥粉煤灰碎石桩施工应符合下列规定： 　1 可选用下列施工工艺： 　1）长螺旋钻孔灌注成桩：适用于地下水位以上的黏性土、粉土、素填土、中等密实以上的砂土地基。 　2）长螺旋钻中心灌成桩：适用于黏性土、粉土、砂土和素填土地基，对噪声或泥浆污染要求严格的场地可优先选用：穿越卵石夹层时应通过试验确定适用性。 　3）振动沉管灌注成桩：适用于粉土、黏性土及素填土地基；挤土造成地面隆起量大时，应采用较大桩距施工。 　4）泥浆护壁成孔灌注桩，适用于地下水位以下的黏性土、粉土、砂土、填土、碎石土及风化岩层等地基；桩长范围和桩端有承压水的土层应通过试验确定其适应性。 　2 长螺旋钻中心压灌成桩施工和振动沉管灌注成桩施工应符合下列规定： 　1）施工前，应按设计要求在试验室进行配合比试验；施工时，按配合比配制混合料；长螺旋钻中心压灌成桩施工的坍落度宜为160mm～200mm，振动沉管灌注成桩施工的坍落度宜为30mm～50mm；振动沉管灌注成桩后桩顶浮浆厚度不宜超过200mm。	查阅施工方案 　施工工艺：与设计方案一致

续表

条款号	大纲条款	检 查 依 据	检查要点
（2）	施工工艺与设计（施工）方案一致	2) 长螺旋钻中心压灌成桩施工钻至设计深度后，应控制提拔钻杆时间，混合料泵送量应与拔管速度相配合，不得在饱和砂土或饱和粉土层内停泵待料；沉管灌注成桩施工拔管速度宜为 1.2m/min~1.5m/min，如遇淤泥质土，拔管速度应适当减慢；当遇有松散饱和粉土、粉细砂或淤泥质土，当桩距较小时，宜采取隔桩跳打措施。 3) 施工桩顶标高宜高出设计桩顶标高不少于 0.5m；当施工作业面高出桩顶设计标高较大时，宜增加混凝土灌注量。 4) 成桩过程中，应抽样做混合料试块，每台机械每台班不应少于一组。 3 冬期施工时，混合料入孔温度不得低于 5℃，对桩头和桩间土应采取保温措施； 4 清土和截桩时，应采用小型机械或人工剔除等措施，不得造成桩顶标高以下桩身断裂或桩间土扰动； 5 褥垫层铺设宜采用静力压实法，当基础底面下桩间土的含水量较低时，也可采用动力夯实法，夯填度不应大于 0.9。 6 泥浆护壁成孔灌注成桩，应符合现行行业标准《建筑桩基技术规范》JGJ 94 的规定。 **2.《建筑桩基技术规范》JGJ 94—2008** 6.3 泥浆护壁成孔灌注桩 6.3.1 除能自行造浆的黏性土层外，均应制备泥浆。泥浆制备应选用高塑性黏土或膨润土。泥浆应根据施工机械、工艺及穿越土层情况进行配合比设计	
（3）	混合料坍落度、桩数、桩位偏差、褥垫层厚度、夯填度和桩体试块抗压强度等满足设计要求	**《建筑地基处理技术规范》JGJ 79—2012** 7.7.4 水泥粉煤灰碎石桩复合地基质量检验应符合下列规定： 1 施工质量检验应检查施工记录、混合料坍落度、桩数、桩位偏差、褥垫层厚度、夯填度和桩体试块抗压强度等	查阅质量验收记录 混合料坍落度、桩数、桩位偏差、褥垫层厚度偏差和夯填度、桩体试块抗压强度检测等：符合设计要求
（4）	施工参数符合设计要求，施工记录齐全	**《建筑地基处理技术规范》JGJ 79—2012** 3.0.12 地基处理施工中应有专人负责质量控制和监测，并做好各项施工记录，…… 7.7.3 水泥粉煤灰碎石桩施工应符合下列规定： 2 长螺旋钻中心压灌成桩施工和振动沉管灌注成桩施工应符合下列规定： 1) 施工前，应按设计要求在试验室进行配合比试验；施工时，按配合比制混合料；长螺旋钻中心压灌成桩施工的坍落度宜为 160mm~200mm，振动沉管灌注成桩施工的坍落度宜为 30mm~50mm；振动沉管灌注成桩后桩顶浮浆厚度不宜超过 200mm。	1. 查阅施工方案 混合料的配合比、坍落度和提拔钻杆速度（或提拔套管速度）、成孔深度、混合料灌入量等：符合规范要求

条款号	大纲条款	检查依据	检查要点
（4）	施工参数符合设计要求，施工记录齐全	2）长螺旋钻中心压灌成桩施工钻至设计深度后，应控制提拔钻杆时间，混合料泵送量应与拔管速度相配合，不得在饱和砂土或饱和粉土层内停泵待料；沉管灌注成桩施工拔管速度宜为 1.2m/min～1.5m/min，如遇淤泥质土，拔管速度应适当减慢；当遇有松散饱和砂土、粉细砂或淤泥质土，当桩距较小时，宜采取隔桩跳打措施。 3）施工桩顶标高宜高出设计桩顶标高不少于 0.5m；当施工作业面高出桩顶设计标高较大时，宜增加混凝土灌注量。 4）成桩过程中，应抽样做混合料试块，每台机械每台班不应少于一组。 5）褥垫层铺设宜采用静力压实法，当基础底面下桩间土的含水量较低时，也可采用动力实法夯，夯填度不应大于 0.9	2. 查阅施工记录 内容：包括混合料的配合比、坍落度和提拔钻杆速度（或提拔套管速度）、成孔深度、混合料灌入量等施工记录 记录数量：与验收记录相符
（5）	复合地基和单桩承载力检测数量符合标准规定，检测报告结论满足设计要求	《建筑地基处理技术规范》JGJ 79—2012 7.1.3 复合地基承载力的验收检验应采用复合地基静载荷试验，对有粘结强度的复合地基增强体尚应进行单桩静载荷试验。 7.7.4 水泥粉煤灰碎石桩复合地基质量检验应符合下列规定： 2 竣工验收时，水泥粉煤灰碎石桩复合地基承载力检验应采用复合地基静载荷试验和单桩静载荷试验； 3 承载力检验宜在施工结束 28d 后进行，其桩身强度应满足试验荷载条件；复合地基静载荷试验和单桩静载荷试验的数量不应少于总桩数的 1%，且每个单体工程的复合地基静载荷试验的试验数量不应少于 3 点	查阅复合地基和单桩承载力检测报告 检测时间、数量、方法和检测结果：符合设计要求和规范规定 盖章：已加盖 CMA 章和检测专用章 签字：授权人已签字
（6）	桩身完整性检测数量符合标准规定	《建筑地基处理技术规范》JGJ 79—2012 7.7.4 水泥粉煤灰碎石桩复合地基质量检验应符合下列规定： 4 采用低应变动力试验检测桩身完整性，检查数量不低于总桩数的 10%	查阅复合地基检测报告 结论：符合设计要求 检验数量：符合设计和规范规定 盖章：已加盖 CMA 章和检测专用章 签字：授权人已签字
（7）	施工质量的检验项目、方法、数量符合标准规定，检验结果满足设计要求，质量验收记录齐全	《建筑地基基础工程施工质量验收规范》GB 50202—2002 4.13.1 水泥、粉煤灰、砂及碎石等原材料应符合设计要求。 4.13.2 施工中应检查桩身混合料的配合比、坍落度和提拔钻杆速度（或提拔套管速度）、成孔深度、混合料灌入量等。 4.13.3 施工结束后，应对桩顶标高、桩位、桩体质量、地基承载力以及褥垫层的质量做检查。 4.13.4 水泥粉煤灰碎石桩复合地基的质量检验标准应符合表 4.13.4 的规定	1. 查阅质量检验记录 检验项目：包括桩顶标高、桩位、桩体质量、地基承载力以及褥垫层等，符合设计要求和规范规定

条款号	大纲条款	检 查 依 据	检查要点
(7)	施工质量的检验项目、方法、数量符合标准规定，检验结果满足设计要求，质量验收记录齐全		检验方法：量测、静载荷试验等，符合规范规定 检验数量：符合设计和规范规定
			2. 查阅质量验收记录 内容：包括检验批、分项工程验收记录及隐蔽工程验收文件等 数量：与项目质量验收范围划分表相符
5.5.15	柱锤冲扩桩复合地基符合以下要求		
(1)	碎砖三合土、级配砂石、矿渣、灰土等原材料质量证明文件齐全	**1.《电力建设施工质量验收及评价规程　第1部分：土建工程》DL/T 5210.1—2012** 3.0.1　涉及结构安全的试块、试件以及有关材料，应按规定进行见证取样检测。 **2.《建筑地基处理技术规范》JGJ 79—2012** 7.8.4　柱锤冲扩桩复合地基设计应符合下列规定： 　6　桩体材料可采用碎砖三合土、级配砂石、矿渣、灰土、水泥混合土等，当采用碎砖三合土时，其体积比可采用生石灰：碎砖：黏性土为1：2：4，当采用其他材料时，应通过试验确定其适用性和配合比	查阅石灰等试验检测报告和试验委托单 报告检测结果：合格 报告签章：已加盖CMA章和检测专用章、授权人已签字 委托单签字：见证取样人员已签字且已附资格证书编号 代表数量：与进场数量相符
(2)	施工工艺与设计（施工）方案一致	**《建筑地基处理技术规范》JGJ 79—2012** 7.8.1　柱锤冲扩桩复合地基适用于处理地下水位以上的杂填土、粉土、黏性土、素填土和黄土等地基；对地下水位以下饱和土层处理，应通过现场试验确定其适用性。 7.8.2　柱锤冲扩桩处理地基的深度不宜超过10m。	查阅施工方案 施工工艺：与设计方案一致

条款号	大纲条款	检 查 依 据	检查要点
（2）	施工工艺与设计（施工）方案一致	7.8.3　对大型的、重要的或场地复杂的工程，在正式施工前，应在有代表性的场地进行试验。 7.8.5　4 柱锤冲扩桩施工应符合下列规定： 　　1　宜采用直径 300mm～500mm、长度 2m～6m、质量 2t～10t 的柱状锤进行施工。 　　2　起重机具可用起重机、多功能冲扩桩机或其他专用机具设备。 　　3　柱锤冲扩桩复合地基施工可按下列步骤进行： 　　1）清理平整施工场地，布置桩位。 　　2）施工机具就位，使柱锤对准桩位。 　　3）柱锤冲孔：根据土质及地下水情况可分别采用下列三种成孔方式： 　　① 冲击成孔：将柱锤提升一定高度，自由下落冲击土层，如此反复冲击，接近设计成孔深度时，可在孔内填少量粗骨料继续冲击，直到孔底被夯密实； 　　② 填料冲击成孔：成孔时出现缩颈或塌孔时，可分次填入碎砖和生石灰块，边冲击边将填料挤入孔壁及孔底，当孔底接近设计成孔深度时，夯入部分碎砖挤密桩端土； 　　③ 复打成孔：当塌孔严重难以成孔时，可提锤反复冲。 击至设计孔深，然后分次填入碎砖和生石灰块，待孔内生石灰吸水膨胀、桩间土性质有所改善后，再进行二次冲击复打成孔。 　　当采用上述方法仍难以成孔时，也可以采用套管成孔，即用柱锤边冲孔边将套管压入土中，直至桩底设计标高。 　　4）成桩：用料斗或运料车将拌和好的填料分层填入桩孔夯实。当采用套管成孔时，边分层填料夯实，边将套管拔出。锤的质量、锤长、落距、分层填料量、分层夯填度、夯击次数和总填料量等，应根据试验或按当地经验确定。每个桩孔应夯填至桩顶设计标高以上至少 0.5m，其上部桩孔宜用原地基土夯封。 　　5）施工机具移位，重复上述步骤进行下一根桩施工。 　　4　成孔和填料夯实的施工顺序，宜间隔跳打。 7.8.6　基槽开挖后，应晾槽拍底或振动压路机碾压后，再铺设垫层并压实	
（3）	地基承载力检测数量符合标准规定，检测报告结论满足设计要求	**《建筑地基处理技术规范》JGJ 79—2012** 7.8.7　柱锤冲扩桩复合地基的质量检验应符合下列规定： 　　3　竣工验收时，柱锤冲扩桩复合地基承载力检验应采用复合地基静载荷试验； 　　4　承载力检验数量不应少于总桩数的 1%，且每个单体工程复合地基静载荷试验不应少于 3 点； 　　5　静载荷试验应在成桩 14d 后进行	查阅地基承载力检测报告 　结论：复合地基承载力符合设计要求 　检验数量：符合设计和规范要求 　盖章：已加盖 CMA 章和检测专用章 　签字：授权人已签字

条款号	大纲条款	检 查 依 据	检查要点
（4）	施工参数符合设计要求，施工记录齐全	**《建筑地基处理技术规范》JGJ 79—2012** 3.0.12 地基处理施工中应有专人负责质量控制和监测，并做好各项施工记录，…… 7.8.4 柱锤冲扩桩复合地基设计应符合下列规定： 　　5 桩顶部应铺设 200mm～300mm 厚砂石垫层，垫层的夯填度不应大于 0.9； 　　6 4 桩体材料可采用碎砖三合土、级配砂石、矿渣、灰土、水泥混合土等，当采用碎砖三合土时，其体积比可采用生石灰∶碎砖∶黏性土为 1∶2∶4，当采用其他材料时，应通过试验确定其适用性和配合比	1. 查阅施工方案 　桩位、桩径、配合比、夯实度等质量控制参数：符合设计要求 2. 查阅施工记录 　内容：包括碎砖三合土、级配砂石、矿渣、灰土、水泥混合土 　记录数量：与验收记录相符
（5）	施工质量的检验项目、方法、数量符合标准规定，检验结果满足设计要求，质量验收记录齐全	**《建筑地基处理技术规范》JGJ 79—2012** 7.8.7 柱锤冲扩桩复合地基的质量检验应符合下列规定： 　　1 施工过程中应随时检查施工记录及现场施工情况，并对照预定的施工工艺标准，对每根桩进行质量评定； 　　2 施工结束后 7d～14d，可采用重型动力触探或标准贯入试验对桩身及桩间土进行抽样检验，检验数量不应少于冲扩桩总数的 2%，每个单体工程桩身及桩间土总检验点数均不应少于 6 点； 　　6 基槽开挖后，应检查桩位、桩径、桩数、桩顶密实度及槽底土质情况。如发现漏桩、桩位偏差过大、桩头及槽底土质松软等质量问题，应采取补救措施	1. 查阅质量检验记录 　检验项目：包括桩位、桩径、桩数、桩顶密实度及槽底土质情况等，符合设计要求和规范规定 　检验方法：测量、静载荷试验等，符合规范规定 　检验数量：符合设计和规范规定 2. 查阅质量验收记录 　内容：包括检验批、分项工程验收记录及隐蔽工程验收文件等 　数量：与项目质量验收范围划分表相符
5.5.16	多桩型复合地基符合以下要求		

续表

条款号	大纲条款	检 查 依 据	检查要点
(1)	原材料质量证明文件齐全	**1.《建筑地基基础工程施工质量验收规范》GB 50202—2002** 4.1.2 砂、石子、水泥、钢材、石灰、粉煤灰等原材料的质量、检测项目、批量和检验方法，应符合国家现行标准的规定。 **2.《混凝土结构工程施工质量验收规范》GB 50204—2015** 7.2.1 水泥进场时，应对其品种、代号、强度等级、包装或散装编号、出厂日期等进行检查，并应对水泥的强度、安定性和凝结时间进行检验，检验结果应符合现行国家标准《通用硅酸盐水泥》GB 175 的相关规定。 　　检查数量：按同一厂家、同一品种、同一代号、同一强度等级、同一批号且连续进场的水泥，袋装不超过200t 为一批，散装不超过500t 为一批，每批抽样不少于一次。 　　检验方法：检查质量证明文件和抽样检验报告。 7.2.2 混凝土外加剂进场时，应对其品种、性能、出厂日期等进行检查，并应对外加剂的相关性能进行检验，检验结果应符合现行国家标准《混凝土外加剂》GB 8076《混凝土外加剂应用技术规范》GB 50119 等的规定。 　　检查数量：按同一厂家、同一性能、同一批号且连续进场的混凝土外加剂，不超过50t 为一批，每批抽样数量不应少于一次。 　　检验方法：检查质量证明文件和抽样检验报告。 **3.《电力建设施工质量验收及评价规程　第1部分：土建工程》DL/T 5210.1—2012** 18.3.1 地基及桩基工程质量记录应评价的内容包括： 　　1 材料、预制桩合格证（出厂试验报告）、进场验收记录及水泥、钢筋复验报告。 　　3 施工试验： 　　1）各种地基材料的配合比试验报告； **4.《普通混凝土用砂、石质量及检验方法标准》JGJ 52—2006** 4.0.1 供货单位应提供砂或石的产品合格证及质量检验报告。 使用单位应按砂或石的同产地同规格分批验收。采用大型工具（如火车、货船或汽车）运输的，应以400m³ 或600t 为一验收批；采用小型工具（如拖拉机等）运输的，应以200m³ 或300t 为一验收批。不足上述者，应按一验收批进行验收。 4.0.2 当砂或石的质量比较稳定、进料量又较大时，可以1000t 为一验收批	1. 查阅原材料进场验收记录 　内容：包括出厂合格证（出厂试验报告）、复试报告，材料进场时间、批次、数量、规格、相应性能指标 2. 查阅施工单位材料跟踪管理台账 　内容：包括水泥、粉煤灰等材料的合格证、复试报告、使用情况、检验数量，可追溯 3. 查阅桩体材料试验检测报告和试验委托单 　报告检测结果：合格 　报告签章：已加盖CMA章和检测专用章、授权人已签字 　委托单签字：见证取样人员已签字且已附资格证书编号 　代表数量：与进场数量相符
(2)	施工工艺与设计（施工）方案一致	**《建筑地基处理技术规范》JGJ 79—2012** 1.2.1 地基处理工程应进行施工全过程的监测。施工中，应有专人或专门机构负责监测工作，随时检查施工记录和计量记录，并按照规定的施工工艺对工序进行质量评定。 7.9.1 多桩型复合地基适用于处理不同深度存在相对硬层的正常固结土，或浅层存在欠固结土、湿陷性黄土、可液化土等特殊土，以及地基承载力和变形要求较高的地基。	查阅施工方案 增强体施工步骤和施工工艺：与设计方案一致

条款号	大纲条款	检 查 依 据	检查要点
（2）	施工工艺与设计（施工）方案一致	7.9.10 多桩型复合地基的施工应符合下列规定： 1 对处理可液化土层的多桩型复合地基，应先施工处理液化的增强体； 2 对消除或部分消除湿陷性黄土地基，应先施工处理湿陷性的增强体； 3 应降低或减小后施工增强体对已施工增强体的质量和承载力的影响	
（3）	施工参数符合设计要求，施工记录齐全	**1.《复合地基技术规范》GB/T 50783—2012** 15.4 质量检验 15.4.1 长-短桩复合地基中长桩和短桩施工过程中应随时检查施工记录，并也对照规定的施工工艺对每根桩进行质量评定。 **2.《建筑地基处理技术规范》JGJ 79—2012** 3.0.12 地基处理施工中应有专人负责质量控制和监测，并做好各项施工记录，……	1. 查阅施工方案 施工参数：符合设计要求 2. 查阅施工记录 内容：包括桩位、桩顶标高等 数量：与验收记录相符
（4）	复合地基和单桩承载力检测数量符合标准规定，检测报告结论满足设计要求	**《建筑地基处理技术规范》JGJ 79—2012** 7.1.3 复合地基承载力的验收检验应采用复合地基静载荷试验，对有粘结强度的复合地基增强体尚应进行单桩静载荷试验。 7.9.11 多桩型复合地基的质量检验应符合下列规定： 1 竣工验收时，多桩型复合地基承载力检验，应采用多桩复合地基静载荷试验和单桩静载荷试验，检验数量不得少于总桩数的1％； 2 多桩复合地基载荷板静载荷试验，对每个单体工程检验数量不得少于3点； 3 增强体施工质量检验，对散体材料增强体的检验数量不应少于其总桩数的2％，对具有粘结强度的增强体，完整性检验数量不应少于其总桩数的10％	查阅复合地基和单桩承载力检测报告 检测时间、数量、方法和检测结果：符合设计要求和规范规定 盖章：已加盖CMA章和检测专用章 签字：授权人已签字
（5）	有完整性要求的多桩复合地基桩身质量检测数量标准规定，检测报告结论满足设计要求	**1.《建筑地基处理技术规范》JGJ 79—2012** 7.9.11 多桩型复合地基的质量检验应符合下列规定： 1 竣工验收时，多桩型复合地基承载力检验，应采用多桩复合地基静载荷试验和单桩静载荷试验，检验数量不得少于总桩数的1％； 2 多桩复合地基载荷板静载荷试验，对每个单体工程检验数量不得少于3点； 3 增强体施工质量检验，对散体材料增强体的检验数量不应少于其总桩数的2％，对具有粘结强度的增强体，完整性检验数量不应少于其总桩数的10％。	1. 查阅单桩静载荷试验报告 单桩承载力：满足设计要求 2. 查阅多桩复合地基静载荷试验试验报告 多桩复合地基承载力：满足设计要求

续表

条款号	大纲条款	检 查 依 据	检查要点
（5）	有完整性要求的多桩复合地基桩身质量检测数量标准规定，检测报告结论满足设计要求	**2.《电力工程地基处理技术规程》DL/T 5024—2005** 14.1.17 为确保实际单桩竖向极限承载力标准值达到设计要求，应根据工程重要性、岩土工程条件、设计要求及工程施工情况采用单桩静载荷试验或可靠的动力测试方法进行工程桩单桩承载力检测。对于工程桩施工前未进行综合试桩的一级建筑桩基和岩土工程条件复杂、桩的施工质量可靠性低、确定单桩承载力的可靠性低、桩数多的二级建筑桩基，应采用单桩静载荷试验对工程桩单桩竖向承载力进行检测，在同一条件下的检测数量不宜小于总桩数的1%，且不应小于3根；对于工程桩施工前已进行过综合试桩的一级建筑桩基及其他所有工程桩基，应采用可靠的高应变动力测试法对工程桩单桩竖向承载力进行检测	
（6）	施工质量的检验项目、方法、数量符合标准规定，检验结果符合设计要求，质量验收记录齐全	**《建筑地基处理技术规范》JGJ 79—2012** 7.9.11 多桩型复合地基的质量检验应符合下列规定： 　1 竣工验收时，多桩型复合地基承载力检验，应采用多桩复合地基静载荷试验和单桩静载荷试验，检验数量不得少于总桩数的1%； 　2 多桩复合地基载荷板静载荷试验，对每个单体工程检验数量不得少于3点； 　3 增强体施工质量检验，对散体材料增强体的检验数量不应少于其总桩数的2%，对具有粘结强度的增强体，完整性检验数量不应少于其总桩数的10%	1. 查阅质量检验记录 　检验项目：包括桩顶标高、桩位、桩体质量、地基承载力以及褥垫层等，符合设计要求和规范规定 　检验方法：量测、静载荷试验等，符合规范规定 　检验数量：符合规范规定 2. 查阅质量验收记录 　内容：包括检验批、分项工程验收记录及隐蔽工程验收文件等 　数量：与项目质量验收范围划分表相符
5.6　注浆地基的监督检查			
5.6.1	设计前已通过室内浆液配比试验和现场注浆试验，确定了设计参数、施工工艺参数及选用的设备	**1.《电力工程地基处理技术规程》DL/T 5024—2005** 9.1.15 水泥浆液的水灰比应根据工程设计的需要通过试验后确定，可取1:1～1:1.5。 9.2.3 注浆设计前宜进行室内浆液配比试验和现场注浆试验，以确定设计参数和检验施工方法及设备。 9.2.4 注浆材料可采用水泥为主的悬浊液，也可选用水泥和硅酸钠（水玻璃）的双液型混合液。在有地下水流动的情况下，应采用双液型浆液或初凝时间短的速凝配方。	1. 查阅设计前室内浆液配比和现场注浆试验记录、试验检测报告和设计文件

续表

条款号	大纲条款	检查依据	检查要点
5.6.1	设计前已通过室内浆液配比试验和现场注浆试验，确定了设计参数、施工工艺参数及选用的设备	**2.《建筑地基处理技术规范》JGJ 79—2012** 8.3.1 水泥为主剂的注浆施工应符合下列规定： 2 注浆施工时，宜采用自动流量和压力记录仪，并应及时进行数据整理分析。 3 注浆孔的孔径宜为 70mm～110mm，垂直度允许偏差应为 ±1%。 4 花管注浆法施工可按下列步骤进行： 3）当采用钻孔法时，应从钻杆内注入封闭泥浆，然后插入孔径为 50mm 的金属花管； 5 压密注浆施工可按下列步骤进行： 3）当采用钻孔法时，应从钻杆内注入封闭泥浆，然后插入孔径为 50mm 的金属注浆管； 6 浆液黏度应为 80s，封闭泥浆 7d 后 70.7mm×70.7mm×70.7mm 立方体试块的抗压强度应为 0.3MPa～0.5MPa。 7 浆液宜用普通硅酸盐水泥。注浆时可部分掺用粉煤灰，掺入量可为水泥重量的 20%～50%。根据工程需要，可在浆液拌制时加入速凝剂、减水剂和防析水剂。 8 注浆用水 pH 值不得小于 4。 9 水泥浆的水灰比可取 0.6～2.0，常用的水灰比为 1.0。 10 注浆的流量可取（7～10）L/min，对充填型注浆，流量不宜大于 20L/min。 11 当用花管注浆和带有活堵头的金属管注浆时，每次上拔或下钻高度宜为 0.5m。 12 浆体应经过搅拌机充分搅拌均匀后，方可压注，注浆过程中应不停缓慢搅拌，搅拌时间应小于浆液初凝时间。浆液在泵送前应经过筛网过滤。 13 水温不得超过 30℃～35℃，盛浆桶和注浆管路在注浆体静止状态不得暴露于阳光下，防止浆液凝固；当日平均温度低于 5℃或最低温度低于 −3℃的条件下注浆时，应采取措施防止浆液冻结。 14 应采用跳孔间隔注浆，且先外围后中间的注浆顺序。当地下水流速较大时，应从水头高的一端开始注浆。 15 对渗透系数相同的土层，应先注浆封顶，后由下而上进行注浆，防止浆液上冒。如上层的渗透系数随深度而增大，则应自下而上注浆。对互层地层，应先对渗透性或孔隙率大的地层进行注浆。 16 当既有建筑地基进行注浆加固时，应对既有建筑及其邻近建筑、地下管线和地面的沉降、倾斜、位移和裂缝进行监测。并应采用多孔间隔注浆和缩短浆液凝固时间等措施，减少既有建筑基础因注浆而产生的附加沉降。 8.3.2 硅化浆液注浆施工应符合下列规定： 1 压力灌浆溶液的施工步骤应符合下列规定： 1）向土中打入灌注管和灌注溶液，应自基础底面标高起向下分层进行，达到设计深度后，应将管拔出，清洗干净方可继续使用；	试验检测报告内容：有浆液配比和现场注浆试验结果 设计文件内容：确定了设计参数、施工工艺参数及选用的设备 2. 查阅选用设备档案内容：设备型号、机械性能满足现场施工要求和设计要求

条款号	大纲条款	检查依据	检查要点
5.6.1	设计前已通过室内浆液配比试验和现场注浆试验，确定了设计参数、施工工艺参数及选用的设备	2）加固既有建筑物地基时，应采用沿基础侧向先外排，后内排的施工顺序； 3）灌注溶液的压力值由小逐渐增大，最大压力不宜超过 200kPa。 2　溶液自渗的施工步骤，应符合下列规定： 2）将配好的硅酸钠溶液满注灌注孔，溶液面宜高出基础底面标高 0.50m，使溶液自行渗入土中； 3）在溶液自渗过程中，每隔 2h～3h，向孔内添加一次溶液，防止孔内溶液渗干。 8.3.3　碱液注浆施工应符合下列规定： 1　灌注孔可用洛阳铲、螺旋钻成孔或用带有尖端的钢管打入土中成孔，孔径宜为 60mm～100mm，孔中应填入粒径为 20mm～40mm 的石子到注液管下端标高处，再将内径 20mm 的注液管插入孔中，管以上 300mm 高度内应填入粒径为 2mm～5mm 的石子，上部宜用体积比为 2:8 灰土填入夯实。 2　碱液可用固体烧碱或液体烧碱配制，每加固 1m³ 黄土宜用氢氧化钠溶液 35kg～45kg。碱液浓度不应低于 90g/L；双液加固时，氯化钙溶液的浓度为 50g/L～80g/L。 4　应将桶内碱液加热到 90℃以上方能进行灌注，灌注过程中，桶内溶液温度不应低于 80℃。 5　灌注碱液的速度，宜为（2～5）L/min。 6　碱液加固施工，应合理安排灌注顺序和控制灌注速率。宜采用隔（1～2）孔灌注，分段施工，相邻两孔灌注的间隔时间不宜少于 3d。同时灌注的两孔间距不应小于 3m。 7　当采用双液加固时，应先灌注氢氧化钠溶液，待间隔 8h～12h 后，再灌注氯化钙溶液，氯化钙溶液用量宜为氢氧化钠溶液用量的 1/2～1/4	
5.6.2	浆液、外加剂等原材料性能证明文件齐全	**1.《电力建设施工质量验收及评价规程　第 1 部分：土建工程》DL/T 5210.1—2012** 3.0.1　工程所用主要原材料、半成品、构（配）件、设备等产品，应符合设计要求和国家有关标准的规定；进入施工现场时必须按规定进行现场检验或复检，合格后方可使用。不得使用国家明令禁止和淘汰的建筑材料和建筑设备，涉及结构安全的试块、试件以及有关材料，应按规定进行见证取样检测。 18.3.1　地基及桩基工程质量记录应评价的内容包括： 　　材料、预制桩合格证（出厂试验报告）、进场验收记录及水泥、钢筋复验报告。 **2.《建筑地基处理技术规范》JGJ 79—2012** 8.2.1　水泥为主剂的注浆加固设计应符合下列规定： 1　对软弱地基土处理，可选用以水泥为主剂的浆液及水泥和水玻璃的双液型混合浆液；对有地下水流动的软弱地基，不应采用单液水泥浆液。 8.2.2　硅化浆液注浆加固设计应符合下列规定： 3　双液硅化注浆用的氧化钙溶液中的杂质含量不得超过 0.06%，悬浮颗粒含量不得超过 1%，溶液的 pH 值不得小于 5.5；	1. 查阅水泥、粉煤灰、水玻璃、其他化学浆液等出厂合格证和进场验收记录 　内容：包括厂家资质、材料进场批次、数量、规格、相应性能指标齐全；施工单位材料跟踪管理台账与监理单位材料进场管理台账

条款号	大纲条款	检 查 依 据	检查要点
5.6.2	浆液、外加剂等原材料性能证明文件齐全	6　单液硅化法应采用浓度为 10%～15% 的硅酸钠，并掺入 2.5% 氯化钠溶液； 8.2.3　碱液注浆加固设计应符合下列规定： 　2　当 100g 干土中可溶性和交换性钙镁离子含量大于 10mg·eq 时，可采用灌注氢氧化钠一种溶液的单液法；其他情况可采用灌注氢氧化钠和氯化钙双液灌注加固	2. 查阅水泥、粉煤灰、水玻璃、其他化学浆液等检测计划、试验台账 内容：检测计划中水泥、粉煤灰、水玻璃、外加剂等检验数量不得少于对应原材料试验台账中的检验数量
			3. 查阅水泥、粉煤灰、水玻璃、其他化学浆液、浆液配比等试验检测报告 结论：性能指标符合设计要求和规范规定 盖章：已加盖 CMA 章和检测专用章 签字：授权人已签字
5.6.3	注浆地基技术方案、施工方案齐全，已审批	**1.《建筑地基基础工程施工质量验收规范》GB 50202—2002** 4.1.4　地基加固工程，应在正式施工前进行试验段施工，论证设定的施工参数及加固效果。为验证加固效果所进行的载荷试验，其施加载荷应不低于设计载荷的 2 倍。 4.7.1　施工前应掌握有关技术文件（注浆点位置、浆液配比、注浆施工技术参数、检测要求等）。浆液组成材料的性能应符合设计要求，注浆设备应确保正常运转。 **2.《电力建设施工技术规范　第1部分：土建结构工程》DL 5190.1—2012** 3.0.1　工程施工前，应按设计图纸，结合具体情况和施工组织设计的要求编制施工方案，并经批准后方可施工。 **3.《电力工程地基处理技术规程》DL/T 5024—2005** 5.0.12　地基处理的施工应有详细的施工组织设计、施工质量管理和质量保证措施。应有专人负责施工检验与质量监督，做好各项施工记录，当发现异常情况时，应及时会同有关部门研究解决。 **4.《建筑地基处理技术规范》JGJ 79—2012** 8.1.2　注浆加固设计前，应进行室内浆液配比试验和现场注浆试验，确定设计参数，检验施工方法和设备	1. 查阅设计单位的注浆地基技术方案 审批：手续齐全 内容：技术参数明确
			2. 查阅施工方案 审批：有施工单位内部编、审、批并经监理、建设单位审批，签字盖章齐全 施工步骤和工艺参数：与技术方案相符

条款号	大纲条款	检 查 依 据	检查要点
5.6.4	施工工艺与设计（施工）方案一致	**1.《电力工程地基处理技术规程》DL/T 5024—2005** 5.0.10　地基处理正式施工前，宜进行实验性施工，在确认施工技术条件满足总设计要求后，才能进行地基处理的正式施工。 5.0.11　地基处理时，必须对施工质量进行控制并对处理效果进行检验。 9.1.5　高压喷射注浆方案确定后，根据工程的具体需要，应进行现场试验或试验性施工，以确定施工参数及工艺。 **2.《建筑地基处理技术规范》JGJ 79—2012** 8.3.1　水泥为主剂的注浆施工应符合下列规定： 　2　注浆施工时，宜采用自动流量和压力记录仪，并应及时进行数据整理分析。 　3　注浆孔的孔径宜为 70mm～110mm，垂直度允许偏差应为 ±1％。 　4　花管注浆法施工可按下列步骤进行： 　3）当采用钻孔法时，应从钻杆内注入封闭泥浆，然后插入孔径为 50mm 的金属花管； 　5　压密注浆施工可按下列步骤进行： 　3）当采用钻孔法时，应从钻杆内注入封闭泥浆，然后插入孔径为 50mm 的金属注浆管； 　6　浆液黏度应为 80s～90s，封闭泥浆 7d 后 70.7mm×70.7mm×70.7mm 立方体试块的抗压强度应为 0.3MPa～0.5MPa。 　7　浆液宜用普通硅酸盐水泥。注浆时可部分掺用粉煤灰，掺入量可为水泥重量的 20％～50％。根据工程需要，可在浆液拌制时加入速凝剂、减水剂和防析水剂。 　8　注浆用水 pH 值不得小于 4。 　9　水泥浆的水灰比可取 0.6～2.0，常用的水灰比为 1.0。 　10　注浆的流量可取（7～10）L/min，对充填型注浆，流量不宜大于 20L/min。 　11　当用花管注浆和带有活堵头的金属管注浆时，每次上拔或下钻高度宜为 0.5m。 　12　浆体应经过搅拌机充分搅拌均匀后，方可压注，注浆过程中应不停缓慢搅拌，搅拌时间应小于浆液初凝时间。浆液在泵送前应经过筛网过滤。 　13　水温不得超过 30℃～35℃，盛浆桶和注浆管路在注浆体静止状态不得暴露于阳光下，防止浆液凝固；当日平均温度低于 5℃或最低温度低于 −3℃的条件下注浆时，应采取措施防止浆液冻结。 　14　应采用跳孔间隔注浆，且先外围后中间的注浆顺序。当地下水流速较大时，应从水头高的一端开始注浆。 　15　对渗透系数相同的土层，应先注浆封顶，后由下而上进行注浆，防止浆液上冒。如上层的渗透系数随深度而增大，则应自下而上注浆。对互层地层，应先对渗透性或孔隙率大的地层进行注浆。	

条款号	大纲条款	检 查 依 据	检查要点
5.6.4	施工工艺与设计（施工）方案一致	16 当既有建筑地基进行注浆加固时，应对既有建筑及其邻近建筑、地下管线和地面的沉降、倾斜、位移和裂缝进行监测。并应采用多孔间隔注浆和缩短浆液凝固时间等措施，减少既有建筑基础因注浆而产生的附加沉降。 8.3.2 硅化浆液注浆施工应符合下列规定： 1 压力灌浆溶液的施工步骤应符合下列规定： 1）向土中打入灌注管和灌注溶液，应自基础底面标高起向下分层进行，达到设计深度后，应将管拔出，清洗干净方可继续使用； 2）加固既有建筑物地基时，应采用沿基础侧向先外排，后内排的施工顺序； 3）灌注溶液的压力值由小逐渐增大，最大压力不宜超过 200kPa。 2 溶液自渗的施工步骤，应符合下列规定： 2）将配好的硅酸钠溶液满注灌注孔，溶液面宜高出基础底面标高 0.50m，使溶液自行渗入土中； 3）在溶液自渗过程中，每隔 2h～3h，向孔内添加一次溶液，防止孔内溶液渗干。 8.3.3 碱液注浆施工应符合下列规定： 1 灌注孔可用洛阳铲、螺旋钻成孔或用带有尖端的钢管打入土中成孔，孔径宜为 60mm～100mm，孔中应填入粒径为 20mm～40mm 的石子至注液管下端标高处，再将内径 20mm 的注液管插入孔中，管底以上 300mm 高度内应填入粒径为 2mm～5mm 的石子，上部宜用体积比为 2：8 灰土填入夯实。 2 碱液可用固体烧碱或液体烧碱配制，每加固 1m³ 黄土宜用氢氧化钠溶液 35kg～45kg。碱液浓度不应低于 90g/L；双液加固时，氯化钙溶液的浓度为 50g/L～80g/L。 4 应将桶内碱液加热到 90℃以上方能进行灌注，灌注过程中，桶内溶液温度不应低于 80℃。 5 灌注碱液的速度，宜为（2～5）L/min。 6 碱液加固施工，应合理安排灌注顺序和控制灌注速率。宜采用隔（1～2）孔灌注，分段施工，相邻两孔灌注的间隔时间不宜少于 3d。同时灌注的两孔间距不应小于 3m。 7 当采用双液加固时，应先灌注氢氧化钠溶液，待间隔 8h～12h 后，再灌注氯化钙溶液，氯化钙溶液用量宜为氢氧化钠溶液用量的 1/2～1/4	查阅施工方案 施工工艺：与设计方案一致
5.6.5	施工参数符合设计要求，施工记录齐全	**1.《建筑工程施工质量验收统一标准》GB 50300—2013** 3.0.3 建筑工程的施工质量控制应符合下列规定： 1 建筑工程采用的主要材料、半成品、建筑构配件、器具和设备应进行进场检验。凡涉及安全、节能、环境保护和主要使用功能的重要材料、产品，应按各专业工程施工规范、验收规范和设计文件等规定进行复验，并应经监理工程师检查认可。	1. 查阅施工方案 质量控制参数：浆液配合比、注浆压力、孔位等控制参数符合技术方案要求

条款号	大纲条款	检 查 依 据	检查要点
5.6.5	施工参数符合设计要求，施工记录齐全	2　各施工工序应按技术标准进行质量控制，每道工序完成后经单位自检符合规定后，才能进行下道工序施工。各专业工种之间的相关工序应进行交接检验，并应记录。 3　对于监理单位提出检查要求的重要工序，应经监理工程师检查认可，才能进行下道工序施工。 **2.《电力工程地基处理技术规程》DL/T 5024—2005** 9.1.12　注浆施工时，应保持注浆孔就位准确，浆管垂直。尤其是作为地下连续体结构的注浆工程，注浆孔中心就位偏差不应超过 20mm，注浆管的垂直度偏差不应超过 0.5%。 **3.《建筑地基处理技术规范》JGJ 79—2012** 3.0.12　地基处理施工中应有专人负责质量控制和监测，并做好施工记录……	2. 查阅施工记录 　内容：有孔位、浆管垂直度、浆液配合比、注浆压力等施工记录
5.6.6	注浆机械检验合格，监控表计在鉴定有效期内，鉴定证书齐全有效	**1.《建筑地基基础工程施工质量验收规范》GB 50202—2002** 4.10　高压喷射注浆地基 4.10.1　施工前应检查水泥、外掺剂等的质量，桩位，压力表、流量表的精度和灵敏度，高压喷射设备的性能等。 4.10.2　施工中应检查施工参数（压力、水泥浆量、提升速度、旋转速度等）及施工程序。 **2.《电力工程地基处理技术规程》DL/T 5024—2005** 9.1.16　注浆正式施工前应作实验性施工，并开挖检查桩体、认为合格后方可正式施工。每一施工台班均应详细记录注浆材料的用量，配比，水、气的工作压力和设备运行情况。 9.1.20　采用旋喷桩加固已有建筑物时，施工过程中必须对原有建筑物进行沉降观测，沉降观测精度应不低于二等水准测量。 9.2.10　静压注浆加固原有建筑物时，施工过程中必须进行变形测量监控和土体监测。变形观测精度应不低于二等水准测量	1. 查阅注浆机械检验合格证 　合格证书：与机械对应 2. 查阅监控表计检定证书 　检定证书：在检定有效期内
5.6.7	标准贯入试验检测、动力触探、静力触探等原位测试试验检测和室内试验检测符合标准规定，加固地层的压缩性、强度、渗透性、湿陷性、均匀性等指标满足设计要求	**《建筑地基处理技术规范》JGJ 79—2012** 8.1.3　注浆加固应保证加固地基在平面和深度连成一体，满足土体渗透性、地基土的强度和变形的设计要求。 8.4.1　水泥为主剂的注浆加固质量检验应符合下列规定： 1　注浆检验应在注浆结束 28d 后进行。可选用标准贯入、轻型动力触探、静力触探或面波等方法进行加固地层均匀性检测。 2　按加固土体深度范围每间隔 1m 取样进行室内试验，测定土体压缩性、强度或渗透性。 3　注浆检验点不应少于注浆孔数的 2%～5%。检验点合格率小于 80% 时，应对不合格的注浆区实施重复注浆。 8.4.2　硅酸钠注浆加固质量检验应符合下列规定： 1　硅酸钠溶液灌注完毕，应在 7d～10d 后，对加固的地基土进行检验；	1. 查阅注浆加固试验记录 　试验时间：符合规范规定 　间距和数量：检验点不应少于注浆孔数的 2%～5% 2. 查阅加固土试验报告 　结论：强度值、均匀性、渗透性等检测指标符合设计要求

条款号	大纲条款	检 查 依 据	检查要点
5.6.7	标准贯入试验检测、动力触探、静力触探等原位测试试验检测和室内试验检测符合标准规定,加固地层的压缩性、强度、渗透性、湿陷性、均匀性等指标满足设计要求	2 应采用动力触探或其他原位测试试验加固地基的均匀性; 3 工程设计对土的压缩性和湿陷性有要求时,尚应在加固土的全部深度内,每隔 1m 取土样进行室内试验,测定其压缩性和湿陷性; 4 检验数量不应少于注浆孔数的 2%～5%。 8.4.3 碱液加固质量检验应符合下列规定: 1 碱液加固施工应做好施工记录,检验碱液浓度及每孔注入量是否符合设计要求。 2 开挖或钻孔取样,对加固土体进行无侧限抗压强度试验和水稳性试验。取样部位应在加固土体中部,试块数不少于 3 个,28d 龄期的无侧限抗压强度平均值不得低于设计值的 90%。将试块浸泡在自来水中,无崩解。当需要查明加固土体的外形和整体性时,可对有代表性加固土体进行开挖,量测其有效加固半径和加固深度。 3 检验数量不应少于注浆孔数的 2%～5%	
5.6.8	注浆加固地基承载力静载荷试验检测数量符合标准规定,检测报告结论满足设计要求	**《建筑地基处理技术规范》JGJ 79—2012** 8.4.4 注浆加固处理后地基的承载力应进行静载荷试验检验。 8.4.5 静载荷试验应按附录 A 的规定进行,每个单体建筑的检验数量不应少于 3 点	查阅地基承载力检测报告 内容:检测结果符合设计要求和规范规定 盖章:已加盖 CMA章和检测专用章 签字:授权人已签字
5.6.9	施工质量的检验项目、方法、数量符合标准规定,检验结果符合设计要求,质量验收记录齐全	**1.《建筑地基基础工程施工质量验收规范》GB 50202—2002** 4.1.3 地基施工结束,宜在一个间歇期后,进行质量验收,间歇期由设计确定。 4.1.5 注浆地基竣工后的结果(地基强度或承载力)必须达到设计要求的标准。检验数量,每单位工程不应少于 3 点,1000m² 以上工程,每 100m² 至少应有 1 点,3000m² 以上工程,每 300m² 至少应有 1 点。每一独立基础下至少应有 1 点,基槽每 20 延米应有 1 点。 4.1.6 对高压喷射注浆桩复合地基其承载力检验,数量为总数的 0.5%～1%,但不应少于 3 处。有单桩强度检验要求时,数量为总数的 0.5%～1%,但不应少于 3 根。 4.1.7 复合地基中的高压喷射注浆桩至少应抽查 20%。 4.7.2 施工中应经常抽查浆液的配比及主要性能指标,注浆的顺序、注浆过程中的压力控制等。 4.7.3 施工结束后,应检查注浆体强度、承载力等。检查孔数为总数的 2%～5%,不合格率大于或等于 20% 时应进行二次注浆。检验应在注浆后 15d(砂土、黄土)或 60d(黏性土)进行。 4.7.4 注浆地基的质量检验标准应符合表 4.7.4 的规定。 4.10.4 高压喷射注浆地基质量检验标准应符合表 4.10.4 的规定。	1. 查阅质量检验记录 检验项目:有孔位、注浆体质量、地基承载力质量等符合规范规定 检验方法:有标准贯入、静力触探、动力触探、开挖检查、钻孔取芯抗压试验、静载荷试验等 检验数量:符合设计和规范规定 2. 查阅质量验收记录 内容:符合规范规定

条款号	大纲条款	检 查 依 据	检查要点
5.6.9	施工质量的检验项目、方法、数量符合标准规定，检验结果符合设计要求，质量验收记录齐全	**2.《电力工程地基处理技术规程》DL/T 5024—2005** 9.1.21　注浆体的质量检验，可采用开挖检查、钻孔取芯抗压试验、静载荷试验等方法，检验时间应在注浆结束后 28 天进行，对防渗体应作压水试验。 9.1.22　检验位置应布置在荷重最大的部位、施工中有异常现象的部位、对成桩质量有疑虑的地方，并进行随机抽样检验。 　　检验桩的数量宜为施工总桩数的 0.5%～1%，且每一单项工程不少于 3 根。当应用低应变动测检验时，检验数量宜为 20%～50%，并不得少于 10 根。当采用单桩或单桩复合地基静载荷试验确定地基承载力时，单项工程不应少于 3 组。 9.2.12　为提高地基承载力和减少地基变形量的注浆加固，在注浆结束后 28 天进行检测加固效果，可采用静载荷试验，静力触探试验，旁压试验及地基土波速试验等方法	
5.7　微型桩加固工程的监督检查			
5.7.1	设计前已通过现场试验或试验性施工，确定了设计参数和施工工艺参数	**1.《建筑地基基础工程施工质量验收规范》GB 50202—2002** 4.1.4　地基加固工程，应在正式施工前进行试验段施工，论证设定的施工参数及加固效果。为验证加固效果所进行的载荷试验，其施加载荷应不低于设计载荷的 2 倍。 **2.《电力工程地基处理技术规程》DL/T 5024—2005** 5.0.10　地基处理正式施工前，宜进行试验性施工，在确认施工技术条件满足设计要求后，才能进行地基处理的正式施工。 14.1.7　对于一、二级建筑物的单桩抗压、抗拔、水平极限承载力标准值，宜按综合试桩结果确定，并应符合下列要求： 　　1　试验地段的选取，应能充分代表拟建建筑物场地的岩土工程条件。 　　2　在同一条件下，试桩数量不应少于 3 根。当总桩数在 50 根以内时，不应少于 2 根	查阅试桩检测报告或试桩报告 　设计参数、施工工艺参数：已确定
5.7.2	微型桩加固技术方案、施工方案齐全，已审批	**1.《电力建设施工技术规范　第 1 部分：土建结构工程》DL 5190.1—2012** 3.0.1　工程施工前，应按设计图纸，结合具体情况和施工组织设计的要求编制施工方案，并经批准后方可施工。 **2.《电力工程地基处理技术规程》DL/T 5024—2005** 5.0.12　地基处理的施工应有详细的施工组织设计、施工质量管理和质量保证措施。应有专人负责施工检验与质量监督，做好各项施工记录，当发现异常情况时，应及时会同有关部门研究解决。 **3.《建筑桩基技术规范》JGJ 94—2008** 6.1.3　施工组织设计应结合工程特点，有针对性地制定相应质量管理措施，主要应包括下列内容： 　　1　施工平面图：标明桩位、编号、施工顺序、水电线路和临时设施的位置；采用泥浆护壁成孔时，应标明泥浆制备设施及其循环系统；	1. 查阅微型桩加固技术方案 审批：手续齐全 内容：技术参数明确

续表

条款号	大纲条款	检 查 依 据	检查要点
5.7.2	微型桩加固技术方案、施工方案齐全，已审批	2 确定成孔机械、配套设备以及合理施工工艺的有关资料，泥浆护壁灌注桩必须有泥浆处理措施； 3 施工作业计划和劳动力组织计划； 4 机械设备、备件、工具、材料供应计划； 5 桩基施工时，对安全、劳动保护、防火、防雨、防台风、爆破作业、文物和环境保护等方面应按有关规定执行； 6 保证工程质量、安全生产和季节性施工的技术措施	2. 查阅施工方案 审批：有施工单位内部编、审、批并经监理、建设单位审批，签字盖章齐全 施工步骤和工艺参数：与技术方案相符
5.7.3	原材料质量证明文件齐全	**1.《建筑地基基础工程施工质量验收规范》GB 50202—2002** 4.1.2 砂、石子、水泥、钢材、石灰、粉煤灰等原材料的质量、检验项目、批量和检验方法，应符合国家现行标准的规定。 **2.《电力建设施工技术规范 第 1 部分：土建结构工程》DL 5190.1—2012** 3.0.2 工程所用主要原材料、半成品、构（配）件、设备等产品，进入施工现场时应按规定进行现场检验或复验，合格后可使用，有见证取样检测要求的应符合国家现行有关标准的规定。对工程所用的水泥、钢筋等主要材料应进行跟踪管理。 **3.《建筑地基处理技术规范》JGJ 79—2012** 3.0.11 地基处理所采用的材料，应根据场地类别符合有关标准对耐久性设计与使用的要求	1. 查阅砂石、水泥、钢材出厂质量证明文件 出厂合格证：包括进场批次、数量、规格、相应性能指标等内容 2. 查阅换填材料检测计划和试验台账 检测计划、检验数量：符合设计要求和规范规定 试验台账检验数量：不得少于试验计划检验数量 3. 查阅检测报告 结论：检测结果合格 盖章：已加盖 CMA 章和检测专用章 签字：授权人已签字
5.7.4	微型桩施工工艺与设计（施工）方案一致	**1.《电力工程地基处理技术规程》DL/T 5024—2005** 5.0.10 地基处理正式施工前，宜进行实验性施工，在确认施工技术条件满足总设计要求后，才能进行地基处理的正式施工。 5.0.11 地基处理时，必须对施工质量进行控制并对处理效果进行检验。	查阅施工方案 施工工艺：与设计方案一致

条款号	大纲条款	检查依据	检查要点
5.7.4	微型桩施工工艺与设计（施工）方案一致	**2.《建筑地基处理技术规范》JGJ 79—2012** 10.2.1 地基处理工程应进行施工全过程的监测。施工中，应有专人或专门机构负责监测工作，随时检查施工记录和计量记录，并按照规定的施工工艺对工序进行质量评定	
5.7.5	树根桩施工允许偏差、成孔、吊装、灌注、填充、加压、保护等符合标准规定	**《建筑地基处理技术规范》JGJ 79—2012** 9.2.3 树根桩施工应符合下列规定： 　1　桩位允许偏差宜为±20mm；桩身垂直度允许偏差应为±1%。 　2　钻机成孔可采用天然泥浆护壁，遇粉细砂层易塌孔时应加套管。 　3　树根桩钢筋笼宜整根吊装。分节放置时，钢筋搭接焊缝长度双面焊不得小于5倍钢筋直径，单面焊不得小于10倍钢筋直径，施工时，应缩短吊放和焊接时间；钢筋笼应采用悬挂或支撑的方法，确保灌浆或浇注混凝土时的位置和高度。在斜孔中组装钢筋笼时，应采用可靠的支撑和定位方法。 　4　灌注施工时，应采用间隔施工、间歇施工或添加速凝剂等措施，以防止相邻桩孔位移和窜孔。 　5　当地下水流速较大可能导致水泥浆、砂浆或混凝土流失影响灌注质量时，应采用永久套管、护筒或其他保护措施。 　6　在风化或有裂隙发育的岩层中灌注水泥浆时，为避免水泥浆向周围岩体的流失，应进行桩孔测试和预灌浆。 　7　当通过水下浇注管或带孔钻杆或管状承重构件进行浇注混凝土或水泥砂浆时，水下浇注管或带孔钻杆的末端应埋入泥浆中。浇注过程应连续进行，直到顶端溢出浆体的黏稠度与注入浆体一致时为止。 　8　通过临时套管灌注水泥浆时，钢筋的放置应在临时套管拔出之前完成，套管拔出过程中应每隔2m施加灌浆压力。采用管材作为承重构件时，可通过其底部进行灌浆	1. 查阅质量检验记录 　检验项目：桩位偏差、桩身垂直度偏差、钢筋搭接焊缝长度等符合规范规定 2. 查阅施工记录 　内容：成孔、吊装、灌注、填充、加压、保护等符合施工方案要求
5.7.6	预制桩预制过程（包括连接件）、压桩力、接桩和截桩等符合标准规定	**1.《建筑地基基础工程施工质量验收规范》GB 50202—2002** 5.2.2 施工前应对成品桩（锚杆静压成品桩一般均由工厂制造，运至现场堆放）做外观及强度检验，接桩用的焊条或半成品硫黄胶泥应有产品合格证书，或送有关部门检验，压桩用压力表、锚杆规格及质量也应进行检查。硫黄胶泥半成品应每100kg做一组试件（3件）。 5.2.3 压桩过程中应检查压力、桩垂直度、接桩间歇时间、桩的连接质量及压入深度。重要工程应对电焊接桩的接头做10%的探伤检查。对承受反力的结构应加强观测。 5.4.1 桩在现场预制时，应对原材料、钢筋骨架（见表5.4.1）、混凝土强度进行检查；采用工厂生产的成品桩时，桩进场后应进行外观及尺寸检查。 5.4.2 施工中应对桩体垂直度、沉桩情况、桩顶完整状况、接桩质量等进行检查，对电焊接桩，重要工程均做10%的焊缝探伤检查。	1. 查阅质量检验记录 　检验项目：桩位偏差、桩身垂直度偏差、钢筋搭接焊缝长度、压桩力、接桩和截桩等符合规范规定 2. 查阅施工记录 　内容：压桩力、贯入度、接桩、截桩等符合施工方案要求

条款号	大纲条款	检 查 依 据	检查要点
5.7.6	预制桩预制过程（包括连接件）、压桩力、接桩和截桩等符合标准规定	**2.《建筑地基处理技术规范》JGJ 79—2012** 9.3.2 预制桩桩体可采用边长为 150mm～300mm 的预制混凝土方桩，直径 300mm 的预应力混凝土管桩，断面尺寸为 100mm～300mm 的钢管桩和型钢等，施工除应满足现行行业标准《建筑桩基技术规范》JGJ 94 的规定外，尚应符合下列规定： 　　1　对型钢微型桩应保证压桩过程中计算桩体材料最大应力不超过材料抗压强度标准值的 90%； 　　3　除用于减小桩身阻力的涂层外，桩身材料以及连接件的耐久性应符合现行国家标准《工业建筑防腐蚀设计规范》GB 50046 的有关规定。 9.3.3 预制桩的单桩竖向承载力应通过单桩静载荷试验确定；无试验资料时，初步可按本规范式（7.1.5-3）估算。 **3.《建筑桩基技术规范》JGJ 94—2008** 7.3.2 接桩材料应符合下列规定： 　　1　焊接接桩：钢板宜采用低碳钢，焊条宜采用 E43，并应符合现行行业标准要求。接头宜采用探伤检测，同一工程检测量不得少于 3 个接头。 　　2　法兰接桩：钢板和螺栓宜采用低碳钢	
5.7.7	注浆钢管桩水泥浆灌注的注浆方法、时间间隔，钢管连接方式、焊接质量符合标准规定	**1.《建筑地基基础工程施工质量验收规范》GB 50202—2002** 5.5.2 施工中应检查钢桩的垂直度、沉入过程、电焊连接质量、电焊后的停歇时间、桩顶锤击后的完整状况。电焊质量除常规检查外，应做 10% 的焊缝探伤检查。 **2.《建筑地基处理技术规范》JGJ 79—2012** 9.4.1 注浆钢管桩适用于淤泥质土、黏性土、粉土、砂土和人工填土等地基处理。 9.4.2 注浆钢管桩承载力的设计计算，应符合现行行业标准《建筑桩基技术规范》JGJ 94 的有关规定；当采用二次注浆工艺时，桩侧摩阻力特征值可乘以 1.3 的系数。 9.4.3 钢管桩可采用静压或植入等方法施工。 9.4.4 水泥浆的制备应符合下列规定： 　　1　水泥浆的配合比应采用经认证的计量装置计量，材料掺量符合设计要求。 　　2　选用的搅拌机应能够保证搅拌水泥浆的均匀性；在搅拌槽和注浆泵之间应设置存储池，注浆前应进行搅拌以防止浆液离析和凝固。 9.4.5 水泥浆灌注应符合下列规定： 　　1　应缩短桩孔成孔和灌注水泥浆之间的时间间隔； 　　2　注浆时，应采取措施保证桩长范围内完全灌满水泥浆； 　　3　灌注方法应根据注浆泵和注浆系统合理选用，注浆泵与注浆孔口距离不宜大于 30m； 　　4　当采用桩身钢管进行注浆时，可通过底部一次或多次灌浆，也可将桩身钢管加工成花管进行多次灌浆；	1. 查阅质量检验记录 　　检验项目：桩位偏差、桩身垂直度偏差、注浆方法、时间间隔、钢管连接方式、焊接质量、压桩力等符合规范规定 2. 查阅施工记录 　　内容：压桩力、贯入度、接桩、注浆方法、时间间隔、钢管连接方式、焊接质量等符合施工方案要求

条款号	大纲条款	检 查 依 据	检查要点
5.7.7	注浆钢管桩水泥浆灌注的注浆方法、时间间隔，钢管连接方式、焊接质量符合标准规定	5　采用花管灌浆时，可通过花管进行全长多次灌浆，也可通过花管及阀门进行分段灌浆，或通过互相交错的后注浆管进行分步灌浆。 9.4.6　注浆钢管桩钢管的连接应采用套管焊接，焊接强度与质量应满足现行国家标准《建筑地基基础工程施工质量验收规范》GB 50202 的要求。 **3.《建筑桩基技术规范》JGJ 94—2008** 3.1.3.2　对于钢管桩应进行局部压屈验算	
5.7.8	混凝土和砂浆抗压强度、钢构件防腐及钢筋保护层厚度符合标准规定	**《建筑地基处理技术规范》JGJ 79—2012** 9.1.4　根据环境的腐蚀性、微型桩的类型、荷载类型（受拉或受压）、钢材的品种及设计使用年限，微型桩中钢构件或钢筋的防腐构造应符合耐久性设计的要求。钢构件或预制桩钢筋保护层厚度不应小于 25mm，钢管砂浆保护层厚度不应小于 35mm，混凝土灌注桩钢筋保护层厚度不应小于 50mm	1. 查阅质量检验记录 　检验项目：混凝土和砂浆抗压强度、钢构件防腐及钢筋保护层厚度等符合规范规定 2. 查阅检验报告 　结论：混凝土和砂浆抗压强度、钢构件防腐及钢筋保护层厚度检测结果符合设计要求
5.7.9	施工参数符合设计要求，施工记录齐全	**1.《建筑地基处理技术规范》JGJ 79—2012** 9.1.5　软土地基微型桩的设计施工应符合下列规定： 　　1　应选择较好的土层作为桩端持力层，进入持力层深度不宜小于 5 倍的桩径或边长； 　　2　对不排水抗剪强度小于 10kPa 的土层，应进行试验性施工，并应采用护筒或永久套管包裹水泥浆、砂浆或混凝土； 　　3　应采取间隔施工、控制注浆压力和速度等措施，减少微型桩施工期间的地基附加变形，控制基础不均匀沉降及总沉降量； 　　4　在成孔、注浆或压桩施工过程中，应监测相邻建筑和边坡的变形。 10.2.1　地基处理工程应进行施工全过程的监测。施工中，应有专人或专门机构负责监测工作，随时检查施工记录和计量记录，并按照规定的施工工艺对工序进行质量评定。 **2.《电力工程地基处理技术规程》DL/T 5024—2005** 5.0.12　地基处理的施工应有详细的施工组织设计、施工质量管理和质量保证措施。应有专人负责施工检验与质量监督，做好各项施工记录，当发现异常情况时，应及时会同有关部门研究解决	1. 查阅施工方案 　施工参数：符合设计要求 2. 查阅施工记录 　内容：包括桩位、桩顶标高等 　数量：与验收记录相符 3. 查地基附加变形观测记录 　内容：地基、相邻建筑物沉降变形记录详实 　变形、沉降量：在预控范围内

续表

条款号	大纲条款	检 查 依 据	检查要点
5.7.10	地基（基桩）承载力检测数量符合标准规定，检测报告结论满足设计要求	**《建筑地基处理技术规范》JGJ 79—2012** 9.5.4　微型桩的竖向承载力检验应采用静载试验，检验桩数不得少于总桩数的1%，且不得少于3根。 10.1.4　工程验收承载力检验时，静载荷试验最大加载量不应小于设计要求的承载力特征值的2倍	查阅地基（基桩）承载力检测报告 检验方法：符合规范要求 检验数量：不少于总桩数的1%，且不得少于3根 检验结论：符合设计要求
5.7.11	施工质量的检验项目、方法、数量符合标准规定，检验结果满足设计要求，质量验收记录齐全	**《建筑地基处理技术规范》JGJ 79—2012** 9.5.1　微型桩的施工验收，应提供施工过程有关参数，原材料的力学性能检验报告，试件留置数量及制作养护方法、混凝土和砂浆等抗压强度试验报告，型钢、钢管和钢筋笼制作质量检查报告。施工完成后尚应进行桩顶标高和桩位偏差等检验。 9.5.2　微型桩的桩位施工允许偏差，独立基础、条形基础的边桩沿垂直轴线方向应为±1/6桩径，沿轴线方向应为±1/4桩径，其他位置的桩应为±1/2桩径；桩身的垂直度允许偏差应为±1%。 9.5.3　桩身完整性检验宜采用低应变动力试验进行检测。检测桩数不得少于总桩数的10%，且不得少于10根。每个柱下承台的抽检桩数不应少于1根	1. 查阅微型桩施工验收记录 检验内容：微型桩原材及进场复试报告、试件留置数量、强度试验等报告齐全 检验数量：符合设计和规范要求 检验结论：质量合格 2. 查阅微型桩桩位检查记录 桩位、顶标高偏差：符合规范要求 检验数量：符合规范要求
5.8	**灌注桩工程的监督检查**		
5.8.1	当需要提供设计参数和施工工艺参数时，应按试桩方案进行试桩确定	**1.《电力工程地基处理技术规程》DL/T 5024—2005** 5.0.10　地基处理正式施工前，宜进行试验性施工，在确认施工技术条件满足设计要求后，才能进行地基处理的正式施工。 5.0.12　地基处理的施工应有详细的施工组织设计、施工质量管理和质量保证措施。应有专人负责施工检验与质量监督，做好各项施工记录，当发现异常情况时，应及时会同有关部门研究解决。	查阅试桩检测报告或试桩报告 设计参数、施工工艺参数：已确定

续表

条款号	大纲条款	检 查 依 据	检查要点
5.8.1	当需要提供设计参数和施工工艺参数时，应按试桩方案进行试桩确定	14.1.7　对于一、二级建筑物的单桩抗压、抗拔、水平极限承载力标准值，宜按综合试桩结果确定，并应符合下列要求： 　　1　试验地段的选取，应能充分代表拟建建筑物场地的岩土工程条件。 　　2　在同一条件下，试桩数量不应少于 3 根。当总桩数在 50 根以内时，不应少于 2 根。 **2.《建筑桩基技术规范》JGJ 94—2008** 6.2.8　桩在施工前，宜进行试成孔	
5.8.2	灌注桩技术方案、施工方案齐全，已审批	**1.《电力建设施工技术规范　第 1 部分：土建结构工程》DL 5190.1—2012** 3.0.1　工程施工前，应按设计图纸，结合具体情况和施工组织设计的要求编制施工方案，并经批准后方可施工。 **2.《电力工程地基处理技术规程》DL/T 5024—2005** 5.0.12　地基处理的施工应有详细的施工组织设计、施工质量管理和质量保证措施。应有专人负责施工检验与质量监督，做好各项施工记录，当发现异常情况时，应及时会同有关部门研究解决。 **3.《建筑桩基技术规范》JGJ 94—2008** 1.0.3　桩基的设计与施工，应综合考虑工程地质与水文地质条件、上部结构类型、使用功能、荷载特征、施工技术条件与环境；并应重视地方经验，因地制宜，注重概念设计，合理选择桩型、成桩工艺和承台形式，优化布桩，节约资源；强化施工质量控制与管理。 6.1.3　施工组织设计应结合工程特点，有针对性地制定相应质量管理措施，主要应包括下列内容： 　　1　施工平面图：标明桩位、编号、施工顺序、水电线路和临时设施的位置；采用泥浆护壁成孔时，应标明泥浆制备设施及其循环系统。 　　2　确定成孔机械、配套设备以及合理施工工艺的有关资料，泥浆护壁灌注桩必须有泥浆处理措施。 　　3　施工作业计划和劳动力组织计划。 　　4　机械设备、备件、工具、材料供应计划。 　　5　桩基施工时，对安全、劳动保护、防火、防雨、防台风、爆破作业、文物和环境保护等方面应按有关规定执行。 　　6　保证工程质量、安全生产和季节性施工的技术措施。 6.1.4　成桩机械必须经鉴定合格，不得使用不合格机械。 6.1.5　施工前应组织图纸会审，会审纪要连同施工图等应作为施工依据，并应列入工程档案	1.查阅灌注桩技术方案 　审批：手续齐全 　内容：技术参数明确 2.查阅施工方案 　审批：施工单位已编、审、批、签章，监理、建设单位已审批 　施工工艺参数：与技术方案相符

条款号	大纲条款	检 查 依 据	检查要点
5.8.3	钢筋、水泥、砂、石、掺合料及钢筋连接材料等质量证明文件齐全、现场见证取样检验报告齐全	**1.《建筑地基基础工程施工质量验收规范》GB 50202—2002** 5.6.1 施工前应对水泥、砂、石子（如现场搅拌）、钢材等原材料进行检查。 **2.《建筑地基基础设计规范》GB 50007—2011** 10.2.12 对混凝土灌注桩，应提供施工过程有关参数，包括原材料的力学性能检验报告、试件留置数量及制作养护方法、混凝土抗压强度试验报告、钢筋笼制作质量检查报告。施工完成后尚应进行桩顶标高、桩位偏差等检验。 **3.《电力工程地基处理技术规程》DL/T 5024—2005** 14.2.1 钻孔灌注桩 10 钻孔灌注桩所用混凝土应符合下列规定： 1）水泥等水上不宜低于32.5级，水下不宜低于42.5级。 3）粗骨料宜选用5mm～35mm粒径的卵石或碎石，最大粒径不超过40mm，并要求粒组由小到大有一定的级配；卵石或碎石要质量好、强度高，针片状、棒状的含量应小于3%，微风化的应小于10%，中风化、强风化的严禁使用，含泥量应小于1%。 4）细骨料以含长石和石英颗粒为主的中、粗砂为宜，并且有机质含量应小于0.5%，云母含量应小于2%，含泥量应小于3%。 5）钻孔灌注桩用的混凝土可加入掺合料，如粉煤灰、沸石粉、火山灰等，掺入量宜根据配比试验确定。 6）可根据工程需要选用外加剂，通常有减水剂和缓凝剂（如木质素磺酸钙，掺入量0.2%～0.3%；糖蜜，掺入量0.1%～0.2%）、早强剂（如三乙醇胺等）。 **4.《建筑桩基技术规范》JGJ 94—2008** 6.2.5 钢筋笼制作、安装的质量应符合下列要求： 2 分段制作的钢筋笼，其接头宜采用焊接或机械式接头（钢筋直径大于20mm），并应遵守国家现行标准的规定	1. 查阅砂石、水泥、钢材出厂质量证明文件 　出厂合格证：包括进场批次、数量、规格、相应性能指标等内容 2. 查阅砂石、水泥、钢材等材料的检测计划和试验台账 　检测计划、检验数量：符合设计要求和规范规定 　试验台账检验数量：不得少于试验计划检验数量 3. 查阅检测报告 　结论：检测结果合格 　盖章：已加盖CMA章和检测专用章 　签字：授权人已签字
5.8.4	施工参数符合设计要求，施工记录齐全	**《电力工程地基处理技术规程》DL/T 5024—2005** 14.1.15 灌注桩成桩过程中，应进行成孔质量检测，包括孔径、孔斜、孔深、沉渣厚度等，成孔质量检测不得少于总桩数的10%。桩身强度满足养护要求后应采用高应变法、低应变法动力测试或钻孔抽芯法检测桩身质量，高应变检测数量不宜少于总桩数的5%，且不少于5根。采用低应变法测桩宜为总桩数的20%～30%。当单桩竖向抗压极限承载力较大、地质条件复杂、单桩承台时，应提高检测比例。 14.2.1 钻孔灌注桩 7 当钻孔灌注桩孔深达到要求后，立即进行第一次清孔。在下放钢筋笼及导管安装完毕后，灌注混凝土之前，应进行第二次清孔，清孔须满足下列要求：	1. 查阅施工记录 　内容：孔径、孔斜、孔深、沉渣厚度等内容齐全 　检测数量：满足规范要求

条款号	大纲条款	检 查 依 据	检查要点
5.8.4	施工参数符合设计要求，施工记录齐全	1）清孔后的泥浆密度应小于 1.15。 2）二次清孔沉渣允许厚度应根据上部结构变形要求和桩的性能确定。一般条件下，对摩擦端承桩、端承摩擦桩，沉渣厚度不应大于 100mm；对于作支护的纯摩擦桩，沉渣厚度应小于 300mm。 3）二次清孔结束后应在 30min 内浇筑混凝土，若超过 30min，应复测孔底沉渣厚度。若沉渣厚度超过允许厚度时，则需利用导管清除孔底沉渣至合格，方可灌注混凝土。 　　8　钻孔灌注桩钢筋笼的制作应符合设计图纸的要求，主筋净距应大于混凝土粗骨料粒径 3 倍以上；加劲箍筋宜设在主筋外侧，主筋一般不设弯钩；钢筋笼的内径应比导管接头外径大 100mm 以上，允许偏差见表 14.2.1-3。钢筋笼上应设保护层混凝土垫块或护板，每节钢筋笼应不少于 2 组，每组 3 块，应均匀分布在同一截面上，钢筋笼单节长度大于 12m，应增设 1 组。钢筋笼的安放应吊直扶稳，对准桩孔中心，缓慢放下。如两段钢筋笼需在孔口焊接，宜用两台焊机相对焊接，以保证钢筋笼顺直，缩短成桩时间。 　　11　钻孔灌注桩混凝土的浇筑应符合下列规定： 2）在孔内放置导管时，导管下端距孔底以 300mm～500mm 为宜，适当加大初灌量，第一次混凝土应使埋管深度不小于 0.8m，第一盘混凝土浇筑前应加 0.1m³～0.2m³ 的水泥砂浆。正常灌注时，应随时丈量孔内混凝土面上升的位置，保持导管埋深，导管埋深宜为 2m～6m。 4）浇注混凝土应连续进行，因故中断时间不得超过混凝土的初凝时间。一般条件下，浇注时间不宜超过 8h。 5）混凝土的灌注量应保证充盈系数不小于 1.0，一般不宜大于 1.3。 6）桩实际混凝土灌注高度应保证凿除桩顶浮浆后达到设计标高时的混凝土符合设计要求。 7）桩身浇筑过程中，每根桩留取不少于 1 组（3 块）试块，按标准养护后进行抗压试验	2. 查阅各项施工参数 　清孔检测记录：沉渣厚度、泥浆密度满足设计及规范要求 　导管埋设：符合设计及规范要求 　混凝土浇筑间隔时间：符合设计及规范要求 　试件留置组数：符合设计及规范要求
5.8.5	混凝土强度试验等级符合设计要求，试验报告齐全	**1.《电力建设施工质量验收及评价规程　第 1 部分：土建工程》DL/T 5210.1—2012** 5.4.27　混凝土灌注桩工程 　　1　检查数量： 　　　3）混凝土强度试件：每浇筑 50m³ 都必须有一组试件；小于 50m³ 的桩，每根桩必须有一组试件。 　　3　施工试验： 　　　3）混凝土强度试验报告； 　　　4）预制桩龄期及强度试验报告。 **2.《电力工程地基处理技术规程》DL/T 5024—2005** 14.2.1　钻孔灌注桩 　　10　钻孔灌注桩所用混凝土应符合下列规定： 　　　1）混凝土的配合比和强度等级，应按桩身设计强度等级经配比试验确定，并留有一定强度储备（一般以 20％为宜）；混凝土坍落度宜取 160mm～220mm，并保持混凝土的和易性	1. 查阅检测计划、试件台账 　检测计划检验数量：符合设计要求和规范规定 　试件台账检验数量：不得少于检测计划检验数量 2. 查阅混凝土抗压强度试验检测报告 　结论：检测结果合格 　盖章：已加盖 CMA 章和检测专用章 　签字：授权人已签字

条款号	大纲条款	检 查 依 据	检查要点
5.8.6	钢筋连接接头试验合格，报告齐全	**1.《电力工程地基处理技术规程》DL/T 5024—2005** 14.2.1　钻孔灌注桩 　　9　钢筋笼的焊接搭结长度应符合表 14.2.1-4 的规定，焊缝宽度不应小于 0.7d，厚度不小于 0.3d，焊条根据钢筋材质合理选用。 **2.《电力建设施工质量验收及评价规程　第 1 部分：土建工程》DL/T 5210.1—2012** 18.3.1　地基与桩基工程质量记录应评价的内容包括： 　　3　施工试验 　　2）钢筋连接接头质量的试验报告； **3.《建筑桩基技术规范》JGJ 94—2008** 9.2.3　灌注桩施工前应进行下列检验： 　　2　钢筋笼制作应对钢筋规格、焊条规格、品种、焊口规格、焊缝长度、焊缝外观和质量、主筋和箍筋的制作偏差等进行检查，钢筋笼制作允许偏差应符合本规范要求	1. 查阅检测计划、试件台账 　检测计划检验数量：符合设计要求和规范规定 　试件台账检验数量：不得少于检测计划检验数量 2. 查阅钢筋焊接接头试验检测报告 　结论：检测结果合格 　盖章：已加盖 CMA 章和检测专用章 　签字：授权人已签字
5.8.7	桩基础施工工艺与设计（施工）方案一致	**《建筑地基处理技术规范》JGJ 79—2012** 1.2.1　地基处理工程应进行施工全过程的监测。施工中，应有专人或专门机构负责监测工作，随时检查施工记录和计量记录，并按照规定的施工工艺对工序进行质量评定	查阅施工方案 施工工艺：与设计方案一致
5.8.8	人工挖孔桩终孔时，持力层检验记录齐全	**1.《建筑地基基础工程施工质量验收规范》GB 50202—2002** 5.6.2　施工中应对成孔、清渣、放置钢筋笼、灌注混凝土等进行全过程检查，人工挖孔桩尚应复验孔底持力层土（岩）性。嵌岩桩必须有桩端持力层的岩性报告。 **2.《建筑基桩检测技术规范》JGJ 106—2014** 3.3.7　对于端承型大直径灌注桩，当受设备或现场条件限制无法检测单桩竖向抗压承载力时，可选择下列方式之一，进行持力层核验： 　　1　采用钻芯法测定桩底沉渣厚度，并钻取桩端持力层岩土芯样检验桩端持力层，检测数量不应少于总桩数的 10%，且不应少于 10 根； 　　2　采用深层平板载荷试验或岩基平板载荷试验，……检测数量不应少于总桩数的 1%，且不应少于 3 根。 **3.《建筑桩基技术规范》JGJ 94—2008** 9.3.2　灌注桩施工过程中应进行下列检验： 　　1　灌注混凝土前，应按照本规范第 6 章有关施工质量要求，对已成孔的中心位置、孔深、孔径垂直度、孔底沉渣厚度进行检验； 　　2　应对钢筋笼安放的实际位置等进行检查，并填写相应质量检测、检查记录； 　　3　干作业条件下成孔后应对大直径桩桩端持力层进行检验	查阅桩端持力层的岩性报告 结论：检测结果合格 盖章：已加盖 CMA 章和检测专用章 签字：授权人已签字

续表

条款号	大纲条款	检查依据	检查要点
5.8.9	人工挖孔灌注桩、干成孔灌注桩、套管成孔灌注桩、泥浆护壁钻孔灌注桩成孔的桩径、垂直度、孔底沉渣厚度、钢筋保护层厚度及桩位的偏差符合标准规定	**1.《电力建设施工质量验收及评价规程　第 1 部分：土建工程》DL/T 5210.1—2012** 5.4.23　螺旋钻、潜水钻、回旋钻和冲击成孔： 　　1　检查数量：全数检查； 　　2　质量标准和检验方法：见表 5.4.23。 5.4.25　人工挖大直径扩底墩成孔： 　　1　检查数量：全数检查； 　　2　质量标准和检验方法：见表 5.4.25。 **2.《电力工程地基处理技术规程》DL/T 5024—2005** 14.1.15　灌注桩成孔过程中，应进行成孔质量检测，包括孔径、孔斜、孔深、沉渣厚度等，成孔质量检测不得少于总桩数的 10%。 **3.《建筑桩基技术规范》JGJ 94—2008** 6.2.4　灌注桩成孔施工的允许偏差应满足表 6.2.4 的要求。 6.3.9　钻孔达到设计深度，灌注混凝土之前，孔底沉渣厚度指标应符合下列规定： 　　1　对端承型桩，不应大于 50mm； 　　2　对摩擦型桩，不应大于 100mm； 　　3　对抗拔、抗水平力桩，不应大于 200mm。 9.1.1　桩基工程应进行桩位、桩长、桩径、桩身质量和单桩承载力的检验。 9.3.2　灌注桩施工过程中应进行下列检验： 　　1　灌注混凝土前，应按照本规范第 6 章有关施工质量要求，对已成孔的中心位置、孔深、孔径、垂直度、孔底沉渣厚度进行检验； 　　2　应对钢筋笼安放的实际位置等进行检查，并填写相应质量检测、检查记录； 　　3　干作业条件下成孔后应对大直径桩桩端持力层进行检验	1. 查阅灌注桩成孔质量验收记录 　内容：灌注桩成孔施工偏差、孔底沉渣厚度满足规程规范要求 2. 查阅灌注桩成桩过程检查记录 　内容：孔径、孔斜、孔深、沉渣厚度等
5.8.10	工程桩承载力检测结论满足设计要求，桩身质量的检验符合标准规定，报告齐全	**1.《建筑地基基础工程施工质量验收规范》GB 50202—2002** 5.1.5　工程桩应进行承载力检验。对于地基基础设计等级为甲级或地质条件复杂、成桩质量可靠性低的灌注桩，应采用静载荷试验的方法进行检验，检验桩数不应少于总数的 1%，且不应少于 3 根，当总桩数少于 50 根时，不应少于 2 根。 5.1.6　桩身质量应进行检验。对设计等级为甲级或地质条件复杂、成检质量可靠性低的灌注桩，抽检数量不应少于总数的 30%，且不应少于 20 根；其他桩基工程的抽检数量不应少于总数的 20%，且不应少于 10 根；对混凝土预制桩及地下水位以上且终孔后经过核验的灌注桩，检验数量不应少于总桩数的 10%，且不得少于 10 根。每个柱子承台下不得少于 1 根。	1. 查阅灌注桩单桩静载荷试验报告 　单桩静载荷试验承载力：满足设计要求，经设计、监理单位签署意见

续表

条款号	大纲条款	检查依据	检查要点
5.8.10	工程桩承载力检测结论满足设计要求，桩身质量的检验符合标准规定，报告齐全	**2.《电力工程地基处理技术规程》DL/T 5024—2005** 14.1.15　灌注桩成桩过程中，应进行成孔质量检测，包括孔径、孔斜、孔深、沉渣厚度等，成孔质量检测不得少于总桩数的10%。桩身强度满足养护要求后应采用高应变法、低应变法动力测试或钻孔抽芯法检测桩身质量，高应变检测数量不宜少于总桩数的5%，且不少于5根。采用低应变法测桩宜为总桩数的20%～30%。当单桩竖向抗压极限承载力较大、地质条件复杂、单桩承台时，应提高检测比例。 14.1.17　为确保实际单桩竖向极限承载力标准值达到设计要求，应根据工程重要性、岩土工程条件、设计要求及工程施工情况采用单桩静载荷试验或可靠的动力测试方法进行工程桩单桩承载力检测。对于工程桩施工前未进行综合试桩的一级建筑桩基和岩土工程条件复杂、桩的施工质量可靠性低、确定单桩承载力的可靠性低、桩数多的二级建筑桩基，应采用单桩静载荷试验对工程桩单桩竖向承载力进行检测，在同一条件下的检测数量不宜小于总桩数的1%，且不应小于3根；对于工程桩施工前已进行过综合试桩的一级建筑桩基及其他所有工程桩，应采用可靠的高应变动力测试法对工程桩单桩竖向承载力进行检测。 **3.《建筑桩基技术规范》JGJ 94—2008** 9.4.3　有下列情况之一的桩基工程，应采用静荷载试验对工程桩单桩竖向承载力进行检测，检测数量应根据桩基设计等级、本工程施工前取得试验数据的可靠性因素，可按现行行业标准《建筑基桩检测技术规范》JGJ 106确定： 　　1　工程施工前已进行单桩静载试验，但施工过程变更了工艺参数或施工质量出现异常时； 　　2　施工前工程未按本规范第5.3.1条规定进行单桩静载试验的工程； 　　3　地质条件复杂、桩的施工质量可靠性低； 　　4　采用新桩型或新工艺。 **4.《建筑桩基检测技术规范》JGJ 106—2014** 4.1.2　为设计提供依据的试验桩，应加载至桩侧与桩端的岩土阻力达到极限状态；当桩的承载力由桩身强度控制时，可按设计要求的加载量进行加载。 4.1.3　工程桩验收检测时，加载量不应小于设计要求的单桩承载力特征值的2.0倍。 4.4.1　检测数据的处理应符合下列规定： 　　1　确定单桩竖向抗压承载力时，应绘制竖向荷载沉降（Q-s）曲线、沉降—时间对数（s—$\lg t$）曲线；也可绘制其他辅助分析曲线； 　　2　当进行桩身应变和桩身截面位移测定时，应按本规范附录A的规定，整理测试数据，绘制桩身轴力分布图，计算不同土层的桩侧阻力和桩端阻力。 4.4.2　单桩竖向抗压极限承载力应按下列方法分析确定：	2.查阅灌注桩桩身完整性检测报告 　结论：检测报告结果满足规范规定 3.查阅灌注桩高应变检测工程桩承载力检测报告 　结论：承载力符合设计要求和规范规定

条款号	大纲条款	检 查 依 据	检查要点
5.8.10	工程桩承载力检测结论满足设计要求，桩身质量的检验符合标准规定，报告齐全	1 根据沉降随荷载变化的特征确定：对于陡降型 Q-s 曲线，应取其发生明显陡降的起始点对应的荷载值； 2 根据沉降随时间变化的特征确定：应取 s—$\lg t$ 曲线尾部出现明显向下弯曲的前一级荷载值； 3 符合本规范第 4.3.7 条第 2 款情况时，宜取前一级荷载值； 4 对于缓变型 Q-s 曲线，宜根据桩顶总沉降量，取 s 等于 40mm 对应的荷载值；对 D（D 为桩端直径）大于等于 800mm 的桩，可取 s 等于 $0.05D$ 对应的荷载值；当桩长大于 40m 时，宜考虑桩身弹性压缩。 5 不满足本条第 14 款情况时，桩的竖向抗压极限承载力时，应取低值。 4.4.4 单桩竖向抗压承载力特征值应按单桩竖向抗压极限承载力的 50％取值	
5.8.11	施工质量的检验项目、方法、数量符合标准规定，检验结果满足设计要求，质量验收记录齐全	**1.《建筑地基基础工程施工质量验收规范》GB 50202—2002** 5.1.2 桩基工程的桩位验收，除设计有规定外，应按下述要求进行： 1 当桩顶设计标高与施工场地标高相同时，或桩基施工结束后，有可能对桩位进行检查时，桩基工程的验收应在施工结束后进行。 2 当桩顶设计标高低于施工场地标高，送桩后无法对桩位进行检查时，对打入桩可在每根桩顶沉至场地标高时，进行中间验收，待全部桩施工结束，承台或底板开挖到设计标高后，再做最终验收。对灌注桩可对护筒位置做中间验收。 5.1.4 灌注桩的桩位偏差必须符合表 5.1.4 的规定，桩顶标高至少要比设计标高高出 0.5m，桩底清孔质量按不同的成桩工艺有不同的要求，应按本章的各节要求执行。每浇注 50m³ 必须有 1 组试件，小于 50m³ 的桩，每根桩必须有 1 组试件。 5.6.3 施工结束后，应检查混凝土强度，并应做桩体质量及承载力的检验。 5.6.4 混凝土灌注桩的质量检验标准应符合表 5.6.4-1、表 5.6.4-2 的规定。 **2.《电力建设施工质量验收及评价规程　第 1 部分：土建工程》DL/T 5210.1—2012** 5.4.27 混凝土灌注桩工程： 1 检查数量： 主控项目： 1）承载力检验：应按现行有关标准或按经专项论证的检验方案抽样检测。 2）桩体质量检验：对设计等级为甲级或地质条件复杂、成桩质量可靠性低的灌注桩，抽检数量不应少于总数的 30％，且不应少于 20 根；其他桩基工程的抽检数量不应少于总桩数的 10％。且不得少于 10 根。每个柱子承台下不得少于 1 根。 3）混凝土强度试件：每浇筑 50m³ 都必须有 1 组试件；小于 50m³ 的桩，每根桩必须有 1 组试件。 4）桩位偏差：应全数检查。 一般项目：	1. 查阅施工记录 　检验项目：桩端入岩深度、沉渣厚度等 2. 查阅质量验收记录 　检验项目：有桩顶标高、孔径、孔斜、孔深、沉渣厚度、充盈系数等 　检验方法：有测量、高应变、低应变、静载荷试验等 　检验数量：符合设计和规范规定

续表

条款号	大纲条款	检 查 依 据	检查要点
5.8.11	施工质量的检验项目、方法、数量符合标准规定，检验结果满足设计要求，质量验收记录齐全	5）全数检查。 2 质量标准和检验方法：见表5.4.27。 **3.《电力工程地基处理技术规程》DL/T 5024—2005** 14.1.13 一级、二级建筑物桩基工程在施工过程及建成后使用期间，应进行系统的沉降观测直至沉降稳定。 14.1.15 灌注桩成桩过程中，应进行成孔质量检测，包括孔径、孔斜、孔深、沉渣厚度等，成孔质量检测不得少于总桩数的10%。桩身强度满足养护要求后应采用高应变法、低应变法动力测试或钻孔抽芯法检测桩身质量，高应变检测数量不宜少于总桩数的5%，且不少于5根。采用低应变法测桩宜为总桩数的20%～30%。当单桩竖向抗压极限承载力较大、地质条件复杂、单桩承台时，应提高检测比例。 14.2.1 钻孔灌注桩 　11 钻孔灌注桩混凝土的浇注应符合下列规定： 　7）桩身浇注过程中，每根桩留取不少于1组（3块）试块，按标准养护后进行抗压试验。 　8）当混凝土试块强度达不到设计要求时，可从桩体中进行抽芯检验或采取其他非破损检验方法。 **4.《建筑桩基技术规范》JGJ 94—2008** 9.5.2 基桩验收应包括下列资料： 　1 岩土工程勘察报告、桩基施工图、图纸会审纪要、设计变更单及材料代用通知单等； 　2 经审定的施工组织设计、施工方案及执行中的变更单； 　3 桩位测量放线图，包括工程桩位线复核签证单； 　4 原材料的质量合格和质量鉴定书； 　5 半成品如预制桩、钢桩等产品的合格证； 　6 施工记录及隐蔽工程验收文件； 　7 成桩质量检查报告； 　8 单桩承载力检测报告； 　9 基坑挖至设计标高的基桩竣工平面图及桩顶标高图； 　10 其他必须提供的文件和记录	
5.9 预制桩工程的监督检查			
5.9.1	当需要提供设计参数和施工工艺参数时，应按试桩方案进行试桩确定	**《电力工程地基处理技术规程》DL/T 5024—2005** 5.0.8 大中型电力工程一、二级建（构）筑物的地基处理应进行原体试验。对于扩建工程，当工程条件有较大变化时，宜进行地基处理原体试验。 5.0.10 地基处理正式施工前，宜进行试验性施工，在确认施工技术条件满足设计要求后，才能进行地基处理的正式施工。	查阅试桩检测报告或试桩报告 设计参数、施工工艺参数：已确定

条款号	大纲条款	检 查 依 据	检查要点
5.9.1	当需要提供设计参数和施工工艺参数时，应按试桩方案进行试桩确定	14.1.7 对于一、二级建筑物的单桩抗压、抗拔、水平极限承载力标准值，宜按综合试桩结果确定，并应符合下列要求： 　　1 试验地段的选取，应能充分代表拟建建筑物场地的岩土工程条件。 　　2 在同一条件下，试桩数量不应少于 3 根。当总桩数在 50 根以内时，不应少于 2 根	
5.9.2	预制桩工程施工组织设计、施工方案齐全，已审批	**1.《建筑施工组织设计规范》GB/T 50502—2009** 3.0.5 施工组织设计的编制和审批应符合下列规定： 　　1 施工组织设计应由项目负责人主持编制，可根据需要分阶段编制和审批。 　　2 施工组织总设计应由总承包单位技术负责人审批；单位工程施工组织设计应由施工单位技术负责人或技术负责人授权的技术人员审批，施工方案应由项目技术负责人审批；重点、难点分部（分项）工程和专项工程施工方案应由施工单位技术部门组织相关专家评审，施工单位技术负责人批准。 　　3 由专业承包单位施工的分部（分项）工程或专项工程的施工方案，应由专业承包单位技术负责人或技术负责人授权的技术人员审批；有总承包单位时，应由总承包单位项目技术负责人核准备案。 　　4 规模较大的分部（分项）工程和专项工程的施工方案应接单位工程施工组织、设计进行编制和审批。 **2.《电力建设施工技术规范 第 1 部分：土建结构工程》DL 5190.1—2012** 3.0.1 工程施工前，应按设计图纸，结合具体情况和施工组织设计的要求编制施工方案，并经批准后方可施工。 **3.《电力工程地基处理技术规程》DL/T 5024—2005** 5.0.12 地基处理的施工应有详细的施工组织设计、施工质量管理和质量保证措施。应有专人负责施工检验与质量监督，做好各项施工记录，当发现异常情况时，应及时会同有关部门研究解决。 **4.《建筑桩基技术规范》JGJ 94—2008** 1.0.3 桩基的设计与施工，应综合考虑工程地质与水文地质条件、上部结构类型、使用功能、荷载特征、施工技术条件与环境；并应重视地方经验，因地制宜，注重概念设计，合理选择桩型、成桩工艺和承台形式，优化布桩，节约资源；强化施工质量控制与管理	查阅预制桩施工组织设计、施工方案 　内容：引用规范、施工方法、机械参数等 　审批：施工单位编、审、批已签字，监理、建设单位已审批
5.9.3	静压桩、锤击桩施工工艺与设计（施工）方案一致	**1.《建筑地基基础工程施工质量验收规范》GB 50202—2002** 5.2.3 压桩过程中应检查压力、桩垂直度、接桩间歇时间、桩的连接质量及压入深度。重要工程应对电焊接桩的接头做 10% 的探伤检查。对承受反力的结构应加强观测。 5.4.4 对长桩或总锤击数超过 500 击的锤击桩，应符合桩体强度及 28d 龄期的两项条件才能锤击。	查阅施工方案 　施工工艺：与设计方案一致

条款号	大纲条款	检 查 依 据	检查要点
5.9.3	静压桩、锤击桩施工工艺与设计（施工）方案一致	**2.《建筑桩基技术规范》JGJ 94—2008** 7.4.5　打入桩（预制混凝土方桩、预应力混凝土空心桩、钢桩）的桩位偏差，应符合表 7.4.5 的规定。斜桩倾斜度的偏差不得大于倾斜角正切值的 15%（倾斜角系桩的纵向中心线与铅垂线间夹角）。 7.4.6　桩终止锤击的控制应符合下列规定： 　　1　当桩端位于一般土层时，应以控制桩端设计标高为主，贯入度为辅； 　　2　桩端达到坚硬、硬塑的黏性土、中密以上粉土、砂土、碎石类土及风化岩时，应以贯入度控制为主，桩端标高为辅； 　　3　贯入度已达到设计要求而桩端标高未达到时，应继续锤击 3 阵，并按每阵 10 击的贯入度不应大于设计规定的数值确认，必要时，施工控制贯入度应通过试验确定。 7.5.7　最大压桩力不得小于设计的单桩竖向极限承载力标准值，必要时可由现场试验确定。 7.5.8　静力压桩施工的质量控制应符合下列规定： 　　1　第一节桩下压时垂直度偏差不应大于 0.5%； 　　2　宜将每根桩一次性连续压到底，且最后一节有效桩长不宜小于 5m； 　　3　抱压力不应大于桩身允许侧向压力的 1.1 倍。 7.5.9　终压条件应符合下列规定： 　　1　应根据现场试压桩的试验结果确定终压力标准； 　　2　终压连续复压次数应根据桩长及地质条件等因素确定。对于入土深度大于或等于 8m 的桩，复压次数可为 2～3 次；对于入土深度小于 8m 的桩，复压次数可为 3～5 次； 　　3　稳压压桩力不得小于终压力，稳定压桩的时间宜为 5s～10s	
5.9.4	施工参数符合设计要求，施工记录齐全	**1.《建筑工程施工质量验收统一标准》GB 50300—2013** 3.0.3　建筑工程的施工质量控制应符合下列规定： 　　1　建筑工程采用的主要材料、半成品、建筑构配件、器具和设备应进行进场检验。凡涉及安全、节能、环境保护和主要使用功能的重要材料、产品，应按各专业工程施工规范、验收规范和设计文件等规定进行复验，并应经监理工程师检查认可。 　　2　各施工工序应按技术标准进行质量控制，每道工序完成后经单位自检符合规定后，才能进行下道工序施工。各专业工种之间的相关工序应进行交接检验，并应记录。 　　3　对于监理单位提出检查要求的重要工序，应经监理工程师检查认可，才能进行下道工序施工。 **2.《建筑地基基础工程施工质量验收规范》GB 50202—2002** 5.3.1　施工前应检查进入现场的成品桩、接桩用电焊条等产品质量。 5.3.2　施工过程中应检查桩的贯入情况、桩顶完整状况、电焊接桩质量、桩体垂直度、电焊后的停歇时间。重要工程应对电焊接头做 10% 的焊缝探伤检查。	1. 查阅施工方案 　质量控制参数：符合技术方案要求 2. 查阅施工记录 　内容：桩身垂直度、桩顶标高、接桩、贯入度、桩压力等施工记录

条款号	大纲条款	检　查　依　据	检查要点
5.9.4	施工参数符合设计要求，施工记录齐全	5.4.1　桩在现场预制时，应对原材料、钢筋骨架（见表 5.4.1）、混凝土强度进行检查；采用工厂生产的成品桩时，桩进场后应进行外观及尺寸检查。 5.4.2　施工中应对桩体垂直度、沉桩情况、桩顶完整状况、接桩质量等进行检查，对电焊接桩，重要工程应做 10% 的焊缝探伤检查。 **3.《电力工程地基处理技术规程》DL/T 5024—2005** 14.1.16　打入桩坐标控制点、高程控制点以及建筑物场地内的轴线控制点，均应设置在打桩施工影响区域之外，距离桩群的边缘一般不少于 30m。施工过程中，应对测量控制点定期核对。 14.3.2　预应力高强混凝土管桩和预应力混凝土管桩 　（4）PHC、PC 桩交付使用时，生产厂商应提交产品合格证、原材料（包括钢筋、水泥、砂、碎石等）的试验检验合格证明、离心混凝土试块强度报告、钢筋墩头强度报告、桩体外观质量和尺寸偏差等检验报告。 **4.《建筑桩基技术规范》JGJ 94—2008** 7.5.8　静力压桩施工的质量控制应符合下列规定： 　1　第一节桩下压时垂直度偏差不应大于 0.5%； 　2　宜将每根桩一次性连续压到底，且最后一节有效桩长不宜小于 5m； 　3　抱压力不应大于桩身允许侧向压力的 1.1 倍	
5.9.5	桩体和连接材料的质量证明文件齐全	**1.《建筑地基基础工程施工质量验收规范》GB 50202—2002** 5.4.1　桩在现场预制时，应对原材料、钢筋骨架（见表 5.4.1）、混凝土强度进行检查；采用工厂生产的成品桩时，桩进场后应进行外观及尺寸检查。 **2.《工业建筑防腐蚀设计规范》GB 50046—2008** 4.9.2　桩基础的选择宜符合下列规定： 　1　腐蚀环境下宜选用预制钢筋混凝土桩。 　2　腐蚀性等级为中、弱时，可采用预应力混凝土管桩或混凝土灌注桩。 4.9.4　混凝土桩基础的结构设计应符合下列规定： 　1　预制钢筋混凝土桩的混凝土强度等级不低于 C40、水灰比不应大于 0.4；腐蚀性等级为中、弱时，抗渗等级不应低于 S8；腐蚀性等级为强时，抗渗等级不应低于 S10；钢筋的混凝土保护层厚度不应小于 45mm。 　2　预应力混凝土管桩的混凝土强度等级不低于 C60、抗渗等级不应低于 S10；钢筋的混凝土保护层厚度不应小于 35mm；桩尖宜采用闭口型。 4.9.5　混凝土桩身的防护应符合表 4.9.5 的规定。 **3.《电力建设施工质量验收及评价规程　第 1 部分：土建工程》DL/T 5210.1—2012** 18.3.1　地基及桩基工程质量记录应评价的内容包括：	1. 查阅连接材料、预制桩出厂质量证明文件或现场预制桩的原材料质量证明文件 　出厂合格证：进场批次、数量、规格、相应性能指标 　厂家资质：认证范围满足现场供货要求且在有效期内

续表

条款号	大纲条款	检 查 依 据	检查要点
5.9.5	桩体和连接材料的质量证明文件齐全	3 施工试验： 1）各种地基材料的配合比试验报告； 2）钢筋连接接头质量的试验报告； 3）混凝土强度试验报告： **4.《建筑桩基技术规范》JGJ 94—2008** 7.3.2 接桩材料应符合下列规定： 1 焊接接桩：钢板宜采用低碳钢，焊条宜采用 E43，并应符合现行行业标准要求。接头宜采用探伤检测，同一工程检测量不得少于 3 个接头。 2 法兰接桩：钢板和螺栓宜采用低碳钢。 9.1.3 对砂、石、水泥、钢材等桩体原材料质量的检测项目和方法应符合国家现行有关标准的规定。 **5.《建筑地基处理技术规范》JGJ 79—2012** 9.3.2 预制桩桩体可采用边长为 150mm～300mm 的预制混凝土方桩，直径 300mm 的预应力混凝土管桩，断面尺寸为 100mm～300mm 的钢管桩和型钢等，施工除应满足现行行业标准《建筑桩基技术规范》JGJ 94 的规定外，尚应符合下列规定： 3 除用于减小桩身阻力的涂层外，桩身材料以及连接件的耐久性应符合现行国家标准《工业建筑防腐蚀设计规范》GB 50046 的有关规定	2. 查阅材料检测计划和试验台账 　检测计划检验数量：符合设计要求和规范规定 　试验台账检验数量：不得少于检测计划检验数量 3. 查阅预制桩材料、混凝土强度等级、抗渗等级检测报告 　结论：检测结果合格 　盖章：已加盖 CMA 章和检测专用章 　签字：授权人已签字
5.9.6	桩身混凝土强度与强度评定符合标准规定和设计要求	**1.《建筑地基基础工程施工质量验收规范》GB 50202—2002** 5.1.6 桩身质量应进行检验。……对混凝土预制桩……，检验数量不应少于总桩数的 10%，且不得少于 10 根。每个柱子承台下不得少于 1 根。 5.2.2 施工前应对成品桩（锚杆静压成品桩一般均由工厂制造，运至现场堆放）做外观及强度检验，…… 5.4.1 桩在现场预制时，应对原材料、钢筋骨架（见表 5.4.1）、混凝土强度进行检查；采用工厂生产的成品桩时，桩进场后应进行外观及尺寸检查。 **2.《混凝土结构工程施工质量验收规范》GB 50204—2015** 7.4.1 混凝土的强度等级必须符合设计要求。用于检验混凝土强度的试件应在浇筑地点随机抽取。 　检查数量：对同一配合比混凝土，取样与试件留置应符合下列规定： 1 每拌制 100 盘且不超过 100m³ 财，取样不得少于一次； 2 每工作班拌制不足 100 盘时，取样不得少于一次； 3 每连续浇筑超过 1000m³ 时，每 200m³ 取样不得少于一次； 5 每次取样应至少留置一组试件。 　检验方法：检查施工记录及混凝土标准养护试件试验报告	1. 查阅现场预制桩混凝土试块强度试验报告 　代表数量：与实际浇筑的数量相符 　强度：符合设计要求 2. 查阅成品桩质量证明文件 　混凝土强度：满足设计要求

条款号	大纲条款	检 查 依 据	检查要点
5.9.6	桩身混凝土强度与强度评定符合标准规定和设计要求		3. 查阅现场预制桩混凝土强度检验评定记录 评定方法：选用正确 数据：统计、计算准确 签字：计算者、审核者已签字 结论：符合设计要求
5.9.7	桩身检测、接桩接头检测合格，报告齐全	**1.《建筑地基基础工程施工质量验收规范》GB 50202—2002** 5.1.6 桩身质量应进行检验。……对混凝土预制桩……，检验数量不应少于总桩数的10％，且不得少于10根。每个柱子承台下不得少于1根。 5.2.2 施工前应对成品桩（锚杆静压成品桩一般均由工厂制造，运至现场堆放）做外观及强度检验，接桩用焊条或半成品硫黄胶泥应有产品合格证书，或送有关部门检验，压桩用压力表、锚杆规格及质量也应进行检查。硫黄胶泥半成品应每100kg做一组试件（3件）。 5.2.3 压桩过程中应检查压力、桩垂直度、接桩间歇时间、桩的连接质量及压入深度。重要工程应对电焊接桩的接头做10％的探伤检查。对承受反力的结构应加强观测。 5.2.4 施工结束后，应做桩的承载力及桩体质量检验。 5.4.1 桩在现场预制时，应对原材料、钢筋骨架（见表5.4.1）、混凝土强度进行检查；采用工厂生产的成品桩时，桩进场后应进行外观及尺寸检查。 5.4.2 施工中应对桩体垂直度、沉桩情况、桩顶完整状况、接桩质量等进行检查，对电焊接桩，重要工程应做10％的焊缝探伤检查。 **2.《电力工程地基处理技术规程》DL/T 5024—2005** 14.1.14 打入桩在施打过程中，应采用高应变动测法对基桩进行质量检测，测桩数量宜为总桩数的3％～7％，且不少于5根。如发现桩基工程有质量问题，按照发现1根有问题时增加2根桩检测的原则对桩基施工质量作总体评价。低应变法测桩，对于钢筋混凝土预制桩或PHC桩不应少于总桩数的20％～30％，对于钢桩，可由设计根据工程重要性和桩基施工情况确定检测比例。 15.4.16 低应变动测报告应包括下列内容： 　　1 工程名称、地点，建设、设计、监理和施工单位、委托方名称，设计要求，监测目的、监测依据，检测数量和日期。 　　2 地质条件概况； 　　3 受检桩的桩号、桩位示意图和施工简况；	1. 查阅成品桩桩身检测检查记录 　内容：外观（几何尺寸、表面缺陷等）检查记录 2. 查阅接桩的施工记录和焊接接头检验报告 　施工记录和检验报告：焊缝外观、接头防腐及焊接接头的探伤检验结果符合规范规定

续表

条款号	大纲条款	检 查 依 据	检查要点
5.9.7	桩身检测、接桩接头检测合格，报告齐全	4 检测方法、检测仪器设备和检测过程； 5 检测桩的实测与计算分析曲线，检测成果汇总表； 6 结论和建议。 **3.《建筑桩基技术规范》JGJ 94—2008** 7.3.3 采用焊接接桩……应符合下列规定： 7 焊接接头的质量检查，对于同一工程探伤抽样检验不得少于 3 个接头	
5.9.8	基桩承载力检测数量符合标准规定，检测报告结论满足设计要求	**1.《建筑地基基础工程施工质量验收规范》GB 50202—2002** 5.2.4 施工结束后，应做桩的承载力及桩体质量检验。 **2.《电力工程地基处理技术规程》DL/T 5024—2005** 14.1.14 打入桩在施打过程中，应采用高应变动测法对基桩进行质量检测，测桩数量宜为总桩数的 3%～7%，且不少于 5 根。如发现桩基工程有质量问题，按照发现 1 根桩有问题时增加 2 根桩检测的原则对桩基施工质量作总体评价。低应变法测桩，对于钢筋混凝土预制桩或 PHC 桩不应少于总桩数的 20%～30%，对于钢桩，可由设计根据工程重要性和基桩施工情况确定检测比例。 14.1.17 为确保实际单桩竖向极限承载力标准值达到设计要求，应根据工程重要性、岩土工程条件、设计要求及工程施工情况采用单桩静载荷试验或可靠的动力测试方法进行工程桩单桩承载力检测。对于工程桩施工前未进行综合试桩的一级建筑桩基和岩土工程条件复杂、桩的施工质量可靠性低、确定单桩承载力的可靠性低、桩数多的二级建筑桩基，应采用单桩静载荷试验对工程桩单桩竖向承载力进行检测，在同一条件下的检测数量不宜小于总桩数的 1%，且不应小于 3 根；对于工程桩施工前已进行过综合试桩的一级建筑桩基及其他所有工程桩基，应采用可靠的高应变动力测试法对工程桩单桩竖向承载力进行检测	1. 查阅单桩静载荷试验报告 单桩静载荷试验承载力：满足设计要求，经设计、监理单位签署意见 2. 查阅桩身完整性检测报告 结论：检测报告结果满足规范规定 3. 查阅高应变检测工程桩承载力检测报告 结论：承载力符合设计要求和规范规定
5.9.9	施工质量的检验项目、方法、数量符合标准规定，检验结果满足设计要求，质量验收记录齐全	**1.《建筑地基基础工程施工质量验收规范》GB 50202—2002** 5.1.2 桩基工程的桩位验收，除设计有规定外，应按下述要求进行： 1 当桩顶设计标高与施工场地标高相同时，或桩基施工结束后，有可能对桩位进行检查时，桩基工程的验收应在施工结束后进行。 2 当桩顶设计标高低于施工场地标高，送桩后无法对桩位进行检查时，对打入桩可在每根桩桩顶沉至场地标高时，进行中间验收，待全部结束施工，承台或底板开挖到设计标高后，再做最终验收。对灌注桩可对护筒位置做中间验收。 5.1.3 打（压）入桩（预制混凝土方桩、先张法预应力管桩、钢桩）的桩位偏差，必须符合表 5.1.3 的规定。斜桩倾斜度的偏差不得大于倾斜角正切值的 15%（倾斜角系桩的纵向中心线与铅垂线间夹角）。	1. 查阅质量检验记录 检验项目：桩身垂直度、桩顶标高、接桩、贯入度、桩压力等 检验方法：测量、高应变、低应变、静载荷试验等 检验数量：符合规范规定

续表

条款号	大纲条款	检 查 依 据	检查要点
5.9.9	施工质量的检验项目、方法、数量符合标准规定，检验结果满足设计要求，质量验收记录齐全	**2. 《电力工程地基处理技术规程》DL/T 5024—2005** 14.1.14 打入桩在施打过程中，应采用高应变动测法对基桩进行质量检测，测桩数量宜为总桩数的3%～7%，且不少于5根。如发现桩基工程有质量问题，按照发现1根桩有问题时增加2根桩检测的原则对桩基施工质量作总体评价。低应变法测桩，对于钢筋混凝土预制桩或PHC桩不应少于总桩数的20%～30%，对于钢桩，可由设计根据工程重要性和桩基施工情况确定检测比例。 **3. 《建筑桩基技术规范》JGJ 94—2008** 7.4.13 施工现场应配备桩身垂直度观测仪器（长条水准尺或经纬仪）和观测人员，随时量测桩身的垂直度。 9.1.1 桩基工程应进行桩位、桩长、桩径、桩身质量和单桩承载力的检验。 9.2.1 施工前应严格对桩位进行检验。 9.5.2 基桩验收应包括下列资料： 　1 岩土工程勘察报告、桩基施工图、图纸会审纪要、设计变更单及材料代用通知单等； 　2 经审定的施工组织设计、施工方案及执行中的变更单； 　3 桩位测量放线图，包括工程桩位线复核签证单	2. 查阅质量验收记录 　内容：桩顶标高、桩位、桩体质量、地基承载力、接桩、贯入度、桩压力等验收记录符合规范规定

5.10　基坑工程的监督检查

条款号	大纲条款	检 查 依 据	检查要点
5.10.1	设计前已通过现场试验或试验性施工，确定了设计参数和施工工艺参数	**《电力工程地基处理技术规程》DL/T 5024—2005** 5.0.5 地基处理工作的规划和实施，可按下列顺序进行： 　3 结合电力工程初步设计阶段岩土工程勘测，实施必要的地基处理原体试验，以获得必要的设计参数和合理的施工方案。 5.0.10 地基处理正式施工前，宜进行试验性施工，在确认施工技术条件满足设计要求后，才能进行地基处理的正式施工	查阅设计前现场试验或试验性施工文件 　内容：施工工艺参数与设计参数相符
5.10.2	基坑施工方案、基坑监测技术方案齐全，已审批；深基坑施工方案经专家评审，评审资料齐全	**1. 《建筑地基基础工程施工质量验收规范》GB 50202—2002** 7.1.2 基坑（槽）、管沟开挖前应做好下述工作： 　1 基坑（槽）、管沟开挖前，应根据支护结构形式、挖坑、地质条件、施工方法、周围环境、工期、气候和地面荷载等资料制定施工方案、环境保护措施、监测方案，经审批后方可施工。 **2. 《建筑基坑工程监测技术规范》GB 50497—2009** 3.0.1 开挖深度超过5m，或开挖深度未超过5m但现场地质情况和周围环境较复杂的基坑工程均应实施基坑工程监测。 3.0.3 基坑工程施工前，应由建设方委托具备相应资质的第三方对基坑工程实施现场监测。监测单位应编制监测方案。监测方案应经建设、设计、监理等单位认可，必要时还需与市政道路、地下管线、人防等有关部门协商一致后方可实施。	1. 查阅基坑施工方案 　施工方案编、审、批：施工单位相关责任人已签字 　报审表审核：监理单位相关责任人已签字 　报审表批准：建设单位相关责任人已签字 　施工步骤和工艺参数：与技术方案相符

续表

条款号	大纲条款	检 查 依 据	检查要点
5.10.2	基坑施工方案、基坑监测技术方案齐全，已审批；深基坑施工方案经专家评审，评审资料齐全	**3.《电力建设施工技术规范 第1部分：土建结构工程》DL 5190.1—2012** 8.1.4 地下结构基坑开挖及下部结构的施工方案，应根据施工区域的水文地质、工程地质、自然条件及工程的具体情况，通过分析核算与技术经济比较后确定，经批准后方可施工。 **4. 危险性较大的分部分项工程安全管理办法建质〔2009〕87号** 附件一 危险性较大的分部分项工程范围 一、基坑支护、降水工程： 　　开挖深度超过3m（含3m）或虽未超过3m但地质条件和周边环境复杂的基坑（槽）支护、降水工程	深基坑施工方案专家评审意见：已落实 2. 查阅基坑监测方案审批：建设、设计、监理等相关单位责任人已签字
5.10.3	施工参数符合设计要求，施工记录齐全	**1.《电力工程地基处理技术规程》DL/T 5024—2005** 5.0.12 地基处理的施工应有详细的施工组织设计、施工质量管理和质量保证措施。应有专人负责施工检验与质量监督，做好各项施工记录，当发现异常情况时，应及时会同有关部门研究解决。 **2.《建筑地基基础工程施工质量验收规范》GB 50202—2002** 7.1.7 基坑（槽）、管沟土方工程验收必须以确保支护结构安全和周围环境安全为前提。当设计有指标时，以设计要求为依据，如无设计指标时应按表7.1.7的规定执行。 **3.《建筑地基处理技术规范》JGJ 79—2012** 3.0.12 地基处理施工中应有专人负责质量控制和监测，并做好各项施工记录，……	1. 查阅施工方案 质量控制参数：符合设计要求 2. 查阅施工记录文件 内容：包括测量定位放线记录、基坑支护施工记录、深基坑变形监测记录等 基坑变形值：满足规范要求
5.10.4	钢筋、混凝土、锚杆、桩体、土钉、钢材等质量证明文件齐全	**1.《建筑地基基础工程施工质量验收规范》GB 50202—2002** 4.1.2 砂、石子、水泥、钢材、石灰、粉煤灰等原材料的质量、检验项目、批量和检验方法，应符合国家现行标准的规定。 5.4.1 桩在现场预制时，应对原材料、钢筋骨架、混凝土强度进行检查；采用工厂生产的成品桩时，桩进厂后应进行外观及尺寸检查。 7.4.3 施工中应对锚杆或土钉位置、钻孔直径、深度及角度、锚杆或土钉插入长度、注浆配比、压力及注浆量、喷锚墙面厚度及强度、锚杆或土钉应力等进行检查。 **2.《电力建设施工质量验收及评价规程 第1部分：土建工程》DL/T 5210.1—2012** 5.3.7 锚杆及土钉墙支护工程： 1. 检查数量： 主控项目： 　　1）锚杆锁定力：每一典型土层中至少应有3个专门用于测试的非工作钉。	1. 查阅钢筋、混凝土等材料进场验收记录 内容：包括出厂合格证（出厂试验报告）、复试报告、材料进场时间、批次、数量、规格、相应性能指标 2. 查阅施工单位材料跟踪管理台账 内容：包括钢筋、水泥等材料的合格证、复试报告、使用情况、检验数量

条款号	大纲条款	检 查 依 据	检查要点
5.10.4	钢筋、混凝土、锚杆、桩体、土钉、钢材等质量证明文件齐全	2）锚杆土钉长度检查：至少应抽查 20％。 一般项目： 　　3）砂浆强度：每批至少应留置 3 组试件，试验 3 天和 28 天强度。 　　4）混凝土强度：每喷射 50m³～100m³ 混合料或混合料小于 50m³ 的独立工程，不得少于 1 组，每组试块不得少于 3 个；材料或配合比变更时，应另做 1 组	3. 查阅钢筋、混凝土、锚杆等试验检测报告和试验委托单 　报告检测结果：合格 　报告签章：已加盖 CMA 章和检测专用章、授权人已签字 　委托单签字：见证取样人员已签字且已附资格证书编号 　代表数量：与进场数量相符
5.10.5	钻芯、抗拔、声波等试验合格，报告齐全	**1.《建筑地基基础工程施工质量验收规范》GB 50202—2002** 5.1.6　桩身质量应进行检验。 5.6.3　施工结束后，应检查混凝土强度（钻心取样），并应做桩体质量及承载力的检验。 **2.《复合土钉墙基坑支护技术规范》GB 50739—2011** 5.1.6　预应力锚杆抗拔承载力和杆体抗拉承载力验算应按现行行业标准《建筑基坑支护技术规程》JGJ 120 的有关规定执行。 **3.《建筑桩基技术规范》JGJ 94—2008** 5.4.6　群桩基础及其基桩的抗拔极限承载力的确定应符合下列规定： 　　1　对于设计等级为甲级和乙级建筑桩基，基桩的抗拔极限承载力应通过现场单桩上拔静载荷试验确定	查阅钻芯、抗拔、声波等检测报告 　内容：包括试验检测报告和竣工验收检测报告 　结论：合格 　盖章：已加盖 CMA 章和检测专用章 　签字：授权人已签字
5.10.6	施工工艺与设计（施工）方案一致；基坑监测实施与方案一致	**1.《建筑地基基础工程施工质量验收规范》GB 50202—2002** 7.1.3　土方开挖的顺序、方法必须与设计工况一致，并遵循"开槽支撑，先撑后挖，分层开挖，严禁超挖"的原则。 **2.《建筑基坑工程监测技术规范》GB 50497—2009** 3.0.8　监测单位应严格实施监测方案，及时分析、处理监测数据，并将监测结果和评价及时向委托方及相关单位作信息反馈。当监测数据达到监测报警值时必须立即通报委托方及相关单位。 3.0.9　当基坑工程设计或施工有重大变更时，监测单位应及时调整监测方案。	1. 查阅施工方案 　施工工艺：与设计方案一致 2. 查阅基坑监测方案 　内容：监测实施记录与方案一致

条款号	大纲条款	检 查 依 据	检查要点
5.10.6	施工工艺与设计（施工）方案一致；基坑监测实施与方案一致	**3.《建筑地基处理技术规范》JGJ 79—2012** 3.0.2 在选择地基处理方案时，应考虑上部结构、基础和地基的共同作用，进行多种方案的技术经济比较，选用地基处理或加强上部结构与地基处理相结合的方案。 **4.《建筑基坑支护技术规程》JGJ 120—2012** 3.1.10 基坑支护设计应满足下列主体地下结构的施工要求： 　1 基坑侧壁与主体地下结构的净空间和地下水控制应满足主体地下结构及防水的施工要求； 　2 采用锚杆时，锚杆的锚头及腰梁不应妨碍地下结构外墙的施工； 　3 采用内支撑时，内支撑及腰梁的设置应便于地下结构及防水的施工	
5.10.7	施工质量的检验项目、方法、数量符合标准规定，检验结果满足设计要求，质量验收记录齐全	**《建筑地基基础工程施工质量验收规范》GB 50202—2002** 4.1.2 砂、石子、水泥、钢材、石灰、粉煤灰等原材料质量、检验项目、批量和检验方法应符合国家现行标准的规定。 4.1.3 地基施工结束，宜在一个间歇期后，进行质量验收，间歇期由设计确定。 8.0.1 分项工程、分部（子分部）工程质量的验收，均应在施工单位自检合格的基础上进行。施工单位确认自检合格后提出工程验收申请，工程验收时应提供下列技术文件和记录： 　1 原材料的质量合格证和质量鉴定文件； 　2 半成品如预制桩、钢桩、钢筋笼等产品合格证书； 　3 施工记录及隐蔽工程验收文件； 　4 检测试验及见证取样文件； 　5 其他必须提供的文件或记录	1. 查阅质量检验记录 　检验项目：包括桩孔直径、桩孔深度等偏差 　检验方法：量测 　检验数量：符合规范规定 2. 查阅质量验收记录 　内容：包括检验批、分项工程验收记录及隐蔽工程验收文件等 　数量：与项目质量验收范围划分表相符

5.11　边坡工程的监督检查

条款号	大纲条款	检 查 依 据	检查要点
5.11.1	设计有要求时，通过现场试验和试验性施工，确定设计参数和施工工艺参数	**《电力工程地基处理技术规程》DL/T 5024—2005** 5.0.5 地基处理工作的规划和实施，可按下列顺序进行： 　3 结合电力工程初步设计阶段岩土工程勘测，实施必要的地基处理原体试验，以获得必要的设计参数和合理的施工方案	查阅设计有要求时的现场试验或试验性施工文件 　内容：施工工艺参数与设计参数相符

续表

条款号	大纲条款	检 查 依 据	检查要点
5.11.2	边坡处理技术方案、施工方案齐全，已审批	**1.《建筑边坡工程技术规范》GB 50330—2013** 18.1.1　边坡工程应根据安全等级、边坡环境、工程地质和水文地质、支护结构类型和变形控制要求等条件编制施工方案，采取合理、可行、有效的措施保证施工安全。 18.1.2　对土石方开挖后不稳定或欠稳定的边坡，应根据边坡的地质特征和可能发生的破坏方式等情况，采取自上而下、分段跳槽、及时支护的逆作法或部分逆作法施工。未经设计许可严禁大开挖、爆破作业。 **2.《建筑地基基础工程施工质量验收规范》GB 50202—2002** 7.1.2　基坑的支护与开挖方案，各地均有严格的规定，应按当地的要求，对方案进行申报，经批准后才能施工	1. 查阅设计单位的边坡处理技术方案 　审批：审批人已签字 2. 查阅施工方案报审表 　审核：监理单位相关责任人已签字 　批准：建设单位相关责任人已签字 3. 查阅施工方案 　编、审、批：施工单位相关责任人已签字 　施工步骤和工艺参数：与技术方案相符
5.11.3	施工工艺与设计（施工）方案一致	《建筑地基基础工程施工质量验收规范》GB 50202—2002 7.1.3　土方开挖的顺序、方法必须与设计工况一致，并遵循"开槽支撑，先撑后挖，分层开挖，严禁超挖"的原则	查阅施工方案 　施工工艺：与设计方案一致
5.11.4	钢筋、水泥、砂、石、外加剂等原材料质量证明文件齐全	**1.《建筑地基基础工程施工质量验收规范》GB 50202—2002** 4.1.2　砂、石子、水泥、钢材、石灰、粉煤灰等原材料的质量、检验项目、批量和检验方法，应符合国家现行标准的规定。 **2.《建筑地基基础设计规范》GB 50007—2011** 6.8.5　岩石锚杆的构造应符合下列规定： 　1　岩石锚杆由锚固段和非锚固段组成。锚固段应嵌入稳定的基岩中，嵌入基岩深度应大于40倍锚杆筋体直径，且不得小于3倍锚杆的孔径。非锚固段的主筋必须进行防腐处理。 　2　作支护用的岩石锚杆，锚杆孔径不宜小于100mm；作防护用的锚杆，其孔径可小于100mm，但不应小于60mm。 　3　岩石锚杆的间距，不应小于锚杆孔径的6倍。 　4　岩石锚杆与水平面的夹角宜为15°~25°。	1. 查阅钢筋、水泥、外加剂等材料进场验收记录 　内容：包括出厂合格证（出厂试验报告）、复试报告、材料进场时间、批次、数量、规格、相应性能指标

续表

条款号	大纲条款	检 查 依 据	检查要点

5.11.4	钢筋、水泥、砂、石、外加剂等原材料质量证明文件齐全	5 锚杆筋体宜采用热轧带肋钢筋，水泥砂浆强度不宜低于 25MPa，细石混凝土强度不宜低于 C25。
		
		3.《建筑边坡工程技术规范》GB 50330—2013
		16.1.1 边坡支护结构的原材料质量检验应包括下列内容：
		  1 材料出厂合格证检查；
		  2 材料现场抽检；
		  3 锚杆浆体和混凝土的配合比试验，强度等级检验。
		C.3.2 验收试验锚杆的数量取每种类型锚杆总数的 5%（自由段位Ⅰ、Ⅱ或Ⅲ类岩石内时取总数的 3%），且均不得少于 5 根。
		
		4.《混凝土结构工程施工质量验收规范》GB 50204—2015
		5.2.1 钢筋进场时，应按国家相关标准的规定抽取试件作屈服强度、抗拉强度、伸长率、弯曲性能和重量偏差检验，检验结果应符合相关标准的规定。
		  检查数量：按进场批次和产品的抽样检验方案确定。
		  检验方法：检查质量证明文件和抽样检验报告。
		7.2.1 水泥进场时，应对其品种、代号、强度等级、包装或散装编号、出厂日期等进行检查，并应对水泥的强度、安定性和凝结时间进行检验，检验结果应符合现行国家标准《通用硅酸盐水泥》GB 175 的相关规定。
		  检查数量：按同一厂家、同一品种、同一代号、同一强度等级、同一批号且连续进场的水泥，袋装不超过 200t 为一批，散装不超过 500t 为一批，每批抽样不少于一次。
		  检验方法：检查质量证明文件和抽样检验报告。
		7.2.2 混凝土外加剂进场时，应对其品种、性能、出厂日期等进行检查，并应对外加剂的相关性能进行检验，检验结果应符合现行国家标准《混凝土外加剂》GB 8076 和《混凝土外加剂应用技术规范》GB 50119 等的规定。
		  检查数量：按同一厂家、同一品种、同一性能、同一批号且连续进场的混凝土外加剂，不超过 50t 为一批，每批抽样数量不应少于一次。
		  检验方法：检查质量证明文件和抽样检验报告。
		
		5.《普通混凝土用砂、石质量及检验方法标准》JGJ 52—2006
		4.0.1 供货单位应提供砂或石的产品合格证及质量检验报告。
		  使用单位应按砂或石的同产地同规格分批验收。采用大型工具（如火车、货船或汽车）运输的，应以 400m³ 或 600t 为一验收批；采用小型工具（如拖拉机等）运输的，应以 200m³ 或 300t 为一验收批。不足上述量者，应按一验收批进行验收。
		4.0.2 当砂或石的质量比较稳定、进料量又较大时，可以 1000t 为一验收批
			2. 查阅施工单位材料跟踪管理台账
			  内容：包括钢筋、水泥、外加剂等材料的合格证、复试报告、使用情况、检验数量，可追溯
			
			3. 查阅钢筋、混凝土、锚杆等试验检测报告和试验委托单
			  报告检测结果：合格
			  报告签章：已加盖 CMA 章和检测专用章、授权人已签字
			  委托单签字：见证取样人员已签字且已附资格证书编号
			  代表数量：与进场数量相符

续表

条款号	大纲条款	检 查 依 据	检查要点
5.11.5	施工参数符合设计要求，施工记录齐全	**1.《电力工程地基处理技术规程》DL/T 5024—2005** 5.0.12 地基处理的施工应有详细的施工组织设计、施工质量管理和质量保证措施。应有专人负责施工检验与质量监督，做好各项施工记录。 **2.《建筑地基处理技术规范》JGJ 79—2012** 3.0.12 地基处理施工中应有专人负责质量控制和监测，并做好各项施工记录	1. 查阅施工方案 施工工艺：与设计方案一致 2. 查阅施工记录文件 内容：包括测量定位放线记录、边坡支护施工记录、边坡变形监测记录等
5.11.6	灌注排桩数量符合设计要求，喷射混凝土护壁厚度和强度的检验符合设计要求，锚孔施工、锚杆灌浆和张拉符合设计要求，资料齐全	**《建筑边坡工程技术规范》GB 50330—2013** 8.5.2 锚孔施工应符合下列规定： 　1 锚孔定位偏差不宜大于20mm。 　2 锚孔偏斜度不应大于2%。 　3 钻孔深度超过锚杆设计长度应不小0.5m。 8.5.5 锚杆的灌浆应符合下列要求： 　1 灌浆前应清孔，排放孔内积水。 　2 注浆管宜与锚杆同时放入孔内；向水平孔或下倾孔内注浆时，注浆管出浆口应插入距孔底100mm～300mm处，浆液自下而上连续灌注；向上倾斜的钻孔内注浆时，应在孔口设置密封装置。 　3 孔口溢出浆液或排气管停止排气并满足注浆要求时，可停止注浆。 　4 根据工程条件和设计要求确定灌浆方法和压力，确保钻孔灌浆饱满和浆体密实。 　5 浆体强度检验用试块的数量每30根锚杆不应少于一组，每组试块不应少于6个。 8.5.6 预应力锚杆的张拉与锁定应符合下列规定： 　1 锚杆张拉宜在锚固体强度大于20MPa并达到设计强度的80%后进行； 　2 锚杆张拉顺序应避免临近锚杆相互影响； 　3 锚杆张拉控制应力不宜超过0.65倍钢筋或钢绞线的强度标准值； 　4 锚杆进行正式张拉之前，应取0.10倍～0.20倍锚杆轴向拉力值，对锚杆预张拉1次～2次，使其各部位的接触紧密和杆体完全平直； 　5 预应力保留值应满足设计要求；对地层及被锚固结构位移控制要求较高的工程，预应力锚杆的锁定值宜为锚杆轴向拉力特征值；对容许地层及被锚固结构产生一定变形的工程，预应力锚杆的锁定值宜为锚杆设计预应力值的0.75倍～0.90倍	1. 查看灌注排桩 数量：符合设计要求 2. 查阅检测报告 喷射混凝土护壁厚度和强度及灌浆浆体强度、锚杆灌浆和张拉力：符合设计要求 盖章：已加盖CMA章和检测专用章 签字：授权人已签字 数量：与验收记录相符

续表

条款号	大纲条款	检 查 依 据	检查要点
5.11.7	泄水孔位置、边坡坡度、反滤层、回填土、挡土墙伸缩缝（沉降缝）位置和填塞物、边坡排水系统符合设计要求；边坡位移监测数据符合标准规定	**《建筑边坡工程技术规范》GB 50330—2013** 3.5.4 边坡工程应设泄水孔。 3.5.1 边坡工程应根据实际情况设置地表及内部排水系统。 10.3.5 重力式挡墙的伸缩缝间距对条石块石挡墙应采用 20m～25m，对素混凝土挡墙应采用 10m～15m，在地基性状和挡墙高度变化处应设沉降缝缝宽应采用 20mm～30mm，缝中应填塞沥青麻筋或其他有弹性的防水材料，填塞深度不应小于 150mm。在挡墙拐角处应适当加强构造措施。 10.3.6 挡墙后面的填土应优先选择透水性较强的填料当采用黏性土作填料时宜掺入适量的碎石	1. 查看泄水孔 　位置：符合设计要求 2. 查看边坡 　坡度：符合设计要求 3. 查看挡土墙伸缩缝（沉降缝） 　位置和填塞物：符合设计要求 4. 查看边坡排水系统 　地表及内部排水：符合设计要求 5. 查看边坡位移监测点 　位置和数量：符合设计要求 6. 查阅边坡位移监测记录 　变形值及速率：符合设计要求和规范规定
5.11.8	施工质量的检验项目、方法、数量符合标准规定，检验结果满足设计要求，质量验收记录齐全	**《建筑地基基础工程施工质量验收规范》GB 50202—2002** 4.1.2 砂、石子、水泥、钢材、石灰、粉煤灰等原材料质量、检验项目、批量和检验方法应符合国家现行标准的规定。 4.1.3 地基施工结束，宜在一个间歇期后，进行质量验收，间歇期由设计确定	1. 查阅质量检验记录 　检验项目：包括锚杆抗拔承载力、喷浆厚度和强度、混凝土和砂浆强度等，符合设计要求和规范规定 　检验方法：包括实测和取样试验，符合规范规定 　检验数量：符合规范规定

续表

条款号	大纲条款	检 查 依 据	检查要点
5.11.8	施工质量的检验项目、方法、数量符合标准规定，检验结果满足设计要求，质量验收记录齐全		2. 查阅质量验收记录 内容：包括检验批、分项工程验收记录及隐蔽工程验收文件等 数量：与项目质量验收范围划分表相符
5.12 湿陷性黄土地基的监督检查			
5.12.1	经处理的湿陷性黄土地基，检测其湿陷量消除指标符合设计要求。	**《湿陷性黄土地区建筑规范》GB 50025—2004** 6.1.1 当地基的湿陷变形、压缩变形或承载力不能满足设计要求时，应针对不同土质条件和建筑物的类别，在地基压缩层内或湿陷性黄土层内采取处理措施，各类建筑的地基处理应符合下列要求： 　1 甲类建筑应消除地基的全部湿陷量或采用桩基础穿透全部湿陷性黄土层，或将基础设置在非湿陷性黄土层上； 　2 乙、丙类建筑应消除地基的部分湿陷量	查阅地基检测报告 结论：湿性变形量（湿陷系数）符合设计要求 盖章：已加盖 CMA 章和检测专用章 签字：授权人已签字
5.12.2	桩基础在非自重湿陷性黄土场地，桩端支承在压缩性较低的非湿陷性黄土层中；在自重湿陷性黄土场地，桩端支承在可靠的岩（土）层中	**1.《湿陷性黄土地区建筑规范》GB 50025—2004** 3.0.2 防止或减小建筑物地基浸水湿陷的设计措施，可分为下列三种： 　1 防止或减小建筑物地基浸水湿陷的设计措施地基处理措施：消除地基全部或部分湿陷量，或采用桩基础穿透全部湿陷性黄土层，或将基础设置在非湿陷性黄土层上。 5.7.2 在湿陷性黄土场地采用桩基础，桩端必须穿透湿陷性黄土层，并应符合下列要求： 　1 在非自重湿陷性黄土场地，桩端应支承在压缩性较低的非湿陷性黄土层中； 　2 在自重湿陷性黄土场地，桩端应支承在可靠的岩（或土）层中。 **2.《建筑桩基技术规范》JGJ 94—2008** 3.4.1 软土地基的桩基设计原则应符合下列规定： 　1 软土中的桩基宜选择中、低压缩性土层作为桩端持力层； 3.4.2 湿陷性黄土地区的桩基设计原则应符合下列规定： 　1 基桩应穿透湿陷性黄土层，桩端应支撑在压缩性低的黏性土、粉土、中密或密实砂土以及碎石类土层中	查阅设计图纸与施工记录 内容：桩端支撑在设计要求的持力层上

续表

条款号	大纲条款	检 查 依 据	检查要点
5.12.3	单桩竖向承载力通过现场静载荷浸水试验，结果满足设计要求	**1.《湿陷性黄土地区建筑规范》GB 50025—2004** 5.7.4 在湿陷性黄土层厚度等于或大于 10m 的场地，对于采用桩基础的建筑，其单位桩竖向承载力特征值，应按本规范附录 H 的试验要点，在现场通过单桩竖向承载力静载荷浸水试验测定的结构确定。 **2.《建筑桩基技术规范》JGJ 94—2008** 3.4.2 湿陷性黄土地区的桩基设计原则应符合下列规定： 　　2 湿陷性黄土地基中，设计等级为甲、乙级建筑桩基单桩极限承载力，宜以浸水载荷试验为主要试验依据	查阅单桩竖向承载力现场静载荷浸水试验报告 结论：承载力满足设计要求 盖章：已加盖 CMA 章和检测专用章 签字：授权人已签字
5.12.4	灰土、土挤密桩进行了现场静载荷浸水试验，结果满足设计要求	**1.《湿陷性黄土地区建筑规范》GB 50025—2004** 4.3.8 在现场采用试坑浸水试验确定自重湿陷量的实测值。 6.4.11 对重要或大型工程，……还应进行下列测试工作综合判定： 　　1 在处理深度内，分层取样测定挤密土及孔内填料的湿陷性及压缩性； 　　2 在现场进行静载荷试验或其他原位测试。 **2.《建筑地基处理技术规范》JGJ 79—2012** 7.5.4 灰土挤密桩、土挤密桩复合地基质量测验应符合下列规定： 　　4 对消除湿陷性工程……尚应进行现场浸水静载荷试验，试验方法应符合《建筑地基处理技术规范》GB 50025 的规定	查阅灰土、土挤密桩现场静载荷浸水试验报告 试验方法：符合《湿陷性黄土地区建筑规范》GB 50025—2004 的规定 结论：已按设计要求进行了现场静载荷浸水试验，承载力满足设计要求 盖章：已加盖 CMA 章和检测专用章 签字：授权人已签字
5.12.5	填料不得选用盐渍土、膨胀土、冻土、含有机质的不良土料和粗颗粒的透水性（如砂、石）材料	**《建筑地基基础工程施工质量验收规范》GB 50202—2002** 4.2.1 条文说明，灰土的土料宜用黏土，粉质黏土。严禁采用冻土，膨胀土和盐渍土等活动性很强的土料	查阅施工记录 填料：未采用冻土，膨胀土和盐渍土等活动性很强的土料

条款号	大纲条款	检 查 依 据	检查要点
5.13	**液化地基的监督检查**		
5.13.1	采用振冲或挤密碎石桩加固的地基,处理后液化等级与液化指数符合设计要求	**1.《建筑抗震设计规范》GB 50011—2010** 4.3.2 地面下存在饱和砂土和饱和粉土时,除 6 度外,应进行液化判别;存在液化土层的地基,应根据建筑的抗震设防类别、地基的液化等级,结合具体情况采取相应的措施。 注:本条饱和土液化判别要求不含黄土、粉质黏土。 **2.《建筑桩基技术规范》JGJ 94—2008** 3.4.6 对于存在液化扩展的地段,应验算桩基在土流动的侧向作用力下的稳定性	查阅地基检测报告 结论:处理后地基的液化指数符合设计要求 盖章:已加盖 CMA 章和检测专用章 签字:授权人已签字
5.13.2	桩进入液化土层以下稳定土层的长度符合标准规定	**《建筑桩基技术规范》JGJ 94—2008** 3.4.6 抗震设防区桩基的设计原则应符合下列规定: 　　1 桩进入液化土层以下稳定土层的长度(不包括桩尖部分)应按计算确定, 桩进入液化土层以下稳定土层的长度(不包括桩尖部分)应按计算确定;对于碎石土,砾、粗、中砂,密实粉土,归坚硬黏性土尚不应小于(2~3)d,对其化非岩石土尚不宜小于(4~5)d	查阅设计图纸与施工记录 桩进入液化土层以下稳定土层的长度:符合规范规定,符合设计要求
5.14	**冻土地基的监督检查**		
5.14.1	所用热棒、通风管管材、保温隔热材料,产品质量证明文件齐全,复试合格	**1.《电力建设施工质量验收及评价规程 第 1 部分:土建工程》DL/T 5210.1—2012** 18.3.1 地基及桩基工程质量记录应评价的内容包括: 　　1 材料、预制桩合格证(出厂试验报告)、进场验收记录及水泥、钢筋复验报告。 **2.《冻土地区建筑地基基础设计规范》JGJ 118—2011** 5.1.4 基础的稳定性(受冻胀力作用时)应按本规范附录 C 的规定进行验算。对冻胀性地基土,可采取下列减小或消除冻胀力危害的措施: 　　1 在基础外侧面,可用非冻胀性土层或隔热材料保温,其厚度与宽度宜通过热工计算确定; 7.2.4 通风空间地面应坡向外墙或排水沟,其坡度不应小于 2%,并宜采用隔热材料覆盖。 7.2.6 填土通风管圈梁基础应符合下列规定: 　　3 通风管宜采用内径为 300mm~500mm,壁厚不小于 50mm 的预制钢筋混凝土管,其长径比不宜大于 40。 　　6 通风管数量和填土高度应根据室内采暖温度、地面保温层热阻等参数由热工计算确定。 　　7 外墙外侧的通风管数量不得少于 2 根。 7.5.10 热棒的产冷量与建筑地点的气温冻结指数、热棒直径、热棒埋深和间距等有关,通过热工计算确定。 7.5.11 热桩、热棒基础应与地坪隔热层配合使用	1. 查阅热棒、通风管管材、保温隔热材料等材料进场验收记录 　内容:包括出厂合格证(出厂试验报告)、复试报告,材料进场时间、批次、数量、规格等相应性能指标 2. 查阅施工单位材料跟踪管理台账 　内容:包括热棒、通风管管材、保温隔热等材料合格证、复试报告、使用情况、检验数量

条款号	大纲条款	检 查 依 据	检查要点
5.14.1	所用热棒、通风管管材、保温隔热材料，产品质量证明文件齐全，复试合格		3. 查阅热棒、通风管管材、保温隔热等材料试验检测报告和试验委托单 报告检测结果：合格 报告签章：已加盖CMA章和检测专用章、授权人已签字 委托单签字：见证取样人员已签字且已附资格证书编号 代表数量：与进场数量相符
5.14.2	热棒、通风管、保温隔热材料施工记录齐全，记录数据和实际相符	《冻土地区建筑地基基础设计规范》JGJ 118—2011 7.5.4 采用空心桩—热棒架空通风基础时，单根桩基础所需热棒的规格和数量，应根据建筑地段的气温冻结指数、地基多年冻土的热稳定性以及桩基的承载能力，通过热工计算确定。 7.5.5 空心桩可采用钢筋混凝土桩或钢管桩。桩的直径和桩长，应根据荷载以及热棒对地基多年冻土的降温效应，经热工计算和承载力计算确定。 7.5.8 采用填土热棒圈梁基础时，应根据房屋平面尺寸、室内平均温度、地坪热阻和地基允许流入热量选择热棒的直径和长度，设计热棒的形状，并按本规范附录J的规定，确定热棒的合理间距	查阅施工记录 热棒和通风管数量及间距，保温隔热材料：符合规范规定
5.14.3	地温观测孔及变形监测点设置符合标准规定	《冻土地区建筑地基基础设计规范》JGJ 118—2011 9.2.4 冻土地基主要监测项目和要求应符合规定： 1 地温场监测：包括年平均地温及持力层范围内的地温变化状态。年平均地温观测孔应布设在建筑物的中心部位，深度应大于15m，其余温度场监测孔宜按东西和南北向断面布置，每个断面不宜少于2个，当建筑物长度或宽度大于20m时，每20m应布设一个测点，深度应大于预计最大融化深度2m～3m，或不小于2倍的上限深度，并不小于8m；地温监测点沿深度布设时，从地面起算，在10m范围内，应按0.5m间隔布设，10m以下应按1.0m间隔布没，地温监测精度应为0.1℃。 2 变形监测：基础的冻胀与融沉变形，包括施工和使用期间冻土地基基础的变形监测、基坑变形监测，监测点应设置在外墙上，并应在建筑物20m外空旷场地设置基准点；四个墙角（和曲面）各设一个监测点，其余每间隔20m（或间墙）布设一个监测点	查看现场地温观测孔及变形监测点设置 地温观测孔及变形监测点设置：符合规范规定

条款号	大纲条款	检 查 依 据	检查要点
5.14.4	季节性冻土、多年冻土地基融沉和承载力满足设计要求	**《冻土地区建筑地基基础设计规范》JGJ 118—2011** 4.2.1　保持冻结状态的设计宜用于下列场地或地基： 　　3　地基最大融化深度范围内，存在融沉、强融沉、融陷性土及其夹层的地基。 6.3.6　地基承载力计算应符合现行国家标准《建筑地基基础设计规范》GB 50007 的规定，其中地基承载力特征值应采用按实测资料确定的融化土地基承载力特征值；当无实测资料时，可按该规范的相应规定确定。 9.1.4　施工完成后的工程桩应进行单桩竖向承载力检验，并应符合下列规定：多年冻土地区单桩竖向承载力检验，如按地基土逐渐融化状态或预先融化状态设计时，应在地基土处于融化状态时进行检验，检验方法应符合现行行业标准《建筑基桩检测技术规范》JGJ 106—2014 的规定。 F.0.9　同一土层参加统计的试验点不应少于 3 点，当试验实测值的极差不超过其平均值的 30% 时，取此平均值作为该土层冻土地基承载力的特征值	查阅融沉和承载力检测报告 　结论：地基融沉和承载力满足设计要求 　盖章：已加盖 CMA 章和检测专用章 　签字：授权人已签字
5.15	**膨胀土地基的监督检查**		
5.15.1	设计前已通过现场试验或试验性施工，确定了设计参数和施工工艺参数	**《电力工程地基处理技术规程》DL/T 5024—2005** 5.0.5　地基处理工作的规划和实施，可按下列顺序进行： 　　3　结合电力工程初步设计阶段岩土工程勘测，实施必要的地基处理原体试验，以获得必要的设计参数和合理的施工方案	查阅设计前现场试验或试验性施工文件 　内容：已确定施工工艺参数与设计参数
5.15.2	膨胀土地基处理技术方案、施工方案齐全，已审批	**1.《膨胀土地区建筑技术规范》GB 50112—2013** 6.1.1　膨胀土地区的建筑施工，应根据设计要求、场地条件和施工季节，针对膨胀土的特性编制施工组织设计。 **2.《建筑地基基础工程施工质量验收规范》GB 50202—2002** 4.1.3　地基施工结束，宜在一个间歇期后，进行质量验收，间歇期由设计确定	1. 查阅设计单位的技术方案 　审批：审批人已签字 2. 查阅施工方案报审表 　审核：监理单位相关责任人已签字 　批准：建设单位相关责任人已签字 3. 查阅施工方案 　签字：编、审、批：施工单位相关责任人已签字 　施工步骤和工艺参数：与技术方案相符

条款号	大纲条款	检 查 依 据	检查要点
5.15.3	施工工艺与设计、施工方案一致	**1.《膨胀土地区建筑技术规范》GB 50112—2013** 6.1.4 堆放材料和设备的施工现场，应采取保持场地排水畅通的措施。排水流向应背离基坑（槽）。需大量浇水的材料，堆放在距基坑（槽）边缘的距离不应小于10m。 6.1.5 回填土应分层回填夯实，不得采用灌（注）水作业。 6.2.5 灌注桩施工时，成孔过程中严禁向孔内注水。孔底虚土经清理后，应及时灌注混凝土成桩。 6.2.6 基础施工出地面后，基坑（槽）应及时分层回填，填料宜选用非膨胀土或经改良后的膨胀土，回填压实系数不应小于0.94。 **2.《建筑地基处理技术规范》JGJ 79—2012** 3.0.2 在选择地基处理方案时，应考虑上部结构、基础和地基的共同作用，进行多种方案的技术经济比较，选用地基处理或加强上部结构与地基处理相结合的方案	查阅施工方案 施工工艺：与设计方案一致

5.15.4	钢筋、水泥、砂石骨料、外加剂等主要原材料质量证明文件齐全	**1.《建筑地基基础工程施工质量验收规范》GB 50202—2002**
		4.1.2 砂、石子、水泥、钢材、石灰、粉煤灰等原材料的质量、检测项目、批量和检验方法，应符合国家现行标准的规定。
		2.《混凝土结构工程施工质量验收规范》GB 50204—2015
		5.2.1 钢筋进场时，应按国家现行相关标准的规定抽取试件作屈服强度、抗拉强度、伸长率、弯曲性能和重量偏差检验，检验结果应符合相关标准规定。
		  检查数量：按进场批次和产品抽样检验方案确定。
		  检验方法：检查质量证明文件和抽样检验报告。
		7.2.1 水泥进场时，应对其品种、代号、强度等级、包装或散装编号、出厂日期等进行检查，并应对水泥的强度、安定性和凝结时间进行检验，检验结果应符合现行国家标准《通用硅酸盐水泥》GB 175 的相关规定。
		  检查数量：按同一厂家、同一品种、同一代号、同一强度等级、同一批号且连续进场的水泥，袋装不超过200t 为一批，散装不超过500t 为一批，每批抽样不少于一次。
		  检验方法：检查质量证明文件和抽样检验报告。
		7.2.2 混凝土外加剂进场时，应对其品种、性能、出厂日期等进行检查，并应对外加剂的相关性能进行检验，检验结果应符合现行国家标准《混凝土外加剂》GB 8076、《混凝土外加剂应用技术规范》GB 50119 等的规定。
		  检查数量：按同一厂家、同一品种、同一性能、同一批号且连续进场的混凝土外加剂，不超过50t 为一批，每批抽样数量不应少于一次。
		  检验方法：检查质量证明文件和抽样检验报告。
			1. 查阅钢筋、水泥、外加剂等材料进场验收记录
			内容：包括出厂合格证（出厂试验报告）、复试报告，材料进场时间、批次、数量、规格、相应性能指标
			
			2. 查阅施工单位材料跟踪管理台账
			内容：包括钢筋、水泥、外加剂等材料的合格证、复试报告、使用情况、检验数量

条款号	大纲条款	检 查 依 据	检查要点
5.15.4	钢筋、水泥、砂石骨料、外加剂等主要原材料质量证明文件齐全	**3.《普通混凝土用砂、石质量及检验方法标准》JGJ 52—2006** 4.0.1 供货单位应提供砂或石的产品合格证及质量检验报告。 使用单位应按砂或石的同产地同规格分批验收。采用大型工具（如火车、货船或汽车）运输的，应以 400m³ 或 600t 为一验收批；采用小型工具（如拖拉机等）运输的，应以 200m³ 或 300t 为一验收批。不足上述量者，应按一验收批进行验收。 4.0.2 当砂或石的质量比较稳定、进料量又较大时，可以 1000t 为一验收批	3. 查阅钢筋、水泥、外加剂等材料试验检测报告和试验委托单 　报告检测结果：合格 　报告签章：已加盖 CMA 章和检测专用章、授权人已签字 　委托单签字：见证取样人员已签字且已附资格证书编号 　代表数量：与进场数量相符
5.15.5	施工参数符合设计要求，施工记录齐全	**1.《膨胀土地区建筑技术规范》GB 50112—2013** 5.2.2 膨胀土地基上建筑物的基础埋置深度不应小于 1m。 5.2.16 膨胀土地基上建筑物的地基变形计算值，不应大于地基变形允许值。 5.7.2 膨胀土地基换土可采用非膨胀性土、灰土或改良土，换土厚度应通过变形计算确定。膨胀土土性改良可采用掺水泥、石灰等材料，掺合比和施工工艺应通过试验确定。 6.2.6 基础施工出地面后，基坑（槽）应及时分层回填，填料宜选用非膨胀土或经改良后的膨胀土，回填压实系数不应小于 0.94。 6.3.2 散水应在室内地面做好后立即施工。伸缩缝内的防水材料应充填密实，并应略高于散水，或做成脊背形状。 6.3.4 水池、水沟等水工构筑物应符合防漏、防渗要求，混凝土浇筑时不宜留施工缝，必须留缝时应加止水带，也可在池壁及底板增设柔性防水层。 **2.《建筑地基处理技术规范》JGJ 79—2012** 3.0.12 地基处理施工中应有专人负责质量控制和监测，并做好各项施工记录……	1. 查阅施工方案 　质量控制参数：符合设计要求 2. 查阅施工记录 　内容：包括埋置深度、换土厚度等质量控制参数等 　记录数量：与验收记录相符
5.15.6	地基承载力检测数量符合标准规定，检测报告结论满足设计要求	**《膨胀土地区建筑技术规范》GB 50112—2013** 5.7.7 桩顶标高位于大气影响急剧层深度内的三层及三层以下的轻型建筑物，桩基础设计应符合： 　1 按承载力计算时，单桩承载力特征值可根据当地经验确定。无资料时，应通过现场载荷试验确定	查阅地基承载力检测报告 　结论：符合设计要求 　检验数量：符合规范要求 　盖章：已加盖 CMA 章和检测专用章 　签字：授权人已签字

续表

条款号	大纲条款	检 查 依 据	检查要点
5.15.7	施工质量的检验项目、方法、数量符合标准规定，检验结果满足设计要求，质量验收记录齐全	**《膨胀土地区建筑技术规范》GB 50112—2013** 3.0.1 膨胀土应根据土的自由膨胀率、场地的工程地质特征和建筑物破坏形态综合判定。必要时，尚应根据土的矿物成分、阳离子交换量等试验验证。进行矿物分析和化学分析时，应注重测定蒙脱石含量和阳离子交换量，蒙脱石含量和阳离子交换量与土的自由膨胀率的相关性可按本规范表 A 采用。 4.1.3 初步勘察应确定膨胀土的胀缩等级，应对场地的稳定性和地质条件作出评价，并应为确定建筑总平面布置、主要建筑物地基基础方案和预防措施，以及不良地质作用的防治提供资料和建议，同时应包括下列内容： 　　2 查明场地内滑坡、地裂等不良地质作用，并评价其危害程度； 　　3 预估地下水位季节性变化幅度和对地基土胀缩性、强度等性能的影响； 　　4 采取原状土样进行室内基本物理力学性质试验、收缩试验、膨胀力试验和 50kPa 压力下的膨胀率试验，判定有无膨胀土及其膨胀潜势，查明场地膨胀土的物理力学性质及地基胀缩等级。 4.3.8 膨胀土的水平膨胀力可根据试验资料或当地经验确定。 5.7.1 膨胀土地基处理可采用换土、土性改良、砂石或灰土垫层等方法。 5.7.2 膨胀土地基换土可采用非膨胀性土、灰土或改良土，换土厚度应通过变形计算确定。膨胀土土性改良可采用掺和水泥石灰等材料，掺合比和施工工艺应通过试验确定。 5.7.3 平坦场地上胀缩等级为Ⅰ级、Ⅱ级的膨胀土地基宜采用砂、碎石垫层。垫层厚度不应小于 300mm。垫层宽度应大于基底宽度，两侧宜采用与垫层相同的材料回填，并应做好防、隔水处理。 5.7.4 对较均匀且胀缩等级为Ⅰ级的膨胀土地基，可采用条形基础，基础埋深较大或基底压力较小时，宜采用墩基础；对胀缩等级为Ⅲ级或设计等级为甲级的膨胀土地基，宜采用桩基础	1. 查阅质量检验记录 　检验项目：包括蒙脱石含量、阳离子交换量、自由膨胀率、胀缩等级等，符合设计要求和规范规定 　检验方法：实测和取样，符合规范规定 　检验数量：符合规范规定 2. 查阅质量验收记录 　内容：包括检验批、分项工程验收记录及隐蔽工程验收文件等 　数量：与项目质量验收范围划分表相符
6　质量监督检测			
6.0.1	开展现场质量监督检查时，应重点对下列项目的检测试验报告和检测数量进行查验，必要时可进行验证性抽样检测。对检验指标或结论有怀疑时，必须进行检测		

条款号	大纲条款	检 查 依 据	检查要点
（1）	砂、石、水泥、钢材、外加剂等原材料的主要技术性能	**1.《建筑地基基础工程施工质量验收规范》GB 50202—2002** 4.1.2 砂、石子、水泥、钢材、石灰、粉煤灰等原材料的质量、检验项目、批量和检验方法，应符合国家现行标准的规定。 **2.《混凝土结构工程施工质量验收规范》GB 50204—2015** 5.2.3 对按一、二、三级抗震等级设计的框架和斜撑构件（含梯段）中的纵向受力钢筋应采用HRB335E、HRB400E、HRB500E、HRBF335E、HRBF400E 或 HRBF500E 钢筋，其强度和最大力下总伸长率的实测值应符合下列规定： 　　1 抗拉强度实测值与屈服强度实测值的比值不应小于 1.25； 　　2 屈服强度实测值与屈服强度标准值的比值不应大于 1.3； 　　3 最大力下总伸长率不应小于 9％。 **3.《大体积混凝土施工规范》GB 50496—2009** 4.2.1 配制大体积混凝土所用水泥的选择及其质量，应符合下列规定： 　　2 应选用中、低热硅酸盐水泥或低热矿渣硅酸盐水泥，大体积混凝土施工所用水泥，其 3d 的水化热不宜大于 240kJ/kg，7d 的水化热不宜大于 270kJ/kg。 4.2.2 水泥进场时应对水泥品种、强度等级、包装或散装仓号、出厂日期等进行检查，并对其强度、安定性、凝结时间、水化热等性能指标及其他必要的性能指标进行复验。 **4.《通用硅酸盐水泥》GB 175—2007** 7.3.1 硅酸盐水泥初凝结时间不小于 45min，终凝时间不大于 390min。普通硅酸盐水泥、矿渣硅酸盐水泥、火山灰质硅酸盐水泥、粉煤灰硅酸盐水泥和复合硅酸盐水泥初凝时间不小于 45min，终凝时间不大于 600min。 7.3.2 安定性沸煮法合格。 7.3.3 强度符合表 3 的规定。 **5.《混凝土外加剂》GB 8076—2008** 5.1 掺外加剂混凝土的性能应符合表 1 的要求。 5.2 匀质性指标应符合表 2 的要求。 **6.《钢筋混凝土用钢 第 1 部分：热轧光圆钢筋》GB 1499.1—2008** 6.6.2 直条钢筋实际重量与理论重量的允许偏差应符合表 4 规定。 7.3.1 钢筋力学性能及弯曲性能特征值应符合表 6 规定。 8.1 每批钢筋的检验项目、取样数量、取样方法和试验方法应符合表 7 规定。 8.4.1 测量重量偏差时，试样应从不同根钢筋上截取，数量不少于 5 支，每支试样长度不小于 500mm。	1. 查阅检测报告及台账 　内容：包括砂、石、水泥、钢材、外加剂等原材料 　检测报告中代表数量：与进场批次及数量相符，且符合规范规定 　检测项目：符合设计要求及规范规定 　结论：符合设计要求及规范规定 2. 查验砂试样（对检验指标或结果有怀疑时重新抽测） 　含泥量：符合 JGJ 52—2006 表 3.1.3 规定 　泥块含量：符合 JGJ 52—2006 表 3.1.4 规定 　石粉含量：符合 JGJ 52—2006 表 3.1.5 规定 　氯离子含量：符合标准 JGJ 52—2006 第 3.1.10 条规定 　碱活性：符合标准 JGJ 52—2006 要求

条款号	大纲条款	检 查 依 据	检查要点
(1)	砂、石、水泥、钢材、外加剂等原材料的主要技术性能	**7.《钢筋混凝土用钢 第2部分：热轧带肋钢筋》GB 1499.2—2007** 6.6.2 钢筋实际重量与理论重量的允许偏差应符合表4规定。 7.3.1 钢筋力学性能特征值应符合表6规定。 7.4.1 钢筋弯曲性能按表7规定。 8.1 每批钢筋的检验项目、取样数量、取样方法和试验方法应符合表8规定。 8.4.1 测量重量偏差时，试样应从不同根钢筋上截取，数量不少于5支，每支试样长度不小于500mm。 **8.《钢筋焊接及验收规程》JGJ 18—2012** 5.1.8 钢筋焊接接头力学性能试验时，应在外观检查合格后随机抽取。试验方法按《钢筋焊接接头试验方法》JGJ 27执行。 5.3.1 闪光对焊接头力学性能试验时，应从每批中随机切取6个接头，其中3个做拉伸试验，3个做弯曲试验。 5.5.1 电弧焊接头的质量检验，……，在现浇混凝土结构中，应以300个同牌号钢筋、同型式接头作为一批；……，每批随机切取3个接头做拉伸试验。 5.6.1 电渣压力焊接头的质量检验，……，在现浇混凝土结构中，应以300个同牌号钢筋接头作为一批；……，每批随机切取3个接头试件做拉伸试验。 5.8.2 预埋件钢筋T形接头进行力学性能检验时，应以300件同类型预埋件作为一批；……，每批预埋件中随机切取3个接头做拉伸试验。 **9.《普通混凝土用砂、石质量及检验方法标准》JGJ 52—2006** 1.0.3 对于长期处于潮湿环境的重要混凝土结构所用砂、石应进行碱活性检验。 3.1.3 天然砂中含泥量应符合表3.1.3的规定。 3.1.4 砂中泥块含量应符合表3.1.4的规定。 3.1.5 人工砂或混合砂中石粉含量应符合表3.1.5的规定。 3.1.10 钢筋混凝土和预应力混凝土用砂的氯离子含量分别不得大于0.06%和0.02%。 3.2.2 碎石或卵石中针、片状颗粒应符合表3.2.2的规定。 3.2.3 碎石或卵石中含泥量应符合表3.2.3的规定。 3.2.4 碎石或卵石中泥块含量应符合表3.2.4的规定。 3.2.5 碎石的强度可用岩石抗压强度和压碎指标表示。岩石的抗压等级应比所配制的混凝土强度至少高20%。当混凝土强度大于或等于C60时，应进行岩石抗压强度检验。岩石强度首先由生产单位提供，工程中可采用能够压碎指标进行质量控制，碎石压碎值指标宜符合表3.2.5-1的规定。卵石的强度可用压碎值表示。其压碎指标宜符合表3.2.5-2的规定。 5.1.3 对于每一单项检验项目，砂、石的每组样品取样数量应符合下列规定：	3. 查验碎石或卵石试样（对检验指标或结果有怀疑时重新抽测） 含泥量：符合JGJ 52—2006表3.2.3规定 泥块含量：符合JGJ 52—2006表3.2.4规定 针、片状颗粒：符合JGJ 52—2006表3.2.2的规定 碱活性：符合标准JGJ 52—2006要求 压碎指标（高强混凝土）：符合JGJ 52—2006规定 4. 查验水泥试样（对检验—2007第指标或结果有怀疑时重新抽测） 凝结时间：符合GB 175—2007第7.3.1条要求 安定性：符合GB 175—2007第7.3.2条要求 强度：符合GB 175—2007表3要求 水化热（大体积混凝土）：符合GB 50496—2009规范规定

条款号	大纲条款	检 查 依 据	检查要点
（1）	砂、石、水泥、钢材、外加剂等原材料的主要技术性能	砂的含泥量、泥块含量、石粉含量及氯离子含量试验时，其最小取样质量分别为4400g、20000g、1600g及2000g；对最大公称粒径为31.5mm的碎石或乱石，含泥量和泥块含量试验时，其最小取样质量为40kg。 **10.《水运工程混凝土质量控制标准》JTS 202-2—2011** 3.3.10 骨料应按现行行业标准《水运工程混凝土试验规程》（JTJ 270）的有关规定进行碱活性检验。海水环境严禁采用碱活性骨料；淡水环境下，当检验表明骨料具有碱活性时，混凝土的总含碱量不应大于 $3.0kg/m^3$。 4.2.1 水运工程混凝土宜采用硅酸盐水泥、普通硅酸盐水泥、矿渣硅酸盐水泥、火山灰质硅酸盐水泥、粉煤灰硅酸盐水泥或复合硅酸盐水泥，质量应符合现行国家标准《通用硅酸盐水泥》（GB 175）的有关规定。普通硅酸盐水泥和硅酸盐水泥熟料中铝酸三钙含量宜在 6%～12%。 4.2.2 有抗冻要求的混凝土宜采用普通硅酸盐水泥或硅酸盐水泥，不宜采用火山灰质硅酸盐水泥。 4.2.3 不受冻地区海水环境的浪溅区混凝土宜采用矿渣硅酸盐水泥。 4.2.4 水运工程严禁使用烧黏土质的火山灰质硅酸盐水泥。 4.4.1 混凝土中使用的细骨料应采用质地坚固、公称粒径在 5.00mm 以下的砂，其杂质含量限值应符合表 4.4.1-1 的规定。 4.4.3 细骨料不宜采用海砂。采用海砂时，海砂中氯离子含量应符合下列规定。 4.4.3.1 浪溅区、水位变动区的钢筋混凝土，海砂中氯离子含量以胶凝材料的质量百分率计不宜超过 0.07%。当含量超过限值时，宜通过淋洗降至限值以下；淋洗确有困难时可在所拌制的混凝土中掺入适量的经论证的缓蚀剂。 4.4.3.2 预应力混凝土，海砂中氯离子含量以胶凝材料的质量百分率计不宜超过 0.03%。 4.4.4 采用特细砂、机制砂或混合砂时，应符合现行行业标准《普通混凝土用砂、石质量及检验方法标准》（JGJ 52）中的有关规定。机制砂或混合砂中石粉含量应符合表 4.4.4 的规定。 4.5.1 粗骨料质量应符合下列规定。 4.5.1.1 配制混凝土应采用质地坚硬的碎石、卵石或碎石与卵石的混合物作为粗骨料，其强度可用岩石抗压强度或压碎指标值进行检验。在选择采石场、对粗骨料强度有严格要求或对质量有争议时，宜用岩石抗压强度作检验；常用的石料质量控制，可用压碎指标进行检验。碎石、卵石的抗压强度或压碎指标宜符合表 4.5.1-1 和表 4.5.1-2 的规定。 4.5.1.2 卵石中软弱颗粒含量应符合表 4.5.1-3 的规定。 4.5.1.3 粗骨料的其他物理性能宜符合表 4.5.1-4 的规定。 4.5.2 粗骨料的杂质含量限值应符合表 4.5.2 的规定。 4.6.1 混凝土拌和用水宜采用饮用水，不得使用影响水泥正常凝结、硬化和促使钢筋锈蚀的拌和水，并应符合表 4.6.1 中的规定。	5. 查验热轧光圆钢筋试件（对检验指标或结果有怀疑时重新抽测） 重量偏差：符合标准 GB 1499.1—2008 表 4 要求 屈服强度：符合标准 GB 1499.1—2008 表 6 要求 抗拉强度：符合标准 GB 1499.1—2008 表 6 要求 断后伸长率：符合标准 GB 1499.1—2008 表 6 要求 最大力总伸长率：符合标准 GB 1499.1—2008 表 6 要求 弯曲性能：符合标准 GB 1499.1—2008 表 6 要求 6. 查验热轧带肋钢筋试件（对检验指标或结果有怀疑时重新抽测） 重量偏差：符合标准 GB 1499.2—2007 表 4 要求 屈服强度：符合标准 GB 1499.2—2007 表 6 要求 抗拉强度：符合标准 GB 1499.2—2007 表 6 要求

续表

条款号	大纲条款	检 查 依 据	检查要点
(1)	砂、石、水泥、钢材、外加剂等原材料的主要技术性能	4.6.2 钢筋混凝土和预应力混凝土均不得采用海水拌和。在缺乏淡水的地区，素混凝土允许采用海水拌和，但混凝土拌和物中总氯离子含量应符合表 3.3.9 的规定，有抗冻要求的其水胶比应降低 0.05。 4.7.1 混凝土应根据要求选用减水剂、引气剂、早强剂、防冻剂、泵送剂、缓凝剂、膨胀剂等外加剂。外加剂的品质应符合国家现行标准《混凝土外加剂》（GB 8076）、《混凝土泵送剂》（JC 473）、《砂浆和混凝土防水剂》（JC 474）、《混凝土防冻剂》（JC 475）和《混凝土膨胀剂》（JC 476）的有关规定。在所掺用的外加剂中，以胶凝材料质量百分率计的氯离子含量不宜大于 0.02%	断后伸长率：符合标准 GB 1499.2—2007 表 6 要求 最大力总伸长率：符合标准 GB 1499.2—2007 表 6 要求 弯曲性能：符合标准 GB 1499.2—2007 表 7 要求 7. 查验钢筋焊接接头试件（对检验指标或结果有怀疑时重新抽测） 抗拉强度：符合标准 JGJ 18 要求 8. 查验纵向受力钢筋（有抗震要求的结构）试件（对检验指标或结果有怀疑时重新抽测） 抗拉强度查验抽测值与屈服强度查验抽测值的比值：符合规范 GB 50204—2015 第 5.2.3 条的要求 屈服强度查验抽测值与强度标准值的比值：符合规范 GB 50204—2015 第 5.2.3 条的要求 最大力下总伸长率：符合规范 GB 50204—2015 第 5.2.3 条的要求

条款号	大纲条款	检 查 依 据	检查要点
(1)	砂、石、水泥、钢材、外加剂等原材料的主要技术性能		9. 查验外加剂试样（对检验指标或结果有怀疑时重新抽测） 减水率：符合标准 GB 8076—2008 表 1 的要求 凝结时间：符合标准 GB 8076—2008 表 1 的要求 抗压强度比：符合标准 GB 8076—2008 表 1 的要求 氯离子含量：符合标准 GB 8076—2008 表 2 的要求 pH 值：符合标准 GB 8076—2008 表 2 的要求 总碱量：符合标准 GB 8076—2008 表 2 的要求 引气剂的含气量和含气量 1h 经时变化量：符合标准 GB 8076—2008 表 1 的要求
			10. 查验砂、石、拌和用水试样（海上风电工程对检验指标或结果有怀疑时重新抽测） 砂杂质含量：符合 JTS 202-2—2011 表 4.4.1-1 规定 机制砂或混合砂中石粉含量：符合 JTS 202-2—2011 表 4.4.4 规定 碎石、卵石的岩石抗压强度或压碎指标值：符合 JTS 202-2—2011 表 4.5.1-1 规定

条款号	大纲条款	检 查 依 据	检查要点
(1)	砂、石、水泥、钢材、外加剂等原材料的主要技术性能		卵石的压碎指标值：符合 JTS 202-2—2011 表 4.5.1-2 规定 卵石软弱颗粒的含量：符合 JTS 202-2—2011 表 4.5.1-3 规定 粗骨料物理性能：符合 JTS 202-2—2011 表 4.5.1-4 规定 粗骨料杂质含量限制：符合 JTS 202-2—2011 表 4.5.2 规定 拌和用水质量指标：符合 JTS 202-2—2011 表 4.6.1 规定
(2)	垫层地基的压实系数	**1.《建筑地基基础工程施工质量验收规范》GB 50202—2002** 4.2.4 灰土地基的压实系数应符合设计要求。 4.3.4 砂和砂石地基的压实系数应符合设计要求。 4.5.4 粉煤灰地基的压实系数应符合设计要求。 **2.《电力建设施工质量验收及评价规程 第 1 部分：土建工程》DL/T 5210.1—2012** 5.4.1 灰土地基工程压实系数检查数量：每个独立基础下至少检查 1 点，基槽每 10m～20m 至少抽查 1 点，基坑每 50m² ～100m² 抽查 1 处，但均不少于 5 处。 5.4.2 砂和砂石地基工程压实系数检查数量：每个独立基础下至少检查 1 点，基槽每 10m～20m 至少检查 1 点，基坑每 50m² ～100m² 抽查 1 处，但均不少于 5 处。 5.4.4 粉煤灰地基工程压实系数检查数量：每个独立基础下至少检查 1 点，基槽每 10m～20m 至少 1 点，基坑每 50m² ～100m² 抽查 1 处，但均不少于 5 处。 **3.《电力工程地基处理技术规程》DL/T 5024—2005** 6.1.12 垫层的质量检验必须分层进行。跟踪检验每层的压实系数，及时控制每层、每片的质量指标。 　　夯实或碾压回填的垫层，每一分层内采样数量可按下列要求确定：	1. 查阅检测报告及台账 内容：垫层地基的压实系数 检测报告中检测数量：符合规范规定 结论：符合设计要求 2. 查验垫层土样（对检验指标或结果有怀疑时重新抽测） 压实系数：符合设计要求

条款号	大纲条款	检 查 依 据	检查要点
（2）	垫层地基的压实系数	1　小面积垫层，每 100m² 取样 2 处，每层不少于 4 处； 2　超过 2000m² 的大面积垫层，每 100m²～500m² 取样 1 处，每层不少于 8 处； 3　独立基础下的垫层，每层 2～4 处； 4　条形基础下的垫层，每 50m～100m 取样 2 处，每层不少于 4 处。 **4.《建筑地基处理技术规范》JGJ 79—2012** 4.2.2　换填垫层的施工质量检验应分层进行，并应在每层的压实系数符合设计要求后铺填上层。 4.4.3　采用环刀法检验垫层的施工质量时，取样点应选择位于每层垫层厚度的 2/3 深度处。检验点数量，条形基础下垫层每 10m～20m 不应少于 1 个点，独立柱基、单个基础下垫层不应少于 1 个点，其他基础下垫层每 50m²～100m² 不应少于 1 个点	
（3）	地基承载力	**《建筑地基基础工程施工质量验收规范》GB 50202—2002** 4.1.5　对灰土地基、砂和砂石地基、土工合成材料地基、粉煤灰地基、强夯地基、注浆地基、预压地基，其竣工后的结果（地基强度或承载力）必须达到设计要求的标准。检验数量，每单位工程不应少于 3 点，1000m² 以上工程，每 100m² 至少应有 1 点，3000m² 以上工程，每 300m² 至少应有 1 点。每一独立基础下至少应有 1 点，基槽每 20 延米应有 1 点。 4.1.6　对水泥土搅拌桩复合地基、高压喷射注浆桩复合地基、砂桩地基、振冲桩复合地基、土和灰土挤密桩复合地基、水泥粉煤灰碎石桩复合地基及夯实水泥土桩复合地基，其承载力检验，数量为总数的 0.5%～1.0%，但不应少于 3 处。有单桩强度检验要求时，数量为总数的 0.5%～1.0%，但不应少于 3 根	1. 查阅检测报告及台账 　内容：地基承载力 　检测报告中检测数量：符合设计及规范规定 　结论：符合设计要求 2. 查验地基承载力（对检验指标或结果有怀疑时重新抽测） 　地基承载力：符合设计要求
（4）	桩基础工程桩的桩身偏差和完整性	**1.《建筑地基基础工程施工质量验收规范》GB 50202—2002** 5.1.3　打（压）入桩（预制混凝土方桩、先张法预应力管桩、钢桩）的桩位偏差，必须符合表 5.1.3 的规定。斜桩倾斜度的偏差不得大于倾斜角正切值的 15%（倾斜角系桩的纵向中心线与铅垂线间夹角）。 5.1.4　灌注桩的桩位偏差必须符合表 5.1.4 的规定。 5.1.6　桩身质量应进行检验。对设计等级为甲级或地基条件复杂，成桩质量可靠性低的灌注桩，抽检数量不应少于总数的 30%，且不少于 20 根；其他桩基工程的抽检数量不应少于总数的 20%，且不少于 10 根；对混凝土预制桩及地下水位以上且终孔后经过核验的灌注桩，检验数量不应少于总桩数的 10%，且不得少于 10 根。每个柱子承台下不得少于 1 根。 5.5.1　施工前应检查进入现场的成品钢桩，成品桩的质量标准应符合本规范表 5.5.4-1 的规定。	1. 查阅检测报告及验收记录 　内容：桩位偏差及桩身完整性 　检测报告中检测数量：符合设计及规范规定 　结论：符合规范规定

续表

条款号	大纲条款	检 查 依 据	检查要点
（4）	桩基础工程桩的桩身偏差和完整性	5.6.4 桩体质量检验按基桩检测技术规范（《建筑基桩检测技术规范》JGJ 106—2014）。如钻芯取样，大直径嵌岩桩应钻至桩尖下 50cm。 **2. 《建筑基桩检测技术规范》JGJ 106—2014** 3.2.5 基桩检测开始时间应符合下列规定： 　　1 当采用低应变法或声波透射法检测时，受检桩混凝土强度不应低于设计强度的 70%，且不应低于 15MPa； 　　2 当采用钻芯法检测时，受检桩的混凝土龄期应达到 28d 或受检桩同条件养护试件强度应达到设计强度要求。 3.2.7 验收检测时，宜先进行桩身完整性检测，后进行承载力检测。桩身完整性检测应在基坑开挖至基底标高后进行。 3.3.3 混凝土桩的桩身完整性检测……，检测数量应符合下列规定： 　　1 建筑桩基设计等级为甲级，或地基条件复杂、成桩质量可靠性较低的灌注桩工程，检测数量不应少于总桩数的 30%，且不应少于 20 根；其他桩基工程，检测数量不应少于总桩数的 20%，且不应少于 10 根。 　　2 除符合本条上款规定外，每个柱下承台检测桩数不应少于 1 根。 　　3 大直径嵌岩灌注桩或设计等级为甲级的大直径灌注桩，应在本条第 1、2 款规定的检测桩数范围内，按不少于总桩数 10% 的比例采用声波透射法或钻芯法检测	2. 查验桩身偏差（对检验指标或结果有怀疑时重新抽测） 　　桩径：符合表 GB 50202—2002 第 5.1.4 条的规定 　　垂直度：符合表 GB 50202—2002 第 5.1.4 条的规定 3. 查验桩体质量（对检验指标或结果有怀疑时重新抽测） 　　桩身完整性：符合规范规定
（5）	桩身混凝土强度	**《建筑地基基础工程施工质量验收规范》GB 50202—2002** 5.1.4 ……（灌注桩）每浇筑 50m³ 必须有 1 组（混凝土）试件，小于 50m³ 的桩，每根桩必须有 1 组（混凝土）试件。 5.6.4 桩身混凝土强度符合设计要求，检查方法为试件报告或钻芯取样	1. 查阅检测报告 　　内容：桩身混凝土强度 　　检测报告中检测数量：符合设计及规范规定 　　结论：符合设计要求 2. 查验混凝土试块或钻芯取样（对检验指标或结果有怀疑时重新抽测） 　　抗压强度：符合设计要求

条款号	大纲条款	检　查　依　据	检查要点
（6）	单桩承载力	**1.《建筑地基基础工程施工质量验收规范》GB 50202—2002** 5.1.5　工程桩应进行承载力检验。对设计等级为甲级或地基条件复杂，成桩质量可靠性低的灌注桩，应采用静载荷试验的方法进行检验，检验桩数量不应少于总数的 1%，且不应少于 3 根，当总桩数少于 50 根时，不应少于 2 根。 5.5.3　钢管桩施工结束后应做承载力检验。 **2.《建筑桩基技术规范》JGJ 94—2008** 9.4.2　工程桩应进行承载力和桩身质量检验。 **3.《建筑基桩检测技术规范》JGJ 106—2014** 3.1.3　施工完成后的工程桩应进行单桩承载力和桩身完整性检测。 3.3.4　当符合下列条件之一时，应采用单桩竖向抗压静载试验进行承载力验收检测。检测数量不应少于同一条件下桩基分项工程总桩数的 1%，且不应少于 3 根；当总桩数小于 50 根时，检测数量不应少于 2 根。 　　1　设计等级为甲级的桩基； 　　2　施工前未按本规范第 3.3.1 条进行单桩静载试验的工程； 　　3　施工前进行了单桩静载试验，但施工过程中变更了工艺参数或施工质量出现了异常； 　　4　地基条件复杂、桩施工质量可靠性低； 　　5　本地区采用的新桩型或新工艺； 　　6　施工过程中产生挤土上浮或偏位的群桩。 3.3.5　……预制桩和满足高应变法适用范围的灌注桩，可采用高应变法检测单桩竖向抗压承载力，检测数量不宜少于总桩数的 5%，且不得少于 5 根。 3.3.7　对于端承型大直径灌注桩，当受设备或现场条件限制无法检测单桩竖向抗压承载力时，可选择下列方式之一，进行持力层核验： 　　1　采用钻芯法测定桩底沉渣厚度，并钻取桩端持力层岩土芯样检验桩端持力层，检测数量不应少于总桩数的 10%，且不应少于 10 根； 　　2　采用深层平板载荷试验或岩基平板载荷试验，……检测数量不应少于总桩数的 1%，且不应少于 3 根。 3.3.8　对设计有抗拔或水平力要求的桩基工程，单桩承载力验收检测应采用单桩竖向抗拔或单桩水平静载试验…… 4.1.3　采用单桩竖向抗压静载试验进行工程桩验收检测时，加载量不应小于设计要求的单桩承载力特征值的 2.0 倍。 4.3.4　为设计提供依据的单桩竖向抗压静载试验应采用慢速维持荷载法。 4.4.4　单桩竖向抗压承载力特征值应按单桩竖向抗压极限承载力的 50% 取值。	1.　查阅检测报告及台账 　　内容：单桩承载力 检测报告中检测数量：符合设计及规范规定 　　结论：符合设计要求 2.　查验单桩承载力（对检验指标或结果有怀疑时重新抽测） 　　单桩承载力：符合设计要求

条款号	大纲条款	检 查 依 据	检查要点
(6)	单桩承载力	5.1.4 采用单桩竖向抗拔静载试验时，预估的最大试验荷载不得大于钢筋的设计强度。 5.4.5 单桩竖向抗拔承载力特征值应按单桩竖向抗拔极限承载力的50%取值。当工程桩不允许带裂缝工作时，应取桩身开裂的前一级荷载作为单桩竖向抗拔承载力特征值，并与按极限荷载50%取值确定的承载力特征值相比，取低值。 6.4.7 单桩水平承载力特征值的确定应符合下列规定： 　　1 当桩身不允许开裂或灌注桩的桩身配筋率小于0.65%时，可取水平临界荷载的0.75倍作为单桩水平承载力特征值。 　　2 对钢筋混凝土预制桩、钢桩和桩身配筋率不小于0.65%的灌注桩，可取设计桩顶标高处水平位移所对应荷载的0.75倍作为单桩水平承载力特征值；水平位移可按下列规定取值： 　　　1）对水平位移敏感的建筑物取6mm； 　　　2）对水平位移不敏感的建筑物取10mm。 　　3 取设计要求的水平允许位移对应的荷载作为单桩水平承载力特征值，且应满足桩身抗裂要求。 9.2.5 采用高应变法进行承载力检测时，锤的重量与单桩竖向抗压承载力特征值的比值不得小于0.02。 **4.《港口工程桩基规范》JTS 167-4—2012** 4.2.1 单桩轴向承载力除下列情况外应根据静载荷试验确定： 　　1 当附近工程有试桩资料，且沉桩工艺相同，地质条件相近时； 　　2 附属建筑物； 　　3 桩数较少的建筑物，并经技术论证； 　　4 有其他可靠的替代试验方法时。 4.2.3 凡允许不做静载荷试桩的工程，可根据具体情况采用承载力经验参数法或静力触探等方法确定单桩轴向极限承载力。 4.2.13 对地质复杂的工程，或存在影响桩的轴向承载力可靠性的情况时，宜采用高应变动力试验法对单桩轴向承载力进行检测，检测应符合下列规定。 4.2.13.1 检测桩数可取总桩数的2%～5%，且不得少于5根。 4.2.13.2 采用动力试验法对桩承载力进行检测时，应符合国家现行有关标准的规定	

第 2 节点：主体结构施工前监督检查

条款号	大纲条款	检 查 依 据	检查要点
4　责任主体质量行为的监督检查			
4.1　建设单位质量行为的监督检查			
4.1.1	建筑物主体工程开工手续已审批	**《光伏发电站施工规范》GB 50794—2012** 3.0.1　开工前应具备的条件： 　　1　在工程开始施工之前，建设单位应取得相关的施工许可文件。 　　2　施工单位应具备水通、电通、路通、电信通及场地平整的条件。 　　3　施工单位的资质、特殊作业人员资质、施工机械、施工材料、计量器具等应报监理单位或建设单位审查完毕。 　　4　开工所必需的施工图应通过会审，设计交底应完成，施工组织设计及重大施工方案应已审批，项目划分及质量评定标准应确立。 　　5　施工单位根据施工总平面布置图要求布置施工临建设施应完毕。 　　6　工程定位测量基准应确立	查阅单位工程开工文件 　签字：责任人已签字 　盖章：监理、建设单位已盖章
4.1.2	本阶段工程采用的专业标准清单已审批	**1.《关于实施电力建设项目法人责任制的规定》电建〔1997〕79 号** 第十八条　公司应遵守国家有关电力建设和生产的法律和法规，自觉执行电力行业颁布的法规和标准、定额等，…… **2.《光伏发电工程验收规范》GB/T 50796—2012** 3.0.1　工程验收依据应包括下列内容： 　　1　国家现行有关法律、法规、规章和技术标准	查阅法律法规和标准规范清单 　签字：责任人已签字 　盖章：单位已盖章 　时效性：动态管理、文件有效
4.1.3	组织完成设计交底和施工图会检	**1.《建设工程质量管理条例》中华人民共和国国务院令〔2000〕第 279 号** 第二十三条　设计单位应当就审查合格的施工图设计文件向施工单位作出详细说明。 **2.《建筑工程勘察设计管理条例》中华人民共和国国务院令〔2015〕第 662 号** 第三十条　建设工程勘察、设计单位应当在建设工程施工前，向施工单位和监理单位说明建设工程勘察、设计意图，解释建设工程勘察、设计文件。建设工程勘察、设计单位应当及时解决施工中出现的勘察、设计问题。 **3.《建设工程监理规范》GB/T 50319—2013** 5.1.2　监理人员应熟悉工程设计文件，有关监理人员应参加建设单位主持的图纸会审和设计交底会议，总监理工程师应参与会议纪要会签。	1. 查阅工程设计交底记录 　签字：责任人已签字 　日期：施工前 2. 查阅已开工单位工程施工图会检记录 　签字：责任人已签字 　日期：施工前

续表

条款号	大纲条款	检 查 依 据	检查要点
4.1.3	组织完成设计交底和施工图会检	**4.《建设工程项目管理规范》GB/T 50326—2006** 8.3.3 项目技术负责人应主持对图纸审核，并应形成会审记录。 **5.《光伏发电站施工规范》GB 50794—2012** 3.0.1 …… 　4. 开工所必需的施工图应通过会审，设计交底应完成，…… **6.《电力建设工程施工技术管理导则》国电电源〔2002〕896号** 7.0.1 施工图纸是施工和验收的主要依据之一。为使施工人员充分领会设计意图、熟悉设计内容、正确施工，确保施工质量，必须在开工前进行图纸会检。 **7.《输变电工程项目质量管理规程》DL/T 1362—2014** 5.3.2 建设单位应在变电站单位工程和输电线路分部工程开工前组织设计交底和施工图会检	
4.1.4	组织工程建设标准强制性条文实施情况的检查	**1.《中华人民共和国标准化法实施条例》中华人民共和国国务院令〔1990〕第53号** 第二十三条 从事科研、生产、经营的单位和个人，必须严格执行强制性标准。 **2.《建设工程质量管理条例》中华人民共和国国务院令〔2000〕第279号** 第十条 ……建设单位不得明示或者暗示设计单位或者施工单位违反工程建设强制性标准，降低建设工程质量。 **3.《实施工程建设强制性标准监督规定》建设部令〔2000〕第81号** 第二条 在中华人民共和国境内从事新建、扩建、改建等工程建设活动，必须执行工程建设强制性标准。 第六条 ……工程质量监督机构应当对工程建设施工、监理、验收等阶段执行强制性标准的情况实施监督。 第十条 强制性标准监督检查的内容包括： 　（一）有关工程技术人员是否熟悉、掌握强制性标准； 　（二）工程项目的规划、勘察、设计、施工、验收等是否符合强制性标准的规定； 　（三）工程项目采用的材料、设备是否符合强制性标准的规定； 　（四）工程项目的安全、质量是否符合强制性标准的规定； 　（五）工程中采用的导则、指南、手册、计算机软件的内容是否符合强制性标准的规定。 **4.《输变电工程项目质量管理规程》DL/T 1362—2014** 4.4 输变电工程项目建设过程中，参建单位应遵循现行国家和行业标准，严格执行工程设计和施工标准中的强制性条文，……	查阅强制性条文实施情况检查记录 　内容：与强制性条文实施计划相符，相关资料可追溯 　签字：检查人员已签字 　时间：与工程进度同步

条款号	大纲条款	检　查　依　据	检查要点
4.1.5	采用的新技术、新工艺、新流程、新装备、新材料已审批	**1.《中华人民共和国建筑法》中华人民共和国主席令〔2011〕第 46 号** 第四条　国家扶持建筑业的发展，支持建筑科学技术研究，提高房屋建筑设计水平，鼓励节约能源和保护环境，提倡采用先进技术、先进设备、先进工艺、新型建筑材料和现代管理方式。 **2.《建设工程质量管理条例》中华人民共和国国务院令〔2000〕第 279 号** 第六条　国家鼓励采用先进的科学技术和管理方法，提高建设工程质量。 **3.《实施工程建设强制性标准监督规定》建设部令〔2000〕第 81 号** 第五条　工程建设中拟采用的新技术、新工艺、新材料，不符合现行强制性标准规定的，应当由拟采用单位提请建设单位组织专题技术论证，报批准标准的建设行政主管部门或者国务院有关主管部门审定。 **4.《电力工程地基处理技术规程》DL/T 5024—2005** 5.0.8　……当采用当地缺乏经验的地基处理方法或引进和应用新技术、新工艺、新方法时，须通过原体试验验证其适用性。 **5.《电力建设施工技术规范　第 1 部分：土建结构工程》DL 5190.1—2012** 3.0.4　采用新技术、新工艺、新材料、新设备时，应经过技术鉴定或具有允许使用的证明。施工前应编制单独的施工措施及操作规程	查阅新技术、新工艺、新流程、新装备、新材料论证文件 意见：同意采用等肯定性意见 签字：专家组和批准人已签字
4.1.6	无任意压缩合同约定工期的行为	**1.《建设工程质量管理条例》中华人民共和国国务院令〔2000〕第 279 号** 第十条　建设工程发包单位不得迫使承包方以低于成本的价格竞标，不得任意压缩合理工期。 **2.《电力建设安全生产监督管理办法》电监安全〔2007〕38 号** 第十三条　……电力建设单位应当执行定额工期，不得压缩合同约定的工期，…… **3.《建设工程项目管理规范》GB/T 50326—2006** 9.2.1　组织应依据合同文件、项目管理规划文件、资源条件与外部约束条件编制项目进度计划	查阅施工进度计划、合同工期和调整工期的相关文件 内容：有压缩工期的行为时，应有设计、监理、施工和建设单位认可的书面文件

4.2　勘察设计单位质量行为的监督检查

条款号	大纲条款	检　查　依　据	检查要点
4.2.1	设计图纸交付进度能保证连续施工	**1.《中华人民共和国合同法》中华人民共和国主席令〔1999〕第 15 号** 第二百七十四条　勘察、设计合同的内容包括提交有关基础资料和文件（包括概预算）的期限、质量要求、费用以及其他协作条件等条款。 第二百八十条　勘察、设计的质量不符合要求或者未按照期限提交勘察、设计文件拖延工期，造成发包人损失的，勘察人、设计人应当继续完善勘察、设计，减收或者免收勘察、设计费并赔偿损失。 **2.《建设工程项目管理规范》GB/T 50326—2006** 1.4.3　设计单位的进度控制包括下列内容： 　1　编制设计准备阶段计划、设计总进度计划和各专业设计的出图计划。	1. 查阅设计单位的施工图出图计划 内容：交付时间满足进度计划要求 签字：责任人已签字

条款号	大纲条款	检 查 依 据	检查要点
4.2.1	设计图纸交付进度能保证连续施工	2 在上述计划实施过程中进行检查。 3 协助施工单位实现进度控制目标。 4 接受监理单位的设计进度监理。 **3.《建设项目工程总承包管理规范》GB/T 50358—2005** 6.4.1 设计经理应组织检查设计计划的执行情况，分析进度偏差，制定有效措施。设计进度的主要控制点应包括： 1 设计各专业间的条件关系及进度。 2 初步设计或基础工程设计完成和提交时间。 4 进度关键线路上的设计文件提交时间。 5 施工图设计或详细工程设计完成和提交时间。 6 设计工作结束时间	2. 查阅建设单位的设计文件接收记录 内容：接收时间与出图计划一致 签字：责任人已签字
4.2.2	设计更改、技术洽商等文件完整、手续齐全	**1.《建设工程勘察设计管理条例》中华人民共和国国务院令〔2015〕第 662 号** 第二十八条 建设单位、施工单位、监理单位不得修改建设工程勘察、设计文件；确需修改建设工程勘察、设计文件的，应当由原建设工程勘察、设计单位修改。经原建设工程勘察、设计单位书面同意，建设单位也可以委托其他具有相应资质的建设工程勘察、设计单位修改。修改单位对修改的勘察、设计文件承担相应责任。 　　施工单位、监理单位发现建设工程勘察、设计文件不符合工程建设强制性标准、合同约定的质量要求的，应当报告建设单位，建设单位有权要求建设工程勘察、设计单位对建设工程勘察、设计文件进行补充、修改。 　　建设工程勘察、设计文件内容需要作重大修改的，建设单位应当报经原审批机关批准后，方可修改。 **2.《建设项目工程总承包管理规范》GB/T 50358—2005** 6.4.2 ……，设计质量的控制点主要包括： 7 设计变更的控制。 **3.《电力建设工程施工技术管理导则》国电电源〔2002〕896 号** 10.03 设计变更审批手续： 　　a）小型设计变更。由工地提出设计变更申请单或工程洽商（联系）单，经项目部技术管理部门审核，由现场设计、建设（监理）单位代表签字同意后生效。 　　b）一般设计变更。由工地提出设计变更申请单，经项目部技术管理部门审签后，送交建设（监理）单位审核。经设计单位同意后，由设计单位签发设计变更通知书并经建设（监理）单位会签后生效。	查阅设计更改、技术洽商文件 编制签字：设计单位（EPC）各级责任人已签字 审核签字：相关单位责任人已签字 签字时间：在变更内容实施前

条款号	大纲条款	检 查 依 据	检查要点
4.2.2	设计更改、技术洽商等文件完整、手续齐全	c）重大设计变更。由项目部总工程师组织研究、论证后，提交建设单位组织设计、施工、监理单位进一步论证、审核，决定后由设计单位修改设计图纸并出具设计变更通知书，还应附有工程预算变更单，经建设、监理、施工单位会签后生效。 **4.《电力勘测设计驻工地代表制度》DLGJ 159.8—2001** 5.0.2 进行设计更改 　1 因原设计错误或考虑不周需进行的一般设计更改，由专业工代填写"设计变更通知单"，说明更改原因和更改内容，经工代组长签署后发至施工单位实施。"设计变更通知单"的格式见附录 A	
4.2.3	工程建设标准强制性条文落实到位	**1.《建设工程质量管理条例》中华人民共和国国务院令〔2000〕第 279 号** 第十九条　勘察、设计单位必须按照工程建设强制性标准进行勘察、设计，并对其勘察、设计的质量负责。 　注册建筑师、注册结构工程师等注册执业人员应当在设计文件上签字，对设计文件负责。 **2.《建设工程勘察设计管理条例》中华人民共和国国务院令〔2015〕第 662 号** 第五条　……建设工程勘察、设计单位必须依法进行建设工程勘察、设计，严格执行工程建设强制性标准，并对建设工程勘察、设计的质量负责。 **3.《实施工程建设强制性标准监督规定》建设部令〔2000〕第 81 号** 第二条　在中华人民共和国境内从事新建、扩建、改建等工程建设活动，必须执行工程建设强制性标准。 第六条　建设项目规划审查机关应当对工程建设规划阶段执行强制性标准的情况实施监督。 　施工图设计文件审查单位应当对工程建设勘察、设计阶段执行强制性标准的情况实施监督。 第十条　强制性标准监督检查的内容包括： 　（一）有关工程技术人员是否熟悉、掌握强制性标准； 　（二）工程项目的规划、勘察、设计、施工、验收等是否符合强制性标准的规定； 　（五）工程中采用的导则、指南、手册、计算机软件的内容是否符合强制性标准的规定。 **4.《输变电工程项目质量管理规程》DL/T 1362—2014** 4.4　输变电工程项目建设过程中，参建单位应遵循现行国家和行业标准，严格执行工程设计和施工标准中的强制性条文，…… 6.2.1　……质量管理策划内容应包括不限于： 　b）质量管理文件，包括引用的标准清单、设计质量策划、强制性条文实施计划、设计技术组织措施、达标投产（创优）实施细则等	1. 查阅设计文件 　内容：与强条有关的内容已落实 　签字：编、审、批责任人已签字 2. 查阅强制性条文实施计划（强制性条文清单）和本阶段执行记录 　内容：与实施计划相符 　签字：相关单位责任人已签字

续表

条款号	大纲条款	检 查 依 据	检查要点

4.2.4	设计代表工作到位、处理设计问题及时	**1.《建设工程勘察设计管理条例》中华人民共和国国务院令〔2015〕第662号**
		第三十条 ……建设工程勘察设计单位应及时解决施工中出现的勘察设计问题。
		2.《电力勘测设计驻工地代表制度》DLGJ 159.8—2001
		2.0.1 工代的工地现场服务是电力工程设计的阶段之一，为了有效地贯彻勘测设计意图，实施设计单位通过工代为施工、安装、调试、投运提供及时周到的服务，促进工程顺利竣工投产，特制定本制度。
		2.0.2 工代的任务是解释设计意图，解释施工图纸中的技术问题，收集包括设计本身在内的施工、设备材料等方面的质量信息，加强设计与施工、生产之间的配合，共同确保工程建设质量和工期，以及国家和行业标准的贯彻执行。
		2.0.3 工代是设计单位派驻工地配合施工的全权代表，应能在现场积极地履行工代职责，使工程实现设计预期要求和投资效益。
		5.0.6 工代记录
		   1 工代应对现场处理的问题、参加的各种会议以及决议作详细记录，填写"工代工作大事记"
			1. 查阅设计单位对工代管理制度
			  内容：包括工代任命书及设计修改、变更、材料代用等签发人资格
			
			2. 查阅设计服务记录
			  内容：包括现场施工与设计要求相符情况和工代协助施工单位解决具体技术问题的情况
			
			3. 查阅设计变更通知单和工程联系单台账
			  内容：处理意见明确，收发闭环

4.2.5	按规定参加施工主要控制网（桩）验收和地基验槽签证	**1.《建筑工程施工质量验收统一标准》GB 50300—2013**
		6.0.3 分部工程应由总监理工程师组织施工单位项目负责人和项目技术负责人等进行验收。
		  勘察、设计单位项目负责人和施工单位技术、质量部门负责人应参加地基与基础分部工程的验收。
		  设计单位项目负责人和施工单位技术、质量部门负责人应参加主体结构、节能分部工程的验收。
		2.《光伏发电工程验收规范》GB/T 50796—2012
		3.0.8 工程验收中相关单位职责应符合下列要求：
		  2 勘察、设计单位职责应包括：
		   1）对土建工程与地基工程有关的施工记录校验。
		3.《电力建设施工质量验收及评价规程 第1部分：土建工程》DL/T 5210.1—2012
		3.0.12 工程质量验收的程序、组织和记录应符合下列规定：
		  3 分部（子分部）工程质量验收应由总监理工程师（建设单位项目负责人）组织施工单位项目负责人和技术、质量负责人等进行验收；地基与基础、主体结构分部工程的勘测、设计单位工程项目负责人和施工单位技术、质量部门负责人也应参加相关分部工程验收。
		  4 ……建设单位收到工程验收申请报告后，应由建设单位（项目）负责人组织施工（含分包单位）、设计、监理等单位（项目）负责人进行单位（子单位）工程验收，……
			查阅主要控制网及地基验槽验收记录
			  签字：勘察、设计单位（EPC）责任人已签字

续表

条款号	大纲条款	检 查 依 据	检查要点
4.2.6	进行了本阶段工程实体质量与设计的符合性确认	**1.《光伏发电工程验收规范》GB/T 50796—2012** 3.0.8 工程验收中相关单位职责应符合下列要求： 　　2 勘察、设计单位职责应包括： 　　　3）对工程设计方案和质量负责，为工程验收提供设计总结报告。 **2.《电力勘测设计驻工地代表制度》DLGJ 159.8—2001** 5.0.3 深入现场，调查研究 　　1 工代应坚持经常深入施工现场，调查了解施工是否与设计要求相符，并协助施工单位解决施工中出现的具体技术问题，做好服务工作，促进施工单位正确执行设计规定的要求。 　　2 对于发现施工单位擅自做主，不按设计规定要求进行施工的行为，应及时指出，要求改正，如指出无效，又涉及安全、质量等原则性、技术性问题，应将问题事实与处理过程用"备忘录"的形式书面报告建设单位和施工单件，同时向设总和处领导汇报	1. 查阅地基处理分部、子分部工程质量验收记录 　　签字：设计单位（EPC）项目负责人已签字 2. 查阅本阶段设计单位（EPC）汇报材料 　　内容：已对本阶段工程实体质量与勘察设计的符合性进行了确认，符合性结论明确 　　签字：项目设计（EPC）负责人已签字 　　盖章：设计单位已盖章

4.3　监理单位质量行为的监督检查

4.3.1	特殊施工技术措施已审批	**1.《建设工程安全生产管理条例》中华人民共和国国务院令〔2003〕第393号** 第二十六条 施工单位应当在施工组织设计中编制安全技术措施和施工现场临时用电方案，对下列达到一定规模的危险性较大的分部分项工程编制专项施工方案，并附具安全验算结果，经施工单位技术负责人、总监理工程师签字后实施，由专职安全生产管理人员进行现场监督： 　　（一）基坑支护与降水工程； 　　（二）土方开挖工程； 　　（三）模板工程； 　　（四）起重吊装工程； 　　（五）脚手架工程； 　　（六）拆除、爆破工程； 　　（七）国务院建设行政主管部门或者其他有关部门规定的其他危险性较大的工程。 　　对前款所列工程中涉及深基坑、地下暗挖工程、高大模板工程的专项施工方案，施工单位还应当组织专家进行论证、审查。 **2.《建设工程监理规范》GB/T 50319—2013** 5.2.2 总监理工程师应组织专业监理工程师审查施工单位报审的施工方案，符合要求后应予以签认。 **3.《电力建设工程监理规范》DL/T 5434—2009** 5.2.1 总监理工程师应履行以下职责：	查阅施工单位特殊施工技术措施报社表 　　签字：监理已签字 　　审核意见：肯定性结论

续表

条款号	大纲条款	检 查 依 据	检查要点
4.3.1	特殊施工技术措施已审批	6 审查承包单位提交的开工报告、施工组织设计、方案、计划。 9.1.3 专业监理工程师应要求承包单位报送重点部位、关键工序的施工工艺方案和工程质量保证措施，审核同意后签认	
4.3.2	检测仪器和工具配置满足监理工作需要	**1.《中华人民共和国计量法》中华人民共和国主席令〔2015〕第 26 号** 第九条 ……未按照规定申请计量检定、计量检定不合格或者超过计量检定周期的计量器具，不得使用。…… **2.《建设工程监理规范》GB/T 50319—2013** 3.3.2 工程监理单位宜按建设工程监理合同约定，配备满足监理工作需要的检测设备和工器具。 **3.《电力建设工程监理规范》DL/T 5434—2009** 5.3.1 项目监理机构应根据工程项目类别、规模、技术复杂程度、工程项目所在地的环境条件，按委托监理合同的约定，配备满足监理工作需要的常规检测设备和工具	1. 查阅监理项目部检测仪器和工具配置台账 　仪器和工具配置：与监理设施配置计划相符，满足监理工作需要 2. 查看检测仪器 　标识：贴有合格标签，且在有效期内
4.3.3	已按验收规范规程，对施工现场质量管理进行了检查	**1.《建筑工程施工质量验收统一标准》GB 50300—2013** 3.0.1 施工现场应具有健全的质量管理体系、相应施工技术标准、施工质量检验制度和综合施工质量水平评定考核制度。施工现场质量管理可按本标准附录 A 的要求进行检查记录。 **2.《电力建设施工质量验收及评价规程 第 1 部分：土建工程》DL/T 5210.1—2012** 3.0.14 施工现场质量管理检查记录应由施工单位按表 3.0.14 填写，由总监理工程师（建设单位项目负责人）进行检查，并做出检查结论	查阅施工现场质量管理检查记录 　内容：符合规程规定 　结论：有肯定性结论 　签章：责任人已签字
4.3.4	进场的工程材料、构配件的质量审查工作、原材料复检的见证取样实施正常	**1.《建设工程质量管理条例》中华人民共和国国务院令〔2000〕第 279 号** 第三十七条 …… 　未经监理工程师签字，建筑材料、建筑构配件和设备不得在工程上使用或者安装，施工单位不得进行下一道工序的施工。…… **2.《房屋建筑工程和市政基础设施工程实行见证取样和送检的规定》建建〔2000〕211 号** 第五条 涉及结构安全的试块、试件和材料见证取样和送检的比例不得低于有关技术标准中规定应取样数量的 30%。 第六条 下列试块、试件和材料必须实施见证取样和送检： 　（一）用于承重结构的混凝土试块； 　（二）用于承重墙体的砌筑砂浆试块； 　（三）用于承重结构的钢筋及连接接头试件； 　（四）用于承重墙的砖和混凝土小型砌块；	1. 查阅工程材料/设备/构配件报审表 　审查意见：同意使用 　签字：相关责任人已签字 2. 查阅监理单位见证取样台账 　内容：与检测计划相符 　签字：相关见证人签字

条款号	大纲条款	检 查 依 据	检查要点
4.3.4	进场的工程材料、构配件的质量审查工作、原材料复检的见证取样实施正常	（五）用于拌制混凝土和砌筑砂浆的水泥； （六）用于承重结构的混凝土中使用的掺加剂； （七）地下、屋面、厕浴间使用的防水材料； （八）国家规定必须实行见证取样和送检的其他试块、试件和材料。 **3.《建筑工程施工质量验收统一标准》GB 50300—2013** 3.0.2 建筑工程应按下列规定进行施工质量控制： 　1 建筑工程采用的主要材料、半成品、成品、建筑构配件、器具和设备应进行现场验收。凡涉及安全、节能、环境保护和主要使用功能的重要材料、产品，应按各专业工程施工规范、验收规范和设计文件等规定进行复验，并应经监理工程师检查认可。 **4.《建设工程监理规范》GB／T 50319—2013** 5.2.9 项目监理机构应审查施工单位报送的用于工程的材料、构配件、设备的质量证明文件，并应按有关规定、建设工程监理合同约定，对用于工程的材料进行见证取样，平行检验。 项目监理机构对已进场经检验不合格的工程材料、构配件、设备，应要求施工单位限期将其撤出施工现场。 **5.《电力建设工程监理规范》DL／T 5434—2009** 7.2.3 见证取样。对规定的需取样送试验室检验的原材料和样品，经监理人员对取样进行见证、封样、签认。 9.1.6 项目监理机构应审核承包单位报送的主要工程材料、半成品、构配件生产厂商的资质，符合后予以签认。 9.1.7 项目监理机构应对承包单位报送的拟进场工程材料、半成品和构配件的质量证明文件进行审核，并按有关规定进行抽样验收。对有复试要求的，经监理人员现场见证取样后送检，复试报告应报送项目监理机构查验。 9.1.8 项目监理机构应参与主要设备开箱验收，对开箱验收中发现的设备质量缺陷，督促相关单位处理。 **6.《电力建设土建工程施工技术检验规范》DL／T 5710—2014** 4.5.1 施工单位应在工程施工前按单位工程编制检测计划，报监理单位审查，并经建设单位批准后，在监理单位监督下组织实施。当设现场试验室时，施工检测试验计划尚应经现场试验室核查。 4.7.2 施工现场施工单位、监理单位、检测试验单位应分别建立试验台账，并及时按要求在试验台账中做好试样的登记工作。试验台账应包括混凝土原材料试验台账、钢筋试验台账、钢筋接头试验台账、混凝土试验台账、砂浆试验台账、回填土试验台账、混凝土配合比试验台账和需要建立的其他试验台账	

条款号	大纲条款	检查依据	检查要点
4.3.5	按设定的工程质量控制点，对质量控制点进行了检查	**1.《房屋建筑工程施工旁站监理管理办法（试行）》建市〔2002〕189号** 第三条 监理企业在编制监理规划时，应当制定旁站监理方案，明确旁站监理的范围、内容、程序和旁站监理人员职责等。旁站监理方案应当送建设单位和施工企业各一份，并抄送工程所在地的建设行政主管部门或其委托的工程质量监督机构。 第九条 旁站监理记录是监理工程师或者总监理工程师依法行使有关签字权的重要依据。对于需要旁站监理的关键部位、关键工序施工，凡没有实施旁站监理或者没有旁站监理记录的，监理工程师或者总监理工程师不得在相应文件上签字。 **2.《建设工程监理规范》GB/T 50319—2013** 5.2.11 项目监理机构应根据工程特点和施工单位报送的施工组织设计，确定旁站的关键部位、关键工序，安排监理人员进行旁站，并应及时记录旁站情况。旁站记录应按本规范表A.0.6的要求填写。 **3.《电力建设工程监理规范》DL/T 5434—2009** 9.1.2 项目监理机构应审查承包单位编制的质量计划和工程质量验收及评定项目划分表，提出监理意见，报建设单位批准后监督实施。 9.1.9 项目监理机构应安排监理人员对施工过程进行巡视和检查，对工程项目的关键部位、关键工序的施工过程进行旁站监理	1. 查阅施工质量验收范围划分表及报审表 　划分表内容：符合规程规定且已明确了质量控制点 　报审表签字：相关单位责任人已签字 2. 查阅旁站计划和旁站记录： 　旁站计划质量控制点：符合施工质量验收范围划分表要求 　旁站记录：完整 　签字：监理旁站人员已签字
4.3.6	工程建设标准强制性条文检查到位	**1.《建设工程质量管理条例》中华人民共和国国务院令〔2000〕第279号** 第二条 凡在中华人民共和国境内从事建设工程的新建、扩建、改建等有关活动及实施对建设工程质量监督管理的，必须遵守本条例。本条例所称建设工程，是指土木工程、建筑工程、线路管道和设备安装工程及装修工程。 第三条 建设单位、勘察单位、设计单位、施工单位、工程监理单位依法对建设工程质量负责。 第十条 …… 　建设单位不得明示或者暗示设计单位或者施工单位违反工程建设强制性标准，降低建设工程质量。 **2.《实施工程建设强制性标准监督规定》建设部令〔2000〕81号** 第二条 在中华人民共和国境内从事新建、扩建、改建等工程建设活动，必须执行工程建设强制性标准。 第三条 本规定所称工程强制性标准是指直接涉及工程质量、安全、卫生及环境保护等方面的工程建设标准强制性条文。 第六条 …… 　工程质量监督机构应当对建设施工、监理、验收等阶段执行强制性标准的情况实施监督。	查阅监理单位工程建设强制性条文执行检查记录 　监理检查结果：已执行，相关资料可追溯 　强制性条文：引用的规范条文有效 　签字：相关责任人已签字

条款号	大纲条款	检 查 依 据	检查要点
4.3.6	工程建设标准强制性条文检查到位	**3.《工程建设标准强制性条文　房屋建筑部分（2013 年版）》（全文）** **4.《工程建设标准强制性条文　电力工程部分（2011 年版）》（全文）** **5.《国家重大建设项目文件归档要求与档案整理规范》DA/T 28—2002** 7.8.3　归档文件应完整、成套、系统。应记述和反映建设项目的规划、设计、施工及竣工验收的全过程；真实记录和准确反映项目建设过程和竣工时的实际情况，图物相符，技术数据可靠、签字手续完备；文件质量应符合 5.5 的规定	
4.3.7	隐蔽工程验收记录签证齐全	**1.《建设工程质量管理条例》中华人民共和国国务院令〔2000〕第 279 号** 第三十条　施工单位必须建立、健全施工质量的检验制度，严格工序管理，作好隐蔽工程的质量检查和记录。隐蔽工程在隐蔽前，施工单位应当通知建设单位和建设工程质量监督机构。 **2.《建设工程监理规范》GB/T 50319—2013** 5.2.14　项目监理机构应对施工单位报验的隐蔽工程、检验批；分项工程和分部工程进行验收，对验收合格的应给予签认，对验收不合格的应拒绝签认，同时应要求施工单位在指定的时间内整改并重新报验。 **3.《电力建设工程监理规范》DL/T 5434—2009** 9.1.10　对承包单位报送的隐蔽工程报验申请表和自检记录，专业监理工程师应进行现场检查，符合要求予以签认后，承包单位方可隐蔽并进行下一道工序的施工	查阅施工单位隐蔽工程验收记录 　验收结论：符合规范规定和设计要求，同意隐蔽 　签字：施工项目部技术负责人与监理工程师已签字
4.3.8	按照基础施工质量验收项目划分表完成规定的验收工作	**《建设工程监理规范》GB/T 50319—2013** 5.2.14　项目监理机构应对施工单位报验的隐蔽工程、检验批、分项工程和分部工程进行验收，对验收合格的应给予签认，对验收不合格的应拒绝签认，同时应要求施工单位在指定的时间内整改并重新报验	查阅基础工程质量验收报验表及验收资料 　内容：项目与质量验收划分表一致 　验收结论：合格 　签字：相关单位责任人已签字
4.3.9	质量问题及处理台账完整，记录齐全	**1.《建设工程监理规范》GB/T 50319—2013** 5.2.15　项目监理机构发现施工存在质量问题的，或施工单位采用不适当的施工工艺，或施工不当，造成工程质量不合格的，应及时签发监理通知单，要求施工单位整改。整改完毕后，项目监理机构应根据施工单位报送的监理通知回复单对整改情况进行复查，提出复查意见。 5.2.17　对需要返工处理或加固补强的质量事故，项目监理机构应要求施工单位报送质量事故调查报告和经设计等相关单位认可的处理方案，并应对质量事故的处理过程进行跟踪检查，同时应对处理结果进行验收。 项目监理机构应及时向建设单位提交质量事故书面报告，并应将完整的质量事故处理记录整理归档。	查阅质量问题及处理记录台账 　记录要素：质量问题、发现时间、责任单位、整改要求、处理结果、完成时间 　内容：记录完整 　签字：相关责任人已签字

续表

条款号	大纲条款	检 查 依 据	检查要点
4.3.9	质量问题及处理台账完整，记录齐全	**2.《电力建设工程监理规范》DL/T 5434—2009** 9.1.12 对施工过程中出现的质量缺陷，专业监理工程师应及时下达书面通知，要求承包单位整改，并检查确认整改结果。 9.1.15 专业监理工程师应根据消缺清单对承包单位报送的消缺方案进行审核，符合要求后予以签认，并根据承包单位报送的消缺报验申请表和自检记录进行检查验收	
4.4 施工单位质量行为的监督检查			
4.4.1	专业施工组织设计已审批	**1.《建筑工程施工质量评价标准》GB/T 50375—2006** 4.2.1 施工现场质量保证条件应符合下列检查标准： 　3 施工组织设计、施工方案编制审批手续齐全，…… **2.《工程建设施工企业质量管理规范》GB/T 50430—2007** 10.3.2 施工企业应确定施工设计所需的评审、验证和确认活动，明确其程序和要求。 **3.《建筑施工组织设计规范》GB/T 50502—2009** 3.0.5 施工组织设计的编制和审批应符合下列规定： 　1 施工组织设计应由项目负责人主持编制，可根据需要分阶段编制和审批。 　2 施工组织总设计应由总承包单位技术负责人审批；单位工程施工组织设计应由施工单位技术负责人或技术负责人授权的技术人员审批，施工方案应由项目技术负责人审批；重点、难点分部（分项）工程和专项工程施工方案应由施工单位技术部门组织相关专家评审，施工单位技术负责人批准。 **4.《光伏发电站施工规范》GB 50794—2012** 3.0.1 开工前应具备下列条件： 　……，施工组织设计及重大施工方案应已审批。	1. 查阅工程项目专业施工组织设计 　审批：相关责任人已签字 　审批时间：专业工程开工前 2. 查阅专业施工组织设计报审表 　审批意见：同意实施等肯定性意见 　签字：总包及施工、监理、建设单位相关责任人已签字 　盖章：总包及施工、监理、建设单位已盖章
4.4.2	质量检查及特殊工种人员持证上岗	**1.《特种作业人员安全技术培训考核管理办法》国家安全生产监督管理总局令〔2010〕第30号** 第五条 特种作业人员必须经专门的安全技术培训并考核合格，取得"中华人民共和国特种作业操作证"（以下简称特种作业操作证）后，方可上岗作业。 **2.《建筑施工特种作业人员管理规定》建质〔2008〕75号** 第四条 建筑施工特种作业人员必须经建设主管部门考核合格，取得建筑施工特种作业人员操作资格证书，方可上岗从事相应作业。 **3.《工程建设施工企业质量管理规范》GB/T 50430—2007** 5.2.2 施工企业应按照岗位任职条件配备相应的人员。……质量检查人员、特种作业人员应按照国家法律法规的要求持证上岗。	1. 查阅总包及施工单位各专业质检员资格证书 专业类别：包括土建、电气等 发证单位：政府主管部门等 有效期：当前有效

条款号	大纲条款	检　查　依　据	检查要点
4.4.2	质量检查及特殊工种人员持证上岗	**4.《光伏发电站施工规范》GB 50794—2012** 3.0.1　开工前应具备下列条件： 　　3　施工单位的资质、特殊作业人员资格、施工机械、施工材料、计量器具等应报监理单位或建设单位审查完毕	2. 查阅特殊工种人员台账 　内容：包括姓名、工种类别、证书编号、发证单位、有效期等 　证书有效期：作业期间有效
			3. 查阅特殊工种人员资格证书 　发证单位：政府主管部门 　有效期：当前有效，与台账一致
4.4.3	施工方案和作业指导书已审批，技术交底记录齐全。重大施工方案或特殊专项措施经专项评审	**1.《危险性较大的分部分项工程安全管理办法》建质〔2009〕87号** 第五条　施工单位应当在危险性较大的分部分项工程施工前编制专项方案；对于超过一定规模的危险性较大的分部分项工程，施工单位应当组织专家对专项方案进行论证。 第八条　专项方案应当由施工单位技术部门组织本单位施工技术、安全、质量等部门的专业技术人员进行审核。经审核合格的，由施工单位技术负责人签字。实行施工总承包的，专项方案应当由总承包单位技术负责人及相关专业承包单位技术负责人签字。 不需专家论证的专项方案，经施工单位审核合格后报监理单位，由项目总监理工程师审核签字。 第九条　超过一定规模的危险性较大的分部分项工程专项方案应当由施工单位组织召开专家论证会。实行施工总承包的，由施工总承包单位组织召开专家论证会。 第十条　专家组成员应当由5名及以上符合相关专业要求的专家组成。 　　本项目参建各方的人员不得以专家身份参加专家论证会。 第十一条　…… 　　专项方案经论证后，专家组应当提交论证报告，对论证的内容提出明确的意见，并在论证报告上签字。该报告作为专项方案修改完善的指导意见。 第十二条　施工单位应当根据论证报告修改完善专项方案，并经施工单位技术负责人、项目总监理工程师、建设单位项目负责人签字后，方可组织实施。实行施工总承包的，应当由施工总承包单位、相关专业承包单位技术负责人签字。 **2.《建筑工程施工质量评价标准》GB/T 50375—2006** 4.2.1　施工现场质量保证条件应符合下列检查标准： 　　3　施工组织设计、施工方案编制审批手续齐全，……	1. 查阅施工方案和作业指导书 　审批：相关责任人已签字 　时间：施工前
			2. 查阅施工方案和作业指导书报审表 　审批意见：同意实施等肯定性意见 　签字：总包及施工、监理单位相关责任人已签字 　盖章：总包及施工、监理单位已盖章
			3. 查阅技术交底记录 　内容：与方案或作业指导书相符 　时间：施工前 　签字：交底人和被交底人已签字

条款号	大纲条款	检 查 依 据	检查要点
4.4.3	施工方案和作业指导书已审批，技术交底记录齐全。重大施工方案或特殊专项措施经专项评审	**3.《建筑施工组织设计规范》GB/T 50502—2009** 3.0.5 施工组织设计的编制和审批应符合下列规定： 　　2 ……施工方案应由项目技术负责人审批；重点、难点分部（分项）工程和专项工程施工方案应由施工单位技术部门组织相关专家评审，施工单位技术负责人批准。 　　3 由专业承包单位施工的分部（分项）工程或专项工程的施工方案，应由专业承包单位技术负责人或技术负责人授权的技术人员审批；有总承包单位时，应由总承包单位项目技术负责人核准备案。 　　4 规模较大的分部（分项）工程和专项工程的施工方案应按单位工程施工组织设计进行编制和审批。 6.4.1 施工准备应包括下列内容： 　　1 技术准备：包括施工所需技术资料的准备、图纸深化和技术交底的要求、试验检验和测试工作计划、样板制作计划以及与相关单位的技术交接计划等； **4.《光伏发电工程施工规范》GB 50794—2012** 3.0.1 开工前应具备下列条件： 　　……设计交底应完成，施工组织设计及重大施工方案应已审批。 **5.《电力建设工程施工技术管理导则》国电电源〔2002〕896号** 8.1.5 技术交底必须有交底记录。交底人和被交底人要履行全员签字手续	4. 查阅重大方案或特殊专项措施（需专家论证的专项方案）的评审报告 　内容：对论证的内容提出明确的意见 　评审专家资格：非本项目参建单位人员 　签字：专家已签字
4.4.4	计量工器具经检定合格，且在有效期内	**1.《中华人民共和国计量法》中华人民共和国主席令〔2015〕第26号** 第九条 ……未按照规定申请计量检定、计量检定不合格或者超过计量检定周期的计量器具，不得使用。 **2.《中华人民共和国依法管理的计量器具目录（型式批准部分）》国家质检总局公告〔2005〕第145号** 1. 测距仪：光电测距仪、超声波测距仪、手持式激光测距仪； 2. 经纬仪：光学经纬仪、电子经纬仪； 3. 全站仪：全站型电子速测仪； 4. 水准仪：水准仪； 5. 测地型GPS接收机：测地型GPS接收机。 **3.《电力建设施工技术规范 第1部分：土建结构工程》DL 5190.1—2012** 3.0.5 在质量检查、验收中使用的计量器具和检测设备，应经计量检定合格后方可使用；承担材料和设备检测的单位，应具备相应的资质。 **4.《电力工程施工测量技术规范》DL/T 5445—2010** 4.0.3 施工测量所使用的仪器和相关设备应定期检定，并在检定的有效期内使用。…… **5.《建筑工程检测试验技术管理规范》JGJ 190—2010** 5.2.2 施工现场配置的仪器、设备应建立管理台账，按有关规定进行计量检定或校准，并保持状态完好	1. 查阅计量工器具台账 　内容：包括计量工器具名称、出厂合格证编号、检定日期、有效期、在用状态等 　检定有效期：在用期间有效 2. 查阅计量工器具检定报告 　有效期：在用期间有效，与台账一致 3. 查看计量工器具 　实物：张贴合格标签，与检定报告一致

条款号	大纲条款	检 查 依 据	检查要点
4.4.5	按照检测试验项目计划进行了取样和送检，台账完整	**1.《房屋建筑工程和市政基础设施工程实行见证取样和送检的规定》建建〔2000〕211 号** 第五条　涉及结构安全的试块、试件和材料见证取样和送检的比例不得低于有关技术标准中规定应取样数量的 30％。 第六条　下列试块、试件和材料必须实施见证取样和送检： 　　（一）用于承重结构的混凝土试块； 　　（二）用于承重墙体的砌筑砂浆试块； 　　（三）用于承重结构的钢筋及连接接头试件； 　　（四）用于承重墙的砖和混凝土小型砌块； 　　（五）用于拌制混凝土和砌筑砂浆的水泥； 　　（六）用于承重结构的混凝土中使用的掺加剂； 　　（七）地下、屋面、厕浴间使用的防水材料； 　　（八）国家规定必须实行见证取样和送检的其他试块、试件和材料。 第七条　见证人员应由建设单位或该工程的监理单位具备建筑施工试验知识的专业技术人员担任，并应由建设单位或该工程的监理单位书面通知施工单位、检测单位和负责该项工程的质量监督机构。 **2.《房屋建筑和市政基础设施工程质量检测技术管理规范》GB 50618—2011** 3.0.5　对实行见证取样和见证检测的项目，不符合见证要求的，检测机构不得进行检测。 **3.《电力建设土建工程施工技术检验规范》DL/T 5710—2014** 4.7.2　施工现场施工单位、监理单位、检测试验单位应分别建立试验台账，并及时按要求在试验台账中做好试样的登记工作。试验台账应包括混凝土原材料试验台账、钢筋试验台账、钢筋接头试验台账、混凝土试验台账、砂浆试验台账、回填土试验台账、混凝土配合比试验台账和需要建立的其他试验台账。 **4.《建筑工程检测试验技术管理规范》JGJ 190—2010** 3.0.6　见证人员必须对见证取样和送检的过程进行见证，且必须确保见证取样和送检过程的真实性。 5.5.1　施工现场应按照单位工程分别建立下列试样台账： 　　1　钢筋试样台账； 　　2　钢筋连接接头试样台账； 　　3　混凝土试件台账； 　　4　砂浆试件台账； 　　5　需要建立的其他试样台账。 5.6.1　现场试验人员应根据施工需要及有关标准的规定，将标识后的试样送至检测单位进行检测试验； 5.8.5　见证人员应对见证取样和送检的全过程进行见证并填写见证记录。 5.8.6　检测机构接收试样时应核实见证人员及见证记录，见证人员与备案见证人员不符或见证记录无备案见证人员签字时不得接收试样	查阅见证取样台账 *内容：取样数量、取样项目与检测试验计划相符* 　*签字：相关责任人签字*

续表

条款号	大纲条款	检查依据	检查要点
4.4.6	原材料、成品、半成品、商品混凝土的跟踪管理台账清晰、记录完整	**1.《建设工程质量管理条例》中华人民共和国国务院令〔2000〕第279号** 第二十九条　施工单位必须按照工程设计要求、施工技术标准和合同约定，对建筑材料、建筑构配件、设备和商品混凝土进行检验，检验应当有书面记录和专人签字；未经检验或者检验不合格的，不得使用。 **2.《电力建设施工技术规范　第1部分：土建结构工程》DL 5190.1—2012** 3.0.2　工程所用主要原材料、半成品、构（配）件、设备等产品，进入施工现场时应按规定进行现场检验或复验，合格后方可使用，有见证取样检测仪要求的应符合国家现行有关标准的规定。对工程所用的水泥、钢筋等主要材料应进行跟踪管理	查阅材料跟踪管理台账 　内容：要素齐全，可追溯 　签字：相关责任人签字
4.4.7	质量检验管理制度已落实	**1.《建设工程质量管理条例》中华人民共和国国务院令〔2000〕第279号** 第三十条　施工单位必须建立、健全施工质量的检验制度，严格工序管理，作好隐蔽工程的质量检查和记录。隐蔽工程在隐蔽前，施工单位应当通知建设单位和建设工程质量监督机构。 **2.《工程建设施工企业质量管理规范》GB/T 50430—2007** 11.2.3　项目经理部应根据策划的安排和施工质量验收标准实施检查。 11.3.1　施工企业应按规定策划并实施施工质量验收。施工企业应建立试验、检验管理制度	1. 查阅总包及施工单位质量检验管理制度 　内容：职责明确，可操作性强 　签字：相关责任人签字 2. 查阅工程签证记录、施工单位自检记录、工序交接记录等检查记录 　记录：内容完整，结论明确 　签字：相关责任人已签字
4.4.8	建筑专业绿色施工措施已制订、实施	**1.《建筑工程绿色施工评价标准》GB/T 50640—2010** 3.0.2　绿色施工项目应符合以下规定： 　　3　施工组织设计及施工方案应有施工组织设计及施工方案应有专门的绿色施工章节、绿色施工目标明确，内容应涵盖"四节一环保"要求。 **2.《建筑工程绿色施工规范》GB/T 50905—2014** 3.1.1　建设单位应履行下列职责 　　1　在编制工程概算和招标文件时，应明确绿色施工的要求…… 　　2　应向施工单位提供建设工程绿色施工的设计文件、产品要求等相关资料……	1. 查阅绿色施工措施 　审批：相关责任人已签字 　审批时间：施工前

条款号	大纲条款	检 查 依 据	检查要点
4.4.8	建筑专业绿色施工措施已制订、实施	4.0.2　施工单位应编制包含绿色施工管理和技术要求的工程绿色施工组织设计、绿色施工方案或绿色施工专项方案，并经审批通过后实施。 **3.《电力建设施工技术规范　第 1 部分：土建结构工程》DL 5190.1—2012** 3.0.12　施工单位应建立绿色施工管理体系和管理制度，实施目标管理，施工前应在施工组织设计和施工方案中明确绿色施工的内容和方法。 **4.《电力建设绿色施工示范管理办法（2016 版）》中电建协工〔2016〕2 号** 第十三条　各参建单位均应严格执行绿色施工专项方案，落实绿色施工措施，并形成专业绿色施工的实施记录	2. 查阅专业绿色施工记录 　内容：与绿色施工措施相符 　签字：相关责任人已签字
4.4.9	工程建设标准强制性条文实施计划已执行	**1.《建设工程质量管理条例》中华人民共和国国务院令〔2000〕第 279 号** 第二条　凡在中华人民共和国境内从事建设工程的新建、扩建、改建等有关活动及实施对建设工程质量监督管理的，必须遵守本条例。本条例所称建设工程，是指土木工程、建筑工程、线路管道和设备安装工程及装修工程。 第三条　建设单位、勘察单位、设计单位、施工单位、工程监理单位依法对建设工程质量负责。 第十条　…… 　　建设单位不得明示或者暗示设计单位或者施工单位违反工程建设强制性标准，降低建设工程质量。 **2.《实施工程建设强制性标准监督规定》建设部令〔2000〕第 81 号** 第二条　在中华人民共和国境内从事新建、扩建、改建等工程建设活动，必须执行工程建设强制性标准。 第三条　本规定所称工程建设强制性标准是指直接涉及工程质量、安全、卫生及环境保护等方面的工程建设标准强制性条文。 　　国家工程建设标准强制性条文由国务院建设行政主管部门会同国务院有关行政主管部门确定。 第六条　……工程质量监督机构应当对工程建设施工、监理、验收等阶段执行强制性标准的情况实施监督。 **3.《工程建设标准强制性条文　房屋建筑部分（2013 年版）》（全文）** **4.《工程建设标准强制性条文　电力工程部分（2011 年版）》（全文）** **5.《国家重大建设项目文件归档要求与档案整理规范》DA/T 28—2002** 7.8.3　归档文件应完整、成套、系统。应记述和反映建设项目的规划、设计、施工及竣工验收的全过程；真实记录和准确反映项目建设过程和竣工时的实际情况，图物相符，技术数据可靠、签字手续完备；文件质量应符合 5.5 的规定	查阅强制性条文执行记录 　内容：与强制性条文执行计划相符，相关资料可追溯 　签字：相关责任人已签字 　时间：与工程进度同步

续表

条款号	大纲条款	检 查 依 据	检查要点

4.4.10	无违规转包或者违法分包工程行为	**1.《中华人民共和国建筑法》中华人民共和国主席令〔2011〕第 46 号**
		第二十八条 禁止承包单位将其承包的全部建筑工程转包给他人，禁止承包单位将其承包的全部建筑工程肢解以后以分包的名义转包给他人。
		第二十九条 建筑工程总承包单位可以将承包工程中的部分工程发包给具有相应资质条件的分包单位，但是，除总承包合同约定的分包外，必须经建设单位认可。施工总承包的，建筑工程主体结构的施工必须由总承包单位自行完成。
		  ……
		  禁止总承包单位将工程分包给不具备相应资质条件的单位。禁止分包单位将其承包的工程再分包。
		2.《建筑工程施工转包违法分包等违法行为认定查处管理办法（试行）》建市〔2014〕118 号
		第七条 存在下列情形之一的，属于转包：
		  （一）施工单位将其承包的全部工程转给其他单位或个人施工的；
		  （二）施工总承包单位或专业承包单位将其承包的全部工程肢解以后，以分包的名义分别转给其他单位或个人施工的；
		  （三）施工总承包单位或专业承包单位未在施工现场设立项目管理机构或未派驻项目负责人、技术负责人、质量管理负责人、安全管理负责人等主要管理人员，不履行管理义务，未对该工程的施工活动进行组织管理的；
		  （四）施工总承包单位或专业承包单位不履行管理义务，只向实际施工单位收取费用，主要建筑材料、构配件及工程设备的采购由其他单位或个人实施的；
		  （五）劳务分包单位承包的范围是施工总承包单位或专业承包单位承包的全部工程，劳务分包单位计取的是除上缴施工总承包单位或专业承包单位"管理费"之外的全部工程价款的；
		  （六）施工总承包单位或专业承包单位通过采取合作、联营、个人承包等形式或名义，直接或变相的将其承包的全部工程转给其他单位或个人施工的；
		  （七）法律法规规定的其他转包行为。
		第九条 存在下列情形之一的，属于违法分包：
		  （一）施工单位将工程分包给个人的；
		  （二）施工单位将工程分包给不具备相应资质或安全生产许可的单位的；
		  （三）施工合同中没有约定，又未经建设单位认可，施工单位将其承包的部分工程交由其他单位施工的；
		  （四）施工总承包单位将房屋建筑工程的主体结构的施工分包给其他单位的，钢结构工程除外；
		  （五）专业分包单位将其承包的专业工程中非劳务作业部分再分包的；
		  （六）劳务分包单位将其承包的劳务再分包的；
			1. 查阅工程分包申请报审表
			 意见：同意分包等肯定性意见
			 签字：总包及施工、监理、建设单位相关责任人已签字
			 盖章：总包及施工、监理、建设单位已盖章
			
			2. 查阅工程分包商资质
			 业务范围：涵盖所分包的项目
			 发证单位：政府主管部门
			 有效期：当前有效

条款号	大纲条款	检 查 依 据	检查要点
4.4.10	无违规转包或者违法分包工程行为	（七）劳务分包单位除计取劳务作业费用外，还计取主要建筑材料款、周转材料款和大中型施工机械设备费用的； （八）法律法规规定的其他违法分包行为	
4.5	**检测试验机构质量行为的监督检查**		
4.5.1	检测试验机构已经监理审核，并通过能力认定，其现场派出机构（现场试验室）满足规定条件，并已报质量监督机构备案	**1.《建设工程质量检测管理办法》建设部令〔2005〕第 141 号** 第四条 ……检测机构未取得相应的资质证书，不得承担本办法规定的质量检测业务。 第八条 检测机构资质证书有效期为 3 年。资质证书有效期满需要延期的，检测机构应当在资质证书有效期满 30 个工作日前申请办理延期手续。 **2.《检验检测机构资质认定管理办法》国家质量监督检验检疫总局令〔2015〕第 163 号** 第二条 …… 资质认定包括检验检测机构计量认证。 第三条 检验检测机构从事下列活动，应当取得资质认定： （四）为社会经济、公益活动出具具有证明作用的数据、结果的； （五）其他法律法规规定应当取得资质认定的。 **3.《建设工程监理规范》GB/T 50319—2013** 5.2.7 专业监理工程师应检查施工单位为工程提供服务的试验室。 **4.《房屋建筑和市政基础设施工程质量检测技术管理规范》GB 50618—2011** 3.0.2 建设工程质量检测机构（以下简称检测机构）应取得建设主管部门颁发的相应资质证书。 3.0.3 检测机构必须在技术能力和资质规定范围内开展检测工作。 **5.《电力建设土建工程施工技术检验规范》DL/T 5710—2014** 3.0.4 承担电力建设土建工程检测试验任务的检测试验单位应取得计量认证证书和相应的资质等级证书。当设置现场试验室时，检测试验单位及由其派出的现场试验室应取得电力工程质量监督机构认定的资质等级证书。 3.0.5 检测试验单位及由其派出的现场试验室必须在其资质规定和技术能力范围内开展检测试验工作。 4.5.1 施工单位应在工程施工前按单位工程编制施工检测试验计划，报监理单位审查，并经建设单位批准后，在监理单位监督下组织实施。当设现场试验室时，施工检测试验计划尚应经现场实验室核查。 **6.《建筑工程检测试验技术管理规范》JGJ 190—2010** 5.2.4 单位工程建筑面积超过 10000m² 或者造价超过 1000 万元人民币时，可设立现场试验站。 表 5.2.4 现场试验站基本条件	1. 查阅检测机构资质证书 　发证单位：国家认证认可监督管理委员会（国家级）或地方质量技术监督部门或各直属出入境检验检疫机构（省市级）及电力质监机构 　有效期：当前有效 　证书业务范围：涵盖检测项目 2. 查看现场试验室 　资质文件：派出机构相关文件 　人员配置：与工作任务相符 　试验仪器：满足检测范围要求 　场所：有固定场所且面积、环境、温湿度满足规范要求 3. 查阅检测机构的申请报备文件 　报备时间：工程开工前

条款号	大纲条款	检 查 依 据	检查要点
4.5.1	检测试验机构已经监理审核，并通过能力认定，其现场派出机构（现场试验室）满足规定条件，并已报质量监督机构备案	**7.《电力工程检测试验机构能力认定管理办法（试行）》质监〔2015〕20号** 第四条　电力工程检测试验机构是指依据国家规定取得相应资质，从事电力工程检测试验工作，为保障电力工程建设质量提供检测验证数据和结果的单位。 第七条　同时根据工程建设规模、技术规范和质量验收规程对检测机构在检测人员、仪器设备、执行标准和环境条件等方面的要求，相应的将承担工程检测试验业务的检测机构划分为A级和B级两个等级。 第九条　承担建设建模200MW及以上发电工程和330kV及以上变电站（换流站）工程检测试验任务的检测机构，必须符合B级及以上等级标准要求。不同规模电力工程项目所对应要求的检测机构能力等级详见附件5。 第二十八条　检测机构不得将所承担检测试验工作转包或违规分包给其他检测试验单位。因特殊技术要求，需要外委的检测试验项目应委托给具有相应资质的检测试验单位，并根据合同要求，制订外委计划进行跟踪管理。检测机构对外委的检测试验项目的检测试验结论负连带责任。 第三十条　根据工程建设需要和质量验收规程要求，检测机构在承担电力工程项目的检测试验任务时，应当设立现场试验室。检测机构对所设立现场试验室的一切行为负责。 第三十一条　现场试验室在开展工作前，须通过负责本项目的质监机构组织的能力认定。对符合条件的，质监机构应予以书面确认。 第三十五条　检测机构的"业务等级确认证明"有效期为四年，有效期满后，需重新进行确认。 附件1-3　土建检测试验机构现场试验室要求 附件2-3　金属检测试验机构现场试验室要求	
4.5.2	检测试验人员资格符合规定，持证上岗	**1.《建设工程质量检测管理办法》建设部令〔2005〕第141号** 第十六条　检测人员不得同时受聘于两个或者两个以上的检测机构。检测机构和检测人员不得推荐或者监制建筑材料、构配件和设备。 **2.《检验检测机构资质认定管理办法》国家质量监督检验检疫总局令〔2015〕第163号** 第三十二条　检验检测机构及其人员应当对其在检验检测活动中所知悉的国家秘密、商业秘密和技术秘密负有保密义务，并制定实施相应的保密措施。 **3.《房屋建筑和市政基础设施工程质量检测技术管理规范》GB 50618—2011** 4.1.5　检测操作人员应经技术培训、通过建设主管部门或委托有关机构的考核，方可从事检测工作。 5.3.6　检测前应确认检测人员的岗位资格，检测操作人员应熟识相应的检测操作规程和检测设备使用、维护技术手册等。 **4.《电力建设土建工程施工技术检验规范》DL/T 5710—2014** 4.2.2　每个室内检测试验项目持有岗位证书的操作人员不得少于2人；每个现场检测试验项目持有岗位证书的操作人员不得少于3人。	1. 查阅检测人员登记台账 专业类别和数量：满足检测项目需求 2. 查阅检测人员资格证书 资格证颁发单位：各级政府和电力行业主管部门 资格证：当前有效

条款号	大纲条款	检 查 依 据	检查要点
4.5.2	检测试验人员资格符合规定，持证上岗	4.2.3　检测试验单位技术负责人、质量负责人及授权签字人应具有工程类专业中级及其以上技术职称，掌握相关领域知识，具有规定的工作经历、检测试验工作经验和工作年限。 4.2.4　检测试验人员应经技术培训、通过行业主管部门或委托有关机构考核合格后持证上岗。 4.2.6　检测试验单位应有人员学习、培训、考核记录	
4.5.3	检测试验仪器、设备检定合格，且在有效期内	**1.《房屋建筑和市政基础设施工程质量检测技术管理规范》GB 50618—2011** 4.2.14　检测机构的所有设备均应标有统一的标识，在用的检测设备均应标有校准或检测有效期的状态标识。 **2.《电力建设土建工程施工技术检验规范》DL/T 5710—2014** 4.3.1　检测试验仪器应符合国家现行有关技术标准的规定及合同中的相关条款，满足检测试验工作要求。 4.3.2　在用仪器设备有出厂合格证、检定或校准合格证，应保持完好状态，并在检定或校准周期内使用。 4.3.3　检测试验单位应指定仪器设备检定或校准计划，按规定进行检定或校准，检定或校准的周期应符合国家有关规定及技术标准的规定。 4.3.4　检测试验单位应建立仪器设备管理台账和档案，记录仪器设备技术条件及使用过程的有关信息。 4.3.5　检测试验仪器设备（包含标准物质）应设置明显的标识表明其状态。 4.3.6　检测试验单位应建立仪器设备管理责任制，并做好使用、维护保养、维修记录。 4.3.7　大型、复杂、精密的检测试验设备应编制使用操作规程。 4.3.8　仪器设备布置应分类、分区，便于操作，符合有关技术、安全规程规定。 **3.《建筑工程检测试验技术管理规范》JGJ 190—2010** 5.2.3　施工现场试验环境及设施应满足检测试验工作的要求	1. 查阅检测仪器、设备登记台账 　数量、种类：满足检测需求 　检定周期：当前有效 　检定结论：合格 2. 查看检测仪器、设备检验标识 　检定周期：与台账一致
4.5.4	检测试验依据正确、有效，检测试验报告及时、规范	**1.《检验检测机构资质认定管理办法》国家质量监督检验检疫总局令〔2015〕第 163 号** 第十三条　…… 　　检验检测机构资质认定标志，……式样如下：CMA 标志 第二十五条　检验检测机构应当在资质认定证书规定的检验检测能力范围内，依据相关标准或者技术规范规定的程序和要求，出具检验检测数据、结果。 　　检验检测机构出具检验检测数据、结果时，应当注明检验检测依据，并使用符合资质认定基本规范、评审准则规定的用语进行表述。 　　检验检测机构对其出具的检验检测数据、结果负责，并承担相应法律责任。 第二十八条　检验检测机构向社会出具具有证明作用的检验检测数据、结果的，应当在其检验检测报告上加盖检验检测专用章，并标注资质认定标志。	查阅检测试验报告 　检测依据：有效的标准规范、合同及技术文件 　检测结论：明确 　签章：检测操作人、审核人、批准人（授权签字人）已签字，已加盖检测机构公章或检测专用章（多页检测报告加盖骑缝章），并标注相应的资质认定标志 　时间：在检测机构规定时间内出具

条款号	大纲条款	检 查 依 据	检查要点
4.5.4	检测试验依据正确、有效，检测试验报告及时、规范	**2.《建设工程质量检测管理办法》建设部令〔2005〕第 141 号** 第十四条　检测机构完成检测业务后，应当及时出具检测报告。检测报告经检测人员签字、检测机构法定代表人或者其授权的签字人签署，并加盖检测机构公章或者检测专用章后方可生效。检测报告经建设单位或者工程监理单位确认后，由施工单位归档。见证取样检测的检测报告中应当注明见证人单位及姓名。 **3.《房屋建筑和市政基础设施工程质量检测技术管理规范》GB 50618—2011** 4.1.3　……检测报告批准人、检测报告审核人应经检测机构技术负责人授权，…… 5.5.1　检测项目的检测周期应对外公示，检测工作完成后，应及时出具检测报告。 5.5.4　检测报告至少应由检测操作人签字、检测报告审核人签字、检测报告批准人签发，并加盖检测专用章，多页检测报告还应加盖骑缝章。 5.5.6　检测报告结论应符合下列规定： 　　1　材料的试验报告结论应按相关材料、质量标准给出明确的判定； 　　2　当仅有材料试验方法而无质量标准，材料的试验报告结论应按设计要求或委托方要求给出明确的判定； 　　3　现场工程实体的检测报告结论应根据设计及鉴定委托要求给出明确的判定。 **4.《电力建设土建工程施工技术检验规范》DL／T 5710—2014** 4.8.2　检测试验前应确认检测试验方法标准，并严格按照经确认的检测试验方法标准和检测试验方案进行。 4.8.3　检测试验操作应由不少于 2 名持证检测人员进行。 4.8.4　检测试验出现异常情况时，应按检测试验异常情况处理预案正确处理。 4.8.5　检测试验原始记录应在检测试验操作过程中及时真实记录，统一项目采用统一的格式。 4.8.6　检测试验原始记录笔误需要更正时，应由原记录人进行杠改，并在杠改处由原记录人签名或加盖印章。 4.8.7　自动采集的原始数据当因检测试验设备故障导致原始数据异常时，应予以记录，并应有检测试验人员做出书面说明，由检测试验单位技术负责人批准，方可进行更改。 4.8.8　检测试验工作完成后应在规定时间内及时出具检测试验报告，并保证数据和结果精确、客观、真实。检测试验报告的交付时间和检测周期应予以明示，特殊检测试验报告的交付时间和检测周期应在委托时约定。 4.8.9　检测试验报告编号应连续，不得空号、重号。 4.8.10　检测试验报告至少应由检测试验人、审核人、批准人（授权签字人）不少于三级人员的签名，并加盖检测试验报告专用章及计量认证章，多页检测试验报告应加盖骑缝章。 4.8.11　检测试验报告宜采用统一的格式，内容应齐全且符合国家现行有关标准的规定和委托要求。	

条款号	大纲条款	检 查 依 据	检查要点
4.5.4	检测试验依据正确、有效，检测试验报告及时、规范	4.8.12　检测试验报告结论应符合下列规定： 　　1　材料的试验报告结论应按相关的材料、质量标准给出的明确的判断； 　　2　当仅有材料试验方法而无质量标准时，材料的试验报告结论应按设计规定或委托方要求给出明确的判断； 　　3　现场工程实体的检测报告结论应根据设计及鉴定委托要求给出明确的判断。 4.8.13　委托单位应及时获取检测试验报告，核查报告内容，按要求报送监理单位确认，并在试验台账中登记检测试验报告内容。 4.8.14　检测试验单位严禁出具虚假检测试验报告。 4.8.15　检测试验单位严禁抽撤、替换或修改检测试验结果不合格的报告。 **5.《电力工程检测试验机构能力认定管理办法（试行）》质监〔2015〕20 号** 第十三条　检测机构及由其派出的现场试验室必须按照认定的能力等级，专业类别和业务范围，承担检测试验任务，并按照标准规定出具相应的检测试验报告，未通过能力认定的检测机构或超出规定能力等级范围出具的检测数据、试验报告无效。 第三十二条　检测机构应当……，及时出具检测试验报告	
4.5.5	现场标准养护室条件符合要求	**《普通混凝土力学性能试验方法标准》GB/T 50081—2002** 5.2.1　试件成型后应立即用不透水的薄膜覆盖表面。 5.2.2　采用标准养护的试件，应在温度为（20±5）℃的环境中静置一昼夜至二昼夜，然后编号、拆模。拆模后应立即放入温度为（20±2）℃、相对湿度为95%以上的标准养护室中养护，或在温度为（20±2）℃的不流动的 $Ca(OH)_2$ 饱和溶液中养护。标准养护室内的试件应放在支架上，彼此间隔10mm～20mm，试件表面应保持潮湿，并不得被水直接冲淋。 5.2.3　同条件养护试件的拆模时间可与实际构件的拆模时间相同，拆模后，试件仍需保持同条件养护。 5.2.4　标准养护龄期为28d（从搅拌加水开始计时）	查看现场标养室 场所：有固定场所 装置：已配备恒温、控湿装置和温、湿度计，试件支架齐全 设备：满足检测工作，仪器检定校准在有效期内

5　工程实体质量的监督检查

5.1　工程测量的监督检查

条款号	大纲条款	检 查 依 据	检查要点
5.1.1	测量控制方案内容齐全有效	**1.《工程测量规范》GB 50026—2007** 8.1.2　施工测量前，应收集有关测量资料，熟悉施工设计图纸，明确施工要求，制定施工测量方案。 8.1.4　场区控制网，应充分利用勘察阶段的已有平面和高程控制网。原有平面控制网的边长，应投影到测区的主施工高程面上，并进行复测检查。精度满足施工要求时，可作为场区控制网使用。否则，应重新建立场区控制网。	1. 查阅测量控制方案报审表 签字：施工、监理单位责任人已签字 盖章：施工、监理单位已盖章 结论：同意执行

条款号	大纲条款	检 查 依 据	检查要点
5.1.1	测量控制方案内容齐全有效	8.2.2　场区平面控制网，应根据工程规模和工程需要分级布设。对于建筑场地大于1km²的工程项目或重要工业区，应建立一级或一级以上精度等级的平面控制网；对于场地面积小于1km²的工程项目或一般性建筑区，可建立二级精度的平面控制网。 　　场区平面控制网相对于勘察阶段控制点的定位精度，不应大于5cm。 8.2.10　大中型施工项目场区的高程测量精度，不应低于三等水准。 8.3.3　建筑物施工平面控制网的建立，应符合下列规定： 　　2　主要的控制网点和主要设备中心线端点，应埋设固定标桩。 　　3　控制网轴线起始点的定位误差，不应大于2cm；两建筑物（厂房）间有联动关系时，不应大于1cm，定位点不得少于3个。 **2.《建设工程监理规范》GB/T 50319—2013** 5.2.2　总监理工程师应组织专业监理工程师审查施工单位报审的施工方案，符合要求后予以签认。 　　施工方案审查应包括下列基本内容： 　　1　编审程序应符合相关规定。 　　2　工程质量保证措施应符合有关标准。 5.2.5　专业监理工程师应检查、复核施工单位报送的施工控制测量成果及保护措施，签署意见。 　　施工控制测量及保护成果的检查、复核，应包括下列内容： 　　1　施工测量人员的资格证书及测量设备鉴定证书。 　　2　施工平面控制网、高程控制网和临时水准点的测量成果及控制桩的保护措施。 **3.《火力发电厂工程测量技术规程》DL/T 5001—2014** 4.1.5　平面控制网的布设应符合下列原则： 　　4　各等级平面控制网均可作为测区首级控制。当电厂规划容量为200MW及以上时，变电站建设规划电压等级为750kV及以上时，首级控制网不应低于一级。 5.1.3　厂区首级高程控制的精度等级不应低于四等，且应布设成环形网。 5.1.5　厂区应埋设不少于3个永久性高程控制点。 10.1.2　施工测量前，应搜集有关测量资料，并对其进行验证；搜集并熟悉施工图纸，明确施工要求；搜集有关的地质资料，了解埋点点位地质情况；制定施工测量方案。 10.1.4　厂区平面控制网的等级和精度应符合下列规定： 　　1　厂区施工首级平面控制网等级不宜低于一级。 　　2　当原有控制网作为厂区控制网时，应进行复测检查，满足要求时才能使用。 10.1.9　新建发电厂区或大型变电项目场区平面控制网相对于勘测设计阶段平面控制网的定位精度不应大于5cm。	2.查阅测量控制方案 　审批：测绘单位责任人已签字 　编制依据：满足合同约定、设计要求和规范的规定 　内容：达到合同约定、满足设计要求和规范的规定

条款号	大纲条款	检 查 依 据	检查要点
5.1.1	测量控制方案内容齐全有效	10.1.11 厂区控制点应采取保护措施，并在施工期间每隔3个月～6个月复测一次，对于软土地基或有特殊要求，可对施工控制网进行复测。复测技术要求与施测技术一致。 10.3.1 厂区高程控制网应采用水准测量的方法建立。高程测量的精度不应低于三等水准。 10.3.3 高程控制点的布设与埋石应符合下列规定： 　　2 ……一个测区及周围应有不少于3个永久性的高程控制点。 **4.《电力工程施工测量技术规范》DL/T 5445—2010** 5.3.1 施工测量工作开始前，应在熟悉设计图纸、了解有关技术标准及合同文件规定的测量技术要求基础上，明确工作范围、确定任务目标、制订计划、选择合理的作业方法、编制测量实施方案。 5.3.2 施工测量方案的编制依据应包括下列内容： 　　1 任务委托或合同文件资料； 　　2 法律法规文件、技术标准； 　　3 收集的已有相关资料； 　　4 施工现场条件； 　　5 人员、设备资源条件等。 5.3.3 施工测量方案的编制内容应包括下列内容： 　　1 工程背景情况及任务内容与要求； 　　2 项目目标； 　　3 工作依据与技术标准； 　　4 已有资料的可靠性分析； 　　5 总体工作进度计划，人员、设备资源配置要求计划； 　　6 制定施工控制网的布网方案，包括控制网形式、等级、测量方法、坐标与高程起算依据、平差计算要求、检测方法等； 　　7 制定测量放样方案，包括控制点检测与加密、放样依据、放样方法、放样点精度估算、放样作业程序等内容； 　　8 作业的要求、记录的规定等； 　　9 过程控制与质量、环境和安全保证措施； 　　10 资料整理与成果提交内容的要求。 5.3.4 施工测量方案应经审核批准，并报业主或建设单位、监理单位认可备案。 8.3.3 厂区平面控制网的等级和精度，应符合下列规定： 　　1 厂区施工首级平面控制网等级不宜低于一级。 　　2 当原有控制网作为厂区控制网时，应进行复测检查。	

续表

条款号	大纲条款	检 查 依 据	检查要点
5.1.1	测量控制方案内容齐全有效	8.3.9 导线网竣工后，应按与施测相同的精度实地复测检查，检测数量不应少于总量的 1/3，且不少于 3 个，复测时应检查网点间角度及边长与理论值的偏差，一级导线的偏差满足表 8.3.9 的规定时，方能提供给委托单位。 8.4.1 厂区高程控制网……。高程测量的精度，不宜低于三等水准。 **5.《电力建设工程监理规范》DL/T 5434—2009** 8.0.7 项目监理机构应督促承包单位对建设单位提出的基准点进行复测，并审批承包单位控制网或加密控制网的布设、保护、复测和原状地形图测绘的方案。监理工程师对承包单位实测过程机械能监督复核，并主持厂（站）区控制网的检测验收工作。工程控制网测量报审表应符合表 A.8 的格式。 16.1.1 施工调试阶段的监理文件应包括下列内容： 18 工程控制网测量、线路复测报审表	
5.1.2	各建（构）筑物定位放线控制桩设置规范，保护完好	**《电力工程施工测量技术规范》DL/T 5445—2010** 8.1.5 施工控制点的标志和埋设应符合附录 C.3 的规定。标石的埋设深度，应根据冻土层和场地设计标高确定，一般应至坚实的原状土中 1m 以下、永久冻土层中。厂区施工控制网点应砌井并加护栏保护，各等级施工控制网点周围均应有醒目的保护装置，以防止车辆或机械的碰撞。 8.5.2 建筑物控制桩，点位宜选在靠近该建筑物，且土质坚实、利于长期保存、便于使用的地方；桩深埋设宜超过冻土层，建筑物控制桩和预埋件规格可参照附录 C.3 执行	1. 查阅方案及施工记录中现场控制桩的埋设 　埋深：符合规范的规定
			2. 查看现场控制桩的布设 　点数、位置：符合设计要求和规范的规定
			3. 查看现场控制桩的保护 　措施：符合设计要求和规范的规定
5.1.3	测量仪器检定有效，测量记录齐全	**1.《中华人民共和国计量法》中华人民共和国主席令〔2015〕第 26 号** 　第九条 ……未按照规定申请计量检定、计量检定不合格或者超过计量检定周期的计量器具，不得使用。 **2.《测绘计量管理暂行办法》国测国字〔1996〕24 号** 第十三条 ……	1. 查阅计量仪器报审表 　签字：施工、监理单位责任人已签字 　盖章：施工、监理单位已盖章 　结论：同意使用

条款号	大纲条款	检 查 依 据	检查要点
5.1.3	测量仪器检定有效，测量记录齐全	测绘单位和个体测绘业者使用的测绘计量器具，必须经周期检定合格，才能用于测绘生产，检定周期见附表规定。未经检定、检定不合格或超过检定周期的测绘计量器具，不得使用。 **3.《工程测量规范》GB 50026—2007** 1.0.4　工程测量作业所使用的仪器和相关设备，应做到及时检查校正，加强维护保养、定期检修。 **4.《火力发电厂工程测量技术规程》DL/T 5001—2014** 1.0.4　测绘仪器应定期检定，并在检定有效期内使用。 **5.《电力工程施工测量技术规范》DL/T 5445—2010** 4.0.3　施工测量所使用的仪器和相关设备应定期检定，并在检定有效期内使用	2. 查阅测量仪器的计量检定证书 　结果：合格 　检定周期：在有效期内使用 3. 查看测量仪器上的计量检定标签 　规格、型号、仪器编号：与计量检定证书一致 　有效期：与计量检定证书一致
5.1.4	沉降观测点设置符合设计要求及规范规定，观测记录完整	**1.《电力工程施工测量技术规范》DL/T 5445—2010** 9.1.4　变电站施工测量时，除设计明确提出要求的建（构）筑物应布设沉降观测点进行监测外，对于软土质地区站址、特高压变电站和换流站内安装有大型设备的主要建构筑物均应布设沉降观测点，进行变形监测。 11.7.1　沉降观测点的布设应满足下列要求： 　1　能够全面反映建（构）筑物及地基沉降特征； 　2　标志应稳固、明显、结构合理，不影响建（构）筑物的美观和使用； 　3　点位应避开障碍物，便于观测和长期保存。 11.7.2　建（构）筑物沉降观测点，应按设计图纸布设，并宜符合下列规定： 　1　重要建（构）筑物的四角、大转角及沿外墙每10m～15m处或每隔2～3根柱基上；框、排架结构主厂房的每个或部分柱基上或沿纵横轴线设点。当柱距大于8m时，每柱应设点。 　2　高低层建（构）筑物、新旧建（构）筑物及纵横墙等的交接处的两侧。 　3　沉降缝、伸缩缝两侧、基础埋深相差悬殊处、人工地基与天然地基接壤处、不同结构的分界处。 　4　对于宽度大于等于15m或小于15m而地质复杂以及膨胀土地区的建（构）筑物，应在承重内隔墙中部设内墙点，并在室内地面中心及四周设地面点。 　5　临近堆置重物处、受振动有显著影响的部位及基础下的暗沟处。	1. 查阅沉降观测方案报审表 　签字：施工、监理单位责任人已签字 　盖章：施工、监理单位已盖章 　结论：同意执行 2. 查阅沉降观测方案 　编制依据：符合合同约定、设计要求和规范的规定 　内容：包括观测的目的、精度等级、观测的方法、观测基准网的精度估算和布设、观测周期、项目预警值、使用的仪器设备等

条款号	大纲条款	检 查 依 据	检查要点
5.1.4	沉降观测点设置符合设计要求及规范规定，观测记录完整	8 变电容量 120MVA 及以上变压器的基础四周。 11.7.3 沉降观测的标志可根据不同的建（构）筑物结构类型和建筑材料，采用墙（柱）标志、基础标志和隐蔽式标志等形式，并应符合下列规定： 　1 各类标志的立尺部位应突出、光滑、唯一，宜采用耐腐蚀的金属材料。 　2 每个标志应安装保护罩，以防撞击。 　3 标志的埋设位置应避开雨水管、窗台线、散热器、暖水管、电器开关等有碍设标和观测的障碍物，并应视立尺需要离开墙（柱）面和地面一定距离。 　4 当应用静力水准测量方法进行沉降观测时，观测标志的形式及其埋设，应根据采用的静力水准仪的型号、结构、读数方式以及现场条件确定。标志的规格尺寸设计，应符合仪器安置的要求。 11.7.4 沉降观测的观测时间、频率及周期应按下列要求并结合实际情况确定： 　1 施工期的沉降观测，应随施工进度具体情况及时进行，具体应符合下列规定： 　1）基础施工完毕、建筑标高出零米后、各建（构）筑物具备安装观测点标志后即可开始观测。 　2）整个施工期观测次数原则上不少于6次。但观测时间、次数应根据地基状况、建（构）筑物类别、结构及加荷载情况区别对待，如……变压器就位前后各观测一次等。 　3）施工中遇较长时间停工，应在停工时和重开工时各观测一次，停工期间每隔2个月观测一次。 　2 除有特殊要求外，建（构）筑物施工完毕后及试运行期间每季度观测一次，运行后可半年观测一次，直至稳定为止。 　3 在观测过程中，若有基础附近地面荷载突然大量增减、基础四周大量积水、长时间连续降雨等情况，均应及时增加观测次数。当建（构）筑物突然发生大量沉降、不均匀沉降，沉降量、不均匀沉降差接近或超过允许变形值或严重裂缝等异常情况时，应立即进行逐日或几天一次的连续观测。 　4 建筑沉降是否进入稳定阶段，应由沉降量与时间关系曲线判定。当最后100天的沉降速率小于（0.01mm～0.04mm）天时可认为已进入稳定阶段。具体取值宜根据各地区地基土的压缩性能确定。 11.7.5 沉降观测的精度应按第 11.1.2 条的相关规定、根据建（构）筑物等级确定执行。 11.7.6 沉降观测的水准测量作业方法和技术要求应按本规程第 11.1、11.3 节及第 7 章的相关规定执行，当采用静力水准测量方法时，可参照相关规范执行。 11.7.7 每次观测应记载观测时间、施工进度、荷载量变化等影响沉降变化的情况内容。 11.7.8 沉降观测结束后，应根据工程需要提交有关成果资料： 　1 工程平面位置图及基准点分布图。 　2 沉降观测点位分布图。 　3 沉降观测成果表。 　4 沉降观测过程曲线。 　5 沉降观测技术报告。	3. 查看现场沉降观测点的布设 　点数、位置：符合设计要求和规范的规定 4. 查阅沉降观测记录 　表式：符合规范规定 　内容：包括工程状态、测量仪器型号和状态、引测点和观测点示意图等 　签字：观测人员、计算者、审核者、监理人员已签字

条款号	大纲条款	检 查 依 据	检查要点
5.2　混凝土基础的监督检查			
5.2.1	钢筋、水泥、砂、石、粉煤灰、外加剂、拌和用水及焊材、焊剂等原材料性能证明文件齐全；现场见证取样检验合格，报告齐全；商品混凝土检验合格，报告齐全	**1.《混凝土结构工程施工质量验收规范》GB 50204—2015** 3.0.7　获得认证的产品或来源稳定且连续三次批次的抽验检验均一次性检验合格的产品，进场验收时检验批的容量可按本规范的有关规定扩大一倍，且检验批容量仅可扩大一次。扩大检验批后的检验中，出现不合格情况时，应按扩大前的检验批容量重新验收，且该产品不得再次扩大检验批容量。 5.2.1　钢筋进场时，应按国家现行相关标准的规定抽取试件作屈服强度、抗拉强度、伸长率、弯曲性能和重量偏差检验，其检验结果应符合国家现行相关标准的规定。 　　检查数量：按进场批次和产品的抽样检验方案确定。 　　检验方法：检查质量证明文件和抽样检验报告。 5.2.2　成型钢筋进场时，应抽取试件制作屈服强度、抗拉强度、伸长率和重量偏差检验，检验结果应符合国家现行相关标准的规定。 　　对由热轧钢筋制成的成型钢筋，当有施工单位或监理单位的代表驻厂监督生产过程，并提供原材料钢筋力学性能第三方检验报告时，可仅进行重量偏差检验。 　　检查数量：同一厂家、同一类型、同一钢筋来源的成型钢筋，不超过 30t 为一批，每批中每种钢筋牌号、规格均应至少抽取 1 个钢筋试件，且总数不应少于 3 个。 　　检验方法：检查质量证明文件和抽样检验报告。 5.2.3　对按一、二、三级抗震等级设计的框架和斜撑构件（含梯段）中的纵向受力普通钢筋应采用 HRB335E、HRB400E、HRB500E、HRBF335E、HRBF400E 或 HRBF500E 钢筋，其强度和最大力下总伸长率的实测值应符合下列规定： 　　1　抗拉强度实测值与屈服强度实测值的比值不应小于 1.25。 　　2　屈服强度实测值与强度标准值的比值不应大于 1.3。 　　3　最大力下总伸长率不小于 9%。 　　检查数量：按进场批次和产品的抽样检验方案确定。 　　检验方法：检查抽样检验报告。 5.3.4　盘卷钢筋调直后应进行力学性能和重量偏差检验。 　　检查数量：同一加工设备、同一牌号、同一规格的调直钢筋，质量不大于 30t 为一批，每批见证取样抽取 3 个试件。 　　检验方法：检查抽样检验报告。 5.5.1　钢筋安装时，受力钢筋的批、规格和数量必须符合设计要求。 　　检查数量：全数检查。 　　检验方法：观察，尺量。	1. 查阅材料的进场报审表 　签字：施工单位项目经理、专业监理工程师已签字 　盖章：施工单位、监理单位已盖章 　结论：同意使用 2. 查阅钢筋、水泥、砂、石、粉煤灰、外加剂、焊材、焊剂等的材质证明及复检报告 　材质证明：应为原件，如为抄件，应加盖经销商公章及采购单位的公章，注明进货数量、原件存放处及抄件人 　报告内容：包括试验方法、试验项目、代表部位和数量等，数据计算正确 　报告签署：授权人已签字 　报告盖章：已加盖 CMA 章和检测专用章 　报告结论：合格

续表

条款号	大纲条款	检查依据	检查要点
5.2.1	钢筋、水泥、砂、石、粉煤灰、外加剂、拌和用水及焊材、焊剂等原材料性能证明文件齐全；现场见证取样检验合格，报告齐全；商品混凝土检验合格，报告齐全	6.1.2 预应力筋、锚具、夹具、连接器、成孔管道进场检验，当满足下列条件之一时，其检验批容量可扩大一倍： 　1　获得认证的产品； 　2　同一工程、同一厂家、同一牌号、同一规格的产品，连续三次进场检验均一次检验合格。 6.2.1 预应力筋进场时，应按国家现行相关标准的规定抽取试件作抗拉强度、伸长率检验，其检验结果应符合国家现行相关标准的规定。 　检查数量：按进场批次和产品的抽样检验方案确定。 　检验方法：检查质量证明文件和抽样检验报告。 6.3.1 预应力筋安装时，其品种、规格、级别和数量必须符合设计要求。 　检查数量：全数检查。 　检验方法：观察，尺量。 6.4.2 对后张法预应力结构构件，钢绞线出现断裂或滑脱的数量不应超过同一截面钢绞线总根数的3%，且每根断裂的钢绞线断丝不得超过一丝；对多跨双向连续板，其同一截面应按每跨计算。 　检查数量：全数检查。 　检验方法：观察，检查张拉记录。 7.2.1 水泥进场时应对其品种、代号、强度等级、包装或散装仓号、出厂日期等进行检查，并应对水泥的强度、安定性和凝结时间进行检验，检验结果应符合现行国家标准《通用硅酸盐水泥》GB 175 等的相关规定。 　检查数量：按同一厂家、同一品种、同一代号、同一强度等级、同一批号且连续进场的水泥，袋装不超过 200t 为一批，散装不超过 500t 为一批，每批抽样数量不应少于一次。 　检验方法：检查质量证明文件和抽样检验报告。 7.2.2 混凝土外加剂进场时，应对其品种、性能、出厂日期等进行检查，并应对外加剂的相关性能指标进行检验，检验结果应符合现行国家标准《混凝土外加剂》GB 8076 和《混凝土外加剂应用技术规范》GB 50119 的规定。 　检查数量：按同一生产厂家、同一品种、同一性能、同一批号且连续进场的混凝土外加剂，不超过 50t 为一批，每批抽样数量不应少于一次。 　检验方法：检查质量证明文件和抽样检验报告。 7.2.3 混凝土用矿物掺合料进场时，应对其品种、性能、出厂日期等进行检查，并应对矿物掺合料的相关性能指标进行检验，检验结果应符合国家现行标准的规定。 　检查数量：按同一生产厂家、同一品种、同一批号且连续进场的矿物掺合料，粉煤灰、矿渣粉、磷渣粉、钢铁渣粉和复合矿物掺合料不超过 200t 为一批，沸石粉不超过 120t 为的批，硅灰不超过 20t 为一批，每批抽样数量不应少于一次。	3. 查阅原材料跟踪管理台账 　内容：包括钢筋、水泥等主要原材的产品名称、规格、型号、等级、代表数量与进场数量相吻合、复检报告编号、使用部位等 　签字：责任人已签字 4. 查阅商品混凝土出厂发货单和合格证 　发货单内容：符合规范规定 　发货单数量：每车一份 　发货单签字：供货商和施工单位已交接签字 　合格证：强度符合设计要求

条款号	大纲条款	检 查 依 据	检查要点
5.2.1	钢筋、水泥、砂、石、粉煤灰、外加剂、拌和用水及焊材、焊剂等原材料性能证明文件齐全；现场见证取样检验合格，报告齐全；商品混凝土检验合格，报告齐全	检验方法：检查质量证明文件和抽样检验报告。 7.2.4 混凝土原材料中的粗骨料、细骨料质量应符合现行行业标准《普通混凝土用砂、石质量及检验方法标准》JGJ 52 的规定，使用经净化处理的海砂应符合现行行业标准《海砂混凝土应用技术规范》JGJ 206 的规定，再生混凝土骨料应符合现行国家标准《混凝土用再生粗骨料》GB 25177 和《混凝土和砂浆用再生细骨料》GB/T 25176 的规定。 　　检查数量：按现行行业标准《普通混凝土用砂、石质量及检验方法标准》JGJ 52 的规定确定。 　　检查方法：检查抽样检验报告。 7.2.5 混凝土拌制及养护用水应符合现行行业标准《混凝土用水标准》JGJ 63 的规定。采用饮用水作为混凝土用水时，可不检验；采用中水、搅拌站清洗水、施工现场循环水等其他水源时，应对其成分进行检验。 　　检查数量：同一水源检查不应少于一次。 　　检验方法：检查水质检验报告。 **2.《混凝土结构工程施工规范》GB 50666—2011** 3.3.6 材料、半成品和成品进场时，应对其规格、型号、外观和质量证明文件进行检查，并应按现行国家标准《混凝土结构工程施工质量验收规范》GB 50204 等的有关规定进行检验。 5.2.2 对有抗震设防要求的结构，其纵向受力钢筋的性能应满足设计要求；当设计无具体要求时，对按一、二、三级抗震等级设计的框架和斜撑构件（含梯段）中的纵向受力钢筋应采用 HRB335E、HRB400E、HRB500E、HRBf335E、HRBf400E 或 HRBf500E 钢筋，其强度和最大力下总伸长率的实测值应符合下列规定： 　　1 钢筋的抗拉强度实测值与屈服强度实测值的比值不应小于 1.25； 　　2 钢筋的屈服强度实测值与屈服强度标准值的比值不应大于 1.30； 　　3 钢筋的最大力下总伸长率不应小于 9%。 5.5.1 钢筋进场检查应符合下列规定： 　　1 应检查钢筋的质量证明文件。 　　2 应按国家现行有关标准的规定抽样检验屈服强度、抗拉强度、伸长率、弯曲性能及单位长度重量偏差。经产品认证符合要求的钢筋，其检验批量可扩大一倍。在同一工程中，同一厂家、同一牌号、同一规格的钢筋连续三次进场检验均一次合格时，其后的检验批量可扩大一倍。 　　3 　　4 钢筋的外观质量。 　　5 当无法准确判断钢筋品种、牌号时，应增加化学成分、晶粒度等检验项目。 5.5.2 成型钢筋进场时，应检查成型钢筋的质量证明文件、成型钢筋所用材料质量证明文件及检验报告并应抽样检验成型钢筋的屈服强度、抗拉强度、伸长率和重量偏差。检验批量可由合同约定，同一工程、同一原材料来源、同一组生产设备生产的成型钢筋，检验批量不宜大于 30t。	

续表

条款号	大纲条款	检 查 依 据	检查要点
5.2.1	钢筋、水泥、砂、石、粉煤灰、外加剂、拌和用水及焊材、焊剂等原材料性能证明文件齐全；现场见证取样检验合格，报告齐全；商品混凝土检验合格，报告齐全	5.2.3 钢筋调直后，应检查力学性能和单位长度重量偏差。但采用无延伸功能机械设备调直的钢筋，可不进行本条规定的检查。 6.6.1 预应力工程材料进场检查应符合下列规定： 1 应检查规格、外观、尺寸及其质量证明文件。 2 应按现行国家有关标准的规定进行力学性能的抽样检验。 3 经产品认证符合要求的产品，其检验批量可扩大一倍。在同一工程、同一厂家、同一品种、同一规格的产品连续三次进场检验均一次检验合格时，其后的检验批量可扩大一倍。 7.6.2 原材料进场时，应对材料外观、规格、等级、生产日期等进行检查，并应对其主要技术指标按本规范第7.6.3条的规定划分检验批进行抽样检验，每个检验批检验不得少于1次。 经产品认证符合要求的水泥、外加剂，其检验批量可扩大一倍。在同一工程中，同一厂家、同一品种、同一规格的水泥、外加剂，连续三次进场检验均一次合格时，其后的检验批量可扩大一倍。 7.6.3 原材料进场质量检查应符合下列规定： 1 应对水泥的强度、安定性及凝结时间进行检验。同一生产厂家、同一等级、同一品种、同一批号连续进场的水泥，袋装水泥不超过200t应为一批，散装水泥不超过500t应为一批。 2 应对粗骨料的颗粒级配、含泥量、泥块含量、针片状含量指标进行检验，压碎指标可根据工程需要进行检验，应对细骨料颗粒级配、含泥量、泥块含量指标进行检验。当设计文件在要求或结构处于易发生碱骨料反应环境中，应对骨料进行碱活性检验。抗冻等级F100及以上的混凝土用骨料，应进行坚固性检验，骨料不超过400m³或600t为一检验批。 3 应对矿物掺合料细度（比表面积）、需水量比（流动度比）、活性指数（抗压强度比）、烧失量指标进行检验。粉煤灰、矿渣粉、沸石粉不超过200t应为一检验批，硅灰不超过30t应为检验批。 4 应按外加剂产品标准规定对其主要匀质性指标和掺外加剂混凝土性能指标进行检验。同一品种外加剂不超过50t应为一检验批。 5 当采用饮用水作为混凝土用水时，可没检验。当采用中水、搅拌站清洗水或施工现场循环水等其他水源时，应对其成分进行检验。 7.6.4 当使用中水泥质量受不利环境影响或水泥出厂超过三个月（快硬硅酸盐水泥超过一个月）时，应进行复验，并应按复验结果使用。 **3.《大体积混凝土施工规范》GB 50496—2009** 4.2.2 水泥进场时应对水泥品种、强度等级、包装或散装仓号、出厂日期等进行检查，并对其强度、安定性、凝结时间、水化热等性能指标及其他必要的性能指标进行复检。 **4.《建设工程监理规范》GB/T 50319—2013** 5.2.9 项目监理机构应审查施工单位报送的用于工程的材料、构配件、设备的质量证明文件，并应按有关规定、建设工程监理合同的约定，对用于建设工程的材料进行见证取样，平行检验。	

条款号	大纲条款	检 查 依 据	检查要点
5.2.1	钢筋、水泥、砂、石、粉煤灰、外加剂、拌和用水及焊材、焊剂等原材料性能证明文件齐全；现场见证取样检验合格，报告齐全；商品混凝土检验合格，报告齐全	项目监理机构对已进场经检验不合格的材料、构配件、设备，应要求施工单位限期将其撤出施工现场。 **5.《钢筋焊接及验收规程》JGJ 18—2012** 3.0.8　凡施焊的各种钢筋、钢板均应有质量证明书；焊条、焊丝、氧气、溶解乙炔、液化石油气、二氧化碳气体、焊剂应有产品合格证。 钢筋进场（厂）时，应按现行国家标准《混凝土结构工程施工质量验收规范》GB 50204 中的规定，抽取试件作力学性能检验，其质量必须符合有关标准的规定。 **6.《电力建设工程监理规范》DL/T 5434—2009** 9.1.7　项目监理机构应对承包单位报送的拟进场工程材料、半成品和构配件的质量证明文件进行审核，并按有关规定进行抽样验收。对有复试要求的，经监理人员现场见证取样的送检，复试报告应报送项目监理机构查验。 未经项目监理机构验收或验收不合格的工程材料、半成品和构配件，不得用于本工程，并书面通知承包单位限期撤出施工现场	
5.2.2	长期处于潮湿环境的重要混凝土结构用砂、石碱活性检验合格	**1.《混凝土结构设计规范》GB 50010—2010** 3.5.3　设计使用年限为 50 年的混凝土结构，其混凝土材料宜符合表 3.5.3 的规定。 3.5.5　一类环境中，设计使用年限为 100 年的结构应符合下列规定； 　　3　宜使用非碱活性骨料，当使用碱活性骨料时，混凝土中的最大碱含量为 3.0kg/m³。 **2.《大体积混凝土施工规范》GB 50496—2009** 4.2.3　骨料的选择除应满足国家现行标准《普通混凝土用砂、石质量及检验方法标准》JGJ 52 的有关规定外，还应符合下列规定： 　　3　应选用非碱活性的粗骨料…… **3.《清水混凝土应用技术规程》JGJ 169—2009** 3.0.4　处于潮湿环境和干湿交替环境的混凝土，应选用非碱活性骨料。 **4.《普通混凝土用砂、石质量检验方法标准》JGJ 52—2006** 1.0.3　对于长期处于潮湿环境的重要混凝土结构所用的砂石，应进行碱活性检验。 3.1.9　对于长期处于潮湿环境的重要混凝土结构用砂，应采用砂浆棒（快速法）或砂浆长度法进行骨料的碱活性检验。经上述检验判断为有潜在危害时，应控制混凝土中的碱含量不超过 3kg/m³，或采用能抑制碱-骨料反应的有效措施。 3.2.8　对于长期处于潮湿环境的重要结构混凝土，其所使用的碎石或卵石，应进行碱活性检验。 进行碱活性检验时，首先应采用岩相法检验碱活性骨料的品种、类型和数量。当检验出骨料中含有活性二氧化硅时，应采用快速砂浆棒法和砂浆长度法进行碱活性检验；当检验出骨料中含有活性碳酸盐时，应采用岩石柱法进行碱活性检验。	查阅砂、石碱含量检测报告 检测结果：非碱活性骨料，对混凝土中的碱含量不作限制；对于碱活性骨料，限制混凝土中的碱含量不超过 3kg/m³，或已采用能抑制碱-骨料反应的有效措施 大体积混凝土：已选用非碱活性的骨料 对于一类环境中设计年限为 100 年的结构混凝土：已选用非碱活性的骨料 清水混凝土：已选用非碱活性的骨料 签字：责任人已签字

条款号	大纲条款	检 查 依 据	检查要点
5.2.2	长期处于潮湿环境的重要混凝土结构用砂、石碱活性检验合格	经上述检验，当判定骨料存在潜在碱-碳酸盐反应危害时，不宜用作混凝土骨料；否则，应通过专门的混凝土试验，做最后评定。 当判定骨料存在潜在碱硅反应危害时，应控制混凝土中的碱含量不超过 $3kg/m^3$，或采用能抑制碱-骨料反应的有效措施	盖章：已加盖 CMA 章和检测专用章 结论：合格
5.2.3	用于配制钢筋混凝土的海砂氯离子含量检验合格	**《海砂混凝土应用技术规范》JGJ 206—2010** 4.1.2 海砂的质量应符合表4.1.2的要求，即水溶性氯离子含量（％，按质量计）≤0.03	查阅海砂复检报告 检验项目、试验方法、代表部位、数量、试验结果：符合规范规定 签字：授权人已签字 盖章：已加盖 CMA 章和检测专用章 结论：水溶性氯离子含量（％，按质量计）≤0.03，符合设计要求和规范规定
5.2.4	焊接工艺、机械连接工艺试验合格；钢筋焊接接头、机械连接试件取样符合规范、试验合格，报告齐全	**1.《混凝土结构工程施工质量验收规范》GB 50204—2015** 5.4.2 钢筋采用机械连接或焊接时，钢筋机械连接接头、焊接接头的力学性能、弯曲性能应符合国家现行相关标准的规定。接头试件应从工程实体中截取。 　　检查数量：按现行行业标准《钢筋机械连接技术规程》JGJ 107 和《钢筋焊接及验收规程》JGJ 18 的规定确定。 　　检验方法：检查质量证明文件和抽样检验报告。 **2.《混凝土结构工程施工规范》GB 50666—2011** 5.4.3 钢筋焊接施工应符合下列规定： 　　2 在钢筋焊接施工前，参与该项工程施焊的焊工应进行现场条件下的焊接工艺试验，已试验合格后，方可进行焊接。焊接过程中，如果钢筋牌号、直径发生变更，应再次进行焊接工艺试验。工艺试验使用的材料、设备、辅料及作业条件均应与实际施工一致。 5.5.5 钢筋连接施工的质量检查应符合下列规定： 　　1 钢筋焊接和机械连接施工前均应进行工艺试验。机构连接应检查有效的型式检验报告。 　　6 应按现行行业标准《钢筋机械连接技术规程》JGJ 107、《钢筋焊接及验收规程》JGJ 18 的有关规定抽取钢筋机械连接接头、焊接接头试件作力学性能检验。	1. 查阅焊接工艺试验及质量检验报告 检验项目、试验方法、代表部位、数量、抗拉强度、弯曲试验等试验结果：符合规范规定 签字：授权人已签字 盖章：已加盖 CMA 章和检测专用章 结论：合格 2. 查阅焊接工艺试验质量检验报告统计表 试验报告数量：与连接接头种类及代表数量相一致

条款号	大纲条款	检 查 依 据	检查要点
5.2.4	焊接工艺、机械连接工艺试验合格；钢筋焊接接头、机械连接试件取样符合规范、试验合格，报告齐全	**3.《钢筋焊接及验收规程》JGJ 18—2012** 4.1.4 在钢筋工程开工正式焊接之前，参与该项施焊的焊工应进行现场条件下的焊接工艺试验，并经试验合格后，方可正式生产。试验结果应符合质量检验与验收时的要求。 **4.《钢筋机械连接技术规程》JGJ 107—2010** 6.1.2 直螺纹接头的现场加工应符合下列规定： 　1　钢筋端部应切平或镦平后加工螺纹； 　2　镦粗头不得有与钢筋轴线相垂直的横向裂纹； 　3　钢筋丝头长度应满足企业标准中产品设计要求，公差为 $0\sim2.0p$（p 为螺距）； 　4　钢筋接头宜满足 6f 级精度要求，应用直螺纹量规检验，通规能顺利旋入并达到要求的拧紧长度，止规旋入不得超过 $3p$。抽检数量 10%，检验合格率不应小于 95%。 6.1.3 锥螺纹接头的现场加工应符合下列规定： 　1　钢筋端部不得有影响螺纹加工的局部弯曲； 　2　钢筋丝头长度应满足设计要求，使拧紧后的钢筋丝头不得相互接触，丝头加工长度公差为 $0.5p\sim1.5p$； 　3　钢筋接头的锥度和螺距应使用专用锥螺纹量规检验；抽检数量 10%，检验合格率不应小于 95%。 6.2.1 直螺纹钢筋接头的安装质量应符合下列要求： 　2　安装后应用扭力扳手校核拧紧力矩，拧紧扭矩值应符合本规程表 6.2.1 的规定。 6.2.2 锥螺纹钢筋接头的安装质量应符合下列要求： 　2　接头安装时应用扭力扳手拧紧，拧紧力矩值应符合本规定表 6.2.2 的规定。 7.0.7 对接头的每一验收批，必须在工程结构中随机截取 3 个接头试件作抗拉强度试验，按设计要求的接头等级进行评定。当 3 个接头试件的抗拉强度均符合本规程表 3.0.5 中相应等级的强度要求时，该验收批应评为合格。如有 1 个试件的抗拉强度不符合要求，应再取 6 个试件进行复检。复检中如仍有 1 个试件的抗拉强度不符合要求，则该验收批应评为不合格	3. 查看焊接接头及试验报告 　截取方式：在工程结构中随机截取 　试件数量：符合规范要求 　试验结果：合格 4. 查阅机械连接工艺报告及质量检验报告统计表 　检验项目、试验方法、代表部位、数量、试验结果：符合规范规定 　签字：授权人已签字 　盖章：已加盖 CMA 章和检测专用章 　结论：合格 5. 查阅机械连接工艺试验及质量检验报告统计表 　试验报告数量：与连接接头种类及代表数量相一致 6. 查看机械连接接头及试验报告 　截取方式：在工程结构中随机截取 　试件数量：符合规范要求 　试验结果：合格

续表

条款号	大纲条款	检 查 依 据	检查要点
5.2.4	焊接工艺、机械连接工艺试验合格；钢筋焊接接头、机械连接试件取样符合规范、试验合格，报告齐全		7. 查阅机械连接施工记录 最小拧紧力矩值：符合规范规定 签字：施工单位班组长、质量员、技术负责人、专业监理工程师已签字
5.2.5	混凝土强度等级满足设计要求，试验报告齐全	《混凝土结构工程施工规范》GB 50666—2011 5.1.3 当需要进行钢筋代换时，应办理设计变更文件。 6.2.2 当预应力筋需要代换时，应进行专门计算，并应经原设计单位确认	查阅钢筋代换设计变更和设计变更反馈单 设计变更：已履行设计变更手续 设计变更反馈单：已执行 签字：建设、设计、施工、监理单位已签署意见

5.2.6	混凝土浇筑记录齐全，试件抽取、留置符合规范	《混凝土结构工程施工质量验收规范》GB 50204—2015
		7.4.1 结构混凝土的强度等级必须符合设计要求。用于检验混凝土强度的试件应在浇筑地点随机抽取。
		    检查数量：对同一配合比混凝土，取样与试件留置应符合下列规定：
		    1 每拌制 100 盘且不超过 100m³ 时，取样不得少于一次；
		    2 每工作班拌制不足 100 盘时，取样不得少于一次；
		    3 每连续浇筑超过 1000m³ 时，每 200m³ 取样不得少于一次；
		    4 每一楼层取样不得少于一次；
		    5 每次取样应至少留置一组试件。
		    检验方法：检查施工记录及混凝土强度试验报告。
		7.3.4 首次使用的混凝土配合比应进行开盘鉴定，其原材料、强度、凝结时间、稠度应满足设计配合比的要求。
		    检查方法：检查开盘鉴定资料
			1. 查阅混凝土（标准养护及同条件养护）试块强度试验报告
			
			代表数量：与实际浇筑的数量相符
			
			强度：符合设计要求
			
			签字：授权人已签字
			
			盖章：已加盖 CMA 章和检测专用章

条款号	大纲条款	检 查 依 据	检查要点
5.2.6	混凝土浇筑记录齐全，试件抽取、留置符合规范		2. 查阅混凝土开盘鉴定表等资料 　时间：首次使用混凝土配合比之前 　内容：开盘鉴定记录表项目齐全 　签字：施工、监理人员已签字
			3. 查阅混凝土强度检验评定记录 　评定方法：选用正确 　数据：统计、计算准确 　签字：计算者、审核者已签字 　结论：符合设计要求
			4. 查看混凝土搅拌站 　计量装置：在周检期内使用 　配合比调整：已根据气候条件和砂石含水率调整配合比 　材料堆放：粗细骨料无混仓现象
			5. 查看混凝土浇筑现场 　试块制作：留置地点、方法及数量符合规范要求 　坍落度：监理人员按要求检测 　养护：方法、时间符合规范要求

条款号	大纲条款	检 查 依 据	检查要点
5.2.7	混凝土结构外观质量和尺寸偏差与验收记录相符	**《混凝土结构工程施工质量验收规范》GB 50204—2015** 8.1.3 混凝土现浇结构外观质量、位置偏差、尺寸偏差不应有影响结构性能和使用功能的缺陷，质量验收应作出记录。 8.3.1 现浇结构不应有影响结构性能和使用功能的尺寸偏差；混凝土设备基础不应有影响结构性能和设备安装的尺寸偏差。 　　对超过尺寸允许偏差要求且影响结构性能、设备安装、使用功能的结构部位，应由施工单位提出技术处理方案，并经设计单位及监理（建设）单位认可后进行处理。对经处理后的部位，应重新验收。 　　检查数量：全数检查。 　　检验方法：量测，检查处理记录	1. 查阅混凝土结构尺寸偏差验收记录 　尺寸偏差：符合设计要求及规范的规定 　签字：施工单位质量员、专业监理工程师已签字 　结论：合格
			2. 查看混凝土外观表面质量：无严重缺陷 　位置、尺寸偏差：符合设计要求和规范规定
			3. 查看基础预埋螺栓、预埋铁件的中心位置、顶标高、中心距、垂直度等参数 　实测数据：符合设计要求和规范规定
5.2.8	大体积混凝土温控计算书、测温、养护资料齐全完整	**《大体积混凝土施工规范》GB 50496—2009** 3.0.1 大体积混凝土施工应编制施工组织设计或施工技术方案。 3.0.3 大体积混凝土施工前，宜对施工阶段大体积混凝土浇筑体的温度、温度应力及收缩应力进行试算，并确定施工阶段大体积混凝土浇筑体的温升峰值、里表温差及降温速率的控制指标，制定相应的温控技术措施。 3.0.4 温控指标宜符合下列规定： 　1 混凝土浇筑体在入模温度基础上的温升值不宜大于50℃； 　2 混凝土浇筑体的里表温差（不含混凝土收缩的当量温度）不宜大于25℃； 　3 混凝土浇筑体的降温速率不宜大于2.0℃/d； 　4 混凝土浇筑体表面与大气温差不宜大于20℃。 4.2.2 水泥进场时应对水泥品种、强度等级、包装或散装仓号、出厂日期等进行检查，并应对其强度、安定性、凝结时间、水化热等性能指标及其他必要的性能指标进行复检。	1. 查阅大体积混凝土施工专项方案及报审表 　方案内部审批：施工单位技术负责人已签字 　方案内容：包括材料选用、热工计算、温控措施、保温层计算、温控监测设备和测试布置图及温度测试、温控指标等 　报审表：总监理工程师已签字

条款号	大纲条款	检　查　依　据	检查要点
5.2.8	大体积混凝土温控计算书、测温、养护资料齐全完整	5.5.1　大体积混凝土应进行保温保湿养护，在每次混凝土浇筑完毕后，除应按普通混凝土进行常规养护外，尚应及时按温控技术措施的要求进行保温养护，并应符合下列规定： 　　1　应专人负责保温养护工作，并应按本规范的有关规定操作，同时应做好测试记录； 　　2　保湿养护的持续时间不得少于 14d，并应经常检查塑料薄膜或养护剂涂层的完整情况，保持混凝土表面湿润； 　　3　保温覆盖层的拆除应分层逐步进行，当混凝土的表面温度与环境最大温差小于 20℃时，可全部拆除。 6.0.1　大体积混凝土浇筑体里表温差、降温速率及环境温度的测试，在混凝土浇筑后，每昼夜不应少于 4 次；入模温度的测试，每台班不应少于 2 次。 6.0.2　大体积混凝土浇筑体内监测点的布置，应真实地反映出混凝土浇筑体内最高温度、里表温差、降温速率及环境温度，可按下列方式布置： 　　1　监测点的布置范围应以所选混凝土浇筑体平面图对称轴线的半条轴线为测试区，在测试区内监测点的位置与数量可根据混凝土浇筑体内温度场的分布情况及温控的要求确定； 　　2　在测试区内，监测点的位置与数量可根据混凝土浇筑体内温度场的分布情况及温控的要求确定； 　　3　在每条测试轴线上，监测点位不宜少于 4 处，应根据结构几何尺寸布置； 　　4　沿混凝土浇筑体厚度方向，必须布置外表、底面和中心温度测点，其余测点宜按测点间距不大于 600mm 布置； 　　5　保温养护效果及环境温度监测点数量应根据具体需要确定； 　　6　混凝土浇筑体的外表温度，宜为混凝土外表以内 50mm 处的温度； 　　7　混凝土浇筑体底面温度，宜为混凝土浇筑体底面上 50mm 处的温度。 6.0.5　测试过程中宜及时描绘出各点的温度变化曲线和断面温度分布曲线	2. 查看大体积混凝土施工现场 　温控监测设备和测试布置：与方案一致 　实体质量：温控措施有效，无温度裂缝、无严重缺陷 3. 查阅大体积混凝土测温记录 　温差、温度变化曲线：数据齐全，符合规范规定 　测温结束时间：符合规范规定
5.2.9	贮水（油）池等构筑物满水试验合格，签证记录齐全	《电力建设施工技术规范　第 9 部分：水工结构工程》DL 5190.9—2012 10.2.3　水池施工完毕后应及时进行满水试验。满水试验应符合本部分附录 C 的要求，并符合下列规定： 　　1　混凝土已达到设计强度等级。 　　2　试验用水应采用清洁水，且试验用水温度与环境温度的差不宜大于 20℃。 　　3　设计有防水层或防腐层的水池，应先进行满水试验，合格后施工防水层或防腐层。 　　4　多格水池满水试验顺序应按设计文件规定进行	1. 查阅水池满水试验及沉降观测记录 　时间：3 次试验均在防腐工程施工以前 　上水速度和观测次数：符合规范规定 　渗漏水量：符合规范规定

续表

条款号	大纲条款	检 查 依 据	检查要点
5.2.9	贮水（油）池等构筑物满水试验合格，签证记录齐全		沉降观测：符合规范规定 签字：施工单位班组长、质量员、技术负责人、专业监理工程师已签字
			2. 查看水池实物 外观质量：无严重缺陷、无渗漏痕迹
5.2.10	杯口基础位置准确，尺寸偏差符合规范规定；预埋地脚螺栓基础，地脚螺栓位置尺寸偏差符合规范，外露长度一致	**1.《混凝土结构工程施工质量验收规范》GB 50204—2015** 8.1.3 混凝土现浇结构外观质量、位置偏差、尺寸偏差不应有影响结构性能和使用功能的缺陷，质量验收应作出记录。 8.3.1 现浇结构不应有影响结构性能和使用功能的尺寸偏差；混凝土设备基础不应有影响结构性能和设备安装的尺寸偏差。 　对超过尺寸允许偏差要求且影响结构性能、设备安装、使用功能的结构部位，应由施工单位提出技术处理方案，并经设计单位及监理（建设）单位认可后进行处理。对经处理后的部位，应重新验收。 　检查数量：全数检查。 　检验方法：量测，检查技术处理方案。 8.3.2 现浇结构混凝土设备基础拆模后的位置和尺寸偏差应符合表8.3.2的规定。 **2.《电力建设施工技术规范　第1部分：土建结构工程》DL 5190.1—2012** 4.4.21 现浇钢筋混凝土结构尺寸允许偏差应符合表4.4.21的规定。 **3.《电力建设施工质量验收及评价规程　第1部分：土建工程》DL/T 5210.1—2012** 5.10.12 现浇混凝土结构外观及尺寸偏差应符合表5.10.12的规定。 6.2.8 钢筋混凝土结构主厂房基础混凝土结构外观及尺寸偏差应符合表6.2.8的规定。 6.6.7 汽轮发电机基础工程混凝土结构外观尺寸偏差（基础底板）应符合表6.6.7的规定 6.6.15 汽轮发电机基础工程混凝土结构外观尺寸偏差（基础上部结构）应符合表6.6.15的规定。 6.7.7 其他设备基础混凝土结构外观尺寸偏差（设备基础）应符合表6.7.7的规定	1. 查阅混凝土结构尺寸偏差验收记录 尺寸偏差：符合设计要求及规范的规定 签字：施工单位质量员、专业监理工程师已签字 结论：合格
			2. 查看混凝土外观 表面质量：无严重缺陷 位置、尺寸偏差：符合设计要求和规范规定
			3. 查看基础预埋螺栓、预埋铁件的中心位置、顶标高、中心距、垂直度等参数 实测数据：符合设计要求和规范规定

条款号	大纲条款	检　查　依　据	检查要点
5.2.11	隐蔽验收、质量验收记录符合要求，记录齐全	**1.《混凝土结构工程施工质量验收规范》GB 50204—2015** 3.0.3　混凝土结构子分部工程的质量验收，应在钢筋、预应力、混凝土、现浇结构或装配式结构等相关分项工程验收合格的基础上，进行质量控制资料检查及观感质量验收，并应对涉及结构安全的、有代表性的部位进行结构实体检验。 3.0.4　分项工程质量验收合格应符合下列规定： 　　1　所含检验批的质量均应验收合格。 　　2　所含检验批的质量验收记录应完整。 3.0.5　检验批应在施工单位自检合格的基础上，由监理工程师组织施工单位项目专业质量检查员、专业工长等进行验收。 3.0.6　检验批的质量验收包括实物检查和资料检查，并应符合下列规定： 　　1　主控项目的质量应经抽样检验合格。 　　2　一般项目的质量应经抽样检验合格；一般项目当采用计数抽样检验时，除各章有专门要求外，其在检验批范围内及某一构件的计数点中的合格点率应达到 80% 及以上，且均不得有严重缺陷和偏差。 　　3　资料检查应包括材料、构配件和器具等的进场验收资料、重要工序施工记录、抽样检验报告、隐蔽工程验收记录、抽样检测报告等。 　　4　应具有完整的施工操作及质量检验记录。 对验收合格的检验批，宜作出合格标志。 10.1.2　混凝土结构子分部工程施工质量验收合格应符合下列规定： 　　1　有关分项工程质量验收合格； 　　2　有完整的质量控制资料； 　　3　观感质量验收合格； 　　4　结构实体检验结果符合本规范的要求。 10.1.3　当混凝土结构施工质量不符合要求时，应按下列规定进行处理： 　　1　经返工、返修或更换构件、部件的检验批，应重新进行验收； 　　2　经有资质的检测单位检测鉴定达到设计要求的检验批，应予以验收； 　　3　经有资质的检测单位检测鉴定达不到设计要求，但经原设计单位核算并确认仍可满足结构安全和使用功能的检验批，可予以验收； 　　4　经返修或加固处理能够满足结构安全使用要求的分项工程，可根据技术处理方案和协商文件进行验收。 10.2.1　对涉及混凝土结构安全的有代表性的部位应进行结构实体检验。结构实体检验应在监理工程师见证下，由施工项目技术负责人组织实施。承担结构实体检验的机构应具有法定资质。结构位置与尺寸偏差外的结构实体检验项目，应由具有相应资质的检测机构完成。	1. 查阅混凝土工程隐蔽验收报审表 　　签字：施工单位项目经理、专业监理工程师（建设单位专业技术负责人）已签字 　　盖章：施工单位、监理单位已盖章 　　结论：同意隐蔽 2. 查阅混凝土工程隐蔽验收记录 　　内容：包括预应力筋、钢筋、预埋件的牌号、规格、数量、位置、间距、连接等 　　签字：施工单位项目质量员、项目专业技术负责人、专业监理工程师（建设单位专业技术负责人）已签字 　　结论：同意隐蔽 3. 查阅混凝土工程检验批、分项工程、分部工程验收报审表 　　签字：施工单位项目经理、专业监理工程师（建设单位专业技术负责人）已签字 　　盖章：施工单位、监理单位（建设单位）已盖章 　　结论：同意验收

条款号	大纲条款	检 查 依 据	检查要点
5.2.11	隐蔽验收、质量验收记录符合要求，记录齐全	10.2.2 结构实体检验的内容应包括混凝土强度、钢筋保护层厚度以及工程合同约定的项目；必要时可检验其他项目。 10.2.3 混凝土强度检验应采用同条件养护试块或钻取混凝土芯样的方法。采用同条件养护试块方法时应符合本规范附录 D 的规定，采用钻取混凝土芯样方法时应符合本规范附录 E 的规定。 10.2.4 钢筋保护层厚度检验应符合本规范附录 F 的规定。 10.2.5 当混凝土强度被判为不合格或钢筋保护层厚度不满足要求时，应委托具有资质的检测机构按国家有关标准的规定进行检测。 **2.《建筑工程施工质量验收统一标准》GB 50300—2013** 3.0.6 建筑工程施工质量应按下列要求进行验收： 　1 工程质量验收均应在施工单位自检合格的基础上进行。 　2 参加工程施工质量验收的各方人员应具备相应的资格。 　3 检验批的质量应按主控项目和一般项目验收。 　4 对涉及结构安全、节能、环境保护和主要使用功能的试块、试件及材料，应在进场时或施工中按规定进行见证检验。 　5 隐蔽工程在隐蔽前应由施工单位通知监理单位进行验收，并应形成验收文件，验收合格后方可继续施工。 　6 对涉及结构安全、节能、环境保护和使用功能的重要分部工程应在验收前按规定进行抽样检验。 　7 工程的观感质量应由验收人员现场检查，并应共同确认。 5.0.1 检验批质量验收合格应符合下列规定： 　1 主控项目的质量经抽样检验均应合格。 　2 一般项目的质量经抽样检验合格。当采用计数抽样时，合格点率应符合有关专业验收规范的规定，且不得存在严重缺陷。对于计数抽样的一般项目，正常检验一次、二次抽样可按本标准附录 D 判定。 　3 具有完整的施工操作依据、质量验收记录。 5.0.2 分项工程质量验收合格应符合下列规定： 　1 所含检验批的质量均应验收合格。 　2 所含检验批的质量验收记录应完整。 5.0.3 分部工程质量验收合格应符合下列规定： 　1 所含分项工程的质量均应验收合格。 　2 质量控制资料应完整。 　3 有关安全、节能、环境保护和主要使用功能的抽样检验结果应符合相应规定。	4. 查阅混凝土检验批质量验收记录 　主控项目、一般项目：与实际相符，质量经抽样检验合格，质量检查记录齐全 　签字：施工单位项目质量员、项目专业技术负责人、专业监理工程师（建设单位专业技术负责人）已签字 　结论：合格 5. 查阅混凝土工程分项工程质量验收记录 　项目：所含检验批的质量验收记录完整 　签字：施工单位项目质量员、项目专业技术负责人、专业监理工程师（建设单位专业技术负责人）已签字 　结论：合格

条款号	大纲条款	检 查 依 据	检查要点
5.2.11	隐蔽验收、质量验收记录符合要求，记录齐全	4 观感质量应符合要求。 5.0.4 单位工程质量验收合格应符合下列规定： 1 所含分部工程的质量均应验收合格。 2 质量控制资料应完整。 3 所含分部工程中有关安全、节能、环境保护和主要使用功能的检验资料应完整。 4 主要使用功能的抽查结果应符合相关专业验收规范的规定。 5 观感质量应符合要求。 5.0.8 经返修或加固处理仍不能满足安全或使用要求的分部工程及单位工程，严禁验收。 6.0.1 检验批应由专业监理工程师组织施工单位项目专业质量检查员、专业工长等进行验收。 6.0.2 分项工程应由专业监理工程师组织施工单位项目专业技术负责人等进行验收。 6.0.3 分部工程应由总监理工程师组织施工单位项目负责人和项目技术负责人等进行验收。勘察、设计单位项目负责人和施工单位技术、质量部门负责人应参加地基与基础分部工程的验收。设计单位项目负责人和施工单位技术、质量部门负责人应参加主体结构、节能分部工程的验收。 6.0.4 单位工程中的分包工程完工后，分包单位应对所承包的工程项目进行自检，并应按本标准规定的程序进行验收。验收时，总包单位应派人参加。分包单位应将所分包工程的质量控制资料整理完整后，移交给总包单位。 6.0.5 单位工程完工后，施工单位应组织有关人员进行自检。总监理工程师应组织各专业监理工程师对工程质量进行竣工预验收。存在施工质量问题时，应由施工单位及时整改。整改完毕后，由施工单位向建设单位提交工程竣工报告，申请工程竣工验收。 6.0.6 建设单位收到工程竣工报告后，应由建设单位项目负责人组织监理、施工、设计、勘察等单位项目负责人进行单位工程验收。 **3.《地下防水工程质量验收规范》GB 50208—2011** 3.0.9 地下防水工程的施工，应建立各道工序的自检、交接检和专职人员检查制度，并应有完整的检查记录；工程隐蔽前，应由施工单位通知有关单位进行验收，并形成隐蔽工程验收记录；未经监理单位或建设单位代表对上道工序的检查确认，不得进行下道工序的施工。 9.0.2 检验批的合格判定应符合下列规定： 1 主控项目的质量经抽样检验全部合格。 2 一般项目的质量经抽样检验80%以上检测点合格，其余不得有影响使用功能的缺陷；对有允许偏差的检验项目，其最大偏差不得超过本规范规定允许偏差的1.5倍。 3 施工具有明确的操作依据和完整的质量检查记录。 9.0.3 分项工程质量验收合格应符合下列规定： 1 分项工程所含检验批的质量均应验收合格；	6. 查阅混凝土结构分部（子分部）工程质量验收记录 内容：包括所含分项工程的质量控制资料、安全和使用功能的检验资料、观感质量验收资料等 签字：建设单位项目负责人、设计单位项目负责人、勘察单位项目负责人、施工单位项目经理、总监理工程师已签字 盖章：建设单位、设计单位、勘察单位、监理单位、施工单位已盖章 综合结论：合格

续表

条款号	大纲条款	检 查 依 据	检查要点
5.2.11	隐蔽验收、质量验收记录符合要求，记录齐全	2 分项工程所含检验批的质量验收记录应完整。 9.0.4 子分部工程质量验收合格应符合下列规定： 　　1 子分部工程所含分项工程的质量均应验收合格； 　　2 质量控制资料应完整； 　　3 地下工程渗漏水检测应符合设计的防水等级标准要求； 　　4 观感质量检查应符合要求。 **4.《建设工程监理规范》GB/T 50319—2013** 5.2.4 项目监理机构应对承包单位报送的隐蔽工程、检验批、分项工程和分部工程进行验收，验收合格的给以签认。 **5.《电力建设工程监理规范》DL/T 5434—2009** 9.1.10 对承包单位报送的隐蔽工程报验申请表和自检记录，专业监理工程师应进行现场检查，符合要求予以签认后，承包单位方可隐蔽并进行下一道工序施工。 　　对未经监理人员验收或验收不合格的工序，监理人员应拒绝签认，严禁承包单位进行下一道工序的施工。 9.1.11 专业监理工程师应对承包单位报送的分项工程质量报验资料进行审核，符合要求予以签认；总监理工程师应组织专业监理工程师对承包单位报送的分部工程和单位工程质量验评资料进行审核和现场检查，符合要求予以签认	
5.2.12	基础部分防雷接地施工验收、隐蔽记录齐全	**1.《电气装置安装工程　接地装置施工及验收规范》GB 50169—2006** 1.0.6 接地装置的安装应配合建筑工程的施工，隐蔽部分必须在覆盖前会同有关单位做好中间检查及验收记录。 1.0.7 各种电气装置与主接地网的连接必须可靠，接地装置的焊接质量应符合本规范第3.4.2条的规定，接地电阻应符合设计规定，扩建接地网与原接地网间应为多点连接。 3.3.5 每个电气装置的接地应以单独的接地线与接地汇流排或接地干线相连接，严禁在一个接地线中串接几个需要接地的电气装置。重要设备和设备构架应有两根与主接地网不同地点连接的连接引下线，且每根接地引下线均应符合热稳定及机械强度的要求，连接引线应便于定期进行检查测试。 3.4.1 接地体（线）的连接应采用焊接，焊接必须牢固无虚焊。接至电气设备上的接地线，应用镀锌螺栓连接；有色金属接地线不能采用焊接时，可采用螺栓连接、压接、热剂焊（放热焊接）方式连接。用螺栓连接时应设防松螺帽或防松垫片，螺栓连接处的接触面应按现行国家标准《电气装置安装工程　母线装置施工及验收规范》GBJ 149 的规定处理。不同材料接地体间的连接应进行处理。	1. 查阅接地装置隐蔽验收记录 　搭接长度：符合规范规定 　接地极、接地干线焊接及防腐：符合规范规定 　埋深：符合设计要求 　回填：符合规范规定 　隐蔽验收：合格 　签字：齐全

条款号	大纲条款	检　查　依　据	检查要点
5.2.12	基础部分防雷接地施工验收、隐蔽记录齐全	3.4.2　接地体（线）的焊接应采用搭接焊，其焊接长度必须符合下列规定： 　1　扁钢为其宽度的 2 倍（且至少 3 个棱边焊接）； 　2　圆钢为其直径的 6 倍； 　3　圆钢与扁钢连接时，其长度为圆钢直径的 6 倍； 　4　扁钢与钢管、扁钢与角钢焊接时，为了连接可靠，除应在其接触部位两侧进行焊接外，并应焊以由钢带弯成的弧形（或直角形）卡子或直接由钢带本身弯成弧形（或直角形）与钢管（或角钢）焊接。 3.4.3　接地体（线）为铜与铜或铜与钢的连接工艺采用热剂焊（放热焊接）时，其熔接接头必须符合下列规定： 　1　被连接的导体必须完全包在接头里； 　2　要保证连接部位的金属完全熔化，连接牢固； 　3　热剂焊（放热焊接）接头的表面应平滑； 　4　热剂焊（放热焊接）的接头应无贯穿性气孔。 **2.《建筑电气工程施工质量验收规范》GB 50303—2002** 3.3.18　接地装置安装应按以下程序进行： 　1　建筑物基础接地体：底板钢筋敷设完成，按设计要求做接地施工，经检查确认，才能支模或浇捣混凝土； 　2　人工接地体：按设计要求位置开挖沟槽，经检查确认，才能打入接地极和敷设接地干线； 　3　接地模板：按设计位置开挖模块坑，并将地下接地干线引到模块上，经检查确认，才能相互焊接； 　4　装置隐蔽：检查验收合格，才能覆土回填。 3.3.22　防雷接地系统测试：接地装置施工完成测试应合格；避雷接闪器安装完成，整个防雷接地系统连成回路，才能系统测试。 **3.《建筑物防雷工程施工与质量验收规范》GB 50601—2010** 11.1.6　防雷工程（子分部工程）质量验收合格应符合下列规定： 　1　防雷工程所含的分项工程的质量均应验收合格。 　2　质量控制资料应符合本规范第 3.2.1 条和第 3.2.2 条的要求，并应完整齐全。 　3　施工现场质量管理检查记录表的填写应完整。 　4　工程的观感质量验收应经验收人员通过现场检查，并共同确认。 　5　防雷工程（子分部工程）质量验收记录表格可按本规范附录 E 执行	2. 查看接地装置接地引线 　螺栓连接：可靠、螺帽朝向符合规范规定 　焊接：焊接质量符合规范规定 　扩建网与主网连接点数量：符合设计要求 　标识：清晰，符合规范规定 　验收：合格 　签字：齐全

续表

条款号	大纲条款	检 查 依 据	检查要点
5.3 基础防腐（防水）的监督检查			
5.3.1	防腐（防水）材料性能证明文件齐全，复试报告齐全	**1.《建筑防腐蚀工程施工规范》GB 50212—2014** 1.0.3 进入现场的建筑防腐蚀材料应有产品合格证、质量技术指标及检验方法和质量检验报告或技术鉴定文件。 **2.《地下防水工程质量验收规范》GB 50208—2011** 3.0.5 地下工程所使用防水材料的品种、规格、性能等必须符合现行国家或行业产品标准和设计要求。 3.0.6 防水材料必须经具备相应资质的检测单位进行抽样检验，并出具产品性能检测报告。 3.0.7 防水材料的进场验收应符合下列规定： 　　1 对材料的外观、品种、规格、包装、尺寸和数量进行检验验收，并经监理单位或建设单位代表检查确认，形成相应验收记录； 　　2 对材料的质量证明文件进行检查，并经监理单位或建设单位代表检查确认，纳入工程技术档案； 　　3 材料进场后应按本规范附录A和附录B规定抽样检验、检验执行见证取样送检制度，并出具材料进场检验报告； 　　4 材料的物理性能检验项目全部指标达到标准规定时，即为合格；若有一项指标不符合标准规定，应在受检产品中重新取样进行该项指标复验，复验结果符合标准规定，则判定该批材料为合格。 4.1.4 防水混凝土的原材料、配合比及坍落度必须符合设计要求。 　　检验方法：检查产品合格证、产品性能检测报告、计量措施和材料进场检验报告。 4.1.5 防水混凝土的抗压强度和抗渗性能必须符合设计要求。 　　检验方法：检查混凝土抗压强度、抗渗性能检验报告。 4.2.7 防水砂浆的原材料及配合比必须符合设计规定。 　　检验方法：检查产品合格证、产品性能检测报告、计量措施和材料进场检验报告。 4.2.8 防水砂浆的粘结强度和抗渗性能必须符合设计规定。 　　检验方法：检查砂浆粘结强度、抗渗性能检验报告。 4.3.15 卷材防水层所用卷材及其配套材料必须符合设计要求。 　　检验方法：检查产品合格证、产品性能检验报告和材料进场检验报告。 4.4.7 涂料防水层所用的材料及配合比必须符合设计要求。 　　检验方法：检查产品合格证、产品性能检测报告、计量措施和材料进场检验报告。 4.5.8 塑料防水板及其配套材料必须符合设计要求。 　　检验方法：检查产品合格证、产品性能检测报告和材料进场检验报告。 4.6.6 金属板和焊接材料必须符合设计要求。 　　检验方法：检查产品合格证、产品性能检测报告和材料进场检验报告。 4.7.11 膨润土防水材料必须符合设计要求。	1. 查阅防腐（防水）材料的进场报审表 　签字：施工单位项目经理、专业监理工程师已签字 　盖章：施工单位、监理单位已盖章 　结论：同意使用 2. 查阅防腐（防水）材质证明 　材质证明：应为原件或有效抄件 3. 查阅防腐（防水）复检报告 　内容：包括试验方法、试验项目、数据计算、代表部位和数量等 　签字：授权人已签字 　盖章：已加盖CMA章和检测专用章 　结论：合格

条款号	大纲条款	检 查 依 据	检查要点
5.3.1	防腐（防水）材料性能证明文件齐全，复试报告齐全	检验方法：检查产品合格证、产品性能检测报告和材料进场检验报告。 **3.《建筑防腐蚀工程施工质量验收规范》GB 50224—2010** 5.0.4 耐酸砖、耐酸耐温砖及天然石材气的品种、规格和性能应符合设计要求或国家现行有关标准的规定。 　　检查方法：检查产品出厂合格证、材料检测报告或现场抽样的复验报告。 5.0.5 铺砌块材的各种胶泥或砂浆的原材料及制成品的质量要求、配合比及铺砌块材的要求等，应符合本规范有关章节的规定。 　　检查方法：检查产品合格证、质量检测报告和施工记录。 6.1.5 水玻璃类防腐蚀工程所用的钠水玻璃、钾水玻璃、氟硅酸钠、缩合磷酸铝、粉料和粗、细骨料等原材料的质量应符合设计要求或国家现行有关标准的规定。 　　检查方法：检查产品出厂合格证、材料检测报告或现场抽样的复验报告。 7.1.4 树脂类防腐蚀工程所用的环氧树脂、乙烯基酯树脂、不饱和聚酯树脂、呋喃树脂、酚醛树脂、玻璃纤维增强材料、粉料和细骨料等原材料的质量应符合设计要求或国家现行有关标准的规定。 　　检查方法：检查产品出厂合格证、材料检测报告或现场抽样的复验报告。 8.1.4 沥青类防腐蚀工程所用的沥青、防水卷材、高聚物改性沥青防水卷材、粉料和粗、细骨料等应符合设计要求或国家现行有关标准的规定。 　　检查方法：检查产品出厂合格证、材料检测报告或现场抽样的复验报告。 9.1.4 聚合物水泥砂浆防腐蚀工程所用的阳离子氯丁胶乳、聚丙烯酸酯乳液、环氧树脂乳液、硅酸盐水泥和细骨料等原材料质量应符合设计要求或国家现行有关标准的规定。 　　检查方法：检查产品出厂合格证、材料检测报告或现场抽样的复验报告。 10.0.4 涂料类的品种、型号、规格和性能质量应符合设计要求或国家现行有关标准的规定。 　　检查方法：检查产品出厂合格证、材料检测报告或现场抽样的复验报告。 11.1.4 聚氯乙烯塑料防腐蚀工程所用的硬聚氯乙烯塑料板、软聚氯乙烯塑料板、聚氯乙烯焊条和胶粘剂等原材料的质量，应符合设计要求或国家现行有关标准的规定。 　　检查方法：检查产品出厂合格证、材料检测报告或现场抽样的复验报告	
5.3.2	防腐（防水）层的厚度符合设计要求，粘接牢固，表面无损伤	**1.《地下防水工程质量验收规范》GB 50208—2011** 4.1.19 防水混凝土结构厚度不应小于 250mm，其允许偏差应为 ＋8mm，－5mm；主体结构迎水面钢筋保护层厚度不应小于 50mm，其允许偏差应为 ±5mm。 　　检验方法：尺量检查和检查隐蔽验收记录。 4.2.12 水泥砂浆防水层的平均厚度应符合设计要求，最小厚度不得小于设计厚度的 85%。 　　检验方法：用针测法检查。 4.4.8 涂料防水层的平均厚度应符合设计要求，最小厚度不得小于设计厚度的 90%。	查看防腐（防水）涂层质量 厚度：符合设计要求和规范规定 外观：粘结牢固、无漏涂、皱皮、气泡和破膜现象

条款号	大纲条款	检 查 依 据	检查要点
5.3.2	防腐（防水）层的厚度符合设计要求，粘接牢固，表面无损伤	检验方法：用针测法检查。 **2.《建筑防腐蚀工程施工质量验收规范》GB 50224—2010** 5.0.6 块材结合层和灰缝应饱满密实、粘结牢固；灰缝均匀整齐、平整一致，不得有空鼓、疏松；铺砌块材不得出现通缝、重叠缝等缺陷。 　　检查方法：仪器、尺量和敲击法检查，必要时可采用破坏法检查。 6.2.1 水玻璃胶泥、水玻璃砂浆铺砌块材结合层的水玻璃胶泥、水玻璃砂浆应饱满密实、粘结牢固。灰缝应挤严、饱满，表面应平滑，无裂缝和气孔。 　　检查方法：面层检查：敲击法检查；灰缝检查：尺量检查和检查施工记录；裂缝检查：用 5 倍～10 倍放大镜检查。 6.2.2 水玻璃胶泥、水玻璃砂浆铺砌块材面层与转角处、踢脚线、地漏、门口和设备基础应粘结牢固、灰缝平整，应无起鼓、裂缝和渗流等缺陷。 　　检查方法：敲击法检查和用 5 倍～10 倍放大镜检查。 6.3.1 密实性钾水玻璃砂浆整体面层与基层应粘结牢固，应无起壳、脱层、水玻璃沉积、贯通性气泡等缺陷。 　　检查方法：观察检查、敲击法检查或破坏性检查。 6.3.2 密实型钾水玻璃砂浆整体面层厚度应符合设计规定。小于设计规定厚度的测点数不得大于10％，其测点厚度不得小于设计规定厚度的90％。 　　检查方法：检查施工记录和测厚样板。对碳钢基层上的厚度，应用磁性测厚仪检测。对混凝土基层上的厚度，应用磁性测厚检测在碳钢基层上做的测厚样板。 6.4.3 水玻璃混凝土整体面层厚度应符合设计规定。小于设计规定厚度的测点数不得大于10％，其测点厚度不得小于设计规定厚度的90％。 　　检查方法：检查施工记录和测厚样板。对碳钢基层上的厚度，应用磁性测厚仪检测。对混凝土基层上的厚度，应用磁性测厚检测在碳钢基层上做的测厚样板。 7.3.1 树脂胶泥、树脂砂浆铺砌块材的结合层和灰缝内的树脂胶泥或树脂砂浆应饱满密实、固化完全、粘结牢固、平面块材砌体无滑移，立面块材砌体无变形，块材和基层间无脱层，结合层厚度和灰缝宽度应符合表 7.3.1 的规定。 　　检查方法：观察检查、尺量检查和敲击法检查。树脂固化度应用白棉花球蘸丙酮擦拭方法检查。 7.3.2 树脂胶泥灌缝的深度应符合表 7.3.1 的规定。缝内树脂胶泥应饱满密实、固化完全，与块材应粘结牢固，表面无裂缝。 　　检查方法：检查施工记录，观察检查和尺量检查。 7.4.1 树脂稀胶泥、树脂砂浆、树脂玻璃鳞片胶泥整体面层的表面应固化完全，面层与基层粘结牢固，无起壳和脱层。	

条款号	大纲条款	检 查 依 据	检查要点
5.3.2	防腐（防水）层的厚度符合设计要求，粘接牢固，表面无损伤	检查方法：树脂固化度应用白棉花球蘸丙酮擦拭方法检查、观察和敲击法检查。 7.4.2　树脂稀胶泥、树脂砂浆、树脂玻璃鳞片胶泥面层厚度应符合设计规定。小于设计规定厚度的测点数不得大于 10%，其测点厚度不得小于设计规定厚度的 90%。 　　检查方法：检查施工记录和测厚样板。对碳钢基层上的厚度，应用磁性测厚仪检测。对混凝土基层上的厚度，应用磁性测厚检测在碳钢基层上做的测厚样板。 8.2.2　涂覆隔离层的层数及厚度应符合设计规定。涂覆层应结合牢固，表面应平整、光亮，无起鼓等缺陷。 　　检查方法：观察检查和检查施工记录。 8.3.1　高聚物改性沥青卷材隔离层的施工层数应符合设计规定。 　　检查方法：观察检查和检查施工记录。 8.3.2　冷铺法铺贴隔离层时，卷材粘接剂的涂刷应均匀、无漏涂，卷材应平整、压实，与底层结合应牢固，接缝应整齐，无皱折、起鼓和脱层等缺陷。 　　检查方法：观察检查、敲击法检查和检查施工记录。 8.3.3　自粘法铺贴隔离层时，卷材应压实、平整，接缝应整齐、无皱折，与底层结合应牢固，无起鼓、脱层等缺陷。 　　检查方法：观察检查、敲击法检查和检查施工记录。 8.3.4　热熔法铺贴隔离层时，卷材应压实、平整，接缝应整齐、无皱折，与底层结合应牢固，无起鼓、脱层等缺陷。 　　检查方法：观察检查、敲击法检查和检查施工记录。 8.4.1　沥青胶泥铺砌块材结合层厚度和灰缝宽度应符合表 8.4.1 的规定。 　　检查方法：检查施工记录和尺量检查。 8.4.2　结合层和灰缝内的胶泥应饱满密实，表面应平整、无沥青胶泥痕迹，粘结应牢固，灰缝表面应均匀整洁。 　　检查方法：观察检查和敲击法检查。 8.5.1　沥青砂浆和沥青混凝土整体面层铺设的冷底子油涂刷应完整均匀，沥青砂浆和沥青混凝土面层与基层结合应牢固，表面应密实、平整、光洁，应无裂缝、空鼓、脱层等缺陷，并应无接槎痕迹。 　　检查方法：观察检查、敲击法检查和检查施工记录。 9.2.1　聚合物水泥砂浆整体面层与基层应粘结牢固，无脱层和起壳等缺陷。 　　检查方法：检查施工记录和尺量检查。 9.2.2　聚合物水泥砂浆整体面层的表面应平整，无明显裂缝、脱皮、起砂和麻面等缺陷。 　　检查方法：观察检查和用 5 倍～10 倍放大镜检查。	

条款号	大纲条款	检 查 依 据	检查要点
5.3.2	防腐（防水）层的厚度符合设计要求，粘接牢固，表面无损伤	9.2.3　聚合物水泥砂浆面层的厚度应符合设计规定。 　　检查方法：采用测厚仪或150mm钢板尺检查。 9.3.1　聚合物水泥砂浆铺砌的块材结合层、灰缝应饱满密实，粘结牢固，不得有疏松、十字通缝和裂缝。结合层厚度和灰缝宽度应符合表9.3.1的规定。 　　检查方法：观察检查、尺量检查和敲击法检查。 10.0.6　涂层附着力应符合设计规定。涂层与钢铁基层的附着力：划格法不应大于1级，拉开法还应小于5MPa。涂层与混凝土基层的附着力（拉开法）不应小于1.5MPa。 　　检查方法：采用涂层附着力划格器法或附着力拉开法检查。 　　检查数量：涂层附着力测量数不应大于设计涂装构件件数的1%，但不应少于3件，每件应抽查3点。 10.0.7　涂层的层数和厚度应符合设计规定。小于设计规定厚度的测点数不得大于10%，其测点厚度不得小于设计规定厚度的90%。 　　检查方法：检查施工记录和测厚样板。钢基层表面用磁性测厚仪检测。混凝土基层表面用超声波测厚仪检测，也可对同步样板进行检测。 **3.《电力建设施工技术规范　第1部分：土建结构工程》DL5190.1—2012** 8.7.2　防水、防腐蚀涂层的基底表面应密实、平整、洁净，无污染、缺陷。 8.7.3　防水、防腐蚀层涂料施工时应符合以下规定： 　1　涂料种类应符合设计要求，进场时应有产品合格证、出厂检验报告。采用新型涂料时，应进行涂料的材料性能检验和施工工艺试验，达到有关质量要求后方可施工。 　2　基底应按设计要求处理。干基涂料的基底混凝土表面应干燥，湿固化涂料基底混凝土表面应无明显积水。 　3　涂料应按规定的配合比和配料顺序进行配制，配料时应有防晒、防雨、防风沙等设施。 　4　涂料施工时的环境温度应符合产品说明书的要求。涂刷环氧类涂料，环境温度不宜低于10℃；涂刷其他种类的防水、防腐蚀涂料，环境温度不宜低于5℃。 　5　涂料施工现场应有防火、防毒、通风措施。 　6　涂料可采用机械喷涂或人工涂刷，应先试涂，质量符合设计要求后方可进行大面积涂刷。 　7　涂料施工应在涂膜表面干燥后，方可刷（喷）上一层涂料。 　8　涂料应搅拌均匀，涂层厚度应一致，不得有漏涂、镀皮、气泡和破膜等现象。 　9　涂层的总厚度应符合设计要求。 8.7.5　卷材防水、防腐蚀层施工应符合下列规定： 　1　各层卷材间应紧密粘贴，不得有气泡、裂缝和脱层等现象； 　2　所有转角部分应抹成圆角，并应采取保护卷材的措施；	

条款号	大纲条款	检　查　依　据	检查要点
5.3.2	防腐（防水）层的厚度符合设计要求，粘接牢固，表面无损伤	3　粘贴卷材时，短边的搭接宽度不应小于 150mm，长边的搭接宽度不小于 100mm，相邻两幅和上下层卷材的搭接均应相互错开，并不得相互垂直粘贴。 8.7.6　在防水、防腐蚀层上进行施工操作时，应有确保防水、防腐蚀层不被损坏的可靠措施，在防水、防腐蚀层施工完后应按照设计要求立即做好保护层	
5.4　冬期施工的监督检查			
5.4.1	冬期施工措施和越冬保温措施内容齐全有效	**《建筑工程冬期施工规程》JGJ/T 104—2011** 1.0.4　凡进行冬期施工的工程项目，应编制施工专项文宗；对有不能适应冬期施工要求的问题应及时与设计单位研究解决。 6.1.2　混凝土工程冬期施工应按照本规程附录 A 进行混凝土热工计算。 6.9.4　养护温度的测量方法应符合下列规定： 　　1　测温孔编号，并应绘制测温孔布置图，现场应设置明显标识； 　　3　采用非加热法养护时，测温孔应设置在易散热的部位；采用加热法养护时，应分别设置在离热源不同的位置。 11.1.1　对于有采暖要求，但却不能保证正常采暖的新建工程、跨年施工的在建工程以及停建、缓工程等，在入冬前均应编制越冬维护方案	1. 查阅冬期施工措施与越冬保温措施 　热工计算：有针对性 　受冻临界强度：依据可靠 　方法：可操作性强 　审批：施工单位的技术负责人已批准，监理单位总监理工程师已批准，有明确的意见 　签字：施工单位技术员、项目技术负责人、公司技术负责人及监理单位专业监理工程师、总工程师已签字 2. 查看冬期施工现场 　措施：与方案一致，有效
5.4.2	原材料预热、选用的外加剂、混凝土拌和浇筑条件、试件抽取留置符合规定	1.《混凝土结构工程施工规范》GB 50666—2011 10.2.5　冬期施工混凝土搅拌前，原材料预热应符合下列规定： 　　1　宜加热拌和水，当仅加热拌和水不能满足热工计算要求时，可加热骨料；拌和水与骨料加热温度可通过热工计算确定，加热温度不应超过表 10.2.5 的规定； 　　2　水泥、外加剂、矿物掺合料不得直接加热，应置于暖棚中预热； 10.2.6　冬期施工混凝土搅拌应符合下列规定：	1. 查看冬期施工原材料预热现场 　水温：水泥未与 80℃以上的水直接接触； 　骨料加热：符合规程规定

条款号	大纲条款	检 查 依 据	检查要点
5.4.2	原材料预热、选用的外加剂、混凝土拌和和浇筑条件、试件抽取留置符合规定	1　液体防冻剂使用前应搅拌均匀，由防冻剂溶液带入水分应从混凝土拌和水中扣除； 2　蒸汽法加热骨料时，应加大对骨料含水率测试频率，并应将由骨料带入的水分从混凝土拌和水中扣除； 3　混凝土搅拌前应对搅拌机械进行保温或采用蒸汽进行加温，搅拌时间应比常温搅拌时间延长 30s～60s； 4　混凝土搅拌时应先投入骨料与拌和水，预拌后投入胶凝材料与外加剂。胶凝材料、引气剂或含气组分外加剂不得与 60℃ 以上热水直接接触。 10.2.7　混凝土拌和物的出机温度不宜低于 10℃，入模温度不应低于 5℃；预拌混凝土或需远距离运输的混凝土，混凝土拌和物的出机温度可根据距离经热工计算确定，但不宜低于 15℃。大体积混凝土的入模温度可根据实际情况适当降低。 10.2.10　混凝土分层浇筑时，分层厚度不应小于 400mm。在被上一层混凝土覆盖前，已浇筑层的温度应满足热工计算要求，且不得低于 2℃。 10.2.11　采用加热方法养护现浇混凝土时，应根据加热产生的温度应力对结构的影响采取措施，并应合理安排混凝土浇筑顺序与施工缝留置位置。 10.2.12　冬期浇筑的混凝土，其受冻临界强度应符合下列规定： 1　当采用蓄热法、暖棚法、加热法施工时，采用硅酸盐水泥。普通硅酸盐水泥配制的混凝土，不应低于设计混凝土强度等级值的 30%；采用矿渣硅酸盐水泥、粉煤灰硅酸盐水泥、火山灰质硅酸盐水泥配制的混凝土时，不就低于设计混凝土强度等级值的 40%。 2　当室外最低气温不低于 −15℃ 时，采用综合蓄热法、负温养护法施工的混凝土受冻临界强度不应低于 4.0MPa；当室外最低气温不低于 −30℃ 时，采用负温养护法施工的混凝土受冻临界强度不应低于 5.0MPa。 3　强度等级等于或高于 C50 的混凝土，不宜低于设计混凝土强度等级值的 30%。 4　有抗渗要求的混凝土，不宜小于设计混凝土强度等级值的 50%。 5　有抗冻耐久性要求的混凝土，不宜低于设计混凝土强度等级值的 70%。 6　当采用暖棚法施工的混凝土中掺入早强剂时，可按综合蓄热法受冻临界强度取值。 7　当施工需要提高混凝土强度等级时，应按提高后的强度等级确定受冻临界强度。 10.2.17　混凝土工程冬期施工应加强骨料含水率、防冻剂掺量检查，以及原材料、入模温度、实体温度和强度监测；应依据气温的变化、检查防冻剂掺量是否符合配合比与防冻剂说明书的规定，并应根据需要调整配合比。 10.2.19　冬期施工混凝土强度试件的留置，除应符合现行国家标准《混凝土结构工程施工质量验收规定》GB 50204 的有关规定外，尚应增加不少于 2 组的同条件养护试件。同条件养护试件应在解冻后进行试验。	2.　查阅冬期施工选用的外加剂试验报告 　检验项目：齐全 　代表部位和数量：与现场实际相符 　签字：授权人已签字 　盖章：已加盖 CMA 章和检测专用章 　结论：合格 3.　查看混凝土拌和条件和浇筑条件 　所用骨料：清洁、不含冰、雪、冻块及其他易冻裂物质 　掺加含有钾、钠离子的防冻剂混凝土：未使用活性骨料或骨料未含有活性物质 　混凝土搅拌时间：符合《建筑工程冬期施工规程》JGJ/T 104—2011 表 6.2.5 的规定 　浇筑前模板：冰雪与污泥已清除 4.　查看混凝土试块（含同条件试块）留置 　数量：符合规范规定

条款号	大纲条款	检 查 依 据	检查要点
5.4.2	原材料预热、选用的外加剂、混凝土拌和和浇筑条件、试件抽取留置符合规定	**2.《建筑工程冬期施工规程》JGJ/T 104—2011** 4.1.1　冬期施工所用的材料应符合下列规定： 　　1　砖、砌块在砌筑前，应清除块材表面污物和冰霜等，不得使用遭水浸和受冻后表面结冰、污染的砖或砌块； 　　2　砌筑砂浆宜采用普通硅酸盐水泥配制，不得使用无水泥拌制的砂浆； 　　3　现场拌制砂浆所用砂中不得含有直径大于10mm的冻结块和冰块； 　　4　石灰膏、电石渣膏等材料应有保温措施，遭冻结时应经融化后方可使用； 　　5　砂浆拌和水温不宜超过80℃，砂加热温度不宜超过40℃，且水泥不得与80℃以上热水直接接触；砂浆稠度宜较常温适当增大且不得二次加水调整砂浆和易性。 4.1.3　砌体工程宜选用外加剂法进行施工，对绝缘、装饰等有特殊要求的工程，应采用其他方法。 4.1.5　砂浆试块的留置，除应按常温规定要求外，尚应增设一组与砌体同条件养护的试块，用于检验转入常温28d的强度。如有特殊需要，可另外增加相应龄期的同条件试块。 4.2.1　采用外加剂法配制砂浆时，可采用氯盐或亚硝酸盐等外加剂。氯盐应以氯化钠为主，当气温低于-15℃时，可与氯化钙复合使用。 4.2.2　砌体施工，砂浆温度不应低于5℃。 4.2.3　当设计无要求，且最低气温等于或低于-15℃时，砌体砂浆强度等级应较常温施工提高一级。 4.2.7　下列情况不得采用掺氯盐的砂浆砌筑砌体： 　　1　对装饰工程有特殊要求的建筑物； 　　2　使用环境温度大于80%的建筑物； 　　3　配筋、钢埋件无可靠防腐处理措施的砌体； 　　4　接近高压电线的建筑物（如变电所、发电站等）； 　　5　经常处于地下水位变化范围内，以及在地下未设防水层的结构。 6.1.1　冬期浇筑的混凝土，其受冻临界强度应符合下列规定： 　　1　当采用蓄热法、暖棚法、加热法施工时，采用硅酸盐水泥、普通硅酸盐水泥配制的混凝土，不应低于设计混凝土强度等级值的30%；采用矿渣硅酸盐水泥、粉煤灰硅酸盐水泥、火山灰质硅酸盐水泥配制的混凝土时，不就低于设计混凝土强度等级值的40%。 　　2　当室外最低气温不低于-15℃时，采用综合蓄热法、负温养护法施工的混凝土受冻临界强度不应低于4.0MPa；当室外最低气温不低于-30℃时，采用负温养护法施工的混凝土受冻临界强度不应低于5.0MPa。 　　3　强度等级等于或高于C50的混凝土，不宜低于设计混凝土强度等级值的30%。 　　4　有抗渗要求的混凝土，不宜小于设计混凝土强度等级值的50%。	

条款号	大纲条款	检 查 依 据	检查要点
5.4.2	原材料预热、选用的外加剂、混凝土拌和和浇筑条件、试件抽取留置符合规定	5 有抗冻耐久性要求的混凝土，不宜低于设计混凝土强度等级值的70%。 6 当采用暖棚法施工的混凝土中掺入早强剂时，可按综合蓄热法受冻临界强度取值。 7 当施工需要提高混凝土强度等级时，应按提高后的强度等级确定受冻临界强度。 6.1.5 冬期施工混凝土选用外加剂应符合现行国家标准《混凝土外加剂应用技术规范》GB 50119的相关规定。非加热养护法混凝土施工，所选用的外加剂含有引气组分或掺入引气剂，含气量宜控制在3.0%～5.0%。 6.1.6 钢筋混凝土掺用氯盐类防冻剂时，氯盐掺量不得大于水泥质量的1.0%。掺用氯盐的混凝土应振捣密实，且不宜采用蒸汽养护。 6.1.7 在下列情况下，不得在钢筋混凝土结构中掺用氯盐： 1 排出大量蒸汽的车间、浴池、游泳馆、洗衣房和经常处于空气相对湿度大于80%的房间以及有顶盖的钢筋混凝土蓄水池等在高湿度空气环境中使用的结构； 2 处于水位升降部位的结构； 3 露天结构或经常受雨、水淋的结构； 4 有镀锌钢材或铝铁相接触的结构，和有外露钢筋、预埋件而无防护措施的结构； 5 与含有酸、碱或硫酸盐等侵蚀介质相接触的结构； 6 使用过程中经常处于环境温度为60℃以上的结构； 7 使用冷拉钢筋或冷拔低碳钢丝的结构； 8 薄壁结构，中级和重级工作制吊车梁、屋架、落锤或锻锤基础结构； 9 电解车间和直接靠近直流电源的结构； 10 直接靠近高压电源（发电站、变电所）的结构； 11 预应力混凝土结构。 6.1.8 模板外和混凝土表面覆盖的保温层，不应采用潮湿状态的材料，也不应将保温材料直接铺盖在潮湿的混凝土表面，新浇混凝土表面应铺一层塑料薄膜。 6.1.10 型钢混凝土组合结构，浇筑混凝土前应对型钢进行预热，预热温度宜大于混凝土入模温度，预热方法可按本规程第6.5节相关规定。 6.2.1 混凝土原材料加热宜采用加热水的方法。当加热水不能满足要求时，可对骨料进行加热。水、骨料加热的最高温度应符合表6.2.1的规定。 当水和骨料的温度仍不能满足热工计算要求时，可提高水温到100℃，但水泥不得与80℃以上的水直接接触。 6.2.2 水加热宜采用蒸汽加热、电加热、汽水热交换罐或其他加热方法，水箱或水池容积及水温应能满足连续施工的要求。	

条款号	大纲条款	检 查 依 据	检查要点
5.4.2	原材料预热、选用的外加剂、混凝土拌和浇筑条件、试件抽取留置符合规定	6.2.3　砂加热应在开盘前进行，加热应均匀。当采用保温加料斗时，宜配备两个，交替加热使用。每个料斗容积可根据机械可装高度和侧壁厚度等要求设计，每一个斗的容量不宜小于 $3.5m^3$。 　　预拌混凝土用砂，应提前备足料，运至有加热设施的保温封闭料棚（室）或仓内备用。 6.2.4　水泥不得直接加热，袋装水泥使用前宜运入暖棚内存放。 6.2.5　混凝土搅拌的最短时间应符合表 6.2.5 的规定。 6.2.10　大体积混凝土分层浇筑时，已浇筑层的混凝土在未被上一层混凝土覆盖前，温度不应低于 2℃。采用加热法养护混凝土时，养护前的混凝土温度也不得低于 2℃。 6.9.7　混凝土抗压强度试件的留置除应按现行国家标准《混凝土结构工程施工质量验收规范》GB 50204 规定进行外，尚应增设不少于 2 组同条件养护试件	
5.4.3	冬期施工的混凝土工程，养护条件、测温次数符合规范规定，记录齐全	**1.《混凝土结构工程施工规范》GB 50666—2011** 10.2.13　混凝土结构工程冬期施工养护，应符合下列规定： 　　1　当室外最低气温不低于 −15℃ 时，对地面以下的工程或表面系数不大于 $5m^{-1}$ 的结构，宜采用蓄热法养护，并应对结构易受冻部位加强保温措施；对表面系数为 $5m^{-1} \sim 15m^{-1}$ 的结构，宜采用综合蓄热法养护。采用综合蓄热法养护时，混凝土中应掺加具有减水、引气性能的早强剂或早强型外加剂。 　　2　对不易保温养护且对强度增长无具体要求的一般混凝土结构，可采用掺防冻剂的负温养护法进行养护。 　　3　当本条第 1、2 款不能满足施工要求时，可采用暖棚法、蒸汽加热法、电加热法等方法进行养护，但应采取降低能耗的措施。 10.2.14　混凝土浇筑后，对裸露表面应采取防风、保湿、保温措施，对边、棱角及易受冻部位应加强保温。在混凝土养护和越冬期间，不得直接对负温混凝土表面浇水养护。 10.2.15　模板和保温层的拆除除应符合本规范第 4 章及设计要求外，尚应符合下列规定： 　　1　混凝土强度达到受冻临界强度，且混凝土表面温度不应高于 5℃； 　　2　以墙、板等薄壁结构构件，宜推迟拆模。 10.2.16　混凝土强度未达到受冻临界强度和设计时，应连续进行养护。当混凝土表面温度与环境温度之差大于 20℃ 时，拆模后的混凝土表面应立即进行保温覆盖。 10.2.18　混凝土冬期施工期间，应按画家现行有关标准的规定对混凝土拌和水温度、外加剂溶液温度、骨料温度、混凝土出机温度、浇筑温度、入模温度，以及养护期间混凝土内部和大气温度进行测量。 **2.《建筑工程冬期施工规程》JGJ/T 104—2011** 4.1.4　施工日记中应记录大气温度、暖棚内温度、砌筑时砂浆温度、外加剂掺量等有关资料。	1. 查阅冬期施工混凝土工程养护记录和测温记录 　养护方法：与方案一致 　测温点的布置：与方案一致 　测温项目与测温频次：符合规程规定 　签字：施工单位项目质量员、项目专业技术负责人、专业监理工程师（建设单位专业技术负责人）已签字 2. 查看现场养护条件和测温点的布置 　布置：与方案一致 　实测温度：符合规范的规定

条款号	大纲条款	检 查 依 据	检查要点
5.4.3	冬期施工的混凝土工程，养护条件、测温次数符合规范规定，记录齐全	4.3.2 暖棚法施工时，暖棚内的最低温度不应低于 5℃。 4.3.3 砌体在暖棚内的养护时间应根据暖棚内温度确定，并应符合表 4.3.3 的规定。 6.4.1 混凝土蒸汽养护法可采用棚罩法、蒸汽套法、热模法、内部通汽法等方式…… 6.4.2 蒸汽养护法应彩低压饱和蒸汽，当工地有高压蒸汽时，应通过减压阀或过水装置后方可使用。 6.4.3 蒸汽养护的混凝土，采用普通硅酸盐水泥时最高温度不得超过 80℃，采用矿渣硅酸盐水泥时可提高到 85℃。但采用内部通汽法时，最高加热温度不应超过 60℃。 6.4.4 整体浇筑的结构，采用蒸汽加热养护时，升温和降温速度不得超过表 6.4.4 规定。 6.5.3 混凝土采用电极加热法养护应符合下列规定： 　1 电路接好应以检查合格后方可合闸送电。当结构工程量较大，需边浇筑边通电，应将钢筋接地线。电加热现场应设安全围栏。 　2 棒形和弦开电极应固定，并不得与钢筋直接接触。电极与钢筋之间的距离应符合表 6.5.3 的规定；当因钢筋密度大而不能保证钢筋与电极之间的距离满足表 6.5.3 的规定时，应采取绝缘措施。 　3 电极加热法应采用交流电。电极的形式、尺寸、数量及配置应能保证混凝土各部位加热均匀、且应加热到设计的混凝土强度标准值的 50%。在电极附近的辐射半径方向每隔 10mm 距离的温度差不得超过 1℃。 　4 电极加热应在混凝土浇筑后立即送电，送电前混凝土表面应保温覆盖。混凝土在加热养护过程中，洒水应在断电后进行。 6.5.4 混凝土采用电热毯法养护应符合下列规定： 　1 电热毯宜由四层玻璃纤维布中间夹以电阻丝制成。其几何尺寸应根据混凝土表面或模板外侧与龙骨组成的区格大小确定。电热毯的电压宜为 60V～80V，功率宜为 75W～100W。 　2 布置电热毯时，在模板周边的各区格应连接布毯，中间区格可间隔布毯，并应与对面模板错开。电热毯外侧应设置岩棉板等性质的耐热保温材料。 　3 电热毯养护的通电持续时间应根据气温及养护温度确定，可采取分段、间段或连续通电养护工序。 6.6.2 暖棚法施工应符合下列规定： 　1 应设专人监测混凝土及暖棚内温度，暖棚内各测点温度不得低于 5℃。测温点应选择具有代表性位置进行布置，在离地面 500mm 高度处应设点，每昼夜测温不应少于 4 次。 　2 养护期间应监测暖棚内的相对湿度，混凝土不得有失水现象，否则应及时采取增湿措施或在混凝土表面洒水养护。 　3 暖棚的出入口应设专人管理，并应采取防止棚内温度下降或引起风口处混凝土受冻的措施。 　4 在混凝土养期间应将烟或燃烧气体排至棚外，并应采取防止烟气中毒和防火的措施。	

条款号	大纲条款	检 查 依 据	检查要点
5.4.3	冬期施工的混凝土工程，养护条件、测温次数符合规范规定，记录齐全	6.9.1　混凝土冬期施工质量检查除应符合现行标准《混凝土结构工程施工质量验收规范》GB 50204以及国家现行有关标准规定外，尚应符合下列规定： 　　1　应检查外加剂质量及掺量；外加剂进入施工现场后应进行抽样检验，合格后方准使用； 　　2　应根据施工方案确定的参数检查水、骨料、外加剂溶液和混凝土出机、浇筑、起始养护时的温度； 　　3　应检查混凝土从入模到拆除保温层或保温模板期间的温度； 　　4　采用预拌混凝土质量检查应由预拌混凝土生产企业进行，并应将记录资料提供给施工单位。 6.9.2　施工期间的测温项目与频次应符合表 6.9.2 规定。 6.9.3　混凝土养护期间的温度测量应符合下列规定： 　　1　采用蓄热法或综合蓄热法时，在达到受冻临界强度之前应每隔 4h～6h 测量一次； 　　2　采用负温养护法时，在达到受冻临界强度之前应每隔 2h 测量一次； 　　3　采用加热时，升温和降温阶段应每隔 1h 测量一次，恒温阶段每隔 2h 测量一次。 　　4　混凝土在达到受冻临界强度后，可停止测温。 　　5　大体积混凝土养护期间的温度测量尚应符合国家现行标准《大体积混凝土施工规范》GB 50496 的相关规定。 6.9.4　养护温度的测量方法应符合下列规定： 　　1　测温孔应编号，并应绘制测温孔布置图，现场应设置明显标识； 　　2　测温时，测温单元应采取措施与外界气温隔离；测温元件测量位置应处于结构表面下 20mm处，留置在测温孔内的时间不应少于 3min； 　　3　采用非加热法养护时，测温孔应设置在易于散热的部位，采用加热法养护时，应分别设置在离热源不同的位置。 6.9.5　混凝土质量检查应符合下列规定： 　　1　应检查混凝土表面是否受冻、粘连、收缩裂缝，边角是否脱落，施工缝处有无受冻痕迹； 　　2　应检查同条件养护试块的养护条件是否与结构实体相一致； 　　3　按本规程附录 B 成熟度法推定混凝土强度时，应检查测温记录与计算公式要求是否相符； 　　4　采用电加热养护时，应检查供电变压器二次电压和二次电流强度，每一工作班不应少于两次。 6.9.6　模板和保温层在混凝土达到要求强度并冷却到 5℃后方可拆除。拆模时混凝土表面与环境温差大于 20℃时，混凝土表面应及时覆盖，缓慢冷却。 　　2　养护期间应监测暖棚内的相对湿度，混凝土不得有失水现象，否则应及时采取增湿措施或在混凝土表面洒水养护。 　　3　暖棚的出入口应设专人管理，并应采取防止棚内温度下降或引起风口处混凝土受冻的措施。 　　4　在混凝土养护期间应将烟或燃烧气体排至棚外，并应采取防止烟气中毒和防火的措施	

条款号	大纲条款	检 查 依 据	检查要点

5.4.4	冬期停、缓建工程，停止位置的混凝土强度符合设计和规范规定	**《建筑工程冬期施工规程》JGJ/T 104—2011**
		
		6.9.7 混凝土抗压强度试件的留置除应按现行国家标准《混凝土结构工程施工质量验收规范》GB 50204 规定进行外，尚应增设不少于 2 组同条件养护试件。
		11.3.1 冬期停、缓建工程越冬停工时的停留位置应符合下列规定：
		  1 混合结构可停留在基础上部地梁位置，楼层间的圈梁或楼板上皮标高位置；
		  2 现浇混凝土框架应停留在施工缝位置；
		  4 混凝土水池底部应按施工缝要求确定，并应设有止水设施。
		11.3.2 已开挖的基坑或基槽不宜挖至设计标高，应预留 200mm～300mm 土层；越冬时，应对基坑或基槽保温维护，保温层厚度可按本规程附录 C 计算确定。
		11.3.3 混凝土结构工程停、缓建时，入冬前混凝土的强度应符合下列规定：
		  1 越冬期间不承受外力的结构构件，除应符合设计要求外，尚应符合本规程第 6.1.1 条规定；
		  2 装配式结构构件的整浇接头，不得低于设计强度等级值的 70%；
		  3 预应力混凝土结构不应低于混凝土设计强度等级值的 75%；
		  4 升板结构应将柱帽浇筑完毕，混凝土应达到设计要求的强度等级
			1. 查阅冬期停、缓建工程入冬前混凝土强度评定及标高与轴线记录
			  强度：符合设计要求和规范规定
			  标高与轴线测量记录：内容完整准确
			
			2. 查阅冬期停、缓建工程复工前工程标高、轴线复测记录
			  数据：齐全、完整
			  与原始记录偏差：在允许范围内或偏差超出允许偏差已提出处理方案，并取得建设、设计与监理部门的同意
			
			3. 查看现场
			  保护措施：采取的措施符合规范规定
			  停留位置：与方案一致，符合设计要求和规范的规定

6	**质量监督检测**		
6.0.1	开展现场质量监督检查时，应重点对下列项目的检测试验报告进行查验，必要时可进行验证性抽样检测。对检验指标或结论有怀疑时，必须进行检测		

条款号	大纲条款	检查依据	检查要点
（1）	钢筋、水泥、砂、石、拌和用水、掺合料、外加剂、混凝土、钢筋连接接头、预制混凝土构件等检测试验报告	**1.《混凝土结构工程施工质量验收规范》GB 50204—2015** 5.2.3　对有抗震要求的结构，其纵向受力钢筋的性能应满足设计要求；当设计无具体要求时，对按一、二、三级抗震等级设计的框架和斜撑构件（含梯段）中纵向受力钢筋应采用 HRB335B、HRB400E、HRB500E、HRB500E、HRBF335E、HRB400E 或 HRBF500E 钢筋，其强度和最大力下总伸长率的实测值应符合下列规定： 　　1　钢筋的抗拉强度实测值与屈服强度实测值的比值不应小于 1.25； 　　2　钢筋的屈服强度实测值与屈服强度标准值的比值不应大于 1.30； 　　3　钢筋的最大力下总伸长率不应小于 9%。 7.4.1　结构混凝土的强度等级必须符合设计要求。用于检查结构构件混凝土强度的试件，应在混凝土的浇筑地点随机抽取。 　　检查数量：对同一配合比混凝土，取样与试件留置应符合下列规定： 　　1　每拌制 100 盘且不超过 100m³ 时，取样不得少于一次； 　　2　每工作班拌制不足 100 盘时，取样不得少于一次； 　　3　连续浇筑超过 1000m³ 时，每 200m³ 取样不得少于一次； 　　4　每一楼层取样不得少于一次； 　　5　每次取样应至少留置一组试件。 9.2.1　预制构件的质量应符合本规范、国家现行相关标准的规定和设计的要求。 　　检验数量：全数检查。 　　检验方法：检查质量证明文件或质量验收记录。 9.2.2　混凝土预制构件专业企业生产的预制构件进场时，预制构件结构性能检验应符合下列规定： 　　1　梁板类简支受弯预制构件进场时应进行结构性能检验，并应符合下列规定： 　　1）结构性能检验应符合国家现行相关标准的有关规定及设计要求，检验要求和试验方法应符合本规范附录 B 的规定。 　　2）钢筋混凝土构件和允许裂缝的预应力混凝土构件应进行承载力、挠度和裂缝宽度检验…… 　　2　对其他预制构件，出设计专门要求外，进场时可不做结构性能检验。 **2.《大体积混凝土施工规范》GB 50496—2009** 4.2.1　配制大体积混凝土所用水泥的选择及其质量，应符合下列规定： 　　2　应选用中/低热硅酸盐水泥或低热矿渣硅酸盐水泥，大体积混凝土施工所用水泥，其 3d 的水化热不宜大于 240kJ/kg，7d 的水化热不宜大于 270kJ/kg。 4.2.2　水泥进场时应对水泥品种、强度等级、包装或散装仓号、出厂日期等进行检查，并对其强度、安定性、凝结时间、水化热等性能指标及其他必要的性能指标进行复验。	*1. 查验抽测热轧光圆钢筋试件* 　*重量偏差：符合标准 GB 1499.1—2008 表 4 要求* 　*屈服强度：符合标准 GB 1499.1—2008 表 6 要求* 　*抗拉强度：符合标准 GB 1499.1—2008 表 6 要求* 　*断后伸长率：符合标准 GB 1499.1—2008 表 6 要求* 　*最大力总伸长率：符合标准 GB 1499.1—2008 表 6 要求* 　*弯曲性能：符合标准 GB 1499.1—2008 表 6 要求* *2. 查验抽测热轧带肋钢筋试件* 　*重量偏差：符合标准 GB 1499.2—2007 表 4 要求* 　*屈服强度：符合标准 GB 1499.2—2007 表 6 要求* 　*抗拉强度：符合标准 GB 1499.2—2007 表 6 要求*

条款号	大纲条款	检 查 依 据	检查要点
（1）	钢筋、水泥、砂、石、拌和用水、掺合料、外加剂、混凝土、钢筋连接接头、预制混凝土构件等检测试验报告	**3.《混凝土外加剂》GB 8076—2008** 5.1 掺外加剂混凝土的性能应符合表1的要求。 6.5 混凝土拌和物性能试验方法 6.6 硬化混凝土性能试验方法 7.1.3 取样数量 　　每一批号取样量不少于0.2t水泥所需用的外加剂量。 **4.《钢筋混凝土用钢　第1部分：热轧光圆钢筋》GB 1499.1—2008** 6.6.2 直条钢筋实际重量与理论重量的允许偏差应符合表4规定。 7.3.1 钢筋力学性能及弯曲性能特征值应符合表6规定。 8.1 每批钢筋的检验项目、取样数量、取样方法和试验方法应符合表7规定。 8.4.1 测量重量偏差时，试样应从不同根钢筋上截取，数量不少于5支，每支试样长度不小于500mm。 **5.《钢筋混凝土用钢　第2部分：热轧带肋钢筋》GB 1499.2—2007** 6.6.2 钢筋实际重量与理论重量的允许偏差应符合表4规定。 7.3.1 钢筋力学性能特征值应符合表6规定。 7.4.1 钢筋弯曲性能按表7规定。 8.1 每批钢筋的检验项目、取样数量、取样方法和试验方法应符合表8规定。 8.4.1 测量重量偏差时，试样应从不同根钢筋上截取，数量不少于5支，每支试样长度不小于500mm。 **6.《通用硅酸盐水泥》GB 175—2007** 7.3.1 硅酸盐水泥初凝时间不小于45min，终凝时间不大于390min。普通硅酸盐水泥、矿渣硅酸盐水泥、火山灰质硅酸盐水泥、粉煤灰硅酸盐水泥和复合硅酸盐水泥初凝时间不小于45min，终凝时间不大于600min。 7.3.2 安定性沸煮法合格。 7.3.3 强度符合表3的规定。 8.5 凝结时间和安定性按GB/T 1346进行试验。 8.6 强度按GB/T 17671进行试验。 9.1 取样方法按GB 12573进行。可连续取，亦可从20个以上不同部位取等量样品，总量至少12kg。 **7.《用于水泥和混凝土中的粉煤灰》GB/T 1596—2005** 6.1 拌制混凝土和砂浆用粉煤灰应符合表1中技术要求。 7.1 细度按附录A进行。 7.2 需水量比按附录B进行。	断后伸长率：符合标准GB 1499.2—2007表6要求 最大力总伸长率：符合标准GB 1499.2—2007表6要求 弯曲性能：符合标准GB 1499.2—2007表7要求 3. 纵向受力钢筋（有抗震要求的结构）试件 抗拉强度查验抽测值与屈服强度查验抽测值的比值：符合规范GB 50204—2015 5.2.3的要求 屈服强度查验抽测值与强度标准值的比值：符合规范GB 50204—2015 5.2.3的要求 最大力下总伸长率：符合规范GB 50204—2015 5.2.3的要求 4. 查验抽测水泥试样 凝结时间：符合GB 175—2007 7.3.1要求 安定性：符合GB 175—2007 7.3.2要求 强度：符合GB 175—2007表3要求 水化热（大体积混凝土）：符合GB 50496规范规定

条款号	大纲条款	检　查　依　据	检查要点
（1）	钢筋、水泥、砂、石、拌和用水、掺合料、外加剂、混凝土、钢筋连接接头、预制混凝土构件等检测试验报告	7.3　烧失量、三氧化硫、游离氧化钙按 GB/T 176 进行。 7.4　含水量按附录 C 进行。 7.5　安定性的净浆试验样品按本标准 3.3 条制备，试验按 GB/T 1346 进行。 8.1.1　以连续供应的 200t 相同等级、相同种类的为一个编号。不足 200t 按一个编号论。 8.1.2.2　取样方法按 GB 12573 进行。取样应有代表性，可连续取，也可从 10 个以上不同部位取等量样品，总量至少 3kg。 **8.《钢筋焊接及验收规程》JGJ 18—2012** 5.1.8　钢筋焊接接头力学性能试验时，应在外观检查合格后随机抽取。试验方法按《钢筋焊接接头试验方法》JGJ 27 执行。 5.3.1　闪光对焊接头力学性能试验时，应从每批中随机切取 6 个接头，其中 3 个做拉伸试验，3 个做弯曲试验。 5.5.1　电弧焊接头的质量检验，……在现浇混凝土结构中，应以 300 个同牌号钢筋、同型式接头作为一批；……每批随机切取 3 个接头做拉伸试验。 5.6.1　电渣压力焊接头的质量检验，……在现浇混凝土结构中，应以 300 个同牌号钢筋接头作为一批；……每批随机切取 3 个接头试件做拉伸试验。 5.8.2　预埋件钢筋 T 形接头进行力学性能检验时，应以 300 件同类型预埋件作为一批；……每批预埋件中随机切取 3 个接头做拉伸试验。 **9.《钢筋机械连接技术规程》JGJ 107—2010** 7.0.5　钢筋机械连接接头的现场检验应按验收批进行。同一施工条件下采用同一批材料的同等级、同型式、同规格接头，应以 500 个为一检验批进行检验和验收，不足 500 个也应作为一个检验批。 7.0.7　对钢筋机械连接接头的每一验收批，必须在工程结构中随机截取 3 个接头试件做抗拉强度试验，按设计要求的接头等级评定。 A.2.2　施工现场随机抽取接头试件的抗拉强度试验应采用零到破坏的一次加载制度。 **10.《普通混凝土用砂、石质量及检验方法标准》JGJ 52—2006** 1.0.3　对于长期处于潮湿环境的重要混凝土结构所用砂、石应进行碱活性检验。 3.1.3　天然砂中含泥量应符合表 3.1.3 的规定。 3.1.4　砂中泥块含量应符合表 3.1.4 的规定。 3.1.5　人工砂或混合砂中石粉含量应符合表 3.1.5 的规定。 3.1.10. 钢筋混凝土和预应力混凝土用砂的氯离子含量分别不得大于 0.06% 和 0.02%。 3.2.2　碎石或卵石中针、片状颗粒应符合表 3.2.2 的规定。 3.2.3　碎石或卵石中含泥量应符合表 3.2.3 的规定。 3.2.4　碎石或卵石中泥块含量应符合表 3.2.4 的规定。	5. 查验抽测砂试样 　含泥量：符合表 JGJ 52—2006 表 3.1.3 规定 　泥块含量：符合表 JGJ 52—2006 表 3.1.4 规定 　石粉含量：符合表 JGJ 52—2006 表 3.1.5 规定 　氯离子含量：符合标准 JGJ 52—2006 表 3.1.10 规定 　碱活性：符合标准要求 6. 查验抽测碎石或卵石试样 　含泥量：符合 JGJ 52—2006 表 3.2.3 规定 　泥块含量：符合 JGJ 52—2006 表 3.2.4 规定 　针、片状颗粒：符合 JGJ 52—2006 表 3.2.2 的规定 　碱活性：符合标准要求 　压碎指标（高强混凝土）：符合规范规定 7. 查验抽测水样 　pH 值：符合 JGJ 63—2006 表 3.1.1 的规定 　不溶物：符合 JGJ 63—2006 表 3.1.1 的规定 　可溶物：符合 JGJ 63—2006 表 3.1.1 的规定 　氯化物：符合 JGJ 63—2006 表 3.1.1 的规定

续表

条款号	大纲条款	检 查 依 据	检查要点
（1）	钢筋、水泥、砂、石、拌和用水、掺合料、外加剂、混凝土、钢筋连接接头、预制混凝土构件等检测试验报告	3.2.5 碎石的强度可用岩石抗压强度和压碎指标表示。岩石的抗压等级应比所配制的混凝土强度至少高20%。当混凝土强度大于或等于C60时，应进行岩石抗压强度检验。岩石强度首先由生产单位提供，工程中可采用能够压碎指标进行质量控制，岩石压碎值指标宜符合表3.5.5-1的规定。卵石的强度可用压碎值表示。其压碎指标宜符合表3.2.5-2的规定。 5.1.3 对于每一单项检验项目，砂、石的每组样品取样数量应符合下列规定： 砂的含泥量、泥块含量、石粉含量及氯离子含量试验时，其最小取样质量分别为4400g、20000g、1600g及2000g；对最大公称粒径为31.5mm的碎石或乱石，含泥量和泥块含量试验时，其最小取样质量为40kg。 6.8 砂中含泥量试验 6.10 砂中泥块含量试验 6.11 人工砂及混合砂中石粉含量试验 6.18 氯离子含量试验 6.20 砂中的碱活性试验（快速法） 7.7 碎石或卵石中含泥量试验 7.8 碎石或卵石中泥块含量试验 7.16 碎石或卵石的碱活性试验（快速法） **11.《混凝土用水标准》JGJ 63—2006** 3.1.1 混凝土拌和用水水质要求应符合表3.1.1的规定。对于设计使用年限为100年的结构混凝土，氯离子含量不得超过500mg/L；对使用钢丝或经热处理钢筋的预应力混凝土，氯离子含量不得超过350mg/L。 4.0.1 pH值的检验应符合现行国家标准《水质pH的测定玻璃电极法》GB/T 6920的要求。 4.0.2 不溶物的检验应符合现行国家标准《水质悬浮物的测定重量法》GB/T 11901的要求。 4.0.3 可溶物的检验应符合现行国家标准《生活饮用水标准检验法》GB 5750中溶解性总固体检验法的要求。 4.0.4 氯化物的检验应符合现行国家标准《水质氯化物的测定硝酸银滴定法》GB/T 11896的要求。 4.0.5 硫酸盐的检验应符合现行国家标准《水质硫酸盐的测定重量法》GB/T 11899的要求。 4.0.6 碱含量的检验应符合现行国家标准《水泥化学分析方法》GB/T 176中关于氧化钾、氧化钠测定的火焰光度法的要求。 5.1.1 水质检验水样不应少于5L	硫酸盐：符合JGJ 63表3.1.1的规定 碱含量：符合JGJ 63表3.1.1的规定 8. 查验抽测粉煤灰试样 细度：符合GB/T 1596表1中技术要求 需水量比：符合GB/T 1596表1中技术要求 烧失量：符合GB/T 1596表1中技术要求 三氧化硫：符合GB/T 1596表1中技术要求 9. 查验抽测外加剂试样 减水率：符合GB 8076表1规定 泌水率比：符合GB 8076表1规定 含气量：符合GB 8076表1规定 凝结时间差：符合GB 8076表1规定 1h经时变化量：符合GB 8076表1规定 抗压强度比：符合GB 8076表1规定 收缩率比：符合GB 8076表1规定 相对耐久性：符合GB 8076表1规定

条款号	大纲条款	检 查 依 据	检查要点
（1）	钢筋、水泥、砂、石、拌和用水、掺合料、外加剂、混凝土、钢筋连接接头、预制混凝土构件等检测试验报告		10. 查验抽测混凝土试块 抗压强度：符合设计要求
			11. 查验抽测钢筋焊接接头试件 抗拉强度：符合 JGJ 18 标准要求
			12. 查验抽测钢筋机械连接接头试件 抗拉强度：符合 JGJ 107 标准要求
			13. 查验抽测预制构件 承载力：符合标准图或设计要求 挠度：符合标准图或设计要求 抗裂度：符合标准图或设计要求
（2）	防腐和防水材料性能等检测试验报告	**1.《弹性体（SBS）改性沥青防水卷材》GB 18242—2008** 5.3 材料性能应符合表 2 要求。 6.7 可溶物含量按 GB/T 328.26 进行。 6.8 耐热度按 GB/T 328.11—2007 中 A 法进行。 6.9 低温柔性按 GB/T 328.14 进行。 6.10 不透水性按 GB/T 328.10—2007 中 B 法进行。 6.11 拉力及延伸率按 GB/T 328.8 进行。 7.7.1.2 从单位面积质量、面积、厚度及外观合格的卷材中任取一卷进行材料性能试验。 **2.《建筑防腐蚀工程施工质量验收规范》GB 50224—2010** 水玻璃类防腐蚀工程	1. 查验抽测卷材试样 可溶物含量：符合 GB 18242—2008 表 2 要求 耐 热 度：符 合 GB 18242—2008 表 2 要求 低温柔性：符合 GB 18242—2008 表 2 要求 不透水性：符合 GB 18242—2008 表 2 要求 拉力及延伸率：符合 GB 18242—2008 表 2 要求

续表

条款号	大纲条款	检 查 依 据	检查要点
（2）	防腐和防水材料性能等检测试验报告	6.2.1 水玻璃胶泥、水玻璃砂浆铺砌块材结合层的水玻璃胶泥、水玻璃砂浆应饱满密实、粘结牢固。灰缝应挤严、饱满，表面应平滑，无裂缝和气孔。结合层厚度和灰缝宽度应符合表 6.2.1 的规定。 6.3.1 密实型钾水玻璃砂浆整体面层与基层应粘结牢固，应无起壳、脱层、裂纹、水玻璃沉积、贯通性气泡等缺陷。 　　检验方法：观察检查、敲击法检查或破坏性检查。 树脂类防腐蚀工程 7.1.8 玻璃钢面层，块材面层，树脂稀胶泥、树脂砂浆和树脂玻璃鳞片胶泥整体面层与转角、地漏、门口、预留孔、管道出入口应结合严密、粘结牢固、接缝平整，无渗漏和空鼓。 　　检验方法：观察检查、敲击法检查和检查隐蔽工程记录。 7.2.4 玻璃钢层的厚度应符合设计规定。玻璃钢厚度小于设计规定厚度的测点数不得大于 10%，测点处实测厚度不得小于设计规定厚度的 90%。 　　检验方法：检查施工记录和仪器测厚。 7.4.1 树脂稀胶泥、树脂砂浆、树脂玻璃鳞片胶泥整体面层的表面应固化完全，面层与基层粘结牢固，无起壳和脱层。 　　检验方法：树脂固化度应用白棉花球蘸丙酮擦拭的方法检查。观察和敲击法检查。 7.4.2 树脂稀胶泥、树脂砂浆、树脂玻璃鳞片胶泥面层厚度应符合设计规定。小于设计规定厚度的测点数不得大于 10%，其测点厚度不得小于设计规定厚度的 90%。 沥青类防腐蚀工程 8.2.1 沥青玻璃布卷材隔离层冷底子油的涂刷应完整。卷材应展平压实，应无气泡、翘边、空鼓等缺陷。接缝处应粘牢。 　　检验方法：观察检查和检查施工记录。 8.2.2 涂覆隔离层的层数及厚度应符合设计规定。涂覆层应结合牢固，表面应平整、光亮，无起鼓等缺陷。 8.3.2 冷铺法铺贴隔离层时，卷材粘接剂的涂刷应均匀、无漏涂，卷材应平整、压实，与底层应结合牢固，接缝应整齐，无皱折、起鼓和脱层等缺陷。 　　检验方法：观察检查、敲击法检查和检查施工记录。 8.3.3 自粘法铺贴隔离层时，卷材应压实、平整，接缝应整齐、无皱折，与底层结合应牢固，无起鼓、脱层等缺陷。 　　检验方法：观察检查、敲击法检查和检查施工记录。 8.3.4 热熔法铺贴隔离层时，卷材应压实、平整，接缝应整齐、无皱折，与底层结合应牢固，无起鼓、脱层等缺陷。	2. 查验抽测钠水玻璃制成品试样 　初凝时间、终凝时间、抗压强度、抗拉强度、抗渗等级等指标符合 GB 50224—2010 表 6.1.6-1 要求 3. 查验抽测钾水玻璃制成品试样 　初凝时间、终凝时间、抗压强度、抗拉强度、抗渗等级等指标符合 GB 50224—2010 表 6.1.6-2 要求 4. 查验抽测树脂类材料制成品试样 　抗压强度、抗拉强度、胶泥粘接强度等级等指标符合 GB 50224—2010 表 7.1.5 要求 5. 查验抽测树脂玻璃鳞片胶泥制成品试样 　粘接强度、抗渗性等指标符合 GB 50224—2010 表 7.1.6 要求 6. 查验抽测沥青试样 　针入度：符合 GB 50212 表 11.2.1 要求 　延度：符合 GB 50212 表 11.2.1 要求 　软化点：符合 GB 50212 表 11.2.1 要求

条款号	大纲条款	检 查 依 据	检查要点
（2）	防腐和防水材料性能等检测试验报告	检验方法：观察检查、敲击法检查和检查施工记录。 8.5.1　沥青砂浆和沥青混凝土整体面层铺设的冷底子油涂刷应完整均匀，沥青砂浆和沥青混凝土面层与基层结合应牢固，表面应密实、平整、光洁，应无裂缝、空鼓、脱层等缺陷，并应无接槎痕迹。 　　检验方法：检查施工记录、观察检查和敲击法检查。 聚合物水泥砂浆防腐蚀工程 9.1.7　聚合物水泥砂浆铺抹的整体面层和铺砌的块材面层，其面层与转角、地漏、门口、预留孔、管道出入口应结合严密、粘结牢固、接缝平整，应无渗漏和空鼓等缺陷。 9.3.1　聚合物水泥砂浆铺砌的块材结合层、灰缝应饱满密实，粘结牢固，不得有疏松、十字通缝、重叠缝和裂缝。结合层厚度和灰缝宽度符合表 9.3.1 的规定。 涂料类防腐蚀工程 10.0.6　涂层附着力应符合设计规定。涂层与钢铁基层的附着力：划格法不应大于 1 级，拉开法不应小于 5MPa。涂层与混凝土基层的附着力（拉开法）不应小于 1.5MPa。 10.0.7　涂层的层数和厚度应符合设计规定。涂层厚度小于设计规定厚度的测点数不应大于 10%，且测点处实测厚度不应小于设计规定厚度的 90%。 10.0.8　涂层表面应光滑平整、色泽一致，无气泡、透底、返锈、返粘、起皱、开裂、剥落、漏涂和误涂等缺陷	
（3）	回填土检测试验报告	**《建筑地面工程施工质量验收规范》GB 50209—2010** 4.2.7　回填基土应均匀密实，压实系数应符合设计要求，设计无要求时，不应小于 0.9	查验抽测回填基土试样 压实系数：符合设计要求

第3节点：建筑工程交付使用前监督检查

条款号	大纲条款	检查依据	检查要点
4 责任主体质量行为的监督检查			
4.1 建设单位质量行为的监督检查			
4.1.1	取得了当地消防主管部门同意使用的书面材料	**1.《中华人民共和国消防法》中华人民共和国主席令〔2008〕第6号** 第十三条 按照国家工程建设消防技术标准需要进行消防设计的建设工程竣工，依照下列规定进行消防验收、备案： 　　依法应当进行消防验收的建设工程，未经消防验收或者消防验收不合格的，禁止投入使用；其他建设工程经依法抽查不合格的，应当停止使用。 **2.《公安部关于修改建设工程消防监督管理规定的决定》中华人民共和国公安部令〔2012〕第119号** 第八条 建设单位不得要求设计、施工、工程监理等有关单位和人员违反消防法规和国家工程建设消防技术标准，降低建设工程消防设计、施工质量，并承担下列消防设计、施工的质量责任： 　　（一）依法申请建设工程消防设计审核、消防验收，依法办理消防设计和竣工验收消防备案手续并接受抽查；…… 　　（五）依法应当经消防设计审核、消防验收的建设工程，未经审核或者审核不合格的，不得组织施工；未经验收或者验收不合格的，不得交付使用。 第十四条 对具有下列情形之一的特殊建设工程，建设单位必须向公安机关消防机构申请消防设计审核，并且在建设工程竣工后向出具消防设计审核意见的公安机关消防机构申请消防验收： 　　（五）城市轨道交通、隧道工程，大型发电、变配电工程； 第二十四条 ……依法不需要取得施工许可的建设工程，可以不进行消防设计、竣工验收消防备案。 **3.《光伏发电工程验收规范》GB/T 50796—2012** 4.6.1 设计文件及相关图纸、施工记录、隐蔽工程验收文件、质量控制、自检验收记录等资料应完整齐备。 4.6.2 消防工程的设计图纸应已得到当地消防部门的审核	查阅消防验收报告或备案文件 内容：验收合格或同意备案 盖章：公安消防部门已盖章
4.1.2	组织工程建设标准强制性条文实施情况的检查	**1.《中华人民共和国标准化法实施条例》中华人民共和国国务院令〔1990〕第53号** 第二十三条 从事科研、生产、经营的单位和个人，必须严格执行强制性标准。 **2.《建设工程质量管理条例》中华人民共和国国务院令〔2000〕第279号** 第十条 ……建设单位不得明示或者暗示设计单位或者施工单位违反工程建设强制性标准，降低建设工程质量。 **3.《实施工程建设强制性标准监督规定》建设部令〔2000〕第81号** 第二条 在中华人民共和国境内从事新建、扩建、改建等工程建设活动，必须执行工程建设强制性标准。 第六条 ……工程质量监督机构应当对工程建设施工、监理、验收等阶段执行强制性标准的情况实施监督。	查阅强制性条文实施情况检查记录 内容：与强制性条文实施计划相符，相关资料可追溯 签字：检查人员已签字 时间：与工程进度同步

续表

条款号	大纲条款	检 查 依 据	检查要点
4.1.2	组织工程建设标准强制性条文实施情况的检查	第十条 强制性标准监督检查的内容包括： （一）有关工程技术人员是否熟悉、掌握强制性标准； （二）工程项目的规划、勘察、设计、施工、验收等是否符合强制性标准的规定； （三）工程项目采用的材料、设备是否符合强制性标准的规定； （四）工程项目的安全、质量是否符合强制性标准的规定； （五）工程中采用的导则、指南、手册、计算机软件的内容是否符合强制性标准的规定。 **4. 《输变电工程项目质量管理规程》DL/T 1362—2014** 4.4 输变电工程项目建设过程中，参建单位应遵循现行国家和行业标准，严格执行工程设计和施工标准中的强制性条文，……	
4.1.3	采用的新技术、新工艺、新流程、新装备、新材料已审批	**1. 《中华人民共和国建筑法》中华人民共和国主席令〔2011〕第 46 号** 第四条 国家扶持建筑业的发展，支持建筑科学技术研究，提高房屋建筑设计水平，鼓励节约能源和保护环境，提倡采用先进技术、先进设备、先进工艺、新型建筑材料和现代管理方式。 **2. 《建设工程质量管理条例》中华人民共和国国务院令〔2000〕第 279 号** 第六条 国家鼓励采用先进的科学技术和管理方法，提高建设工程质量。 **3. 《实施工程建设强制性标准监督规定》建设部令〔2000〕第 81 号** 第五条 工程建设中拟采用的新技术、新工艺、新材料，不符合现行强制性标准规定的，应当由拟采用单位提请建设单位组织专题技术论证，报批准标准的建设行政主管部门或者国务院有关主管部门审定。 **4. 《电力工程地基处理技术规程》DL/T 5024—2005** 5.0.8 ……当采用当地缺乏经验的地基处理方法或引进和应用新技术、新工艺、新方法时，须通过原体试验验证其适用性。 **5. 《电力建设施工技术规范 第 1 部分：土建结构工程》DL 5190.1—2012** 3.0.4 采用新技术、新工艺、新材料、新设备时，应经过技术鉴定或具有允许使用的证明。施工前应编制单独的施工措施及操作规程	查阅新技术、新工艺、新流程、新装备、新材料论证文件 意见：同意采用等肯定性意见 签字：专家组和批准人已签字
4.1.4	无任意压缩合同约定工期的行为	**1. 《建设工程质量管理条例》中华人民共和国国务院令〔2000〕第 279 号** 第十条 建设工程发包单位不得迫使承包方以低于成本的价格竞标，不得任意压缩合理工期。 **2. 《电力建设安全生产监督管理办法》电监安全〔2007〕第 38 号** 第十三条 …… 电力建设单位应当执行定额工期，不得压缩合同约定的工期，…… **3. 《建设工程项目管理规范》GB/T 50326—2006** 9.2.1 组织应依据合同文件、项目管理规划文件、资源条件与外部约束条件编制项目进度计划	查阅施工进度计划、合同工期和调整工期的相关文件 内容：有压缩工期的行为时，应有设计、监理、施工和建设单位认可的书面文件

续表

条款号	大纲条款	检 查 依 据	检查要点
4.2	设计单位质量行为的监督检查		
4.2.1	设计更改、技术洽商等文件完整、手续齐全	**1.《建设工程勘察设计管理条例》中华人民共和国国务院令〔2015〕第 662 号** 第二十八条　建设单位、施工单位、监理单位不得修改建设工程勘察、设计文件；确需修改建设工程勘察、设计文件的，应当由原建设工程勘察、设计单位修改。经原建设工程勘察、设计单位书面同意，建设单位也可以委托其他具有相应资质的建设工程勘察、设计单位修改。修改单位对修改的勘察、设计文件承担相应责任。 　　施工单位、监理单位发现建设工程勘察、设计文件不符合工程建设强制性标准、合同约定的质量要求的，应当报告建设单位，建设单位有权要求建设工程勘察、设计单位对建设工程勘察、设计文件进行补充、修改。 　　建设工程勘察、设计文件内容需要作重大修改的，建设单位应当报经原审批机关批准后，方可修改。 **2.《建设项目工程总承包管理规范》GB/T 50358—2005** 6.4.2 ……设计质量的控制点主要包括： 　　7　设计变更的控制。 **3.《电力建设工程施工技术管理导则》国电电源〔2002〕第 896 号** 10.0.3　设计变更审批手续： 　　a）小型设计变更。由工地提出设计变更申请单或工程洽商（联系）单，经项目部技术管理部门审核，由现场设计、建设（监理）单位代表签字同意后生效。 　　b）一般设计变更。由工地提出设计变更申请单，经项目部技术管理部门审签后，送交建设（监理）单位审核。经设计单位同意后，由设计单位签发设计变更通知书并经建设（监理）单位会签后生效。 　　c）重大设计变更。由项目部总工程师组织研究、论证后，提交建设单位组织设计、施工、监理单位进一步论证、审核，决定后由设计单位修改设计图纸并出具设计变更通知书，还应附有工程预算变更单，经建设、监理、施工单位会签后生效。 **4.《电力勘测设计驻工地代表制度》(DLGJ 159.8—2001)** 5.0.2　进行设计更改 　　1　因原设计错误或考虑不周需进行的一般设计更改，由专业工代填写"设计变更通知单"，说明更改原因和更改内容，经工代组长签署后发至施工单位实施。"设计变更通知单"的格式见附录 A	查阅设计更改、技术洽商文件 　　编制签字：设计单位（EPC）各级责任人已签字 　　审核签字：相关单位责任人已签字 　　签字时间：在变更内容实施前
4.2.2	工程建设标准强制性条文落实到位	**1.《建设工程质量管理条例》中华人民共和国国务院令〔2000〕第 279 号** 第十九条　勘察、设计单位必须按照工程建设强制性标准进行勘察、设计，并对其勘察、设计的质量负责。	1. 查阅设计文件 　　内容：与强条有关的内容已落实

条款号	大纲条款	检 查 依 据	检查要点
4.2.2	工程建设标准强制性条文落实到位	注册建筑师、注册结构工程师等注册执业人员应当在设计文件上签字，对设计文件负责。 **2.《建设工程勘察设计管理条例》中华人民共和国国务院令〔2015〕第 662 号** 第五条　……建设工程勘察、设计单位必须依法进行建设工程勘察、设计，严格执行工程建设强制性标准，并对建设工程勘察、设计的质量负责。 **3.《实施工程建设强制性标准监督规定》建设部令〔2000〕第 81 号** 第二条　在中华人民共和国境内从事新建、扩建、改建等工程建设活动，必须执行工程建设强制性标准	签字：编、审、批责任人已签字 2. 查阅强制性条文实施计划（强制性条文清单）和本阶段执行记录 　内容：与实施计划相符 　签字：相关单位责任人已签字
4.2.3	设计代表工作到位、处理设计问题及时	**1.《建设工程勘察设计管理条例》中华人民共和国国务院令〔2015〕第 662 号** 第三十条　……建设工程勘察设计单位应及时解决施工中出现的勘察设计问题。 **2.《电力勘测设计驻工地代表制度》DLGJ 159.8—2001** 2.0.1　工代的工地现场服务是电力工程设计的阶段之一，为了有效地贯彻勘测设计意图，实施设计单位通过工代为施工、安装、调试、投运提供及时周到的服务，促进工程顺利竣工投产，特制定本制度。 2.0.2　工代的任务是解释设计意图，解释施工图纸中的技术问题，收集包括设计本身在内的施工、设备材料等方面的质量信息，加强设计与施工、生产之间的配合，共同确保工程建设质量和工期，以及国家和行业标准的贯彻执行。 2.0.3　工代是设计单位派驻工地配合施工的全权代表，应能在现场积极地履行工代职责，使工程实现设计预期要求和投资效益。 5.0.6　工代记录 　1　工代应对现场处理的问题、参加的各种会议以及决议作详细记录，填写"工代工作大事记"	1. 查阅设计单位对工代管理制度 　内容：包括工代任命书及设计修改、变更、材料代用等签发人资格 2. 查阅设计服务记录 　内容：包括现场施工与设计要求相符情况和工代协助施工单位解决具体技术问题的情况 3. 查阅设计变更通知单和工程联系单及台账 　内容：处理意见明确，收发闭环
4.2.4	按规定参加质量验收	**1.《建筑工程施工质量验收统一标准》GB 50300—2013** 6.0.3　分部工程应由总监理工程师组织施工单位项目负责人和项目技术负责人等进行验收。 　勘察、设计单位项目负责人和施工单位技术、质量部门负责人应参加地基与基础分部工程的验收。 　设计单位项目负责人和施工单位技术、质量部门负责人应参加主体结构、节能分部工程的验收。	1. 查阅项目质量验收范围划分表 　内容：设计单位（EPC）参加验收的项目已确定

续表

条款号	大纲条款	检 查 依 据	检查要点
4.2.4	按规定参加质量验收	6.0.6 建设单位收到工程竣工报告后，应由建设单位项目负责人组织监理、施工、设计、勘察等单位项目负责人进行单位工程验收。 **2.《光伏发电工程验收规范》GB/T 50796—2012** 3.0.8 工程验收中相关单位职责应符合下列要求： 2 勘察、设计单位职责应包括： 1）对土建工程与地基工程有关的施工记录校验。 **3.《电力建设施工质量验收及评价规程 第1部分：土建工程》DLT 5210.1—2012** 3.0.12 工程质量验收的程序、组织和记录应符合下列规定： 3 分部（子分部）工程质量验收应由总监理工程师（建设单位项目负责人）组织施工单位项目负责人和技术、质量负责人等进行验收；地基与基础、主体结构分部工程的勘测、设计单位工程项目负责人和施工单位技术、质量部门负责人也应参加相关分部工程验收。 4 ……建设单位收到工程验收申请报告后，应由建设单位（项目）负责人组织施工（含分包单位）、设计、监理等单位（项目）负责人进行单位（子单位）工程验收，……	2. 查阅分部工程、单位工程验收单 签字：项目设计（EPC）负责人已签字
4.2.5	进行了本阶段工程实体质量与设计的符合性确认	**1.《光伏发电工程验收规范》GB/T 50796—2012** 3.0.8 工程验收中相关单位职责应符合下列要求： 2 勘察、设计单位职责应包括： 3）对工程设计方案和质量负责，为工程验收提供设计总结报告。 **2.《电力勘测设计驻工地代表制度》DLGJ 159.8—2001** 5.0.3 深入现场，调查研究 1 工代应坚持经常深入施工现场，调查了解施工是否与设计要求相符，并协助施工单位解决施工中出现的具体技术问题，做好服务工作，促进施工单位正确执行设计规定的要求。 2 对于发现施工单位擅自做主，不按设计规定要求进行施工的行为，应及时指出，要求改正，如指出无效，又涉及安全、质量等原则性、技术性问题，应将问题事实与处理过程用"备忘录"的形式书面报告建设单位和施工单件，同时向设总和处领导汇报	1. 查阅地基处理分部、子分部工程质量验收记录 签字：设计单位（EPC）项目负责人已签字 2. 查阅本阶段设计单位（EPC）汇报材料 内容：已对本阶段工程实体质量与勘察设计的符合性进行了确认，符合性结论明确 签字：项目设计（EPC）负责人已签字 盖章：设计单位已盖章

条款号	大纲条款	检 查 依 据	检查要点
4.3　监理单位质量行为的监督检查			
4.3.1	完成监理规范规定的审核、批准工作	**1.《建筑工程施工质量验收统一标准》GB 50300—2013** 6.0.4　单位工程完工后，施工单位应组织有关人员进行自检。总监理工程师应组织各专业监理工程师对工程质量进行竣工预验收。存在施工质量问题时，应由施工单位及时整改。 **2.《建设工程监理规范》GB/T 50319—2013** 5.2.18　项目监理机构应审查施工单位提交的单位工程竣工验收报审表及竣工资料，组织工程竣工预验收。存在问题的，应要求施工单位及时整改；合格的，总监理工程师应签认单位工程竣工验收报审表。 5.2.19　工程竣工预验收合格后，项目监理机构应编写工程质量评估报告，并应经总监理工程师和工程监理单位技术负责人审核签字后报建设单位。 5.2.20　项目监理机构应参加由建设单位组织的竣工验收，对验收中提出的整改问题，应督促施工单位及时整改。工程质量符合要求的，总监理工程师应在工程竣工验收报告中签署意见。 **3.《电力建设工程监理规范》DL/T 5434—2009** 9.1.16　项目监理机构应组织工程竣工初检，对发现的缺陷督促承包单位整改，并复查	查阅施工单位单位工程验收申请表、工程竣工报验单 　监理审查意见：结论明确 　签字：相关责任人签字齐全
4.3.2	检测仪器和工具配置满足监理工作需要	**1.《中华人民共和国计量法》中华人民共和国主席令〔2015〕第 26 号** 第九条　……未按照规定申请计量检定、计量检定不合格或者超过计量检定周期的计量器具，不得使用。…… **2.《建设工程监理规范》GB/T 50319—2013** 3.3.2　工程监理单位宜按建设工程监理合同约定，配备满足监理工作需要的检测设备和工器具。 **3.《电力建设工程监理规范》DL/T 5434—2009** 5.3.1　项目监理机构应根据工程项目类别、规模、技术复杂程度、工程项目所在地的环境条件，按委托监理合同的约定，配备满足监理工作需要的常规检测设备和工具	1. 查阅监理项目部检测仪器和工具配置台账 　仪器和工具配置：与监理设施配置计划相符，满足监理工作需要 2. 查看检测仪器 　标识：贴有合格标签，且在有效期内 3. 查阅检测仪器检定证书及报审文件 　有效期：当前有效
4.3.3	对进场工程材料、设备、构配件的质量进行检查验收	**1.《建设工程监理规范》GB/T 50319—2013** 5.2.9　项目监理机构应审查施工单位报送的用于工程的材料、构配件、设备的质量证明文件，并应按有关规定、建设工程监理合同约定，对用于工程的材料进行见证取样、平行检验。 　项目监理机构对已进场经检验不合格的工程材料、构配件、设备，应要求施工单位限期将其撤出施工现场。	1. 查阅工程材料/设备/构配件报审表 　审查意见：同意使用 　签字：相关责任人已签字

条款号	大纲条款	检 查 依 据	检查要点
4.3.3	对进场工程材料、设备、构配件的质量进行检查验收	**2.《光伏发电站施工规范》GB 50794—2012** 3.0.1 开工前应具备下列条件： 　　3 施工单位的资质、特殊作业人员资格、施工机械、施工材料、计量器具等应报监理单位或建设单位审查完毕。 **3.《电力建设工程监理规范》DL/T 5434—2009** 9.1.7 项目监理机构应对承包单位报送的拟进场工程材料、半成品和构配件的质量证明文件进行审核，并按有关规定进行抽样验收。对有复试要求的，经监理人员现场见证取样后送检，复试报告应报送项目监理机构查验。 9.1.8 项目监理机构应参与主要设备开箱验收，对开箱验收中发现的设备质量缺陷，督促相关单位处理	2. 查阅主要设备开箱/材料到货验收记录 　签字：相关单位责任人已签字
4.3.4	开展原材料复检的见证取样，见证人员具备相应资格	**1.《建设工程监理规范》GB/T 50319—2013** 5.2.9 项目监理机构应审查施工单位报送的用于工程的材料、构配件、设备的质量证明文件，并应按有关规定、建设工程监理合同约定，对用于工程的材料进行见证取样、平行检验。 　　项目监理机构对已进场经检验不合格的工程材料、构配件、设备，应要求施工单位限期将其撤出施工现场。 **2.《电力建设工程监理规范》DL/T 5434—2009** 9.1.7 项目监理机构应对承包单位报送的拟进场工程材料、半成品和构配件的质量证明文件进行审核，并按有关规定进行抽样验收。对有复试要求的，经监理人员现场见证取样后送检，复试报告应报送项目监理机构查验。 9.1.8 项目监理机构应参与主要设备开箱验收，对开箱验收中发现的设备质量缺陷，督促相关单位处理。 **3.《电力建设土建工程施工技术检验规范》DL/T 5710—2014** 4.5.1 施工单位应在工程施工前按单位工程编制检测计划，报监理单位审查，并经建设单位批准后，在监理单位监督下组织实施。当设现场试验室时，施工检测试验计划尚应经现场试验室核查。 4.7.2 施工现场施工单位、监理单位、检测试验单位应分别建立试验台账，并及时按要求在试验台账中做好试样的登记工作。试验台账应包括混凝土原材料试验台账、钢筋试验台账、钢筋接头试验台账、混凝土试验台账、砂浆试验台账、回填土试验台账、混凝土配合比试验台账和需要建立的其他试验台账。 **4.《建筑工程检测试验技术管理规范》JGJ 190—2010** 5.8.2 见证人员应由具有建筑施工检测试验知识的专业技术人员担任。 5.8.3 见证人员发生变化时，监理单位应通知相关单位，办理书面变更手续。 5.8.5 见证人员应对见证取样和送检的全过程进行见证并填写见证记录。 5.8.7 见证人员应核查见证检测的检测项目、数量和比例是否满足有关规定	1. 查阅见证人员资格证件 　发证单位：住建部或电力行业 　有效期：当前有效 2. 查阅监理单位见证取样台账 　内容：与检测计划相符 　签字：相关见证人签字

条款号	大纲条款	检 查 依 据	检查要点
4.3.5	按主体结构工程设定的工程质量控制点，完成见证、旁站监理	**1.《房屋建筑工程施工旁站监理管理办法（试行）》建市〔2002〕189 号** 第三条　监理企业在编制监理规划时，应当制定旁站监理方案，明确旁站监理的范围、内容、程序和旁站监理人员职责等。旁站监理方案应当送建设单位和施工企业各一份，并抄送工程所在地的建设行政主管部门或其委托的工程质量监督机构。 第九条　旁站监理记录是监理工程师或者总监理工程师依法行使有关签字权的重要依据。对于需要旁站监理的关键部位、关键工序施工，凡没有实施旁站监理或者没有旁站监理记录的，监理工程师或者总监理工程师不得在相应文件上签字。 **2.《建设工程监理规范》GB/T 50319—2013** 5.2.11　项目监理机构应根据工程特点和施工单位报送的施工组织设计，确定旁站的关键部位、关键工序，安排监理人员进行旁站，并应及时记录旁站情况。 **3.《电力建设工程监理规范》DL/T 5434—2009** 9.1.2　项目监理机构应审查承包单位编制的质量计划和工程质量验收及评定项目划分表，提出监理意见，报建设单位批准后监督实施。 9.1.9　项目监理机构应安排监理人员对施工过程进行巡视和检查，对工程项目的关键部位、关键工序的施工过程进行旁站监理	1. 查阅施工质量验收范围划分表及报审表 　划分表内容：符合规程规定且已明确了质量控制点 　报审表签字：相关单位责任人已签字 2. 查阅旁站计划和旁站记录 　旁站计划质量控制点：符合施工质量验收范围划分表要求 　旁站记录：完整 　签字：监理旁站人员已签字
4.3.6	工程建设标准强制性条文检查到位	**1.《建设工程质量管理条例》中华人民共和国国务院令〔2000〕第 279 号** 第二条　凡在中华人民共和国境内从事建设工程的新建、扩建、改建等有关活动及实施对建设工程质量监督管理的，必须遵守本条例。本条例所称建设工程，是指土木工程、建筑工程、线路管道和设备安装工程及装修工程。 第三条　建设单位、勘察单位、设计单位、施工单位、工程监理单位依法对建设工程质量负责。 第十条　…… 　　建设单位不得明示或者暗示设计单位或者施工单位违反工程建设强制性标准，降低建设工程质量。 **2.《实施工程建设强制性标准监督规定》建设部令〔2000〕81 号** 第二条　在中华人民共和国境内从事新建、扩建、改建等工程建设活动，必须执行工程建设强制性标准。 第三条　本规定所称工程强制性标准是指直接涉及工程质量、安全、卫生及环境保护等方面的工程建设标准强制性条文。 第六条　…… 　　工程质量监督机构应当对建设施工、监理、验收等阶段执行强制性标准的情况实施监督。	查阅监理单位工程建设强制性条文执行检查记录 　监理检查结果：已执行，相关资料可追溯 　强制性条文：引用的规范条文有效 　签字：相关责任人已签字

条款号	大纲条款	检 查 依 据	检查要点
4.3.6	工程建设标准强制性条文检查到位	**3.《工程建设标准强制性条文　房屋建筑部分（2013 年版）》（全文）** **4.《工程建设标准强制性条文　电力工程部分（2011 年版）》（全文）** **5.《国家重大建设项目文件归档要求与档案整理规范》DA/T 28—2002** 7.8.3　归档文件应完整、成套、系统。应记述和反映建设项目的规划、设计、施工及竣工验收的全过程；真实记录和准确反映项目建设过程和竣工时的实际情况，图物相符，技术数据可靠、签字手续完备；文件质量应符合 5.5 的规定	
4.3.7	隐蔽工程验收记录签证齐全	**1.《建设工程质量管理条例》中华人民共和国国务院令〔2000〕第 279 号** 第三十条　施工单位必须建立、健全施工质量的检验制度，严格工序管理，作好隐蔽工程的质量检查和记录。隐蔽工程在隐蔽前，施工单位应当通知建设单位和建设工程质量监督机构。 **2.《建设工程监理规范》GB/T 50319—2013** 5.2.14　项目监理机构应对施工单位报验的隐蔽工程、检验批；分项工程和分部工程进行验收，对验收合格的应给予签认，对验收不合格的应拒绝签认，同时应要求施工单位在指定的时间内整改并重新报验。 **3.《电力建设工程监理规范》DL/T 5434—2009** 9.1.10　对承包单位报送的隐蔽工程报验申请表和自检记录，专业监理工程师应进行现场检查，符合要求予以签认后，承包单位方可隐蔽并进行下一道工序的施工	查阅施工单位隐蔽工程验收记录 　验收结论：符合规范规定和设计要求，同意隐蔽 　签字：施工项目部技术负责人与监理工程师已签字
4.3.8	按照施工质量验收项目划分表完成规定的验收工作	**1.《建筑工程施工质量验收统一标准》GB 50300—2013** 3.0.1　施工现场应具有健全的质量管理体系、相应施工技术标准、施工质量检验制度和综合施工质量水平评定考核制度。施工现场质量管理可按本标准附录 A 的要求进行检查记录。 **2.《电力建设施工质量验收及评价规程　第 1 部分：土建工程》DL/T 5210.1—2012** 3.0.14　施工现场质量管理检查记录应由施工单位按表 3.0.14 填写，由总监理工程师（建设单位项目负责人）进行检查，并做出检查结论	查阅工程质量报验表及验收资料 　验收结论：合格 　签字：相关责任人已签字
4.3.9	施工质量问题及处理台账完整，记录齐全	**1.《建设工程监理规范》GB/T 50319—2013** 5.2.15　项目监理机构发现施工存在质量问题的，或施工单位采用不适当的施工工艺，或施工不当，造成工程质量不合格的，应及时签发监理通知单，要求施工单位整改。整改完毕后，项目监理机构应根据施工单位报送的监理通知回复单对整改情况进行复查，提出复查意见。 5.2.17　对需要返工处理或加固补强的质量事故，项目监理机构应要求施工单位报送质量事故调查报告和经设计等相关单位认可的处理方案，并应对质量事故的处理过程进行跟踪检查，同时应对处理结果进行验收。 　　项目监理机构应及时向建设单位提交质量事故书面报告，并应将完整的质量事故处理记录整理归档。	查阅质量问题及处理记录台账 　记录要素：质量问题、发现时间、责任单位、整改要求、处理结果、完成时间 　内容：记录完整 　签字：相关责任人已签字

续表

条款号	大纲条款	检 查 依 据	检查要点
4.3.9	施工质量问题及处理台账完整，记录齐全	**2.《电力建设工程监理规范》DL/T 5434—2009** 9.1.12　对施工过程中出现的质量缺陷，专业监理工程师应及时下达书面通知，要求承包单位整改，并检查确认整改结果。 9.1.15　专业监理工程师应根据消缺清单对承包单位报送的消缺方案进行审核，符合要求后予以签认，并根据承包单位报送的消缺报验申请表和自检记录进行检查验收	
4.4　施工单位质量行为的监督检查			
4.4.1	特殊工种人员持证上岗	**1.《特种作业人员安全技术培训考核管理办法》国家安全生产监督管理总局令〔2010〕第30号** 第五条　特种作业人员必须经专门的安全技术培训并考核合格，取得《中华人民共和国特种作业操作证》（以下简称特种作业操作证）后，方可上岗作业。 **2.《建筑施工特种作业人员管理规定》建质〔2008〕75号** 第四条　建筑施工特种作业人员必须经建设主管部门考核合格，取得建筑施工特种作业人员操作资格证书，方可上岗从事相应作业。 **3.《工程建设施工企业质量管理规范》GB/T 50430—2007** 5.2.2　施工企业应按照岗位任职条件配备相应的人员。……质量检查人员、特种作业人员应按照国家法律法规的要求持证上岗。 **4.《光伏发电站施工规范》GB 50794—2012** 3.0.1　开工前应具备下列条件： 　　3　施工单位的资质、特殊作业人员资格、施工机械、施工材料、计量器具等应报监理单位或建设单位审查完毕	1. 查阅总包及施工单位各专业质检员资格证书 　专业类别：包括土建、电气等 　发证单位：政府主管部门等 　有效期：当前有效 2. 查阅特殊工种人员台账 　内容：包括姓名、工种类别、证书编号、发证单位、有效期等 　证书有效期：作业期间有效 3. 查阅特殊工种人员资格证书 　发证单位：政府主管部门 　有效期：当前有效，与台账一致
4.4.2	施工方案和作业指导书已审批，技术交底记录齐全	**1.《建筑工程施工质量评价标准》GB/T 50375—2006** 4.2.1　施工现场质量保证条件应符合下列检查标准： 　　3　施工组织设计、施工方案编制审批手续齐全，…… **2.《建筑施工组织设计规范》GB/T 50502—2009** 3.0.5　施工组织设计的编制和审批应符合下列规定：	1. 查阅施工方案和作业指导书 　审批：相关责任人已签字 　时间：施工前

续表

条款号	大纲条款	检 查 依 据	检查要点
4.4.2	施工方案和作业指导书已审批，技术交底记录齐全	2 ……施工方案应由项目技术负责人审批；重点、难点分部（分项）工程和专项工程施工方案应由施工单位技术部门组织相关专家评审，施工单位技术负责人批准。 3 由专业承包单位施工的分部（分项）工程或专项工程的施工方案，应由专业承包单位技术负责人或技术负责人授权的技术人员审批；有总承包单位时，应由总承包单位项目技术负责人核准备案。 4 规模较大的分部（分项）工程和专项工程的施工方案应按单位工程施工组织设计进行编制和审批。 6.4.1 施工准备应包括下列内容： 1 技术准备：包括施工所需技术资料的准备、图纸深化和技术交底的要求、试验检验和测试工作计划、样板制作计划以及与相关单位的技术交接计划等； **3.《光伏发电站施工规范》GB 50794—2012** 3.0.1 开工前应具备下列条件： 设计交底应完成；…… **4.《电力建设工程施工技术管理导则》国电电源〔2002〕896 号** 8.1.5 技术交底必须有交底记录。交底人和被交底人要履行全员签字手续	2. 查阅施工方案和作业指导书报审表 　审批意见：同意实施等肯定性意见 　签字：总包及施工、监理单位相关责任人已签字 　盖章：总包及施工、监理单位已盖章 3. 查阅技术交底记录 　内容：与方案或作业指导书相符 　时间：施工前 　签字：交底人和被交底人已签字
4.4.3	计量工器具经检定合格，且在有效期内	**1.《中华人民共和国计量法》中华人民共和国主席令〔2015〕第 26 号** 第九条 ……未按照规定申请计量检定、计量检定不合格或者超过计量检定周期的计量器具，不得使用。 **2.《中华人民共和国依法管理的计量器具目录（型式批准部分）》国家质检总局公告〔2005〕第 145 号** 1. 测距仪：光电测距仪、超声波测距仪、手持式激光测距仪； 2. 经纬仪：光学经纬仪、电子经纬仪； 3. 全站仪：全站型电子速测仪； 4. 水准仪：水准仪； 5. 测地型 GPS 接收机：测地型 GPS 接收机。 **3.《电力建设施工技术规范 第 1 部分：土建结构工程》DL 5190.1—2012** 3.0.5 在质量检查、验收中使用的计量器具和检测设备，应经计量检定合格后方可使用；承担材料和设备检测的单位，应具备相应的资质。 **4.《电力工程施工测量技术规范》DL/T 5445—2010** 4.0.3 施工测量所使用的仪器和相关设备应定期检定，并在检定的有效期内使用。…… **5.《建筑工程检测试验技术管理规范》JGJ 190—2010** 5.2.2 施工现场配置的仪器、设备应建立管理台账，按有关规定进行计量检定或校准，并保持状态完好	1. 查阅计量工器具台账 　内容：包括计量工器具名称、出厂合格证编号、检定日期、有效期、在用状态等 　检定有效期：在用期间有效 2. 查阅计量工器具检定报告 　有效期：在用期间有效，与台账一致 3. 查看计量工器具 　实物：张贴合格标签，与检定报告一致

条款号	大纲条款	检 查 依 据	检查要点
4.4.4	依据检测试验项目计划进行检测试验	**1.《房屋建筑工程和市政基础设施工程实行见证取样和送检的规定》建建〔2000〕211 号** 第五条　涉及结构安全的试块、试件和材料见证取样和送检的比例不得低于有关技术标准中规定应取样数量的 30%。 第六条　下列试块、试件和材料必须实施见证取样和送检： 　　（一）用于承重结构的混凝土试块； 　　（二）用于承重墙体的砌筑砂浆试块； 　　（三）用于承重结构的钢筋及连接接头试件； 　　（四）用于承重墙的砖和混凝土小型砌块； 　　（五）用于拌制混凝土和砌筑砂浆的水泥； 　　（六）用于承重结构的混凝土中使用的掺加剂； 　　（七）地下、屋面、厕浴间使用的防水材料； 　　（八）国家规定必须实行见证取样和送检的其他试块、试件和材料。 第七条　见证人员应由建设单位或该工程的监理单位具备建筑施工试验知识的专业技术人员担任，并应由建设单位或该工程的监理单位书面通知施工单位、检测单位和负责该工程的质量监督机构。 **2.《房屋建筑和市政基础设施工程质量检测技术管理规范》GB 50618—2011** 3.0.5　对实行见证取样和见证检测的项目，不符合见证要求的，检测机构不得进行检测。 **3.《电力建设土建工程施工技术检验规范》DL/T 5710—2014** 4.7.2　施工现场施工单位、监理单位、检测试验单位应分别建立试验台账，并及时按要求在试验台账中做好试样的登记工作。试验台账应包括混凝土原材料试验台账、钢筋试验台账、钢筋接头试验台账、混凝土试验台账、砂浆试验台账、回填土试验台账、混凝土配合比试验台账和需要建立的其他试验台账。 **4.《建筑工程检测试验技术管理规范》JGJ 190—2010** 3.0.6　见证人员必须对见证取样和送检的过程进行见证，且必须确保见证取样和送检过程的真实性。 5.5.1　施工现场应按照单位工程分别建立下列试样台账： 　　1　钢筋试样台账； 　　2　钢筋连接接头试样台账； 　　3　混凝土试件台账； 　　4　砂浆试件台账； 　　5　需要建立的其他试样台账。 5.6.1　现场试验人员应根据施工需要及有关标准的规定，将标识后的试样送至检测单位进行检测试验。 5.8.5　见证人员应对见证取样和送检的全过程进行见证并填写见证记录。 5.8.6　检测机构接收试样时应核实见证人员及见证记录，见证人员与备案见证人员不符或见证记录无备案见证人员签字时不得接收试样	查阅见证取样台账 内容：取样数量、取样项目与检测试验计划相符 　　签字：相关责任人签字

续表

条款号	大纲条款	检 查 依 据	检查要点
4.4.5	主要原材料、成品、半成品的跟踪管理台账清晰，记录完整	**1. 《建设工程质量管理条例》中华人民共和国国务院令〔2000〕第 279 号** 第二十九条　施工单位必须按照工程设计要求、施工技术标准和合同约定，对建筑材料、建筑构配件、设备和商品混凝土进行检验，检验应当有书面记录和专人签字；未经检验或者检验不合格的，不得使用。 **2. 《电力建设施工技术规范　第 1 部分：土建结构工程》DL 5190.1—2012** 3.0.2　工程所用主要原材料、半成品、构（配）件、设备等产品，进入施工现场时应按规定进行现场检验或复验，合格后方可使用，有见证取样检测仪要求的应符合国家现行有关标准的规定。对工程所用的水泥、钢筋等主要材料应进行跟踪管理	查阅材料跟踪管理台账 内容：包括生产厂家、进场日期、品种规格、出厂合格证书编号、复试报告编号、使用部位、使用数量等 签字：相关责任人签字
4.4.6	专业绿色施工措施已实施	**1. 《建筑工程绿色施工评价标准》GB/T 50640—2010** 3.0.2　绿色施工项目应符合以下规定： 　　3　施工组织设计及施工方案应有施工组织设计及施工方案应有专门的绿色施工章节、绿色施工目标明确，内容应涵盖"四节一环保"要求。 **2. 《建筑工程绿色施工规范》GB/T 50905—2014** 3.1.1　建设单位应履行下列职责： 　　1　在编制工程概算和招标文件时，应明确绿色施工的要求…… 　　2　应向施工单位提供建设工程绿色施工的设计文件、产品要求等相关资料…… 4.0.2　施工单位应编制包含绿色施工管理和技术要求的工程绿色施工组织设计、绿色施工方案或绿色施工专项方案，并经审批通过后实施。 **3. 《电力建设施工技术规范　第 1 部分：土建结构工程》DL 5190.1—2012** 3.0.12　施工单位应建立绿色施工管理体系和管理制度，实施目标管理，施工前应在施工组织设计和施工方案中明确绿色施工的内容和方法。 **4. 《电力建设绿色施工示范管理办法（2016 版）》中电建协工〔2016〕2 号** 第十三条　各参建单位均应严格执行绿色施工专项方案，落实绿色施工措施，并形成专业绿色施工的实施记录	查阅专业绿色施工记录 内容：与绿色施工措施相符 签字：相关责任人已签字
4.4.7	工程建设标准强制性条文实施计划已执行	**1. 《建设工程质量管理条例》中华人民共和国国务院令〔2000〕第 279 号** 第二条　凡在中华人民共和国境内从事建设工程的新建、扩建、改建等有关活动及实施对建设工程质量监督管理的，必须遵守本条例。本条例所称建设工程，是指土木工程、建筑工程、线路管道和设备安装工程及装修工程。 第三条　建设单位、勘察单位、设计单位、施工单位、工程监理单位依法对建设工程质量负责。 第十条　……建设单位不得明示或者暗示设计单位或者施工单位违反工程建设强制性标准，降低建设工程质量。	查阅强制性条文执行记录 内容：与强制性条文执行计划相符，相关资料可追溯 签字：相关责任人已签字 时间：与工程进度同步

条款号	大纲条款	检 查 依 据	检查要点
4.4.7	工程建设标准强制性条文实施计划已执行	**2.《实施工程建设强制性标准监督规定》中华人民共和国建设部令〔2000〕第 81 号** 第二条　在中华人民共和国境内从事新建、扩建、改建等工程建设活动，必须执行工程建设强制性标准。 第三条　本规定所称工程建设强制性标准是指直接涉及工程质量、安全、卫生及环境保护等方面的工程建设标准强制性条文。 　　国家工程建设标准强制性条文由国务院建设行政主管部门会同国务院有关行政主管部门确定。 第六条　……工程质量监督机构应当对工程建设施工、监理、验收等阶段执行强制性标准的情况实施监督。 **3.《工程建设标准强制性条文　房屋建筑部分（2013 年版）》（全文）** **4.《工程建设标准强制性条文　电力工程部分（2011 年版）》（全文）** **5.《国家重大建设项目文件归档要求与档案整理规范》DA/T 28—2002** 7.8.3　归档文件应完整、成套、系统。应记述和反映建设项目的规划、设计、施工及竣工验收的全过程；真实记录和准确反映项目建设过程和竣工时的实际情况，图物相符，技术数据可靠、签字手续完备；文件质量应符合 5.5 的规定	
4.4.8	无违规转包或者违法分包工程行为	**1.《中华人民共和国建筑法》中华人民共和国主席令〔2011〕第 46 号** 第二十八条　禁止承包单位将其承包的全部建筑工程转包给他人，禁止承包单位将其承包的全部建筑工程肢解以后以分包的名义转包给他人。 第二十九条　建筑工程总承包单位可以将承包工程中的部分工程发包给具有相应资质条件的分包单位，但是，除总承包合同约定的分包外，必须经建设单位认可。施工总承包的，建筑工程主体结构的施工必须由总承包单位自行完成。 　　…… 禁止总承包单位将工程分包给不具备相应资质条件的单位。禁止分包单位将其承包的工程再分包。 **2.《建筑工程施工转包违法分包等违法行为认定查处管理办法（试行）》建市〔2014〕118 号** 第七条　存在下列情形之一的，属于转包： 　　（一）施工单位将其承包的全部工程转给其他单位或个人施工的； 　　（二）施工总承包单位或专业承包单位将其承包的全部工程肢解以后，以分包的名义分别转给其他单位或个人施工的； 　　（三）施工总承包单位或专业承包单位未在施工现场设立项目管理机构或未派驻项目负责人、技术负责人、质量管理负责人、安全管理负责人等主要管理人员，不履行管理义务，未对该工程的施工活动进行组织管理的；	1. 查阅工程分包申请报审表 　意见：同意分包等肯定性意见 　签字：总包及施工、监理、建设单位相关责任人已签字 　盖章：总包及施工、监理、建设单位已盖章 2. 查阅工程分包商资质 　业务范围：涵盖所分包的项目 　发证单位：政府主管部门 　有效期：当前有效

条款号	大纲条款	检 查 依 据	检查要点
4.4.8	无违规转包或者违法分包工程行为	（四）施工总承包单位或专业承包单位不履行管理义务，只向实际施工单位收取费用，主要建筑材料、构配件及工程设备的采购由其他单位或个人实施的； （五）劳务分包单位承包的范围是施工总承包单位或专业承包单位承包的全部工程，劳务分包单位计取的是除上缴给施工总承包单位或专业承包单位"管理费"之外的全部工程价款的； （六）施工总承包单位或专业承包单位通过采取合作、联营、个人承包等形式或名义，直接或变相的将其承包的全部工程转给其他单位或个人施工的； （七）法律法规规定的其他转包行为。 第九条　存在下列情形之一的，属于违法分包： （一）施工单位将工程分包给个人的； （二）施工单位将工程分包给不具备相应资质或安全生产许可的单位的； （三）施工合同中没有约定，又未经建设单位认可，施工单位将其承包的部分工程交由其他单位施工的； （四）施工总承包单位将房屋建筑工程的主体结构的施工分包给其他单位的，钢结构工程除外； （五）专业分包单位将其承包的专业工程中非劳务作业部分再分包的； （六）劳务分包单位将其承包的劳务再分包的； （七）劳务分包单位除计取劳务作业费用外，还计取主要建筑材料款、周转材料款和大中型施工机械设备费用的； （八）法律法规规定的其他违法分包行为	
4.5　检测试验机构质量行为的监督检查			
4.5.1	检测试验机构已经监理审核，并通过能力认定，其现场派出机构（现场试验室）满足规定条件，并已报质量监督机构备案	**1.《建设工程质量检测管理办法》建设部令〔2005〕第141号** 第四条　……检测机构未取得相应的资质证书，不得承担本办法规定的质量检测业务。 第八条　检测机构资质证书有效期为3年。资质证书有效期满需要延期的，检测机构应当在资质证书有效期满30个工作日前申请办理延期手续。 **2.《检验检测机构资质认定管理办法》国家质量监督检验检疫总局令〔2015〕第163号** 第二条　…… 资质认定包括检验检测机构计量认证。 第三条　检验检测机构从事下列活动，应当取得资质认定： …… （四）为社会经济、公益活动出具有证明作用的数据、结果的； （五）其他法律法规规定应当取得资质认定的。 **3.《建设工程监理规范》GB/T 50319—2013** 5.2.7　专业监理工程师应检查施工单位为工程提供服务的试验室。	1.查阅检测机构资质证书 　发证单位：国家认证认可监督管理委员会（国家级）或地方质量技术监督部门或各直属出入境检验检疫机构（省市级）及电力质监机构 　有效期：当前有效 　证书业务范围：涵盖检测项目

续表

条款号	大纲条款	检 查 依 据	检查要点

4.5.1	检测试验机构已经监理审核，并通过能力认定，其现场派出机构（现场试验室）满足规定条件，并已报质量监督机构备案	**4.《房屋建筑和市政基础设施工程质量检测技术管理规范》GB 50618—2011**
		3.0.2 建设工程质量检测机构（以下简称检测机构）应取得建设主管部门颁发的相应资质证书。
		3.0.3 检测机构必须在技术能力和资质规定范围内开展检测工作。
		5.《电力建设土建工程施工技术检验规范》DL/T 5710—2014
		3.0.4 承担电力建设土建工程检测试验任务的检测试验单位应取得计量认证证书和相应的资质等级证书。当设置现场试验室时，检测试验单位及由其派出的现场试验室应取得电力工程质量监督机构认定的资质等级证书。
		3.0.5 检测试验单位及由其派出的现场试验室必须在其资质规定和技术能力范围内开展检测试验工作。
		4.5.1 施工单位应在工程施工前按单位工程编制施工检测试验计划，报监理单位审查，并经建设单位批准后，在监理单位监督下组织实施。当设现场试验室时，施工检测试验计划尚应经现场试验室核查。
		6.《建筑工程检测试验技术管理规范》JGJ 190—2010
		5.2.4 单位工程建筑面积超过 10000m² 或者造价超过 1000 万元人民币时，可设立现场试验站。
		表 5.2.4 现场试验站基本条件
		7.《电力工程检测试验机构能力认定管理办法（试行）》质监〔2015〕20 号
		第四条 电力工程检测试验机构是指依据国家规定取得相应资质，从事电力工程检测试验工作，为保障电力工程建设质量提供检测验证数据和结果的单位。
		第七条 同时根据工程建设规模、技术规范和质量验收规程对检测机构在检测人员、仪器设备、执行标准和环境条件等方面的要求，相应地将承担工程检测试验业务的检测机构划分为 A 级和 B 级两个等级。
		第九条 承担建设建模 200MW 及以上发电工程和 330kV 及以上变电站（换流站）工程检测试验任务的检测机构，必须符合 B 级及以上等级标准要求。不同规模电力工程项目所对应要求的检测机构能力等级详见附件 5。
		第二十八条 检测机构不得将所承担检测试验工作转包或违规分包给其他检测试验单位。因特殊技术要求，需要外委的检测试验项目应委托给具有相应资质的检测试验单位，并根据合同要求，制订外委计划进行跟踪管理。检测机构对外委的检测试验项目的检测试验结论负连带责任。
		第三十条 根据工程建设需要和质量验收规程要求，检测机构在承担电力工程项目的检测试验任务时，应当设立现场试验室。检测机构对所设立现场试验室的一切行为负责。
		第三十一条 现场试验室在开展工作前，须通过负责本项目的质监机构组织的能力认定。对符合条件的，质监机构应予以书面确认。
		第三十五条 检测机构的《业务等级确认证明》有效期为四年，有效期满后，需重新进行确认。
		附件 1-3 土建检测试验机构现场试验室要求
		附件 2-3 金属检测试验机构现场试验室要求
			2. 查看现场试验室
			  场所：有固定场所且面积、环境、温湿度满足规范要求
			
			3. 查阅检测机构的申请报备文件
			  报备时间：工程开工前

续表

条款号	大纲条款	检 查 依 据	检查要点
4.5.2	检测试验人员资格符合规定，持证上岗	**1.《建设工程质量检测管理办法》中华人民共和国建设部令〔2005〕第141号** 第十六条　检测人员不得同时受聘于两个或者两个以上的检测机构。检测机构和检测人员不得推荐或者监制建筑材料、构配件和设备。 **2.《检验检测机构资质认定管理办法》国家质量监督检验检疫总局令〔2015〕第163号** 第三十二条　检验检测机构及其人员应当对其在检验检测活动中所知悉的国家秘密、商业秘密和技术秘密负有保密义务，并制定实施相应的保密措施。 **3.《房屋建筑和市政基础设施工程质量检测技术管理规范》GB 50618—2011** 4.1.5　检测操作人员应经技术培训、通过建设主管部门或委托有关机构的考核，方可从事检测工作。 5.3.6　检测前应确认检测人员的岗位资格，检测操作人员应熟识相应的检测操作规程和检测设备使用、维护技术手册等。 **4.《电力建设土建工程施工技术检验规范》DL/T 5710—2014** 4.2.2　每个室内检测试验项目持有岗位证书的操作人员不得少于2人；每个现场检测试验项目持有岗位证书的操作人员不得少于3人。 4.2.3　检测试验单位技术负责人、质量负责人及授权签字人应具有工程类专业中级及其以上技术职称，掌握相关领域知识，具有规定的工作经历、检测试验工作经验和工作年限。 4.2.4　检测试验人员应经技术培训、通过行业主管部门或委托有关机构考核合格后持证上岗。 4.2.6　检测试验单位应有人员学习、培训、考核记录	1. 查阅检测人员登记台账 　专业类别和数量：满足检测项目需求 2. 查阅检测人员资格证书 　资格证颁发单位：各级政府和电力行业主管部门 　资格证：当前有效
4.5.3	检测试验仪器、设备检定合格，且在有效期内	**1.《房屋建筑和市政基础设施工程质量检测技术管理规范》GB 50618—2011** 4.2.14　检测机构的所有设备均应标有统一的标识，在用的检测设备均应标有校准或检测有效期的状态标识。 **2.《电力建设土建工程施工技术检验规范》DL/T 5710—2014** 4.3.1　检测试验仪器应符合国家现行有关技术标准的规定及合同中的相关条款，满足检测试验工作要求。 4.3.2　在用仪器设备有出厂合格证、检定或校准合格证，应保持完好状态，并在检定或校准周期内使用。 4.3.3　检测试验单位应指定仪器设备检定或校准计划，按规定进行检定或校准，检定或校准的周期应符合国家有关规定及技术标准的规定。 4.3.4　检测试验单位应建立仪器设备管理台账和档案，记录仪器设备技术条件及使用过程的有关信息。 4.3.5　检测试验仪器设备（包含标准物质）应设置明显的标识表明其状态。 4.3.6　检测试验单位应建立仪器设备管理责任制，并做好使用、维护保养、维修记录。 4.3.7　大型、复杂、精密的检测试验设备应编制使用操作规程。	1. 查阅检测仪器、设备登记台账 　数量、种类：满足检测需求 　检定周期：当前有效 　检定结论：合格 2. 查看检测仪器、设备检验标识 　检定周期：与台账一致

条款号	大纲条款	检　查　依　据	检查要点
4.5.3	检测试验仪器、设备检定合格，且在有效期内	4.3.8　仪器设备布置应分类、分区，便于操作，符合有关技术、安全规程规定。 **3.《建筑工程检测试验技术管理规范》JGJ 190—2010** 5.2.3　施工现场试验环境及设施应满足检测试验工作的要求	
4.5.4	检测试验依据正确、有效，检测试验报告及时、规范	**1.《检验检测机构资质认定管理办法》国家质量监督检验检疫总局令〔2015〕第 163 号** 第十三条　……检验检测机构资质认定标志，……。式样如下：CMA 标志 第二十五条　检验检测机构应当在资质认定证书规定的检验检测能力范围内，依据相关标准或者技术规范规定的程序和要求，出具检验检测数据、结果。 　　检验检测机构出具检验检测数据、结果时，应当注明检验检测依据，并使用符合资质认定基本规范、评审准则规定的用语进行表述。 　　检验检测机构对其出具的检验检测数据、结果负责，并承担相应法律责任。 第二十八条　检验检测机构向社会出具具有证明作用的检验检测数据、结果的，应当在其检验检测报告上加盖检验检测专用章，并标注资质认定标志。 **2.《建设工程质量检测管理办法》建设部令〔2005〕第 141 号** 第十四条　检测机构完成检测业务后，应当及时出具检测报告。检测报告经检测人员签字、检测机构法定代表人或者其授权的签字人签署，并加盖检测机构公章或者检测专用章后方可生效。检测报告经建设单位或者工程监理单位确认后，由施工单位归档。见证取样检测的检测报告中应当注明见证人单位及姓名。 **3.《房屋建筑和市政基础设施工程质量检测技术管理规范》GB 50618—2011** 4.1.3　……。检测报告批准人、检测报告审核人应经检测机构技术负责人授权，…… 5.5.1　检测项目的检测周期应对外公示，检测工作完成后，应及时出具检测报告。 5.5.4　检测报告至少应由检测操作人签字、检测报告审核人签字、检测报告批准人签发，并加盖检测专用章，多页检测报告还应加盖骑缝章。 5.5.6　检测报告结论应符合下列规定： 　　1　材料的试验报告结论应按相关材料、质量标准给出明确的判定； 　　2　当仅有材料试验方法而无质量标准，材料的试验报告结论应按设计要求或委托方要求给出明确的判定； 　　3　现场工程实体的检测报告结论应根据设计及鉴定委托要求给出明确的判定。 **4.《电力建设土建工程施工技术检验规范》DL/T 5710—2014** 4.8.2　检测试验前应确认检测试验方法标准，并严格按照经确认的检测试验方法标准和检测试验方案进行。 4.8.3　检测试验操作应由不少于 2 名持证检测人员进行。 4.8.4　检测试验出现异常情况时，应按检测试验异常情况处理预案正确处理。	查阅检测试验报告 　检测依据：有效的标准规范、合同及技术文件 　检测结论：明确 　签章：检测操作人、审核人、批准人（授权签字人）已签字，已加盖检测机构公章或检测专用章（多页检测报告加盖骑缝章），并标注相应的资质认定标志 　时间：在检测机构规定时间内出具

续表

条款号	大纲条款	检查依据	检查要点
4.5.4	检测试验依据正确、有效，检测试验报告及时、规范	4.8.5　检测试验原始记录应在检测试验操作过程中及时真实记录，统一项目采用统一的格式。 4.8.6　检测试验原始记录笔误需要更正时，应由原记录人进行杠改，并在杠改处由原记录人签名或加盖印章。 4.8.7　自动采集的原始数据当因检测试验设备故障导致原始数据异常时，应予以记录，并应有检测试验人员做出书面说明，由检测试验单位技术负责人批准，方可进行更改。 4.8.8　检测试验工作完成后应在规定时间内及时出具检测试验报告，并保证数据和结果精确、客观、真实。检测试验报告的交付时间和检测周期应予以明示，特殊检测试验报告的交付时间和检测周期应在委托时约定。 4.8.9　检测试验报告编号应连续，不得空号、重号。 4.8.10　检测试验报告至少应由检测试验人、审核人、批准人（授权签字人）不少于三级人员的签名，并加盖检测试验报告专用章及计量认证章，多页检测试验报告应加盖骑缝章。 4.8.11　检测试验报告宜采用统一的格式，内容应齐全且符合国家现行有关标准的规定和委托要求。 4.8.12　检测试验报告结论应符合下列规定： 　　1　材料的试验报告结论应按相关的材料、质量标准给出的明确的判断； 　　2　当仅有材料试验方法而无质量标准时，材料的试验报告结论应按设计规定或委托方要求给出明确的判断； 　　3　现场工程实体的检测报告结论应根据设计及鉴定委托要求给出明确的判断。 4.8.13　委托单位应及时获取检测试验报告，核查报告内容，按要求报送监理单位确认，并在试验台账中登记检测试验报告内容。 4.8.14　检测试验单位严禁出具虚假检测试验报告。 4.8.15　检测试验单位严禁抽撤、替换或修改检测试验结果不合格的报告。 **5.《电力工程检测试验机构能力认定管理办法（试行）》质监〔2015〕20号** 第十三条　检测机构及由其派出的现场试验室必须按照认定的能力等级，专业类别和业务范围，承担检测试验任务，并按照标准规定出具相应的检测试验报告，未通过能力认定的检测机构或超出规定能力等级范围出具的检测数据、试验报告无效。 第三十二条　检测机构应当……，及时出具检测试验报告	
5　工程实体质量的监督检查			
5.1　楼地面、屋面工程的监督检查			
5.1.1	楼地面、屋面工程使用的原材料和产品质量证明文件齐全，重要材料复检合格	**1.《屋面工程质量验收规范》GB 50207—2012** 3.0.6　屋面工程所采用的防水、保温隔热材料应有产品合格证书和性能检测报告，材料的品种、规格、性能等应符合现行国家产品标准和设计要求。产品质量应由经过省级以上建设行政主管部门对其资质认可和质量技术监督部门对其计量认证的质量检测单位经行检测。	1.查阅地面、楼面、屋面材料的进场报审表 　签字：施工单位项目经理、专业监理工程师已签字

条款号	大纲条款	检 查 依 据	检查要点
5.1.1	楼地面、屋面工程使用的原材料和产品质量证明文件齐全，重要材料复检合格	5.1.7 保温材料的导热系数、表观密度或干密度、抗压强度或压缩强度，燃烧性能，必须符合设计要求。 **2.《建筑地面工程施工质量验收规范》GB 50209—2010** 3.0.3 建筑地面工程采用的材料或产品应符合设计要求和国家现行有关标准的规定。无国家现行标准的，应具有省级住房和城乡建设行政主管部门的技术认可文件。材料或产品进场时还应符合下列规定： 　　1 应有质量合格证明文件； 　　2 应对型号、规格、外观等进行验收，对重要的材料或产品应抽样进行复检。 **3.《种植屋面工程技术规程》JGJ 155—2007** 6.1.2 进场的防水材料、排（蓄）板、绝热材料和种植土等材料，应按规定抽样复验，并提供检验报告。非本地植物应提供病虫害检验报告	盖章：施工单位、监理单位已盖章 结论：同意使用 2. 查阅地面、楼面材料材质证明及复检报告 　原材证明：应为原件或有效抄件 　报告内容：包括防水材料的防水性、燃烧性能试验等项目齐全、代表部位和数量等 　报告签署：授权人已签字 　报告盖章：已加盖有计量认证章和检测专用章 　报告结论：合格 3. 查阅屋面材料材质证明及复检报告 　原材料证明：应为原件或有效抄件 　报告内容：包括防水材料的防水性、保温材料的导热系数、表观密度或干密度、抗压强度或压缩强度，燃烧性能试验等项目齐全、代表部位和数量等 　报告签署：授权人已签字 　报告盖章：已加盖计量认证章和检测专用章 　报告结论：合格

续表

条款号	大纲条款	检 查 依 据	检查要点
5.1.2	楼地面、屋面工程施工完毕，隐蔽验收、质量验收签证记录齐全	**1.《建筑工程施工质量验收统一标准》GB 50300—2013** 3.0.6 建筑工程施工质量应按下列要求进行验收： 　1 工程质量验收均应在施工单位自检合格的基础上进行。 　2 参加工程施工质量验收的各方人员应具备相应的资格。 　3 检验批的质量应按主控项目和一般项目验收。 　4 对涉及结构安全、节能、环境保护和主要使用功能的试块、试件及材料，应在进场时或施工中按规定进行见证检验。 　5 隐蔽工程在隐蔽前应由施工单位通知监理单位进行验收，并应形成验收文件，验收合格后方可继续施工。 　6 对涉及结构安全、节能、环境保护和使用功能的重要分部工程应在验收前按规定进行抽样检验。 　7 工程的观感质量应由验收人员现场检查，并应共同确认。 3.0.1 检验批质量验收合格应符合下列规定： 　1 主控项目的质量经抽样检验均应合格。 　2 一般项目的质量经抽样检验合格。当采用计数抽样时，合格点率应符合有关专业验收规范的规定，且不得存在严重缺陷。对于计数抽样的一般项目，正常检验一次、二次抽样可按本标准附录D判定。 5.0.4 单位工程质量验收合格应符合下列规定： 　1 所含分部工程的质量均应验收合格。 　2 质量控制资料应完整。 　3 所含分部工程中有关安全、节能、环境保护和主要使用功能的检验资料应完整。 　4 主要使用功能的抽查结果应符合相关专业验收规范的规定。 　5 观感质量应符合要求。 **2.《屋面工程质量验收规范》GB 50207—2012** 3.0.10 屋面工程施工时，应建立各道工序的自检、交接检和专职人员检查的"三检"制度，并应有完整的检查记录。每道工序施工完成后，应经监理单位或建设单位检查验收，并应在合格后再进行下道工序的施工。 9.0.6 屋面工程应对下列部位进行隐蔽工程验收： 　1 卷材、涂膜防水层的基层； 　2 保温层的隔汽和排汽措施； 　3 保温层的铺设方式、厚度、板材缝隙填充质量及热桥部位的保温措施； 　4 接缝的密封处理；	1. 查阅隐蔽工程验收记录 　项目：包括楼地面基层、屋面保温层、卫生间防水层等 　内容：包括所隐蔽的基层、垫层、找平（坡）层、隔离层、绝热（保温）层、填充层、细部做法、接缝处理等主要原材料及复检报告单，主要施工方法等 　签字：施工单位项目技术负责人、专业监理工程师等已签字 　结论：同意隐蔽 2. 查阅质量验收记录 　内容：包括楼地面基层、中间层、面层，屋面基层、中间层、防水层、保护层、卫生间基层、防水层、面层等 　签字：施工单位项目技术负责人、专业监理工程师已签字 　结论：合格

续表

条款号	大纲条款	检 查 依 据	检查要点
5.1.2	楼地面、屋面工程施工完毕，隐蔽验收、质量验收签证记录齐全	5 瓦材与基层的固定措施； 6 檐沟、天沟、泛水、水落口和变形缝等细部做法； 7 在屋面易开裂和渗水部位的附加层； 8 保护层与卷材、涂膜防水层之间的隔离层； 9 金属板材与基层的固定和板缝间的密封处理； 10 坡度较大时，防水卷材和保温层下滑的措施。 **3.《建筑地面工程施工质量验收规范》GB 50209—2010** 3.0.9 建筑地面下的沟槽、暗管、保温、隔热、隔声等工程完工后，应经检验合格并做隐蔽记录，方可进行建筑地面工程的施工。 3.0.10 建筑地面工程基层（各构造层）和面层的铺设，均应待其下一层检验合格后方可施工上一层。建筑地面工程各层铺设前与相关专业的分部（子分部）工程、分项工程以及设备管道安装工程之间，应进行交接检验	
5.1.3	防水地面无渗漏，排水坡向正确、无积水，穿过楼板地面的立管、套管、地漏等四周应进行密封处理，隐蔽验收记录齐全；有防滑要求的地面，必须符合防滑要求	《建筑地面工程施工质量验收规范》GB 50209—2010 3.0.5 厕浴间和有防滑要求的建筑地面应符合设计防滑要求。 4.9.3 有防水要求的建筑地面工程，铺设前必须对立管、套管和地漏与楼板节点之间进行密封处理并进行隐蔽验收；排水坡度应符合设计要求。 4.10.11 厕浴间和有防水要求的建筑地面必须设置防水隔离层。楼层结构必须采用现浇混凝土或整块预制混凝土板，混凝土强度等级不应小于C20；房间的楼板四周除门洞外应做混凝土翻边，其高度不应小于200mm，宽同墙厚，混凝土强度等级不应小于C20。施工时结构层标高和预留孔洞位置应准确，严禁乱凿洞。 4.10.13 防水隔离层严禁渗漏，排水的坡向应正确、排水通畅	1. 查看有防水要求地面楼面的渗漏、排水坡向、积水情况 渗漏：无渗漏 排水坡向：符合设计要求，无积水 标高差：厕浴间、厨房和有排水（或其他液体）要求的建筑地面面层与相连接各类面层的标高差符合设计要求 2. 查看厕浴间和有防滑要求的建筑地面 防滑功能：满足设计防滑要求 3. 查阅有防水要求楼地面隐蔽验收记录

条款号	大纲条款	检 查 依 据	检查要点
5.1.3	防水地面无渗漏，排水坡向正确、无积水，穿过楼板地面的立管、套管、地漏等四周应进行密封处理，隐蔽验收记录齐全；有防滑要求的地面，必须符合防滑要求		项目：包括基层混凝土强度、基层处理情况以及立管、套管和地漏与楼板节点之间的密封处理；有排水（或其他液体）要求的建筑地面面层与相连接各类面层的标高差、防水隔离层、房间的楼板四周混凝土翻边等 签字：施工单位项目技术负责人、专业监理工程师等已签字 结论：同意隐蔽
5.1.4	屋面淋水（蓄水）试验合格	**《屋面工程质量验收规范》GB 50207—2012** 3.0.12 屋面防水完工后，应进行观感质量检查和雨后观察或排水，蓄水试验不得有渗湿和积水现象	查阅屋面淋水、蓄水试验记录 试验方法：符合规范规定 时间：经过雨后或持续淋水 2h，或蓄水不少于 24h 签字：试验记录人、技术负责人已签字 结果：无渗漏
5.1.5	种植屋面载荷符合设计要求	**《种植屋面工程技术规程》JGJ 155—2013** 3.2.3 种植屋面工程结构设计时应计算种植荷载。既有建筑屋面改造为建筑屋面时，应对原结构进行鉴定。 3.2.4 种植屋面荷载取值应符合现行国家标准《建筑结构荷载规范》GB 50009 的规定。屋顶花园有特殊要求时，应单独计算结构荷载。 5.1.5 花园式屋面种植的布局应与屋面结构相适应，乔木类植物和亭台、水池、假山等荷载较大的设施，应设在柱或墙的位置	查看现场荷载分布乔木类植物和亭台、水池、假山等荷载较大的设施位置：设在承重墙或柱的位置且符合设计要求

条款号	大纲条款	检 查 依 据	检查要点
5.1.6	严寒地区的坡屋面檐口有防冰雪融坠设施	**《坡屋面工程技术规范》GB 50693—2011** 3.2.17　严寒和寒冷地区的坡屋面檐口部位应采取防冰雪融坠的安全措施	查看严寒地区坡屋面檐口 防冰雪融坠设施：符合设计要求
5.1.7	有排水要求的厨房、卫生间等地面与相邻地面应有一定的标高差，且符合设计要求	**《建筑地面工程施工质量验收规范》GB 50209—2010** 3.0.18　厕浴间、厨房和有排水（或其他液体）要求的建筑地面面层与相连接各类面层的标高差应符合设计要求	查看厕浴间、厨房和有排水（或其他液体）要求的房间与其他相邻地面标高差是否符合设计要求

5.2　门窗工程的监督检查

条款号	大纲条款	检 查 依 据	检查要点
5.2.1	门窗材料及配件质量证明文件齐全，符合设计和现行规范的规定	**1.《铝合金门窗工程技术规范》JGJ 214—2010** 3.1.2　铝合金门窗主型材的壁厚应经计算或试验确定，除压条、扣板等需要弹性装配的型材外，门用主型材主要受力部位基材截面最小实测壁厚不应小于2.0mm，窗用主型材主要受力部位基材截面最小实测壁厚不应小于1.4mm。 3.4.2　铝合金门窗受力构件之间的连接使用螺钉、螺栓宜使用不锈钢紧固件，未使用铝合金抽芯铆钉。 **2.《塑料门窗工程技术规程》JGJ 103—2008** 6.2.23　安装滑撑时，紧固螺钉必须使用不锈钢材质，并应与框扇增强型钢或内衬局部加强钢板可靠连接。螺钉与框扇连接处应进行防水密封处理	查阅门窗材料及配件质量证明文件 门窗、配件所用材料：符合设计及规范规定 门窗主型材受力截面：符合规范规定
5.2.2	门窗工程施工完毕，隐蔽验收、质量验收记录齐全	**1.《建筑工程施工质量验收统一标准》GB 50300—2013** 3.0.6　建筑工程施工质量应按下列要求进行验收： 　　1　工程质量验收均应在施工单位自检合格的基础上进行。 　　2　参加工程施工质量验收的各方人员应具备相应的资格。 　　3　检验批的质量应按主控项目和一般项目验收。 　　4　对涉及结构安全、节能、环境保护和主要使用功能的试块、试件及材料，应在进场时或施工中按规定进行见证检验。 　　5　隐蔽工程在隐蔽前应由施工单位通知监理单位进行验收，并应形成验收文件，验收合格后方可继续施工。 　　6　对涉及结构安全、节能、环境保护和使用功能的重要分部工程应在验收前按规定进行抽样检验。	1. 查看门窗工程实物 施工：已完毕并符合设计要求 2. 查阅门窗工程质量证明文件 内容：包括材料产品合格证、性能检测报告、特种门的生产许可文件等

条款号	大纲条款	检 查 依 据	检查要点
5.2.2	门窗工程施工完毕，隐蔽验收、质量验收记录齐全	7　工程的观感质量应由验收人员现场检查，并应共同确认。 5.0.1　检验批质量验收合格应符合下列规定： 　　1　主控项目的质量经抽样检验均应合格。 　　2　一般项目的质量经抽样检验合格。当采用计数抽样时，合格点率应符合有关专业验收规范的规定，且不得存在严重缺陷。对于计数抽样的一般项目，正常检验一次、二次抽样可按本标准附录 D 判定。 5.0.4　单位工程质量验收合格应符合下列规定： 　　1　所含分部工程的质量均应验收合格。 　　2　质量控制资料应完整。 　　3　所含分部工程中有关安全、节能、环境保护和主要使用功能的检验资料应完整。 　　4　主要使用功能的抽查结果应符合相关专业验收规范的规定。 　　5　观感质量应符合要求。 **2.《建筑装饰装修工程质量验收规范》GB 50210—2001** 5.1.2　门窗工程验收时应检查下列文件和记录： 　　1　门窗工程的施工图、设计说明及其他设计文件。 　　2　材料的产品合格证、性能检测报、进场验收记录和复验报告。 　　3　特种门及其附件的生产许可文件。 　　4　隐蔽工程验收记录。 　　5　施工记录。 5.1.3　门窗工程应对下列材料及其性能指标进行复验： 　　1　人造木板的甲醛含量。 　　2　建筑外墙金属、塑料窗的抗风压性、空气渗透性能和雨水渗漏性能。 5.1.4　门窗工程应对下列隐蔽工程项目进行验收： 　　1　预埋件和锚固件。 　　2　隐蔽部位的防腐、填嵌处理	3. 查阅工程隐蔽记录 内容：包括预埋件和锚固件、隐蔽部位的防腐、填嵌处理等 签字：施工单位项目技术负责人、专业监理工程师已签字 结论：同意隐蔽 4. 查阅质量验收记录 内容：检验批、分项工程、分部工程质量验收记录齐全 签字：建设、监理、施工单位项目技术负责人已签字 结论：合格
5.2.3	建筑门窗应安装牢固，推拉窗扇有防脱落、防室外侧拆卸装置	**1.《建筑装饰装修工程质量验收规范》GB 50210—2001** 5.1.11　建筑外门窗的安装必须牢固。在砌体上安装门窗严禁用射钉固定。 **2.《铝合金门窗工程技术规范》JGJ 214—2010** 4.12.4　铝合金推拉门、推拉窗的扇应有防止从室外侧拆卸的装置。推拉窗用于外墙时，应设置防止窗扇向室外脱落的装置。 **3.《塑料门窗工程技术规程》JGJ 103—2008** 6.2.8　建筑外窗的安装必须牢固可靠，在砖砌体上安装时，严禁用射钉固定。 6.2.19　推拉门窗扇必须有防脱落装置	查看建筑外窗 安装：牢固可靠，未使用射钉固定，窗扇、推拉门、推拉窗有防脱落装置，有防室外拆卸装置

条款号	大纲条款	检　查　依　据	检查要点
5.2.4	门窗工程性能检测复验报告齐全	**《建筑门窗工程检测技术规程》JGJ/T 205—2010** 4.6.1　建筑外门窗产品的物理性能包括气密性能、水密性能、抗风压性能、保温性能、采光性能、空气声隔声性能、遮阳性能等	查阅性能检测、复检报告 建筑外门窗产品的物理性能包括气密性能、水密性能、抗风压性能、保温性能等：符合设计要求和规程规定 甲醛含量：人造木板未超标 盖章：已加盖计量认证章和检测专用章 结论：合格
5.3　**装饰装修工程的监督检查**			
5.3.1	装饰装修工程所使用的材料性能证明文件齐全	**1.《建筑装饰装修工程质量验收规范》GB 50210—2001** 3.2.3　建筑装饰装修工程所用材料应符合国家有关建筑装饰装修材料有害物质限量标准的规定。 3.2.9　建筑装饰装修工程所使用的材料应按设计要求进行防火、防腐和防虫处理。 **2.《金属与石材幕墙工程技术规范》JGJ 133—2001** 3.2.2　花岗石板材的弯曲强度应经法定检测机构检测确定，其弯曲强度不应小于 8.0MPa	查阅质量证明文件 原材料证明：符合设计要求和规范规定 有害物质含量：符合限量标准的规定
5.3.2	装饰装修工程施工完毕，隐蔽验收、质量验收记录齐全	**1.《建筑工程施工质量验收统一标准》GB 50300—2013** 3.0.6　建筑工程施工质量应按下列要求进行验收： 　　1　工程质量验收均应在施工单位自检合格的基础上进行。 　　2　参加工程施工质量验收的各方人员应具备相应的资格。 　　3　检验批的质量应按主控项目和一般项目验收。 　　4　对涉及结构安全、节能、环境保护和主要使用功能的试块、试件及材料，应在进场时或施工中按规定进行见证检验。 　　5　隐蔽工程在隐蔽前应由施工单位通知监理单位进行验收，并应形成验收文件，验收合格后方可继续施工。 　　6　对涉及结构安全、节能、环境保护和使用功能的重要分部工程应在验收前按规定进行抽样检验。 　　7　工程的观感质量应由验收人员现场检查，并应共同确认。	1. 查看装饰装修工程 　施工：已完毕并符合设计要求

条款号	大纲条款	检 查 依 据	检查要点
5.3.2	装饰装修工程施工完毕，隐蔽验收、质量验收记录齐全	5.0.1 检验批质量验收合格应符合下列规定： 　　1 主控项目的质量经抽样检验均应合格。 　　2 一般项目的质量经抽样检验合格。当采用计数抽样时，合格点率应符合有关专业验收规范的规定，且不得存在严重缺陷。对于计数抽样的一般项目，正常检验一次、二次抽样可按本标准附录D判定。 5.0.4 单位工程质量验收合格应符合下列规定： 　　1 所含分部工程的质量均应验收合格。 　　2 质量控制资料应完整。 　　3 所含分部工程中有关安全、节能、环境保护和主要使用功能的检验资料应完整。 　　4 主要使用功能的抽查结果应符合相关专业验收规范的规定。 　　5 观感质量应符合要求。 **2.《建筑装饰装修工程质量验收规范》GB 50210—2001** 5.1.2 门窗工程验收时应检查下列文件和记录： 　　1 门窗工程的施工图、设计说明及其他设计文件。 　　2 材料的产品合格证、性能检测报、进场验收记录和复验报告。 　　3 特种门及其附件的生产许可文件。 　　4 隐蔽工程验收记录。 　　5 施工记录。 5.1.3 门窗工程应对下列材料及其性能指标进行复验： 　　1 人造木板的甲醛含量。 　　2 建筑外墙金属、塑料窗的抗风压性、空气渗透性能和雨水渗漏性能。 5.1.4 门窗工程应对下列隐蔽工程项目进行验收： 　　1.预埋件和锚固件 　　2.隐蔽部位的防腐、填嵌处理。 6.1.4 吊顶工程应对下列隐蔽工程项目进行验收： 　　1 吊顶内管道、设备的安装及水管试压。 　　2 木龙骨防火、防腐处理。 　　3 预埋件或拉结筋。 　　4 吊杆安装。 　　5 龙骨安装。 　　6 填充材料的设置	2.查阅隐蔽工程验收记录 　　项目：包括预埋件、锚固件、吊顶内的管道、设备的安装及水管试压、木龙骨防火、防腐处理、吊杆安装、龙骨安装、填充材料等 　　签字：施工单位项目技术负责人、专业监理工程师已签字 　　盖章：施工单位、监理单位已盖章 　　结论：同意隐蔽 3.查阅质量验收记录 　　内容：检验批、分项工程、分部工程质量验收记录齐全 　　签字：建设、监理、施工单位项目技术负责人已签字 　　结论：同意验收

续表

条款号	大纲条款	检 查 依 据	检查要点
5.3.3	外墙饰面砖、保温板材粘结或连接牢固，强度检验合格，报告齐全	**1.《建筑装饰装修工程质量验收规范》GB 50210—2001** 8.3.4 饰面砖粘贴必须牢固。 **2.《建筑工程饰面砖粘结强度检验标准》JGJ 110—2008** 3.0.2 带饰面砖的预制墙板进入施工现场后，应对饰面砖粘接强度进行复验。 3.0.5 现场粘贴的外墙饰面砖工程完工后，应对饰面砖粘接强度进行检验。 **3.《外墙外保温工程技术规范》JGJ 144—2004** 4.0.4 EPS 板现浇混凝土外墙外保温系统应按本规程附录 B 中 B.2 的规定做现场粘结强度检验。 4.0.5 EPS 板现浇混凝土外墙外保温系统板现浇混凝土外墙外保温系统现场粘结强度不得小于 0.1MPa，并且破坏部位应位于板内。 6.1.6 应按本规程附录 B 中 B.1 的规定做基层与胶粘剂的拉伸粘结强度检验，粘结强度不应低于 0.3MPa，并且粘结界面脱开面积不应大于 50%	1. 查阅现场饰面砖粘接强度检测报告 　内容：代表部位、数量，粘接强度符合规范要求 　盖章：已加盖计量认证章和检测专用章 　结论：合格 2. 查阅现场保温板粘接强度检测报告 　内容：代表部位、数量，粘接强度符合规范要求 　盖章：已加盖计量认证章和检测专用章 　结论：合格
5.3.4	后置锚固件试验及连接应符合设计要求	**1.《建筑装饰装修工程质量验收规范》GB 50210—2001** 8.2.4 饰面板安装工程的预埋件（或后置埋件）、连接件的数量、规格、位置、连接方法和防腐处理必须符合设计要求。后置埋件的现场拉拔强度必须符合设计要求。饰面板安装必须牢固。 9.1.13 主体结构与幕墙连接的各种预埋件，其数量、规格、位置和防腐处理必须符合设计要求。 9.1.14 幕墙的金属框架与主体结构预埋件的连接、立柱与横梁的连接及幕墙面板的安装必须符合设计要求，安装必须牢固。 **2.《金属与石材幕墙工程技术规范》JGJ 133—2001** 7.2.4 为了保证幕墙与主体结构连接牢固的可靠性，幕墙与主体结构连接的预埋件应在主体结构施工时，按设计要求的位置和方法进行埋设；若幕墙承包商对幕墙的固定和连接件，有特殊要求或与本规定的偏差要求不同时，承包商应提出书面要求或提供埋件图、样品等，反馈给建筑师，并在主体结构施工图中注明要求。一定要保证三位调整，以确保幕墙的质量	1. 查看预埋件、连接件安装 　数量、规格、位置：符合设计要求 　防腐处理：符合规范要求 2. 查阅后置埋件拉拔试验检测报告 　拉拔强度：符合规范规定 　盖章：已加盖计量认证章和检测专用章 　结论：合格

续表

条款号	大纲条款	检 查 依 据	检查要点

5.3.5	护栏安装牢固，护栏高度、栏杆间距、挡板安装位置符合设计要求	**1.《民用建筑设计通则》GB 50352—2005**
		6.6.3 阳台、外廊、室内回廊、内天井、上人屋面及室外楼梯等临空处应设置防护栏杆，并应符合下列规定：
		    1 栏杆应以坚固、耐久的材料制作，并能承受荷载规范规定的水平荷载；
		    2 临空高度在24m以下时，栏杆高度不应低于1.05m，临空高度在24m及24m以上（包括中高层住宅）时，栏杆高度不应低于1.10m；
		6.7.2 墙面至扶手中心线或扶手中心线之间的水平距离即楼梯梯段宽度除应符合防火规范的规定外，供日常主要交通用的楼梯的梯段宽度应根据建筑物使用特征，按每股人流为 $0.55+(0\sim0.15)$ m的人流股数确定，并不应少于两股人流。$0\sim0.15$m为人流在行进中人体的摆幅，公共建筑人流众多的场所应取上限值。
		2.《建筑装饰装修工程质量验收规范》GB 50210—2001
		12.5.6 护栏高度、栏杆间距、安装位置必须符合设计要求。护栏安装必须牢固
			查看护栏、栏杆
			安装：牢固
			高度、间距、位置：符合设计要求，扶手直线度和高度允许偏差均合格

5.3.6	幕墙工程验收符合设计和规范规定	**1.《建筑装饰装修工程质量验收规范》GB 50210—2001** 9.1.8 隐框、半隐框幕墙所采用的结构粘结材料必须是中性硅酮结构密封胶，其性能必须符合《建筑用硅酮结构密封胶》GB 16776 的规定；硅酮结构密封胶必须当前有效使用。 **2.《玻璃幕墙工程技术规范》JGJ 102—2003** 3.1.4 隐框和半隐框玻璃幕墙，其玻璃与铝型材的粘结必须采用中性硅酮结构密封胶；全玻幕墙和点支幕墙采用镀膜玻璃时，不应采用酸性硅酮结构密封胶粘结。 3.1.5 硅酮结构密封胶和硅酮建筑密封胶必须当前有效使用。 3.6.2 硅酮结构密封胶使用前，应经国家认可的检测机构进行与其相接触材料的相容性和剥离粘结性试验，并应对邵氏硬度、标准状态拉伸粘结性能进行复验。检验不合格的产品不得使用。进口硅酮结构密封胶应具有商检报告。 4.2.2 玻璃幕墙的抗风压、气密、水密、保温、隔声等性能分级应符合现行国家标准《建筑幕墙物理分级》GB/T 15225 的规定。 4.2.10 玻璃幕墙性能检测项目，应包括抗风压性能、气密性能和水密性能，必要时可增加平面内变形性能及其他性能检测。 4.4.4 人员流动密度大、青少年或幼儿活动的公共场所以及使用中容易受到撞击的部位，其玻璃幕墙应采用安全玻璃；对使用中容易受到撞击的部位，尚应设置明显的警示标志。 5.1.6 幕墙结构件应按下列规定验算承载力和挠度： 1 无地震作用效应组合时，承载力应符合下式要求： $$\gamma_0 S \leqslant R \qquad (5.1.6\text{-}1)$$	1. 查看幕墙材料使用情况 幕墙构件材料：符合设计要求及规范规定 玻璃：厚度、品种、规格、颜色光学性能及安装方向符合设计要求 结构胶和密封胶：打注饱满、连续、均匀、无气泡宽度和厚度满足设计要求 2. 查看受力构件 幕墙受力构件截面主要受力部位的厚度：符合设计要求及规范规定 全玻幕墙玻璃肋的截面厚度、截面高度：符合设计要求及规范规定

条款号	大纲条款	检 查 依 据	检查要点
5.3.6	幕墙工程验收符合设计和规范规定	2　有地震作用效应组合时，承载力应符合下式要求： $$S_E \leqslant R / \gamma_{RE} \qquad (5.1.6\text{-}2)$$ 式中：S——荷载效应按基本组合的设计值； 　　　S_E——地震作用效应和其他荷载效应按基本组合的设计值； 　　　R——构件抗力设计值； 　　　γ_0——结构构件重要性系数，应取不小于 1.0； 　　　γ_{RE}——结构构件承载力抗震调整系数，应取 1.0。 　3　挠度应符合下式要求： $$d_f \leqslant d_{f,\lim} \qquad (5.1.6\text{-}3)$$ 式中：d_f——构件在风荷载标准值或永久荷载标准值作用下产生的挠度值； 　　　$d_{f,\lim}$——构件挠度限值。 　4　双向受弯的杆件，两个方向的挠度应分别符合本条第 3 款的规定。 5.5.1　主体结构或结构构件，应能够承受幕墙传递的荷载和作用。连接件与主体结构的锚固承载力设计值应大于连接件本身的承载力设计值。 5.6.2　硅酮结构密封胶应根据不同的受力情况进行承载力极限状态验算。在风荷载、水平地震作用下，硅酮结构密封胶的拉应力或剪应力设计值不应大于其强度设计值 f_1，f_1 应取 0.2N/mm²；在永久荷载作用下，硅酮结构密封胶的拉应力或剪应力设计值不应大于其强度设计值 f_2，f_2，应取 0.01N/mm²。 6.2.1　横梁截面主要受力部位的厚度，应符合下列要求： 　1　截面自由挑出部位（图 6.2.1a）和双侧加劲部位（图 6.2.1b）的宽厚比 b_0 / t 应符合表 6.2.1 的要求。 　2　当横梁跨度不大于 1.2m 时，铝合金型材截面主要受力部位的厚度不应小于 2.0mm；当横梁跨度大于 1.2m 时，其截面主要受力部位的厚度不应小于 2.5mm。型材孔壁与螺钉之间直接采用螺纹受力连接时，其局部截面厚度不应小于螺钉的公称直径。 　3　型材截面主要受力部位的厚度不应小于 2.5mm。 6.3.1　立柱截面主要受力部位的厚度，应符合下列要求： 　1　铝型材截面开口部位的厚度不应小于 3.0mm，闭口部位的厚度不应小于 2.5mm；型材孔壁与螺钉之间直接采用螺纹受力连接时，其局部厚度尚不应小于螺钉的公称直径； 　2　钢型材截面主要受力部位的厚度不应小于 3.0mm。 　3　对偏心受压立柱，其截面宽厚比应符合本规范第 6.2.1 条的相应规定。 7.1.6　全玻幕墙的板面不得与其他刚性材料直接接触。板面与装修面或结构面之间的空隙不应小于 8mm，且应采用密封胶密封。	3. 查阅密封材料性能检验报告 　检验项目：包括相容性和剥离粘结性，邵氏硬度、标准状态拉伸粘结性能等 　盖章：已加盖计量认证章和检测专用章 　结论：合格 4. 查阅玻璃幕墙性能检验报告 　检验项目：包括抗风压性能、气密性能和水密性能等 　盖章：已加盖计量认证章和检测专用章 　结论：合格

续表

条款号	大纲条款	检 查 依 据	检查要点
5.3.6	幕墙工程验收符合设计和规范规定	7.3.1 全玻幕墙玻璃肋的截面厚度不应小于12mm，截面高度不应小于100mm。 7.4.1 采用胶缝传力的全玻幕墙，其胶缝必须采用硅酮结构密封胶。 8.1.2 采用浮头式连接件的幕墙玻璃厚度不应小于6mm；采用沉头式连接件的幕墙玻璃厚度不应小于8mm。 　　安装连接件的夹层玻璃和中空玻璃，其单片厚度也应符合上述要求。 8.1.3 玻璃之间的空隙宽度不应小于10mm，且应采用硅酮建筑密封胶嵌缝。 9.1.4 除全玻幕墙外，不应在现场打注硅酮结构密封胶。 **3.《金属与石材幕墙工程技术规范》JGJ 133—2001** 3.5.2 同一幕墙工程应采用同一品牌的单组分或双组分的硅酮结构密封胶，并应有保质年限的质量证书。用于石材幕墙的硅酮结构密封胶还应有证明无污染的试验报告。 3.5.3 同一幕墙工程应采用同一品牌的硅酮结构密封胶和硅酮耐候密封胶配套使用。 4.2.3 幕墙构架的立柱与横梁在风荷载标准值作用下，钢型材的相对挠度不应大于$l/300$（l为立柱或横梁两支点间的跨度），绝对挠度不应大于15mm；铝合金型材的相对挠度不应大于$l/180$，绝对挠度不应大于20mm。 4.2.4 幕墙在风荷载标准值除以阵风系数后的风荷载值作用下，不应发生雨水渗漏。其雨水渗漏性能应符合设计要求。 5.5.2 钢销式石材幕墙可在非抗震设计或6度、7度抗震设计幕墙中应用，幕墙高度不宜大于20m，石板面积不宜大于$1.0m^2$。钢销和连接板应采用不锈钢。连接板截面尺寸不宜小于40mm。钢销与孔的要求应符合本规范第6.3.2条的规定。 6.5.1 金属与石材幕墙构件应按同一种类构件的5%进行抽样检查，且每种构件不得少于5件。当有一个构件抽检不符合上述规定时，应加倍抽样复验，全部合格后方可出厂。 6.1.3 用硅酮结构密封胶黏结固定构件时，注胶应在温度15℃以上30℃以下、相对湿度50%以上、且洁净、通风的室内进行，胶的宽度、厚度应符合设计要求	
5.3.7	室内建筑环境检测，应符合标准规定	**《民用建筑工程室内环境污染控制规范》GB 50325—2010** 6.0.3 民用建筑工程验收进行室内环境污染物浓度检测，其限量应符合表6.0.4的规定。 6.0.19 当室内环境污染物的浓度的检测结果符合本规范表6.0.4的规定，应判定该工程室内环境质量合格	查阅室内环境检测检测报告 检验项目：包括氡、甲醛、苯、氨和TOVC等浓度检测 盖章：已加盖计量认证章和检测专用章 结论：合格

条款号	大纲条款	检 查 依 据	检 查 要 点
5.4	**给排水及采暖工程的监督检查**		
5.4.1	管材和阀门等材料选用符合设计要求	**《建筑给水排水及采暖工程施工质量验收规范》GB 50242—2002** 3.2.1 建筑给水排水、排水及采暖工程所使用的主要材料、成品、半成品、配件、器具和设备必须具有中文质量合格证明文件，规格、型号及性能检测报告应符合国家技术标准或设计要求。进场应做检查验收，并经监理工程师核查确认。 3.2.2 所有材料进场时应对品种、规格、外观等进行验收。包装应完好，表面无划痕及外力冲击破损。 3.2.3 主要器具和设备必须有完整的安装使用说明书。在运输、保管和施工过程中，应采取有效措施防止损坏或腐蚀。 3.2.4 阀门安装前，应做强度和严密性试验。试验应在每批（同牌号、同型号、同规格）数量中抽查10%，且不少于一个。对于安装在主干管上起切断作用的闭路阀门，应逐个作强度和严密性试验	1. 查阅材料的报审表 签字：施工单位、监理单位相关负责人已签字 盖章：施工单位、监理单位已盖章 结论：同意使用 2. 查阅管道、阀门等材料和设备的材质证明及试验记录 质量证明文件：应为原件或有效抄件 阀门强度试验和严密性试验：试验压力和持续时间符合规范规定
5.4.2	管路系统和设备水压试验无渗漏，灌水、通水、通球试验签证记录齐全	**《建筑给水排水及采暖工程施工质量验收规范》GB 50242—2002** 3.3.16 各种承压管道系统和设备应做水压试验，非承压管道系统和设备应做灌水试验。 4.1.2 给水管道必须采用与管材相适应的管件。生活给水系统所涉及的材料必须达到饮用水卫生标准。 5.2.1 隐蔽或埋地的排水管道在隐蔽前必须做灌水试验，其灌水高度应不低于底层卫生器具的上边缘或底层地面高度。 8.3.1 散热器组对后，以及整组出厂的散热器在安装之前应作水压试验。试验压力如设计无要求时应为工作压力的1.5倍，但不小于0.6MPa。 8.5.2 盘管隐蔽前必须进行水压试验，试验压力为工作压力的1.5倍，且不小于0.6MPa。 8.6.1 采暖系统安装完毕，管道保温之前应进行水压试验。试验压力应符合设计要求。当设计未注明时，应符合下列规定： 　1 蒸汽、热水采暖系统，应以系统顶点工作压力加0.1MPa作水压试验，同时在系统顶点的试验压力不小于0.3MPa。 　2 高温热水采暖系统，试验压力应为系统顶点工作压力加0.4MPa。	1. 查阅水压试验记录 试验压力、稳压时间段内的压力降：符合设计要求及规范规定 签字：施工单位、监理单位相关责任人已签字 2. 查阅灌水试验记录 灌水高度、试验持续时间：符合设计要求及规范规定 签字：施工单位、监理单位相关责任人已签字

条款号	大纲条款	检 查 依 据	检查要点
5.4.2	管路系统和设备水压试验无渗漏、灌水、通水、通球试验签证记录齐全	3 使用塑料管及复合管的热水采暖系统，应以系统顶点工作压力加 0.2MPa 作水压试验，同时在系统顶点的试验压力不小于 0.4MPa。 13.6.1 热交换器应以最大工作压力的 1.5 倍作水压试验，蒸汽部分应不低于蒸汽供汽压力加 0.3MPa；热水部分应不低于 0.4MPa	3. 查阅通水试验记录 结果：给、排水管路畅通 签字：施工单位、监理单位相关责任人已签字 4. 查阅通球试验记录 试验管道、管径、塑料球直径、投入部位、排除部位：符合规范规定 签字：施工单位、监理单位相关责任人已签字

5.4.3	给排水及采暖工程施工完毕，隐蔽验收、质量验收记录齐全	**1.《建筑工程施工质量验收统一标准》GB 50300—2013**
		3.0.6 建筑工程施工质量应按下列要求进行验收：
		  1 工程质量验收均应在施工单位自检合格的基础上进行。
		  2 参加工程施工质量验收的各方人员应具备相应的资格。
		  3 检验批的质量应按主控项目和一般项目验收。
		  4 对涉及结构安全、节能、环境保护和主要使用功能的试块、试件及材料，应在进场时或施工中按规定进行见证检验。
		  5 隐蔽工程在隐蔽前应由施工单位通知监理单位进行验收，并应形成验收文件，验收合格后方可继续施工。
		  6 对涉及结构安全、节能、环境保护和使用功能的重要分部工程应在验收前按规定进行抽样检验。
		  7 工程的观感质量应由验收人员现场检查，并应共同确认。
		5.0.1 检验批质量验收合格应符合下列规定：
		  1 主控项目的质量经抽样检验均应合格。
		  2 一般项目的质量经抽样检验合格。当采用计数抽样时，合格点率应符合有关专业验收规范的规定，且不得存在严重缺陷。对于计数抽样的一般项目，正常检验一次、二次抽样可按本标准附录 D 判定。
		  3 具有完整的施工操作依据、质量验收记录。
			1. 查看给排水及采暖工程
			施工：已完毕并符合设计要求
			
			2. 查阅建筑给排水及采暖工程检验批、分项工程、分部工程验收报审表
			签字：施工单位、监理单位相关负责人已签字
			盖章：施工单位、监理单位已盖章
			结论：通过验收

条款号	大纲条款	检 查 依 据	检查要点
5.4.3	给排水及采暖工程施工完毕，隐蔽验收、质量验收记录齐全	5.0.2　分项工程质量验收合格应符合下列规定： 　　1　所含检验批的质量均应验收合格。 　　2　所含检验批的质量验收记录应完整。 5.0.3　分部工程质量验收合格应符合下列规定： 　　1　所含分项工程的质量均应验收合格。 　　2　质量控制资料应完整。 　　3　有关安全、节能、环境保护和主要使用功能的抽样检验结果应符合相应规定。 　　4　观感质量应符合要求。 5.0.4　单位工程质量验收合格应符合下列规定： 　　1　所含分部工程的质量均应验收合格。 　　2　质量控制资料应完整。 　　3　所含分部工程中有关安全、节能、环境保护和主要使用功能的检验资料应完整。 　　4　主要使用功能的抽查结果应符合相关专业验收规范的规定。 　　5　观感质量应符合要求。 5.0.8　经返修或加固处理仍不能满足安全或使用要求的分部工程及单位工程，严禁验收。 6.0.1　检验批应由专业监理工程师组织施工单位项目专业质量检查员、专业工长等进行验收。 6.0.2　分项工程应由专业监理工程师组织施工单位项目专业技术负责人等进行验收。 6.0.3　分部工程应由总监理工程师组织施工单位项目负责人和项目技术负责人等进行验收。勘察、设计单位项目负责人和施工单位技术、质量部门负责人应参加地基与基础分部工程的验收。设计单位项目负责人和施工单位技术、质量部门负责人应参加主体结构、节能分部工程的验收。 6.0.4　单位工程中的分包工程完工后，分包单位应对所承包的工程项目进行自检，并应按本标准规定的程序进行验收。验收时，总包单位应派人参加。分包单位应将所分包工程的质量控制资料整理完整后，移交给总包单位。 6.0.5　单位工程完工后，施工单位应组织有关人员进行自检。总监理工程师应组织各专业监理工程师对工程质量进行竣工预验收。存在施工质量问题时，应由施工单位及时整改。整改完毕后，由施工单位向建设单位提交工程竣工报告，申请工程竣工验收。 6.0.6　建设单位收到工程竣工报告后，应由建设单位项目负责人组织监理、施工、设计、勘察等单位项目负责人进行单位工程验收。 **2.《建筑给水排水及采暖工程施工质量验收规范》GB 50242—2002** 14.0.1　检验批、分项工程、分部（或子分部）工程质量的验收，均应在施工单位自检合格的基础上进行。并应按检验批、分项、分部（或子分部）、单位（或子单位）工程的程序进行验收，同时做好记录。	3. 查阅建筑给排水及采暖工程检验批、分项工程、分部工程质量验收记录 　　内容：包括检验批、分项工程、分部工程质量验收记录 　　签字：施工单位项目技术负责人、专业监理工程师已签字 　　结论：合格 4. 隐蔽工程验收记录 　　内容：包括埋地或隐蔽的给水管道、排水管道、地下敷设的盘管的品种、规格、位置、防腐、坡度、灌水试验（水压试验）等 　　签字：施工单位技术负责人、专业监理工程师签字齐全 　　结论：同意隐蔽

续表

条款号	大纲条款	检 查 依 据	检查要点
5.4.3	给排水及采暖工程施工完毕，隐蔽验收、质量验收记录齐全	14.0.3 工程质量验收文件和记录中应包括下列主要内容： 5 隐蔽工程验收及中间试验记录。 8 检验批、分项、子分部、分部工程质量验收记录。 5.2.1 隐蔽或埋地的排水管道在隐蔽前必须做灌水试验，其灌水高度应不低于底层卫生器具的上边缘或底层地面高度	
5.4.4	管道排列整齐、连接牢固，坡度、坡向正确；支吊架、伸缩补偿节、穿墙套管等安装位置符合设计要求	**《建筑给水排水及采暖工程施工质量验收规范》GB 50242—2002** 3.3.3 地下室或地下构筑物外墙有管道穿过的，应采取防水措施。对有严格防水要求的建筑物，必须采用柔性防水套管。 3.3.4 管道穿过结构伸缩缝、抗震缝及沉降缝敷设时，应根据情况采取下列保护措施： 1 在墙体两侧采取柔性连接。 2 在管道或保温层外皮上、下部留有不小于150mm的净空。 3 在穿墙外做成方形补偿器，水平安装。 3.3.7 管道支、吊、托架的安装，应符合下列规定： 1 位置正确，埋设应平整牢固。 2 固定支架与管道接触应紧密，固定应牢靠。 5.3.2 雨水管道如采用塑料管，其伸缩节安装应符合设计要求。 8.2.1 管道安装坡度，当设计未注明时，应符合下列规定： 1 气、水同向流动的热水采暖管道和汽、水同向流动的蒸汽管道及凝结水管道，坡度应为3‰，不得小于2‰； 2 气、水逆向流动的热水采暖管道和汽、水逆向流动的蒸汽管道，坡度不应小于5‰； 3 散热器支管的坡度应为1%，坡向应利用排气和泄水。 8.5.1 地面下敷设的盘管埋地部分不应有接头。 10.2.1 排水管道的坡度必须符合设计要求，严禁无坡或倒坡	1. 查看管道的安装 材质：符合设计及规范要求 管道排列、连接、坡度坡向：符合设计要求及规范规定 2. 查看穿墙套管、支吊架、伸缩节等 安装位置：符合设计要求及规范规定
5.4.5	管路系统冲洗合格	**1.《生活饮用水卫生标准》GB 5749—2006** 4 生活饮用水水质卫生要求 4.1 生活饮用水水质应符合下列基本要求，保证用户饮用安全。 4.1.1 生活饮用水中不得含有病原微生物。 4.1.2 生活饮用水中化学物质不得危害人体健康。 4.1.3 生活饮用水中放射性物质不得危害人体健康。 4.1.4 生活饮用水的感官性状良好。 4.1.5 生活饮用水应经消毒处理。	1. 查阅管道系统冲洗、消毒记录 步骤、水压、消毒液：符合规范规定 签字：施工单位、监理单位相关人员已签字

条款号	大纲条款	检 查 依 据	检查要点
5.4.5	管路系统冲洗合格	4.1.6　生活饮用水水质应符合表 1 和表 3 卫生要求。集中式供水出厂水中消毒剂限值、出厂水和管网末梢水中消毒剂余量均应符合表 2 要求。 4.1.7　农村小型集中式供水和分散式供水的水质因条件限制，部分指标可暂按照表 4 执行，其余指标仍按表 1、表 2 和表 3 执行。 4.1.8　当发生影响水质的突发性公共事件时，经市级以上人民政府批准，感官性状和一般化学指标可适当放宽。 4.1.9　当饮用水中含有附录 A 表 A.1 所列指标时，可参考此表限值评价。 5　生活饮用水水源水质卫生要求 5.1　采用地表水为生活饮用水水源时应符合 GB 3838 要求。 5.2　采用地下水为生活饮用水水源时应符合 GB/T 14848 要求。 9　水质监测 9.1　供水单位的水质检测 供水单位的水质检测应符合以下要求。 9.1.1　供水单位的水质非常规指标选择由当地县级以上供水行政主管部门和卫生行政部门协商确定。 9.1.2　城市集中式供水单位水质检测的采样点选择、检验项目和频率、合格率计算按照 CJ/T 206 执行。 9.1.3　村镇集中式供水单位水质检测的采样点选择、检验项目和频率、合格率计算按照 SL 308 执行。 9.1.4　供水单位水质检测结果应定期报送当地卫生行政部门，报送水质检测结果的内容和办法由当地供水行政主管部门和卫生行政部门商定。 9.1.5　当饮用水水质发生异常时应及时报告当地供水行政主管部门和卫生行政部门。 9.2　卫生监督的水质监测 卫生监督的水质监测应符合以下要求。 9.2.1　各级卫生行政部门应根据实际需要定期对各类供水单位的供水水质进行卫生监督、监测。 9.2.2　当发生影响水质的突发性公共事件时，由县级以上卫生行政部门根据需要确定饮用水监督、监测方案。 9.2.3　卫生监督的水质监测范围、项目、频率由当地市级以上卫生行政部门确定。 **2.《建筑给水排水及采暖工程施工质量验收规范》GB 50242—2002** 4.2.3　生活给水系统管道在交付使用前必须冲洗和消毒，并经有关部门取样检验，符合国家《生活饮用水标准》方可使用。 9.2.7　给水管道在竣工后，必须对管道进行冲洗，饮用水管道还要在冲洗后进行消毒，满足饮用水卫生要求	2. 查阅饮用水水质报告 　水质：在管道冲洗末端取水，符合国家《生活饮用水标准》 　结论：合格

续表

条款号	大纲条款	检 查 依 据	检查要点
	5.5 建筑电气工程的监督检查		
5.5.1	建筑电气工程施工完毕，隐蔽验收、质量验收记录齐全	**1.《建筑工程施工质量验收统一标准》GB 50300—2013** 3.0.6 建筑工程施工质量应按下列要求进行验收： 　　1 工程质量验收均应在施工单位自检合格的基础上进行。 　　2 参加工程施工质量验收的各方人员应具备相应的资格。 　　3 检验批的质量应按主控项目和一般项目验收。 　　4 对涉及结构安全、节能、环境保护和主要使用功能的试块、试件及材料，应在进场时或施工中按规定进行见证检验。 　　5 隐蔽工程在隐蔽前应由施工单位通知监理单位进行验收，并应形成验收文件，验收合格后方可继续施工。 　　6 对涉及结构安全、节能、环境保护和使用功能的重要分部工程应在验收前按规定进行抽样检验。 　　7 工程的观感质量应由验收人员现场检查，并应共同确认。 5.0.1 检验批质量验收合格应符合下列规定： 　　1 主控项目的质量经抽样检验均应合格。 　　2 一般项目的质量经抽样检验合格。当采用计数抽样时，合格点率应符合有关专业验收规范的规定，且不得存在严重缺陷。对于计数抽样的一般项目，正常检验一次、二次抽样可按本标准附录D判定。 　　3 具有完整的施工操作依据、质量验收记录。 5.0.2 分项工程质量验收合格应符合下列规定： 　　1 所含检验批的质量均应验收合格。 　　2 所含检验批的质量验收记录应完整。 5.0.3 分部工程质量验收合格应符合下列规定： 　　1 所含分项工程的质量均应验收合格。 　　2 质量控制资料应完整。 　　3 有关安全、节能、环境保护和主要使用功能的抽样检验结果应符合相应规定。 　　4 观感质量应符合要求。 5.0.4 单位工程质量验收合格应符合下列规定： 　　1 所含分部工程的质量均应验收合格。 　　2 质量控制资料应完整。 　　3 所含分部工程有关安全、节能、环境保护和主要使用功能的检验资料应完整。 　　4 主要使用功能的抽查结果应符合相关专业验收规范的规定。	1. 查看建筑电气工程 　施工：已完毕并符合设计要求 2. 查阅建筑电气工程检验批、分项工程、分部工程验收报审表 　签字：施工单位、监理单位相关负责人已签字 　盖章：施工单位、监理单位已盖章 　结论：通过验收 3. 查阅建筑电气工程检验批、分项工程、分部工程质量验收记录 　内容：包括检验批、分项工程、分部工程质量验收记录 　签字：施工单位项目技术负责人、专业监理工程师已签字 　结论：合格

续表

条款号	大纲条款	检 查 依 据	检查要点
5.5.1	建筑电气工程施工完毕，隐蔽验收、质量验收记录齐全	5 观感质量应符合要求。 5.0.8 经返修或加固处理仍不能满足安全或使用要求的分部工程及单位工程，严禁验收。 6.0.1 检验批应由专业监理工程师组织施工单位项目专业质量检查员、专业工长等进行验收。 6.0.2 分项工程应由专业监理工程师组织施工单位项目专业技术负责人等进行验收。 6.0.3 分部工程应由总监理工程师组织施工单位项目负责人和项目技术负责人等进行验收。勘察、设计单位项目负责人和施工单位技术、质量部门负责人应参加地基与基础分部工程的验收。设计单位项目负责人和施工单位技术、质量部门负责人应参加主体结构、节能分部工程的验收。 6.0.4 单位工程中的分包工程完工后，分包单位应对所承包的工程项目进行自检，并应按本标准规定的程序进行验收。验收时，总包单位应派人参加。分包单位应将所分包工程的质量控制资料整理完整后，移交给总包单位。 6.0.5 单位工程完工后，施工单位应组织有关人员进行自检。总监理工程师应组织各专业监理工程师对工程质量进行竣工预验收。存在施工质量问题时，应由施工单位及时整改。整改完毕后，由施工单位向建设单位提交工程竣工报告，申请工程竣工验收。 6.0.6 建设单位收到工程竣工报告后，应由建设单位项目负责人组织监理、施工、设计、勘察等单位项目负责人进行单位工程验收。 **2.《建筑电气工程施工质量验收规范》GB 50303—2002** 28.0.2 当验收建筑电气工程时，应检查下列各项质量控制资料，且检查分项工程质量验收记录和分部（子分部）质量验收记录应正确，责任单位和责任人的签章齐全。 　3 隐蔽工程记录； 28.0.3 根据单位工程实际情况，检查建筑电气分部（子分部）工程所含分项工程的质量验收记录应无遗漏缺项	4. 隐蔽工程验收记录 　埋于结构内的各种电线导管的品种、规格、位置、弯曲度、弯曲半径、连接、跨接地线、防腐、管盒固定、管口处理、敷设情况、保护层、需焊接部位的焊接质量：符合设计要求及规范规定 　利用结构钢筋做的避雷引下线轴线位置、钢筋数量、规格、搭接长度、焊接质量、与接地极、避雷网、均压环等连接点质量：符合设计要求及规范规定 　等电位及均压环暗埋时使用材料的品种、规格、安装位置、连接方法、连接质量、保护层厚度：符合设计要求 　接地极置埋设位置、间距、数量、材质、埋深、接地极的连接方法、连接质量、防腐情况：符合设计要求及规范规定 　签字：施工单位技术负责人、专业监理工程师签字齐全 　结论：同意隐蔽

续表

条款号	大纲条款	检 查 依 据	检查要点
5.5.2	电气设备安装符合设计要求，接地装置安装正确，接地网接地阻抗测试值符合规范规定	**《建筑电气工程施工质量验收规范》GB 50303—2002** 3.1.7 接地（PE）或接零（PEN）支线必须单独与接地（PE）或接零（PEN）干线相连接，不得串联连接。 3.1.8 高压的电气设备和布线系统及断电保护系统的交接试验，必须符合现行国家标准《电气装置安装工程电气设备交接试验标准》GB 50150 的规定。 6.1.1 柜、屏、台、箱、盘的金属框架及基础型钢必须接地（PB）或接零（PEN）可靠；装有电器的可开启门，门和框架的接地端子间应用裸编制铜线连接，且有标识。 6.1.2 低压成套配电柜、控制柜（屏、台）和动力、照明配电箱（盘）应有可靠的电击保护。 6.1.5 柜、屏、台、箱、盘间线路的线间和线对地间绝缘电阻值，馈电线路必须大于 0.5MΩ；二次回路必须大于 1MΩ。 6.1.9 照明配电箱（盘）安装应符合下列规定： 　1 箱（盘）内配线整齐，无绞接现象。导线连接紧密，不伤芯线，不断股。垫圈下螺栓两侧压的导线截面积相同，同一端子上导线连接不多于 2 根，防松垫圈等零件齐全； 　2 箱（盘）内开关动作灵活可靠，带有漏电保护的回路，漏电保护装置动作电流不大于 30mA，动作时间不大于 0.1s。 　3 照明箱（盘）内，分别设置零线（N）和保护地线（PE 线）汇流排，零线和保护地线经汇流排配出。 13.1.1 金属电缆支架、电缆导管必须接地（PB）或接零（PEN）可靠。 14.1.2 金属导管严禁对口熔焊连接；镀锌和壁厚小于等于 2mm 的钢导管不得套管熔焊连接。 15.1.1 三相或单相的交流单芯电缆，不得单独穿于钢导管内。 24.1.1 人工接地装置或利用建筑物基础钢筋的接地装置必须在地面以上按设计要求位置设测试点。 24.1.2 测试接地装置的接地电阻值必须符合设计要求。 24.1.3 防雷接地的人工接地装置的接地干线埋设，经人行通道处埋地深度不应小于 1m，且应采取均压措施或在其上方铺设卵石或沥青地面	1. 查阅接地装置接地电阻测试记录 　测试仪器：在有效期检定期内 　测试方位示意图：与实际相符 　电阻值实测值：符合设计要求 　签字：施工单位、监理单位相关责任人签字齐全 　结论：符合设计要求 2. 查阅接地装置的隐蔽验收记录 　接地极置埋设位置、间距、数量、材质、埋深、接地极的连接方法、连接质量、防腐情况：符合设计要求及规范规定 　签字：施工单位技术负责人、专业监理工程师已签字 　结论：同意隐蔽 3. 查看电气设备安装 　成套配电柜、控制柜（屏、台）和照明配电箱（盘）金属箱体的接地或接零：可靠 　电击保护和保护导体截面积：符合规范规定 　照明配电箱（盘）内配线：整齐、开关动作灵活可靠

条款号	大纲条款	检 查 依 据	检查要点
5.5.3	开关、插座、灯具安装规范，照明全负荷试验记录齐全	**1.《建筑电气照明装置施工与验收规范》GB 50617—2010** 3.0.6　在砌体和混凝土结构上严禁使用木楔、尼龙塞或塑料塞安装固定电气照明安装。 4.1.12　Ⅰ类灯具的不带电的外露可导电部分必须与保护接地线（PE）可靠连接，且应有标识。 4.1.15　质量大于10kg的灯具，其固定装置应按5倍灯具重量的恒定均布载荷全数作强度试验，历时15min，固定装置的部件应无明显变形。 4.3.3　建筑物景观照明灯具安装应符合下列规定： 　　1　在人行道人员来往密集场所安装的灯具，无围栏防护时灯具底部距地面高度应在2.5m以上； 　　2　灯具及其金属构架和金属保护管与保护接地线（PE）应连接可靠，且有标识； 　　3　灯具的节能分级应符合设计要求。 5.1.2　插座接线应符合下列规定： 　　1　单相两孔插座，面对插座的右孔或上孔与相线连接，左孔或下孔与中性线连接；单相三孔插座，面对插座的右孔与相线连接，左孔与中性线连接。 　　2　单相三孔、三相四孔及三相五孔插座的接地（PE）或接零（PEN）线接在上孔。插座的接地端子不与中性线端子连接。同一场所的三相插座，接线的相序一致。 　　3　保护接地线（PE）在插座间不串联连接。 **2.《建筑电气工程施工质量验收规范》GB 50303—2002** 19.1.2　花灯吊钩圆钢直径不应小于灯具挂销直径，且不应小于6mm。大型花灯的固定及悬吊装置，应按灯具重量的2倍做过载试验。 19.1.6　当灯具距地面高度小于2.4m时，灯具的可接近裸露导体必须接地（PE）或接零（PEN）可靠，并应有专用接地螺栓，且有标识。 21.1.3　建筑物景观照明灯具安装应符合下列规定： 　　1　每套灯具的导电部分对地绝缘电阻值大于2MΩ； 　　2　在人行道等人员来往密集场所安装的落地式灯具，无围栏防护，安装高度距地面2.5m以上； 　　3　金属构架和灯具的可接近裸露导体及金属软管的接地（PE）或接零（PEN）可靠，且有标识。 22.1.2　插座接线应符合下列规定： 　　1　单相两孔插座，面对插座的右孔或上孔与相线连接，左孔或下孔与中性线连接；单相三孔插座，面对插座的右孔与相线连接，左孔与中性线连接。 　　2　单相三孔、三相四孔及三相五孔插座的接地（PE）或接零（PEN）线接在上孔。插座的接地端子不与中性线端子连接。同一场所的三相插座，接线的相序一致。 　　3　接地（PE）或接零（PEN）线在插座间不串联连接。 22.1.3　特殊情况下插座安装应符合下列规定：	1. 查阅大型花灯的固定及悬吊装置过载试验记录 　试验结果：符合规范规定，按灯具重量的2倍做过载试验 　签字：施工单位、监理单位相关责任人已签字 　结论：合格 2. 查看开关、插座 　开关安装高度：符合规范要求 　插座安装高度：符合规范要求 　开关及插座相序：正确 3. 查阅质量大于10kg的灯具固定装置的强度试验记录： 　时间：15min 　试验载荷：5倍灯具质量 　变形情况：固定装置的部件应无明显变形 　签字：施工单位、监理单位相关责任人已签字 　结论：符合规范规定

续表

条款号	大纲条款	检查依据	检查要点
5.5.3	开关、插座、灯具安装规范，照明全负荷试验记录齐全	1 当接插有触电危险家用电器的电源时，采用能断开电源的带开关插座，开关断开相线。 2 潮湿场所采用密封型并带保护底线触头的保护型插座，安装高度不低于 1.5m。 22.1.4 照明开关安装应符合下列规定： 1 同一建筑物、构筑物的开关采用同一系列的产品，开关的通段位置一致，操作灵活、接触可靠。 2 相线经开关控制；民用住宅无软线引至床边的床头开关。 22.2.1 插座安装应符合下列规定： 2 暗装的插座面板紧贴墙面，四周无缝隙，安装牢固，表面光滑整洁、无碎裂、划伤，装饰帽齐全； 3 车间及试（实）验室的插座安装高度距地面不小于 0.3m，特殊场所所暗装的插座不小于 0.15m，同一室内插座安装高度一致； 4 地插座面板与地面齐平或紧贴地面，盖板固定牢固，密封良好。 22.2.2 照明开关安装应符合下列规定： 1 开关安装位置便于操作，开关边缘距门框边缘的距离 0.15m～0.2m，开关距地面高度 1.3m；…… 2 相同型号并列安装及同一室内开关安装高度一致，且控制有序不错位。…… 3 暗装的开关面板应紧贴墙面，四周无缝隙，安装牢固，表面光滑整洁、无碎裂、划伤，装饰帽齐全。 23.1.2 公用建筑照明系统通电连续试运行时间应为 24h，……所有照明灯具均应开启，且每 2h 记录运行状态 1 次，连续试运行时间无故障	4. 查阅照明系统全负荷试验记录 运行时间：符合规范要求 签字：施工单位、监理单位相关责任人已签字 结论：合格 5. 查看灯具 安装高度、接地及标识、安装位置：符合规范规定
5.5.4	建（构）筑物和设备的防雷接地可靠、可测，接地阻抗测试值符合设计或规范规定，签证记录齐全	**1.《钢筋混凝土筒仓施工与质量验收规范》GB 50669—2011** 8.0.3 筒仓工程的避雷引下线应在筒体外敷设，严禁利用其竖向受力钢筋作为避雷线。 **2.《建筑物防雷工程施工与质量验收规范》GB 50601—2010** 3.2.3 除设计要求外，兼做引下线的承力钢结构构件、混凝土梁、柱内钢筋与钢筋的连接，应采用土建施工的绑扎法或螺丝扣的机械连接，严禁热加工连接。 5.1.1 引下线主控项目应符合下列规定： 3 建筑物外的引下线敷设在人员可停留或经过的区域时，应采用下列一种或多种方法，防止接触电压和旁侧闪络电压对人员造成伤害： 1 外露引下线在高 2.7m 以下部分应穿不小于 3mm 厚的交联聚乙烯管，交联聚乙烯管应能耐受 100kV 冲击电压。 2 应设立阻止人员进入的护栏或警示牌。护栏与引下线水平距离不应小于 3m。 6 引下线安装与易燃材料的墙壁或墙体保温层间距应大于 0.1m。	1. 查阅接地装置接地电阻测试记录 测试仪器：在有效检定期内 测试方位示意图：与实际相符 电阻值实测值：符合设计要求 签字：施工单位、监理单位相关责任人已签字 结论：符合设计要求

条款号	大纲条款	检 查 依 据	检查要点
5.5.4	建（构）筑物和设备的防雷接地可靠、可测，接地阻抗测试值符合设计或规范规定，签证记录齐全	6.1.1　接闪器安装主控项目应符合下列规定： 　　1　建筑物顶部和外墙上的接闪器必须与建筑物栏杆、旗杆、吊车梁、管道、设备、太阳能热水器、门窗、幕墙支架等外露的金属物进行等电位连接。 **3.《建筑电气工程施工质量验收规范》GB 50303—2002** 24.1.1　人工接地装置或利用建筑物基础钢筋的接地装置必须在地面以上按设计要求位置设测试点。 24.1.2　测试接地装置的接地电阻值必须符合设计要求。 24.1.3　防雷接地的人工接地装置的接地干线埋设，经人行通道处埋地深度不应小于1m，且应采取均压措施或在其上方铺设卵石或沥青地面	2. 查看避雷引下线敷设：符合规范规定 断开卡：高度符合规定，便于检测
5.5.5	金属电缆导管，必须可靠接地或接零，并符合规范规定	**《建筑电气工程施工质量验收规范》GB 50303—2002** 12.1.1　金属电缆桥架及其支架和引入或引出的金属电缆导管必须接地（PE）或接零（PEN）可靠，且必须符合下列规定： 　　1　金属电缆桥架及其支架全长不少于2处与接地（PE）或接零（PEN）干线相连接； 　　2　非镀锌电缆桥架间连接板的两端跨接铜芯接地线，接地线最小允许截面积不小于4mm²。 　　3　镀锌电缆桥架间连接板的两端不跨接接地线，但连接板两端不少于2个有防松螺帽或防松垫圈的连接固定螺栓。 13.1.1　金属电缆支架、电缆导管必须接地（PE）或接零（PEN）可靠	查看电缆导管接地情况 金属导管接地或接零：符合规范
5.6	**通风及空调工程的监督检查**		
5.6.1	通风管道的材质、性能必须符合设计和规范规定	**《通风与空调工程施工质量验收规范》GB 50243—2002** 3.0.5　通风与空调工程所使用的主要原材料、成品、半成品和设备的进场，必须对其进行验收。验收应经监理工程师认可，并应形成相应的质量记录。 4.1.2　对风管制作质量的验收，应按其材料、系统类别和使用场所的不同分别进行。 4.2.1　金属风管的材料品种、规格、性能与厚度等应符合设计和现行国家产品标准的规定。当设计无规定时，应按本规范执行。钢板或镀锌钢板的厚度不用小于表4.2.1-1的规定；不锈钢板的厚度不因小于表4.2.1-2的规定；铝板的厚度不得小于表4.2.1-3的规定。 4.2.2　非金属风管的材料品种、规格、性能与厚度等应符合设计和现行国家产品标准的规定。当设计无规定时，应按本规范执行。硬聚氯乙烯风管板材的厚度，不得小于表4.2.2-1或表4.2.2-2的规定；有机玻璃钢风管板材的厚度，不得小于表4.2.2-3的规定；无机玻璃钢风管板材的厚度，不得小于表4.2.2-4的规定，相应的玻璃布层数不应少于表4.2.2-5的规定，其表面不得出现返卤或严重泛霜。 　　用于高低风管系统的非金属风管厚度应按设计规定。 4.2.3　防火风管的本体、框架与固定材料、密封垫料必须为不燃材料，其耐火等级应符合设计的规定。	1. 查阅通风金属、非金属管道及所使用的材料质量证明文件：应为原件或有效抄件 性能指标：符合符合设计和现行标准规定 2. 查阅进场监理验收通风金属、非金属管道及所使用的材料的验收记录

条款号	大纲条款	检 查 依 据	检查要点
5.6.1	通风管道的材质、性能必须符合设计和规范规定	4.2.4 复合材料风管的覆面材料必须为不燃材料，内部的绝热材料应为不燃或难燃 B1 级，且对人体无害的材料。 5.2.4 防爆风阀的制作材料必须符合设计规定，不得自行替换。 5.2.7 防排类系统柔性短管的制作材料必须为不燃材料。主要包括风管的材质、规格、强度、严密性与成品外观质量等项内容	
5.6.2	通风与空调系统施工完毕，隐蔽验收、质量验收记录齐全	**1.《建筑工程施工质量验收统一标准》GB 50300—2013** 3.0.6 建筑工程施工质量应按下列要求进行验收： 　1 工程质量验收均应在施工单位自检合格的基础上进行。 　2 参加工程施工质量验收的各方人员应具备相应的资格。 　3 检验批的质量应按主控项目和一般项目验收。 　4 对涉及结构安全、节能、环境保护和主要使用功能的试块、试件及材料，应在进场时或施工中按规定进行见证检验。 　5 隐蔽工程在隐蔽前应由施工单位通知监理单位进行验收，并应形成验收文件，验收合格后方可继续施工。 　6 对涉及结构安全、节能、环境保护和使用功能的重要分部工程应在验收前按规定进行抽样检验。 　7 工程的观感质量应由验收人员现场检查，并应共同确认。 5.0.1 检验批质量验收合格应符合下列规定： 　1 主控项目的质量经抽样检验均应合格。 　2 一般项目的质量经抽样检验合格。当采用计数抽样时，合格点率应符合有关专业验收规范的规定，且不得存在严重缺陷。对于计数抽样的一般项目，正常检验一次、二次抽样可按本标准附录 D 判定。 　3 具有完整的施工操作依据、质量验收记录。 5.0.2 分项工程质量验收合格应符合下列规定： 　1 所含检验批的质量均应验收合格。 　2 所含检验批的质量验收记录应完整。 5.0.3 分部工程质量验收合格应符合下列规定： 　1 所含分项工程的质量均应验收合格。 　2 质量控制资料应完整。 　3 有关安全、节能、环境保护和主要使用功能的抽样检验结果应符合相应规定。 　4 观感质量应符合要求。	1. 查看通风与空调工程施工：已完毕并符合设计要求 2. 查阅通风与空调工程检验批、分项工程、分部工程验收报审表 签字：施工单位、监理单位相关负责人已签字 盖章：施工单位、监理单位已盖章 结论：通过验收 3. 查阅通风与空调工程检验批、分项工程、分部工程质量验收记录 内容：包括检验批、分项工程、分部工程质量验收记录 签字：施工单位项目技术负责人、专业监理工程师已签字 结论：同意验收

条款号	大纲条款	检 查 依 据	检查要点
5.6.2	通风与空调系统施工完毕，隐蔽验收、质量验收记录齐全	5.0.4 单位工程质量验收合格应符合下列规定： 1 所含分部工程的质量均应验收合格。 2 质量控制资料应完整。 3 所含分部工程中有关安全、节能、环境保护和主要使用功能的检验资料应完整。 4 主要使用功能的抽查结果应符合相关专业验收规范的规定。 5 观感质量应符合要求。 5.0.8 经返修或加固处理仍不能满足安全或使用要求的分部工程及单位工程，严禁验收。 6.0.1 检验批应由专业监理工程师组织施工单位项目专业质量检查员、专业工长等进行验收。 6.0.2 分项工程应由专业监理工程师组织施工单位项目专业技术负责人等进行验收。 6.0.3 分部工程应由总监理工程师组织施工单位项目负责人和项目技术负责人等进行验收。勘察、设计单位项目负责人和施工单位技术、质量部门负责人应参加地基与基础分部工程的验收。设计单位项目负责人和施工单位技术、质量部门负责人应参加主体结构、节能分部工程的验收。 6.0.4 单位工程中的分包工程完工后，分包单位应对所承包的工程项目进行自检，并应按本标准规定的程序进行验收。验收时，总包单位应派人参加。分包单位应将所分包工程的质量控制资料整理完整后，移交给总包单位。 6.0.5 单位工程完工后，施工单位应组织有关人员进行自检。总监理工程师应组织各专业监理工程师对工程质量进行竣工预验收。存在施工质量问题时，应由施工单位及时整改。整改完毕后，由施工单位向建设单位提交工程竣工报告，申请工程竣工验收。 6.0.6 建设单位收到工程竣工报告后，应由建设单位项目负责人组织监理、施工、设计、勘察等单位项目负责人进行单位工程验收。 **2.《通风与空调工程施工规范》GB 50738—2011** 11.1.2 管道穿过地下室或地下构筑物外墙时，应采用防水措施，并应符合设计要求。对有严格防水要求的建筑物，必须采用柔性防水套管。 **3.《通风与空调工程施工质量验收规范》GB 50243—2002** 3.0.5 通风与空调工程所使用的主要原材料、成品、半成品和设备的进场，必须对其进行验收。验收应经监理工程师认可，并形成相应的质量记录。 3.0.6 通风与空调工程的施工，应把每一个分项施工工序作为工序交接检验点，并形成相应的质量记录。 3.0.11 通风与空调工程中的隐蔽工程，在隐蔽前必须经监理人员验收及认可签证。 4.2.3 防火风管的本体、框架与固定材料、密封垫料必须为不燃材料，其耐火等级应符合设计的规定。 4.2.4 复合材料风管的覆面材料必须为不燃材料，内部的绝热材料应为不燃或难燃 B1 级、且对人体无害的材料。	4. 查阅隐蔽验收记录 金属风管的材料品种、规格、性能与厚度：符合设计要求 风管法兰材料规格：符合设计要求及规范规定 风管加固方法及加固材料：符合设计要求及规范规定 风管安装的位置、标高、走向：符合设计要求 风管严密性试验结论：符合规范规定 签字：施工单位、监理单位相关责任人已签字 结论：同意隐蔽

条款号	大纲条款	检 查 依 据	检查要点
5.6.2	通风与空调系统施工完毕，隐蔽验收、质量验收记录齐全	5.2.4　防爆风阀的制作材料必须符合设计规定，不得自行替换。 5.2.7　防、排烟系统柔性短管的制作材料必须为不燃材料。 6.2.1　在风管穿过需要封闭的防火、防爆的墙体或楼板时，应设预埋管或防护套管，其钢板厚度不应小于 1.6mm。风管与防护套管之间，应用不燃且对人体无危害的柔性材料封堵。 6.2.2　风管安装必须符合下列规定： 　　1　风管内严禁其他管线穿越； 　　2　输送含有易燃、易爆气体或安装在易燃、易爆环境的风管系统应有良好的接地，通过生活区或其他辅助生产房间时必须严密，并不得设置接口； 　　3　室外立管的固定拉索严禁拉在避雷针或避雷网上。 7.2.7　静电空气过滤器金属外壳接地必须良好。 7.2.8　电加热器的安装必须符合下列规定： 　　1　电加热器与钢构架的绝热层必须为不燃材料，接线柱外露的应加安全防护罩； 　　2　电加热器的金属外壳接地必须良好； 　　3　连接电加热器的风管的法兰垫片，应采用耐热不燃材料。 8.2.6　燃油管道系统必须设置可靠的防静电接地装置，其管道法兰应采用镀锌螺栓连接或在法兰处用铜导线进行跨接，且结合良好。 8.2.7　燃气系统管道与机组的连接不得使用非金属软管。燃气管道的吹扫和压力试验应为压缩空气或氮气，严禁用水。当燃气供气管道压力大于 0.005MPa 时，焊缝的无损检测的执行标准应按设计规定。当设计无规定，且采用超声波探伤时，应全数检测，以质量不低于 Ⅱ 级为合格。 **4.《通风管道技术规程》JGJ 141—2004** 3.1.3　非金属风管材料应符合下列规定： 　　1　非金属风管材料的燃烧性能应符合现行国家标准《建筑材料燃烧性能分级方法》GB 8624 中不燃 A 级或难燃 B1 级的规定 4.1.6　风管内不得敷设各种管道、电线或电缆，室外立管的固定拉索严禁拉在避雷针或避雷网上	
5.6.3	通风与空调系统调试合格，功能正常，记录齐全	**1.《通风与空调工程施工规范》GB 50738—2011** 16.1.1　通风与空调系统安装完毕投入使用前，必须进行系统的试运行与调试，包括设备单机试运转与调试、系统无生产负荷下的联合试运行与调试。 **2.《通风与空调工程施工质量验收规范》GB 50243—2002** 11.2.1　通风与空调工程安装完毕，必须进行系统的测定和调整（简称调试）。 系统调试应包括下列项目： 　　1　设备单机试运转及调试；	1. 查看通风与空调系统功能：正常

续表

条款号	大纲条款	检 查 依 据	检查要点
5.6.3	通风与空调系统调试合格，功能正常，记录齐全	2 系统无生产负荷下的联合试运转及调试。 11.2.4 防排烟系统联合试运行与调试的结果（风量及正压），必须符合设计与消防的规定	2. 查阅通风与空调工程试运转和调试记录 　调试项目：包括设备单机试运转与调试、系统无生产负荷下的联合试运行与调试 　结果：符合设计要求及规范规定 　签字：施工单位技术负责人、专业监理工程师已签字
5.6.4	通风与空调设施传动装置的外露部位及进、排气口防护措施可靠	**《通风与空调工程施工质量验收规范》GB 50243—2002** 6.2.3 输送空气温度高于80℃的风管。应按设计规定采取防护措施。 7.2.2 通风机传动装置的外露部位以及直通大气的进、出口，必须装设防护罩（网）或采取其他安全设施	1. 查看风管防护 　措施：符合设计要求 2. 查看通风机传动装置 　通风机传动装置的外露部位以及直通大气的进、出口的安全设施：符合规范规定
5.6.5	管道穿过建筑物的墙体、楼板时，与建筑物结合处的处理措施可靠，并符合设计和规范规定	**1.《通风与空调工程施工质量验收规范》GB 50243—2002** 6.2.1 在风管穿过需要封闭的防水、防爆的墙体或楼板时，应设预埋管或防护套管，其钢板厚度不应小于1.6mm。观管与防护套管之间，应用不燃且对人体无危害的柔性材料封墙。 　检查数量：按数量抽查20%，不得少于1个系统。 　检查方法：尺量、观察检查。 9.2.2 管道安装应符合下列规定： 　5 固定在建筑结构上的管道支、吊架，不得影响结构的安全。管道穿越墙体或楼板处应设钢制套管，管道接口不得置于套管内，钢制套管应与墙体饰面或楼板底部平齐，上部应高出楼层地面20mm～50mm，并不得将会管作为管道支撑。 　保温管道与套管四月间隙应使用不燃绝热材料填塞紧密。 　检查数量：系统全数检查。每个系统管道、部件数量抽查10%，且不得少于5件。 　检查方法：尺量、观察检查，旁站或查阅试验记录、隐蔽工程记录。	1. 查看管道穿越建筑物墙体、楼板、吊顶及屋面 　处理措施：符合设计和规范规定 2. 查阅隐蔽管道穿越结构的质量隐蔽验收记录、监理盘站记录等 　签字：施工单位、监理单位签字齐全 　结论：合格

条款号	大纲条款	检 查 依 据	检查要点
5.6.5	管道穿过建筑物的墙体、楼板时，与建筑物结合处的处理措施可靠，并符合设计和规范规定	**2.《通风与空调工程施工规范》GB 50738—2011** 8.1.2 风管穿过需要封闭的防火、防爆的楼板或墙体时，应设壁厚不小于1.6mm的钢制预埋管或防护套管，风管与防护套管之间应采用不燃且对人体无害的柔性材料封堵。 8.1.8 洁净空调系统风管安装应符合下列规定： 　4 风管与洁净室吊顶、隔墙等围护结构的接缝应严密。 8.1.9 风管穿出屋面处应设防雨装置，风管与屋面交接处应有防渗水措施。 11.1.2 管道穿过地下室或地下构筑物外墙时，应采取防水措施，并应符合设计要求。对有严格防水要求的建筑物，必须采取柔性防水套管。 11.1.4 管道穿越结构变形缝处应设置金属柔性短管，金属柔性短管长度宜为150mm～300mm，并应满足结构变形的要求，其保温性能应符合管道系统功能要求	
5.7　智能建筑工程的监督检查			
5.7.1	智能建筑工程施工完毕，功能正常，质量验收记录齐全	**《建筑工程施工质量验收统一标准》GB 50300—2013** 3.0.6 建筑工程施工质量应按下列要求进行验收： 　1 工程质量验收均应在施工单位自检合格的基础上进行。 　2 参加工程施工质量验收的各方人员应具备相应的资格。 　3 检验批的质量应按主控项目和一般项目验收。 　4 对涉及结构安全、节能、环境保护和主要使用功能的试块、试件及材料，应在进场时或施工中按规定进行见证检验。 　5 隐蔽工程在隐蔽前应由施工单位通知监理单位进行验收，并应形成验收文件，验收合格后方可继续施工。 　6 对涉及结构安全、节能、环境保护和使用功能的重要分部工程应在验收前按规定进行抽样检验。 　7 工程的观感质量应由验收人员现场检查，并应共同确认。 5.0.1 检验批质量验收合格应符合下列规定： 　1 主控项目的质量经抽样检验均应合格。 　2 一般项目的质量经抽样检验合格。当采用计数抽样时，合格点率应符合有关专业验收规范的规定，且不得存在严重缺陷。对于计数抽样的一般项目，正常检验一次、二次抽样可按本标准附录D判定。 　3 具有完整的施工操作依据、质量验收记录。 5.0.2 分项工程质量验收合格应符合下列规定： 　1 所含检验批的质量均应验收合格。 　2 所含检验批的质量验收记录应完整。	1. 查看智能建筑工程施工：已完毕 2. 查阅智能建筑工程检验批、分项工程、分部工程验收报审表 　签字：施工单位、监理单位相关负责人已签字 　盖章：施工单位、监理单位已盖章 　结论：通过验收 3. 查阅建筑节能工程检验批、分项工程、分部工程质量验收记录 　内容：包括检验批、分项工程、分部工程质量验收记录 　签字：施工单位项目技术负责人、专业监理工程师已签字 　结论：合格

条款号	大纲条款	检 查 依 据	检查要点
5.7.1	智能建筑工程施工完毕，功能正常，质量验收记录齐全	5.0.3　分部工程质量验收合格应符合下列规定： 　　1　所含分项工程的质量均应验收合格。 　　2　质量控制资料应完整。 　　3　有关安全、节能、环境保护和主要使用功能的抽样检验结果应符合相应规定。 　　4　观感质量应符合要求。 5.0.4　单位工程质量验收合格应符合下列规定： 　　1　所含分部工程的质量均应验收合格。 　　2　质量控制资料应完整。 　　3　所含分部工程中有关安全、节能、环境保护和主要使用功能的检验资料应完整。 　　4　主要使用功能的抽查结果应符合相关专业验收规范的规定。 　　5　观感质量应符合要求。 5.0.8　经返修或加固处理仍不能满足安全或使用要求的分部工程及单位工程，严禁验收。 6.0.1　检验批应由专业监理工程师组织施工单位项目专业质量检查员、专业工长等进行验收。 6.0.2　分项工程应由专业监理工程师组织施工单位项目专业技术负责人等进行验收。 6.0.3　分部工程应由总监理工程师组织施工单位项目负责人和项目技术负责人等进行验收。勘察、设计单位项目负责人和施工单位技术、质量部门负责人应参加地基与基础分部工程的验收。设计单位项目负责人和施工单位技术、质量部门负责人应参加主体结构、节能分部工程的验收。 6.0.4　单位工程中的分包工程完工后，分包单位应对所承包的工程项目进行自检，并应按本标准规定的程序进行验收。验收时，总包单位应派人参加。分包单位应将所分包工程的质量控制资料整理完整后，移交给总包单位。 6.0.5　单位工程完工后，施工单位应组织有关人员进行自检。总监理工程师应组织各专业监理工程师对工程质量进行竣工预验收。存在施工质量问题时，应由施工单位及时整改。整改完毕后，由施工单位向建设单位提交工程竣工报告，申请工程竣工验收。 6.0.6　建设单位收到工程竣工报告后，应由建设单位项目负责人组织监理、施工、设计、勘察等单位项目负责人进行单位工程验收	
5.7.2	智能化系统运行正常，检测试验记录齐全	**《智能建筑工程质量验收规范》GB 50339—2013** 3.3.1　系统检测应在系统试运行合格后进行。 3.3.3　系统检测的组织应符合下列规定： 　　1　建设单位应组织项目检测小组； 　　2　项目检测小组应指定检测负责人； 　　3　公共机构的项目检测小组应由有资质的检测单位组成。 3.3.4　系统检测应符合下列规定：	1. 查看智能化系统 　运行：正常 2. 查阅检测试验记录 　内容：符合规范规定 　签字：监理工程师、检测负责人已签字 　结论：合格

条款号	大纲条款	检 查 依 据	检查要点
5.7.2	智能化系统运行正常，检测试验记录齐全	1　应依据工程技术文件和本规范规定的检测项目、检测数量及检测方法编制系统检测方案，检测方案应经建设单位或项目监理机构批准后实施； 2　应按系统检测方案所列检测项目进行检测，系统检测的主控项目和一般项目应符合本规范附录C的规定； 3　系统检测应按照先分项工程，再子分部工程，最后分部工程的顺序进行，并填写《分项工程检测记录》《子分部工程检测记录》《分部工程检测汇总记录》； 4　分项工程检测记录由检测小组填写，检测负责人作出检测结论，监理（建设）单位的监理工程师（项目专业技术负责人）签字确认，且记录的格式应符合本规范附录C的表C.0.1的规定； 5　子分部工程检测记录由检测小组填写，检测负责人作出检测结论，监理（建设）单位的监理工程师（项目专业技术负责人）签字确认，且记录的格式应符合本规范附录C的表C.0.2～C.0.16的规定。 6　分部工程检测汇总记录由检测小组填写，检测负责人作出检测结论，监理（建设）单位的监理工程师（项目专业技术负责人）签字确认，且记录的格式应符合本规范附录C的表C.0.17的规定。 3.3.5　检测结论与处理应符合下列规定： 1　检测结论应分为合格和不合格。 2　主控项目有一项及以上不合格的，系统检测结论应为不合格；一般项目有两项及以上不合格的，系统检测结论应为不合格。 3　被集成系统接口检测不合格的，被集成系统和集成系统的系统检测结论应为不合格。 4　系统检测不合格时，应限期对不合格项进行整改，并重新检测，直至检测合格。重新检测时抽检应扩大范围。 17.0.1　建筑设备监控系统可包括暖通空调监控系统、变频电测系统、公共照明监控系统、给排水监控系统、电梯和自动扶梯监测系统及能耗监测系统等。检测和验收的范围应根据设计要求确定。 17.0.5　暖通空调监控系统的功能检测应符合下列规定： 1　检测内容应按设计要求确定。 2　冷热源的监测参数应全部检测；空调、新风机组的监测参数应按总数的20%抽检，且不应少于5台，不足5台时应全部检测；各种类型传感器、执行器应按10%抽检，且不应小于5只，不足5只时应全部检测。 3　抽检结果全部符合设计要求的应判定为合格。 17.0.7　公共照明监测系统的功能检测应符合下列规定： 1　检测内容应按设计要求确定； 2　应按照回路总数的10%进行抽检，数量不应少于10路，总数少于10路时应全部检测。 3　抽检结果全部符合设计要求的应判定为合格。	

条款号	大纲条款	检 查 依 据	检查要点
5.7.2	智能化系统运行正常，检测试验记录齐全	17.0.9 电梯和自动扶梯监测系统应检测启停、上下行、位置、故障等运行状态显示功能。检测结果符合设计要求的应判定为合格。 18.0.1 火灾报警系统提供的接口功能应符合设计要求。 18.0.2 火灾自动报警系统工程实施的质量控制、系统检测和工程验收应符合现行国家标准《火灾自动报警系统施工及验收规范》GB 50166 的规定	
5.8 节能工程的监督检查			
5.8.1	节能工程材料质量证明文件和复验报告齐全	**1.《建筑节能工程施工质量验收规范》GB 50411—2007** 3.2.2 材料和设备进场验收应遵守下列规定： 　　1 对材料和设备的品种、规格、包装、外观和尺寸等进行检查验收，并应经监理工程师（建设单位代表）确认，形成相应的验收记录。 　　2 对材料和设备的质量证明文件进行核查，并应经监理工程师（建设单位代表）确认，纳入工程技术档案。进入施工现场用于节能工程的材料和设备均应具有出厂合格证、中文说明书及相关性能检测报告；定型产品和成套技术应有型式检验报告，进口材料和设备应按规定进行出入境商品检验。 　　3 对材料和设备应按照本规范附录 A 及各章的规定在施工现场抽样复验。复验应为见证取样送检。 4.2.2 墙体节能工程使用的保温隔热材料，其导热系数、密度、抗压强度或压缩强度、燃烧性能应符合设计要求。 5.2.2 幕墙节能工程使用的保温隔热材料，其导热系数、密度、燃烧性能应符合设计要求。幕墙玻璃的传热系数、遮阳系数、可见光透射比、中空玻璃露点应符合设计要求。 6.2.2 建筑外窗的气密性、保温性能、中空玻璃露点、玻璃遮阳系数和可见光透射比应符合设计要求。 7.2.2 屋面节能工程使用的保温隔热材料，其导热系数、密度、抗压强度或压缩强度、燃烧性能应符合设计要求。 8.2.2 地面节能工程使用的保温材料，其导热系数、密度、抗压强度或压缩强度、燃烧性能应符合设计要求。 12.2.2 低压配电系统选择的电缆、电线截面不得低于设计值，进场时应对其截面和每芯导体电阻值进行见证取样送检。每芯导体电阻值应符合表 12.2.2 的规定。 **2.《建设工程监理规范》GB/T 50319—2013** 5.2.9 项目监理机构应审查施工单位报送的用于工程的材料、构配件、设备的质量证明文件，并应按有关规定、建设工程监理合同的约定，对用于建设工程的材料进行见证取样，平行检验。 　　项目监理机构对已进场经检验不合格的材料、构配件、设备，应要求施工单位限期将其撤出施工现场。	1. 查阅建筑节能工程材料质量证明文件和复试报告 　　质量证明文件：应为原件或有效抄件 　　复检报告盖章：已加盖计量认证章和检测专用章 　　结论：合格 2. 查阅材料的进场报审表 　　签字：施工单位、监理单位相关负责人已签字 　　盖章：施工单位、监理单位已盖章 　　结论：同意使用

条款号	大纲条款	检 查 依 据	检查要点
5.8.1	节能工程材料质量证明文件和复验报告齐全	**3.《电力建设工程监理规范》DL/T 5434—2009** 9.1.7 项目监理机构应对承包单位报送的拟进场工程材料、半成品和构配件的质量证明文件进行审核，并按有关规定进行抽样验收。对有复试要求的，经监理人员现场见证取样的送检，复试报告应报送项目监理机构查验。 　　未经项目监理机构验收或验收不合格的工程材料、半成品和构配件，不得用于本工程，并书面通知承包单位限期撤出施工现场	
5.8.2	后置锚固件现场拉拔试验合格，报告齐全	**《建筑节能工程施工质量验收规范》GB 50411—2007** 4.2.7 墙体节能工程的施工，应符合下列规定： 　　4 当墙体节能工程的保温层采用预埋或后置锚固件固定时，锚固件数量、位置、锚固深度和拉拔力应符合设计要求。后置锚固件应进行锚固力现场拉拔试验	查阅后置锚固件现场拉拔试验报告 抗拉强度：符合设计要求及规范规定 盖章：应加盖计量认证章和检测专用章 结论：合格
5.8.3	建筑节能工程施工完毕，验收记录齐全	**1.《建筑工程施工质量验收统一标准》GB 50300—2013** 3.0.6 建筑工程施工质量应按下列要求进行验收： 　　1 工程质量验收均应在施工单位自检合格的基础上进行。 　　2 参加工程施工质量验收的各方人员应具备相应的资格。 　　3 检验批的质量应按主控项目和一般项目验收。 　　4 对涉及结构安全、节能、环境保护和主要使用功能的试块、试件及材料，应在进场时或施工中按规定进行见证检验。 　　5 隐蔽工程在隐蔽前应由施工单位通知监理单位进行验收，并应形成验收文件，验收合格后方可继续施工。 　　6 对涉及结构安全、节能、环境保护和使用功能的重要分部工程应在验收前按规定进行抽样检验。 　　7 工程的观感质量应由验收人员现场检查，并应共同确认。 5.0.1 检验批质量验收合格应符合下列规定： 　　1 主控项目的质量经抽样检验均应合格。 　　2 一般项目的质量经抽样检验合格。当采用计数抽样时，合格点率应符合有关专业验收规范的规定，且不得存在严重缺陷。对于计数抽样的一般项目，正常检验一次、二次抽样可按本标准附录D判定。 　　3 具有完整的施工操作依据、质量验收记录。 5.0.2 分项工程质量验收合格应符合下列规定： 　　1 所含检验批的质量均应验收合格。	1. 查看建筑节能工程 　施工：已完毕并符合设计要求 2. 查阅建筑节能工程检验批、分项工程、分部工程验收报审表 　签字：施工单位、监理单位相关负责人已签字 　盖章：施工单位、监理单位已盖章 　结论：通过验收

条款号	大纲条款	检 查 依 据	检查要点
5.8.3	建筑节能工程施工完毕，验收记录齐全	2　所含检验批的质量验收记录应完整。 5.0.3　分部工程质量验收合格应符合下列规定： 　　1　所含分项工程的质量均应验收合格。 　　2　质量控制资料应完整。 　　3　有关安全、节能、环境保护和主要使用功能的抽样检验结果应符合相应规定。 　　4　观感质量应符合要求。 5.0.4　单位工程质量验收合格应符合下列规定： 　　1　所含分部工程的质量均应验收合格。 　　2　质量控制资料应完整。 　　3　所含分部工程中有关安全、节能、环境保护和主要使用功能的检验资料应完整。 　　4　主要使用功能的抽查结果应符合相关专业验收规范的规定。 　　5　观感质量应符合要求。 5.0.8　经返修或加固处理仍不能满足安全或使用要求的分部工程及单位工程，严禁验收。 6.0.1　检验批应由专业监理工程师组织施工单位项目专业质量检查员、专业工长等进行验收。 6.0.2　分项工程应由专业监理工程师组织施工单位项目专业技术负责人等进行验收。 6.0.3　分部工程应由总监理工程师组织施工单位项目负责人和项目技术负责人等进行验收。勘察、设计单位项目负责人和施工单位技术、质量部门负责人应参加地基与基础分部工程的验收。设计单位项目负责人和施工单位技术、质量部门负责人应参加主体结构、节能分部工程的验收。 6.0.4　单位工程中的分包工程完工后，分包单位应对所承包的工程项目进行自检，并应按本标准规定的程序进行验收。验收时，总包单位应派人参加。分包单位应将所分包工程的质量控制资料整理完整后，移交给总包单位。 6.0.5　单位工程完工后，施工单位应组织有关人员进行自检。总监理工程师应组织各专业监理工程师对工程质量进行竣工预验收。存在施工质量问题时，应由施工单位及时整改。整改完毕后，由施工单位向建设单位提交工程竣工报告，申请工程竣工验收。 6.0.6　建设单位收到工程竣工报告后，应由建设单位项目负责人组织监理、施工、设计、勘察等单位项目负责人进行单位工程验收。 **2.《建筑节能工程施工质量验收规范》GB 50411—2007** 15.0.3　建筑节能工程的检验批质量验收合格，应符合下列规定： 　　4　应具有完整的施工操作依据和质量验收记录。 15.0.4　建筑节能分项工程质量验收合格，应符合下列规定： 　　2　分项工程所含检验批的质量验收记录应完整。 15.0.5　建筑节能分部工程质量验收合格，应符合下列规定：	3. 查阅建筑节能工程检验批、分项工程、分部工程质量验收记录 　内容：包括检验批、分项工程、分部工程质量验收记录 　签字：施工单位项目技术负责人、专业监理工程师已签字 　结论：合格

续表

条款号	大纲条款	检 查 依 据	检查要点
5.8.3	建筑节能工程施工完毕，验收记录齐全	1 分项工程应全部合格； 2 质量控制资料应完整； 3 外墙节能构造现场实体检验结果应符合设计要求； 4 严寒、寒冷和夏热冬冷地区的外窗气密性现场实体检测结果应合格； 5 建筑设备工程系统节能性能检测结果应合格	
5.8.4	系 统 调 试 合格，功能满足设计要求	**《建筑节能工程施工质量验收规范》GB 50411—2007** 9.2.10 采暖系统安装完成后，应在采暖期内与热源联合试运转和调试。联合试运转和调试结果应符合设计要求，采暖房间温度相对于设计计算温度不得低于2℃，且不高于1℃。 10.2.14 通风与空调系统安装完毕，应进行通风机和空调机组等设备的单机试运转和调试，并应进行系统的风量平衡调试。单机试运转和调试结果应符合设计要求；系统的总风量与设计风量的允许偏差均不应大于10%，风口的风量与设计风量的允许偏差不应大于15%。 11.2.11 空调与采暖系统冷热源和辅助设备及其管道和管网系统安装完毕后，系统试运转及调试必须符合下列规定： 　　1 冷热源和辅助设备必须进行单机试运转和调试。 　　2 冷热源和辅助设备必须同建筑室内空调或采暖系统进行联合试运转及调试。 　　3 联合试运转和调试结果应符合设计要求，且允许偏差或规定值应符合本规范表11.2.11的有关规定。当联合试运转及调试不在制冷期或采暖期时，应先对表11.2.11中序号2、3、5、6四个项目进行检测，并在第一个制冷期或采暖期内，带冷（热）源补做序号1、4两个项目的检测	1. 查阅采暖系统试运转和调试记录 　热力入口、房间温度：符合设计要求和规范规定 　签字：施工单位、监理单位相关责任人已签字 2. 查阅通风与空调系统的试运转和调试记录 　单机试运转和调试结论：符合设计要求 　系统的总风量、风口的风量与设计风量允许偏差：符合规范规定 　签字：施工单位、监理单位相关责任人已签字 3. 查阅空调与采暖系统冷热源和辅助设备及其管道和管网系统试运转及调试记录 　单机试运转和调试：符合设计要求及规范规定 　联合试运转和调试：符合设计要求及规范规定 　签字：施工单位、监理单位相关责任人已签字

续表

条款号	大纲条款	检 查 依 据	检查要点
6 质量监督检测			
6.0.1	开展现场质量监督检查时,应重点对下列项目的检测试验报告进行查验,必要时可进行验证性抽样检测。对检验指标或结论有怀疑时,必须进行检测		
(1)	工程的防水材料、保温材料的主要技术性能	**1.《弹性体(SBS)改性沥青防水卷材》GB 18242—2008** 5.3 材料性能应符合表 2 要求。 6.7 可溶物含量按 GB/T 328.26 进行。 6.8 耐热度按 GB/T 328.11—2007 中 A 法进行。 6.9 低温柔性按 GB/T 328.14 进行。 6.10 不透水性按 GB/T 328.10—2007 中 B 法进行。 6.11 拉力及延伸率按 GB/T 328.8 进行。 7.7.1.2 从单位面积质量、面积、厚度及外观合格的卷材中任取一卷进行材料性能试验。 **2.《绝热用模塑聚苯乙烯泡沫塑料》GB/T 10801.1—2002** 4.3 物理机械性能应符合表 3 要求。 5.4 表观密度的测定按 GB/T 6343 规定测定。 5.5 压缩强度的测定按 GB/T 8813 规定进行。 5.6 导热系数的测定按 GB/T 10294 或 GB/T 10295 规定进行。 5.11.2 燃烧分级的测定按 GB 8624 规定进行。 6.1 组批:同一规格的产品数量不超过 2000m³ 为一批	1. 查验抽测弹性体改性沥青防水卷材试样 　可溶物含量:符合 GB 18242 表 2 要求 　耐热度检:符合 GB 18242 表 2 要求 　低温柔性:符合 GB 18242 表 2 要求 　不透水性:符合 GB 18242 表 2 要求 　拉力及延伸率:符合 GB 18242 表 2 要求 2. 查验抽测绝热用模塑聚苯乙烯泡沫塑料试样 　表观密度:符合 GB/T 10801.1 表 3 要求 　压缩强度:符合 GB/T 10801.1 表 3 要求 　导热系数:符合 GB/T 10801.1 表 3 要求 　燃烧分级:符合 GB/T 10801.1 表 3 要求

续表

条款号	大纲条款	检 查 依 据	检查要点
(2)	后置埋件、结构密封胶及饰面砖粘贴的主要技术性能	**1.《建筑用硅酮结构密封胶》GB 16776—2005** 5.2 产品物理力学性能应符合表1要求。 5.3 硅酮结构胶与结构装配系统用附件的相容性应符合附录表A.3规定，硅酮结构胶与实际工程用基材的粘结性应符合附录B.7规定。B.7结果的判定：实际工程用基材与密封胶粘结：粘结破坏面积的算术平均值≤20%。 6.3 下垂度按GB/T 13477.6—2003中7.1试验。 6.6 表干时间按GB/T 13477.5—2003第8.1条试验。 6.7 硬度按GB/T 531—1999采用邵尔A型硬度计试验。 6.8.3 拉伸粘结性按GB/T 13477.8—2003进行试验。 6.9 热老化试验方法 7.3 组批、抽样规则 1 连续生产时每3t为一批，不足3t也为一批；间断生产时，每釜投料为一批。 2 随机抽样。单组分产品抽样量为5支；双组分产品从原包装中抽样，抽样量为3kg～5kg，抽取的样品应立即密封包装。 **2.《建筑装饰装修工程质量验收规范》GB 50210—2001** 8.2.4 后置埋件的现场拉拔强度必须符合设计要求。 检查方法：现场拉拔检测报告。 **3.《混凝土结构后锚固技术规程》JGJ 145—2013** C.2.3 后置埋件现场非破损检验的抽样数量，应符合下列规定： 1 锚栓锚固质量的非破损检验： 1）对重要结构构件及生命线工程的非结构构件，应按表C.2.3规定的抽样数量对该检验批的锚栓进行检验； 2）对一般结构构件，应取重要结构构件抽样量的50%且不少于5件进行检验； 3）对非生命线工程的非结构构件，应取每一检验批锚固件总数的0.1%且不少于5件。 2 植筋锚固质量的非破损检验： 1）对重要结构构件及生命线工程的非结构构件，应取每一检验批植筋总数的3%且不少于5件。 2）对一般结构构件，应取每一检验批植筋总数的1%且不少于3件。 3）对非生命线工程的非结构构件，应取每一检验批植筋总数的0.1%且不少于3件进行检验。 **4.《建筑工程饰面砖粘结强度检验标准》JGJ 110—2008** 3.0.5 现场粘贴的外墙饰面砖工程完工后，应对饰面砖粘结强度进行检验。 3.0.6 现场粘贴饰面砖粘贴强度检验应以每1000㎡同类墙体饰面砖为一个检验批，不足1000㎡应以1000㎡计，每批应取一组3个试样，每相邻的三个楼层应至少取一组试样，试样应随机抽取，取样间距不得小于500mm。	1. 现场拉拔后置埋件 拉拔强度：符合设计要求 2. 查验抽测硅酮结构密封胶试件 下垂度：符合GB 16776表1要求 表干时间：符合GB 16776表1要求 硬度：符合GB 16776表1要求 拉伸粘结性：符合GB 16776表1要求 热老化：符合GB 16776表1要求 结构装配系统用附件同密封胶相容性：符合附录表A.3规定 实际工程用基材与密封胶粘结：符合GB 16776标准附录B.7规定 3. 现场抽检饰面砖粘结试样 粘结强度：符合JGJ 110标准第6章的要求

条款号	大纲条款	检 查 依 据	检查要点
(2)	后置埋件、结构密封胶及饰面砖粘贴的主要技术性能	6　粘结强度检验评定： 　1　每组试样平均粘结强度不应小于 0.4MPa； 　2　每组可有一个试样的粘结强度小于 0.4MPa，但不应小于 0.3MPa	
(3)	保温隔热材料及其基层的粘结、幕墙玻璃及外窗的主要技术性能	**1.《建筑节能工程施工质量验收规范》GB 50411—2007** 　4.2.7　保温板与基层的粘结强度应做现场拉拔试验。 　　　检查数量：每个检验批抽查不少于 3 处。 　5.2.2　幕墙玻璃的传热系数、遮阳系数、可见光透射比、中控玻璃露点应符合设计要求。 　　　检查数量：同一厂家的同一一种产品抽查不少于一组。 **2.《建筑外门窗气密、水密、抗风压性能分级及检测方法》GB/T 7106—2008** 　4.1.2　气密性能分级指标值见表1。 　4.2.2　水密性能分级指标值见表2。 　4.3.2　抗风压性能分级指标值见表3。 　6.2　试件数量：相同类型、结构及规格尺寸的试件，应至少检验三樘。 　　　7　气密性能检测方法。 　　　8　水密性能检测方法。 　　　9　抗风压性能检测方法。 **3.《绝热用模塑聚苯乙烯泡沫塑料》GB/T 10801.1—2002** 　4.3　物理机械性能应符合表 3 要求。 　5.4　表观密度的测定按 GB/T 6343 规定测定。 　5.5　压缩强度的测定按 GB/T 8813 规定进行。 　5.6　导热系数的测定按 GB/T 10294 或 GB/T 10295 规定进行。 　5.11.2　燃烧分级的测定按 GB 8624 规定进行。 　6.1　组批：同一规格的产品数量不超过 2000m³ 为一批	1. 查验抽测绝热用模塑聚苯乙烯泡沫塑料试样 　表观密度：符合 GB/T 10801.1 表 3 要求 　压缩强度：符合 GB/T 10801.1 表 3 要求 　导热系数：符合 GB/T 10801.1 表 3 要求 　燃烧分级：符合 GB/T 10801.1 表 3 要求 2. 现场拉拔保温板与基层粘结 　粘结强度：符合设计要求 3. 查验抽测幕墙玻璃试样 　传热系数：符合设计要求 　遮阳系数：符合设计要求 　可见光透射比：符合设计要求 　中控玻璃露点：符合设计要求

续表

条款号	大纲条款	检 查 依 据	检 查 要 点
（3）	保温隔热材料及其基层的粘结、幕墙玻璃及外窗的主要技术性能		4. 查验抽测建筑外窗试样 气密性能：符合设计要求分级 水密性能：符合设计要求分级 抗风压性能：符合设计要求分级
（4）	室内环境检测、饮用水质量检测	**1.《民用建筑工程室内环境污染控制规范》GB 50325—2010（2013 年版）** 6.0.3　民用建筑工程验收进行室内环境污染物浓度检测，其限量应符合表 6.0.4 的规定 6.0.19　当室内环境污染物的浓度的检测结果符合本规范表 6.0.4 的规定，应判定该工程室内环境质量合格 **2.《生活饮用水卫生标准》GB 5749—2006** 4.1.6　生活饮用水水质应符合表 1 和表 3 卫生要求，集中式供水出厂水中消毒剂限出厂水和管网末梢水中消毒剂余量均应符合表 2 要求	1. 查阅室内环境检测检测报告 检验项目：包括氡、甲醛、苯、氨和 TOVC 等浓度检测 盖章：已加盖计量认证和检测专用章 结论：合格
			2. 查阅水质检测报告 检验项目：包括表1、表 2、表 3 规定的要求 盖章：已盖计量认证章检测专用章 结论：合格

第 4 节点：升压站受电前监督检查

条款号	大纲条款	检 查 依 据	检查要点
4　责任主体质量行为的监督检查			
4.1　建设单位质量行为的监督检查			
4.1.1	按规定组织进行设计交底、施工图会检和受电方案交底	**1.《建设工程质量管理条例》中华人民共和国国务院令〔2000〕第 279 号** 第二十三条　设计单位应当就审查合格的施工图设计文件向施工单位作出详细说明。 **2.《建筑工程勘察设计管理条例》中华人民共和国国务院令〔2015〕第 662 号** 第三十条　建设工程勘察、设计单位应当在建设工程施工前，向施工单位和监理单位说明建设工程勘察、设计意图，解释建设工程勘察、设计文件。建设工程勘察、设计单位应当及时解决施工中出现的勘察、设计问题。 **3.《建设工程监理规范》GB/T 50319—2013** 5.1.2　监理人员应熟悉工程设计文件，有关监理人员应参加建设单位主持的图纸会审和设计交底会议，总监理工程师应参与会议纪要会签。 **4.《建设工程项目管理规范》GB/T 50326—2006** 8.3.3　项目技术负责人应主持对图纸审核，并应形成会审记录。 **5.《光伏发电站施工规范》GB 50794—2012** 3.0.1　…… 　　4　开工所必需的施工图应通过会审，设计交底应完成，…… **6.《电力建设工程施工技术管理导则》国电电源〔2002〕896 号** 7.01　施工图纸是施工和验收的主要依据之一。为使施工人员充分领会设计意图、熟悉设计内容、正确施工，确保施工质量，必须在开工前进行图纸会检。 **7.《输变电工程项目质量管理规程》DL/T 1362—2014** 5.3.2　建设单位应在变电站单位工程和输电线路分部工程开工前组织设计交底和施工图会检	1. 查阅工程设计交底记录 　签字：责任人已签字 　日期：施工前 2. 查阅已开工单位工程施工图会检记录 　签字：责任人已签字 　日期：施工前 3. 查阅受电方案交底记录 　主持人：建设单位责任人 　交底人：建设单位责任人 　签字：运行、调试、施工（EPC）、监理、建设单位被交底人已签字 　时间：受电前
4.1.2	组织完成升压站建筑、安装和调试项目的验收	**1.《建筑工程施工质量验收统一标准》GB 50300—2013** 3.0.7　建筑工程施工质量验收合格应符合下列规定： 　　1　符合工程勘察、设计文件的规定。 　　2　符合本标准和相关专业验收规范的要求。 5.0.4　单位工程质量验收合格应符合下列规定： 　　1　所含分部工程的质量均应验收合格。 　　2　质量控制资料应完整。 　　3　所含分部工程中有关安全、节能、环境保护和主要使用功能的检验资料应完整。 　　4　主要使用功能的抽查结果应符合相关专业验收规范的规定。 　　5　观感质量验收应符合规定。	查阅升压站建筑、安装和调试专业工程质量验收记录 　签字：责任人已签字 　盖章：责任单位已盖章 　结论：明确

条款号	大纲条款	检 查 依 据	检查要点
4.1.2	组织完成升压站建筑、安装和调试项目的验收	6.0.5 单位工程完工后，施工单位应组织有关人员进行自检，总监理工程师应组织各专业监理工程师对工程质量进行竣工预验收。存在施工质量问题时，应由施工单位及时改正。 整改完毕后，由施工单位向建设单位提交工程竣工报告，申请工程竣工验收。 6.0.6 建设单位收到工程竣工验收报告后，应由建设单位项目负责人组织监理、施工、设计、勘察等单位项目负责人进行单位工程验收。 **2.《光伏发电工程验收规范》GB/T 50796—2012** 3.0.4 当工程具备验收条件时，应及时组织验收。未经验收或验收不合格的工程不得交付使用或进行后续工程施工。验收工作应相互衔接，不应重复进行	
4.1.3	对工程建设标准强制性条文执行情况进行汇总	**1.《中华人民共和国标准化法实施条例》国务院令〔1990〕第 53 号** 第二十三条 从事科研、生产、经营的单位和个人，必须严格执行强制性标准。 **2.《建设工程质量管理条例》中华人民共和国国务院令〔2000〕第 279 号** 第十条 ······ 建设单位不得明示或者暗示设计单位或者施工单位违反工程建设强制性标准，降低建设工程质量。 **3.《实施工程建设强制性标准监督规定》中华人民共和国建设部令〔2000〕第 81 号** 第二条 在中华人民共和国境内从事新建、扩建、改建等工程建设活动，必须执行工程建设强制性标准。 第六条 ······工程质量监督机构应当对工程建设施工、监理、验收等阶段执行强制性标准的情况实施监督。 第十条 强制性标准监督检查的内容包括： （一）有关工程技术人员是否熟悉、掌握强制性标准； （二）工程项目的规划、勘察、设计、施工、验收等是否符合强制性标准的规定； （三）工程项目采用的材料、设备是否符合强制性标准的规定； （四）工程项目的安全、质量是否符合强制性标准的规定； （五）工程中采用的导则、指南、手册、计算机软件的内容是否符合强制性标准的规定。 **4.《输变电工程项目质量管理规程》DL/T 1362—2014** 4.4 输变电工程项目建设过程中，参建单位应遵循现行国家和行业标准，严格执行工程设计和施工标准中的强制性条文，······	查阅强制性条文实施情况检查记录 内容：与强制性条文实施计划相符，相关资料可追溯 签字：检查人员已签字 时间：与工程进度同步
4.1.4	启动验收组织已建立，各专业组按职责正常开展工作	**1.《光伏发电工程验收规范》GB/T 50796—2012** 3.0.5 ······；工程启动验收应由工程启动验收委员会（以下简称"启委会"）负责；······ 5.1.3 工程启动验收委员会的组成及主要职责应包括下列内容： 1 工程启动验收委员会应由建设单位组建，由建设、监理、调试、生产、设计、政府相关部门和电力主管部门等有关单位组成，施工单位、设备制造单位等参建单位应列席工程启动验收。	1. 查阅启动验收委员会成立文件 内容：符合规程规定 盖章：项目法人单位已盖章

条款号	大纲条款	检 查 依 据	检查要点
4.1.4	启动验收组织已建立，各专业组按职责正常开展工作	2　工程启动验收委员会主要职责应包括下列内容： 1）应组织建设单位、调试单位、监理单位、质量监督部门编制工程启动大纲。 2）应审议施工单位的启动准备情况，核查工程启动大纲。全面负责启动的现场指挥和具体协调工作。 3）应组织批准成立各专业验收小组，批准启动验收方案。 4）应审查验收小组的验收报告，处理启动过程中出现的问题。组织有关单位消除缺陷并进行复查。 5）应对工程启动进行总体评价，应签署符合本规范附录 D 要求的"工程启动验收鉴定书"。 **2.《110kV 及以上送变电工程启动及竣工验收规程》DL/T 782—2001** 3.1.1　110kV 及以上送变电工程的启动验收，一般由建设项目法人或省（直辖市、自治区）电力公司主持。 3.1.2　启委会一般由投资方、建设项目法人、省（直辖市、自治区）电力公司有关部门、运行、设计、施工、监理、调试、电网调度、质量监督等有关单位代表组成，必要时可邀请主要设备的制造厂参加。 3.1.4　启委会的职责： 3.1.4.1　组织并批准成立启委会下设的工作机构。根据需要成立启动试运指挥组和工程验收检查组，在启委会领导下进行工作。 3.2.1　启动试运指挥组一般由建设、调度、调试、运行、施工安装、监理等单位组成。设组长 1 名，副组长 2 名（调度、调试单位各 1 名），由启委会任命。 3.2.2　启动试运指挥组的主要职责：组织有关单位编制启动调试大纲、方案，按照启委会审定的启动和系统调试方案负责工程启动、调试工作；对系统调试和试运中的安全、质量、进度全面负责。启动试运指挥组根据工作需要下设调度组、系统调试组、工程配合组，分别负责调度操作、系统调试测试、提出测试报告、在启动前和启动期间进行工程检查和安全设施装置检查、巡视抢修、现场安全等工作。启动试运指挥组在工作完成后向启动验收委员会报告，并负责出具调试报告。 3.3.1　工程验收检查组由建设、运行、设计、监理、施工、质量监督等单位组成。设组长 1 名，由工程建设单位出任；副组长 1 名，由运行单位出任，由启委会任命。 3.3.2　工程验收检查组的主要职责：核查工程质量的预检查报告，组织各专业验收检查，听取各专业验收检查组的验收检查情况汇报，审查验收检查报告，责成有关单位消除缺陷并进行复查和验收；确认工程是否符合设计和验收规范要求，是否具备试运行及系统调试条件，核查工程质量监督部门的监督报告，提出工程质量评价的意见，归口协调并监督工程移交和备品备件、专用工器具、工程资料的移交	2. 查阅各专业组验收检查结果及闭环资料 　内容：验收内容已包含启动范围，问题整改已闭环

条款号	大纲条款	检 查 依 据	检查要点
4.1.5	受电方案已报电网调度部门，并取得保护定值和设备命名文件	**1.《光伏发电工程验收规范》GB/T 50796—2012** 5.2.1 工程启动验收前完成的准备工作应包括下列内容： 　1 应取得政府有关主管部门批准文件及并网许可文件。 　2 应通过并网工程验收，包括下列内容： 　1）涉及电网安全生产管理体系验收。 　2）电气主接线系统及场（站）用电系统验收。 　3）继电保护、安全自动装置、电力通信、直流系统、光伏电站监控系统等验收。 　4）二次系统安全防护验收。 　5）对电网安全、稳定运行有直接影响的电厂其他设备及系统验收。 　3 单位工程施工完毕，应已通过验收并提交工程验收文档。 　4 应完成工程整体自检。 　5 调试单位应编制完成启动调试方案并应通过论证。 　6 通信系统与电网调度机构连接应正常。 　7 电力线路应已经与电网接通，并已通过冲击试验。 　8 保护开关动作应正常。 　9 保护定值应正确、无误。 　10 光伏电站监控系统各项功能应运行正常。 　11 并网逆变器应符合并网技术要求。 **2.《110kV 及以上送变电工程启动及竣工验收规程》DL/T 782—2001** 3.4.9 电网调度部门根据建设项目法人提供的相关资料和系统情况，经过计算及时提供各种继电保护装置的整定值以及各设备的调度编号和名称；根据调试方案编制并审定启动调度方案和系统运行方式，核查工程启动试运的通信、调度自动化、保护、电能测量、安全自动装置的情况；审查、批准工程启动试运申请和可能影响电网安全运行的调整方案。 5.1 由试运指挥组提出的工程启动、系统调试、试运方案已经启委会批准；调试方案已经调度部门批准	1. 查阅启动调试方案 　签字：责任人签字 　盖章：责任单位已盖章 　审批：电网调度部门已审批同意 2. 查阅继电保护定值单和设备命名文件 　审批：电网调度部门已批准 　盖章：电网调度部门已盖章
4.1.6	升压站的安全、保卫、消防等工作已经布置落实	**《光伏发电工程验收规范》GB/T 50796—2012** 3.0.8 工程验收中相关单位职责应符合下列要求： 　3 施工单位职责应包括： 　4）协同建设单位进行单位工程、启动、试运行和移交生产验收前的现场安全、消防、治安保卫、……等工作。 4.5.2 安全防范工程的验收应符合下列要求：	1. 查阅升压站的安全、保卫、消防措施 　签字：责任人已签字 　盖章：责任单位已盖章 2. 查看现场布置 　实物：与措施相符

条款号	大纲条款	检 查 依 据	检查要点
4.1.6	升压站的安全、保卫、消防等工作已经布置落实	4　报警系统、视频安防监控系统、出入口控制系统的验收等应符合现行国家标准《安全防范工程技术规范》GB 50348 的有关规定。 4.6.3　消防工程的验收应符合下列要求： 　1　光伏电站消防应符合设计要求。 　2　建（构）筑物构件的燃烧性能和耐火极限应符合现行国家标准《建筑设计防火规范》GB 50016 的有关规定。 　3　屋顶光伏发电工程，应满足建筑物的防火要求。 　4　防火隔离措施应符合设计要求。 　5　消防车道和安全疏散措施应符合设计要求。 　6　光伏电站消防给水、灭火措施及火灾自动报警应符合设计要求。 　7　消防器材应按规定品种和数量摆放齐备。 　8　安全出口标志灯和火灾应急照明灯具应符合现行国家标准《消防安全标志》GB 13495 和《消防应急照明和疏散指示系统》GB 17945 的有关规定。 6.2.1　工程试运和移交生产验收应具备下列条件： 　4　生产区内的所有安全防护设施应已验收合格	
4.1.7	受电后的管理方式已确定	**《火力发电建设工程启动试运及验收规程》DL/T 5437—2009（参照执行）** 3.3.9　与电网调度管辖有关的设备和区域，如启动/备用变压器、升压站内设备和主变等，在受电完成后，必须立即由生产单位进行管理	查阅受电后运行管理方式文件 内容：已明确运行维护责任单位
4.1.8	采用的新技术、新工艺、新流程、新装备、新材料已审批	**1.《中华人民共和国建筑法》中华人民共和国主席令〔2011〕第 46 号** 第四条　国家扶持建筑业的发展，支持建筑科学技术研究，提高房屋建筑设计水平，鼓励节约能源和保护环境，提倡采用先进技术、先进设备、先进工艺、新型建筑材料和现代管理方式。 **2.《建设工程质量管理条例》中华人民共和国国务院令〔2000〕第 279 号** 第六条　国家鼓励采用先进的科学技术和管理方法，提高建设工程质量。 **3.《实施工程建设强制性标准监督规定》建设部令〔2000〕第 81 号** 第五条　工程建设中拟采用的新技术、新工艺、新材料，不符合现行强制性标准规定的，应当由拟采用单位提请建设单位组织专题技术论证，报批准标准的建设行政主管部门或者国务院有关主管部门审定。 **4.《电力工程地基处理技术规程》DL/T 5024—2005** 5.0.8　……当采用当地缺乏经验的地基处理方法或引进和应用新技术、新工艺、新方法时，须通过原体试验验证其适用性。	查阅新技术、新工艺、新流程、新装备、新材料论证文件 意见：同意采用等肯定性意见 签字：专家组和批准人已签字

条款号	大纲条款	检 查 依 据	检查要点
4.1.8	采用的新技术、新工艺、新流程、新装备、新材料已审批	**5.《电力建设施工技术规范 第1部分：土建结构工程》DL 5190.1—2012** 3.0.4 采用新技术、新工艺、新材料、新设备时，应经过技术鉴定或具有允许使用的证明。施工前应编制单独的施工措施及操作规程	
4.1.9	无任意压缩合同约定工期的行为	**1.《建设工程质量管理条例》中华人民共和国国务院令〔2000〕第279号** 第十条 建设工程发包单位不得迫使承包方以低于成本的价格竞标，不得任意压缩合理工期。 **2.《电力建设安全生产监督管理办法》电监会电监安全〔2007〕38号** 第十三条 …… 电力建设单位应当执行定额工期，不得压缩合同约定的工期，…… **3.《建设工程项目管理规范》GB/T 50326—2006** 9.2.1 组织应依据合同文件、项目管理规划文件、资源条件与外部约束条件编制项目进度计划	查阅施工进度计划、合同工期和调整工期的相关文件 内容：有压缩工期的行为时，应有设计、监理、施工和建设单位认可的书面文件
4.1.10	各阶段质量监督检查提出的整改意见已落实闭环	**1.《电力工程质量监督实施管理程序（试行）》质监〔2012〕437号** 第十二条 阶段性监督检查 （四）……项目法人单位（建设单位）接到"电力工程质量监督检查整改通知书"或"停工令"后，应在规定时间组织完成整改，经内部验收合格后，填写"电力工程质量监督检查整改回复单"（见附表7），报请质监机构复查核实。 第十六条 电力工程项目投运并网前，各阶段监督检查、专项检查和定期巡视检查提出的整改意见必须全部完成整改闭环，…… **2.《电力建设工程监理规范》DL/T 5434—2009** 10.2.18 项目监理机构应接受质量监督机构的质量监督，督促责任单位进行缺陷整改，并验收	查阅电力工程质量监督检查整改回复单 内容：整改项目全部闭环，相关资料可追溯 签字：相关单位责任人已签字 盖章：相关单位已盖章
4.2 设计单位质量行为的监督检查			
4.2.1	技术洽商、设计更改等文件完整、手续齐全	**1.《建设工程勘察设计管理条例》中华人民共和国国务院令〔2015〕第662号** 第二十八条 建设单位、施工单位、监理单位不得修改建设工程勘察、设计文件；确需修改建设工程勘察、设计文件的，应当由原建设工程勘察、设计单位修改。经原建设工程勘察、设计单位书面同意，建设单位也可以委托其他具有相应资质的建设工程勘察、设计单位修改。修改单位对修改的勘察、设计文件承担相应责任。 施工单位、监理单位发现建设工程勘察、设计文件不符合工程建设强制性标准、合同约定的质量要求的，应当报告建设单位，建设单位有权要求建设工程勘察、设计单位对建设工程勘察、设计文件进行补充、修改。 建设工程勘察、设计文件内容需要作重大修改的，建设单位应当报经原审批机关批准后，方可修改。	查阅设计更改、技术洽商文件 编制签字：设计单位（EPC）各级责任人已签字 审核签字：相关单位责任人已签字 签字时间：在变更内容实施前

续表

条款号	大纲条款	检 查 依 据	检查要点
4.2.1	技术洽商、设计更改等文件完整、手续齐全	**2.《建设项目工程总承包管理规范》GB/T 50358—2005** 6.4.2 ……，设计质量的控制点主要包括： 　7 设计变更的控制。 **3.《电力建设工程施工技术管理导则》国电电源〔2002〕896号** 10.03 设计变更审批手续： 　a) 小型设计变更。由工地提出设计变更申请单或工程洽商（联系）单，经项目部技术管理部门审核，由现场设计、建设（监理）单位代表签字同意后生效。 　b) 一般设计变更。由工地提出设计变更申请单，经项目部技术管理部门审签后，送交建设（监理）单位审核。经设计单位同意后，由设计单位签发设计变更通知书并经建设（监理）单位会签后生效。 　c) 重大设计变更。由项目部总工程师组织研究、论证后，提交建设单位组织设计、施工、监理单位进一步论证、审核，决定后由设计单位修改设计图纸并出具设计变更通知书，还应附有工程预算变更单，经建设、监理、施工单位会签后生效。 **4.《电力勘测设计驻工地代表制度》（DLGJ 159.8—2001）** 5.0.2 进行设计更改 　1 因原设计错误或考虑不周需进行的一般设计更改，由专业工代填写"设计变更通知单"，说明更改原因和更改内容，经工代组长签署后发至施工单位实施。"设计变更通知单"的格式见附录A	
4.2.2	设计代表工作到位、处理设计问题及时	**1.《建设工程勘察设计管理条例》中华人民共和国国务院令〔2015〕第662号** 第三十条 ……建设工程勘察设计单位应及时解决施工中出现的勘察设计问题。 **2.《电力勘测设计驻工地代表制度》DLGJ 159.8—2001** 2.0.1 工代的工地现场服务是电力工程设计的阶段之一，为了有效地贯彻勘测设计意图，实施设计单位通过工代为施工、安装、调试、投运提供及时周到的服务，促进工程顺利竣工投产，特制定本制度。 2.0.2 工代的任务是解释设计意图，解释施工图纸中的技术问题，收集包括设计本身在内的施工、设备材料等方面的质量信息，加强设计与施工、生产之间的配合，共同确保工程建设质量和工期，以及国家和行业标准的贯彻执行。 2.0.3 工代是设计单位派驻工地配合施工的全权代表，应能在现场积极地履行工代职责，使工程实现设计预期要求和投资效益。 5.0.6 工代记录 　1 工代应对现场处理的问题；参加的各种会议以及决议作详细记录，填写"工代工作大事记"	1. 查阅设计单位对工代管理制度 　内容：包括工代任命书及设计修改、变更、材料代用等签发人资格 2. 查阅设计服务记录 　内容：包括现场施工与设计要求相符情况和工代协助施工单位解决具体技术问题的情况 3. 查阅设计变更通知单和工程联系单及台账 　内容：处理意见明确，收发闭环

条款号	大纲条款	检 查 依 据	检查要点
4.2.3	参加规定项目的质量验收工作	**1.《建筑工程施工质量验收统一标准》GB 50300—2013** 6.0.3　分部工程应由总监理工程师组织施工单位项目负责人和项目技术负责人等进行验收。 勘察、设计单位项目负责人和施工单位技术、质量部门负责人应参加地基与基础分部工程的验收。 设计单位项目负责人和施工单位技术、质量部门负责人应参加主体结构、节能分部工程的验收。 6.0.6　建设单位收到工程竣工报告后，应由建设单位项目负责人组织监理、施工、设计、勘察等单位项目负责人进行单位工程验收。 **2.《光伏发电工程验收规范》GB/T 50796—2012** 3.0.8　工程验收中相关单位职责应符合下列要求： 　　2　勘察、设计单位职责应包括： 　　1）对土建工程与地基工程有关的施工记录校验。 **3.《电力建设施工质量验收及评价规程　第1部分：土建工程》DL/T 5210.1—2012** 3.0.12　工程质量验收的程序、组织和记录应符合下列规定： 　　3　分部（子分部）工程质量验收应由总监理工程师（建设单位项目负责人）组织施工单位项目负责人和技术、质量负责人等进行验收；地基与基础、主体结构分部工程的勘测、设计单位工程项目负责人和施工单位技术、质量部门负责人也应参加相关分部工程验收。 　　4　……建设单位收到工程验收申请报告后，应由建设单位（项目）负责人组织施工（含分包单位）、设计、监理等单位（项目）负责人进行单位（子单位）工程验收，……	1. 查阅项目质量验收范围划分表 　内容：设计单位（EPC）参加验收的项目已确定 2. 查阅分部工程、单位工程验收单 　签字：项目设计（EPC）负责人已签字
4.2.4	工程建设标准强制性条文落实到位	**1.《建设工程质量管理条例》中华人民共和国国务院令〔2000〕第279号** 第十九条　勘察、设计单位必须按照工程建设强制性标准进行勘察、设计，并对其勘察、设计的质量负责。 **2.《建设工程勘察设计管理条例》中华人民共和国国务院令〔2015〕第662号** 第五条　……建设工程勘察、设计单位必须依法进行建设工程勘察、设计，严格执行工程建设强制性标准，并对建设工程勘察、设计的质量负责。 **3.《实施工程建设强制性标准监督规定》建设部令〔2000〕第81号** 第二条　在中华人民共和国境内从事新建、扩建、改建等工程建设活动，必须执行工程建设强制性标准。 第六条　建设项目规划审查机关应当对工程建设规划阶段执行强制性标准的情况实施监督。 　　施工图设计文件审查单位应当对工程建设勘察、设计阶段执行强制性标准的情况实施监督。 第十条　强制性标准监督检查的内容包括： 　　（一）有关工程技术人员是否熟悉、掌握强制性标准； 　　（二）工程项目的规划、勘察、设计、施工、验收等是否符合强制性标准的规定； 　　（五）工程中采用的导则、指南、手册、计算机软件的内容是否符合强制性标准的规定。	1. 查阅设计文件 　内容：与强条有关的内容已落实 　签字：编、审、批责任人已签字 2. 查阅强制性条文实施计划（强制性条文清单）和本阶段执行记录 　内容：与实施计划相符 　签字：相关单位责任人已签字

条款号	大纲条款	检　查　依　据	检查要点
4.2.4	工程建设标准强制性条文落实到位	**4.《输变电工程项目质量管理规程》DL/T 1362—2014** 6.2.1.……质量管理策划内容应包括不限于： 　b）质量管理文件，包括引用的标准清单、设计质量策划、强制性条文实施计划、设计技术组织措施、达标投产（创优）实施细则等	
4.2.5	进行了工程实体质量与设计符合性的确认	**1.《光伏发电工程验收规范》GB/T 50796—2012** 3.0.8　工程验收中相关单位职责应符合下列要求： 　2　勘察、设计单位职责应包括： 　3）对工程设计方案和质量负责，为工程验收提供设计总结报告。 **2.《电力勘测设计驻工地代表制度》DLGJ 159.8—2001** 5.0.3　深入现场，调查研究 　1　工代应坚持经常深入施工现场，调查了解施工是否与设计要求相符，并协助施工单位解决施工中出现的具体技术问题，做好服务工作，促进施工单位正确执行设计规定的要求。 　2　对于发现施工单位擅自做主，不按设计规定要求进行施工的行为，应及时指出，要求改正，如指出无效，又涉及安全、质量等原则性、技术性问题，应将问题事实与处理过程用"备忘录"的形式书面报告建设单位和施工单件，同时向设总和处领导汇报	1. 查阅地基处理分部、子分部工程质量验收记录 　签字：设计单位（EPC）项目负责人已签字 2. 查阅本阶段设计单位（EPC）汇报材料 　内容：已对本阶段工程实体质量与勘察设计的符合性进行了确认，符合性结论明确 　签字：项目设计（EPC）负责人已签字 　盖章：设计单位已盖章

4.3　监理单位质量行为的监督检查

条款号	大纲条款	检　查　依　据	检查要点
4.3.1	专业监理人员配备合理，资格证书与承担的任务相符	**1.《中华人民共和国建筑法》中华人民共和国主席令〔2011〕第 46 号** 第十四条　从事建筑活动的专业技术人员，应当依法取得相应的职业资格证书，并在执业资格证书许可的范围内从事建筑活动。 **2.《建设工程质量管理条例》中华人民共和国国务院令〔2000〕第 279 号** 第三十七条　工程监理单位应当选派具备相应资格的总监理工程师和监理工程师进驻施工现场。 …… **3.《建设工程监理规范》GB/T 50319—2013** 2.0.6　总监理工程师 由工程监理单位法定代表人书面任命，负责履行建设工程监理合同、主持项目监理机构工作的注册监理工程师。 2.0.7　总监理工程师代表 由总监理工程师授权，代表总监理工程师行使其部分职责和权力，具有工程类注册执业资格或具有中级及以上专业技术职称、3 年及以上工程监理实践经验的监理人员。	1. 查阅监理大纲（规划）中的监理人员进场计划 　人员数量及专业：已明确 2. 查阅现场监理人员名单 　专业：与工程阶段和监理规划相符 　数量：满足监理工作需要

条款号	大纲条款	检 查 依 据	检查要点
4.3.1	专业监理人员配备合理，资格证书与承担的任务相符	2.0.8 专业监理工程师 由总监理工程师授权，负责实施某一专业或某一岗位的监理工作，有相应监理文件签发权，具有工程类注册执业资格或具有中级及以上专业技术职称、2 年及以上工程实践经验的监理人员。 2.0.9 监理员 从事具体监理工作，具有中专及以上学历并经过监理业务培训的监理人员。 3.1.2 项目监理机构的监理人员应由总监理工程师、专业监理工程师和监理员组成，且专业配套、数量满足监理工作需要，必要时可设总监理工程师代表。 3.1.3 ……应及时将项目监理机构的组织形式、人员构成及对总监理工程师的任命书面通知建设单位	3. 查阅专业监理人员的资格证书 专业：与所从事专业相符 有效期：当前有效
4.3.2	专业施工组织设计和调试方案已审查	1.《建设工程监理规范》GB/T 50319—2013 3.0.5 项目监理机构应审查施工单位报审的施工组织设计、专项施工方案，符合要求的，由总监理工程师签认后报建设单位。 　项目监理机构应要求施工单位按照已批准的施工组织设计、专项施工方案组织施工。施工组织设计、专项施工方案需要调整的，项目监理机构应按程序重新审查。 2.《电力建设工程监理规范》DL/T 5434—2009 10.2.4 项目监理机构应审查承包单位报送的调试大纲、调试方案和措施，提出监理意见，报建设单位	1. 查阅专业施工组织设计报审资料 审查意见：结论明确 审批：责任人已签字 2. 查阅调试方案报审资料 审查意见：结论明确 审核：总监理工程师已签字
4.3.3	特殊施工技术措施已审批	1.《建设工程安全生产管理条例》中华人民共和国国务院令〔2003〕第 393 号 第二十六条 施工单位应当在施工组织设计中编制安全技术措施和施工现场临时用电方案，对下列达到一定规模的危险性较大的分部分项工程编制专项施工方案，并附具安全验算结果，经施工单位技术负责人、总监理工程师签字后实施，由专职安全生产管理人员进行现场监督： （一）基坑支护与降水工程； （二）土方开挖工程； （三）模板工程； （四）起重吊装工程； （五）脚手架工程； （六）拆除、爆破工程； （七）国务院建设行政主管部门或者其他有关部门规定的其他危险性较大的工程。 对前款所列工程中涉及深基坑、地下暗挖工程、高大模板工程的专项施工方案，施工单位还应当组织专家进行论证、审查。	查阅施工单位特殊施工技术措施报审表 签字：监理已签字 审核意见：肯定性结论

条款号	大纲条款	检 查 依 据	检查要点
4.3.3	特殊施工技术措施已审批	**2.《建设工程监理规范》GB/T 50319—2013** 5.2.2　总监理工程师应组织专业监理工程师审查施工单位报审的施工方案，符合要求后应予以签认。 **3.《电力建设工程监理规范》DL/T 5434—2009** 5.2.1　总监理工程师应履行以下职责： 　　6　审查承包单位提交的开工报告、施工组织设计、方案、计划。 9.1.3　专业监理工程师应要求承包单位报送重点部位、关键工序的施工工艺方案和工程质量保证措施，审核同意后签认	
4.3.4	组织或参加设备、材料的到货检查验收	**1.《建设工程监理规范》GB/T 50319—2013** 5.2.9　项目监理机构应审查施工单位报送的用于工程的材料、构配件、设备的质量证明文件，并应按有关规定、建设工程监理合同约定，对用于工程的材料进行见证取样、平行检验。 　　项目监理机构对已进场经检验不合格的工程材料、构配件、设备，应要求施工单位限期将其撤出施工现场。 **2.《电力建设工程监理规范》DL/T 5434—2009** 9.1.7　项目监理机构应对承包单位报送的拟进场工程材料、半成品和构配件的质量证明文件进行审核，并按有关规定进行抽样验收。对有复试要求的，经监理人员现场见证取样后送检，复试报告应报送项目监理机构查验。 9.1.8　项目监理机构应参与主要设备开箱验收，对开箱验收中发现的设备质量缺陷，督促相关单位处理。 **3.《电力建设土建工程施工技术检验规范》DL/T 5710—2014** 4.5.1　施工单位应在工程施工前按单位工程编制检测计划，报监理单位审查，并经建设单位批准后，在监理单位监督下组织实施。当设现场试验室时，施工检测试验计划尚应经现场试验室核查	1.查阅工程材料/设备/构配件报审表 　审查意见：同意使用 2.查阅监理单位见证取样台账 　内容：与检测计划相符 　签字：相关见证人签字 3.查阅主要设备开箱/材料到货验收记录 　会签：监理工程师已签字
4.3.5	工程建设标准强制性条文检查到位	**1.《建设工程质量管理条例》中华人民共和国国务院令〔2000〕第279号** 第二条　凡在中华人民共和国境内从事建设工程的新建、扩建、改建等有关活动及实施对建设工程质量监督管理的，必须遵守本条例。本条例所称建设工程，是指土木工程、建筑工程、线路管道和设备安装工程及装修工程。 第三条　建设单位、勘察单位、设计单位、施工单位、工程监理单位依法对建设工程质量负责。 第十条　…… 　　建设单位不得明示或者暗示设计单位或者施工单位违反工程建设强制性标准，降低建设工程质量。	查阅监理单位工程建设强制性条文执行检查记录 　监理检查结果：已执行，相关资料可追溯 　强制性条文：引用的规范条文有效 　签字：相关责任人已签字

条款号	大纲条款	检 查 依 据	检查要点
4.3.5	工程建设标准强制性条文检查到位	**2.《实施工程建设强制性标准监督规定》中华人民共和国建设部令〔2000〕第81号** 第二条 在中华人民共和国境内从事新建、扩建、改建等工程建设活动，必须执行工程建设强制性标准。 第三条 本规定所称工程强制性标准是指直接涉及工程质量、安全、卫生及环境保护等方面的工程建设标准强制性条文。 第六条 …… 工程质量监督机构应当对建设施工、监理、验收等阶段执行强制性标准的情况实施监督。 **3.《工程建设标准强制性条文 房屋建筑部分（2013年版）》（全文）** **4.《工程建设标准强制性条文 电力工程部分（2011年版）》（全文）** **5.《国家重大建设项目文件归档要求与档案整理规范》DA/T 28—2002** 7.8.3 归档文件应完整、成套、系统。应记述和反映建设项目的规划、设计、施工及竣工验收的全过程；真实记录和准确反映项目建设过程和竣工时的实际情况，图物相符，技术数据可靠、签字手续完备；文件质量应符合5.5的规定	
4.3.6	隐蔽工程验收记录签证齐全	**1.《建设工程质量管理条例》中华人民共和国国务院令〔2000〕第279号** 第三十条 施工单位必须建立、健全施工质量的检验制度，严格工序管理，作好隐蔽工程的质量检查和记录。隐蔽工程在隐蔽前，施工单位应当通知建设单位和建设工程质量监督机构。 **2.《建设工程监理规范》GB/T 50319—2013** 5.2.14 项目监理机构应对施工单位报验的隐蔽工程、检验批；分项工程和分部工程进行验收，对验收合格的应给予签认，对验收不合格的应拒绝签认，同时应要求施工单位在指定的时间内整改并重新报验。 **3.《电力建设工程监理规范》DL/T 5434—2009** 9.1.10 对承包单位报送的隐蔽工程报验申请表和自检记录，专业监理工程师应进行现场检查，符合要求予以签认后，承包单位方可隐蔽并进行下一道工序的施工	查阅施工单位隐蔽工程验收记录 验收结论：符合规范规定和设计要求，同意隐蔽 签字：施工项目部技术负责人与监理工程师已签字
4.3.7	完成相关施工、试验和调试项目的质量验收并汇总	**1.《建设工程监理规范》GB/T 50319—2013** 5.2.14 项目监理机构应对施工单位报验的隐蔽工程、检验批；分项工程和分部工程进行验收，对验收合格的应给予签认，对验收不合格的应拒绝签认，同时应要求施工单位在指定的时间内整改并重新报验。 **2.《电力建设工程监理规范》DL/T 5434—2009** 9.1.11 专业监理工程师应对承包单位报送的分项工程质量报验资料进行审核，符合要求予以签认；总监理工程师应组织专业监理工程师对承包单位报送的分部工程和单位工程质量验评资料进行审核和现场检查，符合要求予以签认。	查阅施工、调试项目质量验收结果汇总一览表 验收项目：与施工项目验收划分表相符 内容：应验收及已验收项目数量已汇总 签字：相关责任人已签字

条款号	大纲条款	检 查 依 据	检查要点
4.3.7	完成相关施工、试验和调试项目的质量验收并汇总	9.1.16 项目监理机构应组织工程竣工初检，对发现的缺陷督促承包单位整改，并复查。 10.2.16 项目监理机构应组织或参加单体、分系统和整套启动调试各阶段的质量验收、签证工作，审核调试结果	

4.3.8	质量问题及处理台账完整，记录齐全	**1.《建设工程监理规范》GB/T 50319—2013**
		5.2.15 项目监理机构发现施工存在质量问题的，或施工单位采用不适当的施工工艺，或施工不当，造成工程质量不合格的，应及时签发监理通知单，要求施工单位整改。整改完毕后，项目监理机构应根据施工单位报送的监理通知回复单对整改情况进行复查，提出复查意见。
		5.2.17 对需要返工处理或加固补强的质量事故，项目监理机构应要求施工单位报送质量事故调查报告和经设计等相关单位认可的处理方案，并应对质量事故的处理过程进行跟踪检查，同时应对处理结果进行验收。
		项目监理机构应及时向建设单位提交质量事故书面报告，并应将完整的质量事故处理记录整理归档。
		2.《电力建设工程监理规范》DL/T 5434—2009
		9.1.12 对施工过程中出现的质量缺陷，专业监理工程师应及时下达书面通知，要求承包单位整改，并检查确认整改结果。
		9.1.15 专业监理工程师应根据消缺清单对承包单位报送的消缺方案进行审核，符合要求后予以签认，并根据承包单位报送的消缺报验申请表和自检记录进行检查验收
			查阅质量问题及处理记录台账
			  记录要素：质量问题、发现时间、责任单位、整改要求、处理结果、完成时间
			  内容：记录完整
			  签字：相关责任人已签字

4.4 施工单位质量行为的监督检查

条款号	大纲条款	检 查 依 据	检查要点

4.4.1	企业资质与合同约定的业务相符	**1.《中华人民共和国建筑法》中华人民共和国主席令〔2011〕第 46 号**
		第十三条 从事建筑活动的建筑施工企业、勘察单位、设计单位……经资质审查合格，取得相应等级的资质证书后，方可在其资质等级许可的范围内从事建筑活动。
		2.《建设工程质量管理条例》中华人民共和国国务院令〔2000〕第 279 号
		第二十五条 施工单位应当依法取得相应等级的资质证书，并在其资质等级许可的范围内承揽工程。
		3.《建筑业企业资质管理规定》住房和城乡建设部令〔2015〕第 22 号
		第三条 企业应当按照其拥有的资产、主要人员、已完成的工程业绩和技术装备等条件申请建筑业企业资质，经审查合格，取得建筑业企业资质证书后，方可在资质许可的范围内从事建筑施工活动。
		4.《承装（修、试）电力设施许可证管理办法》国家电监会令〔2009〕28 号
		第四条 在中华人民共和国境内从事承装、承修、承试电力设施活动的，应当按照本办法的规定取得许可证。除电监会另有规定外，任何单位或者个人未取得许可证，不得从事承装、承修、承试电力设施活动。
			1. 查阅企业资质证书
			  发证单位：政府主管部门
			  有效期：当前有效
			  业务范围：涵盖合同约定的业务
			2. 查阅承装（修、试）电力设施许可证
			  发证单位：国家能源局及派出机构
			  有效期：当前有效
			  业务范围：涵盖合同约定的业务

续表

条款号	大纲条款	检 查 依 据	检查要点
4.4.1	企业资质与合同约定的业务相符	本办法所称承装、承修、承试电力设施，是指对输电、供电、受电电力设施的安装、维修和试验。 第二十八条　承装（修、试）电力设施单位在颁发许可证的派出机构辖区以外承揽工程的，应当自工程开工之日起十日内，向工程所在地派出机构报告，依法接受其监督检查。 **5.《光伏发电站施工规范》GB 50794—2012** 3.0.1　开工前应具备下列条件： 　　3　施工单位的资质、特殊作业人员资格、施工机械、施工材料、计量器具等应报监理单位或建设单位审查完毕	3. 查阅跨区作业报告文件 　发证单位：工程所在地能源局派出机构
4.4.2	项目部组织机构健全，专业人员配备实施动态管理并报审	**1.《中华人民共和国建筑法》主席令〔2011〕第46号** 第十四条　从事建筑活动的专业技术人员，应当依法取得相应的执业资格证书，并在执业资格证书许可的范围内从事建筑活动。 **2.《建设工程质量管理条例》国务院令〔2000〕第279号** 第二十六条　施工单位对建设工程的施工质量负责。 施工单位应当建立质量责任制，确定工程项目的项目经理、技术负责人和施工管理负责人。…… **3.《建设工程项目管理规范》GB/T 50326—2006** 5.2.5　项目经理部的组织机构应根据项目的规模、结构、复杂程度、专业特点、人员素质和地域范围确定。 **4.《建设项目工程总承包管理规范》GB/T 50358—2005** 4.4.2　根据工程总承包合同范围和工程总承包企业的有关规定，项目部可在项目经理以下设置控制经理、设计经理、采购经理、施工经理、试运行经理、……等管理岗位	查阅总包及施工单位项目部成立文件 　岗位设置：包括项目经理、技术负责人、质量员等 　EPC模式：包括设计、采购、施工、试运行经理等
4.4.3	项目经理资格符合要求并经本企业法定代表人授权。变更须报建设单位批准	**1.《中华人民共和国建筑法》主席令〔2011〕第46号** 第十四条　从事建筑活动的专业技术人员，应当依法取得相应的执业资格证书，并在执业资格证书许可的范围内从事建筑活动。 **2.《注册建造师管理规定》建设部令〔2006〕第153号** 第三条　本规定所称注册建造师，是指通过考核认定或考试合格取得中华人民共和国建造师资格证书（以下简称资格证书），并按照本规定注册，取得中华人民共和国建造师注册证书（以下简称注册证书）和执业印章，担任施工单位项目负责人及从事相关活动的专业技术人员。 　　未取得注册证书和执业印章的，不得担任大中型建设工程项目的施工单位项目负责人，不得以注册建造师的名义从事相关活动。 **3.《建筑施工企业主要负责人、项目负责人和专职安全生产管理人员安全生产管理规定》住房和城乡建设部令〔2014〕第17号** 第二条　在中华人民共和国境内从事房屋建筑和市政基础设施工程施工活动的建筑施工企业的"安管人员"，参加安全生产考核，履行安全生产责任，以及对其实施安全生产监督管理，应当符合本规定。	1. 查阅项目经理资格证书 　发证单位：政府主管部门 　有效期：当前有效 　等级：满足项目要求 　注册单位：与承包单位一致 2. 查阅项目经理安全生产考核合格证书 　发证单位：政府主管部门 　有效期：当前有效

条款号	大纲条款	检 查 依 据	检查要点
4.4.3	项目经理资格符合要求并经本企业法定代表人授权。变更须报建设单位批准	第三条 ……项目负责人，是指取得相应注册执业资格，由企业法定代表人授权，负责具体工程项目管理的人员。…… **4.《注册建造师执业工程规模标准》（试行）建市〔2007〕171号** 附件：《注册建造师执业工程规模标准》（试行） 表：注册建造师执业工程规模标准（电力工程） **5.《建设工程项目管理规范》GB/T 50326—2006** 6.2.1 项目经理应由法定代表人任命，并根据法定代表人授权的范围、期限和内容，履行管理职责； 6.2.2 大中型项目的项目经理必须取得工程建设类相应专业注册执业资格证书	3. 查阅施工单位法定代表人对项目经理的授权文件及变更文件 变更文件：经建设单位批准 被授权人：与当前工程项目经理一致
4.4.4	质量检查及特殊工种人员持证上岗	**1.《特种作业人员安全技术培训考核管理办法》国家安全生产监督管理总局令〔2010〕第30号** 第五条 特种作业人员必须经专门的安全技术培训并考核合格，取得《中华人民共和国特种作业操作证》（以下简称特种作业操作证）后，方可上岗作业。 **2.《建筑施工特种作业人员管理规定》建质〔2008〕75号** 第四条 建筑施工特种作业人员必须经建设主管部门考核合格，取得建筑施工特种作业人员操作资格证书，方可上岗从事相应作业。 **3.《工程建设施工企业质量管理规范》GB/T 50430—2007** 5.2.2 施工企业应按照岗位任职条件配备相应的人员。……质量检查人员、特种作业人员应按照国家法律法规的要求持证上岗。 **4.《光伏发电站施工规范》GB 50794—2012** 3.0.1 开工前应具备下列条件： 　3 施工单位的资质、特殊作业人员资格、施工机械、施工材料、计量器具等应报监理单位或建设单位审查完毕	1. 查阅总包及施工单位各专业质检员资格证书 专业类别：包括土建、电气等 发证单位：政府主管部门等 有效期：当前有效 2. 查阅特殊工种人员台账 内容：包括姓名、工种类别、证书编号、发证单位、有效期等 证书有效期：作业期间有效 3. 查阅特殊工种人员资格证书 发证单位：政府主管部门 有效期：当前有效，与台账一致

条款号	大纲条款	检 查 依 据	检查要点
4.4.5	专业施工组织设计已审批	**1.《建筑工程施工质量评价标准》GB/T 50375—2006** 4.2.1　施工现场质量保证条件应符合下列检查标准： 　　3　施工组织设计、施工方案编制审批手续齐全，…… **2.《工程建设施工企业质量管理规范》GB/T 50430—2007** 10.3.2　施工企业应确定施工设计所需的评审、验证和确认活动，明确其程序和要求。 **3.《建筑施工组织设计规范》GB/T 50502—2009** 3.0.5　施工组织设计的编制和审批应符合下列规定： 　　1　施工组织设计应由项目负责人主持编制，可根据需要分阶段编制和审批。 　　2　施工组织总设计应由总承包单位技术负责人审批；单位工程施工组织设计应由施工单位技术负责人或技术负责人授权的技术人员审批，施工方案应由项目技术负责人审批；重点、难点分部（分项）工程和专项工程施工方案由施工单位技术部门组织相关专家评审，施工单位技术负责人批准。 **4.《光伏发电站施工规范》GB 50794—2012** 3.0.1　开工前应具备下列条件： ……施工组织设计及重大施工方案应已审批	1. 查阅工程项目专业施工组织设计 　审批：相关责任人已签字 　时间：专业工程开工前 2. 查阅专业施工组织设计报审表 　审批意见：同意实施等肯定性意见 　签字：总包及施工、监理、建设单位相关责任人已签字 　盖章：总包及施工、监理、建设单位已盖章
4.4.6	施工方案和作业指导书已审批，技术交底记录齐全。重大施工方案或特殊措施经专项评审	**1.《危险性较大的分部分项工程安全管理办法》建质〔2009〕87号** 第五条　施工单位应当在危险性较大的分部分项工程施工前编制专项方案；对于超过一定规模的危险性较大的分部分项工程，施工单位应当组织专家对专项方案进行论证。 第八条　专项方案应当由施工单位技术部门组织本单位施工技术、安全、质量等部门的专业技术人员进行审核。经审核合格的，由施工单位技术负责人签字。实行施工总承包的，专项方案应当由总承包单位技术负责人及相关专业承包单位技术负责人签字。 不需专家论证的专项方案，经施工单位审核合格后报监理单位，由项目总监理工程师审核签字。 第九条　超过一定规模的危险性较大的分部分项工程专项方案应当由施工单位组织召开专家论证会。实行施工总承包的，由施工总承包单位组织召开专家论证会。 第十条　专家组成员应当由5名及以上符合相关专业要求的专家组成。 　　本项目参建各方的人员不得以专家身份参加专家论证会。 第十一条　…… 　　专项方案经论证后，专家组应当提交论证报告，对论证的内容提出明确的意见，并在论证报告上签字。该报告作为专项方案修改完善的指导意见。 第十二条　施工单位应当根据论证报告修改完善专项方案，并经施工单位技术负责人、项目总监理工程师、建设单位项目负责人签字后，方可组织实施。实行施工总承包的，应当由施工总承包单位、相关专业承包单位技术负责人签字。	1. 查阅施工方案和作业指导书 　审批：相关责任人已签字 　时间：施工前 2. 查阅施工方案和作业指导书报审表 　审批意见：同意实施等肯定性意见 　签字：总包及施工、监理单位相关责任人已签字 　盖章：总包及施工、监理单位已盖章

续表

条款号	大纲条款	检查依据	检查要点
4.4.6	施工方案和作业指导书已审批，技术交底记录齐全。重大施工方案或特殊措施经专项评审	**2.《建筑工程施工质量评价标准》GB/T 50375—2006** 4.2.1　施工现场质量保证条件应符合下列检查标准： 　　3　施工组织设计、施工方案编制审批手续齐全，…… **3.《建筑施工组织设计规范》GB/T 50502—2009** 3.0.5　施工组织设计的编制和审批应符合下列规定： 　　2　……施工方案应由项目技术负责人审批；重点、难点分部（分项）工程和专项工程施工方案应由施工单位技术部门组织相关专家评审，施工单位技术负责人批准。 　　3　由专业承包单位施工的分部（分项）工程或专项工程的施工方案，应由专业承包单位技术负责人或技术负责人授权的技术人员审批；有总承包单位时，应由总承包单位项目技术负责人核准备案。 　　4　规模较大的分部（分项）工程和专项工程的施工方案应按单位工程施工组织设计进行编制和审批。 6.4.1　施工准备应包括下列内容： 　　1　技术准备：包括施工所需技术资料的准备、图纸深化和技术交底的要求、试验检验和测试工作计划、样板制作计划以及与相关单位的技术交接计划等； **4.《光伏发电工程施工规范》GB 50794—2012** 3.0.1开工前应具备下列条件： 　　……；设计交底应完成，施工组织设计及重大施工方案应已审批。 **5.《电力建设工程施工技术管理导则》国电电源〔2002〕896号** 8.1.5　技术交底必须有交底记录。交底人和被交底人要履行全员签字手续	3. 查阅技术交底记录 　内容：与方案或作业指导书相符 　时间：施工前 　签字：交底人和被交底人已签字 4. 查阅重大方案或特殊专项措施（需专家论证的专项方案）的评审报告 　内容：对论证的内容提出明确的意见 　评审专家资格：非本项目参建单位人员 　签字：专家已签字
4.4.7	计量工器具经检定合格，且在有效期内	**1.《中华人民共和国计量法》中华人民共和国主席令〔2015〕第26号** 第九条　……。未按照规定申请计量检定、计量检定不合格或者超过计量检定周期的计量器具，不得使用。 **2.《中华人民共和国依法管理的计量器具目录（型式批准部分）》国家质检总局〔2005〕第145号** 　　1. 测距仪：光电测距仪、超声波测距仪、手持式激光测距仪； 　　2. 经纬仪：光学经纬仪、电子经纬仪； 　　3. 全站仪：全站型电子速测仪； 　　4. 水准仪：水准仪； 　　5. 测地型GPS接收机：测地型GPS接收机。 **3.《电力建设施工技术规范　第1部分：土建结构工程》DL 5190.1—2012** 3.0.5　在质量检查、验收中使用的计量器具和检测设备，应经计量检定合格后方可使用；承担材料和设备检测的单位，应具备相应的资质。	1. 查阅计量工器具台账 　内容：包括计量工器具名称、出厂合格证编号、检定日期、有效期、在用状态等 　检定有效期：在用期间有效 2. 查阅计量工器具检定报告 　有效期：在用期间有效，与台账一致

续表

条款号	大纲条款	检 查 依 据	检查要点
4.4.7	计量工器具经检定合格，且在有效期内	**4.《电力工程施工测量技术规范》DL/T 5445—2010** 4.0.3 施工测量所使用的仪器和相关设备应定期检定，并在检定的有效期内使用。…… **5.《建筑工程检测试验技术管理规范》JGJ 190—2010** 5.2.2 施工现场配置的仪器、设备应建立管理台账，按有关规定进行计量检定或校准，并保持状态完好	3. 查看计量工器具 实物：张贴合格标签，与检定报告一致
4.4.8	专业绿色施工措施已实施	**1.《建筑工程绿色施工评价标准》GB/T 50640—2010** 3.0.2 绿色施工项目应符合以下规定： 　3 施工组织设计及施工方案应有施工组织设计及施工方案应有专门的绿色施工章节、绿色施工目标明确，内容应涵盖"四节一环保"要求。 **2.《建筑工程绿色施工规范》GB/T 50905—2014** 3.1.1 建设单位应履行下列职责 　1 在编制工程概算和招标文件时，应明确绿色施工的要求…… 　2 应向施工单位提供建设工程绿色施工的设计文件、产品要求等相关资料…… 4.0.2 施工单位应编制包含绿色施工管理和技术要求的工程绿色施工组织设计、绿色施工方案或绿色施工专项方案，并经审批通过后实施。 **3.《电力建设施工技术规范　第1部分：土建结构工程》DL 5190.1—2012** 3.0.12 施工单位应建立绿色施工管理体系和管理制度，实施目标管理，施工前应在施工组织设计和施工方案中明确绿色施工的内容和方法。 **4.《电力建设绿色施工示范管理办法（2016版）》中电建协工〔2016〕2号** 第十三条 各参建单位均应严格执行绿色施工专项方案，落实绿色施工措施，并形成专业绿色施工的实施记录	查阅专业绿色施工记录 内容：与绿色施工措施相符 签字：相关责任人已签字
4.4.9	单位工程开工报告已审批	**《工程建设施工企业质量管理规范》GB/T 50430—2007** 10.4.2 ……施工企业应确认项目施工已具备开工条件，按规定提出开工申请，经批准后方可开工	查阅单位工程开工报告 申请时间：开工前 审批意见：同意开工等肯定性意见 签字：总包及施工、监理、建设单位相关责任人已签字 盖章：总包及施工、监理、建设单位已盖章

条款号	大纲条款	检 查 依 据	检查要点
4.4.10	检测试验项目的检测报告齐全	**1.《建设工程质量管理条例》中华人民共和国国务院令〔2000〕第 279 号** 第二十九条　施工单位必须按照工程设计要求、施工技术标准和合同约定，对建筑材料、建筑构配件、设备和商品混凝土进行检验，…… **2.《建筑工程检测试验技术管理规范》JGJ 190—2010** 5.7.2　检测试验报告的编号和检测试验结果应在试样台账上登记	查阅检测试验报告台账 内容：与工程实际使用数量相符
4.4.11	工程建设标准强制性条文实施计划已执行	**1.《建设工程质量管理条例》中华人民共和国国务院令〔2000〕第 279 号** 第二条　凡在中华人民共和国境内从事建设工程的新建、扩建、改建等有关活动及实施对建设工程质量监督管理的，必须遵守本条例。本条例所称建设工程，是指土木工程、建筑工程、线路管道和设备安装工程及装修工程。 第三条　建设单位、勘察单位、设计单位、施工单位、工程监理单位依法对建设工程质量负责。 第十条　…… 　　建设单位不得明示或者暗示设计单位或者施工单位违反工程建设强制性标准，降低建设工程质量。 **2.《实施工程建设强制性标准监督规定》中华人民共和国建设部令〔2000〕第 81 号** 第二条　在中华人民共和国境内从事新建、扩建、改建等工程建设活动，必须执行工程建设强制性标准。 第三条　本规定所称工程建设强制性标准是指直接涉及工程质量、安全、卫生及环境保护等方面的工程建设标准强制性条文。 　　国家工程建设标准强制性条文由国务院建设行政主管部门会同国务院有关行政主管部门确定。 第六条　……工程质量监督机构应当对工程建设施工、监理、验收等阶段执行强制性标准的情况实施监督 **3.《工程建设标准强制性条文　房屋建筑部分（2013 年版）》（全文）** **4.《工程建设标准强制性条文　电力工程部分（2011 年版）》（全文）** **5.《国家重大建设项目文件归档要求与档案整理规范》DA/T 28—2002** 7.8.3　归档文件应完整、成套、系统。应记述和反映建设项目的规划、设计、施工及竣工验收的全过程；真实记录和准确反映项目建设过程和竣工时的实际情况，图物相符，技术数据可靠、签字手续完备；文件质量应符合 5.5 的规定	查阅强制性条文执行记录 内容：与强制性条文执行计划相符，相关资料可追溯 签字：相关责任人已签字 时间：与工程进度同步
4.4.12	按批准的验收项目划分表完成质量检验	**1.《光伏发电站施工规范》GB 50794—2012** 3.0.1　开工前应具备以下条件 　　4　……项目划分及质量评定标准应确定。	1. 查阅项目质量验收划分表 内容：与工程实际相符，符合规范要求 意见：有肯定性结论

续表

条款号	大纲条款	检 查 依 据	检查要点
4.4.12	按批准的验收项目划分表完成质量检验	**2.《电气装置安装工程质量检验及评定规程　第1部分：通则》DL/T 5161.1—2002** 1.0.3　电气装置安装工程应根据工程情况，由施工单位按本通则第2章和第3章，编制所承担工程的质量检验评定范围。监理单位应对各施工单位编制的工程质量检验评定范围进行核查、汇总，经建设单位确认后执行。 1.0.6　各级质检人员，应严格执行电气装置安装工程施工及验收规范，相关国家标准、行业标准和本系列标准，对工程质量进行检查、验收和评定。 **3.《电力建设施工质量验收及评价规程　第1部分：土建工程》DL/T 5210.1—2012** 2.0.3　验收 建筑工程在施工单位自行质量检查评定的基础上，参与建设活动的有关单位共同对检验批、分项、分部、单位工程进行复检，并根据相关标准以书面形式对工程质量与否做出确认	签字：总包及施工、监理、建设单位相关责任人已签字 审批时间：工程开工前 2. 查阅质量验收内容 　内容：与批准的划分表一致 　签字：总包及施工、监理、建设单位相关责任人已签字 　时间：与工程进度同步
4.4.13	施工、调试验收中的不符合项已整改	**1.《建设工程质量管理条例》中华人民共和国国务院令〔2000〕第279号** 第三十二条　施工单位对施工中出现质量问题的建设工程或者竣工验收不合格的建设工程，应当负责返修。 **2.《建筑工程施工质量验收统一标准》GB 50300—2013** 5.0.6　当建筑工程施工质量不符合规定时，应按下列规定进行处理： 　　1. 经返工或返修的检验批，应重新进行验收。 **3.《光伏发电工程验收规范》GB/T 50796—2012** 7.0.3　工程竣工验收条件应符合下列要求： 　　1　……历次验收发现的问题和缺陷应已经整改完成。 **4.《110kV及以上送变电工程启动及竣工验收规程》DL/T 782—2001** 4.3　每次检查中发现的问题在每个阶段中加以消缺，消缺之后要重新检查。…… 5.2.4　……（电气设备试验）验收检查发现的缺陷已经消除，……	查阅问题记录及闭环资料 　内容：不符合项记录完整，问题已闭环 　签字：相关责任人已签字
4.4.14	无违规转包或者违法分包工程行为	**1.《中华人民共和国建筑法》中华人民共和国主席令〔2011〕第46号** 第二十八条　禁止承包单位将其承包的全部建筑工程转包给他人，禁止承包单位将其承包的全部建筑工程肢解以后以分包的名义转包给他人。 第二十九条　建筑工程总承包单位可以将承包工程中的部分工程发包给具有相应资质条件的分包单位，但是，除总承包合同约定的分包外，必须经建设单位认可。施工总承包的，建筑工程主体结构的施工必须由总承包单位自行完成。 ……	1. 查阅工程分包申请报审表 　意见：同意分包等肯定性意见 　签字：总包及施工、监理、建设单位相关责任人已签字

条款号	大纲条款	检 查 依 据	检查要点
4.4.14	无违规转包或者违法分包工程行为	禁止总承包单位将工程分包给不具备相应资质条件的单位。禁止分包单位将其承包的工程再分包。 **2.《建筑工程施工转包违法分包等违法行为认定查处管理办法（试行）》建市〔2014〕118 号** 第七条　存在下列情形之一的，属于转包： 　　（一）施工单位将其承包的全部工程转给其他单位或个人施工的； 　　（二）施工总承包单位或专业承包单位将其承包的全部工程肢解以后，以分包的名义分别转给其他单位或个人施工的； 　　（三）施工总承包单位或专业承包单位未在施工现场设立项目管理机构或未派驻项目负责人、技术负责人、质量管理负责人、安全管理负责人等主要管理人员，不履行管理义务，未对该工程的施工活动进行组织管理的； 　　（四）施工总承包单位或专业承包单位不履行管理义务，只向实际施工单位收取费用，主要建筑材料、构配件及工程设备的采购由其他单位或个人实施的； 　　（五）劳务分包单位承包的范围是施工总承包单位或专业承包单位承包的全部工程，劳务分包单位计取的是除上缴给施工总承包单位或专业承包单位"管理费"之外的全部工程价款的； 　　（六）施工总承包单位或专业承包单位通过采取合作、联营、个人承包等形式或名义，直接或变相地将其承包的全部工程转给其他单位或个人施工的； 　　（七）法律法规规定的其他转包行为。 第九条　存在下列情形之一的，属于违法分包： 　　（一）施工单位将工程分包给个人的； 　　（二）施工单位将工程分包给不具备相应资质或安全生产许可的单位的； 　　（三）施工合同中没有约定，又未经建设单位认可，施工单位将其承包的部分工程交由其他单位施工的； 　　（四）施工总承包单位将房屋建筑工程的主体结构的施工分包给其他单位的，钢结构工程除外； 　　（五）专业分包单位将其承包的专业工程中非劳务作业部分再分包的； 　　（六）劳务分包单位将其承包的劳务再分包的； 　　（七）劳务分包单位除计取劳务作业费用外，还计取主要建筑材料款、周转材料款和大中型施工机械设备费用的； 　　（八）法律法规规定的其他违法分包行为	盖章：总包及施工、监理、建设单位已盖章 2. 查阅工程分包商资质 　业务范围：涵盖所分包的项目 　发证单位：政府主管部门 　有效期：当前有效

4.5　调试单位质量行为的监督检查

条款号	大纲条款	检 查 依 据	检查要点
4.5.1	企业资质与合同约定的业务相符	**1.《中华人民共和国建筑法》中华人民共和国主席令〔2011〕第 46 号** 第十三条　从事建筑活动的建筑施工企业、勘察单位、设计单位……经资质审查合格，取得相应等级的资质证书后，方可在其资质等级许可的范围内从事建筑活动。	1. 查阅企业资质证书 　发证单位：政府主管部门

条款号	大纲条款	检查依据	检查要点
4.5.1	企业资质与合同约定的业务相符	**2.《建设工程质量管理条例》中华人民共和国国务院令〔2000〕第 279 号** 第二十五条　施工单位应当依法取得相应等级的资质证书，并在其资质等级许可的范围内承揽工程。 **3.《建筑业企业资质管理规定》住房和城乡建设部令〔2015〕第 22 号** 第三条　企业应当按照其拥有的资产、主要人员、已完成的工程业绩和技术装备等条件申请建筑业企业资质，经审查合格，取得建筑业企业资质证书后，方可在资质许可的范围内从事建筑施工活动。 **4.《承装（修、试）电力设施许可证管理办法》电监会令〔2009〕28 号** 第四条　在中华人民共和国境内从事承装、承修、承试电力设施活动的，应当按照本办法的规定取得许可证。除电监会另有规定外，任何单位或者个人未取得许可证，不得从事承装、承修、承试电力设施活动。 本办法所称承装、承修、承试电力设施，是指对输电、供电、受电电力设施的安装、维修和试验。 第二十八条　承装（修、试）电力设施单位在颁发许可证的派出机构辖区以外承揽工程的，应当自工程开工之日起十日内，向工程所在地派出机构报告，依法接受其监督检查。 **5.《光伏发电站施工规范》GB 50794—2012** 3.0.1　开工前应具备下列条件： 　3　施工单位的资质、特殊作业人员资格、施工机械、施工材料、计量器具等应报监理单位或建设单位审查完毕	有效期：当前有效 业务范围：涵盖合同约定的业务 2. 查阅承装（修、试）电力设施许可证 发证单位：国家能源局及派出机构 有效期：当前有效 业务范围：涵盖合同约定的业务 3. 查阅跨区作业报告文件 发证单位：工程所在地能源局派出机构
4.5.2	项目部专业人员配置合理，调试人员持证上岗	**1.《建设工程质量管理条例》中华人民共和国国务院令〔2000〕第 279 号** 第二十六条　……施工单位应当建立质量责任制，确定工程项目的项目经理、技术负责人和施工管理负责人。 **2.《电工进网作业许可证管理办法》电监会令〔2005〕第 15 号** 第四条　电工进网作业许可证是电工具有进网作业资格的有效证件。进网作业电工应当按照本办法的规定取得电工进网作业许可证并注册。未取得电工进网作业许可证或者电工进网作业许可证未注册的人员，不得进网作业。 第六条　电工进网作业许可证分为低压、高压、特种三个类别。 …… 　取得特种类电工进网作业许可证的，可以在受电装置或者送电装置上从事电气试验、二次安装调试、电缆作业等特种作业。 **3.《建设工程项目管理规范》GB/T 50326—2006** 5.2.5　项目经理部的组织结构应根据项目的规模、结构、复杂程度、专业特点、人员素质和地域范围确定。 **4.《输变电工程项目质量管理规程》DL/T 1362—2014** 10.2.1　工程项目调试前，调试单位应进行下列质量管理策划：	1. 查阅岗位设置文件 岗位设置：有相应专业人员，满足调试工作需要 各岗位职责：职责明确 2. 查阅调试人员资格证书 发证单位：国家能源局及派出机构 有效期：当前有效 类别：许可执业范围涵盖目前从事的调试工作

条款号	大纲条款	检 查 依 据	检查要点
4.5.2	项目部专业人员配置合理，调试人员持证上岗	a) 建立项目调试质量控制组织机构和制度，确定人员配置； 10.1.3 调试单位应按照调试合同的约定选派具备相应资格能力的调试人员进驻现场。调试人员资格要求参见附录 E	
4.5.3	调试措施审批手续齐全	**1.《光伏发电站施工规范》GB 50794—2012** 6 设备和系统调试 6.1 一般规定 6.1.1 调试方案应报审完毕。 **2.《光伏发电工程验收规范》GB/T 50796—2012** 5.2.1 工程启动验收前完成的准备工作应包含下列内容： 　　5 调试单位应编制完成启动调试方案并应通过论证。 **3.《110kV 及以上送变电工程启动及竣工验收规程》DL/T 782—2001** 3.4.3 调试单位应按合同负责编制启动和系统调试大纲、调试方案，报启委会审查批准，…… 5.1 由试运指挥组提出的工程启动、系统调试、试运方案已经启委会批准，调试方案已经调度部门批准；…… **4.《输变电工程项目质量管理规程》DL/T 1362—2014** 10.2.2 调试开始前，调试单位应编制调试技术文件，并报监理单位审核、建设单位批准。调试技术文件应包括下列内容： 　　a) 电气设备交接试验作业指导书、专业调试方案、系统调试大纲	查阅电气设备交接试验作业指导书、调试大纲、系统调试方案 作业指导书、调试大纲审批签字：调试（总包）、监理、建设单位相关负责人已签字 系统调试方案审批：启动委员会有关负责人签字
4.5.4	调试使用的仪器、仪表检定合格并在有效期内	**1.《中华人民共和国计量法》中华人民共和国主席令〔2015〕第 26 号** 第九条 ……未按照规定申请检定、计量检定不合格或者超过计量检定周期的计量器具，不得使用。 **2.《中华人民共和国依法管理的计量器具目录（型式批准部分）》国家质检总局公告 2005 年第 145 号** 31. 接地电阻测量仪器：接地电阻表、接地导通电阻测试仪； 32. 绝缘电阻测量仪：绝缘电阻表（兆欧表）、高绝缘电阻测量仪（高阻计）； 34. 耐电压测试仪：耐电压测试仪； **3.《输变电工程项目质量管理规程》DL/T 1362—2014** 10.3.3 调试设备的管理应符合下列要求： 　　a) 调试单位应配备与调试项目相适应的调试设备，应保证其在有效期内，并应在设备进场时报监理审查； **4.《输变电工程达标投产验收规程》DL 5279—2012** 4.4.1 变电站、开关站与换流站交流场电气调整试验与技术指标验收应按表 4.4.1（27 重要报告、记录、签证）的规定进行。	1. 查阅仪器、仪表台账 内容：包括仪器、仪表名称、出厂合格证编号、检定日期、有效期、在用状态等 检定有效期：在用期间有效 2. 查阅仪器、仪表检定报告 有效期：在用期间有效，与台账一致 3. 查看仪器、仪表实物：与检定报告一致

条款号	大纲条款	检 查 依 据	检查要点
4.5.4	调试使用的仪器、仪表检定合格并在有效期内	1）调试使用仪器台账、校验报告齐全。 4.8.1 工程综合管理与档案检查验收应按表 4.8.1（9 调试管理）的规定进行。 4）试验仪器、设备检验合格，并在有效期内	
4.5.5	已完项目的试验和调试报告已编制	**1.《光伏发电站施工规范》GB 50794—2012** 6.5.3 继电保护系统调试应符合下列要求： 　　6 调试记录应齐全、准确。 6.5.5 电能量信息采集系统调试应符合下列要求： 　　1 光伏电站关口计量的主、副表，其规格、型号……，并出具报告。 　　2 光伏发电站关口表的电流互感器、电压互感器……，并出具报告。 **2.《110kV 及以上送变电工程启动及竣工验收规程》DL/T 782—2001** 3.4.3 调试单位应……提出调试报告和调试总结。 5.2.4 电器设备的各项试验全部完成且合格，有关记录齐全完整。……所有设备及其保护（包括通道）……调试整定合格且调试记录齐全。 **3.《输变电工程项目质量管理规程》DL/T 1362—2014** 10.1.5 调试单位应形成试验记录，应编制试验报告，并应保证调试档案资料的真实性、准确性和完整性	查阅调试报告 盖章：调试单位已盖章 审批：试验人员、责任人已签字 时间：与调试进度同步
4.5.6	投运范围内的设备和系统已按规定全部试验和调试完毕并签证	**1.《光伏发电工程验收规范》GB/T 50796—2012** 5.2.1 工程启动验收前完成的准备工作应包含下列内容： 　　2 应通过并网工程验收，包括下列内容： 　　（1）涉及电网安全生产管理体系验收。 　　（2）电气主接线系统及场（站）用电系统验收。 　　（3）继电保护、安全自动装置、电力通信、直流系统、光伏电站监控系统等验收。 　　（4）二次系统安全防护验收。 　　（5）对电网安全、稳定运行有直接影响的电厂其他设备及系统验收。 5.2.2 工程启动验收主要工作应包括下列内容： 　　2 应按照启动验收方案对光伏发电工程启动进行验收。 　　4 应签发"工程启动验收鉴定书"。 **2.《110kV 及以上送变电工程启动及竣工验收规程》DL/T 782—2001** 5.2.4 电器设备的各项试验全部完成且合格，有关记录齐全完整。带电部位的接地线已全部拆除，所有设备及其保护（包括通道）、调度自动化、安全自动装置、微机监控装置以及相应的辅助设施均已安装齐全，调试整定合格且调试记录齐全。	查阅调试记录、调试报告、试验报告 试验项目：与调试方案、大纲符合 签字：相关责任人已签字 签证验收：调试（总包）、监理、建设单位责任人已签字

条款号	大纲条款	检 查 依 据	检查要点
4.5.6	投运范围内的设备和系统已按规定全部试验和调试完毕并签证	5.3.6 送电线路带电前的试验（线路绝缘电阻测定、相位核对、线路参数和高频特性测定）已完成。 **3.《输变电工程项目质量管理规程》DL/T 1362—2014** 10.3.6 调试质量检查验收应符合下列要求： a）调试单位应完成全部调试项目的质量自检，应参加监理单位或建设单位组织的调试质量验收，应及时消除质量缺陷和遗留问题	
4.5.7	工程建设标准强制性条文实施计划已执行	**1.《建设工程质量管理条例》中华人民共和国国务院令〔2000〕第 279 号** 第二条 凡在中华人民共和国境内从事建设工程的新建、扩建、改建等有关活动及实施对建设工程质量监督管理的，必须遵守本条例。本条例所称建设工程，是指土木工程、建筑工程、线路管道和设备安装工程及装修工程。 第三条 建设单位、勘察单位、设计单位、施工单位、工程监理单位依法对建设工程质量负责。 第十条 …… 建设单位不得明示或者暗示设计单位或者施工单位违反工程建设强制性标准，降低建设工程质量。 **2.《实施工程建设强制性标准监督规定》建设部令〔2000〕第 81 号** 第二条 在中华人民共和国境内从事新建、扩建、改建等工程建设活动，必须执行工程建设强制性标准。 第六条 工程质量监督机构应当对工程建设施工、监理、验收等阶段执行强制性标准的情况实施监督。 **3.《输变电工程项目质量管理规程》DL/T 1362—2014** 4.4 参建单位应严格执行工程建设标准强制性条文，…… **4.《工程建设标准强制性条文 电力工程部分（2011 年版）》（全文）** **5.《国家重大建设项目文件归档要求与档案整理规范》DA/T 28—2002** 7.8.3 归档文件应完整、成套、系统。应记述和反映建设项目的规划、设计、施工及竣工验收的全过程；真实记录和准确反映项目建设过程和竣工时的实际情况，图物相符，技术数据可靠、签字手续完备；文件质量应符合 5.5 的规定	查阅强制性条文执行记录 内容：与强制性条文执行计划相符，相关资料可追溯 签字：相关责任人已签字 时间：与工程进度同步
4.6 生产运行单位质量行为的监督检查			

4.6.1	生产运行管理组织机构健全，满足生产运行管理工作的需要	**《建设工程项目管理规范》GB/T 50326—2006**
		5 项目管理组织
		5.1.1 项目管理组织的建立应遵循下列原则：
		  1 组织结构科学合理。
		  2 有明确的管理目标和责任制度。
		  3 组织成员具备相应的职业资格。
		  4 保持相对稳定，并根据实际需要进行调整。
		10.1.1 组织应遵照《建设工程质量管理条例》和《质量管理体系 GB/T 19000》族标准的要求，建立持续改进质量管理体系，设立专职管理部门或专职人员
			查阅生产运行单位组织机构设置文件
			内容：人员配备满足运行管理需要

续表

条款号	大纲条款	检查依据	检查要点
4.6.2	运行人员经相关部门培训上岗	**1.《电力安全工作规程（发电厂和变电站电气部分）》GB 26860—2011** 1　范围 本标准规定了电力生产单位和电力工作场所工作人员的基本电气安全要求。 4.1　工作人员 4.1.2　具备必要的安全生产知识和技能，从事电气作业的人员应掌握触电急救等救护方法。 4.1.3　具备必要的电气知识和业务技能，熟悉电气设备及其系统。 **2.《光伏发电工程验收规范》GB/T 50796—2012** 6.2　工程试运和移交生产验收 6.2.1　工程试运和移交生产验收应具备下列条件： 　　9　运行人员应取得上岗资格。 **3.《110kV 及以上送变电工程启动及竣工验收规程》DL/T 782—2001** 3.4.4　……生产运行单位应在工程启动试运前完成各项生产准备工作：生产运行人员定岗定编、上岗培训，…… 5.2.1　变电站生产运行人员已配齐并已持证上岗，试运指挥组已将启动调试试运方案向参加试运人员交底。 **4.《变电站运行导则》DL/T 969—2005** 1　范围 本导则规定了变电运行值班人员及相关专业人员进行设备运行、操作、异常及故障处理的行为准则。 4.1.1　值班人员应经岗位培训且考试合格后方能上岗。应掌握变电站的一次设备、二次设备、直流设备、站用电系统、防误闭锁装置、消防等设备性能及相关线路、系统情况。掌握各级调度管辖范围、调度术语和调度指令	查阅运行人员培训台账 　培训对象：运行人员 　考试成绩：合格 　台账审核：负责人已签字
4.6.3	运行管理制度、操作规程、运行系统图册已发布实施	**1.《光伏发电工程验收规范》GB/T 50796—2012** 3.0.8 工程验收中相关单位职责应符合下列要求： 　　6　生产运行单位职责应包括： 　　　4）负责印制生产运行的规程、制度、系统图表、记录表单等。 **2.《110kV 及以上送变电工程启动及竣工验收规程》DL/T 782—2001** 3.4.4　生产运行人员应……，参与编写或修订运行规程。通过参加竣工验收检查和启动、调试和试运，运行人员应进一步熟悉操作，摸清设备特性，检查编写的运行规程是否符合实际情况，必要时进行修订。生产运行单位应在工程启动试运前完成各项生产准备工作：……，编制运行规程，建立设备资料档案、运行记录表格，……	1. 查阅运行管理制度及管理台账 　签字：编、审、批已签字 　台账：已建立 2. 查阅运行操作规程 　签字：编、审、批已签字 　时间：生效时间明确

条款号	大纲条款	检 查 依 据	检查要点
4.6.3	运行管理制度、操作规程、运行系统图册已发布实施	**3.《变电站运行导则》DL/T 969—2005** 4.1.3 ……新建变电站投入运行三个月、改（扩）建的变电站投入运行一个月后，应有经过审批的《变电站现场运行规程》。投运前，可用经过审批的临时《变电站现场运行规程》代替	3. 查阅运行系统图册 审批：编、审、批已签字 时间：生效时间明确
4.7 检测试验机构质量行为的监督检查			
4.7.1	检测试验机构已经监理审核，并通过能力认定，其现场派出机构（现场试验室）满足规定条件，并已报质量监督机构备案	**1.《建设工程质量检测管理办法》建设部令〔2005〕第 141 号** 第四条 ……检测机构未取得相应的资质证书，不得承担本办法规定的质量检测业务。 第八条 检测机构资质证书有效期为 3 年。资质证书有效期满需要延期的，检测机构应当在资质证书有效期满 30 个工作日前申请办理延期手续。 **2.《检验检测机构资质认定管理办法》国家质量监督检验检疫总局令〔2015〕第 163 号** 第二条 ……资质认定包括检验检测机构计量认证。 第三条 检验检测机构从事下列活动，应当取得资质认定： （四）为社会经济、公益活动出具具有证明作用的数据、结果的； （五）其他法律法规规定应当取得资质认定的。 **3.《建设工程监理规范》GB/T 50319—2013** 5.2.7 专业监理工程师应检查施工单位为工程提供服务的试验室。 **4.《房屋建筑和市政基础设施工程质量检测技术管理规范》GB 50618—2011** 3.0.2 建设工程质量检测机构（以下简称检测机构）应取得建设主管部门颁发的相应资质证书。 3.0.3 检测机构必须在技术能力和资质规定范围内开展检测工作。 **5.《电力建设土建工程施工技术检验规范》DL/T 5710—2014** 3.0.4 承担电力建设土建工程检测试验任务的检测试验单位应取得计量认证证书和相应的资质等级证书。当设置现场试验室时，检测试验单位及由其派出的现场试验室应取得电力工程质量监督机构认定的资质等级证书。 3.0.5 检测试验单位及由其派出的现场试验室必须在其资质规定和技术能力范围内开展检测试验工作。 4.5.1 施工单位应在工程施工前按单位工程编制施工检测试验计划，报监理单位审查，并经建设单位批准后，在监理单位监督下组织实施。当设现场试验室时，施工检测试验计划尚应经现场试验室核查。 **6.《建筑工程检测试验技术管理规范》JGJ 190—2010** 5.2.4 单位工程建筑面积超过 10000m² 或者造价超过 1000 万元人民币时，可设立现场试验站。 表 5.2.4 现场试验站基本条件	1. 查阅检测机构资质证书 发证单位：国家认证认可监督管理委员会（国家级）或地方质量技术监督部门或各直属出入境检验检疫机构（省市级）及电力质监机构 有效期：当前有效 证书业务范围：涵盖检测项目 2. 查看现场试验室 资质文件：派出机构相关文件 人员配置：与工作任务相符 试验仪器：满足检测范围要求 场所：有固定场所且面积、环境、温湿度满足规范要求 3. 查阅检测机构的申请报备文件 报备时间：工程开工前

续表

条款号	大纲条款	检 查 依 据	检查要点
4.7.1	检测试验机构已经监理审核，并通过能力认定，其现场派出机构（现场试验室）满足规定条件，并已报质量监督机构备案	**7.《电力工程检测试验机构能力认定管理办法（试行）》质监〔2015〕20 号** 第四条　电力工程检测试验机构是指依据国家规定取得相应资质，从事电力工程检测试验工作，为保障电力工程建设质量提供检测验证数据和结果的单位。 第七条　同时根据工程建设规模、技术规范和质量验收规程对检测机构在检测人员、仪器设备、执行标准和环境条件等方面的要求，相应地将承担工程检测试验业务的检测机构划分为 A 级和 B 级两个等级。 第九条　承担建设建模 200MW 及以上发电工程和 330kV 及以上变电站（换流站）工程检测试验任务的检测机构，必须符合 B 级及以上等级标准要求。不同规模电力工程项目所对应要求的检测机构能力等级详见附件 5。 第二十八条　检测机构不得将所承担检测试验工作转包或违规分包给其他检测试验单位。因特殊技术要求，需要外委的检测试验项目应委托给具有相应资质的检测试验单位，并根据合同要求，制订外委计划进行跟踪管理。检测机构对外委的检测试验项目的检测试验结论负连带责任。 第三十条　根据工程建设需要和质量验收规程要求，检测机构在承担电力工程项目的检测试验任务时，应当设立现场试验室。检测机构对所设立现场试验室的一切行为负责。 第三十一条　现场试验室在开展工作前，须通过负责本项目的质监机构组织的能力认定。对符合条件的，质监机构应予以书面确认。 第三十五条　检测机构的《业务等级确认证明》有效期为四年，有效期满后，需重新进行确认。 附件 1-3　土建检测试验机构现场试验室要求 附件 2-3　金属检测试验机构现场试验室要求	
4.7.2	检测试验人员资格符合规定，持证上岗	**1.《建设工程质量检测管理办法》建设部令〔2005〕第 141 号** 第十六条　检测人员不得同时受聘于两个或者两个以上的检测机构。检测机构和检测人员不得推荐或者监制建筑材料、构配件和设备。 **2.《检验检测机构资质认定管理办法》国家质量监督检验检疫总局令〔2015〕第 163 号** 第三十二条　检验检测机构及其人员应当对其在检验检测活动中所知悉的国家秘密、商业秘密和技术秘密负有保密义务，并制定实施相应的保密措施。 **3.《房屋建筑和市政基础设施工程质量检测技术管理规范》GB 50618—2011** 4.1.5　检测操作人员应经技术培训、通过建设主管部门或委托有关机构的考核，方可从事检测工作。 5.3.6　检测前应确认检测人员的岗位资格，检测操作人员应熟识相应的检测操作规程和检测设备使用、维护技术手册等。 **4.《电力建设土建工程施工技术检验规范》DL/T 5710—2014** 4.2.2　每个室内检测试验项目持有岗位证书的操作人员不得少于 2 人；每个现场检测试验项目持有岗位证书的操作人员不得少于 3 人。	1. 查阅检测人员登记台账 　专业类别和数量：满足检测项目需求 2. 查阅检测人员资格证书 　资格证颁发单位：各级政府和电力行业主管部门 　资格证：当前有效

条款号	大纲条款	检 查 依 据	检查要点
4.7.2	检测试验人员资格符合规定，持证上岗	4.2.3　检测试验单位技术负责人、质量负责人及授权签字人应具有工程类专业中级及其以上技术职称，掌握相关领域知识，具有规定的工作经历、检测试验工作经验和工作年限。 4.2.4　检测试验人员应经技术培训、通过行业主管部门或委托有关机构考核合格后持证上岗。 4.2.6　检测试验单位应有人员学习、培训、考核记录	
4.7.3	检测试验仪器、设备检定合格，且在有效期内	**1.《房屋建筑和市政基础设施工程质量检测技术管理规范》GB 50618—2011** 4.2.14　检测机构的所有设备均应标有统一的标识，在用的检测设备均应标有校准或检测有效期的状态标识。 **2.《电力建设土建工程施工技术检验规范》DL/T 5710—2014** 4.3.1　检测试验仪器应符合国家现行有关技术标准的规定及合同中的相关条款，满足检测试验工作要求。 4.3.2　在用仪器设备有出厂合格证、检定或校准合格证，应保持完好状态，并在检定或校准周期内使用。 4.3.3　检测试验单位应指定仪器设备检定或校准计划，按规定进行检定或校准，检定或校准的周期应符合国家有关规定及技术标准的规定。 4.3.4　检测试验单位应建立仪器设备管理台账和档案，记录仪器设备技术条件及使用过程的有关信息。 4.3.5　检测试验仪器设备（包含标准物质）应设置明显的标识表明其状态。 4.3.6　检测试验单位应建立仪器设备管理责任制，并做好使用、维护保养、维修记录。 4.3.7　大型、复杂、精密的检测试验设备应编制使用操作规程。 4.3.8　仪器设备布置应分类、分区，便于操作，符合有关技术、安全规程规定。 **3.《建筑工程检测试验技术管理规范》JGJ 190—2010** 5.2.3　施工现场试验环境及设施应满足检测试验工作的要求	1. 查阅检测仪器、设备登记台账 　数量、种类：满足检测需求 　检定周期：当前有效 　检定结论：合格 2. 查看检测仪器、设备检验标识 　检定周期：与台账一致
4.7.4	检测试验依据正确、有效，检测试验报告及时、规范	**1.《检验检测机构资质认定管理办法》国家质量监督检验检疫总局令〔2015〕第 163 号** 第十三条　……检验检测机构资质认定标志，……式样如下：CMA 标志 第二十五条　检验检测机构应当在资质认定证书规定的检验检测能力范围内，依据相关标准或者技术规范规定的程序和要求，出具检验检测数据、结果。 　　检验检测机构出具检验检测数据、结果时，应当注明检验检测依据，并使用符合资质认定基本规范、评审准则规定的用语进行表述。 　　检验检测机构对其出具的检验检测数据、结果负责，并承担相应法律责任。 第二十八条　检验检测机构向社会出具具有证明作用的检验检测数据、结果的，应当在其检验检测报告上加盖检验检测专用章，并标注资质认定标志。 **2.《建设工程质量检测管理办法》建设部令〔2005〕第 141 号** 第十四条　检测机构完成检测业务后，应当及时出具检测报告。检测报告经检测人员签字、检测机构法定代表人或者其授权的签字人签署，加盖检测机构公章或者检测专用章后方可生效。检测报告经建设单位或者工程监理单位确认后，由施工单位归档。见证取样检测的检测报告中应当注明见证人单位及姓名。	查阅检测试验报告 　检测依据：有效的标准规范、合同及技术文件 　检测结论：明确 　签章：检测操作人、审核人、批准人（授权签字人）已签字，已加盖检测机构公章或检测专用章（多页检测报告加盖骑缝章），并标注相应的资质认定标志 　时间：在检测机构规定时间内出具

条款号	大纲条款	检 查 依 据	检查要点
4.7.4	检测试验依据正确、有效，检测试验报告及时、规范	**3.《房屋建筑和市政基础设施工程质量检测技术管理规范》GB 50618—2011** 4.1.3 ……检测报告批准人、检测报告审核人应经检测机构技术负责人授权，…… 5.5.1 检测项目的检测周期应对外公示，检测工作完成后，应及时出具检测报告。 5.5.4 检测报告至少应由检测操作人签字、检测报告审核人签字、检测报告批准人签发，并加盖检测专用章，多页检测报告还应加盖骑缝章。 5.5.6 检测报告结论应符合下列规定： 　　1 材料的试验报告结论应按相关材料、质量标准给出明确的判定； 　　2 当仅有材料试验方法而无质量标准，材料的试验报告结论应按设计要求或委托方要求给出明确的判定； 　　3 现场工程实体的检测报告结论应根据设计及鉴定委托要求给出明确的判定。 **4.《电力建设土建工程施工技术检验规范》DL/T 5710—2014** 4.8.2 检测试验前应确认检测试验方法标准，并严格按照经确认的检测试验方法标准和检测试验方案进行。 4.8.3 检测试验操作应由不少于2名持证检测人员进行。 4.8.4 检测试验出现异常情况时，应按检测试验异常情况处理预案正确处理。 4.8.5 检测试验原始记录应在检测试验操作过程中及时真实记录，统一项目采用统一的格式。 4.8.6 检测试验原始记录笔误需要更正时，应由原记录人进行杠改，并在杠改处由原记录人签名或加盖印章。 4.8.7 自动采集的原始数据当因检测试验设备故障导致原始数据异常时，应予以记录，并应有检测试验人员做出书面说明，由检测试验单位技术负责人批准，方可进行更改。 4.8.8 检测试验工作完成后应在规定时间内及时出具检测试验报告，并保证数据和结果精确、客观、真实。检测试验报告的交付时间和检测周期应予以明示，特殊检测试验报告的交付时间和检测周期应在委托时约定。 4.8.9 检测试验报告编号应连续，不得空号、重号。 4.8.10 检测试验报告至少应由检测试验人、审核人、批准人（授权签字人）不少于三级人员的签名，并加盖检测试验报告专用章及计量认证章，多页检测试验报告应加盖骑缝章。 4.8.11 检测试验报告宜采用统一的格式，内容应齐全且符合国家现行有关标准的规定和委托要求。 4.8.12 检测试验报告结论应符合下列规定： 　　1 材料的试验报告结论应按相关的材料、质量标准给出的明确的判断； 　　2 当仅有材料试验方法而无质量标准时，材料的试验报告结论应按设计规定或委托方要求给出明确的判断； 　　3 现场工程实体的检测报告结论应根据设计及鉴定委托要求给出明确的判断。	

续表

条款号	大纲条款	检 查 依 据	检查要点
4.7.4	检测试验依据正确、有效，检测试验报告及时、规范	4.8.13 委托单位应及时获取检测试验报告，核查报告内容，按要求报送监理单位确认，并在试验台账中登记检测试验报告内容。 4.8.14 检测试验单位严禁出具虚假检测试验报告。 4.8.15 检测试验单位严禁抽撤、替换或修改检测试验结果不合格的报告。 **5. 《电力工程检测试验机构能力认定管理办法（试行）》质监〔2015〕20 号** 第十三条 检测机构及由其派出的现场试验室必须按照认定的能力等级、专业类别和业务范围，承担检测试验任务，并按照标准规定出具相应的检测试验报告，未通过能力认定的检测机构或超出规定能力等级范围出具的检测数据、试验报告无效。 第三十二条 检测机构应当……，及时出具检测试验报告	
5 建筑专业的监督检查			
5.1 建筑专业的监督检查			
5.1.1	建筑工程已按设计完工；升压站内道路通畅、照明完好，沟道盖板平整、齐全，环境整洁	**1. 《建筑工程施工质量验收统一标准》GB 50300—2013** 5.0.4 单位工程质量验收合格应符合下列规定： 　1 所含分部工程的质量均应验收合格。 　2 质量控制资料应完整。 　3 所含分部工程中有关安全、节能、环境保护和主要使用功能的检验资料应完整。 　4 主要使用功能的抽查结果应符合相关专业验收规范的规定。 　5 观感质量应符合要求。 **2. 《110kV 及以上送变电工程启动及竣工验收规程》DL/T 782—2001** 5.2.3 投入系统的建筑工程和生产区域的全部设备和设施，变电站的内外道路、上下水、防火、防洪工程等均已按设计完成并经验收检查合格。生产区域的场地平整，道路畅通，影响安全运行的施工临时设施已全部拆除，平台栏杆和沟道盖板齐全、脚手架、障碍物、易燃物、建筑垃圾等已经清除，带电区域已设明显标志。 5.2.6 所用电源、照明、通信、采暖、通风等设施按设计要求安装试验完毕，能正常使用	1. 查看受电条件 　建筑工程：受电范围内的建筑工程已按设计文件施工完毕，已验收 　照明：灯具齐全，应急照明切换正常，满足试运要求 　道路：道路已施工完毕，消防通道畅通 　沟道盖板：齐全、平整 　环境：整洁 2. 查阅受电范围内建筑工程验收资料 　内容：齐全 　结论：准确 　签字：相关责任人签字规范 　盖章：相关责任单位已盖章

续表

条款号	大纲条款	检 查 依 据	检查要点
5.1.2	排水、防洪设施已完工，符合设计要求	**1.《建筑给水排水及采暖工程施工质量验收规范》GB 50242—2002** 14.0.1 检验批、分项工程、分部（或子分部）工程质量的验收，均应在施工单位自检合格的基础上进行。并应按检验批、分项、分部（或子分部）、单位（或子单位）工程的程序进行验收，同时做好记录。 **2.《建筑工程施工质量验收统一标准》GB 50300—2013** 3.0.6 建筑工程施工质量应按下列要求进行验收： 　　1 工程质量验收均应在施工单位自检合格的基础上进行。 　　2 参加工程施工质量验收的各方人员应具备相应的资格。 　　3 检验批的质量应按主控项目和一般项目验收。 　　4 对涉及结构安全、节能、环境保护和主要使用功能的试块、试件及材料，应在进场时或施工中按规定进行见证检验。 　　5 隐蔽工程在隐蔽前应由施工单位通知监理单位进行验收，并应形成验收文件，验收合格后方可继续施工。 　　6 对涉及结构安全、节能、环境保护和使用功能的重要分部工程应在验收前按规定进行抽样检验。 　　7 工程的观感质量应由验收人员现场检查，并应共同确认。 5.0.1 检验批质量验收合格应符合下列规定： 　　1 主控项目的质量经抽样检验均应合格。 　　2 一般项目的质量经抽样检验合格。当采用计数抽样时，合格点率应符合有关专业验收规范的规定，且不得存在严重缺陷。对于计数抽样的一般项目，正常检验一次、二次抽样可按本标准附录D判定。 　　3 具有完整的施工操作依据、质量验收记录。 5.0.2 分项工程质量验收合格应符合下列规定： 　　1 所含检验批的质量均应验收合格。 　　2 所含检验批的质量验收记录应完整。 5.0.3 分部工程质量验收合格应符合下列规定： 　　1 所含分项工程的质量均应验收合格。 　　2 质量控制资料应完整。 　　3 有关安全、节能、环境保护和主要使用功能的抽样检验结果应符合相应规定。 　　4 观感质量应符合要求。 5.0.4 单位工程质量验收合格应符合下列规定： 　　1 所含分部工程的质量均应验收合格。 　　2 质量控制资料应完整。 　　3 所含分部工程中有关安全、节能、环境保护和主要使用功能的检验资料应完整。 　　4 主要使用功能的抽查结果应符合相关专业验收规范的规定。	**1.** 查看给排水及防洪工程 　施工：已按设计文件施工完毕，已验收 **2.** 查阅建筑给排水及防洪工程检验批、分项工程、分部工程质量验收资料 　内容：包括检验批、分项工程、分部工程质量验收记录 　结论：准确 　签字：相关责任人签字规范 　盖章：相关责任单位已盖章

条款号	大纲条款	检 查 依 据	检查要点
5.1.2	排水、防洪设施已完工，符合设计要求	5　观感质量应符合要求。 5.0.8　经返修或加固处理仍不能满足安全或使用要求的分部工程及单位工程，严禁验收。 6.0.1　检验批应由专业监理工程师组织施工单位项目专业质量检查员、专业工长等进行验收。 6.0.2　分项工程应由专业监理工程师组织施工单位项目专业技术负责人等进行验收。 6.0.3　分部工程应由总监理工程师组织施工单位项目负责人和项目技术负责人等进行验收。勘察、设计单位项目负责人和施工单位技术、质量部门负责人应参加地基与基础分部工程的验收。设计单位项目负责人和施工单位技术、质量部门负责人应参加主体结构、节能分部工程的验收。 6.0.4　单位工程中的分包工程完工后，分包单位应对所承包的工程项目进行自检，并应按本标准规定的程序进行验收。验收时，总包单位应派人参加。分包单位应将所分包工程的质量控制资料整理完整后，移交给总包单位。 6.0.5　单位工程完工后，施工单位应组织有关人员进行自检。总监理工程师应组织各专业监理工程师对工程质量进行竣工预验收。存在施工质量问题时，应由施工单位及时整改。整改完毕后，由施工单位向建设单位提交工程竣工报告，申请工程竣工验收。 6.0.6　建设单位收到工程竣工报告后，应由建设单位项目负责人组织监理、施工、设计、勘察等单位项目负责人进行单位工程验收	
5.1.3	消防器材配备完善，消防通道畅通	**1.《建筑灭火器配置验收及检查规范》GB 50444—2008** 4.2.1　灭火器的类型、规格、灭火级别和配置数量应符合建筑灭火器配置设计要求。 4.2.2　灭火器的产品质且必须符合国家有关产品标准的要求。 4.2.3　在同一灭火器配置单元内，采用不同类型灭火器时，其灭火剂应能相容。 4.2.4　灭火器的保护距离应符合现行国家标准《建筑灭火器配置设计规范》GB 50140 的有关规定，灭火器的设置应保证配置场所的任一点都在灭火器设置点的保护范围内。 **2.《电力设备典型消防规程》DL 5027—2015** 6.1.6　疏散通道、安全出口应保持畅通，并设置符合规定的消防安全疏散指示标志和应急照明设施。保持防火门、防火卷帘消防安全疏散指示标志、应急照明、机械排烟送风、火灾事故广播等设施处于正常状态。 6.3.5　消防设施、器材应选用符合国家标准或行业标准并经强制性产品认证合格的产品。使用尚未制定国家标准、行业标准的消防产品应当选用经技术鉴定合格的消防产品。 13.3.1　大中型风力发电场建筑物应设置独立或合用消防给水系统和消防栓。消防水源应有可靠保证，供水水量和水压应满足最大一次消防灭火用水（室外和室内用水量之和）。小型风力发电场内的建筑物耐火等级不低于二级，体积不超过 3000m³，且火灾危险性为戊级时，可不设消防给水。 14.3.1　各类发电厂和变电站的建（构）筑物、设备应按照其火灾类别及危险等级配置移动式灭火器	1. 查看消防器材 　配置：符合设计文件及现行国家工程建设消防技术标准的要求 　结论：符合设计及规范要求 2. 查看消防通道的设置 　消防通道：畅通 　消防设施：具备投运条件 3. 查阅消防设备技术文件资料 　内容：齐全 　签字：相关责任人签字规范 　盖章：相关责任单位已盖章

续表

条款号	大纲条款	检 查 依 据	检查要点
5.1.4	升压站主要建（构）筑物和重要设备基础沉降均匀。各沉降观测点设置规范、保护完好，观测记录、曲线和成果报告完整，符合规程规范要求	**1.《电力工程施工测量技术规范》DL/T 5445—2010** 11.7.4 沉降观测的观测时间、频率及周期应按下列要求并结合实际情况确定： 　　1 施工期的沉降观测，应随施工进度具体情况及时进行，具体应符合下列规定： 　　1）基础施工完毕、建筑标高出零米后、各建（构）筑物具备安装观测点标志后即可开始观测。 　　2）整个施工期观测次数原则上不少于 6 次。但观测时间、次数应根据地基状况、建（构）筑物类别、结构及加荷载情况区别对待，如：……对于主厂房（汽机、锅炉）、集中控制楼等框架结构建（构）筑物，一般施工到不同高度平台或加荷载前后各观测一次；……变压器就位前后各观测一次等。 　　3）施工中遇较长时间停工，应在停工时和重开工时各观测一次，停工期间每隔 2 个月观测一次。 　　2 除有特殊要求外，建（构）筑物施工完毕后及试运期间每季度观测一次，运行后可半年观测一次，直至稳定为止。 　　3 观测过程中，若有基础附近地面荷载突然大量增加、基础四周大量积水、长时间连续降雨等情况，均应及时增加观测次数。当建（构）筑物突然发生大量沉降、不均匀沉降，沉降量、不均匀沉降差接近或超过允许变形值或严重裂缝等异常情况时，应立即进行逐日或几天一次的连续观测。 　　4 建筑沉降是否进入稳定阶段，应有沉降量与时间关系曲线判定。当最后 100 天的沉降速率小于（0.01mm～0.04mm）天时可认为已进入稳定阶段。具体取值宜根据各地区地基土的压缩性能确定。 11.7.8 沉降观测结束后，应根据工程需要提交有关成果资料： 　　1 工程平面位置图及基准点分布图； 　　2 沉降观测点位分布图； 　　3 沉降观测成果表； 　　4 沉降观测过程曲线； 　　5 沉降观测技术报告。 **2.《建筑变形测量规范》JGJ 8—2007** 5.5.8 沉降观测应提交下列图表： 　　1 工程平面位置图及基准点分布图； 　　2 沉降观测点位分布图； 　　3 沉降观测成果表； 　　4 时间-荷载-沉降量曲线图（本规范附录 E）； 　　5 等沉降曲线图（本规范附录 E）	**1. 查看建（构）筑物沉降** 沉降观测点：设置符合设计文件及现行国家规范要求，保护完好。 建（构）筑物基础沉降：上部结构无沉降裂纹，地面无沉降裂缝 **2. 查阅沉降观测成果资料** 分布图：范围包括全站建（构）筑物和重要设备基础 观测成果表：观测次数、观测点数符合有关规定，观测数据完整 观测过程曲线图：包括荷载曲线和沉降量曲线 成果报告：结论准确 签字：相关责任人签字规范 盖章：相关责任单位已盖章

续表

条款号	大纲条款	检 查 依 据	检查要点
5.1.5	主体结构用钢筋、水泥、砂、石、连接件等原材料性能证明文件齐全，现场见证取样检验合格，复试报告齐全	**1.《混凝土结构工程施工质量验收规范》GB 50204—2015** 5.2.1　钢筋进场时，应按国家现行相关标准的规定抽取试件作屈服强度、抗拉强度、伸长率、弯曲性能和重量偏差检验，其检验结果应符合国家现行相关标准的规定。 　　检查数量：按进场批次和产品的抽样检验方案确定。 　　检验方法：检查质量证明文件和抽样检验报告。 7.2.1　水泥进场时应对其品种、代号、强度等级、包装或散装仓号、出厂日期等进行检查，并应对水泥的强度、安定性和凝结时间进行检验，检验结果应符合现行国家标准《通用硅酸盐水泥》GB 175 等的相关规定。 　　检查数量：按同一厂家、同一品种、同一代号、同一强度等级、同一批号且连续进场的水泥，袋装不超过200t为一批，散装不超过500t为一批，每批抽样数量不应少于一次。 　　检验方法：检查质量证明文件和抽样检验报告。 7.2.4　混凝土原材料中的粗骨料、细骨料质量应符合现行行业标准《普通混凝土用砂、石质量及检验方法标准》JGJ 52 的规定，使用经净化处理的海砂应符合现行行业标准《海砂混凝土应用技术规范》JGJ 206 的规定，再生混凝土骨料应符合现行国家标准《混凝土用再生粗骨料》GB 25177 和《混凝土和砂浆用再生细骨料》GB/T 25176 的规定。 　　检查数量：按现行行业标准《普通混凝土用砂、石质量及检验方法标准》JGJ 52 的规定确定。 　　检验方法：检查抽样检验报告。 7.2.5　混凝土拌制及养护用水应符合现行行业标准《混凝土用水标准》JGJ 63 的规定。采用饮用水作为混凝土用水时，可不检验；采用中水、搅拌站清洗水、施工现场循环水等其他水源时，应对其成分进行检验。 　　检查数量：同一水源检查不应少于一次。 　　检验方法：检查水质检验报告。 **2.《建筑工程施工质量验收统一标准》GB 50300—2013** 3.0.3　建筑工程的施工质量控制应符合下列规定： 　　1　建筑工程采用的主要材料、半成品、成品、建筑构配件、器具和设备应进行进场检验。凡涉及安全、节能、环境保护和主要使用功能的重要材料、产品，应按各专业工程施工规范、验收规范和设计文件等规定进行复验，并应经监理工程师检查认可。 **3.《建设工程监理规范》GB/T 50319—2013** 5.2.9　项目监理机构应审查施工单位报送的用于工程的材料、构配件、设备的质量证明文件，并应按有关规定、建设工程监理合同的约定，对用于建设工程的材料进行见证取样，平行检验。 　　项目监理机构对已进场经检验不合格的材料、构配件、设备，应要求施工单位限期将其撤出施工现场。	1. 查阅材料的进场报审表 　　内容：齐全 　　结论：准确 　　签字：相关责任人签字规范 　　盖章：相关责任单位已盖章 2. 查阅主体结构用钢筋、水泥、砂、石、连接件等的材质证明及复检报告 　　材质证明：齐全 　　试验（或复检）报告内容：包括试验方法、试验项目、数据计算、代表部位和数量等，内容齐全，数据计算准确 　　结论：准确 　　签字：相关责任人签字规范 　　盖章：相关责任单位已盖章 3. 查阅原材料跟踪管理台账 　　内容：包括钢筋、水泥等主要原材的等级、代表数量与进场数量相吻合、复检报告编号、使用部位等 　　签字：相关责任人签字

条款号	大纲条款	检 查 依 据	检查要点
5.1.5	主体结构用钢筋、水泥、砂、石、连接件等原材料性能证明文件齐全，现场见证取样检验合格，复试报告齐全	**4.《混凝土结构工程施工规范》GB 50666—2011** 7.6.4 当使用中水泥质量受不利环境影响或水泥出厂超过三个月（快硬硅酸盐水泥超过一个月）时，应进行复验，并应按复验结果使用	4. 查阅商品混凝土出厂发货单和合格证 发货单内容：符合规范规定 发货单数量：每车一份 发货单签字：供货商和施工单位已交接签字 合格证：强度符合设计要求
5.1.6	砌体结构中所用原材料性能的证明文件齐全，检测合格、报告齐全	**1.《砌体结构工程施工质量验收规范》GB 50203—2011** 3.0.1 砌体结构工程所用的材料应有产品合格证，产品性能型式检验报告，质量应符合国家现行有关标准的要求。砌块、水泥、钢筋、外加剂尚应有材料主要性能的进场复验报告。并应符合设计要求。严禁使用国家明淘汰的材料。 **2.《建设工程监理规范》GB/T 50319—2013** 5.2.9 项目监理机构应审查施工单位报送的用于工程的材料、构配件、设备的质量证明文件，并应按有关规定、建设工程监理合同的约定，对用于建设工程的材料进行见证取样，平行检验。 项目监理机构对已进场经检验不合格的材料、构配件、设备，应要求施工单位限期将其撤出施工现场。 **3.《砌体结构工程施工规范》GB 50924—2014** 6.3.1 砖、水泥、钢筋、预拌砂浆、专用砌筑砂浆、复合夹心墙的保温砂浆、外加剂等原材料进场时，应检查其质量合格证明；对有复检要求的原料应送检，检验结果应满足设计及相应国家现行标准要求。 **4.《电力建设工程监理规范》DL/T 5434—2009** 9.1.7 项目监理机构应对承包单位报送的拟进场工程材料、半成品和构配件的质量证明文件进行审核，并按有关规定进行抽样验收。对有复试要求的，经监理人员现场见证取样的送检，复试报告应报送项目监理机构查验。 未经项目监理机构验收或验收不合格的工程材料、半成品和构配件，不得用于本工程，并书面通知承包单位限期撤出施工现场	1. 查阅材料的进场报审表 内容：齐全 结论：准确 签字：相关责任人签字规范 盖章：相关责任单位已盖章 2. 查阅砖、石材、砌块、水泥、钢筋等的材质证明文件 材质证明：齐全 试验（或复检）报告 内容：包括试验方法、试验项目、数据计算、代表部位和数量等，内容齐全，数据计算准确 结论：准确 签字：相关责任人签字规范 盖章：相关责任单位已盖章

条款号	大纲条款	检　查　依　据	检查要点
5.1.7	混凝土强度等级、砂浆强度等级符合设计要求，试验报告齐全	**1.《砌体结构工程施工质量验收规范》GB 50203—2011** 4.0.12　砌筑砂浆试块强度验收时其合格标准应符合下列规定： 　　1　同一验收批砂浆试块平均值应大于或等于设计强度等级值的 1.10 倍； 　　2　同一验收批砂浆试块抗压强度的最小一组平均值应大于或等于设计强度等级值的 85%。 　　抽检数量：每一检验批且不超过 250m³ 砌体的各类、各强度等级的普通砂浆，每台搅拌机应至少抽检一次。验收批的预拌砂浆，蒸压加气混凝土砌块专用砂浆，抽检可为 3 组。 　　检验方法：在砂浆搅拌机出料口或在湿拌砂浆的储存容器出料口随机取样制作砂浆试块（现场拌制的砂浆，同盘砂浆只应作 1 组试块），试块在标养 28d 后作强度试验。预拌砂浆中的湿拌砂浆稠度应在进场时取样检验。 10.0.5　冬期施工砂浆试块的留置，除应按常温规定要求外，尚应增加 1 组与砌体同条件的试块，用于检验转入常温 28d 的强度。如有特殊需要，可另外增加相应龄期的同条件养护的试块。 **2.《混凝土结构工程施工质量验收规范》GB 50204—2015** 7.3.3　结构混凝土的强度等级必须满足设计要求。用于检查结构构件混凝土强度的标准养护试件，应在混凝土的浇筑地点随机抽取。试件取样和留置应符合下列规定： 　　1　每拌制 100 盘且不超过 100m³ 的同一配合比混凝土，取样不得少于一次； 　　2　每工作班拌制的同一配合比的混凝土不足 100 盘时，取样不得少于一次； 　　3　每次连续浇筑超过 1000m³ 时，同一配合比的混凝土每 200m³ 取样不得少于一次； 　　4　每一楼层、同一配合比混凝土，取样不得少于一次； 　　5　每次取样应至少留置一组试件。 　　检验方法：检查施工记录及混凝土标准养护试件试验报告。 7.3.4　首次使用的混凝土配合比应进行开盘鉴定，其原材料、强度、凝结时间、稠度应满足设计配合比的要求。工程有要求时，尚应检查混凝土耐久性能等要求。 　　检验方法：检查开盘鉴定资料。 10.2.3　混凝土强度检验应采用同条件养护试块或钻取混凝土芯样的方法。采用同条件养护试块方法时应符合本规范附录 D 的规定，采用钻取混凝土芯样方法时应符合本规范附录 E 的规定。 **3.《墙体材料应用统一技术规范》GB 50574—2010** 3.4.1　设计有抗冻性要求的墙体时，砂浆应进行冻融试验，其抗冻性能应与墙体块材相同。 **4.《砌体结构工程施工规范》GB 50924—2014** 5.1.1　工程中所用砌筑砂浆，应按设计要求对砌筑砂浆的种类、强度等级、性能及使用部位核对后使用，其中对设计有抗冻要求的砌筑砂浆，应进行冻融循环试验，其结果应符合现行行业标准《砌筑砂浆配合比设计规程》JGJ/T 98 的要求。 9.1.2　配筋砖砌体构件、组合砌体构件和配砌块砌体剪力墙构件的混凝土、砂浆的强度等级及钢筋的牌号、规格、数量应符合设计要求	1. 查阅混凝土、砂浆（标准养护及同条件养护）试块强度试验报告 　内容：代表数量与实际浇筑的数量相符，强度符合设计要求 　结论：准确 　签字：相关责任人签字规范 　盖章：相关责任单位已盖章 2. 查阅混凝土、砂浆强度检验评定记录 　内容：评定方法选用正确，统计、计算准确 　结论：准确 　签字：相关责任人签字规范 　盖章：相关责任单位已盖章 3. 查阅抗冻混凝土、抗冻砂浆的冻融试验报告 　内容：冻融循环试验符合设计要求及规程规定 　结论：准确 　签字：相关责任人签字规范 　盖章：相关责任单位已盖章

条款号	大纲条款	检 查 依 据	检查要点
5.1.8	混凝土杆、钢管杆、钢构件等产品质量技术文件齐全，外观检查符合设计及规范要求	**1.《环形混凝土电杆》GB 4623—2014** 7.2　外观质量、尺寸 　　外观质量、尺寸的检验工具与检验方法见表9。 8.2.3　抽样 8.2.3.2　外观质量和尺寸偏差 　　从受检批中随机抽取10根电杆（或组装杆单节最长杆段），逐根进行外观质量和尺寸偏差检验。 **2.《混凝土结构工程施工质量验收规范》GB 50204—2015** 9.2.1　对工厂生产的预制构件，进场时应检查其质量证明文件和表面标识。预制构件的质量、标识应符合本规范及国家现行相关标准、设计的有关要求。 　　检查数量：全数检查。 9.2.2　预制构件的外观质量不应有严重缺陷，且不应有影响结构性能和安装、使用功能的尺寸偏差。 　　检查数量：全数检查。 　　检验方法：观察，尺量检查。 **3.《钢结构工程施工质量验收规范》GB 50205—2001** 4.2.1　钢材、钢铸件的品种、规格、性能等应符合现行国家产品标准和设计要求。进口钢材产品的质量应符合设计和合同规定标准的要求。 　　检查数量：全数检查。 　　检验方法：检查质量合格证明文件、中文标志及检验报告等。 4.2.5　钢材的表面外观质量除应符合国家现行有关标准的规定外，尚应符合下列规定： 　　1　当钢材的表面有锈蚀、麻点或划痕等缺陷时，其深度不得大于该钢材厚度负允许偏差值的1/2； 　　2　钢材表面的锈蚀等级应符合现行国家标准《涂装前钢材表面锈蚀等级和除锈等级》GB 8923规定的C级及C级以上； 　　3　钢材端边或断口处不应有分层、夹渣等缺陷。 　　检查数量：全数检查。 　　检验方法：观察检查	1. 查看混凝土杆、钢管杆、钢构件外观及焊缝质量 　混凝土杆、钢管杆：整根电杆顺直 　钢构件外观：无缺陷，外观与设计图纸相符 　混凝土杆钢圈、钢管杆、钢构件焊缝：外观质量无缺陷 2. 查阅混凝土杆、钢管杆、钢构件的进场报审表 　结论：准确 　签字：相关责任人签字规范 　盖章：相关责任单位已盖章 3. 查阅混凝土杆、钢管杆、钢构件的出厂质量证明文件 　出厂质量证明文件：齐全 　报告内容：试验方法、试验项目、数据计算正确 　结论：准确 　签字：相关责任人签字规范 　盖章：相关责任单位已盖章

条款号	大纲条款	检 查 依 据	检查要点

5.1.9	钢结构用钢材、高强度螺栓连接副、地脚螺栓、防腐、涂料、焊材等材料性能证明文件齐全	**1.《钢结构工程施工质量验收规范》GB 50205—2001**
		4.2.1 钢材、钢铸件的品种、规格、性能等应符合现行国家产品标准和设计要求。进口钢材产品的质量应符合设计和合同规定标准的要求。
		4.3.1 焊接材料的品种、规格、性能等应符合现行国家产品标准和设计要求。
		4.4.1 钢结构连接用高强度大六角头螺栓连接副、扭剪型高强度螺栓连接副、钢网架用高强度螺栓、普通螺栓、铆钉、自攻钉、拉铆钉、射钉、锚栓（机械型和化学试剂型）、地脚锚栓等紧固标准件及螺母、垫圈等标准配件，其品种、规格、性能等应符合现行国家产品标准和设计要求。高强度大六角头螺栓连接副和扭剪型高强度螺栓连接副出厂时应分别随箱带有扭矩系数和紧固轴力（预拉力）的检验报告。
		2.《建设工程监理规范》GB/T 50319—2013
		5.2.9 项目监理机构应审查施工单位报送的用于工程的材料、构配件、设备的质量证明文件，并应按有关规定、建设工程监理合同的约定，对用于建设工程的材料进行见证取样、平行检验。
		  项目监理机构对已进场经检验不合格的材料、构配件、设备，应要求施工单位限期将其撤出施工现场。
		3.《钢结构焊接规范》GB 50661—2011
		4.0.1 钢结构焊接工程用钢材及焊接材料应符合设计文件的要求，并应具有钢厂和焊接材料厂出具的产品质量证明书或检验报告，其化学成分、力学性能和其他质量要求应符合国家现行有关标准的规定。
		4.《钢结构工程施工规范》GB 50755—2012
		5.6.1 钢结构防腐涂料、稀释剂和固化剂，应按设计文件和国家现行有关产品标准选用，其品种、规格和性能等应符合设计文件及国家现行有关产品标准的要求。
		5.6.3 钢结构防火涂料的品种和技术性能，应符合设计文件和国家现行标准《钢结构防火涂料》GB 14907 等的有关规定。
		5.《电力建设工程监理规范》DL/T 5434—2009
		9.1.7 项目监理机构应对承包单位报送的拟进场工程材料、半成品和构配件的质量证明文件进行审核，并按有关规定进行抽样验收。对有复试要求的，经监理人员现场见证取样的送检，复试报告应报送项目监理机构查验。
		  未经项目监理机构验收或验收不合格的工程材料、半成品和构配件，不得用于本工程，并书面通知承包单位限期撤出施工现场。
		6.《钢结构高强度螺栓连接技术规程》JGJ 82—2011
		6.1.2 高强度螺栓连接副应按批配套进场，并各附有出厂质量保证书。高强度螺栓连接副应在同批内配套使用
			1. 查阅钢结构用高强度螺栓连接副、地脚螺栓、防腐、涂料、焊材的进场报审表
			 结论：准确
			 签字：相关责任人签字规范
			 盖章：相关责任单位已盖章
			
			2. 查阅钢材、高强度螺栓连接副、地脚螺栓、涂料、焊材的证明文件
			 原材证明：齐全
			 试验（或复检）报告内容：包括试验方法、试验项目、数据计算、代表部位和数量等，内容齐全，数据计算准确
			 结论：准确
			 签字：相关责任人签字规范
			 盖章：相关责任单位已盖章

条款号	大纲条款	检 查 依 据	检查要点
5.1.10	钢结构现场焊接焊缝检验合格；钢结构、钢网架变形测量记录齐全，偏差符合设计及规范要求	**1.《钢结构工程施工质量验收规范》GB 50205—2001** 5.2.4 设计要求全焊透的一、二级焊缝应采用超声波探伤进行内部缺陷的检验，超声波探伤不能对缺陷作出判断时，应采用射线探伤，其内部缺陷分级及探伤方法应符合现行国家标准《钢焊缝手工超声波探伤方法和探伤结果分级法》GB 11345 或《钢熔化焊对接接头射线照相和质量分级》GB 3323 的规定。 　　焊接球节点网架焊缝、螺栓球节点网架焊缝及圆管 T、K、Y 形节点相关线焊缝，其内部缺陷分级及探伤方法应分别符合国家现行标准的规定。 5.2.6 焊缝表面不得有裂纹、焊瘤等缺陷，一、二级焊缝不得有表面气孔、夹渣、弧坑裂纹、电弧擦伤等缺陷，且一级焊缝不得有咬边、未焊满、根部收缩等缺陷。 10.3.3 钢屋（托）架、桁架、梁及受压杆件的垂直度和侧向弯曲矢高的允许偏差应符合表 10.3.3 的规定。 　　检查数量：按构件数抽查 10%，且不应少于 3 个。 　　检验方法：用吊线、拉线、经纬仪和钢尺现场实测。 10.3.4 单层钢结构主体结构的整体垂直度和整体平面变曲的允许偏差符合的规定。 　　检查数量：对主体结构全部检查，对每个所检查的立面、除两列角柱外，尚应至少选取一列中间柱。 　　检验方法：采用经纬仪、全站仪等测量。 11.3.4 钢主梁、次梁及受压杆件的垂直度和弯曲矢高的允许偏差应符合表 10.3.3 的规定。 　　检查数量：按构件数抽查 10%，且不应少于 3 个。 　　检验方法：用吊线、拉线、经纬仪和钢尺现场实测。 11.3.5 多层及高层钢结构主体结构的整体垂直度和整体平面弯曲的允许偏差应符合表 11.3.5 的规定。 　　检查数量：对主要立面全部检查，对每个所检查的立面，除两列角柱外，尚应至少选取一列中间柱。 　　检验方法：采用经纬仪、全站仪等测量。 12.3.4 钢网架结构总拼完成后及屋面工程完成后应分别测量其挠度值，且所测的挠度值不应超过相应设计值的 1.15 倍。 　　检查数量：跨度 24m 及以下钢网架结构测量下弦中央一点；跨度 24m 以上钢网架结构测量下弦中央点及各向下弦跨度的四等分点。 　　检查方法：用钢尺和水准仪实测。 **2.《钢结构焊接规范》GB 50661—2011** 8.1.4 焊缝抽样检查方法应符合下列规定：	1. 查看焊缝外观质量 　　焊缝表面：无裂纹、焊瘤等缺陷，一、二级焊缝无表面气孔、夹渣、弧坑裂纹、电弧擦伤等缺陷，且一级焊缝无咬边、未焊满、根部收缩等缺陷，外观质量与评定结论相符 2. 查阅超声波记录或射线记录齐全 　　内容：齐全，检验比例符合设计要求或规范规定 　　结论：准确 　　签字：相关责任人签字规范 　　盖章：相关责任单位已盖章 3. 查阅焊接检验批的报审表、验收记录 　　内容：齐全 　　结论：准确 　　签字：相关责任人签字规范 　　盖章：相关责任单位已盖章

条款号	大纲条款	检查依据	检查要点
5.1.10	钢结构现场焊接焊缝检验合格；钢结构、钢网架变形测量记录齐全，偏差符合设计及规范要求	1　焊缝处数的计数方法：工厂制作焊缝长度小于等于 1000mm 时，每条焊缝作为一处；长度大于 1000mm 时，将其划分为每 300mm 为一处；现场安装焊缝，每条焊缝为一处。 2　可按下列方法确定检验批： 1）制作焊缝可以同一工区（车间）300～600 处的焊缝数量组成检验批；多层框架结构可以每节柱的所有构件组成检验批。 2）现场安装焊缝可以区段组成检验批；多层框架结构可以每层（节）的所有焊缝组成检验批。 3　抽检检查除设计指定焊缝外应采用随机抽样方式取样，且取样中应覆盖到该批焊缝中所包含中所有钢材类别、焊接位置和焊接方法。 **3.《电力建设施工技术规范　第 1 部分：土建结构工程》DL 5190.1—2012** 6.5.4　钢网架结构总拼装及屋面工程完成后应分别测量其挠度值，且所测的挠度值不应超过相应设计值的 1.15 倍	4. 查阅钢结构、钢网架施工过程的变形监测记录 　内容：变形量在设计允许及规范规定范围内 　结论：准确 　签字：相关责任人签字规范 　盖章：相关责任单位已盖章
5.1.11	钢结构防腐（防火）涂料涂装遍数、涂层厚度符合设计及规范要求，记录齐全	**1.《钢结构工程施工质量验收规范》GB 50205—2001** 14.2.2　涂料、涂装遍数、涂层厚度均应符合设计要求。当设计对涂层厚度无要求时，涂层干漆膜总厚度：室外应为 $150\mu m$，室内应为 $125\mu m$，其允许偏差为 $-25\mu m$。每遍涂层干漆膜厚度的允许偏差为 $-5\mu m$。 　以上各值为涂层干漆膜厚度的平均值。 　检查数量：按构件数抽查 10%，且同类构件不应少于 3 件。 　检查方法：用干漆膜测厚仪检查。每个构件检测 5 处，每处的数值为 3 个相距 50mm 测点涂干漆膜厚度的平均值。 14.3.3　薄涂型防火涂料的涂层厚度应符合有关耐火极限的设计要求。厚涂型防火涂料涂层的厚度，80% 及以上面积应符合有关耐火极限的设计要求，且最薄处厚度不应低于设计要求的 85%。 　检查数量：按同类构件数抽查 10%，且均不应少于 3 件。 　检验方法：用涂层厚度仪、测针和钢尺检查。 **2.《钢结构工程施工规范》GB 50755—2012** 13.6.7　防火涂料涂装施工应分层施工，应在上层涂层干燥或固化后，再进行下道涂层施工。 13.6.8　厚涂型防火涂料有下列情况之一时，应重新喷涂或补涂。 　1　涂层干燥固化不良，粘结不牢或粉化、脱落。 　2　钢结构接头或转角处的涂层有明显凹陷。 　3　涂层厚度小于设计规定厚度的 85%。 　4　涂层厚度小于设计规定，且涂层连续长度超过 1m。 13.6.9　薄涂型防火涂料面层涂装施工应符合下列规定：	1. 查看防腐（防火）涂料的质量 　厚度：符合设计要求或规范的规定 　外观：无误涂、漏涂、涂层不闭合、脱层、空鼓、明显凹陷、粉化松散和浮浆等外观缺陷 2. 查阅防腐（防火）涂料复检报告 　检验项目：齐全，符合设计要求和规范规定 　结论：准确 　签字：相关责任人签字规范 　盖章：相关责任单位已盖章

条款号	大纲条款	检 查 依 据	检查要点
5.1.11	钢结构防腐（防火）涂料涂装遍数、涂层厚度符合设计及规范要求，记录齐全	1　面层应在底层涂装干燥后开始涂装。 2　面层涂装颜色应均匀、一致，接槎应平整	3. 查阅防腐（防火）涂料施工的隐蔽验收报审表 　内容：齐全 　结论：准确 　签字：相关责任人签字规范 　盖章：相关责任单位已盖章 4. 查阅防腐（防火）涂料施工的隐蔽验收记录 　涂装遍数及厚度：符合设计要求及规范规定 　结论：准确 　签字：相关责任人签字规范 　盖章：相关责任单位已盖章
5.1.12	主体结构实体检测合格，报告齐全	**1.《混凝土结构工程施工质量验收规范》GB 50204—2015** 10.2.1　对涉及混凝土结构安全的有代表性的部位应进行结构实体检验。结构实体检验应在监理工程师见证下，由施工项目技术负责人组织实施。承担结构实体检验的机构应具有法定资质。 10.2.2　结构实体检验的内容应包括混凝土强度、钢筋保护层厚度以及工程合同约定的项目；必要时可检验其他项目。 **2.《电力建设施工质量验收及评价规程　第1部分：土建工程》DL/T 5210.1—2012** 3.0.12　工程质量验收的程序、组织和记录应符合以下规定： 　　3　分部（子分部）工程质量验收应由总监理工程师（建设单位项目负责人）组织施工单位项目负责人和技术、质量负责人等进行验收；地基与基础、主体结构分部工程的勘测、设计单位工程项目负责人和施工单位技术、质量部门负责人也应参加相关分部工程的质量验收	查阅土建工程主体结构实体检测报告，承担结构实体检验的机构应具有法定资质，主体结构实体检验的内容齐全，符合规范要求 　结论：准确 　签字：相关责任人签字规范 　盖章：相关责任单位已盖章

条款号	大纲条款	检　查　依　据	检查要点
5.1.13	建（构）筑物的栏杆、钢制门窗、幕墙支架等外露的金属物，应有可靠的接地，并有明显的标识	**1. 《电气装置安装工程　接地装置施工及验收规范》GB 50169—2006** 1.0.6　接地装置的安装应配合建筑工程的施工，隐蔽部分必须在覆盖前会同有关单位做好中间检查及验收记录。 1.0.7　各种电气装置与主接地网的连接必须可靠，接地装置的焊接质量应符合本规范第 3.4.2 条的规定，接地电阻应符合设计规定，扩建接地网与原接地网间应为多点连接。 3.3.5　每个电气装置的接地应以单独的接地线与接地汇流排或接地干线相连接，严禁在一个接地线中串接几个需要接地的电气装置。重要设备和设备构架应有两根与主接地网不同地点连接的连接引下线，且每根接地引下线均应符合热稳定及机械强度的要求，连接引线应便于定期进行检查测试。 3.4.1　接地体（线）的连接应采用焊接，焊接必须牢固无虚焊。接至电气设备上的接地线，应用镀锌螺栓连接；有色金属接地线不能采用焊接时，可采用螺栓连接、压接、热剂焊（放热焊接）方式连接。用螺栓连接时应设防松螺帽或防松垫片，螺栓连接处的接触面应按现行国家标准《电气装置安装工程　母线装置施工及验收规范》GB 50149 的规定处理。不同材料接地体间的连接应进行处理。 3.4.2　接地体（线）的焊接应采用搭接焊，其焊接长度必须符合下列规定： 　　1　扁钢为其宽度的 2 倍（且至少 3 个棱边焊接）； 　　2　圆钢为其直径的 6 倍； 　　3　圆钢与扁钢连接时，其长度为圆钢直径的 6 倍； 　　4　扁钢与钢管、扁钢与角钢焊接时，为了连接可靠，除应在其接触部位两侧进行焊接外，并应焊以由钢带弯成的弧形（或直角形）卡子或直接由钢带本身弯成弧形（或直角形）与钢管（或角钢）焊接。 3.4.4　采用钢绞线、铜绞线等作为接地线引下时，宜用压接端子与接地体连接。 **2. 《建筑电气工程施工质量验收规范》GB 50303—2002** 25.1.3　当利用金属构件、金属管道做接地线时，应在构件或管道与接地干线间焊接金属跨接线。 25.2.6　配电间隔和静止补偿装置的栅栏门及变配电室金属门铰链处的接地连接，应采用编织铜线。变配电室的避雷器应用最短的接地线与接地干线连接。 25.2.7　设计要求接地的幕墙金属框架和建筑物的金属门窗，应就近与接地干线连接可靠，连接处不同金属间应有防电化腐蚀措施。 27.2.2　需等电位联结的高级装修金属部件或零件，应有专用接线螺栓与等电位联结支线连接，且有标识；连接处螺帽紧固、防松零件齐全	1. 查看栏杆、钢制门窗、幕墙支架等外露金属物的接地与接地网连接，焊接或螺接符合规范要求。 　标识：清晰明显，符合规范规定 2. 查阅接地装置隐蔽验收记录 　搭接长度： 　1　扁钢为其宽度的 2 倍（且至少 3 个棱边焊接）； 　2　圆钢为其直径的 6 倍； 　3　圆钢与扁钢连接时，其长度为圆钢直径的 6 倍； 　4　扁钢与钢管、扁钢与角钢焊接时，为了连接可靠，除应在其接触部位两侧进行焊接外，并应焊以由钢带弯成的弧形（或直角形）卡子或直接由钢带本身弯成弧形（或直角形）与钢管（或角钢）焊接。 　接地极、接地干线焊接及防腐：符合规范规定 　埋深及回填：符合设计要求及规范规定

续表

条款号	大纲条款	检 查 依 据	检查要点
5.1.13	建（构）筑物的栏杆、钢制门窗、幕墙支架等外露的金属物，应有可靠的接地，并有明显的标识		结论：准确 签字：相关责任人签字规范 盖章：相关责任单位已盖章
5.1.14	建（构）筑物外观质量符合规范要求	**1.《建筑工程施工质量验收统一标准》GB 50300—2013** 3.0.6 建筑工程施工质量应按下列要求进行验收： 　　7 工程的观感质量应由验收人员现场检查，并应共同确认。 5.0.3 分部工程质量验收合格应符合下列规定： 　　4 观感质量应符合要求。 5.0.4 单位工程质量验收合格应符合下列规定： 　　5 观感质量应符合要求。 **2.《电力建设施工质量验收及评价规程　第1部分：土建工程》DL/T 5210.1—2012** 3.0.6 分部工程的划分应按专业性质、建筑部位确定；当分部工程较大或较复杂时，可按材料种类、施工特点、施工程序、专业系统及类别等划分为若干子分部工程。分部（子分部）工程质量验收合格应符合下列规定： 　　4 观感质量验收应符合要求；质量评价为"差"的项目，应进行返修。 3.0.8 单位（子单位）工程质量验收合格应符合下列规定： 　　5 观感质量验收应符合要求。 3.0.10 工程施工质量检查、验收在施工单位自行检查的基础上进行；……工程的观感质量应有验收人员通过现场检查，并应共同确认	1. 查看现场各建（构）筑物观感质量 　结论：各建（构）筑物外观无明显缺陷 2. 查阅单位、分部工程的观感质量验收资料 　内容：齐全 　结论：准确 　签字：相关责任人签字规范 　盖章：相关责任单位已盖章
5.1.15	隐蔽工程验收记录、质量验收记录齐全	**1.《建筑地基基础工程施工质量验收规范》GB 50202—2002** 8.0.1 分项工程、分部（子分部）工程质量的验收，均应在施工单位自检合格的基础上进行。施工单位确认自检合格后提出工程验收申请，工程验收时应提供下列技术文件和记录： 　　1 原材料的质量合格证和质量鉴定文件； 　　3 施工记录及隐蔽工程验收文件； 　　4 检测试验及见证取样文件； 　　5 其他必须提供的文件或记录。	1. 查阅分项、分部隐蔽工程验收报审表 　结论：准确 　签字：相关责任人签字规范 　盖章：相关责任单位已盖章

条款号	大纲条款	检 查 依 据	检查要点
5.1.15	隐蔽工程验收记录、质量验收记录齐全	**2.《混凝土结构工程施工质量验收规范》GB 50204—2015** 3.0.3 混凝土结构子分部工程的质量验收，应在钢筋、预应力、混凝土、现浇结构或装配式结构等相关分项工程验收合格的基础上，进行质量控制资料检查及观感质量验收，并应对涉及结构安全的、有代表性的部位进行结构实体检验。 3.0.6 检验批的质量验收包括实物检查和资料检查，并应符合下列规定： 　1 主控项目的质量应经抽样检验合格。 　2 一般项目的质量应经抽样检验合格；一般项目当采用计数抽样检验时，除各章有专门要求外，其在检验批范围内及某一构件的计数点中的合格点率均应达到80%及以上，且均不得有严重缺陷和偏差。 　3 资料检查应包括材料、构配件和器具等的进场验收资料、重要工序施工记录、抽样检验报告、隐蔽工程验收记录、抽样检测报告等。 　4 应具有完整的施工操作及质量检验记录。 　对验收合格的检验批，宜作出合格标志。 **3.《地下防水工程质量验收规范》GB 50208—2011** 3.0.9 地下防水工程的施工，应建立各道工序的自检、交接检和专职人员检查制度，并应有完整的检查记录；工程隐蔽前，应由施工单位通知有关单位进行验收，并形成隐蔽工程验收记录；未经监理单位或建设单位代表对上道工序的检查确认，不得进行下道工序的施工。 **4.《建筑工程施工质量验收统一标准》GB 50300—2013** 3.0.6 建筑工程施工质量应按下列要求进行验收： 　5 隐蔽工程在隐蔽前应由施工单位通知监理单位进行验收，并应形成验收文件，验收合格后方可继续施工。 5.0.1 检验批质量验收合格应符合下列规定： 　1 主控项目的质量经抽样检验均应合格。 　2 一般项目的质量经抽样检验合格。当采用计数抽样时，合格点率应符合有关专业验收规范的规定，且不得存在严重缺陷。对于计数抽样的一般项目，正常检验一次、二次抽样可按本标准附录D判定。 　3 具有完整的施工操作依据、质量验收记录。 5.0.2 分项工程质量验收合格应符合下列规定： 　1 所含检验批的质量均应验收合格。 　2 所含检验批的质量验收记录应完整。 5.0.3 分部工程质量验收合格应符合下列规定： 　1 所含分项工程的质量均应验收合格。	2. 查阅分项、分部隐蔽工程质量验收记录 　内容：所含检验批的质量验收记录完整 　结论：准确 　签字：相关责任人签字规范 　盖章：相关责任单位已盖章

条款号	大纲条款	检 查 依 据	检查要点
5.1.15	隐蔽工程验收记录、质量验收记录齐全	2 质量控制资料应完整。 5.0.4 单位工程质量验收合格应符合下列规定： 　　1 所含分部工程的质量均应验收合格。 　　2 质量控制资料应完整。 5.0.8 经返修或加固处理仍不能满足安全或使用要求的分部工程及单位工程，严禁验收。 **5.《建设工程监理规范》GB/T 50319—2013** 5.2.4 项目监理机构应对承包单位报送的隐蔽工程、检验批、分项工程和分部工程进行验收，验收合格的给以签认	

5.2 电气专业的监督检查

条款号	大纲条款	检 查 依 据	检查要点
5.2.1	带电设备的安全净距符合规定，电气连接可靠	**1.《电气装置安装工程 高压电器施工及验收规范》GB 50147—2010** 3.0.9 设备安装用的紧固件应采用镀锌或不锈钢制品，户外用的紧固件采用镀锌产品时应采用热镀锌工艺；外露地脚螺栓应采用热镀锌制品；电气接线端子用的紧固件应符合现行国家标准《变压器、高压电器和套管的接线端子》GB 5273 的有关规定。 **2.《电气装置安装工程 母线装置施工及验收规范》GB 50149—2010** 3.1.8 母线与母线、母线与分支线、母线与电器接线端子搭接，其搭接面的处理应符合下列规定： 　　1 经镀银处理的搭接面可直接连接。 　　2 铜与铜的搭接面，室外、高温且潮湿或对母线有腐蚀性气体的室内应搪锡，在干燥的室外可直接连接。 　　3 铝与铝的搭接面可直接连接。 　　4 钢与钢的搭接面不得直接连接，应搪锡或镀锌后连接。 　　5 铜与铝的搭接面，在干燥的室内，铜导体应搪锡；室外或空气相对湿度接近100%的室内，应采用铜铝过渡板，铜端应搪锡。 　　6 铜搭接面应搪锡，钢搭接面应采用热镀锌。 　　7 钢搭接面应采用热镀锌。 　　8 金属封闭母线螺栓固定面应镀银。 3.1.14 母线安装，室内配电装置的安全净距离应符合表 3.1.14-1 的规定，室外配电装置的安全净距离应符合表 3.1.14-2 的规定；当实际电压值超过表 3.1.14-1、表 3.1.14-2 中本级额定电压时，室内、室外配电装置安全净距离应采用高一级额定电压对应的安全净距离值。 3.3.3 母线与母线或母线与设备接线端子的连接应符合下列要求： 　　4 母线接触面应连接紧密，连接螺栓应用力矩扳手紧固，钢制螺栓紧固力矩值应符合表 3.3.3 的规定，非钢制螺栓紧固力矩值应符合产品技术文件要求	1. 查看设备电气连接 　　所有电气设备的螺接、焊接、压接符合规范要求 2. 查验带电部位安全净距 　　所有电气设备各安全净距符合设计及规范要求

条款号	大纲条款	检 查 依 据	检查要点

5.2.2	电力变压器（含油浸电抗器）箱体密封良好，油位正常；绝缘油检验合格；事故排油和防火措施齐全；气体继电器、温度计校验合格；变压器本体外壳、铁芯和夹件及中性点工作接地可靠，引下线截面及与主接地网连接符合设计要求；调压装置指示正确；报告齐全	**1.《电气装置安装工程 电力变压器、油浸电抗器、互感器施工及验收规范》GB 50148—2010**
		4.3.1 绝缘油的验收与保管应符合下列规定：
		  2 每批到达现场的绝缘油均应有试验记录，并应按照下列规定取样进行简化分析，必要时进行全分析。
		  1）大罐油应每罐取样，小桶油应按表 4.3.1 的规定进行取样。
		4.8.3 有载调压切换装置的安装应符合下列规定：
		  1 传动机构中的操动机构、电动机、传动齿轮和杠杆应固定牢靠，连接位置准确，且操作灵活，无卡阻现象；传动机构的摩擦部位应涂以适合当地气候条件的润滑脂，并应符合产品技术文件的规定。
		  4 位置指示器应动作正常，指示正确。
		4.8.9 气体继电器的安装应符合下列规定：
		  1 气体继电器安装前应经检验合格，动作整定值符合定值要求，并解除运输用的固定措施。
		4.8.12 测温装置的安装应符合下列规定：
		  1 温度计安装前应进行校验，信号触点动作应准确，导通应良好；当制造厂已提供有温度计出厂检验报告时可不进行现场送检，但应进行温度现场比对检查。
		4.9.1 绝缘油必须按现行国家标准《电气装置安装工程 电气设备交接试验标准》GB 501050 的规定试验合格后，方可注入变压器、电抗器中。
		4.12.1 变压器、电抗器在试运行前，应进行全面检查，确认其符合运行条件时，方可投入试运行。检查项目应包含以下内容和要求：
		  1 本体、冷却装置及所有附件应无缺陷，且不渗油。
		  3 事故排油设施完好，消防设施齐全。
		  5 变压器本体应两点接地。中性点接地引出后，应有两根接地引线与主接地网的不同干线连接，其规格应满足设计要求。
		  7 储油柜和充油套管的油位应正常。
		  11 冷却装置应试运正常，联动正确。
		  13 局部放电测量前、后本体绝缘油色谱试验比对结果应合格。
		2.《电气装置安装工程 电气设备交接试验标准》GB 50150—2016（报批稿）
		8.0.2 油浸式变压器中绝缘油及 SF$_6$ 气体绝缘变压器中 SF$_6$ 气体的试验，应符合下列规定：
		  1 绝缘油的试验类别应符合本标准中表 19.0.2 的规定；试验项目及标准应符合本标准中表 19.0.1 的规定。
		  2 油中溶解气体的色谱分析，应符合下列规定：
			1. 查看变压器本体及接地
			  变压器（油浸电抗器）：箱体密封良好、油位正常、无渗油
			  事故排油和防火措施齐全
			  本体外壳、铁芯及夹件接地：分别直接与主接地网连接
			  中性点接地：有两根接地线与主接地网不同方向干线连接
			  接地连接：可靠，螺帽穿向符合规范规定
			  引下线截面：符合设计要求
			  调压装置位置指示：就地与主控显示一致
			
			2. 查阅绝缘油试验报告及密封试验记录
			  绝缘油出厂试验报告：齐全
			  绝缘油现场取样试验结果：符合规程规定
			  绝缘油色谱分析：局部放电前后各阶段色谱无明显变化
			  密封试验：符合产品技术要求
			  结论：准确

条款号	大纲条款	检 查 依 据	检查要点
5.2.2	电力变压器（含油浸电抗器）箱体密封良好，油位正常；绝缘油检验合格；事故排油和防火措施齐全；气体继电器、温度计校验合格；变压器本体外壳、铁芯和夹件及中性点工作接地可靠，引下线截面及与主接地网连接符合设计要求；调压装置指示正确；报告齐全	1）电压等级在 66kV 及以上的变压器，应在注油静置后、耐压和局部放电试验 24h 后、冲击合闸及额定电压下运行 24h 后，各进行一次变压器器身内绝缘油的油中溶解气体的色谱分析。 2）试验应按《变压器油中溶解气体分析和判断导则》GB/T 7252 进行。各次测得的氢、乙炔、总烃含量，应无明显差别。 3）新装变压器油中总烃含量不应超过 20μL/L，H_2 含量不应超过 10μL/L，C_2H_2 含量不应超过 0.1μL/L。 3 油中水含量的测量，应符合下述规定： 1）电压等级为 110（66）kV 时，油中水含量不应大于 20mg/L； 2）电压等级为 220kV 时，油中水含量不应大于 15mg/L； 3）电压等级为 330kV～750kV 时，油中水含量不应大于 10mg/L。 4 油中含气量的测量，应按规定时间静置后取样测量油中的含气量，电压等级为 330kV～750kV 的变压器，其值不应大于 1%（体积分数）。 5 对 SF_6 气体绝缘的变压器应进行 SF_6 气体含水量检验及检漏。SF_6 气体含水量（20℃的体积分数）不宜大于 250μL/L，变压器应无明显泄漏点。 **3.《电气装置安装工程 电气设备交接试验报告统一格式》DL/T 5293—2013** 19.5.5 绝缘油试验报告 **4.《防止电力生产事故的二十五项重点要求》国家能源局安全〔2014〕161 号** 12.3.2 变压器本体保护应加防雨、防震措施，户外布置的压力释放阀、气体继电器和油流速动继电器应加防雨罩。 12.7.1 按照有关规定完善变压器的消防设施，并加强维护管理，重点防止变压器着火时的事故扩大。 12.7.2 采用排油注氮保护装置的变压器应采用具有联动功能的双浮球结构的气体继电器。 12.7.3 排油注氮保护装置应满足： （1）排油注氮启动（触发）功率应大于 220V×5A（DC）。 （2）注油阀动作线圈功率应大于 220V×6A（DC）。 （3）注氮阀与排油阀间应设有机械联锁阀门。 （4）动作逻辑关系应满足本体重瓦斯保护、主变压器断路器跳闸、油箱超压开关（火灾探测器）同时动作时才能启动排油充氮保护。 12.7.4 水喷淋动作功率应大于 8W，其动作逻辑关系应满足变压器超温保护与变压器断路器跳闸同时动作。 12.7.5 变压器本体储油柜与气体继电器间应增设断流阀，以防储油柜中的油下泄而造成火灾扩大。 12.7.6 现场进行变压器干燥时，应做好防火措施，防止加热系统故障或线圈过热烧损。 12.7.7 应结合理性试验检修，定期对灭火装置进行维护和检查，以防止误动和拒动	签字：相关责任人签字规范 盖章：相关责任单位已盖章 3. 查阅气体继电器、温度计出厂及安装前校验报告 　内容：动作值符合产品技术要求，检定在有效期内 　结论：准确 　签字：相关责任人签字规范 　盖章：相关责任单位已盖章 4. 查阅变压器性能试验报告 　内容：各项性能试验齐全 　结论：准确 　签字：相关责任人签字规范 　盖章：相关责任单位已盖章

条款号	大纲条款	检 查 依 据	检查要点
5.2.3	断路器、隔离开关、接地开关分合闸指示正确，接地可靠；油（气）操动机构无渗漏现象；隔离开关接触电阻及断路器三相同期值符合规定	**1.《电气装置安装工程 高压电器施工及验收规范》GB 50147—2010** 4.4.1 在验收时，应进行下列检查： 　　4 断路器及其操动机构的联动应正常，无卡阻现象；分、合闸指示应正确；辅助开关动作应正确可靠。 5.6.1 在验收时，应进行下列检查 　　4 GIS中的断路器、隔离开关、接地开关及其操动机构的联动应正常，无卡阻现象；分、合闸指示应正确；辅助开关及电气闭锁应动作正确、可靠。 6.2.1 真空断路器的安装和调整，应符合产品技术文件的要求，并应符合下列规定： 　　4 ……三相同期应符合产品技术文件要求。 6.4.1 验收时，应进行下列检查： 　　3 真空断路器与操动机构联动应正常、无卡阻；分、合闸指示应正确；辅助开关动作应准确、可靠。 　　8 高压开关柜所安装的带电显示装置应显示、动作正确。 　　10 ……接地应良好…… 7.3.10 全部空气管道系统应以额定气压进行漏气量的检查，在24h内压降不得超过10%，或符合产品技术文件要求。 7.4.1 液压机构的安装与调整，除应符合本章第7.2节的规定外，尚应符合下列规定： 　　3 液压回路在额定油压时，外观检查应无渗漏。 7.7.1 在验收时，应进行下列检查： 　　3 液压系统应无渗漏、油位正常；空气系统应无漏气；安全阀、减压阀等应动作可靠；压力表应指示正确。 8.2.10 三相联动的隔离开关，触头接触时，不同期数值应符合产品技术文件要求。当无规定时，最大值不得超过20mm。 8.2.11 隔离开关、负荷开关的导电部分，应符合下列规定： 　　4 合闸直流电阻测试应符合产品技术文件要求。 **2.《电气装置安装工程 电气设备交接试验标准》GB 50150—2016（报批稿）** 11.0.1 真空断路器的试验项目，应包括下列内容： 　　4 ……测量分、合闸的同期性…… 12.0.8 测量断路器主、辅触头三相及同相各断口分、合闸的同期性及配合时间，应符合产品技术条件的规定	1. 查看断路器、隔离开关、接地开关操动机构 　分合闸指示：远方、就地指示一致 　油压/气压系统：无渗漏 　接地连接：可靠 2. 查验断路器、隔离开关、接地开关操动机构 　操作：开、关动作正常 3. 查阅断路器、隔离开关、接地开关试验报告 　内容：隔离开关接触电阻及断路器三相同期值符合规程及产品技术条件规定 　结论：准确 　签字：相关责任人签字规范 　盖章：相关责任单位已盖章

续表

条款号	大纲条款	检 查 依 据	检查要点
5.2.4	电容器布置、接线正确，保护回路完整，无损伤、渗漏及变形现象	**1.《电气装置安装工程　高压电器施工及验收规范》GB 50147—2010** 11.5.1　在验收时，应进行下列检查： 　1　电容器组的布置与接线应正确，电容器组的保护回路应完整，检验一次接线同具有极性的二次保护回路关系正确。 　2　三相电容量偏差值应符合设计要求。 　3　外壳应无凹凸或渗油现象，引出端子连接应牢固，垫圈、螺母应齐全。 　4　熔断器的安装应排列整齐、倾斜角度符合设计、指示器正确；熔体的额定电流应符合设计要求。 　5　放电线圈瓷套应无损伤、相色正确、接线牢固美观；放电回路应完整，接地刀闸操作应灵活。 　6　电容器支架应无明显变形。 　7　电容器外壳及支架的接地应可靠、防腐完好。 　8　支持瓷瓶外表清洁、完好无破损。 　9　串联补偿装置平台稳定性应良好，斜拉绝缘子的预拉力应合格，平台上设备连接应正确、可靠。 　10　交接试验应合格。 　11　电容器室内的通风装置应良好。 11.5.2　在验收时，应提交下列技术文件： 　1　设计变更的证明文件。 　2　制造厂提供的产品说明书、装箱单、试验记录、合格证明文件及安装图纸等技术文件。 　3　检验及质量验收资料。 　4　试验报告。 　5　备品、备件、专用工具及测试仪器清单。 **2.《光伏发电工程验收规范》GB/T 50796—2012** 4.3.8　电气设备安装的验收应符合下列要求： 　2　高压电器设备安装的验收应符合现行国家标准《电气装置安装工程　高压电器施工及验收规范》GB 50147 的有关规定	1. 查看电容器 　布置及接线：正确、保护回路完整。 　三相电容量：符合设计要求。 　外观：无损伤、无渗漏、无变形。 2. 查阅电容器交接试验报告、质量验收资料。 　结论：准确 　签字：相关责任人签字规范 　盖章：相关责任单位已盖章
5.2.5	互感器外观完好、油位或气压正常，接地可靠；电流互感器备用二次绕组短接并可靠接地	**1.《电气装置安装工程　电力变压器、油浸电抗器、互感器施工及验收规范》GB 50148—2010** 5.3.6　互感器的下列各部位应可靠接地： 　4　电流互感器的备用二次绕组应先短路后接地。 5.4.1　在验收时，应进行下列检查： 　1　设备外观应完整无缺损。 　2　互感器应无渗漏，油位、气压、密度应符合产品技术文件的要求。 　5　接地应可靠。	查看互感器 外观：完好、无损伤 油位/气压：符合产品技术要求 接地：可靠、标识清晰 电流互感器备用线圈：短接并接地可靠

续表

条款号	大纲条款	检 查 依 据	检查要点
5.2.5	互感器外观完好、油位或气压正常，接地可靠；电流互感器备用二次绕组短接并可靠接地	**2. 《光伏发电工程验收规范》GB/T 50796—2012** 4.3.8　电气设备安装的验收应符合下列要求： 　　1　变压器和互感器安装的验收应符合现行国家标准《电气装置安装工程　电力变压器、油浸电抗器、互感器施工及验收规范》GB 50148 的有关规定	
5.2.6	避雷器外观及安全装置完好，排气口朝向合理，接地符合规范规定；在线监测装置接地可靠，安装方向便于观察	**《电气装置安装工程　高压电器施工及验收规范》GB 50147—2010** 9.2.1　避雷器安装前，应进行下列检查： 　　4　避雷器的安全装置应完整、无损。 9.2.8　避雷器的排气通道应畅通，排气通道口不得朝向巡检通道，排出的气体不致引起相间或对地闪络，并不得喷及其他电气设备。 9.2.10　监测仪应密封良好、动作可靠，并应按产品技术文件要求连接；接地应可靠；监测仪计数器应调至同一值。 9.2.12　避雷器的接地应符合设计要求，接地引下线应连接、固定牢固	查看避雷器 外观：完好、无损伤 安全装置：完整、无损 排气口朝向：不得朝向巡检通道 监测仪接地：可靠，符合设计要求 监测仪朝向：便于观察 监测仪：计数器三相指示一致 接地连接：可靠
5.2.7	无功补偿装置功能特性和电气参数符合设计要求，报告齐全	**1. 《静止无功补偿装置（SVC）功能特性》GB/T 20298—2006** 6.1.1　额定电气参数及其指标要求 a）连接点母线标称电压（kV）； b）参考电压（kV）； c）连续可调的无功范围或母线电压变化范围（标幺值，参见 GB/T 12325）； d）抑制电压波动和闪变、谐波、三相不平衡度的指标（工业及配电用 SVC，参见 GB 12326、GB/T 14549、GB/T 15543 或依据附录 1 对闪变评定）； e）提高功率因数的指标（工业及配电用 SVC）； f）抑制工频过电压或阻尼功率振荡的指标（输电用 SVC）。 6.2.1　SVC 的基本功能 a）在系统稳定运行或故障后情况下，将三相平均电压或基波正序电压控制在一定的范围内［应明确其 U/I 特性曲线斜率的变化范围（%）］； b）分项调节，实现电压的分相控制，改善电网三相电压不平衡度； c）通过无功功率控制，实现母线电压的控制； d）通过电压控制，抑制系统振荡，提高功率传输能力；	查阅无功补偿装置出厂试验报告和设备调试试验报告 内容：出厂试验报告及调试报告齐全，功能特性和电气参数符合设计要求 结论：准确 签字：相关责任人签字规范 盖章：相关责任单位已盖章

续表

条款号	大纲条款	检 查 依 据	检查要点
5.2.7	无功补偿装置功能特性和电气参数符合设计要求，报告齐全	e）通过无功功率调节，实现功率因数的控制； f）抑制电压波动和闪变水平； g）抑制电网谐波电压畸变和注入电网的谐波电流水平。 **2.《光伏发电站无功补偿技术规范》GB/T 29321—2012** 5.1.2 光伏发电站应充分利用并网逆变器的无功容量及其调节能力，当并网逆变器的无功容量不能满足系统电压与无功调节需要时，应在光伏发电站配置集中无功补偿装置，并综合考虑光伏发电站各种出力水平和接入系统后各种运行工况下的暂态、动态过程，配置足够的动态无功补偿容量。 5.2.1 光伏发电站的无功电源应能够跟踪光伏出力的波动及系统电压控制要求并快速响应。 5.2.2 ……光伏发电站动态无功响应时间应不大于 30ms。 7.1.2 光伏发电站无功补偿装置配置应根据光伏发电站实际情况，如安装容量、安装型式、站内汇集线分布、送出线路长度、接入电网情况等，进行无功电压研究后确定。 8.2 无功补偿装置控制要求 　光伏发电站无功补偿装置应具备自动控制功能，应在其无功调节范围内按光伏发电站无功电压控制系统的协调要求进行无功/电压控制。 **3.《防止电力生产事故的二十五项重点要求》国家能源局安全〔2014〕161 号** 4.5.2 无功电源及无功补偿设施的配置应使系统具有灵活的无功电压调整能力，避免分组容量过大造成电压波动过大	
5.2.8	母线的螺栓连接质量检查合格，软母线压接和硬母线的焊接验收合格	**1.《电气装置安装工程 母线装置施工及验收规范》GB 50149—2010** 3.3.3 母线与母线或母线与设备接线端子的连接应符合下列要求： 　1 母线连接接触面间应保持清洁，并应涂以电力复合脂； 　2 母线平置时，螺栓应由下往上穿，螺母应在上方，其余情况下，螺栓应置于维护侧，螺栓长度宜露出 2 扣～3 扣； 　3 螺栓与母线紧固面间均应有平垫圈，母线多颗螺栓连接时，相邻螺栓垫圈间应由 3mm 以上的净距，螺母侧应装有弹簧垫圈或缩紧螺母； 　4 母线接触面应连接紧密，连接螺栓应用力矩扳手紧固，钢制螺栓紧固力矩应符合表 3.3.3 的规定，非钢制螺栓紧固力矩之应符合产品技术文件要求。 3.4.1 母线焊接应由经培训考试合格取得相应资质证书的焊工进行，焊接质量应符合现行行业标准《铝母线焊接技术规程》DL/T 754 的有关规定。 3.5.7 耐张线夹压接前应对每种规格的导线取试件两件进行试压，并应在试压合格后再施工。 3.5.16 母线弛度应符合设计要求，其允许偏差为 +5%～-2.5%，同一档距内三相母线的弛度应一致；相同布置的分支线，宜有同样的弯曲度和弛度。	1. 查看母线螺栓连接及母线弛度 　螺栓穿向：平置时螺母在上，其他情况下螺母在维护侧 　防松措施：螺母侧有弹簧垫圈或锁紧螺母 　螺栓紧固力矩值：符合规范规定 　母线弛度：应符合设计要求，其允许偏差为 +5%～-2.5%，同一档距内三相母线的弛度应一致；相同布置的分支线，宜有同样的弯曲度和弛度

条款号	大纲条款	检　查　依　据	检查要点
5.2.8	母线的螺栓连接质量检查合格，软母线压接和硬母线的焊接验收合格	**2.《母线焊接技术规程》DL/T 754—2013** A.10　焊接接头直流电阻值应不大于规格尺寸均相同的原材料直流电阻值的 1.05 倍，电阻及电阻率测试分别按 GB/T 3048.2、GB/T 3048.4 的要求进行。 A.11　焊接接头抗拉强度不应低于原材料抗拉强度标准值的下限。经热处理强化的铝合金，其焊接接头的抗拉强度不得低于原材料标准值下限的 75％	2. 查阅软母线压接试验报告及安装单位母线弛度安装记录 　内容：取样数量符合耐张线夹现场取样数量规定，接头抗拉强度符合规范规定，母线弛度安装记录合格 　结论：准确 　签字：相关责任人签字规范 　盖章：相关责任单位已盖章 3. 查阅硬母线焊接试验报告 　内容：接头直流电阻值及接头抗拉强度符合规范规定 　结论：准确 　签字：相关责任人签字规范 　盖章：相关责任单位已盖章
5.2.9	低压电器设备完好，标识清晰	**1.《电气装置安装工程　低压电器施工及验收规范》GB 50254—2014** 12.0.1　验收时，应对下列项目进行检查： 　1　电器的型号、规格符合设计要求。 　2　电器的外观完好、绝缘器件无裂纹，安装方式符合产品技术文件的要求。 　3　电器安装牢固、平正，符合设计及产品技术文件的要求。 　4　电器金属外壳、金属安装支架接地可靠。 　5　电器的接线端子连接正确、牢固，拧紧力矩值应符合产品技术文件的要求，且符合本规范附录 A 的要求；连接线排列整齐、美观。	1. 查看低压电器 　型号、规格：符合设计要求 　外观：完好、绝缘器件无裂纹 　安装：牢固、平正、符合设计及产品技术文件的要求 　外壳、金属安装支架：接地可靠

续表

条款号	大纲条款	检 查 依 据	检查要点
5.2.9	低压电器设备完好，标识清晰	6　绝缘电阻值符合产品技术文件的要求。 7　活动部件动作灵活、可靠，联锁传动装置动作正确。 8　标志齐全完好、字迹清晰。 12.0.2　对安装的电器应全数进行检查。 12.0.4　验收时应提交下列资料和文件： 4　安装技术记录； 5　各种试验记录； **2.《光伏发电工程验收规范》GB/T 50796—2012** 4.3.8　电气设备安装的验收应符合下列要求： 2　低压电器设备安装的验收应符合现行国家标准《电气装置安装工程　低压电器施工及验收规范》GB 50254 的有关规定	接线端子：连接正确、牢固 　标识：齐全完好、字迹清晰 **2. 查阅安装技术记录、试验记录** 　内容：安装、试验记录齐全 　结论：准确 　签字：相关责任人签字规范 　盖章：相关责任单位已盖章
5.2.10	组合电器直接接地部分连接可靠，膨胀伸缩装置符合安装规范；充气设备气体压力、密度继电器报警和闭锁值符合产品技术要求，SF₆ 气体检验合格，报告齐全	**1.《额定电压 72.5kV 及以上气体绝缘金属封闭开关设备》GB 7674—2008** 5.109　伸缩节 　……制造厂应根据使用目的、允许的位移量和位移方向等选定伸缩节的结构。 　在 GIS 分开的基础间允许的相对位移（不均匀下沉）应由制造厂和用户商定。 **2.《电气装置安装工程　高压电器施工及验收规范》GB 50147—2010** 4.4.1　在验收时，应进行下列检查： 5　密度继电器的报警、闭锁值应符合产品技术文件的要求，电气回路传动应正确。 6　六氟化硫气体压力、泄漏率和含水量应符合国家现行标准《电气装置安装工程　电气设备交接试验标准》GB 50150 及产品技术文件的规定。 5.2.3　GIS 元件装配前，应进行下列检查： 　密度继电器和压力表应经检验，并有产品合格证和检验报告。密度继电器与设备本体六氟化硫气体管道的连接，应满足可与设备本体管路系统隔离，以便于对密度继电器进行现场校验。 5.2.7　GIS 元件的安装应在制造厂技术人员指导下按产品技术文件要求进行，并应符合下列要求： 18　伸缩节的安装长度应符合产品技术文件要求。 5.5.1　六氟化硫气体的技术条件应符合表 5.5.1 的规定： 5.5.2　新六氟化硫气体应有出厂检验报告及合格证明文件。运到现场后，每瓶均应作含水量检验，现场应进行抽样做全分析，抽样比例按表 5.5.2 的规定执行。检验结果有一项不符合本规范表 5.5.1 要求时，应以两倍量气瓶数重新抽样进行复验。复验结果即使有一项不符合，整批产品不应验收。 5.6.1　在验收时，应进行下列检查：	1. 查看 GIS 直接接地部分 　接地连接：牢固、导通良好 　接地线：无锈蚀、损伤 2. 查看膨胀伸缩装置 　安装长度：符合产品技术要求 3. 查看 SF₆ 气体压力 　压力值：符合产品技术要求 4. 查阅压力表及密度继电器校验及现场核对性检验报告 　内容：试验报告内容齐全，压力、密度继电器报警和闭锁值符合产品技术要求

条款号	大纲条款	检 查 依 据	检查要点
5.2.10	组合电器直接接地部分连接可靠，膨胀伸缩装置符合安装规范；充气设备气体压力、密度继电器报警和闭锁值符合产品技术要求，SF₆ 气体检验合格，报告齐全	1　GIS 应安装牢靠、外观清洁，动作性能应符合产品技术文件要求。 2　螺栓紧固力矩应达到产品技术文件的要求。 3　电气连接应可靠、接触良好。 4　GIS 中的断路器、隔离开关、接地开关及其操动机构的联动应正常、无卡阻现象；分合闸指示应正确；辅助开关及电气闭锁应动作正确、可靠。 5　密度继电器的报警、闭锁值应符合规定，电气回路传动应正确。 6　六氟化硫气体泄漏率和含水量应符合国家现行标准《电气装置安装工程　电气设备交接试验标准》GB 50150 及产品技术文件的规定。 11　接地应良好，接地标识应清楚。 **3.《电气装置安装工程　电气设备交接试验标准》GB 50150—2016（报批稿）** 19.0.4　SF₆ 新气到货后，充入设备前应对每批次的气瓶进行抽检，并应按现行国家标准《工业六氟化硫》GB 12022 验收，SF₆ 新到气瓶抽检比例宜符合表 19.0.3 的规定，其他每瓶只测定含水量。 **4.《电气装置安装工程　接地装置施工及验收规范》GB 50169—2006** 3.3.12　发电厂、变电所电气装置下列部位应专门敷设接地线直接与接地体或接地母线连接： 　　6　GIS 接地端子。 3.3.14　全封闭组合电器的外壳应按制造厂规定接地；法兰片间应采用跨接线连接，并保证良好的电气通路	结论：准确 　签字：相关责任人签字规范 　盖章：相关责任单位已盖章 5. 查阅 SF₆ 气体检验报告 　抽检比例：符合规范规定 　SF₆ 气体纯度：不小于 99.9% 或符合规范规定 　含水量：每瓶不超过 0.005% 或符合规范规定 　其他检验指标：符合规范规定 　结论：准确 　签字：相关责任人签字规范 　盖章：相关责任单位已盖章
5.2.11	电缆本体、附件和附属设施的产品技术资料齐全；电缆敷设符合设计及规范要求，防火封堵严密、阻燃措施符合要求，试验合格；金属电缆支架接地良好	**1.《电气装置安装工程　电缆线路施工及验收规范》GB 50168—2006** 4.2.9　金属电缆支架全长均应有良好的接地。 7.0.2　电缆的防火阻燃可采取下列措施： 　1　在电缆穿过竖井、墙壁、楼板或进入电气盘、柜的孔洞处，用防火堵料密实封堵。 　2　在重要的电缆沟及隧道中，按设计要求分段用软质耐火材料设置组火墙。 8.0.1　在验收时，应按下列要求进行检查： 　1　电缆规格符合规定；排列整齐，无机械损伤；标志牌应装设齐全、正确、清晰。 　2　电缆的固定、弯曲半径、有关距离和单芯电力电缆的金属护层的接线、相序排列等应符合要求。	1. 查看防火阻燃设施 　阻火墙设置：符合设计要求 　防火涂料涂刷/阻火包带包绕长度：符合规范规定 　电缆孔洞防火封堵：密实、无缝隙

条款号	大纲条款	检 查 依 据	检查要点
5.2.11	电缆本体、附件和附属设施的产品技术资料齐全；电缆敷设符合设计及规范要求，防火封堵严密、阻燃措施符合要求，试验合格；金属电缆支架接地良好	3 电缆终端、电缆接头及充油电缆的供油系统应固定牢靠；电缆接线端子与所接设备段子应接触良好；互联接地箱和交叉互联箱的连接点应接触良好可靠；充有绝缘剂的电缆终端、电缆接头及重游电缆的供油系统，不应有渗漏现象；充油电缆的油压及表计整定值应符合要求。 4 电缆线路所有应接地的接点应与接地极接触良好；接地电阻值应符合设计要求。 5 电缆终端的相色应正确，电缆支架等的金属部件防腐层应完好。电缆管口应封堵密实。 6 电缆沟内应无杂物，盖板齐全；隧道内应无杂物，照明、通风、排水等设施应符合设计要求。 7 直埋电缆路径标志，应与实际路径相符。路径标志应清晰、牢固。 8 水底电缆线路两岸，禁锚区内的标志和夜间照明装置应符合设计要求。 9 防火措施应符合设计，且施工质量合格。 **2.《电气装置安装工程盘、柜及二次回路接线施工及验收规范》GB 50171—2012** 3.0.9 二次回路接线施工完毕后，应检查二次回路接线是否正确、牢靠。 3.0.12 安装调试完毕后，在电缆进出盘、柜的底部或顶部以及电缆管口处进行防火封堵，封堵应严密。 6.0.1 二次回路接线应符合下列规定： 1 应按有效图纸施工，接线应正确。 2 导线与电气元件间采用螺栓连接、插接、焊接或压接等，且均应牢固可靠。 3 盘、柜内的导线不应有接头，芯线应无损伤。 4 多股导线与端子、设备连接应压接终端附件。 8.0.1 在验收时，应按下列要求进行检查： 3 所有二次回路接线应正确，连接应可靠，标识应齐全清晰，二次回路的电源回路绝缘应符合本规范第3.0.11条的规定。 **3.《光伏发电工程验收规范》GB/T 50796—2012** 4.3.10 线路及电缆安装的验收应符合下列要求： 3 交流电缆安装的验收应符合现行国家标准《电气装置安装工程 电缆线路施工及验收规范》GB 50168 的有关规定	2. 查看金属电缆支架、桥架 接地：金属电缆支架、桥架全长可靠接地 3. 查阅电缆本体、附件和附属设施的产品技术资料 完整性：资料齐全 4. 查阅电缆施工验收签证 签证内容：符合设计及规范规定 结论：准确 签字：相关责任人签字规范 盖章：相关责任单位已盖章
5.2.12	防雷接地、设备接地和接地网连接可靠，标识符合规定，验收签证齐全	**1.《电气装置安装工程 电气设备交接试验标准》GB 50150—2016（报批稿）** 25.0.1 电气设备和防雷设施的接地装置的试验项目，应包括下列内容： 1 接地网电气完整性测试； 2 接地阻抗； 3 场区地表电位梯度、接触电位差、跨步电压和转移电位测量。	1. 查看避雷设施、电气设备接地及明敷接地网连接 螺栓连接：可靠、应设防松螺帽或防松垫片、螺帽穿向及螺栓连接处的接触面符合规范规定

条款号	大纲条款	检 查 依 据	检查要点
5.2.12	防雷接地、设备接地和接地网连接可靠，标识符合规定，验收签证齐全	**2.《电气装置安装工程　接地装置施工及验收规范》GB 50169—2006** 1.0.6　接地装置的安装应配合建筑工程的施工，隐蔽部分必须在覆盖前会同有关单位做好中间检查及验收记录。 1.0.7　各种电气装置与主接地网的连接必须可靠，接地装置的焊接质量应符合本规范第 3.4.2 条的规定，接地电阻应符合设计规定，扩建接地网与原接地网间应为多点连接。 3.3.5　每个电气装置的接地应以单独的接地线与接地汇流排或接地干线相连接，严禁在一个接地线中串接几个需要接地的电气装置。重要设备和设备构架应有两根与主接地网不同地点连接的连接引下线，且每根接地引下线均应符合热稳定及机械强度的要求，连接引线应便于定期进行检查测试。 3.3.17　接地装置由多个分接地装置部分组成时，应按设计要求设置便于分开的断接卡，自然接地体与人工接地体连接处应有便于分开的断接卡。断接卡应有保护措施。扩建接地网时，新、旧接地网连接应通过接地井多点连接。 3.3.18　电缆桥架、支架由多个区域连通时，在区域连通处电缆桥架、支架接地线应设置便于分开的断接卡，并有明显标识。 3.4.1　接地体（线）的连接应采用焊接，焊接必须牢固无虚焊。接至电气设备上的接地线，应用镀锌螺栓连接；有色金属接地线不能采用焊接时，可采用螺栓连接、压接、热剂焊（放热焊接）方式连接。用螺栓连接时应设防松螺帽或防松垫片，螺栓连接处的接触面应按现行国家标准《电气装置安装工程　母线装置施工及验收规范》GB 50149 的规定处理。不同材料接地体间的连接应进行处理。 3.4.2　接地体（线）的焊接应采用搭接焊，其焊接长度必须符合下列规定： 　1　扁钢为其宽度的 2 倍（且至少 3 个棱边焊接）； 　2　圆钢为其直径的 6 倍； 　3　圆钢与扁钢连接时，其长度为圆钢直径的 6 倍； 　4　扁钢与钢管、扁钢与角钢焊接时，为了连接可靠，除应在其接触部位两侧进行焊接外，并应焊以由钢带弯成的弧形（或直角形）卡子或直接由钢带本身弯成弧形（或直角形）与钢管（或角钢）焊接。 3.4.3　接地体（线）为铜与铜或铜与钢的连接工艺采用热剂焊（放热焊接）时，其熔接接头必须符合下列规定： 　1　被连接的导体必须完全包在接头里； 　2　要保证连接部位的金属完全熔化，连接牢固； 　3　热剂焊（放热焊接）接头的表面应平滑； 　4　热剂焊（放热焊接）的接头应无贯穿性气孔。 3.4.4　采用钢绞线、铜绞线等作为接地线引下时，宜用压接端子与接地体连接。	焊接：接地体（线）的连接应采用焊接，焊接必须牢固无虚焊 与主网连接点数量：重要设备和设备构架应有两根与主接地网不同地点连接的连接引下线 标识：清晰准确 2. 查阅接地装置施工记录（含施工记录图）及隐蔽验收签证 搭接长度： 　1　扁钢为其宽度的 2 倍（且至少 3 个棱边焊接）； 　2　圆钢为其直径的 6 倍； 　3　圆钢与扁钢连接时，其长度为圆钢直径的 6 倍； 　4　扁钢与钢管、扁钢与角钢焊接时，为了连接可靠，除应在其接触部位两侧进行焊接外，并应焊以由钢带弯成的弧形（或直角形）卡子或直接由钢带本身弯成弧形（或直角形）与钢管（或角钢）焊接 接地极、接地干线焊接及防腐：符合规范规定

条款号	大纲条款	检 查 依 据	检查要点
5.2.12	防雷接地、设备接地和接地网连接可靠，标识符合规定，验收签证齐全	3.5.1 避雷针（线、带、网）的接地除应符合本章上述有关规定外，尚应遵守下列规定： 1 避雷针（带）与引下线之间的连接应采用焊接或热剂焊（放热焊接）。 2 避雷针（带）的引下线及接地装置使用的紧固件均应使用镀锌制品。当采用没有镀锌的地脚螺栓时应采取防腐措施。 3 建筑物上的防雷设施采用多根引下线时，应在各引下线距地面的1.5m～1.8m处设置断接卡，断接卡应加保护措施。 4 装有避雷针的金属筒体，当其厚度大于4mm时，可作为避雷针的引下线。筒体底部应至少有2处与接地体对称连接。 5 独立避雷针及其接地装置与道路或建筑物的出入口等的距离应大于3m。当小于3m时，应采取均压措施或铺设卵石或沥青地面。 6 独立避雷针（线）应设置独立的集中接地装置。当有困难时，该接地装置可与接地网连接，但避雷针与主接地网的地下连接点至35kV及以下设备与接地网的地下连接点，沿接地体的长度不得小于15m； 7 独立避雷针的接地装置与接地网的地中距离不应小于3m。 8 发电厂、变电站配电装置的构架或层顶上的避雷针（含悬挂避雷线的构架），应在其附近装设集中接地装置，并与主接地网连接。 **3.《光伏发电工程验收规范》GB/T 50796—2012** 4.3.9 防雷与接地安装的验收应符合下列要求 2 电气装置的防雷与接地安装的验收应符合现行国家标准《电气装置安装工程 接地装置施工及验收规范》GB 50169 的有关规定	埋深及回填：符合设计要求及规范规定 结论：准确 签字：相关责任人签字规范 盖章：相关责任单位已盖章
5.2.13	电气设备及防雷设施的接地阻抗测试符合设计要求，报告齐全	**1.《电气装置安装工程 电气设备交接试验标准》GB 50150—2016（报批稿）** 25.0.1 电气设备和防雷设施的接地装置的试验项目，应包括下列内容： 1 接地网电气完整性测试； 2 接地阻抗； 3 场区地表电位梯度、接触电位差、跨步电压和转移电位测量。 25.0.2 接地网电气完整性测试，应符合下列规定： 1 应测量同一接地网的各相邻设备接地线之间的电气导通情况，以直流电阻值表示； 2 直流电阻值不宜大于0.05Ω。 25.0.3 接地阻抗测量，应符合下列规定： 1 接地阻抗值应符合设计文件规定，当设计文件没有规定时应符合表25.0.3的要求； 2 试验方法可按现行行业标准《接地装置特性参数测量导则》DL 475 的规定执行，试验时应排除与接地网连接的架空地线、电缆的影响。	查阅电气设备及防雷设施的接地阻抗测试试验报告 测试报告内容：齐全，附测试部位图 试验项目：接地网电气完整性测试；接地阻抗；场区地表电位梯度、接触电位差、跨步电压和转移电位测量 接地阻抗值：符合设计和相关规范要求

条款号	大纲条款	检 查 依 据	检查要点
5.2.13	电气设备及防雷设施的接地阻抗测试符合设计要求，报告齐全	3　应在扩建接地网与原接地网连接后进行全场全面测试。 **2.《电气装置安装工程　电气设备交接试验报告统一格式》DL/T 5293—2013** 17　接地装置	结论：准确 签字：相关责任人签字规范 盖章：相关责任单位已盖章
5.2.14	盘柜安装牢固、接地可靠；柜内一次设备的安装质量符合要求，照明装置齐全；盘、柜及电缆管道封堵完好，应有防积水、防结冰、防潮、防雷等措施；操作与联动试验合格；二次回路连接可靠，标识齐全清晰，绝缘符合要求	**1.《电气装置安装工程　电气设备交接试验标准》GB 50150—2016（报批稿）** 3.0.9　为了与国家标准中关于低压电器的有关规定及现行国家标准《三相异步电动机试验方法》GB 1032 中的有关规定尽量协调一致，将电压等级分为 5 挡，即 100V 以下、500V 以下至 100V，3000V 以下至 500V，10000V 以下至 3000V 和 10000V 及以上，使规定范围更为严密。 　　为了保证测试精度，本标准规定了兆欧表的量程。同时对用于极化指数测量的兆欧表，规定其短路电流不应低于 2mA。 22.0.2　测量绝缘电阻，应符合下列规定： 　　1　应按本标准第 3.0.9 条的规定，根据电压等级选择兆欧表； 　　2　小母线在断开所有其他并联支路时，不应小于 10MΩ； 　　3　二次回路的每一支路和断路器、隔离开关的操动机构的电源回路等，均不应小于 1MΩ。在比较潮湿的地方，可不小于 0.5MΩ。 **2.《电气装置安装工程盘、柜及二次回路接线施工及验收规范》GB 50171—2012** 3.0.11　二次回路的电源送电前，应检查绝缘，其绝缘电阻值不应小于 1MΩ，潮湿地区不应小于 0.5MΩ。 3.0.12　安装调试完毕后，在电缆进出盘、柜的底部或顶部以及电缆管口处应进行防火封堵，封堵应严密。 4.0.3　盘、柜间及盘、柜上的设备及各构件连接应牢固。控制、保护盘、柜和自动装置盘等与基础型钢不宜焊接固定。 5.0.1　盘、柜上的电器安装应符合下列规定： 　　1　电器元件质量应良好，型号、规格应符合设计要求，外观应完好，附件应齐全，排列应整齐，固定应牢固，密封应良好。 　　2　电器单独拆、装、更换不应影响其他电器及导线束的固定。 　　5　压板应接触良好，相邻压板间应有足够的安全距离，切换时不应碰及相邻的压板。 　　6　信号回路的声、光、电信号等应正确，工作应可靠。 　　7　带有照明的盘、柜，照明应完好。 5.0.4　盘、柜的正面及背面各电器、端子排等应标明编号、名称、用途及操作位置，且字迹应清晰、工整，不易脱色。	1. 查看盘柜安装 柜体及构件：连接牢固 成套柜接地母线：与主接地网可靠连接 装有电器可开启的门接地：符合规范规定 一次设备安装及电气距离：符合规范要求 带有照明的盘柜：照明完好 箱体变压器、室内外盘、柜及电缆管道孔洞防火封堵：密实、无缝隙、有防积水、防结冰、防潮、防雷措施 2. 查看二次回路 接线：导线与电气元件间应采用螺栓连接、插接、焊接或压接等，且均应牢固可靠 标识：电缆芯线和所配导线的端部均应标明其回路编号，编号应正确，字迹应清晰，不易脱色 绝缘：导线绝缘层完好，无中间接头

续表

条款号	大纲条款	检 查 依 据	检查要点
5.2.14	盘柜安装牢固、接地可靠；柜内一次设备的安装质量符合要求，照明装置齐全；盘、柜及电缆管道封堵完好，应有防积水、防结冰、防潮、防雷等措施；操作与联动试验合格；二次回路连接可靠，标识齐全清晰，绝缘符合要求	5.0.5　盘、柜上的小母线应采用直径不小于 6mm 的铜棒或铜管，铜棒或铜管应加装绝缘套。小母线两侧应标明代号或名称的绝缘标识牌，标识牌的字迹应清晰、工整，不易脱色。 5.0.6　二次回路的电气间隙和爬电距离应符合现行国家标准《低压成套开关设备与控制设备　第 1 部分：型式试验和部分型式试验　成套设备》GB 7251.1 的有关规定。屏顶上小母线不同相或不同极的裸露载流部分之间，以及裸露载流部分与未经绝缘的金属体之间，其电气间隙不得小于 12mm，爬电距离不得小于 20mm。 6.0.1　二次回路接线应符合下列规定： 　　2　导线与电气元件间应采用螺栓连接、插接、焊接或压接等，且均应牢固可靠。 　　5　电缆芯线和所配导线的端部均应标明其回路编号，编号应正确，字迹应清晰，不易脱色。 7.0.2　成套柜的接地母线应与主接地网连接可靠。 7.0.3　抽屉式配电柜抽屉与柜体间的接触应良好，柜体、框架的接地应良好。 7.0.5　装有电器的可开启的门应采用截面不小于 4mm² 且端部压接有终端附件的多股软铜导线与接地的金属框架可靠连接。 7.0.6　盘柜柜体接地应牢固可靠，标识应明显。 8.0.1　在验收时，应按下列规定进行检查： 　　5　用于热带地区的盘、柜应具有防潮、抗霉和耐热性能，应按现行行业标准《热带电工产品通用技术要求》JB/T 4159 的有关规定验收合格。 　　6　盘、柜空洞及电缆管口封堵严密，可能结冰的地区还应采取防止电缆管内积水结冰的措施。 **3.《光伏发电工程验收规范》GB/T 50796—2012** 4.3.8　电气设备安装的验收应符合下列要求 　　4　盘、柜及二次回路接线安装的验收应符合现行国家标准《电气装置安装工程盘、柜及二次回路接线施工及验收规范》GB 50171 的有关规定。 **4.《继电保护和电网安全自动装置检验规程》DL/T 995—2006** 6.2.4.1　进行新安装装置验收试验时，……用 1000V 兆欧表测量下列绝缘电阻，其阻值均应大于 10MΩ 的回路如下： 　　(1) 各回路对地； 　　(2) 各回路相互间。 6.2.4.3　对使用触点输出的信号回路，用 1000V 兆欧表测量电缆每芯对地及对其他各芯间的绝缘电阻，其绝缘电阻应不小于 1MΩ…… 6.3.3.7　用 500V 兆欧表测量绝缘电阻值，要求阻值均大于 20MΩ……	3. 查阅屏柜试验报告（绝缘电阻及操作与联动部分）及调试报告 　内容：屏柜试验及调试报告内容齐全，绝缘电阻值合格，操作与联动正确 　结论：准确 　签字：相关责任人签字规范 　盖章：相关责任单位已盖章

续表

条款号	大纲条款	检 查 依 据	检查要点
5.2.15	二次设备等电位接地网独立设置	**1. 《电气装置安装工程 接地装置施工及验收规范》GB 50169—2006** 3.3.19 保护屏应装有接地端子，并用截面不小于 4mm² 的多股铜线和接地网直接连通。装设静态保护的保护屏，应装设连接控制电缆屏蔽层的专用接地铜排，各盘的专用接地铜排互相连接成环，与控制室的屏蔽接地网连接。用截面不小于 100mm² 的绝缘导线或电缆将屏蔽电网与一次接地网直接相连。 **2. 《电气装置安装工程盘、柜及二次回路接线施工及验收规范》GB 50171—2012** 7.0.7 计算机或控制装置设有专用接地网时，专用接地网与保护接地网的连接方式及接地电阻值均应符合设计要求。 7.0.8 盘、柜内二次回路接地应设接地铜排；静态保护和控制装置屏、柜内部应设有截面不小于 100mm² 的接地铜排，接地铜排上应预留接地螺栓孔，螺栓孔数量应满足盘、柜内接地线接地的需要；静态保护和控制装置屏、柜接地连接线应采用不小于 50mm² 的带绝缘铜导线或铜缆与接地网连接，接地网设置应符合设计要求。 **3. 《防止电力生产事故的二十五项重点要求》国家能源局安全〔2014〕161 号** 18.8.1 应在主控室、保护室、敷设二次电缆的沟道、开关场的就地端子箱及保护用结合滤波器等处，使用截面不小于 100mm² 的裸铜排（缆）敷设与主接地网紧密连接的等电位接地网。 18.8.2 在主控室、保护室柜屏下层的电缆室内，按柜屏布置的方向敷设 100mm² 的专用铜排（缆），将该专用铜排（缆）首末端连接，形成保护室内的等电位接地网。保护室内的等电位接地网与厂、站的主接地网只能存在唯一连接点，连接点位置宜选择在保护室外部电缆沟道入口处。为保证连接可靠，连接线必须用至少 4 根以上、截面不小于 50mm² 的铜排构成共点接地。 18.8.3 沿开关场二次电缆的沟道敷设截面面积不少于 100mm² 的铜排（缆），并在保护室（控制室）及开关场的就地端子箱处与主接地网紧密连接，保护室（控制室）的连接点宜设在室内等电位接地网与厂、站主接地网连接处。 18.8.4 由开关场的变压器、断路器、隔离开关和电流、电压互感器等设备至开关场就地端子箱之间的二次电缆应经金属管从一次设备的接线盒（箱）引至电缆沟，并将金属管的上端与上述设备的底座和金属外壳良好焊接，下端就近与主接地网良好焊接。上述二次电缆的屏蔽层在就地端子箱处单独使用截面不小于 4mm² 多股铜质软导线可靠连接至等电位接地网的铜排上，在一次设备的接线盒（箱）处不接地。 18.8.5 采用电力载波作为纵联保护通道时，应沿高频电缆敷设 100mm² 铜导线，在结合滤波处，该铜导线与高频电缆屏蔽层相连且与结合滤波器一次接地引下线隔离，铜导线及结合滤波器二次的接地点应设在距结合滤波器一次接地引下线入地点 3～5m 处；铜导线的另一端应与保护室的等电位地网可靠连接	查看等电位接地网设置与敷设：满足设计与规范要求 截面：等电位接地网铜排（缆）截面不小于 100mm²，保护室等电位接地网与主地网：必须用至少 4 根以上、截面不小于 50mm² 的铜排构成共点接地 开关场二次电缆的屏蔽层在就地端子箱处单独使用截面不小于 4mm² 多股铜质软导线可靠连接至等电位接地网的铜排与主接地网连接：可靠

条款号	大纲条款	检 查 依 据	检查要点
5.2.16	电气设备防误闭锁装置齐全	**1.《电气装置安装工程　高压电器施工及验收规范》GB 50147—2010** 6.3.5　开关柜的安装应符合产品技术文件要求，并应符合下列规定： 　　2　机械闭锁、电气闭锁应动作准确、可靠和灵活，具备防止电气误操作的"五防"功能〔即防止误分合断路器，防止带负荷分、合隔离开关，防止接地开关合上时（或带接地线）送电，防止带电合接地开关（挂接地线），防止误入带电间隔等功能。〕 　　3　安全隔板开启应灵活，并应随手车或抽屉的进出而相应动作。 **2.《电气装置安装工程　低压电器施工及验收规范》GB 50254—2014** 12.0.1　验收时，应对下列项目进行检查： 　　7　活动部件动作灵活、可靠，连锁传动装置动作正确。 **3.《防止电力生产事故的二十五项重点要求》国家能源局安全〔2014〕161号** 3.3　应制定和完善防误装置的运行规程及检修规程，加强防误闭锁装置的运行、维护管理，确保防误闭锁装置正常运行。 3.5　应用计算机监控系统时，远方、就地操作均应具备防止误操作闭锁功能。 3.6　断路器或隔离开关电气闭锁回路不应设重动继电器类元器件，应直接用断路器或隔离开关的辅助触点；操作断路器或隔离开关时，应确保带操作断路器或隔离开关位置正确，并以现场实际状态为准。 3.10　微机防误闭锁装置电源应与继电保护及控制回路电源独立。微机防误装置主机应由不间断电源供电。 3.11　成套高压开关柜、成套六氟化硫（SF_6）组合电器（GIS/PASS/HGIS）五防功能齐全、性能良好，并与线路侧接地开关实行联锁	1.查看成套高压开关柜、成套六氟化硫（SF_6）组合电器 　　"五防"功能：齐全 　　机构箱："五防"锁具齐全，电气闭锁接线完整，正确 2.查看开关柜闭锁装置配置：闭锁装置配置齐全 3.查验闭锁装置 　　结论：闭锁可靠 4.查阅防误闭锁装置的安装及调试报告 　　内容：调试报告逻辑功能满足运行要求、逻辑正确 　　结论：准确 　　签字：相关责任人签字规范 　　盖章：相关责任单位已盖章
5.2.17	蓄电池组标识正确、清晰，充放电试验合格，记录齐全；直流电源系统安装、调试合格	**《电气装置安装工程　蓄电池施工及验收规范》GB 50172—2012** 4.1.4　蓄电池组的引出电缆的敷设应符合现行国家标准《电气装置安装工程　电缆线路施工及验收规范》GB 50168的有关规定。电缆引出线正、负极的极性及标识应正确，且正极应为赭色，负极应为蓝色。 4.2.2　蓄电池组安装完毕投运前，应进行完全充电，并应进行开路电压测试和容量测试。 4.2.6　蓄电池组的开路电压和10h率容量测试有一项数据不符合本规范的规定时，此组蓄电池应为不合格。	1.查看蓄电池 　　编号、标识：符合规范规定

条款号	大纲条款	检　查　依　据	检查要点
5.2.17	蓄电池组标识正确、清晰，充放电试验合格，记录齐全；直流电源系统安装、调试合格	4.2.7　在整个充、放电期间，应按规定时间记录每个蓄电池的电压、表面温度和环境温度及整组蓄电池的电压、电流，并应绘制整组充、放电特性曲线。 6.0.1　在验收时，应按规定进行检查： 　3　蓄电池间连接条应排列整齐，螺栓应紧固、齐全，极性标识应正确、清晰。 　4　蓄电池组每个蓄电池的顺序编号应正确，外壳应清洁，液面应正常。 　5　蓄电池组的充、放电结果应合格，其端电压、放电容量、放电倍率应符合产品技术文件的要求。 6.0.2　在验收时，应提交下列技术文件： 　3　充、放电记录及曲线，质量验收资料	2. 查阅蓄电池充放电记录 　内容：记录齐全，符合规范规定，10h 放电容量及充放电曲线符合产品技术要求 　结论：准确 　签字：相关责任人签字规范 　盖章：相关责任单位已盖章 3. 查阅直流系统调试报告 　内容：齐全 　结论：准确 　签字：相关责任人签字规范 　盖章：相关责任单位已盖章
5.2.18	综合自动化系统配置齐全，调试合格	**1.《光伏发电站设计规范》GB 50797—2012** 8.7.7　大、中型光伏发电站应采用计算机监控系统，主要功能应符合下列要求： 　1　应对发地震内涵电气设备进行安全监控。 　2　应满足电网调度自动化要求，完成遥测、遥信、遥调、遥控等远动功能。 　3　电气参数的实时监控，也可根据需要实现其他电气设备的监控操作。 **2.《继电保护和电网安全自动装置检验规程》DL/T 995—2006** 6.7.5　整组试验包括如下内容： 6.7.5.1　整组试验时应检查各保护之间的配合、装置动作行为、断路器动作行为、保护起动故障录波信号、厂站自动化系统信号、中央信号、监控信息等正确无误。 7.2　重点检查项目 7.2.1　对于厂站自动化系统：各种继电保护的动作信息和告警信息的回路正确性及名称的正确性。 7.2.2　对于继电保护及故障信息管理系统：各种继电保护的动作信息、告警信息、保护状态信息、录波信息及定值信息的传输正确性。	查阅综合自动化系统配置说明、调试报告 　内容：配置与设计相符，调试报告齐全 　结论：准确 　签字：相关责任人签字规范 　盖章：相关责任单位已盖章

续表

条款号	大纲条款	检 查 依 据	检查要点
5.2.18	综合自动化系统配置齐全，调试合格	**3.《110kV 及以上送变电工程启动及竣工验收规程》DL/T 782—2001** 5.2.4 电器设备的各项试验全部完成且合格，有关记录齐全完整。所有设备及其保护（包括通道）、调度自动化、安全自动装置、微机监控装置以及相应的辅助设施均已安装齐全，调试整定合格且调试记录齐全……	
5.2.19	电测仪表校验合格，并粘贴检验合格证	**《110kV 及以上送变电工程启动及竣工验收规程》DL/T 782—2001** 5.2.5 各种测量、计量装置、仪表齐全，符合设计要求并经校验合格。	1. 查看校验合格证 　标识：齐全 2. 查阅电测仪表出厂及现场校验报告 　内容：校验报告齐全，并在有效期内 　结论：准确 　签字：相关责任人签字规范 　盖章：相关责任单位已盖章
5.3　调整试验的监督检查			
5.3.1	主变压器（电抗器）绕组连同套管相关交接试验（特殊试验）项目齐全、试验结果合格	**《电气装置安装工程　电气设备交接试验标准》GB 50150—2016（报批稿）** 8.0.1 电力变压器的试验项目，应包括下列内容： 　　1　绝缘油试验或 SF_6 气体试验； 　　2　测量绕组连同套管的直流电阻； 　　3　检查所有分接的电压比； 　　4　检查变压器的三相接线组别和单相变压器引出线的极性； 　　5　测量铁芯及夹件的绝缘电阻； 　　6　非纯瓷套管的试验； 　　7　有载调压切换装置的检查和试验； 　　8　测量绕组连同套管的绝缘电阻、吸收比或极化指数； 　　9　测量绕组连同套管的介质损耗因数（tanδ）与电容量； 　　10　变压器绕组变形试验； 　　11　绕组连同套管的交流耐压试验； 　　12　绕组连同套管的长时感应耐压试验带局部放电测量；	1. 查阅主变压器（电抗器）绕组连同套管交接试验报告 　结论：准确 　签字：相关责任人签字规范 　盖章：相关责任单位已盖章

条款号	大纲条款	检　查　依　据	检查要点
5.3.1	主变压器（电抗器）绕组连同套管相关交接试验（特殊试验）项目齐全、试验结果合格	13　额定电压下的冲击合闸试验； 14　检查相位； 15　测量噪声。 附录 A　特殊试验项目表 （14）变压器绕组变形试验； （15）绕组连同套管的长时感应电压试验带局部放电测量	2. 查阅主变压器（电抗器）绕组连同套管特殊试验报告 　结论：准确 　签字：相关责任人签字规范 　盖章：相关责任单位已盖章
5.3.2	组合电器及断路器相关交接试验合格	**1.《电气装置安装工程　电气设备交接试验标准》GB 50150—2016（报批稿）** 11.0.1　真空断路器的试验项目，应包括下列内容： 　　1　测量绝缘电阻； 　　2　测量每相导电回路的电阻； 　　3　交流耐压试验； 　　4　测量断路器的分、合闸时间，测量分、合闸的同期性，测量合闸时触头的弹跳时间； 　　5　测量分、合闸线圈及合闸接触器线圈的绝缘电阻和直流电阻； 　　6　断路器操动机构的试验。 12.0.1　六氟化硫断路器试验项目，应包括下列内容： 　　1　测量绝缘电阻； 　　2　测量每相导电回路的电阻； 　　3　交流耐压试验； 　　4　断路器均压电容器的试验； 　　5　测量断路器的分、合闸时间； 　　6　测量断路器的分、合闸速度； 　　7　测量断路器的分、合闸同期性及配合时间； 　　8　测量断路器合闸电阻的投入时间及电阻值； 　　9　测量断路器分、合闸线圈绝缘电阻及直流电阻； 　　10　断路器操动机构的试验； 　　11　套管式电流互感器的试验； 　　12　测量断路器内 SF_6 气体的含水量； 　　13　密封性试验； 　　14　气体密度继电器、压力表和压力动作阀的检查。 13.0.1　六氟化硫封闭式组合电器的试验项目，应包括下列内容：	查阅组合电器及断路器交接试验报告 　结论：准确 　签字：相关责任人签字规范 　盖章：相关责任单位已盖章

续表

条款号	大纲条款	检 查 依 据	检查要点
5.3.2	组合电器及断路器相关交接试验合格	1 测量主回路的导电电阻； 2 封闭式组合电器内各元件的试验； 3 密封性试验； 4 测量六氟化硫气体含水量； 5 主回路的交流耐压试验； 6 组合电器的操动试验； 7 气体密度继电器、压力表和压力动作阀的检查。 **2.《气体绝缘金属封闭开关设备现场交接试验规程》DL/T 618—2011** 3. GIS 现场交接试验项目 GIS 在现场安装完成后投入运行前，应进行的现场交接试验项目包括： a）外观及质量检查； b）主回路电阻测量； c）元件试验； d）六氟化硫气体的验收试验； e）六氟化硫气体湿度测量； f）气体密封性试验； g）气体密度继电器及压力表校验； h）机械操作及机械特性试验； i）联锁及闭锁装置检查； j）主回路绝缘试验； k）局部放电测量； l）辅助回路和控制回路的绝缘试验	
5.3.3	互感器绕组的绝缘电阻合格，互感器参数测试合格	**《电气装置安装工程　电气设备交接试验标准》GB 50150—2016（报批稿）** 10.0.1 互感器的试验项目，应包括下列内容： 1 绝缘电阻的测量； 2 测量 35kV 及以上电压等级的互感器的介质损耗因数（tanδ）及电容量； 3 局部放电试验； 4 交流耐压试验； 5 绝缘介质性能试验； 6 测量绕组的直流电阻； 7 检查接线绕组组别和极性； 8 误差及变比测量；	1. 查阅互感器绕组绝缘电阻试验报告 　结论：准确 　签字：相关责任人签字规范 　盖章：相关责任单位已盖章

条款号	大纲条款	检 查 依 据	检查要点
5.3.3	互感器绕组的绝缘电阻合格，互感器参数测试合格	9　测量电流互感器的励磁特性曲线； 10　测量电磁式电压互感器的励磁特性； 11　电容式电压互感器（CVT）的检测； 12　密封性能检查	2. 查阅互感器试验报告 　结论：准确 　签字：相关责任人签字规范 　盖章：相关责任单位已盖章
5.3.4	金属氧化物避雷器试验及基座的绝缘电阻检测报告齐全	《电气装置安装工程　电气设备交接试验标准》GB 50150—2016（报批稿） 20.0.1　金属氧化物避雷器的试验项目，应包括下列内容： 　1　测量金属氧化物避雷器及基座绝缘电阻； 　2　测量金属氧化物避雷器的工频参考电压和持续电流； 　3　测量金属氧化物避雷器直流参考电压和 0.75 倍直流参考电压下的泄漏电流； 　4　检查放电计数器动作情况及监视电流表指示； 　5　工频放电电压试验	1. 查阅互感器绕组绝缘电阻试验报告 　结论：准确 　签字：相关责任人签字规范 　盖章：相关责任单位已盖章
			2. 查阅互感器试验报告 　结论：准确 　签字：相关责任人签字规范 　盖章：相关责任单位已盖章
5.3.5	升压站接地网接地阻抗测试合格，符合设计要求	1.《电气装置安装工程　电气设备交接试验标准》GB 50150—2016（报批稿） 25.0.1　电气设备和防雷设施的接地装置的试验项目应包括下列内容： 　2　接地阻抗； 25.0.3　接地阻抗测量，应符合下列规定： 　1　接地阻抗值应符合设计文件规定，当设计文件没有规定时应符合表 25.0.3 的要求； 　2　试验方法可按现行行业标准《接地装置特性参数测量导则》DL 475 的规定执行，试验时应排除与接地网连接的架空地线、电缆的影响。 　3　应在扩建接地网与原接地网连接后进行全场全面测试。 2.《接地装置特性参数测量导则》DL/T 475—2006 6.2.1.1　电位降法 6.2.1.2　电流-电压表三极法 6.2.1.3　接地阻抗测试仪法	查阅全站接地阻抗试验报告 　结论：准确 　签字：相关责任人签字规范 　盖章：相关责任单位已盖章

续表

条款号	大纲条款	检 查 依 据	检查要点
5.3.6	电流、电压、控制、信号等二次回路绝缘符合规范要求；断路器、隔离开关、有载分接开关传动试验动作可靠，信号正确；保护和自动装置动作准确、可靠，信号正确，压板标识正确	**1.《防止电力生产事故的二十五项重点要求》国家能源局〔2014〕161 号** 18.7.2　电流互感器的二次绕组及回路，必须且只能有一个接地点。 18.7.3　公用电压互感器的二次回路只允许在控制室内有一点接地。 **2.《继电保护和电网安全自动装置检验规程》DL/T 995—2006** 6.2.4　二次回路绝缘检查。 用 1000V 兆欧表测量绝缘电阻，其阻值均应大于 10MΩ 的回路如下： 　　a）各回路对地； 　　b）各回路相互间。 6.2.4.3　对使用触点输出的信号回路，用 1000V 兆欧表测量电缆每芯对地及其他各芯间的绝缘电阻，其绝缘电阻应不小于 1MΩ。 6.3　屏柜及装置检验 6.3.3　绝缘试验： 　　g）用 500V 兆欧表测量绝缘电阻值，要求阻值均大于 20MΩ。 7.2.1　对于厂站自动化系统：各种继电保护的动作信息和告警信息的回路正确性及名称的正确性。 7.2.2　对于继电保护及故障信息管理系统：各种继电保护的动作信息、告警信息、保护状态信息、录波信息及定值信息的传输正确性	1. 查阅继电保护及监控系统调试报告 　内容：二次回路绝缘阻值大于 10MΩ，屏柜及装置绝缘阻值大于 20MΩ；整组试验：保护装置、断路器动作行为正确，保护启动故障录波、调度自动化系统、监控信息等正确无误 　结论：准确 　签字：相关责任人签字规范 　盖章：相关责任单位已盖章 2. 查验电压、电流互感器绕组及二次回路接地 　内容：公用电压互感器接地点：二次回路只允许在控制室内有一点接地；电流互感器接地点：必须且只能有一个接地点 3. 查验保护装置、断路器动作行为正确，保护启动故障录波、调度自动化系统、监控信息等正确

条款号	大纲条款	检 查 依 据	检查要点
5.3.7	保护及安全自动装置、远动、通信、综合自动化系统、电能质量在线监测装置等调试记录与试验项目齐全，试验结果合格；继电保护装置已完成整定；线路双侧保护联调合格，通信正常	**1.《电网运行准则》GB/T 31464—2015** 5.3.2.1 并（联）网前，除满足工程验收和安全性评价的要求外，继电保护还应满足下列要求： 　　　　d) 与双方运行有关的全部继电保护装置已经整定完毕，完成了必要的联调试验，所有继电保护装置、故障录波、保护及故障信息管理系统可以与相关一次设备同步投入运行。 **2.《微机继电保护装置运行管理规程》DL/T 587—2007** 10.5 对新安装的微机继电保护装置进行验收时，……按有关规程和规定进行调试，并按定值通知单进行整定。检验整定完毕，并经验收合格后方允许投入运行。 10.10 在基建验收时，应按相关规程要求，检验线路和主设备的所有保护之间的相互配合关系，对线路纵联保护还应与线路对侧保护进行一一对应的联动试验，并有针对性的检查各套保护与跳闸连接片的唯一对应关系。 **3.《110kV 及以上送变电工程启动及竣工验收规程》DL/T 782—2001** 3.4.9 电网调度部门根据建设项目法人提供的相关资料和系统情况，经过计算及时提供各种继电保护装置的整定值以及各设备的调度编号和名称；…… 5.2.4 ……，所有设备及其保护（包括通道）、调度自动化、安全自动装置、微机监控装置以及相应的辅助设施均已安装齐全，调试整定合格且调试记录齐全。验收检查发现的缺陷已经消除，已具备投入运行条件。 5.3.5 按照设计规定的线路保护（包括通道）和自动装置已具备投入条件。 **4.《继电保护和电网安全自动装置检验规程》DL/T 995—2006** 6.7.6 整组试验包括如下内容： 　　a) 整组试验时应检查各保护之间的配合、装置动作行为、断路器动作行为、保护起动故障录波信号、调度自动化系统信号、中央信号、监控信息等正确无误。 　　b) 借助于传输通道实现的纵联保护、远方跳闸等的整组试验，应与传输通道的检验一同进行。必要时，可与线路对侧的相应保护配合一起进行模拟区内、区外故障时保护动作行为的试验	1. 查阅继电保护调试报告 　内容：试验项目齐全，纵联保护、远方跳闸试验结果合格 　结论：准确 　签字：相关责任人签字规范 　盖章：相关责任单位已盖章 2. 查阅保护定值通知单及即时打印整定值清单 　内容：调度部门（或主管部门）盖章签发；打印定值清单与保护定值通知单一致 3. 查看线路保护装置通道 　内容：通信正常，无异常告警
5.3.8	不停电电源（UPS）供电可靠，切换时间和输出波形失真度符合要求	**1.《光伏发电站施工规范》GB 50794—2012** 6.5.6 不间断电源系统调试应符合下列要求： 　　1 不间断电源的主电源、旁路电源及直流电源间的切换功能应正确、可靠，异常告警功能应正确。 **2.《光伏发电站设计规范》GB 50797—2012** 8.7.9 光伏发电站计算机监控系统的电源应安全可靠，站控层应采用交流不间断电源装置（UPS）系统供电。交流不停电电源系统持续供电时间不宜小于 1h。 **3.《光伏发电站接入电力系统技术规定》GB/T 19964—2012** 12.4.5 光伏发电站调度管辖设备供电电源应采用不间断电源装置（UPS）或站内直流电源系统供电，在交流供电电源消失后，不间断电源装置带负荷运行时间应大于 40min。	查阅型式实验或调试报告 　内容：UPS 电源系统切换试验满足规程规范要求 　结论：准确 　签字：相关责任人签字规范 　盖章：相关责任单位已盖章

条款号	大纲条款	检 查 依 据	检查要点
5.3.8	不停电电源（UPS）供电可靠，切换时间和输出波形失真度符合要求	4.《电力用直流和交流一体化不间断电源设备》DL/T 1074—2007 5.23 UPS、INV的动态电压瞬步范围、瞬变响应恢复时间、同步精度、输出频率、电压不平衡度、电压相位偏差、电压波形失真度、总切换时间和交流旁路输入应不超过表7规定。 5.《电力工程交流不间断电源系统设计技术规程》DL/T 5491—2014 9.2.1 输出电压稳定性：稳态±2%，动态±5%。 9.2.2 输出频率稳定性：稳态±1%，动态±2%。 9.3.1 旁路切换时间：不应大于5ms	
5.4 生产运行准备的监督检查			
5.4.1	典型操作票已编制完毕，应急预案及现场处置方案已组织学习、演练	1.《电力安全事故应急处置和调查处理条例》中华人民共和国国务院令〔2011〕第599号 第十三条 电力企业应当按照国家有关规定，制定本企业事故应急预案。 2.《电力安全工作规程 发电厂和变电站电气部分》GB 26860—2011 7.3.4.1 操作票是操作前填写操作内容和顺序的规范化票式，可包含编号、操作任务、操作顺序、操作时间，以及操作人或监护人签名等。 7.3.4.5 下列项目应填入操作票： …… 3.《110kV及以上送变电工程启动及竣工验收规程》DL/T 782—2001 5.2.2 生产运行单位已将所需的规程、制度、系统图表、记录表格、安全用具等准备好，……	1. 查阅典型操作票 　内容：齐全 　签字：编审批已签字，并发布 2. 查阅应急预案 　内容：齐全，并已学习演练 　签字：编审批已签字，并发布
5.4.2	控制室与电网调度之间的通信联络通畅	1.《电网运行准则》GB/T 31464—2015 5.3.3.1 并网双方的通信系统应能够满足继电保护、安全自动装置、调度自动化及调度电话等业务的需求。 5.3.3.2 拟并网方至电网调度端之间应具备两条及以上独立路由的通信通道。 2.《光伏发电工程验收规范》GB/T 50796—2012 5.2.1 工程启动验收前完成的准备工作应包括下列内容： 　6 通信系统与电网调度机构连接正常。 3.《光伏发电站设计规范》GB 50797—2012 9.5.3 系统通信营符合下列要求： 　1 光伏发电站应装设与电力调度部门联系的专用调度通信设施。 　2 光伏发电站至电力调度部门间应有可靠的调度通道。大型光伏发电站至电力调度部门应有两个相互独立的调度通道，且至少一个通道应为光纤通道。中型光伏发电站至电力调度部门宜有两个相互独立的调度通道	1. 查验控制室与电网调度操作人员之间的通信联络 　内容：拨打电话，通话正常且声音清晰 2. 查看远控数据传输试验记录 　内容：包括数据传输试验确认记录

续表

条款号	大纲条款	检 查 依 据	检查要点
5.4.3	电气设备运行操作所需的安全工器具、仪器、仪表、防护用品以及备品、备件等配置齐全，检验合格	**1. 《电力安全工作规程 发电厂和变电站电气部分》GB 26860—2011** 4.2.1 作业现场的生产条件、安全设施、作业机具和安全工器具等应符合国家或行业标准规定的要求，安全工器具和劳动防护用品在使用前应确认合格、齐备。 **2. 《110kV 及以上送变电工程启动及竣工验收规程》DL/T 782—2001** 5.2.2 生产运行单位已将所需的规程、制度、系统图表、记录表格、安全用具等准备好，…… 5.2.5 各种测量、计量装置、仪表齐全，符合设计要求并经校验合格。 5.2.7 必需的备品备件及工具已备齐。 5.2.8 运行维护人员必需的生活福利设施已经具备	1. 查看安全工器具、防护用品 内容：配置齐全，台账准确，领用记录完整，检验合格 2. 查看仪器、仪表 内容：配置齐全，台账准确，检验合格 3. 查看备品、备件 内容：配置齐全，台账准确
5.4.4	受电区域与非受电区域及运行区域隔离可靠，警示标识齐全、醒目	**1. 《110kV 及以上送变电工程启动及竣工验收规程》DL/T 782—2001** 5.2.3 ……带电区域已设明显标志。 **2. 《电力建设安全工作规程 第 3 部分：变电站》DL 5009.3—2013** 6.3.3 悬挂安全标志牌和装设围栏 　1 在一经合闸即可送电到工作地点的断路器和隔离开关的操作把手、二次设备上均应悬挂"禁止合闸，有人工作！"的安全标志牌。 　2 在室内高压设备上或某一间隔内工作时，在工作地点两旁及对面的间隔上均应设围栏并悬挂"止步，高压危险！"的安全标志牌。 　3 在室外高压设备上工作时，应在工作地点的四周设围栏，其出入口要围至临近道路旁边，并设有"从此进出！"的安全标志牌，工作地点四周围栏上悬挂适当数量的"止步，高压危险！"安全标志牌，标志牌应朝向围栏里面。若室外配电装置的大部分设备停电，只有个别地点保留有带电设备，其他设备无触及带电导体的可能时，可以在带电设备四周装设全封闭围栏，围栏上悬挂适当数量的"止步，高压危险！"安全标志牌，标志牌应朝向围栏外面。 　4 在工作地点悬挂"在此工作！"的安全标志牌。 　6 设置的围栏应醒目、牢固。…… 　7 安全标志牌、围栏等防护设施的设置应正确、及时，工作完毕后应及时拆除	查看受电区域与非受电区域的隔离 内容：设施、警示标识已设置并齐全，位置醒目

续表

条款号	大纲条款	检 查 依 据	检查要点
5.4.5	设备的名称和双重编号及盘、柜双面标识准确、齐全；电气安全警告标示牌内容和悬挂位置正确、齐全、醒目	**1.《电力安全工作规程 发电厂和变电站电气部分》GB 26860—2011** 7.3.5.2 电气设备应具有明显的标志，包括命名、编号、设备相色等。 **2.《发电机组并网安全条件及评价》GB/T 28566—2012** 5.1.5 防止电气装置误操作技术措施 高压电气设备应装设调度编号和设备、线路名称的双重编号牌，且字迹清楚，标色正确。 **3.《110kV 及以上送变电工程启动及竣工验收规程》DL/T 782—2001** 5.2.2 ……，投入的设备已有调度命名和编号，……	1. 查看设备标识，盘、柜标识 内容：设备采用双重编号，调度命名和编号与设备对应，盘、柜名称及编号与实际盘、柜对应 2. 查看设备运行安全警示标识 内容：悬挂位置易于观察识别
6 质量监督检测			
6.0.1	开展现场质量监督检查时，应重点对下列项目的检测试验报告进行查验，必要时可进行验证性抽样检测。对检验指标或结论有怀疑时，必须进行检测		
(1)	混凝土强度检测	**《混凝土结构工程施工质量验收规范》GB 50204—2015** 7.4.1 结构混凝土的强度等级必须符合设计要求。用于检查结构构件混凝土强度的试件，应在混凝土的浇筑地点随机抽取。取样与试件留置应符合下列规定： 　1 每拌制 100 盘且不超过 100m³ 的同配合比的混凝土，取样不得少于一次； 　2 每工作班拌制的同一配合比混凝土不足 100 盘时，取样不得少于一次； 　3 当一次连续浇筑超过 1000m³ 时，同一配合比的混凝土每 200m³ 取样不得少于一次； 　4 每一楼层取样不得少于一次； 　5 每次取样应至少留置一组标准养护试件	查验混凝土试块，立方体抗压强度和回弹值符合设计要求和规范规定 必要时抽检

续表

条款号	大纲条款	检 查 依 据	检查要点
（2）	钢筋混凝土保护层检测	《混凝土结构工程施工质量验收规范》GB 50204—2015 5.5.3　钢筋安装偏差及检验方法应符合表 5.5.3 的规定 　　梁板类构件上部受力钢筋保护层厚度的合格点率应达到 90% 及以上，且不得有超过表中数值 1.5 倍的尺寸偏差	查验混凝土钢筋保护层厚度符合设计和规范要求 必要时抽检
（3）	电力电缆两端相位一致性检测	1.《电气装置安装工程电气设备交接试验标准》GB 50150—2016（报批稿） 17.0.6　检查电缆线路的两端相位，应与电网的相位一致。 2.《电气装置安装工程　电缆线路施工及验收规范》GB 50168—2006 6.2.13　电缆终端上应有明显的相色标志，且应与系统的相位一致	查验电缆线路，两端相位一致 必要时抽检
（4）	接地装置接地阻抗测试	《电气装置安装工程　电气设备交接试验标准》GB 50150—2016（报批稿） 25.0.1　电气设备和防雷设施的接地装置的试验项目应包括下列内容： 　1　接地网电气完整性测试； 　2　接地阻抗	查验接地阻抗测试试验合格 必要时抽检
（5）	变压器（油浸电抗器）局部放电测试及绕组变形测试	《电气装置安装工程　电气设备交接试验标准》GB 50150—2016（报批稿） 8.0.11　变压器绕组变形试验，应符合下列规定： 　1　对于 35kV 及以下电压等级变压器，宜采用低电压短路阻抗法； 　2　对于 110（66）kV 及以上电压等级变压器，宜采用频率响应法测量绕组特征图谱。 8.1.13　绕组连同套管的长时感应电压试验带局部放电测量（ACLD），应符合下列规定： 　1　对于电压等级 220kV 及以上变压器，在新安装时，应进行现场局部放电试验。对于电压等级为 110kV 的变压器，当对绝缘有怀疑时，应进行局部放电试验。 　2　局部放电试验方法及判断方法，应按现行国家标准《电力变压器　第 3 部分：绝缘水平、绝缘试验和外绝缘空隙间隙》GB 1094.3 中的有关规定执行。 　3　750kV 变压器现场交接试验时，绕组连同套管的长时感应电压试验带局部放电测量（ACLD）中，激发电压应按出厂交流耐压的 80%（720kV）进行	查验变压器（油浸电抗器）局放及绕组变形试验合格 必要时抽检
（6）	二次回路绝缘电阻测试	《电气装置安装工程　电气设备交接试验标准》GB 50150—2016（报批稿） 22.0.2　测量绝缘电阻，应符合下列规定： 　1　根据电压等级选择兆欧表，参见 3.0.9； 　2　小母线在断开所有其他并联支路时，不应小于 10MΩ； 　3　二次回路的每一支路和断路器、隔离开关的操动机构的电源回路等，均不应小于 1MΩ。在比较潮湿的地方，可不小于 0.5MΩ	查验二次回路绝缘电阻合格 必要时抽检

续表

条款号	大纲条款	检 查 依 据	检查要点
（7）	不停电电源（UPS）系统切换试验	**1. 《光伏发电站施工规范》GB 50794—2012** 6.5.6 不间断电源系统调试应符合下列要求： 1 不间断电源的主电源、旁路电源及直流电源间的切换功能应正确、可靠，异常告警功能应正确。 **2. 《电力工程交流不间断电源系统设计技术规程》DL/T 5491—2014** 9.2.1 输出电压稳定性：稳态±2％，动态±5％。 9.2.2 输出频率稳定性：稳态±1％，动态±2％。 9.3.1 旁路切换时间：不应大于 5ms	查验不间断电源的主电源、旁路电源及直流电源间在切换过程中由 UPS 电源系统供电的各设备供电不应中断 必要时抽检
（8）	和电网连接的断路器模拟保护出口跳闸断路器试验或断路器分闸最小动作电压的测量	**《电气装置安装工程 电气设备交接试验标准》GB 50150—2016（报批稿）** 11.0.7 断路器操动机构（不包括液压操动机构）的试验，应符合附录 G 的规定。 1 并联分闸脱扣器在分闸装置的额定电压的 65％～110％时（直流）或 85％～110％（交流）范围内、交流时在分闸装置的额定电源频率下，应可靠地分闸；当此电压小于额定值的 30％时，不应分闸； 2 附装失压脱扣器的，其动作特性应符合表 G.0.2-1 的规定	查验断路器动作正确 必要时抽检

第 **5** 部分

商业运行前监督检查

条款号	大纲条款	检 查 依 据	检查要点
4	**责任主体质量行为的监督检查**		
4.1	**建设单位质量行为的监督检查**		
4.1.1	取得了当地消防主管部门同意使用的书面材料	**1.《中华人民共和国消防法》中华人民共和国主席令〔2008〕第6号** 第十三条　按照国家工程建设消防技术标准需要进行消防设计的建设工程竣工，依照下列规定进行消防验收、备案。 　　依法应当进行消防验收的建设工程，未经消防验收或者消防验收不合格的，禁止投入使用；其他建设工程经依法抽查不合格的，应当停止使用。 **2.《公安部关于修改建设工程消防监督管理规定的决定》中华人民共和国公安部令〔2012〕第119号** 第八条　建设单位不得要求设计、施工、工程监理等有关单位和人员违反消防法规和国家工程建设消防技术标准，降低建设工程消防设计、施工质量，并承担下列消防设计、施工的质量责任： 　　（一）依法申请建设工程消防设计审核、消防验收，依法办理消防设计和竣工验收消防备案手续并接受抽查；…… 　　（五）依法应当经消防设计审核、消防验收的建设工程，未经审核或者审核不合格的，不得组织施工；未经验收或者验收不合格的，不得交付使用。 第十四条　对具有下列情形之一的特殊建设工程，建设单位必须向公安机关消防机构申请消防设计审核，并且在建设工程竣工后向出具消防设计审核意见的公安机关消防机构申请消防验收： 　　（五）城市轨道交通、隧道工程，大型发电、变配电工程； 第二十四条　……依法不需要取得施工许可的建设工程，可以不进行消防设计、竣工验收消防备案。 **3.《光伏发电工程验收规范》GB/T 50796—2012** 　　4.6　消防工程 　　4.6.2　消防工程的设计图纸应已得到当地消防部门的审核。 　　7.0.3　工程竣工验收条件应符合下列要求： 　　2　消防、……等专项工程应已经通过政府有关主管部门审查和验收	查阅消防验收报告或备案文件 内容：验收合格或同意备案 盖章：公安消防部门已盖
4.1.2	组织完成建筑、安装、调试项目的验收	**1.《建设工程质量管理条例》中华人民共和国国务院令〔2000〕第279号** 第十六条　建设单位收到建设工程竣工报告后，应当组织设计、施工、工程监理等有关单位进行竣工验收。 **2.《建筑工程施工质量验收统一标准》GB 50300—2013** 　　6.0.6　建设单位收到工程竣工报告后，应由建设单位项目负责人组织监理、施工、设计、勘察等单位项目负责人进行单位工程验收。 **3.《光伏发电工程验收规范》GB/T 50796—2012** 　　1.0.3　光伏发电工程应通过单位工程、工程启动、工程试运和移交生产、工程竣工四个阶段的全面检查验收。	查阅建筑、安装和调试专业工程质量验收记录 签字：责任人已签字 盖章：责任单位已盖章 结论：明确

条款号	大纲条款	检 查 依 据	检查要点
4.1.2	组织完成建筑、安装、调试项目的验收	3.0.3　工程验收结论应经验收委员会（工作组）审查通过。 3.0.8　工程验收中相关单位职责应符合下列要求： 　　1　建设单位职责应包括： 　　1）组织或协调各阶段验收及验收过程中的管理工作。 　　2）参加各阶段、各专业组的检查、协调工作	
4.1.3	组织完成光伏电站考核试运验收工作	**1.《光伏发电工程验收规范》GB/T 50796—2012** 6.2.1　工程试运和移交生产验收应具备下列条件： 　　1　光伏发电工程单位工程和启动验收应均已合格，并且工程试运大纲经试运和移交生产验收组批准。 6.2.2　工程试运和移交生产验收主要工作应包括下列内容： 　　11　应签发"工程试运和移交生产验收鉴定书"。 **2.《电力建设工程监理规范》DL/T 5434—2009** 11.3.1　项目监理机构在接入公用电网的发电工程移交时应做的监理工作： 　　2　在启动验收委员会宣布机组满负荷试运工作结束后，总监理工程师应会同参加启动验收的各方共同签署机组移交生产交接书，移交生产	查阅工程整套启动试运验收鉴定书 签字：相关责任人已签字 盖章：相关责任单位已盖章 结论：明确
4.1.4	光伏电站启动试运过程中发现的不符合项处理完毕并验收签证	**《光伏发电工程验收规范》GB/T 50796—2012** 5.2.2　工程启动验收主要工作应包括下列内容： 　　3　对验收中发现的缺陷应提出处理意见。 6.2.2　工程试运和移交生产验收主要工作应包括下列内容： 　　7　应检查工程启动验收中发现的问题是否整改完成。 　　8　工程试运过程中发现的问题应责成有关单位限期整改完成	查阅试运过程中的问题记录和闭环资料 内容：不符合项记录完整，内容已闭环 签字：整改单位、监理单位已签字确认
4.1.5	移交生产遗留的主要问题已制订实施计划并采取相应的措施	**《光伏发电工程验收规范》GB/T 50796—2012** 5.2.2　工程启动验收主要工作应包括下列内容： 　　3　对验收中发现的缺陷应提出处理意见。 6.2.2　工程试运和移交生产验收主要工作应包括下列内容： 　　8　工程试运过程中发现的问题应责成有关单位限期整改完成	查阅移交生产遗留问题记录及整改措施 内容：有具体的整改时间及整改要求 签字：责任人已签字 盖章：责任单位已盖章

续表

条款号	大纲条款	检 查 依 据	检查要点
4.1.6	完成工程项目的工程建设强制性条文实施情况总结	**1.《中华人民共和国标准化法实施条例》中华人民共和国国务院令〔1990〕第53号** 第二十三条　从事科研、生产、经营的单位和个人，必须严格执行强制性标准。 **2.《建设工程质量管理条例》中华人民共和国国务院令〔2000〕第279号** 第十条　……建设单位不得明示或者暗示设计单位或者施工单位违反工程建设强制性标准，降低建设工程质量。 **3.《实施工程建设强制性标准监督规定》中华人民共和国建设部令〔2000〕第81号** 第二条　在中华人民共和国境内从事新建、扩建、改建等工程建设活动，必须执行工程建设强制性标准。 第六条　……工程质量监督机构应当对工程建设施工、监理、验收等阶段执行强制性标准的情况实施监督 **4.《光伏发电工程验收规范》GB/T 50796—2012** 3.0.8　工程验收中相关单位职责应符合下列要求： 　　1　建设单位职责应包括： 　　　　4）提供工程建设总结报告	查阅工程项目的工程建设强制性条文实施情况总结 　内容：与强条执行记录相符 　盖章：编制单位已盖章
4.1.7	已办理移交生产签证	**1.《建设工程质量管理条例》中华人民共和国国务院令〔2000〕第279号** 第十六条　……建设工程经验收合格的，方可交付使用。 **2.《光伏发电工程验收规范》GB/T 50796—2012** 6.2.2　工程试运和移交生产验收主要工作应包括下列内容： 　　11　应签发"工程试运和移交生产验收鉴定书"	查阅工程试运和移交生产验收交接书 　内容：有肯定性意见 　签字：工程移交生产验收组组长、移交、接受单位参加人已签字 　盖章：工程移交生产验收主持单位已盖章
4.1.8	质量监督各阶段提出的问题闭环整改完成	**《光伏发电工程验收规范》GB/T 50796—2012** 7.0.3　工程竣工验收条件应符合下列要求： 　　1　……，历次验收发现的问题和缺陷应已经整改完成	查阅电力工程质量监督检查整改回复单 　内容：整改项目全部闭环，相关资料可追溯 　签字：相关单位责任人已签字 　盖章：相关单位已盖章

条款号	大纲条款	检　查　依　据	检查要点
4.2　设计单位质量行为的监督检查			
4.2.1	对光伏电站启动试运过程中发现的设计问题提出修改或处理意见	**《光伏发电工程验收规范》GB/T 50796—2012** 3.0.8　工程验收中相关单位职责应符合下列要求： 　　2　勘察、设计单位职责应包括： 　　2)　负责处理设计中的技术问题，负责必要的设计修改	查阅启动试运发现问题清单 内容：需要进行设计修改的内容已回复 签字：设计单位（EPC）各级责任人已签字，建设单位已确认
4.2.2	编制设计更改文件汇总清单	**1.《建设项目工程总承包管理规范》GB/T 50358—2005** 6.4.2　……，设计质量的控制点主要包括： 　　7　设计变更的控制。 **2.《光伏发电工程验收规范》GB/T 50796—2012** 3.0.8　工程验收中相关单位职责应符合下列要求： 　　2　勘察、设计单位职责应包括： 　　2)　负责处理设计中的技术问题，负责必要的设计修改。 　　3)　对工程设计方案和质量负责，为工程验收提供设计总结报告。 **3.《电力勘测设计驻工地代表制度》DLGJ 159.8—2001** 5.0.5　总结与归档 　　2　工代总结的内容主要应包括 　　3)　设计变更通知单归类分析	查阅设计更改文件汇总清单 内容：设计更改原因已分析 签字：设计（EPC）负责人已签字
4.2.3	工程建设标准强制性条文实施记录完整	**1.《中华人民共和国标准化法实施条例》中华人民共和国国务院令〔1990〕第 53 号** 第二十三条　从事科研、生产、经营的单位和个人，必须严格执行强制性标准。 **2.《实施工程建设强制性标准监督规定》建设部令〔2000〕第 81 号** 第二条　在中华人民共和国境内从事新建、扩建、改建等工程建设活动，必须执行工程建设强制性标准。 第六条　……工程质量监督机构应当对工程建设施工、监理、验收等阶段执行强制性标准的情况实施监督	查阅强制性条文实施计划（强制性条文清单）和执行记录 内容：与实施计划相符 签字：相关单位审批人已签字
4.2.4	完成工程设计质量检查报告，确认工程质量是否达到设计要求	**《光伏发电工程验收规范》GB/T 50796—2012** 3.0.8　工程验收中相关单位职责应符合下列要求： 　　2　勘察、设计单位职责应包括： 　　3)　对工程设计方案和质量负责，为工程验收提供设计总结报告	查阅工程设计总结 内容：已对工程质量达到设计要求性进行了确认 盖章：设计单位已盖章

条款号	大纲条款	检 查 依 据	检 查 要 点
4.3　监理单位质量行为的监督检查			
4.3.1	施工、调试项目质量验收完毕	**1.《建设工程质量管理条例》中华人民共和国国务院令〔2000〕第 279 号** 第十六条　建设单位收到建设工程竣工报告后，应当组织设计、施工、工程监理等有关单位进行竣工验收。 **2.《建设工程监理规范》GB/T 50319—2013** 5.2.14　项目监理机构应对施工单位报验的隐蔽工程、检验批；分项工程和分部工程进行验收，对验收合格的应给予签认，对验收不合格的应拒绝签认，同时应要求施工单位在指定的时间内整改并重新报验。 5.2.18　项目监理机构应审查施工单位提交的单位工程竣工验收报审表及竣工资料，组织工程竣工预验收。存在问题的，应要求施工单位及时整改；合格的，总监理工程师应签认单位工程竣工验收报审表。 5.2.20　项目监理机构应参加由建设单位组织的竣工验收，对验收中提出的整改问题，应督促施工单位及时整改。工程质量符合要求的，总监理工程师应在工程竣工验收报告中签署意见	1. 查阅单位工程质量验收记录 　结论：单位工程质量合格 　签字：相关责任人已签字 2. 查阅调试报告： 　内容：调试项目完整 　结论：各调试项目合格 　签字：专业监理工程师已签字
4.3.2	光伏电站启动试运期间发现的主要不符合项的整改已验收合格	**1.《建设工程监理规范》GB/T 50319—2013** 5.2.14　项目监理机构应对施工单位报验的隐蔽工程、检验批；分项工程和分部工程进行验收，对验收合格的应给予签认，对验收不合格的应拒绝签认，同时应要求施工单位在指定的时间内整改并重新报验。 5.2.15　项目监理机构发现施工存在质量问题的，或施工单位采用不适当的施工工艺，或施工不当，造成工程质量不合格的，应及时签发监理通知单，要求施工单位整改。整改完毕后，项目监理机构应根据施工单位报送的监理通知回复对整改情况进行复查，提出复查意见。 5.2.16　对需要返工处理或加固补强的质量缺陷，项目监理机构应要求施工单位报送经设计等相关单位认可的处理方案，并应对质量缺陷的处理过程进行跟踪检查，同时应对处理结果进行验收。 5.2.17　对需要返工处理或加固补强的质量事故，项目监理机构应要求施工单位报送质量事故调查报告和经设计等相关单位认可的处理方案，并应对质量事故的处理过程进行跟踪检查，同时应对处理结果进行验收。 5.2.18　项目监理机构应审查施工单位提交的单位工程竣工验收报审表及竣工资料，组织工程竣工预验收。存在问题的，应要求施工单位及时整改；合格的，总监理工程师应签认单位工程竣工验收报审表。 **2.《电力建设工程监理规范》DL/T 5434—2009** 9.1.12　对施工过程中出现的质量缺陷，专业监理工程师应及时下达书面通知，要求承包单位整改，并检查确认整改结果。 9.1.15　专业监理工程师应根据消缺清单对承包单位报送的消缺方案进行审核，符合要求后予以签认，并根据承包单位报送的消缺报验申请表和自检记录进行检查验收	查阅试运期间问题记录台账及支撑材料 　内容：不符合项记录台账完整，问题已闭环 　签字：责任人已签字

条款号	大纲条款	检 查 依 据	检查要点
4.3.3	质量问题台账闭环完整	**1.《建设工程监理规范》GB/T 50319—2013** 5.2.15 项目监理机构发现施工存在质量问题的，或施工单位采用不适当的施工工艺，或施工不当，造成工程质量不合格的，应及时签发监理通知单，要求施工单位整改。整改完毕后，项目监理机构应根据施工单位报送的监理通知回复单对整改情况进行复查，提出复查意见。 5.2.17 对需要返工处理或加固补强的质量事故，项目监理机构应要求施工单位报送质量事故调查报告和经设计等相关单位认可的处理方案，并应对质量事故的处理过程进行跟踪检查，同时应对处理结果进行验收。 项目监理机构应及时向建设单位提交质量事故书面报告，并应将完整的质量事故处理记录整理归档。 **2.《电力建设工程监理规范》DL/T 5434—2009** 9.1.12 对施工过程中出现的质量缺陷，专业监理工程师应及时下达书面通知，要求承包单位整改，并检查确认整改结果。 9.1.15 专业监理工程师应根据消缺清单对承包单位报送的消缺方案进行审核，符合要求后予以签认，并根据承包单位报送的消缺报验申请表和自检记录进行检查验收	查阅质量问题及处理记录台账 　记录要素：质量问题、发现时间、责任单位、整改要求、处理结果、完成时间 　内容：记录完整 　签字：相关责任人已签字
4.3.4	工程建设标准强制性条文检查记录完整	**1.《建设工程质量管理条例》中华人民共和国国务院令〔2000〕第279号** 第二条 凡在中华人民共和国境内从事建设工程的新建、扩建、改建等有关活动及实施对建设工程质量监督管理的，必须遵守本条例。本条例所称建设工程，是指土木工程、建筑工程、线路管道和设备安装工程及装修工程。 第三条 建设单位、勘察单位、设计单位、施工单位、工程监理单位依法对建设工程质量负责。 第十条 …… 　建设单位不得明示或者暗示设计单位或者施工单位违反工程建设强制性标准，降低建设工程质量。 **2.《实施工程建设强制性标准监督规定》中华人民共和国建设部令〔2000〕81号** 第二条 在中华人民共和国境内从事新建、扩建、改建等工程建设活动，必须执行工程建设强制性标准。 第三条 本规定所称工程强制性标准是指直接涉及工程质量、安全、卫生及环境保护等方面的工程建设标准强制性条文。 第六条 …… 　工程质量监督机构应当对建设施工、监理、验收等阶段执行强制性标准的情况实施监督。 **3.《工程建设标准强制性条文 房屋建筑部分（2013年版）》（全文）** **4.《工程建设标准强制性条文 电力工程部分（2011年版）》（全文）** **5.《国家重大建设项目文件归档要求与档案整理规范》DA/T 28—2002** 7.8.3 归档文件应完整、成套、系统。应记述和反映建设项目的规划、设计、施工及竣工验收的全过程；真实记录和准确反映项目建设过程和竣工时的实际情况，图物相符，技术数据可靠、签字手续完备；文件质量应符合5.5的规定	查阅监理单位工程建设强制性条文执行检查记录 　监理检查结果：已执行，相关资料可追溯 　强制性条文：引用的规范条文有效 　签字：相关责任人已签字

条款号	大纲条款	检 查 依 据	检查要点
4.3.5	完成工程质量评估报告，确认工程质量验收结论	**1.《建设工程监理规范》GB/T 50319—2013** 5.2.19 工程竣工预验收合格后，项目监理机构应编写工程质量评估报告，经总监理工程师和工程监理单位技术负责人审核签字后报建设单位。 **2.《电力建设工程监理规范》DL/T 5434—2009** 11.2 工程启动验收阶段 11.2.2 提交工程质量评估报告和相关监理文件	查阅工程质量评估报告 结果：明确 签字：总监理工程师和工程监理单位技术负责人已签字
4.4 施工单位质量行为的监督检查			
4.4.1	光伏电站启动试运期间的不符合项处理完毕	**1.《光伏发电工程验收规范》GB/T 50796—2012** 7.0.3 工程竣工验收条件应符合下列要求： 　　1 ……历次验收发现的问题和缺陷应已经整改完成。 **2.《110kV 及以上送变电工程启动及竣工验收规程》DL/T 782—2001** 4.3 每次检查中发现的问题在每个阶段中加以消缺，消缺之后要重新检查。工程启动之前，启委会要对工程质量是否具备启动条件作出决定，在启动进行调试和试运行期间出现的问题要责令消除，……	查阅试运期间问题记录及闭环资料 内容：不符合项记录完整，问题已闭环 签字：相关责任人已签字
4.4.2	编制完成主要遗留问题的处理方案及实施计划	**1.《光伏发电工程验收规范》GB/T 50796—2012** 6.1.2 …… 　　4）应审查工程移交生产条件，对遗留问题责成有关单位限期处理。 **2.《110kV 及以上送变电工程启动及竣工验收规程》DL/T 782—2001** 6.2.2 试运行完成后，应对各项设备作一次全面检查，处理发现的缺陷和异常情况。对暂时不具备处理条件而又不影响安全运行的项目，由启动验收委员会决定负责处理的单位和完成时间。 6.2.3 由于设备制造质量缺陷，不能达到规定要求，由建设项目法人或总承包商通知制造厂负责消除设备缺陷，施工单位应积极配合处理，并作出记录	查阅遗留问题处理方案及实施计划 内容：遗留问题处理方案已编制，实施计划可行 签字：总包及施工、监理、建设单位相关责任人已签字 审批意见：有肯定性意见
4.4.3	工程建设标准强制性条文实施记录完整	**1.《建设工程质量管理条例》中华人民共和国国务院令〔2000〕第 279 号** 第二条　凡在中华人民共和国境内从事建设工程的新建、扩建、改建等有关活动及实施对建设工程质量监督管理的，必须遵守本条例。本条例所称建设工程，是指土木工程、建筑工程、线路管道和设备安装工程及装修工程。 第三条　建设单位、勘察单位、设计单位、施工单位、工程监理单位依法对建设工程质量负责。 第十条　…… 　　建设单位不得明示或者暗示设计单位或者施工单位违反工程建设强制性标准，降低建设工程质量。	查阅强制性条文执行记录 内容：与强制性条文执行计划相符，相关资料可追溯 签字：相关责任人已签字 时间：与工程进度同步

条款号	大纲条款	检 查 依 据	检查要点
4.4.3	工程建设标准强制性条文实施记录完整	**2.《实施工程建设强制性标准监督规定》建设部令〔2000〕第 81 号** 第二条　在中华人民共和国境内从事新建、扩建、改建等工程建设活动，必须执行工程建设强制性标准。 第三条　本规定所称工程建设强制性标准是指直接涉及工程质量、安全、卫生及环境保护等方面的工程建设标准强制性条文。 　　国家工程建设标准强制性条文由国务院建设行政主管部门会同国务院有关行政主管部门确定。 第六条　……工程质量监督机构应当对工程建设施工、监理、验收等阶段执行强制性标准的情况实施监督 **3.《工程建设标准强制性条文　房屋建筑部分（2013 年版）》（全文）** **4.《工程建设标准强制性条文　电力工程部分（2011 年版）》（全文）** **5.《国家重大建设项目文件归档要求与档案整理规范》DA/T 28—2002** 7.8.3　归档文件应完整、成套、系统。应记述和反映建设项目的规划、设计、施工及竣工验收的全过程；真实记录和准确反映项目建设过程和竣工时的实际情况，图物相符，技术数据可靠、签字手续完备；文件质量应符合 5.5 的规定	
4.4.4	完成工程质量自查报告，确认施工质量是否符合设计和规程、规范规定	**1.《建筑工程施工质量验收统一标准》GB 50300—2013** 3.0.6　建筑工程施工质量应按下列要求进行验收： 　　1　工程质量验收均应在施工单位自检合格的基础上进行； 3.0.7　建筑工程施工质量验收合格应符合下列规定： 　　1　符合工程勘察、设计文件的要求； 　　2　符合本标准和相关专业验收规范的规定。 **2.《光伏发电工程验收规范》GB/T 50796—2012** 6.2.2　工程试运与移交生产验收主要工作应包括下列内容： 　　1　应审查工程设计、施工、设备调试、生产准备、监理、质量监督等总结报告。 　　5　应检查光伏方阵电气性能、系统效率等是否符合设计要求。 　　6　应检查并网逆变器、光伏方阵等各项性能指标是否达到设计的要求。 **3.《110kV 及以上送变电工启动及竣工验收规程》DL/T 782—2001** 4　工程竣工验收检查 4.1　工程竣工验收检查是在施工单位进行三级自检的基础上，由监理单位进行初检。初检后由建设单位会同运行、设计等单位进行预检。预检后由启委会工程验收检查组进行全面的检查和核查，必要时进行抽查和复查，并将结果向启委会报告。 4.2　电力建设监督站按职责对重点监督项目进行监督检查，出具质量监督报告，并向电力建设质量中心站提出质量监督检查申请，由电力建设质量中心站实施工程质量监督检查，对工程总体质量作出评价意见，出具质量监督检查报告	查阅工程质量自查报告 内容：完整，与工程实际相符 结论：明确 签字：相关责任人已签字

续表

条款号	大纲条款	检查依据	检查要点
4.5 调试单位质量行为的监督检查			
4.5.1	光伏电站启动试运期间发现的主要不符合项处理完毕	《光伏发电工程验收规范》GB/T 50796—2012 7.0.3 工程竣工验收条件应符合下列要求： 1 ……历次验收发现的问题和缺陷应已经整改完成	查阅试运期间问题记录及闭环资料 内容：不符合项记录完整，问题已闭环 签字：相关责任人已签字
4.5.2	完成光伏电站试运期间调整试验项目的验收签证	《光伏发电工程验收规范》GB/T 50796—2012 3.0.3 工程验收结论应经验收委员会（工作组）审查通过。 6.2.2 工程试运与移交生产验收主要工作应包括下列内容： 1 应审查工程设计、施工、设备调试、生产准备、监理、质量监督等总结报告。 3 应检查监控和数据采集系统是否达到设计要求。 4 应检查光伏组件面接收总辐射量累计达60kWh/m² 的时间内无故障连续并网运行记录是否完备	查阅调试试验验收签证 内容：调试试验项目齐全 签字：调试（总包）、监理、建设单位相关责任人已签字
4.5.3	工程建设标准强制性条文实施记录完整	**1.《建设工程质量管理条例》中华人民共和国国务院令〔2000〕第279号** 第二条 凡在中华人民共和国境内从事建设工程的新建、扩建、改建等有关活动及实施对建设工程质量监督管理的，必须遵守本条例。本条例所称建设工程，是指土木工程、建筑工程、线路管道和设备安装工程及装修工程。 第三条 建设单位、勘察单位、设计单位、施工单位、工程监理单位依法对建设工程质量负责。 第十条 …… 　建设单位不得明示或者暗示设计单位或者施工单位违反工程建设强制性标准，降低建设工程质量。 **2.《实施工程建设强制性标准监督规定》建设部令〔2000〕第81号** 第二条 在中华人民共和国境内从事新建、扩建、改建等工程建设活动，必须执行工程建设强制性标准。 第六条 工程质量监督机构应当对工程建设施工、监理、验收等阶段执行强制性标准的情况实施监督。 **3.《输变电工程项目质量管理规程》DL/T 1362—2014** 4.4 参建单位应严格执行工程建设标准强制性条文，…… **4.《工程建设标准强制性条文 电力工程部分（2011年版）》（全文）** **5.《国家重大建设项目文件归档要求与档案整理规范》DA/T 28—2002** 7.8.3 归档文件应完整、成套、系统。应记述和反映建设项目的规划、设计、施工及竣工验收的全过程；真实记录和准确反映项目建设过程和竣工时的实际情况，图物相符，技术数据可靠、签字手续完备；文件质量应符合5.5的规定	查阅强制性条文执行记录 内容：与强制性条文执行计划相符，相关资料可追溯 签字：相关责任人已签字 时间：与工程进度同步

条款号	大纲条款	检查依据	检查要点
4.5.4	完成机组启动试运调试报告，确认调试质量是否符合设计和规程、规范规定	**1. 《建筑工程施工质量验收统一标准》 GB 50300—2013** 3.0.6　建筑工程施工质量应按下列要求进行验收： 　　1　工程质量验收均应在施工单位自检合格的基础上进行； 3.0.7　建筑工程施工质量验收合格应符合下列规定： 　　1　符合工程勘察、设计文件的要求； 　　2　符合本标准和相关专业验收规范的规定。 **2. 《光伏发电工程验收规范》 GB/T 50796—2012** 5.2.1　工程启动验收前完成的准备工作应包括下列内容： 　　5　调试单位应编制完成工程启动调试方案并应通过论证。 6.2.2　工程试运与移交生产验收主要工作应包括下列内容： 　　3　应检查监控和数据采集系统是否达到设计要求。 　　5　应检查光伏方阵电气性能、系统频率等是否符合设计要求。 　　6　应检查并网逆变器、光伏方阵各项性能指标是否达到设计的要求。 **3. 《110kV 及以上送变电工启动及竣工验收规程》 DL/T 782—2001** 4　工程竣工验收检查 4.1　工程竣工验收检查是在施工单位进行三级自检的基础上，由监理单位进行初检。初检后由建设单位会同运行、设计等单位进行预检。预检后由启委会工程验收检查组进行全面的检查和核查，必要时进行抽查和复查，并将结果向启委会报告。 4.2　电力建设监督站按职责对重点监督项目进行监督检查，出具质量监督报告，并向电力建设质量中心站提出质量监督检查申请，由电力建设质量中心站实施工程质量监督检查，对工程总体质量作出评价意见，出具质量监督检查报告	查阅机组启动试运行调试报告 内容：试运行调试报告齐全，数据内容真实，符合规范及合同要求 签字：调试（总包）、监理、建设单位相关责任人已签字

4.6　生产运行单位质量行为的监督检查

条款号	大纲条款	检查依据	检查要点
4.6.1	生产运行管理正常	**《建设工程项目管理规范》 GB/T 50326—2006** 5.1.1　项目管理组织的建立应遵循下列原则： 　　1　组织结构科学合理。 　　2　有明确的管理目标和责任制度。 　　3　组织成员具备相应的职业资格。 　　4　保持相对稳定，并根据实际需要进行调整。 10.1.1　组织应遵照《建设工程质量管理条例》和《质量管理体系 GB/T 19000》族标准的要求，建立持续改进质量管理体系，设立专职管理部门或专职人员	1. 查阅生产运行单位组织机构设置文件 内容：已明确生产运行、维护责任单位（包括运行各岗位值班人员名单）

续表

条款号	大纲条款	检 查 依 据	检查要点
4.6.1	生产运行管理正常		2. 查阅生产运行管理台账 内容：生产运行管理台账齐全 签字：相关责任人已签字
			3. 查阅维护记录 内容：维护管理与管理制度相符 签字：相关责任人已签字
4.6.2	光伏电站运行正常，历史数据显示正确，运行记录齐全	**《光伏发电工程验收规范》GB/T 50796—2012** 6.2.1　工程试运和移交生产验收应具备下列条件： 　　1　光伏发电工程单位工程和启动验收应均已合格，…… 　　5　运行维护和操作规程管理维护文档应完整齐备。 　　7　光伏发电工程主要设备（光伏组件、并网逆变器和变压器等）各项试验应全部完成且合格，记录齐全完整。 6.2.2　工程试运和移交生产验收主要工作应包括下列内容： 　　3　应检查监控和数据采集系统是否达到设计要求。 　　4　应检查光伏组件面接收总辐射量累计达 $60\mathrm{kW \cdot h/m^2}$ 的时间内无故障连续并网运行记录是否完备。 　　5　应检查光伏方阵电气性能、系统效率等是否符合设计要求。 　　6　应检查并网逆变器、光伏方阵各项性能指标是否达到设计的要求	1. 查阅商业运行前机组运行记录 内容：运行参数与设计相符 签字：相关责任人已签字
			2. 查阅商业运行前试验记录 内容：机组整套启动的各项试验报告、性能试验报告 签字：相关责任人已签字
4.6.3	现场标识、挂牌、警示齐全完整	**《光伏发电工程验收规范》GB/T 50796—2012** 3.0.8　工程验收中相关单位职责应符合下列要求： 　　6　生产运行单位职责应包括： 　　　6）负责投运设备已具备调度命名和编号，且设备标识齐全、正确，……	查看现场标识、标牌、警示标志 实物：与现场的设备、系统、区域相一致，悬挂在显著位置，无错挂

条款号	大纲条款	检 查 依 据	检查要点
5	**工程实体质量的监督检查**		
5.1	**土建专业和试运环境的监督检查**		
5.1.1	主要建（构）筑物及主要设备基础沉降均匀、沉降观测点保护完好，观测记录、曲线和成果符合规范要求	**1.《电力工程施工测量技术规范》DL/T 5445—2010** 11.7.3　沉降观测的标志可根据不同的建（构）筑物结构类型和建筑材料，采用墙（柱）标志、基础标志和隐蔽式标志等形式，并应符合下列规定： 　　1　各类标志的立尺部位应突出、光滑、唯一，宜采用耐腐蚀的金属材料； 　　2　每个标志应安装保护罩，以防撞击； 11.7.4　沉降观测的观测时间、频率及周期应按下列要求并结合实际情况确定： 　　1　施工期的沉降观测，应随施工进度具体情况及时进行，具体应符合下列规定： 　　1）基础施工完毕、建筑标高出零米后、各建（构）筑物具备安装观测点标志后即可开始观测； 　　2）整个施工期观测次数原则上不少于 6 次。但观测时间、次数应根据地基状况、建（构）筑物类别、结构及加荷载情况区别对待，如……集中控制楼等框架结构建（构）筑物，一般施工到不同高度平台或加荷载前后各观测一次。 　　3）施工中遇较长时间停工，应在停工时和重工时各观测一次，停工期间每隔 2 个月观测一次。 　　2　除有特殊要求外，建（构）筑物施工完毕后及试运期间每季度观测一次，运行后可半年观测一次，直至稳定为止。 　　3　在观测过程中，若有基础附近地面荷载突然大量增加、基础四周大量积水、长时间连续降雨等情况，均应及时增加观测次数。当建（构）筑物突然发生大量沉降、不均匀沉降，沉降量、不均匀沉降差接近或超过允许变形值或严重裂缝等异常情况时，应立即进行逐日或几天一次的连续观测。 11.7.7　每次观测应记载观测时间、施工进度、荷载量变化等影响沉降变化的情况内容。 11.7.8　沉降观测结束后，应根据工程需要提交有关成果资料： 　　1　工程平面位置图及基准点分布图； 　　2　沉降观测点位分布图； 　　3　沉降观测成果表； 　　4　沉降观测过程曲线； 　　5　沉降观测技术报告。 **2.《建筑变形测量规范》JGJ 8—2007** 5.5.8　沉降观测应提交下列图表： 　　1　工程平面位置图及基准点分布图； 　　2　沉降观测点位分布图； 　　3　沉降观测成果表； 　　4　时间-荷载-沉降量曲线图； 　　5　等沉降曲线图	1. 查看建（构）筑物及主要设备基础 　无明显开裂、塌陷、倾斜、不均匀沉降等现象 2. 查看沉降观测点 　沉降观测点齐全且无锈蚀和损伤，保护措施完善 3. 查阅沉降观测成果资料 　分布图：包括主要建（构）筑物和重要设备基础的平面位置、基准点和沉降观测点位分布 　观测成果：观测次数、观测点数、观测精度等符合有关规定，观测数据完整 　观测过程曲线：荷载曲线和沉降量曲线完整 　观测技术报告：内容完整、数据详实 　结论：准确 　签字：相关责任人签字规范 　盖章：相关责任单位已盖章

续表

条款号	大纲条款	检 查 依 据	检查要点
5.1.2	主要建（构）筑物主体结构安全稳定	**1.《混凝土结构工程施工质量验收规范》GB 50204—2015** 10.2.1 对涉及混凝土结构安全的有代表性的部位应进行结构实体检验。结构实体检验应包括混凝土强度、钢筋保护层厚度、结构位置与尺寸偏差以及合同约定的项目；必要时可检验其他项目。 结构实体检验应由监理单位组织施工单位实施，并见证实施过程。施工单位应制定结构实体检验专项方案，并经监理单位审核批准后实施。除结构位置与尺寸偏差外的结构实体检验项目，应由具有相应资质的检测机构完成。 10.2.2 结构实体检验的内容应包括混凝土强度、钢筋保护层厚度以及工程合同约定的项目；必要时可检验其他项目。 **2.《建筑工程施工质量验收统一标准》GB 50300—2013** 5.0.8 经返修或加固处理仍不能满足安全或使用要求的分部工程及单位工程，严禁验收	1. 查看升压站主要建（构）筑物 结论：主体无明显裂纹、倾斜，地面无塌陷 2. 查阅主体结构实体检测报告 内容：混凝土强度、钢筋保护层厚度、结构位置与尺寸偏差检查内容齐全，数据详实 结论：准确 签字：检测人员签字规范 盖章：检测单位已盖章
5.1.3	消防器材定期检验合格、定置管理	**《建筑灭火器配置验收及检查规范》GB 50444—2008** 3.1.2 灭火器的安装设置应按照建筑灭火器配置设计图和安装说明进行，安装设置单位应按照本规范附录A的规定编制建筑灭火器配置定位编码表。 3.1.3 灭火器的安装设置应便于取用，且不得影响安全疏散	1. 查看各区域消防器材配置 结论：消防器材配置齐全且在有效期内，摆放位置与"建筑灭火器配置定位编码表"一致，取用方便 2. 查阅消防器材定期检验及维护记录 内容：消防器材定期检验项目、检验周期完整 结论：准确 签字：检验人员签字规范

条款号	大纲条款	检 查 依 据	检查要点
5.1.4	墙面、地面等无开裂、无沉降	**1.《建筑地面工程施工质量验收规范》GB 50209—2010** 3.0.24　检验方法应符合下列规定： 　　4　检查各类面层（含不需铺设部分或局部面层）表面的裂纹、脱皮、麻面和起砂等缺陷，应采用观感的方法。 **2.《建筑装饰装修工程质量验收规范》GB 50210—2001** 4.2.5　抹灰层与基层之间及各抹灰层之间必须粘结牢固，抹灰层应无脱层、空鼓，面层应无爆灰和裂缝	查看墙面、地面 结论：无开裂、沉降现象
5.1.5	屋面、墙面无渗漏	**1.《屋面工程质量验收规范》GB 50207—2012** 3.0.12　屋面防水工程完工后，应进行观感质量检查和雨后观察或淋水、蓄水试验，不得有渗漏和积水现象。 **2.《光伏发电工程验收规范》GB/T 50796—2012** 4.2.3　光伏组件支架基础的验收应符合下列要求： 　　4　屋面支架基础的施工不应损害建筑物的主体结构，不应破坏屋面的防水构造，且与建筑物承重结构的连接应牢固、可靠。 **3.《建筑外墙防水工程技术规程》JGJ/T 235—2011** 3.0.1　建筑外墙防水应具有阻止雨水、雪水侵入墙体的基本功能，并应具有抗冻融、耐高低温、承受风荷载等性能	查看建（构）筑物 结论：屋面、墙面无渗、漏痕迹
5.1.6	通风与空调系统运行正常	**《通风与空调工程施工质量验收规范》GB 50243—2002** 11.2.1　通风与空调工程安装完毕，必须进行系统的测定和调整（简称调试）。系统调试应包括下列项目： 　　1　设备单机试运转及调试； 　　2　系统无生产负荷下的联合试运转及调试。 12.0.3　通风与空调工程竣工验收时，应检查竣工验收的资料，一般包括下列文件及记录： 　　1　图纸会审记录、设计变更通知书和竣工图； 　　2　主要材料、设备、成品、半成品和仪表的出厂合格证明及进场检（试）验报告； 　　3　隐蔽工程检查验收记录； 　　4　工程设备、风管系统、管道系统安装及检验记录； 　　5　管道试验记录； 　　6　设备单机试运转记录； 　　7　系统无生产负荷联合试运转与调试记录； 　　8　分部（子分部）工程质量验收记录； 　　9　观感质量综合检查记录； 　　10　安全和功能检验资料的核查记录	1. 查看通风与空调系统 结论：启、停正常，运行良好 2. 查阅竣工验收的资料 内容：验收记录、试验记录、检查记录等 结论：准确 签字：相关责任人签字规范

条款号	大纲条款	检 查 依 据	检查要点
5.1.7	给水、排水与供暖系统运行正常，无渗漏	**《建筑给水排水及采暖工程施工质量验收规范》GB 50242—2002** 3.3.16 各种承压管道系统和设备应做水压试验，非承压管道系统和设备应做灌水试验	1. 查看给水、排水与供暖系统 　运行正常，无渗漏 2. 查阅运行记录 　内容：运行指标正常 　结论：准确 　签字：运行人员签字规范
5.1.8	智能建筑系统功能满足要求	**《智能建筑工程质量验收规范》GB 50339—2013** 3.4.2 工程验收应具备下列条件： 　1 按经批准的工程技术文件施工完毕； 　2 完成调试及自检，并出具系统自检记录； 　3 分项工程质量验收合格，并出具分项工程质量验收记录； 　4 完成系统试运行，并出具系统试运行报告； 　5 系统检测合格，并出具系统检测记录； 　6 完成技术培训，并出具培训记录。 3.4.4 工程验收文件应包括下列内容： 　1 竣工图纸； 　2 设计变更记录和工程洽商记录； 　3 设备材料进场检验记录和设备开箱检验记录； 　4 分项工程质量验收记录； 　5 试运行记录； 　6 系统检测记录； 　7 培训记录和培训资料	1. 查看各系统 　功能齐全，运行正常 2. 查阅系统检测报告 　内容：系统功能检测项目齐全 　结论：准确 　签字：检测人员签字规范 　盖章：检测单位已盖章
5.1.9	各区域道路畅通、排水通畅	**《光伏发电工程验收规范》GB/T 50796—2012** 4.2.4 场地及地下设施的验收应符合下列要求： 　1 场地平整的验收应符合设计的要求。 　2 道路的验收应符合设计的要求。 　4 场区给排水设施的验收应符合设计的要求	查看各区域道路及排水设施 　道路平整、畅通，排水设施齐全、通畅

条款号	大纲条款	检查依据	检查要点
5.1.10	电缆沟道无积水、盖板齐全	**《光伏发电工程验收规范》GB/T 50796—2012** 4.2.4　场地及地下设施的验收应符合下列要求： 　　3　电缆沟的验收应符合设计的要求。电缆沟内应无杂物，盖板齐全，堵漏及排水设施应完好	查看现场电缆沟道 　电缆沟内清洁，无杂物、无积水，盖板齐全
5.1.11	挡土墙护坡稳定，排水满足要求	**《建筑边坡工程技术规范》GB 50330—2013** 7.4.1　边坡工程施工应采用信息法，施工过程中应对边坡工程及坡顶建（构）筑物进行实时监测，及时了解和分析监测信息，对可能出现的险情应制定防范措施和应急预案。施工中发现与勘察、设计不符或者出现异常情况时，应停止施工作业，并及时向建设、勘察、施工、监理、监测等单位反馈，研究解决措施。 11.3.9　挡墙的防渗与泄水布置应根据地形、地质、环境、水体来源及填料等因素分析确定。 11.3.10　挡墙后填土地表应设置排水良好的地表排水系统	查看挡墙、护坡 　挡墙无变形、开裂，护坡无渗水、无滑移裂缝，排水设施齐全且通畅
5.1.12	运行环境符合规定，无建筑遗留物	**1.《光伏发电工程验收规范》GB/T 50796—2012** 7.0.3　工程竣工验收条件应符合下列要求： 　　1　工程应已按照施工图纸全部完成，并已提交建设、设计、监理、施工等相关单位签字、盖章的总结报告，历次验收发现的问题和缺陷应已经整改完成。 　　2　消防、环境保护、水土保持等专项工程应已经通过政府有关主管部门审查和验收。 **2.《110kV 及以上送变电工程启动及竣工验收规程》DL/T 782—2001** 5.2.3　投入系统的建筑工程和生产区域的全部设备和设施，变电站的内外道路、上下水、防火、防洪工程等均已按设计完成并经验收检查合格。生产区域的场地平整，道路畅通，影响安全运行的施工临时设施已全部拆除，平台栏杆和沟道盖板齐全、脚手架、障碍物、易燃物、建筑垃圾等已经清除，带电区域已设明显标志	查看运行环境 　道路、上下水、防火、防洪工程等已验收 　影响安全运行的施工临时设施已全部拆除 　光伏发电区围栏、平台栏杆、沟道盖板规范、齐全 　带电区域命名标识、安全警示标识等规范、齐全 　运行区域照明充足
5.2　电气专业的监督检查			
5.2.1	光伏组件与设计图纸数量一致，插件连接牢固，无过热现象，光伏组件表面清洁	**1.《光伏发电工程验收规范》GB/T 50796—2012** 4.3.5　光伏组件安装的验收应符合下列要求： 　　1）光伏组件安装应按照设计图纸进行，连接数量和路径符合设计要求。 　　2）光伏组件的外观及接线盒、连接器不应有损坏现象。 　　3）光伏组件间接插件连接应牢固，连接线应进行处理，整齐、美观。 **2.《光伏发电站施工规范》GB 50794—2012** 5.3.3　光伏组件之间的接线应符合下列要求：	1. 查看光伏组件 　光伏组件型号、组串数量与设计一致 　光伏组件表面清洁，无遗留物 　接线盒无损伤，密封良好

条款号	大纲条款	检 查 依 据	检查要点
5.2.1	光伏组件与设计图纸数量一致，插件连接牢固，无过热现象，光伏组件表面清洁	3 外接电缆同插接件连接处应搪锡。 6 同一光伏组件或光伏组件串的正负极不应短接	2. 查看光伏组件之间插件 　插件连接牢固，无过热现象 3. 查阅运行记录 　内容：插件定期检测数据齐全 　签字：运行人员签字规范
5.2.2	光伏方阵支架（机架）方位和倾角符合设计要求，支架防腐良好，跟踪机械转动灵活	**1. 《光伏发电站施工规范》GB 50794—2012** 5.2.2 固定式支架及手动可调支架的安装应符合下列规定： 　4）手动可调式支架调整动作灵活，高度角调节范围应满足设计要求。 　2 支架倾斜角度偏差不应大于±1° 　3 固定及手动可调支架安装的允许偏差应符合表5.2.2中的规定。 5.2.3 跟踪式支架的安装应符合下列要求： 　3 跟踪式支架电机的安装应牢固、可靠。传动部分动作应灵活。 **2. 《光伏发电工程验收规范》GB/T 50796—2012** 4.3.4 支架安装的验收应符合下列要求： 　1 固定式支架安装的验收应符合下列要求： 　2）采用紧固件的支架，应检查紧固点是否牢固，是否有弹垫未压平的现象。 　5）对于手动可调支架，高度角调节动作应符合设计要求。 　6）固定式支架的防腐处理应符合设计要求。 　7）金属结构支架应与光伏方阵接地系统可靠连接。 　2 跟踪式支架安装的验收应符合下列要求： 　2）采用紧固件的支架，应检查紧固点是否牢固，是否有弹垫未压平的现象。 　3）当跟踪式支架工作在手动模式下时，手动动作应符合设计要求。 　4）具有限位手动模式的跟踪式支架限位手动动作应符合设计要求。 　5）自动模式动作应符合实际要求。 　6）过风速保护应符合设计要求。 　7）通、断电测试应符合设计要求。 　8）跟踪精度应符合设计要求。 　9）跟踪控制系统应符合设计要求	1. 查看支架 　支架安装方位、倾角偏差在允许范围内，支架防腐完整 2. 查验跟踪式支架 　电机转动正常，传动部分灵活，限位可靠

续表

条款号	大纲条款	检 查 依 据	检查要点
5.2.3	汇流箱、直流配电柜各回路无过热现象，防雷电功能可靠，电流、电压、电量的实时显示功能正常，运行正常	**1.《电气装置安装工程盘、柜及二次回路接线施工及验收规范》GB 50171—2012** 5.0.1　盘、柜上的电器安装应符合下列规定： 　　3　发热元件宜安装在散热良好的地方，两个发热元件之间的连线应采用耐热导线。 　　6　信号回路的声、光、电信号等应正确，工作应可靠。 **2.《光伏发电站施工规范》GB 50794—2012** 5.4.1　汇流箱安装前应符合下列要求： 　　1　汇流箱内元器件应完好，连接线应无松动。 **3.《光伏发电工程验收规范》GB/T 50796—2012** 4.3.9　防雷及接地安装的验收应符合下列要求： 　　1　光伏方阵过电压保护与接地安装应符合下列要求 　　2）接地网的埋设材料和规格应符合设计要求。 　　3）连接处焊接应牢固、接地网引出应符合设计要求。 　　4）接地网接地电阻值应符合设计要求	1. 查看汇流箱、直流配电柜 　汇流箱、直流配电柜内部无过热现象，运行正常 2. 查看防雷及接地 　光伏方阵支架、汇流箱、直流配电柜等接地可靠，防雷电保护元件完好 3. 查看汇流箱、直流配电柜显示 　电流、电压、电量的实时显示正常
5.2.4	箱式变压器运行正常，油位、温度符合要求，无渗油现象。断路器（或负荷开关）分、合闸指示正确	**1.《电力变压器运行规程》DL/T 572—2010** 5.1.4　变压器日常巡视检查一般包括以下内容： 　　a）变压器的油温和温度计应正常，储油柜的油位应与温度相对应，各部位应无渗油、漏油。 **2.《变电站运行导则》DL/T 969—2005** 6.6　断路器 6.6.1.1　分、合闸指示器应指示正确、清晰	1. 查看箱式变压器 　油位及绕组温度、油面温度显示正常，无渗油痕迹 2. 查看监控系统 　箱式变压器运行参数显示正常，断路器（或负荷开关）位置显示与实际一致 3. 查看断路器（或负荷开关） 　分、合闸指示正确

续表

条款号	大纲条款	检 查 依 据	检查要点
5.2.5	主变压器绕组及油面温度、油位等参数正常，无渗油现象；冷却装置运行正常，有载调压装置自动投切可靠	**《电力变压器运行规程》DL/T 572—2010** 5.1.4 变压器日常巡视检查一般包括以下内容： 　a) 变压器的油温和温度计应正常，储油柜的油位应与温度相对应，各部位应无渗油、漏油； 　b) 套管油位应正常，套管外观无破损裂纹、无严重油污、无放电痕迹及其他异常现象； 　c) 各冷却器手感温度应接近，风扇、油泵、水泵运转正常，油流继电器工作正常，特别注意变压器潜油泵负压区出现的渗漏油； 　i) 有载分接开关的分接位置及电源指示正常。 5.1.5 应对变压器作定期检查，并增加以下内容： 　e) 有载调压装置的动作情况应正常	1. 查看主变压器 　油面温度、绕组温度、油位显示正常，无渗油痕迹 　冷却装置启、停正常，各冷却器手感温度接近 2. 查看监控系统 　主变压器运行参数显示正常，有载分接开关位置指示与就地一致 3. 查阅变压器油定期检测报告 　内容：变压器油检验项目齐全、数据详实 　结论：准确 　签字：检测人员签字规范 　盖章：检测单位已盖章 4. 查阅有载调压装置定期切换试验记录 　内容：有载调压装置自动投、切功能可靠 　签字：运行操作人员签字规范

续表

条款号	大纲条款	检 查 依 据	检查要点
5.2.6	高压电器（GIS、断路器、隔离开关、互感器、避雷器等）外观清洁，无渗漏油（气）现象，压力、油位指示正常；断路器分、合闸指示正确	《变电站运行导则》DL/T 969—2005 6.6　断路器 6.6.1.1　分、合闸指示器指示清晰、正确。 6.6.1.8　油断路器应有便于观察的油位指示器和上、下线油位监视线，运行中油面位置应符合制造厂规定。 6.6.1.10　定期检查断路器有无漏气点，…… 6.6.2.1　各种类型断路器应检查的内容： 　　　a）均压电容器无渗漏； 　　　c）分、合闸位置与实际运行工况相符； 　　　h）监视油断路器油位，油断路器开断故障后，应检查油位、油色变化； 　　　k）SF$_6$断路器气体压力应正常，管道无漏气声；…… 6.7　气体绝缘金属封闭电器 6.7.2.4　各种压力表、油位计的指示正确。 6.7.2.7　无漏气、漏油。 6.7.2.10　通风系统、断路器、隔离开关及接地开关的位置指示正确，并与实际运行工况相符。 6.10　互感器 6.10.2.1　外绝缘表面应清洁、无裂纹及放电痕迹。 6.10.2.2　油位、油色、SF$_6$气体压力正常，…… 6.10.2.3　……外壳、阀门和法兰无渗漏油、漏气	1. 查看配电装置 　设备外观清洁，油位、气压、液压等指示正常，无渗漏油痕迹 2. 查看监控系统 　设备参数、位置指示、状态信号等显示正常，与其实际运行工况一致 3. 查阅运行记录 　断路器、隔离开关无误动、拒动现象
5.2.7	无功补偿装置能按各种运行工况需要进行投、退，满足系统要求	1. 《光伏发电站无功补偿技术规范》GB/T 29321—2012 8.2　无功补偿装置控制要求 　　光伏发电站无功补偿装置应具备自动控制功能，应在其无功调节范围内按光伏发电站无功电压控制系统的协调要求进行无功/电压控制。 2. 《光伏发电站施工规范》GB 50794—2012 6.6.2　无功补偿装置的补偿功能应能满足设计文件的技术要求	1. 查看无功补偿装置 　无功补偿装置运行参数显示正常 2. 查阅运行记录 　内容：无功补偿装置投、退容量，与调度指令一致 　签字：运行操作人员签字规范

条款号	大纲条款	检 查 依 据	检查要点
5.2.8	场（站）用配电系统运行正常，备用电源自动投入装置状态良好	**《继电保护和安全自动装置技术规程》GB／T 14285—2006** 5.3.2 自动装置的功能设计应符合下列要求： 　　b) 工作电源或设备上的电压，不论何种原因消失，除有闭锁信号外，自动装置均应动作； 　　c) 自动投入装置应保证只动作一次	1. 查看场（站）用配电系统 　运行状态正常，各间隔断路器分、合闸指示正常 2. 查阅运行记录 　内容：工作电源失电后，备用电源可自动投入 　签字：运行操作人员签字规范
5.2.9	直流系统、UPS 装置运行正常	**1. 《光伏发电站施工规范》GB 50794—2012** 6.5.6 不间断电源系统调试应符合下列要求： 　　1 不间断电源的主电源、旁路电源及直流电源间的切换功能应准确、可靠。且异常告警功能应正确。 　　2 计算机监控系统应实时、准确地反映不间断电源的运行数据和状况。 **2. 《电力系统用蓄电池直流电源装置运行与维护技术规程》DL／T 724—2000** 5.3.1 绝缘监察及信号报警试验 　　b) 直流母线电压低于或高于整定值时，应发出低压或过压信号及声光报警。 　　e) 远方信号的显示、监测及报警应正常。 5.3.7 直流母线连续供电试验 　交流电源突然中断，直流母线应连续供电，电压波动不应大于额定电压的 10％。 5.4.1 绝缘状态监视 　运行中的直流母线对地绝缘电阻值应不小于 10MΩ。 **3. 《电力工程交流不间断电源系统设计技术规程》DL／T 5491—2014** 9.2.1 输出电压稳定性：稳态±2％，动态±5％。 9.2.2 输出频率稳定性：稳态±1％，动态±2％。 9.3.1 旁路切换时间：不应大于 5ms	1. 查看 UPS 装置运行状态 　UPS 装置输出电压、频率指示正常，监控系统无报警信息 2. 查看直流系统运行状态 　直流母线电压指示正常，绝缘监察及信号报警装置无报警信息 3. 查阅 UPS 装置定期切换试验记录 　内容：主电源、旁路电源及直流电源之间切换功能正常 　签字：运行操作人员签字规范

条款号	大纲条款	检 查 依 据	检查要点
5.2.9	直流系统、UPS 装置运行正常		4. 查阅直流系统运行维护记录 　内容：交流电源中断时，直流系统连续供电满足负荷要求 　签字：运行操作人员签字规范
5.2.10	电缆终端、设备连接部位无发热、放电现象	**1.《电气装置安装工程　电缆线路施工及验收规范》GB 50168—2006** 8.0.1　在工程交接验收时，应按下列要求进行检查： 　　3　电缆终端、电缆接头及充油电缆的供油系统应固定牢靠，电缆接线端子与所接设备端子应接触良好可靠。 **2.《电力工程电缆设计规范》GB 50217—2007** 8.0.1　在验收时，应按下列要求进行检查 　　3　电缆终端、电缆接头及充油电缆的供油系统应固定牢靠；电缆接线端子与所接设备端子应接触良好；…… 　　附录 A　：常用电力电缆导体的最高允许温度 **3.《变电站运行导则》DL/T 969—2005** 6.1.6　电气设备应定期带电测温。 6.2.2.2　日常巡视检查 　　c）引线接头、电缆、母线无过热； 6.2.2.3　定期巡视检查 　　e）利用红外测温仪检查高峰负荷时的接头发热情况	1. 查看电缆终端、设备连接部位 　电缆终端、设备连接部位无变形、过热、放电现象 2. 查阅运行记录 　内容：电缆终端、设备连接部位、引线接头、母线等定期带电测温数据完整 　签字：运行人员签字规范
5.2.11	光伏组串编号、电气设备命名及编号、带电安全警示等标识标牌正确齐全	**1.《国家电气设备安全技术规范》GB 19517—2009** 2.7　标志 　标志是电气设备必要的组成部分，基本特征、接线，符合标准必须明示。识别必须使用中文，并清晰，持久地标记在产品上。如不能标记在产品上，应在包装箱上标记或使用说明书中说明。 　电气设备的制造商名称、产地应清楚地标记在产品上，如不能标记，则应在最小包装箱上标记。 **2.《光伏发电工程验收规范》GB/T 50796—2012** 4.3.5　光伏组件串安装的验收应符合下列要求： 　　2　布线的验收应符合下列要求： 　　　2）光伏组件串标识应符合设计要求	查看光伏组串编号、电气设备命名及编号、带电安全警示等标识规范、齐全

续表

条款号	大纲条款	检 查 依 据	检查要点
5.2.12	接入电网的故障录波设备,具有足够的记录通道并运行正常	《光伏发电站施工规范》GB 50794—2012 12.3.5 通过 110(66)kV 及以上电压等级接入电网的光伏发电站应配备故障录波设备,该设备应具有足够的记录通道并能够记录故障前 10s 到故障后 60s 的情况,并配备至电网调度机构的数据传输通道	1. 查看故障录波装置 故障录波装置运行正常,录波信息完整
			2. 查阅电网调度信息表 故障录波信息采集与电网调度要求一致

5.3 架空集电线路专业的监督检查

条款号	大纲条款	检 查 依 据	检查要点
5.3.1	绝缘子串无明显损伤	《电气装置安装工程 66kV 及以下架空电力线路施工及验收规范》GB 50173—2014 3.5.2 绝缘子安装前应进行外观检查,且应符合下列规定: 　1 绝缘子铁帽、绝缘杆、钢脚三者应在同一轴线上,不应有明显的歪斜,且应结合紧密,金属件镀锌应良好。外露的填充胶接料表面应平整,其平面度不应大于 3mm,且应无裂纹。 　2 瓷质绝缘子瓷釉光滑,并应无裂纹、缺釉、斑点、烧痕、气泡或瓷釉烧坏等缺陷,外观质量不应超过表 3.5.2 的规定。 　3 有机复合绝缘子表面应光滑,并应无裂纹、缺损等缺陷。 　4 玻璃绝缘子应由钢化玻璃制造,玻璃件不应有折痕、气孔等表面缺陷,玻璃件中气泡直径不应大于 5mm	查看绝缘子串 绝缘子串无明显受力、歪斜现象,表面光滑,无裂纹、缺损等缺陷
5.3.2	基面排水畅通	《电气装置安装工程 66kV 及以下架空电力线路施工及验收规范》GB 50173—2014 5.0.1 土石方开挖应按设计施工,施工完毕,应采取恢复植被的措施。铁塔基础施工基面的开挖应以设计图纸为准,应按不同地质条件规定开挖边坡。基面开挖后应平整,不应积水,边坡应有防止坍塌的措施	查看基面排水情况 基面边坡外观及相关防坍塌的措施符合设计,无积水现象
5.3.3	各类标识符合要求	《电气装置安装工程 66kV 及以下架空电力线路施工及验收规范》GB 50173—2014 7.1.11 工程移交时,杆塔上应有下列固定标志: 　1 线路名称或代号及杆塔号。 　2 耐张型杆塔前后相邻的各一基杆塔的相位标志。 　3 高塔按设计要求装设的航行障碍标志。 　4 多回路杆塔上的每回路位置及线路名称	查看架空线路 线路名称或代号、杆塔号、相位、航行障碍标志、杆塔接地等标识齐全、清晰、醒目

条款号	大纲条款	检　查　依　据	检查要点
5.4　电缆集电线路专业监督检查			
5.4.1	电缆敷设路径符合设计要求，路径标识齐全	《电气装置安装工程　电缆线路施工及验收规范》GB 50168—2006 8.0.1　在验收时，应按下列要求进行检查： 　　7　直埋电缆路径标志，应与实际路径相符。路径标志应清晰、牢固	查看电缆敷设路径电缆敷设路径、标识清晰、牢固、齐全
5.4.2	电缆终端、接头安装牢固，无过热及放电现象	**1.《电气装置安装工程　电缆线路施工及验收规范》GB 50168—2006** 8.0.1　在验收时，应按下列要求进行检查 　　3　电缆终端、电缆接头及充油电缆的供油系统应固定牢靠；电缆接线端子与所接设备端子应接触良好；互联接地箱和交叉互联箱的连接点应接触良好可靠；充有绝缘剂的电缆终端、电缆接头及充油电缆的供油系统，不应有渗漏现象；充油电缆的油压及表计整定值应符合要求。 **2.《电力工程电缆设计规范》GB 50217—2007** 4.1.8　电缆终端、接头的布置，应满足安装维修所需要的间距，并应符合电缆弯曲半径的伸缩节配置的要求，同时应符合下列规定： 　　1　终端支架构成方式，应利于电缆及其组件的安装；大于1500A的工作电流时，支架构造宜具有防止横向磁路闭合等附加发热措施。 　　附录 A：常用电力电缆导体的最高允许温度 **3.《变电站运行导则》DL/T 969—2005** 6.1.6　电气设备应定期带电测温。 6.2.2.2　日常巡视检查 　　c)　引线接头、电缆、母线无过热； 6.2.2.3　定期巡视检查 　　e)　利用红外测温仪检查高峰负荷时的接头发热情况	1. 查看电缆终端、接头 电缆终端、接头固定牢固，无变形、过热、放电等现象 2. 查阅运行记录 　内容：电缆终端、接头带电测温数据真实 　签字：运行人员签字规范
5.4.3	电缆线路名称标识齐全，电缆相色正确	《电气装置安装工程　电缆线路施工及验收规范》GB 50168—2006 8.0.1　在验收时，应按下列要求进行检查 　　1　电缆规格应符合规定：排列整齐，无机械损伤；标志牌应装设齐全、正确、清晰。 　　2　电缆的固定、弯曲半径、有关距离和单芯电力电缆的金属护层的接线、相序排列等应符合要求 　　5　电缆终端的相色应正确，……	查看电缆线路电缆线路的名称标识齐全，相色正确

续表

条款号	大纲条款	检 查 依 据	检查要点
	5.5 调整试验的监督检查		
5.5.1	光伏组件、组串的开路电压、短路电流、输出功率等主要电性能指标符合要求，运行正常	**1.《光伏发电站施工规范》GB 50794—2012** 6.2.2 光伏组件串的检测应符合下列要求： 2 相同测试条件下的相同光伏组件串之间的开路电压偏差不应大于2%，但最大偏差不应超过5V。 3 在发电情况下应使用钳形万用表对汇流箱内光伏组件串的电流进行检测，相同测试条件下且辐照度不低于700W/m² 时，相同光伏组件串之间的电流偏差不应大于5%。 5 光伏组件串测试完毕后，应按照本规范附录B的格式填写。 **2.《光伏发电工程验收规范》GB/T 50796—2012** 6.2.1 工程试运和移交生产验收应具备下列条件： 7 光伏发电工程主要设备（光伏组件、并网逆变器和变压器等）各项试验应全部完成且合格，记录齐全完整。 6.2.2 工程试运和移交生产验收主要工作应包括下列内容： 6 应检查并网逆变器、光伏方阵各项性能指标是否达到设计的要求	1. 查看监控系统 光伏组件、组串电气性能参数显示正常，各发电单元运行正常 2. 查阅光伏组件、组串电气性能测试报告 内容：开路电压、短路电流、输出功率等参数符合产品技术要求或规范规定 结论：准确 签字：测试人员签字规范 盖章：测试单位已盖章
5.5.2	逆变器的启动性能、输出容量、逆变效率、输出电能质量等主要技术指标符合要求，保护功能可靠，运行正常	**《光伏发电工程验收规范》GB/T 50796—2012** 5.2.1 工程启动验收前完成的准备工作应包括下列内容： 11 并网逆变器应符合并网技术要求。 6.2.1 工程试运和移交生产验收应具备下列条件： 7 光伏发电工程主要设备（光伏组件、并网逆变器和变压器等）各项试验应全部完成且合格，记录齐全完整。 6.2.2 工程试运和移交生产验收主要工作应包括下列内容： 6 应检查并网逆变器、光伏方阵各项性能指标是否达到设计的要求	1. 查看逆变器 逆变器运行正常 2. 查看监控系统 逆变器的输出容量、逆变效率、输出电能量等符合产品技术要求或规范规定 3. 查阅逆变器测试报告 内容：启动性能、输出容量、逆变效率、输出电能质量等技术指标符合并网技术要求，保护功能可靠

条款号	大纲条款	检 查 依 据	检查要点
5.5.2	逆变器的启动性能、输出容量、逆变效率、输出电能质量等主要技术指标符合要求，保护功能可靠，运行正常		结论：准确 签字：测试人员签字规范 盖章：测试单位已盖章
5.5.3	光伏方阵、系统发电效率符合设计要求	**《光伏发电工程验收规范》GB/T 50796—2012** 6.2.2 工程试运和移交生产验收主要工作应包括下列内容： 　4 应检查光伏组件面接收总辐射量累计达 60kW·h/m² 的时间内无故障连续并网运行记录是否完备。 　5 应检查光伏方阵电气性能、系统效率等是否符合设计要求	1. 查验光伏方阵、系统发电效率 　在计算机监控系统调取光伏组件面接收总辐射量累计达 60kW·h/m² 时间无故障连续并网运行时间内，各光伏方阵及系统发电效率符合设计要求 2. 查阅光伏方阵、系统效率测试记录 　内容：辐照量、光伏方阵、系统发电效率等 　结论：准确 　签字：测试人员签字规范 　盖章：测试单位已盖章
5.5.4	保护定值设置正确，软件版本符合要求	**1.《继电保护和安全自动装置技术规程》GB/T 14285—2006** 4.1.12.6 保护装置的定值应满足保护功能的要求，尽可能做到简单、易整定；用于旁路保护或其他定值经常需要改变时，宜设置多套（一般不少于 8 套）可切换定值。 4.1.12.11 保护装置应配置能与自动化系统相连的通信接口，通信协议符合 DL/T 667 继电保护设备接口配套标准。并宜提供必要的功能软件，如通信及维护软件、定值整定辅助软件、故障记录分析软件、调试辅助软件等。	1. 查看保护装置 　保护装置整定值与审定的继电保护定值单一致，保护投、退正确，软件版本为技术协议规定的版本

续表

条款号	大纲条款	检 查 依 据	检查要点
5.5.4	保护定值设置正确，软件版本符合要求	**2.《光伏发电工程验收规范》GB/T 50796—2012** 5.2.1 工程启动验收前完成的准备工作应包括下列内容： 　　9 保护定值应正确、无误	2. 查阅保护定值通知单 内容：继电保护定值完整，保护投、退要求明确、执行有效 签字：相关责任人签字规范 盖章：相关责任单位已盖章
5.5.5	中央监控、远程监控系统运行正常	**1.《光伏发电站监控系统技术要求》GB/T 31366—2015** 5.1.1 监控系统应具有较高的可靠性。…… 6.1.1 数据采集 6.1.1.1 系统应通过光伏发电站间隔层设备实时采集模拟量、开关量及其他相关数据。间隔层基本信息表见附录C。 6.1.3 控制操作 6.1.3.1 控制对象范围：断路器、隔离开关、接地刀闸、光伏逆变器、主变压器分接头、无功补偿设备和其他重要设备。 6.1.5 告警 6.1.5.1 告警内容应包括：设备状态异常、故障，测量值越限，监控系统的软硬件、通信接口及网络故障等。 6.1.5.2 应具备事故告警和预告告警功能。事故告警应包括非正常操作引起的断路器跳闸和保护动作信号，预告告警应包括设备变位、状态异常信息、模拟量越限、工况投退等。 6.1.5.3 告警发生时应能推出告警条文、状态异常信息、模拟量越限、工况投退等。 6.1.6 事故顺序记录和事故追忆 6.1.6.1 光伏发电站内重要设备的状态变化应列为事件顺序记录（SOE），主要包括： 　　a）断路器、隔离开关、光伏逆变器及其操作机械的动作信号和故障信号； 　　b）继电保护装置、光伏逆变器、汇流箱、公共接口设备等的动作信号、故障信号。 6.1.7 画面生成及显示 6.1.7.3 画面应能过键盘或鼠标选择显示。画面主要包括： 　　a）各类菜单（或索引表）显示； 　　b）光伏发电站电气接线图，具备顺序控制功能的间隔需显示间隔顺序控制图； 　　c）光伏方阵、汇流箱、光伏逆变器、主变压器等主要设备状态图； 　　d）直流系统、UPS电源、气象系统等公用接口设备状态图；	查看监控系统 监控系统运行良好，光伏电站基本运行信息（模拟量、开关量等）数据实时采集、控制操作、告警信息、历史数据统计与计算等主要功能完善、信息准确，主要设备状态画面显示正确，画面显示时间与站内其他设备显示时间一致

条款号	大纲条款	检 查 依 据	检查要点
5.5.5	中央监控、远程监控系统运行正常	e）系统结构及通信状态图。 6.1.7.4　可具备显示火灾报警、视频监视等公用接口设备状态图。 6.1.7.5　画面应能显示设备检修状态。 6.1.7.6　应具有电网拓扑识别功能，实现带电设备的颜色标识。 6.1.8　计算及制表 6.1.8.24　应支持对光伏发电站各类历史数据进行统计计算，至少应包括功率、电压、电流、电量等日、月、年中最大或最小值及其出现的时间，电压合格率、功率预测合格率、电能量不平衡率、辐照度等。 6.1.9　系统时钟对时 　　应支持接收卫星定位系统或者基于调度部门的对时系统的信号并进行对时，并以此同步站内相关设备时钟。 6.7.3　监控系统应能与站内电源系统等智能设备能信。 **2.《光伏发电工程验收规范》GB/T 50796—2012** 6.2.2　工程试运和移交生产验收主要工作应包括下列内容： 　　3　应检查监控和数据采集系统是否达到设计要求	
5.5.6	安全防护、报警系统运行正常，防护、报警等功能符合要求	**1.《光伏发电工程验收规范》GB/T 50796—2012** 4.5.2　安全防范工程的验收应符合下列要求： 　　4　报警系统、视频安防监控系统、出入口控制系统的验收等应符合现行国家标准《安全防范工程技术规范》GB 50348 的有关规定。 **2.《安全防范工程技术规范》GB 50348—2014** 8.3.2　技术验收应符合下列规定： 　　8　报警系统的抽查与验收。 　　1）对照正式设计文件和工程检验报告、系统试运行报告，复核系统的报警功能和误、漏报警情况，应符合国家现行标准《入侵报警系统技术要求》GA/T 368 的规定，对入侵探测器的安装位置、角度、探测范围作步行测试和防拆保护的抽查：抽查室外周界报警探测装置形成的警戒范围，应无盲区。 　　2）抽查系统布防、撤防、旁路和报警显示功能，应符合设计要求。 　　3）抽测紧急报警响应时间。 　　4）当有联动要求时，抽查其对应的灯光、摄像机、录像机等联动功能。 　　5）对于已建成区域性安全防范报警网络的地区，检查系统直接或间接联网的条件。 　　9　视频安防监控系统的抽查与验收。	1. 查看安全防护及报警系统 　视频安防监控系统、报警系统、出入口控制系统功能完善并已投用，各系统运行正常 2. 查验报警系统 　光伏发电区报警探测装置警戒范围无盲区，紧急报警响应时间在规定范围内 3. 查验视频安防监控系统 　监视图像分辨率清晰，监视位置稳定正常

条款号	大纲条款	检 查 依 据	检查要点
5.5.6	安全防护、报警系统运行正常，防护、报警等功能符合要求	1) 对照正式设计文件和工程检验报告，复核系统的监控功能（如图像切换、云台转动、镜头光圈调节、变焦等），结果应符合本规范 3.4.3 条的规定。 2) 对照工程检验报告，复核在正常工作照明条件下，监视图像质量不应低于现行国家标准《民用闭路监视电视系统工程技术规范》GB 50198—1994 中表 4.3.1-1 规定的 4 级；回放图像质量不应低于表 4.3.1-1 规定的 3 级，或至少能辨别人的面部特征。 3) 复核图像画面显示的摄像时间、日期、摄像机位置、编号和电梯楼层显示标识等，应稳定正常。电梯内摄像机的安装位置应符合本规范 6.3.5 条第 3 款第 5 项的规定。 10 出入口控制系统的验收。 出入口控制系统的抽查与验收。对照正式设计文件和工程检验报告，复核系统主要技术指标应符合国家现行标准《出入口控制系统技术要求》GA/T 394 的规定；检查系统存储通行目标的相关信息，应满足设计与使用要求；对非正常通行应具有报警功能。 检查出入口控制系统的报警部分，是否能与报警系统联动	
5.5.7	电能质量符合要求	**1. 《光伏发电站接入电力系统技术规定》GB/T 19964—2012** 10 电能质量 10.1 电压偏差 　　光伏发电站接入后，所接入公共连接点的电压偏差应满足 GB/T 12325 的要求。 10.2 电压波动和闪变 　　光伏发电站接入后，所接入公共连接点电压波动和闪变值应满足 GB/T 12326 的要求。 10.3 谐波 10.3.1 光伏发电站所接入公共连接点的谐波注入电流应满足 GB/T 14549 的要求，其中光伏发电站并网点向电力系统注入的谐波电流允许值应按照光伏发电站安装容量与公共连接点上具有谐波源的发/供电设备总容量之比进行分配。 10.3.2 光伏发电站接入后，所接入公共连接点的间谐波应满足 GB/T 24337 的要求。 10.4 电压不平衡度 　　光伏发电站接入后，所接入公共连接点的电压不平衡度应满足 GB/T 15543 的要求。 10.5 监测与治理 　　光伏发电站应配置电能质量实时监测设备，所装设的电能质量检测设备应满足 GB/T 19862 的要求。 **2. 《光伏发电系统接入配电网技术规定》GB/T 29319—2012** 7 电能质量 7.1 基本要求 7.1.1 光伏发电系统的公共连接点应装设满足 GB/T 19862 要求的电能质量在线监测装置。	查看电能质量监测设备 　电能质量监测设备运行正常，实时监测风电场电压、闪变、谐波、电压不平衡度等电能质量指标满足要求

条款号	大纲条款	检查依据	检查要点
5.5.7	电能质量符合要求	7.1.2　光伏发电系统的电能质量监测历史数据应至少保存一年，必要时供电网企业调用。 7.2　电压偏差 　　光伏发电系统接入后，所接入公共连接点的电压偏差应满足 GB/T 12325 的规定。 7.3　电压波动和闪变 　　光伏发电系统接入后，所接入公共连接点的电压波动和闪变值应满足 GB/T 12326 的要求。 7.4　谐波 7.4.1　光伏发电系统所接入公共连接点的谐波注入电流应满足 GB/T 14549 的要求，其中光伏发电系统并网点向电力系统注入的谐波电流允许值应按照光伏发电系统安装容量与公共连接点上具有谐波源的发/供电设备总容量之比进行分配。 7.4.2　光伏发电系统接入后，所接入公共连接点的间谐波应满足 GB/T 24337 的要求。 7.5　电压不平衡度 　　光伏发电系统接入后，所接入公共连接点的电压不平衡度应满足 GB/T 15543 的要求。 7.6　直流分量 　　光伏发电系统向公共连接点注入的直流电流分量不应超过其交流额定值的 0.5%	
5.5.8	设备调试报告、检测报告、试运行记录齐全，启动试运验收签证完成	**《光伏发电工程验收规范》GB/T 50796—2012** 6.2.1　工程试运和移交生产验收应具备下列条件： 　　1　光伏发电工程单位工程和启动验收均已合格，并且工程试运大纲经试运和移交生产验收组批准。 　　7　光伏发电工程主要设备（光伏组件、并网逆变器和变压器等）各项试验应全部完成且合格，记录齐全完整。 6.2.2　工程试运和移交生产验收主要工作应包括下列内容： 　　11　应签发"工程试运和移交生产验收鉴定书"	1. 查阅逆变器调试报告 　内容：调试报告齐全，报告内容完整，调试数据详实 　　结论：准确 　　签字：调试人员签字规范 　　盖章：调试单位已盖章 2. 查阅逆变器并网检测报告 　内容：检测报告齐全，报告内容完整，检测结果符合产品技术或设计要求 　　结论：准确 　　签字：检测人员签字规范 　　盖章：检测单位已盖章

条款号	大纲条款	检 查 依 据	检查要点
5.5.8	设备调试报告、检测报告、试运行记录齐全，启动试运验收签证完成		3. 查阅主要设备试运行记录 内容：试运期间主要电气设备运行记录齐全，内容完整，运行参数、指标等符合产品技术要求 签字：相关责任人签字规范
			4. 查阅验收签证 内容：单位工程验收签证齐全，工程设计、施工、设备调试、生产准备、监理、质量监督等总结报告已完成审查。工程启动验收鉴定证书、工程试运和移交生产验收鉴定书已办理 签字：相关责任人签字规范
6	**质量监督检测**		
6.0.1	开展现场质量监督检查时，应重点对下列项目的检测试验报告进行查验，必要时可进行验证性抽样检测。对检验指标或结论有怀疑时，必须进行检测		

条款号	大纲条款	检 查 依 据	检查要点
(1)	室内环境检测	**《民用建筑工程室内环境污染控制规范》GB 50325—2010（2013 年版）** 6.0.2　民用建筑工程及其室内装修工程验收时，应检查下列资料： 　　3　涉及室内环境污染控制的施工图设计文件及工程设计变更文件； 　　4　建筑材料和装修材料的污染物检测报告、材料进场检验记录、复验报告； 　　5　与室内环境污染控制的有关的隐蔽工程验收记录、施工记录	查阅室内环境检测报告，必要时抽检
(2)	光伏组件、组串电性能测试	**《光伏发电站施工规范》GB 50794—2012** 6.2.2　光伏组件串的检测应符合下列要求： 　　2　相同测试条件下的相同光伏组件串之间的开路电压偏差不应大于 2%，但最大偏差不应超过 5V。 　　3　在发电情况下应使用钳形万用表对汇流箱内光伏组件串的电流进行检测，相同测试条件下且辐照度不应低于 $700W/m^2$ 时，相同光伏组件串之间的电流偏差不应大于 5%. 　　5　光伏组件串测试完毕后，应按照本规范附录 B 的格式填写	查阅光伏组件、组串电性能测试报告，必要时抽检
(3)	逆变器转换效率、电能质量测试	**1. 《光伏发电工程验收规范》GB/T 50796—2012** 5.2.1　工程启动验收前完成的准备工作应包括下列内容： 　　11　并网逆变器应符合并网技术要求。 6.2.1　工程试运和移交生产验收应具备下列条件： 　　7　光伏发电工程主要设备（光伏组件、并网逆变器和变压器等）各项试验应全部完成且合格，记录齐全完整。 6.2.2　工程试运和移交生产验收主要工作应包括下列内容： 　　6　应检查并网逆变器、光伏方阵各项性能指标是否达到设计的要求。 **2. 《光伏发电并网逆变器技术规范》NB/T 32004—2013** 7.5.1.3　效率 　　要求不带隔离变压器型逆变器最大值应不低于 96%，带隔离变压器型逆变器最大值应不低于 94%。 7.6　电能质量 7.6.1　谐波和波形畸变 7.6.1.1　谐波电流含有率 　　逆变器运行时，注入电网的电流谐波总畸变率限值为 5%，奇次谐波电流含有率奇次谐波电流含有率限值见表 7，偶次谐波电流含有率限值见表 8。 7.6.1.2　谐波电流允许值 　　公共连接点的全部用户向该点注入的谐波电流分量应不超过 GB/T 14549 规定的允许值。	查阅逆变器测试报告，必要时抽检

条款号	大纲条款	检 查 依 据	检查要点
(3)	逆变器转换效率、电能质量测试	**7.6.2 功率因数** 当逆变器输出有功功率大于其额定功率的 50% 时，功率因数应不小于 0.98（超前或滞后），输出有功功率在 20%～50% 之间时，功率因数应不小于 0.95（超前或滞后）。 **7.6.3 三相不平衡度** 逆变器并网运行时（三相输出），引起接入电网的公共连接点的三相电压不平衡度不超过 GB/T 15543 规定的限值，设备引起该点负序电压不平衡度允许一般不超过 1.3%，短时不超过 2.6%。根据连接点负荷情况及安全运行要求可做适当变动，但必须满足负序电压不平衡度应不超过 2%，短时不得超过 4% 的要求。 **7.6.4 直流分量** 逆变器额定功率并网运行时，向电网馈送的直流电流分量应不超过其输出电流额定值的 0.5% 或 5mA，取二者中较大值。 **8.4.3.1 谐波和波形畸变** b）型式试验 Ⅰ 级要求逆变器在正常运行时满足 7.6.1 的规定。 c）型式试验 Ⅱ 级要求逆变器在 50% 额定功率以上运行时满足 7.6.1 的规定。 d）型式试验 Ⅲ 级及以上要求逆变器在 30% 额定功率以上运行时满足 7.6.1 的规定，30% 额定功率以下运行时满足 7.6.1 的规定或分次谐波电流值不超过 30% 额定功率运行时的分次谐波电流	
(4)	光伏方阵、系统效率测试	**《光伏发电工程验收规范》GB/T 50796—2012** 6.2.2 工程试运和移交生产验收主要工作应包括下列内容： 4 应检查光伏组件面接收总辐射量累计达 60kWh/m² 的时间内无故障连续并网运行记录是否完备。 5 应检查光伏方阵电气性能、系统效率等是否符合设计要求	查阅光伏方阵、系统效率测试报告，必要时抽检

附　　录

《通用硅酸盐水泥》GB 175—2007

表3

项目		硅酸盐水泥		普通硅酸盐水泥		矿渣硅酸盐水泥 火山灰质硅酸盐水泥 粉煤灰硅酸盐水泥 复合硅酸盐水泥	
		P·Ⅰ	P·Ⅱ				
强度等级	龄期	抗压强度（MPa）	抗折强度（MPa）	抗压强度（MPa）	抗折强度（MPa）	抗压强度（MPa）	抗折强度（MPa）
32.5	3d	—	—	—	—	≥10.0	≥2.5
	28d	—	—	—	—	≥32.5	≥5.5
32.5R	3d	—	—	—	—	≥15.0	≥3.5
	28d	—	—	—	—	≥32.5	≥5.5
42.5	3d	≥17.0	≥3.5	≥17.0	≥3.5	≥15.0	≥3.5
	28d	≥42.5	≥6.5	≥42.5	≥6.5	≥42.5	≥6.5
42.5R	3d	≥22.0	≥4.0	≥22.0	≥4.0	≥19.0	≥4.0
	28d	≥42.5	≥6.5	≥42.5	≥6.5	≥42.5	≥6.5
52.5	3d	≥23.0	≥4.0	≥23.0	≥4.0	≥21.0	≥4.0
	28d	≥52.5	≥7.0	≥52.5	≥7.0	≥52.5	≥7.0
52.5R	3d	≥27.0	≥5.0	≥27.0	≥5.0	≥23.0	≥4.5
	28d	≥52.5	≥7.0	≥52.5	≥7.0	≥52.5	≥7.0
62.5	3d	≥28.0	≥5.0	—	—	—	—
	28d	≥62.5	≥8.0	—	—	—	—
62.5R	3d	≥32.0	≥5.5	—	—	—	—
	28d	≥62.5	≥8.0	—	—	—	—

《碳素结构钢》GB/T 700—2006

表2

牌号	等级	屈服强度 R_{eH}（N/mm²），不小于						抗拉强度 R_m	断后伸长率（%，不小于）					冲击试验（V 型缺口）	
		厚度（或直径）（mm）						（N/mm²）	厚度（或直径）（mm）					温度（℃）	冲击吸收功（纵向）（J，不小于）
		≤16	>16～40	>40～60	>60～100	>100～150	>150～200		≤40	>40～60	>60～100	>100～150	>150～200		
Q235	A	235	225	215	215	195	185	370～500	26	25	24	22	21	—	—
	B													20	27
	C													0	
	D													−20	
Q275	A	275	265	255	245	225	215	410～540	22	21	20	18	17	—	—
	B													20	27
	C													0	
	D													−20	
	B													20	27

表4

检验项目	取样数量（个）	取样方法	试验方法
拉伸	1	GB/T 2975	GB/T 238
冷弯			GB/T 232
冲击	3		GB/T 239

《钢筋混凝土用钢　第1部分：热轧光圆钢筋》GB 1499.1—2008

表4

公称直径（mm）	实际重量与理论重量的偏差（%）
6～12	±7
14～22	±5

表6

牌号	R_{eL}(MPa)	R_m(MPa)	$A(\%)$	$A_{gt}(\%)$	冷弯试验
		不小于			
HPB300	300	420	25	10	$d=a$

表7

检验项目	取样数量	取样方法	试验方法
拉伸	2	任选两根钢筋切取	GB/T 228
弯曲	2	任选两根钢筋切取	GB/T 232

《钢筋混凝土用钢 第2部分：热轧带肋钢筋》GB 1499.2—2007

表4

公称直径（mm）	实际重量与理论重量的偏差（%）
6~12	±7
14~20	±5
22~50	±4

表6

牌号	R_{eL}(MPa)	R_m(MPa)	$A(\%)$	$A_{gt}(\%)$
		不小于		
HRB335	335	455	17	
HRBF335				
HRB400	400	540	16	7.5
HRBF400				
HRB400	500	630	12	
HRBF400				

表 7

牌号	公称直径 d	弯芯直径
HRB335 HRBF335	6～25	3d
	28～40	4d
	＞40～50	5d
HRB400 HRBF400	6～25	4d
	28～40	5d
	＞40～50	6d
HRB400 HRBF400	6～25	6d
	28～40	7d
	＞40～50	8d

表 8

检验项目	取样数量	取样方法	试验方法
拉伸	2	任选两根钢筋切取	GB/T 228
弯曲	2	任选两根钢筋切取	GB/T 232

《低合金高强度结构钢》GB/T 1591—2008

表 6

牌号	质量等级	屈服强度 R_{eL}（MPa）					抗拉强度 R_m（MPa）	断后伸长率 A（％）		
		厚度（直径、边长）(mm)					厚度（直径、边长）(mm)	厚度（直径、边长）(mm)		
		≤16	＞16～40	＞40～63	＞63～80	＞80～100	≤100	≤40	＞40～63	＞63～100
Q345	A	≥345	≥335	≥325	≥315	≥305	470～630	≥20	≥19	≥19
	B									
	C							≥21	≥20	≥20
	D									
	E									

牌号	质量等级	屈服强度 R_{eL}（MPa）					抗拉强度 R_m（MPa）	断后伸长率 A（%）		
		厚度（直径、边长）(mm)					厚度(直径、边长)(mm)	厚度（直径、边长）(mm)		
		≤16	>16～40	>40～63	>63～80	>80～100	≤100	≤40	>40～63	>63～100
Q390	A	≥390	≥370	≥350	≥330	≥330	490～650	≥20	≥19	≥19
	B									
	C									
	D									
	E									
Q420	A	≥420	≥400	≥380	≥360	≥360	520～680	≥19	≥18	≥18
	B									
	C									
	D									
	E									

表9

检验项目	取样个数	取样方法	试验方法
拉伸	1	GB/T 2975	GB/T 238
冷弯			GB/T 232
冲击	3		GB/T 239

《用于水泥和混凝土中的粉煤灰》GB/T 1596—2005

表1   拌制混凝土和砂浆用粉煤灰技术要求

试验项目		性能要求		
		Ⅰ级	Ⅱ级	Ⅲ级
细度（45μm方孔筛筛余）（不大于，%）	F类粉煤灰	12	25	45
	C类粉煤灰			

试验项目		性能要求		
		Ⅰ级	Ⅱ级	Ⅲ级
需水量比（不大于,%）	F类粉煤灰	95	105	115
	C类粉煤灰			
烧失量（不大于,%）	F类粉煤灰	5	8	15
	C类粉煤灰			
含水量（不大于,%）	F类粉煤灰	1		
	C类粉煤灰			
三氧化硫（不大于,%）	F类粉煤灰	3		
	C类粉煤灰			
游离氧化钙（不大于,%）	F类粉煤灰	1		
	C类粉煤灰	4		
安定性 （雷氏夹沸煮后增加距离，不大于，mm）	C类粉煤灰	5		

《输电线路铁塔制造技术条件》GB/T 2694—2010

表 13　　　　　　　　　　　　　　　　　　镀锌层厚度和镀锌层附着量

镀件厚度（mm）	厚度最小值（μm）	最小平均值	
		附着量（g/m^2）	厚度（μm）
$T \geqslant 5$	70	610	86
$T < 5$	55	460	65

表 16　　　　　　　　　　　　　　　　　　检验项目及质量特性划分

项　目　名　称		不合格分类			合格标准（%）
		A类	B类		
钢材外观			√		

项 目 名 称		不合格分类			合格标准（%）
		A 类	B 类		
钢材外形尺寸			√		
钢材材质		√			
零部件尺寸	主材		√	项次合格率	≥95
	接头件		√		≥95
	连板		√		≥90
	覆材		√		≥85
	焊接件		√		≥95
焊缝外观			√		≥95
焊缝外观尺寸			√		≥95
焊缝内部质量		√			
锌层外观			√		
锌层厚度			√		
锌层附着性		√			
锌层均匀性		√			
试装同心孔率			√		≥96
试装部件就位率			√		≥99
试装主要控制尺寸		√			

《环形混凝土电杆》GB 4623—2014

表 9   外观质量、尺寸、保护层厚度的检验工具和检验方法

序号	检验项目	检验方法	量具分度值（mm）
1	裂缝宽度	用≥20 倍读数放大镜测量，精确至 0.01mm	0.01
2	漏浆缝长度	用钢卷尺测量，精确至 1mm	1
3	漏浆缝深度	用游标卡尺测量，精确至 1mm	0.10
4	碰伤长度	用钢卷尺或刚直尺测量，精确至 1mm	1

序号	检验项目	检验方法	量具分度值（mm）
5	碰伤深度	用深度游标卡尺测量，精确至1mm	0.10
6	内、外表面露筋	观察	—
7	内表面混凝土塌落	观察	—
8	蜂窝	观察	—
9	麻皮、粘皮	用钢卷尺或刚直尺测量，精确至1mm	1
10	钢板圈焊口距离	刚直尺测量，精确至1mm	1
11	杆长	用钢卷尺测量，精确至1mm	1
12	壁厚	用刚直尺或卡尺在同一断面互相垂直的两直径上测量四处壁厚，取其最大值和最小值，精确至1mm	0.5
13	外径	用刚直尺或卡尺在同一断面测量互相垂直的两直径，取其平均值，精确至1mm	1
14	保护层厚度	用深度游标卡尺测量3个点，每个断面测1点： a）锥形杆第1点在B支座处（根部法兰式锥形杆在距法兰底部0.6m处）；第2点在距梢端0.6m处；第3点在前面两点中间的任一处，精确至1mm； b）等径杆1点在中部；另两点在两端支座处，精确至1mm	0.10
15	弯曲度	将拉线紧靠电杆的两端部，用刚直尺测量其弯曲处的最大距离，精确至1mm	0.5
16	端部倾斜	用90°角度尺及150mm长钢直尺测量，应考虑锥度的影响，精确至1mm	0.5
17	预留孔直径及位置	用钢卷尺或钢直尺测量，精确至1mm	0.5
18	钢板圈外径	用钢卷尺或卡尺测量，精确至1mm	0.5
19	钢板圈、法兰盘厚度	用游标卡尺测量，精确至0.1mm	0.02
20	钢板圈或法兰盘周线与杆段轴线偏差	用吊锤及钢直尺测量，精确至1mm	0.5

《生活饮用水卫生标准》GB 5749—2006

表1   水质常规指标及限值

指　　　标	限值
1. 微生物指标[a]	
总大肠菌群（MPN/100mL 或 CFU/100mL）	不得检出
耐热大肠菌群（MPN/100mL 或 CFU/100mL）	不得检出
大肠埃希氏菌（MPN/100mL 或 CFU/100mL）	不得检出
菌落总数（CFU/mL）	100
2. 毒理指标	
砷（mg/L）	0.01
镉（mg/L）	0.005
铬（六价）（mg/L）	0.05
铅（mg/L）	0.01
汞（mg/L）	0.001
硒（mg/L）	0.01
氰化物（mg/L）	0.05
氟化物（mg/L）	1.0
硝酸盐（以 N 计）（mg/L）	10 地下水源限制时为 20
三氯甲烷（mg/L）	0.06
四氯化碳（mg/L）	0.002
溴酸盐（使用臭氧时）（mg/L）	0.01
甲醛（使用臭氧时）（mg/L）	0.9

指　　标	限值
亚氯酸盐（使用二氧化氯消毒时）（mg/L）	0.7
氯酸盐（使用复合二氧化氯消毒时）（mg/L）	0.7
3. 感官性状和一般化学指标	
色度（铂钴色度单位）	15
浑浊度（散射浑浊度单位）/NTU	1 水源与净水技术条件限制时为 3
臭和味	无异臭、异味
肉眼可见物	无
pH 值	不小于 6.5 且不大于 8.5
铝（mg/L）	0.2
铁（mg/L）	0.3
锰（mg/L）	0.1
铜（mg/L）	1.0
锌（mg/L）	1.0
氯化物（mg/L）	250
硫酸盐（mg/L）	250
溶解性总固体（mg/L）	1000
总硬度（以 $CaCO_3$ 计）（mg/L）	450
耗氧量（COD_{Mn}法，以 O_2 计）（mg/L）	3 水源限制，原水耗氧量＞6mg/L 时为 5
挥发酚类（以苯酚计）（mg/L）	0.002
阴离子合成洗涤剂（mg/L）	0.3
4. 放射性指标[b]	指导值
总 α 放射性（Bq/L）	0.5
总 β 放射性（Bq/L）	1

[a]　MPN 表示最可能数；CFU 表示菌落形成单位。当水样检出总大肠菌群时，应进一步检验大肠埃希氏菌或耐热大肠菌群；水样未检出总大肠菌群，不必检验大肠埃希氏菌或耐热大肠菌群。

[b]　放射性指标超过指导值，应进行核素分析和评价，判定能否饮用。

表2   饮用水中消毒剂常规指标及要求

消毒剂名称	与水接触时间	出厂水中限值 （mg/L）	出厂水中余量 （mg/L）	管网末梢水中余量 （mg/L）
氯气及游离氯制剂（游离氯）	≥30min	4	≥0.3	≥0.05
一氯胺（总氯）	≥120min	3	≥0.5	≥0.05
臭氧（O_3）	≥12min	0.3	—	0.02 如加氯，总氯≥0.05
二氧化氯（ClO_2）	≥30min	0.8	≥0.1	≥0.02

表3   水质非常规指标及限值

指　　标	限值
1. 微生物指标	
贾第鞭毛虫（个/10L）	<1
隐孢子虫（个/10L）	<1
2. 毒理指标	
锑（mg/L）	0.005
钡（mg/L）	0.7
铍（mg/L）	0.002
硼（mg/L）	0.5
钼（mg/L）	0.07
镍（mg/L）	0.02
银（mg/L）	0.05
铊（mg/L）	0.0001
氯化氰（以 CN^- 计）/(mg/L)	0.07

指　　　标	限值
一氯二溴甲烷（mg/L）	0.1
二氯一溴甲烷（mg/L）	0.06
二氯乙酸（mg/L）	0.05
1,2-二氯乙烷（mg/L）	0.03
二氯甲烷（mg/L）	0.02
三卤甲烷（三氯甲烷、一氯二溴甲烷、二氯一溴甲烷、三溴甲烷的总和）	该类化合物中各种化合物的实测浓度与其各自限值的比值之和不超过1
1,1,1-三氯乙烷（mg/L）	2
三氯乙酸（mg/L）	0.01
三氯乙醛（mg/L）	0.01
2,4,6-三氯酚（mg/L）	0.2
三溴甲烷（mg/L）	0.1
七氯（mg/L）	0.0004
马拉硫磷（mg/L）	0.25
五氯酚（mg/L）	0.009
六六六（总量）（mg/L）	0.005
六氯苯（mg/L）	0.001
乐果（mg/L）	0.08
对硫磷（mg/L）	0.003
灭草松（mg/L）	0.3
甲基对硫磷（mg/L）	0.02
百菌清（mg/L）	0.01
呋喃丹（mg/L）	0.007
林丹（mg/L）	0.002
毒死蜱（mg/L）	0.03
草甘膦（mg/L）	0.7

续表

指　　　标	限值
敌敌畏（mg/L）	0.001
莠去津（mg/L）	0.002
溴氰菊酯（mg/L）	0.02
2,4-滴（mg/L）	0.03
滴滴涕（mg/L）	0.001
乙苯（mg/L）	0.3
二甲苯（总量）（mg/L）	0.5
1,1-二氯乙烯（mg/L）	0.03
1,2-二氯乙烯（mg/L）	0.05
1,2-二氯苯（mg/L）	1
1,4-二氯苯（mg/L）	0.3
三氯乙烯（mg/L）	0.07
三氯苯（总量）（mg/L）	0.02
六氯丁二烯（mg/L）	0.0006
丙烯酰胺（mg/L）	0.0005
四氯乙烯（mg/L）	0.04
甲苯（mg/L）	0.7
邻苯二甲酸二（2-乙基己基）酯（mg/L）	0.008
环氧氯丙烷（mg/L）	0.0004
苯（mg/L）	0.01
苯乙烯（mg/L）	0.02
苯并（a）芘（mg/L）	0.00001
氯乙烯（mg/L）	0.005
氯苯（mg/L）	0.3

指　　　标	限值
微囊藻毒素-LR（mg/L）	0.001
3. 感官性状和一般化学指标	
氨氮（以 N 计）（mg/L）	0.5
硫化物（mg/L）	0.02
钠（mg/L）	200

表 4　　　　　　　　　　　　　　　**小型集中式供水和分散式供水部分水质指标及限值**

指　　　标	限值
1. 微生物指标	
菌落总数（CFU/mL）	500
2. 毒理指标	
砷（mg/L）	0.05
氟化物（mg/L）	1.2
硝酸盐（以 N 计）（mg/L）	20
3. 感官性状和一般化学指标	
色度（铂钴色度单位）	20
浑浊度（散射浑浊度单位）（NTU）	3 水源与净水技术条件限制时为 5
pH 值	不小于 6.5 且不大于 9.5
溶解性总固体（mg/L）	1500
总硬度（以 $CaCO_3$ 计）（mg/L）	550
耗氧量（COD_{Mn}法，以 O_2 计）（mg/L）	5
铁（mg/L）	0.5
锰（mg/L）	0.3
氯化物（mg/L）	300
硫酸盐（mg/L）	300

表 A.1　　　　　　　　　　　　　　　　生活饮用水水质参考指标及限值

指　　　标	限值
肠球菌（CFU/100mL）	0
产气荚膜梭状芽孢杆菌（CFU/100mL）	0
二（2-乙基己基）己二酸酯（mg/L）	0.4
二溴乙烯（mg/L）	0.00005
二噁英（2,3,7,8-TCDD）（mg/L）	0.00000003
土臭素（二甲基萘烷醇）（mg/L）	0.00001
五氯丙烷（mg/L）	0.03
双酚 A（mg/L）	0.01
丙烯腈（mg/L）	0.1
丙烯酸（mg/L）	0.5
丙烯醛（mg/L）	0.1
四乙基铅（mg/L）	0.0001
戊二醛（mg/L）	0.07
甲基异莰醇-2（mg/L）	0.00001
石油类（总量）（mg/L）	0.3
石棉（>10μm）（万个/L）	700
亚硝酸盐（mg/L）	1
多环芳烃（总量）（mg/L）	0.002
多氯联苯（总量）（mg/L）	0.0005
邻苯二甲酸二乙酯（mg/L）	0.3
邻苯二甲酸二丁酯（mg/L）	0.003

指　　标	限值
环烷酸（mg/L）	1.0
苯甲醚（mg/L）	0.05
总有机碳（TOC）（mg/L）	5
β-萘酚（mg/L）	0.4
丁基黄原酸（mg/L）	0.001
氯化乙基汞（mg/L）	0.0001
硝基苯（mg/L）	0.017

《建筑外门窗气密、水密、抗风压性能分级及检测方法》GB/T 7106—2008

表 1 建筑外门窗气密性能分级表

分级	1	2	3	4	5	6	7	8
单位缝长分级指标值 $q_1[\text{m}^3/(\text{m}\cdot\text{h})]$	$4.0{\geqslant}q_1{>}3.5$	$3.5{\geqslant}q_1{>}3.0$	$3.0{\geqslant}q_1{>}2.5$	$2.5{\geqslant}q_1{>}2.0$	$2.0{\geqslant}q_1{>}1.5$	$1.5{\geqslant}q_1{>}1.0$	$1.0{\geqslant}q_1{>}0.5$	$q_1{\leqslant}0.5$
单位面积分级指标值 $q_2[\text{m}^3/(\text{m}^2\cdot\text{h})]$	$12{\geqslant}q_2{>}10.5$	$10.5{\geqslant}q_2{>}9.0$	$9.0{\geqslant}q_2{>}7.5$	$7.5{\geqslant}q_2{>}6.0$	$6.0{\geqslant}q_2{>}4.5$	$4.5{\geqslant}q_2{>}3.0$	$3.0{\geqslant}q_2{>}1.5$	$q_2{\leqslant}1.5$

表 2 建筑外门窗水密性能分级表

分级	1	2	3	4	5	6
分级指标 ΔP（Pa）	$100{\leqslant}\Delta P{<}150$	$150{\leqslant}\Delta P{<}250$	$250{\leqslant}\Delta P{<}350$	$350{\leqslant}\Delta P{<}500$	$500{\leqslant}\Delta P{<}700$	$\Delta P{\geqslant}700$

表 3 建筑外门窗抗风压性能分级表

分级	1	2	3	4	5	6	7	8	9
分级指标值 P_3（kPa）	$1.0{\leqslant}P_3{<}1.5$	$1.5{\leqslant}P_3{<}2.0$	$2.0{\leqslant}P_3{<}2.5$	$2.5{\leqslant}P_3{<}3.0$	$3.0{\leqslant}P_3{<}3.5$	$3.5{\leqslant}P_3{<}4.0$	$4.0{\leqslant}P_3{<}4.5$	$4.5{\leqslant}P_3{<}5.0$	$P_3{\geqslant}5.0$

《混凝土外加剂》 GB 8076—2008

表1　　　　　　　　　　　　　　　　　　　　　　受检混凝土性能指标

项目		外加剂品种												
		高性能减水剂 HPWR			高效减水剂 HWR HWR		普通减水剂 WR			引气减水剂 AEWR	泵送剂 PA	早强剂 AC	缓凝剂 RC	引气剂 AE
		早强型 HP-WR-A	标准型 HP-WR-S	缓凝型 HP-WR-R	标准型 HWR-S	缓凝型 HWR-R	早强型 WR-A	标准型 WR-S	缓凝型 WR-R					
减水率（%，不小于）		25	25	25	14	14	8	8	8	10	12	—	—	6
泌水率比（%，不大于）		50	60	70	90	100	95	100	100	70	70	100	100	70
含气量（%）		≤6.0	≤6.0	≤6.0	≤3.0	≤4.5	≤4.0	≤4.0	≤5.5	≥3.0	≤5.5	—	—	≥3.0
凝结时间之差（min）	初凝 / 终凝	−90～ +90	−90～ +120	＞+90	−90～ +120	＞+90	−90～ +90	−90～ +120	＞+90	−90～ +120	—	−90～ +90	＞+90	−90～ +120
1h 经时变化量	坍落度（mm）	—	≤80	≤60	—	—	—	—	—	—	≤80	—	—	—
	含气量（%）									−1.5～ +1.5				−1.5～ +1.5
抗压强度比（%，不小于）	1d	180	170	—	140	—	135	—	—	—	—	135	—	—
	3d	170	160	—	130	—	130	115	—	115	—	130	—	95
	7d	145	150	140	125	125	110	115	110	110	115	110	100	95
	28d	130	140	130	120	120	100	110	110	100	110	100	100	90
收缩率比（%，不大于）	28d	110	110	110	135	135	135	135	135	135	135	135	135	135
相对耐久性（200次）（%，不小于）										80				80

注：1. 表中抗压强度比、收缩率比、相对耐久性为强制性指标，其余为推荐性指标；

2. 除含气量和相对耐久性外，表中所列数据为外掺外加剂混凝土与基准混凝土的差值或比值；

3. 凝结时间之差性能指标中的"−"号表示提前，"+"号表示延缓；

4. 相对耐久性（200次）性能指标中的"≥80"表示将28d龄期的受检混凝土试件快速冻融循环200次后，动弹性模量保留值≥80%；

5. 1h含气量经时变化量指标中"−"号表示含气量增加，"+"号表示含气量减少；

6. 其他品种的外加剂是否需要测定相对耐久性指标，由供、需双方协商决定；

7. 当用户对泵送剂等产品有特殊要求时，需要进行的补充试验方法及指标，由供需双方协商决定。

表 2　　　　　　　　　　　　　　　匀 质 性 指 标

项目	指　　　标
氯离子含量（%）	不超过生产厂控制值
总碱量（%）	不超过生产厂控制值
含固量（%）	$S>25\%$时，应控制在 0.95S～1.05S； $S\leqslant25\%$时，应控制在 0.90S～1.10S
含水率（%）	$W>5\%$时，应控制在 0.90W～1.10W； $W\leqslant5\%$时，应控制在 0.80W～1.20W
密度（g/cm³）	$D>1.1$时，应控制在 D±0.03；$D\leqslant1.1$时，应控制在 D±0.02
细度	应在生产厂控制范围内
pH 值	应在生产厂控制范围内
硫酸钠含量（%）	不超过生产厂控制值

注　1. 生产厂应在相关的技术资料中明示产品匀质性指标的控制值；
　　2. 对相同和不同批次之间的匀质性和等效性的其他要求，可由供需双方商定；
　　3. 表中的 S、W 和 D 色分别为含固量、含水率和密度的生产厂控制值。

《绝热用模塑聚苯乙烯泡沫塑料》GB/T 10801.1—2002

表 3　　　　　　　　　　　　　　　物 理 机 械 性 能

项目		单位	性能指标					
			Ⅰ	Ⅱ	Ⅲ	Ⅳ	Ⅴ	Ⅵ
表观密度　不小于		kg/m³	15	20	30	40	50	60
压缩强度　不小于		kPa	60	100	150	200	300	400
导热系数　不大于		W/(m·K)	0.041		0.039			
燃烧性能 （阻燃型）	氧指数 不小于	%	30					
	燃烧分级		达到 B2 级					

《预拌混凝土》GB/T 14902—2012

表8   混凝土拌和物稠度允许偏差   mm

项目	控制目标值	允许偏差
坍落度	≤40	±10
	50～90	±20
	≥100	±30
扩展度	≥350	±30

表9   混凝土拌和物中水溶性氯离子最大含量   水泥用量的质量百分比

环境条件	水溶性氯离子最大含量		
	钢筋混凝土	预应力混凝土	素混凝土
干燥环境	0.3	0.06	1.0
潮湿但不含氯离子的环境	0.2		
潮湿而含有氯离子的环境、盐渍土环境	0.1		
除冰盐等侵蚀性物质的腐蚀环境	0.06		

《建筑用硅酮结构密封胶》GB 16776—2005

表1   产 品 物 理 力 学 性 能

序号	项目		技术指标
1	下垂度	垂直放置（mm）	≤3
		水平放置	不变形
4	表干时间（h）		≤3
5	硬度（shore A）		20～60

序号	项 目			技术指标
6	拉伸粘结性	拉伸粘结强度（MPa）	23℃	≥0.60
			90℃	≥0.45
			−30℃	≥0.45
			浸水后	≥0.45
			水-紫外线光照后	≥0.45
		粘结破坏面积（%）		≤5
		23℃时最大拉伸强度时伸长率（%）		≥100
7	热老化	热失重（%）		≤10
		龟裂		无
		粉化		无

A. 3　　　　　　　　　　　　　　　　　**产 品 物 理 力 学 性 能**

试验项目		判定指标
附件同密封胶相容	颜色变化	试验试件与对比试件颜色变化一致
	玻璃与密封胶	试验试件、对比试件与玻璃粘结破坏面积的差值≤5%

《用于水泥和混凝土中的粒化高炉矿渣粉》GB/T 18046—2008

表1

项目		级别		
		S105	S95	S75
密度（g/cm³，≥）		2.8		
比表面积（m²/kg，≥）		500	400	300
活性指数（%，≥）	7d	95	75	55
	28d	105	95	75

续表

项目	级别		
	S105	S95	S75
流动度比（%，≥）	95		
含水量（%，≤）	1.0		
三氧化硫（%，≤）	4.0		
氯离子（%，≤）	0.06		
烧失量（%，≤）	3		
玻璃体含量（%，≥）	85		
放射性	合格		

《弹性体改性沥青防水卷材》GB 18242—2008

表 2　　　　　　　　　　　　材 料 性 能

		指　标				
项目		弹性体改性沥青防水卷材				
		Ⅰ 型		Ⅱ 型		
		PY	G	PY	G	PYG
可溶物含量（g/m²）		3mm≥2100				—
		4mm≥2900				—
		5mm≥3500				
拉伸性能	最大峰拉力（N/50mm）≥	500	350	800	500	900
	次高峰拉力（N/50mm）≥	—	—	—	—	800
	试验现象	拉伸过程中，试件中部无沥青涂盖层开裂或与胎基分离现象				
	最大峰延伸率（%）≥	30	—	40		—
	第二峰时延伸率（%）≥	—	—	—	—	15
耐热性	（℃）	90		105		
	（mm）≤	2				
	试验现象	无流淌、滴落				
低温柔性（℃）		−20		−25		
		无裂纹				
不透水性 30min		0.3MPa	0.2MPa	0.3MPa		

《光伏发电站监控系统技术要求》GB/T 31366—2015
附录 C
（资料性附录）
间隔层基本采集信息表

C.1　间隔层基本采集信息见表 C.1。

表 C.1　　　　　　　　　　　　　　　　　间隔层基本遥测信息

序号	对象	内容
1		高度角
2		方位角
3	太阳跟踪系统	运行状态
4		自动/手动状态
5		抗风雪状态
6		直流侧电压
7		直流侧电流
8		直流侧功率
9		交流侧电压 U_a
10		交流侧电压 U_b
11		交流侧电压 U_c
12	逆变器	交流侧电压 U_{ab}
13		交流侧电压 U_{bc}
14		交流侧电压 U_{ca}
15		交流侧电流 I_a
16		交流侧电流 I_b
17		交流侧电流 I_c
18		交流侧有功功率
19		交流侧无功功率

续表

序号	对象	内容
20	逆变器	交流侧功率因数
21		逆变器温度
22		日发电量
23		月发电量
24		年发电量
25		累计发电量
26		光伏逆变器最大可发有功
27		光伏逆变器无功输出范围
28	并网点	并网点电压 U_a
29		并网点电压 U_b
30		并网点电压 U_c
31		并网点电压 U_{ab}
32		并网点电压 U_{bc}
33		并网点电压 U_{ca}
34		并网点电流 I_a
35		并网点电流 I_b
36		并网点电流 I_c
37		并网点有功功率
38		并网点无功功率
39		并网点功率因数
40		并网点上网电量
41		并网点 A 相电压闪变
42		并网点 B 相电压闪变
43		并网点 C 相电压闪变
44		并网点 A 相电压偏差

序号	对象	内容
45	并网点	并网点 B 相电压偏差
46		并网点 C 相电压偏差
47		并网点 A 相频率偏差
48		并网点 B 相频率偏差
49		并网点 C 相频率偏差
50		并网点 A 相谐波 THD
51		并网点 B 相谐波 THD
52		并网点 C 相谐波 THD
53	主升压变压器	低压侧电压 U_a
54		低压侧电压 U_b
55		低压侧电压 U_c
56		低压侧电压 U_{ab}
57		低压侧电压 U_{bc}
58		低压侧电压 U_{ca}
59		低压侧电流 I_a
60		低压侧电流 I_b
61		低压侧电流 I_c
62		低压侧有功功率
63		低压侧无功功率
64		高压侧电压 U_a
65		高压侧电压 U_b
66		高压侧电压 U_c
67		高压侧电压 U_{ab}
68		高压侧电压 U_{bc}
69		高压侧电压 U_{ca}

序号	对象	内容
70	主升压变压器	高压侧电流 I_a
71		高压侧电流 I_b
72		高压侧电流 I_c
73		高压侧有功功率
74		高压侧无功功率
75	汇流箱	各组串直流输入电流
76		直流输出电流
77		直流母线电压
78	升压变电站母线数据	母线电压 U_a
79		母线电压 U_b
80		母线电压 U_c
81		母线电压 U_{ab}
82		母线电压 U_{bc}
83		母线电压 U_{ca}
84		线电压 U_{ab}
85		线电压 U_{bc}
86		线电压 U_{ca}
87		A 相电流
88		B 相电流
89		C 相电流

C.2 间隔层基本遥信信息见表 C.2。

表 C.2 　　　　　　　　　　　　　　　　　　　间隔层基本遥信信息

序号	对象	内容
1	光伏逆变器	直流过压
2		交流过压
3		交流欠压
4		初始停机
5		按键关机
6		保护动作总信号
7		××装置故障（异常、闭锁）
8		××保护动作信号
9	并网点	断路器位置状态
10		隔离刀闸
11		接地刀闸
12		远方/就地切换
13		保护动作总信号
14		控制回路断线
15		重合闸动作
16		××装置故障（异常、闭锁）
17		开关本体及操作机构故障
18		××保护动作信号
19		××保护动作信号
20	隔离升压变压器	高压侧断路器位置状态
21		低压侧断路器位置状态
22		高压侧隔离刀闸
23		低压侧隔离刀闸
24		高压侧开关远方/就地
25		低压侧开关远方/就地

序号	对象	内容
26		保护动作总信号
27	隔离升压变压器	××装置故障（异常、闭锁）
28		××保护动作信号
29		××保护动作信号
30		保护动作信号
31	汇流箱	××装置故障（异常、闭锁）
32		××保护动作信号
33		保护动作信号
34	汇流柜	××装置故障（异常、闭锁）
35		××保护动作信号

C.3 气象环境基本采集信息见表 C.3。

表 C.3　　　　　　　　　　　　　　　气象环境基本采集信息

序号	对象	内容
1		环境温度
2		环境湿度
3		电池板温度
4		风速
5	气象环境监测数据	风向
6		气压
7		太阳总辐射
8		直接辐射
9		散射辐射

《建筑地基基础设计规范》GB 50007—2011

表 6.3.7　　　　　　　　　　　　　　　　　　压实填土地基压实系数控制值

结构类型	填土部位	压实系数（λ_c）	控制含水量（%）
砌体承重及框架结构	在地基主要受力层范围内	≥0.97	
	在地基主要受力层范围以下	≥0.95	$W_{op} \pm 2$
排架结构	在地基主要受力层范围内	≥0.96	
	在地基主要受力层范围以下	≥0.94	

《混凝土结构设计规范》GB 50010—2010

表 3.5.3　　　　　　　　　　　　　　　　　　结构混凝土材料的耐久性基本要求

环境等级	最大水胶比	最低强度等级	最大氯离子含量（%）	最大碱含量（kg/m³）
一	0.60	C20	0.30	不限制
二 a	0.55	C25	0.20	
二 b	0.50（0.55）	C30（C25）	0.15	
三 a	0.45（0.50）	C35（C30）	0.15	3.0
三 b	0.40	C40	0.10	

注：1　氯离子含量系指其点胶凝材料的总量百分比；
　　2　预应力构件混凝土中的最大氯离子含量为 0.06%，其最低混凝土强度等级宜按表中的规定提高两个等级；
　　3　素混凝土构件的水胶比及最低强度等级的要求可适当放松；
　　4　有可靠工程经验时，二类环境中的最低混凝土强度等级可降低一个等级；
　　5　处于严寒和寒冷地区二 b、三 a 类环境中的混凝土应使用引气剂，并可采用括号中的有关参数；
　　6　当使用非碱活性骨料时，以混凝土中的碱含量可不作限制。

《工业建筑防腐蚀设计规范》GB 50046—2008

表 4.9.5　　　　　　　　　　　　　　　　　　　　混凝土桩身的防护

桩基础类型	防护措施	腐蚀性等级								
		SO$_4^{2-}$			Cl$^-$			pH 值		
		强	中	弱	强	中	弱	强	中	弱
预制钢筋混凝土桩	1. 提高桩身混凝土的耐腐蚀性能	采用抗硫酸盐硅酸盐水泥、掺入抗硫酸盐的外加剂、掺入矿物掺合料		可不防护	掺入钢筋阻锈剂、掺入矿物掺合料		可不防护	—	—	可不防护
	2. 增加混凝土腐蚀裕量（mm）	≥30	≥20		—	—		≥30	≥20	
	3. 表面涂刷防腐蚀涂层（μm）	厚度≥500	厚度≥300		厚度≥500	厚度≥300		厚度≥500	厚度≥300	
预应力混凝土管桩	1. 抗高桩身混凝土的耐腐蚀性能	不应采用此类桩型	采用抗硫酸盐硅酸盐水泥、掺入抗硫酸盐的外加剂、掺入矿物掺合料	可不防护	不宜采用此类桩型	掺入钢筋阻锈剂、掺入矿物掺合料	可不防护	—		可不防护
	2. 表面涂刷防腐蚀涂层（μm）	不应采用此类桩型	厚度≥300		不宜采用此类桩型	厚度≥300		不应采用此类桩型	厚度≥300	
混凝土灌注桩	1. 抗高桩身混凝土的耐腐蚀性能	采用抗硫酸盐硅酸盐水泥、掺入抗硫酸盐的外加剂、掺入矿物掺合料			不应采用此类桩型	掺入钢筋阻锈剂、掺入矿物掺合料		—	—	
	2. 表面涂刷防腐蚀涂层（μm）	≥40	≥20		不应采用此类桩型	—	—		≥40	≥20

《电气装置安装工程　高压电器施工及验收规范》GB 50147—2010

表 5.5.1　　六氟化硫气体的技术条件

指标项目		指标
六氟化硫的质量分数（％）　≥		99.9
空气质量分数（％）　≤		0.04
四氟化碳的质量分数（％）　≤		0.04
水分	水的质量分数（％）　≤	0.005
	漏点（℃）　≤	−49.7
酸度（以 HF 计）的质量分数（％）　≤		0.00002
可化解氟化物（以 HF 计）（％）　≤		0.0001
矿物油的质量分数（％）　≤		0.0004
毒性		生物实验无毒

表 5.5.2　　新六氟化硫气体的出样比例

每批气瓶数	选取的最小气瓶数
1	1
2～40	2
41～70	3
71 以上	4

《电气装置安装工程　电力变压器、油浸电抗器、互感器施工及验收规范》GB 50148—2010

表 4.3.1　　绝缘油取样数量

每批油的桶数	取样桶数	每批油的桶数	取样桶数
1	1	51～100	7
2～5	2	101～200	10
6～20	3	201～400	15
21～50	4	401 及以上	20

《电气装置安装工程　母线装置施工及验收规范》GB 50149—2010

表 3.1.14-1　　　　　　　　　　　　　　　　　室内配电装置的安全净距离　　　　　　　　　　　　　　　　　mm

符号	适用范围	图号	额定电压（kV）										
			0.4	1～3	6	10	15	20	35	60	110J	110	220J
A_1	1. 带电部分至接地部分之间 2. 网状和板状遮栏向上延伸线距地 2.3m 处与遮栏上方带电部分之间	图 3.1.14-1	20	75	100	125	150	180	300	550	850	950	1800
A_2	1. 不同相的带电部分之间 2. 断路器和隔离开关的断口两侧带电部分之间	图 3.1.14-1	20	75	100	125	150	180	300	550	900	1000	2000
B_1	1. 栅栏遮栏至带电部分之间 2. 交叉的不同时停电检修的无遮栏带电部分之间	图 3.1.14-1 图 3.1.14-2	800	825	850	875	900	930	1050	1300	1600	1700	2550
B_2	网状遮栏至带电部分之间	图 3.1.14-1 图 3.1.14-2	100	175	200	225	250	280	400	650	950	1050	1900
C	无遮栏裸导体至地（楼）面之间	图 3.1.14-1	2300	2375	2400	2425	2450	2480	2600	2850	3150	3250	4100
D	平行的不同时停电检修的无遮栏裸导体之间	图 3.1.14-1	1875	1875	1900	1925	1950	1980	2100	2350	2650	2750	3600
E	通向室外的出线套管至室外通道的路面	图 3.1.14-2	3650	4000	4000	4000	4000	4000	4000	4500	5000	5000	6500

注：1　110J、220J 指中性点直接接地电网。
　　2　网状遮栏至带电部分之间为板状遮栏时，其 B_2 值可取 A_1＋30mm。
　　3　通向室外的出线套管至室外通道的路面，当出线套管外侧为室外配电装置时，其至室外地面的距离不应小于表 3.1.14-2 中所列室外部分的 C 值。
　　4　海拔超过 1000m 时，A 值应按图 3.1.14-6 进行修正。
　　5　本表不适用于制造厂生产的成套配电装置。

表 3.1.14-2　　　　　　　　　　　　　　　　　室外配电装置的安全净距离　　　　　　　　　　　　　　　　　mm

符号	适用范围	图号	额定电压（kV）										
			0.4	1～10	15～20	35	60	110J	110	220J	330J	550J	750J
A_1	1. 带电部分至接地部分之间 2. 网状遮栏向上延伸距地面 2.5m 处遮栏上方带电部分之间	图 3.1.14-3 图 3.1.14-4 图 3.1.14-5	75	200	300	400	650	900	1000	1800	2500	3800	5600/ 5950

续表

符号	适用范围	图号	额定电压（kV）										
			0.4	1～10	15～20	35	60	110J	110	220J	330J	550J	750J
A_2	1. 不同相的带电部分之间 2. 断路器和隔离开关的断口两侧引线带电部分之间	图 3.1.14-3	75	200	300	400	650	1000	1100	2000	2800	4300	7200/8000
B_1	1. 设备运输时，其外廓至无遮栏带电部分之间 2. 交叉的不同时停电检修的无遮栏带电部分之间 3. 栅栏遮栏至绝缘体和带电部分 4. 带电作业时的带电部分至接地部分之间	图 3.1.14-3 图 3.1.14-4 图 3.1.14-5	825	950	1050	1150	1400	1650	1750	2550	3250	4550	6250/6700
B_2	网状遮栏至带电部分之间	图 3.1.14-4	175	300	400	500	750	1000	1100	1900	2600	3900	5600/6050
C	1. 无遮栏裸导体至地面之间 2. 无遮栏裸导体至建筑物、构筑物顶部之间	图 3.1.14-4 图 3.1.14-5	2500	2700	2800	2900	3100	3400	3500	4300	5000	7500	12000/12000
D	1. 平行的不同时停电检修的无遮栏带电部分之间 2. 带电部分与建筑物、构筑物的边沿部分之间	图 3.1.14-3 图 3.1.14-4	2000	2200	2300	2400	2600	2900	3000	3800	4500	5800	7500/7950

注：1　110J、220J、330J、500J、750J 指中性点直接接地电网。

2　栅栏遮栏至绝缘体和带电部分之间，对于 220kV 及以上电压，可按绝缘体电位的实际分布，采用相应的 B 值检验，此时可允许栅栏遮栏与绝缘体的距离小于 B_1 值。当无给定的分布电位时，可按线性分部计算。500kV 及以上相间通道的安全净距，可按绝缘体电位的实际分布检验；当无给定的分布电位时，可按线性分布计算。

3　带电作业时的带电部分至接地之间（110J～500J），带电作业时，不同相或交叉的不同回路带电部分之间 B_1 值可取 A_1+30mm。

4　500kV 的 A_1 值，双分裂软导线至接地部分之间可取 3500mm。

5　除额定电压 750J 外，海拔 100m 时，A 值应按图 3.1.14-6 进行修正；750J 栏内"/"前为海拔 1000m 的安全净距，"/"后为海拔 2000m 的安全净距。

6　本表不适用于制造厂生产的成套配单装置。

表 3.3.3　　　　　　　　　　　　　　　　　　　钢制螺栓的紧固力矩值

螺栓规格（mm）	力矩值（N·m）	螺栓规格（mm）	力矩值（N·m）
M8	8.8～10.8	M16	78.5～98.1
M10	17.7～22.6	M18	98.0～127.4
M12	31.4～39.2	M20	156.9～196.2
M14	51.0～60.8	M24	274.6～343.2

《电气装置安装工程　电气设备交接试验标准》GB 50150—2016（报批稿）

表 8.0.9　　　　　　　　　　　　　　　　　油浸式电力变压器绝缘电阻的温度换算系数

温度差（K）	5	10	15	20	25	30	35	40	45	50	55	60
换算系数 A	1.2	1.5	1.8	2.3	2.8	3.4	4.1	5.1	6.2	7.5	9.2	11.2

注：1　表中 K 为实测温度减去 20℃ 的绝对值。
　　2　测量温度以上层油温为准。

表 17.0.5　　　　　　　　　　　　　橡塑电缆 20Hz～300Hz 交流耐压试验电压和时间

额定电压 U_0/U	试验电压	时间（min）
18/30kV 及以下	$2U_0$	15（或 60）
21/35kV～64/110kV	$2U_0$	60
127/220kV	$1.7U_0$（或 $1.4U_0$）	60
190/330kV	$1.7U_0$（或 $1.3U_0$）	60
290/500kV	$1.7U_0$（或 $1.1U_0$）	60

表 19.0.1　　　　　　　　　　　　　　　　　绝缘油的试验项目及标准

序号	项目	标准	说明
1	外状	透明，无杂质或悬浮物	外观目视
2	水溶性酸（pH 值）	＞5.4	按 GB/T 7598 中的有关要求进行试验
3	酸值（以 KOH 计）（mg/g）	≤0.03	按 GB/T 264 中的有关要求进行试验
4	闪点（闭口）（℃）	≥135	按 GB 261 中的有关要求进行试验
5	水含量（mg/L）	330kV～750kV：≤10 220kV：≤15 110kV 及以下电压等级：≤20	按 GB/T 7600 或 GB/T 7601 中的有关要求进行试验
6	界面张力（25℃）（mN/m）	≥40	按 GB/T 6541 中的有关要求进行试验
7	介质损耗因数 tanδ（％）	90℃时 注入电气设备前≤0.5 注入电气设备前≤0.7	按 GB/T 5654 中的有关要求进行试验

序号	项目	标准	说明
8	击穿电压	750kV：≥70kV 500kV：≥60kV 330kV：≥50kV 60kV～220kV：≥40kV 35kV 及以下电压等级：≥35kV	1　按 GB/T 507 中的有关要求进行试验 2　该指标为平板电极测定值，其他电极可参考 GB/T 7595—2008
9	体积电阻率（90℃），Ω·m	≥6×10^{10}	按 GB/T 5654 或 DL/T 421 中的有关要求进行试验
10	油中含气量,%（体积分数）	330kV～750kV：≤1.0	按 DL/T 423 或 DL/T 703 中的有关要求进行试验（只对 330kV 及以上电压等级进行）
11	油泥与沉淀物,%（质量分数）	≤0.02	按 GB/T 511 中的有关要求进行试验
12	油中溶解气体组分含量色谱分析	见有关章节	按 GB/T 17623 或 GB/T 7252 及 DL/T 722 中的有关要求进行试验
13	变压器油中颗粒度限值	500kV 及以上交流变压器：投运前（热油循环后）100mL 油中大于 5μm 的颗粒数≤2000 个	按 DL/T 1096 中的有关要求进行试验

表 19.0.2　　　　　　　　　　　　　　　　　电气设备绝缘油试验分类

试验类别	适用范围
击穿电压	1　6kV 以上电气设备内的绝缘油或新注入设备前、后的绝缘油； 2　对下列情况之一者，可不进行击穿电压试验： 1）35kV 以下互感器，其主绝缘试验已合格的； 2）按本标准有关规定不需取油的
简化分析	准备注入变压器、电抗器、互感器、套管的新油，应按表 18.0.1 中的第 2～9 项规定进行
全分析	对油的性能有怀疑时，应按表 19.0.1 中的全部项目进行

表 19.0.3　　　　　　　　　　　　　　　　　随 机 取 样 瓶 数 表

每批气瓶数	选取的最少气瓶数	每批气瓶数	选取的最少气瓶数
1	1	41～70	3
2～40	2	71 以上	4

表 25.0.3　　　　　　　　　　　　　　　　　接 地 阻 抗 规 定 值

接地网类型	要求
有效接地系统	$Z\leqslant 2000/I$ 或 $Z\leqslant 0.5\Omega$（当 $I>4000A$ 时） 式中　I——经接地装置流入地中的短路电流（A）； 　　　　Z——考虑季节变化的最大接地阻抗（Ω）。 注：当接地阻抗不符合以上要求时，可通过技术经济比较增大接地阻抗，但不得大于 5Ω。 同时应结合地面电位测量对接地装置综合分析。为防止转移电位引起的危害，应采取隔离措施
非有效接地系统	1. 当接地网与 1kV 及以下电压等级设备共用接地时，接地阻抗 $Z\leqslant 120/I$； 2. 当接地网仅用于 1kV 以上设备时，接地阻抗 $Z\leqslant 250/I$； 3. 上述两种情况下，接地阻抗一般不得大于 10Ω
1kV 以下电力设备	使用同一接地装置的所有这类电力设备，当总容量$\geqslant 100kVA$ 时，接地阻抗不宜大于 4Ω；如总容量$<100kVA$ 时，则接地阻抗允许大于 4Ω，但不大于 10Ω
独立微波站	接地阻抗不宜大于 5Ω
独立避雷针	接地阻抗不宜大于 10Ω 注：当与接地网连在一起时可不单独测量
发电厂烟囱附近的吸风机及该处装设的集中接地装置	接地阻抗不宜大于 10Ω 注：当与接地网连在一起时可不单独测量
独立的燃油、易爆气体储罐及其管道	接地阻抗不宜大于 30Ω（无独立避雷针保护的露天储罐不应超过 10Ω）
露天配电装置的集中接地装置及独立避雷针（线）	接地阻抗不宜大于 10Ω
有架空地线的线路杆塔	当杆塔高度在 40m 以下时，按下列要求；当杆塔高度$\geqslant 40m$ 时，则取下列值的 50%；但当土壤电阻率大于 $2000\Omega\cdot m$ 时，接地阻抗难以达到 15Ω 时，可放宽至 20Ω。 土壤电阻率$\leqslant 500\Omega\cdot m$ 时，接地阻抗 10Ω； 土壤电阻率 $500\Omega\cdot m\sim 1000\Omega\cdot m$ 时，接地阻抗 20Ω； 土壤电阻率 $1000\Omega\cdot m\sim 2000\Omega\cdot m$ 时，接地阻抗 25Ω； 土壤电阻率$>2000\Omega\cdot m$ 时，接地阻抗 30Ω
与架空线直接连接的旋转电机进线段上避雷器	接地阻抗不宜大于 3Ω

续表

接地网类型	要求
无架空地线的线路杆塔	1. 非有效接地系统的钢筋混凝土杆、金属杆：接地阻抗不宜大于30Ω； 2. 中性点不接地的低压电力网线路的钢筋混凝土杆、金属杆：接地阻抗不宜大于50Ω； 3. 低压进户线绝缘子铁脚的接地阻抗：接地阻抗不宜大于30Ω

注：扩建接地网应在与原接地网连接后进行测试。

表A　　　　　　　　　　　　　　特　殊　试　验　项　目

序号	条款	内　　容
1	4.0.4	定子绕组直流耐压试验
2	4.0.5	定子绕组交流耐压试验
3	4.0.14	测量转子绕组的交流阻抗和功率损耗
4	4.0.15	测量三相短路特性曲线
5	4.0.16	测量空载特性曲线
6	4.0.17	测量发电机空载额定电压下灭磁时间常数和转子过电压倍数
7	4.0.18	发电机定子残压
8	4.0.20	测量轴电压
9	4.0.21	定子绕组端部动态特性
10	4.0.22	定子绕组端部手包绝缘施加直流电压测量
11	4.0.23	转子通风试验
12	4.0.24	水流量试验
13	5.0.10	测量直流发电机的空载特性和以转子绕组为负载的励磁机负载特性曲线
14	6.0.5	测量空载特性曲线
15	8.0.11	变压器绕组变形试验
16	8.0.13	绕组连同套管的长时感应电压试验带局部放电测量
17	10.0.9（1）	用于关口计量的互感器（包括电流互感器、电压互感器和组合互感器）应进行误差测量
18	10.0.12（2）	电容式电压互感器（CVT）检测 CVT电磁单元因结构原因不能将中压联线引出时，必须进行误差试验，若对电容分压器绝缘有怀疑时，应打开电磁单元引出中压联线进行额定电压下的电容量和介质损耗因数 $\tan\delta$ 的测量

续表

序号	条款	内　容
19	17.0.5	35kV 及以上电压等级橡塑电缆交流耐压试验
20	17.0.9	电力电缆线路局部放电测量
21	18.0.6	冲击合闸试验
22	20.0.3	测量金属氧化物避雷器的工频参考电压和持续电流
23	24.0.3	测量 110（66）kV 及以上线路的工频参数
24	25.0.4	场区地表电位梯度、接触电位差、跨步电压和转移电位测量
25	I.0.3	交叉互联性能检验
26	全标准中	110（66）kV 及以上电压等级电气设备的交、直流耐压试验（或高电压测试）
27	全标准中	各种电气设备的局部放电试验
28	全标准中	SF_6 气体（除含水量检验及检漏）和绝缘油（除击穿电压试验外）试验

表 G. 0. 2-1　　　　　　　　　　　　　　　　　附装失压脱扣器的脱扣试验

电源电压与额定电源电压的比值	小于 35％*	大于 65％	大于 85％
失压脱扣器的工作状态	铁心应可靠地释放	铁心不得释放	铁心应可靠地吸合

*　当电压缓慢下降至规定比值时，铁心应可靠地释放。

《混凝土质量控制标准》GB 50164—2011

表 6. 6. 14　　　　　　　　　　　　混凝土拌和物从搅拌机卸出料后到浇筑完毕的延续时间

混凝土生产地点	气温	
	≤25℃	>25℃
预拌混凝土搅拌站	150	120
施工现场	120	60
混凝土制品厂	90	60

《电气装置安装工程　电缆线路施工及验收规范》GB 50168—2006

表 5.1.7　　　　　　　　　　　　　　　电缆最小弯曲半径

电缆型式		多芯	单芯
控制电缆	非铠装型、屏蔽型软电缆	6D	——
	铠装型、铜屏蔽型	12D	
	其他	10D	
橡皮绝缘电力电缆	无铅包、钢铠护套	10D	
	裸铅包护套	15D	
	钢铠护套	20D	
塑料绝缘电缆	无铠装	15D	20D
	有铠装	12D	15D
油浸纸绝缘电力电缆	铅套	30D	
	铅套　有铠装	15D	20D
	铅套　无铠装	20D	——
自容式充油（铅包）电缆		——	20D

注：表中 D 为电缆外径。

表 5.1.16　　　　　　　　　　　　　　　电缆允许敷设最低温度

电缆类型	电缆结构	允许敷设最低温度（℃）
油浸纸绝缘电力电缆	充油电缆	−10
	其他油纸电缆	0
橡皮绝缘电力电缆	橡皮或聚氯乙烯护套	−15
	铅护套钢带铠装	−7
塑料绝缘电力电缆	——	0
控制电缆	耐寒护套	−20
	橡皮绝缘聚氯乙烯护套	−15
	聚氯乙烯绝缘聚氯乙烯护套	−10

表5.2.3 电缆之间，电缆与管道、道路、建筑物之间平行和交叉时的最小净距 m

项目		最小净距	
		平行	交叉
电力电缆间及其与控制电缆间	10kV 及以下	0.10	0.50
	10kV 以上	0.25	0.50
控制电缆间		—	0.50
不同使用部门的电缆间		0.50	0.50
热管道（管沟）及热力设备		2.00	0.50
油管道（管沟）		1.00	0.50
可燃气体及易燃液体管道（沟）		1.00	0.50
其他管道（管沟）		0.50	0.50
铁路路轨		3.00	1.00
电气化铁路路轨	交流	3.00	1.00
	直流	10.00	1.00
公路		1.50	1.00
城市街道路面		1.00	0.70
杆基础（边线）		1.00	—
建筑物基础（边线）		0.60	—
排水沟		1.00	0.50

注：1 电缆与公路平行的净距，当情况特殊时可酌减。
  2 当电缆穿管或者其他管道有保温层等防护设施时，表中净距应从管壁或防护设施的外壁算起。
  3 电缆穿管敷设时，与公路、街道路面、杆塔基础、建筑物基础、排水沟等的平行最小间距可按表中数据减半。

表6.1.9 电缆终端接地线截面 mm²

电缆截面	接地线截面
16 及以上	接地线截面可与芯线截面相同
16 以下～120	16
150 及以上	25

表8.4.1　　　　　　　　　　　　　　　　　室内外配电装置的安全净距　　　　　　　　　　　　　　　　　　　mm

运行电压（kV）		10	20	35	66	110	220
室内	相—相	125	180	300	550	900	2000
	带电部位—地					850	1800
室外	相—相	200	300	400	650	1000	2000
	带电部位—地					900	1800

《电气装置安装工程　66kV及以下架空电力线路施工及验收规范》GB 50173—2014

表3.5.2　　　　　　　　　　　　　　　　　　　瓷 件 外 观 质 量

类别	瓷件分类	单个缺陷						外表面缺陷总面积（mm²）
	$H \times D$（cm²）	斑点、杂质、烧缺、气泡等直径（mm）	粘釉或碰损面积（mm²）	缺釉		深度或高度（mm）		
				内表面（mm²）	外表面（mm²）			
1	$H \times D \leqslant 50$	3	20.0	80.0	40.0	1		100.0
2	$50 < H \times D \leqslant 400$	3.5	25.0	100.0	50.0	1		150.0（100.0）
3	$400 < H \times D \leqslant 1000$	4	35.0	140.0	70.0	2		200.0（140.0）
4	$1000 < H \times D \leqslant 3000$	5	40.0	160.0	80.0	2		400.0
5	$3000 < H \times D \leqslant 7500$	6	50.0	200.0	100.0	2		600.0
6	$7500 < H \times D \leqslant 15000$	9	70.0	280.0	140.0	2		1200.0
7	$15000 < H \times D$	12	100.0	400.0	200.0	2		$100 + \dfrac{HD}{1000}$

注：1　表中 H 为瓷件高度或长度（cm）；D 为瓷件最大外径（cm）。
　　2　内表面（内孔及胶装部位，但不包括悬式头部胶装部位）缺陷总面积不作规定。
　　3　括弧内数值适用于线路针式或悬式地缘子的瓷件。

表 6.2.14 单腿尺寸允许偏差

项目	允许偏差
保护层厚度（mm）	−5
立柱及各底座断面尺寸	−1%
同组地脚螺栓中心对立柱中心偏移（mm）	10
地脚螺栓露出混凝土高度（mm）	+10，−5

表 6.2.15 拉线基础允许偏差

项目		允许偏差
基础尺寸	断面尺寸	−1%
	拉环中心与设计位置的偏移 mm	20%
基础位置	拉环中心在拉线方向前、后、左、右与设计位置的偏移	1%L
	X 型拉线	应符合设计要求，并保证铁塔组立后交叉点的拉线不磨碰

表 6.2.16 整基基础尺寸施工允许偏差

项目		地脚螺栓式		主角钢插入式	
		直线	转角	直线	转角
整基基础中心与中心桩间的位移（mm）	横线路方向	30	30	30	30
	顺线路方向	—	30	—	30
基础根开及对角线尺寸（‰）		±2		±1	
基础顶面或主角钢操平印记间相对高差（mm）		5		5	
整基基础扭转（′）		10		10	

表 7.1.6 　　　　　　　　　　　　　　　　　　4.8 级螺栓紧固扭矩　　　　　　　　　　　　　　　　　　N·m

螺栓规格	扭矩值
M12	≥40
M16	≥80
M20	≥100
M24	≥250

表 7.1.8 　　　　　　　　　　　　　　　　　　杆塔组立及架线后的允许偏差

偏差项目	偏差值
拉线门型塔结构根开	±2.5‰
拉线门型塔结结构面与横线路方向扭转	±4‰
拉线门型塔横担在主柱连接处的高差	2‰
直线塔结构倾斜	3‰
直线塔结构中心与中心桩向横线路方向位移	50mm
转角塔结构中心与中心桩向横、顺线路方向位移	50mm
等截面拉线塔主柱弯曲	2‰

表 7.1.10 　　　　　　　　　　　　　　　　　　采用冷矫正法的角钢变形限度

角钢宽度（mm）	变形限度（‰）
40	35
45	31
50	28
56	25
63	22
70	20
75	19

续表

角钢宽度（mm）	变形限度（‰）
80	17
90	15
100	14
110	12.7
125	11
140	10
160	9
180	8
200	7

表 8.4.11　　　　　　　　　　　　　　　钳压管压口数及压后尺寸

导线型号		压口数	压后尺寸 D（mm）	钳压部位尺寸（mm）		
				a_1	a_2	a_3
铝绞线	LJ-16	6	10.5	28	20	34
	LJ-25	6	12.5	32	20	34
	LJ-35	6	14.0	36	25	43
	LJ-50	8	16.5	40	25	45
	LJ-70	8	19.5	44	28	50
	LJ-95	10	23.0	48	32	56
	LJ-120	10	26.0	52	33	59
	LJ-150	10	30.0	56	34	62
	LJ-185	10	33.5	60	35	65

导线型号		压口数	压后尺寸 D（mm）	钳压部位尺寸（mm）		
				a_1	a_2	a_3
钢芯铝绞线	LGJ-16/3	12	12.5	28	14	28
	LGJ-25/4	14	14.5	32	15	31
	LGJ-35/6	14	17.5	34	42.5	93.5
	LGJ-50/8	16	20.5	38	48.5	105.5
	LGJ-70/10	16	25.0	46	54.5	123.5
	LGJ-95/20	20	29.0	54	61.5	142.5
	LGJ-120/20	24	33.0	62	67.5	160.5
	LGJ-150/20	24	36.0	64	70	166
	LGJ-185/25	26	39.0	66	74.5	173.5
	LGJ-240/30	2×4	43.0	62	68.5	161.5

表 8.5.8　　　　　　　　　　　　　　　相间弧垂偏差最大值

线路电压等级	10kV 及以下	35kV～66kV
相间弧垂偏差最大值（mm）	50	200

《民用闭路监视电视系统工程技术规范》GB 50198—1995

表 4.3.1-1　　　　　　　　　　　　　　　五级损伤制评分分级

图像质量损伤的主管评价	评分分级
图像上不觉察有损伤或干扰存在	5
图像上稍有可觉察有损伤或干扰，但并不令人讨厌	4
图像上有明显的损伤或干扰，令人感到讨厌	3
图像上损伤或干扰较严重，令人相当讨厌	2
图像上损伤或干扰极严重，不能观看	1

《建筑地基基础工程施工质量验收规范》GB 50202—2002

表 4.7.4 注浆地基质量检验标准

类别	序号	检查项目		允许偏差或允许值		检查方法
				单位	数值	
主控项目	1	原材料检验	水泥	设计要求		查产品合格证书或抽样送检
			注浆用砂：粒径	mm	<2.5	试验室试验
			细度模数	mm	<2.0	
			含泥量及有机物含量	%	<3	
			注浆用黏土：塑性指数		>14	试验室试验
			粘粒含量	%	>25	
			含砂量	%	<5	
			有机物含量	%	<3	
			粉煤灰：细度	不粗于同时使用的水泥		试验室试验
			烧失量	%	<3	
			水玻璃：模数	2.5～3.3		抽样送检
	2	注浆体强度		设计要求		取样检验
	3	地基承载力		设计要求		按规定方法
一般项目	1	各种注浆材料称量误差		%	<3	抽查
	2	注浆孔位		mm	±20	用钢尺量
	3	注浆孔深		mm	±100	量测注浆管长度
	4	注浆压力（与设计参数比）		%	±10	检查压力表读数

表 4.10.4 高压喷射注浆地基质量检验标准

类别	序号	检查项目	允许偏差或允许值		检查方法
			单位	数值	
主要项目	1	水泥及外掺剂质量	符合出厂要求		查产品合格证书或抽样送检
	2	水泥用量	设计要求		查看流量表及水泥浆水灰比
	3	桩体强度或完整性检验	设计要求		按规定方法
	4	地基承载力	设计要求		按规定方法

类别	序号	检查项目	允许偏差或允许值		检查方法
			单位	数值	
一般项目	1	钻孔位置	mm	≤50	用钢尺量
	2	钻孔垂直度	%	≤1.5	经纬仪测钻杆或实测
	3	孔深	mm	±200	用钢尺量
	4	注浆压力	按设定参数指标		查看压力表
	5	桩体搭接	mm	>200	用钢尺量
	6	桩体直径	mm	≤50	开挖后用钢尺量
	7	桩身中心允许偏差		≤0.2D	开挖后桩顶下500mm处用钢尺量，D为桩径

表 4.11.5　　　　　　　　　　　　　　　　　　　水泥土搅拌桩地基质量检验标准

项	序号	检查项目	允许偏差或允许值		检查方法
			单位	数值	
主控项目	1	水泥及外掺剂质量	设计要求		查产品合格证书或抽样送检
	2	水泥用量	参数指标		查看流量计
	3	桩体强度	设计要求		按规定办法
	4	地基承载力	设计要求		按规定办法
一般项目	1	机头提升速度	m/min	≤0.5	量机头上升距离及时间
	2	桩底标高	mm	±200	测机头深度
	3	桩顶标高	mm	+100 −50	水准仪（最上部500mm不计入）
	4	桩位偏差	mm	<50	用钢尺量
	5	桩径		<0.04D	用钢尺量，D为桩径
	6	垂直度	%	≤1.5	经纬仪
	7	搭接	mm	>200	用钢尺量

表 4.12.4 土和灰土挤密桩地基质量检验标准

项	序号	检查项目	允许偏差或允许值		检查方法
			单位	数值	
主控项目	1	桩体及桩间土干密度	设计要求		现场取样检查
	2	桩长	mm	＋500	测桩管长度或垂球测孔深
	3	地基承载力	设计要求		按规定的方法
	4	桩径	mm	－20	用钢尺量
一般项目	1	土料有机质含量	％	≤5	试验室焙烧法
	2	石灰粒径	mm	≤5	筛分法
	3	桩位偏差		满堂布桩≤0.40D	用钢尺量，D 为桩径
				条基布桩≤0.25D	
	4	垂直度	％	≤1.5	用经纬仪测桩管
	5	桩径	mm	－20	用钢尺量

注：桩径允许偏差负值是指个别断面。

表 4.13.4 水泥粉煤灰碎石桩复合地基质量检验标准

项	序号	检查项目	允许偏差或允许值		检查方法
			单位	数值	
主控项目	1	原材料	设计要求		查产品合格证书或抽样送检
	2	桩径	mm	－20	用钢尺量或计算填料量
	3	桩身强度	设计要求		查 28d 试块强度
	4	地基承载力	设计要求		按规定的办法
一般项目	1	桩身完整性	按桩基检测技术规范		按桩基检测技术规范
	2	桩位偏差	满堂布桩≤0.40D 条基布桩≤0.25D		用钢尺量，D 为桩径
	3	桩垂直度	％	≤1.5	用经纬仪测桩管
	4	桩长	mm	＋100	测桩管长度或垂球测孔深
	5	褥垫层夯填度	≤0.9		用钢尺量

注：1 夯填度指夯实后的褥垫层厚度与虚体厚度的比值。
　　2 桩径允许偏差负值是指个别断面。

表 4.14.4　　　　　　　　　　　　　　**夯实水泥土桩复合地基质量检验标准**

项	序号	检查项目	允许偏差或允许值		检查方法
			单位	数值	
主控项目	1	桩径	mm	−20	用钢尺量
	2	桩长	mm	＋500	测桩孔深度
	3	桩体干密度	设计要求		现场取样检查
	4	地基承载力	设计要求		按规定的方法
一般项目	1	土料有机质含量	％	≤5	焙烧法
	2	含水量（与最优含水量比）	％	±2	烘干法
	3	土料粒径	mm	≤20	筛分法
	4	水泥质量	设计要求		查产品质量合格证书或抽样送检
	5	桩位偏差	满堂布桩≤0.40D		用钢尺量，D 为桩径
			条基布桩≤0.25D		
	6	桩孔垂直度	％	≤1.5	用经纬仪测桩管
	7	褥垫层夯填度	≤0.9		用钢尺量

表 5.1.3　　　　　　　　　　　　　　**预制桩（钢桩）桩位的允许偏差**　　　　　　　　　　　　　mm

项	项目	允许偏差
1	盖有基础梁的桩： （1）垂直基础梁中心线 （2）沿基础梁中心线	$100＋0.01H$ $150＋0.01H$
2	桩数为 1～3 根桩基中的桩	100
3	桩数为 4～16 根桩基中的桩	1/2 桩径或边长
4	桩数大于 16 根桩基中的桩： （1）最外边桩 （2）中间桩	1/3 桩径或边长 1/2 桩径或边长

注：H 为施工现场地面标高与桩顶设计标高的距离。

表 5.1.4 灌注桩的平面位置和垂直度的允许偏差

序号	成孔方式		桩径允许偏差（mm）	垂直度允许偏差（%）
1	泥浆护壁灌注桩	$D \leqslant 1000mm$	±50	<1
		$D > 1000mm$	±50	
2	套管成孔灌注桩	$D \leqslant 500mm$	±20	<1
		$D > 500mm$		
3	干成孔灌注桩		-20	<1
4	人工挖孔桩	混凝土护壁	50	<0.5
		钢套管护壁	50	<1

表 5.4.1 预制桩钢筋骨架质量检验标准 mm

项	序号	检查项目	允许偏差或允许值	检查方法
主控项目	1	主筋距桩顶距离	±5	用钢尺量
	2	多节桩锚固钢筋位置	5	用钢尺量
	3	多节桩预埋铁件	±3	用钢尺量
	4	主筋保护层厚度	±5	用钢尺量
一般项目	1	主筋间距	±5	用钢尺量
	2	桩尖中心线	10	用钢尺量
	3	箍筋间距	±20	用钢尺量
	4	桩顶钢筋网片	±10	用钢尺量
	5	多节桩锚固钢筋长度	±10	用钢尺量

表 5.5.4-1 成品钢桩质量检验标准

项	序号	检查项目	允许偏差或允许值		检查方法
			单位	数值	
主控项目	1	钢桩外径或断面尺寸：桩端 桩身		±0.5%D ±1D	用钢尺量，D 为外径或边长
	2	矢高		<1/1000l	用钢尺量，l 为桩长

项	序号	检查项目	允许偏差或允许值		检查方法
			单位	数值	
一般项目	1	长度	mm	+10	试验室测定
	2	端部平整度	mm	≤2	焙烧法
	3	H 钢桩的方正度　h＞300 　h＜300	mm mm	$T+T'≤8$ $T+T'≤6$	用钢尺量，h、T、T' 见图示
	4	端部平面与桩中心线的倾斜值	mm	≤2	用水平尺量

表 5.5.4-2　　钢桩施工质量检验标准

项	序号	检查项目	允许偏差或允许值		检查方法
			单位	数值	
主控项目	1	桩位偏差	见本规范表 5.1.3		用钢尺量
	2	承载力	按基桩检测技术规范		按基桩检测技术规范
一般项目	1	电焊接桩焊接： （1）上下端部错口 （外径≥700mm） （外径＜700mm） （2）焊缝咬边深度 （3）焊缝加强层高度 （4）焊缝加强层宽度 （5）焊缝电焊质量外观 （6）焊缝探伤检验	 mm mm mm mm mm 无气孔，无焊瘤，无裂缝 满足设计要求	 ≤3 ≤2 ≤0.5 2 2 	 用钢尺量 用钢尺量 焊缝检查仪 焊缝检查仪 焊缝检查仪 直观 按设计要求
	2	电焊结束后停歇时间	min	＞1.0	秒表测定
	3	节点弯曲矢高		$<1/1000l$	用钢尺量，l 为两节桩长
	4	桩顶标高	mm	±50	水准仪
	5	停锤标准	设计要求		用钢尺量或沉桩记录

表 5.6.4-1 混凝土灌注桩钢筋笼质量检验标准 mm

项	序号	检查项目	允许偏差或允许值	检查方法
主控项目	1	主筋间距	±10	用钢尺量
	2	长度	±100	用钢尺量
一般项目	1	钢筋材质检验	设计要求	抽样送检
	2	箍筋间距	±20	用钢尺量
	3	直径	±10	用钢尺量

表 5.6.4-2 混凝土灌注桩质量检验标准 mm

项	序号	检查项目	允许偏差或允许值		检查方法
			单位	数值	
主控项目	1	桩位	见本规范 5.1.4		基坑开挖前量护筒，开挖后量桩中心
	2	孔深	mm	+300	只深不浅，用重锤测，或测钻杆、套管长度，嵌岩桩应确保进入设计要求的嵌岩深度
	3	桩体质量检验	按基桩检测技术规范，如钻芯取样，大直径嵌岩桩应钻至桩尖下 50cm		按基桩检测技术规范
	4	混凝土强度	设计要求		试件报告或钻芯取样送检
	5	承载力	按基桩检测技术规范		按基桩检测技术规范
一般项目	1	垂直度	见本规范 5.1.4		测套管或钻杆，或用超声波探测，干施工时吊垂球
	2	桩径	见本规范 5.1.4		井径仪或超声波检测，干施工时用钢尺量，人工挖孔桩不包括内衬厚度
	3	泥浆比重（黏土或砂性土中）	1.15～1.20		用比重计测，清孔后在距孔底 50cm 处取样
	4	泥浆面标高（高于地下水位）	m	0.5～1.0	目测
	5	沉渣厚度：端承桩 摩擦桩	mm mm	≤50 ≤150	用沉渣仪或重锤测量

项	序号	检查项目	允许偏差或允许值		检查方法
			单位	数值	
一般项目	6	混凝土坍落度：水下灌注 干施工	mm mm	160～220 70～100	坍落仪
	7	钢筋笼安装深度	mm	±100	用钢尺量
	8	混凝土充盈系数		＞1	检查每根桩的实际灌注量
	9	桩顶标高	mm	＋30 －50	水准仪，需扣除桩顶浮浆层及劣质桩体

表 6.3.3　　　　　　　　　　　　　　　　　填土施工时的分层厚度及压实遍数

压实机具	分层厚度（mm）	每层压实遍数
平碾	250～300	6～8
振动压实机	250～350	3～4
柴油打夯机	200～250	3～4
人工打夯	＜200	3～4

《混凝土结构工程施工质量验收规范》GB 50204—2015

表 8.1.2　　　　　　　　　　　　　　　　　现浇结构外观质量缺陷

名称	现象	严重缺陷	一般缺陷
露筋	构件内钢筋未被混凝土包裹而外露	纵向受力钢筋有露筋	其他钢筋有少量露筋
蜂窝	混凝土表面缺少水泥砂浆而形成石子外露	构件主要受力部位有蜂窝	其他钢筋有少量蜂窝
孔洞	混凝中孔穴深度和长度均超过保护层厚度	构件主要受力部位有孔洞	其他钢筋有少量孔洞
夹渣	混凝土中有杂物且深度超过保护层厚度	构件主要受力部位有夹渣	其他钢筋有少量夹渣
疏松	混凝土中局部不密实	构件主要受力部位有疏松	其他钢筋有少量疏松

名称	现象	严重缺陷	一般缺陷
裂缝	裂缝从混凝土表面延伸至混凝土内部	构件主要受力部位有影响结构性能或使用功能的裂缝	其他部位有少量不影响结构性能或使用功能的裂缝
连接部位缺陷	构件连接处混凝土有缺陷或连接钢筋、连接件松动	连接部位有影响结构传力性能的缺陷	连接部位有基本不影响结构传力性能的缺陷
外形缺陷	缺棱掉角、棱角不直、翘曲不平、飞边凸肋等	清水混凝土构件有影响使用功能或装饰效果的外形缺陷	其他混凝土构件有不影响使用功能的外形缺陷
外表缺陷	构件表面麻面、掉皮、起砂、沾污等	具有重要装饰的清水混凝土构件有外表缺陷	其他混凝土构件有不影响使用功能的外表缺陷

表 8.3.2 　现浇结构位置、尺寸允许偏差及检验方法

项目			允许偏差（mm）	检验方法
轴线位置	整体基础		15	经纬仪及尺量
	独立基础		10	经纬仪及尺量
	柱、墙、梁		8	尺量
垂直度	柱、墙层高	≤6m	10	经纬仪或吊线、尺量
		>6m	12	经纬仪或吊线、尺量
	全高(H)≤300m		$H/30000+20$	经纬仪、尺量
	全高(H)>300m		$H/10000$ 且≤80	经纬仪、尺量
标高	层高		±10	水准仪或拉线、尺量
	全高		±20	水准仪或拉线、尺量
截面尺寸	基础		+15，−10	尺量
	柱、梁、板、墙		+10，−5	尺量
	楼梯相邻踏步高差		±6	尺量
电梯井洞	中心位置		10	尺量
	长、宽尺寸		+25，0	尺量

项目		允许偏差（mm）	检验方法
表面平整度		8	2m 靠尺和塞尺量测
预埋件	预埋板	10	尺量
	预埋螺栓	5	尺量
	预埋管	2	尺量
	其他	10	尺量
预留洞、孔中心线位置		15	尺量

注：1　检查轴线、中心线位置时，沿纵、横两个方向测量，并取其中偏差的较大值。
　　2　H 为全高，单位为 mm。

表 5.5.3　　　　　　　　　　　　　　　　钢筋安装位置的允许偏差和检验方法

项目		允许偏差（mm）	检验方法
绑扎钢筋网	长、宽	±10	尺量检查
	网眼尺寸	±20	钢尺量连续三档，取偏差绝对值最大处
绑扎钢筋骨架	长	±10	尺量检查
	宽、高	±5	尺量检查
纵向受力钢筋	锚固长度	负偏差不大于 20	尺量检查
	间距	±10	钢尺量两端、中间各一点，取偏差绝对值最大处
	排距	±5	
纵向受力钢筋及箍筋保护层厚度	基础	±10	尺量检查
	其他	±5	尺量检查
绑扎箍筋、横向钢筋间距		±20	钢尺量连续三档，取偏差绝对值最大处
钢筋弯起点位置		20	尺量检查
预埋件	中心线位置	5	尺量检查
	水平高差	+3，0	钢尺和塞尺检查

注：1　检查预埋件中心线位置时，应沿纵、横两个方向量测，并取其中偏差的最大值。
　　2　表中梁类、板类构件上部纵向受力钢筋保护层厚度的合格点率应达到 90％ 及以上，且不得有超出表中数值 1.5 倍的尺寸偏差。

附录 D　结构实体混凝土回弹——取芯法强度检验

D.0.1　回弹构件的抽取应符合下列规定：

　　1　同一混凝土强度等级的柱、梁、墙、板，抽取构件最小数量应符合表 D.0.1 的规定，并应均匀分布；

　　2　不宜抽取截面高度小于 300mm 的梁和边长小于 300mm 的柱。

表 D.0.1　　　　　　　　　　　　　　　　回弹构件抽取最小数值

构件总数量	最小抽样数量
20 以下	全数
20～150	20
151～280	25
281～500	40
501～1200	64
1201～3200	100

D.0.2　每个构件应按现行标准《回弹法检测混凝土抗压强度技术规程》JGJ/T 23 对单个构建检测的有关规定选取不少于 5 个测区进行回弹，楼板构件的回弹应在板底进行。

D.0.3　对同一强度等级的构件，应按每个构件的最小测区平均回弹值进行排序，并选取最低的 3 个测区对应的部位各钻取 1 个芯样试件。芯样应采用带水冷却装置的薄壁空心钻钻取，其直径宜为 100mm，且不宜小于混凝土骨料最大粒径的 3 倍。

D.0.4　芯样试件的端部宜采用环氧胶泥或聚合物水泥砂浆补平，也可采用硫黄胶泥修补。加工后芯样试件的尺寸偏差与外观质量应符合下列规定：

　　1　芯样试件的高度与直径之比实测值不应小于 0.98，也不应大于 1.02；

　　2　沿芯样高度的任一直径与其平均值之差不应大于 2mm；

　　3　芯样试件端面的不平整度在 100mm 长度内不应大于 0.01mm；

　　4　芯样试件端面与轴线的不垂直度不应大于 1°；

　　5　芯样不应有裂缝、缺陷及钢筋等其他杂物。

D.0.5　芯样试件尺寸的量测应符合下列规定：

　　1　应采用游标卡尺在芯样试件中部互相垂直的两个位置测量直径，其取算术平均值作为芯样试件的直径，精确至 0.5mm；

　　2　应采用钢板尺测量芯样试件的高度，精确至 1mm；

3　垂直度应采用游标量角器测量芯样试件两个端线与轴线的夹角，精确至0.1°；

4　平整度应采用钢板尺或角尺紧靠在芯样试件端面上，一面转动钢板尺，一面用塞尺测量钢板尺与芯样试件端面之间的缝隙；也可使用其他专用设备测量。

D.0.6　芯样试件应按现行国家标准《普通混凝土力学性能试验方法标准》GB/T 50081中圆柱体试件的规定进行抗压强度试验。

D.0.7　对同一强度等级的构件，当符合下列规定时，结构实体混凝土强度可判为合格：

1　三个芯样的抗压强度算术平均值不小于设计要求的混凝土强度等级值的88%；

2　三个芯样抗压强度的最小值不小于设计要求的混凝土强度等级值的80%。

附录E　结构实体钢筋保护层厚度检验

E.0.1　结构实体钢筋保护层厚度检验构件的选取应均匀分布，并应符合下列规定：

1　对悬挑结构之外的梁板类构件，应各抽取构件数量的2%且不少于5个构件进行检验。

2　对悬挑梁，应抽取构件数量的5%且不少于10个构件进行检验；当悬挑梁构件少于10个时，应全数检验。

3　对悬挑板，应抽取构件数量的10%且不少于20个构件进行检验；当悬挑板数量少于20个时，应全数检验。

E.0.2　对选定的梁类构件，应对全部纵向受力钢筋的保护层厚度进行检验；对选定的板类构件，应抽取不少于6根纵向受力钢筋的保护层厚度进行检验。对每根钢筋，应选择有代表性的不同部位量测3点取平均值。

E.0.3　钢筋保护层厚度的检验，可采用非破损或局部破损的方法，也可采用非破损方法并用局部破损方法进行校准。当采用非破损方法检验时，所使用的检测仪器应经过计量检验，检测操作应符合相应规程的规定。

钢筋保护层厚度检验的检测误差不应大于1mm。

E.0.4　钢筋保护层厚度检验时，纵向受力钢筋保护层厚度的允许偏差应符合表E.0.4的规定。

表 E.0.4　结构实体纵向受力钢筋保护层厚度的允许偏差

构件类型	允许偏差（mm）
梁	+10，−7
板	+8，−5

E.0.5　梁类、板类构件纵向受力钢筋的保护层厚度应分别进行验收，并应符合下列规定：

1　当全部钢筋保护层厚度检验的合格率为90%及以上时，可判为合格；

2　当全部钢筋保护层厚度检验的合格率小于90%但不小于80%时，可再抽取相同数量的构件进行检验；当按两次抽样总和计算的合格率为 90％及以上时，仍可判为合格；

3 每次抽样检验结果中不合格点的最大偏差均不应大于本规范附录 F.0.4 条规定允许偏差的 1.5 倍。

《钢结构工程施工质量验收规范》GB 50205—2001

表 10.3.3   钢屋（托）架、梁及受压杆件垂直度和侧向弯曲矢高的允许偏差   mm

项目	允许偏差	
跨中的垂直度	$h/250$，且不应大于 15.0	
侧向弯曲矢量高 f	$l{\leqslant}30m$	$l/1000$，且不应大于 10.0
	$30m{<}l{\leqslant}60m$	$l/1000$，且不应大于 30.0
	$l{>}60m$	$l/1000$，且不应大于 50.0

表 11.3.5   整体垂直度和整体平面弯曲矢高的允许偏差   mm

项目	允许偏差	图例
主体结构的整体垂直度	$(H/2500{+}10.0)$ 且不应大于 25.0	
主体结构的整体平面弯曲	$L/1500$，且不应大于 25.0	

《建筑防腐蚀工程施工规范》GB 50212—2014

表 5.2.1-1   呋喃树脂的质量

项目	指标
外观	棕黑色或棕褐色液体
黏度（涂－4 黏度计，25℃，s）	20～30
储存期	常温下 1 年

表 5.2.1-2　　　　　　　　　　　　　　　　　　　　　　酚 醛 树 脂 的 质 量

项目	指标	项目	指标
游离酚含量（%）	<10	储存期	常温下不超过 1 个月；当采用冷藏法或加入 10% 的苯甲醇时，不宜超过 3 个月
游离醛含量（%）	<2		
含水率（%）	<12		
黏度（落球黏度计，25℃，s）	40～65		

表 6.2.1　　　　　　　　　　　　　　　　　　　　　　钠 水 玻 璃 的 质 量

项目	指标	项目	指标
密度（20℃，g/cm³）	1.38～1.43	二氧化硅（%）	≥25.70
氧化钠（%）	≥10.20	模数	2.60～2.90

注：施工用钠水玻璃的密度（20℃，g/cm³）：用于胶泥，1.40～1.43；用于砂浆，1.40～1.42；用于混凝土，1.38～1.42。

表 6.2.2　　　　　　　　　　　　　　　　　　　　　　钾 水 玻 璃 的 质 量

项目	指标	项目	指标
密度（g/cm³）	1.40～1.46	氧化钾（%）	>15%
模数	2.60～2.90	氧化钠（%）	<1%
二氧化硅（%）	25.00～29.00		

注：氧化钾、氧化钠含量宜按现行国家标准《水泥化学分析方法》GB/T 176 的有关规定检测。

表 7.2.1　　　　　　　　　　　　　　　　　　　　　　聚 合 物 乳 液 的 质 量

项目	阳离子氯丁胶乳	聚丙烯酸酯乳液	环氧乳液
外观	乳白色均匀乳液		
黏度（涂 4 杯，25℃，s）	12.0～15.5	11.5～12.5	14.0～18.0
总固含量（%）	47～52	39～41	48～52
密度（g/cm³）	≥1.080	≥1.056	≥1.050
贮存稳定性	5℃～40℃，3 个月无明显沉淀		

表 8.2.1 天 然 石 材 的 质 量

项目 ＼ 天然石材种类	花岗石	石英石	石灰石
浸酸安定性（％）	72h无明显变化	72h无明显变化	—
抗压强度（MPa）	≥100.0	≥100.0	≥60.0
抗折强度（MPa）	8.0	8.0	
表面平整度　机械切割	±2.0mm		
表面平整度　人工加工或机械刨光	±3.0mm		

表 11.2.1 道路、建筑石油沥青的质量

项目	道路石油沥青	建筑石油沥青		
	60 号	40 号	30 号	10 号
针入度（25℃，100g，5s，1/10mm）	50～80	36～50	26～35	10～25
延度（25℃，5cm/min，cm）	≥70	≥3.5	≥2.5	≥1.5
软化点（环球法，℃）	45～58	≥60	≥75	≥95

注：延度中的"5cm/min"是指建筑石油沥青。

表 12.2.3 聚乙烯板的质量指标

项目	指标	项目	指标
相对密度（g/cm³）	0.94～0.96	线膨胀系数 10^{-5}，K^{-1}	12.6
拉伸强度（纵、横向）（MPa）	≥21	使用温度（℃）	−70～120
抗压强度（MPa）	≥22	整体性	无裂缝

表 12.2.4 聚丙烯的质量指标

项目	指标	项目	指标
相对密度（g/cm³）	0.90～0.91	线膨胀系数 10^{-5}，K^{-1}	11
拉伸强度（纵、横向）（MPa）	33	使用温度（℃）	−30～115
抗压强度（MPa）	40	整体性	无裂缝

《电力工程电缆设计规范》GB 50217—2007

表 5.3.5　　　　　　　　　　电缆与电缆、管道、道路构筑物等之间的容许最小距离　　　　　　　　　　m

电缆直埋敷设时的配置情况		平行	交叉
控制电缆之间		—	0.5①
电力电缆之间或与控制电缆之间	10kV 及以下电力电缆	0.1	0.5①
	10kV 及以上电力电缆	0.25②	0.5①
不同部门使用的电缆		0.5②	0.5①
电缆与地下管沟	热力管沟	2③	0.5①
	油管或易（可）燃气管道	1	0.5①
	其他管道	0.5	0.5①
电缆与铁路	非直流电气化铁路路轨	3	1.0
	直流电气化铁路路轨	10	1.0
电缆与建筑物基础		0.6③	—
电缆与公路边		1.0③	
电缆与排水沟		1.0③	
电缆与树木的主干		0.7	
电缆与1kV 以下架空线电杆		1.0③	
电缆与1kV 以上架空线杆塔基础		4.0③	

① 用隔板分隔或电缆穿管时不得小于 0.25m；
② 用隔板分隔或电缆穿管时不得小于 0.1m；
③ 特殊情况时，减小值不得小于 50％。

表 A　　　　　　　　　　　常用电力电缆导体的最高允许温度

电缆			最高允许温度（℃）	
绝缘类别	型式特征	电压（kV）	持续工作	短路暂态
聚氯乙烯	普通	≤6	70	160
交联聚乙烯	普通	≤500	90	250
自容式充油	普通牛皮纸	≤500	80	160
	半合成纸	≤500	85	160

《建筑防腐蚀工程施工质量验收规范》GB 50224—2010

表 6.1.6-1   钠水玻璃制成品的质量

项目	密实型		普通型		
	砂浆	混凝土	胶泥	砂浆	混凝土
初凝时间（min）	—	—	≥45	—	—
终凝时间（h）	—	—	≤12	—	—
抗压强度（MPa）	≥20	≥20	—	≥15	≥20
抗拉强度（MPa）	—	—	≥2.5	—	—
与耐酸砖粘结强度（MPa）	—	—	≥1.0	—	—
抗渗等级（MPa）	≥1.2	≥1.2	—	—	—
吸水率（%）	—	—	≤15	—	—
浸酸安定性	合格		—	合格	

表 6.1.6-2   钾水玻璃制成品的质量

项目		密实型			普通型		
		胶泥	砂浆	混凝土	胶泥	砂浆	混凝土
初凝时间（min）		≥45	—	—	≥45	—	—
终凝时间（h）		≤15	—	—	≤15	—	—
抗压强度（MPa）		—	≥25	≥25	—	≥20	≥20
抗拉强度（MPa）		≥3	≥3	—	≥2.5	≥2.5	—
与耐酸砖粘结强度（MPa）		≥1.2	≥1.2	—	≥1.2	≥1.2	—
抗渗等级（MPa）		≥1.2	≥1.2	≥1.2	—	—	—
吸水率（%）		—	—	—	≤10		
浸酸安定性		合格	合格		合格		
耐热极限温度（℃）	100～300	—			合格		
	300～900	—			合格		

表 6.2.1　　　　　　　　　　　　　　　　　　　　　　　　结合层厚度和灰缝宽度

块材种类		结合层厚度（mm）		灰缝宽度（mm）	
		水玻璃胶泥	水玻璃砂浆	水玻璃胶泥	水玻璃砂浆
耐酸砖、耐酸耐温砖	厚度≤30mm	3～5		2～3	
	厚度＞30mm	4～7	5～7（最大粒径1.25mm）	2～4	4～6（最大粒径1.25mm）
天然石材	厚度≤30mm	5～7（最大粒径1.25mm）	—	3～5	—
	厚度＞30mm	—	10～15（最大粒径2.5mm）	—	8～12（最大粒径2.5mm）

表 7.1.5　　　　　　　　　　　　　　　　　　　　　　　　树脂类材料制成品的质量

项目		环氧树脂	乙烯基酯树脂	不饱和聚酯树脂				呋喃树脂	酚醛树脂
				双酚A型	二甲苯型	间苯型	邻苯型		
抗压强度（MPa，≥）	胶泥	80	80	70	80	80	80	70	70
	砂浆	70	70	70	70	70	70	60	—
抗拉强度（MPa，≥）	胶泥	9	9	9	9	9	9	6	6
	砂浆	7	7	7	7	7	7	6	—
	玻璃钢	100	100	100	100	90	90	80	60
胶泥粘结强度（MPa，≥）	与耐酸砖	3	2.5	2.5	3	1.5	1.5	1.5	1

表 7.1.6　　　　　　　　　　　　　　　　　　　　　　　　树脂玻璃鳞片胶泥成品的质量

项目		乙烯基酯树脂	环氧树脂	不饱和聚酯树脂
粘结强度（MPa，≥）	水泥基层	1.5	2	1.5
	钢材基层	2	1	2
抗渗性（MPa，≥）	与耐酸砖	1.5	1.5	1.5

表 7.3.1 结合层厚度、灰缝宽度和灌缝尺寸　　mm

材料种类		铺砌		灌缝	
		结合层厚度	灰缝宽度	缝宽	缝深
耐酸砖 耐酸耐温砖	厚度≤30	4～6	2～3	—	—
	厚度>30	4～6	2～4	—	—
天然石材	厚度≤30	4～8	3～6	8～12	灌满
	厚度>30	4～12	4～12	8～15	灌满

表 8.4.1 块材结合层厚度和灰缝宽度　　mm

块材种类	结合层厚度		灰缝宽度	
	挤缝法、灌缝法	刮浆铺砌法、分段浇灌法	挤缝法、刮浆铺砌法、分段浇灌法	灌缝法
耐酸砖耐酸耐温砖	3～5	5～7	3～5	5～8
天然石材				8～15

表 9.3.1 结合层厚度和灰缝宽度　　mm

块材种类		结合层厚度	灰缝宽度
耐酸砖、耐酸耐温砖		4～6	4～7
天然石材	厚度≤30	6～8	6～8
	厚度>30	10～15	8～15

表 9.3.1　　　　　　　　　　　　　　　　　　结合层厚度和灰缝宽度

块材种类		结合层厚度	灰缝宽度
耐酸砖、耐酸耐温砖		4～6	4～6
天然石材	厚度≥30	6～8	6～8
	厚度<30	10～15	8～15

表 3.0.12　　　　　　预应力钢筋混凝土和普通钢筋混凝土预制构件加工尺寸允许偏差表　　　　　　mm

项目		底盘、拉线盘、卡盘	其他装配式预制构件
长度		−10	±10
断面尺寸	宽	−10	±5
	厚	−5	±5
弯曲		L/750 且≤20	L/750 且≤20
预埋铁件（预留孔）对设计位置的偏差	中心线位移	10	5
	安装孔距	±5	±5
	螺栓露出长度	+10，−5	+10，−5

《110kV～750kV 架空输电线路施工及验收规范》GB 50233—2014

表 6.1.9　　　　　　　　　　　　　整基杆塔基础尺寸施工允许偏差

项目		地脚螺栓式		主角钢（钢管）插入式		高塔基础
		直线	转角	直线	转角	
整基基础中心与中心桩间的位移（mm）	横线路方向	30	30	30	30	30
	顺线路方向	—	30	—	30	—
基础根开及对角线尺寸（‰）		±2		±1		±0.7
基础顶面或主角钢（钢管）操平印记间相对高差（mm）		5		5		5
插入式基础的主角钢（钢管）倾斜率		—		3‰		—
整基基础扭转（′）		10		10		5

表 6.2.16 整基基础尺寸施工允许偏差

项目		地脚螺栓式		主角钢插入式	
		直线	转角	直线	
整基基础中心与中心桩间的位移（mm）	横线路方向	30	30	30	30
	顺线路方向	—	30	—	30
基础根开及对角线尺寸（‰）		±2		±1	
基础顶面或主角钢操平印记间相对高差（mm）		5		5	
整基基础扭转（°）		10		10	

注：1 转角塔基础的横线路指内角平分线方向，顺线路方向是指转角平分线方向。
2 基础根开及对角线是指地脚螺中心之间或塔腿主角钢准线间的水平距离。
3 相对高差是指地脚螺栓基础抹面后的相对高差，或插入式基础的操平印记的相对高差。转角塔基终端塔有预偏时，基础顶面相对高差不受 5mm 限制。
4 高低腿基础顶面高差是指与设计标高只差。

表 7.1.6 受剪螺栓紧固扭矩值

螺栓规格	扭矩值（N·m）
M16	80
M20	100
M24	250

表 7.1.8 杆塔结构的允许偏差

偏差项目	110kV	220kV～330kV	500kV	750kV	高塔
杆塔结构根开	±30mm	±5‰	±3‰	±2.5‰	—
杆塔结构面与横线路方向扭转	30mm	1‰	4‰	4‰	—

双立柱杆塔横担在主柱连接处的高差（‰）	5	3.5	2	2	—
悬垂杆塔结构倾斜（‰）	3	3	3	3	1.5
悬垂杆塔结构中心与中心桩间横线路方向位移（mm）	50	50	50	50	—
转角杆塔结构中心与中心桩间横、顺线路方向位移（mm）	50	50	50	50	—
等截面拉线塔主柱弯曲（‰）	2	1.5	1（最大 30mm）	1	—

注：悬垂杆塔结构倾斜不含套接式钢管电杆。

表 7.1.11　　　　　　　　　　　　　　角钢塔材的弯曲变形限度

角钢宽度（mm）	变形限度（‰）	角钢宽度（mm）	变形限度（‰）
40	35	90	15
45	31	100	14
50	28	110	12.7
56	25	125	11
63	22	140	10
70	20	160	9
75	19	180	8
80	17	200	7

表 8.5.6　　　　　　　　　　　　　　弧 垂 允 许 偏 差

线路电压等级	110kV	220kV 及以上
紧线弧垂在挂线后	5%，−2.5%	±2.5%
跨越通航河流的大跨越档弧垂	±1%，正偏差不应超过 1m	

表 8.5.7　　　　　　　　　　　　　　弧垂相对偏差最大值　　　　　　　　　　　　　　mm

线路电压等级	110kV	220kV 及以上
档距不大于 800m	200	300
档距大于 800m	500	

《通风与空调工程施工质量验收规范》GB 50243—2002

表 4.2.1-1 　　　　　　　　　　　　　　　钢板风管板材厚度 　　　　　　　　　　　　　　　　　　　mm

类　别 风管直径 D 或长边尺寸 b	圆形 风管	矩形风管		除尘系统风管
		中、低 压系统	高压 系统	
D (b)≤320	0.5	0.5	0.75	1.5
320＜D (b)≤450	0.6	0.6	0.75	1.5
450＜D (b)≤630	0.75	0.6	0.75	2
630＜D (b)≤1000	0.75	0.75	1	2
1000＜D (b)≤1250	1	1	1	2
1250＜D (b)≤2000	1.2	1	1.2	按设计
2000＜D (b)≤4000	按设计	1.2	按设计	

注：1　螺旋风管的钢板厚度可适当减小 10％～15％。
　　2　排烟系统风管钢板厚度可按高压系统。
　　3　特殊除尘系统风管钢板厚度应符合设计要求。
　　4　不适用于地下人防与防火隔墙的预埋管。

表 4.2.1-2 　　　　　　　　　高、中、低压系统不锈钢板风管板材厚度 　　　　　　　　　　　　　　mm

风管直径或长边尺寸 b	不锈钢板厚度
b≤500	0.5
500＜b≤1120	0.75
1120＜b≤2000	1
2000＜b≤4000	1.2

表 4.2.1-3　　　　　　　　　　　　　中、低压系统铝板风管板材厚度　　　　　　　　　　　　　mm

风管直径或长边尺寸 b	铝板厚度
$b \leqslant 320$	1
$320 < b \leqslant 630$	1.5
$630 < b \leqslant 2000$	2
$2000 < b \leqslant 4000$	按设计

表 4.2.2-1　　　　　　　　　　中、低压系统硬聚氯乙烯圆形风管板材厚度　　　　　　　　　　mm

风管直径 D	板材厚度
$D \leqslant 320$	3
$320 < D \leqslant 630$	4
$630 < D \leqslant 1000$	5
$1000 < D \leqslant 2000$	6

表 4.2.2-2　　　　　　　　　　中、低压系统硬聚氯乙烯矩形风管板材厚度　　　　　　　　　　mm

风管长边尺寸 b	板材厚度
$b \leqslant 320$	3
$320 < b \leqslant 500$	4
$500 < b \leqslant 800$	5
$800 < b \leqslant 1250$	6

表 4.2.2-3　　　　　　　　　　中、低压系统有机玻璃钢风管板材厚度　　　　　　　　　　mm

圆形风管直径 D 或矩形风管长边尺寸 b	壁厚
$D(b) \leqslant 200$	2.5
$200 < D(b) \leqslant 400$	3.2
$400 D < (b) \leqslant 630$	4
$630 D < (b) \leqslant 1000$	4.8

表 4.2.2-4　　　　　　　　　　　　　中、低压系统无机玻璃钢风管板材厚度　　　　　　　　　　　　　mm

圆形风管直径 D 或矩形风管长边尺寸 b	壁厚
D (b)≤300	2.5～3.5
300＜D (b)≤500	3.5～4.5
500＜D (b)≤1000	4.5～5.5
1000＜D (b)≤1500	5.5～6.5
1500＜D (b)≤2000	6.5～7.5
D (b)＞2000	7.5～8.5

《电气装置安装工程　低压电器施工及验收规范》GB 50254—2014

附表 A.0.1　　　　　　　　　　　　　螺纹型接线端子的拧紧力矩

螺纹直径（mm）		拧紧力矩（N·m）		
标准值	直径范围	Ⅰ	Ⅱ	Ⅲ
2.5	ϕ≤2.8	0.2	0.4	0.4
3	2.8＜ϕ≤3.0	0.25	0.5	0.5
—	3.0＜ϕ≤3.2	0.3	0.6	0.6
3.5	3.2＜ϕ≤3.6	0.4	0.8	0.8
4	3.6＜ϕ≤4.1	0.7	1.2	1.2
4.5	4.1＜ϕ≤4.7	0.8	1.8	1.8
5	4.7＜ϕ≤5.3	0.8	2	2
6	5.3＜ϕ≤6.0	1.2	2.5	3
8	6.0＜ϕ≤8.0	2.5	3.5	6
10	8.0＜ϕ≤10.0	—	4	10
12	10＜ϕ≤12	—	—	14
14	12＜ϕ≤15	—	—	19
16	15＜ϕ≤20	—	—	25
20	20＜ϕ≤24	—	—	36
24	24＜ϕ	—	—	50

注：第Ⅰ列适用于拧紧时不突出孔外的无头螺钉和不能用刀口宽度大于螺钉顶部直径的螺丝刀拧紧的其他螺钉；第Ⅱ列适用于可用螺丝刀拧紧的螺钉和螺母；第Ⅲ列适用于不可用螺丝刀拧紧的螺钉和螺母。

《建筑工程施工质量验收统一标准》GB 50300—2013

表 A
施工现场质量管理检查记录

开工日期：

工程名称		施工许可证号			
建设单位		项目负责人			
设计单位		项目负责人			
监理单位		总监理工程师			
施工单位		项目负责人		项目技术负责人	
序号	项目	主要内容			
1	项目部质量管理体系				
2	现场质量责任制				
3	主要专业工种操作上岗证书				
4	分包单位管理制度				
5	图纸会审记录				
6	地质勘察资料				
7	施工技术标准				
8	施工组织设计、施工方案编制及审批				
9	物资采购制度				
10	施工设施和机械设备管理制度				
11	计量设备配备				
12	现场实验室资质				
13	检测试验管理制度				
14	工程质量检查验收制度				
15					

续表

自检结果：	检查结论：
施工单位项目负责人： 年 月 日	总监理工程师： 年 月 日

表 D. 0. 1-1　　　　　　　　　　　　　　　一般项目正常一次性抽样的判定

样本容量	合格判定数	不合格判定数	样本容量	合格判定数	不合格判定数
5	1	2	32	7	8
8	2	3	50	10	11
13	3	4	80	14	15
20	5	6	125	21	22

表 D. 0. 1-2　　　　　　　　　　　　　　　一般项目正常二次性抽样的判定

抽样次数	样本容量	合格判定数	不合格判定数	抽样次数	样本容量	合格判定数	不合格判定数
(1)	3	0	2	(1)	20	3	6
(2)	6	1	2	(2)	40	9	10
(1)	5	0	3	(1)	32	5	9
(2)	10	3	4	(2)	64	12	13
(1)	8	1	3	(1)	50	7	11
(2)	16	4	5	(2)	100	18	19
(1)	13	2	3	(1)	80	11	16
(2)	26	6	7	(2)	160	26	27

注：（1）和（2）表示抽样次数，（2）对应的样本容量为二次抽样的累计数量。

《建设工程监理规范》GB/T 50319—2013

表 B. 0. 1　　　　　　　　　　　　　施工组织设计/(专项)施工方案报审表

工程名称：_____　　编号：_____

至：_____(项目监理机构) 　我方已完成_____工程施工组织设计/(专项)施工方案的编制，并按规定已完成相关审批手续，请予以审查。 附：□施工组织设计 　　□专项施工方案 　　□施工方案 　　　　　　　　　　　　　　　　　　　　施工项目经理部(盖章)_____ 　　　　　　　　　　　　　　　　　　　　项目经理签字：_____ 　　　　　　　　　　　　　　　　　　　　　　　　年　　　月　　　日
审查意见：   　　　　　　　　　　　　　　　　　　　　专业监理工程师(签字)_____ 　　　　　　　　　　　　　　　　　　　　　　　　年　　　月　　　日
审核意见：   　　　　　　　　　　　　　　　　　　　　项目监理机构(盖章)_____ 　　　　　　　　　　　　　　　　　　　　总监理工程师(签字、加盖执业印章)_____ 　　　　　　　　　　　　　　　　　　　　　　　　年　　　月　　　日
审批意见(仅对超过一定规模的危险性较大分部分项工程专项方案)：   　　　　　　　　　　　　　　　　　　　　建设单位(盖章)_____ 　　　　　　　　　　　　　　　　　　　　建设单位代表(签字)_____ 　　　　　　　　　　　　　　　　　　　　　　　　年　　　月　　　日

《民用建筑工程室内环境污染控制规范》GB 50325—2010

表 6.0.4 民用建筑工程室内环境污染物浓度限量

污染物	Ⅰ类民用建筑工程	Ⅱ类民用建筑工程
氡（Bq/m³）	≤200	≤400
甲醛（mg/m³）	≤0.08	≤0.1
苯（mg/m³）	≤0.09	≤0.09
氨（mg/m³）	≤0.2	≤0.2
TVOC（mg/m³）	≤0.5	≤0.6

《屋面工程技术规范》GB 50345—2012

表 3.0.5 屋面防水等级和设防要求

防水等级	建筑类别	设防要求
Ⅰ级	重要的建筑和高层建筑	两道防水设防
Ⅱ级	一般建筑	一道防水设防

表 4.5.1 卷材、涂膜屋面防水等级和防水做法

防水等级	防水做法
Ⅰ级	卷材防水层和卷材防水层、卷材防水层和涂膜防水层、复合防水层
Ⅱ级	卷材防水层、涂膜防水层、复合防水层

注：在Ⅰ级屋面防水做法中，防水层仅作单层卷材层时，符合有关单层防水卷材屋面技术的规定。

表 4.5.5 每道卷材防水层最小厚度   mm

防水等级	合成高分子防水卷材	高聚物改性沥青防水卷材		
		聚酯胎、玻纤胎、聚乙烯胎	自粘聚酯胎	自粘无胎
Ⅰ级	1.2	3	2	1.5

表 4.5.6　　　　　　　　　　　　　　　每道涂膜防水层最小厚度　　　　　　　　　　　　　　　　　mm

防水等级	聚合物水泥防水涂膜	合成高分子防水涂膜	高聚物改性沥青防水涂膜
Ⅰ级	1.5	1.5	2
Ⅱ级	2	2	3

表 4.5.7　　　　　　　　　　　　　　　复合防水层最小厚度　　　　　　　　　　　　　　　　　mm

防水等级	合成高分子防水+合成高分子防水涂膜	自粘聚合物改性沥青防水卷材（无胎）+合成高分子防水涂膜	高聚物改性沥青防水卷材+高聚物改性沥青防水涂膜	聚乙烯丙纶卷材+聚合物水泥防水胶结材料
Ⅰ级	1.2+1.5	1.5+1.5	3.0+2.0	(0.7+1.3)×2
Ⅱ级	1.0+1.0	1.2.+1.0	3.0+1.2	0.7+1.3

表 4.8.1　　　　　　　　　　　　　　瓦屋面防水等级和防水做法

防水等级	防水做法
Ⅰ级	瓦+防水层
Ⅱ级	瓦+防水垫层

表 4.9.1　　　　　　　　　　　　　　金属板屋面防水等级和防水做法

防水等级	防水做法
Ⅰ级	压型金属板+防水垫层
Ⅱ级	压型金属板、金属面绝热夹芯板

注：1　当防水等级为Ⅰ级时，压型铝合金板基板厚度不应小于0.9mm；压型钢板基板厚度不应小于0.6mm。
　　2　当防水等级为Ⅰ级时，延性金属板应采用360°咬口锁边连接方式。
　　3　在Ⅰ级屋面防水做法中，仅作压型金属板时，应符合《金属压型板应用技术规范》等相关技术的规定。

《建筑节能工程施工质量验收规范》GB 50411—2007

表 11.2.11　　　　　　　　　　联合试运转及调试检测项目与允许偏差或规定值

序号	检测项目	允许偏差或规定值
1	室内温度	冬季不得低于设计计算温度2℃，且不应高于1℃； 夏季不得高于设计计算温度2℃，且不应低于1℃

序号	检测项目	允许偏差或规定值
2	供热系统室外管网的水力平衡度	0.9～1.2
3	供热系统的补水率	≤0.5％
4	室外管网的热输送效率	≥0.92
5	空调机组的水流量	≤20％
6	空调系统冷热水、冷却水总流量	≤10％

表 12.2.2　　　　　　　　　　**不同标称截面的电缆、电线每芯导体最大电阻值**

标称截面积（mm²）	20℃时导体最大电阻（Ω/km）圆筒导体（不镀金属）
0.5	36
0.75	24.5
1	18.1
1.5	12.1
2.5	7.41
4	4.61
6	3.08
10	1.83
16	1.15
25	0.727
35	0.524
50	0.387
70	0.268
95	0.193
120	0.153
150	0.124

标称截面积（mm²）	20℃时导体最大电阻（Ω/km）圆筒导体（不镀金属）
185	0.0991
240	0.0754
300	0.0601

附录 A　　　　　　　　　　　　**建筑节能工程进场材料和设备的复验项目**

序号	分项工程	复验项目
4	墙体节能工程	1. 保温材料的导热系数、密度、抗压强度或压缩强度； 2. 粘结材料的粘结强度； 3. 增强网的力学性能、抗腐蚀性能
5	幕墙节能工程	1. 保温材料：导热系数、密度； 2. 幕墙玻璃：可见光透射比、传热系数、遮阳系数、中空玻璃露点； 3. 隔热型材：抗拉强度、抗剪强度
6	门窗节能工程	1. 严寒、寒冷地区：气密性、传热系数和中空玻璃露点； 2. 夏热冬冷地区：气密性、传热系数，玻璃遮阳系数、课可见光透射比、中空玻璃露点； 3. 夏热冬暖地区：气密性，玻璃遮阳系数、可见光透射比、中空玻璃露点
7	屋面节能工程	保温隔热材料的导热系数、密度、抗压强度或压缩强度
8	地面节能工程	保温材料的导热系数、密度、抗压强度或压缩强度
9	采暖节能工程	1. 散热器的单位散热量、金属热强度； 2. 保温材料的导热系数、密度、吸水率
10	通风与空调节能工程	1. 风机盘管机组的供冷量、供热量、风量、出口静压、噪声及功率； 2. 绝热材料的导热系数、密度、吸水率
11	空调与采暖系统冷热源及管网节能工程	绝热材料的导热系数、密度、吸水率
12	配电与照明节能工程	电缆、电线截面和每芯导体电阻值

《建筑灭火器配置验收及检查规范》GB 50444—2008

表 A   建筑灭火器配置定位编码表

配置计算单元分类	□独立单元 □组合单元		单元名称	
单元保护面积	$S=$ m²		设置点数	$N=$
单元需配灭火级别	$Q=$ A $Q=$ B		设置点需配 灭火级别	$Q_e=$ A $Q_e=$ B
设置点 编号	灭火器 编号	灭火器型号 规格	灭火器设置点 实配灭火级别	灭火器 设置方式	灭火器设置点 位置描述	备注
			$Q_e=$ A $Q_e=$ B	□灭火器箱内 □挂钩、托架上 □地面上		
			$Q_e=$ A $Q_e=$ B	□灭火器箱内 □挂钩、托架上 □地面上		
			$Q_e=$ A $Q_e=$ B	□灭火器箱内 □挂钩、托架上 □地面上		
			$Q_e=$ A $Q_e=$ B	□灭火器箱内 □挂钩、托架上 □地面上		
			$Q_e=$ A $Q_e=$ B	□灭火器箱内 □挂钩、托架上 □地面上		
单元实配灭火级别	$Q=$ A $Q=$ B		单元实配灭火器数量	

《坡屋面工程技术规范》GB 50693—2011

表 10.2.1-1 　　　　　　　　　　　　　　　　　单层防水卷材厚度 　　　　　　　　　　　　　　　　　mm

防水卷材名称	一级防水厚度	二级防水厚度
高分子防水卷材	≥1.5	≥1.2
弹性体、塑性体改性沥青防水卷材	≥5	

表 10.2.1-2 　　　　　　　　　　　　　　　　　单层防水卷材搭接宽度 　　　　　　　　　　　　　　　　　mm

防水卷材名称	长边、短边搭接方式				
	满粘法	机械固定法			
		热风焊接		搭接胶带	
		无覆盖机械固定垫片	有覆盖机械固定垫片	无覆盖机械固定垫片	有覆盖机械固定垫片
高分子防水卷材	≥80	≥80 且有效焊缝宽度≥25	≥120 且有效焊缝宽度≥25	≥120 且有效粘结宽度≥75	≥200 且有效粘结宽度≥150
弹性体、塑性体改性沥青防水卷材	≥100	≥80 且有效焊缝宽度≥40	≥120 且有效焊缝宽度≥40	—	

《钢结构工程施工规范》GB 50755—2012

表 5.4.1 　　　　　　　　　　　　　　　　　钢结构连接用紧固件标准

标准编号	标准名称	标准编号	标准名称
GB/T 5780	《六角头螺栓　C级》	GB/T 1229	《钢结构用高强度大六角螺母》
GB/T 5781	《六角头螺栓　全螺纹　C级》	GB/T 1230	《钢结构用高强度垫圈》
GB/T 5782	《六角头螺栓》	GB/T 1231	《钢结构用高强度大六角螺栓、大六角螺母、垫圈技术条件》
GB/T 5783	《六角头螺栓　全螺纹》	GB/T 3632	《钢结构用扭剪型高强螺栓连接副》
GB/T 1228	《钢结构用高强度大六角头螺栓》	GB/T 3098.1	《紧固件机械性能　螺栓、螺钉和螺柱》

《光伏发电站施工规范》GB 50794—2012

表 5.2.2   固定及手动可调支架安装的允许偏差

项目名称	允许偏差（mm）
中心线偏差	≤2
梁标高偏差（同组）	≤3
立柱面偏差（同组）	≤3

表 5.3.2   光伏组件安装允许偏差

项目	允许偏差	
倾斜角度偏差	±1°	
光伏组件边缘高差	相邻光伏组件间	≤2mm
	同组光伏组件间	≤5mm

附录 B   汇流箱回路测试记录表

表 B   汇流箱回路测试记录表

工程名称：

汇流箱编号：   测试日期：   天气情况：

序号	组件	组串	组串	开路电压	组串温度	辐照度	环境温度	测试时间
	型号	数量	极性	(V)	℃	W/m²		
1								
2								
3								
4								
5								
6								
7								

序号	组件	组串	组串	开路电压	组串温度	辐照度	环境温度	测试时间
	型号	数量	极性	（V）	℃	W/m²		
8								
9								
10								
11								
12								
备注：								

检查人：　　　　　　　　　　　　　　　　　　　　　　　　　　确认人：

《电力系统直流电源柜订货技术条件》DL/T 459—2000

表 10　　　　　　　　　　　　　　　充电电压及浮充电压的调节范围　　　　　　　　　　　　　　　V

蓄电池种类		调节范围	
		充电范围	浮充电电压
镉镍碱性电池	1.2	（90%～145%）U	（90%～130%）U
阀控式密封	2	（90%～125%）U	（90%～125%）U
铅酸蓄电池	6、12	（90%～130%）U	（90%～130%）U

注：U—直流标称电压。

《输变电钢管结构制造技术条件》DL/T 646—2012

表 21　　　　　　　　　　　　　　　检验项目及质量特性划分

项目名称			分类		合格标准（%）		
			A 类	B 类	单相实测点合格率	项合格率	项次合格率
零部件尺寸	主材	角钢					
		钢管结构（含横担）			—	—	≥95

续表

项目名称			分类		合格标准（%）		
零部件尺寸	接头	角钢、连板		√	≥90	≥90	—
		钢管结构		√	—	—	≥95
		连板		√	≥90	≥90	—
	腹材	角钢		√	—	—	≥90
		钢管结构		√	—	—	≥85
钢材外观				√	≥85	≥85	—
钢材外形尺寸				√			
钢材材质			√		—	—	—
焊缝外观				√	≥90	100	—
焊缝外形尺寸				√	≥95	100	—
焊缝内部质量			√		—	—	—
锌层外观				√	—		
锌层厚度				√	—		
锌层附着性			√		—		
锌层均匀性			√		—		
试装同心孔率				√	≥96		
试装部件就位率				√	≥99		
试组装	主要控制尺寸		√		—		
	其他组装项目			√	允许两项不合格		

a 焊缝外观——表9中，根据不同焊缝等级划分，不允许出现偏差的项目为A类，其余为B类。
b 试组装项目——表17中，钢管杆插接长度，钢管塔的垂直度为A类项，其余为B类项。

《电力用直流和交流一体化不间断电源设备》DL/T 1074—2007

表 4   稳流精度、稳压精度及纹波系数

项目名称	相控整流器		高频开关整流器	UPS、INV	DC/DC
	I	II			
稳压精度（％）	±0.5	±1	±0.5	±3	±0.6
稳流精度（％）	±1	±2	±1	—	—
纹波系数（％）	1	1	0.5	—	—

表 7   UPS、INV 和 DC/DC 的其他要求

项目名称			UPS、INV	DC/DC
动态电压瞬变范围			±10％	±5％
瞬变响应恢复时间			≤20ms	≤200μs
同步精度			±2％	—
输出频率			(50±0.2) Hz	—
电压不平衡度（适用于三项输出 UPS）			≤5％	—
电压相位偏差（适用于三项输出 UPS）			≤3°	—
电压波形失真度			≤3％	—
总切换时间	冷备用模式	旁路输出＝＞逆变输出	≤10ms	—
		逆变输出＝＞旁路输出	≤4ms	—
	双变化模式	交流供电＜＝＞直流供电	0	—
		旁路输出＜＝＞逆变输出	≤4ms	—
	冗余备份模式	串联备份，主机＜＝＞从机	≤4ms	—
		并联备份，双击相互切换		—

交流旁路输入	隔离变压器	绝缘电阻	≥10MΩ	—
		工频耐压	3kV	—
		冲击耐压	5kV	—
	稳压器	调压范围	±10%	—
		稳压精度	≤3%	—
	过载能力		150%/30min	—

注：交流旁路输入隔离变压器和稳压器可根据需要选配。

《输变电工程项目质量管理规程》DL/T 1362—2014

表 E.1   输变电工程调试人员资格要求

项目类型	调试总工程师	专业调试负责人
500kV 及以下交流输变电工程	取得二级调试总工程师岗位资格，担任过3个输变电工程的调试专业负责人或1个及以上输变电工程调试项目副调试总工程师工作	取得调试工程师岗位资格，担任过2个输变电工程专业调试单项负责人或1个输变电工程调试专业负责人工作
500kV 以上交流输变电工程	取得一级调试总工程师岗位资格，担任过3个500kV 及以上输变电工程的调试专业负责人或1个500kV 及以上输变电工程调试项目副调试总工程师工作	取得调试工程师岗位资格，担任过2个500kV 及以上输变电工程专业调试单项负责人或1个500kV 及以上输变电工程调试专业负责人工作
直流输电工程	取得一级调试总工程师岗位资格，担任过2个直流输电工程的调试专业负责人或1个直流输电工程调试项目副调试总工程师工作	取得调试工程师岗位资格，担任过2个直流输电工程专业调试单项负责人或1个直流输电工程调试专业负责人工作

《电力工程地基处理技术规程》DL/T 5024—2005

表 14.2.1-4   钢 筋 焊 接 搭 接 长 度

钢筋级别	焊缝形式	搭接长度
Ⅰ级	单面焊	8d
	双面焊	4d
Ⅱ级	单面焊	10d
	双面焊	5d

注：d 为钢筋直径。

《110kV～750kV 架空输电线路施工质量检验及评定规程》DL/T 5168—2002

表 6.0.1　　　　　　　　　　　钢材检验标准及检查方法（材表）

序号	性质	检查（检验）项目	检验标准（允许偏差）	检查方法	备注
1	关键	材质	设计要求及国家标准	检查质量、检验资料	创造厂或供货单位提供
2	关键	规格	设计要求及国家标准	用游标卡尺、钢尺测量	
3	一般	锈蚀情况	不大于厚度偏差的1/2	用游标卡尺测量、目测	

锈蚀标准依据有关标准执行，每批钢材都要进行检验。

表 6.0.2　　　　　　　　　　　水泥检验标准及检查方法（材表）

序号	性质	检查（检验）项目	检验标准（允许偏差）	检查方法	备注
1	关键	材质	符合设计要求	查看包装标志及合格证	制造厂或供货单位提供化验资料
2	关键	标号	混凝土配合比设计要求	查看包装标志及合格证	制造厂或供货单位提供化验资料
3	关键	存放时间	三个月以内	查出厂日期	
4	一般	保管情况	无受潮变质	开包查看	

表 6.0.3　　　　　　　　　　　砂、石、水检验标准及检查方法（材表）

序号	性质	检查（检验）项目	检验标准（允许偏差）	检查方法
1	关键	石子强度	设计要求	检查试验报告
2	关键	石子规格、材质	符合 JGJ 53 规定	检查试验报告
3	关键	石子含泥量（%）	不大于2	检查试验报告
4	关键	砂子规格、材质	符合 JGJ 53 规定	检查试验报告
5	关键	砂子含混量（%）	不大于5	检查试验报告
6	关键	水	符合 GBJ 233—1990 第 2.0.7 条规定	按 GBJ 233—1990 要求检查

表 6.0.5 塔材及混凝土杆横担铁件检验标准及检查方法（材表）

序号	检查（检验）项目	检验标准（允许偏差）	检查方法	备注
1	钢材材质	符合国家标准	检查检验报告	制造厂、供货单位提供
2	钢材规格、数量	符合设计要求	与设计图纸核对	
3	镀锌质量	符合国家标准	检查试验报告	制造厂提供
4	眼孔数量位置	符合设计要求	试组装	
5	构件长度 mm	±3	钢尺测量	
6	构件切角	符合设计要求	试组装	
7	构件火曲	符合设计要求	试组装	
8	焊接质量	符合国家标准	外观检查	

表 6.0.6 电杆各部尺寸检验标准（允许偏差）（材表）

检验（检查）项目			检验标准（允许偏差）
杆长	普通杆	整根杆 mm	±10
		组装杆杆段[a] mm	±5
	预应力杆	整根杆 mm	不作规定
		组装杆杆段[b] mm	±10
壁厚 mm			+10 或 −2
外径 mm			+4 或 −2
弯曲度	梢径不大于190mm		$L^c/800$
	梢径或直径大于190mm		$L/1000$
端部倾斜 mm	杆底		5
	钢盘圈		3
	法兰盘		4

检验（检查）项目				检验标准（允许偏差）
预埋件	预留孔	对杆中心垂直度（埋管式）		$D_e^d/100$
		纵向两孔间距（mm）		±4
		横向误差	固定式 mm	2
			埋管式 mm	3
		直径（mm）		$+2$
	钢板圈	内径（mm）	不大于 400	±2
			大于 400	±3
		内径（mm）		±2
		外径（mm）		±2
		螺孔中心距（mm）		±0.5
		高度（mm）		±2
		厚度	铸造 mm	$+1.5$，-0.5
			焊接 mm	±0.5
钢板圈及法兰盘轴线与杆段轴线 mm				2

a　当用一根钢模同时生产两根杆段时，其长度负偏差允许加大 1 倍；

b　如果取得使用单位同意，组装杆杆段按设计长度生产时，杆段长度偏差为制造长度与设计长度的差数；

c　L 为杆长（取值单位 m）；

d　D_e 为埋管处电杆直径（取值单位 mm）。

表 6.0.7　　　　　　　　　　钢芯铝绞线、钢绞线检验标准及检查方法（材表）

序号	检查（检验）项目	检验标准（允许偏差）	检查方法	备注
1	钢芯铝绞线结构、型号	符合 GB/T 1179 规定	核查施工图、合格证	
2	钢芯铝绞线抗拉强度	符合 GB/T 1179 规定	查产品合格证或制造厂试验报告	制造厂、供货单位提供
3	钢芯铝绞线抗弯曲	符合 GB/T 1179 规定	查产品合格证或制造厂试验报告	制造厂、供货单位提供
4	钢芯铝绞线抗疲劳佳能	$N=3$ 千万次无断头	查产品合格证或制造厂试验报告	制造厂、供货单位提供
5	钢芯铝绞线始向及节距比	符合 GB/T 1179 规定	查产品合格证或制造厂试验报告	制造厂、供货单位提供
6	钢芯铝绞线单位长度重量	符合 GB/T 1179 规定	有怀疑时抽查	制造厂、供货单位提供

续表

序号	检查（检验）项目	检验标准（允许偏差）	检查方法	备注
7	导线单丝焊接头质量	符合 GB/T 1179 规定	现场展放时查看	
8	导线包装质量	符合 GB/T 1179 规定	现场检查，查订货合同	
9	钢绞线结构、型号	符合 GB 1200—1988 规定	核查施工图、合格证	
10	钢绞线抗拉强度	符合 GB 1200—1988 规定	查产品合格证或制造厂试验报告	制造厂、供货单位提供
11	钢绞编抗弯曲	符合 GB 1200—1988 规定	查产品合格证或制造厂试验报告	制造厂、供货单位提供
12	钢绞线铸层质量	符合 GB 1200—1988，GB 3428 规定	查产品合格证或制造厂试验报告	制造厂、供货单位提供
13	钢绞线捻向及捻距	符合 GB 1200—1988 规定	查产品合格证或制造厂试验报告	制造厂、供货单位提供
14	钢绞线单位长度质量	符合 GB 1200—1988 规定	有怀疑时抽查	制造厂、供货单位提供
15	钢绞线包装质量	符合 GB 1200—1988 规定	现场检查，查订货合同	

表 6.0.8　　　　金具检验标准及检查方法（材表）

序号	检查（检验）项目	检验标准（允许偏差）	检查方法	备注
1	规格、型号	符合设计要求，符合 DL/T 683 规定	核查施工图及试组装	
2	机械强度	符合 GB/T 2315 规定	查产品合格证或制造厂试验报告	制造厂、供货单位提供
3	握着力	符合 GB/T 2315 规定、GB/T 2317 规定	查产品合格证或制造厂试验报告	制造厂、供货单位提供
4	尺寸偏差	符合 GB/T 2314 规定	试组装	
5	防晕金具的防晕性能	符合 GB/T 2314 规定	试组装	制造厂、供货单位提供
6	防振性能	符合设计要求	试组装	制造厂、供货单位提供
7	外观质量	符合 GB/T 2314、DL/T 696 光滑，无毛刺、镀锌均匀	试组装安装时检查	
8	金具连接配合	符合设计要求	试组装	

表 6.0.9　　　　绝缘子检验标准及检查方法（材表）

序号	检查（检验）项目	检验标准（允许偏差）	检查方法	备注
1	规格、型号	符合设计要求	核查施工图及合格证	
2	机电（或机械）强度	符合 GB 1001、GB 775.3 规定	查产品合格证或制造厂试验报告	制造厂、供货单位提供
3	绝缘电阻	符合 GB J233 规定	5000V 兆欧表逐个检测	
4	工频击穿电压性能	符合 GB 1001、GB 775.3 规定	查产品合格证或制造厂试验报告	制造厂、供货单位提供
5	温差性能	符合 GB 1001、GB 775.3 规定	查产品合格证或制造厂试验报告	制造厂、供货单位提供

序号	检查（检验）项目	检验标准（允许偏差）	检查方法	备注
6	瓷件的爬电距离	符合 GB 772 规定	查产品合格证或制造厂试验报告	制造厂、供货单位提供
7	瓷器的耐压质量	符合 GB 772 规定	查产品合格证或制造厂试验报告	制造厂、供货单位提供
8	瓷件的外观距离	符合 GB 772 规定	组装时逐个检查	
9	配件及其他金具配合	配件齐全	组装时检查	

《电力建设施工技术规范　第1部分：土建结构工程》DL 5190.1—2012

表 4.4.21　　　　　　　　　　　　　　　　现浇混凝土结构尺寸允许偏差

项目	项目		允许偏差（mm）
轴线位移	独立基础		≤10
	其他基础		≤15
	墙、柱、梁		≤8
	剪力墙		≤5
垂直度	层高	≤5m	≤8
		>5m	≤10
	全高（H）		不大于 H/1000，且≤30mm
标高偏差	杯形基础杯底		0～－10
	其他基础顶面		±10
	层高		±10
	全高		±30
截面尺寸偏差			+8～－5
表面平整度			≤8
预留洞中心位移			≤15
预埋设施中心线位置	预埋件		10
	预埋螺栓		5
	预埋管		5
预留孔	中心位移		≤5
	截面尺寸偏差		+10～－5

《电力建设施工质量验收及评价规程 第1部分：土建工程》DL/T 5210.1—2012

表 3.0.14

施工现场质量管理检查记录

开工日期： 年 月 日

工程名称		施工许可证号 （开工依据）			
建设单位		项目负责人			
监理单位		总监理工程师			
设计单位		项目负责人			
施工单位		项目经理		项目技术负责人	
序号	项目	主要内容			
1	现场质量管理制度				
2	质量责任制				
3	主要专业工种操作上岗证书				
4	分包方资格与对分包单位的管理制度				
5	施工图审查情况				
6	地质勘察资料				
7	施工组织设计、施工方案及审批				
8	施工技术标准				
9	工程质量检验制度				
10	搅拌站及计量设置				
11	现场实验室资质				
12	现场材料、设备存放与管理				
13	强制性条文实施计划				
14	质量通病预防措施实施计划				

检查结论：

监理工程师： 总监理工程师：
　　　　　　　（建设单位项目负责人）　　　　年　月　日

表 5.2.1　单位工程定位放线质量标准和检验方法

类别	序号	检查项目	质量标准	单位	检验方法及器具
主控项目	1	控制桩测设	根据建（构）筑物的主轴线设控制桩。桩深度应超过冰冻土层。主厂房桩数不应少于 12 个，其他主要建（构）筑物不应少于 4 个		观察检查和检查测设记录
	2	平面控制桩精度	应符合二级导线的精度要求，主厂房和输煤系统建筑物还应符合现行有关标准的规定		经纬仪和钢尺检查
					全站仪检查
	3	高程控制桩精度	应符合三等水准的精度要求		水准仪检查

表 5.2.23　螺旋钻、潜水钻、回旋钻和冲击钻成孔质量标准和检验方法

类别	序号	检查项目		质量标准	单位	检验方法及器具
主控项目	1	孔底标高偏差		必须符合设计要求		测绳吊重锤检查或量钻杆
	2	孔底沉渣或虚土厚度	端承桩	$\leqslant 50$	mm	沉渣仪或测绳吊重锤（锤重）检查
			摩擦桩	$\leqslant 150$	mm	
主控项目	3	护壁泥浆质量	排出比重	$1.2\sim 1.5$		泥浆比重计、含砂仪等仪器测定
			含砂率	<4	%	
			胶体率	$\geqslant 90$	%	
	4	桩基轴线位移	单排桩	$\leqslant 10$	mm	经纬仪、钢尺检查
			双排及以上桩	$\leqslant 20$	mm	
一般项目	1	桩径允许偏差	螺旋钻成孔 $D=300mm\sim 600mm$	± 20	mm	检孔圈、检孔器或检井机检查
			套管成孔及干成孔灌注桩	$\geqslant -20$	mm	
			潜水和回旋钻成孔 $D=500mm\sim 1400mm$	± 50	mm	
			冲击钻成孔 $D=600mm\sim 1400mm$	$-50\sim +100$	mm	
	2	垂直偏差		$\leqslant 1\% H_3$		测斜仪或其他方法检测

类别	序号	检查项目			质量标准	单位	检验方法及器具
一般项目	3	桩位允许偏差	1根～3根、单排桩基垂直于轴线的条形桩基群桩基边桩	泥浆护壁 $D\leqslant1000mm$	不大于 $D/6$ 且不大于 100mm		经纬仪、钢尺检查
				泥浆护壁 $D>1000mm$	$\leqslant100+0.01H_2$	mm	
				套管成孔 $D\leqslant500mm$	$\leqslant70$	mm	
				套管成孔 $D>500mm$	$\leqslant100$	mm	
				干成孔	$\leqslant70$	mm	
			顺轴线条形桩基和群桩基的中间桩	泥浆护壁 $D\leqslant1000mm$	不大于 $D/4$ 且不大于 150mm		经纬仪、钢尺检查
				泥浆护壁 $D>1000mm$	$\leqslant150+0.01H_2$	mm	
				套管成孔 $D\leqslant500mm$	$\leqslant150$	mm	
				套管成孔 $D>500mm$	$\leqslant150$	mm	
				干成孔	$\leqslant150$	mm	

表 5.2.25　　　　　　　　　　　人工挖大直径扩底墩成孔质量标准和检验方法

类别	序号	检查项目		质量标准	单位	检验方法及器具
主控项目	1	孔底标高偏差		必须符合设计要求		测绳吊重锤或量钻杆
	2	孔底土质		必须符合设计要求		检查试验报告
	3	孔底虚土（沉渣）		严禁		绳吊重锤检查
	4	墩身直径 D_1		必须符合设计要求且大于 800mm		钢尺检查
	5	扩头直径 D_2 与 D_1 比值		应符合设计要求，D_2/D_1 应不大于 3		钢尺检查
	6	墩底锅底深度		$0.1D\sim0.15D$		钢尺检查
	7	扩头高于宽之比		$2\sim3$		钢尺检查
	8	墩间中距		$\geqslant3D_1$	mm	钢尺检查
	9	墩底之间净距		$\geqslant1000$	mm	钢尺检查
	10	墩底进入持力层深度	黏性和砂类土	$\geqslant1500$	mm	检查施工记录或观察、尺量
			砂卵石或卵石层	$\geqslant500$	mm	
			基岩	$\geqslant D_1$	mm	

类别	序号	检查项目		质量标准	单位	检验方法及器具
主控项目	11	扩壁质量		应符合设计要求		检查施工记录或观察、尺量
	12	桩基轴线位移	单排桩	≤10	mm	钢尺检查
			双排及以上桩	≤20	mm	
一般项目	1	桩基允许偏差		0～50	mm	钢尺检查
	2	垂直偏差	混凝土护壁	≤0.5%H_3		测斜仪或其他方法检查
			刚套管护壁	≤1%H_3		
	3	桩位允许偏差	1根～3根、单排桩基垂直于中心线方向和群桩基的边桩 混凝土护壁	≤50	mm	钢尺检查
			刚套管护壁	≤100	mm	
			条形桩基沿中心线方向和群桩基础的中间桩 混凝土护壁	≤150	mm	钢尺检查
			刚套管护壁	≤200	mm	

表 5.2.27　　　　　　　　　**混凝土灌注桩工程质量标准和检验方法**

类别	序号	检查项目	质量标准	单位	检验方法及器具
主控项目	1	工程桩承载力检验	必须符合设计要求		按基桩检测技术规范检测
	2	混凝土强度	应符合设计要求		检查试件报告或钻芯取样送检
		混凝土灌注程序	应符合先行有关标准的规定和施工措施要求		观察检查
		桩体质量检验	应符合 JGJ 106 的规定		按 JGJ 106 规定检测，如钻芯取样，大直径嵌岩桩应钻至桩尖下 50cm

续表

类别	序号	检查项目				质量标准	单位	检验方法及器具
主控项目	5	桩位偏差	1根~3根、单排桩基垂直于中心线方向和群桩基础的边桩	泥浆护壁	$D \leqslant 1000mm$	不大于$D/6$且不大于100mm		钢尺检查
					$D > 1000mm$	$\leqslant 100 + 0.01H_2$	mm	钢尺检查
				套管成孔	$D \leqslant 500mm$	$\leqslant 70$	mm	钢尺检查
					$D > 500mm$	$\leqslant 100$	mm	钢尺检查
				干成孔灌注桩		$\leqslant 70$	mm	钢尺检查
				钻扩机、洛阳铲、沉管法成孔	1根~2根或单排桩	$\leqslant 70$	mm	钢尺检查
					3根~20根群桩	$\leqslant D/2$	mm	钢尺检查
				人工挖孔桩	混凝土护壁	$\leqslant 50$	mm	钢尺检查
					钢套管护壁	$\leqslant 100$	mm	钢尺检查
			条形桩基沿中心线方向和群桩基础的中间桩	泥浆护壁	$D \leqslant 1000mm$	不大于$D/4$且不大于150mm		钢尺检查
					$D > 1000mm$	$\leqslant 150 + 0.01H_2$	mm	钢尺检查
				套管成孔	$D \leqslant 500mm$	$\leqslant 150$	mm	钢尺检查
					$D > 500mm$	$\leqslant 150$	mm	钢尺检查
				干成孔		$\leqslant 150$	mm	钢尺检查
				钻扩机、洛阳铲、沉管法成孔	多余20根群桩边桩	$\leqslant D/2$	mm	钢尺检查
					桩数多余20根中间桩	$\leqslant D$	mm	钢尺检查
				人工挖孔桩	混凝土护壁	$\leqslant 150$	mm	钢尺检查
					钢套管护壁	$\leqslant 200$	mm	钢尺检查
一般项目	1	桩基偏差	泥浆护壁	潜水和回旋钻成孔		± 50	mm	井径仪或超声波检测，干施工时用钢尺检查
				冲击钻成孔		$50 \sim 100$	mm	
			套管成孔灌注桩			$\geqslant 20$	mm	
			干成孔灌注桩			$\geqslant 20$	mm	
			人工挖孔桩			$\geqslant 50$	mm	
			沉管法成孔			$20 \sim 50$	mm	
			旋挖成孔			± 50	mm	钢尺检查

类别	序号	检查项目		质量标准	单位	检验方法及器具
一般项目	2	泥浆比重（黏土或砂性土）		1.15～1.20		比重计测，清孔后在孔距底 50cm 处取样
	3	泥浆面高（高于地下水位）		0.5～1.0	m	观察检查
	4	混凝土坍落度	水下灌注	160～220	mm	坍落度仪检查
			干施工	70～100	mm	
	5	混凝土充盈系数		＞1		检查每根桩的实际灌注量
	6	桩顶标高偏差		－50～＋30	mm	水准仪检查，需扣除桩顶浮浆层及劣质桩体

表 5.10.12　　　　　现浇混凝土结构外观及尺寸偏差质量标准和检验方法

类别	序号	检查项目		质量标准	单位	检验方法及器具
主控项目	1	外观质量		不应有严重缺陷。对已经出现的严重缺陷，应由施工单位提出技术处理方案，并经监理（建设）、设计单位认可后进行处理，对经处理的部位，应重新检查验收		观察，检查技术处理方案
	2	尺寸偏差		不应有影响结构性能和使用功能的尺寸偏差。对超过尺寸允许偏差且影响结构性能和安装、使用功能的部位，应由施工单位提出技术处理方案，并经监理（建设）、设计单位认可后进行处理。对经处理的部位，应重新检查验收		观察，检查技术处理方案
一般项目	1	外观质量		不宜有一般缺陷。对已经出现的一般缺陷，应由施工单位按技术处理方案进行处理，并重新检查验收		观察，检查技术处理方案
	2	轴线位移	独立基础	≤10	mm	钢尺检查
			其他基础	≤15		
			墙、柱、梁	≤8		
			剪力墙	≤5		

类别	序号	检查项目			质量标准	单位	检验方法及器具
一般项目	3	垂直度	层高	≤5m	≤8	mm	经纬仪或吊线、钢尺检查
				>5m	≤10	mm	经纬仪或吊线、钢尺检查
			全高（H_4）		不大于 $H_4/1000$，且不大于 30mm		经纬仪、钢尺检查
	4	标高偏差	杯形基础杯底		0～-10	mm	水准仪或拉线、钢尺检查
			其他基础顶面		±10		
			层高		±10		
			全高		±30		
	5	截面尺寸偏差			+8～-5	mm	钢尺检查
	6	表面平整度			≤8	mm	2m靠尺和楔形塞尺检查
	7	电梯井井筒长，宽对定位中心线偏差			+25～0	mm	钢尺检查
	8	预留洞中心位移			≤15	mm	钢尺检查
	9	预留孔	中心位移		≤3	mm	钢尺检查
	10		截面尺寸偏差		+10～0	mm	钢尺检查
	11	混凝土预埋件拆模后质量			应符合本部分附录B的规定		

表 6.2.8　　　　　　　　　　　　　　混凝土结构外观及尺寸偏差质量标准与检验方法

类别	序号	检验项目	质量标准	单位	检验方法及器具
主控项目	1	外观质量	不应有严重缺陷。对已经出现的严重缺陷，应由施工单位提出技术处理方案，并经监理（建设）、设计单位认可后进行处理，对经处理的部位，应重新检查验收		观察，检查技术处理方案

类别	序号	检验项目			质量标准	单位	检验方法及器具
主控项目	2	尺寸偏差			不应有影响结构性能和使用功能的尺寸偏差。对超过尺寸允许偏差且影响结构性能和安装、使用功能的部位，应由施工单位提出技术处理方案，并经监理（建设）、设计单位认可后进行处理。对经处理的部位，应重新检查验收		量测，检查技术处理方案
	3	大体积混凝土控温措施			必须符合设计要求和现行有关标准的规定		检查施工措施和记录
一般项目	1	外观质量			不宜有一般缺陷。对已经出现的一般缺陷，应由施工单位按技术处理方案进行处理，并重新检查验收		观察，检查技术处理方案
	2	预埋件	中心位移		≤10	mm	钢尺检查
			与混凝土面的平整偏差		≤5	mm	直尺和塞尺检查
			相邻预埋件高差		≤5 或（2）*	mm	水准仪检查
			水平偏差		≤3	mm	水平尺检查
			标高偏差		+2～−10	mm	水准仪检查
	3	预埋螺栓偏差	同组螺栓中心与轴线的相对位移偏差		≤2	mm	经纬仪、钢尺检查
			各组螺栓中心之间的相对位移偏差		≤1	mm	拉线、钢尺检查
			顶标高		+10～0	mm	水准仪测量
			垂直偏差		$<L_6/450$	mm	吊线检查
	4	预埋管	中心位移		≤5	mm	经纬仪或拉线、钢尺检查
	5	基础轴线位移			≤5	mm	经纬仪、钢尺检查
	6	基础标高偏差			±8	mm	水准仪检查

类别	序号	检验项目		质量标准	单位	检验方法及器具
一般项目	7	截面尺寸偏差		+8～－5	mm	钢尺检查
	8	全高垂直偏差		≤8	mm	钢尺、吊线检查
	9	标高偏差	有装配件的支承面	0～－10	mm	水准仪检查
			其他	±8	mm	
	10	孔洞尺寸偏差		+15～0	mm	钢尺检查
	11	预留孔（洞）中心偏差		≤10	mm	纵横两个方向检查，并取其中的较大值
	12	混凝土表面平整度		≤8	mm	2m靠尺和楔形塞尺检查
	13	上部结构插筋中心偏差		≤5	mm	观察、钢尺检查

注： L_6 为预埋螺栓长度。

* 括号内数字为支撑盘柜设备预埋件拆模后允许偏差。

表 6.7.7 　　　　　　　　　混凝土外观及尺寸偏差（设备基础）质量标准与检验方法

类别	序号	检验项目	质量标准	单位	检验方法与器具
主控项目	1	外观质量	不应有严重缺陷。对已经出现的严重缺陷，应由施工单位提出技术处理方案，并经监理（建设）、设计单位认可后进行处理，对经处理的部位，应重新检查验收		观察，检查技术处理方案
	2	尺寸偏差	不应有影响结构性能和使用功能的尺寸偏差。对超过尺寸允许偏差且影响结构性能和安装、使用功能的部位，应由施工单位提出技术处理方案，并经监理（建设）、设计单位认可后进行处理。对经处理的部位，应重新检查验收		量测，检查技术处理方案
	3	大体积混凝土温控措施	必须符合设计要求及 GB 50496 标准的规定		检查施工技术措施和测温记录
	4	预埋件、预埋螺栓	应符合本部分附录 B.3 的有关规定		

续表

类别	序号	检验项目		质量标准	单位	检验方法与器具
一般项目	1	外观质量		不宜有一般缺陷。对已经出现的一般缺陷，应由施工单位按技术处理方案进行处理，并重新检查验收		观察，检查技术处理方案
	2	清水混凝土外观质量	颜色	普通清水：无明显色差；饰面清水：颜色基本一致，无明显色差		距离墙面观察
			修补	普通清水：少量修补痕迹；饰面清水：基本无修补痕迹		距离墙面观察
			气泡	普通清水：气泡分散；饰面清水：最大直径不大于 8mm，最大深度不大于 2mm，每平方米气泡面积不大于 20cm²		尺量
			裂缝	普通清水：宽度小于 0.2mm；饰面清水：宽度小于 0.2mm，且长度不大于 1000mm		尺量、刻度放大镜
			光洁度	普通清水：无明显漏浆、流淌及冲刷痕迹；饰面清水：无漏浆、流淌及冲刷痕迹，无油迹、墨迹及锈斑，无粉化物		观察
			对拉螺栓孔眼	饰面清水：排列整齐，孔洞封堵密实，凹孔棱角清晰圆滑		观察、尺量
			明缝	饰面清水：位置规律、整齐、深度一致、水平交圈		观察、尺量
			蝉缝	饰面清水：横平竖直、水平交圈、竖向成线		观察、尺量
	3	基础中心对主厂房轴线偏差		≤10	mm	经纬仪或拉线和钢尺检查
	4	层面标高偏差		0～－20（普通清水 0～－8；饰面清水 0～－5）	mm	水准仪检查
	5	梁、柱截面尺寸偏差		±10（普通清水±5；饰面清水±3）	mm	钢尺检查
	6	表面平整度		≤8（普通清水≤4；饰面清水≤3）	mm	2m 靠尺及楔形塞尺检查（埋土部分不检查）
	7	全高垂直偏差		≤10	mm	吊线和钢尺检查
	8	平面外形尺寸偏差		±20	mm	钢尺检查
	9	凸台上平面尺寸偏差		0～－20	mm	钢尺检查

续表

类别	序号	检验项目		质量标准	单位	检验方法与器具
一般项目	10	凹穴尺寸偏差		＋20～0	mm	钢尺检查
	11	预留地脚螺栓孔	中心位移	≤10	mm	钢尺检查
			深度偏差	＋20～0	mm	钢尺检查
			孔垂直偏差	≤10	mm	吊线和钢尺检查

表 8.3.9　　　　　　　　　　　　　　　　　　检核测量的偏差

检核测量的精度等级	边长相对偏差	角度偏差
按一级导线精度检测	1/25000	8″

表 8.6.4　　　　　　　　　　建（构）筑物施工放线、轴线投测和标高传递的允许偏差

项目	内容		允许偏差（mm）
基础桩位放样	单排桩或群桩中的边		10
	群桩		20
各施工层上放线	外廓主轴线长度 L（m）	L≤30	5
		30＜L≤60	10
		60＜L≤90	15
		＞90	20
	细部轴线		2
	承重墙、梁、柱边线		3
	非承重墙边线		3
	门窗洞口线		3

项目	内容		允许偏差（mm）
轴线竖向投测	每层		3
	总高 *H*（m）	$H \leqslant 30$	5
		$30 < H \leqslant 60$	10
		$60 < H \leqslant 90$	15
		$90 < H \leqslant 1200$	20
		$120 < H \leqslant 150$	25
		>150	30
标高竖向传递	每层		3
	总高 *H*（m）	$H \leqslant 30$	5
		$30 < H \leqslant 60$	10
		$60 < H \leqslant 90$	15
		$90 < H \leqslant 1200$	20
		$120 < H \leqslant 150$	25
		>150	30

C.3　建筑物控制桩和预埋件规格

C.3.1　控制桩埋件规格见图 C.5、控制桩基础规格见图 C.6。

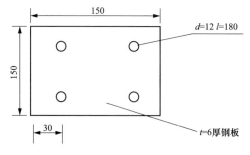

图 C.5　控制桩埋件规格（mm）

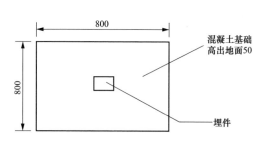

图 C.6　控制桩基础规格（mm）

《电力勘测设计驻工地代表制度》DLGJ 159.8—2001

附录 A 设计变更通知单

编号：_____

_____专业

工程名称		提出变更单位		填单日期	
卷册名称		修改性质（请打√）	1）设计错误　　2）设计漏项 3）专业配合　　4）设计改进 5）材料代用　　6）设备材料变更 7）其他		
图号					

变更原因或理由：

变更内容：（另有附图　　张，附表或说明　　页。）

专业会签及理由：

会签人：　　　　年　　月　　日

费用估算：						
单位	设计单位	设计监理	施工监理	建设单位	施工单位	
代表						
审批						
日期						

注：1　编号为专业代号＋流水号。
　　2　增加投资 5 万～10 万元（不含 10 万元）时，项目经理（设总）在审批栏内签署。
　　3　增加投资 10 万～50 万元（不含 50 万元）时，项目经理（设总）和生产处处长、主管院长在审批栏内签署。

《风电机组筒形塔制造技术条件》NB/T 31001—2010

表 16　　　　　　　　　　　　　　　　　　　干膜厚度

使用环境	筒形塔部位	干膜总厚度（μm）
内陆地区	塔筒外表面	240
	塔筒内表面	170
沿海湿热、含盐分气候条件下	塔筒外表面	280
	塔筒内表面	200

《光伏发电并网逆变器技术规范》NB/T 32004—2013

表 7　　　　　　　　　　　　　　　　　　　奇次谐波电流含有率限值

奇次谐波次数	含有率限值（％）	奇次谐波次数	含有率限值（％）
3～9	4.0	23～33	0.6
11～15	2.0	35 以上	0.3
17～21	1.5		

表 8 偶次谐波电流含有率限值

偶次谐波次数	含有率限值（%）	偶次谐波次数	含有率限值（%）
2～10	1.0	24～34	0.15
12～16	0.5	36 以上	0.075
18～22	0.375		

《建筑变形测量规范》JGJ 8—2007
附录 E 沉降观测成果图

E.0.1 建筑沉降观测的时间-荷载-沉降量曲线图宜按图 E.0.1 的样式表示。

E.0.2 建筑沉降观测的等沉降曲线图宜按图 E.0.2 的样式表示。

E.0.3 基坑回弹量纵、横断面图宜按图 E.0.3 的样式表示。

E.0.4 地基土分层沉降观测的各土层荷载-沉降量-深度曲线图宜按图 E.0.4 的样式表示。

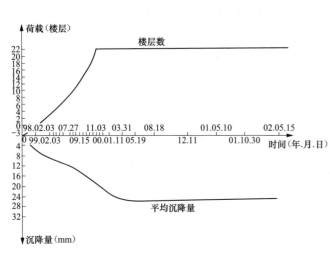

图 E.0.1 某建筑时间-荷载-沉降量曲线图

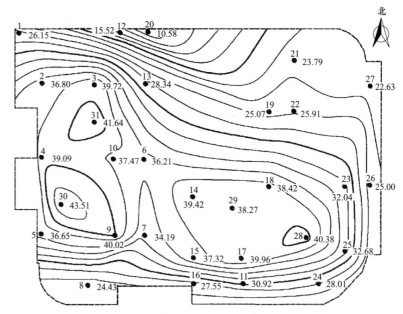

图 E.0.2 某建筑等沉降曲线图（单位：mm）

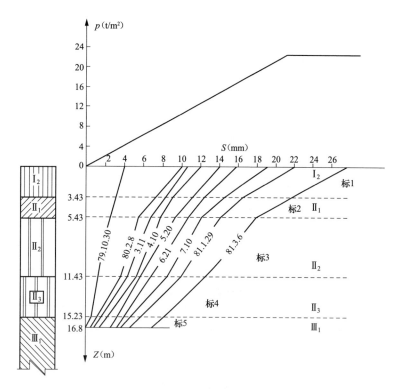

图 E.0.4　某建筑地基各土层荷载-沉降量-深度曲线图

《普通混凝土用砂、石质量及检验方法标准》JGJ 52—2006

表 3.1.3　　　　　　　　　　　　　　　　　　　　天然砂中含泥量

混凝土强度等级	≥C60	C55～C30	≤C25
含泥量（按质量计，%）	≤2.0	≤3.0	≤5.0

表 3.1.4　　　　　　　　　　　　　　　　　　　　砂中泥块含量

混凝土强度等级	≥C60	C55～C30	≤C25
泥块含量（按质量计，%）	≤0.5	≤1.0	≤2.0

表 3.1.5 人工砂或混合砂中石粉含量

混凝土强度等级		≥C60	C55～C30	≤C25
MB<1.4（合格）	石粉含量（%）	≤5.0	≤7.0	≤10.0
MB≥1.4（不合格）		≤2.0	≤3.0	≤5.0

表 3.2.2 针、片状颗粒含量

混凝土强度等级	≥C60	C55～C30	≤C25
针、片状颗粒含量（按质量计,%）	≤8	≤15	≤25

表 3.2.3 碎石或卵石中含泥量

混凝土强度等级	≥C60	C55～C30	≤C25
含泥量（按质量计,%）	≤0.5	≤1.0	≤2.0

表 3.2.4 碎石或卵石中泥块含量

混凝土强度等级	≥C60	C55～C30	≤C25
泥块含量（按质量计,%）	≤0.2	≤0.5	≤0.7

表 3.2.5-1 碎石的压碎值指标

岩石品种	混凝土强度等级	碎石压碎值指标（%）
沉积岩	C60～C40	≤10
	≤C35	≤16
变质岩或深成的火成岩	C60～C40	≤12
	≤C35	≤20
喷出的火成岩	C60～C40	≤13
	≤C35	≤30

注：沉积岩包括石灰岩、砂岩等；变质岩包括片麻岩、石英岩等；深成的火成岩包括花岗岩、正长岩、闪长岩和橄榄岩等；喷出的火成岩包括玄武岩和辉绿岩等。

表 3.2.5-2　　　　　　　　　　　　　　　　　　　　卵石的压碎值指标

混凝土强度等级	C60~C40	≤C35
压碎值指标（%）	≤12	≤16

《混凝土用水标准》JGJ 63—2006

表 3.1.1　　　　　　　　　　　　　　　　　　　混凝土拌和用水水质要求

项目	预应力混凝土	钢筋混凝土	素混凝土
pH 值	≥5.0	≥4.5	≥4.5
不溶物（mg/L）	≤2000	≤2000	≤5000
可溶物（mg/L）	≤2000	≤5000	≤10000
Cl^-（mg/L）	≤500	≤1000	≤3500
SO_4^{2-}（mg/L））	≤600	≤2000	≤2700
碱含量（mg/L）	≤1500	≤1500	≤1500

《建筑地基处理技术规范》JGJ 79—2012

表 6.2.2-1　　　　　　　　　　　　　　　　　填土每层铺填厚度及压实系数

施工设备	每层铺填厚度（mm）	每层压实遍数
平碾（8t~12t）	200~300	6~8
羊足碾（5t~16t）	200~350	8~16
振动碾（8t~15t）	500~1200	6~8
冲击碾压（冲击势能 15kJ~25kJ）	600~1500	20~40

表 6.2.2-2　　　　　　　　　　　　　　　　　　　压实的质量控制

结构类型	填土部位	压实系数（λ_c）	控制含水量（%）
砌体承重结构和框架结构	在地基主要承受力层范围以内	≥0.97	$\mu_{op} \pm 2$
	在地基主要承受力层范围以下	≥0.95	
排架结构	在地基主要承受力层范围以内	≥0.96	
	在地基主要承受力层范围以下	≥0.94	

表 6.2.2-3   压实填土的边坡坡度允许值

填土类型	边坡坡度允许值（高宽比）		压实系数（λ_c）
	坡高在 8m 以内	坡高为 8m～15m	
碎石、卵石	1∶1.50～1∶1.25	1∶1.75～1∶1.50	
砂加石（碎石卵石占全重 30%～50%）	1∶1.50～1∶1.25	1∶1.75～1∶1.50	0.94～0.97
土加石（碎石卵石占全重 30%～50%）	1∶1.50～1∶1.25	1∶2.00～1∶1.50	
粉质黏土，黏粒含量≥10% 的粉土	1∶1.75～1∶1.50	1∶2.25～1∶1.75	

表 6.3.3-1   强夯的有效加固深度   m

单击夯击能 E（kN·m）	碎石土、砂土等粗颗粒土	粉土、粉质黏土、湿陷性黄土等细颗粒土
1000	4.0～5.0	3.0～4.0
2000	5.0～6.0	4.0～5.0
3000	6.0～7.0	5.0～6.0
4000	7.0～8.0	6.0～7.0
5000	8.0～8.5	7.0～7.5
6000	8.5～9.0	7.5～8.0
8000	9.0～9.5	8.0～8.5
10000	9.5～10.0	8.5～9.0
12000	10.0～11.0	9.0～10.0

注：强夯法的有效加固深度应从最初起夯面算起；单击夯击能 E 大于 12000kN·m 时，强夯的有效加固深度应通过试验确定。

表 6.3.3-2   强夯法最后两击平均夯沉量   mm

单击夯击能 E（kN·m）	最后两击平均夯沉量不大于（mm）
$E<4000$	50
$4000\leqslant E<6000$	100
$6000\leqslant E<8000$	150
$8000\leqslant E<12000$	200

表 7.1.8　　　　　　　　　　　　　　　　　　　　沉降计算经验系数

$\hat{E}_s$（MPa）	4.0	7.0	15.0	20.0	35.0
ψ_s	1.0	0.7	0.4	0.3	0.2

《建筑桩基技术规范》JGJ 94—2008

表 4.1.18　　　　　　　　　　　　　　　　　　　　钢桩年腐蚀速率

钢桩所处环境		单面腐蚀率（mm/a）
地面以上	无腐蚀性气体或腐蚀性挥发介质	0.05～0.1
地面以下	水位以上	0.05
	水位以上	0.03
	水位波动区	0.1～0.3

表 6.2.4　　　　　　　　　　　　　　　　　　　　灌注桩成孔施工允许偏差

成孔方法	桩径偏差（mm）	垂直度允许偏差（％）	桩位允许偏差（mm）	
			1～3 根桩、条形桩基沿垂直轴线方向和群桩基础中的边桩	条形桩基沿轴线方向和群桩基础的中间桩
泥浆护壁 150	$d \leqslant 1000mm$	$\leqslant -50$	$d/6$ 且不大于 100	$d/4$ 且不大于 150
	$d > 1000mm$	-50	$100 + 0.01H$	$150 + 0.01H$
锤击（振动）沉管振动冲击沉管成孔	$d \leqslant 500mm$	-20	70	150
	$d > 500mm$		100	150
螺旋钻、机动洛阳铲干作业成孔灌注桩		-20	70	150
人工挖孔桩	现浇混凝土护壁	± 50	50	150
	长钢套管护壁	± 20	100	200

表 7.4.5 打入桩桩位的允许偏差

项目	允许偏差（mm）
带有基础梁的桩：（1）垂直基础梁的中心线 （2）沿基础梁的中心线	$100+0.01H$ $150+0.01H$
桩数在 1～3 根桩基中的桩	100
桩数在 4～16 根桩基中的桩	1/2 桩径或边长
桩数大于 16 根桩基中的桩：（1）最外边的桩 （2）中间桩	1/3 桩径或边长 1/2 桩径或边长

表 7.6.3 钢桩制作的允许偏差

项目		允许偏差（mm）
外径或断面尺寸	桩端部	±0.5％外径或边长
	桩身	±0.1％外径或边长
长度		＞0
矢高		≤1％桩长
端部平整度		≤2（H 型桩≤1）
端部平面与桩身中心线的倾斜值		≤2

表 7.6.5 接桩焊缝外观允许偏差

项目	允许偏差（mm）
上下节桩错口：	
①钢管桩外径≥700mm	3
②钢管桩外径＜700mm	2
H 型钢桩	1
咬边深度（焊缝）	0.5
加强层高度（焊缝）	2
加强层宽度（焊缝）	3

《玻璃幕墙工程技术基础》JGJ 102—2003

表 6.2.1　　　　　　　　　　　　　　　横梁截面宽厚比 b_0/t 限值

截面部位	铝型材				钢型材	
	6063-T5 6061-T4	6063A-T5	6063-T6 6063A-T6	6061-T6	Q235	Q345
自由挑出	17	15	13	12	15	12
双侧加劲	50	45	40	35	40	33

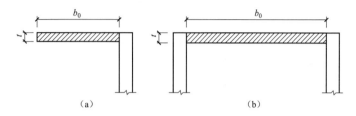

（a）　　　　　　　　　　　（b）

图 6.2.1　横梁的截面部位示意

《建筑工程冬期施工规程》JGJ/T 104—2011

表 4.3.3　　　　　　　　　　　　　暖棚法施工时的砌体养护时间

暖棚内温度（℃）	5	10	15	20
养护时间（d）	≥6	≥5	≥4	≥3

表 6.2.1　　　　　　　　　　　　　　拌和水及骨料加热最高温度

水泥强度等级	拌和水（℃）	骨料（℃）
小于 42.5	80	60
42.5、42.5R	60	40

表 6.2.5　　　　　　　　　　　　　　混凝土搅拌的最短时间

混凝土坍落度（mm）	搅拌机容积（L）	混凝土搅拌的最短时间（s）
≤80	<250	90
	250～500	135
	>500	180
>80	<250	90
	250～500	90
	>500	135

表 6.5.3　　　　　　　　　　　　　　电极与钢筋之间的距离

工作电压（V）	最小距离（mm）
65.0	50～70
87.0	80～100
106.0	120～150

表 6.9.2　　　　　　　　　　　　　施工期间的测温项目与频次

测温项目	频次
室外气温	测量最高、最低气温
环境温度	每昼夜不少于 4 次
搅拌机棚温度	每工作班不少于 4 次
水、水泥、矿物掺合料、砂、石及外回剂溶液温度	每工作班不少于 4 次
混凝土出机、浇筑、入模温度	每工作班不少于 4 次

表 10.2.5　　　　　　　　　　　　拌和水及骨料加热最高温度

水泥强度等级	拌和水（℃）	骨料（℃）
小于 42.5	80	60
42.5、42.5R	60	40

《钢筋机械连接技术规程》JGJ 107—2010

表 6.2.1 直螺纹接头安装时的最小拧紧扭矩值

钢筋直径（mm）	≤16	18～20	22～25	28～32	36～40
拧紧扭矩（N·m）	100	200	260	320	360

表 6.2.2 锥螺纹接头安装时的最小拧紧扭矩值

钢筋直径（mm）	≤16	18～20	22～25	28～32	36～40
拧紧扭矩（N·m）	100	180	240	300	360

《混凝土结构后锚固技术规程》JGJ 145—2013

表 C.2.3 抽样表

检验批锚栓总数	≤100	500	1000	2500	≥5000
最小抽样数量	20%，且不少于 5 件	10%	7%	4%	3%

《建筑工程检测试验技术管理规范》JGJ 190—2010

表 5.2.4 现场试验站基本条件

项目	基本条件
现场试验人员	根据工程规模和试验工作的需要配备，宜为 1 至 3 人
仪器设备	根据试验项目确定，一般应配备：天平、台（案）秤，温度计、湿度计、混凝土振动台、试模、坍落度筒、砂浆稠度仪、钢直（卷）尺、环刀、烘箱等
设施	工作间（操作间）面积不宜小于 15m²，温、湿度应满足有关规定
	对混凝土结构工程，宜设标准养护室，不具备条件时可采用养护箱或养护池。温、湿度应符合有关规定

《海砂混凝土应用技术规范》JGJ 206—2010

表 4.1.2   海砂的质量要求

项目	指标
水溶性氯离子含量（％，按质量计）	≤0.03
含泥量（％，按质量计）	≤1.0
泥块含量（％，按质量计）	≤0.5
紧固性指标（％）	≤8
云母含量（％，按质量计）	≤1.0
轻物质含量（％，按质量计）	≤1.0
硫化物及硫酸盐含量（％，折算为 SO_3，按质量计）	≤1.0
有机物含量	符合现行行业标准《普通混凝土用砂、石质量及检验方法标准》JGJ 52 的规定

《海港工程混凝土结构防腐蚀技术规范》JTJ 275—2000

表 7.1.2   涂层性能要求表

项目	试验条件	标准	涂层名称
涂层外观	耐老化试验 1000h 后	不粉化、不起泡、不龟裂、不剥落	底层＋中间层＋面层的复合涂层
	耐碱试验 30d 后	不起泡、不龟裂、不剥落	
	标准养护后	均匀，无流挂、无斑点、不起泡、不龟裂、不剥落等	
抗氯离子渗透性	活动涂层片抗氯离子渗透试验 30d 后	氯离子穿过涂层片的渗透量在 $5.0×10^{-3}\,mg/cm^2\,d$ 以下	底层＋中间层＋面层的复合涂层

《工程监理企业资质管理规定》建设部令〔2007〕158 号

专业工程类别和等级表

序号	工程类别		一级	二级	三级
一	房屋建筑工程	一般公共建筑	28 层以上；36 米跨度以上（轻钢结构除外）；单项工程建筑面积 3 万平方米以上	14～28 层；24～36 米跨度（轻钢结构除外）；单项工程建筑面积 1 万～3 万平方米	14 层以下；24 米跨度以下（轻钢结构除外）；单项工程建筑面积 1 万平方米以下
		高耸构筑工程	高度 120 米以上	高度 70～120 米	高度 70 米以下
		住宅工程	小区建筑面积 12 万平方米以上；单项工程 28 层以上	建筑面积 6 万～12 万平方米；单项工程 14～28 层	建筑面积 6 万平方米以下；单项工程 14 层以下
二	冶炼工程	钢铁冶炼、连铸工程	年产 100 万吨以上；单座高炉炉容 1250 立方米以上；单座公称容量转炉 100 吨以上；电炉 50 吨以上；连铸年产 100 万吨以上或板坯连铸单机 1450 毫米以上	年产 100 万吨以下；单座高炉炉容 1250 立方米以下；单座公称容量转炉 100 吨以下；电炉 50 吨以下；连铸年产 100 万吨以下或板坯连铸单机 1450 毫米以下	
		轧钢工程	热轧年产 100 万吨以上，装备连续、半连续轧机；冷轧带板年产 100 万吨以上，冷轧线材年产 30 万吨以上或装备连续、半连续轧机	热轧年产 100 万吨以下，装备连续、半连续轧机；冷轧带板年产 100 万吨以下，冷轧线材年产 30 万吨以下或装备连续、半连续轧机	
		冶炼辅助工程	炼焦工程年产 50 万吨以上或炭化室高度 4.3 米以上；单台烧结机 100 平方米以上；小时制氧 300 立方米以上	炼焦工程年产 50 万吨以下或炭化室高度 4.3 米以下；单台烧结机 100 平方米以下；小时制氧 300 立方米以下	
		有色冶炼工程	有色冶炼年产 10 万吨以上；有色金属加工年产 5 万吨以上；氧化铝工程 40 万吨以上	有色冶炼年产 10 万吨以下；有色金属加工年产 5 万吨以下；氧化铝工程 40 万吨以下	
		建材工程	水泥日产 2000 吨以上；浮化玻璃日熔量 400 吨以上；池窑拉丝玻璃纤维、特种纤维；特种陶瓷生产线工程	水泥日产 2000 吨以下；浮化玻璃日熔量 400 吨以下；普通玻璃生产线；组合炉拉丝玻璃纤维；非金属材料、玻璃钢、耐火材料、建筑及卫生陶瓷厂工程	

续表

序号	工程类别		一级	二级	三级
三	矿山工程	煤矿工程	年产 120 万吨以上的井工矿工程；年产 120 万吨以上的洗选煤工程；深度 800 米以上的立井井筒工程；年产 400 万吨以上的露天矿山工程	年产 120 万吨以下的井工矿工程；年产 120 万吨以下的洗选煤工程；深度 800 米以下的立井井筒工程；年产 400 万吨以下的露天矿山工程	
		冶金矿山工程	年产 100 万吨以上的黑色矿山采选工程；年产 100 万吨以上的有色砂矿采、选工程；年产 60 万吨以上的有色脉矿采、选工程	年产 100 万吨以下的黑色矿山采选工程；年产 100 万吨以下的有色砂矿采、选工程；年产 60 万吨以下的有色脉矿采、选工程	
		化工矿山工程	年产 60 万吨以上的磷矿、硫铁矿工程	年产 60 万吨以下的磷矿、硫铁矿工程	
		铀矿工程	年产 10 万吨以上的铀矿；年产 200 吨以上的铀选冶	年产 10 万吨以下的铀矿；年产 200 吨以下的铀选冶	
		建材类非金属矿工程	年产 70 万吨以上的石灰石矿；年产 30 万吨以上的石膏矿、石英砂岩矿	年产 70 万吨以下的石灰石矿；年产 30 万吨以下的石膏矿、石英砂岩矿	
四	化工石油工程	油田工程	原油处理能力 150 万吨/年以上、天然气处理能力 150 万方/天以上、产能 50 万吨以上及配套设施	原油处理能力 150 万吨/年以下、天然气处理能力 150 万方/天以下、产能 50 万吨以下及配套设施	
		油气储运工程	压力容器 8MPa 以上；油气储罐 10 万立方米/台以上；长输管道 120 千米以上	压力容器 8MPa 以下；油气储罐 10 万立方米/台以下；长输管道 120 千米以下	
		炼油化工工程	原油处理能力在 500 万吨/年以上的一次加工及相应二次加工装置和后加工装置	原油处理能力在 500 万吨/年以下的一次加工及相应二次加工装置和后加工装置	
		基本原材料工程	年产 30 万吨以上的乙烯工程；年产 4 万吨以上的合成橡胶、合成树脂及塑料和化纤工程	年产 30 万吨以下的乙烯工程；年产 4 万吨以下的合成橡胶、合成树脂及塑料和化纤工程	

序号	工程类别		一级	二级	三级
四	化工石油工程	化肥工程	年产 20 万吨以上合成氨及相应后加工装置；年产 24 万吨以上磷铵工程	年产 20 万吨以下合成氨及相应后加工装置；年产 24 万吨以下磷铵工程	
		酸碱工程	年产硫酸 16 万吨以上；年产烧碱 8 万吨以上；年产纯碱 40 万吨以上	年产硫酸 16 万吨以下；年产烧碱 8 万吨以下；年产纯碱 40 万吨以下	
		轮胎工程	年产 30 万套以上	年产 30 万套以下	
		核化工及加工工程	年产 1000 吨以上的铀转换化工工程；年产 100 吨以上的铀浓缩工程；总投资 10 亿元以上的乏燃料后处理工程；年产 200 吨以上的燃料元件加工工程；总投资 5000 万元以上的核技术及同位素应用工程	年产 1000 吨以下的铀转换化工工程；年产 100 吨以下的铀浓缩工程；总投资 10 亿元以下的乏燃料后处理工程；年产 200 吨以下的燃料元件加工工程；总投资 5000 万元以下的核技术及同位素应用工程	
		医药及其他化工工程	总投资 1 亿元以上	总投资 1 亿元以下	
五	水利水电工程	水库工程	总库容 1 亿立方米以上	总库容 1 千万～1 亿立方米	总库容 1 千万立方米以下
		水力发电站工程	总装机容量 300MW 以上	总装机容量 50MW～300MW	总装机容量 50MW 以下
		其他水利工程	引调水堤防等级 1 级；灌溉排涝流量 5 立方米/秒以上；河道整治面积 30 万亩以上；城市防洪城市人口 50 万人以上；围垦面积 5 万亩以上；水土保持综合治理面积 1000 平方公里以上	引调水堤防等级 2、3 级；灌溉排涝流量 0.5～5 立方米/秒；河道整治面积 3 万～30 万亩；城市防洪城市人口 20 万～50 万人；围垦面积 0.5 万～5 万亩；水土保持综合治理面积 100～1000 平方公里	引调水堤防等级 4、5 级；灌溉排涝流量 0.5 立方米/秒以下；河道整治面积 3 万亩以下；城市防洪城市人口 20 万人以下；围垦面积 0.5 万亩以下；水土保持综合治理面积 100 平方公里以下
六	电力工程	火力发电站工程	单机容量 30 万千瓦以上	单机容量 30 万千瓦以下	
		输变电工程	330 千伏以上	330 千伏以下	
		核电工程	核电站；核反应堆工程		

序号	工程类别		一级	二级	三级
七	农林工程	林业局（场）总体工程	面积 35 万公顷以上	面积 35 万公顷以下	
		林产工业工程	总投资 5000 万元以上	总投资 5000 万元以下	
		农业综合开发工程	总投资 3000 万元以上	总投资 3000 万元以下	
		种植业工程	2 万亩以上或总投资 1500 万元以上	2 万亩以下或总投资 1500 万元以下	
		兽医/畜牧工程	总投资 1500 万元以上	总投资 1500 万元以下	
		渔业工程	渔港工程总投资 3000 万元以上；水产养殖等其他工程总投资 1500 万元以上	渔港工程总投资 3000 万元以下；水产养殖等其他工程总投资 1500 万元以下	
		设施农业工程	设施园艺工程 1 公顷以上；农产品加工等其他工程总投资 1500 万元以上	设施园艺工程 1 公顷以下；农产品加工等其他工程总投资 1500 万元以下	
		核设施退役及放射性三废处理处置工程	总投资 5000 万元以上	总投资 5000 万元以下	
八	铁路工程	铁路综合工程	新建、改建一级干线；单线铁路 40 千米以上；双线 30 千米以上及枢纽	单线铁路 40 千米以下；双线 30 千米以下；二级干线及站线；专用线、专用铁路	
		铁路桥梁工程	桥长 500 米以上	桥长 500 米以下	
		铁路隧道工程	单线 3000 米以上；双线 1500 米以上	单线 3000 米以下；双线 1500 米以下	
		铁路通信、信号、电力电气化工程	新建、改建铁路（含枢纽、配、变电所、分区亭）单双线 200 千米及以上	新建、改建铁路（不含枢纽、配、变电所、分区亭）单双线 200 千米及以下	

序号	工程类别		一级	二级	三级
九	公路工程	公路工程	高速公路	高速公路路基工程及一级公路	一级公路路基工程及二级以下各级公路
		公路桥梁工程	独立大桥工程；特大桥总长 1000 米以上或单跨跨径 150 米以上	大桥、中桥桥梁总长 30～1000 米或单跨跨径 20～150 米	小桥总长 30 米以下或单跨跨径 20 米以下；涵洞工程
		公路隧道工程	隧道长度 1000 米以上	隧道长度 500～1000 米	隧道长度 500 米以下
		其他工程	通信、监控、收费等机电工程，高速公路交通安全设施、环保工程和沿线附属设施	一级公路交通安全设施、环保工程和沿线附属设施	二级及以下公路交通安全设施、环保工程和沿线附属设施
十	港口与航道工程	港口工程	集装箱、件杂、多用途等沿海港口工程 20000 吨级以上；散货、原油沿海港口工程 30000 吨级以上；1000 吨级以上内河港口工程	集装箱、件杂、多用途等沿海港口工程 20000 吨级以下；散货、原油沿海港口工程 30000 吨级以下；1000 吨级以下内河港口工程	
		通航建筑与整治工程	1000 吨级以上	1000 吨级以下	
		航道工程	通航 30000 吨级以上船舶沿海复杂航道；通航 1000 吨级以上船舶的内河航运工程项目	通航 30000 吨级以下船舶沿海航道；通航 1000 吨级以下船舶的内河航运工程项目	
		修造船水工工程	10000 吨位以上的船坞工程；船体重量 5000 吨位以上的船台、滑道工程	10000 吨位以下的船坞工程；船体重量 5000 吨位以下的船台、滑道工程	
		防波堤、导流堤等水工工程	最大水深 6 米以上	最大水深 6 米以下	
		其他水运工程项目	建安工程费 6000 万元以上的沿海水运工程项目；建安工程费 4000 万元以上的内河水运工程项目	建安工程费 6000 万元以下的沿海水运工程项目；建安工程费 4000 万元以下的内河水运工程项目	

续表

序号	工程类别		一级	二级	三级
十一	航天航空工程	民用机场工程	飞行区指标为 4E 及以上及其配套工程	飞行区指标为 4D 及以下及其配套工程	
		航空飞行器	航空飞行器（综合）工程总投资 1 亿元以上；航空飞行器（单项）工程总投资 3000 万元以上	航空飞行器（综合）工程总投资 1 亿元以下；航空飞行器（单项）工程总投资 3000 万元以下	
		航天空间飞行器	工程总投资 3000 万元以上；面积 3000 平方米以上；跨度 18 米以上	工程总投资 3000 万元以下；面积 3000 平方米以下；跨度 18 米以下	
十二	通信工程	有线、无线传输通信工程，卫星、综合布线	省际通信、信息网络工程	省内通信、信息网络工程	
		邮政、电信、广播枢纽及交换工程	省会城市邮政、电信枢纽	地市级城市邮政、电信枢纽	
		发射台工程	总发射功率 500 千瓦以上短波或 600 千瓦以上中波发射台；高度 200 米以上广播电视发射塔	总发射功率 500 千瓦以下短波或 600 千瓦以下中波发射台；高度 200 米以下广播电视发射塔	
十三	市政公用工程	城市道路工程	城市快速路、主干路，城市互通式立交桥及单孔跨径 100 米以上桥梁；长度 1000 米以上的隧道工程	城市次干路工程，城市分离式立交桥及单孔跨径 100 米以下的桥梁；长度 1000 米以下的隧道工程	城市支路工程、过街天桥及地下通道工程
		给水排水工程	10 万吨/日以上的给水厂；5 万吨/日以上污水处理工程；3 立方米/秒以上的给水、污水泵站；15 立方米/秒以上的雨泵站；直径 2.5 米以上的给排水管道	2 万～10 万吨/日的给水厂；1 万～5 万吨/日污水处理工程；1～3 立方米/秒的给水、污水泵站；5～15 立方米/秒的雨泵站；直径 1～2.5 米的给水管道；直径 1.5～2.5 米的排水管道	2 万吨/日以下的给水厂；1 万吨/日以下污水处理工程；1 立方米/秒以下的给水、污水泵站；5 立方米/秒以下的雨泵站；直径 1 米以下的给水管道；直径 1.5 米以下的排水管道

序号	工程类别		一级	二级	三级
十三	市政公用工程	燃气热力工程	总储存容积 1000 立方米以上液化气贮罐场（站）；供气规模 15 万立方米/日以上的燃气工程；中压以上的燃气管道、调压站；供热面积 150 万平方米以上的热力工程	总储存容积 1000 立方米以下的液化气贮罐场（站）；供气规模 15 万立方米/日以下的燃气工程；中压以下的燃气管道、调压站；供热面积 50 万～150 万平方米的热力工程	供热面积 50 万平方米以下的热力工程
		垃圾处理工程	1200 吨/日以上的垃圾焚烧和填埋工程	500～1200 吨/日的垃圾焚烧及填埋工程	500 吨/日以下的垃圾焚烧及填埋工程
		地铁轻轨工程	各类地铁轻轨工程		
		风景园林工程	总投资 3000 万元以上	总投资 1000 万～3000 万元	总投资 1000 万元以下
十四	机电安装工程	机械工程	总投资 5000 万元以上	总投资 5000 万以下	
		电子工程	总投资 1 亿元以上；含有净化级别 6 级以上的工程	总投资 1 亿元以下；含有净化级别 6 级以下的工程	
		轻纺工程	总投资 5000 万元以上	总投资 5000 万元以下	
		兵器工程	建安工程费 3000 万元以上的坦克装甲车辆、炸药、弹箭工程；建安工程费 2000 万元以上的枪炮、光电工程；建安工程费 1000 万元以上的防化民爆工程	建安工程费 3000 万元以下的坦克装甲车辆、炸药、弹箭工程；建安工程费 2000 万元以下的枪炮、光电工程；建安工程费 1000 万元以下的防化民爆工程	
		船舶工程	船舶制造工程总投资 1 亿元以上；船舶科研、机械、修理工程总投资 5000 万元以上	船舶制造工程总投资 1 亿元以下；船舶科研、机械、修理工程总投资 5000 万元以下	
		其他工程	总投资 5000 万元以上	总投资 5000 万元以下	

《工程设计资质标准》建市〔2007〕86号

电力行业建设项目设计规模划分表

序号	建设项目	单位	特大型	大型	中型	小型	备注
1	火力发电	MW	≥300	100~200	25~50		单机容量
2	水力发电	MW		≥250	50~250	<50	单机容量
3	风力发电	MW		≥100	50~1000	≤50	
4	变电工程	kV		≥330	220	≤110	
5	送电工程	kV		≥330	220	≤110	
6	新能源	MW					

《注册建造师执业工程规模标准》建市〔2007〕171号
附件:《注册建造师执业工程规模标准》(试行)

注册建造师执业工程规模标准（电力工程）

序号	工程类别	项目名称	单位	规模		
				大型	中型	小型
1	火电机组（含燃气发电机组）	主厂房建筑	千瓦	30万千瓦及以上机组建筑工程	10万~30万千瓦机组建筑工程	10万千瓦以下机组建筑工程
		烟囱	千瓦	30万千瓦及以上机组烟囱工程	10万~30万千瓦机组烟囱工程	10万千瓦以下机组烟囱工程
		冷却塔	千瓦	30万千瓦及以上机组冷却塔工程	10万~30万千瓦机组冷却塔工程	10万千瓦以下机组冷却塔工程
		机组安装	千瓦	30万千瓦及以上机组安装工程	10万~30万千瓦及以上机组安装工程	10万千瓦以下机组安装工程
		锅炉安装	千瓦	30万千瓦及以上机组锅炉安装工程	10万~30万千瓦机组锅炉安装工程	10万千瓦以下机组锅炉安装工程
		汽轮发电机安装	千瓦	30万千瓦及以上机组汽轮机安装工程	10万~30万千瓦机组汽轮机安装工程	10万千瓦以下机组汽轮机安装工程
		升压站	千瓦	30万千瓦及以上机组升压站工程	20万千瓦及以上机组升压站工程	20万千瓦以下机组升压站工程
		环保工程	千瓦	30万千瓦及以上机组环保工程	20万千瓦及以上机组环保工程	20万千瓦以下机组环保工程
		附属工程	千瓦	30万千瓦及以上机组附属工程	20万千瓦及以上机组附属工程	20万千瓦以下机组附属工程
		消防	千瓦	30万千瓦及以上机组消防工程	10万~30万千瓦机组消防工程	10万千瓦以下机组消防工程
		单项工程合同额	万元	1000万元及以上的发电工程	500万~1000万元的发电工程	500万元以下的发电工程

序号	工程类别	项目名称	单位	规模		
				大型	中型	小型
2	送变电	送电线路	千伏	330 千伏及以上或 220 千伏 30 公里及以上送电线路工程	220 千伏 30 公里以下送电线路工程	110 万千伏及以下送电线路工程
		变电站	千伏	330 千伏及以上变电站	220 千伏变电站	110 千伏以下变电站
		电力电缆	千伏	220 千伏及以上电缆工程	110 千伏电缆工程	110 千伏以下电缆工程
		单项工程合同额	万元	800 万元及以上送变电工程	400 万～800 万元的送变电工程	400 万元以下的送变电工程
3	核电	升压站安装	千瓦	30 万千瓦及以上机组升压站工程	10 万～30 万千瓦机组升压站工程	10 万千瓦以下机组升压站工程
		常规岛工程	千瓦	30 万千瓦及以上机组常规岛安装工程	30 万千瓦以下机组常规岛安装工程	
		附属工程	千瓦	30 万千瓦及以上机组附属安装工程	10 万～30 万千瓦机组附属安装工程	10 万千瓦以下机组附属安装工程
		单项工程合同额	万元	1000 万元及以上核电工程	500 万～1000 万元核电工程	500 万元以下核电工程
4	风电	单项工程合同额	万元	600 万元及以上风电工程	400 万～600 万元风电工程	400 万元以下风电工程

《工程勘察资质标准》建市〔2013〕第 9 号

工程勘察项目规模划分表

序号	项目名称		项目规模		
			甲级	乙级	丙级
1	岩土工程	岩土工程勘察	1. 国家重点项目的岩土工程勘察	1. 按《岩土工程勘察规范》（GB 50021）岩土工程勘察等级为乙级的工程项目	

续表

序号	项目名称		项目规模		
			甲级	乙级	丙级
1	岩土工程	岩土工程勘察	2. 按《岩土工程勘察规范》（GB 50021）岩土工程勘察等级为甲级的工程 3. 下列工程项目的岩土工程勘察： （1）按《建筑地基基础设计规范》（GB 50007）地基基础设计等级为甲级的工程项目； （2）需要采取特别处理措施的极软弱的或非均质地层，极不稳定的地基；建于严重不良的特殊性岩土上的大、中型项目； （3）有强烈地下水运动干扰、有特殊要求或安全等级为一级的深基坑开挖工程，有特殊工艺要求的超精密设备基础工程，大型深埋过江（河）地下管线、涵洞等深埋处理工程，核废料深埋处理工程，高度≥100m的高耸构筑物基础，房屋建筑和市政工程中边坡高度≥15m的岩质边坡工程和高度≥10m的土质边坡工程、其他工程中高度≥30m的岩质边坡工程和高度≥15m的土质边坡工程，特大桥、大桥、大型立交桥（含跨海大桥），大型竖井、巷道、平洞、隧道，地铁、城市轻轨和城市隧道，大型地下洞室、地下储库工程，超重型设备，大型基础托换、基础补强工程，Ⅰ级垃圾填埋场，一、二级工业废渣堆场； （4）大深沉井、沉箱，安全等级为一级的桩基、墩基，特大型、大型桥梁基础，架空索道基础； （5）其他工程设计规模为特大型、大型的建设项目	2. 下列工程项目的岩土工程勘察： （1）按《建筑地基基础设计规范》（GB 50007）地基基础设计等级为乙级的工程项目； （2）中型深埋过江（河）地下管线、涵洞等深埋处理工程，高度＜100m的高耸构筑物基础，房屋建筑和市政工程中边坡高度＜15m的岩质边坡工程和高度＜10m的土质边坡工程、其他工程中边坡高度＜30m的岩质边坡工程和高度＜15m的土质边坡工程，中桥、中型立交桥，中型竖井、巷道、平洞、隧道，中型地下洞室、地下储库工程，中型基础托换、基础补强工程，Ⅱ级垃圾填埋场，三级工业废渣堆场； （3）中型沉井、沉箱，安全等级为二级的桩基、墩基，中型桥梁基础； （4）其他工程设计规模为中型的建设项目	1. 按《岩土工程勘察规范》（GB 50021）岩土工程勘察等级为丙级的工程。 2. 下列工程项目的岩土工程勘察： （1）按《建筑地基基础设计规范》（GB 50007）地基基础设计等级为丙级的工程项目； （2）小桥、涵洞，安全等级为三级的桩基、墩基，Ⅲ级垃圾填埋场，四、五级工业废渣堆场； （3）其他工程设计规模为小型的建设项目

序号	项目名称		项目规模		
			甲级	乙级	丙级
1	岩土工程	岩土工程设计	1. 国家重点项目的岩土工程设计。 2. 安全等级为一级、二级的基坑工程，安全等级为一级、二级的边坡工程。 3. 一般土层处理后地基承载力达到300kPa及以上的地基处理设计，特殊性岩土作为中型及以上建筑物的地基持力层的地基处理设计。 4. 不良地质作用和地质灾害的治理设计。 5. 复杂程度按有关规范规程划分为中等以上或复杂工程项目的岩土工程设计。 6. 建（构）筑物纠偏设计及基础托换设计，建（构）筑物沉降控制设计。 7. 填海工程的岩土工程设计。 8. 其他勘察等级为甲、乙级工程的岩土工程设计。	1. 安全等级为三级的基坑工程，安全等级为三级的边坡工程。 2. 一般土层处理后地基承载力300kPa以下的地基处理设计，特殊性岩土作为小型建筑物地基持力层的地基处理设计。 3. 复杂程度按有关规范规程划分为简单工程项目的岩土工程设计。 4. 其他勘察等级为丙级工程的岩土工程设计	
		岩土工程物探测试检测监测	1. 国家重点项目和有特殊要求的岩土工程物探、测试、检测、监测。 2. 大型跨江、跨海桥梁桥址的工程物探，桥桩基测试、检测，岩溶地区、水域工程物探，复杂地质和地形条件下探查地下目的物的深度和精度要求较高的工程物探。 3. 地铁、轻轨、隧道工程、水利水电工程和高速公路工程的岩土工程物探、测试、检测、监测。 4. 安全等级为一级的基坑工程、边坡工程的监测。 5. 建筑物纠偏、加固工程中的岩土工程监测，重特大抢险工程的岩土工程监测。 6. 一般土层处理后，地基承载力达到300kPa及以上的地基处理监测，单桩最大加载在10000kN及以上的桩基检测。 7. 按《岩土工程勘察规范》（GB 50021）岩土工程勘察等级为甲级的工程项目涉及的波速测试、地脉动测试。 8. 块体基础振动测试	1. 安全等级为二、三级的基坑工程、边坡工程的监测。 2. 一般土层处理后，地基承载力300kPa以下的地基处理检测，单桩最大加载在10000kN以下的桩基检测。 3. 独立的岩土工程物探、测试、检测项目，无特殊要求的岩土工程监测项目。 4. 按《岩土工程勘察规范》（GB 50021）岩土工程勘察等级为乙级及以下的工程项目涉及的波速测试、地脉动测试	

序号	项目名称	项目规模		
		甲级	乙级	丙级
2	水文地质勘察	1. 国家重点项目、国外投资或中外合资项目的水源勘察和评价。 2. 大、中城市规划和大型企业选址的供水水源可行性研究及水资源评价。 3. 供水量10000m³/d及以上的水源工程勘察和评价。 4. 水文地质条件复杂的水资源勘察和评价。 5. 干旱地区、贫水地区、未开发地区水资源评价。 6. 设计规模为大型的建设项目水文地质勘察。 7. 按照《建筑与市政降水工程技术规范》(JGJ/T 111)复杂程度为复杂的降水工程或同等复杂的止水工程	1. 小城市规划和中、小型企业选址的供水水源可行性研究及水资源评价。 2. 供水量2000m³/d～10000m³/d的水源勘察及评价。 3. 水文地质条件中等复杂的水资源勘察和评价。 4. 设计规模为中型的建设项目水文地质勘察。 5. 按照《建筑与市政降水工程技术规范》(JGJ/T 111)复杂程度为中等及以下的降水工程或同等复杂的止水工程	1. 水文地质条件简单，供水量2000m³/d及以下的水源勘察和评价。 2. 设计规模为小型的建设项目的水文地质勘察
3	工程测量	1. 国家重点项目的首级控制测量、变形与形变及监测。 2. 三等及以上GNSS控制测量，四等及以上导线测量，二等及以上水准测量。 3. 大、中城市规划定测量线、拨地。 4. 20km²及以上的大比例尺地形图地形测量。 5. 国家大型、重点、特殊项目精密工程测量。 6. 20km及以上的线路工程测量。 7. 总长度20km及以上综合地下管线测量。 8. 以下工程的变形与形变测量：地基基础设计等级为甲级的建筑变形，重要古建筑变形，大型市政桥梁变形，重要管线变形，场地滑坡变形。 9. 大中型、重点、特殊水利水电工程测量。 10. 地铁、轻轨隧道工程测量	1. 四等GNSS控制测量，一、二级导线测量，三、四等水准测量。 2. 小城镇规划定测量线、拨地。 3. 10～20km²的大比例尺地形图地形测量。 4. 一般工程的精密工程测量。 5. 5～20km的线路工程测量。 6. 总长度20km以下综合地下管线测量。 7. 以下工程的变形与形变测量：地基基础设计等级为乙、丙级的建筑变形，地表、道路沉降，中小型市政桥梁变形，一般管线变形。 8. 小型水利水电工程测量	1. 一级、二级GNSS控制测量，三级导线测量，五等水准测量。 2. 10km²及以下大比例尺地形图地形测量。 3. 5km及以下线路工程测量。 4. 长度不超过5km的单一地下管线测量。 5. 水域测量或水利、水电局部工程测量。 6. 其他小型工程或面积较小的施工放样等

《电力工程检测试验机构能力认定管理办法（试行）》质监〔2015〕20号

附件5　　　　　　　　　　　　　电力工程项目检测试验能力要求划分表

工程类别		最低能力等级要求				备注
		土建检测机构	金属检测机构	电气检测机构	热控检测机构	
火电工程	单机容量600MW及以上	A级	A级	A级	A级	
	单机容量200～600MW	B级	B级	B级	B级	
	单机容量200MW以下	△	△	△	△	
	核电工程	A级	A级	A级	A级	
水电工程	建设规模600MW及以上	A级	B级	A级	B级	含抽水蓄能电站
	建设规模200～600MW	A级	B级	B级	B级	
	建设规模200MW以下	△	△	△	△	
风电工程	建设规模200MW及以上	B级	B级	B级	—	
	建设规模200MW以下	△	△	△	—	
太阳能发电工程	建设规模200MW及以上	B级	B级	B级	—	
	建设规模200MW以下	△	△	△	—	
变电工程	750kV及以上	B级	B级	B级	—	含开关站、直流换流站
	330～750kV	△	△	B级	—	
	330kV以下	△	△	△	—	
	输电线路工程	△	△	△	—	